Hans Uhlemann · Lothar Mörl

Wirbelschicht-Sprühgranulation

Springer

Berlin
Heidelberg
New York
Barcelona
Hongkong
London
Mailand
Paris
Singapur
Tokio

Hans Uhlemann · Lothar Mörl

Wirbelschicht-Sprühgranulation

Mit 388 Abbildungen und 28 Tabellen

Springer

Dr.-Ing. Hans Uhlemann
Fontanestraße 56
42657 Solingen

Professor Dr.-Ing. habil. Lothar Mörl
Institut für Apparate- und Umwelttechnik
Otto-von-Guericke-Universität Magdeburg
39016 Magdeburg

ISBN 3-540-66985-x Springer-Verlag Berlin Heidelberg New York

Die deutsche Bibliothek – CIP-Einheitsaufnahme

Uhlemann, Hans: Wirbelschicht-Sprühgranulation / Hans Uhlemann ; Lothar Mörl. – Berlin ; Heidelberg ; New York ; Barcelona ; Hongkong ; London ; Mailand ; Paris ; Singapur ; Tokio : Springer, 2000
(VDI-Buch)
ISBN 3-540-66985-X

Springer-Verlag ist ein Unternehmen der Fachverlagsgruppe BertelsmannSpringer

Printed in Germany

Einbandgestaltung: Struve & Partner, Heidelberg
Satz: Reproduktionsfertige Vorlage der Autoren

Gedruckt auf säurefreiem Papier SPIN: 10757049 68/3020 – 5 4 3 2 1 0

Unsere Söhne
Dr. - Ing. Jens Uhlemann
Bernd Uhlemann
Peter Mörl
sind Diplom-Ingenieure der Verfahrenstechnik.
Ihnen ist das Buch als Wegzehrung für ihre beruflichen
Aufgaben gewidmet.

Vorwort

Das Buch gibt eine Übersicht über den literaturbekannten Stand des Wissens bei der Wirbelschicht-Sprühgranulation. Von Dr. Thomas Riede, BASF–Ludwigshafen stammt die Anregung zur Abfassung dieses Buches. Es war gedacht zur Abfederung meines Überganges aus dem Berufsleben in den Ruhestand. Ich bin der Anregung von Dr. Riede gefolgt; bei zeitweilig massiven Schwierigkeiten mit meinem Computer, manchmal mit Bedauern.

Prof. Lothar Mörl, Universität Magdeburg hat mich trotz seiner großen beruflicher Verpflichtungen aus seinen großen Erfahrungen mit Anwendungsbeispielen und in der Endphase der Arbeiten in dankenswerter Weise durch vielerlei Hilfestellungen unterstützt. Finanziell und durch die Überlassung von Bildmaterial wurde das Buch von der GLATT GmbH in Weimar und Binzen gefördert. Auch dafür bin ich sehr dankbar.

Bei der Abfassung des Buches habe ich mir ein Projektteam vorgestellt. Es hat die Aufgabe ein Granulationsverfahren zu konzipieren und zu realisieren. Seine Mitglieder sind Ingenieure, Chemiker, Pharmazeuten oder ähnlich vorgebildete Fachleute, die sich rasch mit solchen Aspekten der Wirbelschicht-Sprühgranulation bekannt machen wollen, die ihnen durch ihre Ausbildung nicht bereits geläufig sind. Wegen der unterschiedlichen Vorbildung der fiktiven Leserschaft habe ich auf Anschaulichkeit größten Wert gelegt. Verwickelte mathematische Überlegungen sind zugunsten einer anschaulichen Darstellung der physikalischen Grundtatsachen zurückgestellt. Der größeren Anschaulichkeit soll auch die umfangreiche Bebilderung des Textes dienen. Ich habe außerdem versucht, die Erklärungen ohne spezielle Vorkenntnisse verständlich zu machen. Die Befriedigung größerer wissenschaftlicher Ansprüche war nicht mein Ziel. Das Buch soll eine ganzheitliche Darstellung der Wirbelschicht-Sprühgranulation aus der Praxis für die Praxis sein.

Für das fördernde Interesse an diesem Buch, anregende Diskussionen und das Korrekturlesen sei insbesondere Dr. Jürgen Hinderer in Leverkusen gedankt.

Das Buch wäre ohne den Einsatz von Mitarbeitern des Institutes für Apparate- und Umwelttechnik der Otto von Guericke Universität Magdeburg nicht zustande gekommen. Herr Dipl.-Ing. Jörg Drechsler hat den Text in der vom Verlag vorgegebenen Weise formatiert. Frau Dr. Susanne Eichner ist eine sorgfältige Durchsicht des Manuskriptes zu danken.

Prof. Mörl und ich hoffen nun, daß das Buch der Leserschaft Hilfe und Anregung bei Konzipierung, Realisierung und Betrieb der Wirbelschicht-Sprühgranulation ist. Wir sehen darin eine Technik, deren Potentiale noch lange nicht ausgereizt sind.

Solingen im Februar 2000 Hans Uhlemann

Inhaltsverzeichnis

1 Einleitung

Grobkörnige anstelle pulvriger Handelsformen werden heute nicht nur für neue, sondern auch für bereits lange am Markt eingeführte Produkte gefordert. Dies gilt aus Gründen der Sicherheit und Hygiene insbesondere für toxische und umweltbelastende Stoffe. Darüber hinaus ermöglicht diese Handelsform die Automatisierung von Weiterverarbeitungsprozessen. Sie verbessert zudem eine ganze Reihe anderer anwendungstechnischer Eigenschaften, was dieser Handelsform eine große marktpolitische Bedeutung gibt.

Durch Wirbelschicht-Sprühgranulation lassen sich aus Suspensionen oder Lösungen nahezu runde, kompakte Partikel herstellen, in denen die Mischungsverhältnisse der Komponenten auch im Mikrobereich fixiert sind. Das führt zu sehr interessanten, neuen Produkteigenschaften. So lassen sich hochmolekulare Flüssigkeiten, wie Alkohole und Aromen mit ungekannt hoher Konzentration in den Feststoff einschließen (s. Bild 1-1). Das Interesse an dieser Technik ist daher groß.

Bild 1-1 „Wein, der so trocken ist, daß er krümelt". Granulate mit bis zu 30 Gew.-% Rotwein für Anwendungen in der Lebensmittelindustrie (aus "Chemie Heute", Das Wissenschaftsmagazin des Fonds der Chemischen Industrie, Ausgabe 1999/2000, Herausgeber: Fonds der Chemischen Industrie im Verband der Chemischen Industrie e.V.)

Dennoch setzt sie sich erst langsam durch, weil ihre technische Realisierung anspruchsvoller ist, als die mit ihr teilweise konkurrierenden Sprühtrocknung. Bei der Wirbelschicht-Sprühgranulation müssen Verdüsen, Fluidisieren, Keimangebot etc. aufeinander abgestimmt werden. Das sind natürlich mehr Schritte als bei der Sprühtrocknung. Außerdem ist die Eignung der Produkte für die Wirbelschicht-Sprühgranulation in Vorversuchen schwieriger zu überprüfen und gegebenenfalls durch Zugabe von Additiven erst herzustellen. Hierzu ist know how erforderlich, das allmählich entsteht und dann durch den verständlichen Wunsch der Betreiber nach Geheimhaltung, nicht allgemein bekannt wird. Know how ist zwar an vielen Stellen vorhanden, kann aber nicht generalisierend bewertet und schließlich für eine breite Anwendung des Verfahrens genutzt werden.

Inzwischen hat das in den letzten 25 Jahren an der Universität Magdeburg erarbeitete Wissen nach der Wiedervereinigung Deutschlands eine Vermarktung durch diverse Apparatebaufirmen (Haase/Neumünster; Allgaier/Uhringen; Glatt/Weimar) gefunden. Die Bayer AG hat für das von ihr zunächst nur zur eigenen Verwendung entwickelte Verfahren der Firma Glatt in Weimar eine Lizenz erteilt. Von weiteren Firmen wie beispielsweise BASF und Degussa ist bekannt, daß sie eigene Verfahren entwickelt haben.

Die Forschungsarbeiten in Magdeburg laufen weiter. Sie finden durch grundsätzliche Arbeiten am Institut für thermische Verfahrenstechnik der Universität Karlsruhe, deren Start finanziell durch Firmen der chemischen Industrie unterstützt wurde, eine breitere Basis. Es ist also damit zu rechnen, daß sich der große Entwicklungs- und Vertrauensvorsprung der Sprühtrocknungstechnik (erfunden um die Jahrhundertwende [174]) verringert und das große Potential dieser erheblich jüngeren Technik (erste Publikationen stammen aus der Zeit nach 1955) bald auch stärker ausgeschöpft wird. Das Buch soll zu der Erkenntnis beitragen, daß diese beiden Verfahren nur im Bereich feinteiligen Trocknengutes konkurrieren. Und auch dann entstehen Partikel unterschiedlicher Eigenschaften.

2 Herstellung, Nutzen und Charakterisierung körniger Strukturen

2.1 Eigenschaften

Ein Feststoff ist nicht nur durch seine chemischen Eigenschaften charakterisiert. Wichtig ist auch seine Struktur, die ganz wesentlich das Verhalten des Produktes bei seiner Herstellung oder bei seiner Anwendung beeinflussen kann, wie Borho et al. [36] eindrucksvoll und anschaulich dargelegt haben. Beschrieben wird der strukturelle Zustand üblicherweise mit meßbaren geometrischen oder physikalischen Größen wie Körnung (Größe, Größenverteilung), Form, Oberflächengestalt, Feuchte, Dichte (wahre, scheinbare und Schüttdichte), Porosität (inkl. Größenverteilung der Porenradien), Staubanteil etc.

Von diesen Zustandsgrößen ist die Partikelgröße die augenfälligste Eigenschaft. Sie hat vielfältigen Einfluß. Die spezifische äußere Oberfläche der Partikel ist umgekehrt proportional zur Partikelgröße. Damit ändern sich mit steigender Partikelgröße neben der Reaktions- und der Lösegeschwindigkeit viele andere Eigenschaften des Feststoffes.

Änderungen der Partikelgröße können daher den Gebrauchswert von Produkten signifikant beeinflussen. Nehmen wir dazu einige Beispiele:

- Die Reaktionsgeschwindigkeit ist bei Partikeln > 400 bis 500 µm soweit verringert, daß die Fähigkeit zur Explosion erloschen ist [36]. Andererseits stauben Feststoffe nicht, wenn ihre Partikel nicht schweben können. Nach [36] endet die Schwebefähigkeit bei einer Partikelgröße von > 50 bis 100 µm (s. auch Bild 3-7 unter Beachtung, daß Auftriebsströmungen in Räumen etwa in der Größenordnung von 0,3 m/s liegen).
- Haftkräfte beeinflussen die Beweglichkeit der Partikel. Oberhalb von 100 µm wird die freie Beweglichkeit der Partikel durch Haftkräfte nicht beeinträchtigt. Die Partikel rutschen immer in die von der Schüttung vorgegebenen Vertiefungen, so daß bei gröberen Partikeln die Schüttdichte reproduzierbar ist. Viele Probleme in der Siliertechnik lassen sich durch größere Partikel vermeiden.
- Sehr feine Partikel wirbeln im fluiden Zustand nicht. Es bilden sich Kanäle durch die das Wirbelgas entweicht. Grobe Produkte hingegen führen zu Wirbelschichten mit großen Blasen und starken Eruptionen (s. auch Kap 3.3.5).

Die Partikelgröße ist jedoch nicht die einzige zu beachtende Eigenschaft der körnigen Struktur:

- So können für die rasche Befeuchtung oder Redispergierung der Partikel von Schüttgütern Bedingungen geschaffen werden, die der Flüssigkeit das Eindringen in das Porensystem des trockenen Haufwerkes erleichtern. Diese Abstimmung nennt man „Instantisieren“ [308]. Selbstverständlich muß die so geschaffene Struktur auch ausreichend widerstandsfähig gegen die bei Transport, Verpackung, Lagerung und Dosierung auftretenden Beanspruchungen sein.

- Wenn alle Komponenten einer Feststoffmischung in den Partikeln vereinigt werden, sind Entmischungsvorgänge ausgeschlossen. Durch geeignete Zusätze kann ferner eine Depotwirkung erzielt werden.
- Nahezu runde Partikel sind mechanisch stabiler als die zerbrechlichen Kristalle, die bei der herkömmlichen Kristallisation entstehen. Sie brauchen nicht in Säcken verpackt, sondern können in Silofahrzeugen transportiert und anschließend pneumatisch gefördert werden. Das spart Verpackungsmaterial und Arbeitskosten [346] und [348].

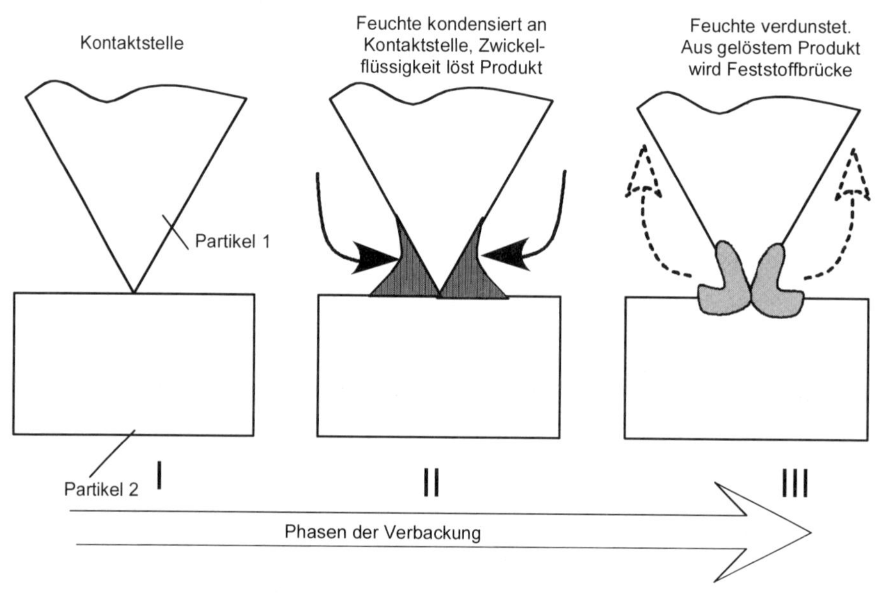

Bild 2-1 Prinzip der Produktverbackungen nach Roth [282]

Neben der Gestalt kann auch das Partikelgrößenspektrum bei Produktverbackungen bedeutsam sein. Sind die Partikel rund und ist ihr Korngrößenspektrum eng, dann gibt es zwischen ihnen wenige Kontaktstellen und damit eine deutlich verringerte Verbackungsneigung. Bild 2-1 zeigt den Vorgang des Verbackens: Die auf den Kristallen eines Haufwerkes adsorbierte Feuchte wandert infolge von Temperaturgradienten. Da, wo die Temperatur geringer ist, vergrößert die wandernde Feuchte die Zwickelflüssigkeit an den Kontaktstellen der Partikel (Phase II). In der Zwickelflüssigkeit sind die löslichen Bestandteile des Feststoffes gelöst. Verschwindet der Temperaturgradient oder kehrt er sich sogar um, wandert die Feuchte wieder zurück. Zwischen den Partikeln mit austrocknender Zwickelflüssigkeit bilden sich Feststoffbrücken. Das Haufwerk verhärtet (Phase III). In einem Gebinde tritt dieser Vorgang bei einer raschen Abkühlung warm abgepackter Partikel auf. Die Feuchte wandert nach außen. Im Inneren trocknet hingegen die Zwickelflüssigkeit aus. Das Innere verhärtet. Wenn sich anschließend die Temperatur über das gesamte Gebinde ausgleicht, kommt es zur Verhärtung der Randschicht. Bei einer schnellen Aufwärmung verläuft der Vorgang analog in umgekehrter Weise. Verbackungen lassen sich folglich durch konstante Temperaturen vermeiden (Abkühlen vor dem Abfüllen).

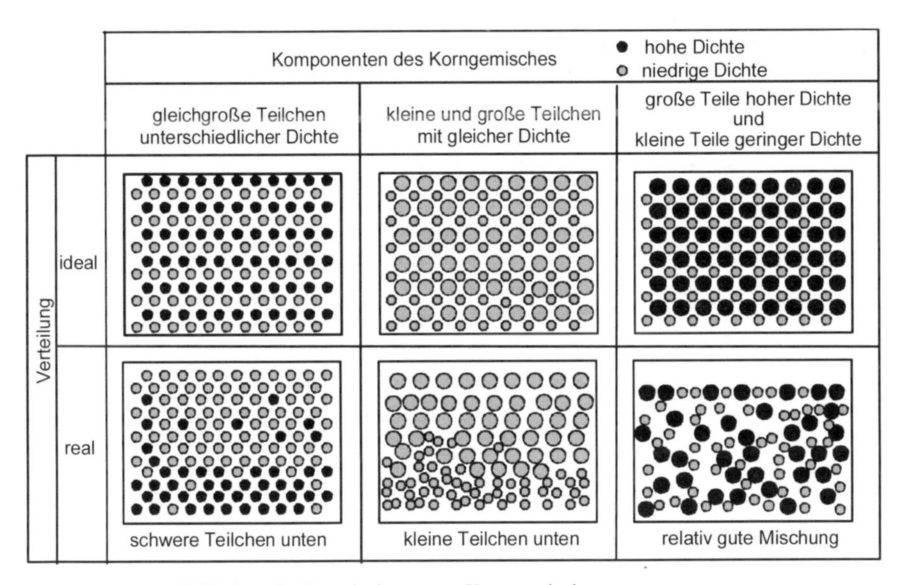

Bild 2-2 Möglichkeiten der Entmischung von Korngemischen

Bei Mischungen aus zwei oder mehr körnigen Komponenten, kann es beim Transport (Vibration oder scherende Beanspruchung bewegter Partikel) zu deutlichen Entmischungen kommen. Die Entmischungsgefahr wird prinzipiell vergrößert durch Unterschiede in der Korngröße, der Dichte, der Kornform und der Rauhigkeit der Oberfläche der Partikel [377]. Die Gefahr ist bei Korngrößenunterschieden am größten. In der Skala ihres Einflusses werden sie gefolgt von Dichteunterschieden. Die beiden anderen Unterschiede sind von vergleichweise geringer Bedeutung. Korngrößen- und Dichteunterschiede können unter Nutzung des aus Bild 2-2 hervorgehenden Entmischungsschemas ausgeglichen werden. Hier sind also Körnungsmethoden von Vorteil, bei denen dieser Ausgleich leicht zu schaffen ist (enges Spektrum, einstellbare Korngröße).

Eine wichtige Orientierungsgröße bei Handelsware ist ihre Farbe. Der Abnehmer ist an eine bestimmte Farbe gewöhnt und deutet farbliche Veränderungen, wie sie sich bei Änderungen der Kornstruktur durch Einsatz anderer Herstellungsverfahren ergeben können, zunächst als Qualitätsänderung; meist als Qualitätsminderung. Hier ist es wichtig, sich klar zu machen, daß die Farbe eine Reaktion auf Absorption und Reflektion des Lichtes ist. Und hier sind Form und Oberflächenbeschaffenheit der Partikel oftmals von entscheidender Bedeutung. Geläufig ist der Anblick einer dunkel glänzenden Schokoladenoberfläche und die helle Farbe von Spänen, die sich beim Kratzen an dieser Oberfläche ergeben. Niemand wird annehmen, daß durch das Abkratzen die stoffliche Natur der Schokolade verändert worden ist.

Zusammenfassend ist festzuhalten, daß mit der körnigen Struktur unterschiedliche applikatorische Eigenschaften beeinflußt werden können, wie beispielsweise: Fließfähigkeit, Festigkeit (Bruchfestigkeit, Abrieb, Kompressibilität), Benetzbarkeit, Instantverhalten, Depotwirkung, Verbackungsneigung usw.

Das gewünschte applikatorische Verhalten hängt in komplizierter Weise von meßbaren geometrischen oder physikalischen Größen, die den Zustand des Produktes beschreiben ab (s. auch Bild 2-5). Es ist nicht immer möglich aus den Zustandseigenschaften die Verhaltenseigenschaften körniger Produkte vorherzusagen. Die Zustandseigenschaften sind jedoch ein gutes Hilfsmittel bei der Optimierung des Herstellungsprozesses sowie bei der Qualitätskontrolle von Produkten, bei denen der Zusammenhang zwischen diesen Eigenschaften bereits bekannt ist.

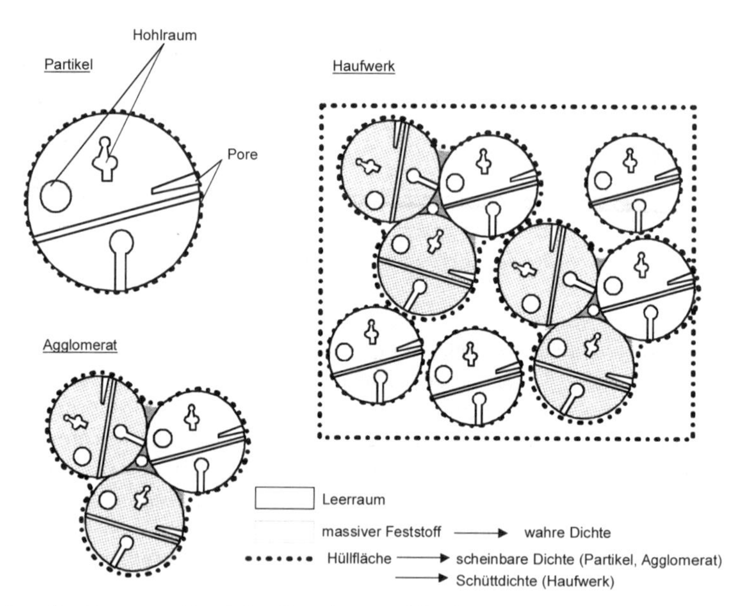

Bild 2-3 Strukturen von Partikeln, Granulaten und Haufwerken

2.2 Geometrische Charakterisierung der Kornstruktur

2.2.1 Größe und äußere Oberfläche

Für die meisten Anwendungsfälle ist die Kugel die günstigste Form. Sie ist am wenigsten abrieb- und zerkleinerungsgefährdet. Günstig sind enge Verteilungen mit geringem Staubanteil.

Zur Kennzeichnung der Größe körniger Strukturen existiert ein umfangreiches spezielles Schrifttum inkl. übersichtlicher, leicht lesbarer Zusammenfassungen, wie z.B. von Stieß [329] und Zogg [387]). Deshalb wird hier nur einführend auf diese Problematik eingegangen (s. Bild 2-3).

Verwendet werden zur Kennzeichnung diverse Merkmale der Partikel z. B. aus der Geometrie Sehnenlängen, Oberfläche, Projektionsfläche und das Volumen, außerdem die Masse und die Sinkgeschwindigkeit. Da die Partikel unregelmäßig geformt sind, werden die Merkmale auf die einer volumengleichen Kugel umgerechnet. Die sogenannte Sphärizität Ψ ist ein Formfaktor, der das Verhältnis der Oberfläche A_{Kug} (Partikelgröße D_{Kug}) einer volumengleichen Kugel zu der Oberfläche eines beliebig geformten Partikels A_S (Partikelgröße D_S) beschreibt:

$$\psi = \frac{A_{Kug}}{A_S} = \frac{D^2_{Kug.}}{D^2_S} \qquad \text{Gl.(2-1)}$$

mit folgenden Zahlenwerten zur Orientierung

Kugel	1
Würfel	0,806
Zylinder (L=D)	0,874
Sand	0,7...0,8
Flugstaub	0,44

Nun haben die Partikel eines Haufwerkes im allgemeinen eine unterschiedliche Größe. Es wird einen größten und einen kleinsten Partikeldurchmesser geben. Weiterhin sind folgende Partikelgrößen von Bedeutung:

- mittlerer Durchmesser D_{mitt}. Das ist der Durchmesser für den je die Hälfte der Masse der Korngrößenverteilung kleiner oder größer ist.
- häufigster Durchmesser ist der Durchmesser, den die meisten Partikel des Haufwerkes haben.
- Hinsichtlich Volumen und Oberfläche gleichwertiger Kugeldurchmesser („Sauterdurchmesser"). D_{32} ist ein Durchmesser für modellhafte Betrachtungen des Haufwerkes. N Kugeln dieses Durchmessers haben sowohl das gleiche Volumen V_S als auch die gleiche Oberfläche A_S wie die N Partikel des Haufwerkes, die sie ersetzen sollen. Für das Haufwerk gilt:

gesamtes Partikelvolumen $V_s = \frac{N \cdot \pi \cdot D_{32}^3}{6}$

gesamte Partikeloberfläche $A_s = N \cdot \pi \cdot D_{32}^2$

und damit folgt

$$D_{32} = \frac{6 \cdot V_S}{A_S} \qquad \text{Gl.(2-2)}$$

Zur Beschreibung der bei Partikelgrößenmessungen (Siebung, Laserbeugung etc.) gefundenen Größenverteilung gibt es mathematische Näherungsfunktionen. Sie bestehen aus 2 Parametern: einem die Korngröße charakterisierenden „Lageparameter" und einem „Streuungsparameter".

Die Approximationen müssen mit Rücksicht auf die unterschiedliche Weise in der die Haufwerke entstanden sind, unterschiedlich sein. So wird die Normalverteilung nach Gauß die Größenverteilung von Haufwerken gut beschreiben, die aus Wachstumsvorgängen hervorgegangen sind. Die RRSB-Verteilung (nach Rosin, Rammler, Sperling und Bennet) ist dagegen zur Beschreibung von Größenspektren von Zerkleinerungsprodukten gut geeignet. (Ohne Rücksicht auf die Größenverteilung kann mit der sogenannten „Imperfektion" die Verteilungsbreite charakterisiert werden (s. Kap. 6.2.1))

Die Approximationsfunktionen sind genormt. Für ihren Gebrauch sind Netzpapiere entwickelt worden und im Handel erhältlich. Mit ihnen läßt sich die Verteilungssumme als Gerade darstellen, wenn die Näherungsfunktion paßt. Darüber hinaus haben größere Firmen und Hochschulinstitute zumeist geeignete Computerprogramme entwickelt.

Mit diesen Verteilungsgesetzen ist es möglich, die für verfahrenstechnische Prozesse wichtige Oberfläche eines Haufwerkes zu errechnen. In aller Regel wird man allerdings zur Kennzeichnung eines Haufwerkes nicht die Oberfläche direkt, sondern die daraus abgeleitete Größe der „spezifischen" Oberfläche verwenden. Sie kann massenbezogen a_{SM} oder volumenbezogen a_{SV} definiert werden. Mit der Feststoffdichte ρ_{Ss} („scheinbare Dichte") besteht zwischen diesen beiden Größen die Beziehung

$$a_{SV} = a_{SM} \cdot \rho_{Ss} \qquad \text{Gl.(2-3)}$$

Eine Kugel mit dem Durchmesser D_S besitzt die volumenbezogene, spezifische Oberfläche:

$$a_{SV} = \frac{\pi \cdot D_S^2}{\frac{\pi \cdot D_S^3}{6}} = \frac{6}{D_S} \qquad \text{Gl.(2-4)}$$

2.2.2 Porosität und Dichte

Der Hohlraumanteil, die „Porosität ε“, ist das Verhältnis von jeweiligem Hohlraumvolumen V_H (in Bild 2-3 der weiße Bereich) zum Gesamtvolumen V_{ges} (in Bild 2-3 der von Hüllflächen eingeschlossene Bereich) entsprechend (V_S ist das Feststoffvolumen, in Bild 2-3 der schraffierte Bereich)

$$\varepsilon = \frac{V_H}{V_{ges}} = 1 - \frac{V_S}{V_{ges}} \qquad \text{Gl.(2-5)}$$

mit folgenden Zahlenwerten als Anhalt

Kugeln angeordnet in einem kubischen Gitter	0,476
Sand	0,4...0,5
Kohle	0,5...0,6

Bilden poröse Primärpartikel (Partikelporosität ε_P) ein poröses Agglomerat (Agglomeratporosität ε_A) und poröse Agglomerate schließlich ein Haufwerk (Porosität des Haufwerkes ε_H) dann gilt mit der Gesamtporosität $\varepsilon_{A\,ges}$ des Haufwerkes folgender Zusammenhang:

$$(1 - \varepsilon_{A\,ges}) = (1 - \varepsilon_P) \cdot (1 - \varepsilon_A) \cdot (1 - \varepsilon_H) \qquad \text{Gl.(2-6)}$$

Da im weiteren Verlauf die Aufgliederung in die verschiedenen Anteile ε_P und ε_A nicht mehr gebraucht wird, wird die Porosität des Haufwerkes allein durch die Porosität der Granulate ε, also unter Weglassung ihrer Indizes gekennzeichnet, so daß gilt:

$$\varepsilon_{A\,ges} = 1 - (1 - \varepsilon) \cdot (1 - \varepsilon_H) \qquad \text{Gl.(2-7)}$$

Aus den Definitionen der verschiedenen Porositäten ergeben sich analoge Definitionen für die Dichten. Im einzelnen für

- den reinen, porenfreien Feststoff die „wahre" Dichte ρ_S,
- die porösen agglomeratbildenden Partikel und die Agglomerate jeweils die „scheinbare" Dichte ρ_{Ss}
- das Haufwerk die „Schüttdichte“ $\rho_{S,Sch}$ mit dem Zusammenhang

$$\rho_{S,Sch} = (1 - \varepsilon_{A\,ges}) \cdot \rho_{Ss} \qquad \text{Gl.(2-8)}$$

Die Meßmethoden zur Bestimmung der Porositäten sind in [7] und [268] dargestellt. Für die Bestimmung von Porosität und Porengrößenverteilung wird im allgemeinen die Quecksilber-Porosimetrie (für Poren zwischen 5 nm und 200 μm) angewendet. Bei dieser Methode wird das zu untersuchende Partikel in die nicht benetzende Flüssigkeit Quecksilber eingebracht. Wird das Quecksilber durch äußeren Druck belastet, dringt es gegen den Kapillardruck in die Poren ein. Unter der Annahme zylindrischer Poren kann nun jedem auf das Quecksilber aufgebrachten äußeren Druck ein Porenradius zugeordnet werden. Das in die Poren eindringende Quecksilber führt zu einer Abnahme des vom Quecksilber eingenommenen Raumes. Diese Abnahme ist zu messen. Im Ergebnis ist dann bekannt, wie groß das Porenvolumen insgesamt ist und welchen Anteil die verschiedenen Porenradien an dem gesamten Porenvolumen haben (weitere Informationen s. Kap. 6.2.6.4).

2.2.3 Innere Oberfläche

Die bisherigen Betrachtungen beschränkten sich auf die äußere Oberfläche der Partikel ohne Berücksichtigung der Poren und Rauhigkeiten. Sie beträgt beispielsweise bei Partikeln mit 500 μm Durchmesser und 1,5 g/cm^3 scheinbarer Dichte $8 \cdot 10^{-4}$ m^2/g. Bei pharmazeutischen Anwendungen, bei Adsorbentien u.ä. sind jedoch die Gasen zugänglichen, oft sehr großen inneren Oberflächen von entscheidender Bedeutung. Zur Orientierung über die Größenordnung innerer Oberflächen dienen folgende Werte:

- Granulate, erzeugt durch Wirbelschicht-Sprühgranulation beispielsweise nach [P14] haben eine innere Oberfläche von 1 bis 6 m^2/g,
- für Aktivkohle liegen die Werte zwischen 1000-5000 m^2/g.

Gemessen werden diese Oberflächen über die Adsorption von Gasen, üblicherweise von Stickstoff (weitere Informationen s. Kap. 6.2.3). Da der spezifische Gasbedarf für die Bedeckung der inneren Oberfläche mit einer Molekülschicht bekannt ist, kann aus der zu messenden, insgesamt adsorbierten Gasmenge auf die Größe der bedeckten Oberfläche geschlossen werden. Auf Brunauer, Emmet und Teller geht das Auswerteverfahren der Meßergebnisse zurück, weswegen man auch von der BET-Methode spricht [268].

2.3 Herstellungsmethoden

Für die Erzeugung grober Partikel bieten sich zahlreiche Verfahren an, wie Bild 2-4 zeigt. Sie unterscheiden sich nach dem Ausgangszustand des Produktes, aber auch nach den Mechanismen der Kornerzeugung. Methoden, bei denen es – wie bei der Suspensions- und Emulsionspolymerisation – zu einer stofflichen Änderung kommt, sind in dieser Zusammenstellung nicht berücksichtigt

Bei der aufbauenden Herstellung körniger Strukturen ergibt sich die Partikelgröße und -größenverteilung als Ergebnis von Prozessen, die mit der Vorlage oder Bildung von Keimen beginnen und sich mit einem Partikelwachstum nach verschiedenen Mechanismen (Agglomeration, Beschichtung etc.) fortsetzen, wobei dem Partikelwachstum Bruch und Abrieb entgegengesetzt sind. Im stationären Zustand sind die verschiedenen Mechanismen im Gleichgewicht.

Daneben gibt es – ausgehend von pumpfähigen Flüssigkeiten (Lösungen, Schmelzen, Suspensionen) – auch Prozesse, bei denen Tropfen gebildet und anschließend durch Kühlung oder Trocknung verfestigt werden. Größe und Größenverteilung der so gebildeten Partikel werden im wesentlichen von dem tropfenerzeugenden Organ bestimmt.

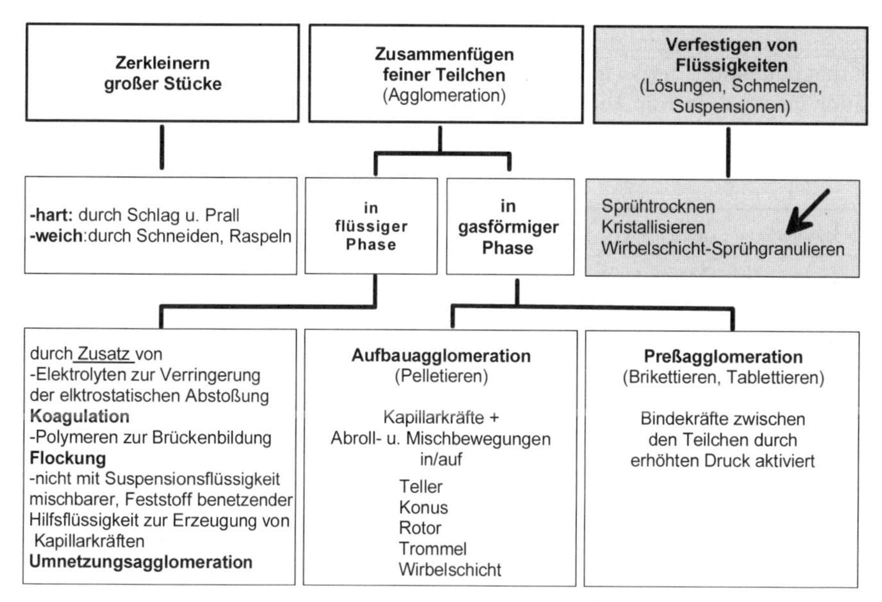

Bild 2-4 Methoden der Herstellung von körnigem Gut (aus [347])

Die Auswahl des geeigneten aus der Vielzahl der möglichen Verfahren richtet sich zunächst nach dem Ausgangszustand des Produktes. Ebenso wesentlich ist aber auch, daß sich die Eigenschaften der mit den verschiedenen Verfahren erzeugten Partikel zum Teil erheblich unterscheiden. So ist der Auswahlprozeß in aller Regel eine langwierige und kostspielige Optimierung (s. Kap. 15). In vielen Fällen ist der Spielraum für Optimierungen dadurch erweitert, daß durch Formulierung der Hauptkomponente Zuschlagstoffe zugesetzt werden, die einerseits die Herstellung der körnigen Struktur erleichtern und die andererseits die applikatorischen Eigenschaften der gebildeten Partikel verbessern sollen. Die Optimierung hat etwa die in Bild 2-5 dargestellten Gesichtspunkte zu berücksichtigen.

2.4 Herstellung von Partikeln aus flüssigem Produkt

Am Ende vieler chemischer Produktionen (Bild 2-6) stehen nach verschiedenen Reinigungsschritten schließlich Kristallisation und Trocknung. Es ist zu erkennen, daß die Wirbelschicht-Sprühgranulation ggfs. mehrere Verfahrensschritte ersetzen kann.

Die Kristallisation ist selbst ein Teil der Reinigungsprozeduren. Eine Reinigung des Produktes kann die Wirbelschicht-Sprühgranulation nicht leisten. Sie verfestigt, wenn es das Verfestigungsverhalten zuläßt, das Produkt mit seinen Verunreinigungen. Wenn eine fast vollständige Reinigung des Produktes erwartet wird, ist sie demzufolge keine Alternative zur Kristallisation. Nur in den Fällen, in denen auch verunreinigte Produkte akzeptabel sind, kann die Wirbelschicht-Sprühgranulation, ggfs. in Kombination mit Reinigungsschritten, die Kristallisation ersetzen. In Kap.16.3 ist das am Beispiel von Zitronensäure für technische Anwendungen beschrieben.

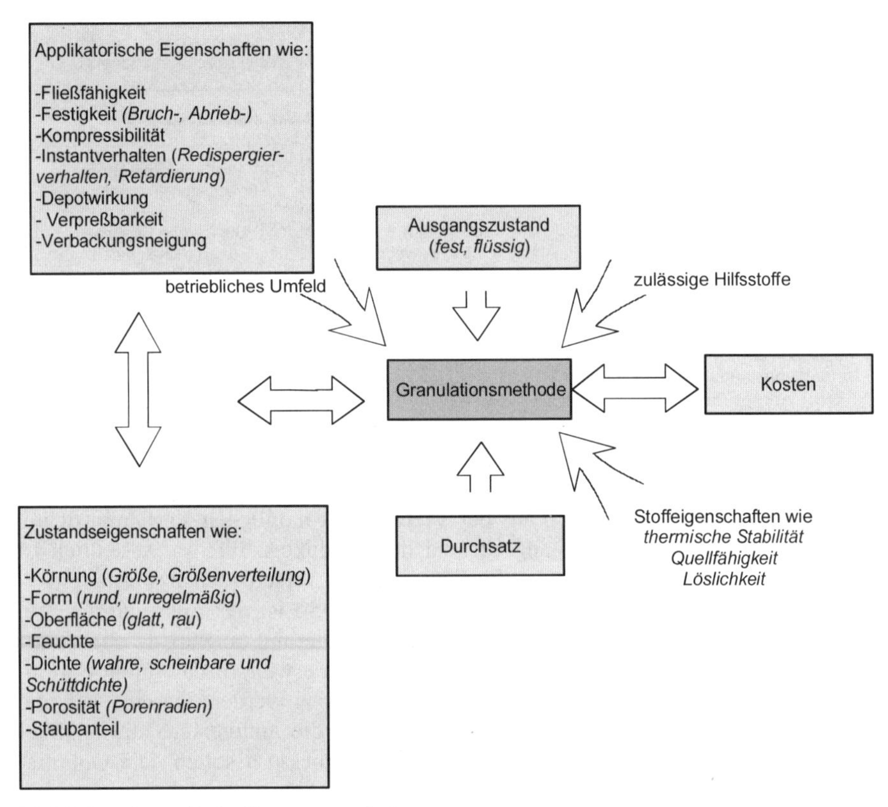

Bild 2-5 Auswahl der Körnungsmethode

Das Erstarren von Schmelzen auf Kühlwalzen oder Pastellierwalzen ist ebenso der Wirbelschicht-Sprühgranulation immer dann vorzuziehen, wenn die Produktform für den Anwendungsfall akzeptabel ist. Diese Verfahren sind einfacher und billiger.

Die Wirbelschicht-Sprühgranulation ist vielmehr nur mit den im folgenden näher beschriebenen Verfahren zu vergleichen. Sie sind auch für Suspensionen geeignet, wie sie nach Synthese oder nach Naßmahlung anfallen. Ihr Kennzeichen ist das Zerteilen einer dünnflüssigen bis pastösen, pumpfähigen Flüssigkeit über Zertropfen oder Verdüsen und das anschließende Verfestigen der Tropfen in einem Gasraum durch Kühlen oder Trocknen zu Partikeln. Dabei bestimmen in der Regel Größe und Größenverteilung der gebildeten Tropfen die Größe und Größenverteilung der entstehenden Partikel. Davon abweichend liefert die Kombination von Sprühtrocknung mit integrierter Agglomeration (bekannt als „Fluidized Spray Drying", kurz FSD [67]) unregelmäßig geformte Agglomerate in einer breiten Größenverteilung. Auf diese Technik wird am Schluß dieses Kapitels etwas ausführlicher eingegangen.

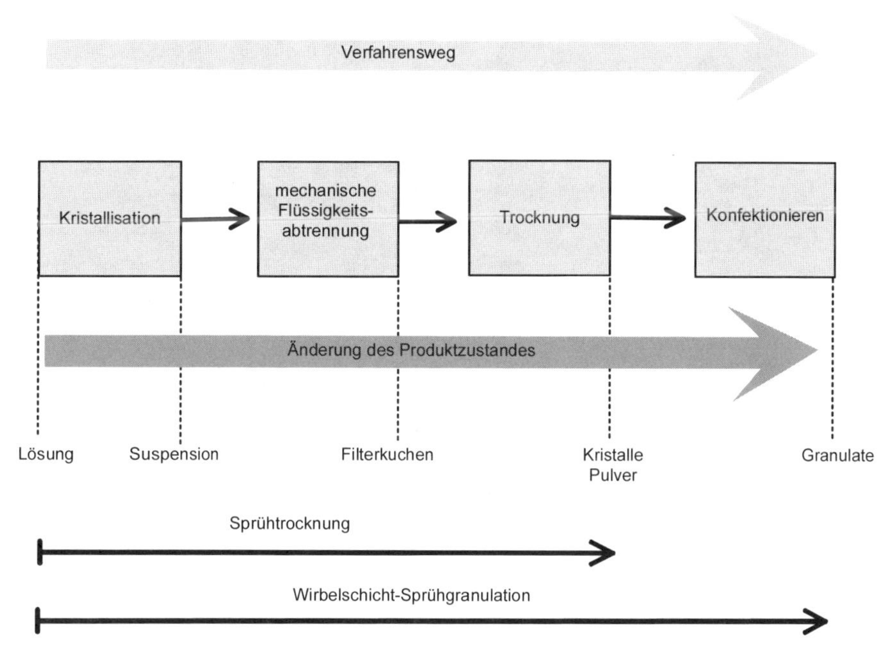

Bild 2-6 Stellung der Wirbelschicht-Sprühgranulation in einem chemischen Prozeß

Tropfen werden über Bohrungen in Lochplatten oder Düsen erzeugt. Die Strömungsgeschwindigkeit der Flüssigkeit in den Bohrungen bestimmt ganz wesentlich den Zerfall der Flüssigkeit in Tropfen (s. Bild 2-7). Beim langsamen Abtropfen sind Schwerkraft und Oberflächenspannung bestimmend. Mit steigender Geschwindigkeit verliert die Schwerkraft an Bedeutung. Es bildet sich unter dem Einfluß von Trägheits- und Zähigkeitskräften ein Faden aus, der beim Zertropfen durch Anfangsstörungen an der Bohrung zu achsensymmetrischen Oberflächenschwingungen angeregt wird. Beim Zerwellen ergibt sich durch die Kräfteverteilung der umgebenden Gasphase ein Flattern des Strahles. Der Strahl zerfällt in Tropfen, die bei höherer Relativgeschwindigkeit zwischen Tropfen und Gas unter der Wirkung von Reibungskräften und Staudruck deformiert, eingeschnürt und schließlich weiter zerteilt werden. Das verbreitert mit zunehmender Austrittsgeschwindigkeit das Tropfengrößenspektrum.

Bei weiterer Steigerung der Geschwindigkeit tritt die Tropfenbildung durch Zerplatzen des Strahles unmittelbar nach Verlassen der Bohrung ein („Zerstäuben"). Dabei entstehen Tropfen sehr unterschiedlicher Größe.

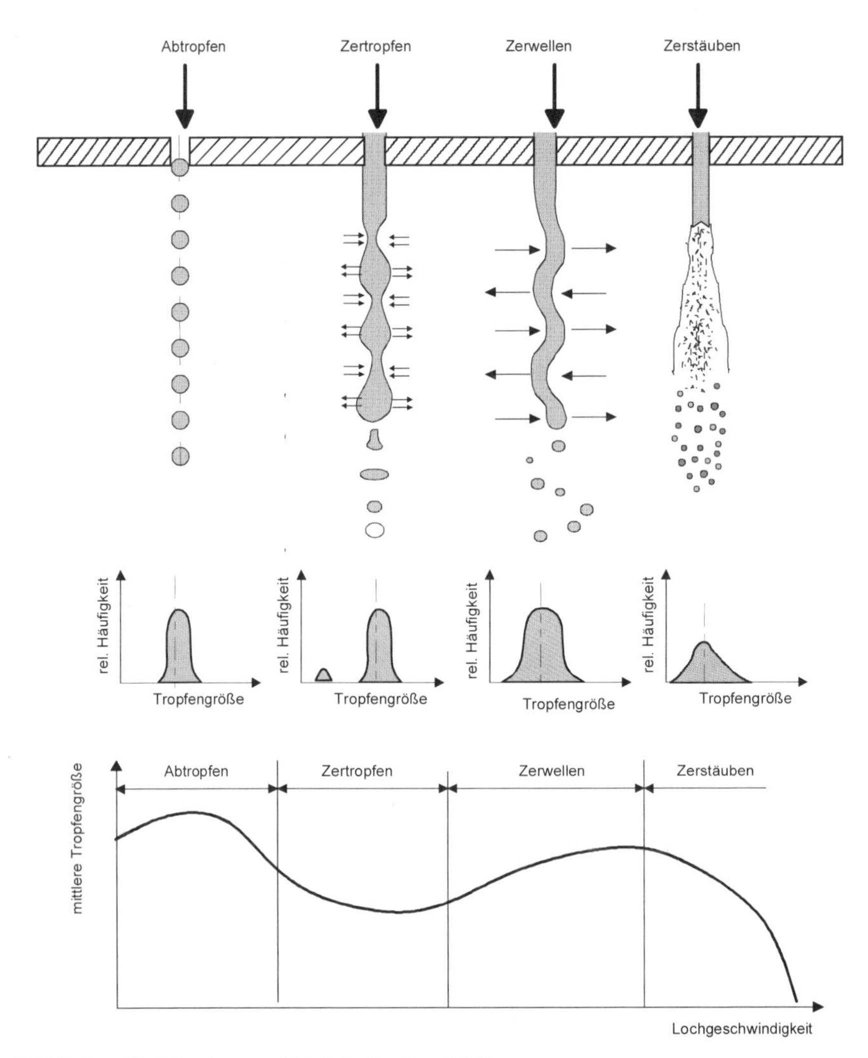

Bild 2-7 Zerfallsarten von Flüssigkeiten (aus [29])

Die Zerstäubung in technischen Düsen ist wesentlich vielfältiger und komplizierter als hier beschrieben, denn die Flüssigkeit muß nicht nur in der beschriebenen Weise zerteilt, sondern auch im vorgegebenen Gasraum homogen verteilt werden, um die gewünschten Wärme- und Stoffübergänge für die Verfestigung zu schaffen. Außerdem stammt die zur Zerteilung erforderliche Energie nicht immer aus dem Druck der Flüssigkeit selbst („Einstoff-" oder „Druck"-Düsen). Vielmehr zerreißt in der „Zweistoff"-Düse ein sehr schnell strömendes gasförmiges Medium die Flüssigkeit (s. auch Kap.9.3) während bei den „Rotations"- Zerstäubern die erforderliche Energie durch eine rotierende Scheibe auf die Flüssigkeit übertragen wird.

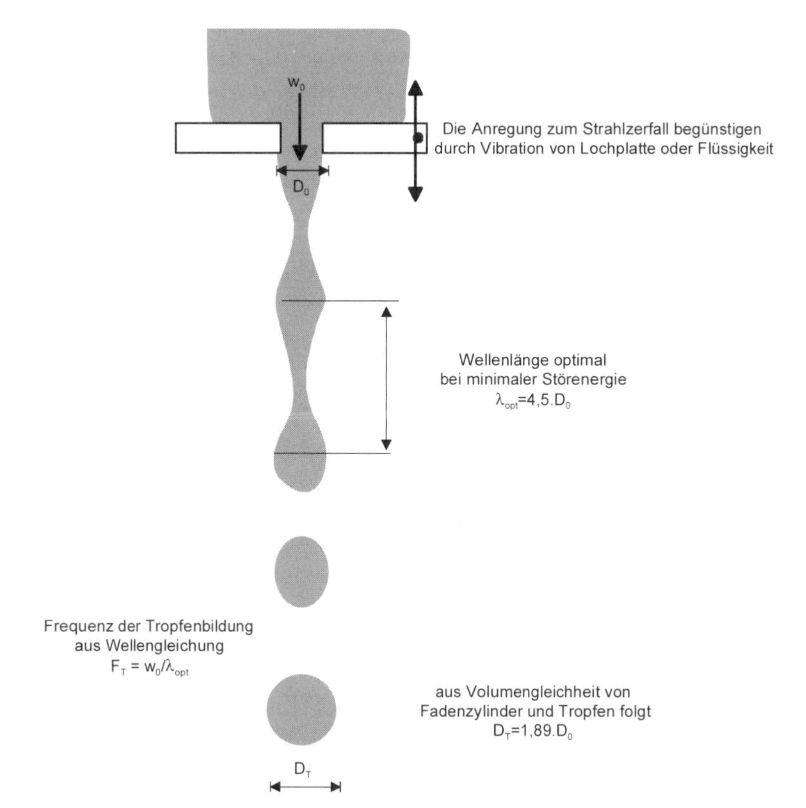

Bild 2-8 Zertropfen durch kontrollierten Strahlzerfall

Zur Erzielung einheitlicher, großer Tropfen werden Lochplatten und die Zerfallsart „Zertropfen" herangezogen („Prilling"). Der aus den Löchern austretende Flüssigkeitsstrahl stellt kein stabiles Gebilde dar (Bild 2-7). Grenzflächenspannungen wollen den Flüssigkeitsfaden zusammenziehen. Es kommt durch Störungen (Lochkontur, Erschütterungen etc.) zu Instabilitäten durch Wellenbildung. Das instabile Verhalten des Strahles wird zur Bildung gleich großer Tropfen ausgenutzt, indem dem Strahl eine Störung mit der Wellenlänge (Frequenz) aufgeprägt wird, bei der die für den Strahlzerfall erforderliche Energie minimal ist. Für ein regelmäßiges Zertropfen ohne Sekundärtropfen und Zusammenschlüsse muß die Viskosität geringer als 12 mPa·s sein [44]. Die Partikel sind rund und fallen in einer engen Korngrößenverteilung an. Weil einerseits die Löcher nicht beliebig klein gemacht werden können, ist das Verfahren der Erzeugung grober Partikel vorbehalten. Da aber andererseits wegen der Größe der Partikel auch größere Fallstrecken erforderlich sind, werden auf diese Weise in aller Regel nur Schmelzen [278] oder sehr hoch konzentrierte Lösungen oder Suspensionen verfestigt.

Formgebung

Tropfengröße [μm]	Zweistoffdüse Gas /Sprühflüssigkeit-Massenverhältnis	Druckdüse Vordruck [bar]	Zerstäuberscheibe Umfangsgeschwindigkeit [m/s]
10-50	1-2	—	—
25-100	0,5 - 1	> 50	> 150
100-250	< 0,5	15 - 50	100-150

Verfestigung

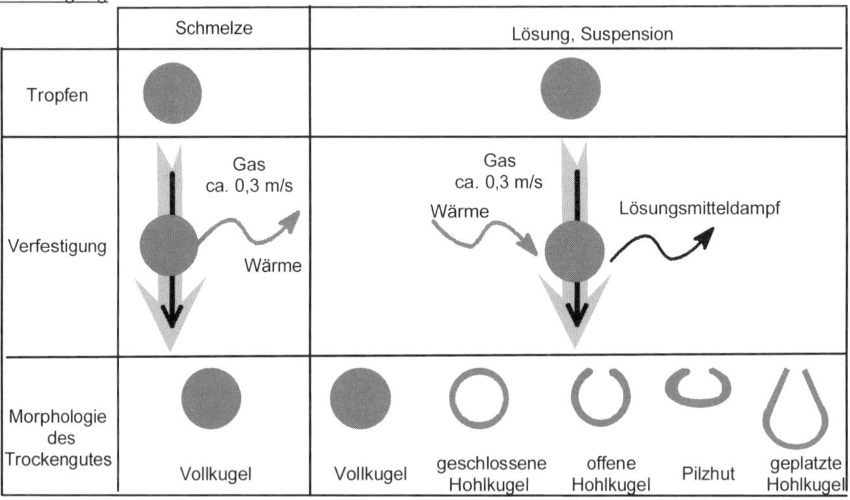

Bild 2-9 Charakteristika der Sprühtrocknung

Wenn die Partikelform und -größe nicht entscheidend sind, finden Sprühtrockner Anwendung. Theorie und Technik von Sprühtrocknern sind von Masters [174] ausführlich dargestellt. Eine Marktübersicht über Sprühtrockner zum Stand 1999 findet sich in [8].

In den Sprühtrocknern werden Flüssigkeiten zerstäubt und in einen heißen Luftstrom zu Pulvern getrocknet. Sprühtrockner werden meist im Gleichstrom von Luft und Produkt betrieben (Bild 2-9). Die Luftgeschwindigkeit liegt etwa zwischen 0,3 und 0,5 m/s. Dabei fallen die Sprühtropfen mit einer Geschwindigkeit, die sich additiv aus ihrer Sinkgeschwindigkeit und der Luftgeschwindigkeit zusammensetzt. Die Trocknungszeit des Partikels muß als Fallzeit in einem entsprechend hohen Turm gegeben sein. Das führt zu einem beträchtlichem Bauvolumen.

Beispiel für einen Düsenturm:

Aus	
Sinkgeschwindigkeit des Feuchtgutteilchens	0,9 m/s
Luftgeschwindigkeit	0,3 m/s
Trocknungszeit aus Versuch	10 s

folgt eine „aktive" Turmhöhe von 6 m. Die tatsächliche Turmhöhe ist durch Aufbauten für Zufuhr und Verteilung der Zuluft und durch anschließende Einrichtungen zur Ableitung der Abluft sowie zum Auffangen des Trockengutes bedeutend höher (+ ca. 6-7 m).

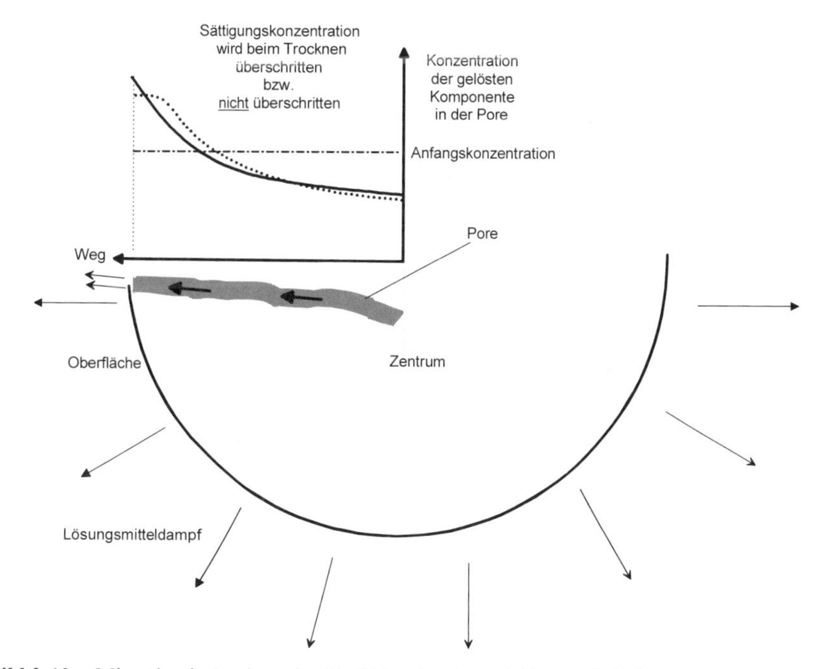

Bild 2-10 Migration in trocknenden Sprühtropfen (s. auch Kneule [116])

Das Zerstäubungsorgan ist von entscheidender Bedeutung für die Partikelgröße des Trockengutes. Außerdem ist im Gegensatz zum Prillen bei der Sprühtrocknung das Tropfengrößenspektrum breit. Die Leistung eines Sprühtrockners kann sowohl durch die größten als auch durch die kleinsten Tropfen beschränkt sein. Die größten Tropfen benötigen die längste Trocknungszeit und besitzen gleichzeitig die höchste Sinkgeschwindigkeit. Sie bestimmen damit die Höhe des Trockners. Enthält der Sprühnebel sehr viele feine Tropfen und besteht die Gefahr einer thermischen Schädigung des Produktes, so muß man u. U. die Temperatur und damit die Kapazität eines gegebenen Trockners absenken.

Die Gestalt der entstehenden Partikel wird von der versprühten Flüssigkeit maßgeblich bestimmt. Schmelzen und reine Suspensionen erstarren zu Vollkugeln. Bei Suspensionen mit einer gelösten Komponente, ergeben sich unterschiedlichste Partikelformen, wie von Büttiker [43] und [44] eindrucksvoll gezeigt worden ist.

Die unterschiedlichen Formen verbunden mit einer unterschiedlichen Mikrostruktur der Partikel werden durch eine Wanderung der gelösten Komponente beim Trocknen („Migration“) hervorgerufen. In Bild 2-10 ist ein Ausschnitt aus einem trocknenden Sprühtropfen dargestellt. Beim Trocknen tritt eine Zunahme der Konzentration der gelösten Komponente an der Tropfenoberfläche ein, weil beim Trocknen im 1. Trocknungsabschnitt ständig Flüssigkeit an die Tropfenoberfläche gesaugt wird. Diese Wanderung der gelösten Komponente ist verbunden mit einer Konzentrationserniedrigung im Innern des Tropfens. Zieht sich nach Beendigung des 1. Trocknungsabschnittes der Trocknungspiegel in das Innere zurück, hängt der Konzentrationsverlauf davon ab, ob die Flüssigkeit während des 1. Abschnittes vollkommen gesättigt war. Abhängig von diesem Verlauf füllen sich beim Trocknen die Zwischenräume zwischen den suspendierten Partikel unterschiedlich. Das führt zu unterschiedlichen Porenstrukturen in den Partikeln.

Am Beispiel des Stoffpaares unlöslicher Kreide/lösliches Ligninsulfon-Na-Salzes „Polyfon-O“ in Wasser wurde von Büttiker der Mechanismus der Partikelformung untersucht. Die Vorgänge der Partikelformung sind mit Bild 2-11 dargestellt:

- Anfänglich ist der Feststoff im Tropfen gleichmäßig verteilt. Durch Migration konzentriert sich die gelöste Komponente an der Oberfläche. Es bildet sich eine Schale mit hoher Konzentration der gelösten Komponente.
- Weiterer Wasserentzug führt zu einer Schrumpfung des gebildeten Partikels. Diese Schrumpfung wird schließlich durch die gebildete Schale, die die Mobilität der Kreideteilchen einschränkt, behindert. Die Stabilität der gebildete Schale ist nicht überall gleich. Im hinteren Staupunkt ist sie am geringsten, was dort zu einer Einbeulung bei weiterem Wasserentzug führt. Diese Einbeulung verstärkt sich bei weiterer Trocknung bis schließlich die endgültige Form erreicht ist. An seiner Innenseite enthält das gebildete Partikel in diesem Fall nahezu keine gelöste Komponente.

Dieser allgemeine Bildungsmechanismus führt abhängig von der Konzentration des Polyfon-O zu einer großen Vielfalt unterschiedlicher Partikelformen und -strukturen. Das soll Bild 2-12 zeigen.

- Besteht das Partikel komplett aus Kreide, dann hat es die Form einer Vollkugel.
- Der Zusatz geringer Mengen von Polyfon-O bewirkt die Bildung eines pilzartigen Schalenkörpers.
- Mit zunehmendem Polyfon-O-Anteil verkleinert sich die Einbeulung. Das Partikel strebt die Form eines Hohlkörpers an.

Eine weitere Steigerung des Polyfon-O-Gehaltes führt zu einer geschlossenen Hohlkugel.

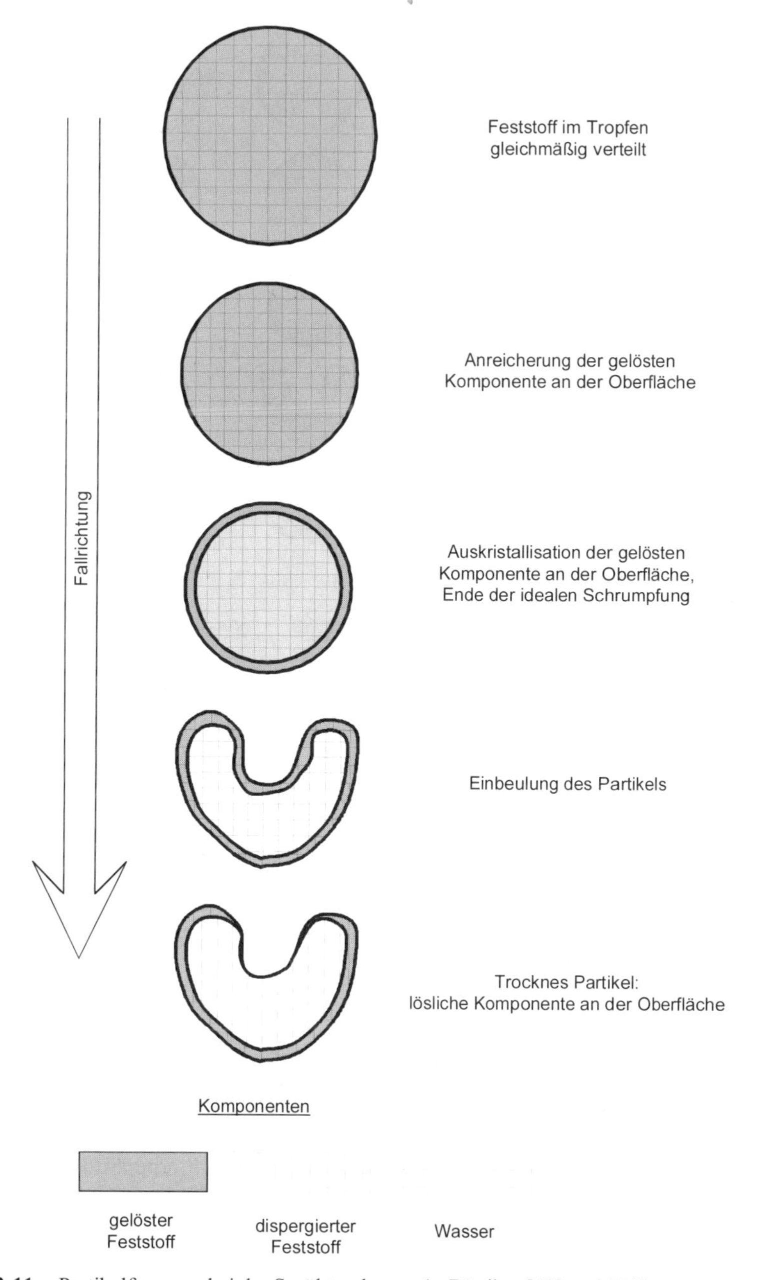

Bild 2-11 Partikelformung bei der Sprühtrocknung (s. Büttiker [43] und [44])

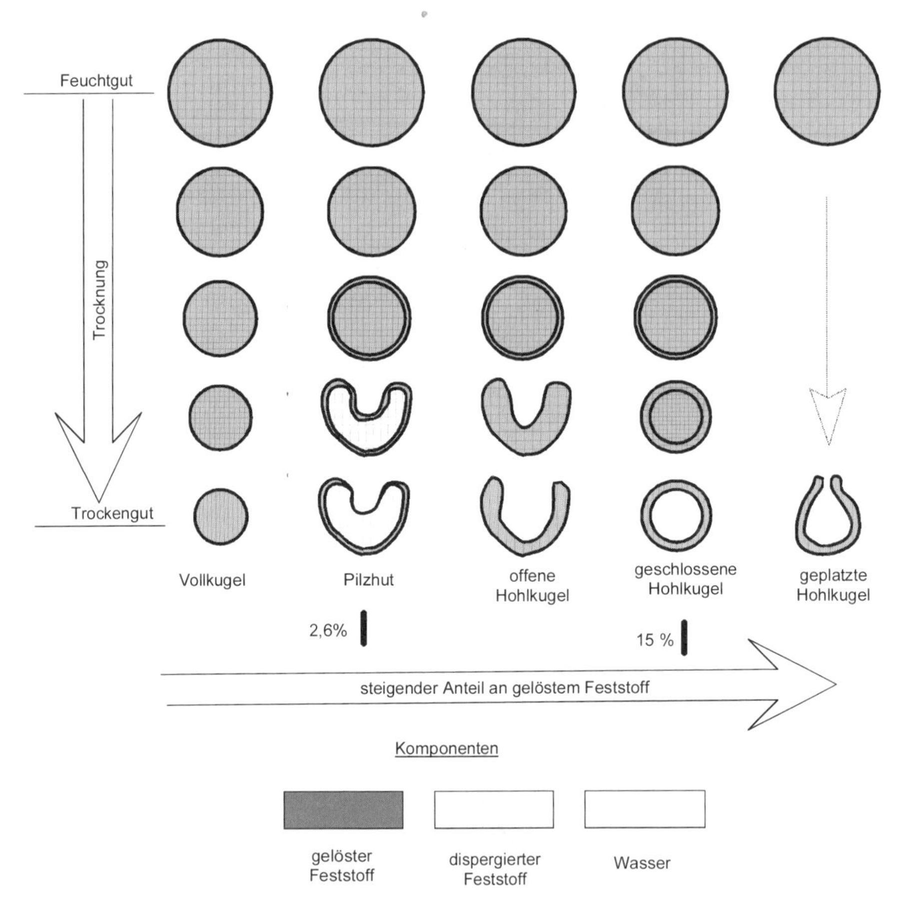

Bild 2-12 Übersicht über die Morphologie sprühgetrockneter Partikel nach Büttiker [43] und [44] Die Morphologie wurde gefunden für das Stoffpaar unlösliche Kreide / lösliches Ligninsulfon-Na-Salz „Polyfon-O" in Wasser

Seit einigen Jahren wird die Sprühtrocknung auch zweistufig durchgeführt (s. Bild 2-13). Die 2. Stufe ist ein Fließbett, das entweder dem Sprühturm nachgeschaltet oder in ihn integriert sein kann. Sie dient entweder der Kühlung, der Nachtrocknung oder der Kornvergröberung. Die Nachschaltung ist nicht praktikabel, wenn das Produkt infolge hoher Restfeuchte zur Klumpenbildung und Anbackungen im Austrittsbereich des Trockners neigt. Bei diesem Produktverhalten empfiehlt sich ein integriertes Fließbett.

In Bild 2-14 sind Oberflächen und Bruchflächen von Partikeln dargestellt, die mit den konkurrierenden Verfahren erzeugt wurden. Alle Partikel sind aus einer Suspension mit teilweiser Löslichkeit des Feststoffes hergestellt:

- Die hier dargestellten sprühgetrockneten Partikel sind innen hohl.
- Partikel aus einem Sprühtrockner, in den ein Fließbett (FSD) integriert ist, sind regellos verklebte, u. U. hohle Kugeln.
- Das durch Wirbelschicht-Sprühgranulation erzeugte Partikel ist nahezu rund und -wie üblich - kompakt.

Es zeigt sich, daß die Konkurrenz von Sprühtrocknung und Wirbelschicht-Sprühgranulation im wesentlichen nur in Bezug auf ihre Fähigkeit beruht, flüssiges Ausgangsprodukt weiterverarbeiten zu können. Partikelform, -aufbau und -größe sind hingegen, abgesehen von einigen Übergangsbereichen, verschieden. Die unterschiedlichen Partikeleigenschaften begründen den Einsatz der Verfahren. Hierauf wird noch an anderen Stellen des Buches hingewiesen. Siehe beispielsweise Kap. 16.

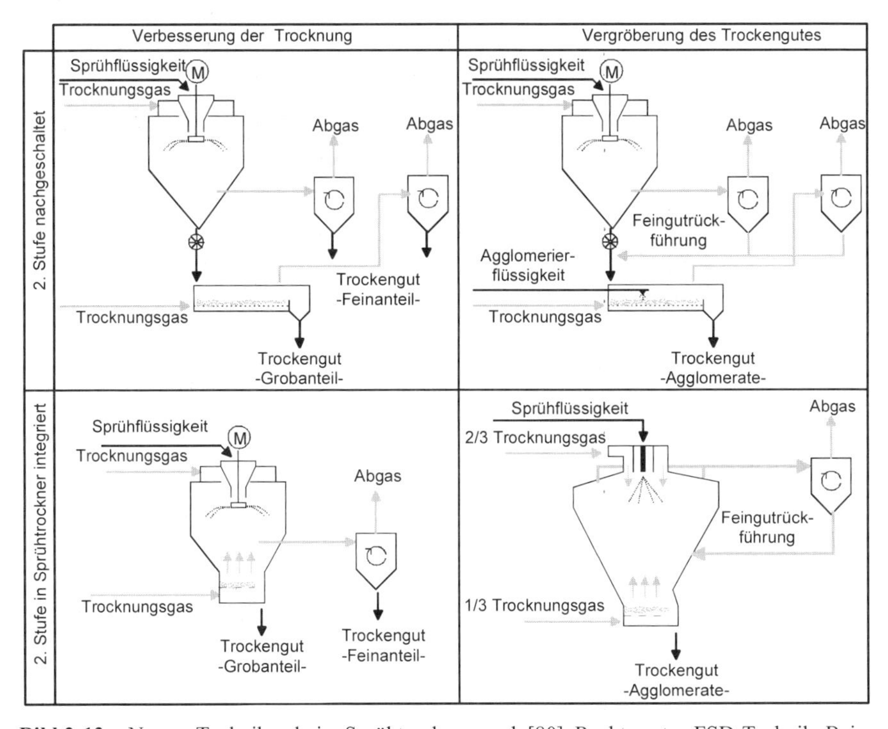

Bild 2-13 Neuere Techniken beim Sprühtrocknen nach [80]. Rechts unten FSD-Technik. Bei allen anderen Konzepten handelt es sich um umgerüstete Trockner mit Scheibenzerstäuber

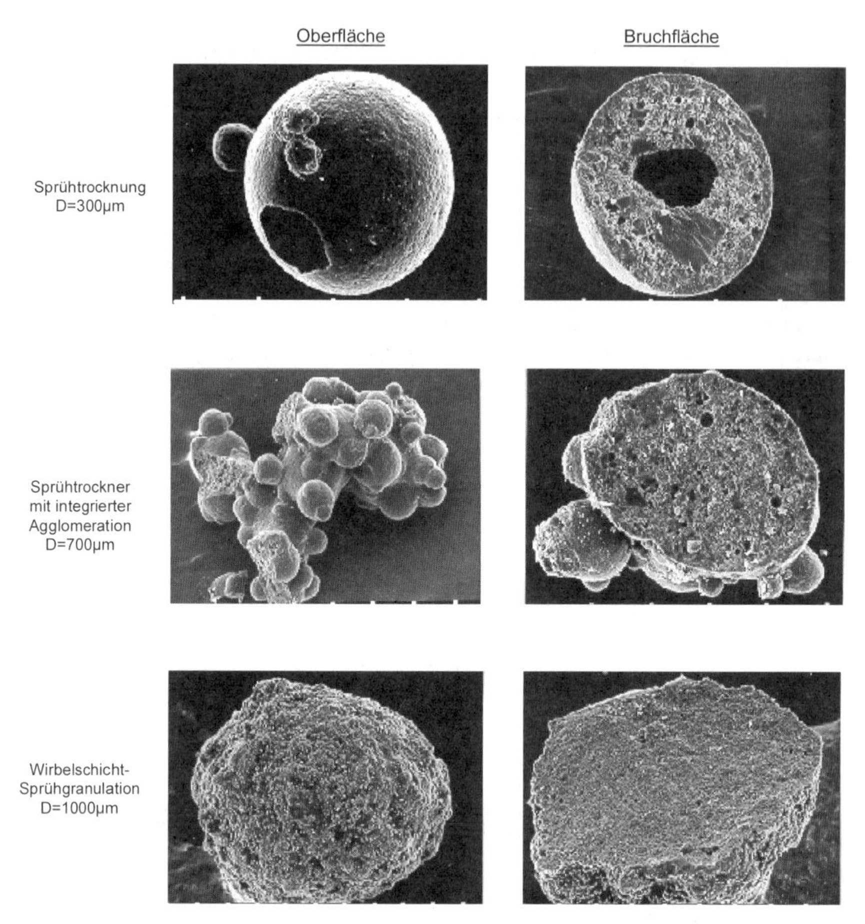

Bild 2-14 Einfluß des Herstellverfahrens auf die Partikelstruktur (die Partikel sind hergestellt aus Suspensionen mit gelösten Komponenten) [347]

3 Wesentliche Aspekte der Fluidisation

3.1 Allgemeines

Um Partikel, dem Verfahrensprinzip entsprechend, durch Besprühen und Verfestigen der aufgetragenen Flüssigkeit vergröbern zu können, müssen die Partikel in einen Zustand gebracht werden, in dem sie für das Besprühen rundum zugänglich sind, aber auch bis zum Abtrocknen der aufgetragenen Flüssigkeit ausreichend voneinander entfernt bleiben. Solche Bedingungen entstehen, wenn die Partikel einer Schüttung durch ein aufwärtsströmendes Gas aufgelockert und getragen werden. Die Schicht verhält sich wie eine Flüssigkeit. Sie ist „fluidisiert". Ihr Zustand ist zunächst durch eine visuelle Beobachtung zu beschreiben (gelockert, Blasen, Stoßen). Meßbare Größen sind der Druckverlust einschließlich seiner Fluktuationen und die Höhe einer Wirbelschicht.

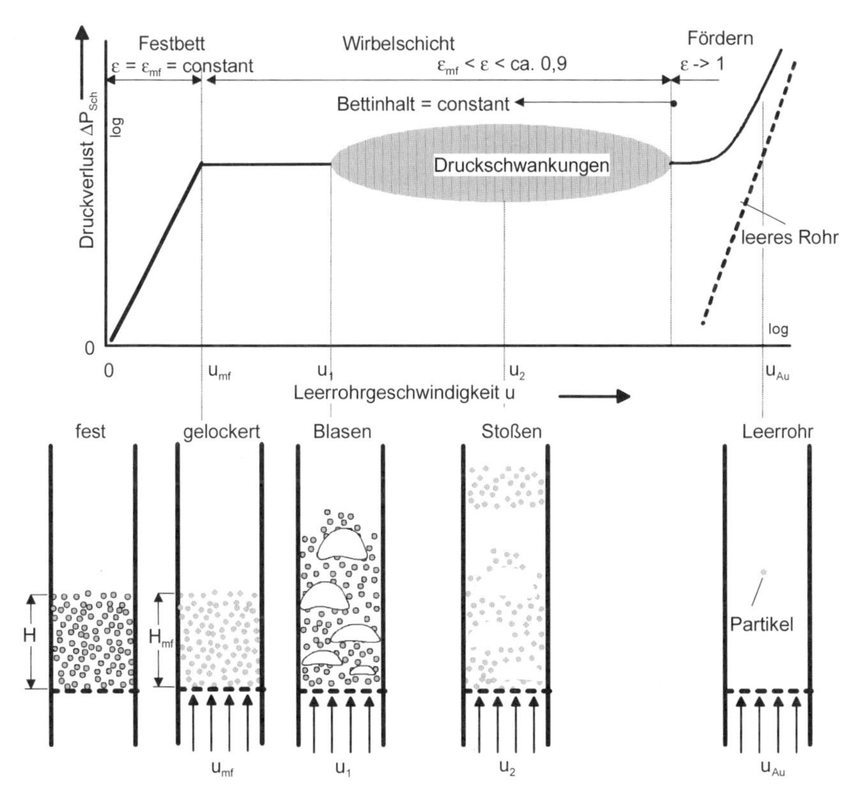

Bild 3-1 Zustandsformen der Wirbelschichten aus [39] und [100]

Aus dem außerordentlich umfangreichen Schrifttum zu diesem Thema (z.B. [39], [136], [370], [100]) werden hier einige zum Verständnis der Wirbelschicht-Sprühgranulation notwendige Aspekte wiedergegeben. Die Erläuterungen sind auf die Verhältnisse bei der Wirbelschicht-Sprühgranulation abgestellt. Außerdem wird zugunsten der Anschaulichkeit auf eine theoretisch mögliche Genauigkeit verzichtet. So wird in der Regel unterstellt, die Partikel seien glatte Kugeln.

Die verfügbaren Informationen bestehen aus zahlreichen Berechnungsansätzen und Gebrauchsformeln. Weil für das Konzipieren und Betreiben der Wirbelschicht-Sprühgranulation ein Gefühl für Größenordnungen erforderlich ist, werden in der Folge die losen und teilweise unübersichtlichen Informationen in Diagrammen zusammengefaßt. Da die Dichte der Partikel um den Faktor 10^2 bis 10^3 größer als die des Gases ist, werden Auftriebskräfte bei den Erläuterungen weggelassen (nicht jedoch bei den aus der Literatur übernommenen mathematischen Zusammenhängen).

3.2 Festbett

3.2.1 Allgemeines

Wenn eine Schüttung gemäß Bild 3-1 mit geringer Geschwindigkeit durchströmt wird, bewegt sich das Gas durch die Hohlräume der Schüttung. Die Packungsstruktur der Schüttung, gekennzeichnet durch die Porosität ε und die Schichthöhe H wird durch den Gasstrom nicht verändert. Sie wird in dieser Phase als „Festbett“ bezeichnet.

Die einzelnen Partikel dieser Schüttung werden mit der Zwischenkorngeschwindigkeit u_H angeströmt. Für sie gilt:

$$u_H = \frac{\text{Leerrohrgeschwindigkeit}}{\text{Porösität}} = \frac{u}{\varepsilon} \qquad \text{Gl.(3-1)}$$

Das Gas erleidet bei der Durchströmung des Festbettes ($0 < u < u_{mf}$) einen Druckverlust Δp_{Sch}, der nach Ergun (entnommen aus [330]) aus 2 Thermen berechnet werden kann. Der erste Therm gibt den laminaren, der zweite den turbulenzartigen Anteil des Druckverlustes wieder.

$$\frac{\Delta P_{Sch}}{H} = 150 \cdot \frac{(1-\varepsilon_0)^2}{\varepsilon_0^3} \cdot \frac{\nu_F \cdot \rho_F \cdot u}{D_{32}^2} + 1{,}75 \cdot \frac{(1-\varepsilon_0)}{\varepsilon_0^3} \cdot \frac{\rho_F \cdot u^2}{D_{32}} \qquad \text{Gl.(3-2)}$$

In dieser Gleichung bedeuten

- H = Höhe des Festbettes
- ε_0 = Porosität des Festbettes
- ρ_F = Dichte des Gases
- ν_F = kinematische Zähigkeit des Gases
- D_{32} = für das Partikelkollektiv hinsichtlich Volumen und Oberfläche gleichwertiger Kugeldurchmesser (s. Gl.(2-2)).

Der erste, linear von u abhängige Therm der Gleichung dominiert, wenn das Zwischenkornvolumen laminar durchströmt wird. Die Re-Zahl basiert auf dem mittleren Partikeldurchmesser („Sauter"-Durchmesser) entsprechend

$$Re = \frac{u \cdot D_{32}}{(1-\varepsilon) \cdot \nu_F} \qquad \text{Gl.(3-3)}$$

Sie gibt die vorherrschende Strömungsform wieder. In [39] ist für Kugelschüttungen als Ergebnis einer Literaturauswertung zu erkennen:

$Re < 2 \cdot 10^2$	laminare Durchströmung
$Re > 2 \cdot 10^3$	turbulente Durchströmung
$2 \cdot 10^2 < Re < 2 \cdot 10^3$	Übergangsbereich

Wenn Schüttungen von Partikeln mit einem Durchmesser < 1000 µm und üblichen Dichten von Luft mit Raumtemperatur unterhalb der Lockerungsgeschwindigkeit durchströmt werden, ergeben sich Re-Zahlen unter 150. Deshalb kann im Zusammenhang mit der Wirbelschicht-Sprühgranulation die Durchströmung ruhender Schüttungen bei verringerten Genauigkeitsansprüchen als laminar unterstellt werden.

3.2.2 Lockerungspunkt

Mit der Steigerung der Geschwindigkeit erhöhen sich die vom Gas auf den Feststoff übertragenen Kräfte. Der Kontakt zwischen den sich in der Schüttung aufeinander abstützenden Kräften wird mehr und mehr gelockert, bis schließlich das Gewicht der Partikel völlig kompensiert ist. Die Partikel haben nun keinen permanenten Kontakt mehr. Sie werden beweglich. Der Druckverlust, den das Gas auf seinem Wege durch die Schicht erleidet, entspricht dem auf die Flächeneinheit des Anströmquerschnittes bezogenen Gewicht (genau: minus Auftrieb) der Schüttung.

$$\Delta P_{Sch} = H_{mf} \cdot (1-\varepsilon_{mf}) \cdot (\rho_{Ss}-\rho_F) \cdot g \qquad \text{Gl.(3-4)}$$

Der sogenannte „Lockerungs-" oder „Wirbelpunkt" ist erreicht. Die Struktur der Schicht ist gekennzeichnet durch die Porosität ε_{mf} und die Schichthöhe H_{mf}. Die zugehörige Leerrohrgeschwindigkeit ist die sogenannte „Lockerungsgeschwindigkeit u_{mf}" (andere gebräuchliche Bezeichnungen sind „Wirbelpunktsgeschwindigkeit" oder auch angelehnt an das angelsächsische Schrifttum „Minimalfluidisation", nach der hier die Indizierung mit „mf" gewählt worden ist). ρ_{Ss} und ρ_F stehen für die Dichten von Feststoff und Fluid.

Die Geschwindigkeit am Lockerungspunkt kann durch Gleichsetzen der Druckabfälle durch reibungsbehaftete Strömung ΔP_{Sch} gemäß Gl.(3-2) und durch das Gewicht der Partikelsäule Gl.(3-4) errechnet werden. Man erhält über eine quadratische Gleichung die Lockerungsgeschwindigkeit u_{fm} zu

$$u_{mf} = 42{,}9 \cdot (1 - \varepsilon_{mf}) \cdot \frac{\nu_F}{D_{32}} \cdot \left[\sqrt{\left(1 + 3{,}11 \cdot 10^{-4} \cdot \frac{\varepsilon_{mf}^3}{(1-\varepsilon_{mf})^2} \frac{(\rho_{Ss} - \rho_F)}{\rho_F} \frac{g \cdot D_{32}^3}{\nu_F^2}\right)} - 1\right]$$

Gl.(3-5)

In dieser Gleichung bedeuten:

ε_{mf} = Porosität der Schicht am Lockerungspunkt
ρ_F = Dichte des Gases
$\rho_{S\,s}$ = scheinbare Dichte der Feststoffpartikel
ν_F = kinematische Zähigkeit des Gases
D_{32} = volumengleicher Kugeldurchmesser für das Partikelkollektiv (s. Gl. (2-2))

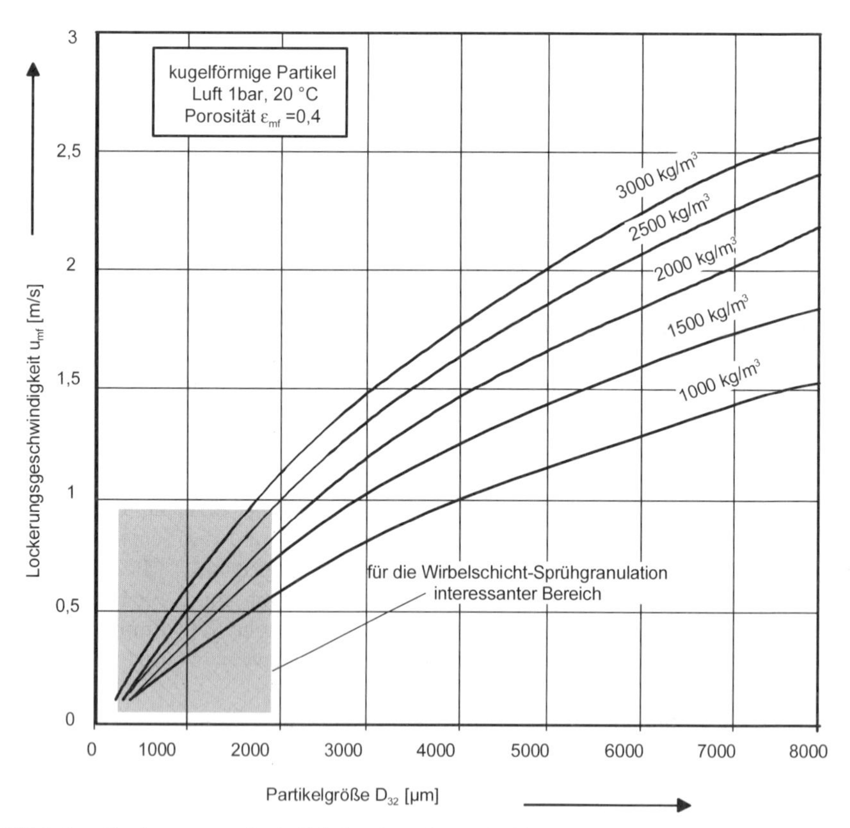

Bild 3-2 Lockerungsgeschwindigkeiten berechnet mit Gl.(3-5)

Mit dem mit Bild 3-2 gegebenen Diagramm ist Gl.(3-5) ausgewertet. Die Lockerungsgeschwindigkeiten für kugelförmige Partikel unterschiedlicher Durchmesser und Dichte in Luft von Raumtemperatur sind unmittelbar zu entnehmen. Die Lockerungsgeschwindigkeiten liegen in dem für die Wirbelschicht-Sprühgranulation interessanten Bereich von Partikelgröße und -dichte unter 1 m/s; vorzugsweise sind sie kleiner als 0,5 m/s.

Weil bei den Bedingungen der Wirbelschicht-Sprühgranulation eine lamimare Durchströmung des Festbettes unterstellt werden kann, ist in Gl.(3-5) nur der erste Therm von Bedeutung. Bei Beschränkung auf diesen Therm gewinnt man eine übersichtliche Beziehung für die Lockerungsgeschwindigkeit mit

$$u_{mf} = \frac{1}{150} \cdot \frac{\varepsilon_{mf}^3}{1-\varepsilon_{mf}} \cdot \frac{g \cdot D_{32}^2}{\nu_F \cdot \rho_F} \cdot \left(\frac{\rho_{Ss} - \rho_F}{\rho_F}\right) \qquad \text{Gl.(3-6)}$$

Eine weitere Vereinfachung ergibt sich bei Vernachlässigung des Einflusses des Auftriebes durch

$$\rho_{Ss} - \rho_F \approx \rho_{Ss}$$

Außerdem kann die Dichte nach dem idealen Gasgesetz errechnet werden mit

$$\rho_F = \frac{P \cdot M}{848 \cdot T}$$

wobei M für die Molmasse des Gases steht.

Damit folgt die Lockerungsgeschwindigkeit aus

$$u_{mf} = 5{,}65 \cdot \frac{\varepsilon_{mf}^3}{1 - \varepsilon_{mf}} \cdot g \cdot D_{32}^2 \cdot \rho_{Ss} \cdot \frac{T}{P \cdot M \cdot \nu_F} \qquad \text{Gl.(3-7)}$$

Aus dieser Beziehung können nun einige für den Betrieb der Wirbelschicht-Sprühgranulation wichtige Schlüsse gezogen werden. Aus der Gleichung folgt für den Einfluß

- des Durchmessers: Die Lockerungsgeschwindigkeit ist $\sim D_{32}^2$. Das bedeutet, daß mit zunehmendem Durchmesser die für die Lockerung erforderliche Geschwindigkeit rasch steigt. Das führt bei gegebener Durchströmung der Schicht zu der Gefahr, daß Zusammenschlüsse von Partikeln („Verklumpungen" s. Kap. 4.6), deren Abmessungen die der übrigen Partikel weit übersteigen, auf den Gasverteiler absinken.
- der Temperatur: Je höher die Temperatur, um so größer ist die für die Lockerung erforderliche Strömungsgeschwindigkeit. Weil sich mit der Temperatur aber auch die kinematische Zähigkeit ν_F erhöht, ist die Lockerungsgeschwindigkeit der Temperatur des Fluids nicht direkt proportional. Nimmt man Luft bei 20°C und 150°C, dann wächst die Lockerungsgeschwindigkeit nur um 33%, während sich die Temperatur in K um 44% erhöht.
- des Druckes: Die für die Lockerung erforderliche Geschwindigkeit ist dem Druck umgekehrt proportional. Das bedeutet, daß bei Granulationen im Lösungsmitteldampf, die vorzugsweise im Unterdruckbereich durchgeführt

werden nach Luy [163] für die Lockerung höhere Geschwindigkeiten erforderlich sind, wenn andere Einflüsse, wie z. B. der der Molmasse, nicht dagegen sprechen.

- der Molmasse: Die für die Lockerung erforderliche Geschwindigkeit ist der Molmasse ebenfalls umgekehrt proportional. Allerdings ist die Molmasse der Lösungsmitteldämpfe deutlich höher als die von Luft (Sie ist beispielsweise bei Aceton 58,1 kg/kmol und bei Ethanol 46,1 kg/kmol. Zum Vergleich bei Luft beträgt sie 28,5 kg/kmol). Das hat im Vergleich zu Luft geringere Geschwindigkeiten für die Lockerung zur Folge.

Bei der Wirbelschicht-Sprühgranulation sind die Partikel zum einen nicht ideal rund. Zum anderen ist die Temperaturverteilung nicht homogen. Der Einfluß dieser Abweichungen auf die Fluidisation ist nicht genau abzuschätzen. Deshalb genügen hier erheblich vereinfachte Betrachtungen.

Für höhere Genauigkeitsansprüche wird auf eine rechnerische Ermittlung der Lockerungsgeschwindigkeit aus gemessenen Kornverteilungsdaten generell verzichtet, weil die Sphärizität (s. Kap. 2.2.1) schwierig und dann auch nur ungenau einzuschätzen ist. Sie wird stattdessen üblicherweise experimentell bei Raumtemperatur bestimmt [370]. Dabei ist zu berücksichtigen, daß der Übergang vom Festbett zur Wirbelschicht nur bei enger Korngrößenverteilung scharf definiert ist. Breite Verteilungen ergeben einen breiteren Übergang. Es hat sich durchgesetzt, in diesem Fall den Schnittpunkt von Festbett- und Wirbelschichtkennlinie als Lockerungspunkt zu definieren. Bei der Bestimmung muß ebenfalls berücksichtigt werden, daß die Schüttung sich durch ihr Eigengewicht verfestigt. Diese Anfangsverfestigung ist bei den Messungen zu umgehen, in dem die Bestimmung in Richtung abnehmender Geschwindigkeiten vorgenommen wird. (s. Bild 3-3)

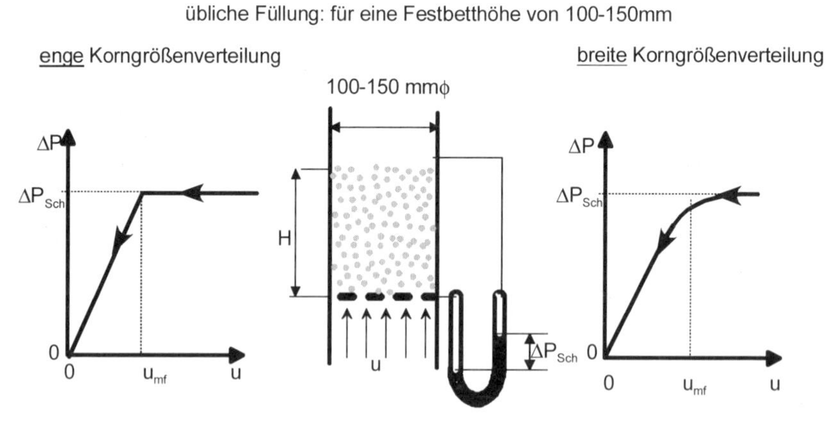

Bild 3-3 Experimentelle Bestimmung der Lockerungsgeschwindigkeit

3.3 Wirbelschicht

3.3.1 Allgemeines

Wenn nun die Leerrohrgeschwindigkeit gemäß über den Lockerungspunkt hinaus gesteigert wird, wird die Porosität der Schicht inhomogen. Der über die Lockerungsgeschwindigkeit hinausgehende Anteil des Gasdurchsatzes durchquert die Schicht in Form von Blasen. Diese anfänglich kleinen Gasblasen schließen sich während ihres Aufstieges durch Koaleszenz zu großen Blasen zusammen. Bei schlanken, hohen Apparaturen füllen die Gasblasen schließlich den gesamten Querschnitt der Apparatur. Sie bilden dann eine „stoßende" Wirbelschicht.

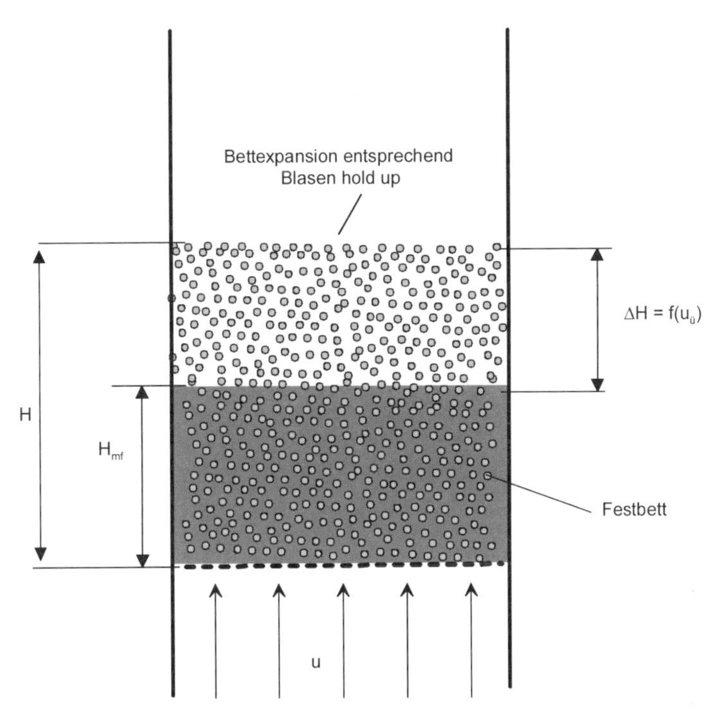

Bild 3-4 Modellvorstellung vom Ausdehnungsverhalten der Wirbelschicht

Wegen der durch Gasblasen verursachten heftigen Feststoffbewegung schwanken die Schichthöhe H und die Porosität ε örtlich und zeitlich ganz erheblich. Die Struktur der Schicht ist daher durch diese beiden Größen nicht mehr zuverlässig zu kennzeichnen.

Für die Charakterisierung der Wirbelschichtzustände sind 2 Definitionen nützlich:

Fluidisationszahl $f = \frac{u}{u_{mf}}$ Gl.(3-8)

Überschußgeschwindigkeit $u_ü = u - u_{mf}$ Gl.(3-9)

3.3.2 Ausdehnungsverhalten der Wirbelschicht

Eine angenäherte Vorstellung von der aktuellen Schichthöhe ergibt sich aus Bild 3-4. Bekannt seien am Lockerungspunkt die Wirbelschichtparameter Leerohrgeschwindigkeit u_{mf} und Schichthöhe H_{mf}. Aus diesen Größen kann die aktuelle Schichthöhe H für die Leerrohrgeschwindigkeit u und die Querschnittsfläche A nach Rowe [284] anschaulich folgendermaßen ermittelt werden:

Da der die Überschußgeschwindigkeit $u_ü$ nach Gl.(3-8) ausmachende Teil des Gases die Schicht in Form von Blasen durchquert, gilt

$$\dot{V}_B = A \cdot u_ü \quad \text{Gl.(3-10)}$$

Mit der Verweildauer t_B der Blasen in der Schicht entsprechend

$$t_B = \frac{H}{u_{B\,mittel}} \quad \text{Gl.(3-11)}$$

führt der mit der mittleren Aufstiegsgeschwindigkeit der Blasen u_B zu einer Ausdehnung der Schicht von H_{mf} auf H. Dem entspricht

$$\dot{V}_B \cdot t_B = \dot{V}_B \cdot \frac{H}{u_{B\,mittel}} = A \cdot (H - H_{mf}) \quad \text{Gl.(3-12)}$$

Somit folgt die aktuelle Schichthöhe aus Gl.(3-10) bis Gl.(3-12) zu

$$H = \frac{H_{mf}}{1 - \frac{u_ü}{u_{B\,mittel}}} \quad \text{Gl.(3-13)}$$

Bei dieser Betrachtung ist nicht berücksichtigt, daß genauere Untersuchungen von Clift und Grace [47] sowie von Werther ([369], [372]) ergeben haben, daß entgegen der klassischen Theorie nur etwa 70% des Überschußgasstromes die Wirbelschicht als Blasen durchqueren. Deshalb wird das Ausdehnungsverhalten der Schicht üblicherweise mit Gebrauchsformeln berechnet. Zur Benutzung dieser Gebrauchsformeln sind einige Vorbetrachtungen erforderlich:

Zwischen den zur Leerrohrgeschwindigkeit u gehörenden Größen Schichthöhe H sowie Porosität ε und den gleichen Größen am Lockerungspunkt besteht folgender Zusammenhang

$$\frac{H}{H_{mf}} = \frac{1 - \varepsilon_{mf}}{1 - \varepsilon} \qquad \text{Gl.(3-14)}$$

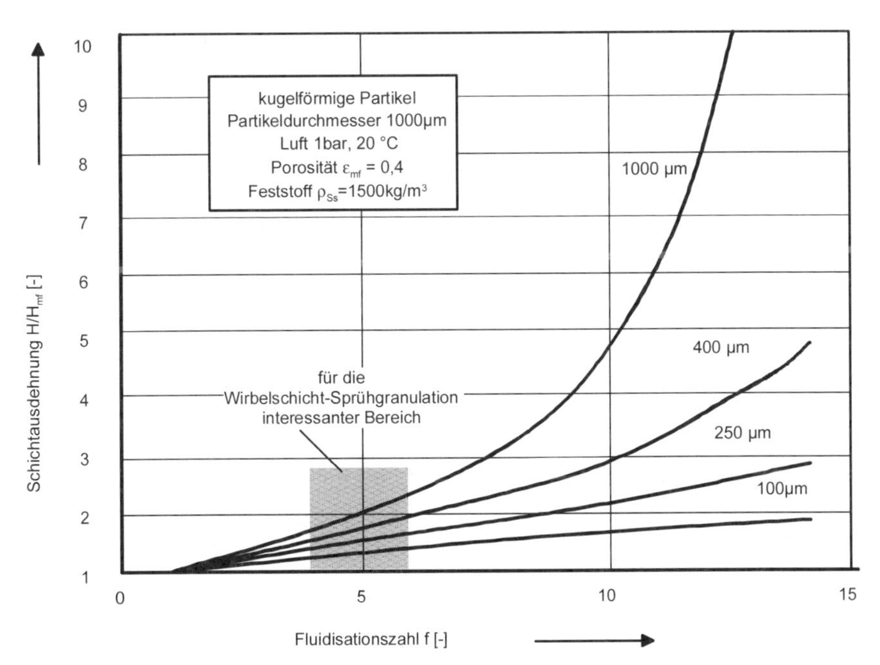

Bild 3-5 Orientierung zum Ausdehnungsverhalten der Wirbelschicht.(Berechnet mit den Gleichungen Gl.(3-13) bis Gl.(3-16) unter Einführung der maximalen Fluidisationszahl nach Kap.3.3.4)

Die maximale Leerrohrgeschwindigkeit u_{Au} bei der der Feststoff aus der Schicht ausgetragen wird, wird unter Kap. 3.3.3 noch näher erläutert. Diese Geschwindigkeit ist die Sink- oder Schwebegeschwindigkeit. Sie bestimmt die maximale Fluidisationszahl f_{max}.

Richardson und Zaki [275] haben für das Ausdehnungsverhalten von Wirbelschichten gefunden

$$\frac{u}{u_{Au}} = \frac{u_{mf}}{u_{Au}} \cdot \frac{u}{u_{mf}} = \frac{f}{f_{max}} = \varepsilon^{E_\varepsilon} \qquad \text{Gl.(3-15)}$$

Der Exponenten E_ε in dieser Gleichung kann nach Sathiyamoorthy und Rao [293] für f = 1 und entsprechend $\varepsilon = \varepsilon_{mf}$ für einen gegebenen Partikeldurchmesser errechnet werden aus

$$E_\varepsilon = \frac{\log \frac{1}{f_{max}}}{\log \varepsilon_{mf}} \qquad \text{Gl.(3-16)}$$

Bild 3-5 soll zu einem Überblick über das Ausdehnungsverhalten verhelfen, der sich aus den oben diskutierten, verwickelten Beziehungen nicht unmittelbar aufdrängt. Schichtausdehnung und Fluidisationszahl sind bei dieser Darstellung auf den Wert 10 begrenzt. Es ist zu erkennen, daß bei $f \approx 3$ die Schichtausdehnung etwa 50% beträgt. Eine Schicht aus größeren Partikeln dehnt sich stärker als eine Schicht aus kleinen Partikeln.

Die Beurteilung der Homogenität der Fluidisierung auf der Basis visueller Beobachtungen ist sehr unsicher. Ein objektives Maß für Blasengröße und –häufigkeit liefern die in ihrer Abhängigkeit von der Zeit über die Schicht zu messenden Druckverlustschwankungen. Die relative Druckverlustschwankung um den Mittelwert $\Delta P_{Sch,mittel}$ berechnet sich aus

$$S_{\Delta P} = \frac{\Delta P_{Sch,max} - \Delta P_{Sch,min}}{2 \cdot \Delta P_{Sch,mittel}} \qquad \text{Gl.(3-17)}$$

Da die Druckverlustschwankungen durch die in der Schicht aufsteigenden Gasblasen hervorgerufen werden, charakterisiert die Größe der Schwankungen $S_{\Delta P}$ die mittlere Blasengröße, während die Frequenz $F_{\Delta P}$ die Häufigkeit der Blasenbildung (s. [185] und Kap. 3.3.6.2) angibt.

3.3.3 Austragsgeschwindigkeit

Wenn nun bei weiterer Steigerung der Leerrohrgeschwindigkeit die Sink- oder Schwebegeschwindigkeit des Einzelpartikels erreicht wird, verschwinden Blasenbildung und Schichtoberfläche; die Schicht wird ausgetragen. Da sich aber Partikelsträhnen und -wolken bilden, behandelt das Gas die Partikeln nicht mehr als Individuen sondern als Zusammenballungen („Schwärme“ oder „Aggregate“) deren Sinkgeschwindigkeit deutlich höher als die des einzelnen Partikels ist. (s. die Extreme in Bild 3-6) Außerdem ist die Gasgeschwindigkeit über den Strömungsquerschnitt nicht konstant. Unterstellt man, daß die Partikel glatte Kugeln sind, wird ein weiterer, nicht unbedeutender Fehler gemacht. Wenn daher im Folgenden das Ende der Wirbelschicht über das Sinkverhalten des Einzelpartikels festgelegt wird, ist das allenfalls eine grobe, aber brauchbare Orientierung.

Ein einzelnes Partikel wird im Raum stillstehen („schweben“), wenn es mit einer Geschwindigkeit angeblasen wird, bei der der Strömungswiderstand gerade ausreicht, um das Gewicht zu kompensieren. Weil das Schwebe- bzw. Sinkverhalten der Partikel von erheblichem technischen Interesse (Meßtechnik, Förderung, Trenntechnik etc.) ist, ist es sorgfältig untersucht worden (s. beispielsweise [161], [330], [52])

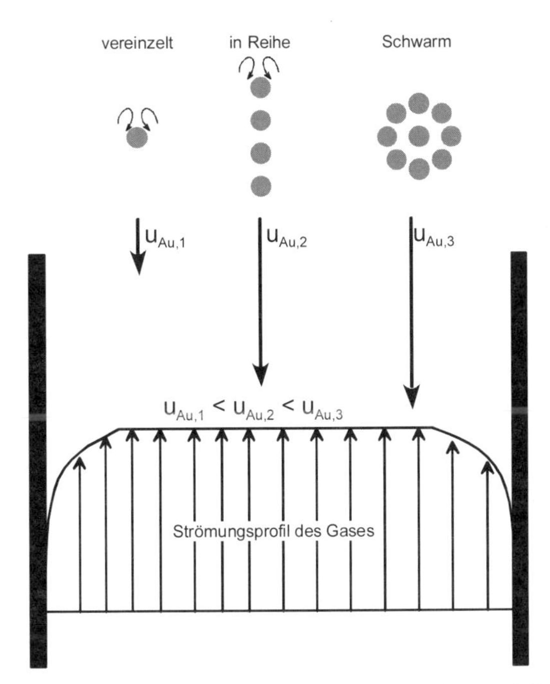

Bild 3-6 Gegenseitige Beeinflussung von Partikeln beim Schweben nach Reh [273]. Dargestellt sind die Sink- oder Schwebegeschwindigkeiten der Aggregate, die hier als Austragsgeschwindigkeiten der Wirbelschicht betrachtet werden müssen

Die Geschwindigkeit einer einzelnen, frei in einem gaserfüllten Raum fallenden Partikel wird unter der Wirkung der Erdschwere zunehmen, bis schließlich der Endwert erreicht ist. Dieser Endwert w ist erreicht, wenn das beschleunigende Gewicht (minus Auftrieb) und der bremsende Strömungswiderstand sich das Gleichgewicht halten. Es ist dann

$$(\rho_{Ss} - \rho_F) \cdot g \cdot \frac{\pi \cdot D^3}{6} = \frac{1}{2} \cdot \rho_F \cdot w^2 \cdot \frac{\pi \cdot D^2}{4} \cdot c_w(Re) \qquad \text{Gl.(3-18)}$$

In der Gleichung stehen ρ_{Ss} und ρ_F für die Dichte von Feststoff und Gas. Der Widerstandsbeiwert c_w ist von den aus der Umströmung herrührenden Massen- und Trägheitskräften und damit von von Re abhängig. Die Reynolds-Zahl ist definiert als

$$Re = \frac{w \cdot D}{\nu_F} \qquad \text{Gl.(3-19)}$$

In Bild 3-7 ist im oberen Teil die Abhängigkeit des Widerstandsbeiwertes des Einzelpartikels von der Re-Zahl dargestellt. Im Bereich laminarer Umströmung ist die Abhängigkeit von der Re-Zahl sehr stark, im turbulenten Bereich ist der c_w-Wert hingegen konstant. Dazwischen liegt der für die Wirbelschicht-Sprühgranulation bedeutsame Übergangsbereich, wie anhand der Sinkgeschwindigkeiten in Luft bei Umgebungsbedingungen im unteren Teil des Bildes zu erkennen ist.

Dabei gilt mit hoher Genauigkeit (Fehler < 2%) nach einer Zusammenstellung von Stieß [329] für den Widerstandsbeiwert

$Re < 0{,}25$	$c_w = 24/Re$	nach Stokes
$0{,}1 < Re < 4 \cdot 10^3$	$c_w = 21/Re + 6/Re^{0,5} + 0{,}28$	nach Kürten et. al.
$Re < 2 \cdot 10^5$	$c_w = 24/Re + 4/Re^{0,5} + 0{,}4$	nach Kaskas

Wegen der unterschiedlichen Abhängigkeit des Strömungswiderstandes von der Re-Zahl reagiert die Schwebegeschwindigkeit im Bereich geringer Re-Zahlen erheblich empfindlicher auf Korngrößenunterschiede als im Bereich starker Anströmung. Die Schwebegeschwindigkeit ist bei kleinen Re-Zahlen proportional D^2, während sie bei großen Re-Zahlen proportional $\sqrt{D}$ ist. In dem für die Wirbelschicht-Sprühgranulation bedeutsamen Übergangsbereich, ist die Sinkgeschwindigkeit dem Partikeldurchmesser hingegen direkt proportional, wie im Folgenden gezeigt werden soll.

Wenn man mit geringerer Genauigkeit (± 15%) zufrieden ist, kann man nach Muschelknauz [239] den Übergangsbereich durch

$$c_W = \frac{12}{Re^{0,5}} \qquad \text{Gl.(3-20)}$$

näherungsweise beschreiben. Diese Näherung reicht für die Diskussion der im Zusammenhang mit der Wirbelschicht-Sprühgranulation auftretenden Fragen. Damit ist die Sinkgeschwindigkeit im Übergangsbereich (aus Gl.(3-18) bis Gl.(3-20)

$$w = \left(\frac{g}{9} \cdot \frac{(\rho_{Ss} - \rho_F)}{\rho_F \cdot \nu_F^{0,5}} \right)^{0,67} \cdot D \qquad \text{Gl.(3-21)}$$

Der Vorteil dieser Näherung ist die für die Anschaulichkeit vorteilhafte direkte Proportionalität der Sinkgeschwindigkeit w zur Partikelgröße D und umgekehrt.

Für die Sinkgeschwindigkeit in Luft bei Umgebungsbedingungen ergibt sich aus Gl.(3-21) folgender einfacher Zusammenhang, wenn die Dichte der Luft gegen die des Feststoffes vernachlässigt wird (mit $\nu_F = 15{,}06 \cdot 10^{-6}$ m²/s und $\rho_F = 1{,}2$ kg/m³).

$$w = 38{,}67 \cdot \rho_{Ss}^{0,67} \cdot D \qquad \text{Gl.(3-22)}$$

Für $\rho_{Ss} = 1500$ kg/m³ und D = 0,5 mm errechnet sich aus Gl.(3-22) eine Sinkgeschwindigkeit von w = 2,6 m/s. Darüber hinaus liefert die Auswertung der Gleichung die mit Bild 3-8 dargestellten zahlenmäßigen Zusammenhänge.

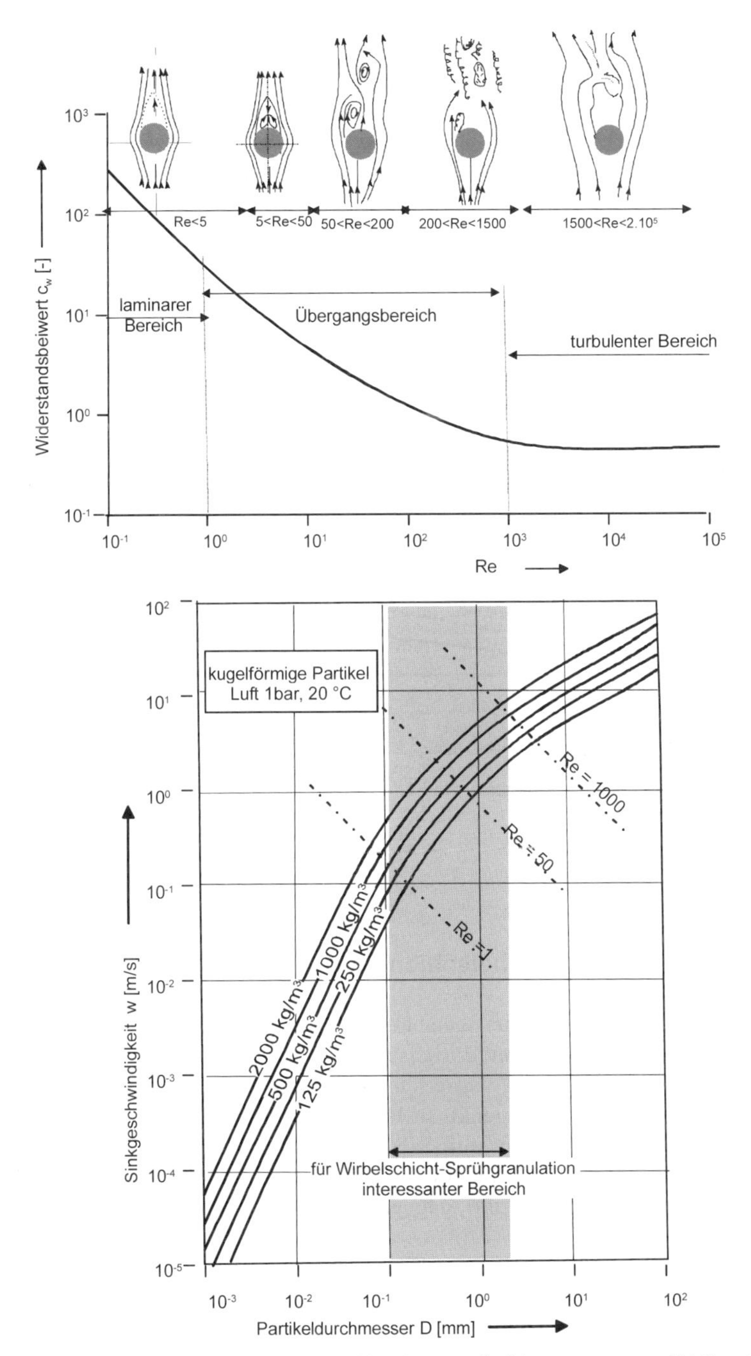

Bild 3-7 Zum Schweben und Sinken kugelförmiger Partikel (entnommen aus [116] und [254]; Partikelumströmung aus [102])

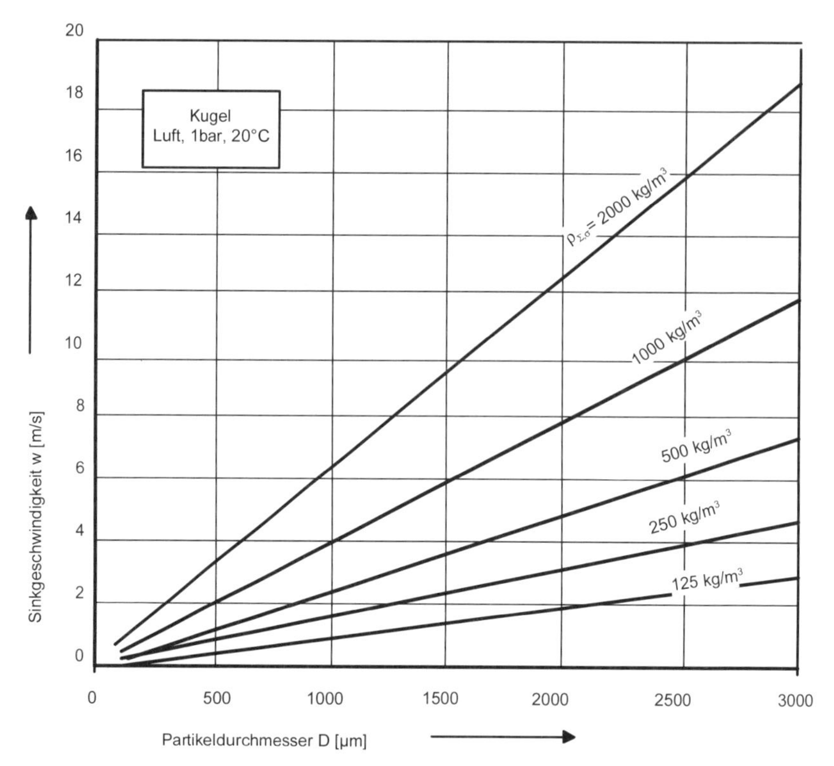

Bild 3-8 Schwebe- bzw. Sinkgeschwindigkeit kugelförmiger Partikel (errechnet aus Gl.(3-22), die die Vorgänge stark vereinfacht)

3.3.4 Existenzbereich von Wirbelschichten

Mit den bekannten Begrenzungen Lockerungs- und Schwebegeschwindigkeit kann der Existenzbereich von Wirbelschichten allgemein festgelegt werden. Die zugehörige Fluidisationszahl variiert in diesem Bereich zwischen 1 am Lockerungs- und f_{max} am Austragspunkt. In Bild 3-9 ist die maximale Fluidisationszahl über dem Partikeldurchmesser aufgetragen. Es ist zu erkennen, daß bei Partikeln, die kleiner als 500 µm sind, maximale Fluidisationszahlen von mehr als 20, bei gröberen Partikeln (> 1000 µm) dagegen nahezu durchgängig nur etwa 15 zu realisieren sind.

Nach [353] setzt oberhalb einer Fluidisationszahl von etwa 6 ein Stoßen der Wirbelschicht (s. auch Kap. 3.3.6) ein. Stoßende Wirbelschichten sind unerwünscht, weil sie insbesondere bei tiefen Schichten zu einer starken mechanischen Wechselbeanspruchung des Gasverteilers und ggfs. von Meßfühlern führen. Außerdem besteht durch die lokale Verringerung der Porosität die Gefahr von Verklumpungen.

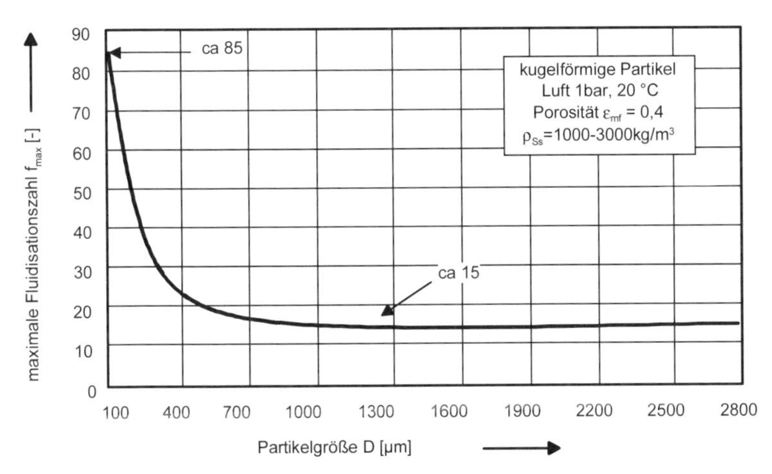

Bild 3-9 Maximale Fluidisationszahl kugeliger Partikeln in Luft unter Umgebungsbedingungen. Die Kurve gilt näherungsweise für Feststoffdichten von 1000 bis 3000 kg/m³. Sie basiert auf den genaueren Berechnungsgleichungen für Schwebe- und Lockerungsgeschwindigkeit.

Zu den allgemeinen Begrenzungen von Wirbelschichten kommt bei den Bedingungen der Wirbelschicht-Sprühgranulation hinzu, daß sich im Zuge der Granulation der Durchmesser der Partikeln ändert. Vom Gasstrom sind die Partikel in Zielkorngröße D_{Au} zu tragen, ohne daß die Partikel mit dem Kerndurchmesser D_K, als Startgröße des Granulationsprozesses, aus der Schicht ausgetragen werden (s. Bild 3-10)

Die Größe der Kerne D_K und die gewünschte Größe der Granulate D_{Au} bestimmen zusammen mit den errechneten Verläufen für Schweben und Lockern den Bereich, in dem die Leerrohrgeschwindigkeit bei der Fluidisierung zu wählen sind. Die größten Partikel in der Schicht müssen gelockert sein „u_{min}"; die kleinsten dürfen nicht ausgetragen werden „u_{max}".

In dem in Bild 3-10 eingezeichneten Beispiel werden Kerne von $D_K = 150$ µm auf die Zielkorngröße des Granulates $D_{Au} = 600$ µm vergröbert. Die Lockerungsgeschwindigkeit der Partikeln mit Zielkorngröße beträgt $u_{min} = 0{,}2$ m/s, die Schwebegeschwindigkeit der Kerne $u_{max} = 0{,}9$ m/s. Die Granulation ist damit mit einer Leerrohrgeschwindigkeit von $u = u_{max} = 0{,}9$ m/s zu betreiben. Das entspricht einer auf die Zielgröße der Granulate bezogenen Fluidisationszahl $f_{D\,Au} = 0{,}9/0{,}2 = 4{,}5$.

Üblich sind Fluidisationszahlen von 3 bis 6 bei einer Zielkorngröße von etwa 500 µm. Leider sind hierüber nur wenige detaillierte Erfahrungen veröffentlicht [259]. Höhere Werte sind insbesondere bei der Granulation im feinkörnigen Bereich nicht auszuschließen. Obwohl Fluidisationszahlen zur Kennzeichnung der Granulationsbedingungen häufig verwendet werden, ist ihre Aussagekraft begrenzt. Sie erhöhen sich beispielsweise allein dadurch, daß bei gleicher Zielkorngröße größere Kerne verwendet werden.

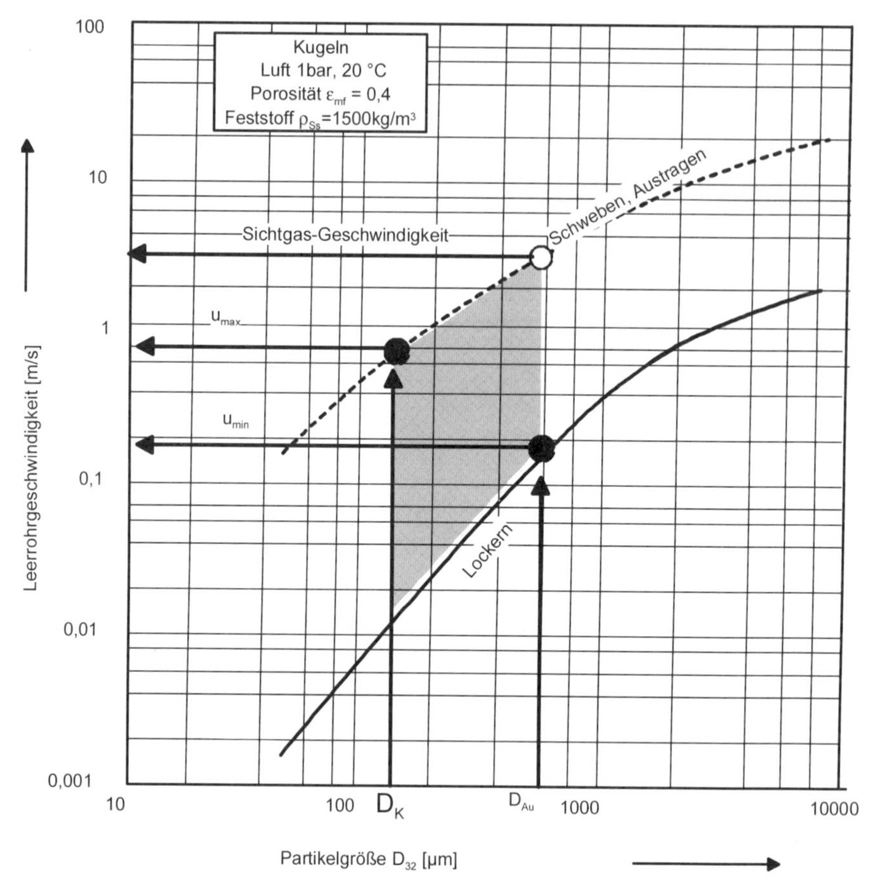

Bild 3-10 Existenzbereich von Wirbelschichten bei der Wirbelschicht-Sprühgranulation mit einem Steigrohrsichter zum Austragen fertiger Granulate

Eingetragen ist in dieses Diagramm zudem die Sichtgasgeschwindigkeit, die einzustellen ist, wenn zum Austragen fertiger Granulate ein Steigrohrsichter verwendet wird (Einzelheiten s. Kap. 8.3.3.1 und Kap. 9.5.3).

3.3.5 Typisierung des Fluidisierverhaltens

Das bei den allgemeinen Erläuterungen im vorigen Kap. unterstellte Fluidisierverhalten trifft nicht für alle Schüttgüter zu, weil das Fluidisierverhalten das Ergebnis des Wechselspieles von Haft- und Gewichts- mit den Strömungskräften ist, wie Molerus [196],[197] einfach und unmittelbar einleuchtend erklärt hat. In dem einen Extremfall („feines" Korn) spielen die Gewichtskräfte keine Rolle. Die Haftkräfte dominieren über die Strömungskräfte. Sie fixieren die Packungsstruktur, die durch die Strömung nicht aufzubrechen ist („kohäsives" Schüttgut).

In dem anderen Extremfall („mittelgrobes bis grobes“ Gut) spielen die Haftkräfte keine Rolle. Das Fluidisierverhalten wird bestimmt durch das Wechselspiel zwischen Gewichts- und Strömungskräften.

Geldart (zitiert in [196]) hat eine Typisierung der Schüttgüter hinsichtlich ihres Fluidisierverhaltens vorgenommen. Unterschieden werden 4 Typen (A bis D) in einem Diagramm (Bild 3-11) mit doppeltlogarithmischer Auftragung von Dichtedifferenz (Feststoff - Fluidisiergas) über der mittleren Korngröße. Das Fluidisierverhalten der 4 Typen ist folgendermaßen zu charakterisieren:

- Typ C: leichtes, feines (< 50 µm), kohäsives Gut (Beispiel: Mehl, Feinstäube aus Zyklonen), das nicht oder nur schwer fluidisiert werden kann (z.B. durch Einsatz von Rührern, durch Zugabe gröberer Partikel und schließlich durch einen vibrierenden Gasverteiler (beschrieben in Kap. 14.2), bei dem die lotrechte Beschleunigung die Erdbeschleinigung übersteigt, so daß in Bodennähe das Gut mit einer Frequenz von 5 bis 100 Hz hochgeworfen wird). Es bilden sich Kanäle. Der Druckverlust ist durch die im Bypass durchströmten Kanäle geringer als er theoretisch zu erwarten ist.

- Typ A: mittelfeines (< 200 µm) Gut (Beispiel: Crack-Katalysator 30 bis 100 µm). Oberhalb des Lockerungspunktes dehnt sich die Schicht zunächst kräftig aus (2-3 fach), bevor ein begrenztes Blasenwachstum beginnt. Im Bereich zwischen Lockerung und Blasenbildung ist die Durchmischung der Schicht gering. Die Aufstiegsgeschwindigkeit der Blasen ist größer als die der Lockerungsgeschwindigkeit entsprechenden Zwischenkorngeschwindigkeit. Durch Blasenzerfall bleiben die Blasen klein.

- Typ B: mittelgrobes Gut (Beispiel: Sand mit 100 – 400 µm Körnung) mit unbegrenztem Blasenwachstum (schnelle Blasen) unmittelbar oberhalb des Lockerungspunktes (geringe Ausdehnung der Schicht). Die Aufstiegsgeschwindigkeit der Blasen ist größer als die der Lockerungsgeschwindigkeit entsprechenden Zwischenkorngeschwindigkeit.
- Typ D: grobes und überschweres Material (Beispiel: Weizenkörner oder Sand mit 1 mm Korngröße). Bildung großer, langsamer Blasen (Steiggeschwindigkeit geringer als die der Lockerungsgeschwindigkeit entsprechenden Zwischenkorngeschwindigkeit). Die Blasen werden selbst durchströmt. Die Vermischung der Partikel ist schlecht.

Die in Bild 3-11 eingezeichneten Bereichsgrenzen folgen aus theoretischen Überlegungen von Molerus über das Wechselspiel der Kräfte. Nach der Deutung von Molerus sind beim Typ A alle 3 Kräfte an dem Wechselspiel beteiligt. Bei den feineren Partikel des Typ C dominieren die Haft-, bei den gröberen Typen B und D hingegen die Gewichtskräfte.

In der Anwendung dieser Typisierung des Fluidisierverhaltens auf die Wirbelschicht-Sprühgranulation ist bemerkenswert, daß durch das Einsprühen Kapillarkräfte entstehen, die als Haftkräfte das Fluidisierverhalten stark beeinflussen. Die im Diagramm eingezeichneten Bereiche werden zu größeren Partikeldurchmessern verschoben. In ähnlicher Weise wirkt auch ein langsames Kristallisieren des aufgesprühten Materials, das zu einem Verklumpen der Partikel führen kann. In beiden Fällen ist ein Kollabieren der Fluidisation möglich.

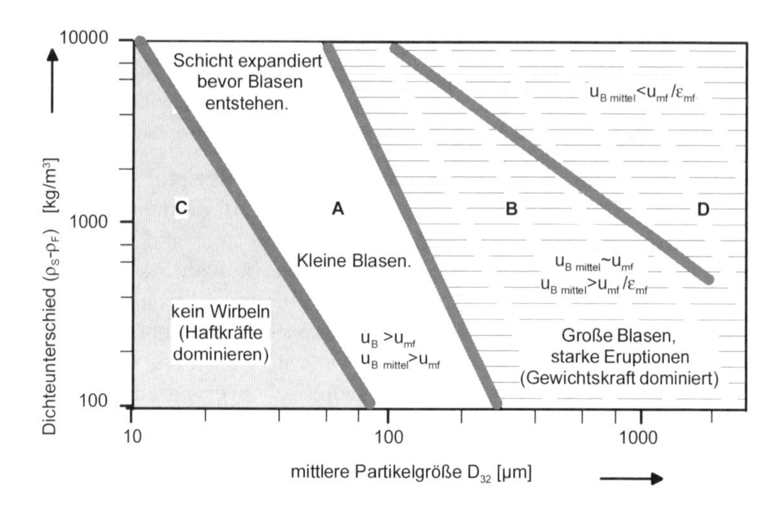

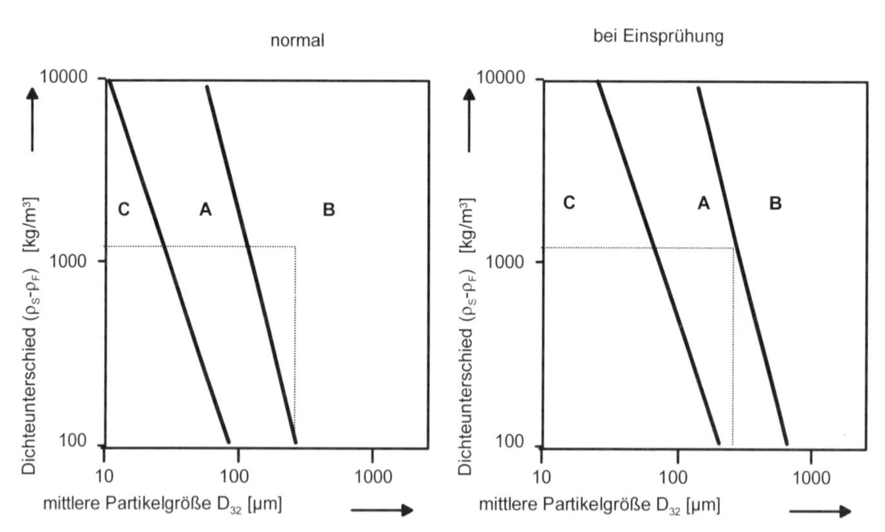

Bild 3-11 Typisierung des Fluidisierverhaltens von Schüttgütern nach Geldart (aus [196], [197])

3.3.6 Blasenbewegung und -wachstum

Die Bewegung und das Wachstum der Blasen bestimmen die Bewegungen des Feststoffes sowie Wärme-und Stofftransport in der Schicht. Für die Konzipierung und den Betrieb der Wirbelschicht-Sprühgranulation ist es daher sehr wichtig diese Vorgänge zu kennen und optimal zu nutzen.

3.3.6.1 Schicht in senkrechten Wänden

Hinsichtlich der Steiggeschwindigkeit der Blasen sind, wie bereits dargelegt, 2 Fälle zu unterscheiden. Bei den Geldart-Typen A und B ist die Steiggeschwindigkeit größer und bei dem Geldart-Typ D kleiner als die Zwischenkorngeschwindigkeit in der Suspensionsphase. Die Blasen bilden sich beeinflußt durch die Konstruktion des Gasverteilers (s. Kap. 9.1). So dispergieren Sinterplatten das Gas zunächst zu einer blasenfreien Gas/Feststoff-Suspension, die bereits wenige Millimeter oberhalb der Platte zusammenbricht. Es bilden sich viele kleine Bläschen (s. Bild 3-12). Diese vielen kleinen Bläschen koaleszieren zu größeren Basen. Das Gas, das nicht in Form von Blasen vorliegt, strömt mit einer der Lockerungsgeschwindigkeit entsprechenden Zwischenkorngeschwindigkeit durch den Feststoff nach oben („Suspensionsphase" im Gegensatz zur „Blasenphase").

Bei Lochböden dringt das Gas hingegen als Strahl in die Schicht ein. Am Ende dieser Strahlen („Eindringtiefe H_E") bilden sich Blasen mit dem Startdurchmesser $D_{B,0}$. Für Sinterplatten ist die Blasengröße über dem Abstand zum Gasverteiler aus Messungen bekannt. Erst in der Höhe H' („Blasenstarthöhe") sind hier die Blasen auf die Anfangsgröße $D_{B,0}$, die die Blasen am Ende eines Strahles haben, angewachsen.

Ist die Anfangsgröße $D_{B,0}$ erreicht, wachsen die Blasen unabhängig davon, wie sie entstanden sind. Für das Blasenwachstum zählt allein die zurückgelegte Wegstrecke $H_{äqu}$. Die Zunahme des Blasenvolumens ist die Folge der Koaleszenz von Blasen. Die Zunahme ist erheblich. Beim Aufstieg über eine Höhe von 1 m vergrößert sich das Volumen um etwa 2 Zehnerpotenzen.

Die Anfangsgröße der Blasen $D_{B,0}$ ist durch Gl.(9-13) gegeben. Nach Hilligard und Werther, entnommen aus [330] ist die Blasenstarthöhe

$$H' = 0{,}147 \cdot \left\{ \left[\frac{D_{B,0}}{K \cdot (1 + 27{,}2 \cdot u_ü)^{0{,}33}} \right]^{0{,}833} - 1 \right\} \qquad \text{Gl.(3-23)}$$

mit den Konstanten

K = 0,0061 für Geldart-Typ A
K = 0,00853 für Geldart-Typ B

und mit

$u_ü$ = Überschußgeschwindigkeit

Mit Bild 3-13 ist diese Gleichung ausgewertet. Zum Vergleich sei auf Bild 9-28 verwiesen. Über Lochböden entsteht danach eine Anfangsblasengröße von 4 bis 12 mm abhängig von der Lochteilung (hier 1,5 bis 12 mm) bei einer Leerrohrgeschwindigkeit von 1 m/s. Die Eindringtiefe der Strahlen, oberhalb der sich Blasen bilden, ist abhängig von der freien Fläche. Es ist bei 1 m/s Leerrohrgeschwindigkeit mit 5 bis 30 Lochdurchmessern zu rechnen. Bei einem Lochdurchmesser von 0,5 mm wäre das eine Eindringtiefe von 2,5 bis 15 mm.

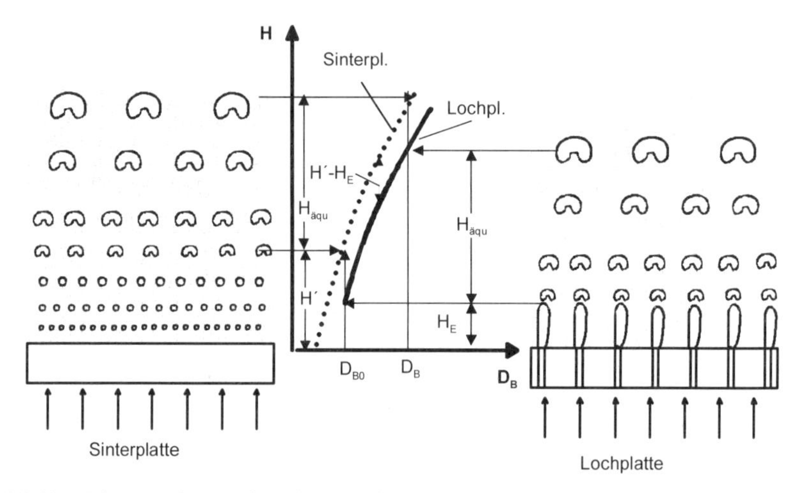

Bild 3-12 Blasenwachstum über Sinter- und Lochplatten

Nach Werther [370] wird nun angenommen, daß das weitere Schicksal der Blasen unabhängig von der Art ihrer Entstehung ist (s. Bild 3-12). Sie wachsen von nun an abhängig von der zurückgelegten Wegstrecke $H_{äqu}$ („Blasenwachstumsstrecke") in gleicher Weise.

Bei Lochplatten und porösen Böden unterscheidet sich die zurückgelegte, für das Blasenwachstum wichtige Wegstrecke um (H_E-H'). Deshalb ist die lokale Blasengröße unter Verwendung der äquivalenten, das Blasenwachstum bestimmenden Höhe $H_{äqu}$ gemäß Bild 3-12 zu berechnen.

Der aktuelle Blasendurchmesser ergibt sich aus der bei [330] entnommenen Formel zu

$$D_B = K \cdot (1 + 27{,}2 \cdot u_ü)^{0{,}33} \cdot (1 + 6{,}84 \cdot H_{äqu})^{1{,}21} \qquad \text{Gl.(3-24)}$$

Die Bedeutung der Symbole ist die gleiche, wie bei Gl.(3-23). Unter D_B wird der Durchmesser einer der Blase volumengleichen Kugel verstanden.

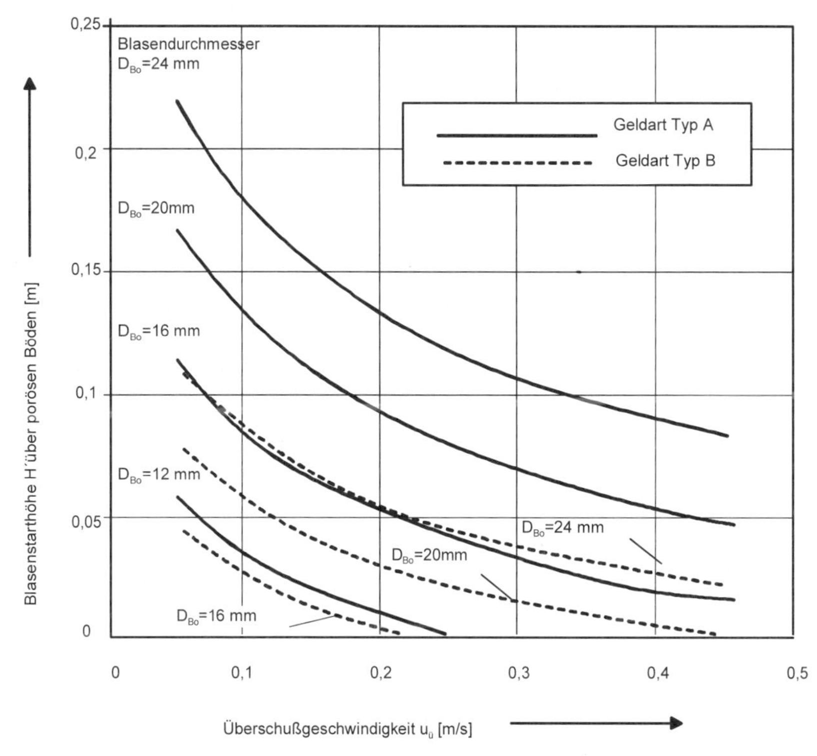

Bild 3-13 Abstand H' über porösen Platten bei dem die Blasen die Anfangsgröße, die über diskreten Öffnungen entsteht, ebenfalls erreicht haben (Auswertung von Gl.(3-23))

Die Auswertung der mit dem Aufstieg verbundenen Vergrößerung der Blasen nach Gl.(3-24) verdeutlicht quantitativ die Aussagen von Kap. 3.3.5, wonach die Blasen in mittelgroßem Korn (Geldart Typ B) größer werden als in feinem (Geldart Typ A).

Für die lokale, mittlere Blasenaufstiegsgeschwindigkeit gibt es zahlreiche Näherungsansätze. Nach Hilligard [84] gilt für die Geldart-Typen A und B

$$u_{B\,mittel} = K_1 \cdot u_{ü} + 0{,}71 \cdot K_2 \cdot \sqrt{g \cdot D_B} \qquad \text{Gl.(3-25)}$$

mit den Koeffizienten

K_1 = 0,67 für poröse Platten
= 0,76 für Lochböden
$K_2 = 2 \cdot \sqrt{D_{Appar}}$

Bild 3-15 gibt die mittlere Blasenaufstiegsgeschwindigkeit als Ergebnis der Auswertung von Gl.(3-25) wieder. In dem für die Wirbelschicht-Sprühgranulation interessanten Bereich (Partikelgröße < 1000 µm) ist nach Bild 3-2 die Lockerungsgeschwindigkeit u_{mf} < 0,5 m/s. Für eine Fluidisationszahl von 4 ergibt sich eine Leerohrgeschwindigkeit < 2 m/s. Das entspricht einer Überschußgeschwindigkeit $u_{ü}$ von < 1,5 m/s. Je höher die Schicht, umso schneller sind die Blasen. In der Umgebung der Blasen entspricht die Zwischenkorngeschwindigkeit den Bedingungen am Lockerungspunkt. Das sind grob 2 m/s. Die Blasen sind erkennbar schneller.

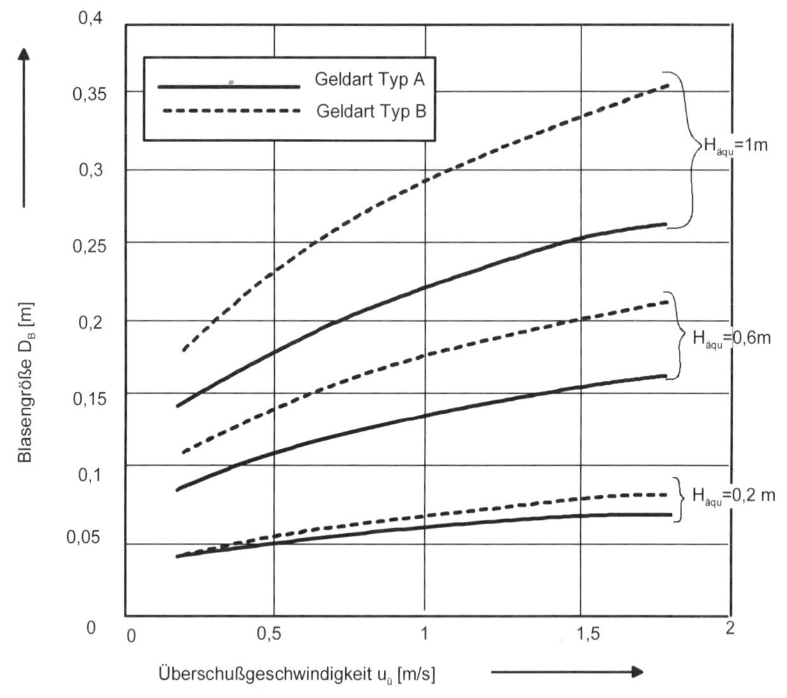

Bild 3-14 Blasenwachstum in Abhängigkeit vom zurückgelegten Weg $H_{äqu.}$ (Auswertung von Gl.(3-24))

Für ein vertieftes Verständnis ist es wichtig, das Geschehen in und um die Blasen näher zu betrachten:

In der Suspensionsphase nimmt der Druck linear mit zunehmender Höhe über dem Gasverteiler ab (Bild 3-16). Der Druck in der Blase ist dagegen einheitlich. Auf diese Weise ist der Druck in der Blase an ihrer Oberseite größer und an ihrer Unterseite kleiner als der Druck in der sie umgebenden Suspension. Das hat zur Folge, daß an der Oberseite Gas aus der Blase in die Suspension und an der Unterseite Gas von der Suspension in die Blase strömt. Dabei dringt Feststoff in die Blase ein. Der mitgeführte Feststoff (etwa 1/3 des Blasenvolumens) wird als Schleppe bezeichnet wird. Er wird in kurzen zeitlichen Abständen wieder ausgeschieden. Das führt zu einer kräftigen vertikalen Durchmischung der Schicht.

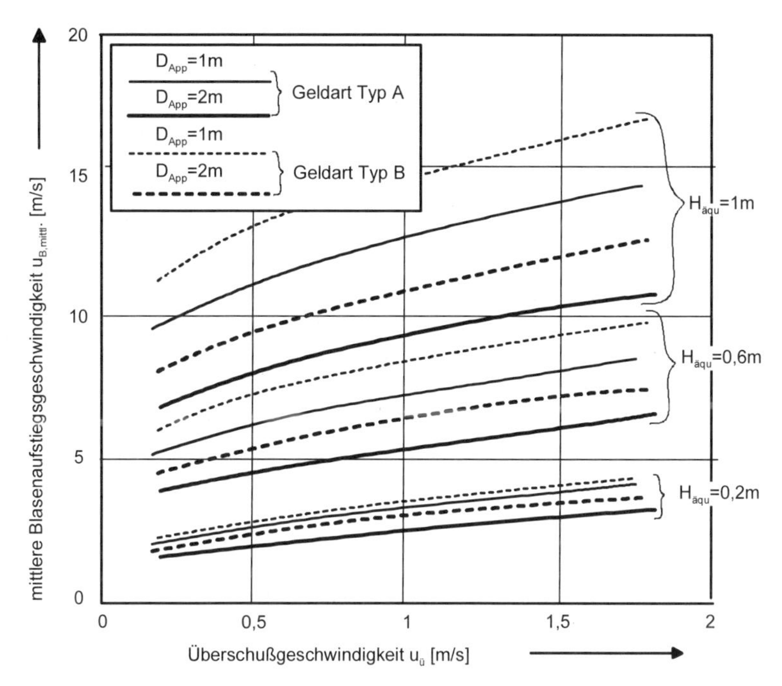

Bild 3-15 Lokale mittlere Blasenaufstiegsgeschwindigkeit in Feinkornsystemen der Geldart-Typen A und B über Lochböden (errechnet mit Gl.(3-25))

Wichtig ist auch noch das Verhältnis von Steiggeschwindigkeit zu der der Lockerungsgeschwindigkeit entsprechenden Zwischenkorngeschwindigkeit. Ist, wie gezeigt, nämlich die Blase schneller als das Gas in der Umgebung (Geldart Typen A und B), dann saugt die Blase das oben ausströmende Gas gleich wieder unten an. Es kommt zu einer Umströmung der Blase ("Wolke"). Das Blasengas vermischt sich nicht mit dem Suspensionsgas, was u. a. erheblichen Einfluß auf den Wärme- und Stoffaustausch in der Schicht hat. Im anderen Fall, wenn also das Gas schneller als die Blase ist (Geldart Typ D), kommt es hingegen zu einer Durchströmung der Blase.

Aus Kontinuitätsgründen ist der Aufwärtstransport von Partikeln durch die Blasen mit einer entsprechend großen Abwärtsbewegung in der Suspensionsphase verbunden. Das bedeutet, daß der Blasengasstrom die Feststoffbewegung in der Schicht maßgeblich beeinflußt (s. Bild 3-17). Für Wirbelschichten mit Kreisquerschnitt bei gleichmäßiger Verteilung des Fluidisiergases wurde festgestellt, daß die Blasen vorzugsweise in Wandnähe aufsteigen. Die aufsteigenden und dabei durch Koaleszenz wachsenden Blasen werden von der Wand abgedrängt.

Stoßen:

Mit zunehmender Höhe über dem Boden wird die blasendurchsetzte Ringzone immer mehr zur Gefäßmitte verschoben. Schließlich erreicht die Ringzone die Gefäßmitte; der Übergang in den Fluidisierzustand des Stoßens ist erfolgt. Aufgrund der hohen Blasenkonzentration in der Gefäßachse koaleszieren die Blasen sehr rasch. Die Blasen wachsen dementsprechend schnell. Ihre Geschwindigkeit wird aber wegen des zunehmenden Wandeinflusses geringer. Das Stoßen beginnt mit dem Erreichen der maximalen Steiggeschwindigkeit der Blasen etwa bei einer Schichthöhe von 2 D_{App}. Es ist voll ausgebildet nach etwa 5 bis 8 D_{App}.

Ringförmiger Blasengasstrom /Wirbelzellen:
Die von den Blasen induzierte Feststoffströmung hängt von der Blasenverteilung in der Nähe der Schichtoberfläche ab. Wenn bei flachen Schichten die Blasen noch ringförmig aus der Schichtoberfläche treten, dann ist mit 2 abwärtsgerichteten Feststoffströmen zu rechnen, von denen einer zur Wand und der andere zur Gefäßmitte gerichtet ist. Ist dagegen bei hohen Schichten die Ringzone in der Gefäßmitte zusammengezogen, dann steigen auch dort die Blasen auf und demzufolge sinkt der Feststoff in Wandnähe ab. Somit hat die Geometrie entscheidenden Einfluß auf die Festoffbewegung, was bei Durchführung und Auswertung von Versuchen unbedingt beachtet werden muß, wenn Mißerfolge vemieden werden sollen. Im Gegensatz zu Festbetten, wo bei Maßstabsvergrößerungen das Verhältnis Partikel- zu Gefäßdurchmesser von Bedeutung ist, zählt hier das Verhältnis Blasen- zu Gefäßdurchmesser. Pilotanlagen sind bei tiefen Schichten nur dann aussagekräftig, wenn sie eine größere Anströmfläche haben. Das aber macht die Neuentwicklung von Wirbelschichtverfahren kosten- und zeitaufwendig.

Feststoffbewegung durch ungleiche Fluidisation:
Bei Wirbelschichten mit einem rechteckigen Querschnitt von 2 x 0,3 m wurde ebenfalls die charakteristische Erhöhung des Blasengasstromes in Wandnähe mit einem Wirbelgut von 450 µm mittlerer Körnung festgestellt. Im Fall einer mittlerer Körnung von 760 µm war dagegen der Blasengasstrom gleichmäßig verteilt. Die Ursache liegt vermutlich im Fluidisationstyp und damit im Wandel von „schnellen“ zu „langsamen“ Blasen. Wenn aber die Blasen gleichverteilt aufsteigen, fehlt die treibende Kraft für eine großräumige Feststoffzirkulation. Daneben können bei sehr flachen, breiten Wirbelschichten (Höhe etwa 0,3 D_{App}) auch mehrere Zirkulationszellen existieren (s. Bild 3-17).

Bei Grobkorn-Wirbelschichten sind die Blasen gleichmäßiger über den Querschnitt verteilt, als bei feinkörnigem Schichtmaterial. Das kann kompensiert werden durch eine ungleiche Verteilung des Fluidisiergases gemäß Bild 3-17 unten (s. auch [P9])

Bild 3-18 zeigt besondere Partikelbewegungen. An den Wandungen wird die Strömung in einer Grenzschicht verzögert. Das hat zur Folge, daß die Fluidisation zur Wand hin abnimmt, so daß dort ein generell nach unten gerichteteter Partikelstrom entsteht. Das ist bei Wirbelschichten in transparenten Behältern gut zu beobachten. Die Partikel ruhen an der Wand oder rutschen ruckweise nach unten. Von Zeit zu Zeit wird diese Situation durch eine Blase unterbrochen, die sich an der Wand entlang nach oben bewegt. Einbauten, wie beispielsweise horizontal eingesetzte Thermoelemente, beeinflussen ebenfalls die Partikelbewegung in der Wirbelschicht. Auf der Oberseite häufen sich unfluidisierte Partikel an, während die seitlichen Bereiche durch einen verstärkten Partikelstrom „gewaschen“ werden.

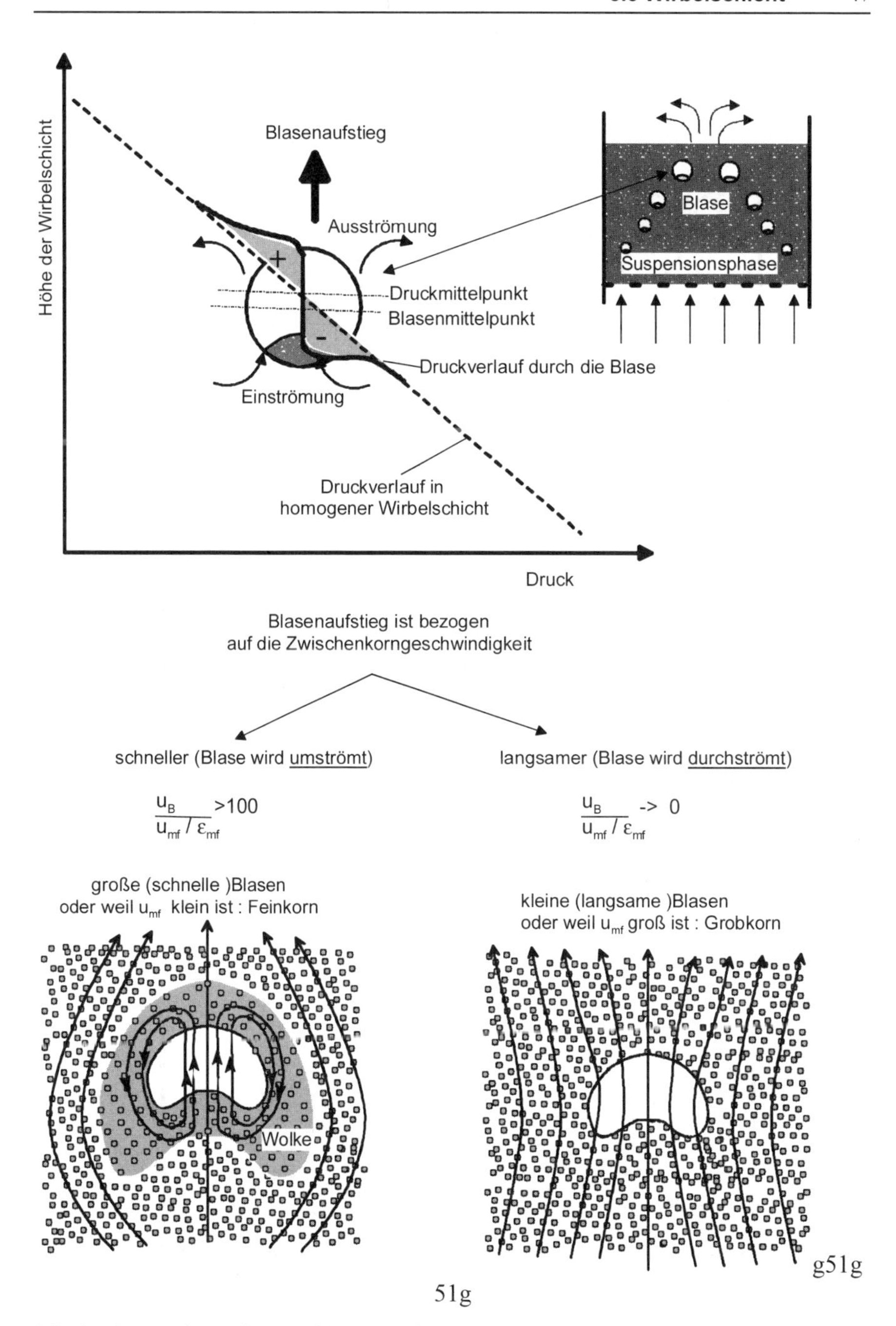

Bild 3-16 Druckverteilung und Strömung in und aus Blasen [39]

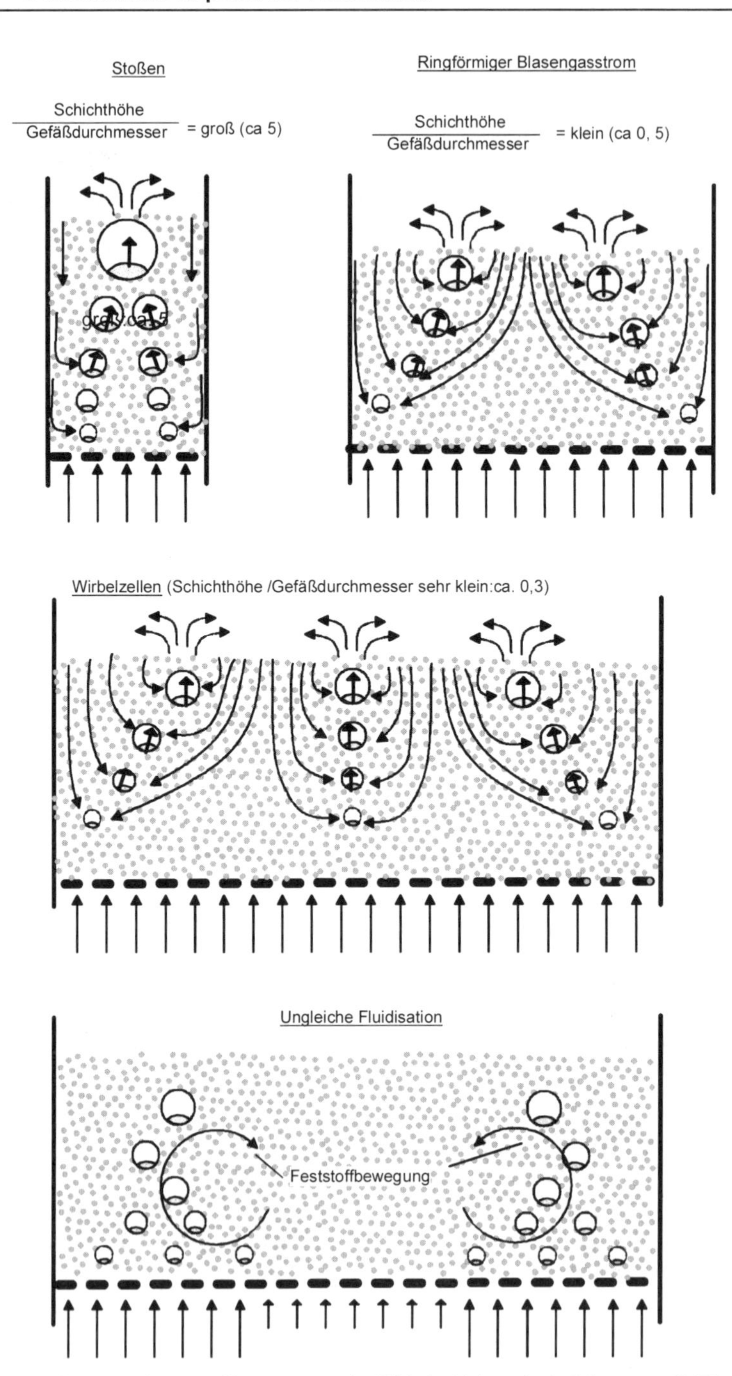

Bild 3-17 Blasen- und Feststoffbewegungen in Wirbelschichten in Anlehnung an [370] und [371] (Die dargestellten Strömungsprofile gelten für den Bereich oberhalb des Gasverteilers)

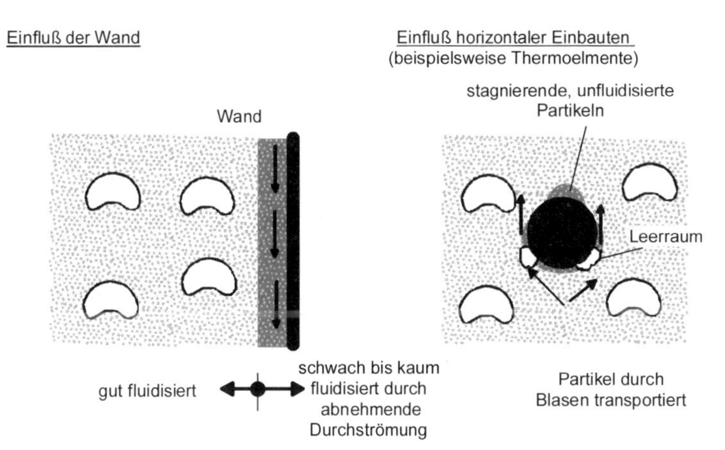

Bild 3-18 Partikelbewegungen an den Wandungen und an Einbauten

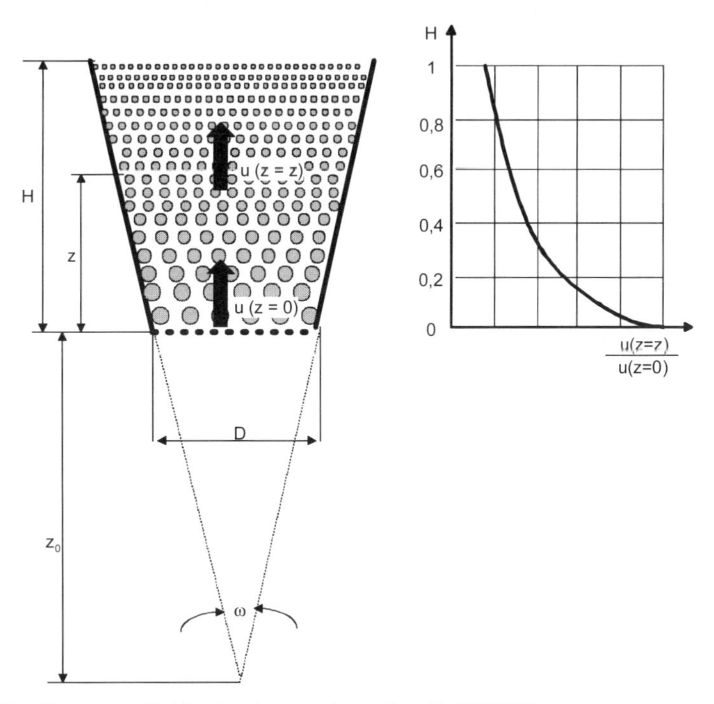

Bild 3-19 Homogene Fluidisation in einem konischen Gefäß [107].

3.3.6.2
Einfluß geneigter Wände auf die Fluidisierung

Den Einfluß geneigter Wände auf die Bewegungsvorgänge in einer homogenen Wirbelschicht zeigt Bild 3-19. Aus Kontinuitätsgründen nimmt die Geschwindigkeit vom Gasverteiler zum Schichtspiegel ab. Das bedeutet, daß die Partikel nach ihrer Größe gesichtet und somit von unten nach oben kleiner werden. Allerdings kommt die homogene Fluidisierung, die hier unterstellt wird, wie zuvor bereits diskutiert, bei Gas/Feststoff-Systemen nicht vor.

Aus der Strömungslehre ist bekannt, daß es bei reinen, verzögerten Gasströmungen, also bei Druckanstieg, zu einem Ablösen der Strömung von der Wand und zur Bildung von Wirbeln kommen kann. So bilden sich bei plötzlicher Querschnittserweiterung Wirbel hinter der Erweiterungsstelle. Bei allmählicher Erweiterung kommt es dagegen bei Überschreitung von Öffnungswinkeln von 6-14°, abhängig von der Re-Zahl (je höher die Re-Zahlen, um so kleiner ist der Öffnungswinkel), zu Ablösungen [56].

Ähnlich wie bei der reinen Gasströmung, hat bei Wirbelschichten in geneigten Wänden der Öffnungswinkel des Kegels ω einen großen Einfluß auf die Bewegungen in der Schicht. Daher spricht man analog zur plötzlichen Erweiterung bei reiner Gasströmung, wenn der Öffnungswinkel groß ist, von einer Strahlschicht („spouted bed"), und von einer Diffusorschicht, wenn der Öffnungswinkel klein ist. Der Übergang von der Diffusor- zur Strahlschicht wird von einer Reihe von Faktoren bestimmt. Relevant sind die Schichthöhe, die mittlere Korngröße, die Breite der Größenverteilung, die Kornform, das Stoffsystem, Größe und Geometrie des Anströmquerschnittes und schließlich der Gasdurchsatz. Von Mildenberger [185] und Schnieder [301] werden als Ergebnis einer Literaturauswertung und eigener Beobachtungen folgende Existenzbedindungen angegeben:

- Diffusorschicht: Öffnungswinkel maximal 25°. Wegen einer vergleichsweise besonders gleichmäßigen Fluidisation ist der Bereich von 10-15° optimal.
- Strahlschicht: Öffnungswinkel etwa 40°, weil die Stahlschicht bei diesem Winkel besonders stabil ist. Minimales Verhältnis der Durchmesser vor und hinter der Erweiterung $D_2 / D_1 = 0{,}35$.

Das Wirbelverhalten der Schichten unterscheidet sich, abhängig von der Neigung der Begrenzungswände erheblich. Der allgemeine Fall senkrechter Wände ist in den vorigen Kapiteln bereits erörtert. Die Lockerungsgeschwindigkeiten sind bei geneigten Wänden größer als bei senkrechten Wänden weil es Wechselwirkungen mit den Partikeln im Erweiterungsbereich gibt. Von Schnieder [301] stammt hierzu eine Literaturauswertung, die zeigt, daß die veröffentlichten Korrelationen zu weit auseinanderliegende Ergebnissen führen. Sie werden daher hier nicht zitiert.

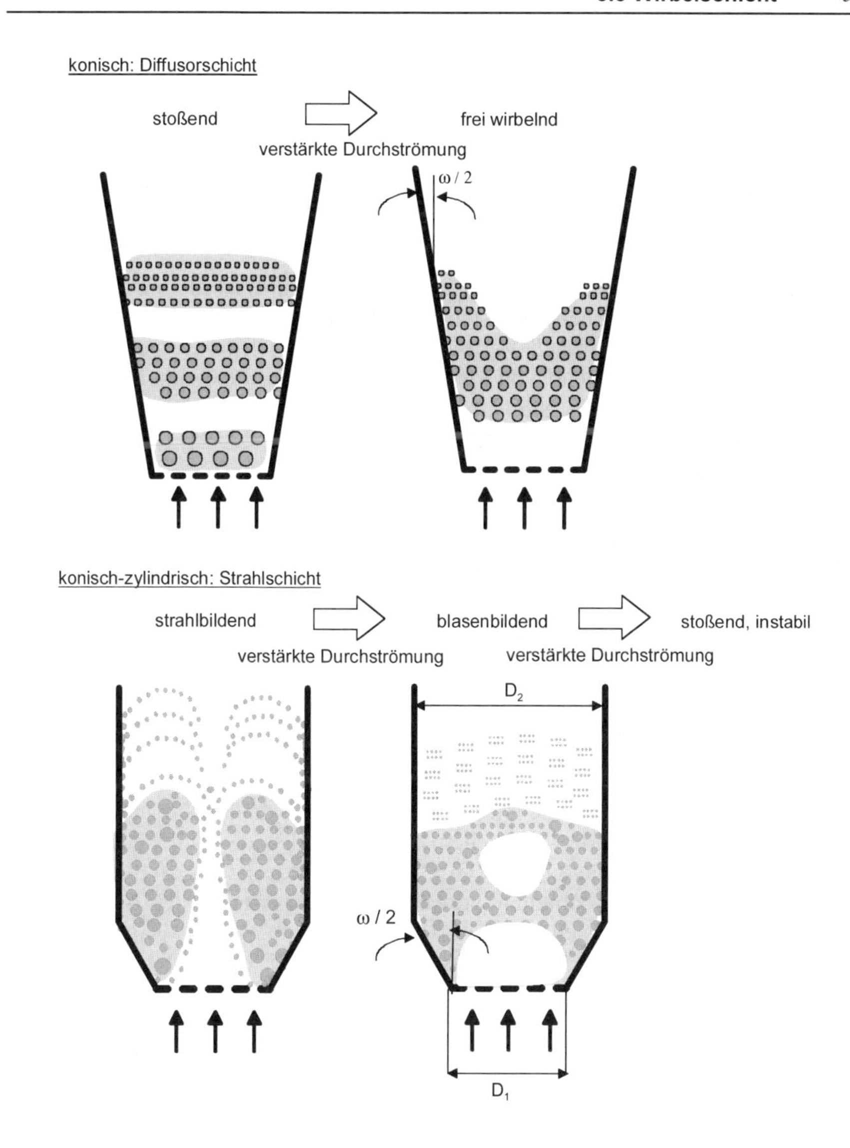

Bild 3-20 Zustandformen der Wirbelschichten bei geneigten Begrenzungswänden nach [301]

Die Wirbelzustände werden folgendermaßen beschrieben (s. Bild 3-20):

Diffusorschicht

- *Stoßen:* Bei Erreichen des Lockerungspunktes kommt es zu einem rythmischen Expandieren und Kollabieren der Schicht. Mit zunehmender Geschwindigkeit tritt eine Beruhigung ein.

- *Freies Wirbeln:* Bei weiterer Steigerung der Gasgeschwindigkeit wird die Schicht nach oben verschoben. Es bildet sich ein leerer Raum zwischen Schicht und Gasverteiler. Wenn die Geschwindigkeit weiter zunimmt, kommt es zu einer Entmischung. Das Wirbelgut bewegt sich in Strähnen in den Ablösungszonen der Strömung.

Strahlschicht

- *Sprudeln:* Wenn eine Mindestgasgeschwindigkeit überschritten ist, bildet sich in der Achse der Wirbelschicht ein Strahlkanal aus. In ihm werden die Partikel hochgerissen und nach Verlassen der Schicht wieder ausgeschieden. Es findet ein steter Kreislauf von Partikeln statt. In der Randzone bewegen sich die Partikel nach unten. Sie werden, begünstigt durch den geneigten Boden, im unteren Bereich wieder in den Strahlkanal eingeschleust. Diese Vorgänge sind zeitunabhängig.
- *Blasenbildend:* Trotz konstanter Gaszufuhr wird bei gesteigerter Geschwindigkeit die Wirbelschicht von Blasen durchströmt. Der Wirbelzustand ist gekennzeichnet durch periodische Druckschwankungen mit wechselnder Amplitude.
- *Stoßend:* Dieser Zustand, der bei weiterer Steigerung des Gasdurchsatzes erreicht wird, ist im allgemeinen nicht stabil. Das Stoßen kann bei konstanter Gaszufuhr mit den anderen beiden Wirbelzuständen (Sprudeln, Blasen bilden) gekoppelt sein, die wechselweise, aber auch in unregelmäßiger Reihenfolge und Häufigkeit nacheinander auftreten.

Mildenberger [185] und Schnieder [301] haben zylindrische und Diffusorwirbelschichten miteinander verglichen. Dabei wurden die Schwankungen des Druckverlustes (Amplitude $S_{\Delta P}$ nach Gl.(3-17) und Frequenz $F_{\Delta P}$) als Indikator für Art und Umfang der Blasenbildung verwendet. Die experimentellen Befunde sind mit Bild 3-21 grob zusammengefaßt.

Die Schwankungen des Druckverlustes verlaufen bei beiden Systemen qualitativ gleich. Sie haben aufgrund des allmählichen Anspringens der Blasenaktivitäten einen Knickpunkt bei der Fluidisationszahl 2. Bei höheren Fluidisationszahlen sind die Schwankungen des Druckverlustes in Diffusorwirbelschichten größer als in zylindrischen.

Die Frequenz der Druckverlustschwankungen $F_{\Delta P}$ erhöht sich hinter dem Lockerungspunkt rasch. Nach dem mit der Fluidisationszahl 2 gegebenen Knickpunkt, bleiben die Frequenzen nahezu konstant. In der Diffusorwirbelschicht ist im Vergleich zu zylindrischen Wirbelschichten die Frequenz geringer, so daß also die Blasen entsprechend größer sein müssen. Durch parallel zu den Messungen durchgeführte visuelle Beobachtungen der Bewegungen in der Diffusorwirbelschicht, lassen sich die 3 Bereiche erklären:

$f < 2$: Mit steigendem Gasdurchsatz werden größere Blasen in schnellerer Abfolge gebildet.

$f < 4\text{-}5$: Es entstehen am Gasverteiler große Blasen, die nahezu den gesamten unteren Konus ausfüllen und eine stoßende Schichtbewegung hervorrufen.

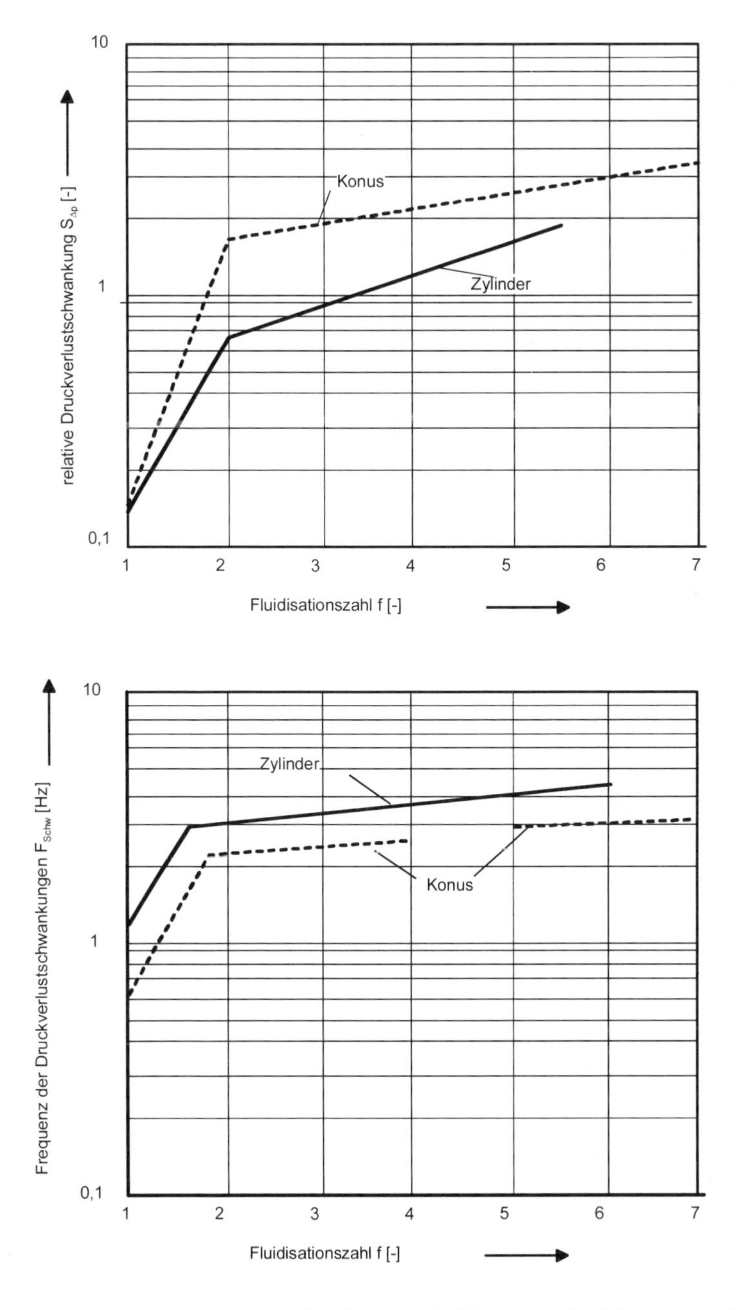

Bild 3-21 Grob stilisierterVergleich zylindrischer und Diffusorwirbelschichten nach [185] und [301]. (Schicht: Glaskugeln, Partikeldurchmesser 0,71 mm, Ruheschichthöhe 120 mm)

$f > 4\text{-}5$: Die Partikelschicht wird insgesamt vom Gasverteiler abgehoben und von dem Gasstrom getragen. Es entsteht eine Schicht von geringer Dichte ($\varepsilon > 0,6$). Der Übergang von der stoßenden zur Schicht von geringer Dichte vollzieht sich nicht sprunghaft. Die Schicht hat keinen Kontakt zum Gasverteiler, wenn die Gasgeschwindigkeit in der Eintrittsöffnung etwa das 1,5 bis 2 fache der Sinkgeschwindigkeit des einzelnen Partikels beträgt.

Im Rahmen der gewählten Versuchsbedingungen wurde anhand der Druckverlustschwankungen gefunden, daß die zylindrische Wirbelschicht homogener fluidisiert ist als die Diffusorschicht. Es muß darauf hingewiesen werden, daß diese Beurteilung im Widerspruch zu den Untersuchungen von [273], [175] und [179] steht. Es gibt daher auch die Aussage, daß Diffusorschichten gegenüber zylindrischen Schichten gleichmäßiger fluidisiert sind, weil die Bildung großer Blasen unterdrückt sei (Hinweis bei [185]).

Zur Beurteilung weiterer Einflüsse auf die Druckverlustschwankungen in zylindrischen Gefäßen sei auf die von Sadasivan et. al. [292] angegebenen Gebrauchsformeln verwiesen. Danach kann angesetzt werden für die Schwankung:

$$S_{\Delta P} \sim f^{0,71} \cdot H_{mf}^{0,32} \cdot D_{Part}^{-0,11} \qquad \text{Gl.(3-26)}$$

und die Frequenz der Schwankungen

$$F_{\Delta P} \sim H_{mf}^{-0,5} \cdot D_{Part}^{-0,31} \cdot \rho_{Ss}^{-0,24} \qquad \text{Gl.(3-27)}$$

In diesen Gleichungen bedeuten

f Fluidisationszahl
H_{mf} Ruheschichthöhe
$D_{Part.}$ Partikeldurchmesser
ρ_{Ss} scheinbare Dichte der Partikeln

Sie zeigen, daß sowohl Amplitude als auch Frequenz der Schwankungen mit zunehmender Partikelgröße kleiner werden. Eine wachsende Schichthöhe hingegen verringert die Frequenz und vergrößert die Amplitude der Druckverlustschwankungen.

3.3.6.3 Zirkulationszeiten in Wirbelschichten

Für die Feststoffkonvektion in Wirbelschichten wird allgemein angenommen, daß Blasen den Feststoff aufwärts schleppen. Der Feststoff wird an der Schichtoberfläche von den Blasen ausgeworfen um in „blasenfreien" Bereichen („Suspensionsphase") wieder abwärts zu wandern. Die Zeit, die der Feststoff braucht, um vom Gasverteiler an die Oberfläche und wieder zurückzugelangen, sei die Zirkulationszeit t_C. Von Rowe [284] stammt die folgende grobe Abschätzung dieser Zeit. Für die Wirbelschicht-Sprühgranulation liefert diese Zeit eine Vorstellung, von der Größenordnung der Verweilzeit des Feststoffes im Trocknungs- und Benetzungsbereich.

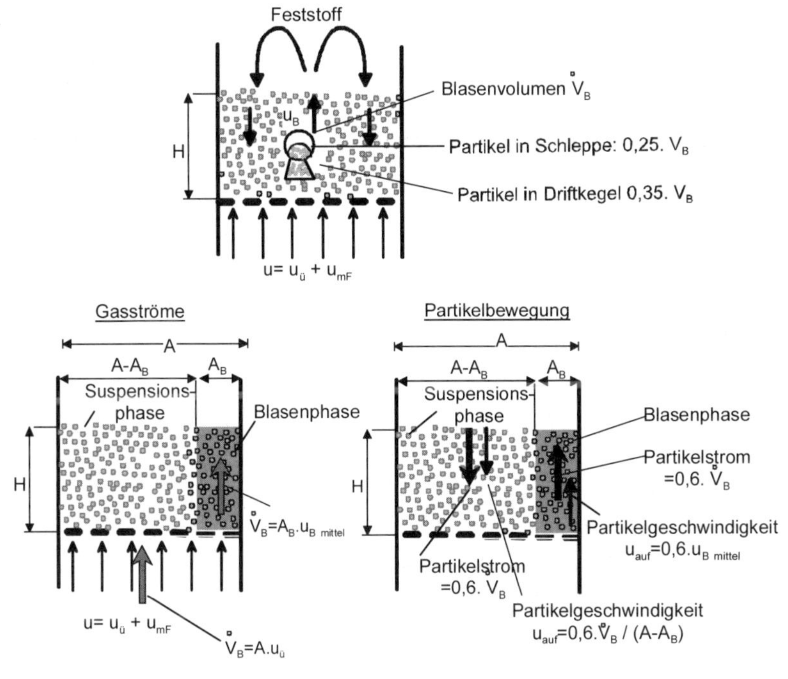

Bild 3-22 Modell zur Abschätzung der Zirkulationszeit nach Rowe [284]

Wenn pro Sekunde $\dot{n}$ Blasen mit dem Volumen V_B einen horizontalen Querschnitt durch die Schicht passieren, ist der Blasengasstrom

$$\dot{V}_B = \dot{n} \cdot V_B \tag{Gl.(3-28)}$$

Die Aufstiegsdauer errechnet sich aus der mittleren Blasenaufstiegsgeschwindigkeit $u_{B\ mittel}$ und der Höhe der expandierten Schicht H mit

$$t_B = \frac{H}{u_{B\ mittel}} \tag{Gl.(3-29)}$$

Das in der Schicht enthaltene Blasengas beträgt mithin

$$\dot{V}_B \cdot t_B = \dot{n} \cdot V_B \cdot \frac{H}{u_{B\ mittel}} \tag{Gl.(3-30)}$$

Wenn die gesamte Querschnittsfläche der Schicht mit der mittleren Blasenaufstiegsgeschwindigkeit $u_{B\ mittel}$ durchströmt würde, wäre der Blasengasstrom $u_B \cdot A$. Tatsächlich beträgt er jedoch nur $\dot{V}_B$. Somit wird nur ein Teilbereich der Querschnittsfläche, nämlich

$$A_B = \frac{\dot{V}_B}{u_{B\ mittel}} \tag{Gl.(3-31)}$$

von dem Blasengasstrom durchsetzt. Dieser Blasengasstrom führt Partikel mit (s. Bild 3-22). Das Volumen der mitgeführten Partikel macht in der Schleppe 25 % und im Driftkegel 35 % des Blasenvolumens aus. Volumetrisch entspricht also der Partikelumlauf 60 % des Blasengasstromes.

Unter diesen Voraussetzungen beträgt die mittlere Geschwindigkeit des aufwärtsgerichteten Partikelstromes

$$u_{auf} = 0{,}6 \cdot \frac{\dot{V}_B}{A_B} = 0{,}6 \cdot u_{B\,mittel} \qquad \text{Gl.(3-32)}$$

Wenn kein Partikel die Schicht verläßt, strömen sämtliche Partikel durch die Fläche $(A\text{-}A_B)$ abwärts

$$u_{ab} = 0{,}6 \cdot \frac{\dot{V}_B}{(A - A_B)} = \frac{0{,}6}{\left(\frac{1}{u_ü} - \frac{1}{u_{B\,mittel}}\right)} \qquad \text{Gl.(3-33)}$$

In dieser Gleichung steht $u_ü$ für die Überschußgasgeschwindigkeit.

Der zurückzulegende Weg ist die aktuelle Schichthöhe H. Sie werde vom Feststoff nach oben mit der Geschwindigkeit u_{auf} und nach unten mit u_{ab} passiert. Daraus folgt die Zirkulationsdauer mit

$$t_C = H \cdot \left(\frac{1}{u_{auf}} + \frac{1}{u_{ab}}\right) \qquad \text{Gl.(3-34)}$$

Mit den Beziehungen Gl.(3-10), Gl.(3-29) und Gl.(3-33) wird aus Gl.(3-34)

$$t_c = \frac{1{,}67 \cdot H}{u_ü} \cdot \left(1 - \frac{u_ü}{u_{B\,mittel}}\right) \qquad \text{Gl.(3-35)}$$

Voraussetzung für die Anwendbarkeit der Gleichung ist, daß $u_ü / u_{Bmittel} < 1$. Die Gleichung gilt daher nicht für eine Schicht vom Geldart-Typ D.

Bild 3-23 gibt eine Auswertung dieser Gleichung wieder. Zur Orientierung kann man vereinfachend annehmen, daß die Blasenwachstumsstrecke und die Schichthöhe identisch sind. Die Zirkulationszeit beträgt bei den gewählten Betriebsparametern und $H_{äqu} = 1$ m rund 1,5 s. Ausgehend von dieser Zeit verringert sich zunächst die Zirkulationsdauer im Verhältnis der Schichthöhen. Ab $H_{äqu} = 0{,}6$ m nimmt sie dann erkennbar überproportional ab und zwar umso mehr, je höher die Überschußgeschwindigkeit ist. Das bedeutet, daß bei der Wirbelschicht-Sprühgranulation die Benetzungshäufigkeit der Partikel bei flachen Schichten erheblich höher als bei tiefen ist.

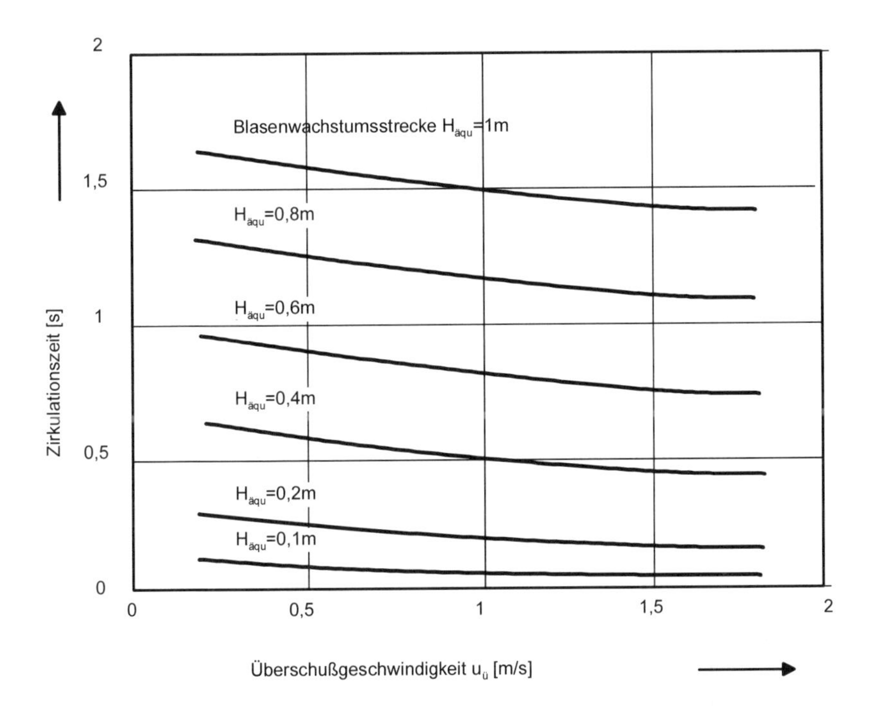

Bild 3-23 Zirkulationszeit in der Wirbelschicht. Errechnet mit Gl.(3-35) für einen Apparatedurchmesser von 1 m und Partikel des Geldart Types A

3.3.7 Segregation in der Schicht

In Wirbelschichten reichern sich bekanntlich die groben Anteile im unteren Bereich an. Diese Erscheinung wird auf den Feststofftransport durch Blasen zurückgeführt. Die Blasen transportieren bevorzugt feines Material nach oben und von dem dort ankommenden Feststoff sinkt wiederum der grobe Anteil nach unten ab.

Bild 3-24 verdeutlicht diese Vorgänge. Vereinfachend sei der Schichtinhalt als eine Mischung aus 2 Partikelgrößen aufgefaßt. Bei der Wirbelschicht-Sprühgranulation wachsen die Kerne bis zur Zielgröße. Die Kerne sind somit die feinere Fraktion, das grobe Material habe Zielkorngröße („Wunschkorn"). Zur Kennzeichnung der Mischung ist der Anteil der Partikel herangezogen, die die Zielkorngröße erreicht haben. Es ist im betrachteten Volumen

Wunschkornanteil im betr. Volumen $$\chi = \frac{\text{Masse Wunschkorn}}{\text{Gesamtmasse}}$$ Gl.(3-36)

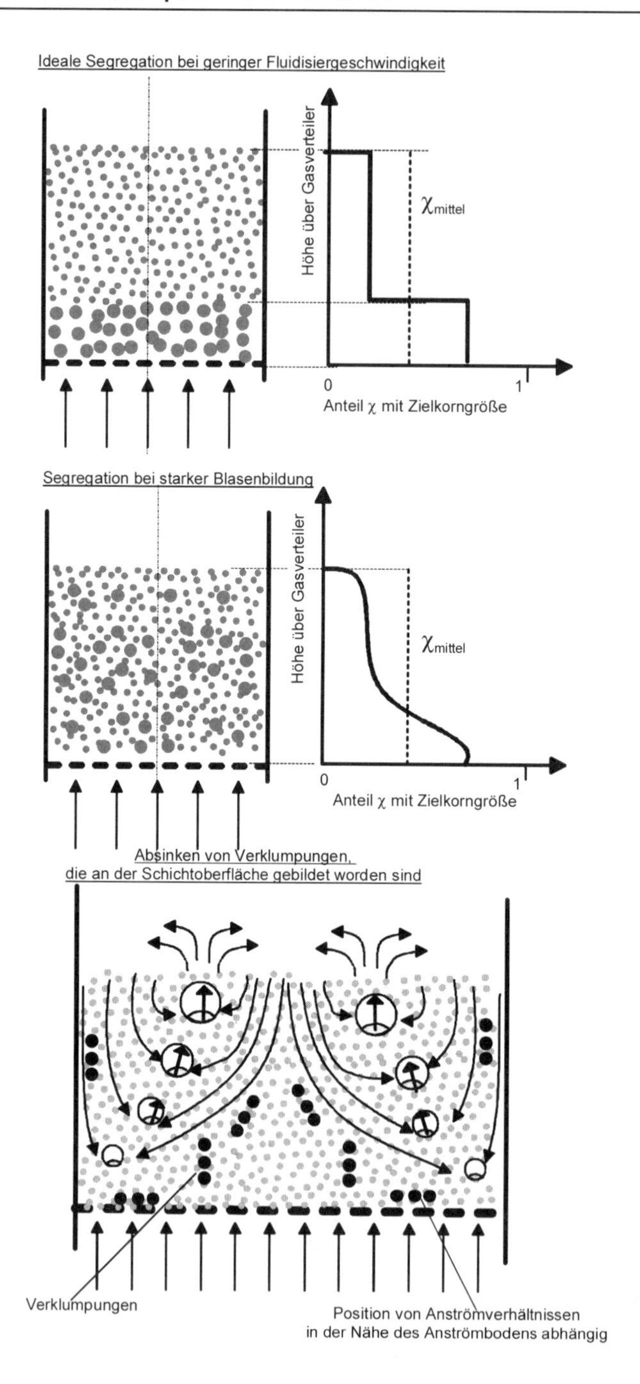

Bild 3-24 Segregation (Entmischung) in der Wirbelschicht (nach Darstellungen bei [136])

Die Mischung ist homogen, wenn im Gesamtvolumen der Schicht der Anteil an Wunschkorn überall gleich ist ($\chi = \chi_{\text{mittel}}$). Das Wunschkorn hat sich in Bereichen ($\chi < \chi_{\text{mittel}}$) abgetrennt und in Bereichen ($\chi > \chi_{\text{mittel}}$) angereichert.

Diese Trennung ist umso schärfer, je

- höher die Leerrohrgeschwindigkeit ist. Dieser Effekt ist vorrangig. Aber auch, je
- weiter die für die beiden extremen Fraktionen zu berechnenden Fluidisationszahlen auseinander liegen.

Im Bild ist zunächst eine ideale Segregation dargestellt, die u. a. eine geringe Fluidisiergeschwindigkeit voraussetzt. Ihr ist eine Entmischung bei kräftiger Blasenbildung gegenübergestellt

Aus [136] ist die Darstellung des Absinkens von stabförmigen Verklumpungen sinngemäß übernommen. Sie geht auf eine Untersuchung von Manson zurück, der die Bewegungen von Zylindern in der Schicht beobachtet hat, die er von oben in die Schicht eingebracht hat. Die Darstellung soll zeigen, wie die Verklumpungen, deren Fluidisationsverhalten von dem der übrigen Partikel stark abweicht, mit dem Feststoffstrom der Suspensionsphase nach unten absinken.

Wegen der Rückstellmomente wird sich die Längsachse beim Absinken vertikal ausrichten. Auf dem Gasverteiler nehmen die Verklumpung dann eine, von den Ausströmbedingungen am Gasverteiler abhängige Position ein.

3.3.8 Austrag aus der Schicht

Bei der Auslegung von Wirbelschicht-Sprühgranulatoren muß der Freiraum oberhalb der Wirbelschicht bemessen werden. Da der Feststoffaustrag durch die Geometrie des Freiraumes beeinflußt wird, sind Freiraum und nachgeschaltete Entstaubungseinrichtungen aufeinander abzustimmen.

Prinzipiell liegen dem Austrag aus der Schicht 2 verschiedene Mechanismen zugrunde:

- *Ausblasen feiner Partikel*, die in den Zwischenräumen der Suspensionsphase durch die erhöhte Zwischenraumgeschwindigkeit zur Schichtoberfläche transportiert worden sind.
- *Herausschleudern von Partikeln* aus der Schicht durch die an der Oberfläche platzenden Gasblasen.

In Bild 3-25 sind die Vorgänge schematisch dargestellt. In der Suspensionsphase ist die Zwischenkorngeschwindigkeit deutlich größer als die Leerrohrgeschwindigkeit. Dadurch werden feine Partikel nach oben getragen und aus der Schicht ausgeblasen. Sie fallen wieder in die Schicht zurück, wenn ihre Sinkgeschwindigkeit kleiner als die Leerrohrgeschwindigkeit ist.

Das Herausschleudern auch von groben Partikeln, deren Sinkgeschwindigkeit über der Leerrohrgeschwindigkeit liegt, ist eine Folge der Trägheitskräfte des mit der Blase rasch aufsteigenden Feststoffes. Die Partikel erreichen ihre maximale Steighöhe und fallen dann wieder in die Schicht zurück.

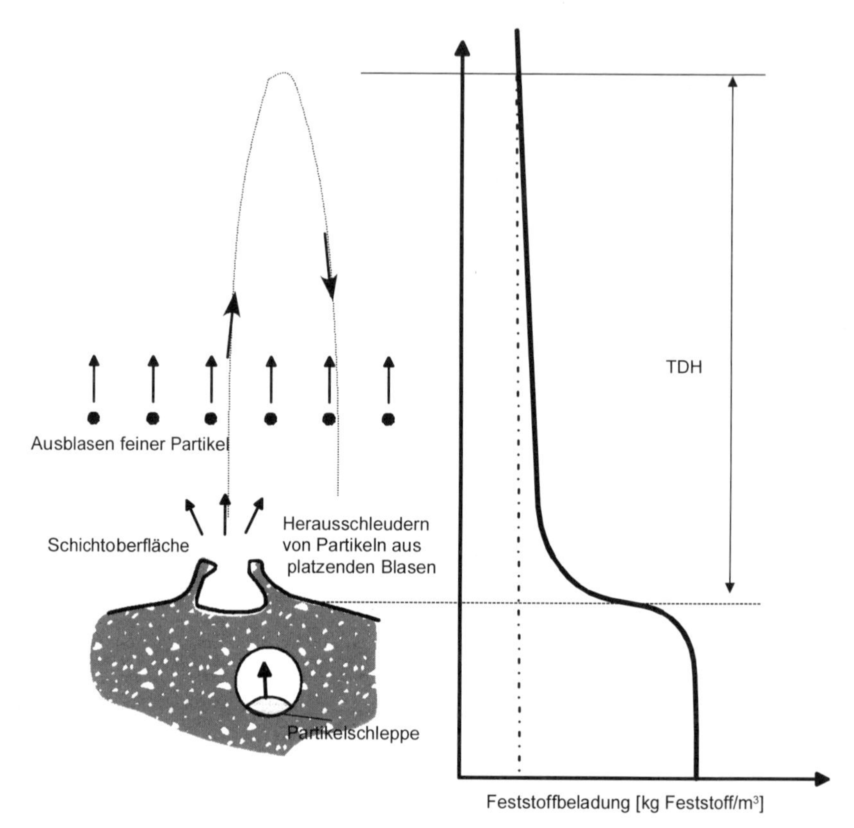

Bild 3-25 Feststoffaustrag aus der Wirbelschicht in den Freiraum

Es liegt auf der Hand, daß infolge dieser Vorgänge sich die Feststoffkonzentration im Freiraum mit steigendem Abstand von der Schichtoberfläche ändert. Sie ist anfänglich groß, nimmt dann jedoch in dem Maße ab, in dem die Partikel wieder in die Schicht zurückfallen. Mit der sogenannten „Transport Disengaging Height TDH“ ist eine Höhe erreicht, in der die Absetzbewegungungen abgeschlossen sind. Die Feststoffkonzentration bleibt ab hier konstant und auch der Austragsmassenstrom hat einen konstanten, minimalen Wert angenommen.

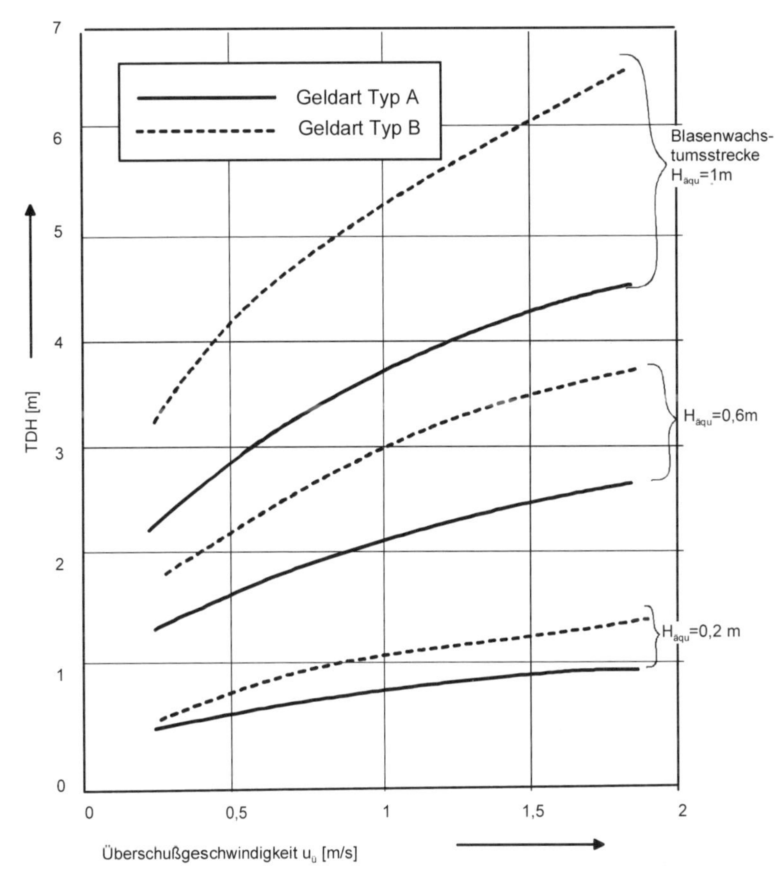

Bild 3-26 TDH, Transport Disengagaging Height nach Gl.(3-27) unter Berücksichtigung der Gl.(3-24)

Für die Abschätzung der TDH gibt es zahlreiche empirische Ansätze und physikalisch begründete Modelle. Sie ist nach George und Grace [69] allein eine Funktion des Blasendurchmessers D_B entsprechend

$$TDH = 18{,}2 \cdot D_B \qquad \text{Gl.(3-37)}$$

Die TDH ist demzufolge vom Fluidisiertyp und der Schichthöhe abhängig. Bild 3-26 zeigt eine zahlenmäßig Auswertung dieser Gleichung. Für Auslegung und Betrieb von Wirbelschicht-Sprühgranulatoren ist die TDH von geringem Nutzen. Es ist wichtiger eine Vorstellung von der Austragsrate und ihre Veränderung mit der Höhe über der Schichtoberfläche zu haben.

Für den Feststoffaustrag aus der Schicht gilt nach Wen und Chen [364]

$$\dot{m}_{E0} = 3{,}07 \cdot 10^{-9} \cdot A_{sch} \cdot D_B \cdot \rho_F \cdot \nu_F^{-2,5} \cdot g^{-0,5} \cdot u_ü^{2,5} \qquad \text{Gl.(3-38)}$$

In dieser Gleichung stehen für

A_{sch} Schichtoberfläche
D_B Blasendurchmesser
ρ_F Gasdichte
ν_F Viskosität des Gases

Mit Bild 3-27 ist diese Gleichung unter Verwendung der für die Blasengröße maßgeblichen Zusammenhänge ausgewertet. Der beträchtliche Austrag ist quantitativ zu erkennen. Für die Auftragung ist die auf die Schichtoberfläche A_{sch} bezogene Darstellung $\dot{m}_{E0} / A_{sch}$ gewählt. Es ergibt sich nach Bild 3-27 für Geldart Typ A

Blasenwachstumsstrecke	$H_{äqu}$	0,2 m
Überschußgeschwindigkeit	$u_ü$	1 m/s
Schichtoberfläche		2 m²

ein Austrag pro m² Schichtoberfläche von 800 g/m²s und damit ein Austrag $\dot{m}_{E0}$ = 1600 kg/s. Es leuchtet ein, daß bei diesem hohen Austrag die Schicht rasch entleert wird, wenn nicht ein erheblicher Teil des ausgetragenen Feststoffes wieder in die Schicht zurückfällt.

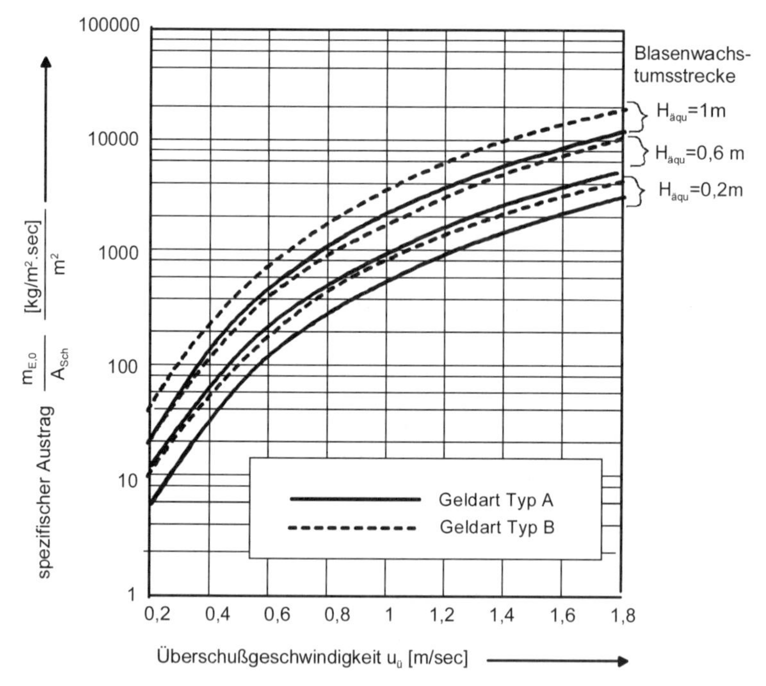

Bild 3-27 Feststoffaustrag nach Wen und Chen in Luft bei Umgebungsbedingungen (errechnet mit Gl.(3-39) unter Berücksichtigung von Gl.(3-24))

Der Freiraum über der Schicht (Höhe H) gibt dem Feststoff die Möglichkeit in die Schicht zurückzufallen. Für die Höhenabhängigkeit des Austragsmassenstrom schlagen Wen und Chen [364] die folgende Beziehung vor.

$$\dot{m}_{EH} = \dot{m}_{E\infty} + (\dot{m}_{E0} - \dot{m}_{E\infty}) \cdot e^{-EH} \qquad \text{Gl.(3-39)}$$

wobei der Parameter $E = 4\ m^{-1}$ als Mittelwert aus zahlreichen Experimenten zu setzen ist.

Mit Bild 3-28 ist diese Gleichung ausgewertet. Es ist zu erkennen, daß bei einer Freiraumhöhe von 1,7 m der Feststoffaustrag auf etwa 1/1000 seines ursprünglichen Wertes abgesunken ist. Das wären bei dem obigen Beispiel 1,6 kg/s, die bei einer Leerrohrgeschwindigkeit von 1,5 m/s eine Beladung der Fluidisierluft von 0,53 kg Feststoff / m^3 ergeben. Bemerkenswert ist, daß sich bei Erhöhung des Freiraumes um einen weiteren Meter die Beladung um den Faktor 100 verringert würde.

Üblicherweise wird außerdem der Querschnitt des Freiraumes gegenüber dem horizontalen Schichtquerschnitt um den Faktor 1,5 bis 2 vergrößert. Damit wird der Rücktransport von ausgetragenem Feststoff begünstigt (Verringerung der Gasgeschwindigkeit).

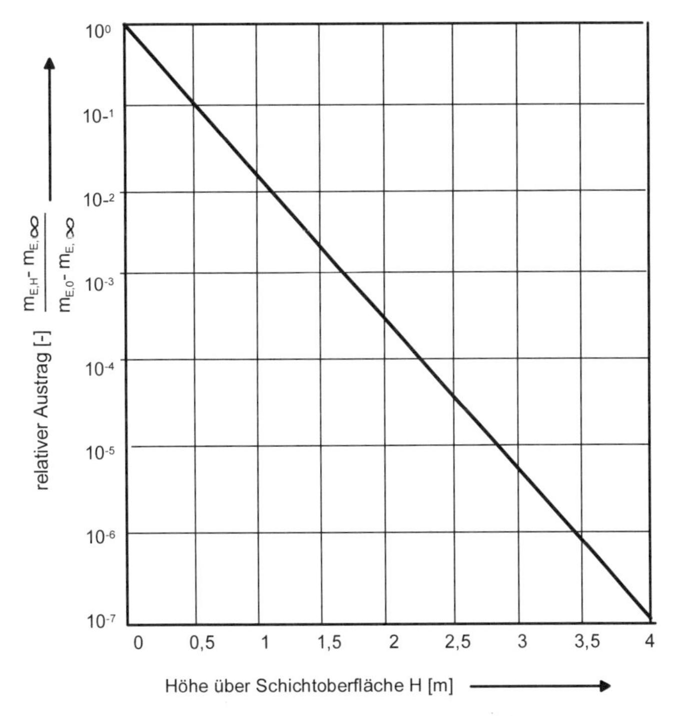

Bild 3-28 Abnahme des Feststoffaustrages mit der Höhe nach Gl.(3-39)

3.4 Wärme- und Stoffübergang bei der Wirbelschicht-Sprühgranulation

Für den Wärmeübergang Gas/Partikel umströmter Einzelpartikel wird Nu = 2 für Re ≤ 20 angegeben [116]. Werden, wie bei einem großen Teil üblicher Wirbelschicht-Sprühgranulationen, Partikel mit einem Durchmesser zwischen 100 und 1000 µm von Luft mit einer Geschwindigkeit von 0,3 bis 3 m/s angeströmt, dann fällt der sich dabei ergebende Wärmeübergang in den Gültigkeitsbereich dieser Beziehung. Wenn nun Nu = 2 und damit unabhängig von Re ist, bedeutet das, daß in diesem Bereich der Wärmeübergang am einzelnen Partikel gering ist (nach [38] etwa 6 bis 23 $J/s{\cdot}m^2{\cdot}K$). Weil also die Umströmungsgeschwindigkeit keinen Einfluß hat, ist der Wärmeübergang von der Wärmeleitfähigkeit des Gasfilmes bestimmt, der die Partikeln umgibt. Er ist jedoch gering.

Aber trotz des geringen Wärmeüberganges ist der Wärmetransport in einer Wirbelschicht hoch, denn die Partikel bieten eine sehr große Kontaktfläche zwischen Gas und Feststoff. Von [38] wird die spezifische Oberfläche mit 3000 bis 45000 m^2/m^3 angegeben. Zur Verdeutlichung ist diesem Hinweis hinzugefügt, daß die spezifische Oberfläche 100 µm großer Partikel 30000 m^2/m^3 beträgt, was etwa der Oberfläche der Cheopspyramide entspricht.

Die Vorgänge beim Aufwärmen der Partikel im Gasstrom sind nicht stationär. Die dem Partikel von außen angebotene Wärme wird im Partikel weitergeleitet und führt dort zu einer Änderung der Temperaturverteilung. Wenn aber die Temperaturleitfähigkeit im Partikel im Vergleich zum Wärmeangebot groß ist, können sich die Temperaturen (Oberfläche und Zentrum als ausgezeichnete Punkte) im Partikel ändern, ohne daß es zu Temperaturgradienten kommt. Die Beschreibung dieser Vorgänge führt zu verwickelten Zusammenhängen, die hier nicht näher erläutert werden können. Hier sei auf die spezielle Literatur, z B. auf [37] verwiesen. Von Poersch [266] stammt der Hinweis, daß für kugelige Partikel eine uniforme Verteilung der Temperatur unterstellt werden kann, solange für die die Übergabe der Wärme vom Fluid auf die Partikel beschreibende Kennzahl gilt

Biot $$Bi = \frac{\alpha \cdot D_{Part}}{2 \cdot \lambda_S} \leq 0.1 \qquad \text{Gl.(3-40)}$$

Mit

α Wärmeübergangszahl Gas /Partikel
$D_{Part.}$ Partikeldurchmesser
λ_S Wärmeleitfähigket des Partikels

Diese Bedingung ist in der Regel bei der Wirbelschicht-Sprühgranulation erfüllt.

Es ist eine bekannte Tatache, daß die Aufwärmung der Partikel in einer schmalen Zone oberhalb des Gasverteilers stattfindet. Mildenberger [185] nennt diesen Bereich „austauschaktive Zone“. Als aktive Höhe $H_{5\%}$ ist diejenige Schichthöhe de-finiert, in der die treibende Temperaturdifferenz zwischen Gas und Partikel auf 5% der am Eintritt herrschenden abgesunken ist.

Für $H_{5\%}$ gilt also:

$$\frac{T_{F,H_{5\%}} - T_{S,H_{5\%}}}{T_{F,E} - T_{S,H=0}} = 0{,}05 \qquad \text{Gl.(3-41)}$$

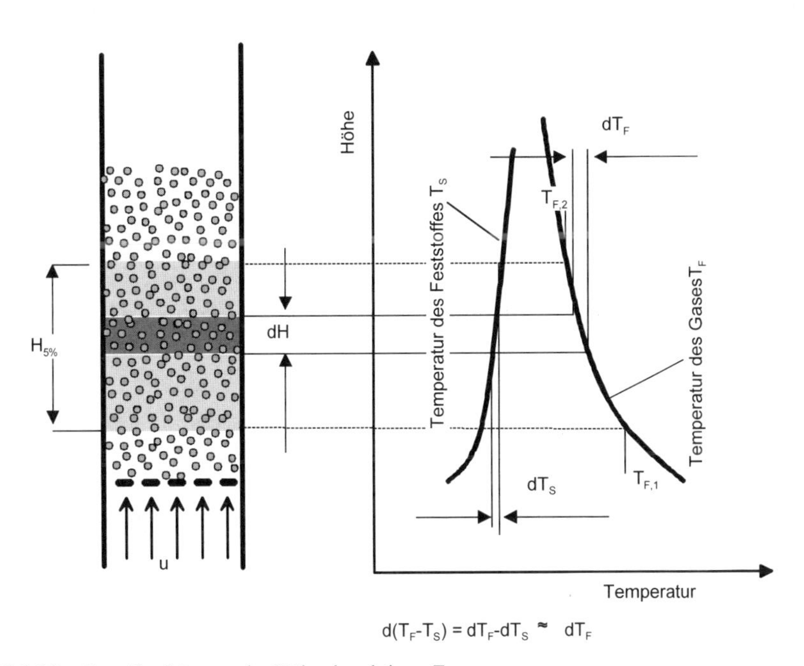

Bild 3-29 Zur Abschätzung der Höhe der aktiven Zone

In einer sorgfältigen Literaturauswertung experimenteller Befunde durch Mildenberger [185] findet sich ein Wertebereich von $H_{5\%} = 2 - 38$ mm für unterschiedliche Gase (Luft, CO_2, Verbrennungsgas) und Feststoffe (Aluminium, Silikagel, Kohle, Glas, Blei etc.). Auch bei Todes [336] finden sich Angaben in gleicher Größenordnung. Oberhalb dieser Höhe haben sich bei idealsierender Betrachtungsweise Gas- und Partikeltemperatur einander angeglichen. $H_{5\%}$ ist daher auch als Übertragungseinheit NTU_H („Number of Overall Transfer Units") bezogen auf den Wärmetransport zu verstehen.

Die Höhe der Zone kann gemäß Bild 3-29 abgeschätzt werden (s. auch [38]). Betrachtet werde die Suspensionsphase. Die Partikel seien ortsfest. Die Relativgeschwindigkeit zwischen den Partikel und dem Gas entspreche der Lockerungsgeschwindigkeit. Herausgegriffen werde eine horizontale Schicht von Partikeln, die sämtlich die Temperatur T_S haben. Die Querschnittsfläche der Wirbelschicht ist A_{Sch} und die Oberfläche der Partikel in dem betrachteten Element sei A_S. Das wärmere Gas strömt durch diese Schicht mit der Lockerungsgeschwindigkeit u_{mf} hindurch und verändert dabei seine Temperatur um $-dT_F$. Damit gibt das Gas an die Partikel mit der Wärmeübergangszahl α Wärme ab

$$\dot{Q} = -u \cdot A_{sch} \cdot \rho_F \cdot c_{p,F} \cdot dT_F \qquad \text{Gl.(3-42)}$$

und die Partikel nehmen auf

$$\dot{Q} = \alpha \cdot A_S \cdot (T_F - T_S)$$

$$= \alpha \cdot \frac{6 \cdot (1 - \varepsilon)}{D_{Part}} \cdot A_{sch} \cdot (T_F - T_S) \cdot dH \qquad \text{Gl.(3-43)}$$

Aus der Gleichheit von abgegebener Gl.(3-42) und aufgenommener Wärme Gl.(3-43) folgt

$$\frac{dT_F}{(T_F - T_S)} = \frac{\alpha \cdot 6 \cdot (1 - \varepsilon_{mf})}{u \cdot \rho_F \cdot c_{p,F} \cdot D_{Part}} \cdot dH \qquad \text{Gl.(3-44)}$$

In dieser Gleichung stammen die geometrischen Zusammenhänge aus Gl. (2-4) und Gl. 2-5) entsprechend

$$\frac{A_S}{A_{Sch}} = \frac{A_S}{V_S} \cdot \frac{V_S \cdot dH}{V_{ges}} = \frac{6}{D_{Part}} \cdot (1 - \varepsilon) \cdot dH$$

Da die Wärmekapazität des Gases kleiner als die des Feststoffe ist, kann im betrachteten Element die Änderung der Feststofftemperatur vernachlässigt werden. Die Integration von Gl.(3-44) liefert

$$\ln \left(\frac{T_{F,1} - T_S}{T_{F,2} - T_S} \right) = \frac{\alpha \cdot 6 \cdot (1 - \varepsilon_{mf})}{u \cdot \rho_F \cdot c_{p,F} \cdot D_{Part}} \cdot \Delta H \qquad \text{Gl.(3-45)}$$

Wenn angenommen wird:

- Lockerungsporosität $\varepsilon_{mf} = 0{,}4$
- Luft bei Umgebungsbedingungen als Fluid
- Regression der Lockerungsgeschwindigkeit für Feststoffdichte 1500 kg/m^3 nach Gl.(3-5) für den Bereich 100-1000 µm sei: $u_{mf} = 2{,}155 \cdot 10^{-6} \cdot D_{Part}^{1,75}$ wobei $D_{Part.}$ in µm
- Wärmeübergang entspreche Nu = 2, d.h. $\alpha = 4{,}46 \cdot 10^4 / D_{Part.}$ mit $D_{Part.}$ in µm

ergibt sich die Höhe der aktiven Zone zu (alle Maße in µm)

$$\frac{H_{5\%}}{D_{Part}} = 4{,}17 \cdot 10^{-8} \cdot D_{Part}^{1,75} \qquad \text{Gl.(3-46)}$$

Das bedeutet für

$D_{Part.} = 500$ µm: $\frac{H_{5\%}}{D_{Part}} = 1{,}1$, also eine Höhe $H_{5\%} = 550$ µm

$D_{Part.} = 1000$ µm: $\frac{H_{5\%}}{D_{Part}} = 7{,}42$, also eine Höhe $H_{5\%} = 7400$ µm

Diese grobe Betrachtung bestätigt also die Größenordnung der aus der Literatur bekannten Werte für die austauschaktive Zone.

Damit ist klar, daß die Partikel in Bodennähe aufgewärmt werden. Wird auf die Oberfläche der Partikel Sprühflüssigkeit aufgetragen, trägt die im Partikel gespeicherte Wärme ebenso zur Verdunstung der Flüssigkeit bei, wie das „Suspensionsgas“, das mit dem Partikel in Kontakt steht (s. auch Link [157] sowie Bild 3-30). Abgetrocknete Partikel werden vom Suspensionsgas wieder erwärmt. Andererseits gibt das Suspensionsgas seine Feuchte an das in Blasen eingeschlossene „Blasengas“ ab, wird aber andererseits vom Blasengas aufgewärmt. Die komplexen, simultan ablaufenden Vorgänge zeigt das „Vierphasenmodell“ gemäß

Bild 3-30 Es handelt sich dabei um eine Erweiterung der für Wirbelschichten bereits bekannten Modellvorstellungen [156],[170], [332], [367], [368].

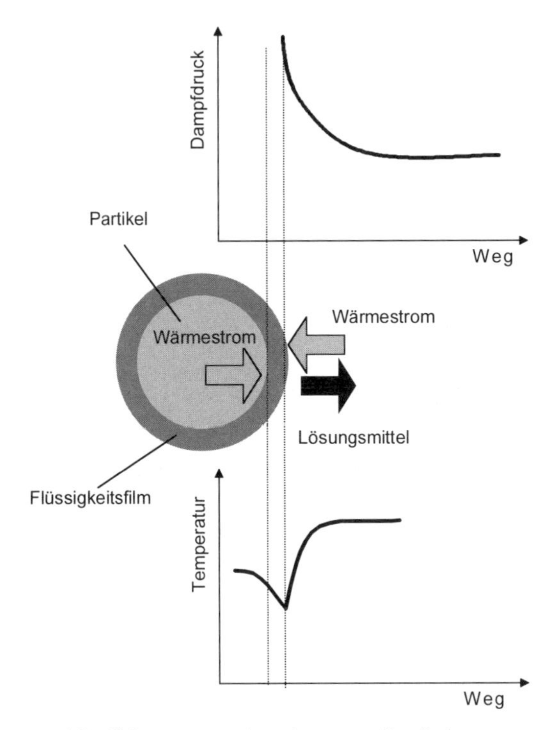

Bild 3-30 Wärme- und Stoffübergang an einem benetzten Partikel

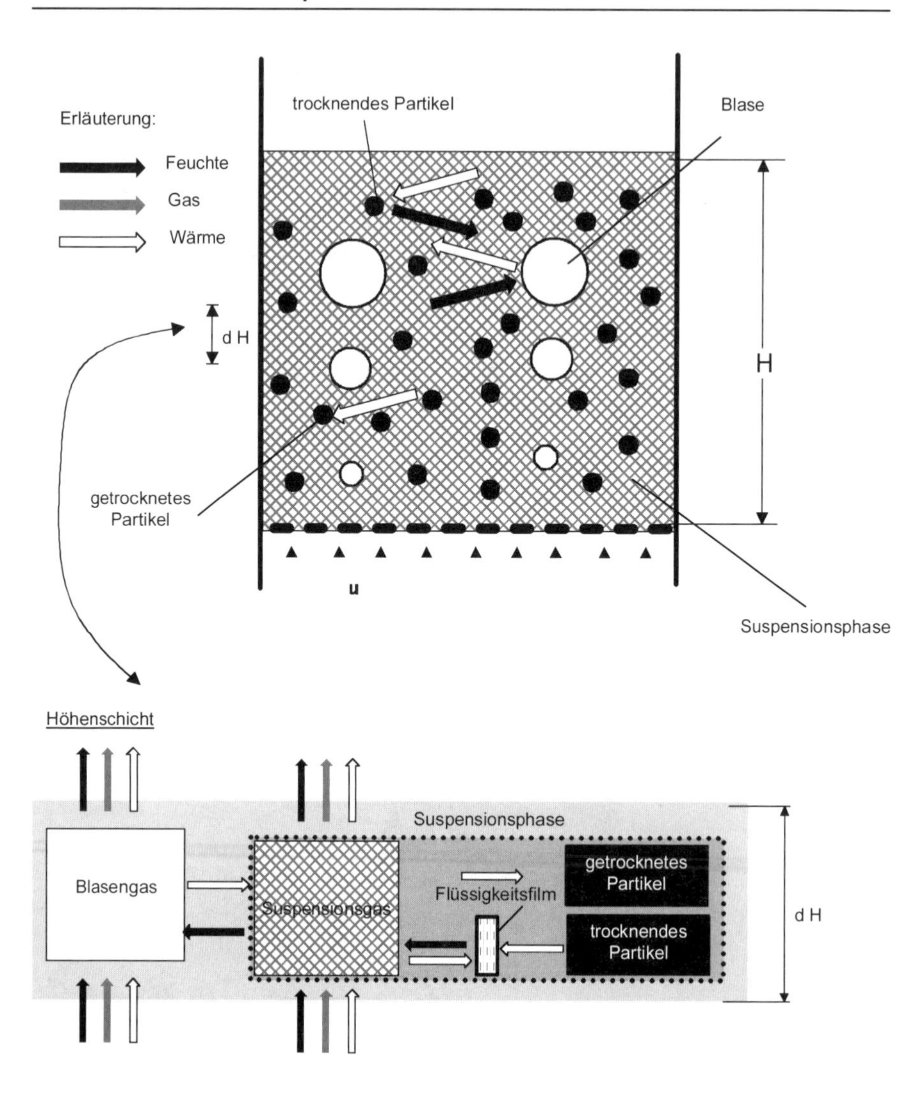

Bild 3-31 Vierphasenmodell als Grundlage zur Beschreibung der gesamten Wärme-und Stoffübergänge bei der Wirbelschicht-Sprühgranulation

4 Grundlagen der Wirbelschicht-Sprühgranulation

4.1 Prinzip der Wirbelschicht-Sprühgranulation

Zunächst heißt „Wirbelschicht“, daß Feststoffpartikel in einem aufwärtsgerichteten Luftstrom in der Schwebe gehalten werden. In diesem Zustand sind die Feststoffpartikel voneinander getrennt und so beim Einsprühen von Flüssigkeit in das Bett für die Sprühtropfen rundum zugänglich. Außerdem ist in diesem Zustand der Wärme- und Stoffaustausch zwischen den Feststoffpartikeln und dem Gasstrom intensiv.

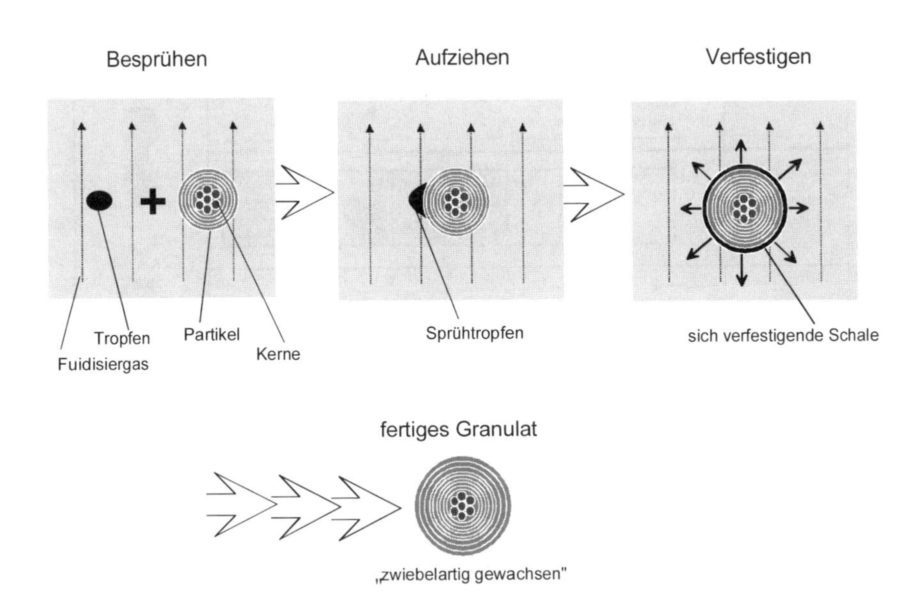

Bild 4-1 Prinzip des Verfahrens der Wirbelschicht-Sprühgranulation nach [347]

Wenn nun ein schwebendes Partikel (s. Bild 4-1) von einem Sprühtropfen getroffen wird, wird sich das flüssige Produkt des Sprühtropfens auf dem festen Untergrund durch Spreitung verteilen. Wegen des intensiven Wärme- und Stoffaustausches mit dem umgebenden Gasstrom kommt es rasch zu einer Verfestigung des Flüssigkeitsfilmes. Durch vielfaches Aufsprühen, Spreiten, Verfestigen wächst das Partikel zwiebelartig. Es ist kompakt und im Idealfall auch nahezu rund. Spreitet es dagegen schlecht, verfestigt sich der aufgesprühte Tropfen, ohne sich auf den Partikeln zu verteilen. In der Wirbelschicht werden die Partikel durch schichtweises Auftragen so lange vergröbert, bis sie die Zielgröße erreicht haben. Dann werden sie aus der Wirbelschicht ausgeschleust.

Voraussetzung für die Durchführung des Verfahrens ist das Vorhandensein von Partikeln, die in der Wirbelschicht in der beschriebenen Weise lagenweise vergröbert werden können. Ihr Anfangsdurchmesser muß so groß sein, daß die Partikel nicht aus der Wirbelschicht ausgetragen werden. Die Ausgangspartikel, im folgenden „Kerne“ genannt, müssen im Prozeß entstehen oder von außen zugegeben werden.

4.2 Granulatwachstum

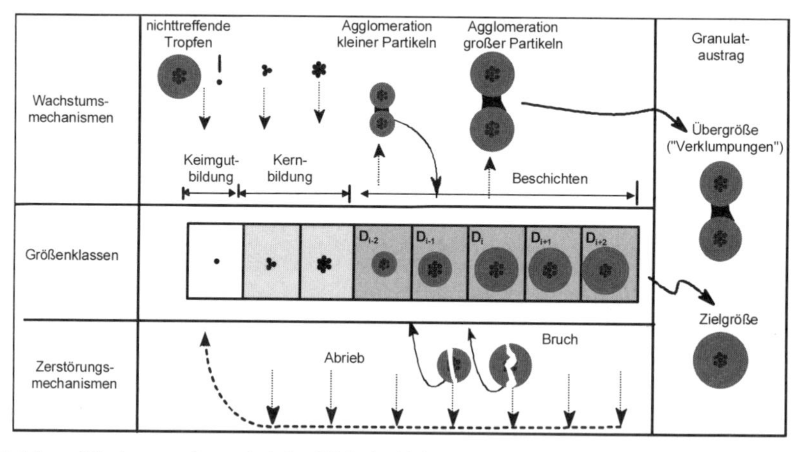

Bild 4-2 Wachstumsphasen bei der Wirbelschicht-Sprühgranulation

Um Partikel in der für das Verfahren typischen Weise lagenweise beschichten zu können, müssen sie dem Prozeß zur Verfügung gestellt werden, oder es müssen Bedingungen geschaffen werden, unter denen sie sich im Prozeß bilden. Ein Partikel, das eine Größe hat, bei der das lagenweise Auftragen beginnt, sei „Kern“ genannt. Gebildet wird der Kern aus „Keimgut“, das wiederum auch dem Prozeß von außen zugegeben („Fremdkeimzugabe“) oder im Prozeß selbst gebildet werden muß („Eigenkeimbildung“). Somit erfolgt die Bildung der Partikel in 3 Phasen. Bild 4-2 zeigt die Modellvorstellung für diese 3 Phasen. Die Darstellung gibt den Ablauf in Größenklassen wieder. Im weißen Bereich werden Keime und im leicht grauen Bereich Kerne gebildet. Die Kerne werden dann in dem dunkleren Bereich beschichtet. Oberhalb der Größenklassen sind alle Vorgänge aufgeführt, die zum Wachstum beitragen. Unterhalb der Größenklassen finden sich hingegen die Vorgänge, die eine Partikelverkleinerung bewirken.

- Keimgutbildung und -zugabe: Bei der Eigenkeimbildung entsteht Keimgut zunächst beim Besprühen. Tropfen, die die Partikel verfehlen oder die die Partikel mit einer bereits so stark verfestigten Schale erreichen, daß es beim Auf-

treffen nicht mehr zu einer Haftung kommt, werden zum Keimgut. Dabei hängt die Verfestigung von den Trocknungsbedingungen längs der Flugbahn, der Flugzeit und dem Trocknungsverhalten der Tropfen ab. Abrieb, der in allen Größenklassen auftritt, ergänzt das Keimangebot.
Bei der Fremdkeimzugabe muß der Eigenbildung entsprechendes, feinteiliges Material dem Prozeß zugegeben werden. Orientiert an der Größe nichttreffender Sprühtropfen ist die Größe der zuzugebenden Partikel mit 20 – 50 μm zu veranschlagen

- Kernbildung und -zugabe: Das im Prozeß gebildete Keimgut wird mit der Abluft aus der Wirbelschicht ausgetragen und im Abluftfilter oder Zyklon aus der Abluft abgetrennt. Nehmen wir an, es seien Filterschläuche unmittelbar über der Schicht angeordnet. Auf diesen Filterschläuchen wird das Keimgut als Staubkuchen abgeschieden. Wenn nun von Zeit zu Zeit der Staubkuchen abgesprengt wird, fallen seine Fragmente in die Schicht. In der Schicht wird das zusammengeballte Keimgut durch Agglomeration in einem oder mehreren Schritten zu „Kernen" verbunden. Unter einem Schritt ist der Zyklus Austragen aus der Schicht, Abscheiden auf dem Filter, Rückführung in die Schicht sowie Agglomerieren zu verstehen. Die Agglomerate erreichen auf diese Weise eine Größe, die sie in der Schicht verbleiben läßt. Sie sind zu Kernen geworden.
  Die Kerne können dem Prozeß auch von außen zugeführt werden. Bleiben Zerfall und Verklumpung unberücksichtigt, dann ist für jedes entnommene Fertigteilchen dem Prozeß ein Kern zuzugeben. Die Größenordnung der zuzugebenden Kernmasse ist abzuschätzen, wenn man sich vorgibt, der Kern solle beispielsweise um den Faktor 5 im Durchmesser von 100 μm auf die Austragsgröße von 500 μm wachsen. In diesem Fall ist auf die Kernmasse das 125-fache aufzusprühen. Oder, anders gesagt, für einen Kornvergrößerungsfaktor von 5 ist etwa 1% der Masse des Fertiggranulates zuzuführen.

- Beschichten: In der Schicht werden die Kerne in der letzten Wachstumsphase in der für dieses Verfahren typischen Weise durch schichtweises Auftragen solange vergröbert, bis sie die Wunschkorngröße erreicht haben. Dann sind sie aus der Schicht auszuschleusen. Der Kornvergröberung laufen Abrieb und Zerbrechen der Partikel entgegen. Von den Partikel, die sich in der Phase des Beschichtens befinden, dürfen nur kleine miteinander durch Verkleben agglomerieren. Verklebte oder verklumpte größere Partikel werden als „Sekundäragglomerate" oder „Verklumpungen" bezeichnet. Sie sind insbesondere im Interesse eines störungsfreien Betriebs zu vermeiden, denn wegen ihrer Größe und Form besteht die Gefahr daß sie nicht mehr fluidisiert werden, auf den heißen Gasverteiler absinken und dort zu Anbackungen führen. Außerdem sind sie für viele Anwendungen, nicht zuletzt wegen des optischen Aspektes, unerwünscht.

4.3 Bildung und Zufuhr von Keimgut

4.3.1 Allgemeines

Unter dem Begriff „Eigenkeimbildung" sei die selbsttätige Bildung von Keimgut in der Wirbelschicht durch nichttreffende bzw. nichthaftende Sprühtropfen, durch Abrieb oder durch den Zerfall von Partikeln infolge von Prall oder Wärmeschocks zusammengefaßt. Im Gegensatz dazu stehen "Fremdkeime", die entweder gezielt innerhalb der Schicht durch das Herbeiführen von Mahleffekten (Kap. 9.4.1) oder auch außerhalb der Schicht mit den üblichen Zerkleinerungseinrichtungen erzeugt werden.

Die Fluidisationsbedingungen reichen gewöhnlicherweise aus, um wesentliche Teile des Keimgutes unabhängig von seiner Herkunft, aus der Schicht auszutragen. Deshalb ist stets eine Keimgutrückführung erforderlich. Sie ist die Voraussetzung zur späteren Agglomeration und besteht aus einem Organ zur Abscheidung des ausgetragenen Feststoffes aus dem Abgas sowie Einrichtungen zu dessen Rückführung in die Schicht (Kap. 10).

Unbefriedigend ist, daß der gegenwärtige Stand des Wissens zum Thema „Eigenkeimbildung" nur Einzelerkenntnisse eines insgesamt sehr komplexen Geschehens über nichtreffende Sprühtropfen, Abrieb und Zerstörung hergibt. Von Warfsmann [359] wurden erste methodische Untersuchungen der gesamten Zusammenhänge bei der Wirbelschicht-Sprühgranulation durchgeführt. Knebel [115] hat kürzlich in einem Vortrag neuere Erkenntnisse aus der Literatur und aus eigenen Arbeiten vorgestellt.

4.3.2 Keimgut aus nichttreffenden Sprühtropfen

Das Zerstäubungsgas bewirkt eine Zerteilung der Sprühflüssigkeit. Bei fliegenden Suspensionstropfen wird im Wechselspiel von Strömungs- und Grenzflächenkräften die die Feststoffpartikel umhüllende Flüssigkeit gemäß Bild 4-3 abgestreift [22]. Aus der abgestreiften Flüssigkeit entstehen kleinere Tropfen. Ist der Feststoff der Suspension sehr grobkörnig, reicht die ihn umhüllende restliche Flüssigkeit zu einem Granulataufbau nicht mehr aus. Der Feststoff wird zu Keimgut.

Das Zerstäubungsgas bewirkt nicht nur eine Zerteilung der Sprühflüssigkeit in einzelne Tropfen und deren Transport (s. Kap. 9.3). Unvermeidlich wird vom Sprühstrahl auch Gas aus der Umgebung gesaugt. Mit dem angesaugten Gas gelangen Partikel in den Sprühstrahl. Dort kommen sie mit den Sprühtropfen in Kontakt.

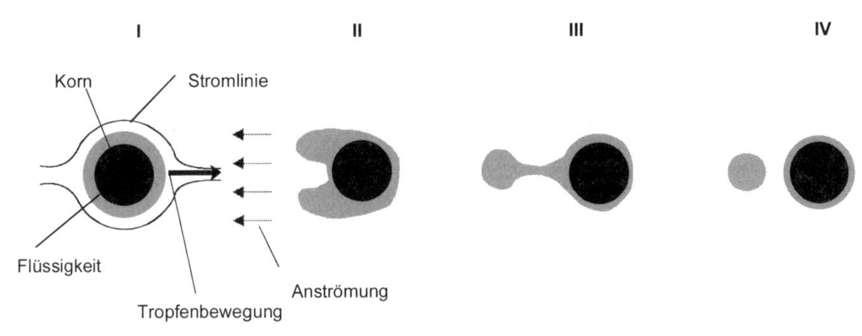

Bild 4-3 Durch Strömungskräfte verursachte Flüssigkeitsabtrennung an einem Suspensionstropfen nach [22]. Die Abtrennungsvorgang ist hier modellhaft in 4 Stufen für einen Tropfen, der ein einzelnes Korn enthält, dargestellt.

Die in den Strahl eintretenden Partikel werden zunächst von dem Zerstäubungsgasstrahl beschleunigt, um später, wenn sich die Geschwindigkeit des Zerstäubungsgases infolge turbulenter Reibung mit dem umgebenden Gas verringert, wieder verzögert zu werden. Die Tropfenbewegung verläuft analog. Die Kollisionswahrscheinlichkeit steigt mit zunehmender Relativgeschwindigkeit zwischen Tropfen und Partikel.

Die Abläufe im Sprühstrahl sind sehr kompliziert. Sie sind erst in neuerer Zeit einer Berechnung oder Messung zugänglich (s. Bauckhage [18] für reine Zerstäubungsvorgänge). Wenn die Düsen in die Schicht eintauchen, gelangen auch Partikel in den Dispergierbereich der Düse. Hier sind die Abläufe besonders unübersichtlich, denn in diesem Bereich, der sich unmittelbar an den Düsenmund anschließt, bilden sich die Tropfen aus Flüssigkeitslamellen, Fäden und Fetzen.

Im Sprühstrahl werden die Tröpfchen von den Partikeln abgefangen. Weil die Anzahldichte der Tropfen in der unmittelbaren Umgebung des Düsenmundes am größten ist, ist dort die Kollisionswahrscheinlichkeit zwischen Tropfen und Partikeln auch besonders hoch. Partikel, die erst in größerem Abstand in den Sprühstrahl gelangen, werden kaum noch benetzt. Hier sind die Tröpfchen bereits weitgehend von anderen Partikeln abgefangen oder so verfestigt, daß es bei einer Kollision von Tropfen und Partikel nicht mehr zu einer Vereinigung kommt. Der Teil der Tropfen, der sich nicht mit Partikeln vereinigt, wird zu Keimgut.

Es sei der zu Keimgut werdende Teil des mit der Sprühflüssigkeit eingetragenen Feststoffes τ_A

$$\tau_A = \frac{\text{Keimgutmassenstrom}}{\text{mit der Sprühflüssigkeit eingetragener Feststoffmassenstrom}} \qquad \text{Gl. (4-1)}$$

Für das Besprühen der Schichtoberfläche von oben wird der Keimgutanteil vom Abstand der Düse von der Schichtoberfläche beeinflußt. Je größer dieser Abstand ist, um so mehr Tropfen sind bereits bei der Kollision mit Partikeln verfestigt, so daß es nicht mehr zu einer Vereinigung kommt.

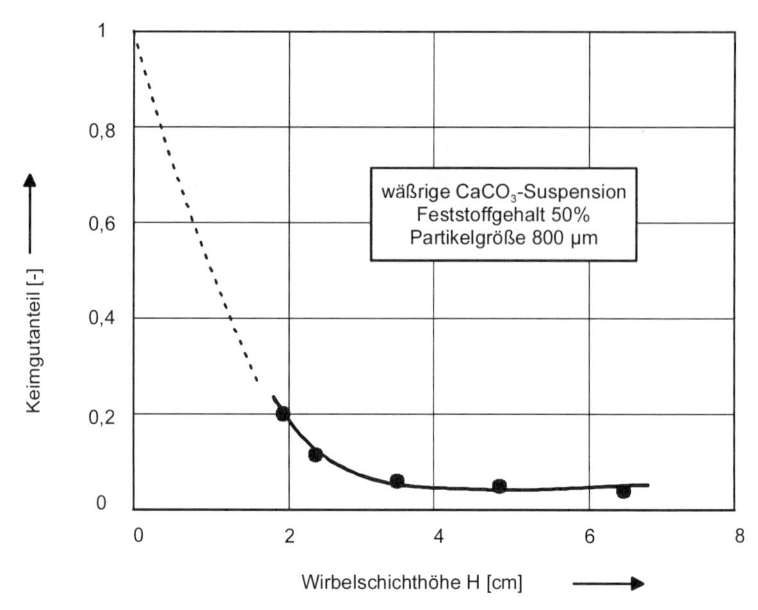

Bild 4-4 Der Keimgutanfall nach Messungen von Becher [23] für das Sprühen von unten nach oben (erweitert auf die Schichthöhe H = 0)

Für das Einsprühen von unten hängt der Keimgutanteil τ_A von der Wirbelschichthöhe ab. Das kann man sich leicht klar machen, wenn man sich wie in Kap. 7.2.3.3.2 gezeigt, die Schicht als ein Filter vorstellt, das von unten besprüht wird. Bei der Schichthöhe $H = 0$ liegt reine Sprühtrocknung vor. Der gesamte mit der Sprühflüssigkeit eingetragene Feststoff wird zu Keimgut. Erst bei Schichthöhen $H > 0$ wird ein Teil des eingetragenen Feststoffes vom „Filter Wirbelschicht" abgeschieden. Er trägt zum Wachstum der Partikel bei.

Der in Bild 4-4 eingetragene Kurvenverlauf geht auf Untersuchungen von Becher [23] für das Einsprühen von unten nach oben zurück. Es ist zu erkennen, daß der Keimgutanteil mit der Wirbelschichthöhe rasch abnimmt und bei einer Höhe von 4 cm ein konstantes Niveau von etwa 5 % erreicht. Für das konstante Niveau sind viele Einflüsse denkbar, wie die folgenden Betrachtungen zeigen werden.

Link [157] hat zur Verfeinerung der Betrachtungen auf Modellvorstellungen von Löffler [161], [159], [160] für die Staubabscheidung in Filtern zurückgegriffen (Bild 4-5). Nach Löffler werden von den auf ein Partikel auftreffenden Tropfen (charakterisiert durch den Auftreffgrad) nur die abgeschieden, die dort auch haften (charakterisiert durch den Haftanteil). Das Produkt aus Auftreffgrad und Haftanteil ist der Abscheidegrad. Der Abscheidegrad gibt an, wie stark die aufgesprühte Flüssigkeit für ein betrachtetes Partikel zu dessen Wachstum beiträgt.

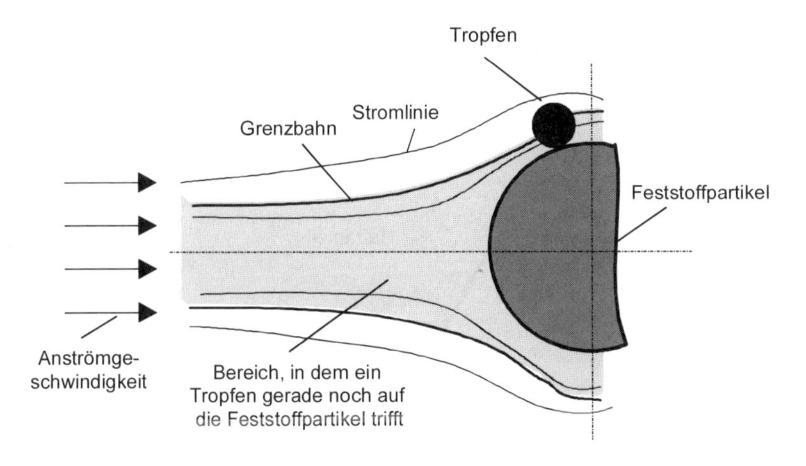

Bild 4-5 Abscheidung von Tropfen auf Partikeln. Infolge der Wirkung von Trägheitskräften folgen die Tropfen nicht den Strombahnen des Gases. Die dickere Strombahnen sind die äußeren Grenzbahnen der Tropfen, die gerade noch zum Kontakt mit dem Feststoffpartikel führen.

Bild 4-6 zeigt den prinzipiellen Verlauf des Abscheidegrades und seiner Komponenten in Abhängigkeit von der Relativgeschwindigkeit zwischen Tropfen und Partikel.

- Der Auftreffgrad beschreibt, inwieweit die Tropfen die Stromlinien um die Partikel verlassen können und so in Kontakt mit dem Partikel kommen. Das Auftreffen wird durch die geometrische Ausdehnung des Partikels und bei den gegebenen Tropfengrößen und Relativgeschwindigkeiten zwischen Partikel und Tropfen durch Trägheitskräfte bewirkt. Es treffen um so mehr Tropfen auf das Partikel, je größer das Partikel sowie die Tropfen und je höher die Relativgeschwindigkeit zwischen Tropfen und Partikel ist.
- Der Haftanteil ist abhängig von den Benetzungseigenschaften und der kinetischen Energie, welche die Tropfen beim Aufprall auf der Partikeloberfläche besitzen. Im Gegensatz zum Verlauf beim Auftreffgrad, wird der Haftanteil um so geringer, je größer die Tropfen sind und je höher die Relativgeschwindigkeit zwischen Tropfen und Partikel ist. Kapillarporöse Oberflächen begünstigen das Aufsaugen der aufgetragenen Flüssigkeit und vergrößern so den Haftanteil. Natürlich werden Tropfen nicht haften, wenn sich bereits durch Trocknen eine feste Schale gebildet hat.

Von Bauckhage [18] stammen Fotos und simulierte Ergebnisse zum Tropfenaufprall auf ungekrümmten Oberflächen. Diese Untersuchungen korrespondieren mit Modellvorstellungen von Uhlemann [347] zu den Vorgängen beim Besprühen von Partikeln gemäß Bild 4-7.

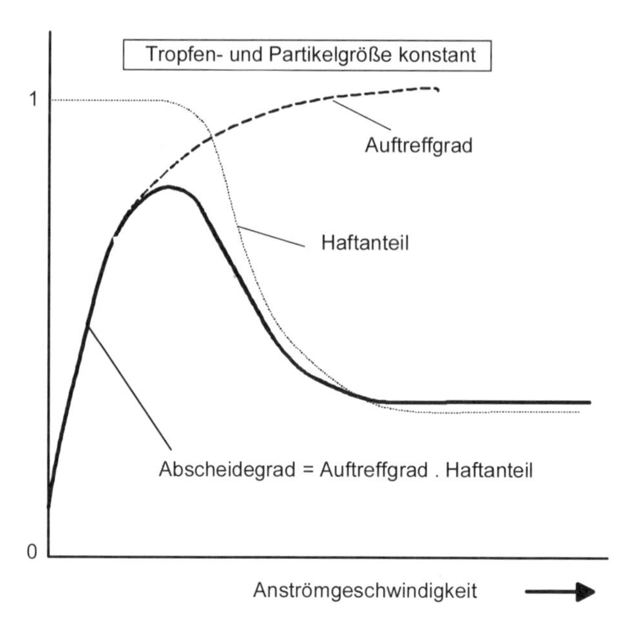

Bild 4-6 Auftreffgrad, Haftanteil und Abscheidegrad beim Besprühen von Partikeln aus [157]

Auf der linken Hälfte des Bildes sind Umstände aufgeführt, die einen Sprühtropfen zu Keimgut werden lassen. Auf der rechten Bildseite werden hingegen Umstände dargestellt, bei denen ein Tropfen zum Granulatwachstum beiträgt.

Zu Keimgut werden Tropfen, die die Partikel verfehlen oder die die Partikel mit einer bereits so stark verfestigten Schale erreichen, daß es bei der Kollision nicht mehr zu einer Haftung kommt. Dabei hängt die Verfestigung von den Trocknungsbedingungen längs der Flugbahn, der Flugzeit und dem Trocknungsverhalten der Tropfen ab. Zu Keimgut können die Tropfen aber auch werden, wenn die Partikeloberfläche stark vorbefeuchtet ist. In diesem Fall werden die Tropfen wie aus einer Pfütze reflektiert. Bei hoher Aufprallenergie können zudem noch Tropfen und Flüssigkeitsfilm zerstört werden (s. auch [18]).

Zum Wachstum tragen die vorverfestigten Tropfen hingegen bei, wenn beim Aufprall auf das Partikel die Schale bricht und die Flüssigkeit ausläuft oder wenn die Partikeloberfläche vorbefeuchtet ist. Erreichen die Tropfen die Partikeloberfläche unverfestigt, kommt es bei vorbefeuchteter Oberfläche zur Koaleszenz und auf trockener Oberfläche, wenn die Benetzungseigenschaften hinreichen, zur Tropfenausbreitung.

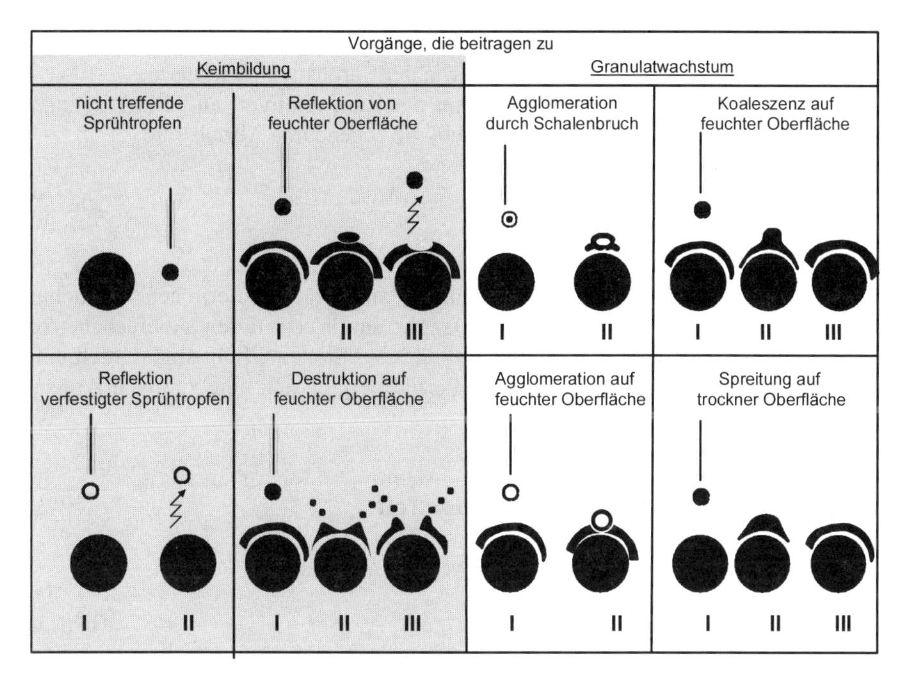

Bild 4-7 Keimgutbildung und Granulatwachstum beim Besprühen in der Wirbelschicht nach Uhlemann [347]

4.3.3 Keimgut aus Abrieb und Zerstörung

Auch zu diesem Thema kann über nur Einzelerkenntnisse zu einer ersten Orientierung berichtet werden.

Für die besonderen Belange der Wirbelschicht-Sprühgranulation sind im Rahmen einer Diplomarbeit von Warfsmann [359] erstmals methodische Untersuchungen an einem „organischen Salz“ durchgeführt worden. Eine insgesamt befriedigende Beschreibung des Phänomens Abrieb ist noch nicht möglich (s. hierzu insbesondere [6]) .

So hängt der Widerstand der Partikel gegen Abrieb und Zerstörung ab von der Homogenität ihres Aufbaues (Kerbstellen, Hohlräume, Risse und Einschlüsse verringern den Widerstand), von der Sprödigkeit, von der Zähigkeit, der Feuchte, der Dichte, der Partikelgröße usw.

Durch Zusammenprall der Partikel wird die Oberfläche abgerieben oder es werden Teilstücke abgesprengt. Temperaturschocks beim Besprühen erwärmter Partikel können ebenfalls zu ihrer Spaltung führen. Der Zusammenprall ergibt sich in der Wirbelschicht durch die Feststoffbewegungen. Dabei ist die durch die “Eindringtiefe” (s. Kap. 9.1.10) des aus den Löchern des Gasverteilers austretenden

Gasstrahles begrenzte Zone kurz oberhalb des Gasverteilers ebenso ein Bereich erhöhter Beanspruchung für die Partikel wie der Sprühstrahl der Düsen.

Neben dem absoluten Abrieb $\dot{m}_A$ kann auch ein relativer, auf die Ausgangsmasse der Schicht $m_{Sch,0}$ bezogener Abrieb, die sogenannte Abriebsrate

$$\dot{R}_A = \frac{\dot{m}_A}{m_{Sch,0}} = \frac{d}{dt}\left(\frac{m_A}{m_{Sch,0}}\right) \qquad \text{Gl.(4-2)}$$

definiert werden.

Bei der Beurteilung von Abriebsraten, die aus diskontinuierlichen Versuchen stammen, ist zu beachten, daß die anfänglichen Werte durch Abbrechen von Kanten und das Abreiben besonders empfindlicher Stellen erhöht sind. Durch eine allmähliche Glättung und Rundung der Partikel ergibt sich eine zeitliche Abhängigkeit der Abriebsrate.

4.3.3.1
Veränderung der Abriebsrate mit der Zeit

In [5] ist als Ergebnis einer Literaturauswertung angegeben:

$$\dot{R}_A = C_{t0} \cdot C_{t1} \cdot t^{C_{t1}-1} \qquad \text{Gl. (4-3)}$$

In dieser Gleichung bedeuten

- t Beanspruchungsdauer
- C_{t0} Konstante, die von Partikelgröße und Konstruktionsgrößen bestimmt wird
- C_{t1} von der Partikelgröße unabhängige Konstante

Die Abhängigkeit wurde für Katalysator-Partikel, die log-normal verteilt vorlagen, ermittelt. Nach einer Übergangszeit wird die Abriebsrate vermutlich konstant. Insgesamt sind diese Angaben leider wenig brauchbar, weil zu den Konstanten keine Zahlenwerte angegeben sind.

Von [359] wurde gefunden, daß sich nach Verlust eines Teiles der anfänglichen Schichtmasse (hier etwa 15%) eine stationäre Abriebsrate einstellt. Je höher die anfängliche Abriebsrate ist (beispielweise wegen erhöhter Leerrohrgeschwindigkeit), um so früher wird dieser stationäre Zustand erreicht. Dies führt gemäß [6] bei Leerrohrgeschwindigkeiten zwischen 0,6 und 0,9 m/s zu folgender Abhängigkeit

$$\dot{R}_A = C_1 \cdot \exp\left(C_2 \cdot \frac{m_{Sch}}{m_{Sch,0}}\right) \qquad \text{Gl. (4-4)}$$

In dieser Gleichung bedeuten

- m_{Sch} zeitabhängige Masse der Schicht
- $m_{Sch,0}$ Startmasse der Schicht
- C_1 Konstante. Für die Versuchsergebnisse = $1{,}44 \cdot 10^{-8}$ g/kg·h
- C_2 Konstante. Für die Versuchsergebnisse = 22,7

Dieser Abriebmechanismus ist nur für das Verhalten von Startgranulat oder im Betrieb dann von Bedeutung, wenn sich durch ein Umschalten auf andere Auftragsbedingungen (größere Granulate) der Bettinhalt erhöht.

4.3.3.2 Einfluß der Partikelgröße

In [6] werden die Ergebnisse einer Untersuchung von Tarman et al. referiert. Sie sind zusammengefaßt in der einfachen Beziehung:

$$\dot{R}_A = 1{,}3 \cdot D^{-0{,}64} \qquad \text{Gl. (4-5)}$$

Mit

D mittlerer Partikeldurchmesser

4.3.3.3 Einfluß der Schichthöhe

Der Abrieb wächst nach Beobachtungen von Vaux (zitiert in [6]) mit der Schichthöhe H gemäß

$$\dot{R}_A \sim H^2 \qquad \text{Gl. (4-6)}$$

Es liegt auf der Hand, daß diese Beziehungen die tatsächlichen Verhältnisse nur sehr unzulänglich wiedergibt. So bleibt es beispielsweise unberücksichtigt, daß mit zunehmender Schichthöhe der Anteil der Partikel abnimmt, die sich im Einflußbereich der aus dem Gasverteiler austretenden Gasstrahlen befinden. In diesem Bereich sind die Partikelkollisionen häufiger und heftiger als in den übrigen Bereichen der Schicht. Hier kommt es zu Partikelbruch, während in den übrigen Bereichen der Abrieb überwiegt.

Bei geringen Schichthöhen, bei denen sich alle Partikel im Einflußbereich des Gasverteiler befinden, wird die Abriebsrate von der Gasverteilung bestimmt. Die Abhängigkeit von der Schichthöhe tritt hingegen zurück, so daß gilt

$$\dot{m}_A \sim H \qquad \text{Gl. (4-7)}$$

4.3.3.4 Einfluß Lochgeschwindigkeit des Gasverteilers

Der Einfluß des Gasverteilers auf den Abrieb ist beträchtlich. Es wurde gefunden, daß bei gleichem Gasdurchsatz eine Steigerung der freien Gasdurchtrittsfläche zu einer deutlichen Reduzierung des Abriebs führt. In [6] wird über Beobachtungen berichtet, wonach eine Vergrößerung der freien Fläche von 0,5 auf 2% den Abrieb um 25% senkte. Eine weitere Steigerung der freien Fläche hatte keinen Effekt. Eine Literaturauswertung in [6] legt eine Abhängigkeit der Abriebsrate von der Gasgeschwindigkeit u_L in den Durchtrittsöffnungen in der Form

$$\dot{R}_A \sim u_L^{1;7 \text{ bis } 2;5} \qquad \text{Gl. (4-8)}$$

nahe.

4.3.3.5
Einfluß der Gasgeschwindigkeit

Die Relativgeschwindigkeit zwischen den Partikeln bestimmt Art und Umfang der Beschädigungen bei ihrer Kollision. In [6] sind Versuchsergebnisse von Vaux referiert, wonach die Abriebsrate von der Gasüberschußgeschwindigkeit $u_ü$ (Definition s. Kap. 3.3.1) entsprechend

$$\dot{R}_A \sim u_ü \qquad \text{Gl. (4-9)}$$

bestimmt wird.

4.3.3.6
Einfluß der Temperatur

Von Todes [336] stammt der Hinweis, daß die eingeschlossene Flüssigkeit in kapillarporösen Granulaten nahezu spontan verdampft, wenn die Partikel in der aktiven Zone unmittelbar oberhalb des Gasverteilers rasch auf Gastemperatur erwärmt werden. Dabei können die Partikel gesprengt werden. Ansonsten kommt es in dieser Zone durch unterschiedliche Temperaturen an der Oberfläche und im Inneren des Granulates zu Spannungen infolge behinderter Ausdehnungen. Die Höhe dieser Spannungen ist abhängig von den elastischen Konstanten, der Wärmedehnzahl und der Temperaturleitfähigkeit. Bei ausreichender Größe dieser Spannungen und bei häufiger Wiederholung der Aufheizung platzen Teile der Partikel ab.

Weitere Befunde zur Temperaturabhängigkeit des Abriebsraten aus eigene Beobachtungen und als Ergebnis einer Literaturauswertung finden sich bei [359] und [6].

4.3.3.7
Einfluß des Sprühstrahles der Düse

Von Warfsmann [359] wurde der Einfluß der strahlmühlenartigen Beanspruchung eines von oben auf die Schichtoberfläche gerichteten flüssigkeitsfreien Zerstäubungsgasstrahl auf den Abrieb untersucht. Das Ergebnis ist sicher sehr von Stoffsystem und Versuchsanordnung geprägt. Schwierig ist ebenso die Separierung des Düseneinflusses von übrigen Einflüssen. Erwartungsgemäß sinkt der absoluten Abrieb $\dot{m}_A$ mit dem Abstand von der Schichtoberfläche. Gefunden wurde eine lineare Abhängigkeit. Leider mußte bei diesen Untersuchungen der Einfluß der Feuchte im flüssigkeitsbeladenen Zerstäubungsgasstrahl unberücksichtigt bleiben. Schließlich ist leicht vorstellbar, daß die Sprühflüssigkeit das

Abriebverhalten des Produktes und der mit der Sprühflüssigkeit eingetragene Impuls die Partikelbeanspruchung beeinflussen.

4.3.3.8 Gesamte Eigenkeimbildung

Zusammenfassend ist festzustellen, daß leider zuverlässige Informationen über Art und Umfang der Eigenkeimbildung fehlen. Besonders spärlich sind brauchbare Hinweise zum Einfluß der Produkte. Da die Eigenkeimbildung vielfältigen Einflüssen unterliegt, ist sie nur grob qualitativ vorherzusagen.

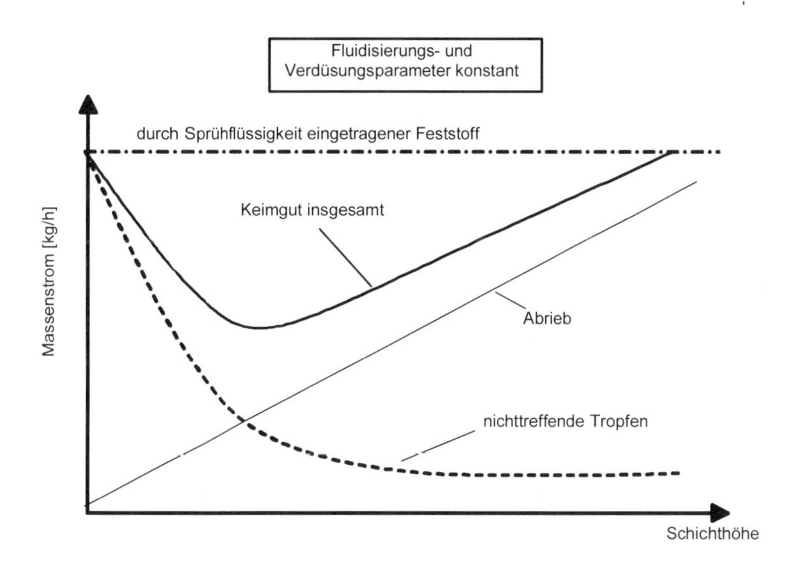

Bild 4-8 Eigenkeimbildung beim Einsprühen von unten (nach Uhlemann [347])

Es entsteht um so mehr Keimgut:

- je mehr Sprühtropfen nicht treffen, wenn beim Eindüsen von unten die Schichthöhe gering oder beim Eindüsen von oben der Abstand Düse/Schichtoberfläche groß ist.
- je länger Startmaterial vor dem Beginn der Granulation durch Fluidisation abreibend beansprucht wird.
- je stärker die mechanische Beanspruchung der fluidisierten Partikel ist, d.h. je größer die Partikel, je höher die Schicht, je größer die Gasüberschußgeschwindigkeit und je höher die Lochgeschwindigkeit des Gasverteilers ist.

- je höher die Temperatur, um so eher ist mit Granulatzerfall durch Temperaturspannungen zu rechnen.
- je mehr und je intensiver die Partikel durch den Zerstäubungsgasstrahl strahlmühlenartig beansprucht werden. Bei gegebener Düse steigt der Abrieb mit dem Zerstäubungsgasdurchsatz. Beim Einsprühen von unten nimmt die Kollisionswahrscheinlichkeit mit der Schichthöhe und beim Besprühen von oben mit der Verringerung des Abstandes Düse /Schichtoberfläche zu.
- je grobkörniger der Feststoff einer Suspension ist.

Ansätze zu einer mathematischen Beschreibung sind von Knebel [115] vorgestellt worden (s. Kap. 7.2.3.5). Als einfache Anschauungs- und Vergleichsgrundlage für die Eigenkeimbildung beim Einsprühen von unten, sind von Uhlemann [345], [347] die wesentlichen Quellen Abrieb und nichttreffende Sprühtropfen gemäß Bild 4-8 zusammengefaßt. Für den Abrieb ist gemäß Gl. (4-7) eine mit der Schichthöhe lineare Zunahme unterstellt. Die nichtreffenden Sprühtropfen nehmen gemäß Bild 4-4 mit wachsender Schichthöhe ab. Die Überlagerung beider Verläufe ergibt den insgesamt anfallenden Keimgutstrom. Er ist begrenzt durch den mit der Sprühflüssigkeit in den Granulator eingetragenen Feststoffstrom.

4.4 Bildung von Kernen im Granulator

4.4.1 Allgemeines

Der kontinuierliche Ablauf der Granulation setzt voraus, daß parallel zur Bildung des Keimgutes eine dauerhafte Zusammenballung („Agglomeration") des Keimgutes zu Kernen erfolgt. Kerne sind Keimgutagglomerate, die aufgrund ihrer Größe nicht mehr aus der Schicht ausgetragen werden. Das Keimgut muß in diesen Kernen durch feste stoffliche Verbindungen, sogenannte „Feststoffbrücken" zusammengehalten werden. Die Feststoffbrücken entstehen beim Verfestigen feststoffhaltiger Flüssigkeitslamellen an den Kontaktstellen zwischen den Keimpartikeln. Voraussetzung für das Entstehen der Flüssigkeitslamellen ist ein enger Kontakt zwischen den Teilen des Feingutes und die Zufuhr von Flüssigkeit. Der enge Kontakt ist die Folge von Kollisionen in der Wirbelschicht. Inwieweit anziehende Kräfte („Haftkräfte") diesen Vorgang unterstützen, soll im folgenden betrachtet werden

Das Ergebnis auf Rumpf ([285], [286], [287]) zurückgehender systematischer Untersuchungen statischer Bindungsmechanismen für die Agglomeration ist in Bild 4-9 zusammengefaßt. Inzwischen gibt es hierzu ein umfangreiches Schrifttum (beispielsweise von Schubert [307], [308], [309], [310]). In neuerer Zeit sind Arbeiten von Enni, Tardos und Pfeffer [58], [59] erschienen, die es erlauben, die Agglomerationsvorgänge bei der Wirbelschicht-Sprühgranulation noch realitätsnäher auch dynamisch zu analysieren.

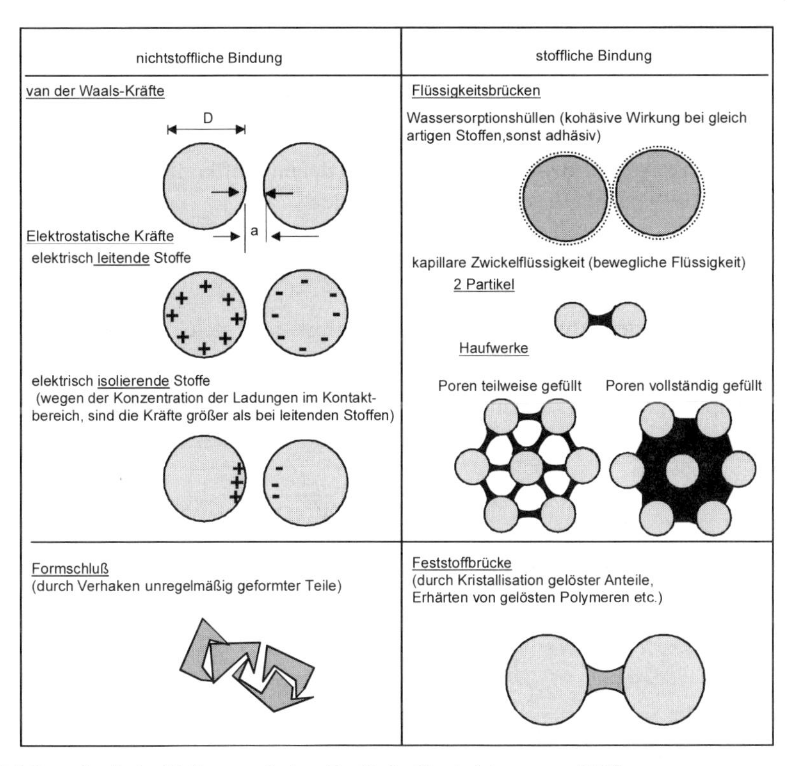

Bild 4-9 Statische Haftung zwischen Partikeln (in Anlehnung an [19])

4.4.2 Statische Haftkräfte

4.4.2.1 Nichtstoffliche Haftkräfte

Nach Rumpf ([285] bis [287]) gilt für die Übertragung der Haftkräfte an den Kontaktstellen zwischen Partikeln gleicher Größe D_S:

$$\sigma_z = \frac{1 - \varepsilon_A}{\varepsilon_A} \cdot \frac{F_H}{D_S^2} \qquad \text{Gl. (4-10)}$$

In dieser Gleichung bedeuten

ε_A Porosität des Agglomerates
F_H mittlere Haftkraft pro Kontaktstelle
D_S Durchmesser einer dem Keimgutpartikel oberflächengleichen Kugel

Dabei ist unterstellt:

- es handele sich um eine gleichmäßige Zufallspackung
- an allen Kontaktstellen seien die Haftkräfte gleich groß
- die mittlere Anzahl der Kontaktstellen, an denen Haftkräfte wirken („Koordinationszahl"), ist als Ergebnis von Messungen

$$k \approx \frac{\pi}{\varepsilon_A}$$

Mit dem kleinsten Abstand a zwischen ideal glatten, gleich großen Kugeln mit dem Durchmesser $D_S \equiv D$ gilt für Haftkräfte

- aus Dipolwechselwirkungen zwischen den Atomen und Molekülen nach van der Waals

$$F_H \sim \frac{D}{a^2} \qquad \sigma_z \sim \frac{1}{a^2 \cdot D}$$

- aus elektrostatischer Aufladung gegenpolig aufgeladener Partikel bei

leitenden Stoffen $$F_H \sim \frac{D}{a} \qquad \sigma_z \sim \frac{1}{a \cdot D}$$

isolierenden Stoffen $$F_H \sim \frac{D^2}{1 + \frac{a}{2 \cdot D}} \qquad \sigma_z \sim \frac{1}{1 + \frac{a}{2 \cdot D}}$$

Weil bei kleinen Abständen $a/2 \cdot D << 1$ ist, gibt es bei isolierenden Stoffen nach diesem Modell praktisch keine Abhängigkeit von der Partikelgröße. Bei den beiden übrigen Bindungungsarten nimmt die Festigkeit dagegen mit wachsendem Durchmesser ab. Bemerkenswert ist der große Einfluß des Kontaktabstandes bei der van der Waals-Bindung. Oberflächenrauhigkeiten und sehr feinteiliges Gut zwischen den betrachteten Partikeln reduzieren die Haftkräfte bei dieser Bindung drastisch.

Von Thurn [334] wurde die elektrostatische Aufladung von fluidisierter Barbitursäure in einem Pulver-Granulator mit Kreisquerschnitt (Durchmesser 550 mm) eindrucksvoll beschrieben. Es bildete sich eine etwa 1 cm dicke Schicht auf der Wand, die durch Klopfen nicht zu beseitigen war. Messungen der statischen Elektrizität haben von außen zur Mitte hin ansteigende Werte zwischen 1800 und 2600 V ergeben. Mit Zugabe der Sprühflüssigkeit sank diese Spannung auf 0 V ab, um bei einer anschließenden Einstellung der Flüssigkeitszufuhr und Trocknung wiederum auf den Ausgangswert anzusteigen. (s. auch Kap. 13.2.4.4)

Aus den obigen Darlegungen ergeben sich für die Haftkräfte zwischen trocknenden Partikeln folgende wichtige Konsequenzen: Van-der-Waals-Kräfte spielen durch ihre kurze Reichweite bei der Agglomeration in der Wirbelschicht keine Rolle. Wenn es darum geht, Partikel aus größerer Entfernung einzufangen, liefert die elektrostatische Anziehung aufgeladener Teilchen einen Beitrag. Sie ist aber im Sprühbereich der Düsen nicht wirksam, sondern im wesentlichen der Bildung von Staubkuchen auf Filter und Zyklon vorbehalten.

4.4.2.2 Stoffliche Haftkräfte

4.4.2.2.1 Allgemeines

Die Partikel bei der Wirbelschicht-Sprühgranulation bestehen aus dem gleichen Stoff. Kohäsive Bindungen ohne Brücken entstehen zwischen ihnen hauptsächlich durch kohäsive Wechselwirkungen der Wassersorptionshüllen. Die fest gebundenen, nicht beweglichen Wassersorptionshüllen können als gemeinsame Sorptionsschicht von Partikeln deren Zusammenhalt bewirken. Für die Agglomeration ist dieser noch nicht ausreichend erforschte Bindungsmechanismus [94] nicht von Bedeutung.

Wenn die Schichten dicker werden, bilden sich zwischen den Partikeln echte Flüssigkeitsbrücken, die für den temporären Zusammenhalt der Partikel während der Agglomeration die wesentlichste Bindungsart darstellen. Ist in der Flüssigkeitsschicht gelöster Feststoff enthalten, bildet sich beim Trocknen aus der Flüssigkeits- eine Feststoffbrücke, die dann den dauerhaften Zusammenhalt der Partikel gewährleistet.

4.4.2.2.2 Kapillardruck

Für die Betrachtung der kapillaren Haftkräfte und andere Aspekte der Wirbelschicht-Sprühgranulation (Verdüsen, Hilfsstoffe etc.) seien zunächst einige wesentliche Grenzflächenphänomene dargestellt:

Bekanntlich steigt in einem hinlänglich engen Rohr, einer „Kapillare", die in eine Flüssigkeit getaucht wird, die Flüssigkeit nach oben. Die Ursache dieser Erscheinung ist in der Wirkung von molekularen Kräften zu suchen. Bild 4-10 zeigt ein Molekül im Inneren einer Flüssigkeit. Es wird von den Nachbarmolekülen angezogen. Aus Symmetriegründen heben sich diese Kräfte auf, so daß das Molekül im Gleichgewicht ist. Im Gegensatz dazu heben sich die Kräfte bei einem Molekül an der Oberfläche nur zum Teil auf. Es bleibt eine senkrecht zur Oberfläche ins Innere der Flüssigkeit gerichtete Kohäsionskraft über. Das Gas über der Oberfläche übt zwar eine gewisse Wirkung auf die Flüssigkeitsmoleküle aus. Sie ist jedoch gering, weil die Moleküle in der Flüssigkeit viel dichter gepackt sind, als im Gas. An der Gefäßwand üben Moleküle der Wand Adhäsionskräfte auf die Flüssigkeitsmoleküle aus, deren Resultierende senkrecht zur Wand gerichtet ist. Ist die Adhäsionskraft klein gegenüber der resultierenden Kohäsionskraft der Moleküle, wird die Gesamtresultierende in die Flüssigkeit weisen. Der Flüssigkeitsspiegel wird dadurch am Rand nach unten gekrümmt. Man sagt, „die Flüssigkeit benetzt die Wand nicht". Im anderen Fall, wenn die Adhäsionskraft verhältnismäßig groß ist, zeigt die Gesamtresultierende in die Wand hinein. Die Flüssigkeit wird dadurch am Rand nach oben gehoben, man sagt, die „Flüssigkeit benetzt die Wand".

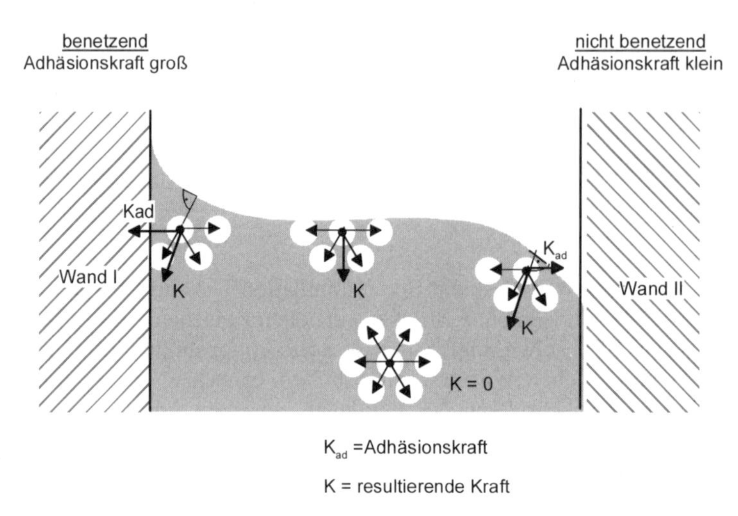

Bild 4-10 Die Oberflächenspannung als Ergebnis molekularer Kräftegleichgewichte

Soll nun ein Molekül aus dem Inneren der Flüssigkeit an die Flüssigkeitsoberfläche gebracht werden, muß offenbar Arbeit verrichtet werden, während der umgekehrte Vorgang mit einem Energiegewinn verbunden ist. Das heißt, das Moleküle an der Oberfläche einen Vorrat an Energie („Oberflächenenergie") besitzen. Nun ist ein stabiles Gleichgewicht durch ein Minimum an potentieller Energie gekennzeichnet. Aus diesem Grunde wird die Oberfläche der Flüssigkeit bestrebt sein, sich möglichst zusammenzuziehen. Gedanklich vergleicht man daher die Oberfläche mit einer Gummimembran, in der tangential zur Oberfläche eine Kraft wirkt, die die Oberfläche zu verkleinern sucht. Diese Zugkraft bezogen auf die Länge des Oberflächenrandes nennt man Oberflächenspannung σ. Im Gegensatz zur elastischen Spannung einer Gummimembran behält sie jedoch bei Oberflächenverkleinerung und -vergrößerung den gleichen Wert.

Nicht nur der Phasengrenze zwischen Flüssigkeit und Gas sondern auch den übrigen Phasengrenzen werden solche Spannungen zugeordnet. Sie werden allgemein als Grenzflächenspannungen bezeichnet. Indizes kennzeichnen die Phasengrenze auf die sie bezogen sind. Zur Vereinfachung wird hier die Phasengrenze zwischen Flüssigkeit und Gas nicht näher gekennzeichnet und hier die geläufigere Beziehung „Oberflächenspannung" verwendet.

Betrachtet man einen Punkt der Oberfläche gemäß Bild 4-11 dann hat die Oberflächenspannung bei einer konvexen Flüssigkeitsoberfläche eine nach innen gerichtete und bei einer konkaven Flüssigkeitsoberfläche eine nach außen gerichtete Komponente. Der durch die Oberflächenkrümmung bewirkte Normaldruck P_K wird als „Krümmungs- oder Kapillardruck" bezeichnet. Er berechnet sich aus den beiden Krümmungsradien R_1 und R_2 einer im allgemeinen Fall zweifach gekrümmten Flüssigkeitsoberfläche zu

$$P_K = \sigma \cdot \left(\frac{1}{R_1} + \frac{1}{R_2} \right) \qquad \text{Gl. (4-11)}$$

Die Gleichung lehrt, daß der Krümmungsdruck um so größer ist, je kleiner die Krümmungsradien sind. Im andern Extremfall, wenn bei einer ebenen Fläche die Krümmungsradien unendlich groß sind, ist der Krümmungsdruck gleich Null.

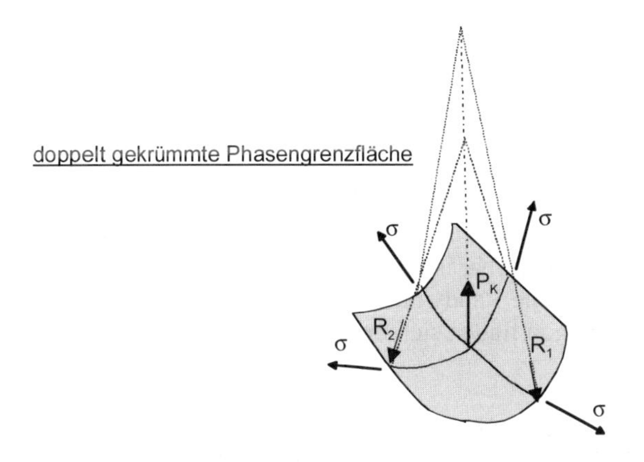

einfach gekrümmte Phasengrenzfläche

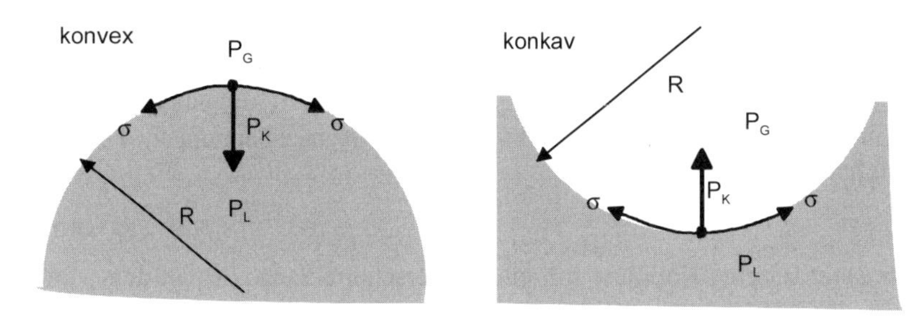

Bild 4-11 Der Kapillardruck gekrümmter Phasengrenzflächen

Wichtig ist zu erkennen, daß der Krümmungsdruck den Unterschied der Drücke zwischen Gasraum P_G und Flüsigkeitsraum P_L ausgleicht.
Es ist also bei einer

konvexen Oberfläche: $P_L > P_G$
konkaven Oberfläche: $P_L < P_G$

Weil bei konkaven Oberflächen der Druck in der Flüssigkeit unmittelbar unterhalb der Oberfläche geringer ist als der Druck des Gases oberhalb der Flüssigkeitsoberfläche, wird in Kapillaren die Flüssigkeit ansteigen oder es werden durch die Zwickelflüssigkeit zwischen Partikeln die Partikel zusammengehalten (s. Bild 4-12).

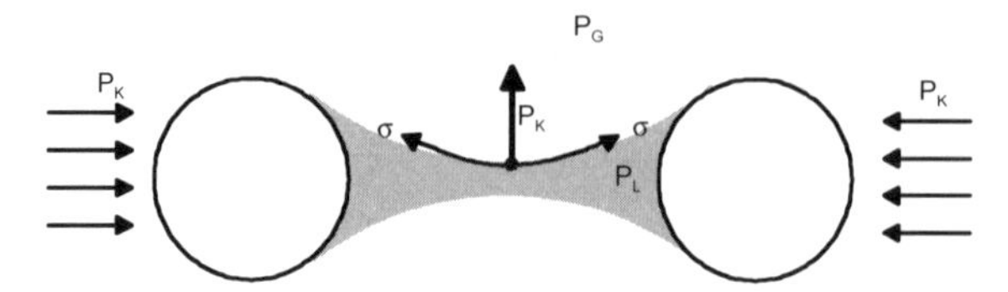

Bild 4-12 Kapillares Zusammenhalten von Partikeln durch Zwickelflüssigkeit

Ob sich eine konkave oder eine konvexe Oberfläche einstellt, wird bei Flüssigkeitsoberflächen, die so schmal sind, daß an jeder Stelle der Einfluß der die Flüssigkeit begrenzenden Wände spürbar ist, durch die Benetzung bestimmt.

Der in der Flüssigkeit gemessene Randwinkel δ ist ein Maß für die Benetzung (s. Bild 4-13 weitere Erläuterungen finden sich im Kap. 4.7.2.1).

Die Flüssigkeit ist bei

$\delta < 90°$ benetzend und das bedeutet konkave Oberfläche
$\delta > 90°$ nicht benetzend und das bedeutet konvexe Oberfläche

Der Randwinkel ergibt sich, weil auch in der Wand Oberflächenspannungen wirken. Sie müssen unterschiedlich sein, je nachdem welches Medium die Wand berührt. Zwischen Wand und Gas bzw. Dampf wirkt σ_{SG} und zwischen Wand und Flüssigkeit σ_{SL}. Wenn der Berührungspunkt zwischen Flüssigkeitsoberfläche und Wand in Ruhe ist, dann müssen sich die 3 Oberflächenspannungen das Gleichgewicht halten:

$$\sigma_{SG} + \sigma \cdot \cos\delta = \sigma_{SL} \qquad \text{Gl. (4-12)}$$

Betrachtet sei eine Kapillare mit einer Querschnittsfläche A und dem Umfang U, dann ist

$$P_K \cdot A - \sigma \cdot U \cdot \cos\delta = 0$$

und damit

$$P_K = \frac{\sigma}{A / U} \cos\delta \qquad \text{Gl. (4-13)}$$

In der Form von Gl.(4-13) kann der Kapillardruck auch für beliebige Querschnitte berechnet werden. Für eine gegebene Geometrie ist der Kapillardruck durch geeignete Beeinflussung von Oberflächenspannung und Randwinkel durch Zusätze zu erhöhen (Oberflächenspannung und Randwinkel werden dabei gleichzeitig verändert). Das ist auch ein wesentlicher Ansatz zur Optimierung der Sprühflüssigkeit (s. Kap. 5).

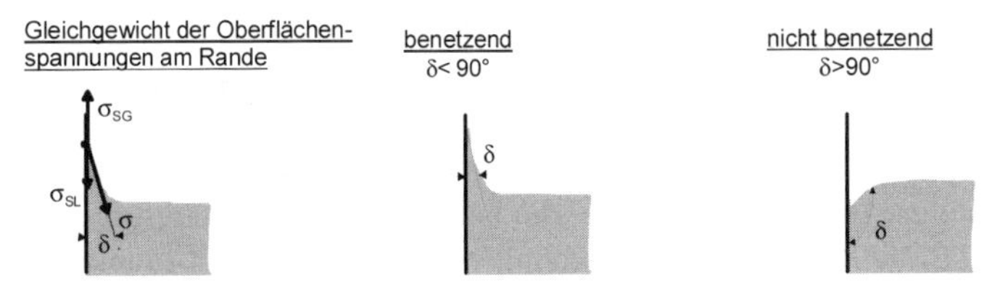

Bild 4-13 Oberflächenspannungen an der Wand und Randwinkel

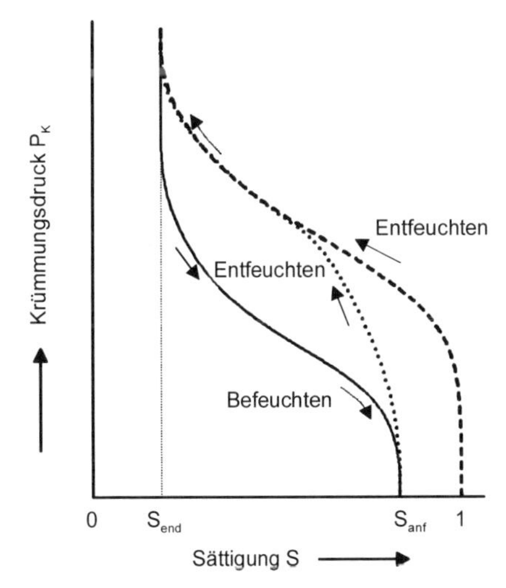

Bild 4-14 Kapillardruckkurve von Haufwerken aus [161] (kompletter Zyklus zwischen Befeuchten und Endfeuchten)

4.4.2.2.3
Statische Haftung durch Füssigkeitsbrücken

Die Haftung von Haufwerken hängt davon ab, inwieweit sein Hohlraumsystem mit Flüssigkeit gefüllt ist. Ein Maß für die Flüssigkeitsfüllung des Hohlraumes ist der Sättigungsgrad S. Es werden 3 Bereiche der Flüssigkeitsfüllung des Hohlraumsystemes im Haufwerk unterschieden [161]:

- S < ca. 0,3 „Brückenbereich": In diesem Bereich sind einzelne Partikel durch isolierte Flüssigkeitsbrücken miteinander verbunden.
- S > ca. 0,8 „Kapillardruckbereich": Der Hohlraum zwischen den Partikeln ist fast vollständig mit Flüssigkeit gefüllt.
- 0,3 < S < 0,8 „Übergangsbereich": Hier besteht die Flüssigkeitsfüllung aus inselartig gesättigten Stellen und Brücken.

Wichtig für die Haftung ist auch die Richtung in der die Veränderungen der Flüssigkeitsfüllung erfolgen. Wenn beispielsweise durch Befeuchtung Flüssigkeit zugeführt wird, wird Luft eingeschlossen. Das ergibt eine andere Flüssigkeitsverteilung auf das Hohlraumsystem als bei Entfeuchtung. Hinzu kommen noch Randwinkelhysterese und andere Effekte, die bei gleichem Sättigungsgrad für Befeuchtung und Entfeuchtung unterschiedlich stabile Flüssigkeitsbrücken zur Folge haben. In Bild 4-14 ist ein kompletter Zyklus von Befeuchtung und Entfeuchtung dargestellt. Alle weiteren Zyklen würden zwischen S_{anf} und S_{end} verlaufen.
Bild 4-15 zeigt den Einfluß des Sättigungsgrades auf Kapillardruck und Zugfestigkeit von Feuchtagglomeraten als Ergebnis experimentell abgesicherter Berechnungen von Schubert [307]. Danach steigt mit zunehmender Sättigung die Festigkeit, um an der Sättigungsgrenze drastisch abzunehmen. (Der Verlauf bestätigt die landläufigen, praktischen Erfahrungen beim Bau von Sandburgen).

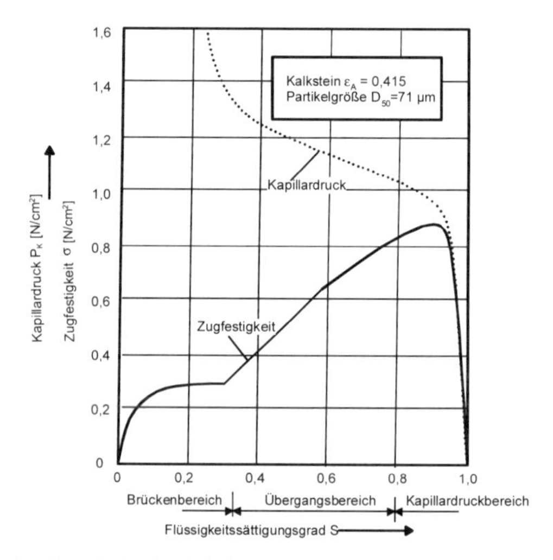

Bild 4-15 Kapillardruck und Zugfestigkeit von Feuchtagglomeraten nach Schubert [307]

4.4.3 Dynamische Haftkräfte

Für alle statischen Bindungsarten mit Ausnahme der von elektrisch isolierenden Stoffen nimmt die Haftung mit wachsendem Partikeldurchmesser ab ($\sigma \sim 1/D$). Wird das Feingut im Gasstrom durch Strömungs- und Scherkräfte gegeneinander bewegt, treten im Wechselspiel anziehender und trennender Kräfte dynamische Effekte auf, die von den Gleichgewichtsbetrachtungen statischer Haftkräfte nicht erfaßt werden (siehe Ennis et al. [58] und [59]) . Stellt man sich beispielsweise die Kollision von 2 Partikeln vor, die beide mit einem Flüssigkeitsfilm der Dicke s bedeckt seien, dann steht für das Abbremsen auf die Relativgeschwindigkeit eine

Strecke von 2·s zur Verfügung. Die viskose Flüssigkeit muß bei dieser Annäherung verdrängt werden. Wird dabei die kinetische Energie der schnelleren Partikel aufgezehrt, ist der Zusammenprall auf jeden Fall erfolgreich. Ist das nicht im vollen Umfang der Fall, werden kapillare Kräfte zusammen mit viskosen Kräften den Rückprall dämpfen. Diese „dynamischen" Kräfte übersteigen die statischen bei weitem [350], [58].

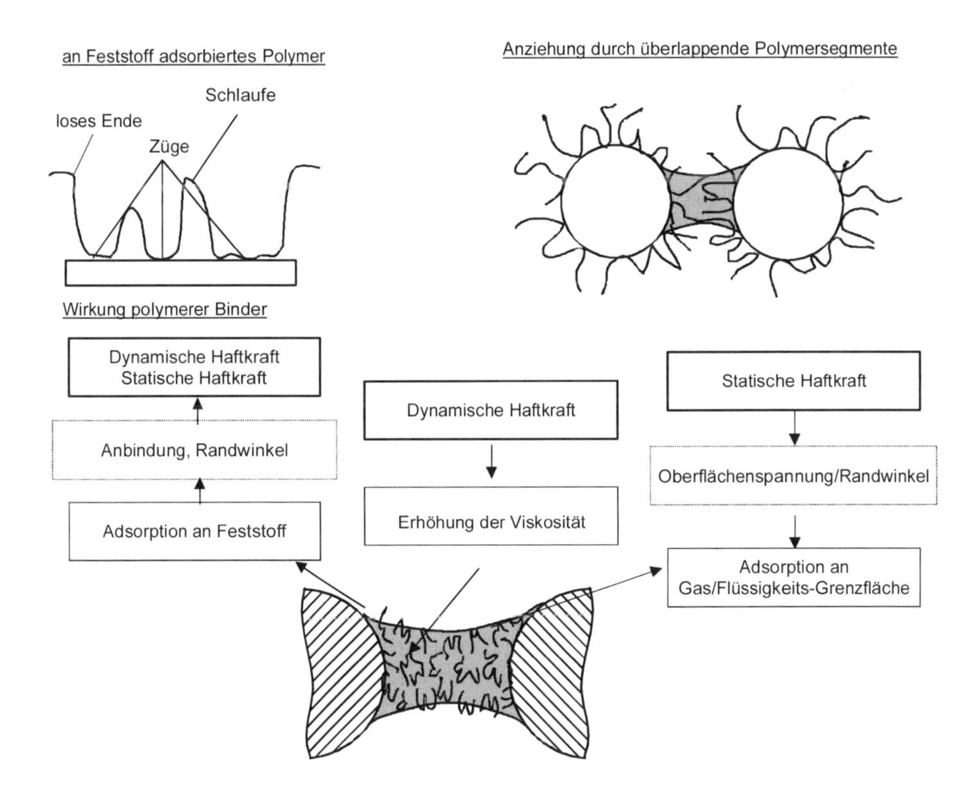

Bild 4-16 Einfluß polymerer Binder auf die Haftkraft (aus [350] und [97])

Von besonderer Bedeutung für den Zusammenhalt der Partikel sind polymere Bindemittel, wie van Lent [350] dargestellt hat. Hierbei ist u.a. zu beachten, daß gelöste makromolekulare Verbindungen anders als niedermolekulare Substanzen an festen Grenzflächen adsorbieren. Bei niedermolekularen Substanzen bildet sich ein einziger Kontakt aus. Die Moleküle richten sich dadurch auf der Feststoffoberfläche stäbchenförmig aus. Bei makromolekularen Substanzen sind dagegen viele potentiell adsorbierbare Gruppen bzw. Segmente pro Molekül vorhanden [57]. Die Polymere bilden auf den Oberflächen Schlaufen, Züge und lose Enden. Schlaufen und lose Enden ragen in das Lösemittel hinein.

Wie diese Wirkung der Polymere bei der Agglomeration zustande kommt, ist noch weitgehend unbekannt [97]. Nach Israelachvili (zit. nach [97]) ist eine statische Anziehung der Partikel aufgrund der Wechselwirkungen sich überlappender Polymersegmente möglich. Wenn sich die Partikel aufeinander zu bewegen, können sich anziehende Kräfte zwischen den polymeren Bindemittelschichten der beiden Partikel bilden. Außerdem kann das Polymer zu einer höheren Viskosität und damit zum Abbremsen der Partikel beitragen. Eine Größe, in die die Wechselwirkung der Polymere, das Adsorptionsverhalten und die Viskosität des polymeren Bindemittels einfließt, ist die „Klebrigkeit".

Die Kollisionsgeschwindigkeit ist in den verschiedenen Bereichen der Wirbelschicht sehr unterschiedlich. Besonders hoch ist sie im Sprühstrahl der Düsen, denn das Zerstäubungsgas verläßt den Düsenmund in der Regel mit Schallgeschwindigkeit. In düsenferneren Bereichen wird sie von der Geschwindigkeit der aufsteigenden Blasen der Wirbelschicht bestimmt. Die Kollisionsgeschwindigkeit ist daher an der Schichtoberfläche besonders hoch. Zudem wird es durch die platzenden Blasen zu kräftigen Kollisionen kommen.

4.4.4 Bildung von Feststoff- aus Flüssigkeitsbrücken

Unterschieden wird in Bindemittelbrücken und in sogenannte Sinterbrücken.

- Bindemittelbrücken entstehen, wenn die Sprühflüssigkeit eine Suspension primärer Partikel in einer Bindemittellösung ist. Hier nimmt im Verlauf der Trocknung die Viskosität der Flüssigkeitsbrücken immer mehr zu, bis sie schließlich zu einer festen Masse erstarrt. Ist das Bindemittel ein Polymer, entstehen hohe Bindungfestigkeiten besonders dann, wenn es sich in amorpher Form verfestigt und wenn es über eine hohe Konzentration verschiedener polarer Gruppen verfügt, die mit den polaren Grenzflächen der Partikel in Wechselwirkung treten können [18]. Bei Feststoffbrücken aus Bindemitteln bleibt die Individualität der verbundenen Partikel erhalten. Auf diese Weise gebildete Agglomerate zerfallen bei Ihrer Auflösung in die ursprünglichen Partikel.
- Sinterbrücken sind Feststoffbrücken, bei denen die ursprünglichen Partikel miteinander so verwachsen, daß bei ihrer Auflösung ihre Individualität verloren geht. Sie werden aus ihrer Lösung gebildet. Voraussetzung ist, daß die Partikel teilweise löslich sind. Es treten beim Trocknen Verkrustungen aus rekristallisiertem Material auf, die die Partikel fest miteinander verbinden.

4.4.5 Entstehung von Kernen

Sowohl das im Prozeß entstehende als auch das von außen eingetragene Keimgut muß dem Sprühbereich der Düsen so zugeführt werden, daß es zu Kernen agglomerieren kann (zu der technischen Durchführung s. Kap. 9.4.2 und Kap. 16.6). Die agglomerierten Kerne werden um so größer aber auch weniger, je direkter das Keimgut in den Sprühstrahl der Düse gebracht wird. Der Ort der Einspeisung des

rückgeführten oder von außen kommenden Keimgutes beeinflußt daher den Granulationsablauf. Gelangt das Keimgut überhaupt nicht in den Sprühstrahl der Düsen, erfolgt kein Granulataufbau, der Granulator füllt sich mit Feingut. Im anderen Extremfall überwiegt das Agglomerieren den Granulatbildungsprozeß. Es entstehen viele Granulate, die wegen der fehlenden Beschichtung brombeerartig zerklüftet sind (Bild 4-36).
Solange zuverlässige Informationen über Art und Umfang der internen Keimgutbildung sowie über die Agglomeration zu Kernen fehlen, ist Probieren die einzige Möglichkeit zu einem akzeptablen Ergebnis zu kommen. Probieren gilt auch bei der Bestimmung der Menge des von außen zuzuführenden Keimgutes. Dabei kann man sich von folgenden Überlegungen leiten lassen:

	Wahrscheinlichkeit / Effizienz	
	minimal bzw. gering	maximal bzw. hoch
Kollisionswahrscheinlichkeit		
Schichthöhe	klein	groß
Fluidisationszahl	gering	groß
Haftungswahrscheinlichkeit		
Partikelgröße	groß	klein
Befeuchtung	lokal	rundum
Trocknungsgeschwindigkeit	groß	klein
kapillare Haftkraft	klein (wenig Flüssigkeit, geringe Benetzung, kein polymerer Binder)	groß (viel Flüssigkeit, gute Benetzung, polymerer Binder)
Kollisionseffizienz		
Partikelgröße	klein	groß
scherende Strömungskräfte	groß	fehlen
Feststoffgehalt	klein	hoch
Trocknungsgeschwindigkeit	gering	hoch

Bild 4-17 Bewertung der Bedingungen für einen Agglomerationserfolg

Ähnlich wie die Bildung von Keimgut muß man sich auch die Wahrscheinlichkeit der Agglomeration als ein Produkt aus den Wahrscheinlichkeiten von 3 Ereignissen gemäß Bild 4-17 vorstellen. Die Partikel müssen im Gasstrom kollidieren („Kollisionswahrscheinlichkeit"), dann durch nichtstoffliche, anziehende Kräfte und schließlich nach dem Hinzutreten von Flüssigkeit durch eine Flüssigkeitsbrücke, die ausreichend große Kräfte liefert, zusammengehalten werden („Haftwahrscheinlichkeit"). Abschließend muß sich die Flüssigkeitsbrücke, den zerstörerisch wirkenden Strömungskräften widerstehend, zu einer dauerhaften Feststoffbrücke verfestigen („Kollisionseffizienz").

Die Größe der mit einem Tropfen (Durchmesser D_T) zu erreichende Agglomeratgröße (Durchmesser D_A) läßt sich abschätzen (s. Bild 4-18). Angenommen sei, das sich bildende Agglomerat sei ideal kugelförmig und der Tropfen fülle das Lückenvolumen zwischen den Primärpartikeln (Lückengrad ε). Dann gilt:

$$\varepsilon \cdot \frac{\pi}{6} \cdot D_A^3 = \frac{\pi}{6} \cdot D_T^3 \qquad \text{Gl. (4-14)}$$

Es liegt auf der Hand, daß der Lückengrad für die dichteste Packung der Primärpartikel in einem Agglomerat vom Verhältnis der Durchmesser Primärpartikel zum Agglomerat abhängt. Je geringer der Agglomeratdurchmesser umso relativ weniger Partikel kann man im Agglomerat unterbringen. Das bedeutet, daß der Lückengrad mit abnehmenden Agglomeratdurchmesser ansteigt. Bei einem mittleren Wert von $\varepsilon = 0{,}36$ ergibt sich ein Verhältnis von $D_A \approx 1{,}41 \cdot D_T$.

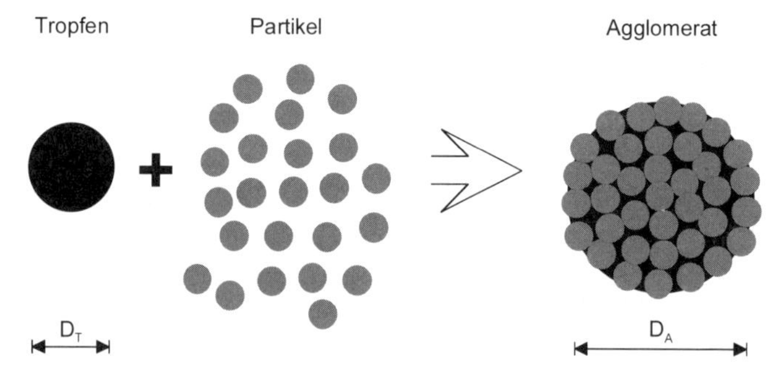

Bild 4-18 Zusammenhang zwischen Tropfen- und Agglomeratgröße

Weil aber der Lückengrad bei kleineren Partikeln größer (beispielweise $\varepsilon = 0{,}42$) und bei größeren Partikeln kleiner ist (beispielweise $\varepsilon = 0{,}33$), ist ein Verhältnis von

$$D_A \approx 1{,}45 \text{ bis } 1{,}34 \cdot D_T \qquad \text{Gl. (4-15)}$$

zu erwarten. Außerdem ist zu berücksichtigen, daß die Menisken ebenfalls eine Volumenminderung bewirken, durch die sich das Lückenvolumen bei kleineren Partikeln weniger als bei größeren füllt.

Eine Überprüfung der mit dieser einfachen Abschätzung errechneten Zusammenhänge mit den folgenden Untersuchungsergebnissen zeigt, daß der Sättigungsgrad des Lückenvolumens deutlich kleiner als 0,7 ist. Im Ergebnis entstehen dadurch größere Agglomerate.

Thurn [334] hat bei Pulveragglomerationen von Lactose mit Gelatine als Bindemittel festgestellt, daß die Tropfengröße einen zwar nicht gesetzmäßigen, aber doch signifikanten Einfluß auf die Größe der entstehenden Agglomerate hat. Je größer die Tropfen sind, umso größer werden die entstehenden Agglomerate (beispielsweise: die mittlere Tropfengröße von 40 µm entsprach einer mittleren Agglomeratgröße von 190 µm, bei 130 µm Tropfen ergaben sich Agglomerate von 240 µm).

Gluba und Antkowiak [71] haben ähnliche Beobachtungen gemacht. Sie haben in Drehtrommeln festgestellt, daß aufgetropfte Flüssigkeit gröbere, weniger abriebfeste Granulate liefert als fein aufgesprühte. Dieser experimentelle Befund wird damit erklärt, daß sich beim feinen Aufsprühen die Flüssigkeit in der Granalie besser verteilt, so daß sich über das Volumen gleichmäßig verteilt kleine Flüssigkeitsbrücken bilden. Im Gegensatz dazu entsteht durch das Auftropfen ein Bereich hoher Sättigung, an den sich weitere Partikel anlagern, bei denen die Sättigung mit wachsendem Abstand zum Zentrum abnimmt.

Von Waldie [357] stammen Untersuchungen zum Einfluß der Tropfengröße auf die Agglomeratbildung von Lactose und Glas-Partikeln mit einer 5%-igen wäßrigen PVP-Lösung als Sprühflüssigkeit. Die Fluidisationszahl war mit 1,2 gering. Es wurden gleichgroße Einzeltropfen verwendet und die Tropfengröße zwischen 150 und 5000 µm variiert. Es wurde gefunden

$$D_A \approx 3{,}5 \text{ bis } 1{,}5 \cdot D_T$$

Generell korrelierten die Meßergebnisse mit

$$D_A \sim D_T^n \qquad \text{Gl. (4-16)}$$

worin für Lactose n = 0,8 und für Glas n = 0,85 ist.

Für die praktische Durchführung der Wirbelschicht-Sprühgranulation bedeuten die hier zusammengetragenen Erkenntnisse, daß feinteiliger Abrieb am besten mit groben Sprühtropfen zu Kernen zu agglomerieren ist. Für Keimgut aus nichttreffenden oder vorzeitig verfestigten Sprühtropfen ist eine Vergröberung des Sprays hingegen nicht optimal, weil sich auf diesem Wege die Primärpartikel ebenfalls vergröbern. Dadurch sinkt der Lückengrad und die erreichbare Agglomeratgröße wird kleiner.

4.5 Externe Zufuhr von Kernen

Für jedes dem Prozeß entnommene Granulat muß ihm ein Kern zugeführt werden. Stellt man sich vor, die Kornvergröberung durch Beschichten erfolge monodispers von 100 µm Kerndurchmesser auf 500 µm Austragsgröße, dann ist die 125 fache Masse des Kernes aufzusprühen. Oder, anders betrachtet, es sind rund 1% des Granulatdurchsatzes dem Prozeß laufend in Form von Kernen zuzuführen. Da weder die Kerne noch die Granulate monodispers vorliegen und da natürlich auch nicht aus jedem Kern schließlich ein Granulat wird, weicht die tatsächlich zuzuführende Kernmasse von diesem theoretischen Wert ab. In der Praxis wird die Kernzugabe über den Schichtinhalt geregelt (s. Kap. 8).

4.6 Verklumpungen

Die Vergröberung des Feingutes zu Kernen ist eine wesentliche Voraussetzung für einen störungsfreien Ablauf der Granulation. Das Verkleben von Partikel in einer Größe zwischen Kern und Austragsgröße, das als „Verklumpen“ bezeichnet wird, ist hingegen höchst unerwünscht.

Smith und Nienow [324] haben diese Erscheinung erstmals beschrieben. Sie unterscheiden „dry quenching“ und „wet quenching“, was als „trockenes Verklumpen” und „feuchtes Verklumpen“ übersetzt werden kann. Beim trockenen Verklumpen bilden sich im Extremfall aus mehreren Partikeln große Agglomerate, die auf den Gasverteiler absinken und dort die Fluidisation behindern. Normale, den Betrieb nicht gefährdende Verklumpungen sind u.a. aus optischen Gründen nicht erwünscht. Beim feuchten Verklumpen entstehen hingegen feuchte Klumpen, die schließlich zum Verkleben größerer Bereiche der Schicht führen. Letzlich schläft die Fluidisation ein und die Wirbelschicht kollabiert.

Treten derartige Verklumpungen verstärkt auf, hat die Sprührate ihre obere Grenze überschritten. Bei Lösungen, die nur sehr langsam kristallisieren, kann diese Grenze bereits bei geringen Sprühraten erreicht sein (Beispiel: Zitronensäure, die mit geringen Mengen von Ammoniumverbindungen aus dem Fermentationsprozeß verunreinigt ist. Einzelheiten s. Kap. 16.3.2.). Das ist ein typischer Fall des feuchten Verklumpens.

Becher [23] hat das trockene Verklumpen in einem diskontinuierlichen Prozeß bei einer Einsprühung von unten untersucht. Besprüht wurden Glaskugeln. Als Sprühflüssigkeit wurde eine wäßrige Suspension von Kalziumcarbonat-Partikeln mit einer mittleren Größe von 2 µm verwendet, der bezogen auf den Feststoff 14% Polyvinylpyrrolidon (PVP 25) als Binder zugesetzt war. Nach Abschluß der Besprühung war der Durchmesser der unverklumpten Partikel um rund 10-20% gegenüber dem Ausgangswert vergrößert.

Durch Siebung wurden die Körner als Verklumpungen abgetrennt, die 2 und mehr Glaspartikel enthielten. Der Verklumpungsanteil VA ist definiert als

$$\text{Verklumpungsanteil VA} = \frac{\text{Masse der Verklumpungen}}{\text{Masse der aus der Sicht entnommenen Partikel}}$$

Wegen der Details der Versuchsauswertung und der Modellierung der Abläufe muß auf die Arbeit verwiesen werden.

Becher variierte

- die Ausgangspartikelgröße von 400 bis 700 µm (Standard 700µm)
- die Luftleerrohrgeschwindigkeit von 0,85 bis 1,27 m/s (Standard 0,85 m/s)
- den Zerstäubungsluft-Durchsatz von 6,7 bis 12 kg/h (Standard 8,8 kg/h)
- die Ruhe-Schichthöhe von 5 bis 21 cm (Standard 11 cm)
- die Ablufttemperatur von 40 bis 80°C (Standard 70°C)
- die Sprührate 1 bis 8 kg/h

- die Lufteintrittstemperatur betrug im Normalfall 170°C

Es wurden Verklumpungsanteile bis zu 30% gefunden. Die experimentellen Befunde von Becher wurden mit Bild 4-19 zu einer Darstellung der Tendenzen zusammengefaßt.

Das Verklumpen ist ein Agglomerieren großer Partikel. Dabei spielen die nichtstofflichen Kräfte keine Rolle. Stellt man sich die Wahrscheinlichkeit des Verklumpens wie des Agglomerierens (s. Punkt 4.4.5) als ein Produkt aus den Wahrscheinlichkeiten von drei Ereignissen, nämlich von Kollision, Haftung und Kollisionseffizienz (Das ist die Wahrscheinlichkeit der Bildung von Feststoffbrücken.) gemäß Bild 4-17 vor, sind die Befunde von Becher gut zu verstehen.

Zunächst wächst die Kollisionswahrscheinlichkeit mit dichter werdender Partikelschleppe um den Sprühstrahl herum, also mit zunehmender Schichthöhe und Fluidisiergeschwindigkeit. Zwischen kollidierenden Partikeln bildet sich umso eher eine Flüssigkeitsbrücke, je größer die befeuchteten Bereiche der getroffenen Partikeloberfläche sind. Wenn sich an der Kontaktstelle nur wenig oder auch sehr viel Flüssigkeit befindet, ist die kapillare Haftkraft gering. Die relative (auf die Partikelmasse bezogene) Haftung ist um so größer, je kleiner die Partikel sind. Bewegen sich die zusammenwachsenden Partikel in Strömungsrichtung, treten keine scherende, die Brücke belastende Strömungskräfte auf. Die Verfestigung der Flüssigkeits- zu einer Feststoffbrücke verläuft um so rascher je höher die Trocknungsgeschwindigkeit ist. In gleicher Richtung wirkt sich zunehmender Feststoffgehalt aus, der zudem eine kräftigere Feststoffbrücke ergibt.

Mit diesen Modellvorstellungen kann die abnehmende Verklumpungsneigung in den experimentellen Befunden von Becher gemäß Bild 4-19 wie folgt interpretiert werden:

- steigende Ablufttemperatur: verringert offenbar vorrangig die Haftungswahrscheinlichkeit.
- fallende Schichthöhe: verringert die Kollisionswahrscheinlichkeit. (Extremfall: bei Schichthöhe Null ist eine Kollision nicht mehr möglich)
- zunehmender Zerstäubungsluft-Durchsatz: verringert in erster Linie die Kollisionswahrscheinlichkeit weil die Wurfweite zunimmt, so daß der Sprühstrahl die Schicht durchdringt und der Strahl in dem Bereich über der Schicht keine Partikel ansaugen kann. Höhere Schichten vergrößern die Kollisionswahrscheinlichkeit.
- fallender Fluidisationsgrad: verringert den Antransport von Partikel und außerdem die Schichthöhe des expandierten Bettes. Damit sinkt die Kollisionswahrscheinlichkeit.
- steigende Partikelgröße: verringert die Kollisionseffizienz.
- steigender Feststoff-Gehalt: verringert hier offenbar vorrangig die Haftungswahrscheinlichkeit.

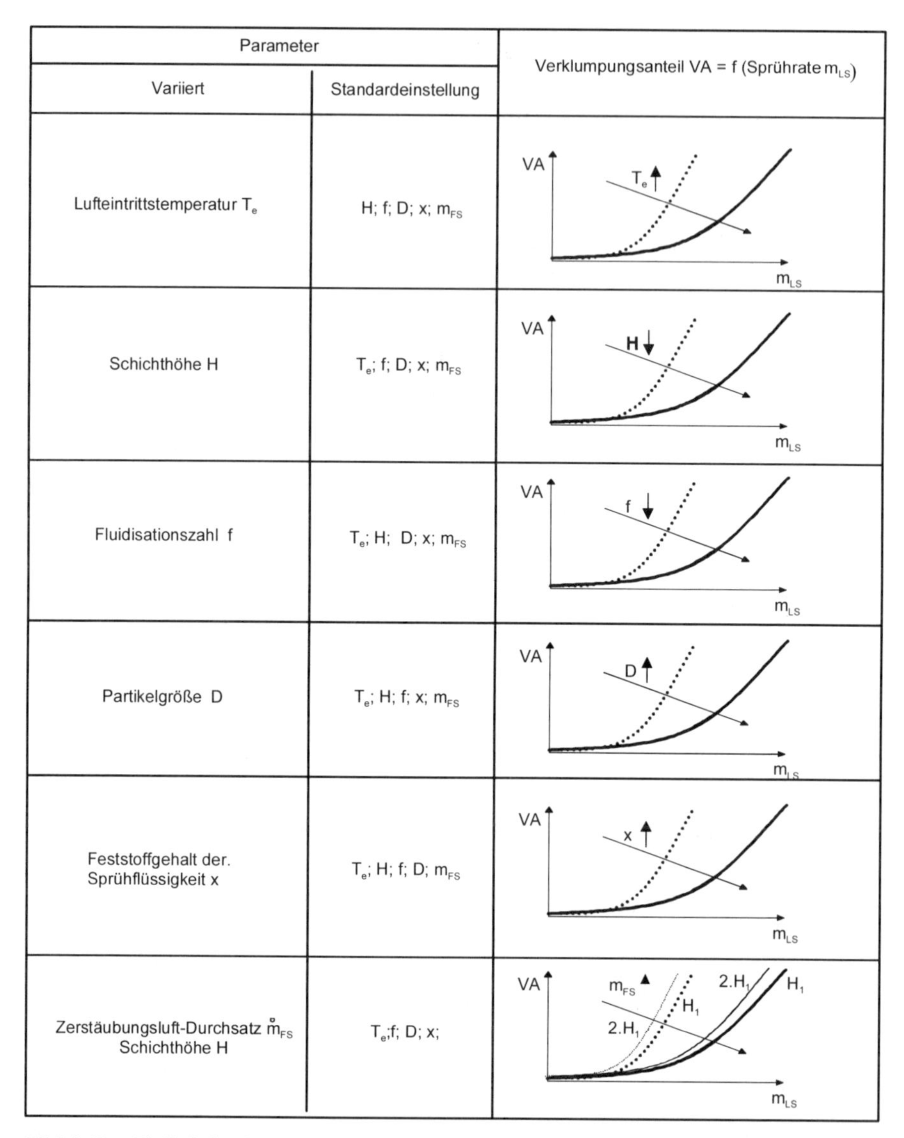

Parameter		Verklumpungsanteil VA = f (Sprührate m_{LS})
Variiert	Standardeinstellung	
Lufteintrittstemperatur T_e	H; f; D; x; m_{FS}	VA; T_e ↑; m_{LS}
Schichthöhe H	T_e; f; D; x; m_{FS}	VA; H ↓; m_{LS}
Fluidisationszahl f	T_e; H; D; x; m_{FS}	VA; f ↓; m_{LS}
Partikelgröße D	T_e; H; f; x; m_{FS}	VA; D ↑; m_{LS}
Feststoffgehalt der. Sprühflüssigkeit x	T_e; H; f; D; m_{FS}	VA; x ↑; m_{LS}
Zerstäubungsluft-Durchsatz $\mathring{m}_{FS}$ Schichthöhe H	T_e;f; D; x;	VA; m_{FS} ↑; 2.H_1; H_1; 2.H_1; H_1; m_{LS}

Bild 4-19 Einfluß der Granulationsparameter auf Verklumpungen beim Einsprühen von unten (nach [23])

Die Untersuchungen von Becher zeigen tendenziell, wie trockene Verklumpungen beim Einsprühen von unten in flache Schichten vermieden werden können. Es ist zu wünschen, daß diese Untersuchungen auch für andere Konstellationen, wie beispielsweise das Besprühen der Schicht von oben, durchgeführt werden. Weil der Verklumpungsbeginn nach Becher bereits mit der Vereinigung von 2 Partikeln festgelegt ist, kann die Besprühungsgrenze, bei der unfluidisierbare Agglomerate auf den Gasverteiler absinken, nicht vorhergesagt werden.

4.7 Beschichten von Kernen

Wenn die Agglomerate so groß geworden sind, daß sie aus der Schicht nicht mehr ausgetragen und schließlich zurückgeführt werden (s. „Existenzbereich von Wirbelschichten" im Kap. 3.3.4), treten die Agglomerate nicht mehr im Schwarm sondern als einzelne Partikel in den Sprühstrahl der Düse ein. Das Beschichten, der wesentlichste Mechanismus der Kornvergröberung durch Wirbelschicht-Sprühgranulation setzt ein (s. Bild 4-1 und Bild 4-2).

Die Vorgänge beim Beschichten bei der Wirbelschicht-Sprühgranulation sind von Link [157] eingehend untersucht worden. Die folgenden Darlegungen basieren auf dieser Arbeit.

4.7.1 Ablauf der Beschichtung

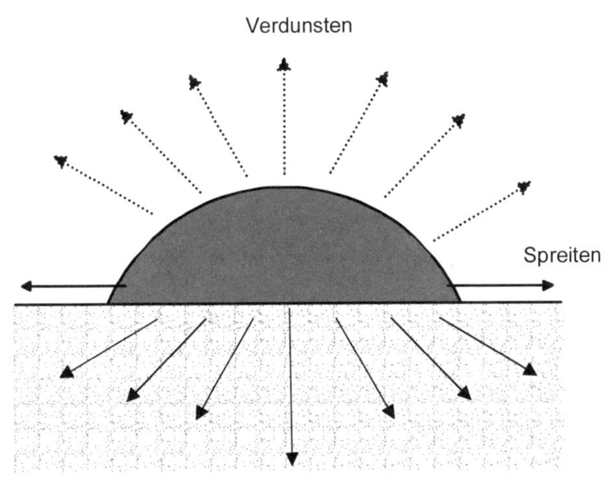

Bild 4-20 Vorgänge bei der Beschichtung

Beim Auftreffen des Tropfens auf der Partikeloberfläche setzt die Verteilung der Sprühflüssigkeit durch das Zusammenwirken von drei Vorgängen ein. (s.Bild 4-20) Der Tropfen wird durch Spreiten in Richtung der Oberfläche aufgeweitet. Die in ihm enthaltene Flüssigkeit wird entweder verdunstet oder vom Feststoff kapillar eingesaugt und später abgetrocknet. Die beiden Ausbreitungsvorgänge Spreiten und kapillares Einsaugen sind um Größenordnungen schneller als das Verdunsten. Je nachdem, wie sich die Geschwindigkeiten dieser beiden Ausbreitungsvorgänge zueinander verhalten, sind unterschiedliche Muster der Feststoffablagerung zu erwarten. Die unterschiedlichen Feststoffablagerungen dürften dann zu verschiedenen Produkteigenschaften führen.

4.7.2 Ausbreitung der Flüssigkeit

4.7.2.1 *Randwinkel und Benetzung*

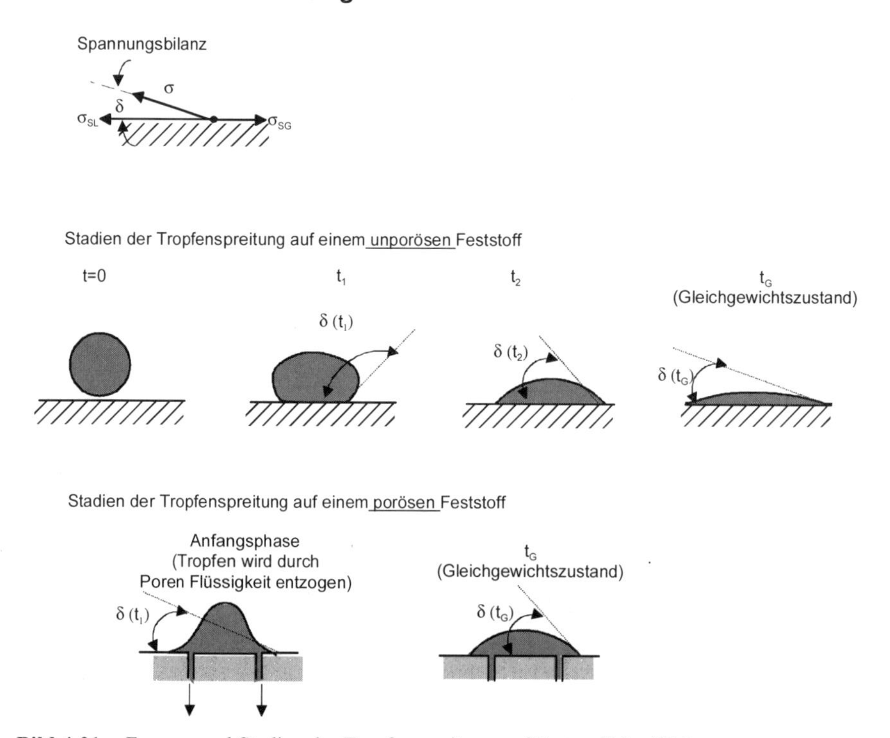

Bild 4-21 Formen und Stadien der Tropfenspreitung auf Feststoffoberflächen

Wird Flüssigkeit auf einen Feststoff aufgetropft, nimmt sie unter der Wirkung der Grenzflächenspannungen die bei den gegebenen Bedingungen kleinstmögliche Oberfläche an. Betrachtet sei zunächst die Tropfenausbreitung an einem unporösen Feststoff in Bild 4-21. An der Berandung wirken die 3 Grenzflächenspannungen. Davon versucht $\sigma_{s,g}$ die Berandung nach außen zu verschieben. Die beiden anderen Grenzflächenspannungen $\sigma_{s,l}$ und σ wirken der Verschiebung entgegen. Die verschiedenen Stadien der Tropfenspreitung bis zum Gleichgewicht zeigt Bild 4-21 in der oberen Bildhälfte für die Ausbreitung auf einem unporösen Feststoff. Ist

$$\sigma_{s,g} < (\sigma_{s,l} + \sigma) \qquad \text{Gl. (4-17)}$$

bleibt der Tropfen als rotationssymmetrischer Körper liegen. Der sich im Gleichgewicht einstellende „Randwinkel" ist eine wichtige Größe bei der Beurteilung der Benetzbarkeit eines Feststoffes durch eine Flüssigkeit. Er ist das Ergebnis der Wechselwirkungen zwischen der Adhäsion von Flüssigkeit und Festkörper sowie der Kohäsion in der Flüssigkeit. Den Experimentatoren gab die Interpretation der sich einstellenden Randwinkel aus dem molekularen Aufbau so viele Probleme auf, daß noch 1938 – wie bei Wolf [378] nachzulesen ist – mit guten Gründen gefragt wurde, ob er zur Behandlung von Grenzflächenfragen überhaupt relevant sei. Inzwischen gibt es weitere Erkenntnisse und verbesserte Meßmethoden, die das Verständnis für zunächst unverständliche Randwinkel ermöglichen. Dennoch sind seine Messung und vor allem seine Interpretation weiterhin schwierig.

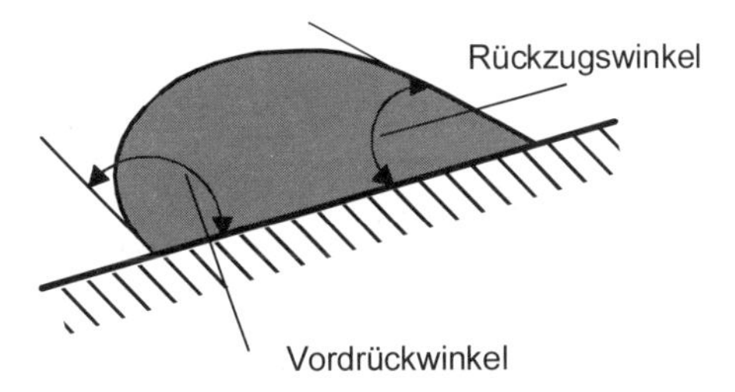

Bild 4-22 Randwinkelhysterese bei Tropfen auf geneigter Oberfläche

Zunächst ist der Randwinkel außerordentlich empfindlich gegen geringste Verunreinigungen der Flüssigkeit durch oberflächenaktive Stoffe (Spuren von Fetten verringern den Randwinkel). Außerdem ist der Randwinkel da, wo die Flüssigkeit mit dem Feststoff noch keinen Kontakt hatte, deutlich größer („Vordrückwinkel") als an Stellen, an denen es bereits einen Kontakt gegeben hat („Rückzugswinkel"). Diese als „Randwinkelhysterese" bezeichnete Erscheinung läßt sich an einem Tropfen auf einer Platte gemäß Bild 4-22, die langsam leicht geneigt wird, erkennen. An dem in Bewegungsrichtung vorderen Rand des Tropfens ist der Winkel deutlich größer als an der der Bewegungsrichtung abgekehrten Seite. Offenbar ist die Randwinkelhysterese, also die Differenz zwischen Vordrück- und Rückzugswinkel, um so größer je verunreinigter und rauher die Feststoffoberfläche ist. In einzelnen Fällen beträgt sie 40° und mehr [378].

Vom Benetzen poröser Oberflächen sind in Bild 4-21 zwei Stadien dargestellt. Nicht dargestellt ist der erste Augenblick nach Auftreffen des Tropfens auf der Oberfläche. In dieser Zeit verteilt sich die Flüssigkeit wie auf einem unporösen Körper. Der sich einstellende Randwinkel ist ein Vordrückwinkel. Dann setzt das kapillare Einsaugen ein. Dem Tropfen wird kapillar Flüssigkeit entzogen. Der sich nun einstellende Randwinkel ist als Rückzugswinkel anzusehen. Dies erkärt die Alltagsbeobachtung beim Blumengießen. Ist die Blumenerde trocken, bleibt das Wasser auf der trockenen Erde zunächst stehen, um nach einer gewissen zeitlichen

Verzögerung rasch eingesogen zu werden. Offenbar ist eine „Initialzündung", d.h. eine erste Benetzung der Poren durch adsorbierte Wassermoleküle erforderlich.

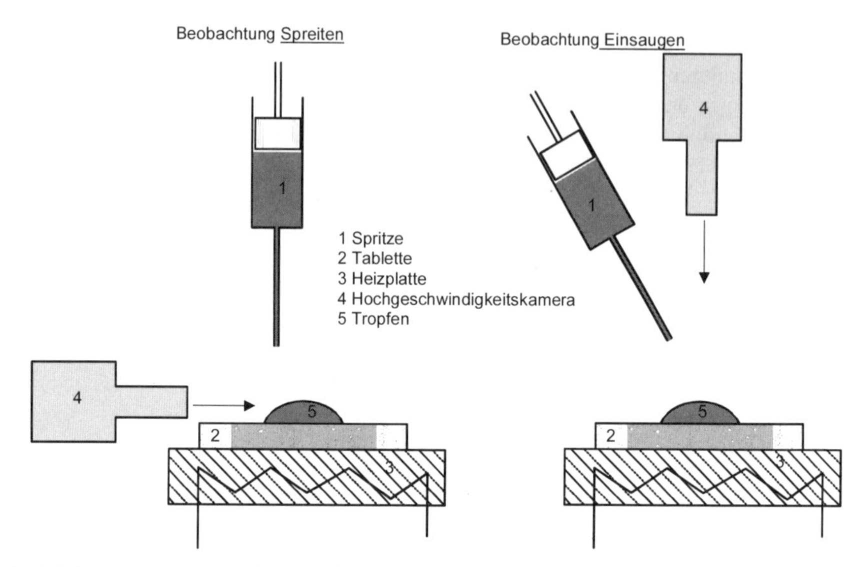

Bild 4-23 Anordnung zur Untersuchung des Spreitens und des kapillaren Einsaugens

Link hat das Spreiten auf porösen Tabletten verfolgt (s.Bild 4-23). Die Tablette liegt auf einer Heizplatte, so daß sie auch temperiert werden kann. Eine oberhalb der Tablette angeordnete Spritze (Stellung „Spreiten") liefert den Tropfen, dessen Ausbreitung auf der Tablettenoberfläche mit einer Hochgeschwindigkeitskamera so verfolgt wurde, daß der Randwinkel im Abstand von 5 ms vermessen werden konnte.

Bild 4-24 gibt einen Eindruck von Ablauf und Geschwindigkeit des Benetzungsvorganges auf porösen Oberflächen. Allgemein hat Link (an gesinterten Glaskugeln und Kochsalzpulvern bei 20 bis 140°C) gefunden, daß die Initialzündung bei den untersuchten Festkörpern rund 20 ms dauert. In dieser Zeit des „Vordrückens" verringert sich der Randwinkel zunächst schnell, dann jedoch langsamer. An ihrem Ende ist der „scheinbare statische Randwinkel" erreicht. Er beschreibt das Gleichgewicht bei der Ausbreitung auf der Feststoffoberfläche ohne kapillares Einsaugen. Dieser Randwinkel ist umso größer, je kleiner die Porosität des Feststoffes ist.

Daran schließt sich die Periode des „Rückzuges" an, in der der Randwinkel zunächst auch wieder rascher und dann langsamer kleiner wird. Die Dauer dieser Periode wird von der Intensität des kapillaren Einsaugens bestimmt. Sie hängt damit von der Porosität ab und zwar ist sie umso kürzer, je größer die Porosität ist. Größenordnungsmäßig dauert die Periode 50 ms und deutlich länger (500 ms wurden von Link gemessen).

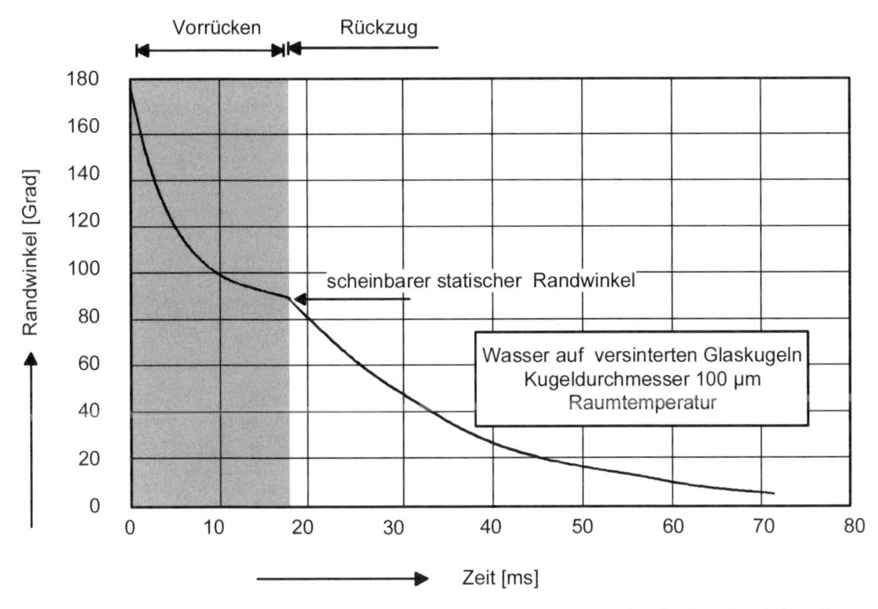

Bild 4-24 Veränderung des Randwinkels an Tropfen auf porösen Oberflächen (nach [157])

4.7.2.2 Kapillare Ausbreitung

Link hat die kapillare Ausbreitung der Feuchte untersucht, in dem er die Beobachtungsrichtung der Tablettenoberfläche um 90° in die Stellung „Einsaugen" schwenkte. Beim Blick auf die Tablette wird der aufgesetzte Tropfen während des Spreitens von seiner Anfangs- bis zu seiner Endgröße gesehen (s. Bild 4-23 und Bild 4-25). Beobachtet wird auf der Tablettenoberfläche die Berandung des durch kapillaren Flüssigkeitstransport angefeuchteten Gebietes. Das Fortschreiten der Füllung der Kapillaren folgt aus einer auf Washburn zurückgehenden Gleichung (zitiert in [157]) :

$$L(t) = \sqrt{\frac{R \cdot \sigma \cdot \cos\delta}{2 \cdot \eta}} \cdot \sqrt{t} \qquad \text{Gl. (4-18)}$$

In dieser Gleichung stehen für

L	Transportlänge
R	Kapillarradius
t	Zeit
$\sigma;\eta$	Oberflächenspannung und Viskosität der Flüssigkeit

Es ist zu erkennen, daß große Poren, hohe Oberflächenspannung und gute Benetzung die kapillare Ausbreitung beschleunigen. Eine hohe Zähigkeit wirkt hingegen hemmend.

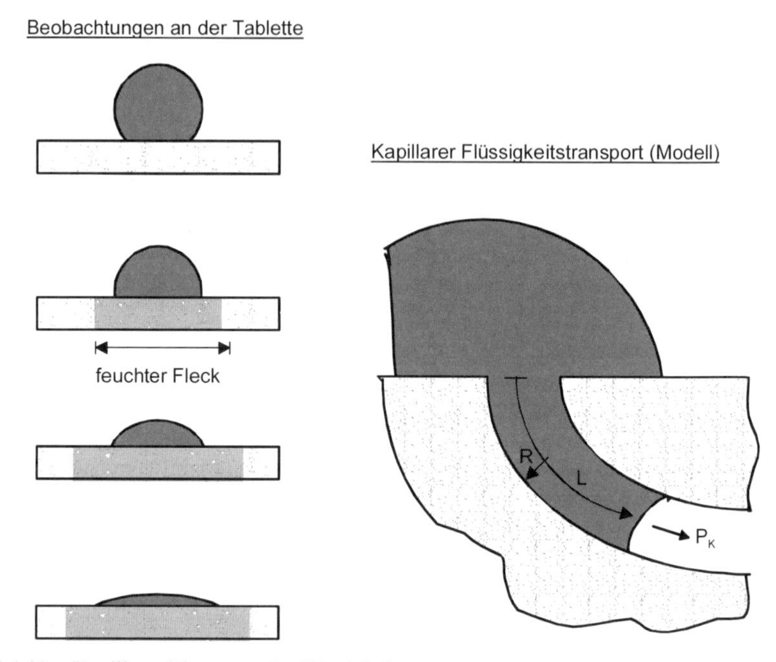

Bild 4-25 Kapillares Einsaugen der Flüssigkeit

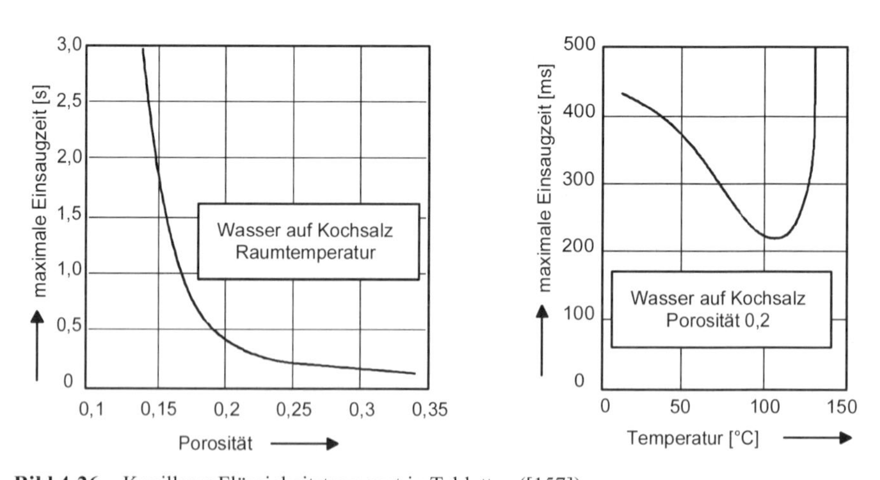

Bild 4-26 Kapillarer Flüssigkeitstransport in Tabletten ([157])

Der Zeitraum, über den sich der feuchte Flecken vergrößert, ist die „maximale Einsaugzeit". Er folgt den einfachen Vorstellungen aus der Washburn-Gleichung. Wie Bild 4-26 zeigt, verringert sich diese Zeit mit zunehmender Porosität (linke Seite des Bildes). Mit steigender Temperatur bei konstanter Porosität (rechte Seite des Bildes) nimmt die Zeit zunächst ab, weil sich die Viskostät verringert. Über 100°C entsteht Dampf und der kapillare Zug kommt zum Erliegen.

4.7.3 Einfluß von Produkt- und Prozeßparametern auf das Beschichten

4.7.3.1 Versuchsapparatur für ein Einzelpartikel nach Link

Von Link [157] wurde das Beschichten an einer in einem aufwärtsgerichteten Luftstrahl schwebenden Aluminiumkugel untersucht. Prinzipiell schwebt die Kugel frei, wenn sie mit ihrer Schwebegeschwindigkeit von rund 10m/s angeblasen wird und in dieser Stellung durch rückstellende Kräfte gegen horizontale und vertikale Auslenkungen gesichert ist. Diese rückstellenden Kräfte entstehen im Freistrahl, weil er in beiden Richtungen Geschwindigkeitsgradienten hat. Die vertikale Stabilisierung ergibt sich im Zusammenspiel von Gewichts- und Strömungskräften, die horizontale durch die ansaugende Wirkung einer einseitig schnelleren Umströmung der Kugel. Wegen des symmetrischen Strömungsprofiles in den Querschnitten des Strahles wird die Kugel in der Strahlachse gehalten.

Bild 4-27 zeigt die von Link für die Untersuchungen entwickelte Apparatur. Aus einem dünnen Rohr („Positionierer") tritt Luft als nach oben gerichteter Freistrahl („Positionierstrahl") aus. Die Rohrwand des Positionierers wird als Ohmscher Widerstand genutzt und elektrisch beheizt. Durch Variation der Beheizung können unterschiedliche Trocknungsbedingungen um die Kugel geschaffen werden.

Die Sprühflüssigkeit wird durch einen Ultraschall-Zerstäuber in Tropfen von einer mittleren Größe von etwa 30 µm zerteilt. Ein Trägerluftstrom lenkt die Tropfen in Richtung Kugel. Die Sprühflüssigkeit wird zeitlich getaktet auf die Kugel aufgesprüht. Die Tropfen werden vorzugsweise im Bereich des Strömungsschattens des Positionierstrahles auf die Kugeloberfläche auftreffen. Von Link ist die Geschwindigkeit der Trägerluft am Austritt aus der Düse als Tropfengeschwindigkeit definiert. Sie darf aus diesem Grunde und angesichts der verwickelten Strömungsverhältnisse nicht mit der Auftreffgeschwindigkeit der Tropfen auf der Kugel im Sinne der Modellvorstellung „Tropfenabscheidung auf umströmter Kugel" verwechselt werden. Die Trägerluft kann ebenfalls beheizt werden, so daß ein Vortrocknen der fliegenden Tropfen zu simulieren ist.

Ein Glaszylinder (Durchmesser 150 mm, Höhe 200 mm) umschließt die Anordung so, daß der Versuchsablauf sowohl mit bloßem Auge als auch mit elektronischen Aufzeichnungsgeräten beobachtet werden kann. Mit einem den ganzen Glaszylinder durchströmenden Spülluftstrom von 200 l/h ([381]) werden die nichttreffenden Tropfen aus dem Raum herausgeführt.

Untersucht wurden sicherheitstechnisch und hygienisch unbedenkliche wäßrige Systeme. Als Modellsubstanzen dienten Lösungen aus Kochsalz NaCl (als Beipiel „anorganisch") und dem Milchinhaltsstoff Lactose $C_{12}H_{22}O_{11}$ (als Beispiel „organisch"). Als Suspension wurden Calciumhydroxid-Partikel $Ca(OH)_2$ (75% kleiner als 1 µm) verwendet. Diese Suspension wird in der Folge abgekürzt mit dem geläufigen Begriff „Kalkmilch" bezeichnet.

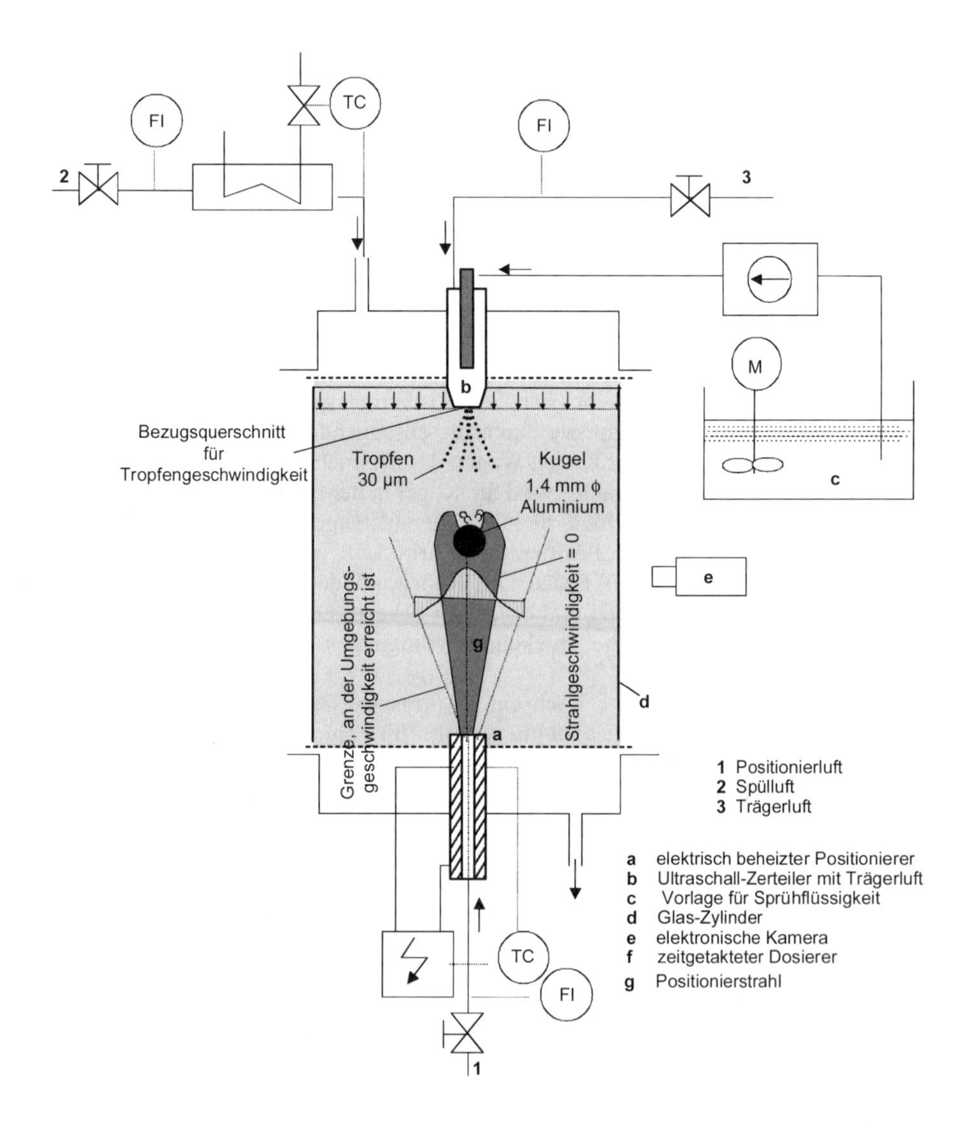

Bild 4-27 Versuchsapparatur zur Untersuchung des Beschichtens an einem Einzelpartikel nach Link [157]

4.7.3.2
Beeinflussung der Wachstumskinetik

Bei den Versuchen wurde die Kugel mit bekanntem Gewicht abwechselnd besprüht und getrocknet. Nachtrocknen und anschließendes Wiegen des Produktauftrages beendete den Versuch. Anhand von Zwischenwägungen hat sich gezeigt, daß die anfänglich metallisch blanke Oberfläche das Versuchsergebnis nicht beeinflußt. Die Wachstumsgeschwindigkeit wurde als Trockenmassenzunahme der Kugel pro Besprühvorgang definiert. Dabei sind die den folgenden Kurven zugrundeliegenden, allerdings nicht eingezeichneten Meßpunkte (s. hierzu die Originalliteratur [157]) Mittelwerte von 5 Versuchen mit jeweils 600 Besprühvorgängen. Die einfache, aber als praktischer Hinweis für Granulationen sehr brauchbare Aussage der Ergebnisse einer Versuchsserie ist: Je mehr aufgetragen werden kann, um so besser sind die Bedingungen.

4.7.3.3
Einfluß der Trocknungsbedingungen

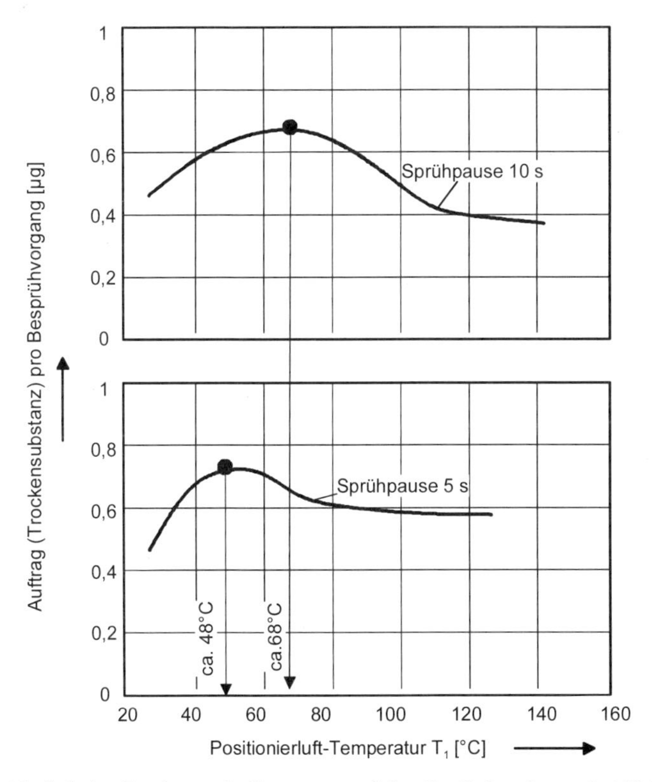

Bild 4-28 Einfluß der Trocknungsbedingungen auf das Partikelwachstum bei Kalkmilch (10 Gew.-% $Ca(OH)_2$), [157]

Die Trocknungsbedingungen seien Anordnung und Einstellung der Düsen sowie die Temperatur der Fluidisierluft. Für die Praxis sind sie wesentliche Parameter zur Optimierung der Granulationsbedingungen. Sie wurden von Link simuliert mit den Größen Sprühpause, also Trocknungszeit, und Temperatur der Positionierungssluft, also Trocknungsintensität.

Mit Kalkmilch ergaben sich gemäß Bild 4-28 zwei Optima, die nahelegen, daß es ein optimales Zusammenspiel von Besprühen und Trocknen gibt, denn eine höhere Trocknungstemperatur ermöglicht eine kürzere Sprühpause und umgekehrt. Link erklärt dies mit einer optimalen Oberflächenfeuchte der Kugel, die es einzuhalten gilt. Ist die Oberfäche zu trocken, ist die Kapillarstruktur zu stark ausgetrocknet. Das Benetzen der Oberfläche ist verschlechtert. Ist hingegen die Oberfläche zu feucht, sind die Kapillaren gefüllt. Ein kapillares Einsaugen findet nicht statt. Die Tropfen treffen auf eine überfeuchtete Oberfläche. Es kommt zu ihrer Reflexion und Destruktion.

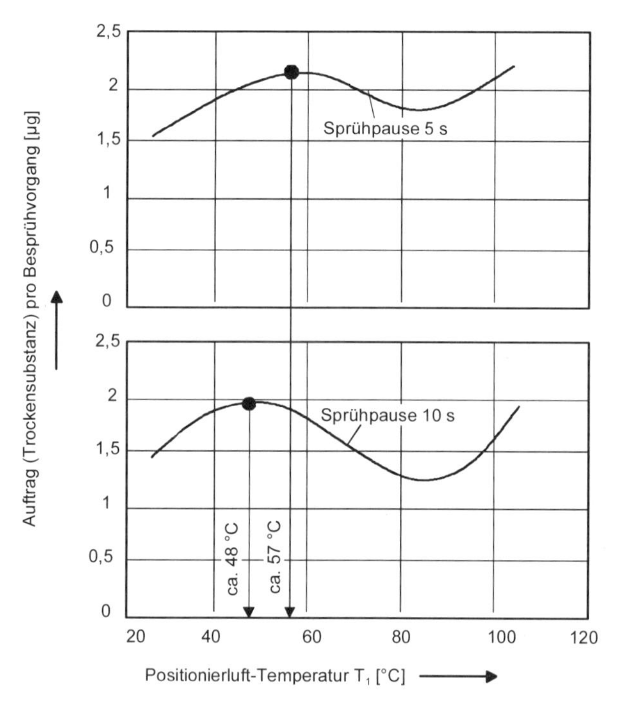

Bild 4-29 Einfluß der Trocknungsbedingungen auf das Partikelwachstum von Lactose (Lösung mit 16 Gew.-% Lactose), [157]

Wie bei Kalkmilch gibt es auch für die Lactose (Bild 4-29) im Bereich niedriger Positionierlufttemperatur, in dem eine mikroporöse Oberfläche entsteht (s.Bild 4-38) 2 Optima, für die sich die gleiche Erklärung wie für Kalkmilch anbietet. Lactose ändert abhängig von den Tocknungsbedingungen nicht nur die

Molekülstruktur (α- oder sehr hygroskopische β-Lactose) sondern, weil die Kristallisationsgeschwindigkeit sehr temperaturabhängig ist, auch die Kristallmorphologie (kristallin und amorph). Bei 50°C hat das β/α-Verhältnis ein ausgeprägtes Minimum. Das hat Auswirkungen auf die Haftbedingungen der Tropfen und läßt die Wachstumsgeschwindigkeit oberhalb 80°C erneut ansteigen (wegen der Details s. [157]) .

4.7.3.4 *Spezielle Auswirkungen einer Tensidzugabe*

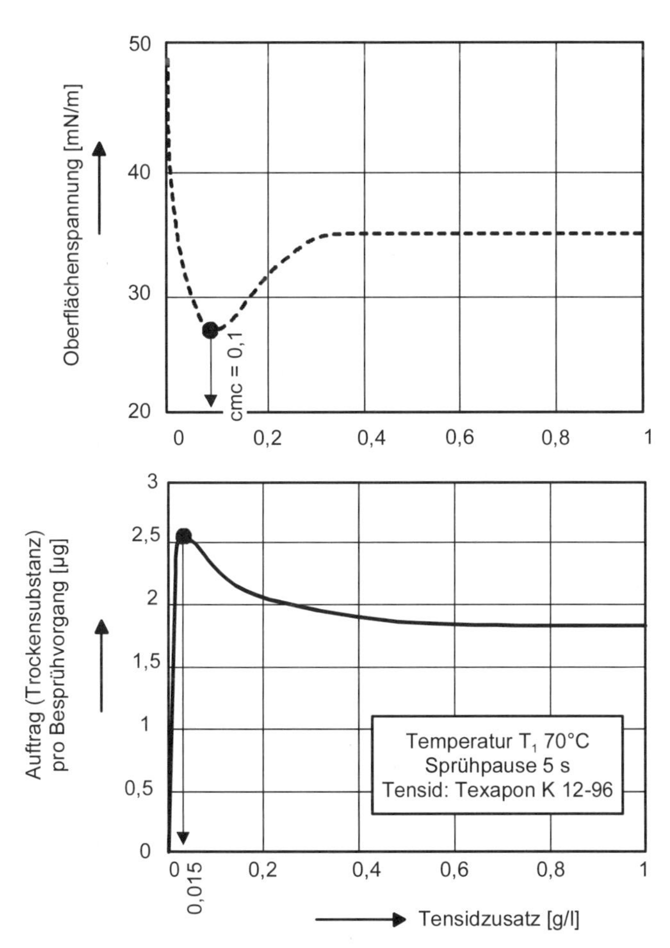

Bild 4-30 Einfluß einer Tensidzugabe zum Partikelwachstum von Lactose (Lösung mit 16 Gew.-% Lactose), [157]

Durch den Zusatz eines Tensides ist zunächst eine Verbesserung des Benetzungsverhaltens und damit eine erhöhte Wachstumsgeschwindigkeit zu erwarten. Die Verbesserung setzt allerdings voraus, daß mindestens soviel Tensid zugegeben wird, daß die Oberflächen belegt sind („kritische Mizellbildungskonzentration", „cmc-Wert" s. Kap. 5). Damit das Tensid bei den raschen Vorgängen auch sofort an der Tropfenoberfläche zur Verfügung steht, ist ein Zusatz über den cmc-Wert erforderlich. Hier wurde aber bereits mit 0,5% des cmc-Wertes ein Effekt erreicht, wie Bild 4-30 zeigt. Es ist daher anzunehmen, daß der Effekt darin besteht, daß der Tensidzusatz das Kristallwachstum gehemmt hat. Bei der Diskussion der Partikelmorphologie werden die Auswirkungen von Verunreinigungen auf das Kristallwachstum erörtert (s. auch Bild 4-38).

4.7.3.5 Auswirkungen der Feststoff-Konzentration der Sprühflüssigkeit

Am Beispiel von Lactose ist mit Bild 4-31 gezeigt, daß durch Erhöhung der Viskosität der Sprühflüssigkeit die Wachstumsgeschwindigkeit gesteigert werden kann. Zunächst ist eine Zunahme nicht verwunderlich, weil bei konstanten Besprühungsbedingungen mit steigendem Feststoffgehalt der Oberfläche mehr Feststoff zugeführt wird. Hätte jeder Besprühungsvorgang den gleichen Erfolg, müßte sich eine vom Koordinatenursprung ausgehende Gerade ergeben. Eine an die Meßpunkte geringer Lactose-Konzentration angelegte Tangente gibt jedoch den Hinweis, daß mit steigender Konzentration der Auftrag stärker wächst (kenntlich gemacht durch den schraffierten Bereich). Link führt die Erhöhung der Haftwahrscheinlichkeit auf die mit höherer Konzentration vergrößerte Viskosität und dem damit besser abgedämpften Tropfenaufprall zurück. Zugleich verringert sich die Oberflächenspannung, was die Benetzung verbessert. Einen ebenfalls überproportionalen Anstieg hat Link auch bei Huminsäure gefunden. (Huminsäure ist wie Lactose ein hochmolekularer, polymerer Stoff).

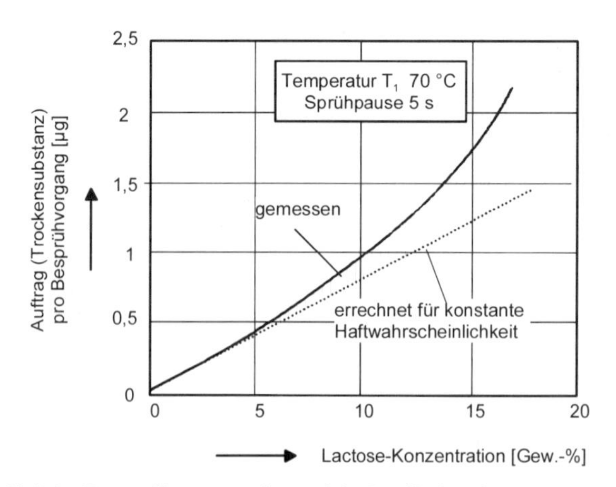

Bild 4-31 Einfluß der Feststoffkonzentration auf das Partikelwachstum von Lactose, [157]

Leider fehlen derartige Untersuchungen für Kochsalz und Kalkmilch. Sie hätten das Bild abgerundet. So muß vermutet werden, daß die Befunde im wesentlichen für hochmolekulare, polymere Stoffe gelten.

4.7.3.6
Einfluß der Tropfenvortrocknung

Tropfenvortrocknung heißt Trocknung der Tropfen auf dem Wege von der Düse zur Partikeloberfläche. Sie ist von Link durch Beheizung der Trägerluft simuliert worden. Gefunden wurde für Lactose der mit Bild 4-32 dargestellte Verlauf. Bei geringer Feststoffkonzentration ist erwartungsgemäß kein Einfluß zu erkennen. Der Verlauf bei höherer Temperatur scheint sehr stoffspezifisch zu sein. Verallgemeinerungen sind wegen fehlender Vergleichsversuche mit anderen Produkten deshalb nicht möglich.

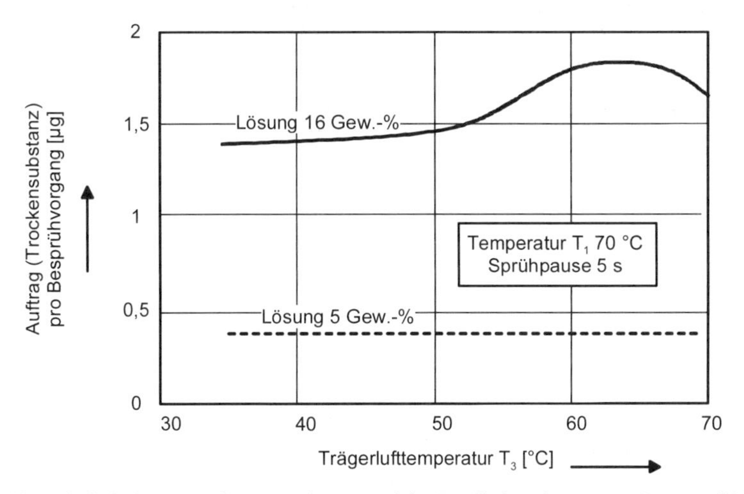

Bild 4-32 Einfluß einer Tropfenvortrocknung auf das Partikelwachstum von Lactose, [157]

4.7.3.7
Beeinflussung der Partikelmorphologie

Unter dieser Überschrift werden Partikelmorphologien vorgestellt, die etwa die ganze Bandbreite der Möglichkeiten abdecken. Die rasterelektronischen Mikroaufnahmen entstammen der Arbeit von Link [157]. Sie wurden den Verfassern des Buches von Dr. Link freundlicherweise überlassen. Hergestellt wurden diese Oberflächen (hier als „Einzelpartikel" gekennzeichnet) durch das Besprühen einer einzelnen Kugel nach der von Link ausgearbeiteten Methode. Diese und andere ergänzende Bilder sollen zeigen, daß die Partikelmorphologie im Zusammenspiel von Stoffeigenschaften und Granulationsparametern entsteht.

4.7.3.7.1
Unporöse Strukturen

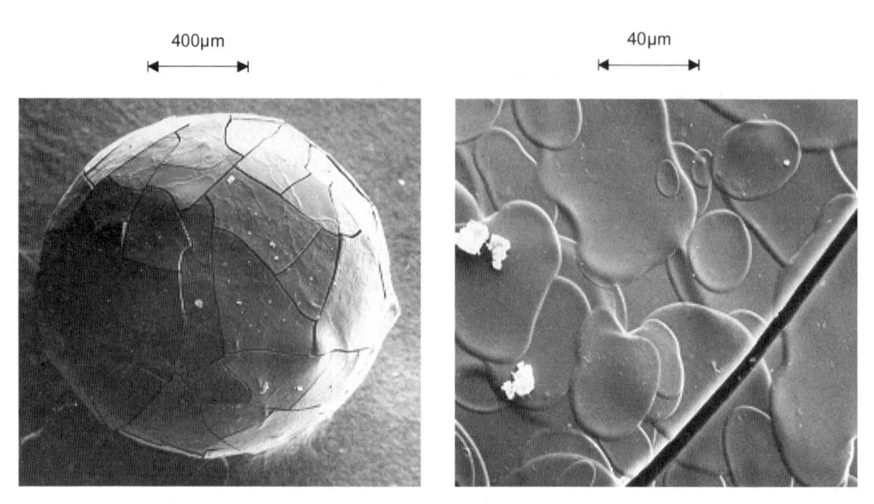

Bild 4-33 Granuliert als Einzelpartikel aus wäßriger PVP-Lösung, [157]

Reines lagenweises Beschichten, als Grundprinzip der Wirbelschicht-Sprühgranulation ist nur bei unporösen Oberflächen vorstellbar. Hier wird die Ausbreitung auftreffender Sprühtropfen nicht durch ein kapillares Absaugen der Flüssigkeit durch das Feststoffgerüst überlagert. Dies ist in Bild 4-33 deutlich zu erkennen.

Hergestellt ist die Oberfläche aus einer wäßrigen Lösung von Polyvinylpyrrolidon (PVP). PVP ist ein in der pharmazeutischen und kosmetischen Industrie vielfach eingesetztes Binde- und Verdickungsmittel (s. Kap. 5.2.3). Wie die beiden Bilder zeigen, bleibt das aufgetragene PVP als ein zusammenhängender, im Rahmen der Auflösung der Bilder unporös erscheinender Film zurück. Die Risse in der Gesamtansicht sind vermutlich Spannungsrisse. Sehr gut sind rechts die auf der Oberfläche aufgetroffenen Tropfen als Flecken zu erkennen.

Nach diesem Verfahren des „Beschichtens" werden in der pharmazeutischen Industrie feste Arzneiformen mit Polymeren umhüllt, um sie geschmacklich im Mund oder für eine gezielte Freisetzung im Körper zu maskieren.

4.7.3.7.2
Einfluß des Feststoffgehaltes

Bild 4-34 Einfluß des Feststoffgehaltes der Sprühflüssigkeit auf die Partikelmorphologie (Partikelgröße ca. 600 µm), [157]

Die nun zu diskutierenden Erscheinungen treten im wesentlichen bei Sprühflüssigkeiten auf, bei denen der Feststoff hauptsächlich suspendiert und nur teilweise gelöst ist. Beim Besprühen entzieht die poröse Struktur des besprühten Partikels dem auftreffenden Tropfen das Wasser. Der supendierte Feststoff kann auf der Oberfläche nicht ausgebreitet werden. Er bleibt als Häufchen zurück. Dieser Mechanismus verstärkt sich mit steigendem Feststoffgehalt. Mit steigendem Feststoffgehalt wird die Oberfläche rauher, wie anhand Bild 4-34 deutlich zu erkennen ist.

Diese Erscheinung wird umso stärker, je kapillaraktiver das Feststoffgerüst des Granulates und je höher der Feststoffgehalt der Sprühflüssigkeit ist. Link hat an einem Einzelpartikel bei Kalkmilch den in Bild 4-35 ersichtlichen Unterschied bei Sprühflüssigkeiten mit 10 und 3 Gew.-% Feststoffanteil gefunden. Er wird unterstützt durch die starke Hygroskopizität des getrockneten $Ca(OH)_2$. Bei einer Randwinkelbestimmung wurde beim Auftropfen von Wasser auf eine $Ca(OH)_2$-Feststoffoberfläche innerhalb von 40ms ein vollständiges Einsaugen des Wassers beobachtet [157].

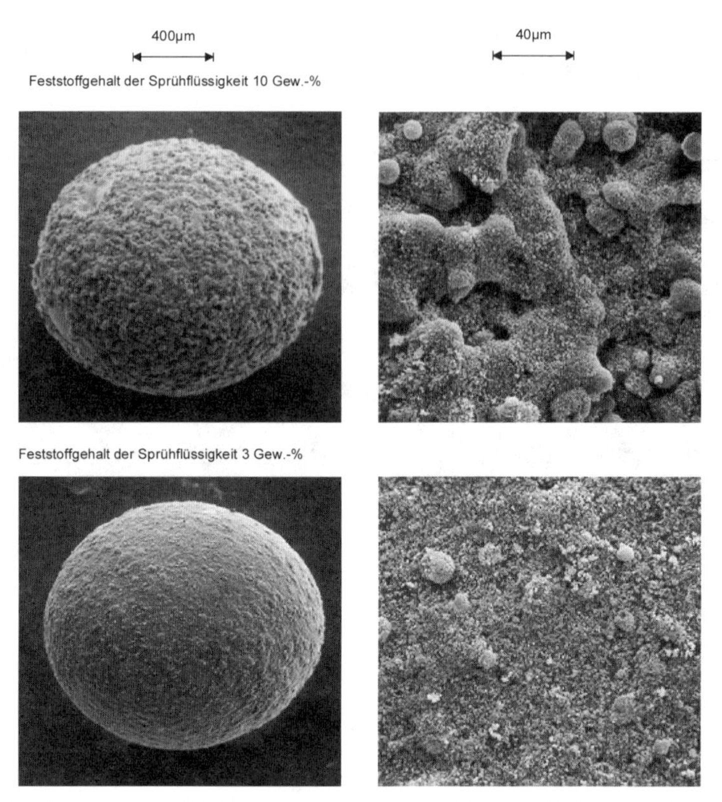

Bild 4-35 Granuliert bei 70°C Trocknungstemperatur als Einzelpartikel aus wäßriger $Ca(OH)_2$-Suspension, [157]

Bild 4-36 Brombeerartigen Granulaten mit einer mittleren Größe von 500 µm. Die Produkteigenschaften führten bei der Wirbelschicht-Sprühgranulation überwiegend zur Agglomeration

4.7.3.7.3
Partikelaufbau durch Agglomeration

Schlechte Benetzung, hohe Viskosität, starke Tropfenvortrocknung können die Ursache für das Entstehen brombeerartiger Granulate sein, wie sie Bild 4-36 zeigt. Sie wachsen ausschließlich durch Agglomeration. Die üblicherweise von den durch Wirbelschicht-Sprühgranulation erzeugten Partikel erwartenden Eigenschaften wie gute Fließfähigkeit und Abriebstabilität haben diese Partikel zumeist nicht.

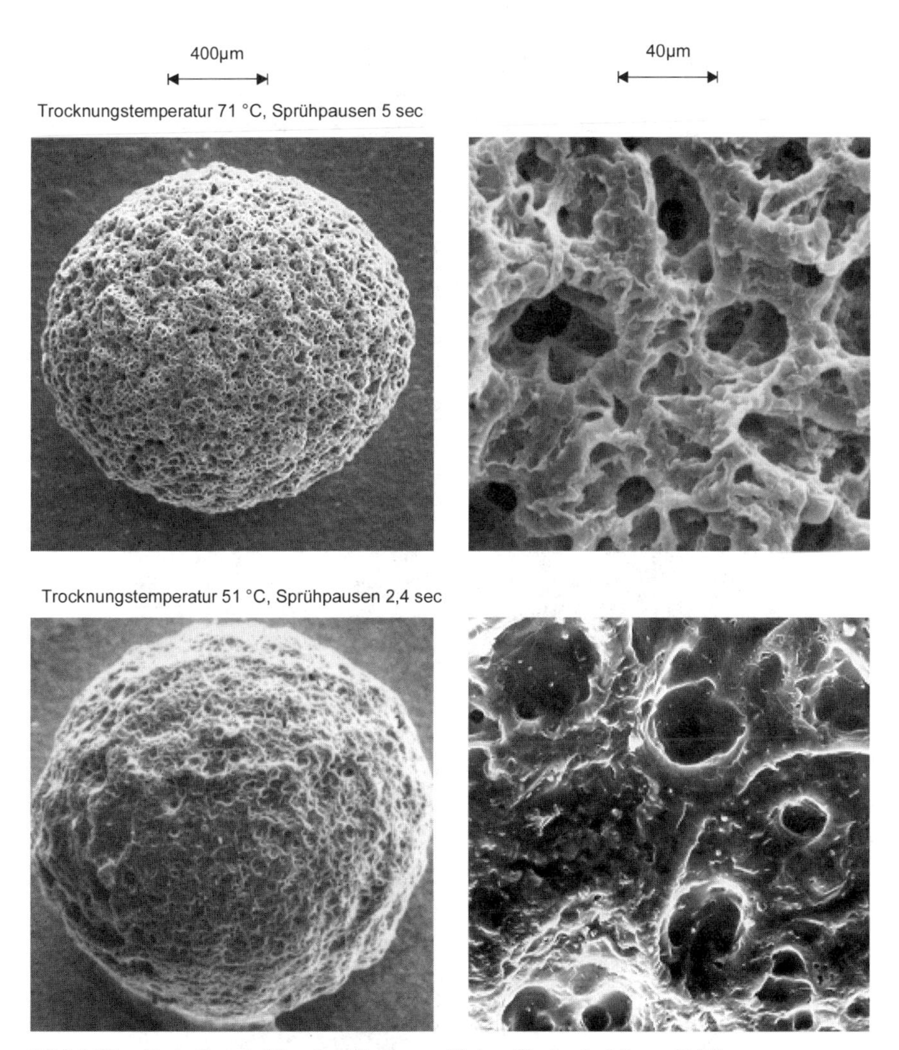

Bild 4-37 Granuliert als Einzelpartikel aus wäßriger Kochsalz-Lösung [157]

4.7.3.7.4
Hochporöse Strukturen durch scharfe Trocknung

Link hat an einem Einzelpartikel mit Kochsalz gefunden, daß bei scharfer Trocknung und seltenerem Besprühen poröser Partikel mit einer scharf konturierten Kristallstruktur entstehen. Siehe hierzu Bild 4-37.

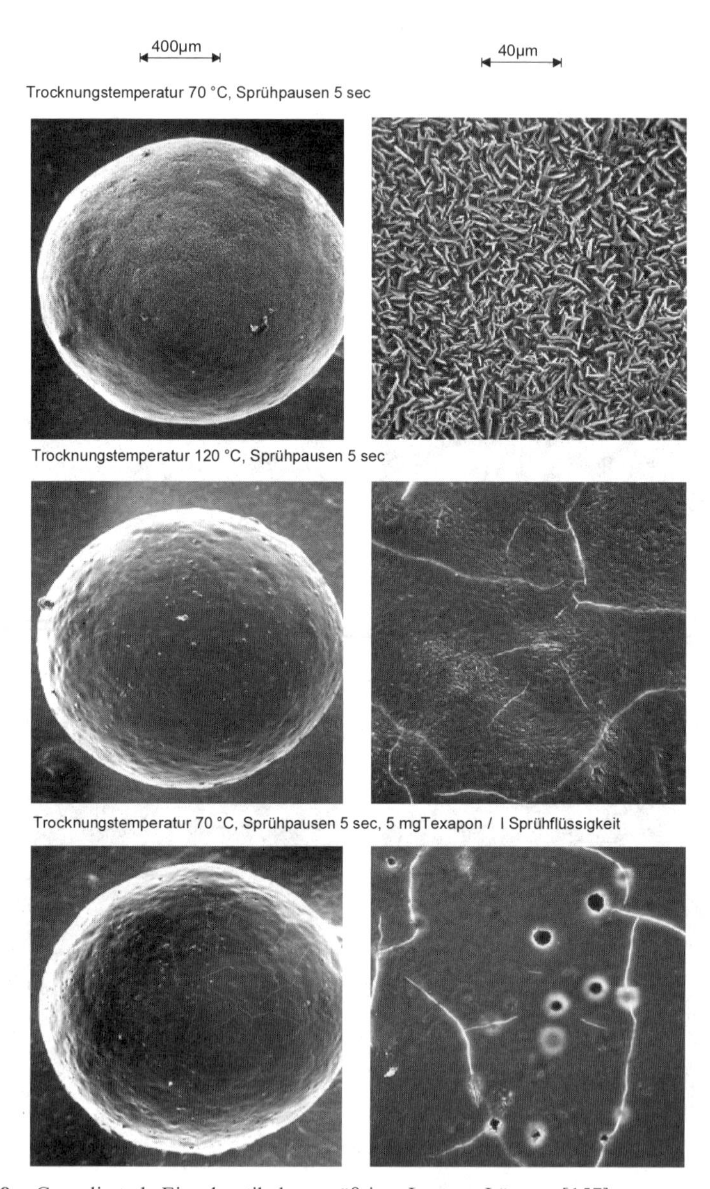

Bild 4-38 Granuliert als Einzelpartikel aus wäßriger Lactose-Lösung, [157]

4.7.3.7.5
Makroskopisch unporöse Strukturen

An einem Einzelpartikel wurden mit Lactose-Lösung die in Bild 4-38 dargestellten Oberflächen erzeugt. Sie sind in dem Bereich, in dem die Versuchsbedingungen variiert wurden, makroskopisch unporös. Bei einer 10fach stärkeren Vergrößerung zeigen sich jedoch beträchtliche Unterschiede. So sind bei einer Trocknungstemperatur von 70°C feine Kristalle zu erkennen.

Dagegen konnte sich bei einer Trocknungstemperatur von 120°C keine Kristallstruktur ausbilden. Die Lactose ist glasartig erstarrt. Diese amorphe Erstarrung tritt dann auf, wenn einem gelösten Produkt das Lösungsmittel schneller entzogen wird, als sich Kristalle bilden können. Die Viskosität steigt, eine Kristallbildung ist nicht möglich. Die Lösung erstarrt glasig.

Es ist der Stolz jedes Chemikers, eine Substanz in kristalliner Form vorzuweisen, zeugt das doch von der Reinheit des Produktes. Wie selbst geringe Verunreinigungen das Kristallisationsverhalten verändern können, ist in [380] und [349] dargelegt. In der unteren Bildreihe sind die Auswirkungen eines geringen Tensidzusatzes (5mg/l) zur Sprühflüssigkeit zu erkennen. Auch hier ist die Lactose glasartig erstarrt, obwohl bei der gleichen Temperatur von 70°C mit reiner Lactose eine kristalline Struktur erzeugt wurde. Das zugesetzte Tensid (etwa 0,5% des cmc-Wertes) hat damit als Verunreinigung gewirkt. Die dunklen Punkte führt Link auf Bläschen der nicht schaumfreien Lactose-Lösung zurück.

4.8
Grundlegende Eigenschaften der Granulate

4.8.1
Allgemeines

In den vorangehenden Kapiteln wurde unter der Überschrift „Grundlagen der Wirbelschicht-Sprühgranulation“ die Formung der Granulate diskutiert. Nun sollen die Betrachtungen um die Frage nach einem optimalen Gesamtergebnis erweitert werden.

Zwischen der Bereitsstellung der Einsatzstoffe und ihrer Anwendung als Granulat liegen diverse Stadien, die alle darauf abgestimmt sein müssen, die Einsatzstoffe schließlich ohne Verluste in der gewünschten Form zur Wirkung kommen zu lassen. Zwischen den Stadien gibt es Wechselwirkungen. Sie werden einzeln und in ihrer Gesamtheit nur dann optimal durchlaufen, wenn keine Verluste auftreten. Bild 4-39 zeigt ohne Anspruch auf Vollständigkeit, welche stofflichen Einflüsse und Verfahrensparameter die Verluste bestimmen. Die Darstellung soll verdeutlichen, daß die Granulation nur ganzheitlich erfolgreich konzipiert werden kann. Optimal ist das Konzept, bei dem die Verluste während des Lebenszyklus am geringsten sind. In den folgenden Kapiteln werden einzelne Aspekte dieser Betrachtung in loser Folge behandelt.

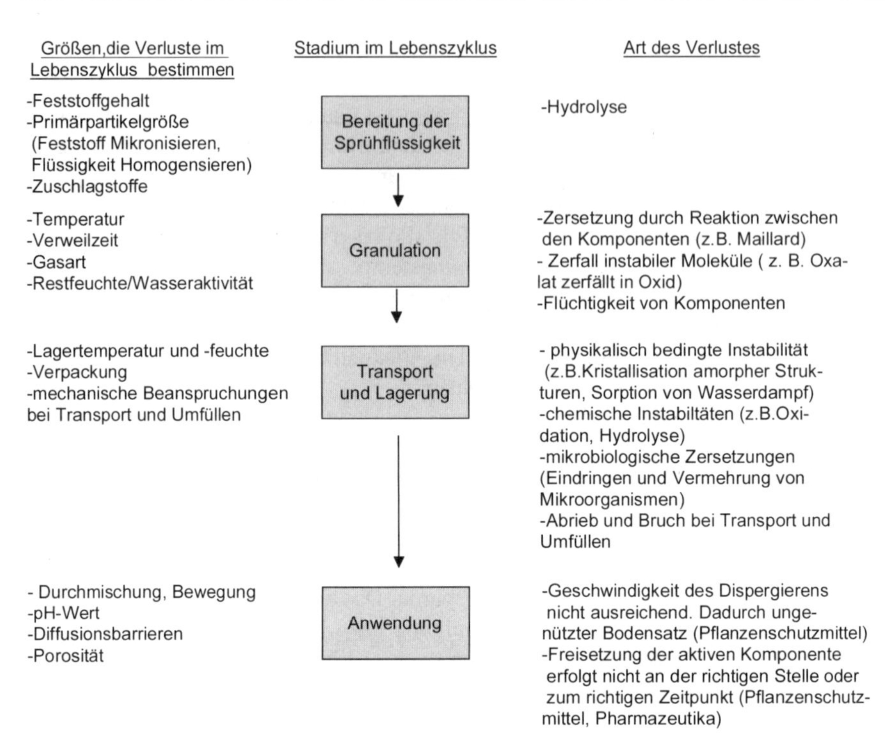

Bild 4-39 Verluste, die während Erzeugung und Verwendung der Granulate entstehen sowie Größen, die diese Verluste beeinflussen

4.8.2 Verteilung der Feststoffbestandteile im Granulat

Durch Wirbelschicht-Sprühgranulation werden die Granulate Tropfen für Tropfen hergestellt. Jeder Tropfen enthält die Komponenten der Sprühflüssigkeit. Deshalb ist auch im Mikrobereich des Granulates mit einer homogenen Verteilung aller Feststoffkomponenten zu rechnen. Migrationsvorgänge, wie sie aus der Sprühtrocknung bekannt sind (s. Kap. 2.4), spielen keine Rolle. Weil sich also die löslichen Anteile nicht an der Oberfläche anreichern, wird beim Redispergieren die bei sprühgetrockneten Partikeln häufig zu beobachtende Verklumpung, d. h. ein Zusammenballen von Partikeln, nicht auftreten. Andererseits ist die Porosität der Granulate in aller Regel geringer als bei sprühgetrockneter Ware. Das verlangsamt beim Redispergieren den Zerfall der Partikel in seine Bestandteile.

4.8.3
Kristalline oder glasartige Struktur

Für Ablauf und Ergebnis der Wirbelschicht-Sprühgranulation ist es von großer Bedeutung wie sich die in der Sprühflüssigkeit gelösten Anteile verfestigen. Bild 4-40 zeigt die für die Wirbelschicht-Sprühgranulation wichtigen Aggregatzustände und die Formen der Umwandlung von einem Zustand in den anderen. Die Darstellung soll verdeutlichen, daß für die Wirbelschicht-Sprühgranulation nicht nur die klassischen 3 Aggregatzustände (gasförmig, flüssig, fest) von Bedeutung sind ([374], [17]). Wichtig ist, daß der feste Zustand glasartig amorph oder kristallin sein kann (Mischungen beider Zustände, die als „teilkristallin“ bezeichnet werden, sind ebenso möglich). Glasartige Substanzen findet man nicht nur bei den anorganischen Verbindungen (Silicate, Phosphate, Borate) sondern auch bei einer ganzen Reihe anderer Materialien, wie beispielsweise bei Polymeren. Beim Gebrauch von Lebensmitteln und Pharmazeutika spielt dieser Zustand eine große Rolle, worauf in diesem Kapitel noch näher eingegangen wird.

Im kristallinen Zustand liegen die Moleküle, Ionen oder Atome nach einem bestimmten Bauplan, dem Kristallgitter, regelmäßig angeordnet vor. Aber auch im glasartig festen Zustand hat jeder molekulare Baustein seinen ihm eigenen Ort und seinen bestimmten Nachbarn. Der amorphe Zustand entsteht bei der Verfestigung von Schmelzen durch Abkühlen oder beim Verdunsten des Lösungsmittels bei Lösungen. Mit zunehmender Verfestigung wächst die Viskosität. Das bedeutet, daß die molekulare Beweglichkeit abnimmt. Die näherrückenden Nachbarmoleküle behindern die Bewegungen jedes Moleküls. Es ist ein bezüglich seiner inneren Ordnung gehemmtes Gleichgewicht, nämlich der amorphe Zustand erreicht. Dieser Zustand ist nicht das Ergebnis eines thermodynamischen Gleichgewichtes, sondern kinetisch bedingter Gegebenheiten also der „Vorgeschichte“ seiner Entstehung.

Demnach begünstigen folgende Umstände ein glasartiges Erstarren der Flüssigkeit:

- Starker Wärmeentzug von Schmelzen oder schnelles Verdunsten des Lösungsmittels bei Lösungen.
- Hohe Viskosität der Schmelze (z. B. durch lange Molekülketten oder Vernetzungen) oder der Lösung, wenn unter Ausnutzung des von der Temperatur abhängigen Löslichkeitsverlaufes eine Lösung mit hohem Feststoffgehalt verwendet wird.
- Unordnung in der flüssigen Phase, beispielsweise verursacht durch die Mischung mehrerer Komponenten. Dabei genügen oft kleinste Beimengungen, wie weiter unten noch erläutert wird.

Charakteristisch für amorphe Substanzen ist die „Glasumwandlung“. Darunter versteht man die bei der „Glasumwandlungstemperatur” erfolgende Umwandlung aus dem festen, vielfach spröden Glaszustand in einen flüssigen bis gummiartigen Zustand. Dieser Zustand erstreckt sich über den Bereich zwischen Glasumwandlungs- und Schmelztemperatur. Niedermolekulare Substanzen, wie z. B. Glyzerin, werden beim Überschreiten der Glasumwandlungstemperatur dünnflüssig;

lineare makromolekulare Substanzen viskoelastisch. Viskoelastisch bedeutet, daß die Substanz auf kurzfristige Beanspruchungen elastisch, auf langfristige hingegen mit einer plastischen Verformung reagiert.

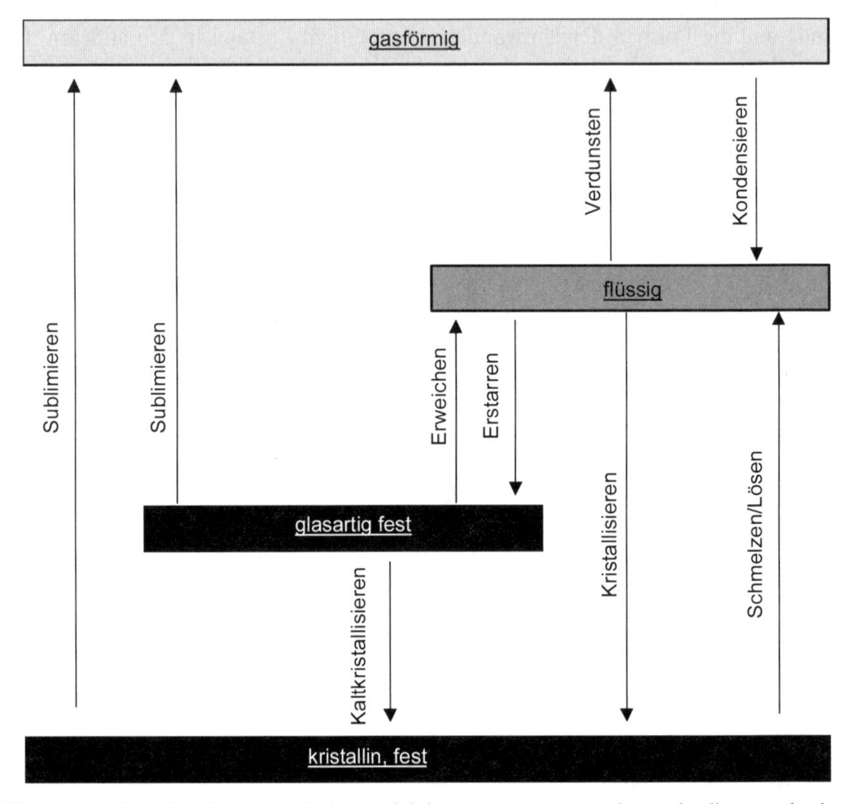

Bild 4-40 Für die Sprühgranulation wichtige Aggregatzustände und die zugehörigen Umwandlungen

Nach Nernst und Einstein (s. [104]) besteht bei Flüssigkeiten, also auch für amorphe Substanzen oberhalb der Glasumwandlungstemperatur, zwischen dem Diffusionskoeffizienten D und der Viskosität η der Zusammenhang $D \sim 1/\eta$. Wenn im flüssigen bis gummiartigen Zustand die Viskosität von etwa 10^{15} Pa·s auf die normalen Werte von Flüssigkeiten abfällt, steigt der Diffusionskoeffizient entsprechend um viele Größenordnungen. Das bedeutet, daß beispielsweise bei Lebensmitteln in diesem Zustand die Haltbarkeit durch chemische oder enzymatische Reaktionen stark vermindert ist. Lebensmittel werden deshalb zur Verlängerung ihrer Haltbarkeit unterhalb der Glasumwandlungstemperatur gelagert.

Bemerkenswert ist auch, daß beim Auflösen amorpher Stoffe die Gitterenergie nicht zu überwinden ist. Das erhöht die Lösegeschwindigkeit, wenn eine ausreichend gute Benetzbarkeit (amorphe Stoffe stehen in bezug auf ihre Grenzflächeneigenschaften den Flüssigkeiten sehr nahe) gegeben ist. Dies wird beipielsweise für Pharmazeutika zur Verbesserung ihrer Löslichkeit und Resorption genutzt. Bei [19] ist als als Beipiel das Antibiotikum Novobiocin genannt. Nur dessen zehnmal besser lösliche amorphe Form kann aus dem Magen-Darm-Kanal resorbiert werden.

Für das Kristallwachstum steht nur sehr wenig Zeit zur Verfügung. Für diese ungünstigen Umstände erweist es sich als vorteilhaft, daß die Sprühflüssigkeit auf artgleichem Material aufgetragen ist. Die Unterlage bietet Kristallisationskeime für ein rasches Kristallisieren zu kleinen Kristallen. Es ist daher bei in dieser Hinsicht problematischen Produkten (Beispiel: Zitronensäure) erforderlich, den Granulationsprozeß stets mit einer Startvorlage anzufahren und auch im Verlauf des Prozesses Zustände zu vermeiden, bei denen der Sprühstrahl nicht auf Granulate trifft. In diesem Sinne sind das Anfahren ohne Startvorlage und das Ansprühen der Wand problematisch.

Fremdstoffe, die als Verunreinigungen mit den Rohstoffen oder als Additive gezielt in die Sprühflüssigkeit gelangen, können einen erheblichen Einfluß auf das Wachstum der Kristalle haben. Es ist sowohl eine Verringerung als auch eine Vergrößerung der Wachstumsgeschwindigkeit ([380]und [349]) der Kristalle im Vergleich zu einer reinen Lösung bekannt. Die Fremdstoffkonzentration, durch die eine Veränderung des Wachstums auftritt, schwankt je nach Stoffsystem, Lösungsmittel und Fremdstoff zwischen weniger als 1 ppm und mehreren Prozent.

4.8.4 Flüssigkeitsverteilung im Granulat

Allgemein ist Flüssigkeit in drei Arten an den Feststoff gebunden. Als Haftflüssigkeit auf der äußeren Oberfläche, als Kapillarflüssigkeit in Poren, Spalten und Adern sowie als Quellflüssigkeit in molekularer Lösung. Die Flüssigkeit bewegt sich aufgrund der in dem Netzwerk (entnommen aus der von Grassmann in [72] gegebenen Einführung in Netzwerke) gemäß Bild 4-41 angegebenen Ursachen vom Inneren an die Oberfläche des Feststoffes und wird dort von einem Gasstrom fortbewegt. Dabei wurden vereinfachend viele Möglichkeiten des „Umsteigens auf ein anderes Transportmittel" weggelassen. Die Transportmechanismen 1 bis 3 betreffen Moleküle, die durch starke Kräfte an ihre Nachbarmoleküle gekettet sind. Um diese Bindungen zu sprengen ist die Zufuhr von Wärme erforderlich. Durch den Pfad 1 und weitgehend auch durch 2 wird die Flüssigkeit samt dem darin gelösten Stoff transportiert. Die Diffusion im Feststoff ist dagegen selektiv: kleine Moleküle können vergleichsweise schnell diffundieren, während die größeren, z. B. die von Aromastoffen, stärker zurückgehalten werden. (Die Diffusionskoeffizienten in m^2/s liegen in folgenden Größenordnungen: bei Gasen 10^{-4} bis 10^{-5}, bei Flüssigkeiten 10^{-9} und bei Festkörpern von 10^{-14} ansteigend bis zu dem Wert von Flüssigkeiten)

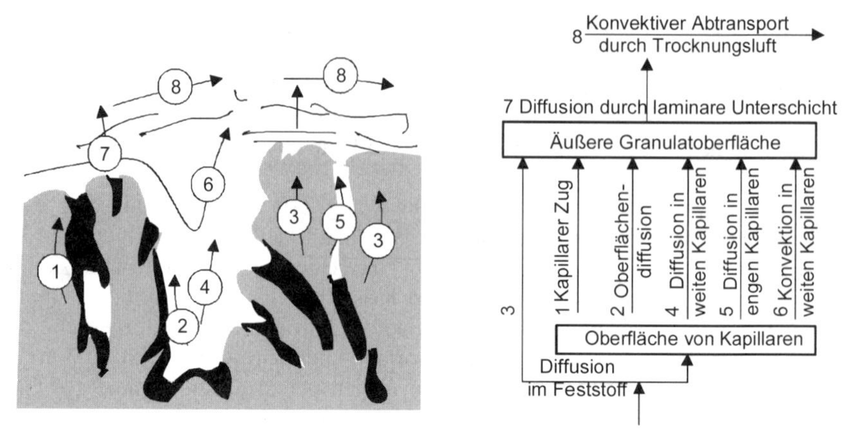

Bild 4-41 Wege der Feuchtigkeit in / aus Granulaten

Die mittlere Schichttemperatur (in diesem Absatz in der Dimension K) bestimmt die Trocknungsgeschwindigkeit außerhalb der Sprühzonen der Schicht. Wird diese Temperatur erhöht, muß beachtet werden, daß sich dadurch der Dampfdruck der zu entfernenden Flüssigkeit etwa exponentiell vergrößert und das treibende Partialdruckgefälle steigt. Das wirkt sich günstig auf die Pfade 3 bis 8 aus. Die Viskosität der Flüssigkeit nimmt mit der Temperatur exponentiell ab, so daß der Kapillarzug die Flüssigkeit leichter bewegt. Der Diffusionskoeffizient im Feststoff steigt wiederum exponentiell mit der Temperatur. Im Gas ist der Diffusionskoeffizient hingegen nur wenig temperaturabhängig. Zu beachten ist außerdem, daß bei temperaturempfindlichen Produkten die Zersetzung etwa exponentiell mit der Temperatur steigt.

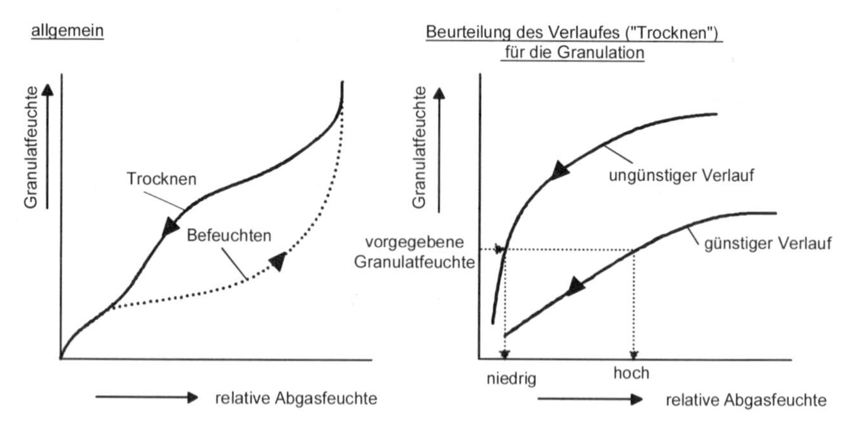

Bild 4-42 Schematische Darstellung der Sorptionsisotherme

Schließlich wird ein Gleichgewichtszustand mit der Umgebung (gekennzeichnet durch Temperatur und relative Feuchte des Gases) erreicht. Der als „Sorptionsisotherme" (s. Bild 4-42) bezeichnete Zusammenhang zwischen der Partikelfeuchte und der relativen Feuchte des umgebenden Gases bei einer Temperatur zeigt an, wie weit die Trocknung im Extremfall (theoretisch nach unendlich langer Zeit) gesteigert werden kann.

Die Optimierung der Trocknung muß naturgemäß individuell für jedes Produkt erfolgen. Sie setzt Kenntnisse über den Einfluß der Feuchte auf die weitere Verwendung der Granulate voraus. Für den Durchsatz des Granulators gibt es, wie in Bild 4-42 rechts gezeigt wird, günstige und ungünstige Verläufe der Sorptionsisotherme [258]. Es ist ungünstig, wenn, speziell bei temperaturempfindlichen Produkten, die zulässige Restfeuchte nur mit einer geringen Feuchte im Abgas zu erreichen ist. Das senkt den Durchsatz eines gegebenen Granulators und erhöht die Kosten. In diesem Fall kann eine externe Nachtrocknung billiger sein (s. Kap. 14.2).

4.8.4.1
Lagerstabilität von Lebensmitteln

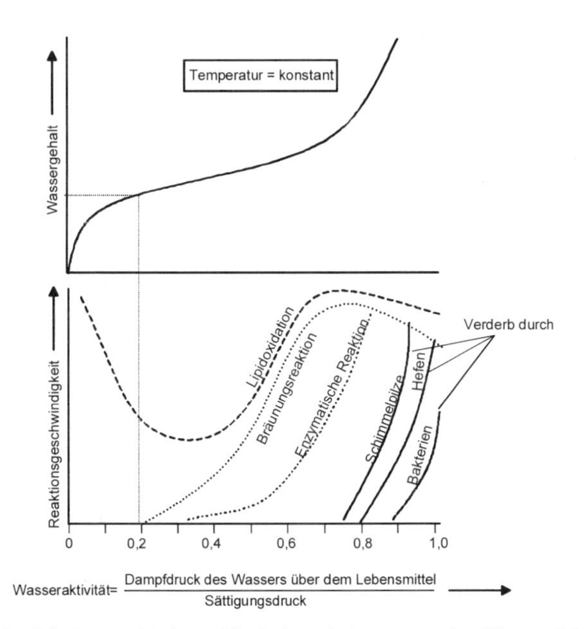

Bild 4-43 Abhängigkeit verschiedener Verderbsreaktionen von der Wasseraktivität bzw. dem Wassergehalt nach Labuza (aus [24] und [130])

In der Lebensmitteltechnologie werden die Voraussetzungen für die Haltbarkeit eines Lebensmittels nicht nach dem Wassergehalt sondern nach der Wasseraktivität beurteilt, wie in [24] und [130] dargelegt wird. Die Wasseraktivität ist die relative Feuchte, die sich über einem wasserfeuchten Produkt einstellt. Der Dampfdruck über dem Lebensmittel ist umso niedriger je stärker die Bindungskräfte zwischen Wasser und Produkt sind. Abnehmende Wasseraktivität bremst daher u. a. das Wachstum von Mikroorganismen sowie die Reaktionen, die von Enzymen katalysiert werden. Darauf sind Granulation und gegebenfalls eine nachgeschaltete Nachtrocknung einzustellen.

Bild 4-43 zeigt die Abhängigkeit einiger unerwünschter Verderbsreaktionen von Wassergehalt bzw. Wasseraktivität. Der mikrobiologische Verderb, verursacht durch Bakterien, Hefen und Schimmelpilze tritt nur bei hohen Wasseraktivitäten über 0,6 auf. Die übrigen Verderbsformen sind auch bei niedrigen Wasseraktivitäten nur herabgesetzt, aber nicht völlig unterbunden. Interessant ist der Verlauf der Oxidation der Lipide (das sind Fette oder fettartige Substanzen). Hier sind bei niedrigen Wasseraktivitäten hohe Verderbgeschwindigkeiten zu erwarten.

4.8.4.2
Gezielter Einschluß von Flüssigkeit

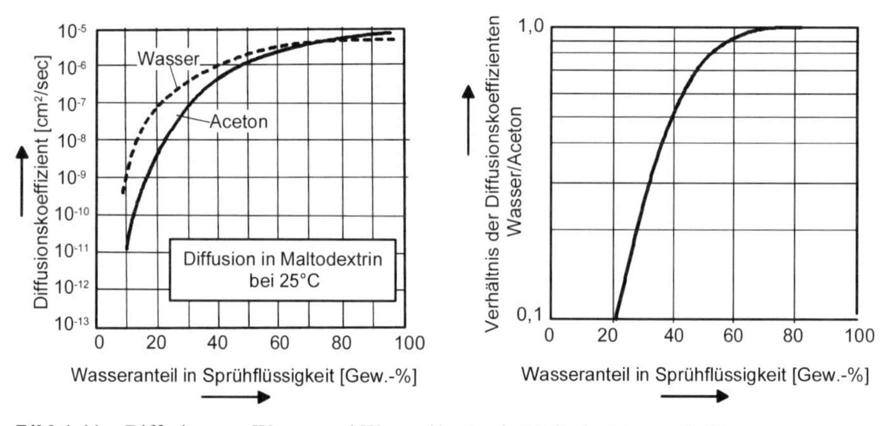

Bild 4-44 Diffusion von Wasser und Wasser/Aceton in Maltodextrin aus [110]

Unter Nutzung des Pfades 3 in Bild 4-41 bietet es sich an, Flüssigkeiten (beispielsweise Aromen oder Alkohol) bei der Granulation bewußt einzuschließen um damit neue applikatorische Eigenschaften zu schaffen. Diese Methode wird bereits bei der Sprühtrocknung praktiziert. Thurner [335] hat hierzu eine Literaturübersicht der untersuchten Stoffsysteme gegeben. Als Feststoff wurde bei diesen Untersuchungen vorzugsweise Maltodextrin, aber auch Maltose, Sucrose und ähnliches in wäßriger Lösung verwendet. Bei den veröffentlichten Versuchsergebnissen ist das einzuschließende Aroma durch Aceton oder Alkohole simuliert worden. Nach einer jüngeren Patentanmeldung [P38] wird diese Technologie zur Herstellung von Granulaten mit hohem Alkoholgehalt (>20 Gew.-%) durch Wirbelschicht-Sprühgranulation genutzt.

Das Ziel ist nun, eine Mischung (Lösung oder Emulsion) von Feststoff und Wasser mit einem hochmolekularem Zusatz so formgebend zu Granulaten zu verfestigen, daß die Granulate möglichst viel von dem Aromastoffe simulierenden Zusatz, aber wenig Wasser enthalten. Dabei wird ein von Thijssen etwa ab 1965 an der TH Eindhoven /Holland ([110], [335]) untersuchter Mechanismus genutzt, den Thijssen „Selektive Diffusion" genannt hat.

Die Methode basiert auf der Erkenntnis, daß die Diffusion der Flüssigkeiten im Feststoff selektiv ist: kleine Moleküle können vergleichsweise schnell diffundieren, während die größeren, z. B. die von Aromastoffen, stärker zurückgehalten werden.

Bild 4-44 zeigt exemplarisch den Verlauf der Diffusionskoeffizienten von Wasser sowie des binären Flüssigkeitsgemisches Aceton/Wasser in Maltodextrin. Es ist zu sehen, daß mit abnehmenden Wasseranteil in der Lösung der Diffusionskoeffizient sowohl von Wasser als auch von Aceton kleiner wird. Bemerkenswert ist dabei, daß die Abnahme bei Wasser deutlich geringer ist als bei Aceton. Bei 20 Gew.-% Wasser ist er rund zehnfach kleiner als bei 70 Gew.-% Wasser-Anteil.

Beim Trocknen verarmt an der Oberfläche die aufgetragene Sprühflüssigkeit an Aceton wegen dessen hoher relativen Flüchtigkeit. Hat sich jedoch eine Feststoffschicht gebildet, müssen sowohl restliches Wasser als auch Aceton durch diese Schicht diffundieren. Da aber mit abnehmendem Wassergehalt in der Restfeuchte der Diffusionskoeffizient des Acetons deutlich stärker als der von Wasser sinkt, wird die gebildete Schicht für das Aceton praktisch undurchlässig. Das Aceton wird in den Feststoff eingeschlossen.

An die selektive Diffusion durch den Feststoff entsprechend Pfad 3 schließt sich die Diffusion durch die laminare Unterschicht gemäß Pfad 6 und der konvektive Abtransport gemäß Pfad 8 an. Für eine gegebene Umströmung des Granulates hängt die Selektivität auch vom Wasserdampfgehalt des Gases ab, das die Partikel umströmt. Ist das Gas Wasserdampf, käme die Abfuhr des Wassers aus dem Inneren völlig zum Erliegen, weil das treibende Partialdruckgefälle fehlt. Besonders stark ist die Selektivität hingegen bei völlig trockenem Gas.

4.8.4.3 Bräunungsreaktionen

Unter Hitzeeinwirkung reagieren Aminosäuren (die einfachsten Bausteine der Eiweiße, die alle die Aminogruppe NH_2 enthalten) mit Zucker. Dabei kommt es zur Bräunung der Substanz und zu Geschmacksveränderungen. Dieser als „Maillard-Reaktion" bekannten Erscheinung verdanken beispielsweise Fleisch und Brot die braune Kruste und ihr Aroma. Aber auch für die Wirbelschicht-Sprühgranulation kann diese Reaktion von Bedeutung sein. Wenn beispielsweise Zitronensäure direkt aus der nahezu transparenten, farblosen Fermentationsbrühe granuliert wird kommt es durch eine Reaktion mit den Begleitstoffen aus der Fermentation zu einer Braunfärbung der Granulate (s. Kap. 16.3).

5 Prüfung und Verbesserung des Granulierverhaltens

5.1 Testmethoden zur Beurteilung des Granulierverhaltens

Die formgebende Trocknung durch Wirbelschicht-Sprühgranulation ist ein komplexer Prozeß, der insgesamt durch vereinfachte Tests nicht zuverlässig zu simulieren ist. Deshalb sind in den letzten Jahren Apparaturen entwickelt worden, mit denen der Prozeß im kleinen Maßstab nahezu ohne Abstriche vom großtechnischen Konzept so durchzuführen ist, daß im allgemeinen zuverlässige Aussagen zu Ablauf und Ergebnis der Granulation möglich sind. Die geringe Größe und der bedienungsfreundliche Aufbau dieser „Laborapparaturen" ermöglichen „Mustergranulationen" mit geringen Produktmengen und geringem personellem Aufwand.

Begleitende Untersuchungen des Produktes sollen einerseits eine sinnvolle Festlegung der Prozeßparameter ermöglichen und andererseits zum Verständnis für Ablauf und Ergebnis der Granulation beitragen. Sie ermöglichen nicht zuletzt die Aufklärung von Schwierigkeiten bei der Reproduktion erfolgreicher Granulationen. Die Intensität der begleitenden Untersuchungen richtet sich nach der Größe des Risikos, das mit Mängeln in der Qualität oder im störungsfreien Ablauf der Granulation verbunden ist.

Untersucht werden alle Parameter, von denen anzunehmen ist, daß sie die Qualität oder den Granulationsvorgang beeinflussen. Hier setzen die im betrieblichen Umfeld verfügbaren Meßeinrichtungen oftmals enge Grenzen. Wenn es aber möglich ist, werden neben den konventionellen Methoden u. U. auch aufwendigere Untersuchungsverfahren angewendet. Dies allerdings mit dem Ziel, nachzuweisen, daß später Routinemethoden genügen. Angesichts der Vielfalt möglicher Produkte können hier nur wesentliche Gesichtspunkte der Prüfung und nur einige Methoden beschrieben werden.

Wichtig ist stets, daß die Ausgangsstoffe hinsichtlich Gehalt, Art und Umfang der Verunreinigungen, ggfs. Modifikationen, Teilchengröße etc. charakterisiert werden. Änderungen dieser Merkmale können bei der Granulation sowohl zu Qualitätsproblemen als auch zu betrieblichen Störungen führen.

Es ist zu beachten, daß es bei der Wirbelschicht-Sprühgranulation zu temperaturabhängigen physikalischen und in einigen Fällen auch chemischen Änderungen des Produktes kommt (s. Kap. 5.8). Von diesen Änderungen sind einige erwünscht, während andere vermieden werden müssen. Chemische Veränderungen, ob sie nun qualitäts- oder sicherheitsrelevant sind, werden hier nicht näher betrachtet. (Wegen der Sicherheitsaspekte s. Kap. 13).

Typ	Einsatz	Schematischer Aufbau	Beschreibung	Messung und ihre Auswertung
Kugelfallviskosimeter	Newtonsches Verhalten	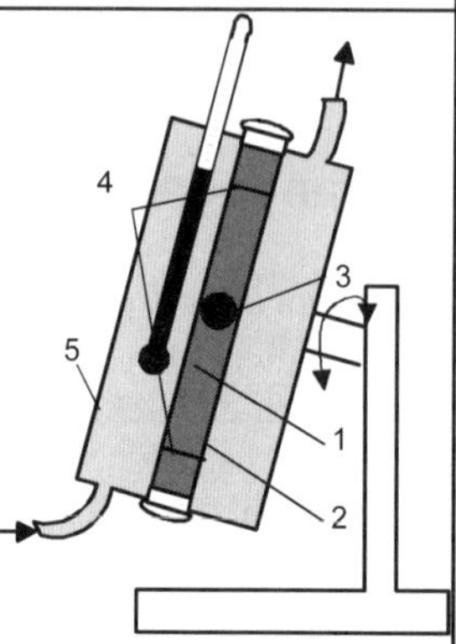 1 Sprühflüssigkeit 2 Glasrohr 3 Kugel 4 Markierung 5 Heizmantel	Die zu untersuchende Sprühflüssigkeit 1 befindet sich in einem leicht schräg stehenden Glasrohr 2. Gemessen wird die Sinkzeit einer Kugel 3 zwischen Markierungen 4. Über einen Heizmantel 5 ist eine Temperierung der Sprühflüssigkeit möglich.	bekannt: Gerätekonstante K aus Messungen mit einer Eichflüssigkeit Dichteunterschied von Kugel und Sprühflüssigkeit $\Delta\rho$ gemessen: Sinkzeit der Kugel t Auswertung: $\eta = K \cdot \Delta\rho \cdot t$
Rotationsviskosimeter	Nichtnewtonsches Verhalten	Hier wird über Zylinder/Becher geschert. Es sind aber auch andere scherende Kombinationen im Einsatz. 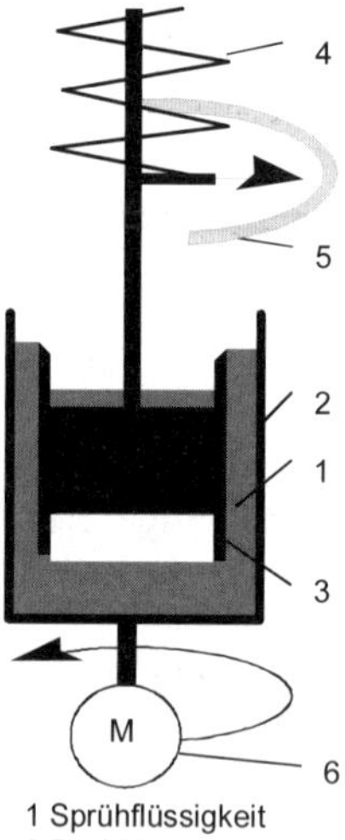 M 1 Sprühflüssigkeit 2 Becher 3 Zylinder 4 Torsionsfeder 5 Skala 6 Becherantrieb	Die Sprühflüssigkeit 1 befindet sich in einem angetriebenen Becher 2. Infolge der Zähigkeit der Sprühflüssigkeit wird der Zylinder gedreht. EineTorsionsfeder 4 verhindert die Drehung des Zylinders 3. Das angreifendeDrehmoment wird als Verdrehwinkel aufder Skala 5 gemessen. Die Drehzahl desBecherantriebes 6 bestimmt das Scher-gefälle. Eine hier nicht eingezeichneteBeheizung ist möglich.	bekannt: Gerätekonstanten aus Messungen mit einer Eichflüssigkeit bzw. Berechnungsmethode für Schubspannung K_1und Schergefälle K_2 eingestellt: Drehzahl n gemessen: Verdrehwinkel δ Auswertung: Schubspannung $\tau = K_1 \cdot \delta$ Schergefälle $du/dz = K_2 \cdot n$ Viskosität $\eta = \tau / (du/dz)$ $= K_1 \cdot \delta / (K_2 \cdot n)$

Bild 5-1 Wesentliche Methoden der Viskostätsbestimmung

5.1.1 Charakterisierung der Sprühflüssigkeit

Die verschiedenen Arten der Sprühflüssigkeit und ihre Herstellung sind im Kap. 10.1 beschrieben. Charakterisiert wird die Sprühflüssigkeit durch ihre Viskosität, ihre Oberflächenspannung und ggfs. durch die Größe der in ihr dispergierten Partikel oder Tropfen. In den letzten Jahren sind zahlreiche Meßgeräte entwickelt worden, die einfach zu bedienen sind und die obendrein die Messung automatisiert auswerten. Die hier dargestellten Prinzipien sollen nur einen Einblick in einige der vielen Möglichkeiten geben. Darüber hinaus ist eine Beobachtung des sich rasch ändernden Angebotes auf dem Geräte-Markt erforderlich.

5.1.1.1 Messung von Viskosität bzw. Fließverhalten

Bild 5-1 zeigt einige wesentliche Prinzipien.

Das Kugelfallviskosimeter ist geeignet zur Untersuchung Newtonscher Flüssigkeiten. Meßgröße ist die Zeit, die eine in der Sprühflüssigkeit fallende Kugel braucht, um den Weg zwischen 2 Marken zurückzulegen. Die Auswertung kann basierend auf der bekannten Gleichung für die Sinkgeschwindigkeit (s. Kap. 3.3.3) oder anhand einer Vergleichsflüssigkeit mit bekannten Eigenschaften (darauf basieren die Darlegungen in Bild 5-1) erfolgen. Durch Drehen der Meßanordnung um 180 ° ist die Messung wiederholbar. Die Sprühflüssigkeit kann in diesem Gerät etwa bis 150 °C beheizt werden. Der Meßbereich umfaßt etwa 0,6 mPa·s bis 80 Pa·s. Natürlich muß die Flüssigkeit so transparent sein, daß die Kugel erkennbar ist.

Das Fließverhalten strukturviskoser Flüssigkeiten ist nicht durch einen einzigen Wert zu kennzeichnen. Bei diesen „Nichtnewtonschen" Flüssigkeiten ist eine Fließkurve mit einem Rotationsviskosimeter aufzunehmen. Die Fließkurve (s. Kap. 10.1.2) beschreibt die Antwort der zu untersuchenden Flüssigkeit in Form einer Schubspannung auf die Scherung einer Flüssigkeitsschicht. Sowohl die Erfassung als auch die Beurteilung von Ergebnissen zum Fließverhalten setzt einige Erfahrungen voraus [355]. Beim Vergleich von Ergebnissen, die mit verschiedenen Geräten erzielt werden, muß das jeweilige Konstruktionsprinzip berücksichtigt werden. Darüber hinaus ist die Vorgeschichte der Probe von Bedeutung (Herstellungsart, Aufbewahrungsbedingungen etc.).

5.1.1.2 Messung der Oberflächenspannung

In Kap. 5.4.2.2 sind einige physikalische Grundlagen erläutert. Bild 5-2 zeigt 3 wesentliche Meßmethoden von denen die derzeit genaueste und in moderne Geräte umgesetzte Methode die Abreißmethode ist. Bei diesen Geräten ist eine direkte Ablesung der Oberflächenspannung möglich.

Typ	Schematischer Aufbau	Beschreibung	Messung und ihre Auswertung
Steighöhenmessung	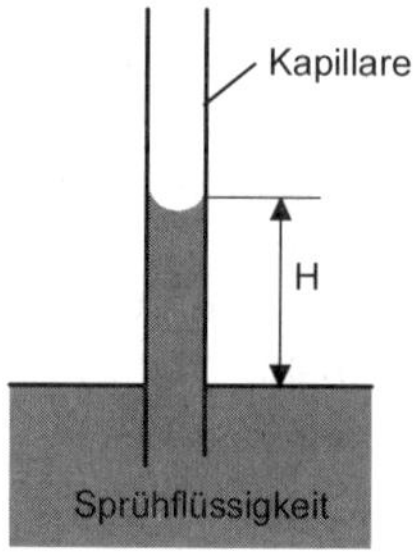 Kapillare H Sprühflüssigkeit	In die zu untersuchende Sprühflüssigkeit wird eine Kapillare getaucht. Zu messen ist die Steighöhe. Sie wird mit einer Messung von Wasser verglichen.	Bekannt: Dichte Sprühflüssigkeit ρ Wasser ρ_{H2O} Oberflächenspannung Wasser σ_{H2O} Steighöhe Wasser H_{H2O} Gemessen Steighöhe H Auswertung: $\sigma = \sigma_{H2O} \cdot (H/H_{H2O}) \cdot (\rho/\rho_{H2O})$
Stalagmometer	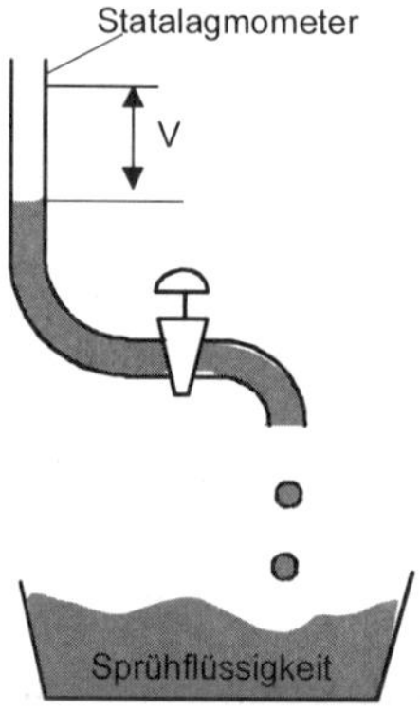 Statalagmometer V Sprühflüssigkeit	Man läßt die zu untersuchende Sprühflüssigkeit aus einem "Stalagmometer" austropfen. Bestimmt wird die zu einem ausfließenden Volumen gehörendeTropfenzahl. Die Messung ist mit einer Eichung mit Wasser zu vergleichen.	Bekannt: Dichte Sprühflüssigkeit ρ Wasser ρ_{H2O} Oberflächenspannung Wasser σ_{H2O} Volumen Wasser V_{H2O} Tropfenzahl Wasser N_{H2O} Gemessen Volumen Sprühflüssigkeit V Tropfenzahl Sprühflüssigkeit N Auswertung: $\sigma = \sigma_{H2O} \cdot (V/V_{H2O}) \cdot (\rho/\rho_{H2O}) \cdot (N/N_{H2O})$
Abreißmethode	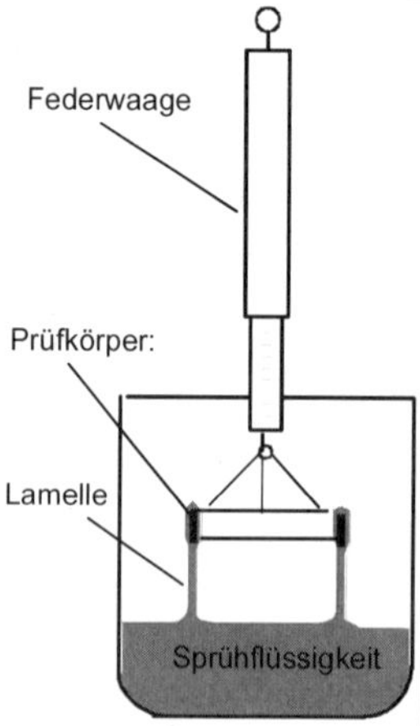 Federwaage Prüfkörper: Lamelle Sprühflüssigkeit	In die Sprühflüssigkeit wird ein Prüfkörper getaucht und anschliessend vorsichtig herausgezogen. Mögliche Prüfkörper sind Ring (gezeichnet), Platte oder Draht. Entlang des benetzten Umfanges bildet sich eine Lamelle. Gemessen wird die Kraft im Moment des Abreißens.	Bekannt: benetzter Umfang U Gemessen Kraft F Auswertung: $\sigma = F/U$

Bild 5-2 Methoden der Messung von Oberflächenspannungen

5.1.1.3
Bestimmung der Größe von Primärpartikeln und Tropfen

Ist die Sprühflüssigkeit eine Suspension oder eine Emulsion, ist es wichtig, die Partikelgrößenverteilung zu ermitteln und zu dokumentieren. Aus praktischen Erfahrungen ist bekannt, daß Schwierigkeiten bei der Reproduzierung erfolgreicher Mustergranulationen sich aus Änderungen der Partikelgröße leicht erklären und beheben lassen.

5.1.2
Trocknungs- und Formungsverhalten

Leider fehlt zum Trocknungs- und Formungsverhalten die notwendige Grundlagenforschung, worauf Liedy [156] bereits hingewiesen hat. So sind in der Praxis einige Testmethoden empirisch entstanden. Sie sind zwar physikalisch nicht ausreichend fundiert, aber bei der praktischen Arbeit sehr hilfreich. Vorgestellt werden hier Kofler-Bank und Heizplatte, die sich als gute Hilfsmittel bei der Beurteilung der Granulierbarkeit und der Zusammenstellung von Formulierungen bewährt haben.

5.1.2.1
Schnellbeurteilung

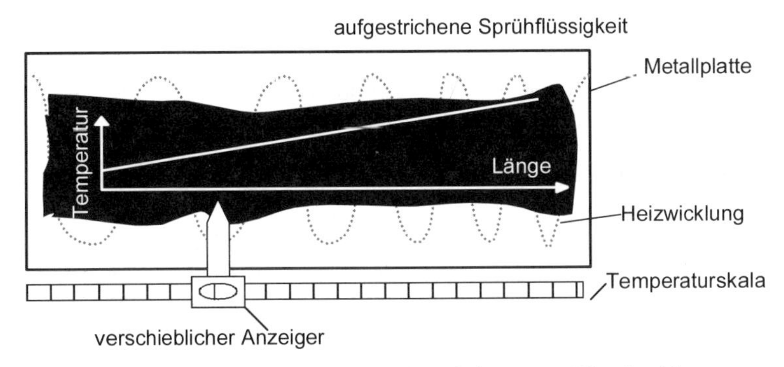

Bild 5-3 Kofler-Bank zum Erkennen des Produktverhaltens unter Hitzeinwirkung

Die Kofler-Bank ist ein wichtiges und einfaches Gerät zum schnellen Erkennen des Produktverhaltens unter Hitzeeinwirkung. Sie ist eine metallische Platte, die durch eine elektrische Widerstandsheizung so beheizt wird, daß über ihre Länge ein linear ansteigendes Temperaturprofil entsteht. Die lokale Temperatur kann anhand eines verschieblichen Zeigers auf einer seitlichen Skala abgelesen werden. Die Sprühflüssigkeit wird auf der Platte aufgestrichen. Unter der Einwirkung der Temperatur ergeben sich Veränderungen des Produktes wie Verfärbungen als Folge von Produktschädigungen, Verkrustungen, Erweichungen und Klebrigkeiten. Diese Befunde können mit einem Spatel erhoben werden. Bei einiger Übung sind aus diesen Befunden erste Aussagen zur Granulierbarkeit der Sprühflüssigkeit und zu dem geeigneten Temperaturbereich einer erfolgreichen Granulation möglich.

5.1.2.2 Haftungs- und Kristallisiertest

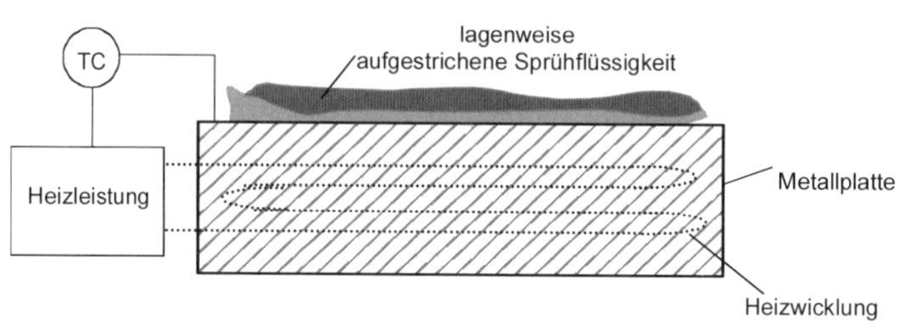

Bild 5-4 Heizplatte für Haftungs- und Kristallisiertests

Die beheizte Platte ist in ihrem Aufbau der Kofler-Bank sehr ähnlich. Im Gegensatz zur Kofler-Bank wird sie gleichmäßig auf eine vorwählbare Temperatur eingestellt. Mit diesem Gerät können die Erkenntnisse der Untersuchungen auf der Kofler-Bank überprüft werden. Bei der als günstig eingestuften Temperatur wird die Sprühflüssigkeit mehrfach lagenweise dünn aufgestrichen. Mit dem Spatel wird überprüft, ob die aufgetragenen und getrockneten Schichten aneinander haften. Ist das der Fall, ist eine erfolgreiche Sprühgranulation wahrscheinlich.

5.1.2.3 Thermische Analyse

Die Thermische Analyse ist eine Methode, mit der versucht wird, über temperaturabhängige Änderungen von Enthalpie oder Masse zu Rückschlüssen auf das zu untersuchende Stoffsystem zu kommen (s. Bild 5-5 und [374]). Die zu untersuchende Probe wird dazu einem zumeist zeitlinearen Temperaturprogramm unterworfen. Während der Untersuchung kann die Probe in Kontakt mit einem wählbaren Spülgas gehalten werden. Somit sind auch Gas/Feststoff-Reaktionen feststellbar.

Die Differenzthermoanalyse (Abkürzung DTA oder englisch DSC wegen „Differential Scanning Calometry“) dient der Analyse kalorischer Effekte wie Phasenumwandlungen, Reaktionen, Zersetzungen, Glaspunkte etc. In einem Ofen wird eine Probe gemeinsam mit einer inerten Referenzsubstanz erhitzt. Die Temperaturen von Probe und Referenz werden abhängig von der Zeit miteinander verglichen.

Bei der Thermogravimetrie (Abkürzung TG) wird die Massenänderungen gemessen, wobei oft auch gleichzeitig andere Analyseverfahren eingesetzt werden, um Zersetzungsprodukte zu identifizieren und quantitativ zu bestimmen.

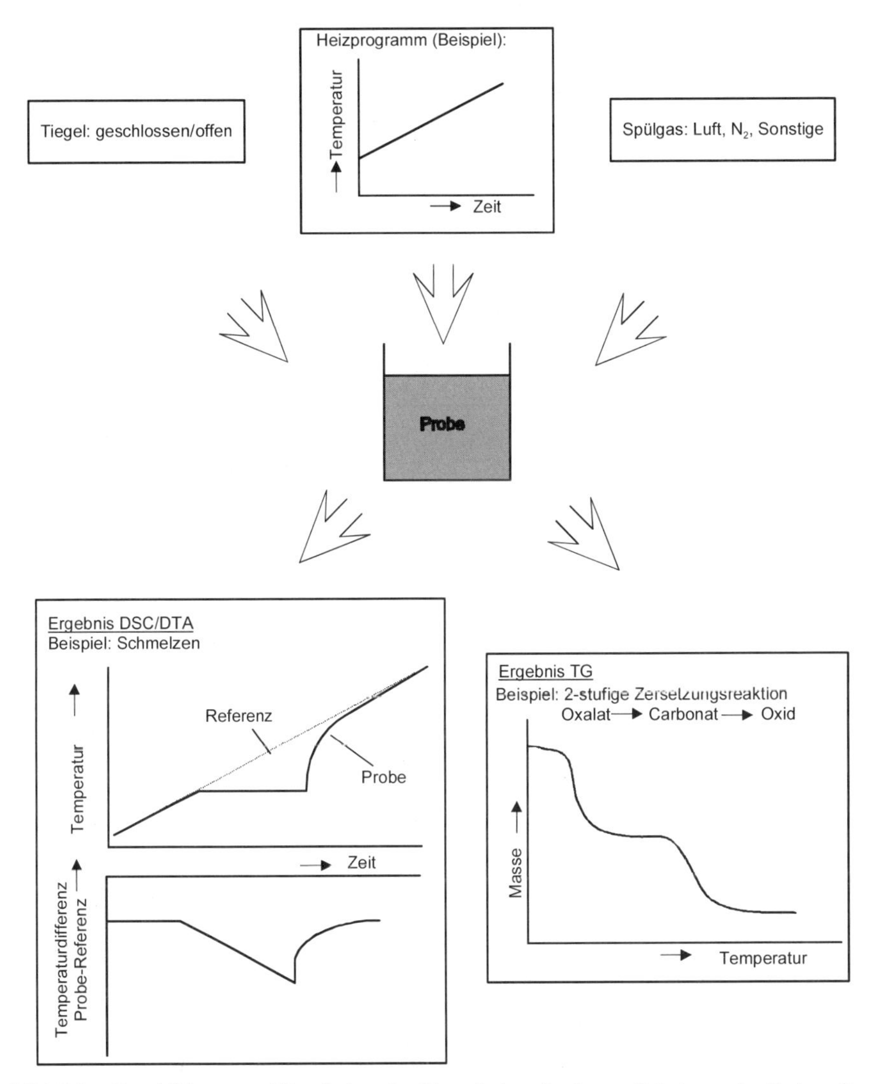

Bild 5-5 Durchführung und Ergebnisse der Thermischen Analysen: Beheizung der Probe mit dem Ergebnis „Temperaturverlauf im Vergleich zu einer inerten Referenzprobe" (DSC/DTA) oder „Massenänderung über Temperatur" (TG)

In Bild 5-6 sind einige typische thermoanalytische Kurvenformen zu physikalischen Umwandlungen dargestellt. Sie sind als eine erste Anleitung zur Interpretation von realen Verläufen gedacht.

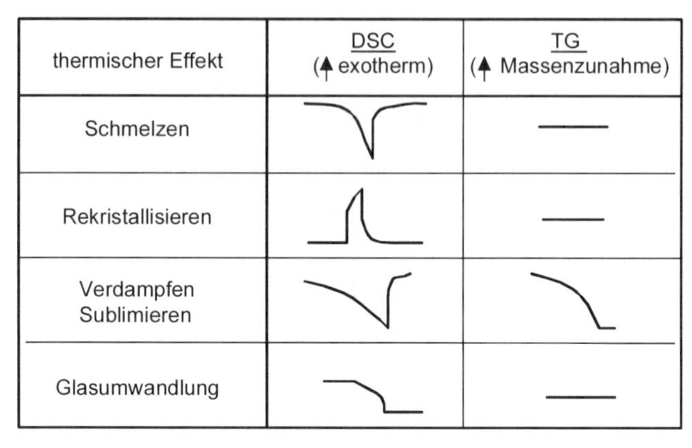

Bild 5-6 Einige typische thermoanalytische Kurvenformen bei Differenzthermoanalyse (DTA/DSC) und Thermogravimetrie (TG)

5.1.3 Mustergranulation

Bild 5-7 zeigt als Beipiel mobile Laborapparate zur Wirbelschicht-Sprühgranulation für die beiden wesentlichen Varianten des Verfahrens (s. Kap. 8). Mit ihnen können kontinuierliche Mustergranulationen in einer der großtechnischen Granulation sehr nahekommenden Weise mit kleinen Produktmengen (wenige kg) durchgeführt werden. Sie sind sehr bedienungsfreundlich, so daß die Versuche rasch und ohne großen Aufwand durchzuführen sind.

Näher betrachtet sei die Variante für die „Interne Produktion von Keimen und Kernen", das ist die Glatt-Bauart „WSA". Sie ist vorzugsweise für Entwicklungen bei Pharmazeutika, Nahrungsmitteln, Aromen, Feinchemikalien und ähnliche Produkte konzipiert. Externe Feststoffkreisläufe sind bei dieser Variante nicht erforderlich.

Die Sprühflüssigkeit kann eine Lösung oder Suspension in Wasser oder in einem organischen Lösungsmitteln sein. Sie wird von unten in den Apparat eingesprüht (s. Produktein- und -austritt in Bild 5-7). Ebenfalls unten werden die Granulate sichtend in eine als Wechselvorlage betriebene Glasflasche abgezogen. Das Abgas wird durch ein in den Apparat integriertes Filter gereinigt.

Der Apparat ist gemäß Bild 5-8 aus scheibenförmigen Bauelementen (unteres bis oberes Gehäuse) aufgebaut. Die Elemente können zur raschen Zerlegung des Apparates seitlich um eine vertikale Achse geschwenkt werden. In Arbeitsstellung werden sie hydraulisch zu einer gasdichten Abdichtung zusammengepreßt. Durch eine der beiden seitlichen Stützen wird die Abluft abgeführt. Durch die andere Stütze sind die Kabel für die Filterabreinigung verlegt.

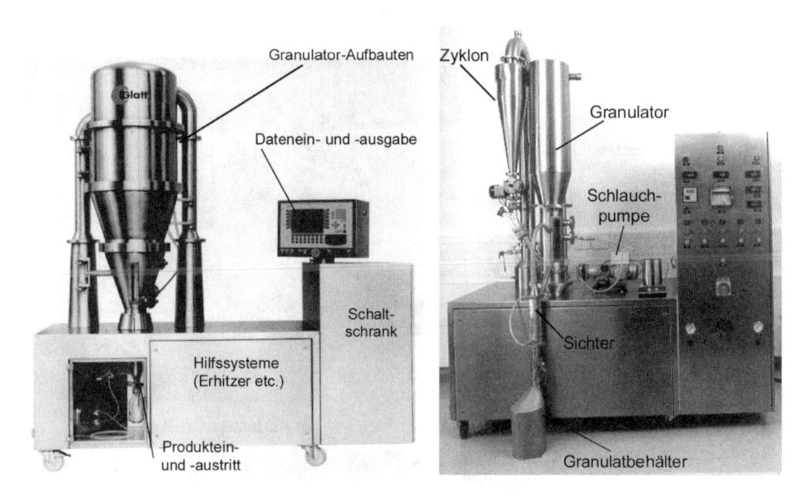

Bild 5-7 Laborgeräte zur Wirbelschicht-Sprühgranulation (Bauart Glatt Ingenieurtechnik, Weimar)

Die Infrastruktur des Granulators (das sind die Einrichtungen zur elektrischen Temperierung, zur Dosierung sowie zur Förderung der Gase) sind dem mit „Hilfssysteme" gekennzeichneten Schrank in Bild 5-7 untergebracht. Die elektrischen Einrichtungen befinden sich im „Schaltschrank". Von einer freiprogrammierbaren Steuerung werden die relevanten Prozeßgrößen meßtechnisch erfaßt auf einem Bildschirm angezeigt und durch Drucker dokumentiert. Wichtige Abläufe sind automatisiert.

Wie Bild 5-8 zeigt, sind die Filterpatronen von unten in die Filterplatte einzusetzen. Im „unteren Gehäuse" ist der Gasverteiler zu erkennen, dessen Perforierung sich in der blanken Seitenwand spiegelt. Im Zentrum des Gasverteilers ist die Sprühdüse angeordnet. Sie ist umgeben von einem Ringspalt durch den die erzeugten Granulate sichtend abgezogen werden. Einzelheiten des Produktein- und -austrittes sind im unteren Teil des Bildes zu erkennen. Es ist zu sehen, daß der Düsenstock zugleich die Innenkontur des ringspaltförmigen Zick/Zack-Sichters bildet.

Aufbauten

Filterpatronen (von unten ausschraubbar)

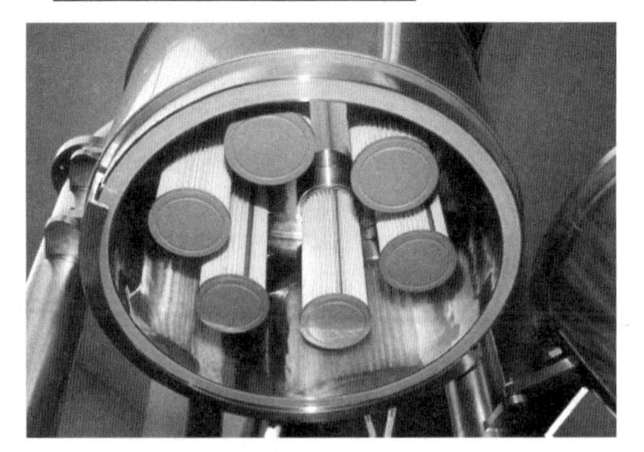

Blick in unteres Gehäuse

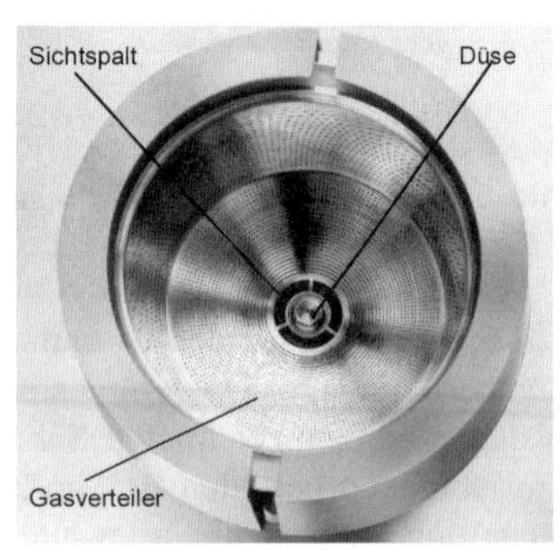

Produktein- und -austritt

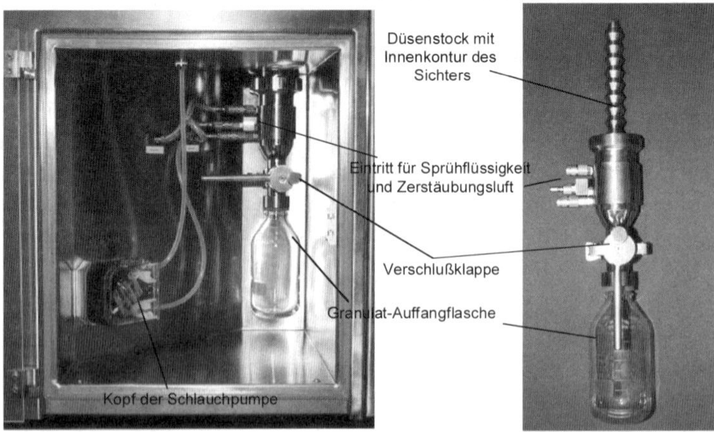

Bild 5-8 Details der Laboranlagen am Beispiel der Glatt-Bauart „WSA"

5.1.4 Abbildung und Bewertung der Granulatmorphologie

Von der Oberfläche aber vorzugsweise von der Bruchfläche der Partikel werden in starker Vergrößerung Bilder (Fotografie oder Monitorbild) zur Charakterisierung der Morphologie des Granulates hergestellt. Die Bilder ermöglichen zahlreiche Aussagen; beispielsweise

- zur Form der Granulate.
- zur Abriebfestigkeit und zum Bruchverhalten anhand von Mikrorissen, Kanten etc.
- zur Redispergierbarkeit anhand der Porosität des Granulates.
- zum Ablauf der Granulation anhand der Bruchfläche (Einschluß von Agglomeraten, Gleichmäßigkeit der Beschichtung und anderes).
- zur Umhüllbarkeit anhand der Rauhigkeit (Größe und Zahl der Kavitäten) der Oberfläche.
- zur Art der Verfestigung (kristallin, glasig etc.) anhand der Oberflächenstruktur.

Die Bewertung kann außerordentlich schwierig sein und detaillierte Kenntnisse der Produkteigenschaften voraussetzen. Das zeigen die Bilder verschiedener Granulate in Kap. 16 („Anwendungen der Wirbelschicht-Sprühgranulation“). Eine Beurteilungssystematik ist nicht bekannt. Ihre Entwicklung wäre für die breitere Anwendung der Wirbelschicht-Sprühgranulation sehr förderlich.

5.2 Hilfsstoffe

5.2.1 Allgemeines zu Hilfsstoffen

Zur Anwendung des Verfahrens der Wirbelschicht-Sprühgranulation sind Produkteigenschaften erforderlich, die gegebenenfalls erst durch den Zusatz produktverträglicher Additive geschaffen werden können. Mit diesen Zusätzen müssen beispielsweise die Grenzflächeneigenschaften beeinflußt, die Kristallisationsgeschwindigkeit erhöht, die Trocknungsgeschwindigkeit verringert oder auch die Bildung von Feststoffbrücken für einen Zusammenhalt von Primärteilchen zu einem Granulatkorn begünstigt werden.

Darüber hinaus können mit Additiven die applikatorischen Eigenschaften erheblich verbessert werden. Der Umgang mit Hilfsstoffen ist wesentlicher Bestandteil der Lebensmitteltechnik, der Pharmazie, der Formierung von Farbstoffen, der Formulierung bei Pflanzenschutzmitteln etc. Wegen der großen Bedeutung der Additive für Ablauf und Ergebnis der Granulation ist eine Nutzung verfügbarer Kenntnisse auf den Gebieten Grenzflächenphysik, Galenik und Chemie zu empfehlen. Im Rahmen dieses Buches kann allerdings nur ein kleiner Einblick in die Vielfalt der Möglichkeiten gegeben werden. Der Einblick ist als Einführung für den Laien gedacht. Die Darstellungen basieren auf den Veröffentlichungen [88], [158], [178], [265], [283], [310], [326], [327], [333], [349] und [355].

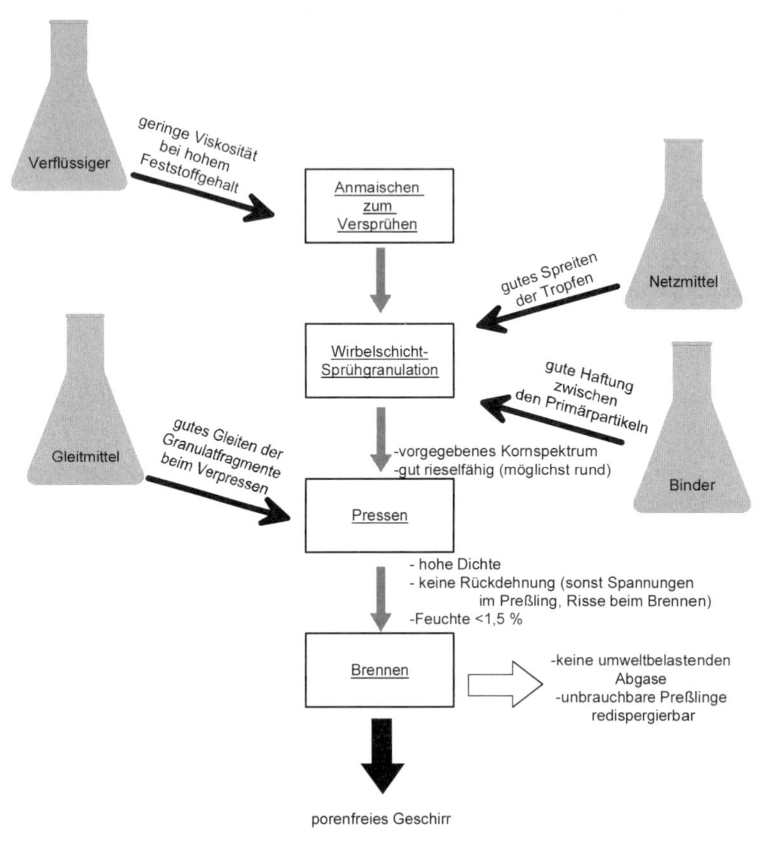

Bild 5-9 Aspekte für die Zugabe von Additiven am Beispiel der Herstellung von Flachgeschirr durch Pressen

Das in Bild 5-9 dargestellte Beispiel für den Einsatz von Hilfsstoffen stammt aus der keramischen Industrie. Hier werden Porzellan-Flachgeschirre ähnlich wie Tabletten gepreßt. Damit die Pressen schnell und gleichmäßig gefüllt werden können, muß die Preßmasse gut fließfähig sein. Sie ist zunächst ein feinkörniges Gemisch aus Kaolin, Quarz und Feldspat mit schlechten Fließeigenschaften. Um die notwendigen guten Fließeigenschaften zu erreichen, müssen aus diesem Gemisch Körner hergestellt werden. Zur Herstellung der Körner durch Sprühtrocknung oder Wirbelschicht-Sprühgranulation wird die Mischung angemaischt und dann mit Additiven versetzt. In Bild 5-9 ist beispielhaft dargestellt, welchen Ziele und Anforderungen die Zugabe der Additive gerecht werden muß. Üblicherweise werden bezogen auf Mineralien etwa 0,5 % Additive zugegeben. Die Additive dienen der Verbesserung der Formgebung beim Granulieren und des Verpressens sowie der Steigerung der Qualität des Erzeugnisses. Aus Gründen des Umweltschutzes dürfen außerdem beim abschließenden Brennen keine schädlichen Abgase entstehen. Sehr wichtig ist auch, daß die verworfenen, ungebrannten Preßlinge redispergiert und dann in einem zweiten Anlauf zu dem gewünschten Erzeugnis verarbeitet werden können. (Das Deponieren verworfener Preßlinge ist aus Gründen des Umweltschutzes sehr umstritten).

5.2.2 Tenside

5.2.2.1 Allgemeines zu Tensiden

Die Wirkung auch geringer Zusätze (z.B. weniger als 0,5 %) geeigneter Stoffe auf die Oberflächenspannung einer wässrigen Lösung zeigt Bild 5-10. Aus dem Bild geht hervor, daß durch den Zusatz von etwa 0,1 % Sultafon® RN die Oberfächenspannung von ursprünglich 72 mN/m auf etwa 30 mN/m verringert wird.

Die Wirkung des zugesetzten Stoffes muß man sich so vorstellen, daß er aus der wäßrigen Lösung herausgedrängt und an ihrer Oberfläche angereichert wird.

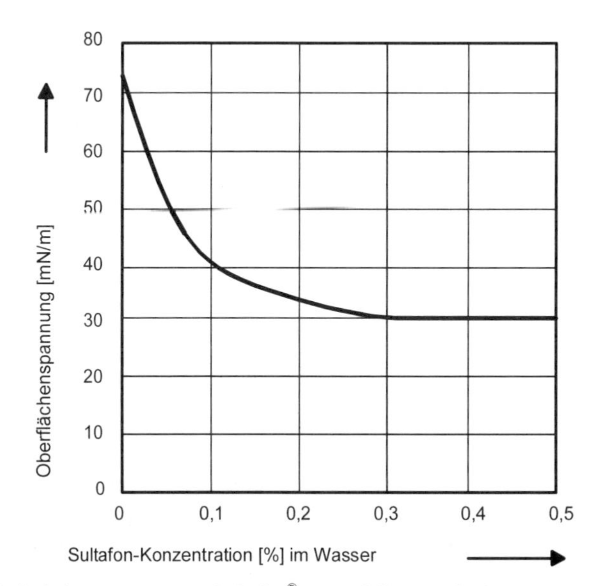

Bild 5-10 Einfluß des Zusatzes von Sultafon® RN auf die Oberflächenspannung einer wäßrigen Lösung

Dort bestimmt er die Oberflächenspannung bereits in einer monomolekularen Schicht. Ein über die monomolekulare Bedeckung hinausgehender Zusatz ergibt zunächst keine weitere Abnahme der Oberflächenspannung der die Oberfläche bedeckenden Schicht. Stoffe, die eine solche Wirkung bereits bei niedriger Schichtdicke haben, nennt man „grenzflächenaktiv". Sie werden unter dem Sammelbegriff Tenside zusammengefaßt.

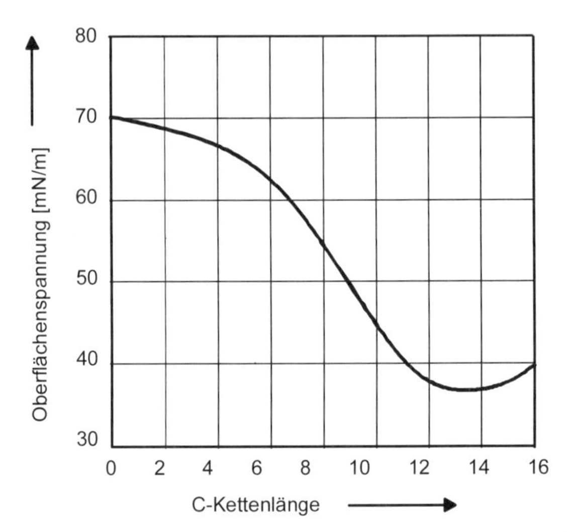

Bild 5-11 Einfluß der Länge der C-Kette auf die Oberflächenspannung von Kohlenwasserstoff-Tensiden

Grenzflächenaktiv gegenüber Wasser sind vor allem organische Stoffe mit mehreren Kohlenstoffatomen im Kohlenwasserstoffrest („Kohlenstoffkette"). Aus Bild 5-11 ist zu ersehen, daß die Erniedrigung der Oberflächenspannung mit der Länge der Kohlenstoffkette zunimmt.

Die Grenzflächenaktivität organischer Verbindungen ist ohne weiteres verständlich, wenn man bedenkt, daß reine Kohlenwasserstoffe praktisch völlig wasserabweisend („hydrophob") sind. Damit nun Kohlenwasserstoffe überhaupt in Lösung gebracht werden können, ist die Einführung einer wasseranziehenden („hydrophilen") Gruppe nötig. Hydrophil sind beispielsweise Hydroxyl-, Carboxyl- und in besonders starkem Maße Schwefelsäuregruppen.

Durch eine solche Gruppe wird zwar in mehr oder weniger starkem Maße eine Löslichkeit der Kohlenwasserstoffe erzwungen. Der hydrophobe Rest bewirkt jedoch, daß die Anziehungskräfte zwischen den Teilchen des nun lösbaren Stoffes und den Wassermolekülen kleiner sind, als die Anziehungskräfte zwischen den Wassermolekülen. Infolgedessen wird der gelöste Stoff an der Oberfläche angereichert. Dabei ist zu erwarten, daß die hydrophile Gruppe dem Wasser zugewendet, die hydrophobe Gruppe hingegen dem Wasser abgekehrt ist.

Der obere Teil von Bild 5-12 symbolisiert den asymmetrischen Aufbau eines Tensidmoleküles. Der dunkle breite Balken steht für die „hydrophobe“ (wasserabstoßende, wasserunverträgliche) Baugruppe. Im übrigen wird dieser Teil im Hinblick auf die Fettverträglichkeit auch als lipophile (fettverträgliche, fettliebende) Baugruppe bezeichnet. Der dunkle Kreis symbolisiert die „hydrophile“ (wasserverträgliche, wasserliebende) Baugruppe für die es auch die allerdings weniger gebräuchliche Bezeichnung lipophob (fettabstoßend) gibt.

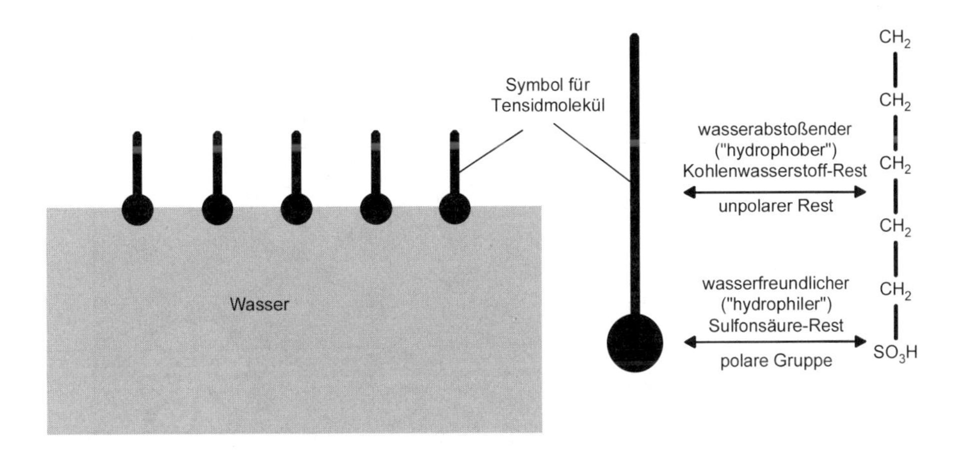

Bild 5-12 Zur Grenzflächenaktivität von Kohlenwasserstoffen und der Ausrichtung der Tensidmoleküle auf der Wasseroberfläche

Mit diesen Symbolen entsteht auf der Wasseroberfläche eine Molekülbürste, wie sie mit Bild 5-12 schematisch dargestellt ist. Die den Symbolen zugrundeliegende Vorstellung basiert auf der Beobachtung, daß die Oberflächensättigungskonzentration bei Stoffen mit denselben hydrophilen Molekülen immer die gleiche ist. Damit ist der Flächenbedarf pro hydrophiles Molekül in der Grenzfläche gleich groß. Das ist aber nur denkbar, wenn sich die Moleküle der dargelegten Vorstellung entsprechend, senkrecht zur Oberfläche einstellen.

Wenn Wasser laufend Tensidmoleküle zugesetzt werden, ist schließlich die gesamte Oberfläche dicht belegt. Weiter hinzukommende Tensidmoleküle werden nicht an der Grenzfläche adsorbiert, sondern entweder gelöst oder sie lagern sich zu sogenannten „Mizellen“ zusammen. In dieser Anordnung der Tensidmoleküle werden die hydrophoben Molekülteile vom Wasser abgeschirmt, weil sich hydrophilen Molekülteile außen und die hydrophoben innen zusammenfinden. Den Film auf der Wasseroberfläche kann man somit auch als eine Mizelle mit einem unendlich großen Krümmungsradius ansehen. Wird die Tensidkonzentration noch weiter gesteigert, fällt nach Überschreiten der Löslichkeitsgrenze das Tensid aus. Die insgesamt im Wasser vorhandenen Tensidmoleküle sind als Vorrat für die Filmbildung anzusehen (s. Bild 5-13).

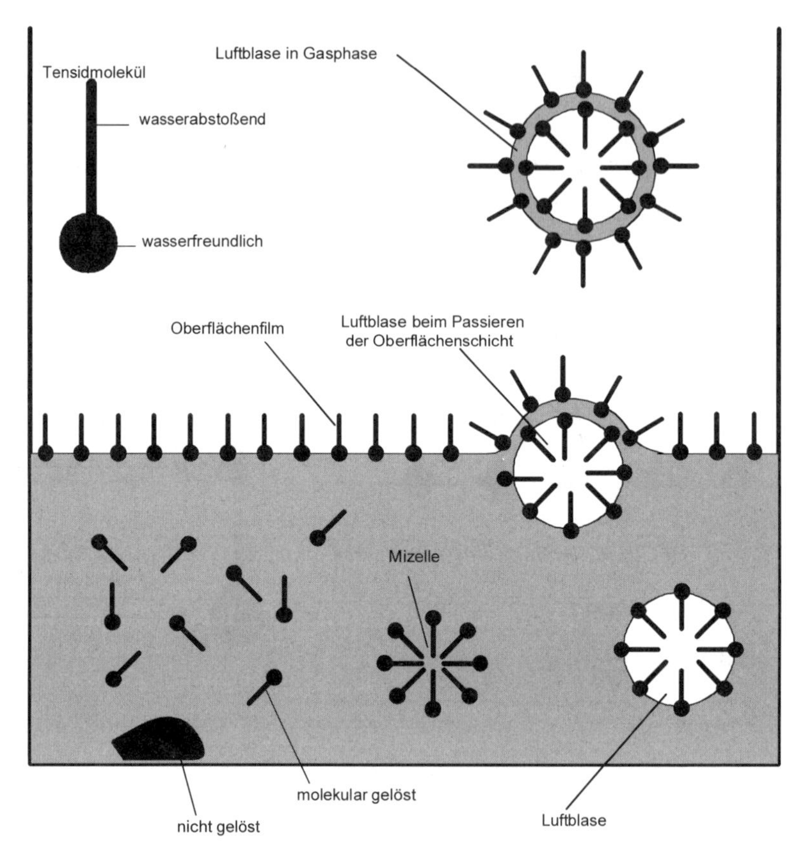

Bild 5-13 Formen der Anordnung der Tenside in wäßriger Lösung

Die Tensidkonzentration bei der die Bildung von Mizellen gemäß Bild 5-13 einsetzt, ist der sogenannte „cmc-Wert" („cmc" steht für „kritische Mizellbildungskonzentration") Die cmc ist in der Regel weit weniger temperaturabhängig als die molekulare Löslichkeit. Sie ist charakteristisch für das Tensid. Generell steigt sie mit wachsender Hydrophilie, also mit der Abnahme der hydrophoben Gruppen.

Bei der Verwendung von Tensiden können die aus der Sprühflüssigkeit gebildeten Feststoffoberflächen von hydrophoben Molekülteilen abgeschirmt sein, was ihre Wiederbenetzbarkeit beim weiteren Auftragen in Frage stellt. Weil dies im Widerspruch zur erfolgreichen Verwendung von Tensiden bei der Wirbelschicht-Sprühgranulation steht, sind hierzu sachkundige Klärungen erforderlich.

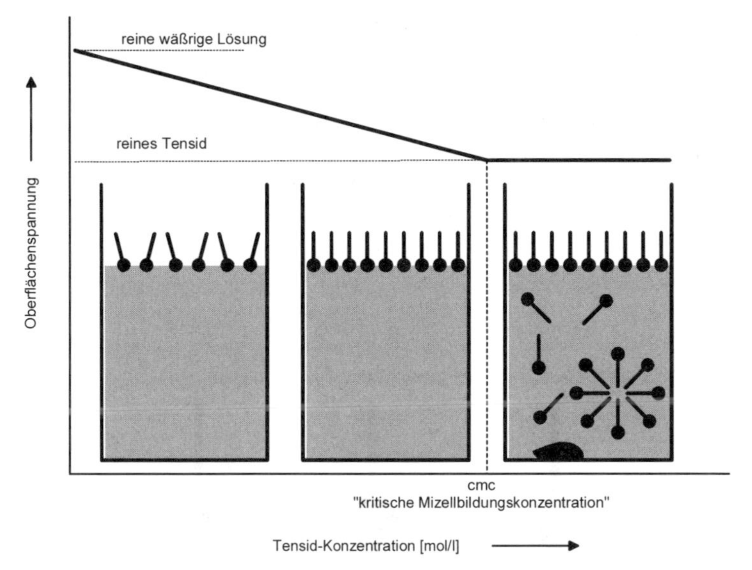

Bild 5-14 Einfluß der Tensidkonzentration auf die Oberflächenspannung

Den Einfluß der Tensidkonzentration auf die Oberflächenspannung zeigt Bild 5-14. Ab einer bestimmten Konzentration des Tensides in der Lösung („cmc") ist die Oberfläche vollständig belegt. Die Oberflächenspannung kann nicht weiter absinken. Sie hat einen Grenzwert erreicht, der etwa der Oberflächenspannung des reinen Kohlenwasserstoffes entspricht.

5.2.2.2 Chemischer Aufbau und Einteilung der Tenside

Die hydrophobe Baugruppe trägt erst in zweiter Linie zur Eigenschaftsdifferenzierung bei. Deshalb werden Tenside nach der polaren, hydrophilen Baugruppe in anionenaktive, kationenaktive, nichtionogene und amphotere Verbindungen eingeteilt. Die Grundlage für diese Einteilung bildet das von den hydrophilen Gruppen abhängige Verhalten der Verbindungen in wäßrigen Lösungen.

Verbindungen mit salzbildenden Gruppen (auch „ionogene" Gruppen genannt) bilden beim Lösen in Wasser Ionen. Ist nun die hydrophile Gruppe sauer, dann liegt der hydrophobe Rest „R" mit der hydrophilen Gruppe als Anion vor, dem ein kleines Kation – beispielsweise ein Natrium-Ion – gegenübersteht. Eine solche Verbindung wird als „anionenaktiv" bezeichnet.

Beispiel:

grenzflächenaktiver Rest	Gegenion	„Anion"
$R\text{-}SO_3Na \rightarrow$	$R\text{-}SO_3^-$	$+Na^+$

Bei Verbindungen mit basischen hydrophilen Gruppen bildet der grenzflächenaktive Molekülteil in wäßriger Lösung das Kation. Die Verbindung ist entsprechend „kationenaktiv".

Stoffe, deren Salze nicht dissoziieren, bezeichnet man als „nichtionogene" Verbindungen. Außerdem gibt es Verbindungen, die teils sauer, teils basischer Natur sind. Sie können je nach den Bedingungen der Lösung entweder kationenaktiven oder anionenaktiven Charakter annehmen. Deshalb werden sie als „amphoter" bezeichnet.

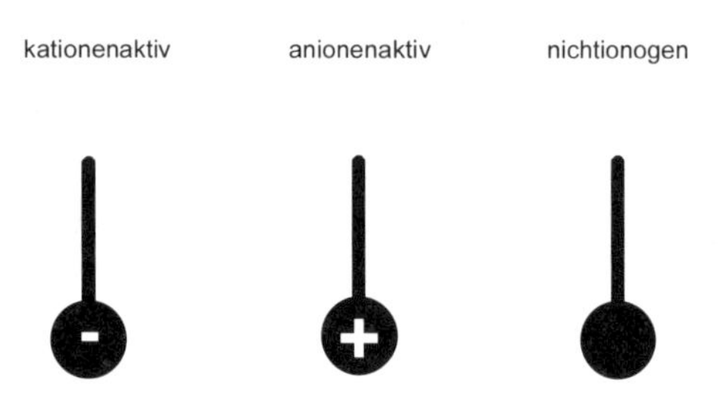

Bild 5-15 Kennzeichnung des Verhaltens von Tensiden in wäßriger Lösung

Die symbolische Darstellung der Tensidmoleküle muß zur Kennzeichnung ihres Verhaltens in wäßrigen Lösungen vervollständigt werden (s. Bild 5-15).

Wissenswert ist außerdem, daß durch die elektrische Ladung der Teilchen ihre Verteilung im Wasser beeinflußt wird. Durch gleichnamige Ladung stoßen sie sich ab. Ihre Zusammenballung wird erschwert, eine weitere Zerteilung hingegen begünstigt, wie Bild 5-16 am Beispiel tensidumhüllter Öltropfen in Wasser zeigt. (Stichwort: Öl/Wasser-Emulsion)

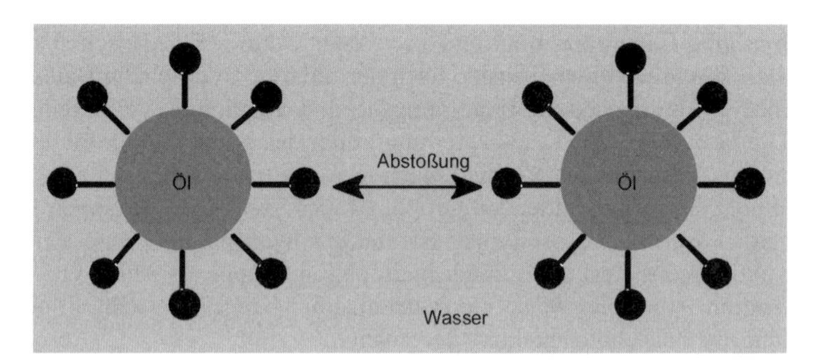

Bild 5-16 Abstoßung durch eine gleichnamige Ladung

5.2.2.2.1 Anionische Tenside

Unter anionischen Tensiden werden Carbonsäuren, Sulfonsäuren, Sulfat- und Phosphatgruppen verstanden. Sie besitzen häufig ein gutes Netzvermögen und sind gegen ein alkalisches Milieu beständig. In saurer Lösung können sie Salze bilden. Sie verlieren dadurch ihre Grenzflächenaktivität.

5.2.2.2.2 Kationische Tenside

Hierunter versteht man Aminsalze, quaternäre Ammoniumverbindungen und Pyridiniumsalze. In der Natur der kationischen Verbindung liegt es, daß sie nur bedingt im stark alkalischen Milieu oder zusammen mit anionischen Tensiden (Salzbildung) verwendet werden können. Ihre Tendenz zum Schäumen macht sie für das Versprühen ungeeignet.

5.2.2.2.3 Nichtionische Tenside

Darunter werden die Ester- und Ethermonomere sowie die Polymere von Polyolen verstanden. Die mächtigsten monomeren Polyole sind Pyrylenglykol oder -glycerin. Polyethylenglycol ist ein häufig eingesetztes Tensid. Generell haben die nichtionischen Tenside einen weiten Anwendungsbereich, denn sie sind chemisch neutral, neigen weniger zur Schaumbildung und sind in ihrer Wirkung vom pH-Wert unabhängig. Die Wiederbenetzbarkeit von Feststoffen, bei deren Formgebung nichtionische Tenside eingesetzt wurden, ist zumeist gut.

5.2.2.2.4 Fluor-Tenside

Bei den Fluor-Tensiden ist in dem Kohlenwasserstoff-Rest der Wasserstoff ganz oder teilweise durch Fluor-Atome ersetzt. Das führt zu einer extremen Hydrophobie. Grenzflächenaktive Wirkungen werden nicht erst wie bei den zuvor beschriebenen Tensiden ab 8 bis 9 Kohlenstoffatomen (s. Bild 5-11) sondern bereits erheblich darunter erzielt. Mit Fluor-Tensiden lassen sich Oberflächenspannungen unterhalb von 20 mN/m erzielen, was sonst mit keiner anderen Tensidklasse möglich ist. Außerdem haben sie eine geringe Mizellbildungs-Konzentration, was den Nachteil ihres teilweise hohen Preises wieder aufhebt. Sie sind chemisch und thermisch stabil. Für schnell ablaufende Prozesse sind sie gut geeignet, weil sie schnell diffundieren. Die Wiederbenetzbarkeit kann durch den Perfluorrest verschlechtert sein.

5.2.2.2.5 Tenside auf Silikon-Basis

Sie stehen in ihrer Wirkung auf die Oberflächenspannung zwischen den Tensiden auf Kohlenwasserstoff-Basis und den Fluor-Tensiden. Dadurch sind sie in der Lage, Tenside auf Kohlenwasserstoff-Basis aus Schäumen herauszudrängen und damit Schäume zu zerstören. (Die biologische Abbaubarkeit dieser Tenside ist unbedingt zu prüfen.)

5.2.2.3
Löslichkeit der Tenside

Tenside werden zumeist in wäßrigen Lösungen angewendet. Die cmc variiert in weiten Bereichen. Zur ersten Orientierung sei hier 0,3 bis 0,5 g/l genannt. Dabei sind auch deutlich niedrigere Werte bekannt (Beispiel: Perfluormonocarbonsäure: 0,005 g/l). Bei den ionogenen Verbindungen nimmt die Wasserlöslichkeit mit der Temperatur zu, während sie bei nichtionogenen Verbindungen mit wachsender Temperatur abfällt. Es kommt bei Erreichen des „Trübungspunktes" sogar zu einem Ausfallen des Tensides. Die Trübung ist reversibel. Je nach chemischer Konstitution liegt der Trübungspunkt zwischen 50 und 90°C. Elektrolytzusätze verringern generell die Wasserlöslichkeit, während sie durch die Zugabe von Lösungsvermittlern wie Alkohole, Glykole, Harnstoff, Toluol (s. Kap. 5.2.6) erhöht wird.

5.2.2.4
Oberflächenelastizität

Wenn eine oberhalb der cmc dicht mit Tensidmolekülen besetzte Oberfläche wie beim Bilden und Auftreffen der Tropfen plötzlich vergrößert wird, müssen entweder weitere Tensidmoleküle aus dem Flüssigkeitsinneren in die Grenzfläche diffundieren oder die monomolekulare Schicht muß sich elastisch vergrößern, damit wieder ein Gleichgewicht erreicht wird (s. [158]). Diese „Film"- oder „Oberflächenelastizität" genannte Eigenschaft ist abhängig von der seitlichen Kohäsion der in der Grenzfläche angeordneten Moleküle. Bestimmt werden kann sie für langsame Deformationsgeschwindigkeiten mit der Spreitungswaage nach Langmuir oder für hohe Deformationsgeschwindigkeiten nach der Blasendruckmethode.

Bei der Spreitungswaage wird eine mit einer molekularen Tensidschicht belegte Wasseroberfläche eines Troges einerseits mit einem verschieblichen und andererseits mit einem mit einem Meßsystem ausgerüsteten Balken eingegrenzt. Wird nun mit verschieblichen Balken die Oberfläche verkleinert, erhöht sich die am Meßbalken abzulesende Kraft. Schießlich bricht der monomolekulare Film zusammen. Die Schicht schiebt sich eisschollenartig übereinander. Das Ergebnis der Messungen ist ein Kraft/Oberflächen-Diagramm in dem die Steigung ein Maß für die Oberflächenelastizität ist.

Bild 5-17 zeigt am Beispiel der Stearinsäure den Anstieg des Druckes bei Flächenverkleinerung. Der starke Anstieg bei reiner Stearinsäure ist ein Hinweis darauf, daß die Moleküle sehr dicht gepackt und die Kohäsionskräfte zwischen ihnen sehr groß sind. Der Film ist unelastisch. Bei Flächenvergrößerung bedecken die Tensidmoleküle die Oberfläche nicht gleichmäßig, sondern nur in Teilen. Es entstehen Stellen verschiedener Oberflächenspannung, was für die Verdüsung, Benetzung und Verdunstungshemmung sicher nicht ohne Einfluß ist.

Durch Zugabe eines zweiten Tensides kann u. U. die Elastizität der Schicht wesentlich erhöht werden. Im Beispiel ist die Wirkung von n-Hexadekan gezeigt.

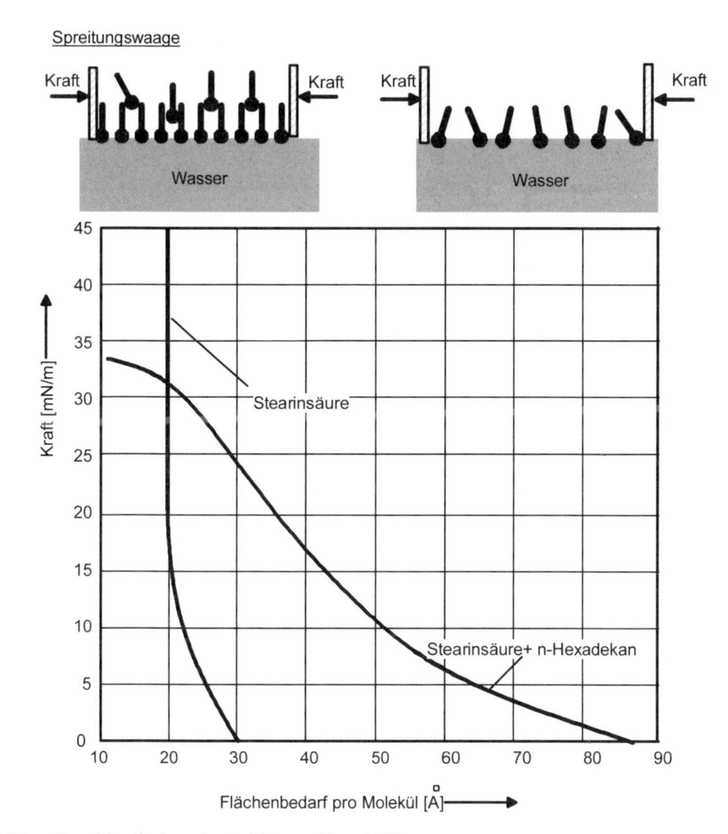

Bild 5-17 Zur Oberfächenelastizität von Tensidfilmen

5.2.2.5 HLB-Wert

Der HLB-Wert gibt die Möglichkeit, Tenside nach ihrem Aufbau zu kennzeichnen und so ihrem Verwendungszweck entsprechend zu klassifizieren. Von W.D. Griffin wurde das HLB-System zunächst für nichtionogene Tenside entwickelt. Man versteht darunter das Gleichgewicht zwischen hydrophobem (lipophilem) und hydrophilem Anteil eines Tensidmoleküles („hydropholic-balance"). Zahlenmäßig zu errechnen ist der HLB-Wert aus folgender empirischer Formel:

$$HLB = 20 \cdot \left(1 - \frac{M_O}{M}\right) \qquad \text{Gl.(5-1)}$$

wobei M_O für das Molekulargewicht des hydrophoben und M für das gesamte Molekulargewicht steht. Die Definition des HLB-Wertes gilt im wesentlichen nur für nichtionogene Tenside und da auch nur mit Einschränkungen. Die anderen Tenside gehorchen nicht dieser Gleichung. Man ermittelt daher für sie die HLB-

Werte experimentell und bringt sie mit der Griffinschen Skala (s. Bild 5-18) in Einklang.

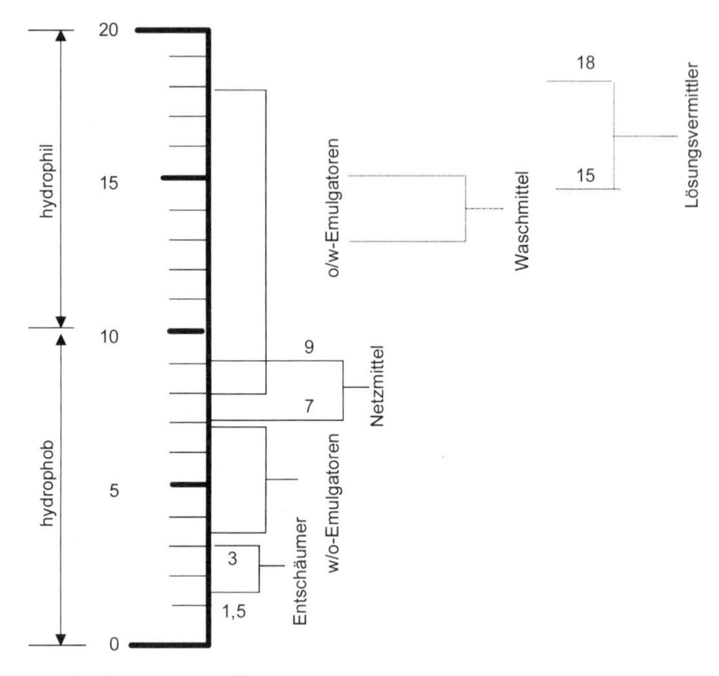

Bild 5-18 HLB-Skala nach Griffin

5.2.2.6 Verdunstungshemmung

Aus der Lebensmitteltechnik ist allgemein bekannt, daß Tenside an der Grenzfläche Wasser/Luft Verdunstungsvorgänge behindern. (Beispiel: Behandlung der Schale von Obst gegen Austrocknen). Ob diese Verzögerungen bei der Formgebung während der Trocknung sinnvoll einzusetzen sind, muß noch geprüft werden. (s. Bild 5-19). Vorteilhaft kann es sein, wenn das Austrocknen von Sprühtropfen während des Fluges vermindert wird. Prinzipiell wird der Stoffübergangswiderstand des Tensidfilmes um so größer sein, je länger die C-Ketten des Kohlenwasserstoffrestes sind. Die Filmstruktur (Stichworte Oberflächenelastizität: dichte Packung der Tensidmoleküle oder gedehnter Film) wird sicher ebenfalls eine Rolle spielen. Siehe auch [283].

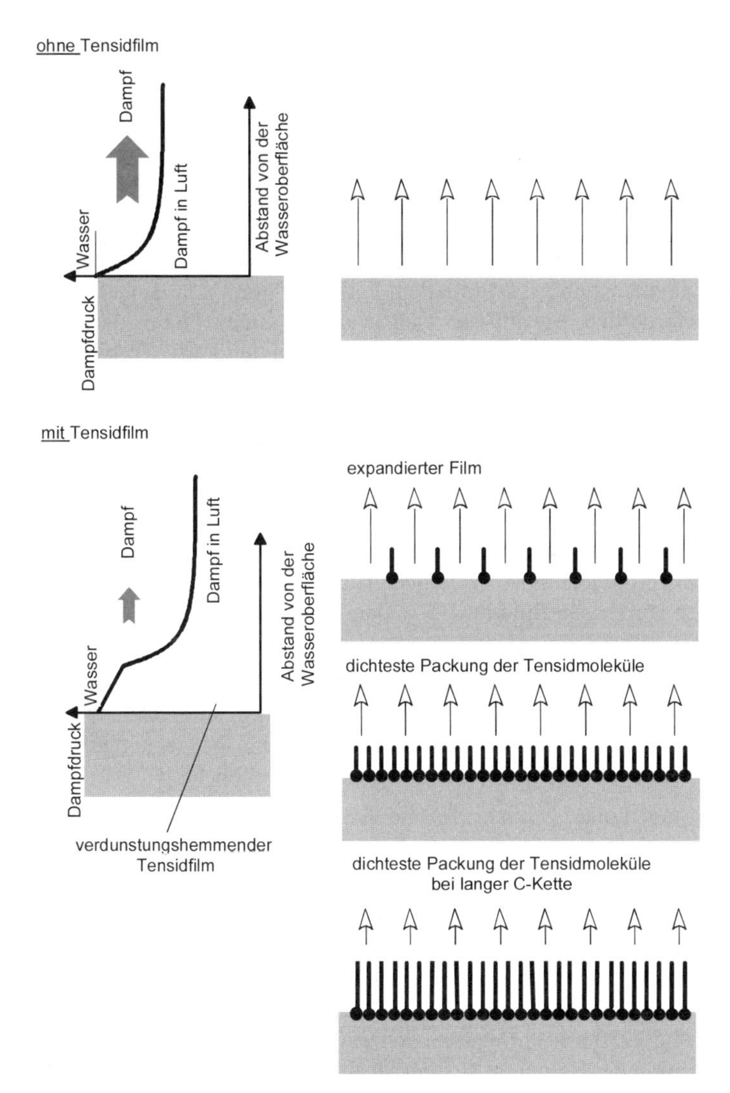

Bild 5-19 Verdunstungshemmung durch Tensidfilme

5.2.2.7 Biologische Abbaubarkeit

Für die biologische Klärung tensidhaltiger Abwässer und die Selbstreinigung von Flüssen ist die Widerstandsfähigkeit der grenzflächenaktiven Stoffe gegen den Abbau durch Mikroorganismen von großer Bedeutung. Zahlreiche kationenaktive Stoffe besitzen ausgeprägte bakterizide und fungizide Eigenschaften. Sie können daher nicht eingesetzt werden. Dieser Aspekt muß beim Einsatz von Tensiden unbedingt berücksichtigt werden.

5.2.3 Binder

Nach einer groben Daumenregel ist eine Wirbelschicht-Sprühgranulation von Suspensionen oberhalb einer Löslichkeit von 1 Gew.-% möglich (s. Kap. 16.1). Bei geringerer Löslichkeit ist in jedem Fall der Zusatz von Bindemitteln zur Suspension erforderlich. Sie müssen sich in der flüssigen Phase lösen. Nach deren Verdunsten sollen sie Feststoff-Brücken zwischen den Partikeln bilden und so die Primärteilchen zu einem Granulatkorn zusammenhalten. Als Binder kommen u.a. in Frage:

- Abgewandelte makromolekulare Naturstoffe. Hier kommen im wesentlichen Cellulosederivate in Betracht, die aufgrund der eingefügten Substituenten einen größeren Molekülabstand haben als Cellulose, was die Wasseraufnahme und damit Quell- und Lösevorgänge erleichtert. Besonders bewährt hat sich Hydroxypropylcellulose. Geeignet ist auch Methylcellulose. Üblicherweise werden von diesen Bindern 1-5 % dem Feststoff zugesetzt.
- Anorganische Bindemittel: Eingesetzt werden beispielsweise bei der Zeolith-Granulation sogenannte „Bentonite“ (nach Fundort: Fort Bentonite/USA). Das sind Aluminiumsilikate mit schichtförmig aufgebautem Kristallgitter. Zwischen diese Schichten kann unter Quellung Wasser eingelagert werden. Sie sind elektrolytempfindlich und viskositätserhöhend.
- Makromolekulare Naturstoffe sind Gelatine und Alginate. Sie werden bei der Pulveragglomeration eingesetzt. Es ist anzunehmen, daß sie sich auch für die Wirbelschicht-Sprühgranulation eignen.
- Synthetische Polymere sind das gut in Wasser und Alkoholen lösliche Polyvinylpyrrolidon (PVP) und der mäßig in Wasser lösliche, in organischen Lösungsmitteln aber unlösliche Polyinylalkohol (PVA). PVP wird häufig und mit gutem Erfolg bei Granulationen eingesetzt. Dabei scheinen die Sorten K 25 und K 30 mit Molmassen von 25000 bis 40000 am besten geeignet. Die Adsorption der Polymere auf Feststoffoberflächen wird im folgenden Kapitel behandelt.

5.2.3.1 Adsorption der Polymere an Feststoffoberflächen

Während die Teilchen im Inneren eines Feststoffes allseitig von Nachbarn umgeben sind, fehlt den Teilchen an der Oberfläche ein Partner. Sie sind dadurch in der Lage, Teilchen einer angrenzenden Phase festzuhalten. Diesen Vorgang bezeichnet man bekanntlich als Adsorption. Bei jeder Temperatur werden nicht nur Teilchen festgehalten sondern auch wieder freigesetzt (Desorption). Dabei überwiegen bei tiefen Temperaturen bis zur Einstellung des Gleichgewichtes die Adsorptionsvorgänge. Mit zunehmender Temperatur treten jedoch die Desorptionsvorgänge in den Vordergrund. Die kleinen Moleküle niedermolekularer Substanzen sind nahezu kugelförmig. Sie haben dadurch nur an einer Stelle Kontakt zum Feststoff. Ihr Oberflächenbedarf bestimmt die Belegung der Feststoffoberfläche. Die Adsorption niedermolekulare Substanzen ist daher durch die Adsorptionsisotherme und deren Temperaturabhängigkeit eindeutig beschrieben.

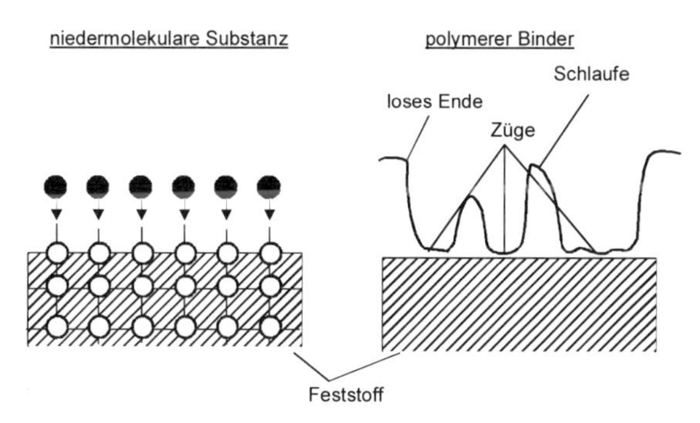

Bild 5-20 Adsorption an Feststoffoberflächen

Die Adsorption makromolekularer Verbindungen mit stäbchenartigen Molekülen verläuft wie bei niedermolekularen Substanzen, wenn sie nur über die Endgruppen adsorbiert werden [57]. Hier ergibt sich wie bei Kugeln nur ein einziger Kontakt des adsorbierten Moleküls mit der Oberfläche und die Molekülachse wird praktisch senkrecht zur Festkörperoberfläche stehen. Wenn jedoch mittelständige Gruppen adsorbiert werden, dann können sich sehr viele Kontakte mit der Festkörperoberfläche ausbilden. Ein Stäbchenmolekül wird sich nun flach auf die Oberfläche legen. Allgemein hat man sich jedoch vorzustellen, daß die adsorbierten Polymere sich nicht an die Feststoffoberfläche anschmiegen, sondern (abhängig von der adsorbierten Polymerkette, dem Molekulargewicht, dem Lösungsmittel, den physikalischen und chemischen Eigenschaften der Feststoffoberfläche) Schlaufen, Züge sowie lose Enden bilden.

Wichtig ist für die Bereitung der Sprühflüssigkeit, daß die Einstellung des Adsorptionsgleichgewichtes je nach Konzentration und Molmasse des Polymers und der Feststoffmorphologie Minuten bis Stunden dauern kann [57]. Bei Nichtbeachtung dieser Vorgänge sind gegebenenfalls überraschende Unterschiede im Granulationsverhalten bei der Verwendung polymerer Binder möglich. Andererseits muß wegen der erfolgreichen Agglomeration von feinteiligen Feststoffen mit polymeren Bindern bereits nach kurzer Zeit eine für die Agglomeration ausreichende Adsorption vorliegen [33], [97].

Auf die Auswirkungen polymerer Bindemittel auf die Partikelhaftung bei der Wirbelschicht-Sprühgranulation ist in Kap. 4.4.3 hingewiesen. Leider ist die genaue Wirkungsweise der Bindemittel noch ungeklärt, so daß ihr gezielter Einsatz schwierig ist (vgl. [333]).

5.2.4
Hilfsmittel für den Zerfall der Granulate

Wesentlich für die weitere Verwendung der Granulate ist, daß sie im Anwendungsmedium rasch in ihre Primärteilchen zerfallen. Dabei sind die Kräfte zu überwinden, die den Zusammenhalt der Primärteilchen bewirken. Aufzulösen sind demzufolge die Feststoffbrücken. Soweit diese Brücken durch Additive erzeugt worden sind, müssen sie rasch löslich oder quellbar sein. (Zusammensetzungen, bei deren Auflösung Gase frei werden, sind vermutlich auf Arzneien beschränkt). Außerdem muß durch entsprechende Zuschlagstoffe eine für die rasche Durchfeuchtung geeignete Porenstruktur geschaffen worden sein. In der Literatur werden u.a. als geeignet genannt:

- quervernetztes PVP („Kollidon® CL“)
- Stärke

5.2.5
Dispergiermittel

Dispergiermittel fördern oder stabilisieren die Bildung von Dispersionen [88]. Die Löslichkeit der zu dispergierenden Substanz bleibt dabei nahezu unverändert. Die Dispergiermittel sind in der Regel gut wasserlösliche Polyelektrolyte. Für ihre Wirkung gibt es heute noch keine allgemein gültige Vorstellung. Die häufigsten Vertreter sind Polycarbonate, Polysulfonate oder Polyphosphate in der Form ihrer Alkalisalze. Sehr verbreitet ist die Anwendung von Ligninsulfonaten. Sie werden aus dem Sulfitaufschluß des Holzes gewonnen. Im allgemeinen werden etwa 3 % Dispergiermittel bezogen auf die zu dispergierende Substanz zugesetzt.

5.2.6
Lösungsvermittler

Die Bildung von Feststoffbrücken kann auch dadurch begünstigt werden, daß vorhandene Löslichkeiten im zu granulierenden Produkt verstärkt werden. Man spricht in diesem Fall von Lösungsvermittlung und meint dabei die Erhöhung der Löslichkeit durch Zusatz von Hilfsstoffen ohne chemische Veränderung („Einsalz-“ im Gegensatz zum beispielsweise bei der Farbenherstellung geläufigeren „Aussalzeffekt“). Ihre Wirkung beruht auf unterschiedlichen Mechanismen:

- Der Zusatz hydrophiler organischer Lösungsmittel, hydrophiler organischer Stoffverbindungen oder Salze von organischen Basen oder Carbonsäuren verursacht die Ausbildung von H-Brücken zwischen dem zu lösenden Stoff und dem Lösungsvermittler („Hydrotropsie“). Geeignet sind mehrwertige Alkohole sowie deren wasserlösliche Ester, also Ethanol, Isopropanol, Propylenglykol, vor allem aber Polyethylenglykole.

- Zusatz von nichtionogenen Tensiden zu wäßrigen Lösungen: Hydrophobe zu lösende Stoffe werden in Mizellen eingeschlossen und damit löslich („Solubilisation"). Polyole (beispielsweise Glykole) verstärken die Wirkung und zwar um so mehr, je größer die Zahl der Hydroxylgruppen ist. Als nichtionogene Tenside haben sich in der pharmazeutischen Technologie besonders Tween® und Cremophor® bewährt, weil sie indifferent gegenüber chemischen Einflüssen sind. Für die Solubierung wird ein HLB-Wert zwischen 14 und 17 empfohlen. Außerdem werden als Lösungsvermittler Harnstoff-Derivate (Urethane) und substituierte Carbonsäureamide genannt.

5.2.7 Kristallisationsbeschleuniger

Das Granulieren von Lösungen oder Schmelzen setzt eine rasche Kristallisation voraus. Ist diese Voraussetzung nicht erfüllt, kann es zu Wandanbackungen oder zu einem Kollabieren der Wirbelschicht durch das Verkleben der Partikel kommen. Bei höheren, aber noch immer nicht ausreichenden Kristallisationsgeschwindigkeiten wurde beobachtet, daß Keime und Kerne an den größeren Partikeln ankleben. Die Partikel wachsen bis zu der durch die Sichtereinstellung vorgegebenen Wunschkorngröße und verlassen den Granulator unter Mitnahme des Keimgutes. Die Wirbelschicht entleert sich, wenn von außen nicht hinreichend Keimgut zugegeben wird. Die in den nun leeren Apparat eingesprühte Flüssigkeit trifft nicht mehr auf arteigene Kristalle. Sie kristallisiert dadurch noch langsamer. Das führt zu Störungen, vorzugsweise zum Zusetzen der Filterschläuche.

Das Kristallisieren aus Schmelzen oder Lösungen kann gehemmt sein, weil entweder Kristallkeime fehlen oder weil die verfügbaren Kristallkeime zu langsam wachsen [109]. Es kommt zu einem klebrigen Erstarren, zur sogenannten „Glasbildung" (s. Kap. 4.8.3 und Kap. 16.1). Hemmungen bei der Bildung von Kristallkeimen werden häufig bei organischen Stoffen beobachtet. Die Ursache liegt in der geringen Beweglichkeit der großen organischen Moleküle in der viskosen Flüssigkeit. Ein zu geringes Kristallwachstum kann ebenfalls hervorgerufen werden durch eine erschwerte Diffusion in viskoser Flüssigkeit, aber auch durch eine Adsorption von Begleitstoffen auf der Kristalloberfläche, durch die Wachstumszentren blockiert werden (Kap. 16.1).

Abhilfe ist zunächst durch Senkung der Viskosität der Sprühflüssigkeit, durch eine stärkere Erwärmung oder durch ein anderes Lösungsmittel möglich. Desweiteren kann die Keimbildungshemmung mit arteigenen Kristallen überwunden werden. Diese Kristalle, die bei üblichen Kristallisationsprozessen zugegeben werden müssen („Animpfen"), liegen bei der Wirbelschicht-Sprühgranulation bereits vor, wenn auf arteigene Partikel aufgesprüht wird. Möglich ist des weiteren eine Vorkristallisation durch Kühlung oder Verdampfung eines Teiles des Lösungsmittels sowie durch Zugabe eines „Verdrängungsmittels" (geringe Mengen von Methanol zu einigen wäßrigen Salzlösungen beispielsweise). Wirkungsvoll, aber nicht immer leicht (wegen der erforderlichen extremen Reinheit s. Kap.4.7.3.4) ist die Entfernung von Verunreinigungen.

6 Prüfung der Granulate

6.1 Allgemeines

Die Prüfungen können im laufenden Prozeß oder als Endkontrolle durchgeführt werden. Sie haben einerseits zum Ziel, die Qualität und die Qualitätskonstanz zu kontrollieren oder andererseits die Eigenschaften für applikatorische Vergleiche oder für Optimierungen zu charakterisieren. Zu prüfen sind Eigenschaften, die den Zustand der Granulate (das sind geometrische Größen wie Korngröße, Korngrößenverteilung etc.) oder ihr Verhalten bei der späteren Verwendung (Fließfähigkeit, Dispergierverhalten etc.) beschreiben [118].

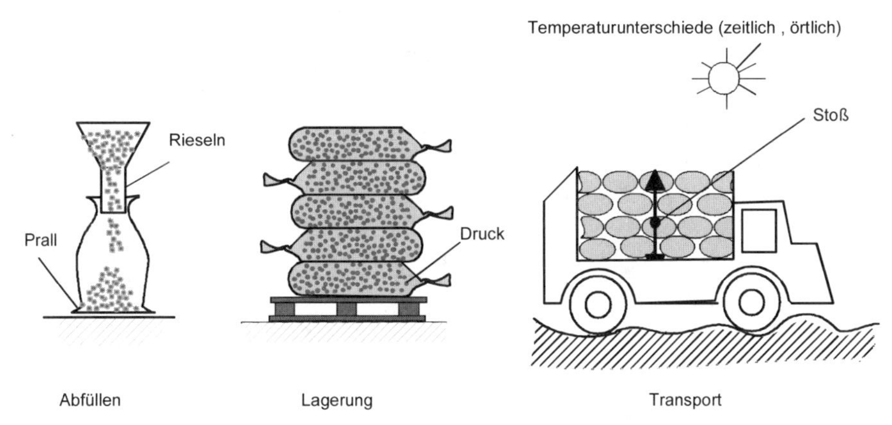

Bild 6-1 Übliche Beanspruchungen der Granulate auf dem Weg vom Hersteller zum Weiterverwender (in Anlehnung an [358])

Bild 6-1 zeigt beispielhaft die üblichen Beanspruchungen eines Granulates auf dem Weg vom Hersteller zum Weiterverwender (zu den Auswirkungen von Temperaturunterschieden s. Kap. 2.1). Es ist oft schwierig, das Verhalten der Granulate bei diesen kombinierten Beanspruchungen durch einfache Labortests zu simulieren. Damit sind in solchen Fällen auch die Voraussagen des Verhaltens der Granulate bei ihrer Anwendung sehr heikel. Gelegentlich werden deshalb beispielsweise Gebinde mit Granulat für eine gewisse Zeit auf der Ladefläche eines LKW mitgeführt. Anschließend wird der Staubgehalt mit unbelastetem Material verglichen sowie das Verbacken beurteilt.

Für alle in diesem Kapitel erläuterten Methoden muß an die Regeln der Probennahme und -teilung erinnert werden [53], [16].

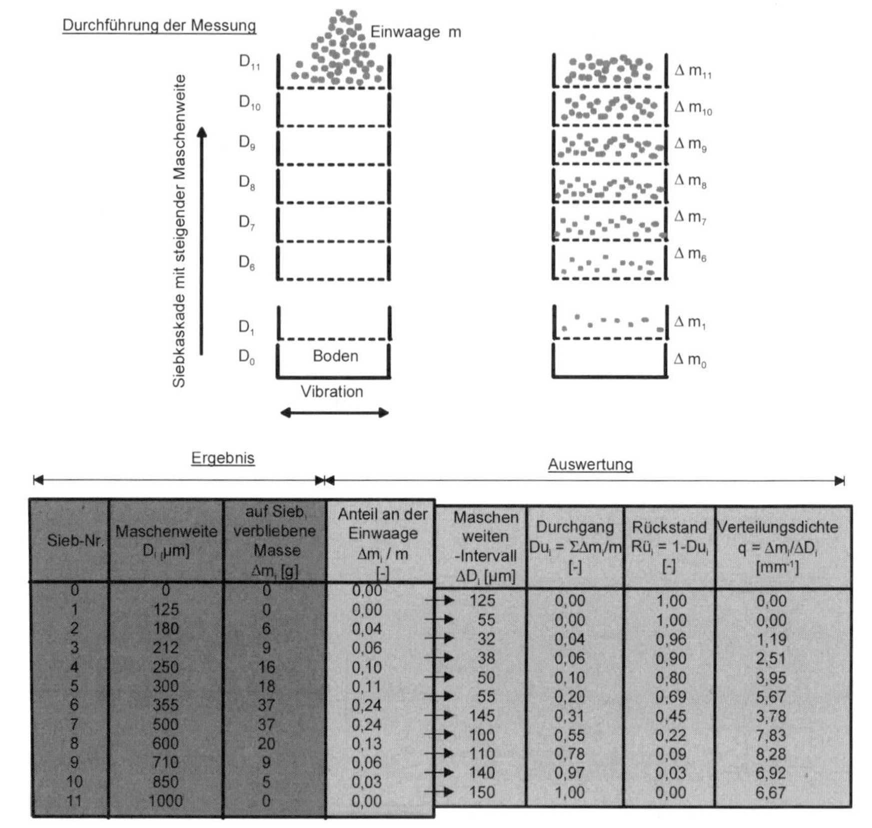

Sieb-Nr.	Maschenweite D_i [µm]	auf Sieb verbliebene Masse Δm_i [g]	Anteil an der Einwaage Δm_i / m [-]	Maschenweiten-Intervall ΔD_i [µm]	Durchgang $Du_i = \Sigma\Delta m_i/m$ [-]	Rückstand $Rü_i = 1 - Du_i$ [-]	Verteilungsdichte $q = \Delta m_i/\Delta D_i$ [mm⁻¹]
0	0	0	0,00				
1	125	0	0,00	125	0,00	1,00	0,00
2	180	6	0,04	55	0,00	1,00	0,00
3	212	9	0,06	32	0,04	0,96	1,19
4	250	16	0,10	38	0,06	0,90	2,51
5	300	18	0,11	50	0,10	0,80	3,95
6	355	37	0,24	55	0,20	0,69	5,67
7	500	37	0,24	145	0,31	0,45	3,78
8	600	20	0,13	100	0,55	0,22	7,83
9	710	9	0,06	110	0,78	0,09	8,28
10	850	5	0,03	140	0,97	0,03	6,92
11	1000	0	0,00	150	1,00	0,00	6,67

Einwaage m 157 g

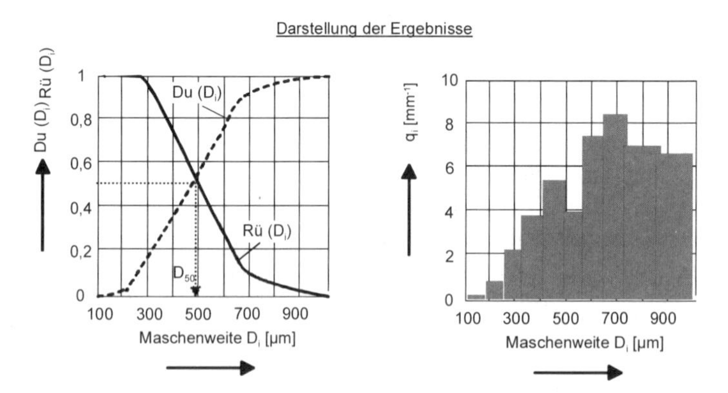

Bild 6-2 Durchführung und Auswertung einer Siebanalyse (Zahlen als Beispiel)

6.2 Zustandseigenschaften

6.2.1 Korngröße und Korngrößenverteilung

Aus der Vielzahl bekannter Meßverfahren kommen für die Vermessung von Größe und Größenverteilung im wesentlichen die Siebanalyse und die Laserbeugung in Frage. Durch eine Siebanalyse wird der Rückstand auf einer Kaskade von Sieben, deren Maschenweite in der Größe gestaffelt ist, ermittelt. Sie kann auch an größeren Proben (10 bis 100 g) erfolgen. Bild 6-2 zeigt die Methode und die Auswertung ihrer Ergebnisse. (Genaue Vorschriften für die Siebanalyse und deren Durchführung finden sich in DIN 66165, Teil 1 und 2).
Die Rückstandssumme Rü (D) gibt den Anteil der Granulate an der Gesamtmasse an, deren Durchmesser über einer bestimmten Partikelgröße liegt. Die Durchgangssumme Du (D) liefert hingegen den Anteil der unter dieser Größe liegenden Partikel.

Bei der Laserbeugung wird das Beugungsspektrum der Granulate erfaßt und mit einer umfangreichen, internen elektronischen Auswertung in Korngrößen und -verteilungen umgerechnet. Der erfaßbare Meßbereich reicht etwa von 0,1 µm bis 3 mm. Eine komplette Partikelgrößenanalyse dauert nur wenige Minuten. Sie wird daher in dem Maße, in dem die Geräte perfekter und billiger werden, der aufwendigen Siebanalyse vorgezogen. Die Probemengen sind klein (nur wenige Gramm).

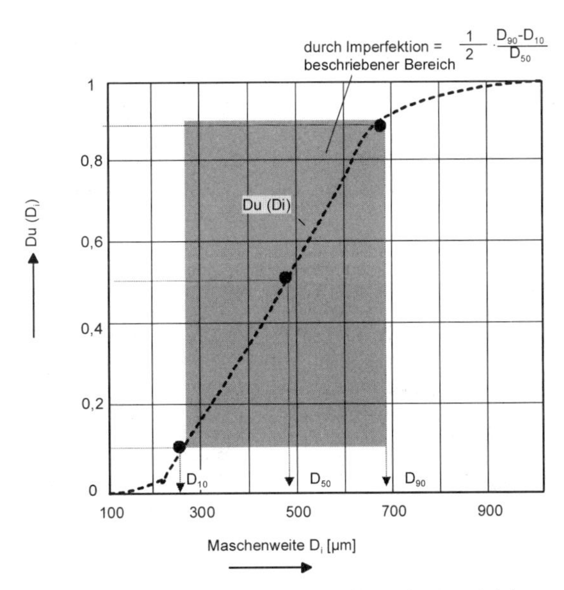

Bild 6-3 Komprimierung der Ergebnisse von Siebanalysen für Vergleiche

Die Siebanalysen müssen für Vergleiche komprimiert werden. Passende Verteilungsfunktionen (s. [152] und DIN 66143 bis DIN 66145), die die Siebanalysen mit befriedigender Genauigkeit wiedergeben, sind wegen des zumeist klassierenden Abziehens der Granulate nicht zu finden. Es bieten sich (entnommen aus [153]) zur Kennzeichnung der Körnung der mittlere Durchmesser und ein Maß für die Breite der Korngrößenverteilung an. Die sogenannte „Imperfektion" (s. auch Kap. 9.5.2) gemäß Bild 6-3 bezieht den wesentlichen Teil der Verteilungsbreite auf die mittlere Korngröße. Um einen größeren Teil des durch Sichten eingeengten Korngrößenspektrums zu erfassen, wird hier anstelle der sonst üblichen 75 / 25 % - eine 90 / 10 % - Grenze vorgeschlagen.

Die Imperfektion soll folgendes Beispiel verdeutlichen:
Bei einem mittleren Durchmesser von und $D_{50} = 500\ \mu m$ sei $D_{10} = 270\ \mu m$ und $D_{90} = 690\ \mu m$. Dann ist die

$$\text{Imperfektion} = \frac{1}{2} \cdot \frac{690 - 270}{500} = 0{,}42$$

Nach dieser Definition, würden sich bei dem gewählten Beispiel der Durchmesser von 80 % aller Granulate in einen Bereich von ± 210 µm um den Mittelwert anordnen. Mit dem Durchmesser D_{50} und $I_{90/10}$ ist damit die Körnung anschaulich und für Vergleiche leicht handhabbar beschrieben.

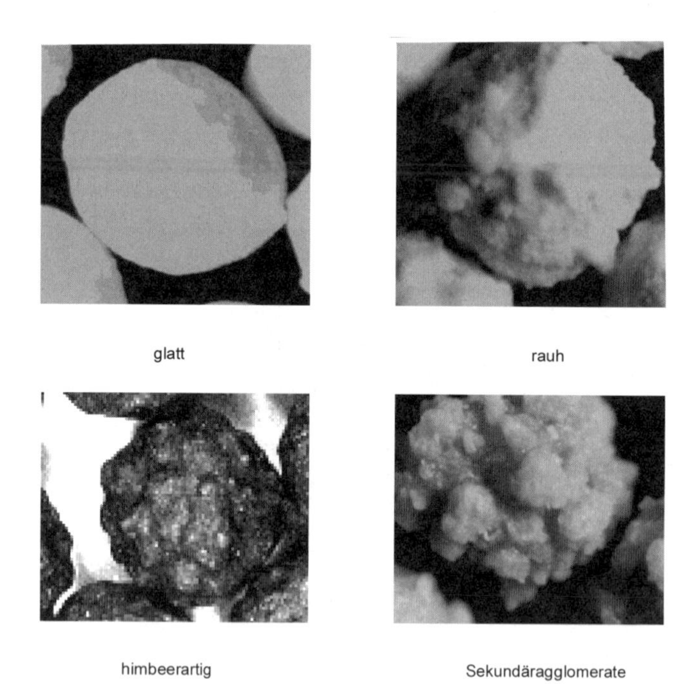

Bild 6-4 Typische Morphologien von Granulaten (alle Granulate sind nahezu rund)

6.2.2 Morphologie

Üblicherweise wird die Morphologie visuell unter dem Mikroskop beurteilt. Zu beschreiben sind die Annäherungen an eine ideale glatte Kugel hinsichtlich Form (rund, nahezu rund, eiförmig, Sekundäragglomerate) und Oberflächenrauhigkeit (glatt, rauh, himbeerartig). Fotos typischer Morphologien zeigt Bild 6-4. Sekundäragglomerate sind aus mehreren Partikeln entstanden. Sie sind nur ausnahmsweise glatt. Verklumpungen sind Zusammenballungen von Granulaten, die nahezu die Austragsgröße erreicht haben und daher deutlich größer als die Austragsgröße sind (s. Kap. 4.6).

6.2.3 Innere Oberfläche

Was unter der inneren Oberfläche der Partikel zu verstehen ist, ist in Kap. 2.2.3 beschrieben.

Sie wird mit einem inerten Meßgas (vorzugsweise Stickstoff) bestimmt. Dabei wird die Gasmenge ermittelt, die von der Probe adsorbiert wird. Die Bestimmung erfolgt in einem Bereich von 5 bis 30 % des Sättigungsdampfdruckes. In diesem Druckbereich werden in die Oberflächen einlagig („monomolekular") bedeckt. Da der Platzbedarf eines Moleküles des Meßgases bekannt ist, ist aus der adsorbierten Gasmenge die durch Adsorption bedeckte Oberfläche zu berechnen. Bei der Adsorption werden die dem Meßgas zugänglichen gesamten inneren, aber auch die vergleichsweise unbedeutenden äußeren Oberflächen der Granulate erfaßt.

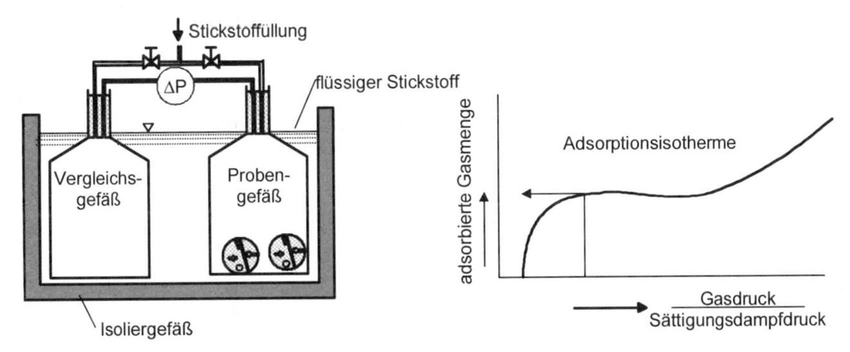

Bild 6-5 Schematisierte Meßanordnung zur Bestimmung der Oberflächen durch Adsorption

Das Gleichgewicht zwischen Stickstoffdruck und Adsorption wird durch Adsorptionsisothermen beschrieben. Die am häufigsten vorkommende Form dieser Isothermen ist in Bild 6-5 unten dargestellt. **B**runauer, **E**mmet und **T**eller haben ihre Auswertung für die Vermessung von Feststoffoberflächen physikalisch und statistisch begründet. Sie heißt daher auch BET-Isotherme. Bezüglich der

Auswertung dieser Isotherme muß auf die Spezialliteratur und auf DIN 66131 verwiesen werden. Außerdem gibt es eine mit DIN 66132 standardisierte, vereinfachte Methode, die mit einem Meßpunkt auskommt („Einpunktmethode").

Das Prinzip der Meßapparatur ist in Bild 6-5 dargestellt. Kernstück sind 2 volumengleiche Gefäße, von denen das eine die Probe (Gewicht 0,1 bis 10 g) enthält, während das andere leer ist. Beide Gefäße sind bei Raumtemperatur mit Stickstoff gefüllt und dann gegeneinander und gegen die Umgebung abgeschlossen. Durch Abkühlung der Gefäße in einem Stickstoffbad kommt es zu einer Stickstoffadsorption an der Probe mit der Folge, daß im Probegefäß der Druck sinkt. Aus Druckabsenkung und Einwaage ist die massenbezogene spezifische Oberfläche zu berechnen.

6.2.4 Feuchtegehalt

6.2.4.1 Allgemeines

Es sind zahlreiche Methoden der Feuchtebestimmung bekannt. Ihre Auswahl richtet sich im allgemeinen nach den Anforderungen an die Genauigkeit, Schnelligkeit und Reproduzierbarkeit im jeweiligen Anwendungsfall. Die nachstehend erläuterten Methoden werden besonders häufig angewendet.

6.2.4.2 Bestimmung über Verdunstung durch Infrarotstrahler

Besonders einfach und schnell (Dauer 5 bis 15 min) ist die Feuchte durch Ermittlung der Gewichtsabnahme bei Wärmezufuhr durch einen Infrarotstrahler zu bestimmen (s. Bild 6-6). Probemengen von 2 bis 5 g werden auf einer empfindlichen Waage liegend beheizt. Verfolgt wird der Gewichtsverlust. Bei Gewichtskonstanz (z. B. über 30 s) wird die Messung automatisch abgebrochen. Moderne, automatisierte Geräte übernehmen die Bestimmung der Einwaage und des Gewichtsverlustes. Sie errechnen zudem die Feuchte. Die Temperatur des Infrarotstrahlers muß vorgewählt werden. Üblich sind Werte zwischen 50 und 200 °C, die abhängig von der Temperaturempfindlichkeit des Produktes einzustellen sind. (Zersetzung der Probe führt zu Fehlmessungen!)

Die thermische Feuchtebestimmung ist nur geeignet, wenn das Wasser an der Oberfläche oder in Poren gebunden ist. Kristallwasser sowie adhäsiv gebundenes Wasser können mit dieser Methode ohne Produktzersetzung zumeist nicht bestimmt werden. Üblicherweise werden IR-Strahler eingesetzt. In jüngster Zeit setzt die Firma Mettler-Toledo Halogen-Strahler ein. Die Methode hat eine Reihe von Vorzügen. u. a. wird mit ihr rascher die gewünschte Temperatur erreicht und dadurch die Dauer der Feuchtebestimmung verkürzt (s. den Temperaturverlauf im Bild 6-6).

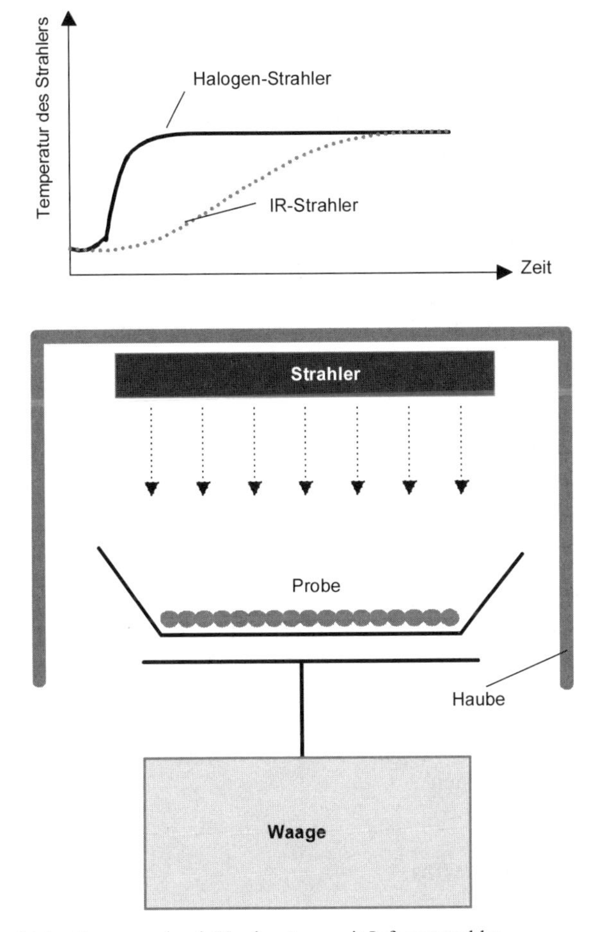

Bild 6-6 Feuchtebestimmung durch Verdunstung mit Infrarotstrahler

6.2.4.3 Karl-Fischer-Methode

Von Karl Fischer ist 1935 eine universell anwendbare Methode zur Feuchtebestimmung entwickelt worden. Sie ist bei fast allen organischen und anorganischen Stoffen anwendbar. Dabei wird eine hohe Genauigkeit, insbesondere bei kleinen Wassermengen, erreicht (Probenmenge ca. 1 - 2 g).

Grundlage ist die Reaktion von Schwefeldioxid mit Jod in Gegenwart von Wasser, wobei sich Schwefelsäure und Jodwasserstoff bilden:

$$SO_2 + J_2 + 2\ H_2O \Leftrightarrow H_2SO_4 + 2\ HJ$$

Die Reaktion kommt sofort zum Stillstand, wenn alles Wasser verbraucht ist. Aus der verbrauchten Jodmenge, die titrimetrisch bestimmt werden kann, ist auf die vorhandene Wassermenge zu schließen. Zur einseitigen Verschiebung des Reaktionsgleichgewichtes ist die Bindung der Säure notwendig, was durch einen Zusatz von Pyridin (ist bereits ein Bestandteil der sogenannten „Karl-Fischer-Lösung") erfolgt.

Üblicherweise wird das Wasser aus dem Feststoff zunächst durch reinen Alkohol (zumeist Methanol) extrahiert und dann im Alkohol nach der Karl-Fischer-Methode bestimmt. Das heikle Beobachten des Farbumschlages wird heute von Automaten zuverlässig ausgeführt.

Im Gegensatz zur thermischen Feuchtebestimmung erfaßt die Karl-Fischer-Methode die gesamte Wasserfeuchte.

6.2.5 Dichte der Schüttung

6.2.5.1 Schüttdichte

Die Schüttdichte ist das Verhältnis von Masse zu Volumen von frei geschütteten Partikeln (DIN 53468). Aus einem Trichter mit vorgegebenem Abstand zu einem zylindrischen Gefäß werden langsam Partikel in das Gefäß mit bekanntem Volumen gefüllt, bis das Gefäß überläuft. Nach vorsichtigem Abstreifen des überstehenden Gutkegels wird die Einwaage bestimmt. Diese Dichte beschreibt den Zustand, in dem die Partikel regellos neben- und aufeinander liegen. Ihr reziproker Wert ist das „Schüttvolumen".

6.2.5.2 Rüttel- oder Stampfdichte

Bei ansonsten gleichen Ausgangsbedingungen wie bei der Schüttdichte, wird hier die Schüttgutprobe durch Vibration verdichtet (DIN 53194, s. auch DIN ISO 787-11). Dadurch werden in der Regel höhere Dichten erreicht. Das ist die Folge von vibrationsbedingten Partikelumlagerungen, die zu einem höheren Ordnungszustand führen. Ihr reziproker Wert ist das „Stampfvolumen".

6.2.5.3 Kompressibilität der Schüttung

Immer dann, wenn die Granulate volumetrisch dosiert werden sollen, ist das Verhältnis

$$\text{HF} = \frac{\text{Stampfdichte}}{\text{Schüttdichte}},$$

das Hausner-Faktor HF [18] genannt wird, von Bedeutung. Es zeigt die Kompressibilität des Haufwerkes. Dabei liegt auf der Hand, daß bei runden, glatten Granulaten in enger Korngrößenverteilung die Unterschiede zwischen Schütt- und Stampfdichte nur gering sind, der Faktor also gegen 1 geht. (Weitere Folgerungen aus diesem Verhältnis s. Kap. 6.3.2.1)

6.2.6 Dichte einzelner Granulate

Die Definitionen dieser Dichten sind unter Kap. 2.2.2 näher erläutert. Die scheinbare Dichte bezieht die Masse auf das Hüllvolumen des Granulates, die wahre Dichte dagegen auf das effektive Volumen der Feststoffstruktur.

6.2.6.1 Scheinbare Dichte

Die Bestimmung erfolgt in Quecksilber. Quecksilber umhüllt aufgrund seiner schlechten Benetzung die Granulate. Gemessen wird das vom Granulat verdrängte Quecksilbervolumen.

Für die Bestimmung wird ein Gefäß bekannten Volumens benutzt. Die Probe (etwa 0,5 g), deren genaue Masse bekannt ist, wird in das Gefäß eingebracht, das Gefäß evakuiert und mit Quecksilber gefüllt. Bei Belüftung auf Umgebungsdruck dringt das Quecksilber nur in Poren > 13 µm ein. Damit liegt das Hüllvolumen fest. Aus der Differenz der Gewichte von reinem Quecksilber zu Quecksilber mit Probe kann zunächst das Hüllvolumen der Probe und schließlich mit der Probenmasse die scheinbare Dichte errechnet werden.

6.2.6.2 Wahre Dichte

Die Bestimmung erfolgt in Helium (s. Bild 6-7). Helium dringt in nahezu alle Poren der Struktur ein (kleinster Porendurchmesser 2 Å). Gemessen wird das vom Granulat verdrängte Heliumvolumen.

Für die Bestimmung wird ein Pyknometer benutzt. Es besteht aus zwei in Verbindung stehenden Kammern, der Proben- und der Vergleichskammer. In die Probenkammer ist die gut getrocknete Probe, deren Gewicht bekannt ist, eingebracht. Beide Kammern stehen anfänglich in Verbindung. Sie sind zunächst evakuiert und werden dann mit Helium gefüllt. Danach wird die Verbindung zwischen den Kammern (in Bild 6-7 nicht eingezeichnet) unterbrochen. Schließlich wird zunächst der Kolben der Probenkammer eingefahren. Es stellt sich ein höherer Druck ein, der dann durch Einfahren des anderen Kolbens bis zur Gleichheit der Drücke beider Kammern ($\Delta P = 0$) auch in der Vergleichskammer eingestellt wird. Aus der unterschiedlichen Stellung der Kolben ergibt sich das Volumen daß das Gas nicht einnehmen kann. Es ist das Volumen der Feststoffstruktur einschließlich aller eingeschlossenen, für das Gas nicht zugänglichen Räume und wird vereinfacht als das wahre Feststoffvolumen angesehen. Das Probengewicht liegt zwischen 10 und 20 g.

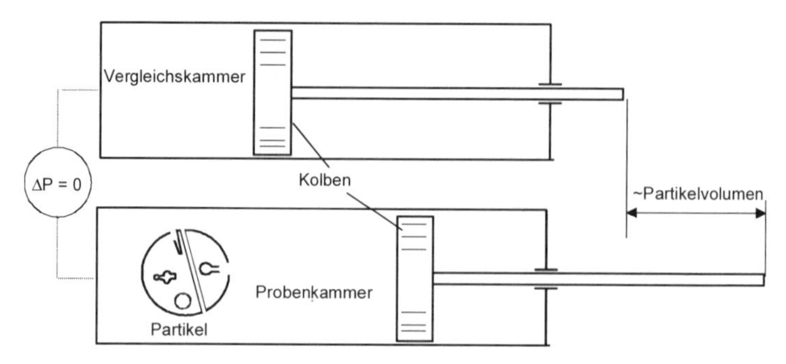

Bild 6-7 Prinzip des Gaspyknometers zur Bestimmung der wahren Dichte

6.2.6.3
Berechnung der Porosität

Die Porosität kann aus der wahren Dichte $\rho_{S,w}$ und scheinbaren Dichte $\rho_{S,s}$ errechnet werden, denn es ist

$$\text{Partikelvolumen} = \frac{\text{Masse}}{\rho_{S,s}}$$

$$\text{Feststoffvolumen} = \frac{\text{Masse}}{\rho_{S,w}}$$

$$\text{Porenvolumen} = \text{Partikelvolumen} - \text{Feststoffvolumen} = \text{Masse} \cdot \left(\frac{1}{\rho_{S,s}} - \frac{1}{\rho_{S,w}}\right)$$

also:

$$\text{Porosität} = \frac{\text{Porenvolumen}}{\text{Partikelvolumen}} = \frac{\left(\frac{1}{\rho_{S,s}} - \frac{1}{\rho_{S,w}}\right)}{\frac{1}{\rho_{S,s}}} = 1 - \frac{\rho_{S,s}}{\rho_{S,w}} \qquad \text{Gl.(6-1)}$$

6.2.6.4
Porengrößenverteilung

Reicht die Kenntnis von Porosität und innerer Oberfläche der Granulate zu ihrer Beurteilung nicht aus, dann liefert die Messung der Porengrößenverteilung (s. DIN 66133) weitere Informationen über die Zugänglichkeit der inneren Oberflächen. Die Porengrößenverteilung wird gemäß Bild 6-8 mit einer Quecksilber-Intrusionsmethode gemessen. Quecksilber benetzt nicht. Es kann nur mit Druck in die Poren gepreßt werden. Die Probe (etwa 0,5 g) wird dazu in ein mit Quecksilber gefülltes Dilatometer eingebracht. Danach wird das Quecksilber über ein

Druckübertragungsmedium (Alkohol) unter Druck gesetzt. Das Quecksilber dringt dabei in die Poren ein. Das in die Probe eingedrückte Quecksilber führt zu einer Spiegelabsenkung im Dilatometer. Über Abtastnadeln wird die Spiegelabsenkung verfolgt. Von diesen Abtastnadeln ist die untere starr („Elektrode"), während die obere dem Spiegel so nachgeführt wird, daß ständig ein Stromkreis über das Quecksilber geschlossen bleibt. Über den jeweiligen Druck kann man unter der Annahme, daß die Poren zylindrisch sind, den zugehörigen Porendurchmesser errechnen. Das in die Probe gepreßte Quecksilber entspricht hingegen dem Volumen der Poren. Im Ergebnis erhält man die Porengrößenverteilung. Das ist der Anteil, den das Volumen von Poren einer bestimmten Größe am gesamten Porenvolumen hat. Die Messungen werden derzeit bis zu einem Quecksilber-Druck von 4000 bar entsprechend einem Porendurchmesser von 37,5 Å durchgeführt.

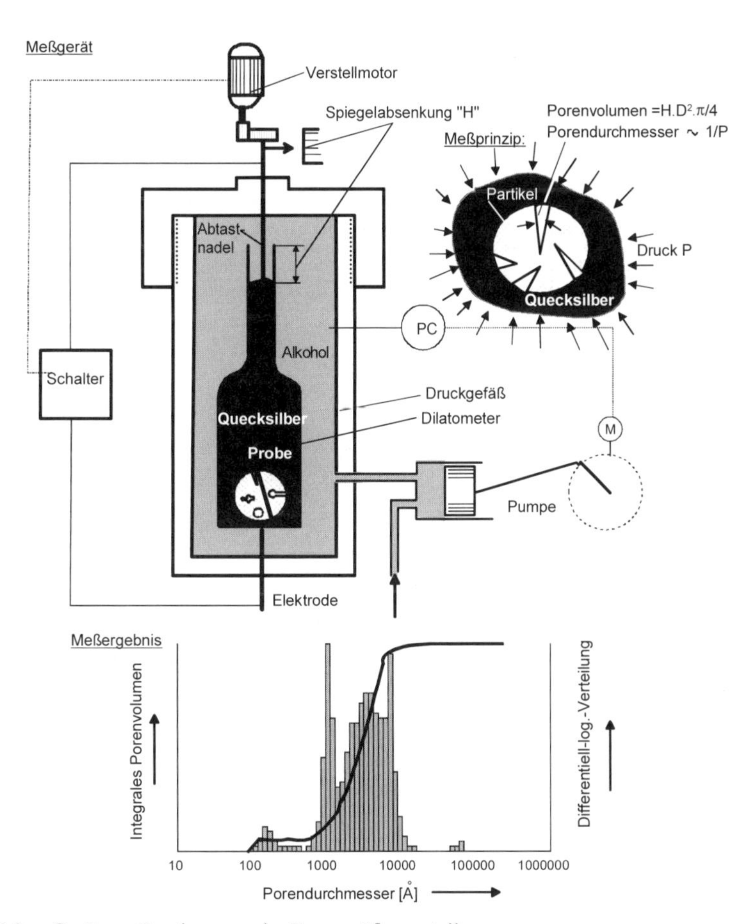

Bild 6-8 Gerät zur Bestimmung der Porengrößenverteilung

6.2.7 Staubzahl

Zur Messung der Staubzahl wurde insbesondere für Produktion und Anwendung von Farbstoffen mit feinteiligen Granulaten (< 500 µm) ein als „Cassela-Gerät" bekanntes Staubmeßgerät entwickelt [86]. Hierbei wird das Schüttgut über eine definierte Strecke (500 mm) in ein Auffanggefäß fallen gelassen. Dabei entwickelt sich Staub, der als Schwächung eines Lichtstrahles etwas oberhalb des Auffanggefäßes gemessen wird.

Bild 6-9 zeigt das Meßgerät. Die Öffnung der Klappe und die zeitlich versetzt erfolgende Messung der Lichtschwächung werden durch ein Steuergerät automatisch ausgelöst. Vollständige Absorption des Lichtes hat einen Meßwert von 100 zur Folge. Geringere Meßwerte geben die Möglichkeit, die Staubneigung des Granulates nach der im Bild angegebenen Tabelle zu klassifizieren

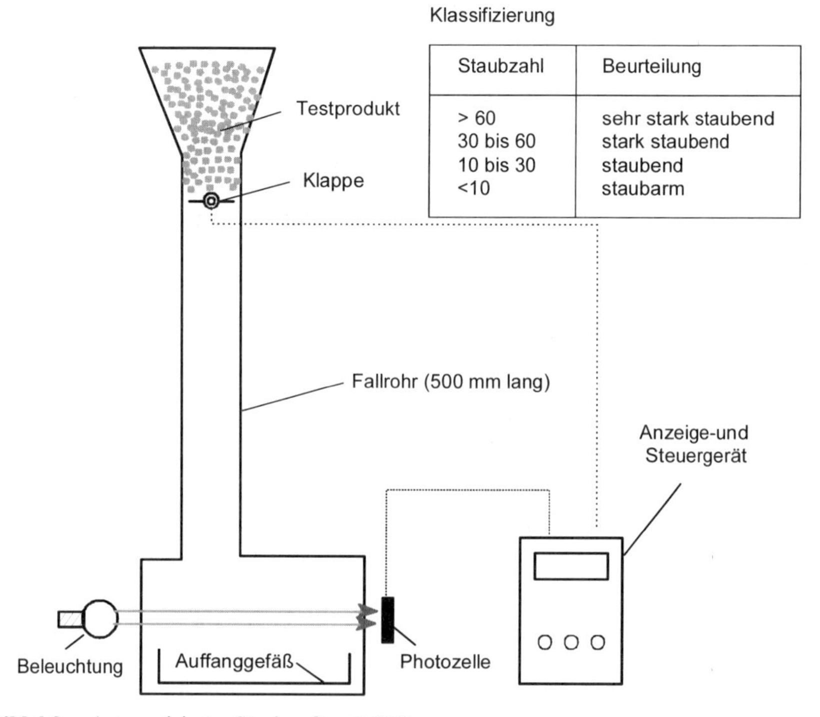
Klassifizierung

Staubzahl	Beurteilung
> 60	sehr stark staubend
30 bis 60	stark staubend
10 bis 30	staubend
<10	staubarm

Bild 6-9 Automatisiertes Staubmeßgerät [86]

6.3 Applikatorische Eigenschaften

6.3.1 Fließ- und Entgasungsverhalten von Schüttungen

Ein stetiger Schüttgutfluß ist die Voraussetzung für eine genaue Dosierung der Schüttgüter, für die Befüllung großer Volumen (z.B. Silos) oder auch kleiner Volumen (Gebinde, Tablettenpressen etc.). Bekanntlich wird das Fließen von zahlreichen Faktoren beeinflußt. Es kann einerseits zu Brückenbildungen kommen, die den Produktfluß behindern bis unterbrechen. Andererseits führt schießendes Produkt zu einem unkontrollierten Produktfluß. Das Schießen durch Eigenfluidisierung wird durch das Entgasungsverhalten bestimmt (s. Kap. 6.3.3). Zum Schießen neigen leichte, kleinteilige Produkte mit unregelmäßiger Kornform. Nach [354] entgasen die Schüttgüter normalerweise in einer Zeit unter 30 s, schießende brauchen dafür Stunden bis Tage.

Einen Einblick in den physikalischen Hintergrund der Fließfähigkeit von Schüttgütern und deren Messung soll Bild 6-10 liefern. Durch eine einachsige Druckbeanspruchung ist in einem Gedankenmodell ein Preßling entstanden. Der Preßling wird anschließend durch einen zunehmenden Druck erneut, aber nicht durch einen Hüllkörper abgestützt, bis zur Zerstörung belastet. Der Vergleich von Verfestigungs- zu Bruchspannung liefert gute Hinweise. Zunächst gibt es Produkte, die zu einer Zeitverfestigung neigen (s. das Diagramm in Bild 6-10). Es gibt aber auch seltene Produkte, bei denen die Bruchspannung progressiv mit der Verfestigungsspannung ansteigt. Der Fließfaktor ff_c erlaubt die im Bild angegeben Einordnung nach ihrer Fließfähigkeit. Dabei ist zu beachten, daß zur Angabe des Fließfaktors stets die Verfestigungsspannung dazugehört. Die Messung erfolgt üblicherweise in dem Schergerät nach Jenike, wie sie im Bild unten dargestellt ist. Verfestigungs- und Bruchspannung erhält man mit Hilfe des Mohrschen-Spannungskreises, der eine Umrechnung der Schubspannung in die Bruchspannung ermöglicht.

Von Schulze [315] sind 16 Meßverfahren gegenübergestellt worden. Davon sind Meßverfahren, deren Ergebnisse physikalisch verallgemeinert werden können (Stichwort "Jenike–Schergerät"), meist schwierig zu handhaben und aufwendig. Bei [354] findet sich hierzu der Hinweis, daß ein erfahrener Experimentator zur ausreichenden Vermessung eines Produktes mehrere Tage braucht. Die Methode ist daher für die Siloauslegung, aber nicht für die Produktentwicklung durch Granulation geeignet.

Granulate sind in der Regel gut fließfähig und nicht schießend. Deshalb werden im folgenden drei Methoden beschrieben, die für Vergleichsmessungen der Fließfähigkeit gut fließfähiger Granulate ausreichen. Auch wenn Granulate nicht schießend sein werden, kann das Entgasungsverhalten rasch befüllter Gebinde von Bedeutung sein.

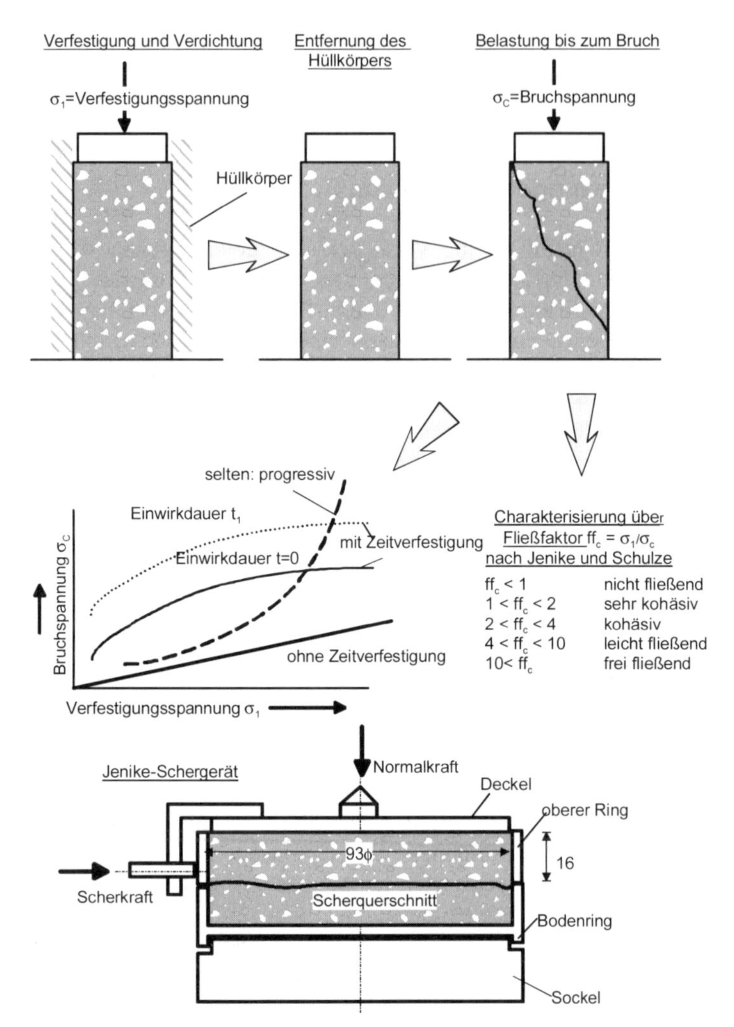

Bild 6-10 Physikalischer Hintergrund zur Bestimmung der Fließfähigkeit (in Anlehnung an [315])

6.3.2
Fließen von Granulaten

6.3.2.1
Beurteilung der Fließeigenschaften aus der Kompressibiltät

Wie im Kap. 6.2.5.3 dargelegt, kann aus Schütt- und Stampfdichte der Hausner-Faktor HF gebildet werden. In [354] findet sich der Hinweis, daß der Hausner-

Faktor eine Prognose der Fließfähigkeit (bei einer äußeren Druckbelastung von 10 N/cm²) erlaubt:

1	<	HF	< 1,1	fließend
1,1	<	HF	< 1,4	kohäsiv
1,4	<	HF		sehr kohäsiv

6.3.2.2 Schüttwinkel

Mit dem Schüttwinkel α_B können innere Schüttgutreibung und Fließfähigkeit bei loser Schüttung charakterisiert werden (entnommen aus [354]) . Über das Verhalten des Schüttgutes unter größeren Spannungen wie beispielsweise in einem Silo und zur Zeitverfestigung ist keine Aussage möglich. Seine Bestimmung erfolgt gemäß Bild 6-11 nach:

$$\alpha_B = \arctan \frac{4\,H}{z_1 + z_2} \qquad \text{Gl.(6-2)}$$

Erfahrungsgemäß gilt bezüglich Fließfähigkeit:

	α_B	< 30°	sehr gut fließend
30° <	α_B	< 45°	frei fließend
45° <	α_B		schlecht fließend

Die Bestimmung des Schüttwinkels ist durch DIN ISO 4324 standardisiert.

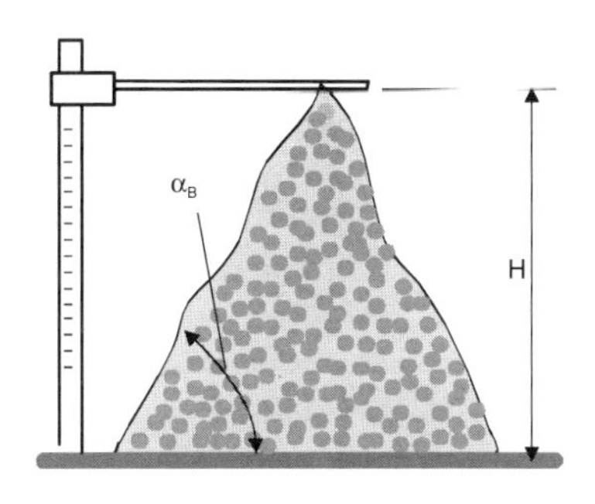

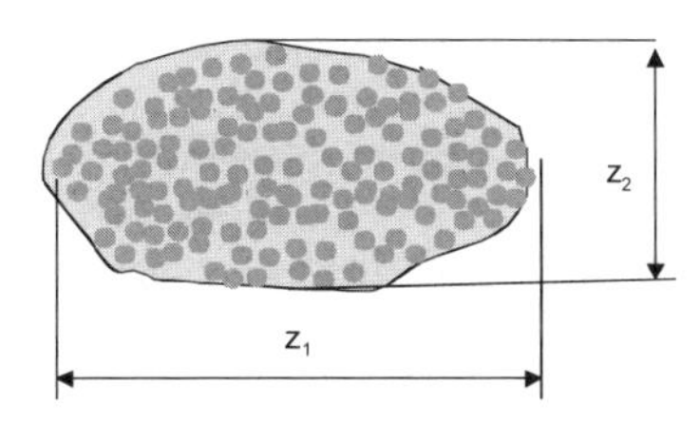

Bild 6-11 Messung des Schüttwinkels (aus [354])

6.3.2.3 Ausflußtrichter

Die Partikel werden in Trichter mit unterschiedlichem Ausflußdurchmesser (beispielsweise sind für Kunststoffe 10, 15 oder 25 mm nach DIN 53 492 standardisiert) gegeben. Beurteilt werden können einerseits die Größe des Ausflußdurchmessers, durch den die Partikel gerade noch ausfließen. Andererseits kann auch die Auslaufzeit einer festen Partikelmenge aus einem Trichter mit gegebenem Ausflußdurchmesser verglichen werden. Eine kürzere Ausflußzeit wird als bessere Fließfähigkeit gedeutet. Weil es gemäß Bild 6-12 bei unrunden Partikeln mit zerklüfteter Oberfläche zu einer Brückenbildung kommen kann, ist das Verhältnis von Auslauf- zu mittlerem Granulatdurchmesser ein Hinweis auf die Rund- und Glattheit der Granulate. Da die Granulate üblicherweise einen Durchmesser von rund 500 µm haben, sind zu ihrer Beurteilung Trichter mit einem Auslaufdurchmesser zwischen 3 und 6 mm geeignet.

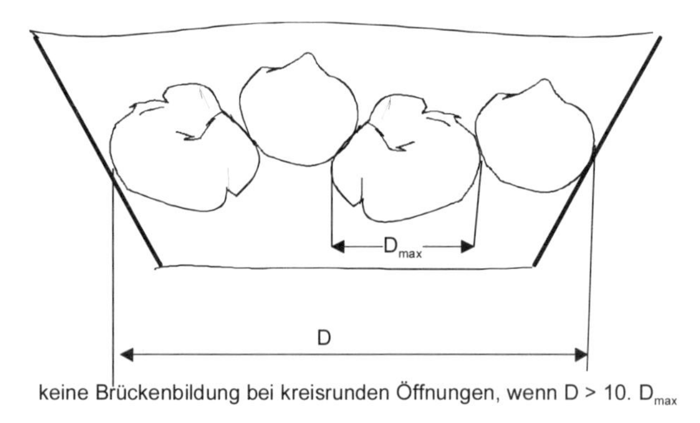

Bild 6-12 Brückenbildung durch Verkeilung einzelner Granulate [329]

6.3.3 Entgasungsverhalten

Werden Partikel im freien Fall in ein Behältnis eingefüllt, reißen sie Luft mit, die nicht sofort entweicht. Es muß einerseits in dem Behältnis Platz für die mitgerissene Luft sein und andererseits muß bei einer weiteren Verwendung eine Zeit eingehalten werden, die über der zu erwartenden Entgasungszeit liegt. Das Entgasungsverhalten wird wie die Lockerungsgeschwindigkeit bestimmt (s. Kap. 3.2.2 und Bild 6-13). Beobachtet werden Schichthöhe H und die Zeit t. Nach [354] ist die Entgasungszeit bei kugeligen Partikeln hoher Feststoffdichte gering. Sie wird kürzer, je größer die Partikel sind. Schießende Schüttgüter haben Lockerungsgeschwindigkeiten < 0,5 m/s und Absetzzeiten von > 5 min. Leider fehlen Untersuchungen zum Entgasungsverhalten von Produkten, die durch Wirbelschicht-Sprühgranulation gekörnt sind.

Sollen die im Labormaßstab ermittelten Daten auf größere Volumen umgerechnet werden, vergleicht man die Wege ($H_{groß}$ und H_{test}), die das Gas zurücklegen muß, um aus der Schüttung zu entweichen. Bei geometrischer Ähnlichkeit von Testbehälter und Großausführung ist (entnommen aus [354])

$$t_{groß} = \left[\frac{H_{groß}^2}{H_{test}^2}\right] \cdot t_{test} \qquad \text{Gl.(6-3)}$$

Die Wege sind die Mittelwerte der Schütthöhen im fluidisierten und entgasten Zustand.

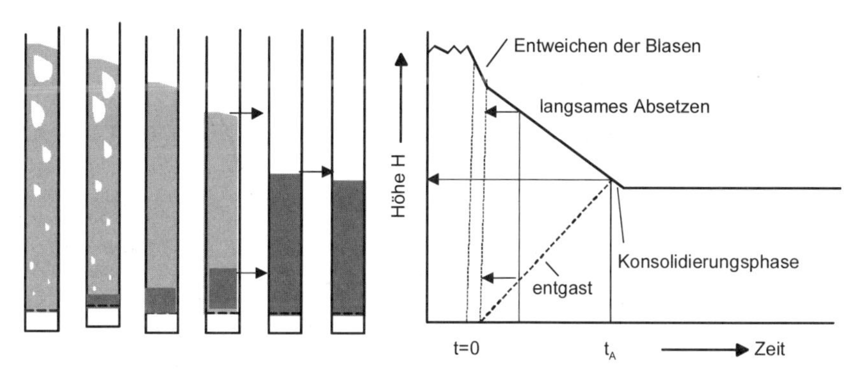

Bild 6-13 Absetzverhalten eines leicht fluidisierbaren Schüttgutes vom Geldart Typ A ([354])

6.3.4 Festigkeit

6.3.4.1 Festigkeit des Einzelpartikels

Die Prüfung erfolgt zumeist zwischen 2 ebenen Platten (Alternative: Platte / Schneide). Als Ergebnis werden Druckfestigkeit und Deformation ermittelt. Die Deformation ist gemäß Bild 6-14 die gesamte Zusammendrückung. Die Druckfestigkeit wird auf die zur Wirkungslinie der Beanspruchung senkrechten Fläche bezogen, was natürlich bei Abweichungen von der Kugelform zu Unsicherheiten in der Aussage führt. Vielfach findet man die im Bild vermerkten Zusammenhänge zwischen Kraft und Deformation. Erst die Ergebnisse von etwa 50 Einzelmessungen erlauben eine Gesamtbeurteilung einer Charge. Für diese aufwendige Prüfmethode sind inzwischen kommerzielle Geräte erhältlich, die automatisiert den Granulateinzug, die Belastung sowie die Meßwerterfassung und -auswertung durchführen [61].

Beim Trockenpressen von Hochleistungskeramik sind Packungsinhomogenitäten der Grünkörper oft die Ursache von Defekten. Deshalb hat in diesem Bereich die Messung der Festigkeit einzelner Granalien ihre weiteste Verbreitung gefunden (siehe u. a. [2]) . Naheliegend wäre aber auch ihre Anwendung zur Prüfung der Tablettierbarkeit. Darüber hinaus ist aber nicht bekannt, ob aus der Einzelgranulatfestigkeit auf integrale Eigenschaften wie Transportstabilität, Dispergierbarkeit, Abriebfestigkeit etc. geschlossen werden kann.

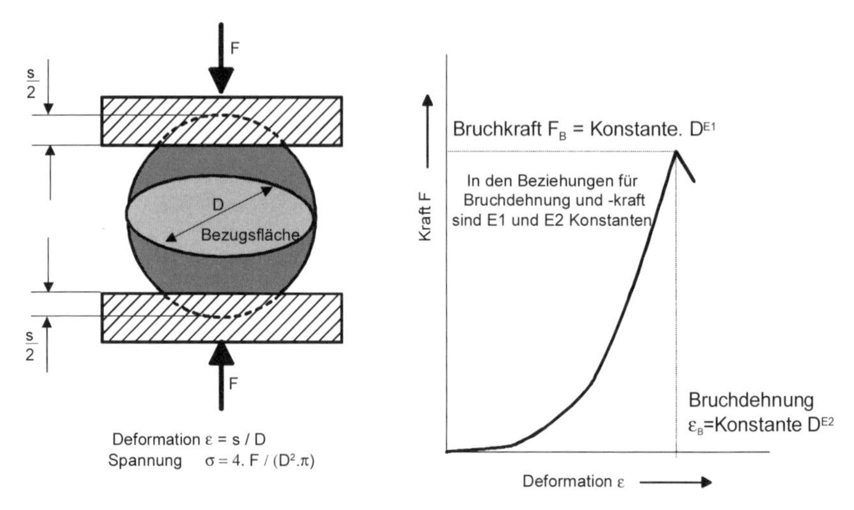

Bild 6-14 Prüfung des Kraft-/Deformations-Verhaltens am einzelnen Granulat

6.3.4.2 Abriebfestigkeit

Die Abriebfestigkeit läßt sich nicht durch eine physikalisch begründete Größe beschreiben. Sie wird vielmehr durch schädigende Beanspruchungen wie Scherung (Reibung) und Prall (Fall) unter definierten Testbedingungen für Vergleiche ermittelt.

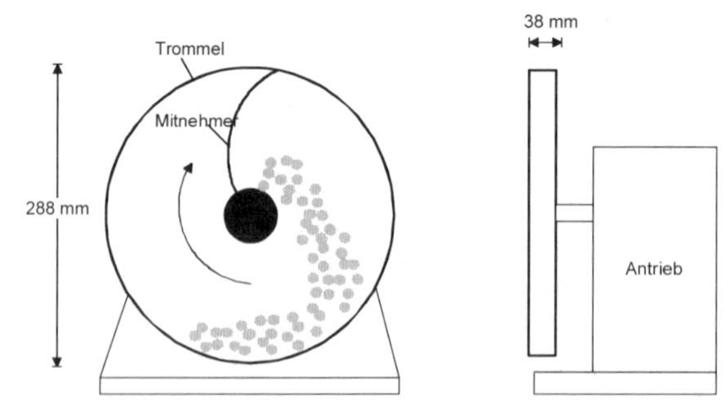

Bild 6-15 Roche–Friabilator

6.3.4.2.1
Friabilator

Der Roche–Friabilator nach Shafer et al. [319] dargestellt in Bild 6-15 wird hauptsächlich in der pharmazeutischen Industrie zur Bestimmung des Abriebs von Tabletten eingesetzt. Mindestens 20 Tabletten werden eingefüllt und 4 Minuten bei 25 min^{-1} umgewälzt, anschließend vom anhaftenden Staub befreit und dann gewogen. Der Vergleich mit dem Gewicht vor dem Test gibt Aufschluß über das Abriebverhalten. Es muß untersucht werden, ob die milden Beanspruchungen für Granulate zu brauchbaren Unterscheidungsmerkmalen führen.

6.3.4.2.2
Modifiziertes Luftstrahlsieb

Mit einem Luftstrahlsieb kann auf einfache Weise ein Abriebtest durchgeführt werden, der zu brauchbaren Unterscheidungsmerkmalen führt.

Bekanntlich läuft beim Luftstrahlsieb ein Belüftungsarm zur Auflockerung des Siebgutes um [5]. Der Luftstrom durch den Belüftungsarm hängt vom Unterdruck im Siebraum ab. Beim Sieben wird stets ein moderater, Abrieb vermeidendender Unterdruck eingestellt. Für den Abriebtest hingegen hat sich ein Unterdruck von etwa 140 mm WS bewährt. Die abrieberzeugende Beanspruchung besteht nun darin, daß der Luftstrahl die Partikel gegen den Deckel schleudert. Dabei ist zu beachten, daß es in Luft mit weniger als 65 % relativer Feuchte leicht zu elektrostatischen Aufladungen kommt. In deren Folge haftet dann Staub an den Oberflächen des Siebes und der Partikel. Um dies zu vermeiden, muß die Luft durch Ionisiereinrichtungen so leitfähig gemacht werden, daß die bipolar geladenen Partikel ihre Ladungen ausgleichen können. (Die Ionisierung ist bei Standardgeräten nachzurüsten). Dadurch wird eine zuverlässige Abfuhr des erzeugten Abriebs durch das Sieb sichergestellt. Zweckmäßigerweise ist der eigentlichen Testphase eine Vorentstaubungphase vorzuschalten (beispielsweise 10 min), in der evtl. anhaftender Staub entfernt wird. Die Gewichtsänderung während der eigentlichen Testphase liefert dann ein Maß für die Abriebfestigkeit.

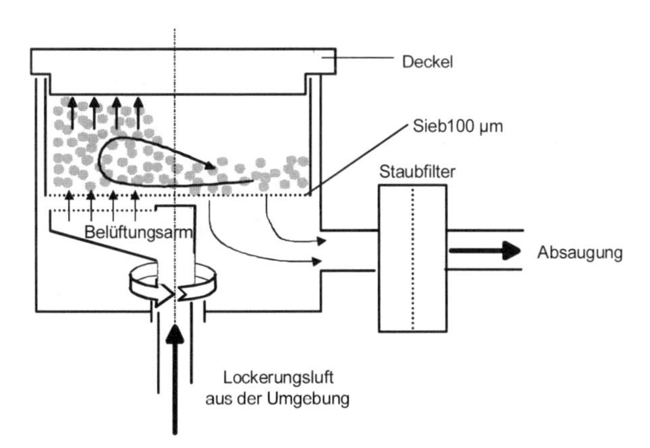

Bild 6-16 Luftstrahlsieb als Abriebtester für feine Granulate (< 750 µm)

6.3.5 Dispergierbarkeit

6.3.5.1 Allgemeines

Beim Aufbringen (löslicher) Granulate auf die Oberfläche der Anwendungsflüssigkeit laufen nacheinander, aber auch teilweise zeitlich überlagert, mehrere Vorgänge (s. Bild 6-17) ab: Eindringen von Flüssigkeit in das Porensystem, Absinken der Granulate in der Flüssigkeit, Lösen der Feststoffbrücken, Zerfall der Granulate in die Primärpartikel und, wenn die Primärpartikel in der Flüssigkeit ebenfalls löslich sind, Lösen der Primärpartikel. Die Eigenschaften der Granulate, die ihr Verhalten während dieser Vorgänge beschreiben, werden unter dem Begriff „Instanteigenschaften" („instant", engl. „Augenblick") zusammengefaßt. Hat ein Produkt gute Instanteigenschaften laufen alle diese Teilvorgänge schnell und ohne gegenseitige Behinderung ab. Das erwartet beispielsweise der Bauer bei der Bereitung von Spritzbrühen aus den Granulaten eines Pflanzenschutzmittels. Er möchte, daß die in das Wasser geschütteten Granulate rasch von selbst, also ohne daß er rühren muß, in ihre Bestandteile zerfallen. Ähnliche Ansprüche sind auch aus dem täglichen Leben bei Lebensmitteln bekannt.

Mit Dispergierbarkeitstests soll nun festgestellt werden, wie schnell die Granulate in einer Flüssigkeit zerfallen. In Bild 6-17 sind Möglichkeiten zur Bestimmung des Dispergiererfolges dargestellt. Granulate, die durch Wirbelschicht-Sprühgranulation hergestellt wurden, sind stets zumindest teilweise löslich. Ihre Dispergierung besteht folglich aus dem Lösen und Suspendieren der Inhaltsstoffe. Im Ergebnis trüben suspendierte Partikel die Flüssigkeit, gelöste ändern deren Leitfähigkeit, aber beide Vorgänge können auch zu ihrer Verfärbung führen. Dieses Ergebnis gibt die Möglichkeit, den Dispergiervorgang zu verfolgen.

Der einfachste und am häufigsten angewendete Dispergiertest besteht darin, den Zerfall der Granulate in einem transparenten Gefäß mit oder ohne gleichzeitigem Rühren zu beobachten. Wird der Zerfall ohne Rühren beobachtet, wird zumeist ein Standzylinder verwendet, um dem Granulat eine ausreichende Zerfallszeit in einer bewegten Umgebung anzubieten. Die Zerfallszeit wird dann nach dem Zerfall in die Primärpartikel, der Farbe oder Trübung geschätzt. Die Methode führt zu Ergebnissen, die natürlich mit subjektiven Fehlern behaftet sind.

Um diese subjektiven Fehler zu vermeiden, sind zahlreiche objektivierte, produktspezifische Tests entwickelt worden. Hauptsächlich werden optische Methoden für Dispergierbarkeitstests verwendet. Gemeinsame Basis aller optischen Meßverfahren ist, daß ein Lichtstrahl durch die Flüssigkeit geschickt wird. Der Lichtstrahl trifft auf der Gegenseite auf einen Empfänger, der die Veränderungen im Lichtstrahl detektiert. Das Dispergierverhalten ergibt sich aus der zeitlichen Veränderung des empfangenen Signales. Die Veränderungen werden verursacht durch gelöste Substanzen, die Licht absorbieren und durch Partikel (Feststoffe, Tropfen, Gasblasen), die das Licht streuen und/oder absorbieren.

Neben optischen Methoden bietet sich auch die Messung der Leitfähigkeit an. Die Messung der Leitfähigkeit wird allerdings nur in Sonderfällen (Beispiel: Lösen von Salzen) eingesetzt und daher hier nicht näher behandelt.

Mit einer Naßsiebung (Siebgröße abgestimmt auf die Größe der Primärpartikel) kann man sich ebenfalls einen guten Eindruck von dem Zerfall der Granulate in die Primärpartikel verschaffen.

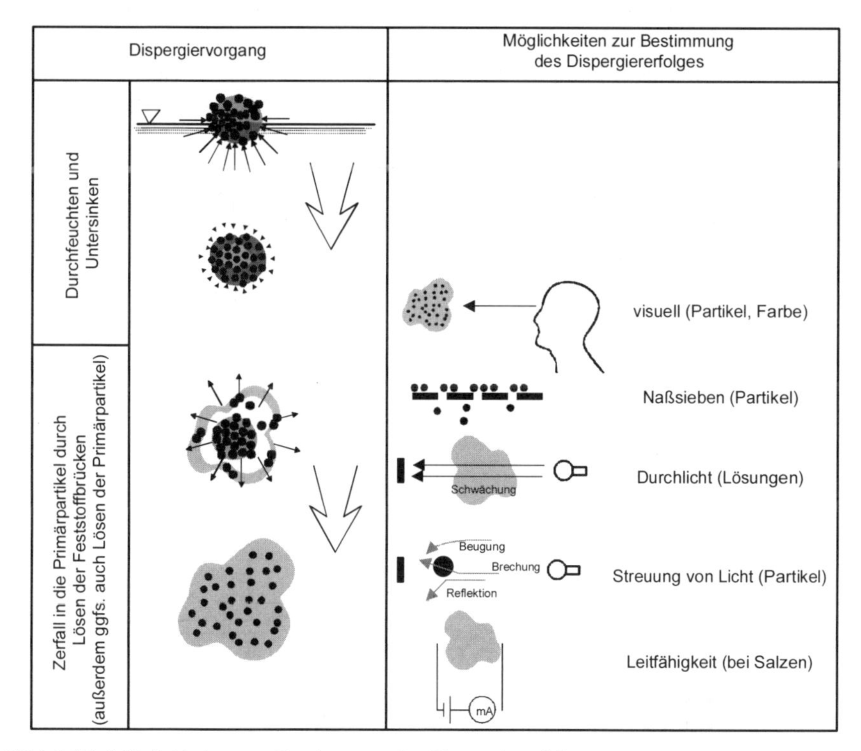

Bild 6-17 Möglichkeiten zur Bestimmung des Dispergiererfolges

6.3.5.2 *Meßgeräte*

Der Dispergiervorgang feinerer Granulate kann in den Einrichtungen, die in Bild 6-18 dargestellt sind, bestimmt werden. Sie haben beide den gleichen Grundaufbau. Er ermöglicht einmal eine Naßsiebung und zum anderen eine optische Vermessung.

Der Feststoff wird bei beiden Methoden in ein mit Flüssigkeit (das muß das Medium sein, in dem die Granulate später angewendet werden sollen) gefülltes Gefäß, geschüttet. Ein Umwälzkreislauf sorgt für eine ständige Zirkulation der Flüssigkeit.

Zu beobachten ist im Falle der Methode „Naßsiebung" ein Verstopfen des Siebes mit der Konsequenz, daß der Flüssigkeitsumlauf abnimmt. In dem Maße, in dem die Granulate in ihre Primärpartikel zerfallen, wird dann der Filterkuchen abgeschwemmt. Der Umlauf steigt nahezu wieder auf seinen Ausgangswert an. Die Zeit bis dieser Wert wieder erreicht ist, liefert ein Maß für das Dispergierverhalten (Motto: je kürzer, je besser).

Bei der optischen Methode wird Licht durch die umlaufende Flüssigkeit geschickt. Dieses Licht kommt an einem auf der Gegenseite angeordneten Sensor verändert an. (Bild 6-18). Betrachtet sei hier das Streulicht. Die Ursache für die Veränderung bei einem komplett löslichen Granulat sind zunächst die Granulate selbst, die für eine teilweise Ablenkung des Strahles in andere Raumrichtungen als Folge von Beugung, Brechung oder Reflektion sorgen. In der Anfangsphase nimmt mit zunehmender Beladung der umlaufenden Flüssigkeit das Meßsignal zu. Ist der Feststoff schließlich gelöst, hört die Streuung auf. Das Meßsignal geht auf seinen Ausgangswert zurück. Lösen sich dagegen die Primärpartikel nicht, entfällt das Absinken des Meßsignales.

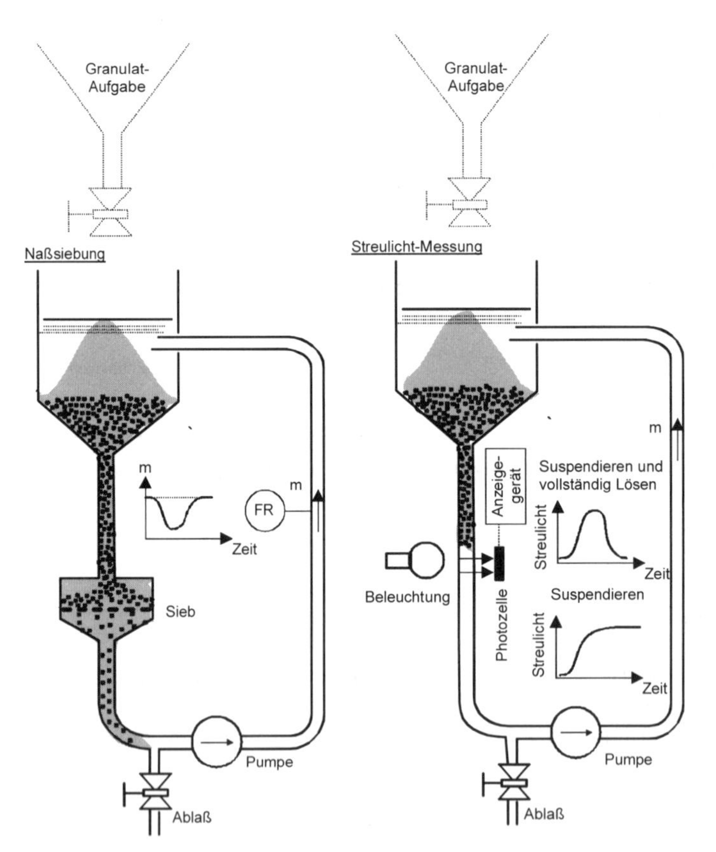

Bild 6-18 Charakterisierung des Dispergierverhaltens von Granulaten über eine Naßsiebung und durch Streulichtmessung

Es muß darauf hingewiesen werden, daß bei den beiden vorgestellten Methoden aussagekräftige Messungen eine Einengung der Parameter durch standardisierte Prozeduren voraussetzen. Dennoch bleiben diese Messungen aufwendig und außerdem nicht allgemein einsetzbar.

6.4 Steckbrief für Granulate

Zur Information für die weitere Verwendung sowie für die Qualitätskontrolle muß das Eigenschaftsprofil der Granulate dokumentiert werden. Die Zustandseigenschaften sind von allgemeinem Interesse, während bei den Verhaltenseigenschaften Abstimmungen auf die weitere Verwendung der Granulate erforderlich sind. Tabelle 6-1 zeigt den Entwurf eines Steckbriefes für Granulate. Er umfaßt die ermittelten Eigenschaften, die Meßmethodik und die Klassifizierungsstandards.

Tabelle 6-1 Entwurf eines Steckbriefes für Granulate (Symbole der Dichten sind nur für den Steckbrief definiert)

Produkt				
Eigenschaft	Befund	Klassifizierungsstandard	Bestimmung	
			Methode	Parameter
Partikelgröße im Mittel D_{50} [µm] Verteilung (D_{90}- D_{10})/2.D_{50}			Siebanalyse DIN 66 165, Teil 1 u. 2	
Partikelmorphologie		Oberfläche: glatt, rauh, himbeerartig Form: rund, eiförmig, unregelmäßig Sekundäragglomerate: vereinzelt, durchgängig Verklumpungen: vereinzelt, häufig	visuell	
	s. Anlage	Mikrostruktur	REM-Aufnahmen.	
Feuchte Art Gehalt [%]			Infrarot oder Karl-Fischer	
Dichten der Schüttung Schüttdichte ρ_1 [g /l] Stampfdichte ρ_2 [g /l] Kompressibiltät HF = ρ_1 / ρ_2 [-]			DIN 53 468 DIN 53 194	
Dichten des Einzelpartikels scheinbar ρ_3 [g /l] wahr ρ_4 [g /l]				
Porenstruktur Porosität =1 - (ρ_3 / ρ_4) [%] Porengrößenverteilung innere Oberfläche [m²/g]	s. Anlage	(BET, Einpunktmethode)	DIN 66 133 DIN 66 132	
Fließverhalten Schüttwinkel α_B		α_B < 30° sehr gut fließend 30°< α_B < 45° frei fließend α_B > 45° schlecht fließend	n. [354]	
Beurteilung n. Kompressibilität		1 < HF < 1,1 fließend 1,1 < HF < 1,4 kohäsiv 1,4 < HF sehr kohäsiv		
Auslauftrichter min. Durchmesser Ausflußzeit [s]		Auslaufdurchmesser angeben	ähnlich DIN 53492	
Entgasung Zeit [s]				
Festigkeit Einzelpartikel Bruchkraft [mN] Bruchdehnung [%]			angeben	
Abrieb Rate [%] Beanspruchungszeit [min]			Luftstrahlsieb	
Staubzahl		> 60 sehr stark staubend 10 bis 60 stark staubend 10 bis 30 staubend < 10 staubarm	Casella-Gerät	
Dispergierbarkeit Flüssigkeit Ergebnis	s. Anlage		angeben	

7 Berechnungsgrundlagen

7.1 Feuchte- und Wärmebilanz

7.1.1 Allgemeines

Es gibt verschiedene Arten der Gasführung, wie in Kap. 10 detailliert erläutert wird. Die Gasführung einer Granulationsanlage ist „offen“, wenn das Abgas nicht rezyklisiert sondern in die Umgebung abgeführt wird. Im Gegensatz dazu wird bei einem „geschlossenen“ System das Gas nach Reinigung und Entfeuchtung erneut verwendet. Der „Mischluftbetrieb“ liegt zwischen diesen beiden Betriebsarten. Mit ihm wird ein Ausgleich von klimatischen Schwankungen auf den Ansaugzustand der Luft angestrebt. Des weiteren gibt es auch Methoden bei denen die Granulation im Dampf des Lösungsmittels stattfindet [163], [241].

Für die Berechnung von Wirbelschicht-Sprühgranulatoren sind gewöhnlich aus Versuchen die Anfangs- und Endfeuchte des zu granulierenden Feststoffes sowie aus sicherheitstechnischen Überlegungen die Gasein- und Gasaustrittstemperatur bekannt.

Für eine gegebene Menge des zu granulierenden Produktes kann die zu verdunstende Flüssigkeitsmenge, sowie der Gas- und Wärmebedarf über Feuchte- und Wärmebilanzen ermittelt werden. Bilanzen lassen die im Granulator ablaufenden Vorgänge völlig außer acht. Ihre Ergebnisse gelten daher sinngemäß auch für Sprühtrockner und darüber hinaus für alle konvektiven Trockner, wie in der einschlägigen Literatur (s. z.B. [116] und [130]) nachzulesen ist.

In der Folge werden als Indizes verwendet:

G für Granulat	L für Flüssigkeit allgemein
K für Kerne	S für Sprühflüssigkeit
F für Gas	

Betrachtet sei zunächst die Feuchte. Von 1kg Feststoff/h ist

$$\dot{m}_L = \dot{m}_G \cdot \left(X_{S(korr)} - X_G\right) = \dot{m}_G \cdot \Delta X \qquad \text{Gl.(7-1)}$$

abzugeben. Dabei steht X für die Feuchtebeladung des Feststoffes (bezogen auf die Trockensubstanz).

$X_{S(korr.)}$ berücksichtigt, daß der Feststoff nicht nur mit der Sprühflüssigkeit sondern auch mit den Keimen bzw. Kernen in den Granulator eingetragen wird. Es ist

$$\dot{m}_G \cdot X_{S(korr)} = X_S \cdot (\dot{m}_G - \dot{m}_K) + \dot{m}_G \cdot X_K \qquad \text{Gl.(7-2)}$$

Die vom Feststoff abgegebene Feuchte muß vom Gasmassenstrom $\dot{m}_F$ aufgenommen werden. Das Gas tritt in den Granulator mit der Feuchtigkeitsbeladung (bezogen auf das feuchtefreie Gas) Y_e ein und mit Y_a aus.

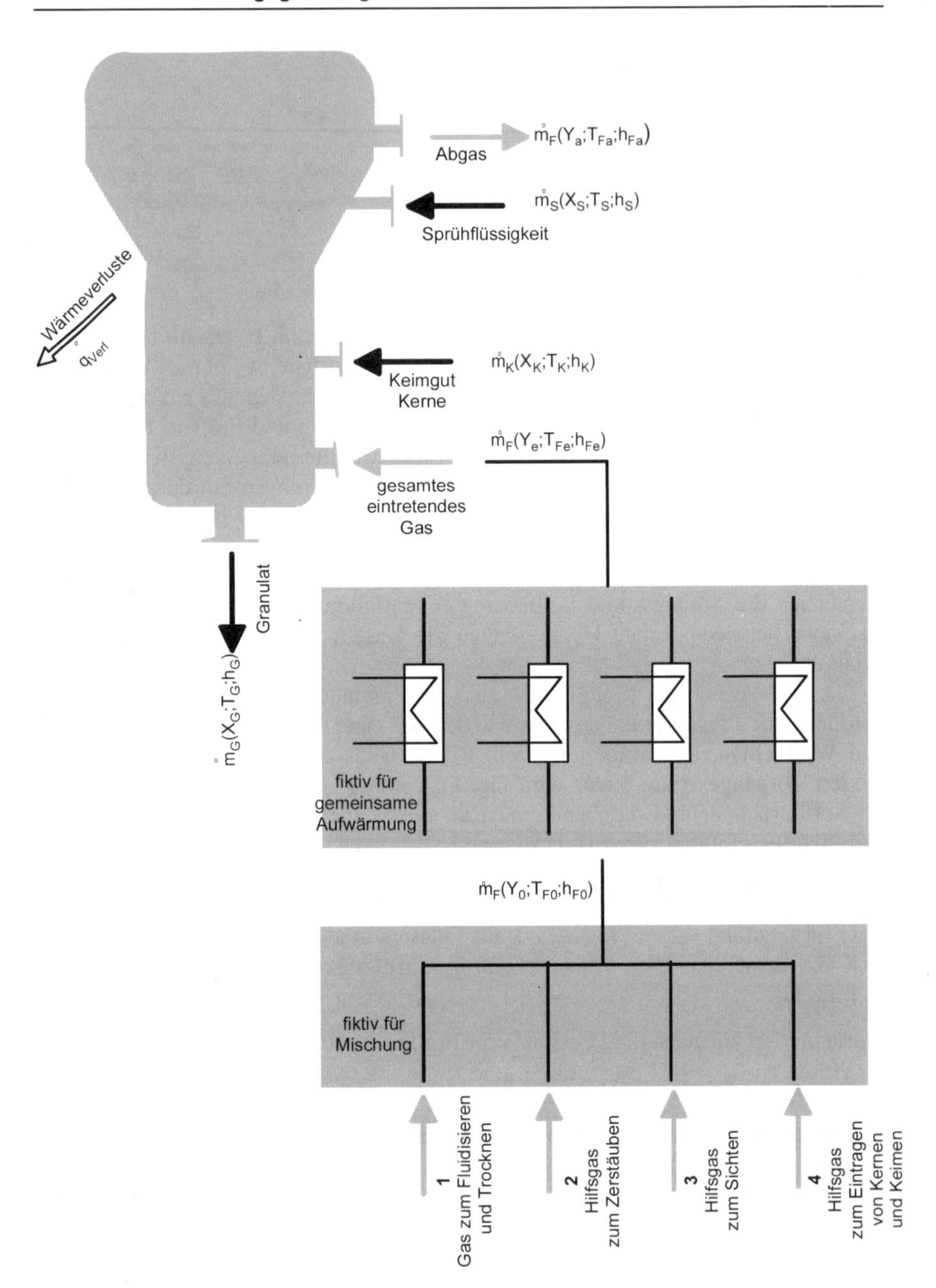

Bild 7-1 Feuchte- und Wärmeströme bei einem offenen System (zur Vereinfachung der rechnerischen Erfassung und der Darstellung der Vorgänge im h,Y-Diagramm werden die Gasströme fiktiv als vor dem Granulator gemischt und gemeinsam beheizt betrachtet)

Somit ist

$$\dot{m}_L = \dot{m}_F \cdot (Y_a - Y_e) = \dot{m}_F \cdot \Delta Y \qquad \text{Gl.(7-3)}$$

Um die Stoffströme von dem Ausgangs- in den Zustand zu bringen, in dem sie schließlich in den Granulator eintreten, muß ihnen Wärme zugeführt werden. Das soll nun näher untersucht werden.

7.1.2 Offener Kreislauf

Die Stoff- und Wärmeströme, die in den Granulator eintreten und ihn schließlich wieder verlassen, zeigt Bild 7-1.

Bezogen auf 1 kg/h zu verdunstender Flüssigkeit sind im einzelnen an Wärme aufzubringen für die

Aufwärmung der Gase von T_0 auf T_{Fa}	$\dot{q}_A$
Aufwärmung der Feuchte auf T_{Fa} und Verdunstung	$\dot{q}_{LV}$
Erwärmung des feuchtigkeitsfreien Feststoffes von T_K bzw. T_S auf T_G	$\dot{q}_S$
Erwärmung der Restfeuchte von T_S auf T_{Fa}	$\dot{q}_{RF}$
Deckung von Wärmeverlusten	$\dot{q}_{Verl.}$

Die Wärmeverluste werden vereinfachend als ein Bruchteil Ω der übrigen aufzubringenden Wärmen veranschlagt, entsprechend

$$\dot{q}_{Verl.} = \Omega \cdot (\dot{q}_A + \dot{q}_{LV} + \dot{q}_S + \dot{q}_{RF.}) = \Omega \cdot \dot{q}_I \qquad \text{Gl.(7-4)}$$

mit $\dot{q}_I$ als Zusammenfassung für die in der Klammer stehenden Glieder. Die Gasströme sind somit vor Eintritt in den Granulator entsprechend

$$\dot{m}_F \cdot (h_{Fe} - h_{F0}) = \dot{m}_F \cdot (\dot{q}_A + \dot{q}_{LV} + \dot{q}_S + \dot{q}_{RF} + \dot{q}_{Verl.}) = \dot{q}_I \cdot (1 + \Omega) \cdot \dot{m}_L \qquad \text{Gl.(7-5)}$$

aufzuheizen und damit ist die für 1 kg/h zu verdunstende Flüssigkeitsmenge aufzuwendende Gasmenge.

$$\dot{m}_F = \frac{\dot{q}_I \cdot (1 + \Omega) \cdot \Delta Y}{(h_{Fe} - h_{F0})} \qquad \text{Gl.(7-6)}$$

Für die Teilwärmeströme gilt

- Aufwärmung der Gase von der Ausgangstemperatur T_{F0} auf die Temperatur T_{Fa} mit der sie schließlich den Granulator verlassen

$$\dot{q}_A = \frac{\dot{m}_F \cdot (h_{Fa(Ye)} - H_{F0})}{\dot{m}_L} = \frac{h_{Fa(Ye)} - h_{F0}}{\Delta Y} \qquad \text{Gl.(7-7)}$$

  Dabei ist $h_{Fa(Ye)}$ die mit T_{Fa} und Y_e (d. h. keine Feuchteaufnahme) gebildete Enthalpie.

- Aufwärmung der Feuchte auf Abgastemperatur und Verdunstung

$$\dot{q}_{LV} = (c_{p,L} \cdot T_{Fa} + h_V) - c_L \cdot T_S \qquad \text{Gl.(7-8)}$$

- Erwärmung des feuchtigkeitsfreien Feststoffes von T_K bzw. T_S auf T_G

$$\dot{q}_S = \frac{c_S \cdot [(\dot{m}_G - \dot{m}_K) \cdot (T_G - T_S) + \dot{m}_K \cdot (T_K - T_S)]}{\Delta X} \qquad \text{Gl.(7-9)}$$

- Erwärmung der Restfeuchte von T_S auf T_{Fa}

$$\dot{q}_{RF} = \frac{\dot{m}_G \cdot X_G \cdot c_L \cdot (T_{FA} - T_S)}{\dot{m}_L} = \frac{X_G \cdot c_L \cdot (T_{FA} - T_S)}{\Delta X} \qquad \text{Gl.(7-10)}$$

- Deckung von Wärmeverlusten $\dot{q}_{Verl.}$. Dieser Wärmestrom errechnet sich aus Gl.(7-4).

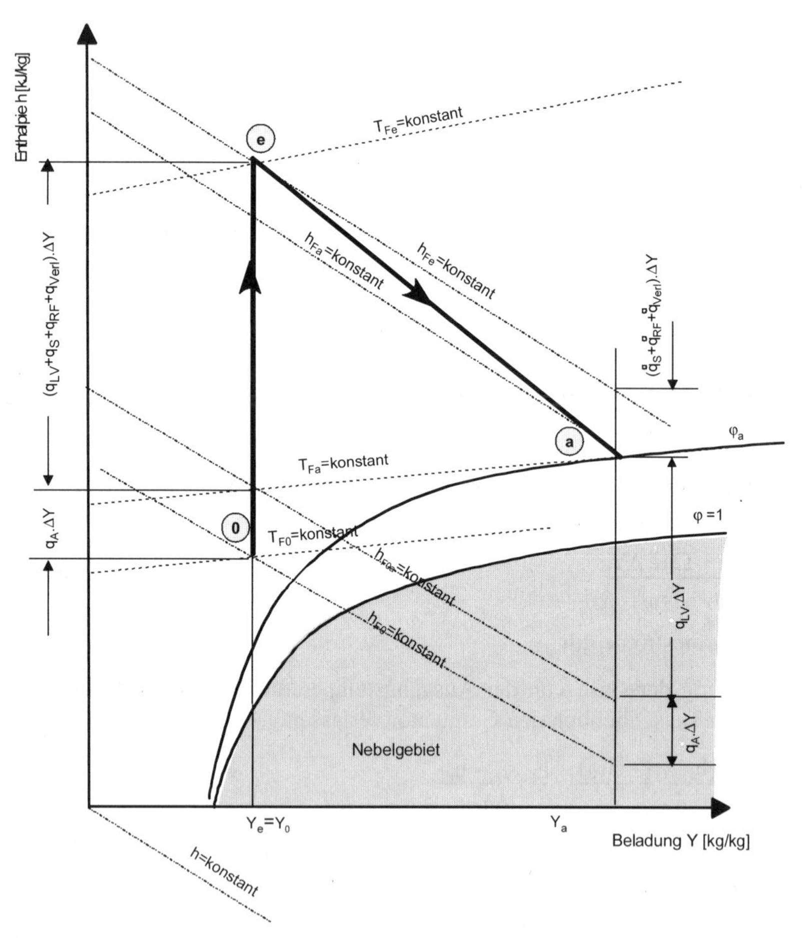

Bild 7-2 Darstellung des Granulationsprozesses im h,Y-Diagramm

7.1.2.1
Darstellung des Granulationsprozesses im h,Y- Diagramm

Die Darstellung des Granulationsprozesses in einem h,Y- Diagramm gibt die Möglichkeit, den Prozeß anhand der Eingangs- und Endwerte zu verfolgen (s. Bild 7-2). Ausgehend von den Ansaugbedingungen Enthalpie h_{F0} und Feuchtigkeitsbeladung Y_0, wird der den Ansaugzustand charakterisierende Punkt „0" gefunden. Bei der Bestimmung dieser beiden Zustandsgrößen wird zunächst so getan, als ob alle Gasströme vor Eintritt in einen gemeinsamen Gaserhitzer gemischt werden. Der Gaserhitzer heizt dann alle Ströme auf die Eintrittstemperatur T_{Fe} auf.

Es sind (wegen der Indizes s. Bild 7-1):

$$Y_0 = \frac{Y_{10} \cdot \dot{m}_{F1} + Y_{20} \cdot \dot{m}_{F2} + Y_{30} \cdot \dot{m}_{F3} + Y_{40} \cdot \dot{m}_{F4}}{\dot{m}_F} \qquad \text{Gl.(7-11)}$$

$$h_{F0} = \frac{h_{F01} \cdot \dot{m}_{F1} + h_{F02} \cdot \dot{m}_{F2} + h_{F03} \cdot \dot{m}_{F3} + h_{F04} \cdot \dot{m}_{LF4}}{\dot{m}_F} \qquad \text{Gl.(7-12)}$$

Im Gaserhitzer bleibt die Feuchtigkeitsbeladung konstant $Y_0 = Y_e$. Verfolgt man nun die Linie konstanter Feuchtigkeitsbeladung bis zum Schnittpunkt mit der Temperatur am Eintritt T_{Fe}, findet man den Punkt „e", der den Zustand der fiktiven Mischung aller Gasströme am Eintritt in den Granulator kennzeichnet. Die zugehörige Enthalpie h_{Fe} errechnet sich aus den aus dem Vorversuch bekannten Einstellgrößen Massenstrom, Feuchtigkeitsbeladung und Temperatur der verschiedenen Gasströme

$$h_{Fe} = \frac{h_{Fe1} \cdot \dot{m}_{F1} + h_{Fe2} \cdot \dot{m}_{F2} + h_{Fe3} \cdot \dot{m}_{F3} + h_{Fe4} \cdot \dot{m}_{F4}}{\dot{m}_F} \qquad \text{Gl.(7-13)}$$

Die Teilwärmeströme $\dot{q}_A$, $\dot{q}_{LV}$, $\dot{q}_S$, $\dot{q}_{RF}$ und $\dot{q}_{Verl.}$ müssen für ihre Darstellung im h,Y-Diagramm auf 1 kg/h Gas anstelle auf 1 kg/h zu verdunstende Flüssigkeit bezogen werden. Die Umrechnung erfolgt gemäß Gl.(7-3).

Von der eingebrachten Wärme findet sich im Abgas der Teil nicht mehr wieder, der als Verlust in die Umgebung verloren gegangen ist sowie der Teil, den das aus dem Granulator austretende feuchte Granulat enthält. Wird dieser Teil von der Enthalpie am Eintritt abgezogen, ergibt sich sich die Enthalpie des Abgases h_{Fa}. Der Punkt „a" und damit der Zustand des Abgases folgt aus dem Schnittpunkt der Linie h_{Fa} mit der aus Versuchen bekannten Linie T_{Fa} = constant. Die zu Punkt „a" gehörende relative Feuchte φ_a bestimmt, wie in Kap 4.8.4 dargelegt, wegen der Sorptionsgleichgewichte die Restfeuchte des Granulates.

Zwischen dem Schnittpunkt der Linie $Y_0 = Y_e$ mit der Linie T_{Fa} = constant ist der Anteil der Wärme abzulesen, der erforderlich ist, um den feuchtigkeitsfreien Teil aller eintretenden Gasströme vom Ansaug- auf den Abgaszustand aufzuwärmen.

7.1.2.2
Folgerungen für eine energetisch günstige Prozeßführung

Die Analyse des Prozesses anhand von Feuchte- und Wärmebilanzen legt für die Prozeßführung nahe:

- Gas-Eintrittstemperatur: ist so hoch wie möglich zu wählen, weil dadurch der Wärmebedarf für die Aufwärmung des Gases auf die Abgastemperatur, für die Erwärmung des feuchtefreien Feststoffes und der Restfeuchte auf die Granulattemperatur relativ geringer wird. Begrenzungen ergeben sich aus Gründen der Sicherheit (Brand, Explosion), der Produktqualität (thermische Schädigung), des störungsfreien Betriebes (Verkleben und Verkrusten des Gasverteilers) und der Granulierbarkeit (unzulässige Austrocknung der Sprühtropfen auf dem Wege von der Düse zu den Partikeln beim Eindüsen von unten).
- Feststoff-Konzentration der Sprühflüssigkeit: möglichst hoch, denn je weniger Flüssigkeit zu verdunsten ist, um so geringer wird der Wärmebedarf. Begrenzt wird die Feststoff-Konzentration nach oben durch die Versprühbarkeit (Viskosität, Verstopfungsgefahr der Düsen) und die Granulierbarkeit (Sprühtropfen mit hohem Feststoff-Gehalt trocknen rascher aus und spreiten schlechter auf der Granulatoberfläche).
- Abgastemperatur: möglichst tief, um den Wärmebedarf für die Aufwärmung des Gases auf diese Temperatur klein zu halten. Begrenzungen ergeben sich durch die geforderte Restfeuchte des Granulates und durch die mit steigender relativer Feuchte zunehmende Gefahr von Verklumpungen.
- Sprühgas-Temperatur: möglichst hoch (beeinflußt bei der gewählten Betrachtungsweise die Mischtemperatur der eintretenden Gase). Mit steigender Sprühgas-Temperatur steigt aber die Verstopfungsgefahr der Düsen und die Keimbildung.
- Sichtgas-Temperatur:. möglichst hoch (beeinflußt bei der gewählten Betrachtungsweise die Mischtemperatur der eintretenden Gase). Temperatur muß so gewählt werden, daß die entstehenden Granulate eine für ihre Verpackung akzeptable Temperatur haben, wenn keine gesonderte Kühlung der Granulate vorgesehen ist.
- Temperatur für das Fördergas von Keimen und Kernen: möglichst hoch (beeinflußt bei der gewählten Betrachtungsweise die Mischtemperatur der eintretenden Gase). Weil der Fördergas-Massenstrom vergleichsweise gering ist, hat die Temperatur auf die Gesamtbilanz nur einen geringen Einfluß.

7.1.2.3
Faustformel für den Gasdurchsatz

Mit Vereinfachungen und unter der Einführung praxisüblicher Werte ([108]) gewinnt man aus den in diesem Kapitel aufgestellten Gleichungen eine einfache Faustformel zur Berechnung des Gasdurchsatzes. Dies wird am Beispiel des Stoffsystemes Luft/Wasser gezeigt.

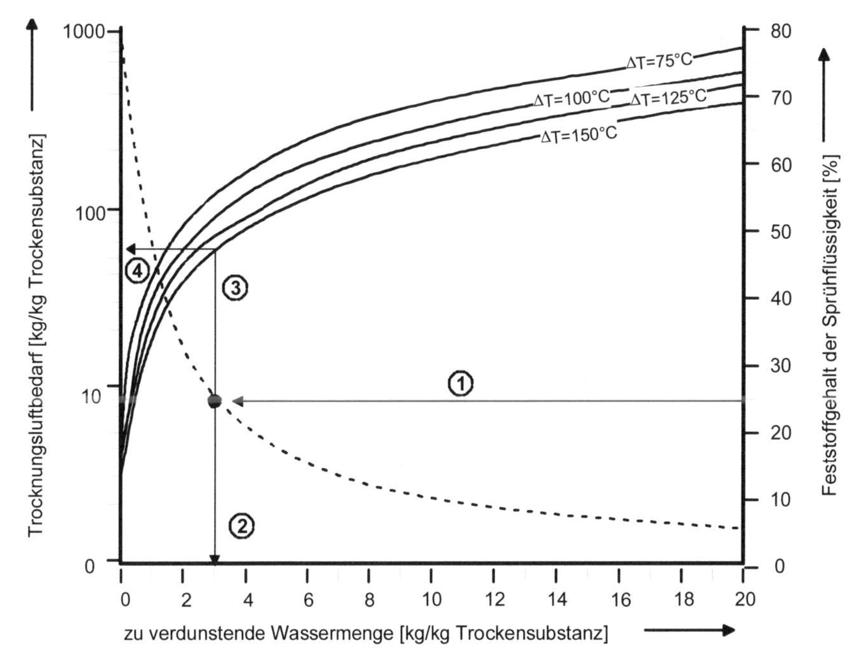

Bild 7-3 Nomogramm zur groben Bestimmung der verdunsteten Wassermenge und des gesamten, von der Differenz zwischen Ein- und Austrittstemperatur abhängigen Luftbedarfes bei der Granulation

Weil beim Aufwärmen des Gases die Feuchtebeladung $Y_{Fe} = Y_{F0}$ unverändert bleibt und zudem die Eingangsbeladung gering ist ($Y_{Fe} \approx 0$) kann für die Enthalpie-Differenz in Gl.(7-5) geschrieben werden

$$(h_{Fe} - h_{F0}) = [c_{pF} \cdot (T_{Fe} - T_{F0}) + Y_{Fe} \cdot c_{pF} \; (T_{Fe} - T_{F0}) + Y_{Fe} \; h_V)]$$

$$\approx c_{pF} \cdot (T_{Fe} - T_{F0})$$

Der Anteil der Wärmeverlust am übrigen Wärmebedarf kann wie bei Sprühtrocknern ([108]) mit 7,5 % veranschlagt werden. Damit ist dann in Gl.(7-5)

$$\Omega = 0{,}075$$

Unter Berücksichtigung der im Anwendungsbereich der Granulation üblichen Stoffwerte und Betriebsparameter wird der übrige Wärmebedarf vereinfachend auf den Bedarf für die Verdunstung zurückgeführt. Es wird gesetzt

$$\dot{q}_I = \dot{q}_A + \dot{q}_{LV} + \dot{q}_S + \dot{q}_{RF} \approx 1{,}094 \cdot \dot{q}_{LV}$$

Also lautet Gl. (7-5):

$$\dot{m}_F \cdot c_{pF} \cdot (T_{Fe} - T_{F0}) = \dot{m}_L \cdot (1 + \Omega) \cdot 1{,}094 \cdot \dot{q}_{LV} = \dot{m}_L \cdot 1{,}176 \cdot h_V$$

Mit den Stoffwerten für Luft und Wasser wird

$$\dot{m}_F = \frac{2900}{(T_{Fe} - T_{F0})} \cdot \dot{m}_L \qquad \text{Gl.(7-14)}$$

Mit Bild 7-3 ist ein Nomogramm gegeben, aus dem die Zusammenhänge rasch abzulesen sind. Da üblicherweise der Feststoff-Gehalt x der Sprühflüssigkeit bekannt ist, wurde auch diese Größe unter der Annahme einer Restfeuchte des Granulates von 2 % zum Maß für den zu verdunstende Wasserstrom gewählt. Die Temperaturdifferenz zwischen Luftein- und -austritt ΔT ist in einem in der Praxis häufig anzutreffenden Bereich variiert worden.

Eingezeichnet ist in Bild 7-3 das Beispiel:

> Für einen Feststoff-Gehalt der Sprühflüssigkeit $f_S = 25$ Gew.-% ergibt sich in den Schritten 1 und 2 eine zu verdunstende Wassermenge von 3 kg/kg trockenem Feststoff. Bei einer Temperatur-Differenz $\Delta T = 150\,^{\circ}C$ entspricht das, gemäß den Schritten 3 und 4, einem Trocknungsluft-Bedarf von 58 kg/kg trokkenem Feststoff.

7.1.3 Mischluftbetrieb

Bei der Verwendung von Umgebungsluft müssen die durch klimatische Schwankungen bedingten Änderungen des Ansaugzustandes in Kauf genommen werden. Ist das nicht akzeptabel, kann eine Begrenzung der Feuchte an schwülen Tagen durch das Auskondensieren des störenden Anteiles der Luftfeuchte erfolgen. Damit ist die Feuchte der angesaugten Luft nach oben begrenzt. Andererseits kann u. U. an sehr kalten Tagen mit entsprechend trockner Umgebungsluft die geringe Feuchte der angesaugten Luft wiederum auch nachteilig sein. Unter solchen Umständen wird deshalb ein „Mischluftbetrieb“ mit dem Ziel vorgesehen, die Feuchte der Zuluft möglichst konstant zu halten.

In Bild 7-4 ist das Prinzip der Mischluftgranulation dargestellt. Der Ventilator bewegt $\dot{m}_F$. Davon wird nur ein Teil der Abluft, nämlich $\Delta\dot{m}_F$ mit den Zustandsgrößen Y_a und T_{Fa} in die Umgebung abgegeben. Der abgegebene Teil der Abluft ist durch Frischluft $\Delta\dot{m}_F$ mit den Zustandsgrößen Y_o und T_{F0} so zu ersetzen, daß durch Regelung eine gewünschte Mischfeuchte Y_e konstant eingestellt wird.

Im h,Y-Diagramm nach Bild 7-4 ist die Mischung der Luft vom Zustand „a“ mit Frischluft vom Zustand „0“ durch die Mischungsgerade $\overline{a0}$ veranschaulicht, wobei der Mischzustand durch Teilung der Geraden im Verhältnis der beteiligten Luftströme gegeben ist. Es versteht sich, daß der Mischungspunkt nicht ins Nebelgebiet fallen sollte, weil sonst Feuchtigkeit auf dem Wege bis zum Erhitzer austaut.

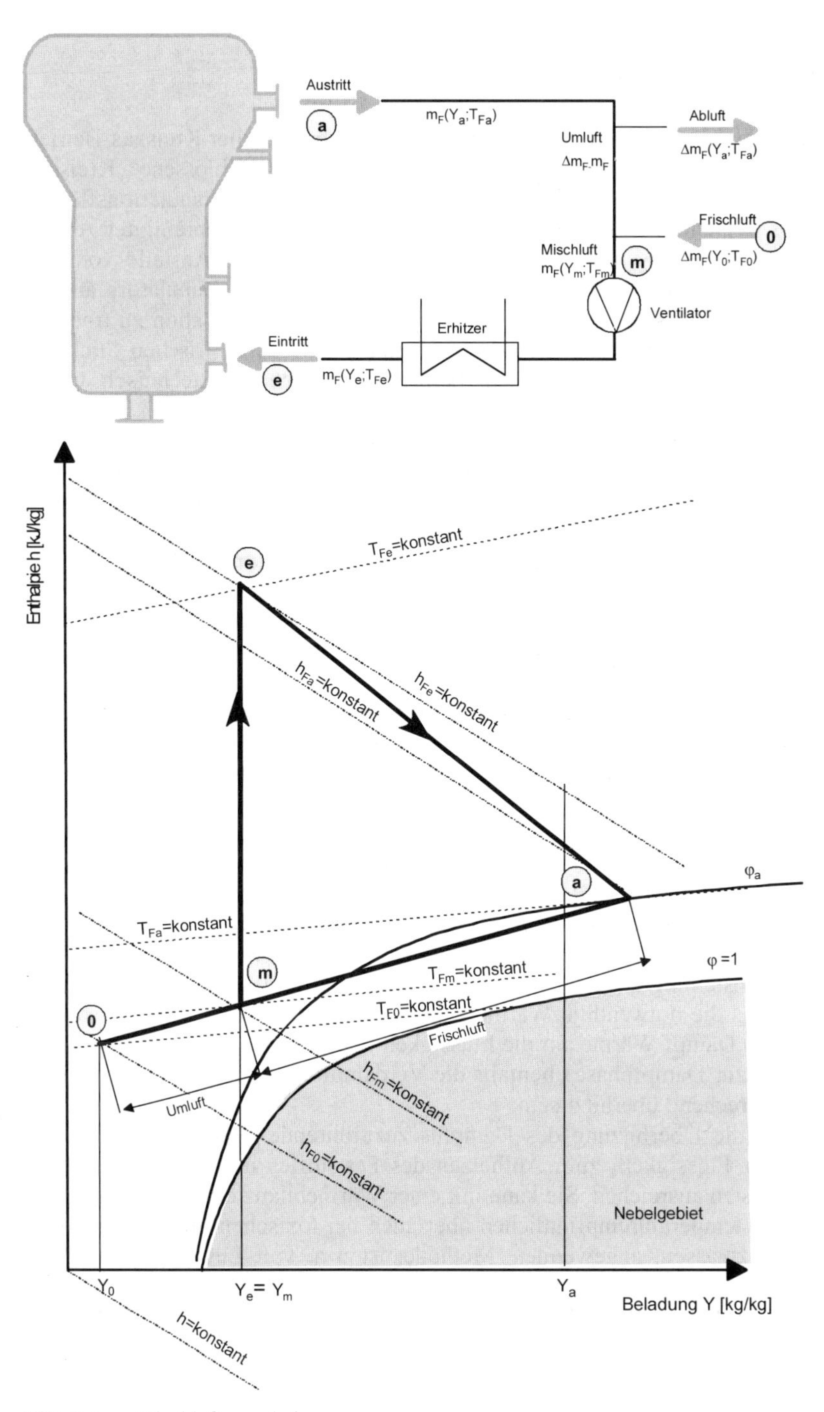

Bild 7-4 Mischluftgranulation

7.1.4
Geschlossener Kreislauf

Im Grenzfalle $\Delta\dot{m}_F = 0$ wird aus dem Mischluftbetrieb ein reiner Kreisgas-Betrieb, bei dem immer dasselbe Gas umgewälzt wird. Dieser „geschlossene“ Kreislauf wird angewendet aus Sicherheitsgründen bei brennbaren Granulationsflüssigkeiten, aus hygienischen Gründen zur Vermeidung toxisch verunreinigter Abgase sowie zur Vermeidung oxidativer Veränderungen des Gutes. Anstelle von Luft wird zumeist Stickstoff verwendet, der nach Passieren des Granulators auf die erforderliche Eintrittsfeuchte für die Granulation durch Kondensation zu trocknen ist. Geringe Mengen Stickstoff werden entnommen und durch frischen Stickstoff ersetzt, um das O_2-Niveau auf dem beipielsweise sicherheitstechnisch vorgeschriebenen Niveau zu halten (Details s. Kap 10.3.6 und Kap. 10.3.1.3).

In Bild 7-5 ist ein geschlossener Kreislauf gezeigt. Umgewälzt wird stets die gleiche Gasmenge. Das Gas wird nach Passieren des Granulators vom Zustand „a“ auf den Zustand „a*“ abgekühlt, wobei es sich zunächst sättigt und dann bis zum Zustand „0*“ Flüssigkeit abgibt. Hier hat das Gas wieder die für die Granulation akzeptable Feuchte. Sie wird aufgewärmt und dem Granulator zugeführt.

7.1.5
Granulation im Lösungsmitteldampf

Bekanntlich geben feuchte Güter solange Dampf ab, bis der im Gutsinneren herrschende Dampfdruck ebenso hoch ist, wie der Partialdruck im umgebenden Gas. Das sind Gleichgewichte, die von der Temperatur abhängen und als Sorptionsisothermen bezeichnet werden (s. Kap. 4.8.4).

Dasselbe Gleichgewicht stellt sich ein, wenn man das Gas wegläßt und in der Umgebung des Gutes den Druck auf den Partialdruck des Dampfes absenkt. In diesem Fall wird sich das Gleichgewicht allerdings schneller einstellen, weil der gebildete Dampf nur behindert durch den Strömungswiderstand in den Poren frei abströmen kann und nicht durch Gas hindurch diffundieren muß (s. Kap. 4.8.4).

Für die Einstellung des Gleichgewichtes durch Verdunstung muß dem feuchten Gut allerdings die notwendige Wärme zugeführt werden. Wenn in einem solchen Fall von dem Dampf Wärme auf die Flüssigkeit übertragen werden soll, die an der Grenzfläche zur Dampfphase ebenfalls die Verdampfungstemperatur hat, muß der Dampf entsprechend überhitzt sein.

Die über die Überhitzung des Dampfes zuzuführende Wärme muß zur Verdunstung der Flüssigkeit, zum Aufheizen des Feststoffes und zur Deckung von Wärmeverlusten ausreichen. Sie kann mit einer Wärmebilanz errechnet werden.

Diese bei temperaturempfindlichen aber auch bei toxischen Stoffen, die keine Emissionen zulassen, angewendete Methode, ist u a. von Luy [163] und Mörl [241] beschrieben. Die angewandten Drücke liegen bei organischen Lösungsmitteln nach [163] im Bereich zwischen 20 und 300 mbar; aber auch bei Wasserdampf unter dem Umgebungsdruck (s. Kap. 10.3.1.4).

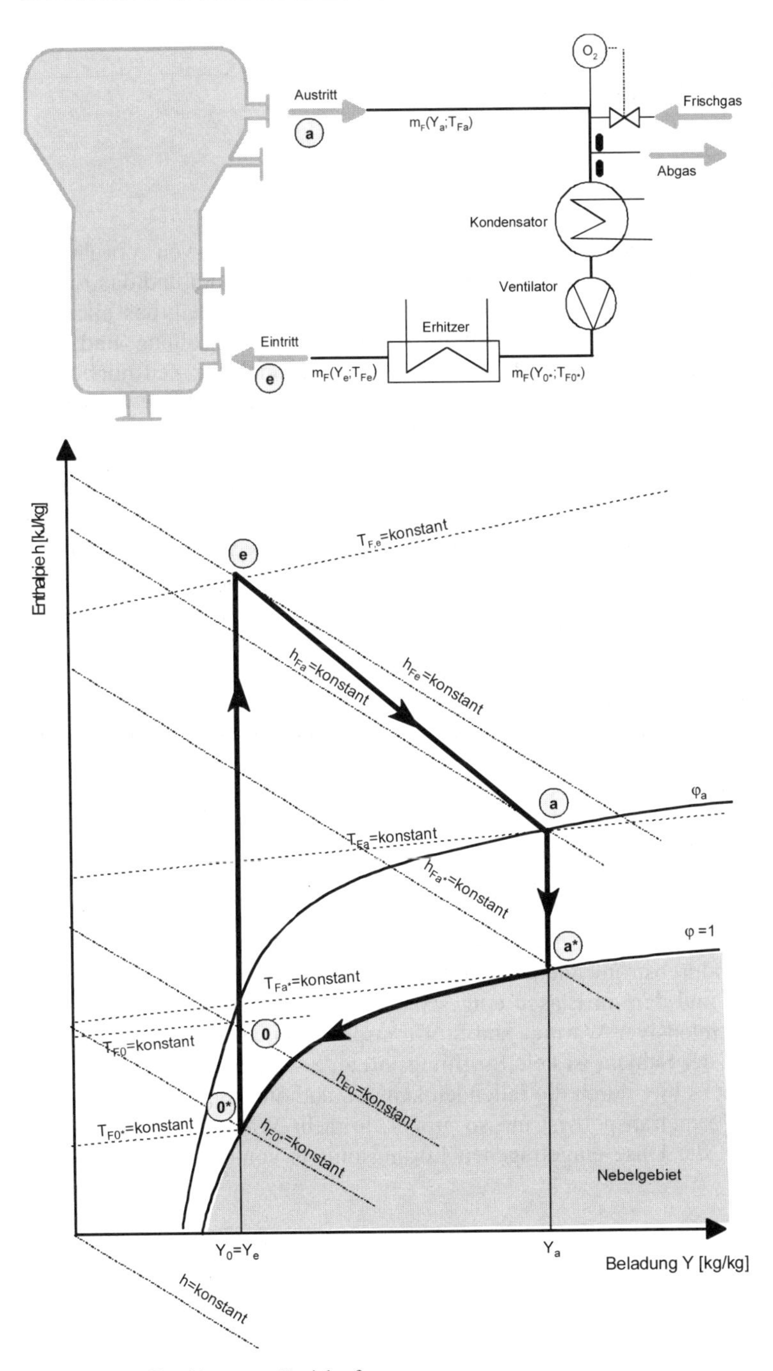

Bild 7-5 Geschlossener Kreislauf

7.2 Mathematische Modellierung

7.2.1 Vorbemerkungen

Die Wirbelschicht-Sprühgranulation besteht aus einer Vielzahl von Vorgängen, von denen jeder abhängig von Fahrweise und Produkt den Ablauf und das Ergebnis der Granulation beeinflußt. Ein physikalisch fundiertes Modell, das alle Einzelmechanismen umfaßt, könnte wertvolle Hinweise zur Gestaltung und zum Betrieb des Granulators liefern. Leider ist ein solches Modell zur Zeit noch nicht in Sicht. Auch die Modellierung von Teilaspekten ist noch erheblich zu perfektionieren.

Mit Bild 7-6 wird versucht, die Teilvorgänge der Wirbelschicht-Sprühgranulation darzustellen. Gewählt wurde als Beispiel eine Schicht, in die von oben durch eine in die Schicht eintauchende Düse eingesprüht wird. Die sich im Prozeß bildenden Keime und Kerne werden durch eine seitliche Zugabe ergänzt. Es entstehen Granulate, die durch einen in den Gasverteiler mündenden Steigrohrsichter entnommen werden. Der Partikeltransport erfolgt in vertikaler Richtung durch Blasen. Um und durch den Sprühstrahl entsteht durch den Gasstrahl der Düse eine kräftige Partikelbewegung („Partikelschleppe").

In der Nähe des Gasverteilers kollidieren die Partikel, angetrieben durch die aus dem Gasverteiler austretenden Gasstrahlen. Dabei entsteht Abrieb und Bruch. Eine im Vergleich zu den übrigen Bereichen der Schicht verstärkte Bildung von Abrieb und Bruch ist ebenfalls in der Partikelschleppe um den Sprühstrahl der Düse herum zu erwarten. Hierbei werden insbesondere die beim Auftragen von Feststoff auf die Partikel entstehenden Unregelmäßigkeiten auf der Oberfläche angegriffen und teilweise abgetragen.

Wie in Kap. 3.4 detailliert dargelegt, wärmen sich dabei die Partikel in einer schmalen Zone um den Gasverteiler auf. Zwischen den Partikeln und dem zwischen ihnen hindurchströmenden Gas („Suspensionsgas") einerseits sowie dem Suspensionsgas und dem in Blasen eingeschlossenen Gas („Blasengas") andererseits, findet ein intensiver Wärme- und Stofftransport statt. In dem düsenferneren unteren Bereich der Schicht ist kein Stofftransport zu erwarten. Zu einem Wärmetransport kommt es hier durch die fallenden kälteren und die steigenden wärmeren Partikel. Der Wärmetransport ist um so größer, je mehr Wärme für die Verdunstung des durch die Düse eingetragenen Lösungsmittels von unten nachgeliefert werden muß.

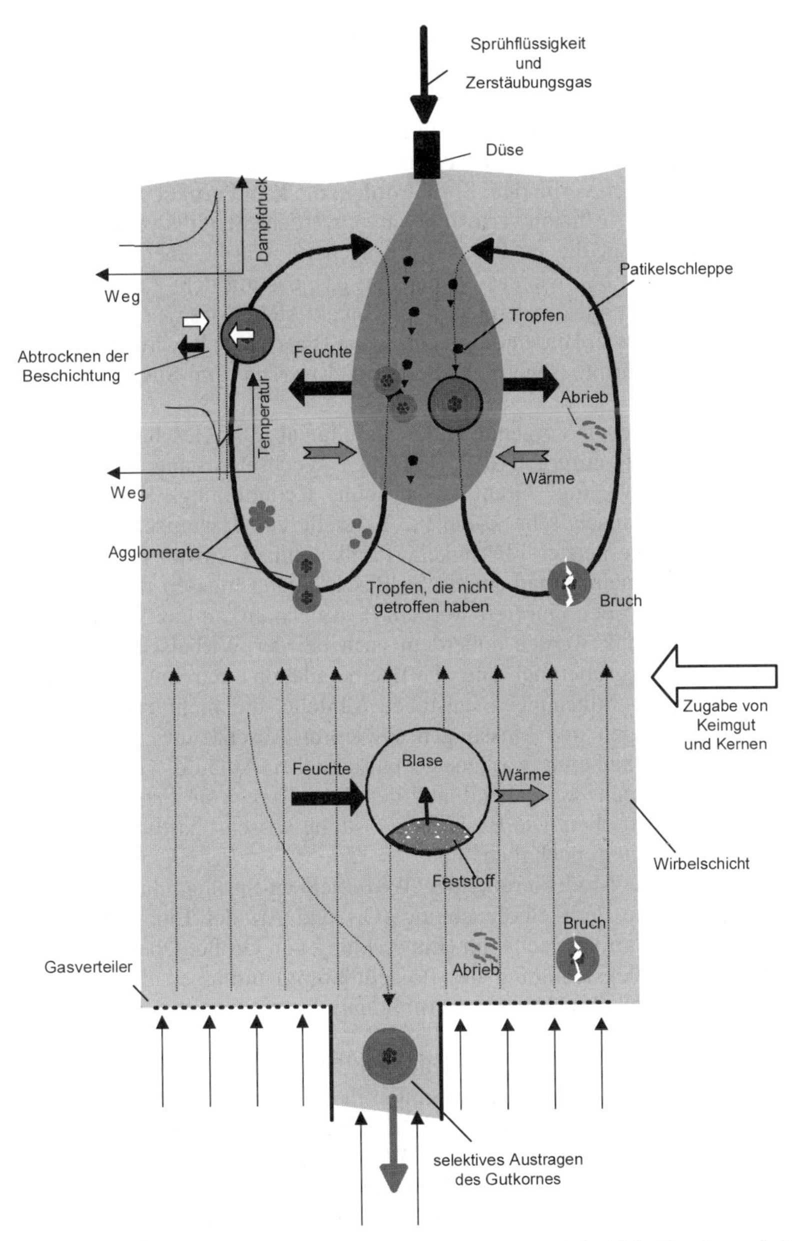

Bild 7-6 Übersicht über die bei der Modellierung der Wirbelschicht-Sprühgranulation zu berücksichtigenden Abläufe

Die Zerlegung und Verteilung der Sprühflüssigkeit erfolgt in aller Regel mit einem kräftigen Sprühstrahl, der in die Schicht eindringt und so eine Partikelzirkulation um den Strahl herum verursacht. Er erzeugt eine Zone erhöhter Feuchte und niedrigerer Temperatur. Der vom Sprühstrahl eingesaugte Feststoff kollidiert mit Sprühtropfen. Dabei wird die Feststoffoberfläche benetzt. Beim anschließenden Abtrocknen außerhalb des Sprühstrahles wird die aufgetragene Flüssigkeit verfestigt, so daß sich benetzten Partikel entweder schichtweise vergröbern oder durch Agglomeration verbinden. Sprühtropfen, die kein Partikel getroffen haben oder bereits bei der Kollision verfestigt waren, werden ebenfalls verfestigt.

Beim Abtrocknen trägt die im Partikel gespeicherte Wärme ebenso zur Verdunstung der Flüssigkeit bei, wie das Suspensionsgas, das mit dem Partikel einerseits und mit dem Blasengas andererseits in Kontakt steht. Das Suspensionsgas gibt seine Feuchte an das in Blasen eingeschlossene Blasengas ab, wird aber selbst vom Blasengas aufgewärmt. Abgetrocknete Partikel werden vom Suspensionsgas wieder erwärmt.

Alle zuvor beschriebenen Vorgänge laufen simultan ab. Das Geschehen ist, wie die Beschreibung zeigt, aufgrund der vielfachen Wechselwirkungen zwischen Benetzung, Partikelbewegung, Granulatwachstum, Keimbildung, Keimzugabe, Wärme- und Stoffaustausch sehr komplex. Er stellt ein dynamisches Gleichgewicht zwischen eingespeister Flüssigkeit, Partikelumlauf sowie Wärme- und Stoffübergang dar. Zu seiner mathematische Beschreibung müssen daher notgedrungen viele Einflußgrößen ignoriert werden. In Anlehnung an das Vorgehen in der Kristallisationstechnik werden außerdem auch bei der Wirbelschicht-Sprühgranulation Partikelvergröberung und Partikelpopulation getrennt betrachtet. Durch gravierende Vereinfachungen entstehen Modelle, die mehr zur Interpretation von Beobachtungen und Messungen sowie zur Abschätzung von Trends geeignet sind, als zur sicheren Vorhersage tatsächlicher Abläufe. Granulatoren werden daher heute noch weitgehend auf der Grundlage von Erfahrung und Intuition gebaut und betrieben. Die Basis für ein streng wissenschaftliches Vorgehen reicht leider bei weitem noch nicht aus.

Eine aussagekräftige Modellierung der Wirbelschicht-Sprühgranulation muß beide Aspekte, also die Partikelbefeuchtung (Ort und Art der Eindüsung) und -trocknung sowie das Partikelwachstum (Entwicklung von Größe, Oberfläche etc. der Partikel unter Berücksichtigung der Prozeßführung) umfassen. Der Begriff Prozeßführung beinhaltet Aspekte wie Kernbildung, klassierenden Abzug grober Partikel und ähnliches.

Die in der Literatur angebotenen Modelle zum Partikelwachstum, lehnen sich an die aus der Kristallisationstechnik bekannten theoretischen Ansätze an. Dabei treten an die Stelle der Übersättigung (mittlere Konzentration minus Sättigungskonzentration) beim Kristallisieren die den Wärme- und Stoffaustausch bestimmenden Größen. Erst in jüngere Zeit wird die aus der Kristallisationstechnik übernommene Fiktion fallen gelassen, daß die Wirbelschicht ein Gesamtsystem idealer Durchmischung des Feststoffes und gleichmäßiger Benetzung aller Partikeloberflächen ist.

Hier werden einige Modelle kurz erläutert. Mathematische Herleitungen werden nur in dem Umfang dargestellt, der für ein globales Verständnis erforderlich ist. Wegen der Details muß auf die Originalliteratur verwiesen werden. Berücksichtigt sind Veröffentlichungen bis etwa 1995. Neuere Arbeiten, wie z. B. von

Heinrich und Mörl ([81] bis [84]), von Maronga und Wunkowki [167], [168] sowie von Knebel [115] zeigen, daß an der Perfektionierung der Modelle gearbeitet wird.

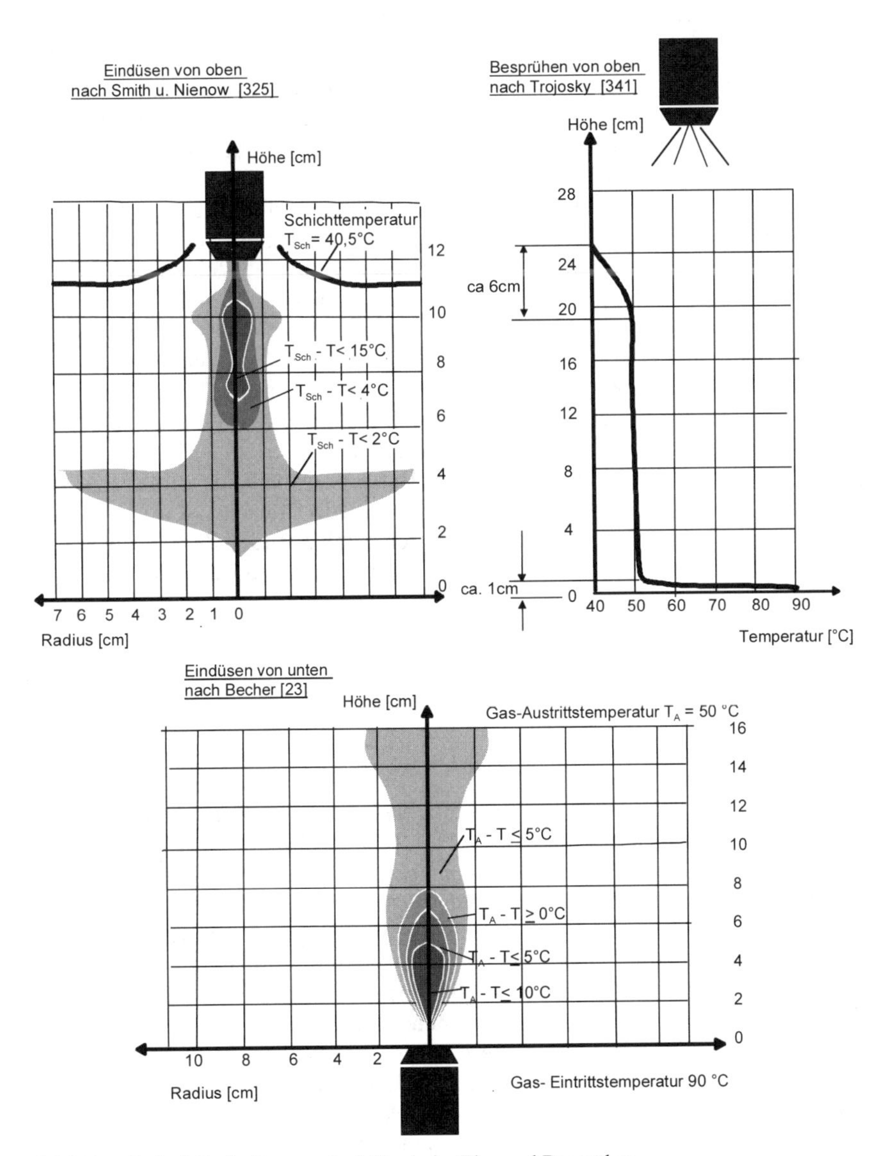

Bild 7-7 Beispielhafte Temperaturfelder beim Ein- und Besprühen

7.2.2
Partikelbefeuchtung und -trocknung

7.2.2.1
Vorbemerkungen

Bei der Beschreibung dieses Vorganges werden besonders einschneidende Vereinfachungen vorgenommen. Das soll nun anhand der nachfolgend vorgestellten Modellierungen (eine ausführlichere Literaturauswertung findet sich bei [341]) beispielhaft gezeigt werden.
Trotz des Zwanges zur weitgehenden Vereinfachung, scheint es unerläßlich, daß die Modelle den lokalen Flüssigkeitseintrag berücksichtigen. An der Eintragstelle bilden sich feuchte Zonen mit charakteristischen Temperaturfeldern aus, wie anhand Bild 7-7 zu erkennen ist. Diese feuchten Zonen (Eindringtiefe nach den Beispielen des Bildes etwa 6-10 cm) müssen einen wesentliche Einfluß auf Partikelbefeuchtung und -trocknung haben. Beim Besprühen von oben auf die Schichtoberfläche kommt außerdem eine, abhängig vom Abstand Düse/Schichtoberfläche, mehr oder weniger bedeutsame Sprühtrocknung der Tropfen hinzu. Trojosky et al. [339] haben bei ihren Messungen die sofort plausible Feststellung gemacht, daß sich die in einem mittleren Bereich einstellende mittlere Schichttemperatur von der Sprührate, also vom Wärmebedarf für das Abtrocknen, nicht jedoch von der Masse der sich in diesem Bereich aufhaltenden Partikel abhängt: Je größer der Wärmetransport von unten nach oben ist, um so größer sind die Temperaturunterschiede.

7.2.2.2
Bedüsen von oben

7.2.2.2.1
Modell nach Mörl

Die Pionierarbeiten zur Partikelbefeuchtung und -trocknung gehen auf Mörl sowie auf Mörl und Mitarbeiter [216], [233], [235], [236], [238], [242], [244] zurück und sind mit Blick auf tiefe Schichten, die von oben bedüst werden, konzipiert.

Mörl legt Wirbelschicht-Sprühgranulatoren wie Rieselkühler (s. Nesselmann [257] aus. Bei der Auslegung von Rieselkühlern wird danach gefragt, wie groß die Phasengrenzfläche sein muß, um ein Gas durch Aufnahme verdunstender Flüssigkeit an benetzten Oberflächen von einer vorgegebenen Anfangstemperatur auf eine gewünschte Endtemperatur und -feuchte zu bringen.

Für die Modellformulierung wurde von Mörl die Wirbelschicht durch ein Festbett ersetzt. Die Größe der Phasengrenzfläche zwischen der auf die Partikel aufgetragenen Flüssigkeit und dem Gas ist nicht bekannt. Zu ihrer Festlegung hat Mörl angenommen, daß sie einen Teil der gesamten Partikeloberfläche ausmacht und unterstellt, daß die Partikel alle gleichermaßen, aber eben nur teilweise von der Sprühflüssigkeit benetzt werden. Damit ist der Modellparameter „Benetzungsgrad" eingeführt:

$$\phi = \frac{\text{durch Benetzung f.d. Stoffübergang wirksame Partikeloberfläche}}{\text{gesamte Partikeloberfläche}} \qquad \text{Gl.(7-15)}$$

$$= \frac{A_{wirk}}{A_{ges}}$$

Der Benetzungsgrad muß experimentell bestimmt werden. Sobald Flüssigkeit eingedüst wird, ist er größer als Null. Bei $\phi = 1$ ist die gesamte Partikeloberfläche benetzt und damit seine obere Begrenzung erreicht. Der tatsächliche Wert hängt ab von der im Versuch zu erreichenden Sprührate (beispielsweise begrenzt durch das Einsetzen verstärkter Verklumpungen). Nach [244] kann der Benetzungsgrad sehr niedrig sein. Es sind sogar Werte von < 0,01 möglich.

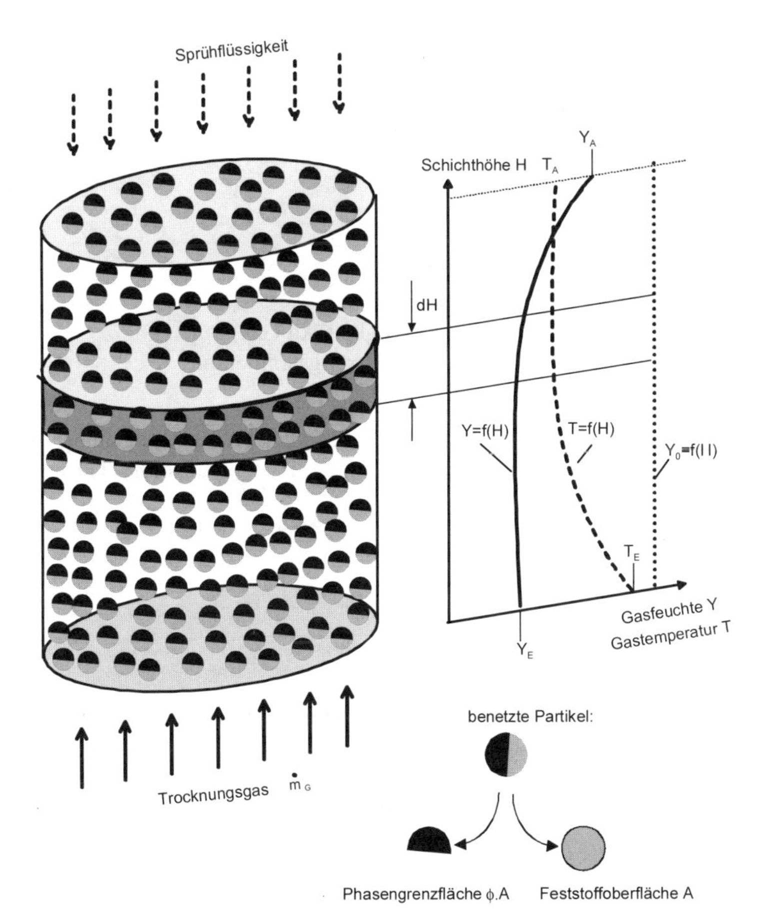

Bild 7-8 Benetzungsgradmodell nach Mörl für das Bedüsen von oben [241]

Konsequenterweise führt die Formulierung des Benetzungsgrades für die Feststoffoberfläche zu zwei unterschiedlichen Temperaturen. Für den benetzten Teil wird die lokale Kühlgrenztemperatur angenommen und für den unbenetzten Teil nimmt Mörl die mittlere Gastemperaur der Schicht an. Die Feststofftemperatur wird dann als der mit den Flächenanteilen gewichtete Mittelwert beider Temperaturen gebildet. Bei allen Betrachtungen werden die fühlbare Wärme von Feststoff und Sprühflüssigkeit gegenüber der Verdampfungsenthalpie vernachlässigt.

Mörl folgend, stellen wir uns nun die Aufgabe, die Größe der Phasengrenzfläche zu errechnen, die bei Versuchen im Labormaßstab vorgelegen haben muß, um sie dann auf die Verhältnisse einer größeren Anlage zu übertragen. Sie ist maximal, wenn die Versuche an der Verklumpungsgrenze durchgeführt wurden. Bekannt sind aus dem Versuch Massenstrom, sowie Ein- und Austrittszustand des Gases.

Die pro Flächen- und Zeiteinheit von der Phasengrenzfläche verdunstende Lösungsmittelmenge ist die Trocknungsgeschwindigkeit $\dot{g}$. In dem differentiellen Höhenelement dH der Phasengrenzfläche ist

$$\dot{g} = \beta \cdot (P_{D,0} - P_{d,\infty}) = \dot{m}_g \cdot dY \qquad \text{Gl.(7-16)}$$

mit

β = Stoffübergangskoeffizient
$\dot{m}_g$ = Gasmassenstrom (trocken)
dY = absolute Gasfeuchte (kg Flüssigkeit /kg Gas)
$P_{D,0}$ = Sättigungsdampfdruck bei Beharrungstemperatur
$P_{d,\infty}$ = Partialdruck des Dampfes im Gas

Wenn der Partialdruck der verdunsteten Flüssigkeit im Gas gegenüber dem Systemdruck P vernachlässigt werden kann, ist für die absolute Gasfeuchte zu schreiben

$$Y = \frac{R_g}{R_d} \cdot \frac{P_{d,p}}{P} \qquad \text{Gl.(7-17)}$$

mit

R_g; R_d = Gaskonstanten von Gas und Dampf

Durch Integration der Trocknungsgeschwindigkeit über die Phasengrenzfläche unter Verwendung von Gl. (7-3) ergibt sich der Verlauf der Gasfeuchte (Index E steht für Eintritt, Index A für Austritt) in Abhängigkeit von der Schichthöhe. Durch Auflösung nach der benetzten Oberfläche wird

$$\phi \cdot A_{ges} = \frac{\dot{m}_g}{P \cdot H \cdot \beta} \cdot \frac{R_g}{R_d} \cdot \ln \frac{Y_0 - Y_E}{Y_0 - Y_A} \qquad \text{Gl.(7-18)}$$

Die Austrittsfeuchte ist aus dem Laborversuch bekannt. Damit kann die im Versuch erzielte Phasengrenzfläche errechnet werden. Die gesamte Partikeloberfläche A_{ges} folgt aus den für den gegebenen Fall gültigen Populationsbilanzen. (s. Kap. 7.2.3). Aus Phasengrenzfläche und Partikeloberfläche folgt der Benetzungsgrad, mit dem nach Mörl Maßstabsübertragungen vorgenommen werden können. Er ist maximal, wenn die Versuche an der Verklumpungsgrenze durchgeführt worden sind.

Die Tropfen trocknen nach dieser Modellvorstellung nur auf der Partikeloberfläche und außerdem vollziehen sich Zustandsänderungen nur im Fluidisiergas, das sich in Form einer idealen Pfropfenströmung durch die Schicht bewegt.

Letztlich kann man sich nach diesem Modell die Wirbelschicht-Sprühgranulation als ein Haufwerk von Partikel vorstellen, die ortsfest sind und über einen Teil ihrer Oberfläche die zu verdunstende Flüssigkeit ausschwitzen. Wo die Flüssigkeit herkommt, ist für das Modell belanglos. Es ist zwar für das Eindüsen von oben aufgestellt, könnte aber genauso für jede andere Sprührichtung angewendet werden. Diese Tatsache läßt einen Optimierungsbedarf für dieses Modell erkennen.

7.2.2.2.2
Modell nach Trojosky

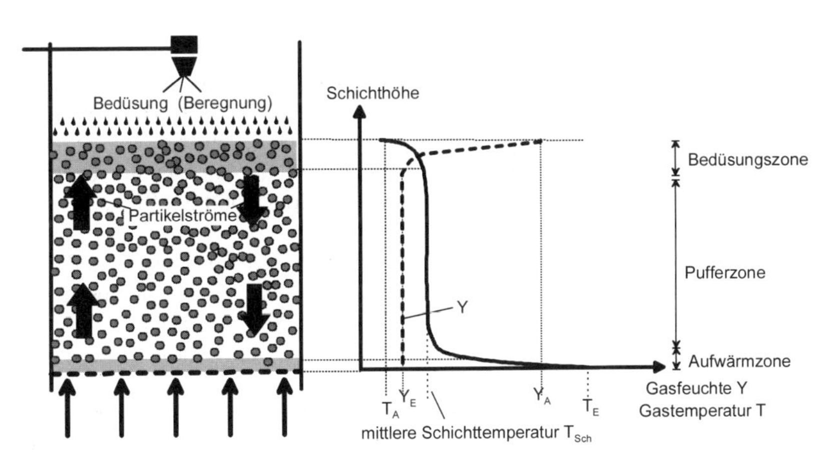

Bild 7-9 Modell nach Trojosky [341]

Eine Überarbeitung des Modells von Mörl hat Trojosky [339], [340], [341], vorgenommen. Er läßt die Vorstellung fallen, daß sämtliche Partikel in Teilen benetzt sind („Benetzungsgrad"). Für das Besprühen einer tiefen Schicht von oben geht er davon aus, daß die Partikelbefeuchtung nur in einer im Vergleich zur Schichthöhe schmalen Zone (etwa 10 Partikelschichten) an der Oberfläche Schicht stattfindet („Bedüsungszone"). Nach der Modellvorstellung fällt die Flüssigkeit regenartig in ein Festbett. Benetzt werden nur die in der Projektion von oben sichtbaren Bereiche der Partikeloberflächen. Der auf diese Weise benetzte Anteil der Oberfläche der Partikel, der als „Bedüsungsgrad" bezeichnet wird, vermindert sich mit dem Abstand zur Schichtoberfläche rasch. Es wird ein in Eindringrichtung exponentieller Verlauf des Bedüsungsgrades angenommen, wobei das

Abklingen über einen Benetzungsfaktor an experimentelle Befunde angepaßt wird. Mit dem Benetzungsfaktor wird die in die Schicht eingetragene mit der in der Schicht nach experimentellem Befund verdunsteten Flüssigkeit gleichgesetzt.

Das Modell unterstellt einen sehr intensiven Partikelumlauf, durch den die Wärme aus einer sehr schmalen Zone in der Nähe des Gasverteilers („Aufwärmzone") bis zur Schichtoberfläche so transportiert wird, daß sich die Temperatur der Partikel nicht nennenswert ändert. Sie entspricht in allen Höhen der mittleren Schichttemperatur.

In der Aufwärmzone kühlt sich das Gas beim Aufwärmen der Partikel von der Eintritts- auf die mittlere Schichttemperatur ab. Im darüber liegenden mittleren Bereich („Pufferzone") kommt es weder zu einem Wärmeaustausch zwischen Feststoff und Gas noch zu einer Verdunstung von Flüssigkeit. Da sie also keine Funktion hat, müßte sie sehr klein gehalten werden können.

In der Bedüsungszone verdunstet die Flüssigkeit, wodurch sich die Gasfeuchte erhöht. Die Abkühlung wird jedoch durch eine intensive Wärmenachlieferung aus der Aufwärmzone als Folge des starken Partikelumlaufes verringert.

7.2.2.2.3
Temperatur- und Feuchteprofile nach Maronga und Wnukowski

Aus jüngerer Zeit liegen Messungen von Maronga und Wunkowki [167], [168] zur Temperatur- und Feuchteverteilung in Wirbelschichten vor, die von oben besprüht werden, ohne daß die Düse in die Schicht eintaucht. Die Ergebnisse sind mit Bild 7-10 zusammengefaßt. Von diesen Ergebnissen werden hier die Temperaturprofile zur Abrundung der Vorstellungen vom Wärme- und Stofftransport in der Schicht vorgestellt.

Den Ergebnissen liegen Versuche mit gänzlich oder nahezu unporösen Partikeln aus Glas und Lactose zugrunde. (Durchmesser bei Glas 0,5 mm und bei Lactose 1mm). Beide Partikel gehören zum Geldart-Typ B. Sie haben damit gleiches Fluidisierverhalten Die Sprühflüssigkeit war Wasser. Benutzt wurde ein zylindrisches Gefäß mit 240 mm Durchmesser. Die Höhe der expandierten Schicht betrug rund 200 mm und der Abstand zwischen Schichtoberfläche und Düse etwa 90 mm. Die Fluidisation erfolgte mit Fluidisationszahlen zwischen 3 und 4 bei den Lactose- und zwischen 7 und 10 bei den Glaspartikeln.

Es muß nochmals hervorgehoben werden, daß die experimentellen Befunde auf unporösen Partikeln basieren. Poröse Partikel werden sicher einen größeren Teil der beim Besprühen aufgenommenen Flüssigkeit in Bereiche tragen, die von der Schichtoberfläche weiter entfernt sind. Für sie sind daher andere Temperatur- und Feuchteprofilen zu erwarten.

Erwartungsgemäß fällt die in der Schicht zu messende Temperatur von ihrem Maximalwert in der Nähe des Gasverteilers bis auf den Minimalwert an der Schichtoberfläche direkt unterhalb der Düse.

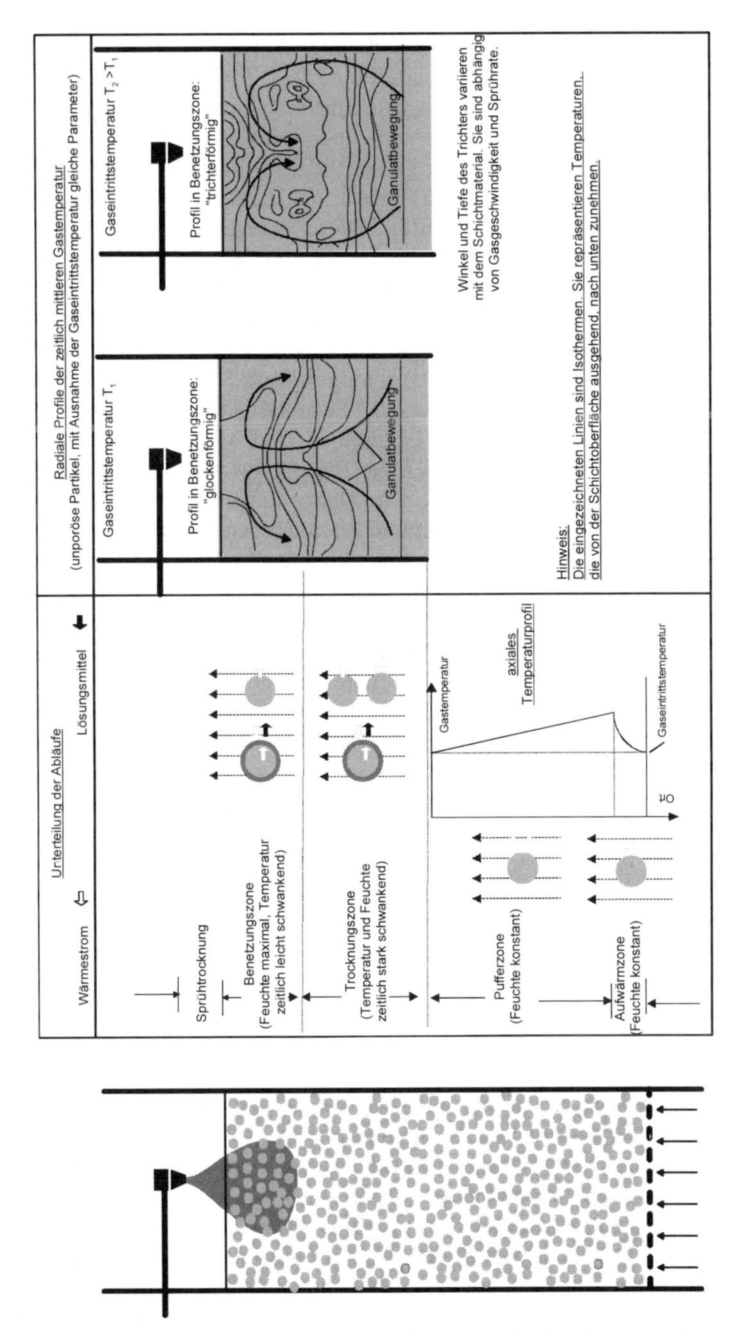

Bild 7-10 Temperaturprofile beim Besprühen der Schichtoberfläche (Unporöse Glas- und Lactosepartikel) in Anlehnung an Maronga und Wnukowski [167], [168]

Durch Aufteilung der von Trojosky definierten Bedüsungszone in zwei Zonen gliedern die Autoren die Schicht in insgesamt vier Zonen auf. Der Aufteilung der Bedüsungszone in eine Benetzungs- und eine Trocknungszone liegt die Beobachtung unterschiedlich starker Temperatur- und Feuchtefluktuationen in diesen beiden Zonen zugrunde. Die Benetzungszone liegt im unmittelbaren Einflußbereich der Düse. Hier wird die Sprühflüssigkeit auf die Partikel aufgetragen. Dabei verdunstet ein Teil des Lösungsmittels. Dieser Vorgang bestimmt die Temperaturverteilung im Gas. Das Gas kühlt ab. Die Nachlieferung von Wärme in das sich abkühlende Gas durch nicht benetzte Partikel tritt hingegen zurück. Die Temperatur schwankt dadurch zeitlich nur wenig. Anders ist das in dem darunter liegenden Bereich. Hier verdunstet das restliche Lösungsmittel. Gleichzeitig wird das Gas durch aufsteigende, warme Partikel aufgewärmt. Das führt zu den diese Zone kennzeichnenden starken Temperatur- und Feuchtefluktuationen.

Die in Bild 7-10 eingetragenen Isothermen sind Mittelwerte aus den lokalen Höchst- und Tiefstwerten. Im Bereich der Benetzungszone sind zwei unterschiedliche Profilformen bemerkenswert. Die Darstellungen in der Veröffentlichung legen nahe, daß bei ansonsten konstanten Bedingungen eine Erhöhung der Gaseintrittstemperatur aus dem glocken- einen trichterförmigen Profilverlauf werden läßt. Die Autoren erklären das mit Granulatbewegungen.

Die sich nach unten anschließende Pufferzone wir durch fallende kalte und aufsteigende warme Partikel durchquert. In beiden Richtungen sind die Partikel trocken. Die Zone ist daher für den Stoffübergang inaktiv. Ihre Durchquerung mit Partikeln unterschiedlicher Temperatur läßt eine von unten nach oben abnehmende Temperatur erwarten.

7.2.2.3 *Eindüsen von unten*

Becher [23] hat sich experimentell und theoretisch mit der durch die Bildung von Verklumpungen begrenzten maximalen Sprührate in flachen (Höhe ≤ 12 cm) Wirbelschichten beschäftigt, in die von unten eingesprüht wird. Zu Verklumpungen kommt es nach Becher immer dann, wenn Partikel miteinander kollidieren, von denen mindestens eines die zur Ausbildung von Flüssigkeitsbrücken notwendige Feuchte hat (s. Kap. 4.4.4).

Der Sprühstrahl der Zweistoffdüse sorgt für einen Partikelumlauf. Die maximale Strahleindringtiefe beträgt unter den von Becher gewählten experimentellen Bedingungen 14 cm, so daß der Strahlimpuls nicht völlig in der Schicht absorbiert und die Partikel aus der Schicht herausgeschleudert wurden. Diese Konstellation ist Ausgangspunkt der Modellbildung.

Es wird angenommen, daß die Tropfen im Sprühstrahl gleichmäßig verteilt sind und daß ihre Geschwindigkeit gleich der des Gases im Sprühstrahl ist. Je größer das Verhältnis der Durchsätze von Zerstäubungsgas zu Sprühflüssigkeit ist um so geringer ist die Anzahldichte der Tropfen im Sprühstrahl und um so gleichmäßiger ist die Verteilung der Flüssigkeit und damit das Granulatwachstum. In dem Maße, in dem sich der Sprühstrahl durch Zumischung von Gas aus seiner Umgebung aufweitet, nimmt somit die Anzahldichte der Tropfen ab. Die Partikel werden im

Sprühstrahl befeuchtet, wenn die Relativgeschwindigkeit zwischen den Partikeln und den Tropfen größer als Null ist.

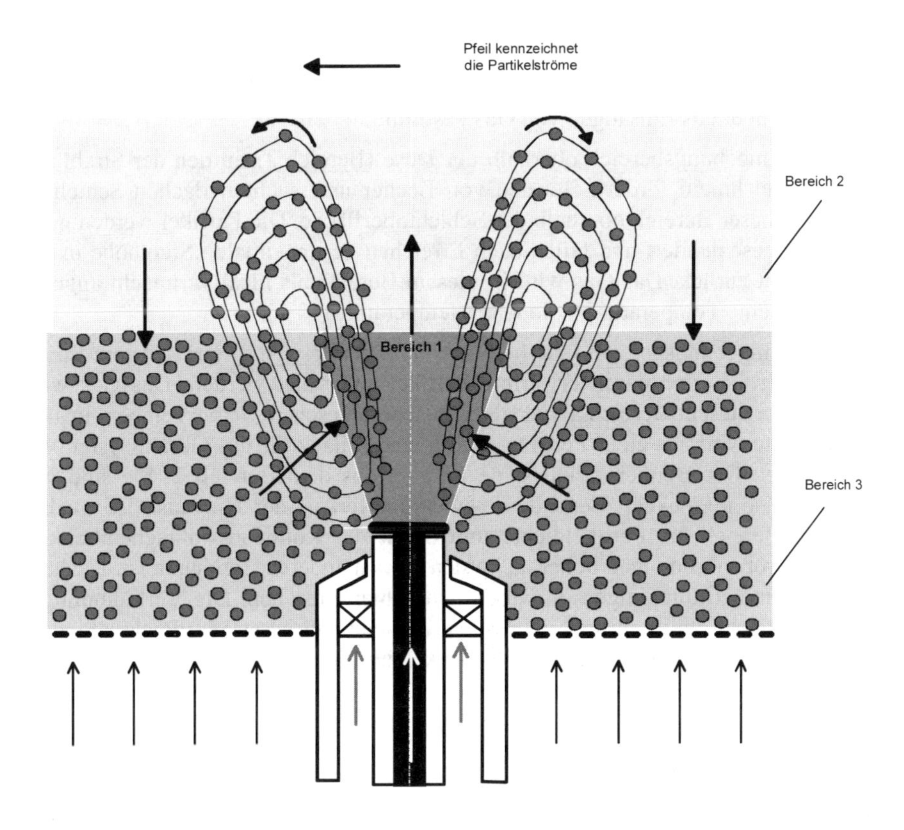

Bild 7-11 Partikelumlauf bei niedrigen Schichten und einem Eindüsen von unten nach dem Modell von Becher [23]

Für die auf Messungen zur Temperaturverteilung und zum Partikelumlauf basierenden Modellbildung wird in drei Bereiche unterschieden (s. Bild 7-11), nämlich in

- den Strahlbereich (Bereich 1) in dem die Partikel von dem Zerstäubungsgas angesaugt, und in Form einer Partikelschleppe nach oben gefördert und befeuchtet werden. Die Partikel werden in den Sprühstrahl transportiert, so lange sie eine zur Strahlachse gerichtete Vortriebskraft erfahren. Aus Versuchen zum Partikelumlauf hat Becher dafür eine Beschleunigungsstrecke von 1 bis 5 Partikeldurchmesser angesetzt.
  Die Tropfenanzahldichte nimmt mit dem Abstand vom Düsenmund ab, so daß die Partikel nach oben hin weniger befeuchtet werden.

Parallel zur Befeuchtung verdunstet die aufgetragene Flüssigkeit durch das mit dem aus der Umgebung vermischte Zerstäubungsgas sowie durch die von den Partikeln aus der Umgebung mitgeführte Wärme. Die Temperatur des anfänglich im Vergleich zum Fluidisiergas kühleren Zerstäubungsgases nähert sich der Gastemperatur in der Umgebung innerhalb von weniger als 10 cm an. Diese Annäherung wird in dem Modell fast ausschließlich durch das Vermischen über das Einsaugen von Gas bestimmt.

- den Umgebungsbereich oberhalb der Düse (Bereich 2), in den der Strahl die Partikel hinein fördert. Bei den von Becher untersuchten flachen Schichten liegt dieser Bereich oberhalb der Schichtoberfläche. Die Partikel werden nach oben geschleudert und fallen nach Erreichen der maximalen Steighöhe in die Schicht zurück. Das Gas wird in diesem Bereich als ideal vermischt angesehen. Seine Temperatur ist die Abgastemperatur.
- den Umgebungsbereich innerhalb der Schicht (Bereich 3) aus der vom Strahl ständig Gas und damit erwärmte Partikel angesaugt werden. Das Gas wird auch in diesem Bereich als ideal vermischt angesehen. Seine Temperatur und Feuchte wird aus einer Feuchte- und Energiebilanz für das Gesamtsystem errechnet. Der Bereich erhält seine Partikel aus dem Bereich 2. Sie sind nur teilweise getrocknet. Besonders bemerkenswert ist der Hinweis, daß in diesem Bereich die Partikeldichte und damit die Kollisionswahrscheinlichkeit um Größenordnungen höher als in den beiden anderen Bereichen ist. Deshalb werden Verklumpungen im wesentlichen hier entstehen. Die Verklumpungsgefahr geht durch ein mit steigendem Zerstäubungsgasstrom gleichmäßigeres Auftragen der Flüssigkeit auf die Partikel zurück.

7.2.3 Partikelwachstum

7.2.3.1 Vorbemerkungen

Die rechnerische Beschreibung der Wärme- und Stofftransportvorgänge beim Abtrocknen der Sprühflüssigkeit, die in Tropfen auf die Partikeloberfläche verteilt worden ist, setzt voraus, daß die Oberfläche der in der Schicht befindlichen Partikel bekannt ist. Die Oberfläche wird bestimmt durch die Korngrößenverteilung, die prozeßabhängig entsteht.

Bei kontinuierlichen Prozessen ist sie konstant, wenn stationäre Bedingungen erreicht sind. Sie wird durch die Führung des Prozesses bestimmt. So ist die Herkunft von Keimgut und Kernen von Einfluß. Keimgut und Kerne können im Prozeß gebildet oder von außen zugegeben werden. Denkbar sind ebenso Mischformen. Von Bedeutung ist schließlich, wie die Granulate entnommen werden, die die Wunschgröße erreicht haben. Die Entnahme kann mit unterschiedlicher Trennschärfe erfolgen.

Bei diskontinuierlichen Prozessen sind mittlere Korngröße und Korngrößenverteilung zeitabhängig.

7.2.3.2
Grundlegende Definitionen und Annahmen

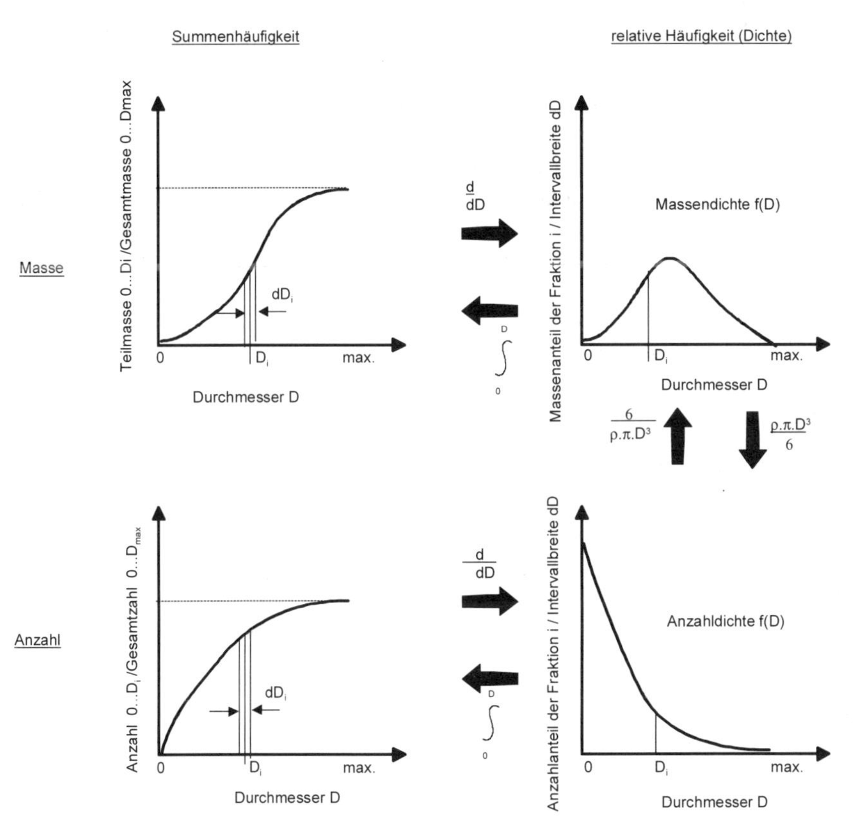

Bild 7-12 Kennzeichnung des granulometrischen Zustandes von Partikelkollektiven

Zur Kennzeichnung des granulometrischen Zustandes (Anzahl, Größe, Oberfläche, Masse) wird bekanntlich angegeben, wie diese Merkmale über die Teilchengrößen verteilt sind. Üblicherweise wird, dem Sieben vergleichbar, eine Unterteilung in Größenklassen vorgenommen und angegeben, welcher Anteil von der Gesamtmenge („Häufigkeit") in die einzelnen Größenklassen fällt. Da diese Aussage von der Klassenbreite abhängig ist, wird eine relative, auf die Breite der Klasse bezogene Häufigkeit („Verteilungsdichte" s. [152]) definiert. Dadurch wird die Aussage vergleichbar. Sie ist damit auf eine Prüfsiebung mit vielen Sieben zurückgeführt, bei der sich die Maschenweiten aufeinanderfolgender Siebe nur infinitesimal unterscheiden. Mit Bild 7-12 ist eine Übersicht über die Formen der Kennzeichnung von Partikelkollektiven gegeben.

Ist beispielweise die Verteilungsfunktion N(D) bekannt, kann die Häufigkeit eines Merkmales (hier die Anzahl) direkt auf eine infinitesimale Klassenbreite dD bezogen werden. Die relative Häufigkeit ist damit auf die Anzahl dN(D) bezogen („Anzahldichte")

$$n = \frac{dN(D,t)}{dD} \qquad \text{Gl.(7-19)}$$

Die Betrachtungen zur Partikelpopulation werden mit dieser Definition einfacher und übersichtlicher.

Die Granulatwachstumsgeschwindigkeit G (von „Growth") ist die Geschwindigkeit, mit der der Partikeldurchmesser durch Beschichtung wächst. Bei allen analytisch geschlossenen Modellen wird, wie es auch in der Kristallisationstechnik üblich ist, ein konstantes, von der Partikelgröße unabhängiges Wachsen angenommen

$$G = \frac{dD}{dt} = \text{konstant} = \frac{\dot{m}_S}{\rho_S} \cdot \frac{2}{A_{ges}} \qquad \text{Gl.(7-20)}$$

In dieser Gleichung stehen für

$\dot{m}_S$ insgesamt mit der Sprühflüssigkeit eingetragener Feststoff
A_{ges} für gesamte Oberfläche der Partikel
ρ_S Feststoffdichte

7.2.3.3 Stationärer Zustand bei kontiniuierlicher Granulation

7.2.3.3.1 Ohne interne Kern- und Keimbildung

Monodisperse Kernzugabe und Entnahme von Gutkorn

Es sei vorausgesetzt (s. [241]):

- Der Granulator befinde sich im stationären Zustand.
- Monodispers werden Kerne mit dem Durchmesser D_K zugegeben und Granulate nach Erreichen des Durchmessers D_G abgezogen.
- Es finde weder Agglomeration noch Partikelbruch statt.
- Die Sprühflüssigkeit werde gleichmäßig über alle Partikel der Schicht verteilt.

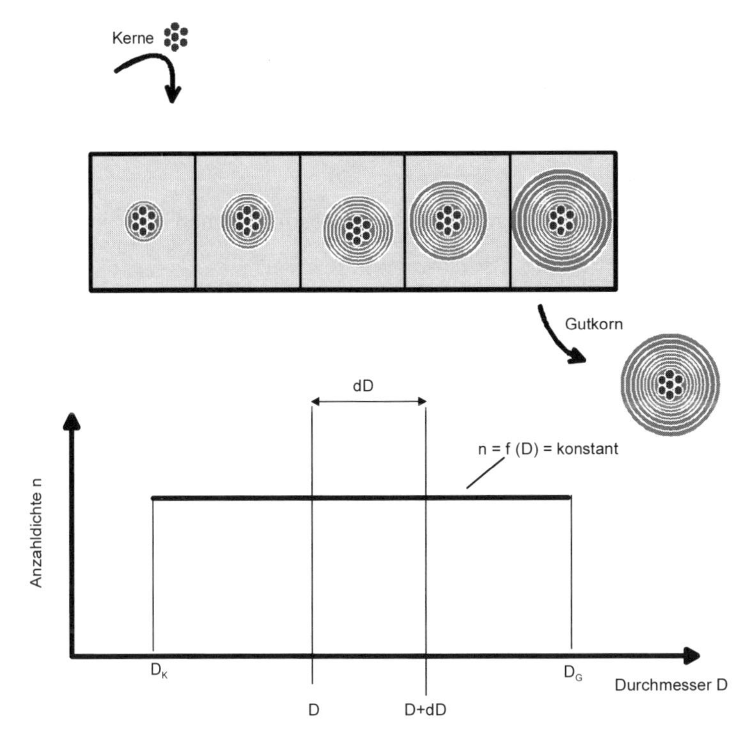

Bild 7-13 Kontinuierliche Granulation bei monodisperser Kernzugabe und Gutkornentnahme

Unter diesen Voraussetzungen wird aus jedem Kern ein Gutkorn. Dabei durchqueren $\dot{N}$ Partikel die Schicht. Das führt zu folgenden Massenströmen für

die Kerne:

$$\dot{m}_K = \frac{\pi}{6} \cdot \rho_S \cdot \dot{N} \cdot D_K^3 \qquad \text{Gl.(7-21)}$$

das Gutkorn:

$$\dot{m}_G = \frac{\pi}{6} \cdot \rho_S \cdot \dot{N} \cdot D_G^3 \qquad \text{Gl.(7-22)}$$

den mit der Sprühflüssigkeit eingetragenen Feststoff:

$$\dot{m}_S = \dot{m}_G - \dot{m}_K \qquad \text{Gl.(7-23)}$$

In Bild 7-13 ist der Ablauf dargestellt. Die Partikel durchlaufen während ihres Wachstums eine Abfolge von differentiellen Größenklassen der Breite dD. Die Anzahldichte ist wegen der monodispersen Zugabe von Kernen und der ebenfalls monodispersen Entnahme des Gutkorns sowie wegen des Ausschlusses von Agglomeration und Zerfall über alle Größenklassen konstant.

Der mit der Sprühflüssigkeit eingetragene Feststoff verteile sich voraussetzungsgemäß gleichmäßig über die Oberfläche sämtlicher Partikel der Schicht A_{ges}, so daß der Durchmesser aller Partikel entsprechend Gl.(7-20)

$$G = \frac{dD}{dt} = \frac{\dot{m}_S}{\rho_S} \cdot \frac{2}{A_{ges}}$$

konstant wächst. Die Partikelvergröberung verläuft somit gemäß

$$D(t) = D_K + G \cdot t\,, \qquad \text{Gl.(7-24)}$$

so daß in der Zeit t_W („Wachstumszeit") die Partikel von der Kern- auf die Gutkorngröße angewachsen sind

$$t_w = \frac{D_G - D_K}{G} \qquad \text{Gl.(7-25)}$$

Die Wachstumszeit ist zugleich die Aufenthaltsdauer der Partikel in der Schicht. Die massebezogene, zeitlich mittlere spezifische Oberfläche des Partikels ist dabei

$$a = \frac{\bar{A}}{\bar{m}} = \frac{1}{\rho_S} \cdot \frac{\bar{A}}{\bar{V}} \qquad \text{Gl.(7-26)}$$

Die zeitlich mittleren Größen in dieser Gleichung sind für die Oberfläche

$$\bar{A} = \frac{\pi}{t_W} \cdot \int_0^{t_W} D^2(t) \cdot dt = \frac{\pi}{3} \cdot \frac{(D_G^3 - D_K^3)}{(D_G - D_K)} \qquad \text{Gl.(7-27)}$$

und das Volumen

$$\bar{V} = \frac{\pi}{6 \cdot t_W} \cdot \int_0^{t_W} D^3(t) \cdot dt = \frac{\pi}{24} \cdot \frac{(D_G^4 - D_K^4)}{(D_G - D_K)} \qquad \text{Gl.(7-28)}$$

Somit wird aus Gl.(7-26) eine Gleichung zur Berechnung der mittleren spezifischen Oberfläche aus den unmittelbar zugänglichen Größen

$$a = \frac{1}{\rho_S} \cdot \frac{\bar{A}}{\bar{V}} = \frac{8}{\rho_S} \cdot \frac{(D_G^3 - D_K^3)}{(D_G^4 - D_K^4)} \qquad \text{Gl.(7-29)}$$

Weil grobe Partikel weniger oberflächenintensiv sind, nimmt, wie aus Bild 7-14 abzulesen ist, die spezifische Oberfläche mit wachsender Kornvergröberung ab. Ergänzend zeigt Gl.(7-30) daß die spezifische Oberfläche umso größer ist, je geringer die Feststoffdichte und der Kerndurchmesser D_K ist.

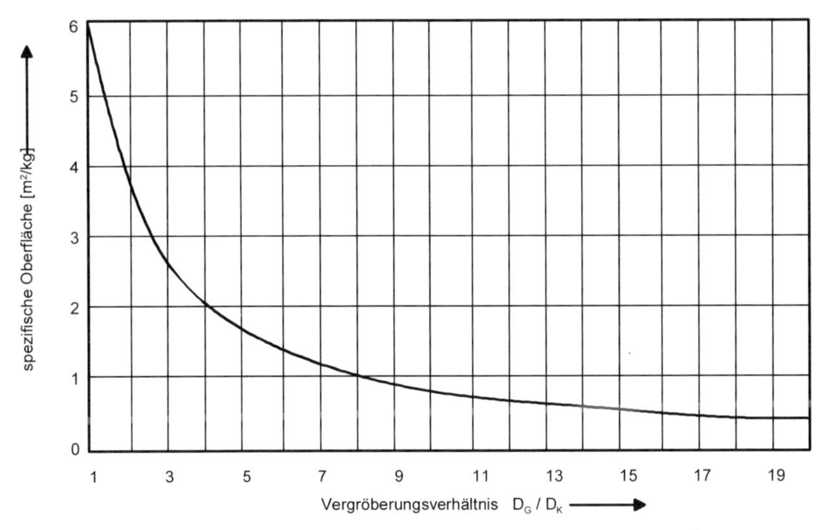

Bild 7-14 Mittlere spezifische Oberfläche für eine Dichte ρ_S = 1.000 kg/m^3 und einen Kerndurchmesser von D_K = 1 mm (errechnet aus Gl.(7-29))

Mit obigen Beziehungen läßt sich zudem eine interessante Abhängigkeit zwischen der Zeit t_W, also der Wachstumszeit, die ein Partikel im Granulator verbleiben muß, um vom Kern zum Gutkorn zu wachsen und der mittleren, massebezogenen Verweilzeit errechnen.

Die mittlere, massenbezogene Verweilzeit ist

$$t_V = \frac{m}{\dot{m}_S} \qquad \text{Gl.(7-30)}$$

Mit Gl.(7-20) und Gl.(7-26)wird

$$t_V = \frac{A_{ges}}{\dot{m}_S} \cdot \frac{1}{a} = \frac{2}{\rho_S \cdot G} \cdot \frac{1}{a} \qquad \text{Gl.(7-31)}$$

und aus Gl.(7-25) und Gl.(7-29) folgt

$$\frac{t_W}{t_V} = \frac{\rho_S}{2} \cdot (D_G - D_K) \cdot a = 4 \cdot (D_G - D_K) \cdot \frac{(D_G^3 - D_K^3)}{(D_G^4 - D_K^4)} \qquad \text{Gl.(7-32)}$$

Mit Bild 7-15 ist gezeigt, daß die Wachstumszeit mit zunehmendem Vergröberungsverhältnis ansteigt und im Extremfall viermal größer werden kann als die massenbezogene Verweilzeit. Bei üblichen Vergröberungsverhältnissen, die zwischen 4 und 10 liegen, liegt das Verhältnis der Wachstums- zur Verweilzeit zwischen 3 und 3,5.

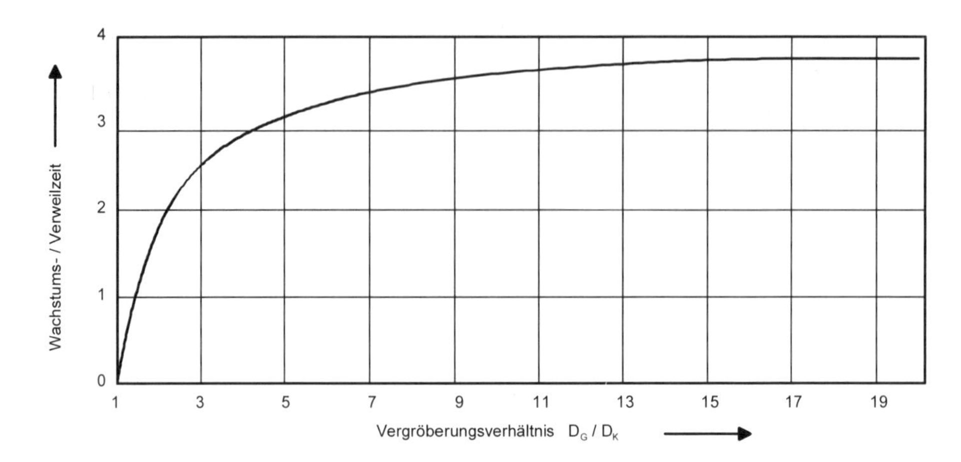

Bild 7-15 Abhängigkeit des Verhältnisses Wachstums- zu Verweilzeit vom Vergröberungsverhältnis gemäß Gl.(7-33)

Monodispere Kernzugabe und klassierende Entnahme von Gutkorn

Ausgangspunkt der Modellierung durch Mörl [241] ist gemäß Bild 7-16 ein kreisrunder Apparat in dem die Partikel von außen nach innen abnehmend fluidisiert und von oben besprüht werden. Im Zentrum des Gasverteilers ist ein Steigrohrsichter angeordnet. Es wird angenommen, daß die Partikel auf zur Mittelachse symmetrischen Bahnen zwischen Düse und Sichter zirkuklieren. Sie werden besprüht und wachsen. Den Sichter können sie passieren, wenn sie die Austragsgröße erreicht haben.

Wenn sie bei ihrer Abwärtsbewegung den Sichter treffen, werden sie von ihm auf ihre Größe überprüft. Die Wahrscheinlichkeit, mit der sie bei einem Umlauf den Sichter treffen, entspricht nach dem Modell den Verhältnis der Querschnittsflächen von Sichter und Granulator. Mit jedem Umlauf kommt eine weitere Gelegenheit zur Überprüfung der Partikelgröße hinzu. Das bedeutet, daß die Partikel um so häufiger überprüft werden, je rascher die Partikel umlaufen. Somit bestimmen Flächenverhältnis und Umlaufgeschwindigkeiit die Verteilungsbreite der ausgetragenen Granulate. Der Einfluß, den strömungstechnische Vorgänge im Sichter auf das Trennergebnis haben, wird vom Modell nicht berücksichtigt.

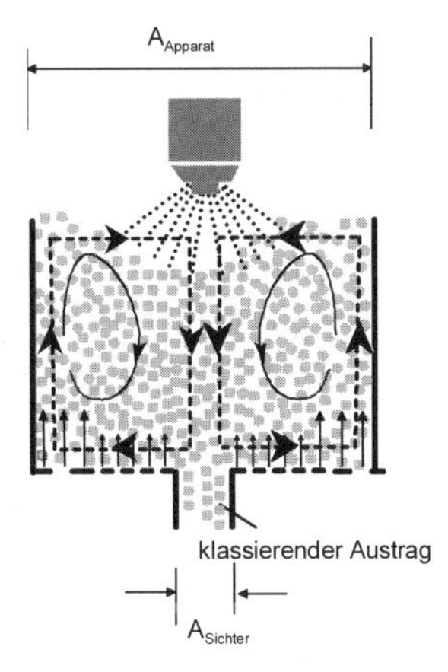

Bild 7-16 Modell zur klassierenden Entnahme von Gutkorn

7.2.3.3.2 Ausschließlich interne Keim- und Kernbildung

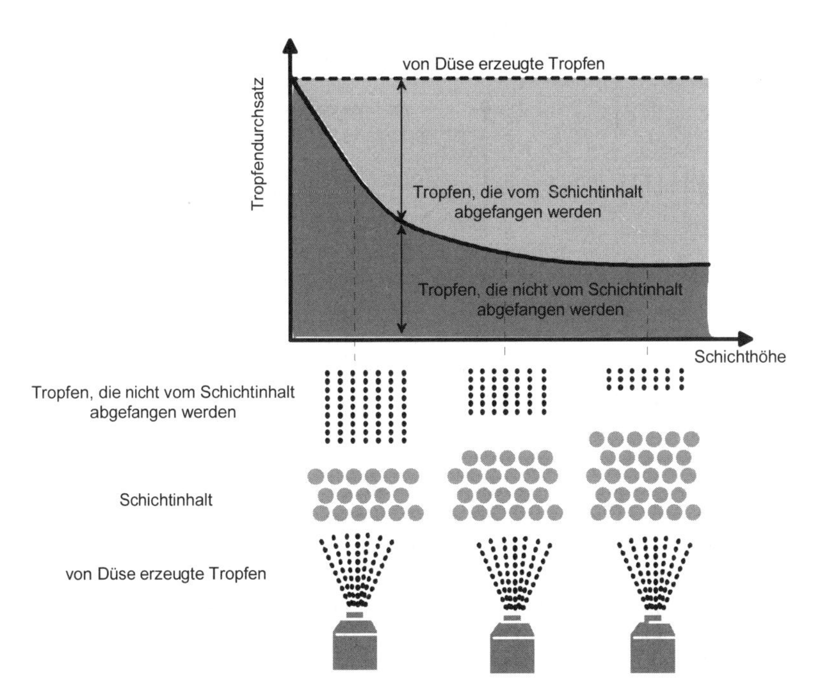

Bild 7-17 Keimgutbildung durch Sprühtropfen, die in der Schicht keine Partikel getroffen haben

Für diesen Vorgang existiert noch keine rechnerische Beschreibung. Zur Veranschaulichung dieses Granulatbildungsprozesses mit ausschließlich interner Keim- und Kernbildung liefert Uhlemann [347] folgende Deutung:

Es sei vorausgesetzt, daß von unten eingedüst wird. In diesem Fall wirkt die Wirbelschicht auf die Sprühtropfen wie ein Filter (s. Bild 7-17). Die Düse erzeugt pro Zeiteinheit unabhängig von der Höhe der Wirbelschicht stets die gleiche Zahl von Tropfen. Davon fängt die Schicht jedoch um so mehr weg, je höher sie ist. Die abgefangenen Tropfen tragen zum Wachstum der in der Schicht befindlichen Partikel bei. Die nicht abgefangenen Tropfen verfestigen sich und werden zu Keimgut. Dabei ist die Keimgutproduktion von der Höhe der Schicht abhängig. Die Zusammenhänge werden mit dem Bild 7-18 noch genauer betrachtet.

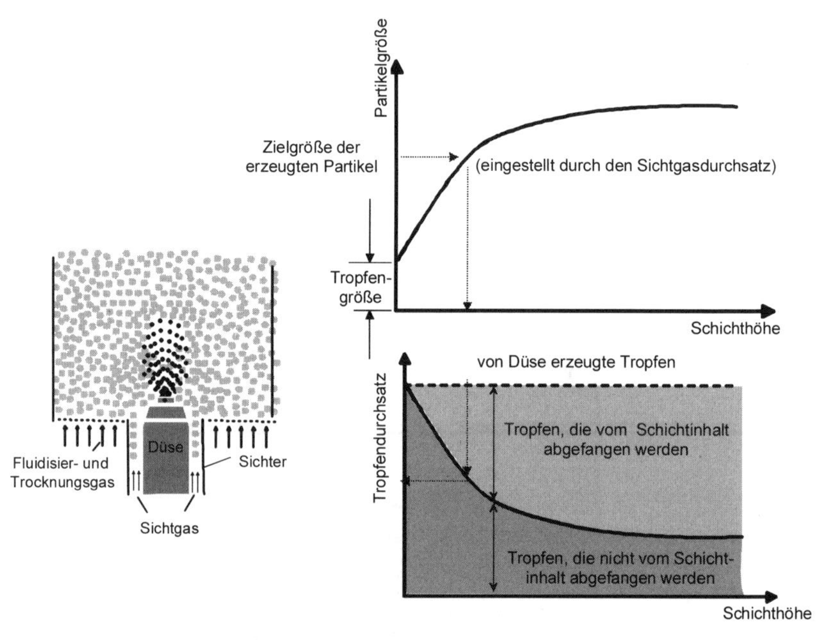

Bild 7-18 Selbstregelnde Granulation durch interne Keimbildung (kein Abrieb)

Die entstehenden Granulate werden klassierend ausgetragen, d.h. nur die Partikel verlassen den Apparat, die die Zielgröße erreicht haben. Das Bild geht von stationären Bedingungen aus. Es zeigt einen Prozeß ohne Abrieb. Keime werden in diesem Fall nur durch nichttreffende Sprühtropfen gebildet.

Die Düse erzeugt pro Zeiteinheit eine von der Schichthöhe unabhängige Zahl von Tropfen. Von diesen Tropfen trifft nur ein Teil die in der Schicht zirkulierenden Partikel. Der andere Teil wird zu Keimgut. Diese bereits mit der vorigen Bild besprochenen Vorgänge sind in Bild 7-18 unten dargestellt. Während bei der Schichthöhe Null alle Tropfen zu Keimgut werden, nimmt mit wachsender Schichthöhe die Trefferwahrscheinlichkeit zu und damit der Anteil der Tropfen, der zu Keimgut wird, ab. Es sei in der Folge unterstellt, daß sich stets gleichviel Keimgut zu einem Kern zusammenschließt.

Im stationären Zustand wird – wenn gelegentliche Agglomerationen vernachlässigt werden – aus jedem Kern ein Granulat. Auf diese wachsenden Teilchen muß sich die zugespeiste Trockenmasse verteilen. So ergibt sich auf diese Weise der obere Kurvenverlauf in Bild 7-18. Er zeigt die Masse der einzelnen Granulate, die bei einer gegebenen Schichthöhe erzeugt werden als Maß für deren Größe. Zu der Sollgröße der Fertiggranulate – vorgegeben durch die Einstellung des sichtenden Austrages – gehört demnach eine Schichthöhe, bei der gerade die zu dem Granulatbildungsprozeß gehörige Keimzahl entsteht.

Im praktischen Fall werden sich zusätzlich noch Keimgut und damit Kerne durch Abrieb bilden, insbesondere wenn das Produkt nicht abriebfest ist. Dieser Einfluß überlagert sich den dargestellten Vorgängen, wie im Bild 7-19 dargestellt. Das auf diese Weise gebildete Keimgut wird etwa linear mit der Schichthöhe zunehmen (s. Kap. 4.3.3.3), wie es in der unteren Kurve dargestellt ist. Die Gesamtzahl der aus nichttreffenden Sprühtropfen und Abrieb gebildeten Kerne durchläuft ein Minimum. Das bedeutet umgekehrt, daß eine maximale Granulatgröße bei dieser Granulationsmethode nicht überschritten werden kann.

Ein Zustand ist bekanntlich nur dann stabil, wenn die Reaktionen auf eine Störung dazu führen, daß die Störung wieder rückgängig gemacht werden. Die Störung sei beispielsweise eine Vergrößerung des Schichtinhaltes im linken Betriebspunkt. Die Reaktion auf diese Störung besteht in einer Vergrößerung der Granulate und bei dem sichtenden Austrag in einem verstärkten Granulataustrag. Der Schichtinhalt wird also wieder kleiner. Die gleiche rückführende Reaktion tritt ein, wenn wir uns die Störung in der anderen Richtung vorgeben. Der Betriebspunkt ist also stabil.

Anders fällt die Prüfung im rechten Betriebspunkt aus. Hier hat ein größerer Schichtinhalt ein kleineres Granulat zur Folge. Der sichtende Austrag läßt weniger Granulat austreten. Der Schichtinhalt wächst und damit bewegt sich der Gesamtzustand der Anlage von dem Betriebspunkt weg. Zu dem gleichen Ergebnis kommt man, wenn man die Störung in der anderen Richtung annimmt. Der Betriebspunkt ist somit nicht stabil.

Das führt zu folgendem Fazit: Der diskutierte Prozeß mit interner Bildung von Keimgut und Kernen ist selbstregelnd. Werden durch sichtendes Austragen selektiv nur die Granulate berücksichtigt, die die Wunschkorngröße erreicht haben, dann bedeutet die Zunahme des Schichtinhaltes, daß die in der Schicht gebildeten Granulate die Wunschkorngröße noch nicht erreicht haben. Das Keimangebot ist offenbar zu hoch. Der Schichtinhalt steigt und damit steigt die Trefferwahrscheinlichkeit für die Sprühtropfen. Darauf sinkt das Keimgutangebot und paßt sich dem durch die mit der Sichtereinstellung vorgegebenen Keimbedarf an. In dieser Phase geht der Austrag von Partikel, die die Wunschkorngröße erreicht haben zurück. Wenn dagegen der Schichtinhalt sinkt, sind die Teilchen in der Schicht zu groß. Der Prozeß reagiert darauf in umgekehrter Weise.

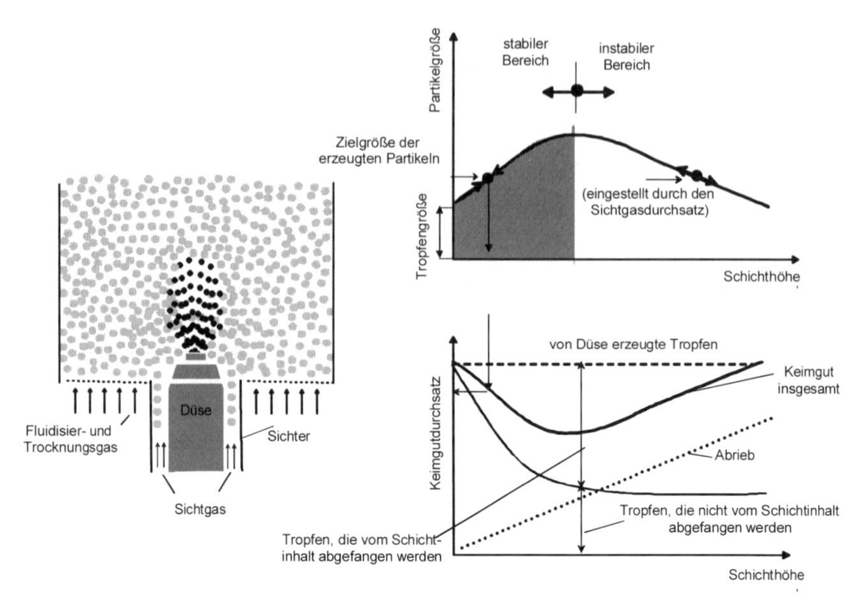

Bild 7-19 Granulatbildungsprozeß bei interner Keimbildung

In Bild 7-20 sind die Einschwingvorgänge beim Anfahren des Granulators in einer auf die stationären Bedingungen normierten Darstellung aufgetragen. Die Darstellung ist das Ergebnis von Simulationsrechnungen. Der linke Verlauf bezieht sich auf ein Anfahren mit einem Startgranulat, das nach Menge und Korngrößenverteilung den stationären Bedingungen eines vorangehenden Granulationsperiode entspricht. Die Wände und Filterschläuche seien wie in der vorangehenden Granulationsperiode belegt. Damit entspricht der Ablauf dieser Granulationssperiode einer Fortsetzung der Granulation. Keimangebot und Granulataustrag sind sofort aufeinander abgestimmt.

Der rechte Verlauf zeigt die Verhältnisse beim Anfahren des Granulators im leeren Zustand. Im leeren Zustand entsteht ein Überschuß an Feingut. Der Schichtinhalt muß die Zielgröße erreichen, bis es zu einem Granulataustrag kommt. Der Austrag der Granulate in Zielgröße setzt daher erst phasenverschoben ein. Gemäß der Darstellung schwingen schließlich Schichtinhalt und Granulataustrag auf die stationären Bedingungen ein.

Das Anfahren mit anfänglich leerem Granulator führt zu Schwankungen in Form und Oberflächenbeschaffenheit der Granulate. So kann es bei hohem Schichtinhalt zur Bildung von Sekundäragglomeraten kommen. Es ist daher zweckmäßig, den Granulator immer mit Startgranulat anzufahren.

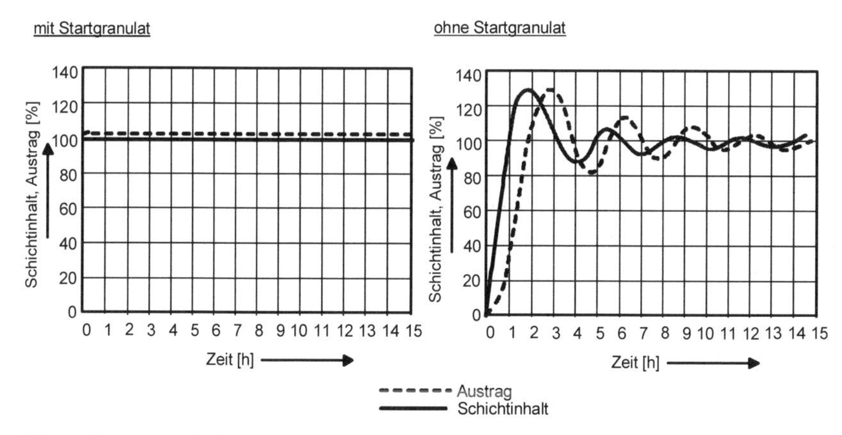

Bild 7-20 Dynamische Vorgänge bei interner Keimbildung

7.2.3.4 Diskontinuierliche Granulation

7.2.3.4.1 Ohne Abzug (Umhüllen)

Betrachtet sei das Kornwachstum beim Umhüllen (Coaten) von Partikeln (s. Kap. 14.3). Das Umhüllen ist ein Prozeß ohne die Bildung von Keimen und Kernen sowie ohne Abrieb, Bruch und Agglomeration (s. Mörl [241]) . Es werden m_K Kerne mit dem Durchmesser D_K, also

$$N = \frac{m}{\frac{D_K^3 \cdot \pi}{6} \cdot \rho_K} \qquad \text{Gl.(7-33)}$$

Kerne vorgelegt. Auf diese Partikel wird zu ihrer Vergröberung konstant der Feststoff $\dot{m}_S$ aufgesprüht. Kern- und Umhüllungsmaterial sind in aller Regel verschieden. Als Dichte wird angenommen für die Kerne ρ_K und für das Beschichtungsmaterial ρ_S. Die diskontinuierliche Wirbelschicht-Sprühgranulation ohne Abrieb, Bruch und Agglomeration wäre ein Spezialfall des Umhüllens, bei dem beide Dichten gleich sind.

Durch das Aufsprühen ändert sich das Volumen eines einzelnen Partikels entsprechend:

$$\frac{\pi}{6} \cdot D^3(t) = \frac{\pi}{6} \cdot D_K^3 + \frac{\dot{m}_S}{N \cdot \rho_S} \cdot t \qquad \text{Gl.(7-34)}$$

Mit Gl.(7-33) wird

$$D(t) = D_K \cdot \sqrt[3]{\left(1 + \frac{\rho_K}{\rho_S} \cdot \frac{\dot{m}_S}{m_K} \cdot t\right)} \qquad \text{Gl.(7-35)}$$

In Bild 7-21 findet sich eine Auswertung dieser Gleichung. Ihre Aussagen sind auch zur Orientierung über das Kornwachstum während der Anfahrphase eines kontinuierlichen Prozesses geeignet. Voraussetzung ist, daß Startgranulat vorgelegt wurde und daß kein Granulat abgezogen wird.

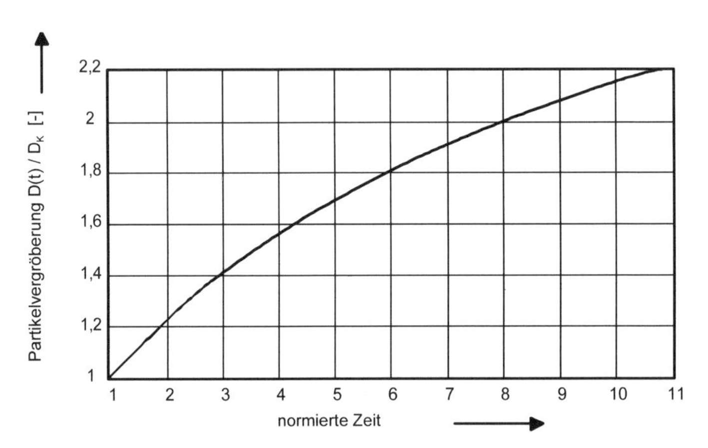

Bild 7-21 Kornvergröberung bei diskontinuierlicher Beschichtung ohne die Bildung von Keimen und Kernen. Die Normierung der Zeit zu einer dimensionslosen Größe ist gemäß Gl.(7-36) erfolgt.

7.2.3.4.2
Laufender Abzug

Im Gegensatz zum vorigen Kapitel interessiert hier ein Prozeß, bei dem laufend der Schichtinhalt m_{Sch} durch laufendes Abziehen von Granulat konstant gehalten wird. Auch hier seien Kerne vorgelegt, die mit konstanter Sprührate besprüht werden. Diese Konstellation ist ebenfalls für das Anfahren eines kontinuierlichen Granulators denkbar (entnommen aus Mörl [241]) .

Damit muß sich die Zahl der Partikel (hier gekenzeichnet durch den Index „P“) in der Schicht laufend verringern und die Größe der Partikel von der anfänglichen Masse m_K auf die Masse $m_P(t)$ zunehmen. Die Zahl der Partikel ist zu einer beliebigen Zeit $m_{sch}/ m_P(t)$ Bezogen auf ein einzelnes Partikel ist die Massenzunahme

$$\frac{m_{Sch}}{m_P(t)} \cdot dm_P$$

Nach diesen Voraussetzungen müssen in einem Zeitintervall dt die Masse des eingesprühten Feststoffes $\dot{m}_S \cdot dt$, die Masse der abgezogenen Granulate $\dot{m}_G \cdot dt$

und die Vergrößerung der Masse der wachsenden Partikel gleich sein. Es muß also gelten

$$\dot{m}_S \cdot dt = \dot{m}_G \cdot dt = \frac{m_{Sch}}{m_P(t)} \cdot dm_P \qquad \text{Gl.(7-36)}$$

Anfänglich sind Kerne vorgelegt. Deshalb liefert die Integration dieser Gleichung für $t = 0$; $m_p(t) = m_K$.

$$\dot{m}_S \cdot t = m_{Sch} \cdot \int_{m_K}^{m_P} \frac{dm_P}{m_P(t)} = m_{Sch} \cdot \ln \frac{m_P}{m_K} \qquad \text{Gl.(7-37)}$$

Durch Umstellung der Gleichung wird bezogen auf den Durchmesser der Granulate

$$\frac{D(t)}{D_K} = \exp\left[\frac{\dot{m}_S}{m_{Sch}} \cdot \frac{t}{3}\right] \qquad \text{Gl.(7-38)}$$

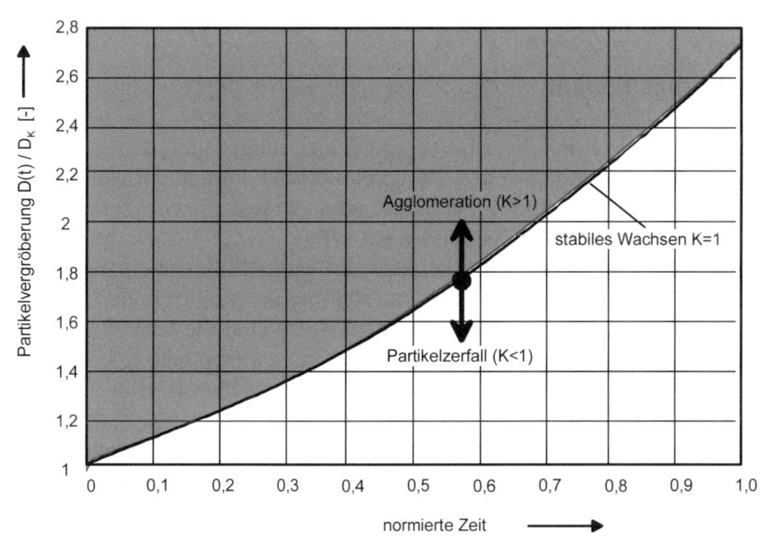

Bild 7-22 Kornvergröberung in einer Schicht mit konstantem Inhalt. Die Zeit ist nach Gl.(7-40) normiert.

Es ist vorausgesetzt, daß der Prozeß ohne Agglomeration, nichttreffende Sprühtropfen, Bruch und Abrieb ablaufe. Läßt man diese Voraussetzung fallen, dann verändert sich das Partikelwachstum. Die Veränderung kann durch eine Wachstumskonstante K berücksichtigt werden.

Es wird aus Gl.(7-36)

$$\dot{m}_S \cdot dt = K \cdot \frac{m_{Sch}}{m_P(t)} \cdot dm_P \qquad \text{Gl.(7-39)}$$

schließlich das Kornwachstum

$$\frac{D(t)}{D_K} = \exp\left[K \cdot \frac{\dot{m}_S}{m_{Sch}} \cdot \frac{t}{3}\right] \qquad \text{Gl.(7-40)}$$

Nach der Wachstumskonstante ist zu unterscheiden

$K < 1$ Partikelzerfall und /oder nicht treffende Sprühtropfen. Nehmen diese Vorgänge zu, wird K kleiner.

$K = 1$ kein Partikelzerfall, keine Agglomeration, stabiles Wachsen durch Beschichten

$K > 1$ Agglomeration. Je stärker die Agglomeration um so größer wird K.

Die Beziehungen können für einen einfachen Test für Wachstum und Zerfall genutzt werden (s. [320] und [331]). In Bild 7-22 sind diese Abläufe dargestellt.

7.2.3.5 Allgemeine Kornzahlbilanz

In den vorangehenden Kapiteln sind beispielhaft einige aus der Literatur übernommene analytische Ansätze zur Beschreibung der Partikelpopulation bei speziellen Betriebszuständen und Prozeßführungen dargestellt. Sie sollen eine Orientierung über Methoden und Ergebnisse sein.

Die analytischen Ansätze werden allerdings auf Spezialfälle beschränkt bleiben. Allgemeine Aussagen erfordern eine Unterteilung in infinitesimale Größenklassen (s. Bild 7-23). Bezogen auf diese Größenklassen sind die Einzelvorgänge innerhalb der Klassen und ihre Wechselbeziehungen mit anderen Klassen begrenzt durch die gültigen Anfangs- und Randbedingungen zu modellieren. Hier wird der Ausgangspunkt einer solchen Betrachtung vorgestellt.

Die Anzahldichte ist bei kontinuierlich und stationär betriebenen Granulatoren konstant. Bei instationären Zuständen kontinuierlicher sowie generell bei absatzweise betriebenen Granulatoren ist sie eine Funktion der Zeit entsprechend n(D,t).

In diesem Fall ist die zeitliche Änderung der Anzahldichte

$$\frac{\partial n(D,t)}{\partial t} \neq 0$$

Sie wird beeinflußt von

- $\frac{\partial (G \cdot n(D,t))}{\partial D}$, der Differenz der Partikel, die in das Intervall hinein und herauswachsen

- $n \cdot \frac{\partial m}{m_{ges} \cdot \partial t}$, der zeitlichen Änderung des Schichtvolumens bei absatzweise betrieben Schichten und bei kontinuierlichen Schichten in instationären Zuständen
- $\dot{S}$ Partikelquelle durch Agglomeration kleinerer und durch Bruch größerer Partikel
- $\dot{R}$ Partikelsenke durch Agglomeration zu größeren und durch Bruch zu kleineren Partikel
- $\dot{K} = \frac{\dot{m}_K}{m_{Ges}} \cdot n(D)$ Zugabe von Kernen definierter Größenverteilung
- $\dot{G} = \frac{\dot{m}}{m_{Ges}} \cdot n(D,t)$ Entnahme von Gutkorn

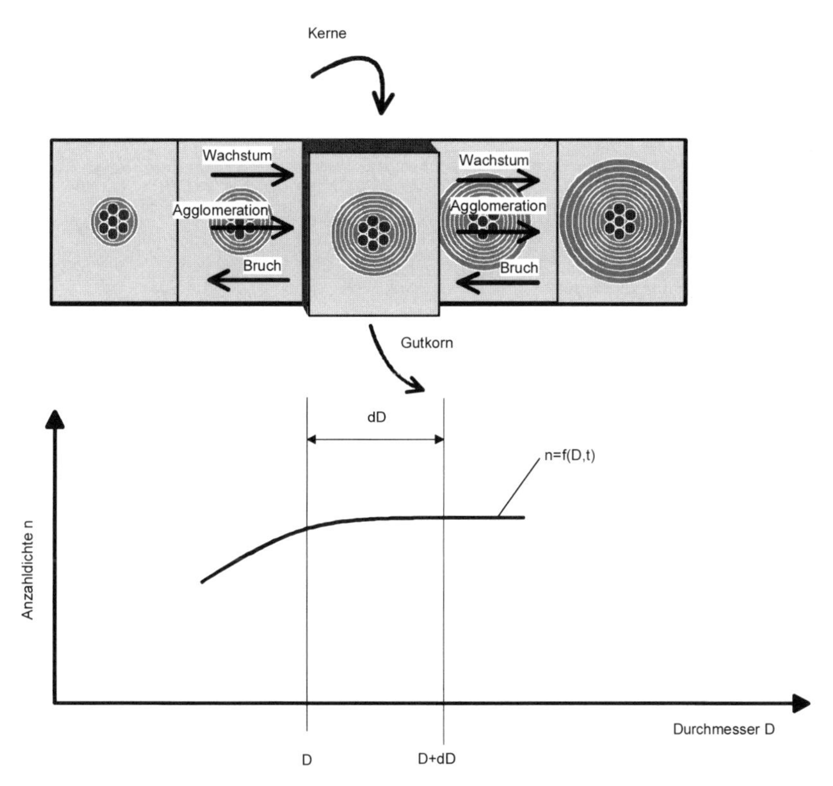

Bild 7-23 Kornbilanzen an infinitesimal kleinen Größenklassen

Mit diesen Größen erhält man die allgemeine Kornzahlbilanz für die infinitesimale Größenklasse mit

$$\frac{\partial n(D,t)}{\partial t} = \frac{\partial G \cdot n(D,t)}{\partial D} = n \cdot \frac{\partial m}{m_{ges} \cdot \partial t} + \dot{S} - \dot{R} + \dot{K} - \dot{G} \qquad \text{Gl.(7-41)}$$

Bruch und Agglomeration beruhen auf ähnlichen Vorgängen. Ihre Auswirkung auf Größe und Zahl der Partikel ist jedoch entgegengesetzt. Sie setzen die Kollision von Teilchen in einem Strömungsfeld voraus. Beide Vorgänge nehmen mit der Zahl der Partikel zu, die in einem Strömungsfeld pro Zeit- und Volumeneinheit miteinander kollidieren. Ihre Eintrittswahrscheinlichkeit ist daher u. a. definiert über die Effizienz der Kollision und die Anzahldichte der kollidierenden Partikel. Wegen weiterer Details sei auf die Diplomarbeit Warfsmann [359] und den Vortrag von Knebel [115] verwiesen. Die Lösung der Bilanzgleichungen ist mathematisch sehr anspruchsvoll und außerdem auch sehr aufwendig.

8 Verfahrensvarianten

8.1 Allgemeines

Die Bildung von Granulaten durch Wirbelschicht-Sprühgranulation setzt Kerne voraus, die dem Prozeß entweder von außen zuzuführen oder im Prozeß selbst zu bilden sind. Die Kerne werden dann durch Beschichten vergröbert. Das Beschichten besteht aus dem Besprühen der zu vergröbernden Partikel mit feststoffhaltiger Flüssigkeit und dem anschließenden Verfestigen der aufgetragenen Flüssigkeit durch Trocknen oder Erstarren. Zum Verfestigen müssen die Partikel aus dem Sprühbereich der Düsen herausgeführt werden.

Die Zielgröße der Partikel wird beim absatzweisen Betrieb über die Dauer des Besprühens erreicht. Bei kontinuierlicher Betriebsweise ist hingegen die Größe der Granulate laufend zu prüfen. Bei Erreichen der Zielgröße sind die Granulate der Wirbelschicht zu entnehmen.

Die einzelnen Verfahrensschritte und ihre Kombination können unterschiedlich sein. Daraus ergeben sich zahlreiche Varianten des Grundprinzips. Einige Varianten sind historisch gewachsen. Es haben sich noch keine Varianten herausgeschält, die bei allen Anwendungsfällen des Verfahrens optimal sind. Das hängt mit den unterschiedlichen Anforderungen zusammen. Es ist damit zu rechnen, daß durch eine weitere Verbreitung dieser Technologie sich die besten Lösungen im Detail und in der Kombination schließlich durchsetzen.

8.2 Diskontinuierliche Granulation

8.2.1 Prinzip

Die Pharmaindustrie verlangte schon immer, daß Qualitätsprüfungen so durchgeführt und dokumentiert werden können, daß der gesamte Herstellungsgang nachvollziehbar ist. Das setzte die Definition von Chargen voraus und führte zur Entwicklung der diskontinuierlichen Granulation. Eine abgegrenzte Charge ist in diesem Fall eine Füllung des Granulators. Während der Laufzeit einer Charge verbleiben alle gebildeten Granulate in der Schicht. Entsprechend verweilt das Produkt unterschiedlich lange im Apparat. Somit ist der Wunsch, daß alle Teile einer Charge das gleiche Schicksal haben, nicht streng erfüllt.

Üblich ist, daß die Schicht von oben besprüht wird. Sie wird in einer konischen Wirbelkammer untergebracht. Das hat bei homogener Fluidisierung eine Klassierung zur Folge. (Bei stärkerer Durchströmung sind die Verhältnisse in der konischen Wirbelschicht unübersichtlich, wie aus Kap. 3.3.6.2 zu ersehen ist). Die kleinen Partikel sind in dem den Sprühdüsen zugewandten, oberen Teil der Schicht konzentriert. Ihr Wachstum ist dadurch favorisiert. Die groben Partikel werden hingegen zunächst nicht weiter wachsen. Sie befinden sich in dem unteren Bereich der Schicht. Die Separierung grober und feiner Teile bewirkt eine Einengung des Korngrößenspektrums der gebildeten Granulate.

Oberhalb der konischen Wirbelkammer ist das zumeist zylindrische Gehäuse angeordnet, das das üblicherweise in den Granulator integrierte Filter aufzunehmen hat. Der Gasverteiler ist entweder drehbar oder hat einen Bodenablaß zur Entleerung nach Abschluß der Granulation.

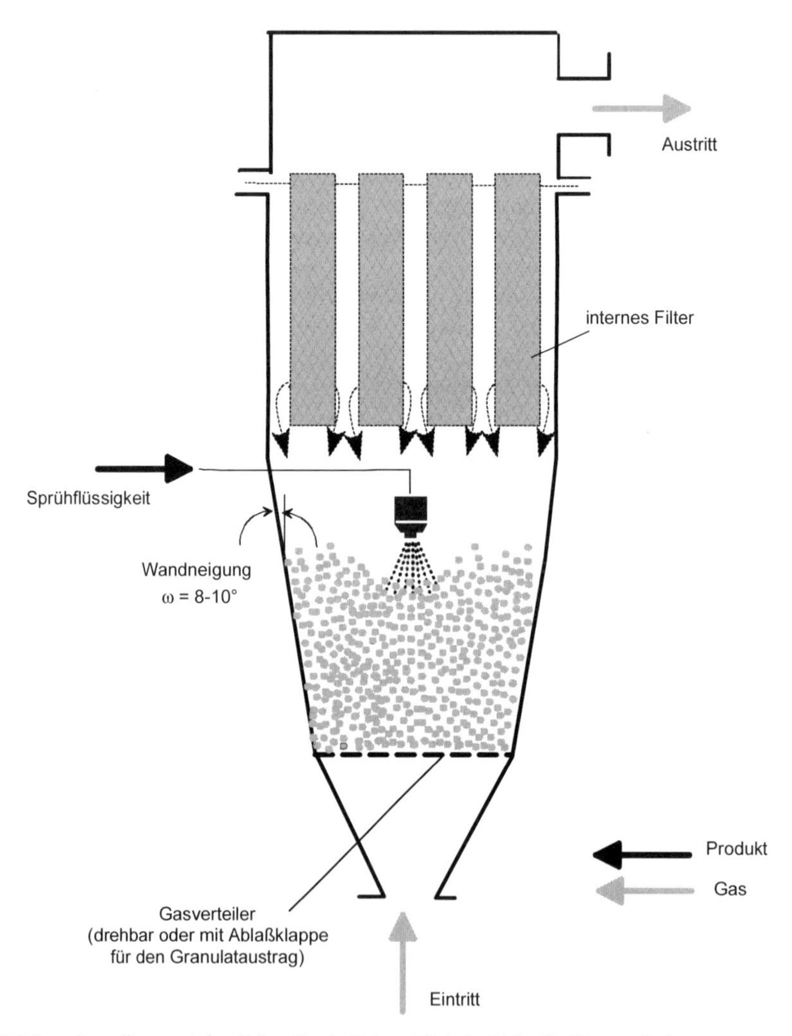

Bild 8-1 Grundkonzept der diskontinuierlichen Wirbelschicht-Sprühgranulation

8.2.2 Prozeß

Im allgemeinen erfolgt die diskontinuierliche Granulation ausschließlich mit interner Keimbildung. Es wird zumeist in den anfänglich leeren Apparat eingesprüht, wobei zunächst in einem der Sprühtrocknung ähnlichen Vorgang nur Keimgut entsteht. Im weiteren Verlauf des Prozesses agglomeriert das Feingut zu Kernen, die dann anschließend durch Beschichten zu Granulaten der gewünschten Größe anwachsen. Davon abweichend gibt es allerdings auch Stoffsysteme, die nur mit einer Vorlage von Feingut granuliert werden können.

Die Fluidisation muß auf die Partikelpopulation abgestimmt werden. Das bedeutet, daß die großen Partikel der Population in der Schwebe gehalten werden, ohne die kleinen aus der Schicht auszutragen. Weil sich bei diesem Prozeß die Partikel während der Granulationsdauer vergröbern, ist eine Anpassung des Gasdurchsatzes erforderlich. Üblicherweise wird der Gasdurchsatz, beginnend bei rund 40% des Endwertes, über eine zeitliche Rampe auf den Endwert gesteigert (s. Bild 8-2).

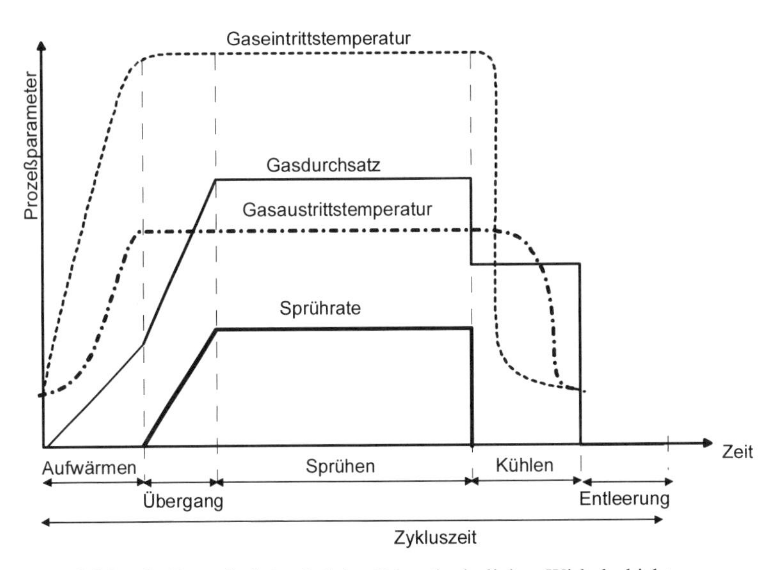

Bild 8-2 Abfolge der Prozeßschritte bei der diskontinuierlichen Wirbelschicht-Sprühgranulation

In dieser Phase („Rampe") werden zunächst Keimgut, später Kerne gebildet. Weil die Ein- und Austrittstemperaturen des Gases konstant gehalten werden, entspricht der Verlauf der Flüssigkeitseinspeisung dem Gasdurchsatz. Der Endwert des Gasdurchsatzes wird dann solange beibehalten, bis schließlich die vorgegebene Partikelgrößenverteilung (entweder definiert durch den Unter- oder den Überkornanteil) erreicht ist. Es schließt sich eine Kühlungs- und Austragsphase an. Wird die Kühlung extern vorgenommen, verkürzt sich die Zyklusdauer entsprechend. Das ist aus wirtschaftlichen Gründen oftmals vorteilhaft.

8.2.3 Entnahme der Granulate

Bild 8-3 zeigt 3 Möglichkeiten der Granulatentnahme. Sie sind keine verfahrenstechnischen Besonderheiten, sondern stellen in erster Linie Kompromisse an die Verhältnisse am Aufstellungsort dar. Darüber hinaus ist der zeitliche Aufwand für die Granulatentnahme unterschiedlich. Die Entleerungszeiten sind bei den Varianten C und B am kürzesten. Bei B ist zudem die Zyklusdauer dadurch verkürzt, daß die Kühlung extern erfolgt.

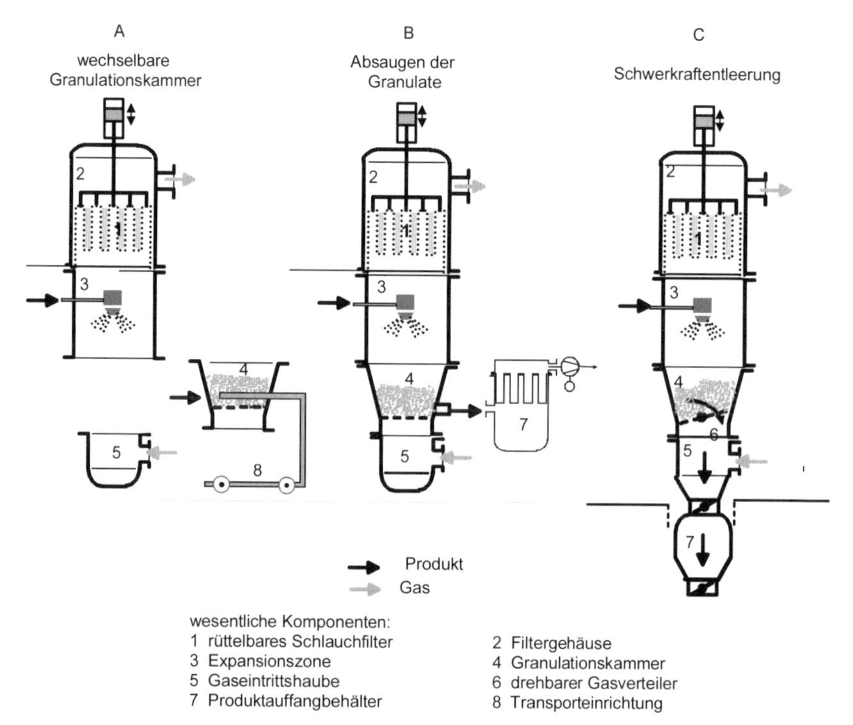

Bild 8-3 Diskontinuierlicher Granulator : Optionen für die Produktentnahme (System „WSG" Glatt GmbH, Binzen)

Bei allen Varianten schließt sich eine Siebung an, bei der Grob- und Feinanteile abgetrennt werden. Die Grobanteile werden zu Gutkorn vermahlen, soweit dadurch ein spezifikationsgerechtes Material entsteht. Ist das nicht der Fall, kann es wie das Unterkorn redispergiert und erneut versprüht werden. Außerdem besteht die Möglichkeit, das abgesiebte und ggfs. zerkleinerte Material beim folgenden Batch vorzulegen, wenn die Eigenschaften des Produktes es zulassen.

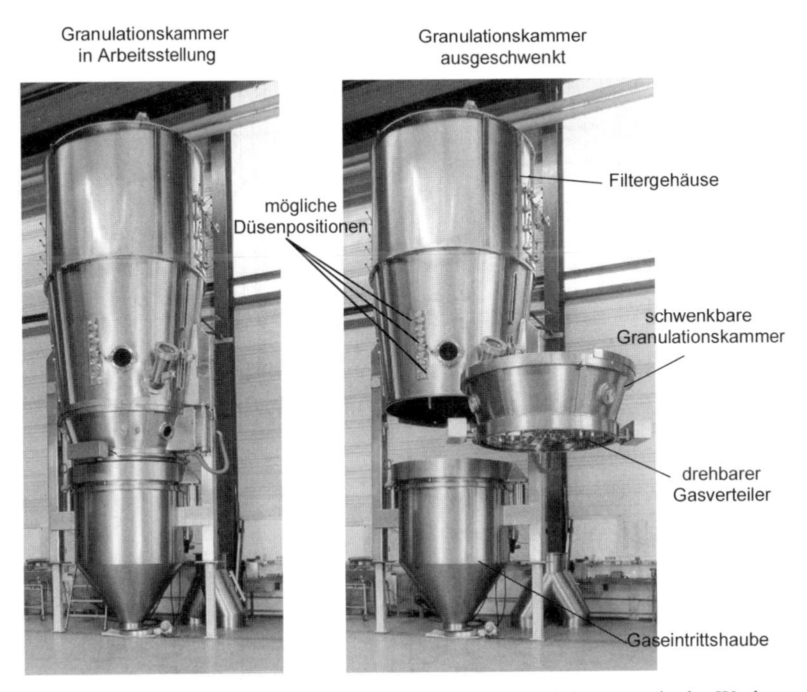

Bild 8-4 Diskontinuierlicher Wirbelschicht-Sprühgranulator: Endmontage in der Werkstatt (System "WSG" Glatt GmbH, Binzen)

8.2.4 Apparative Durchführung

Bild 8-4 zeigt beispielhaft einen Granulator dieses Types. Er ist aus scheibenförmigen Bauelementen aufgebaut, die in einem Gestell angeordnet sind. Von unten nach oben sind es der Gaseintrittshaube, die konische Granulationskammer und darüber das Filtergehäuse. Gaseintrittshaube und Filtergehäuse sind in einem Gestell fixiert. Die Granulationskammer kann um eine vertikale Achse aus der Arbeitsposition geschwenkt werden. Ein Hydrauliksystem preßt in der Arbeitsposition über einen Ring mit gleitender vertikaler Abdichtung die Granulationskammer an das Filtergehäuse. Die Granulationskammer ist an der Unterseite mit dem Gasverteiler, der für die Entleerung des Granulators um eine horizontale Achse schwenkbar ist, versehen. Entleert wird über einen unterhalb des Gasverteilungskastens anzuordnenden Zwischenbehälter.

Der Apparat ist mit Inspektionsöffnungen, Probenahmestutzen und Schaugläsern in verschiedenen Höhen ausgerüstet. Für das Einbringen der Düsen sind im Filtergehäuse in 4 Ebenen verschließbare Öffnungen vorgesehen. Oberhalb dieser Öffnungen sind abrüttelbare Schlauchfilter angeordnet.

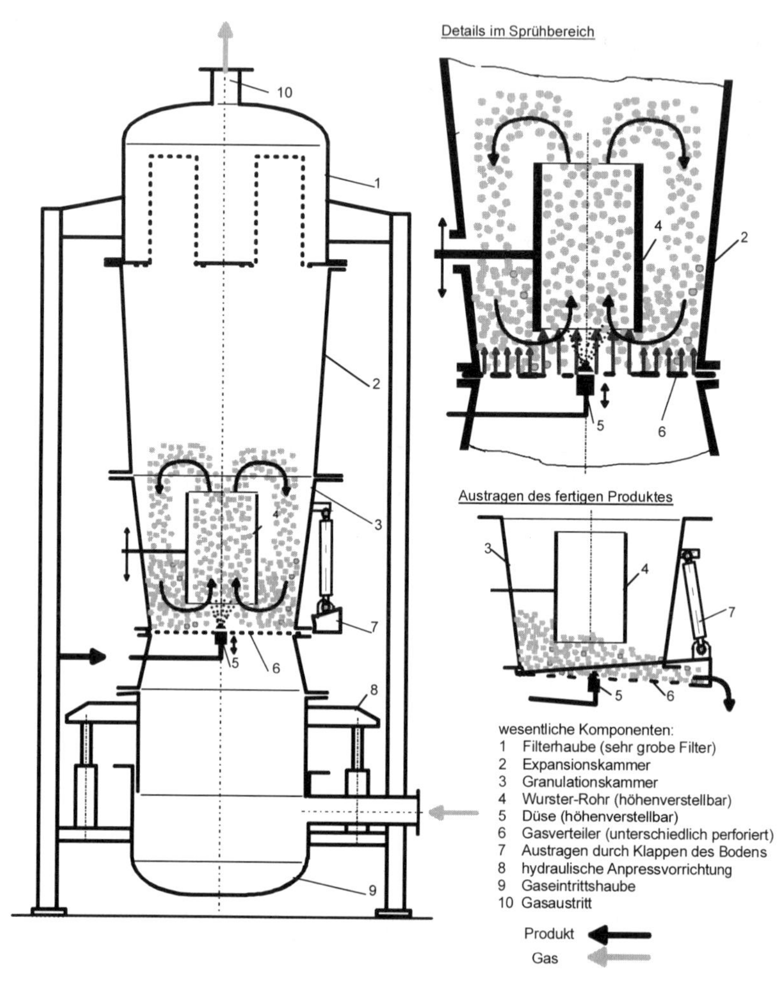

Bild 8-5 Diskontinuierlicher Granulator zur Beschichtung von körnigen Feststoffen (System „GPCG" Glatt GmbH, Binzen)

8.2.5 Spezialausführung nach Wurster

Für das Coaten mit polymeren Schichten, ist ein auf den amerikanischen Pharmazeuten Prof. Wurster [P42] zurückgehendes Verfahren seit einigen Jahren im großtechnischen Einsatz. Es ist geeignet für runde Partikel und sogar für Tabletten. Eingedüst wird von unten. Steigrohre umhüllen den Sprühstrahl der Düsen. In Bild 8-5 ist eine Version dieses Verfahrens mit einem einzelnen Steigrohr dargestellt. Das Steigrohr („Wurster-Rohr"), dessen Durchmesser etwa halb so groß ist, wie der Apparat im Bereich des Gasverteilers, teilt den Apparat in 2 Bereiche. Der Ringraum nimmt die zu coatenden Partikel auf. Hier ist der Gasverteiler vergleichsweise gering perforiert (Details der Perforierung s. Kap. 9.1.9) Die Perforation ist so bemessen, daß eine Gasgeschwindigkeit entsteht, die nur wenig oberhalb der Lockerungsgeschwindigkeit liegt (etwa entsprechend einem Fluidisationsgrad $f = 1{,}1$).

Der vom Steigrohr überdeckte Bereich ist hingegen stark perforiert. Hier sollen die Bedingungen einer „Flugförderung" vorliegen. Das bedeutet, daß die Gasgeschwindigkeit größer als die Einzelkornsinkgeschwindigkeit (Größenordnung: etwa Fluidisationszahl $f = 1{,}1\ f_{max}$) ist. Dadurch entsteht bei einer Feststoffbeladung des Gasstromes von 1-10 kg Feststoff/kg Gas ein spezieller Förderzustand. Er ist gekennzeichnet durch den freien Flug der Feststoffteilchen. Die Turbulenz der Strömung ist groß genug, um sowohl feine wie grobe Partikel gleichmäßig über den Querschnitt zu verteilen. Erst wenn die Beladung höher und Gasgeschwindigkeit geringer ist, wirkt sich das Strömungsprofil des Gases auf die Verteilung der Feststoffpartikel aus. Es kommt zu Zusammenballungen und Strähnen. Ein solcher Förderzustand muß im Interesse der gleichmäßigen Besprühung der Partikel vermieden werden.

Außerdem sind Vorkehrungen zu treffen, die sicherstellen, daß die Partikel nicht in unmittelbarer Nähe des Düsenmundes in den Sprühstrahl der Düse gelangen, denn hier ist die Flüssigkeit noch nicht ausreichend zerteilt (s. Kap. 9.2).

Oberhalb des Steigrohres vereinigen sich die beiden Gasströmungen. Hier herrscht für beide Strömungen der gleiche Druck. Weil nun aber der Druckverlust für das Durchströmen des Ringraumes durch die große Produktmenge in diesem Bereich bedeutend höher ist für das Durchströmen als im Steigrohres, das nur wenig Partikel enthält, sind die Drücke in Bodennähe verschieden. Im Ringraum ist der Druck bedeutend höher als im Steigrohr. Dieser Druckunterschied sorgt für den Eintrag der Partikel vom Ringraum über den Spalt zwischen Steigrohr und Gasverteiler in das Steigrohr. Er hat eine Gasströmung zur Folge, die die Partikel antreibt. Da das Steigrohr höhenverschiebbar ist, kann der Spalt so verändert werden, daß gerade so viele Partikel in das Steigrohr eintreten, daß eine gleichmäßige und befriedigende Beschichtung der Partikel entsteht. Die erforderliche Spaltweite ist abhängig vom Strömungswiderstand des Feststoffes, bei Tabletten ist die Spaltweite größer als bei runden Granulaten. Zudem ist sie vom Querschnitt des Rohres abhängig. Der Spaltquerschnitt wächst wie der Rohrumfang mit dem Durchmesser, der Rohrquerschnitt jedoch mit dessen Quadrat. Das muß mit einem höheren Spalt bei größeren Rohrdurchmessern ausgeglichen werden. Üblich sind

Spalte von ungefähr 20mm bei kleinen Anlagen und runden Granulaten. Bei großen Steigrohrdurchmessern sind die Spalte etwa doppelt so groß. Die entsprechenden Werte sind wiederum bei Tabletten etwa doppelt so groß als bei Granulaten.

Das Ziel des Coatens ist eine gut deckende Beschichtung beispielsweise zur geschmacklichen Maskierung des eingeschlossenen Produktes bei seiner Einnahme, zur kontrollierten oder verzögerten Wirkstofffreisetzung im Körper etc. Hierbei stören Abrieb oder nichttreffende Sprühtropfen. Grobe Filter lassen dieses Feingut durch. Das Filter soll nur die zu beschichtenden Partikel zurückhalten.

Das Beschichtungsergebnis wird von der Verdüsung, der Fluidisation in beiden Bereichen, der Produktmenge im Ringraum sowie der Spalthöhe beeinflußt. Seine Optimierung erfordert eine sorgfältige Synchronisation dieser Größen in Vorversuchen.

Die beschichteten Granulate werden gemäß Bild 8-5 durch Absenken des unteren Teiles des Granulators mittels der hydraulischen Anpreßvorrichtung und durch ein Schwenken des Bodens zur Seite ausgetragen.

Die landläufige Vorstellung, daß bei der diskontinuierlichen Granulation alle Teile über die gleiche Zeit im Granulator verweilen ist unzutreffend. Selbstverständlich unterscheidet sich die Verweilzeit des Produktes im Extremfall um die Sprühdauer.

8.3 Kontinuierlicher Betrieb

8.3.1 Gründe für den Übergang von diskontinuierlicher zu kontinuierlicher Betriebsweise

Die Entwicklungen zur kontinuierlichen Granulation wurden durch den Wunsch nach hohen Durchsätzen und nach flexiblen Chargengrößen unter Beibehaltung der Qualität der Granulate beschleunigt. Verfahrenstechnisch bietet der kontinuierliche Betrieb den Vorteil, die Granulation im stationären Zustand der Anlage bei optimalen Betriebsbedingungen ablaufen zu lassen. Die Temperaturbeanspruchung des Produktes ist wegen der deutlich geringeren Verweilzeit verringert und wegen des eingeengten Verweilzeitspektrums gleichmäßiger. Sollten dennoch Störungen auftreten, ist eine Schadensbegrenzung erleichtert. Allerdings ist eine eindeutige Chargendefinition erschwert. Auch ist es schwieriger, mengenmäßig kleinere Produkte zu granulieren.

In aller Regel ist die diskontinuierliche Granulation die Vorstufe des Tablettierens. Deshalb werden bei der Entwicklung von Formulierungen und Prozeßabläufen Granulate akzeptiert, die weniger rund und glatt, weniger abriebfest und fließfähig sind, als die Granulate aus kontinuierlichen Granulatoren. Die Granulate aus kontinuierlichen Granulatoren stellen zumeist die Handelsform des Produktes dar. Das Korngrößenspektrum diskontinuierlich hergestellter Granulate ist zumeist breiter, weil der Prozeß keine ständige Überprüfung der Korngröße beinhaltet.

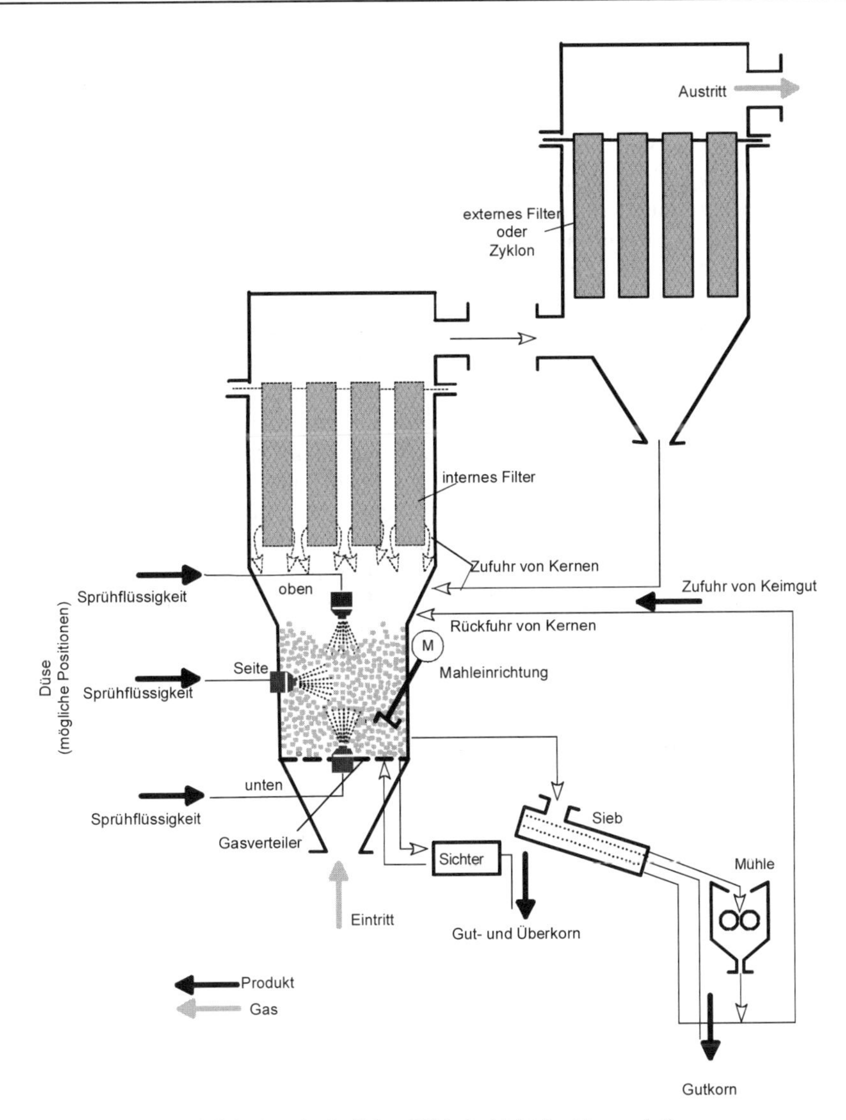

Bild 8-6 Varianten bei der kontinuierlichen Wirbelschicht-Sprühgranulation

8.3.2 Prinzip

Das Grundprinzip des Verfahrens ist nach den aus der Literatur und aus Patenten vorliegenden Informationen in zahlreichen Varianten realisiert worden. ([31], [241], [246], [248], [281], [P7], [P8], [P9], [P10], [P11], [P13], [P14], [P15], [P16], [P34], [P35], [P39]) Eine Übersicht über die verschiedenen Varianten des kontinuierlichen Verfahrens gibt Bild 8-6. Das flüssige Produkt kann danach von unten, von der Seite, aber auch von oben in die Wirbelschicht gesprüht werden. Da die Tropfen fein sein müssen, werden üblicherweise Zweistoffdüsen verwendet. Das Gas wird in vorgeschalteten Geräten in seinem Durchsatz dosiert, temperiert und ggfs. auch in seiner Feuchtigkeit eingestellt.

Für die kontinuierliche Versorgung des Prozesses mit Keimgut oder Kernen gibt es ebenfalls mehrere Lösungen. Die zunächst naheliegende Variante besteht darin, die austretenden Granulate zu sieben. Das Überkorn wird gemahlen und zusammen mit dem Unterkorn in den Granulator zurückgeführt. Um den Prozeß steuern zu können, muß die Keimmenge durch die Mahlung von Gutkorn ergänzt werden. Nach anderen Vorschlägen, wird im Bett Abrieb oder Kornbruch durch geeignete Einrichtungen erzeugt. Darüber hinaus wurde eine Version entwickelt, bei der neben dem Abrieb nur nichttreffende Sprühtropfen zur Keimgutproduktion herangezogen werden (Stichwort „interne Keimbildung“).

Für die Abtrennung von mitgerissenem Feststoff aus dem Abgas sind ebenfalls zahlreiche Varianten bekannt, die sich durch das Abscheideverfahren – beispielsweise Zyklon oder Filter – aber auch durch den Ort der Abtrennung – das kann innerhalb oder außerhalb des Granulators sein – unterscheiden. Dabei wird die Integration des Filters in den Granulator angestrebt, da dadurch Platz gespart wird und störanfällige Feststofftransporte entfallen.

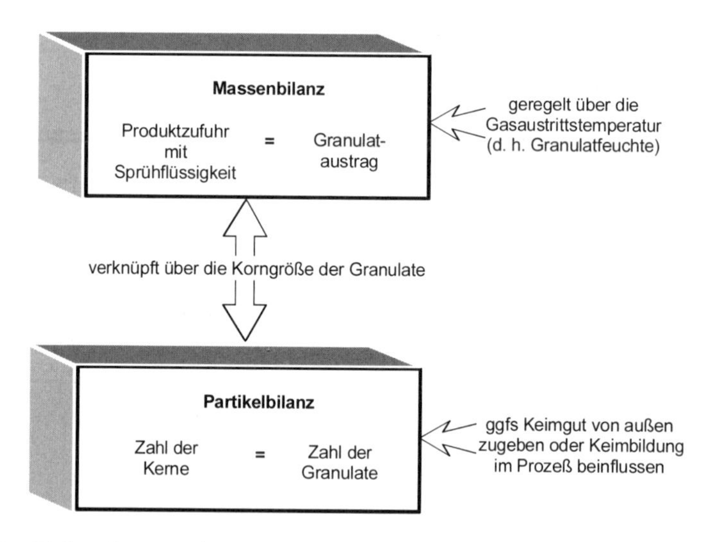

Bild 8-7 Verknüpfungen zwischen Massen- und Partikelbilanz bei der kontinuierlichen Wirbelschicht-Sprühgranulation

8.3.3 Regelung von Granulatgröße und -feuchte

8.3.3.1 Grundkonzepte

Im stationären Betrieb müssen die Massen- und die Partikelbilanz erfüllt sein. Es ergeben sich die aus Bild 8-7 ersichtlichen Verknüpfungen. Die Flüssigkeitseinspeisung und damit die Granulatfeuchte werden über die Abgas- oder die Schichttemperatur konstant gehalten, weil sich die laufende Messung der Granulatfeuchte noch in der Entwicklung befindet und für den breiten industriellen Einsatz noch nicht verfügbar ist.

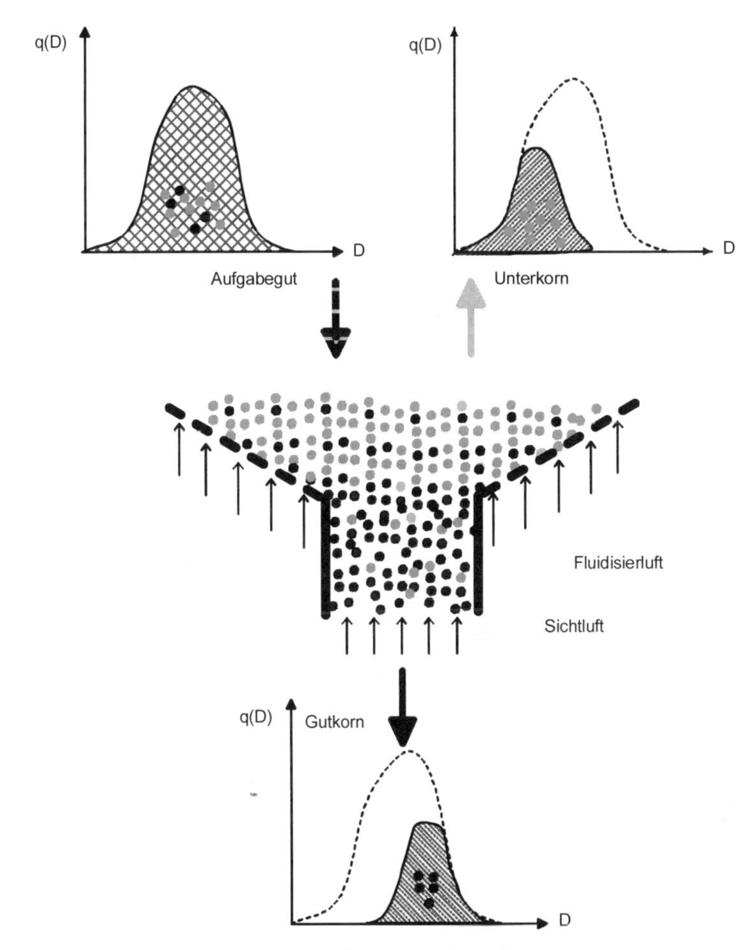

Bild 8-8 Selektive Entnahme großer Partikel durch sichtendes Austragen

Die in der Schicht befindlichen Partikel, die die Zielgröße erreicht haben, werden aus dem Prozeß ausgeschleust. Das hat eine Abnahme des Schichtinhaltes (gemessen durch den Schichtdruckverlust) zur Folge. Über diese Abnahme des Schichtdruckverlustes wird die Zugabe von Kernen oder Keimgut von außen geregelt. Beinhaltet die Schicht umgekehrt zu viele kleine Partikel, geht der Austrag zurück, der Schichtinhalt bzw. der ihm entsprechende Differenzdruck steigt und damit wird die Zufuhr von Kernen oder Keimen durch Regelung reduziert. Diese Regelung ist der internen Keim- und Kernbildung überlagert.

In der Grundkonzeption des Verfahrens wird aus dem Prozeß laufend Granulat abgezogen und gesiebt. Das Überkorn wird gemahlen und zusammen mit dem Unterkorn erneut in den Prozeß zurückgeführt. Bei neueren Versionen entfällt dieser aufwendige Schritt wie mit Bild 8-8 gezeigt werden soll. Das Granulat wird in einem klassierenden Austrag laufend auf seine Größe überprüft. Zu kleines Material wird zum weiteren Wachsen in den Prozeß zurückgeführt. Nur die Partikel, die die Zielgröße erreicht haben oder auch größer sind, können den Granulator verlassen. Auf diese Weise wird die Korngrößenverteilung nach unten begrenzt.

Als klassierende Austräge werden Steigrohrsichter oder Mehrkanal-Zick/Zack-Sichter eingesetzt (s. Kap. 9.5.4). Bei hohen Ansprüchen an das Korngrößenspektrum wird eine Kontrollsiebung nachgeschaltet. Wenn dabei die Gutkorn-Ausbeute unbefriedigend ist, muß der Prozeß nachreguliert werden.

In den nachstehend beschriebenen Varianten, deren kennzeichnende Merkmale in den zugehörigen Bildern grau unterlegt sind, wurde nur solche mit einer Eindüsung von oben oder unten berücksichtigt. Seitliche Einspeisungen sind u.a. in [P3], [P8], [281], [320] erwähnt. Die Darstellungen reichen leider nicht aus, um einen Vergleich dieser Sprührichtung mit den beiden anderen vorzunehmen.

8.3.3.2 Keimguterzeugung durch gezielte Mahlung

Bild 8-9 zeigt diese Variante der Wirbelschicht-Sprühgranulation: Über den Schichtinhalt wird die Drehzahl einer Zellenradschleuse als Austragsorgan in einer Art Füllstandregelung betätigt. Der Zellenradschleuse ist ein scharf trennendes Sieb nachgeschaltet, das das austretende Produkt in Überkorn, Gutkorn und Unterkorn trennt. Das Überkorn wird gemahlen und zusammen mit dem Unterkorn in den Granulator zurückgeführt ([246], [248]).

Da Über- und Unterkorn nicht direkt beeinflußbar entstehen, besteht die einzige Beeinflussungsmöglichkeit in der Mahlung eines Teiles des Gutkorns. Die Aufteilung des Gutkornstromes für das Austragen und das Mahlen ist in Versuchen zu finden. Geregelt wird sie unter anderem dadurch, daß die Drehzahl der Zellenradschleuse als Maß für die Grobkörnigkeit der Partikel im Bett benutzt wird

Neben der Mahlung außerhalb des Granulators sind auch Konzepte bekannt und in Kap. 9.4.1 beschrieben, nach denen die Zerkleinerung im Granulator selbst erfolgt.

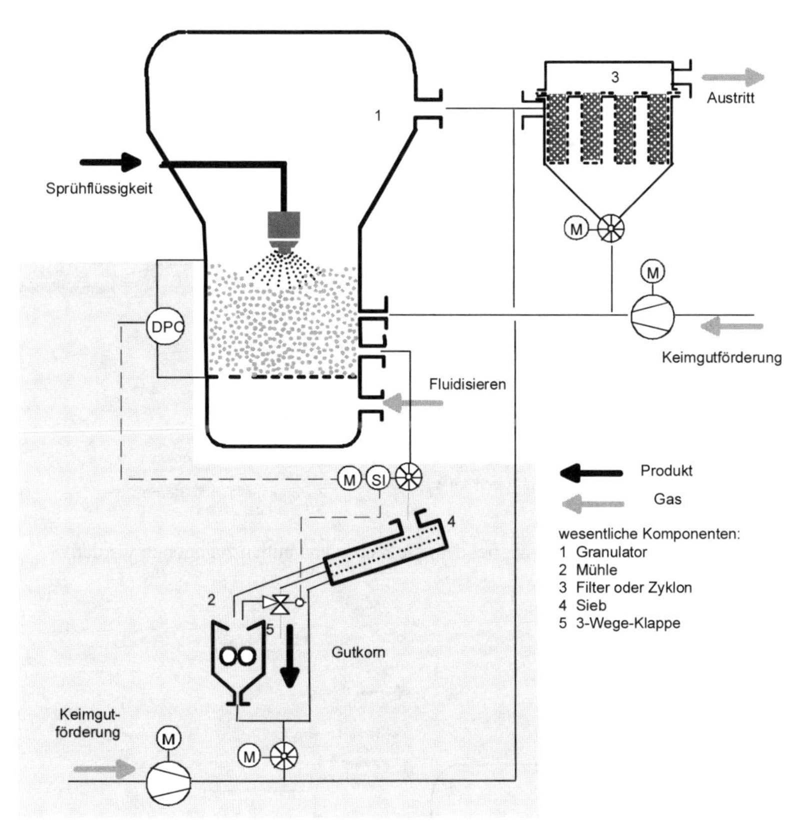

Bild 8-9 Keimgutversorgung durch gezielte Mahlung von Über- und Gutkorn

8.3.3.3
Zugabe von Kernen von außen

Bild 8-10 zeigt diese Version ([P6], [P9], [P15], [241]). Als Austrag wird ein Steigrohrsichter verwendet, der nur die groben Partikel aus der Schicht entläßt. Alle Schwankungen in der ausgetragenen Granulatmenge wirken sich auf den Bettinhalt aus. Wenn beispielsweise der Bettinhalt steigt, sind die Granulate zu klein. Das Wachstum muß begünstigt und die Zugabe von Kernen, die hier von außen erfolgt, gedrosselt werden. Damit die dem Prozeß verfügbaren Kerne durch Regelung wirksam beeinflußt werden können, muß die interne Keimbildung minimiert werden. Das hat andererseits zur Folge, daß mit dieser Methode nahezu unbegrenzt große Partikel hergestellt werden können. Von Mörl [241] wird über die Herstellung von bis zu 30 mm großen Kugeln berichtet.

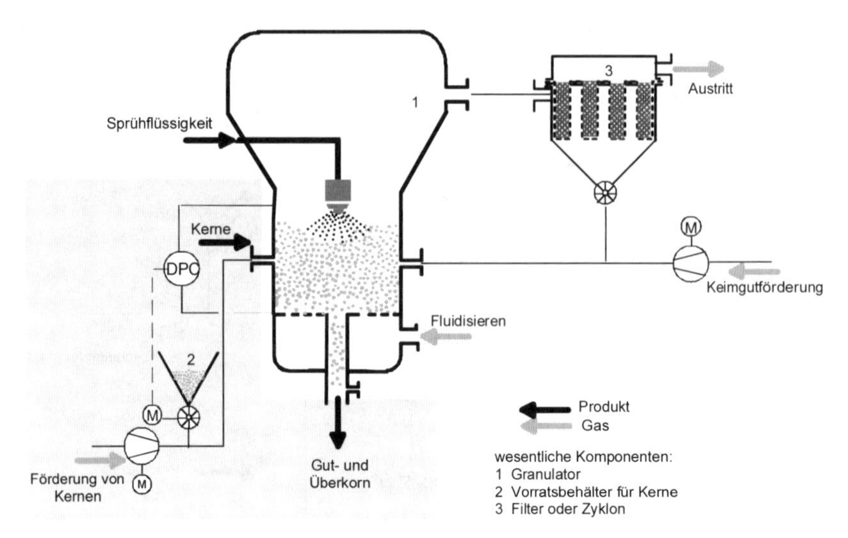

Bild 8-10 Kontinuierlicher Prozeß, bei dem die Kerne von außen zugegeben werden

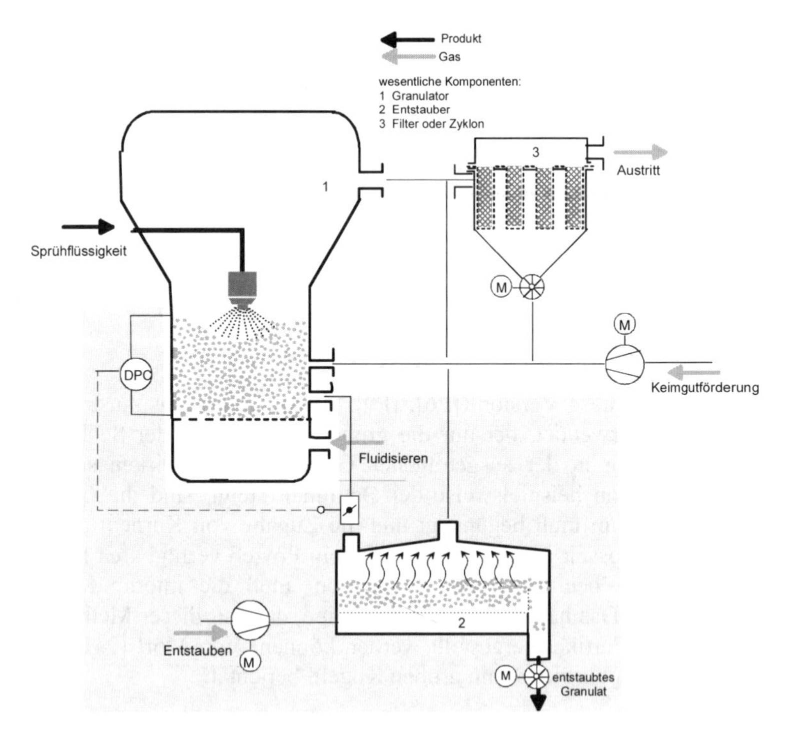

Bild 8-11 Kontinuierlicher Prozeß bei dem Keime und Kerne intern gebildet und die entstehenden Granulate nur entstaubt werden

8.3.3.4
Keime aus nichttreffenden Sprühtropfen und Abrieb

8.3.3.4.1
Breite Korngrößenverteilung der entstehenden Granulate

Es werden gemäß Bild 8-11 nur in der Schicht selbst gebildete Keime verwendet ([P7], [P14]). Auch hier wird über den Schichtinhalt in der Art einer Füllstandsregelung ein Auslaßorgan, das ist hier eine Klappe, betätigt. Dem Auslaßorgan ist eine Sichtstrecke nachgeschaltet. Das dabei anfallende Feingut wird in den Granulator zurückgeführt. Die Füllstandsregelung funktioniert allerdings nur dann, wenn die durch Regelung betätigte Klappe den Granulataustrag bestimmt. Die Sichtstrecke muß daher ohne Rücksicht auf die Trennschärfe alle Granulate passieren lassen und darf den Durchsatz nicht begrenzen. Sie kann folglich nur zur Entstaubung der austretenden Granulate verwendet werden.

8.3.3.4.2
Enge Korngrößenverteilung der entstehenden Granulate

Zur Veranschaulichung dieses Prozesses zur Bildung von Granulaten in enger Größenverteilung bei ausschließlich interner Keimbildung dient Bild 8-12. Diese Variante der kontinuierlichen Wirbelschicht-Sprühgranulation setzt zunächst voraus, daß von unten eingedüst wird und die entstehenden Granulate klassierend ausgetragen werden ([P34]).

In diesem Fall wirkt die Wirbelschicht auf die Sprühtropfen wie ein Filter. Die Düse erzeugt pro Zeiteinheit unabhängig von der Höhe der Wirbelschicht stets die gleiche Zahl von Tropfen. Davon fängt die Schicht jedoch um so mehr weg, je höher sie ist. Die abgefangenen Tropfen tragen zum Wachstum der in der Schicht befindlichen Partikel bei. Die nicht abgefangenen Tropfen verfestigen sich und werden zu Keimgut. Dabei ist die Keimgutproduktion von der Höhe der Schicht abhängig. Die Zusammenhänge sind unter Kap. 4.4 und Kap. 7.2.3 genauer betrachtet.

Weil die entstehenden Granulate klassierend ausgetragen werden, verlassen nur die Partikel den Apparat, die die Zielgröße erreicht haben. Das Bild geht von stationären Bedingungen aus. Zu der Zielgröße der Fertiggranulate - vorgegeben durch den Gasdurchsatz des sichtenden Austrages- gehört demnach eine Schichthöhe, bei der gerade die zu dem Granulatbildungsprozeß gehörige Keim-/Kernzahl entsteht. Wird beispielsweise der Sichtgasdurchsatz für größere Granulate erhöht, reduziert sich zunächst der Austrag. Die Schichthöhe wächst. Im Einklang mit der Partikelbilanz werden weniger Keime produziert. Keim-/Kernbildung stellen sich also völlig selbsttätig auf die mit dem Sichtgas vorgegebene Zielgröße der Partikel ein.

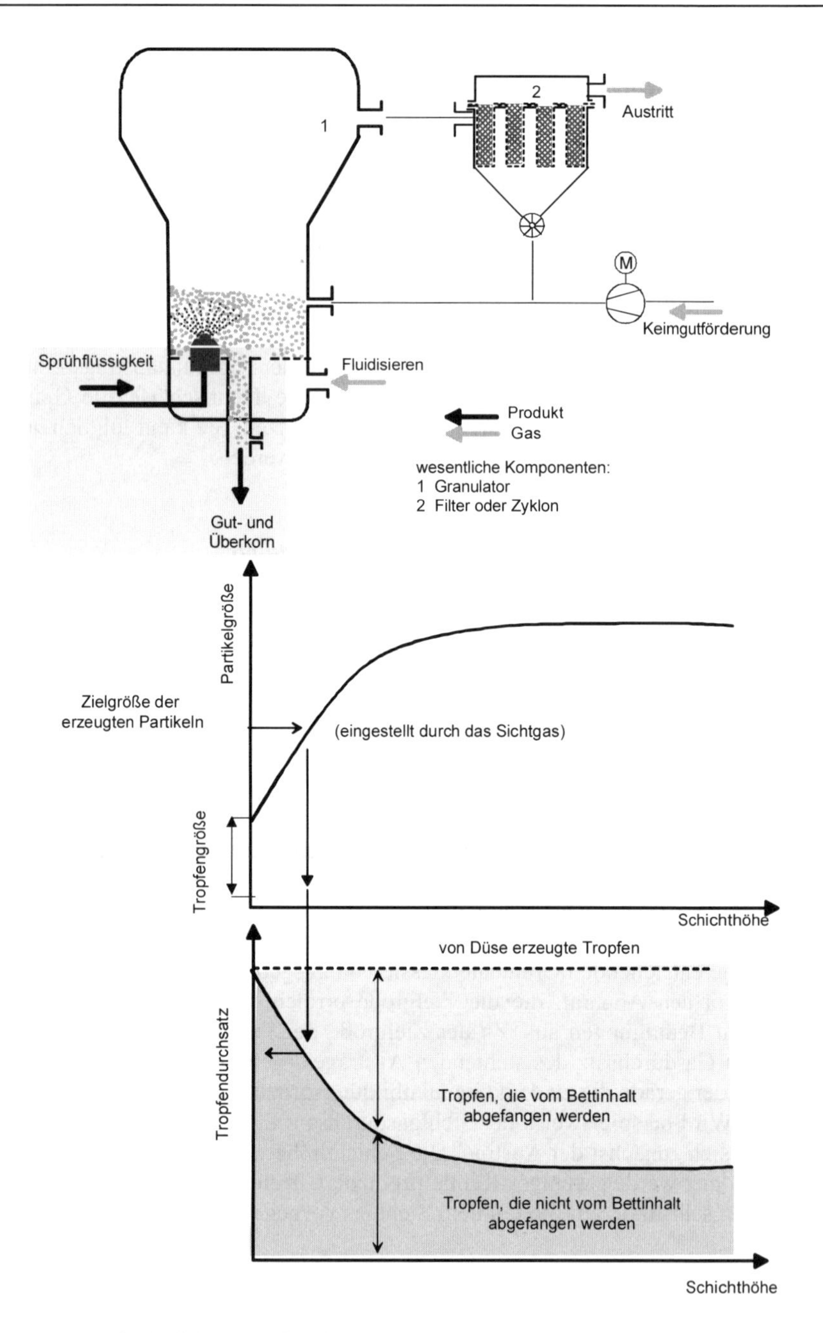

Bild 8-12 Kontinuierlicher Prozeß, bei dem Keime und Kerne intern gebildet und die entstehenden Granulate in enger Größenverteilung anfallen

Der Vorteil des Verfahrens liegt zunächst in der engen Korngrößenverteilung der erzeugten Granulate. Außerdem entfallen externe Feststoffkreisläufe, die verstopfungsgefährdet und nur aufwendig zu reinigen sind. Nachteilig ist, daß nur Partikel bis zu einer vom Produkt abhängigen, maximalen Größe produziert werden können. Diese Version engt die Zahl der Beeinflussungsmöglichkeiten des Prozesses ein, was von Fall zu Fall einmal vorteilhaft, dann aber wiederum auch nachteilig sein kann (s. Kap. 15.4).

8.3.4 Beispiele für die apparative Durchführung

8.3.4.1 Zugabe von Kernen von außen

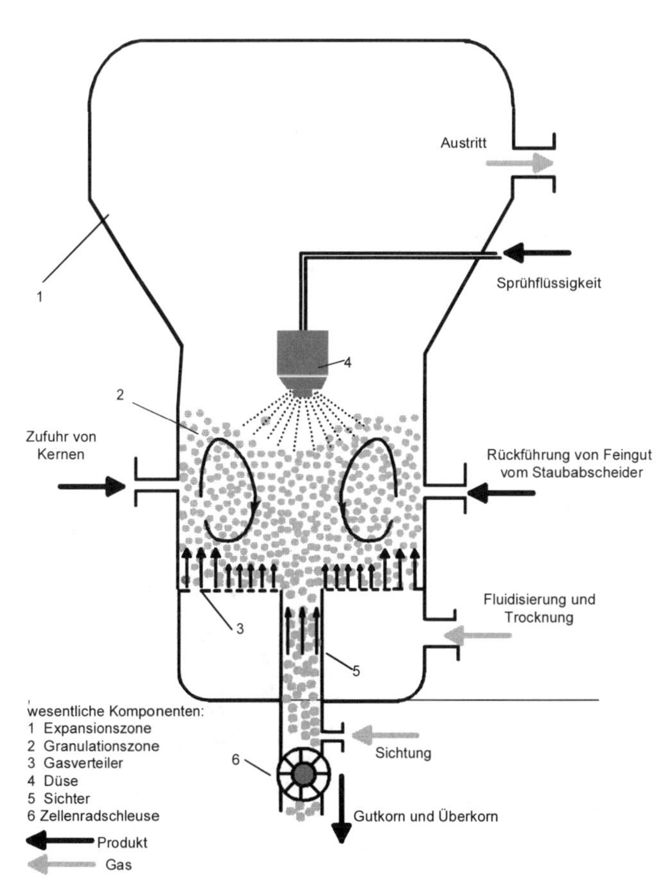

Bild 8-13 Kontinuierlicher Granulator mit Zugabe von Keimen und Kernen von außen (System AGT, Glatt Ingenieurtechnik, Weimar)

In Bild 8-13 ist der Granulator schematisch dargestellt. Der Anströmquerschnitt ist rund. Der Granulator besteht aus einem Gehäuse mit einem Gasverteiler, über den mittels eines Fluidisiergasstromes ein Wirbelbett aufrechterhalten wird. Der Gasverteiler ist in einer äußeren Ringzone stärker als innen perforiert. Dadurch wird die im Bild angedeutete Mischbewegung erzeugt. Im Zentrum des Gasverteilers befindet sich ein Austragsrohr, über das das Produkt klassierend ausgetragen wird. Die Klassierwirkung wird über einen Gasstrom erreicht. Die Gasgeschwindigkeit entscheidet darüber, ob die Granulate ausgetragen oder zur weiteren Besprühung in den Granulator zurückgeführt werden. Die Sprühflüssigkeit wird durch Zweistoffdüsen oben auf das Wirbelbett gesprüht.

Das Abgas wird am erweiterten Kopf des Apparates abgezogen und extern von mitgerissenen Feinteilen befreit. Diese Feinteile werden zusammen mit extern vorbereiteten Kernen in den unteren Bereich der Granulationskammer eingespeist. Bild 8-14 zeigt beispielhaft einen Granulator in Pilotgröße. Das Gas tritt von unten in die Anströmhaube. Die weiteren Elemente des Apparates sind bezeichnet. Ihre Funktionen sind unter Zuhilfenahme von Bild 8-13 leicht zu verstehen.

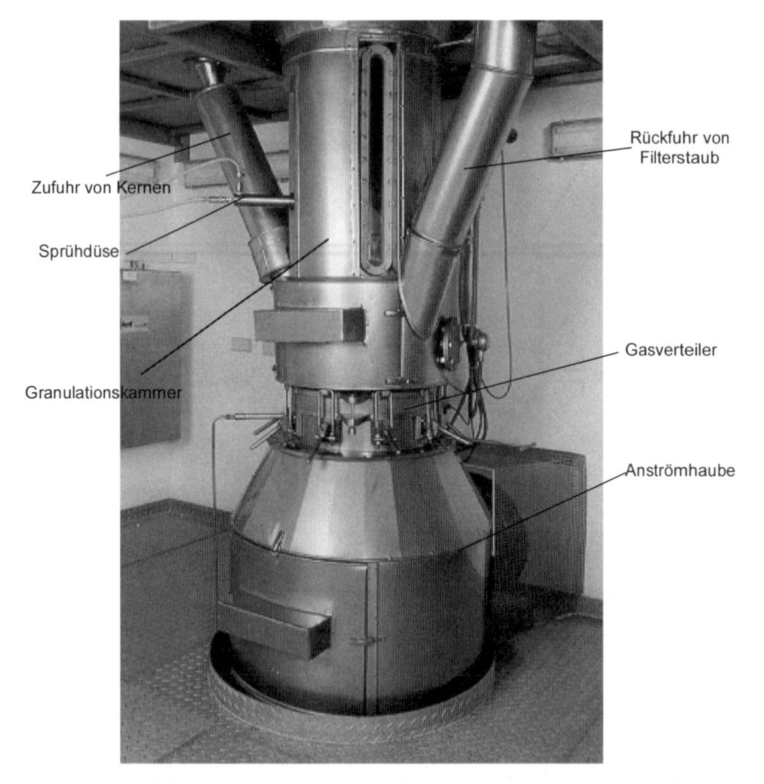

Bild 8-14 Kontinuierlicher Granulator in Pilotgröße (400 mm Durchmesser) mit Zugabe von Keimen und Kernen von außen (System „AGT" Glatt Ingenieurtechnik Weimar)

8.3.4.2 Selbsttätig regulierte interne Produktion von Keimgut und Kernen

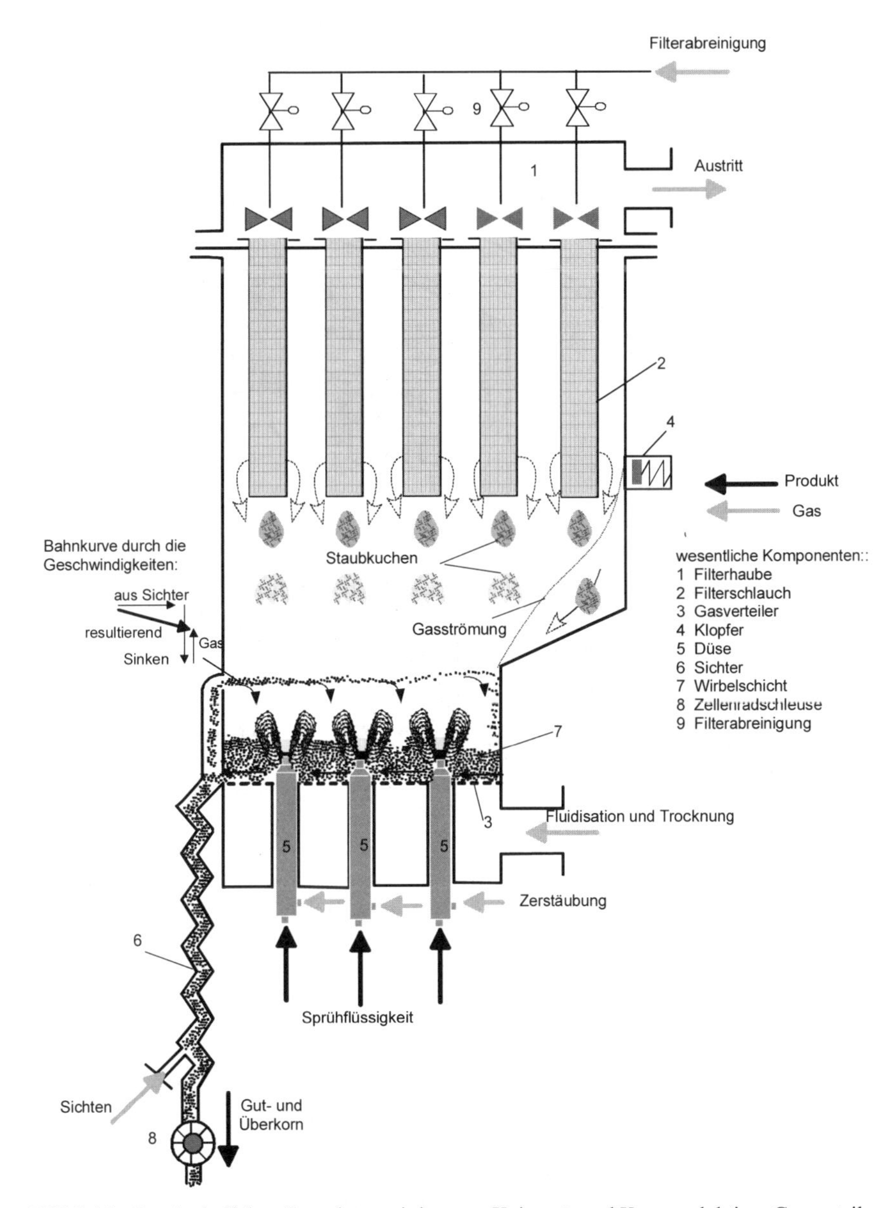

Bild 8-15 Kontinuierlicher Granulator mit interner Keimgut- und Kernproduktion; Gasverteiler rechteckig, Produktionsgröße (System „WSA" Glatt Ingenieurtechnik Weimar)

Granulatoren mit interner Keimgutproduktion wurden bisher im kleinen Maßstab mit rundem, im großen Maßstab mit rechteckigem Anströmquerschnitt jeweils in Kombination mit einem Zick/Zack-Sichter als Austragsorgan und integriertem Filter gebaut. Diese Kombinationen sind zufällig und nicht für das Prinzip kennzeichnend. Spezifisches Merkmal ist allein das Einsprühen von unten, das klassierende Austragen und der Verzicht auf eine Regelung des Schichtinhaltes.

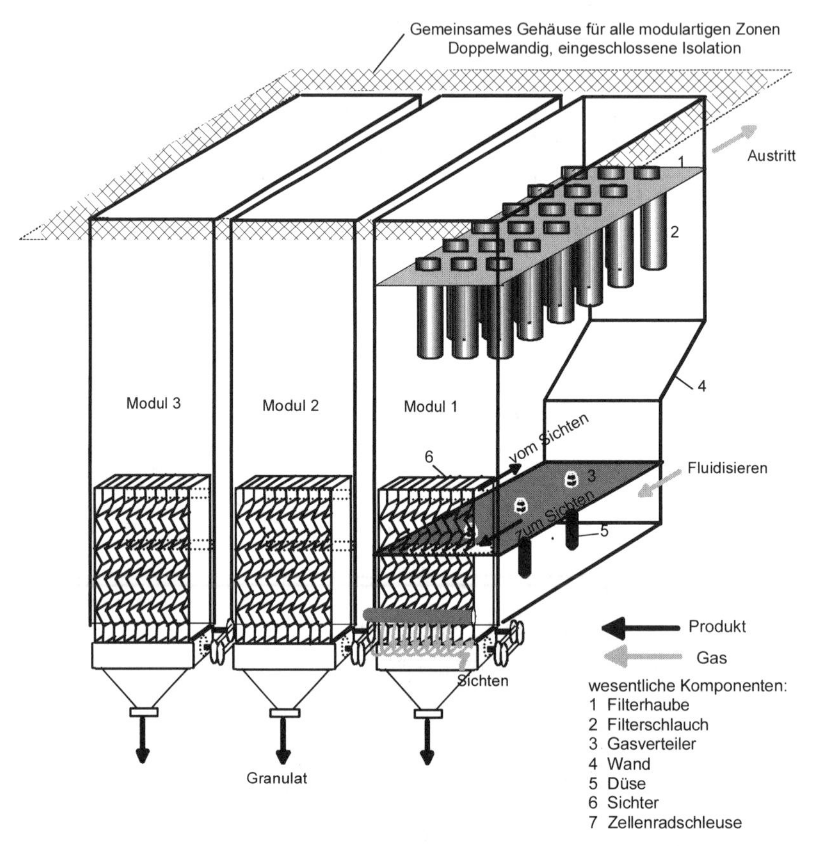

Bild 8-16 Kontinuierlicher Granulator mit interner Produktion von Keimgut und Kernen; Rechteckiger Querschnitt; Produktionsgröße: Maßstabsvergrößerung über modulartige Zonen-hier 3 Module als Beispiel (System „WSA“ Glatt Ingenieurtechnik Weimar)

8.3.4.2.1
Anlagen mit Rechteckquerschnitt

In Bild 8-15 ist der Granulator mit rechteckigem Anströmquerschnitt schematisch dargestellt. Der Granulator besteht aus einem Gehäuse mit einem Anströmrost, über den mittels eines Fluidisiergasstromes ein Wirbelbett aufrechterhalten wird.

Die Sprühflüssigkeit wird durch Zweistoffdüsen von unten in das Wirbelbett eingesprüht. Dabei wächst der Durchmesser der Partikel im Wirbelbett aufgrund des aufgesprühten und verfestigten Materials solange, bis die Partikel vom Sichtgasstrom im Austrag nicht mehr gehalten werden können.

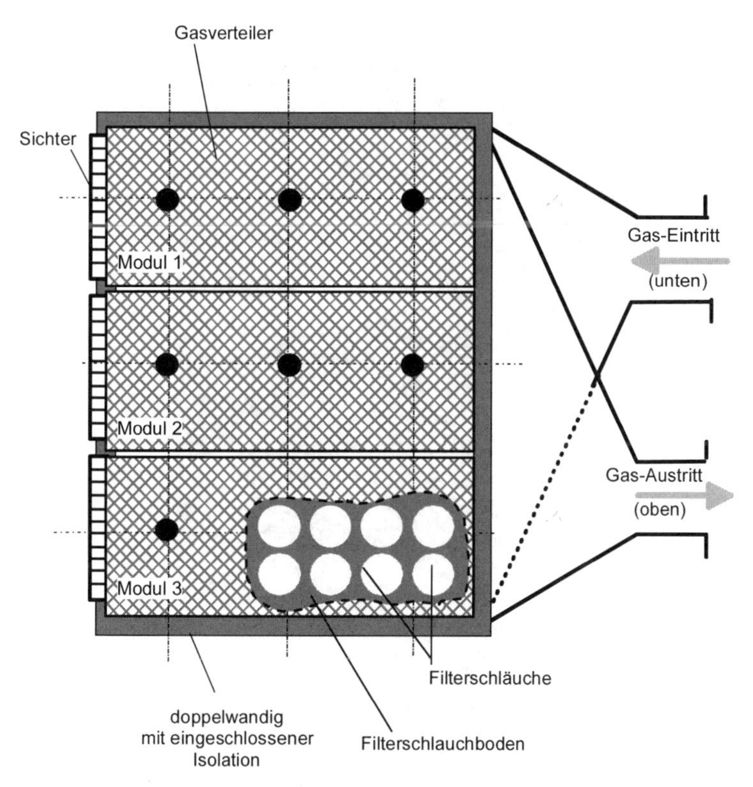

Bild 8-17 Querschnitt durch den modular aufgebauten kontinuierlichen Wirbelschicht-Sprühgranulator gemäß Bild 8-16 (mit 3 Modulen als Beispiel)

Die Granulate passieren den Austrag, der als Zickzack-Sichter ausgebildet ist, in enger Verteilung. Sie werden schließlich durch die Zellenradschleuse ausgetragen. Die kleineren Partikel, die noch nicht die Zielgröße erreicht haben, werden dagegen vom Sichtgasstrom durch den Rückführungsschacht nach oben getragen und horizontal zurück ins Wirbelbett geschleudert. Wie man sich anhand der Geschwindigkeitskomponenten horizontaler Austrittsgeschwindigkeit aus dem Sichter, vertikale Sinkgeschwindigkeit und entgegengerichtete Anströmgeschwindigkeit leicht klar machen kann, fallen die etwas gröberen Partikel in der Nähe des Rückführungsschachtes herunter, während die feineren Partikel weiter nach außen getragen werden. Dies hat zur Folge, daß die relativ groben, bereits bis nahe an die Zielgröße angewachsenen Partikel in kürzeren Zeitabständen das Unterlaufwehr passieren und häufiger am Sichtungsprozeß teilnehmen, während die weiter außen abgelegten feinen Partikel über die ganze Granulatortiefe zurückwandern müssen. Während ihrer Wanderung durch das Wirbelbett wachsen sie infolge Ansaugung und Benetzung durch die Zweistoffdüsen. Die Wanderung kann durch die Verwendung von Kiemenblechen begünstigt werden.

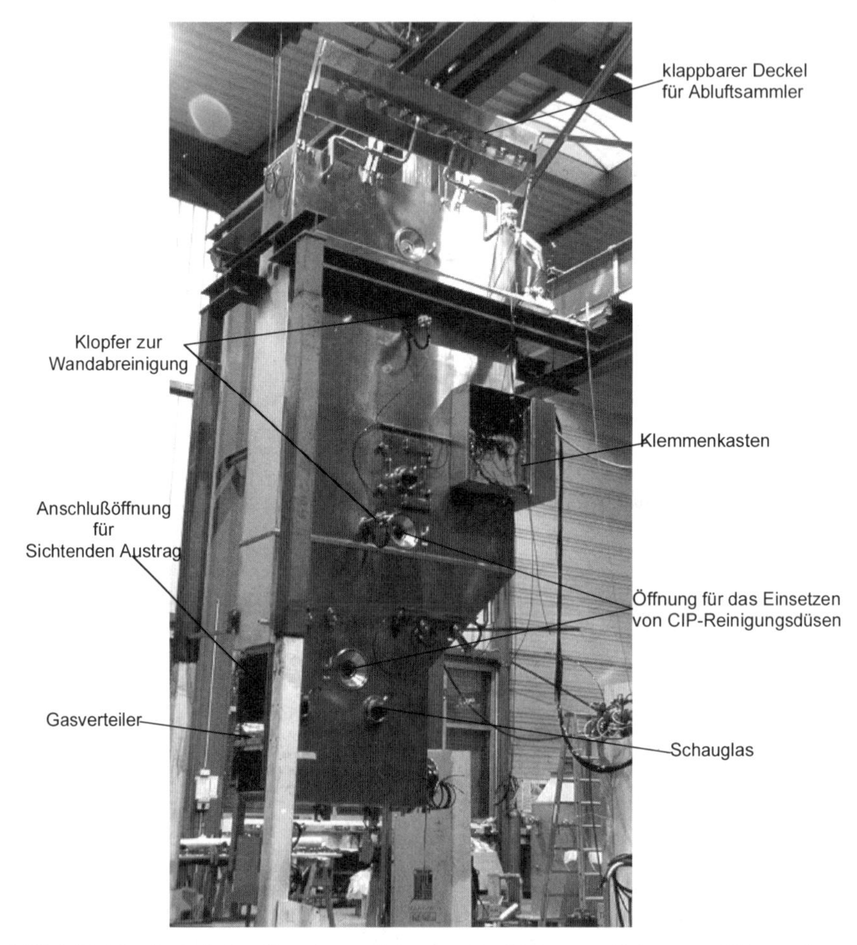

Bild 8-18 Kontinuierlicher Granulator mit interner Produktion von Keimgut und Kernen in Produktionsgröße (entsprechend 1 Modul). Aufgenommen während der Endmontage in der Werkstatt (System „WSA“ Glatt Ingenieurtechnik Weimar)

Oberhalb des Wirbelbettes sind Filterschläuche zur Reinigung des aus dem Granulator abgezogenen Abgases angebracht. Die Filterschläuche werden von Zeit zu Zeit mit einem der normalen Strömungsrichtung entgegen gerichteten Spülgas-Stoß beaufschlagt, der die Filterschläuche kurzfristig aufweitet und sie so von dem anhaftenden Feinstaub befreit. Der Filterstaub ergießt sich beim Abreinigen lawinenartig in das Wirbelbett, wo er in den Granulationsprozeß eingebunden wird.

Der rechteckige Anströmquerschnitt erlaubt einen modularen Aufbau großer Apparate, wie Bild 8-16 und Bild 8-17 zeigen ([P35]). Unter einem Modul werden gleich aufgebaute Zonen verstanden, die eine stets gleiche Zuordnung von Gasverteiler, sichtenden Austrag, Düsen und Filter beeinhalten. Es handelt sich dabei um eine gedankliche Aufgliederung für ein einziges Gehäuse mit einem Gaszu- und einem Gasabfuhrstutzen.

Bild 8-18 zeigt beispielhaft einen Granulator dieses Typs, der einen Modul repräsentiert. Er ist für eine pharmazeutische Produktion konzipiert. Das Gehäuse ist doppelwandig. In dieser Doppelwand sind neben der Wärmeisolation auch sämtliche Kabel- und Rohrleitungskanäle für Regelung, Steuerung und Hilfssystem untergebracht.

8.3.4.2.2
Anlagen mit Kreisquerschnitt

Bild 8-19 zeigt das Prinzip an einer Anlage mit rundem Anströmquerschnitt. Der Ablauf der Granulation ist im Prinzip dem oben für den rechteckigen Querschnitt beschriebenen identisch. Die Sprühflüssigkeit wird durch eine im Zentrum des Gasverteilers angeordnete Zweistoffdüse in die Schicht verdüst. Das fertige Granulat verläßt die Schicht über einen als Zickzack-Sichter ausgebildeten konzentrischen Ringspalt. Die Vortriebskraft, die die Partikel zum Sichter treiben soll, wird durch einen zum Sichter geneigten Gasverteiler erzeugt. Wie auch bei der rechteckigen Version ist das Filter in das Granulatorgehäuse integriert. Er kann zum Wechsel der Filterschläuche mit einer Winde auf Arbeitshöhe abgesenkt werden. Dazu ist das Gehäuse scheibenförmig aufgebaut. Es kann um eine vertikale Achse so geschwenkt werden, daß das Absenken des Filters nicht behindert wird. Abgedichtet werden die scheibenförmigen Elemente durch hydraulisches Anpressen von unten.

8.3.5
Abschließende Übersicht über die Verfahrensalternativen

Bild 8-20 gibt eine Übersicht über die diversen Verfahrensvarianten bei der Wirbelschicht-Sprühgranulation. Sie haben alle ihre historisch entstandenen Anwendungsbereiche. Dennoch ist damit zu rechnen, daß die kontinuierlichen Verfahren zukünftig bevorzugt angewendet werden. Die diskontinuierlichen Verfahren werden abgesehen von anderen, in diesem Abschnitt bereits diskutierten Gründen immer dann angewendet werden, wenn Produktqualität oder Sicherheitsaspekte die Granulation in Lösungsmitteldämpfen erfordern.

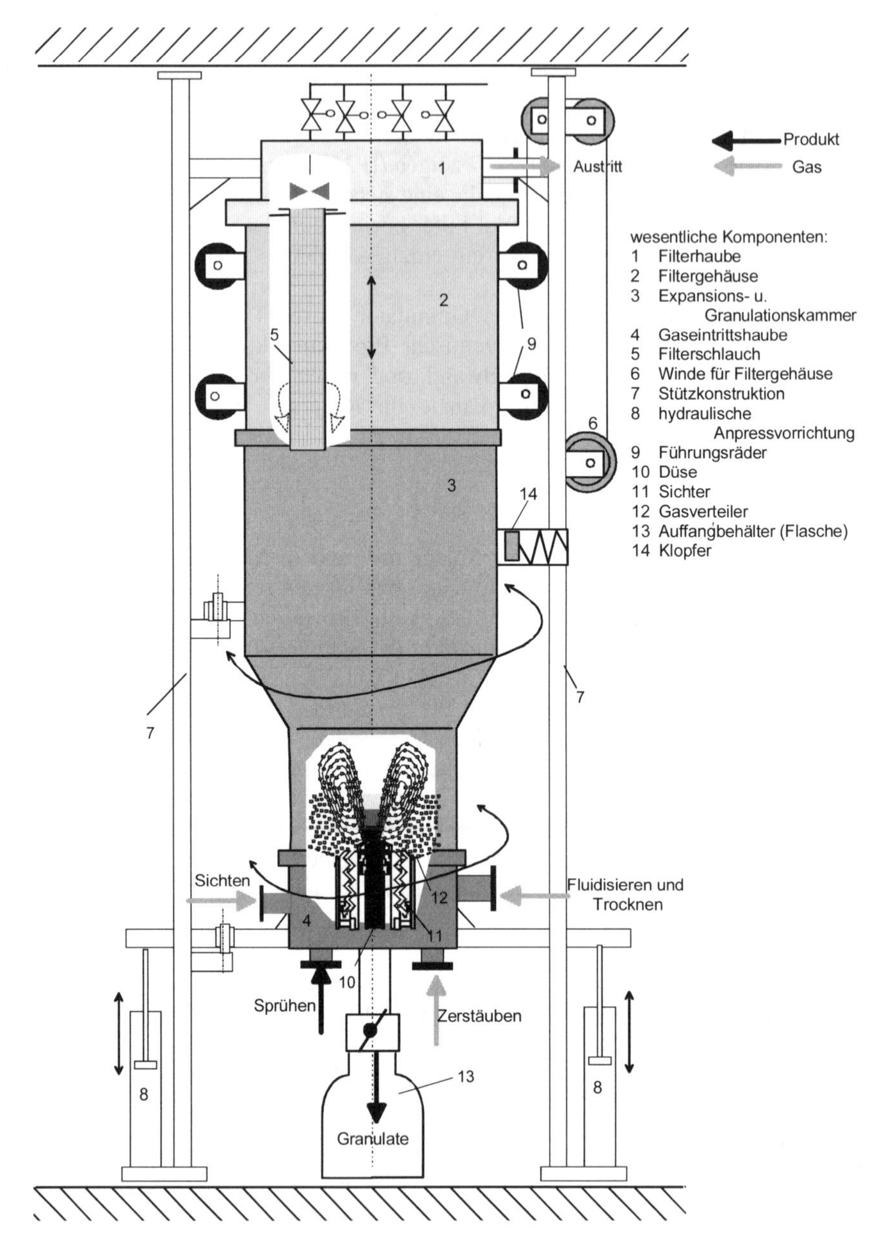

Bild 8-19 Kontinuierlicher Granulator mit interner Produktion von Keimgut und Kerne; Runder Querschnitt; Pilotgröße. (System „WSA" Glatt Ingenieurtechnik Weimar)

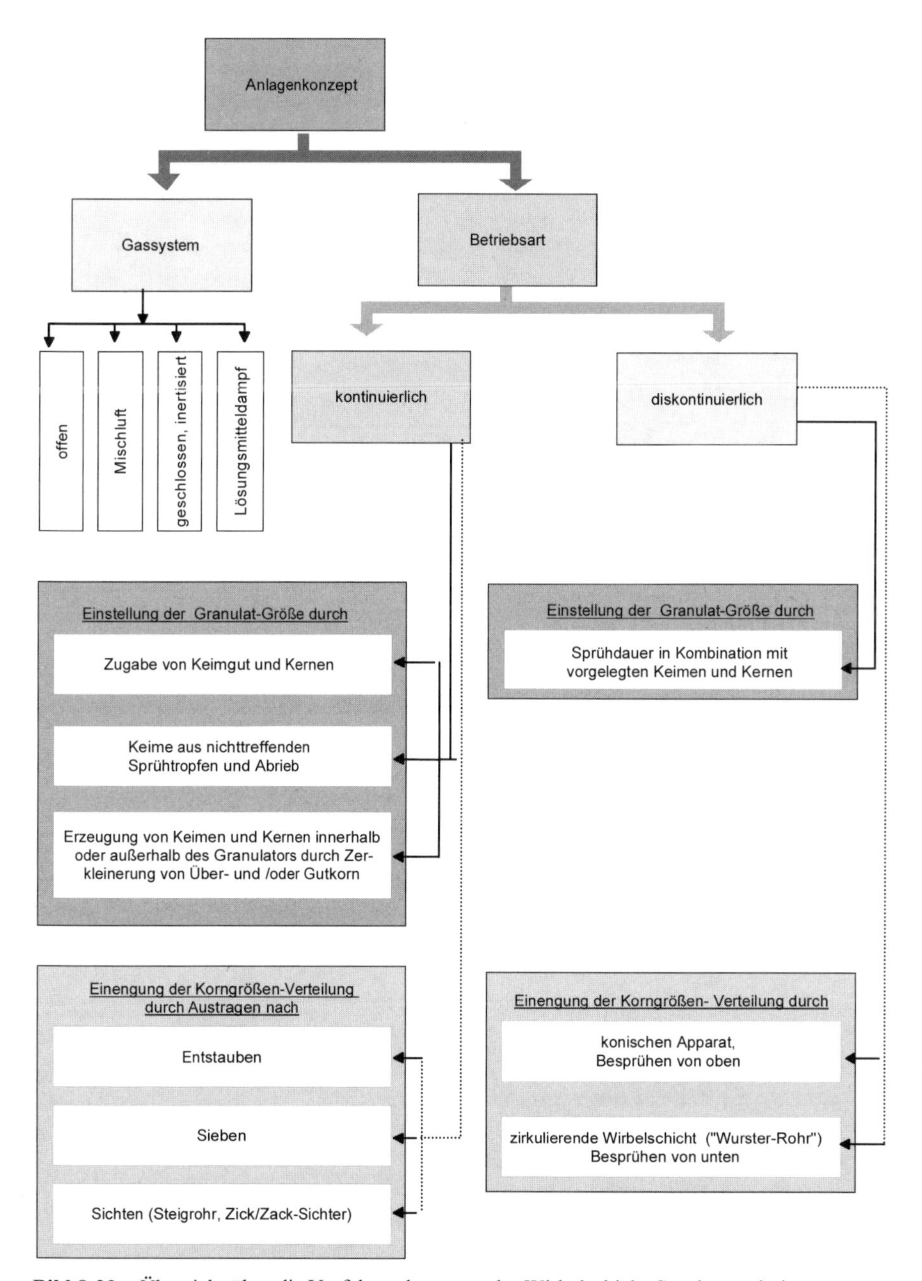

Bild 8-20 Übersicht über die Verfahrenskonzepte der Wirbelschicht-Sprühgranulation

9 Bauelemente des Granulators

9.1 Gasverteiler

9.1.1 Anforderungen

Der Gasverteiler hat verschiedene Forderungen zu erfüllen:

- Das Gas ist in der Regel gleichmäßig über den gesamten Querschnitt oder über Teile davon zu verteilen. Eine abgestufte Begasung wird dann gewählt, wenn Partikelumläufe für eine bessere Benetzung und Trocknung begünstigt werden sollen [P9].
- Er hat einen stabile, d. h. eine Kanalbildung vermeidende Fluidisation zu sichern.
- Zonen stagnierenden Feststoffes in Bodennähe, die zu Anbackungen führen, sind zu vermeiden.
- Seine Neigung zu Verschmutzungen, Verkrustungen oder Verstopfungen der Gasaustrittsöffnungen soll gering sein.
- Während des Betriebes, aber auch wenn bei Betriebsunterbrechungen das Wirbelgut als Schüttung im Apparat verbleibt, soll es nicht zum Durchrieseln in die Anströmhaube kommen.
- Der Gasverteiler soll die Partikelzirkulation über den sichtenden Austrag begünstigen und eine möglichst restlose Entleerung des Apparates ermöglichen.
- Er muß so konzipiert sein, daß er nicht nur dem Gewicht der Schüttung bei Betriebsunterbrechungen, sondern gegebenenfalls auch den Wechselbeanspruchungen aus einem stromabwärts schwankenden Druck bei stoßender Schicht standhält.
- Er soll möglichst wenig Partikelabrieb erzeugen.

9.1.2 Ausströmung aus dem Gasverteiler

Je nach Form der Gasaustrittsöffnungen (Kreis, Rechteck, Schlitz) tritt das Gas als Strahl mit einem der Gasaustrittsöffnung entsprechenden Querschnitt aus. Man beobachtet eine Abnahme der Strahlgeschwindigkeit mit wachsendem Abstand von der Öffnung. Gleichzeitig vergrößert sich der Strahlquerschnitt. Es zeigt sich, daß das anfänglich ruhende Gas aus der Umgebung mitgerissen und dadurch mit dem Gas des Strahles vermischt wird. Die Vermischung ist besonders intensiv bei runden Strahlen, weil das umgebende Gas von allen Seiten heranströmen kann. Ein anderer Grenzfall ist der aus einem Schlitz austretende Strahl. Er behält seine ursprüngliche Form nicht, sondern formt sich gemäß Bild 9-1 durch das mitgerissene Gas zunächst in einen rechteckigen, länglich runden, ovalen und weiter stromabwärts schließlich in einen kreisrunden Strahl um. Allgemein werden alle Strahlen schließlich in einen kreisrunden Strahl umgeformt, so daß es auch nicht möglich ist, die Strahlform in größerem Abstand durch die Form der Durchtrittsöffnung zu bestimmen.

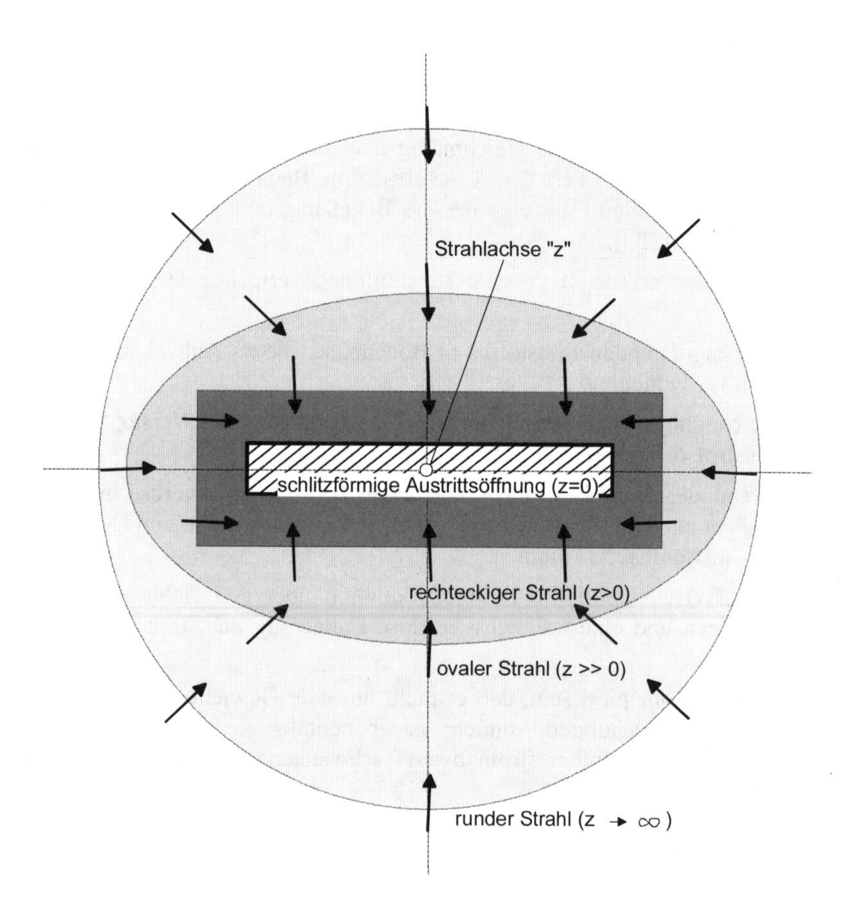

Bild 9-1 Umwandlung eines rechteckigen in einen runden Strahl mit wachsender Entfernung von der Austrittsöffnung [279]

Die aus benachbarten Öffnungen austretenden Strahlen vereinigen sich gemäß Bild 9-2 schließlich zu einem einzigen Strahl. Das ist besonders bedeutsam für Gasverteiler, die aus einem feinporösen (Porengröße wenige μm) Material bestehen. Hier ist schon in geringem Abstand zum Gasverteiler ein gleichmäßiges Ausströmen ohne Strahlbildung zu beobachten.

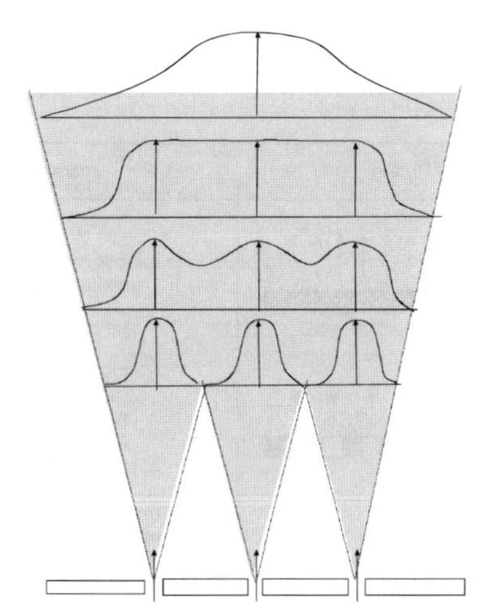

Bild 9-2 Verschmelzung einzelner Freistrahlen

Bislang wurde unterstellt, daß die Gasstrahlen senkrecht aus dem Gasverteiler austreten. Im anderen Extremfall (Bild 9-3) tritt ein Gasstrahl parallel zum Gasverteiler aus. Der Strahl kann in diesem Fall nicht mehr ungehindert Gas aus der Umgebung aufnehmen. Er wird sich demzufolge nur einseitig, also nach oben ausdehnen. Man spricht von einem „Wandstrahl“ [279]. Der Effekt ist um so größer, je größer die der Wand zugewandte Oberfläche des Strahles ist.

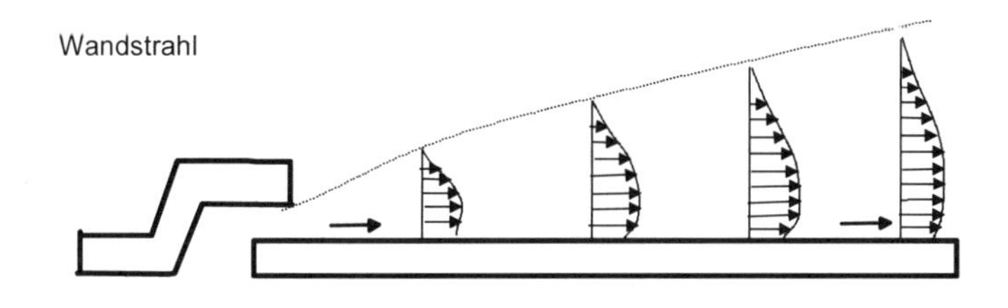

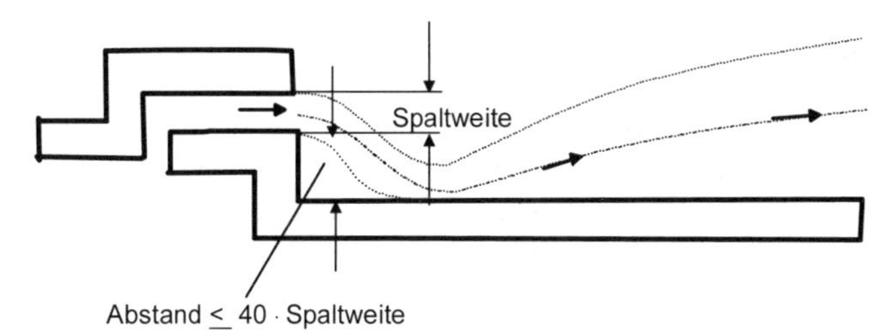

Bild 9-3 Gasaustritt parallel zum Gasverteiler [279]

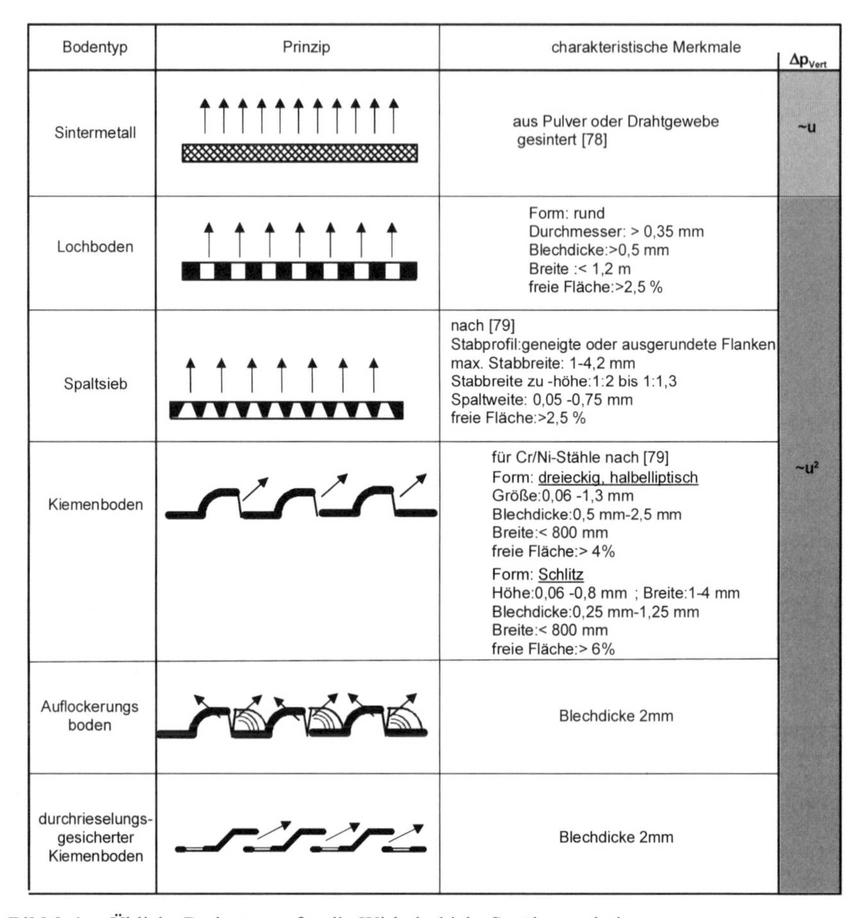

Bodentyp	Prinzip	charakteristische Merkmale	Δp_{Vert}
Sintermetall		aus Pulver oder Drahtgewebe gesintert [78]	~u
Lochboden		Form: rund Durchmesser: > 0,35 mm Blechdicke:>0,5 mm Breite :< 1,2 m freie Fläche:>2,5 %	~u²
Spaltsieb		nach [79] Stabprofil:geneigte oder ausgerundete Flanken max. Stabbreite: 1-4,2 mm Stabbreite zu -höhe:1:2 bis 1:1,3 Spaltweite: 0,05 -0,75 mm freie Fläche:>2,5 %	
Kiemenboden		für Cr/Ni-Stähle nach [79] Form: dreieckig, halbelliptisch Größe:0,06 -1,3 mm Blechdicke:0,5 mm-2,5 mm Breite:< 800 mm freie Fläche:> 4% Form: Schlitz Höhe:0,06 -0,8 mm ; Breite:1-4 mm Blechdicke:0,25 mm-1,25 mm Breite:< 800 mm freie Fläche:> 6%	
Auflockerungs boden		Blechdicke 2mm	
durchrieselungs-gesicherter Kiemenboden		Blechdicke 2mm	

Bild 9-4 Übliche Bodentypen für die Wirbelschicht-Sprühgranulation

9.1.3 Bodentypen

In Bild 9-4 sind Bodentypen aufgeführt, die für die Wirbelschicht-Sprühgranulation oder bei vorbereitenden Versuchen eingesetzt werden.

Unter dem in dieser Zusammenstellung aufgeführten Begriff „Sintermetall" werden poröse Strukturen verstanden, die unter Druck und Temperatur aus Pulvern oder Drahtgeweben erzeugt werden. „Fritten" sind versinterte Pulver. „Sintergewebe" bestehen hingegen aus mehreren Lagen Drahtgewebe. Kombiniert sind zumeist feine Decklagen mit grobem Stützgewebe.

Das poröse Sintermetall findet bei Granulationen keine Verwendung. Es verschmutzt leicht und außerdem lockert es das Wirbelgut nicht auf, was insbesondere bei flachen Schichten, bei denen der aus den Bodenöffnungen austretende Gasstrahl wichtig ist, zu Problemen führt. Ihre Anwendung beschränkt sich auf begleitende Untersuchungen in Labor und Technikum (Beispiel: Bestimmung der Lockerungsgeschwindigkeit). Da es feine Poren hat, hat es einen hohen Druckverlust und ermöglicht so eine einfache, gleichmäßige Begasung.

Es ist nicht bekannt, ob Glocken und Verteilerköpfe, die ansonsten in der Wirbelschichttechnik eingesetzt werden, auch bei der Wirbelschicht-Sprühgranulation verwendet werden. Vermutlich hat das Kostengründe. Nach [114] kommen sie auch wegen ungleichmäßiger Gasverteilung, hohem Abrieb und auch deshalb nicht in Frage, weil sich bei ihrer Verwendung wenig bewegte, nicht wirbelnde Produktanhäufungen auf dem Boden bilden.

Die übrigen Bodentypen in Bild 9-4 sind im industriellen Einsatz. Weil die Gasaustrittsöffnungen durch Stanzen oder ähnliche Prozesse hergestellt werden, sind ihre Blechstärken um so geringer, je kleiner die Öffnungen sind. Die Öffnungen werden mit Reihen unterschiedlich scharfer Stanzwerkzeuge erzeugt. Somit ist mit einen unterschiedlichem Grat und damit mit einem unterschiedlichen Strömungswiderstand über der Querschnittsfläche zu rechnen. Es hat sich bei dem Einsatz für Granulationen in flachen Schichten bewährt, den Druckverlust punktuell zu kontrollieren und gegebenenfalls eine Nachentgratung (elektrolytisch) vorzunehmen.

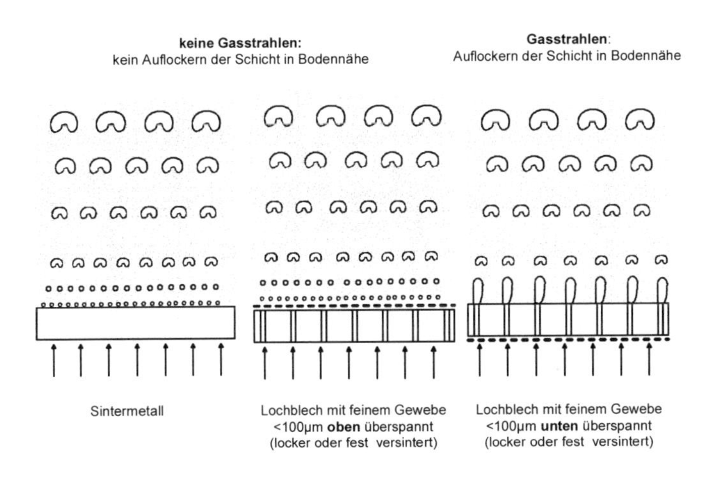

Bild 9-5 Blasenbildung über Sintermetall und über Lochblech, das gegen das Durchrieseln von Feststoff mit feinem Gewebe überspannt ist.

Werden Lochbleche zur Verringerung der Gefahr des Durchrieselns mit feinem Gewebe oben überspannt, ändert sich, wie in Bild 9-5, dargestellt der Blasenbildungsprozeß. Er gleicht sich dem von Sintermetallen an. Bei flachen Wirbelschichten, bei denen der Gasstrahl zur Auflockerung erheblich beiträgt, kann das zu Mißerfolgen bei der Granulation führen („Verklumpungen"). Hier ist ein Aufsintern von feinmaschigem Gewebe auf die Unterseite angebracht, das die Strahlbildung ermöglicht, aber das Durchrieseln verhindert.

Am häufigsten werden vermutlich Lochbleche eingesetzt. Kiemenbleche mit feinen Öffnungen erteilen dem Wirbelgut in Bodennähe einen Vortrieb, der für Querbewegungen genutzt werden kann. Die Kiemen werden durch Stachelwalzen ausgedrückt. Anschließend werden sie walzend für den zu garantierenden, mittleren Druckverlust zusammengedrückt. Den Austrittswinkel des Gases kann man mit einem in den Strahl zu hängenden Faden messen. Üblich sind Winkel > 8°. Im Vergleich zu normalen Lochblechen rieselt bei diesen Blechen deutlich weniger Produkt durch. Bei der Verarbeitung der Kiemenbleche zu einem Gasverteiler muß sorgfältig darauf geachtet werden, daß die Kiemen nicht zusammengedrückt werden.

Wenn kreisrunde Gasverteiler mit standardisierten Kiemenblechen erzeugt werden, muß der Boden mehrfach segmentiert werden (s. Bild 9-8). An den Stoßkanten der Segmente entstehen unklare Strömungsverhältnisse, weil Strahlen mit verschiedenen Austrittsrichtungen aufeinandertreffen. Davon abweichend gibt die mit [P33] und [P37] vorgeschlagene Perforierungstechnik durch Stanzen die Möglichkeit, diesen Nachteil zu vermeiden.

Die Strahlen aus Schlitz-Kiemen (Beispiel: Schlitz 0,3 x 4 mm, freie Fläche 6 – 13 %) haben wegen des ungünstigen Verhältnisses von Strahlquerschnitt zu – umfang nur eine geringe Reichweite. Schlitzkiemen sind daher für das Auflockern, was in flachen Schichten unbedingt erforderlich ist, ungeeignet.

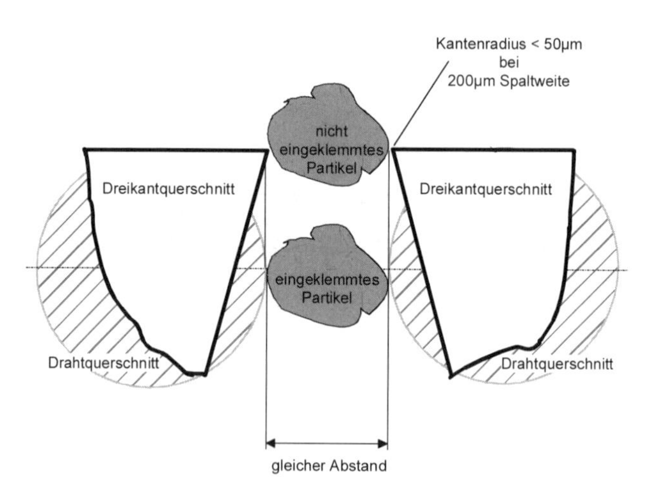

Bild 9-6 Vergleich von Spaltsieb mit Drahtgewebe: Verstopfungsgefahr nimmt ab, je kleiner der Kantenradius ist [337]

Spaltsiebe werden nach [337] insbesondere in der pharmazeutischen Industrie in Kombination mit einem in den Apparat integrierten Reinigungssystem (CIP) verwendet. Im Gegensatz zu Drahtgeweben haben sie keine für das Reinigen unerreichbare Ecken. Sie können schneller gereinigt werden. Außerdem sind sie starr und benötigen keine stützende Konstruktion.

Wichtig ist, daß in Spaltsieben Partikel nicht eingeklemmt werden, weil sich der Spalt von oben nach unten erweitert. Die Maschen der Drahtgewebe sind dagegen trichterförmig. Partikel, die in diese Trichter eindringen klemmen fest ein wie anhand Bild 9-6 zu erkennen ist. Je kleiner der Kantenradius der Profilstäbe des Spaltsiebes ist, um so geringer ist die Verstopfungsgefahr durch feinteiliges Trockengut. U. a. auch deshalb werden die Gasverteiler aus Spaltsieben insgesamt überschliffen, wie in Bild 9-7 zu erkennen ist. Die Herstellung überall gleicher Spaltweiten für eine Gleichverteilung des Gases scheint problematisch zu sein.

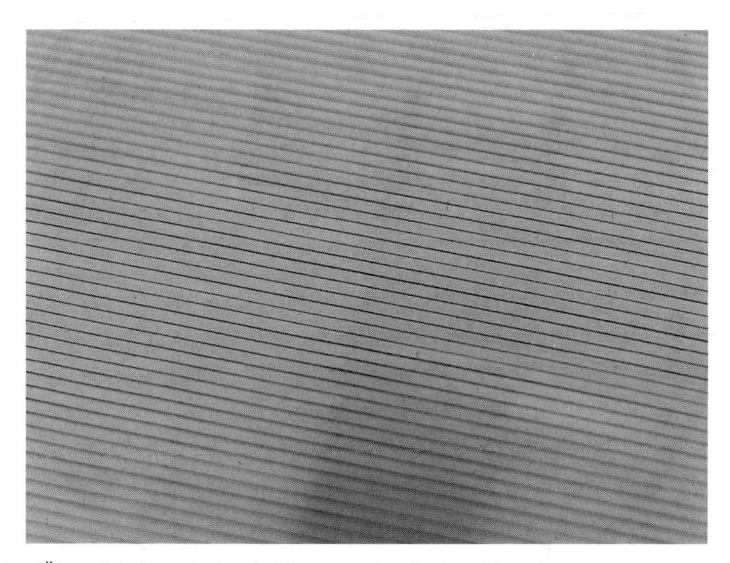

Bild 9-7 Überschliffenes Spaltsieb (Foto der Glatt GmbH, Binzen)

Über Auflockerungsböden mit wechselweise entgegengerichteter Austrittsöffnung wird bei [173] (s. auch [P33] und [P37]) berichtet. Sie scheinen stark auflockernd zu wirken. Der manchmal unerwünschte Vortrieb der Partikel in Bodennähe ist reduziert oder ganz aufgehoben. Die Öffnungen werden durch Stanzen auch aus dickeren (< 2 mm) Blechen hergestellt.

Der durchrieselungsgesicherte Boden geht auf eine patentierte Idee der Firma NIRO, Kopenhagen zurück [173]. Er wird auch nur für Apparate dieser Firma verwendet, so daß hier allgemeine Erfahrungen nicht referiert werden können. Hergestellt wird er durch Stanzen sowie Prägen im Bereich unterhalb der Kieme. Mit dem Prägen wird Material so verdrängt, daß eine in der vertikalen Projektion verschlossene Öffnung entsteht. Das könnte das Durchrieseln entscheidend behindern. Bestechend ist auch, daß die Öffnungen individuell plaziert werden können. Das verspricht eine gezielte Begasung. Dabei soll der Feststoff entweder definiert der Bedüsung oder dem Austrag zugeführt werden. Wie bei allen Kiemen-Blechen, ist auch hier die Selbstentleerung vorteilhaft. Von Vorteil ist auch, daß 2 mm dicke Bleche verarbeitet werden können. Das ermöglicht selbsttragende Gasverteiler-Konstruktionen. Wegen der Wirksamkeit zum Auflockern flacher Schichten (s. den Kommentar zu Schlitzloch-Blechen) muß vermutlich durch geringe freie Fläche für kräftige Strahlen gesorgt werden.

Bild 9-8 Gasverteiler aus segmentierten Kiemenblechen und zentralem Austrag

9.1.4 Abdichtung des Gasverteilers gegen die Wand

Spalte zwischen Gasverteiler und Wand müssen vermieden werden, wie Bild 9-9 zeigt. Der Gasstrom weicht dem Verteiler aus und nimmt den bequemeren Weg durch die Spalte. Eine unkontrollierte Begasung der Schicht ist die Folge.

9.1.5 Anströmhaube

9.1.5.1 Allgemeines

Im System des Transportes und der Verteilung des Gases einer Granulationsanlage werden sich die Querschnitte entlang des Strömungsweges verengen und erweitern. In der Regel haben die Ein- und Austrittstutzen der Ventilatoren den geringsten Querschnitt. Außerdem kommt es zu Richtungsänderungen. Wenn dann das Gas dem Gasverteiler so zugeführt werden soll, daß der ganze Querschnitt vor dem Gasverteiler gleichmäßig durchströmt wird, sind geeignete Vorkehrungen erforderlich. Gasverteiler und Wirbelschicht wirken zwar selbst als Verteilorgan. Dennoch reicht ihre Wirkung, insbesondere bei geringer Schichthöhe, für eine gleichmäßige Begasung der Schicht keineswegs aus. Das kann Betriebsstörungen wie Verklumpungen in der Schicht und Anbackungen am Gasverteiler zur Folge haben.

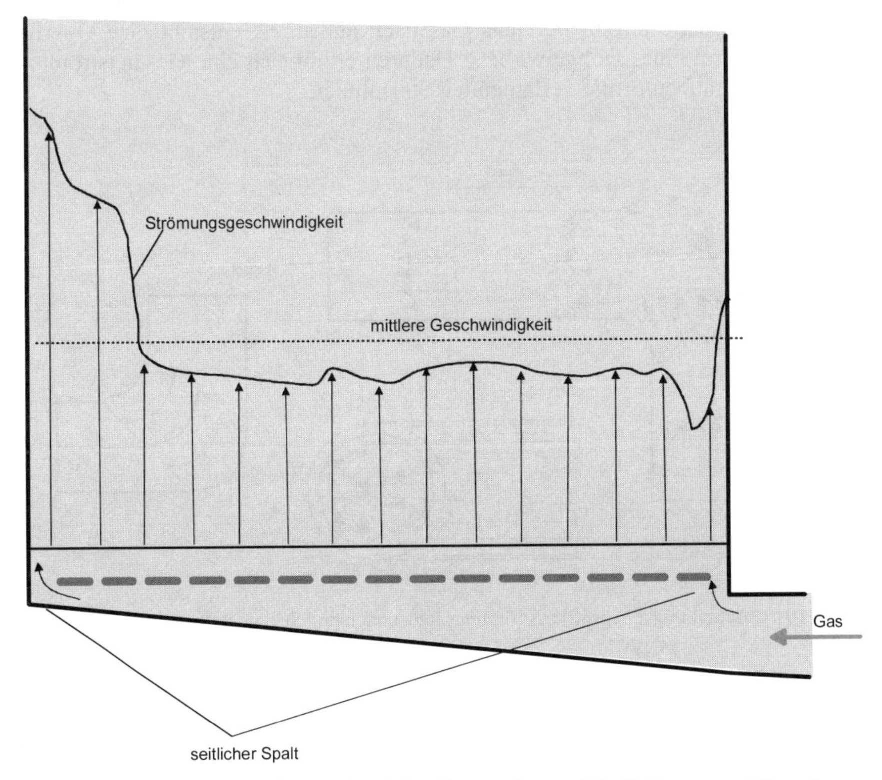

Bild 9-9 Wirkung von Spalten am Rand des Gasverteilers auf die Strömungsverteilung (aus [130])

9.1.5.2 Maßnahmen bei Richtungsänderungen

Richtungsänderungen unmittelbar vor Eintritt in die Anströmhaube sind entweder zu vermeiden oder in ihren Auswirkungen zu entschärfen. Krümmer führen zu einer ungleichmäßigen Durchströmung der Querschnitte, weil hier die Strömung abgelenkt wird (s. Bild 9-10). Es entstehen Fliehkräfte, die Druckänderungen bewirken. Da aber in einem Querschnitt die Energie der Strömung konstant ist, wird dort, wo der Druck ansteigt, die Geschwindigkeit abfallen. Entlang der Krümmeraußenseite steigt der Druck durch die Ablenkung der Strömung an und erreicht am Punkt B sein Maximum. Von A nach B strömt das Gas also gegen einen steigenden Druck mit fallender Geschwindigkeit. Die Grenzschicht wächst an. Es kommt zu Totzonen. An der Krümmerinnenseite erhöht sich der Druck und die Geschwindigkeit verringert sich. Es wird sich von C nach D ein Totraum bilden. Wenn die Strömung den Krümmer passiert hat, wird der Querschnitt wieder gleichmäßig durchströmt.

In einem Querschnitt durch den Krümmer („Schnitt: S-S" in Bild 9-10) wirken sich die Fliehkräfte unterschiedlich aus. In den Randzonen werden sie durch die Wandreibung gehemmt. In der Querschnittsmitte können sie sich dagegen voll auswirken. Deshalb strömt dort das Gas nach außen. Es entsteht eine Querbewegung in Form eines Doppelwirbels. Dadurch ergibt sich eine Gesamtströmung mit doppelschraubenförmig verlaufenden Stromlinien.

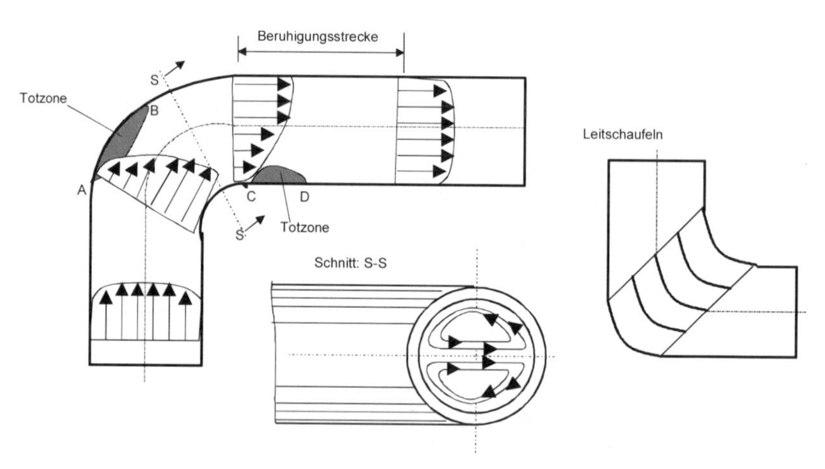

Bild 9-10 Geschwindigkeitsprofile, Strömungsablösungen und Sekundärströmungen in Krümmern

Für Messungen hinter Krümmern nimmt man an, daß nach einer Länge von der 25 - bis 50 - fachen Länge des Rohrdurchmessers („Beruhigungsstrecke"), die Krümmerströmung sich wieder in eine normale Rohrströmung zurückgebildet hat.

Für den Bau von Granulationsanlagen sind solche langen Beruhigungsstrecken vor dem Eintritt in die Anströmhaube in aller Regel nicht zu realisieren.

Um die Fliekraftwirkungen bereits im Krümmer abzufangen, werden bei rechteckigem Strömungsquerschnitt Leitschaufeln eingesetzt (s. Bild 9-10). Die Geometrie dieser Leitschaufeln wird im allgemeinen durch Versuche bestimmt oder überprüft. Dabei können die zahlreichen Hinweise von Idelchik [102] für ihre Gestaltung nützlich sein. Auf jeden Fall ist die Warnung von Kroll [130] zu beachten, daß durch falsch bemessene Leitschaufeln die Strömung sehr ungünstig beeinflußt werden kann.

Gleichrichter, die die Strömung in ein Bündel von Einzelströmungen auffächern und über eine Länge von 50 – 70 mm führen, können die Drehbewegungen zerstören.

9.1.5.3 Maßnahmen bei Querschnittserweiterung

Ungleichmäßige Strömungsverteilungen sind grundsätzlich bei verzögerter Strömung, also in und hinter Querschnittserweiterungen zu erwarten. Sie erfordern eine besondere Aufmerksamkeit und die Beachtung von Konstruktionsregeln. Bei Querschnittserweiterungen findet oberhalb des Öffnungswinkels δ_{krit} („Diffusorwinkel“) eine Ablösung der Strömung von der Wand statt. Der Strömungsquerschitt wird nicht mehr gleichmäßig durchströmt (Bild 9-11). Der Winkel beträgt für Übergangsdiffusoren

- mit Kreisquerschnitt $\delta_{krit} = 8°$
- mit Rechteckquerschnitt $\delta_{krit} = 10°$

Übergang bedeutet im Gegensatz zu „Austritt“, daß sich der Querschnittsänderung ein weiterführendes Rohr anschließt.

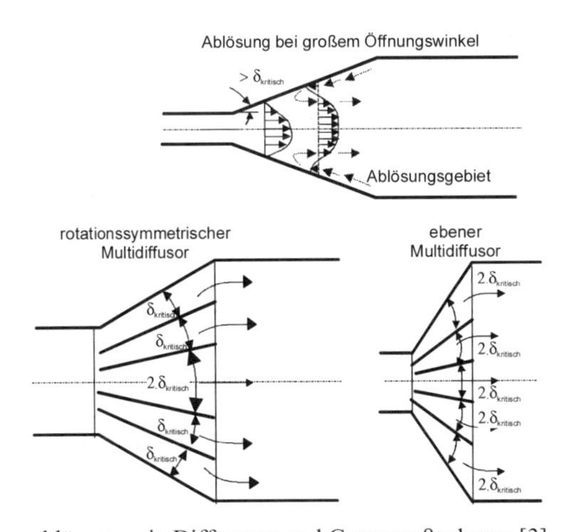

Bild 9-11 Strömungsablösungen in Diffusoren und Gegenmaßnahmen [3]

Oft ist es aus baulichen Gründen erforderlich, den Querschnitt über eine kurze Entfernung zu erweitern. In diesem Fall kann die Strömung durch einen Multidiffusor, d. h. einen mehrfach unterteilten Diffusor, zum Anliegen gebracht werden (s. Bild 9-11).

9.1.5.4
Gleichverteilung der Strömung durch Beschleunigung

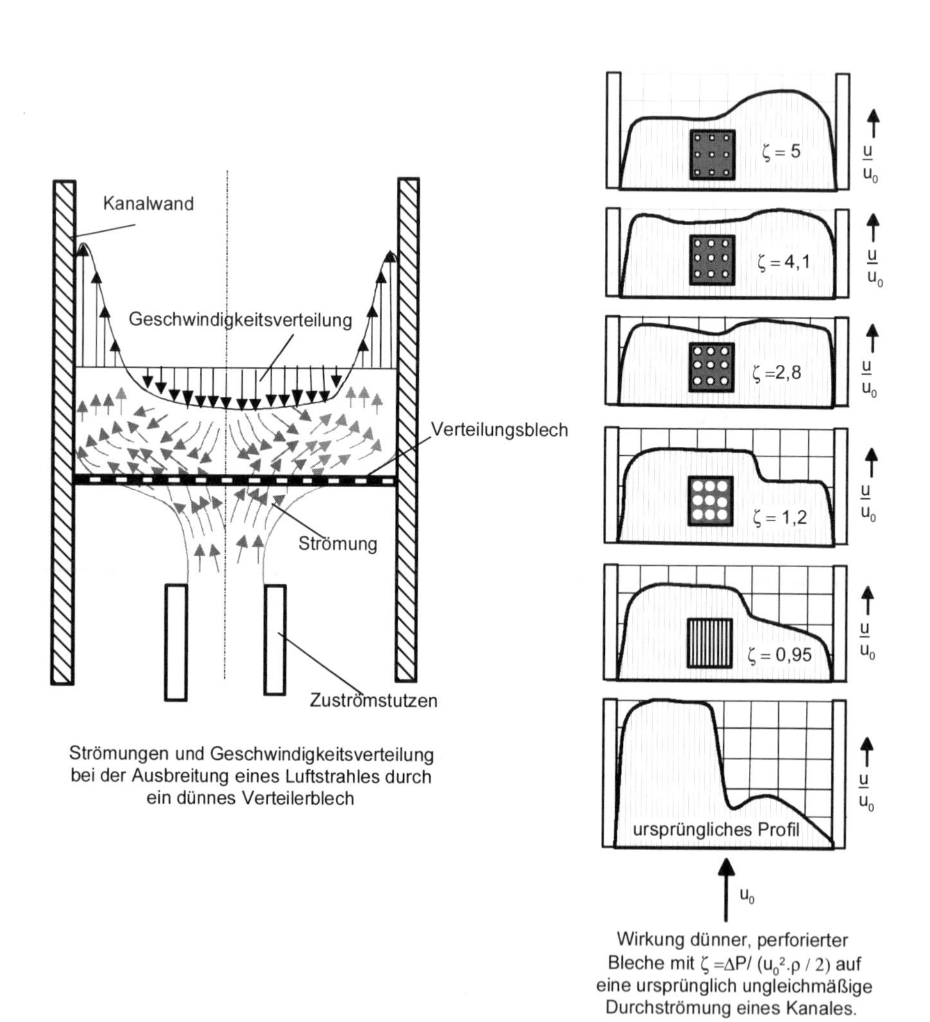

Bild 9-12 Beeinflussung von Strömungen mit dünnen perforierten Blechen (aus [102])

Bei beschleunigter Strömung infolge stetiger (allmählicher) Querschnittsverengung wird der Querschnitt immer gleichmäßig durchströmt. Es ist klar, daß die

Beschleunigung der Strömung mit Energieverlusten erkauft wird. Die Wirkungen entschädigen. Selbst Störungen hinter Einbauten werden sehr rasch ausgeglichen [130]. Das gilt jedoch nicht für Störungen durch die Wirkung von Zentrifugalkräften, die durch Ventilatoren oder Krümmer verursacht werden.

Mit unstetigen (plötzlichen) Querschnittsverengungen, wie sie Gitter, Siebe und Lochbleche bilden, kann die Strömung ebenfalls beschleunigt und damit ihre Vergleichmäßigung erreicht werden. Je mehr derartige Elemente verwendet werden, um so gleichmäßiger wird die Strömung. Mehrere weite Elemente wirken besser als ein sehr enges. Zwischen den Elementen muß ein solcher Abstand eingehalten werden, daß sich die Strömung wieder verzögert.

Zur Bekräftigung dieser Hinweise finden sich bei Idelchik [102] die mit Bild 9-12 dargestellten Beobachtungen. Im Bild links ist zu erkennen, daß dünne perforierte Bleche keine Richtwirkung auf die Strömung haben. Die Strömung behält die Orientierung bei, die sich vor dem „Hindernis" eingestellt hat. Das hat eine weitere Ausbreitung der Strömung hinter dem perforierten Blech zur Folge. Die Verzerrung der Stromlinien durch das perforierte Blech wird um so stärker, je größer sein Strömungswiderstand ist. In der dargestellten Konstellation kommt es sogar im mittleren Bereich zu einer Rückströmung. Mit diesem Wissen erklären sich auch die im Bild rechts dargestellten Ergebnisse von Versuchen, ein ungleichmäßiges Strömungsprofil durch den Einbau dünner, perforierter Bleche zu beeinflussen. Ein zu hoher Strömungswiderstand des eingebauten Bleches führt zu einem Umkippen der Ungleichverteilung.

9.1.5.5 Bewertung der Homogenität der Strömung

Eine Bewertung der Geschwindigkeitsverteilung über Gasverteileinrichtungen stammt von Kroll [130]. Beurteilungsmaßstab ist die Standardabweichung der Gasgeschwindigkeit einer Strömung gemäß

$$\sigma_u = \frac{\sqrt{\dfrac{\Sigma(u_{loc} - \overline{u})^2}{N - 1}}}{\overline{u}} \qquad \text{Gl.(9-1)}$$

worin

u_{loc} = örtliche Gasgeschwindigkeit

$\overline{u}$ = mittlere Gasgeschwindigkeit = $\Sigma \frac{u_{loc}}{N}$

N = Zahl der Messungen

Kroll bezeichnet diese Standardabweichung als „Ungleichförmigkeitsgrad der Gasgeschwindigkeit". Die Größenordnungen, die hier eine Rolle spielen, soll folgendes Beispiel verdeutlichen: Die Gasgeschwindigkeiten seien an 4 Stellen gemessen worden. Die Meßwerte seien 0,9; 1,0; 1,1 und 1,2 m/s. Daraus errechnet sich ein Mittelwert von 1,05 m/s mit einer Standardabweichung von $\sigma_u = 0,128$.

Besonders für Granulatoren, bei denen ein geringer Schichtdruckverlust zu erwarten ist (Beipiel: Bei interner Keimbildung und Bedüsung von unten liegt der Schichtdruckverlust etwa in der Größenordnung von 2 bis 3 mbar), empfiehlt sich eine Überprüfung der Homogenität der Durchströmung. Es hat sich bewährt dazu ein etwa etwa 300 mm langes Rohr mit etwa 50 mm Durchmesser auf den Gasverteiler aufzusetzen und die Durchströmung mit einem Flügelradanemometer zu messen. Länge und Durchmesser des Rohres stellen sicher, daß die Messung repräsentativ ist. In aller Regel wird diese Messung im Einbauzustand bei Umgebungsbedingungen durchgeführt. Schwierig ist oft die Zugänglichkeit des Gasverteilers. Bereits bei der Konstruktion sollten Vorkehrungen für die Durchführung solcher Messungen getroffen werden.

9.1.5.6 Ausführungsbeispiele

9.1.5.6.1 Granulator mit Kreisquerschnitt

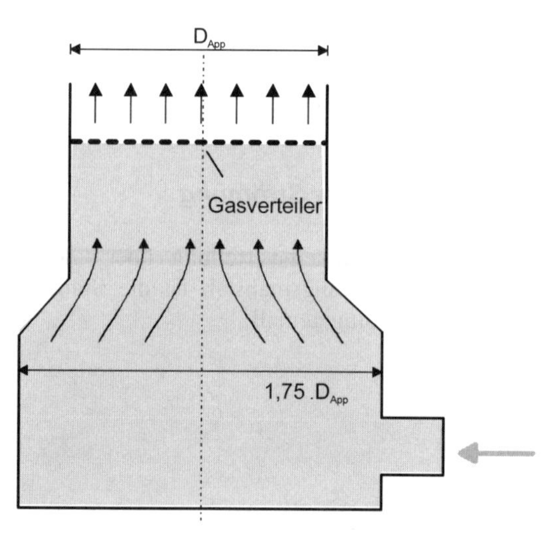

Bild 9-13 Vergleichmäßigung der Anströmung eines kreisrunden Gasverteilers durch Beschleunigung der Strömung (entnommen aus [P10]).

Ein Beispiel für die Vergleichmäßigung durch eine allmähliche Verengung bei rundem Granulatorquerschnitt zeigt Bild 9-13. Das Prinzip leuchtet unmittelbar ein. Da die Darstellung einem Patent entnommen ist, können nähere Angaben zur Wirkung dieser Gestaltung auf die Geschwindigkeitsverteilung oberhalb des Gasverteilers nicht gemacht werden.

9.1.5.6.2
Granulator mit Rechteckquerschnitt

Für die Bemessung von Anströmhaube und Gasverteiler können die von Kroll [130] und Werner [366] durchgeführten Untersuchungen für Schranktrockner analog verwendet werden. Die Form der Anströmhaube ist in Bild 9-14 eingezeichnet. Der Einströmstutzen in den Granulator ist ebenfalls rechteckig, was der gleichmäßigen Anströmung des Gasverteilers förderlich ist, denn bei runden Stutzen muß das Gas zunächst noch quer zur Strömungsrichtung verteilt werden.

Für Gas, das einem größeren Raum mit Rechteckquerschnitt aus einem schmalen Spalt zuströmt und sofort um 90° umgelenkt wird, ergeben sich die im Bild 9-14 dargestellten Zusammenhänge.

Es sind 2 Begriffe von Bedeutung (bezogen auf 1 cm Tiefe):

- Erweiterung der Querschnitte

$$\psi = \frac{\text{Granulatorquerschnitt B}}{\text{Querschnitt des Eintritts b}}$$

- Verengung durch Verteiler

$$\chi = \frac{\text{durchströmte offene Fläche im Verteiler } \varphi \cdot \text{B}}{\text{Querschnitt des Eintritts b}}$$

Dabei ist:

φ = freie Fläche des Verteilers (s. Bild 9-22)

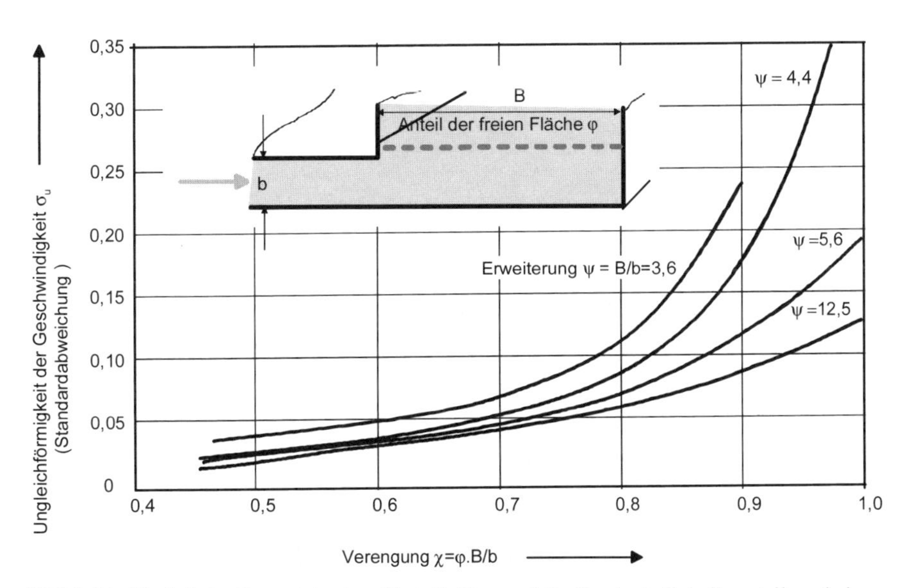

Bild 9-14 Einfluß der Geometrie eines Verteilgitters auf die Geschwindigkeitsverteilung bei Rechteckquerschnitten ([130], [366])

Die Messungen wurden an einer Gitterkonstruktion vorgenommen. Sie ergaben gemäß Bild 9-14, daß die Strömungsverteilung um so gleichmäßiger wird, je größer die Querschnittserweiterung ψ und je stärker das Verteilungsgitter den Strömungsquerschnitt verengt.

Mit Zahlen ergeben sich folgende Zusammenhänge für einen Granulator der Breite B = 1500 mm, der Stutzenhöhe b = 120 mm und der freien Fläche des Gasverteilers $\varphi = 5\ \%$:

- Querschnittserweiterung $\psi = 12{,}5$
- Verengung durch Verteiler $\chi = 0{,}625$
- Ungleichförmigkeit der Geschwindigkeitsverteilung $\sigma_u = 0{,}03$

9.1.6 Begünstigung von Querbewegungen

Das Fluidisationsgas strömt mit der Geschwindigkeit, die es in der Gasaustrittsöffnung hat, in die Schicht. Bei einer Leerrohrgeschwindigkeit von ca. 1,25 m/s und einem perforierten Blech mit einer freien Fläche von 5 % ist das eine Geschwindigkeit von 25 m/s. Ist der aus dem Blech austretende Strahl gegen die Horizontale geneigt, werden die Partikel in Bodennähe mit der Horizontalkomponente angeströmt und schließlich auch auf diese Geschwindigkeit beschleunigt (s. Bild 9-15). Mit diesem Vortrieb können Partikelbewegungen erzeugt werden, die das Besprühen, das Austragen zur Sichtung oder zur Entleerung des Apparates begünstigen. (Bei Kiemenblechen ist der Vortrieb deutlich höher als bei geneigten Lochblechen.)

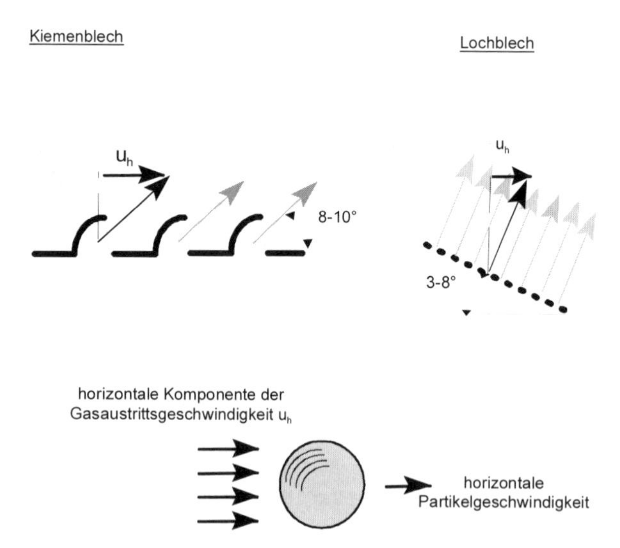

Bild 9-15 Querbewegungen der Partikel in Bodennähe durch horizontale Anblasung

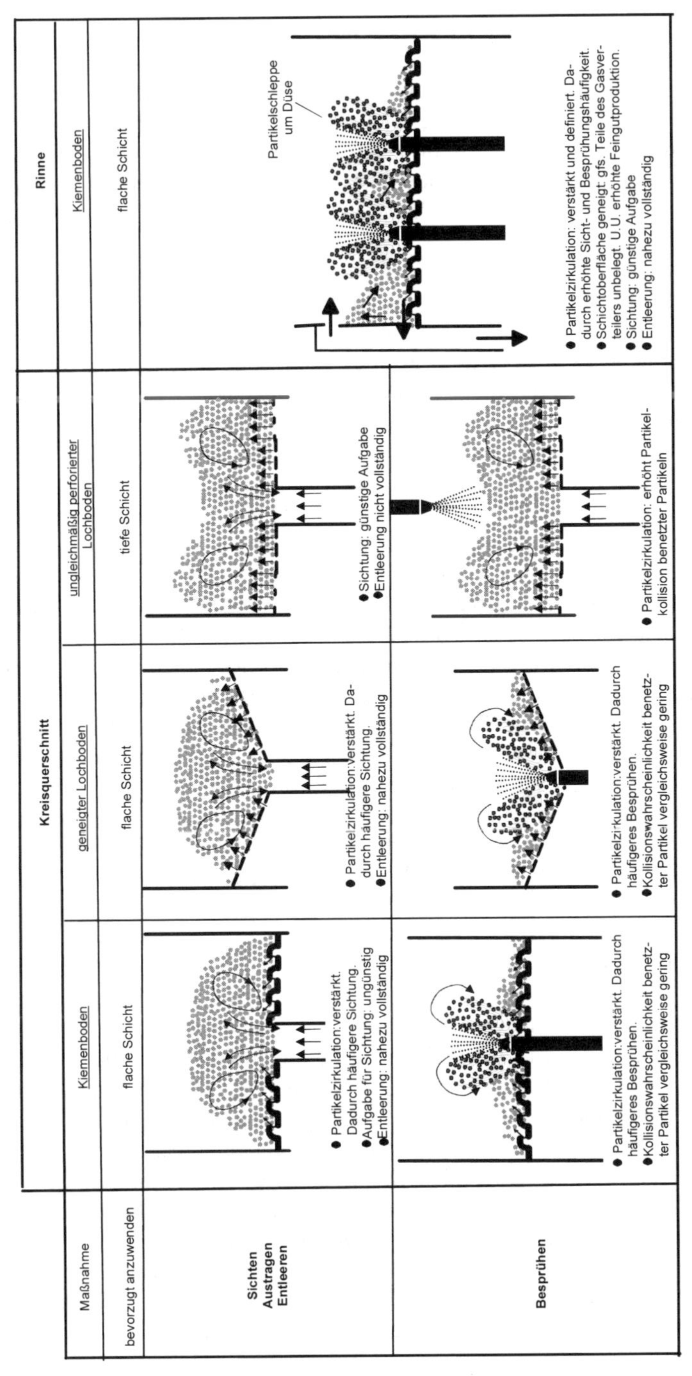

Bild 9-16 Bekannte Möglichkeiten zur Erzeugung von Querbewegungen

In Bild 9-16 sind einige Möglichkeiten zur Erzeugung von Querbewegungen aufgelistet und bewertet. Das Konzept zu einer unterschiedlichen Fluidisierung stammt aus dem Patent [P9]. Es hat einen Partikelumlauf durch die Benetzungszone zum Ziel. Mit Lochblechen, die in der äußeren Zone des Querschnittes eine größere freie Fläche haben als im Zentrum, wird dazu der Granulatorquerschnitt unterschiedlich begast. Mit Kiemenblechen können in Bodennähe oder bei flachen Schichten über die gesamte Schichthöhe Querbewegungen erzeugt werden.

9.1.7 Erforderlicher Druckverlust des Gasverteilers

Die Öffnungen des Gasverteilers werden nicht kontinuierlich durchströmt. Auch bei einem insgesamt stabilen Betrieb schwankt ihre Durchströmung in Abhängigkeit von der Bewegung des Feststoffes und der Blasenbildung in der Schicht. Unstabil wird der Betrieb, wenn die Öffnungen minutenlang oder überhaupt nicht mehr durchströmt werden. Ein unstabiler Betrieb kann durch die richtige Wahl des Druckverlustes des Gasverteilers verhindert werden, was nun am Beispiel der Kanalbildung gezeigt werden soll.

Ein Kanal bildet sich bei lokal verstärkter Durchströmung der Wirbelschicht. Angelehnt an Untersuchungen von Hiby [89] kann man sich das anhand eines gedanklichen Experimentes (Bild 9-17) klarmachen. In einer Schicht sei ein kleiner Bereich 2 stärker begast. Für beide Bereiche, den originalen Bereich 1 (Fluidisationszahl f_1) und den stärker durchströmten Bereich 2 (Fluidisationszahl f_2) stellt sich die gleiche Schichthöhe ein. Da die Schichtausdehnung mit der Fluidisationszahl zunimmt (s. hierzu Kap. 3.3.2), muß die zugehörige Festbetthöhe am Lockerungspunkt bei der größeren Fluidisationszahl f_2 kleiner sein als bei der geringeren Fluidisationszahl, was aus dem Graphen unterhalb der Darstellung der Schicht folgt. Das bedeutet, daß Partikel aus dem Bereich 2 verdrängt sind. Aus der darunter zu erkennenden Kennlinie „Schichtdruckverlust über Leerrohrgeschwindigkeit" ist das für den Bereich 2 als eine Verschiebung der Kennlinie nach unten zu erkennen. Während sonst im Wirbelzustand der Schichtdruckverlust konstant ist (d.h. seine Ableitung nach u ist Null) entsteht nun beim Übergang von Betriebspunkt 1 auf 2 lokal ein negativer Gradient. Dieser lokale, negative Gradient ist das Kennzeichen für die Kanalbildung. Die Schicht trägt zur Stabilisierung durch einen örtlichen Partikelumlauf bei. Die quer in den Kanal eindringenden Partikel müssen vom Gas beschleunigt werden und verzehren dabei einen Teil des Impulses. Der negative Druckgradient wird daher mit zunehmender Schichthöhe kleiner. Die Eigenstabilisierung steigt entsprechend.

Der Verlauf der mit den beiden Graphen dargestellten Abhängigkeiten ist, wie im Kap. 3.3.2 dargelegt, u.a. von der Partikelgröße und -dichte, dem Fluidisationsgas, seiner Temperatur und seinem Druck abhängig.

Unter dem Strich zeigt das gedankliche Modell also, daß bei idealer Anfangsverteilung spontane Instabilitäten des fluidisierten Zustandes die angestrebte Gleichverteilung beeinträchtigen können. Hiby hat darauf hingewiesen, daß das

Simulation eines Kanales durch lokal verstärkte Begasung

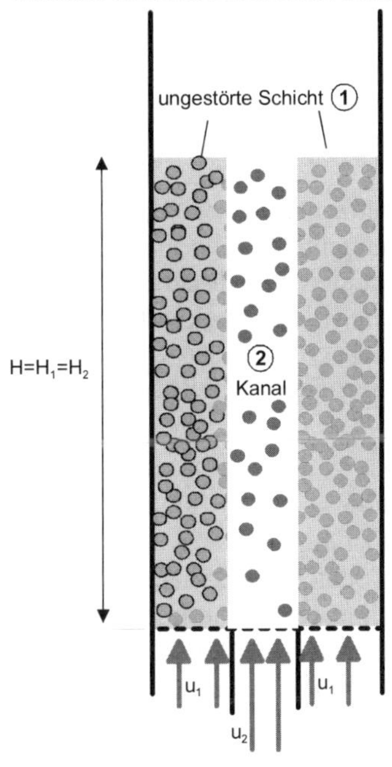

Einstellung gleicher Schichthöhe trotz unterschiedlicher Begasung durch verstärkte Ausdehnung der Schicht im Kanalbereich

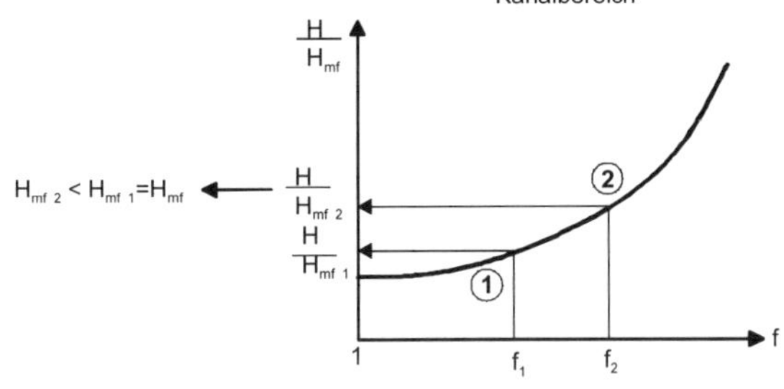

Verringerung des Schichtdruckverlustes im Kanalbereich

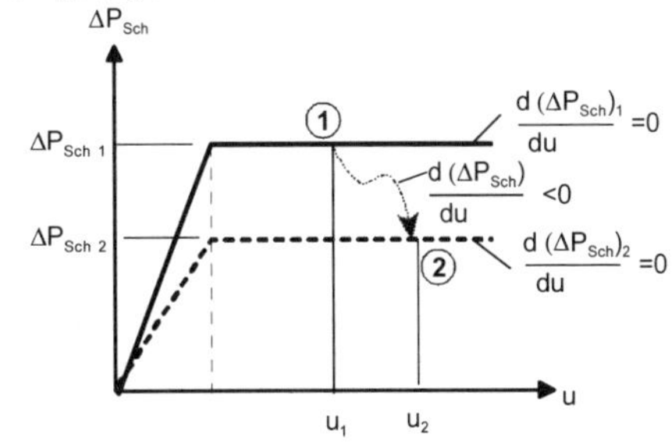

Bild 9-17 Modell zur Kanalbildung in Wirbelschichten in Anlehnung an [89]

bei der Festlegung des Druckverlustes des Gasverteilers zu berücksichtigen ist. Ohne ausreichende Begrenzung der Zuströmung durch den Druckverlust des Gasverteilers führt jede zufällige, örtliche Auflockerung der Schicht zu einem Durchbruch der Strömung („Kanalbildung"). Hat der Gasverteiler aber einen ausreichend großen „Vorschaltwiderstand" wird das prinzipiell instabile System Wirbelschicht stabilisiert.

Nach der Stabilitätsbetrachtung von Hiby vergrößert sich ein entstandener Kanal, wenn durch die betrachtete Stelle mehr Gas hindurchströmt als in der übrigen Schicht. Er vergrößert sich jedoch gerade dann nicht, wenn an der betrachteten Stelle die Verringerung des Druckverlustes der Schicht durch eine gleich große Erhöhung des Druckverlustes des Gasverteilers ausgeglichen wird. Diese Erkenntnis führt nach Hiby zu dem Stabilitätskriterium

$$\frac{d(\Delta P_{Vert})}{du} = \left(\frac{d(\Delta P_{Sch})}{du}\right)_{loc} \qquad \text{Gl.(9-2)}$$

Aus diesem Kriterium ist zu folgern:

Um Änderungen des Schichtdruckverlustes ausgleichen zu können, müssen Sintermetalle mit ihrer linearen Kennlinie $\Delta P_{Vert} \sim u$, einen im Vergleich zur Schicht größeren Druckverlust haben, als die übrigen Bodentypen, deren Kennlinie quadratisch ist ($\Delta P_{Vert} \sim u^2$).

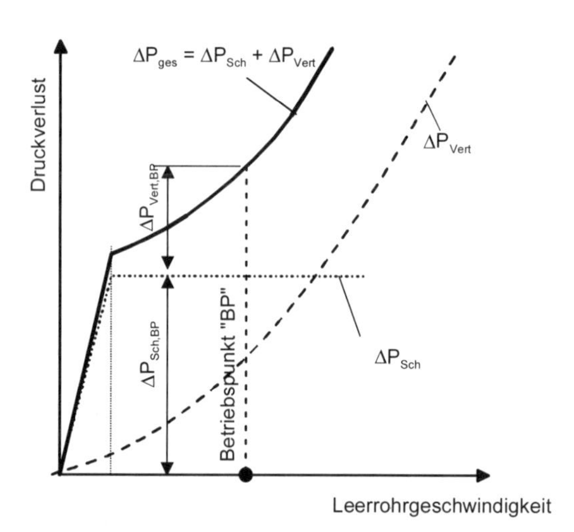

Bild 9-18 Aufteilung der Druckverluste auf Gasverteiler und Wirbelschicht

Von [185] sind die in der Literatur für den Betriebspunkt empfohlenen Druckverhältnisse mit dem für Entscheidungen unbefriedigend großen Wertebereich

$$\frac{\Delta P_{Vert,BP}}{\Delta P_{Sch,BP}} = 0{,}015 \text{ bis } 2{,}7 \qquad \text{Gl.(9-3)}$$

beschrieben. Für flache Wirbelschichten gelten die größeren und für tiefe entsprechend die kleineren Werte. Genauere Angaben müßten, wie mit den Erläuterungen zu Bild 9-17 gezeigt, die Fluidisationszahl, die Eigenschaften des Wirbelgutes und des Gases etc. berücksichtigen.

9.1.8 Berechnung des Druckverlustes bei Lochböden

Für den Anteil der zur Durchströmung verfügbaren Querschnittsfläche am Querschnitt eines Gasverteilers gilt

$$\text{freie Fläche } \varphi = \frac{\text{gesamte Querschnittsfläche aller Löcher } A_0}{\text{preforierte Querschnittsfläche des Gasverteilers } A} \qquad \text{Gl.(9-4)}$$

Der Anteil wird von der Anordnung der Löcher bestimmt. Im Kap. 9.1.9 wird darauf näher eingegangen.

Die Geschwindigkeit des Gases in den Löchern u_0 errechnet sich aus der Leerrohrgeschwindigkeit u gemäß

$$u_0 = \frac{u}{\varphi} \qquad \text{Gl.(9-5)}$$

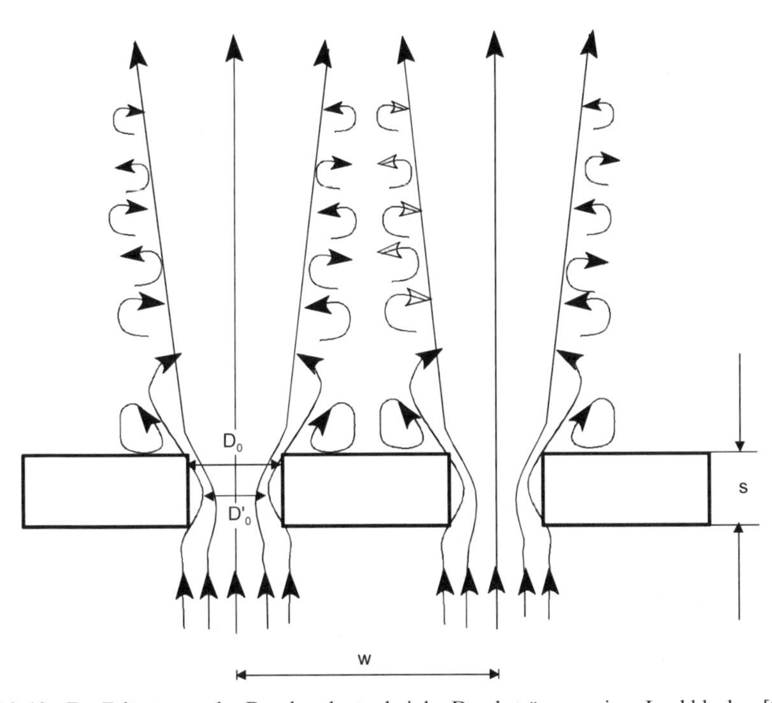

Bild 9-19 Zur Erläuterung des Druckverlustes bei der Durchströmung eines Lochbleches [35]

Lochböden werden nicht nur in der Wirbelschicht-Technik, sondern auch für die Absorption und Rektifikation zur Erzeugung großer Phasengrenzflächen als Einbauten in Bodenkolonnen eingesetzt. Der Druckverlust bei ihrer Durchströmung ist daher vielfach untersucht worden. Hoppe und Mittelstraß [96] haben Untersuchungen von Hunt [101] und McAllister [177] zusammengefaßt. Mühle [250] gibt einen umfassenden Überblick über eigene und literaturbekannte Untersuchungen. Bei Brauer [39] findet sich eine auf Arbeiten von Zelfel zurückgehende sorgfältige Analyse der Vorgänge bei der Durchströmung von Lochböden. Danach setzt sich der Druckverlust Δp_{Vert}, der sich bei der Durchströmung eines Lochbodens ergibt, aus drei Anteilen zusammen, wie Bild 9-19 verdeutlicht. An der scharfen Eintrittskante lösen sich die Stromfäden von der Wand ab. Der Strömungsquerschnitt verkleinert sich auf den Durchmesser D_0' an der engsten Stelle. Anschließend erweitert er sich, wenn die Dicke des Lochbodens groß genug ist, auf den Bohrungsdurchmesser. Es entsteht ein Reibungsdruckverlust. Nach Verlassen des Loches weitet sich die Strömung weiter aus. Insbesondere bei geringem Lochabstand kommt in dieser Phase ein Druckverlust durch Strahlvermischung hinzu. Der gesamte Druckverlust für die Durchströmung des Lochbodens ist somit aus den Anteilen für Kontraktion, Erweiterung, Reibung unter Einschluß der Strahlvermischung zu bilden.

Für die bei der Wirbelschicht-Sprühgranulation erforderliche Genauigkeit genügt es, einem Vorschlag von Brauer [39] folgend, nur die Verluste aus Kontraktion und Erweiterung zu berücksichtigen. Es ergeben sich dadurch einfache Berechnungsgleichungen, die die Druckverluste bei der Durchströmung von Bohrungen mit scharfen Kanten hinreichend genau beschreiben. Bei abgerundeten Bohrungseinläufen kann je nach Größe der Abrundung der Druckverlust um 10 bis 40% niedriger ausfallen, wie Teller, Cheng und Davies (zitiert von Mühle [250]) festgestellt haben.

Somit errechnet sich der Druckverlust über den Lochboden nach Brauer [39] aus dem Staudruck im Loch unter Berücksichtigung eines Widerstandskoeffizienten $\zeta_{K,E}$ zu

$$\Delta P_{Vert} = \xi_{K,E} \cdot \frac{u_0^2 \cdot \rho_F}{2} \qquad \text{Gl.(9-6)}$$

mit

$$\xi_{K,E} = \left(\frac{1}{\alpha} - 1\right)^2 - (1 - \varphi)^2 \qquad \text{Gl.(9-7)}$$

Dabei steht der erste Therm der Gleichung für den Anteil der Kontraktion und der zweite für den Anteil der Erweiterung. Für die Kontraktionszahl α ist nach Mühle [250] zu setzen α=0,575.

Mit Bild 9-20 ist der Verlauf des Widerstandskoeffizienten im technisch interessanten Bereich dargestellt. Es ist zu sehen, daß der Widerstandskoeffizient zwischen 1,5 und 1,36, also um rund 10 %variiert.

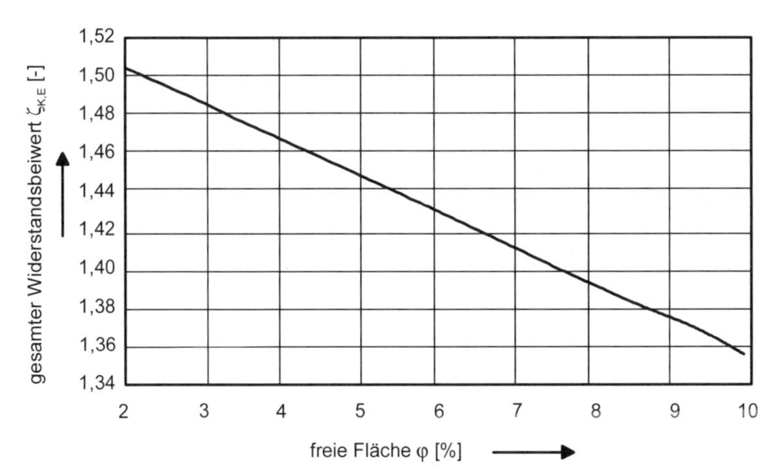

Bild 9-20 Widerstandskoeffizient bei Lochblechen als Vielfaches des Staudruckes im Loch

Zur raschen Bestimmung des Druckverlust eines Lochbodens ist es nützlich, den Druckverlust auf normierte Bedingungen, das ist Luft im Umgebungszustand bei einer Leerohrgeschwindigkeit von 1 m/s zu beziehen. Mit Bild 9-21 ist dieser Druckverlust ΔP_{Norm} in Abhängigkeit von der freien Fläche dargestellt.

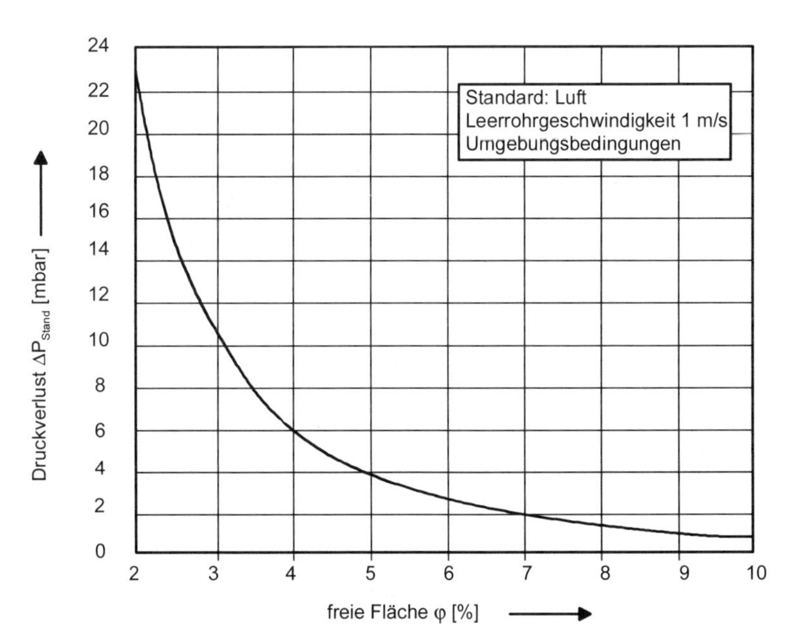

Bild 9-21 Druckverlust von Lochböden bei der Durchströmung mit Luft unter normierte Bedingungen in Abhängigkeit von der freien Fläche.

Für die gleiche freie Fläche errechnet sich der Druckverlust für eine beliebige Leerrohrgeschwindigkeit bei Luft unter Umgebungsbedingungen aus:

$$\Delta P_{Vert} = \Delta P_{Norm} \cdot \left(\frac{u}{1}\right)^2 \qquad \text{Gl.(9-8)}$$

Für andere Temperaturen und für andere Gase ist der Vergleich der unbekannten Größe ΔP_{Vert} mit der aus dem Diagramm von Bild 9-21 bekannten Größe von ΔP_{Norm} analog durchzuführen.

9.1.9 Lochanordnungen bei Lochblechen

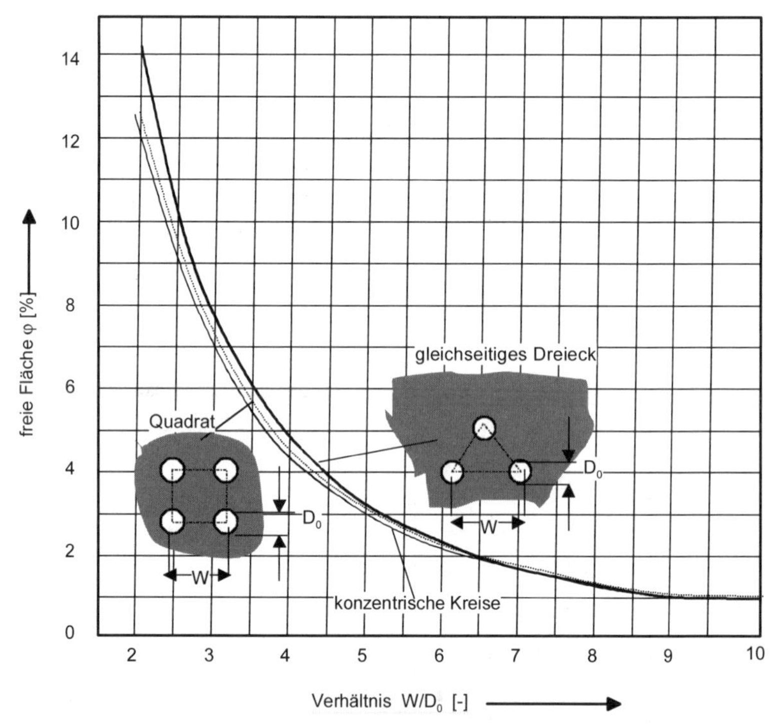

Bild 9-22 Anteil der „freien Fläche" (Bohrungsfläche) am Anströmquerschnitt von Lochblechen in verschiedener Gruppierung

Bei Lochblechen werden die Löcher entweder in Dreiecken (gleichseitig oder gleichschenklig) oder in Quadraten bzw. Rechtecken gruppiert. Das weitaus am meisten verwendete Perforierungsmuster ist das gleichseitige Dreieck.

Für Löcher, die in Form gleichseitiger Dreiecke angeordnet sind, kann die freie Fläche anhand eines einzelnen Dreieckes berechnet werden. Die gesamte Fläche A ist die Dreieckfläche, der zugehörige Lochquerschnitt A_0 ist der eines halben Loches (Winkelsumme im Dreieck ist 180°).

$$\text{freie Fläche } \varphi = \frac{A_0}{A} = 0{,}907 \cdot \left(\frac{D_0}{W}\right)^2 \qquad \text{Gl.(9-9)}$$

Analog ergibt sich für die Gruppierung in Form von Quadraten:

$$\text{freie Fläche } \varphi = \frac{A_0}{A} = 0{,}785 \cdot \left(\frac{D_0}{W}\right)^2 \qquad \text{Gl.(9-10)}$$

Für eine andere Gruppierung der Löcher kann die freie Fläche in gleicher Weise errechnet werden. Das Diagramm in Bild 9-22 faßt eine Auswertung der besonders häufig angewendeten Perforierungsmuster zusammen.

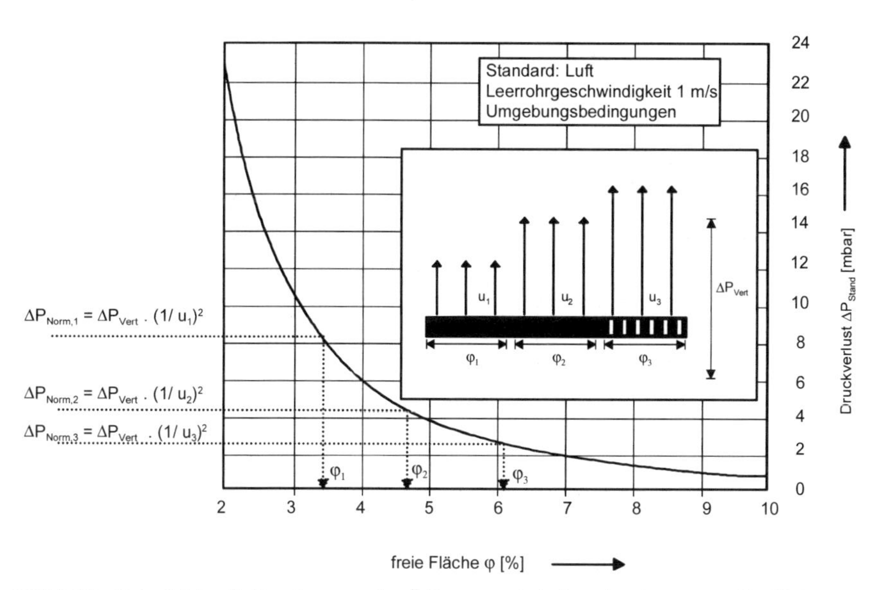

Bild 9-23 Beispiel für die Bestimmung der Öffnungsverhältnisse für eine unterschiedliche Begasung.

Ist eine unterschiedliche Begasung der Schicht gefordert, muß die Perforierung φ angepaßt werden. Benutzt wird dazu das Diagramm nach Bild 9-21. Bild 9-23 zeigt an einem Beispiel das Vorgehen. In dem dargestellten Beispiel sind drei Bereiche unterschiedlicher Begasung und der Druckverlust des Gasverteilers ΔP_{Vert} vorgegeben. Der Druckverlust ΔP_{Vert} ist natürlich für alle Begasungsbereichen gleich. Die zu den Begasungsbereiche mit vorgegebenen Geschwindigkeiten gehörenden freien Flächen sind gemäß Gl.(9-9) in der dargestellten Weise über ΔP_{Norm} leicht zu bestimmen.

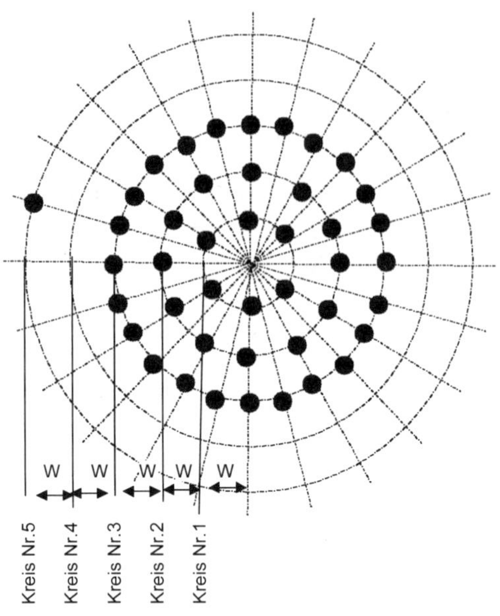

Kreis Nr.	Durchmesser	Zahl der Löcher auf dem Kreis	Gesamtzahl der Löcher bis zum Kreis
1	$1 \cdot 2 \cdot W$	$1 \cdot 6$	$1 \cdot 6$
2	$2 \cdot 2 \cdot W$	$2 \cdot 6$	$1 \cdot 6 + 2 \cdot 6$
3	$3 \cdot 2 \cdot W$	$3 \cdot 6$	$1 \cdot 6 + 2 \cdot 6 + 3 \cdot 6$
4	$4 \cdot 2 \cdot W$	$4 \cdot 6$	$1 \cdot 6 + 2 \cdot 6 + 3 \cdot 6 + 4 \cdot 6$
i	$i \cdot 2 \cdot W = D$	$i \cdot 6 = N_i$	$1 \cdot 6 + 2 \cdot 6 + 3 \cdot 6 + 4 \cdot 6 \ldots \; .i \cdot 6$ $=(3+3 \cdot i)\, i \; = N$

Damit ist bzw. sind
der Durchmesser von Kreis i $D_i = 2 \cdot W \cdot i$
die auf Kreis i unterzubringenden Löcher $N_i = 6 \cdot i$
die insgesamt bis Kreis i untergebrachten Löcher $N = 3 \cdot i \cdot (i+1)$

Bild 9-24 Anordnung der Bohrungen auf konzentrischen Kreisen unter einem Wurster-Steigrohr

Zum Umhüllen (Coaten) werden zirkulierende Wirbelschichten verwendet (s. Kap. 8.2.5 und Kap. 14.3). Dazu werden Bereiche stärkerer Begasung geschaffen. In diesen Bereichen wird durch Steigrohre nach Wurster ein Feststoffumlauf erzeugt und das Umhüllungsmaterial von unten in den Feststoffumlauf eingesprüht. Üblicherweise werden die Löcher im Bereich der Steigrohre auf konzentrischen Kreisen gruppiert. Bild 9-24 zeigt das Anordnungsschema der Löcher. Mit diesem Schema ist die verfügbare Fläche zwischen den Begrenzungen Düse im Inneren und Steigrohr außen für eine passenden Mittenabstand leicht aufgeteilt.

Der Anteil der freien Fläche ist natürlich auf jedem Teilkreis gleich. Er errechnet sich gemäß Bild 9-24 und Bild 9-25 für einen beliebigen Teilkreis aus

$$\varphi = \frac{\text{Lochfläche}}{\text{gesamte Ringfläche}} = \frac{6 \cdot i \cdot D_0^2 \cdot \frac{\pi}{4}}{2 \cdot W \cdot \pi \cdot W} = 0{,}75 \cdot \left(\frac{D_0}{W}\right)^2 \qquad \text{Gl.(9-11)}$$

Die Anordnung auf konzentrischen Kreisen liefert etwa die gleiche freie Fläche wie die quadratische Anordnung (s. Vergleich Gl.(9-10) und Gl.(9-11)).

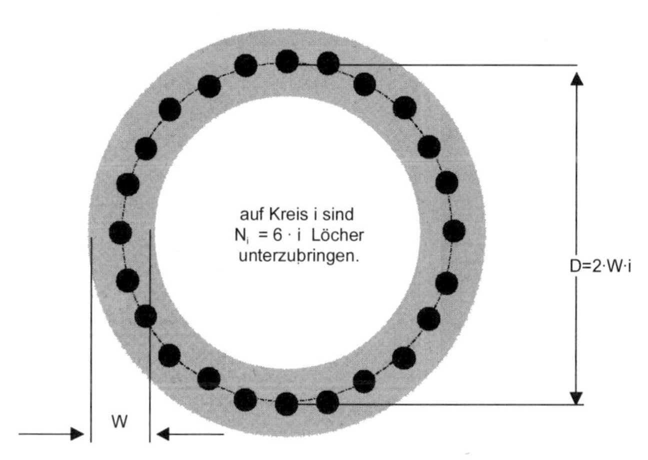

Bild 9-25 Zur Berechnung der freien Fläche von Löchern, die auf konzentrischen Kreisen angeordnet sind

9.1.9.1
Berechnung des Druckverlustes perforierter Spezialbleche

Lochbleche sind Standard-Artikel, für die die Druckverluste erforscht sind. Die übrigen perforierten Bleche sind hingegen Spezialerzeugnisse einzelner Hersteller. Geometrie und Druckverlust müssen dem Informationsmaterial der Hersteller entnommen werden. Dabei ist zu beachten, daß es bei ihrer Herstellung zu deutlich größeren Inhomogenitäten des Widerstandskoeffizienten über den Anströmquerschnitt als bei Lochblechen kommt. Hier sind bei Auftragserteilung die zulässigen Toleranzen klar zu vereinbaren.

9.1.10 Blasenbildung

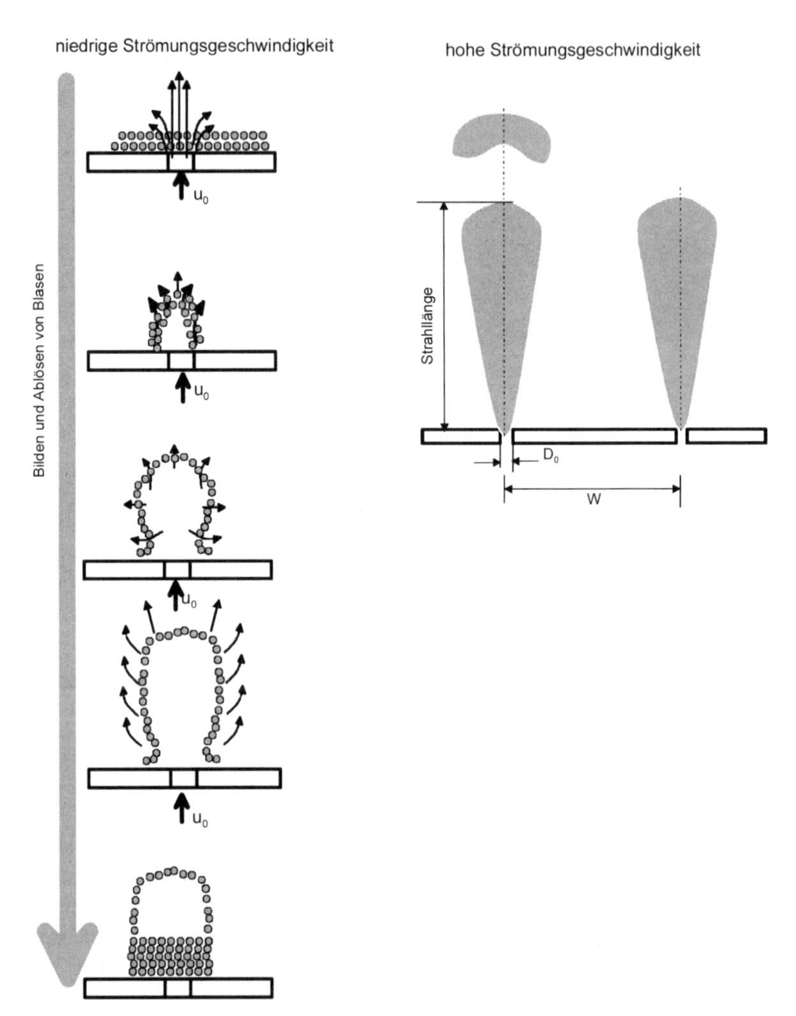

Bild 9-26 Blasenbildung und -ablösung nach Zenz [384] und Merry [182] (entnommen aus [185])

Über die Art, wie das Gas in der Wirbelschicht dispergiert wird, gehen die Meinungen der Forscher auseinander. In [185] ist die Literatur zu diesem Thema sorgfältig ausgewertet. Die Eigenschaften des Gases und die des Feststoffes, die Betriebsbedingungen und die geometrischen Größen sind von Einfluß. Über den Gasaustrittsöffnungen des Gasverteilers wurde die Bildung der Blasen ausgehend von pulsierenden oder von stationären Strahlen beobachtet. Für niedrige Gasgeschwindigkeiten zeigt Bild 9-26 die von Zenz [384] beobachtete Art, wie sich die Gasblasen an der Gasverteileröffnung bilden und ablösen. Bei höheren Gasgeschwindigkeiten bilden sich hingegen, wie vielfach beschrieben worden ist, pulsierende oder stationäre Gasstrahlen aus. Von deren oberem Ende lösen sich Gasblasen ab und steigen in der Schicht auf. Bei Lochböden dringt nach Merry [182] der Strahl bis zur Höhe H_E in die Wirbelschicht ein. Dann kommt es zur Bildung von Blasen.

Für die Eindringtiefe des Strahles H_E [m] in die Wirbelschicht hat Zenz die folgende Zahlenwertgleichung angegeben:

$$\frac{H_E}{D_0} = 30{,}2 \cdot \ln(u_0 \cdot \rho_F) - 93{,}3 \qquad \text{Gl.(9-12)}$$

mit

D_0 Durchmesser der Öffnung [m]
u_0 Geschwindigkeit des Gases in der Öffnung [m/s]
ρ_F Gasdichte [kg/m³]

Mit Bild 9-27 ist diese Gleichung zur schnellen Orientierung für Luft bei Raumtemperatur so ausgewertet, daß die Abhängigkeit von den bekannten Größen Leerrohrgeschwindigkeit und freie Fläche sofort ablesbar ist. Es zeigt den Bereich, in dem mit auflockernder Wirkung der Strahlen zu rechnen ist. Andererseits sollten in der Reichweite der Strahlen wegen der stark erosiven Wirkung keine Einbauten (z. B. Meßfühler) vorgenommen werden.

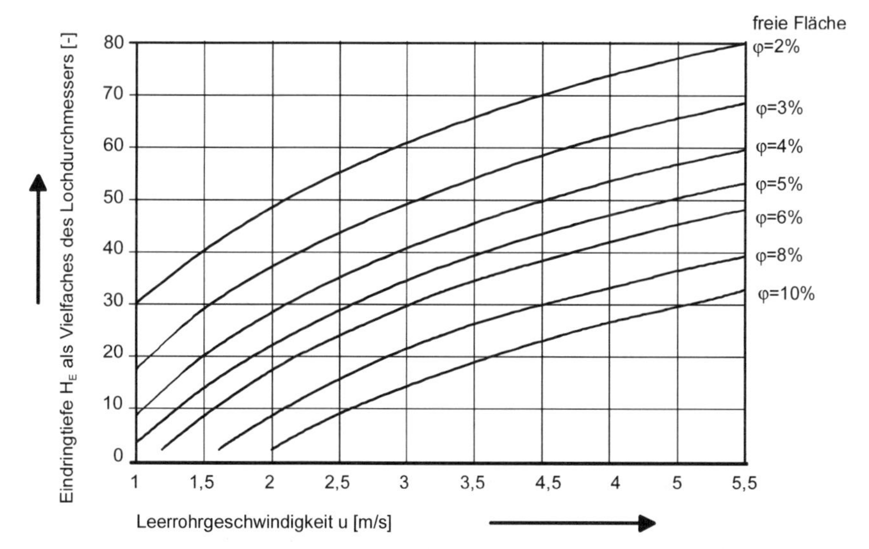

Bild 9-27 Eindringtiefe des Gasstrahles nach Gl.(9-12) als Vielfaches des Bohrungsdurchmessers bei Lochblechen, die von Luft mit Raumtemperatur durchströmt werden

Unter der Annahme, daß die Blasen bei ihrer Entstehung Kugelgestalt haben, ist ihr Durchmesser $D_{B,0}$ nach Davidson und Harrison [50]

$$D_{Bo} = 1{,}3 \cdot \left(\frac{\dot{V}_{F,0}^2}{g} \right)^{0,2} \qquad \text{Gl.(9-13)}$$

In dieser Zahlenwertgleichung stehen für

$\dot{V}_{F,0}$ aus einer einzelnen Öffnung austretender Gasstrom [m^3/s]
g Erdbeschleunigung [m/s^2]

Diese Gleichung ist mit Bild 9-28 für Luft bei Raumtemperatur ausgewertet. Leerrohrgeschwindigkeit und Lochabstand bestimmen den Luftstrom durch die Öffnungen. Der volumengleiche Kugeldurchmesser der entstehenden Blasen beträgt unter den Bedingungen der Wirbelschicht-Sprühgranulation etwa 4 bis 20 mm. Die Blasen bilden sich oberhalb der Eindringtiefe der Strahlen, d. h. in einem Abstand zum Lochboden der etwa dem 10 – 50 fachen Lochdurchmesser entspricht (Bild 9-27).

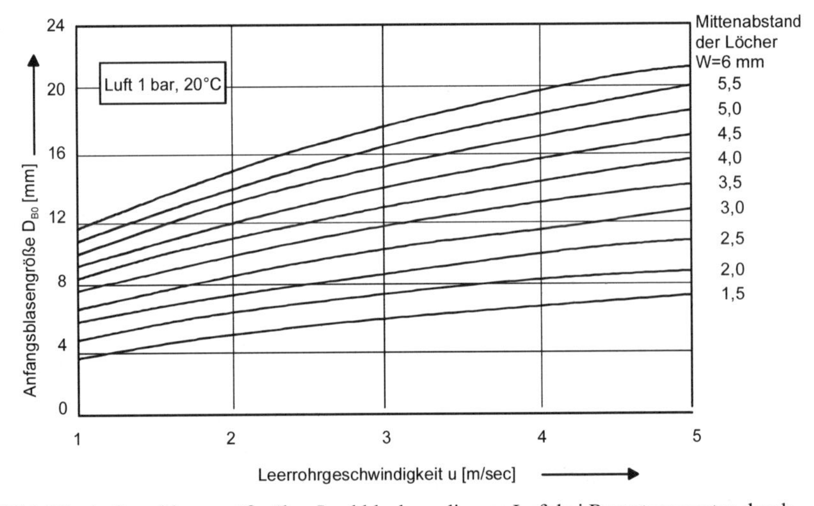

Bild 9-28 Anfangsblasengröße über Lochblechen, die von Luft bei Raumtemperatur durchströmt werden (berechnet mit Hilfe von Gl.(9 – 13))

9.1.11 Vermeidung des Durchrieselns

Zum Durchrieseln der Partikel durch einen Teil der Löcher kommt es bei nicht ausreichender und ungleichmäßiger Begasung des Gasverteilers aber auch bei höheren Gasgeschwindigkeiten infolge lokaler Druckschwankungen durch Blasenbildungen oder großräumige Partikelzirkulationsbewegungen.

In Bild 9-26 ist dieser, bei geringen Geschwindigkeiten stattfindende Vorgang anschaulich dargestellt. Wen und Deole [363] geben für die minimale Begasungsgeschwindigkeit die Gleichung (ermittelt mit Zirkon, Aluminium, Koks bei Partikelgrößen bis 200 µm)

$$u_{min} = u_{mf} \cdot \left(2{,}65 + 1{,}24 \cdot \log_{10} \frac{w}{u_{mf}}\right) \qquad \text{Gl.(9-14)}$$

an, in der die zu fluidisierenden Partikel mit ihrer Lockerungsgeschwindigkeit u_{mf} und ihrer Austragsgeschwindigkeit (der Sinkgeschwindigkeit w), charakterisiert sind. Werden die minimale Begasungsgeschwindigkeit u_{min} und Sinkgeschwindigkeit mit der Lockerungsgeschwindigkeit normiert, erhält man die Fluidisationszahlen f_{min} bzw. f_{max}, so daß aus Gl.(9-14) wird

$$f_{min} = (2{,}65 + 1{,}24 \cdot \log_{10} f_{max}) \qquad \text{Gl.(9-15)}$$

In Bild 9-29 ist diese Gleichung als minimaler Fludisationsgrad aufgetragen. Überraschenderweise geht der Bohrungsdurchmesser nicht in diese Gleichung ein. Gegen das Durchfallen bei abgeschalteter Begasung hilft eine Bespannung der Unterseite des Bodens mit feinmaschigem Drahtgewebe (s. Bild 9-5)

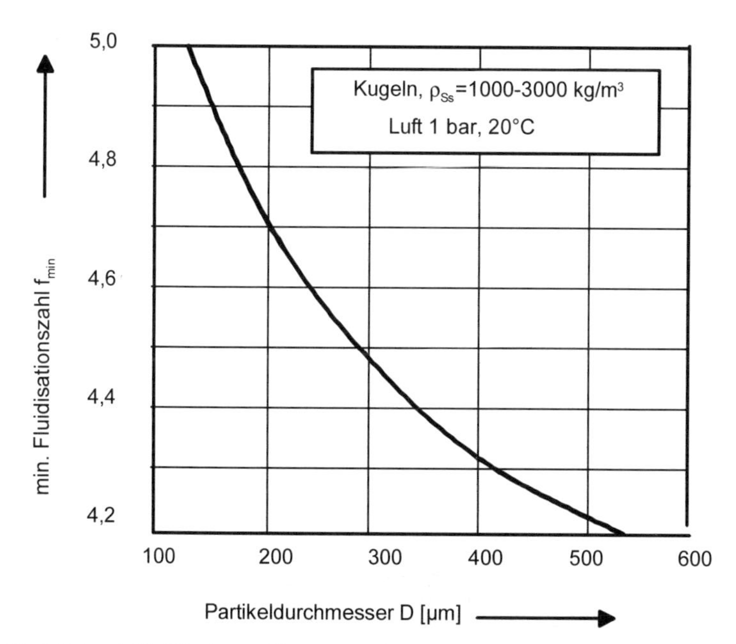

Bild 9-29 Minimale Fluidisationszahl zur Vermeidung des Durchrieselns bei Lochböden (errechnet aus Gl.(9-15))

9.1.12
Vermeidung von Totzonen und Anbackungen

Anbackungen entwickeln sich bei Feststoffen, die klebrig sind oder klebrige Phasen durchlaufen und in Kontakt zum Gasverteiler kommen. Auf Sintermetallen würde man Anbackungen zunächst nicht erwarten. Dennoch kommt es trotz mikroskopisch uniformer Begasung zu Anbackungen, weil die entstehenden Blasen sehr klein sind. Sie verfügen nicht über die notwendige Energie, um absinkende große Partikel wieder in die Schicht einzumischen.

Die Anbackungen setzen also nicht nur Klebrigkeit, sondern weiterhin voraus, daß der Feststoff in Bodennähe nur wenig bewegt wird. Nun ergibt sich die Bewegung der Partikel im Zusammenspiel ihrer „Beweglichkeit“, charakterisiert durch die Lockerungsgeschwindigkeit und ihrer Anströmung. Bayens (zitiert in [68]) fand, daß bei Lochböden der Mittenabstand der Löcher W größer (bei Geldart-Typ A bis zu 50 %) als die Anfangsblasengröße D_{B0} sein muß. Ist dieses Kriterium verletzt, ergeben sich bei ansonsten uniformer Begasung der Schicht, zwischen den Löchern eines Lochbodens „Totzonen“ gemäß Bild 9-30.

Von Geldart [68] stammt die Bedingung

$$u_{ü} > \frac{(g \cdot W)^{0,5}}{2,45 \cdot K^{1,78}} \qquad \text{Gl.(9-16)}$$

mit

K	= 1	für Geldart-Typ B und D
K	= 1,5	für Geldart-Typ A
g		Gravitationskonstante [m/s^2]
W		Mittenabstand der Löcher [m]

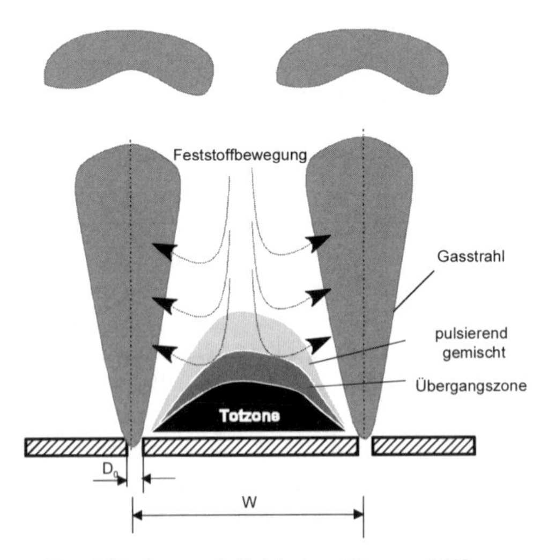

Bild 9-30 Totzonen auf Lochblechen nach Geldart und Bayens [68]

Die Gleichung ist mit Bild 9-31 ausgewertet. Weitere praktische Regeln zur Vermeidung von Anbackungen sind:

- Kleine Lochabstände und eine Gruppierung der Löcher in Form gleichseitiger Dreiecke (anstelle gleichschenkliger Dreiecke oder Quadrate) reduzieren die Anbackungsgefahr.
- Hilfreich können auch Antihaftbeschichtungen aus Teflon sein (Schichtdicke etwa 10 bis 50 µm), die als Beschichtungen von Bratpfannen bekannt sind. Beschichtungsmaterialien sind beispielsweise Teflon PFA (Perfluoralkoxyl) und Teflon FEP (fluorierte Ethylen-, Propylen-Copolymere). Da Beschichtungen die Gasaustrittsöffnungen verkleinern, sind sie auf Bleche mit größeren Löchern beschränkt. Außerdem ist zu prüfen, ob durch die Beschichtung die Erdung unzulässig beeinträchtigt wird.

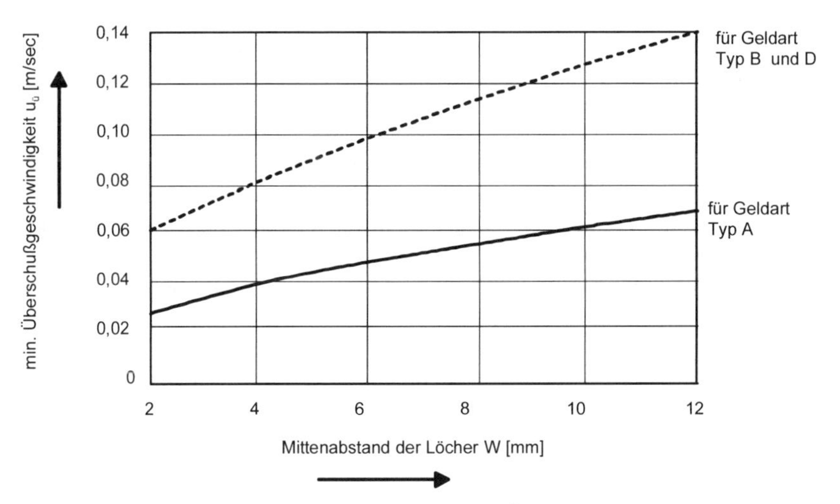

Bild 9-31 Bereich der praktisch bedeutsamen minimalen Überschußgeschwindigkeit, unterhalb der es zur Ausbildung von Totzonen kommt (errechnet mit Gl.(9-16))

9.1.13 Mechanische Belastungen

Der Gasverteiler muß zunächst dem Bodendruckverlust standhalten. Beachtet werden muß bei tiefen, stoßenden Schichten die unter Kap. 3.3.6.2 beschriebenen Schwankungen des Schichtdruckverlustes. Sie führen zu raschen Änderungen des Druckes hinter dem Boden und damit zu wechselnden, über den nominellen Bodendruckverlust hinausgehenden Druckdifferenzen über den Gasverteiler. (s. Kap. 3.3.6.2 beispielsweise $F_{\Delta p} = 3$ Hz; $S_{\Delta p} = 1{,}5$; bedeutet bei höheren Schichtdruckverlusten eine erhebliche Wechselbeanspruchung des Bodens).

9.2 Definierte Partikelzirkulation durch das Wurster-Steigrohr

Für ein besonders gleichmäßiges Umhüllen von Partikel sind blasenbildende Wirbelschichten nicht geeignet. Die Blasen führen die Partikel zusammen, so daß einerseits die Partikel für ein gleichmäßiges Besprühen nicht zugänglich sind, aber andererseits leicht verklumpen. Außerdem kommt es durch die Blasen zu Wärme- und Stofftransportlimitierungen.

Anzustreben ist vielmehr ein häufiges, dünnes Auftragen in einer Umgebung mit hohem Wärme- und Stofftransport auf Partikel, die solange die Hüllmasse noch feucht ist, möglichst ohne Kollision voneinander entfernt bleiben. Diese günstigen Voraussetzungen sind in dem Steigrohr einer zirkulierenden Wirbelschicht gegeben.

Eine zirkulierende Wirbelschicht entsteht, wenn die Wirbelschicht durch Steigrohre in Bereiche mit unterschiedlicher Begasung unterteilt wird. Der Bereich unterhalb der Steigrohre wird stärker begast als seine Umgebung. Auf diese Weise entsteht eine definierte Feststoffumwälzung. In den Steigrohren steigen die Partikel auf, in der Umgebung sinken sie ab. In den aufsteigenden Partikelstrom wird eingedüst.

Zirkulierende Wirbelschichten mit unterschiedliche Zielen sind weit verbreitet. Für das Umhüllen von Partikeln wurde sie 1959 erstmals von Wurster [P42] eingesetzt. Die Steigrohre werden für diese Anwendungen daher auch oft Wurster-Rohre genannt.

Die Gasgeschwindigkeit u_W im Steigrohr (s.Bild 9-33) entscheidet über die Art des pneumatischen Transportes. Sie ist beim Umhüllen von Partikeln kleiner als die als die Sinkgeschwindigkeit der Partikel, aber doch so groß, daß die Schicht bis zur Oberkante des Steigrohres expandiert. Die Partikel werden aus dem Rohr ausgetragen. Wegen der Dichteunterschiede zwischen den Schichten zu beiden Seiten der Steigrohrwand kommt es zu einem Partikelstrom aus der Umgebung in das Steigrohr. Diese Form der Umwälzung durch Dichteunterschiede ist bei Flüssigkeiten als Mammutpumpenprinzip bekannt. Da es bei dieser Form der Durchströmung des Steigrohres zu Blasenbildung kommt, ist sie für das gleichmäßige Umhüllen von Partikel nicht geeignet.

Die Blasenbildung unterbleibt hingegen, wenn die Gasgeschwindigkeit im Steigrohrbereich u_W größer als die Sinkgeschwindigkeit der Partikel ist. Die Partikel werden im Steigrohr pneumatisch transportiert und anschließend aus dem Steigrohr geschleudert.

Die Ergebnisse von Forschungen zur Zweiphasenströmung im Steigrohr zirkulierender Wirbelschichten sind von Hinderer [92] zusammenfassend dargestellt. Die Eindüsung in das Steigrohr ist eine Besonderheit des Umhüllungsverfahrens und deshalb in der Zusammenstellung von Hinderer nicht berücksichtigt.

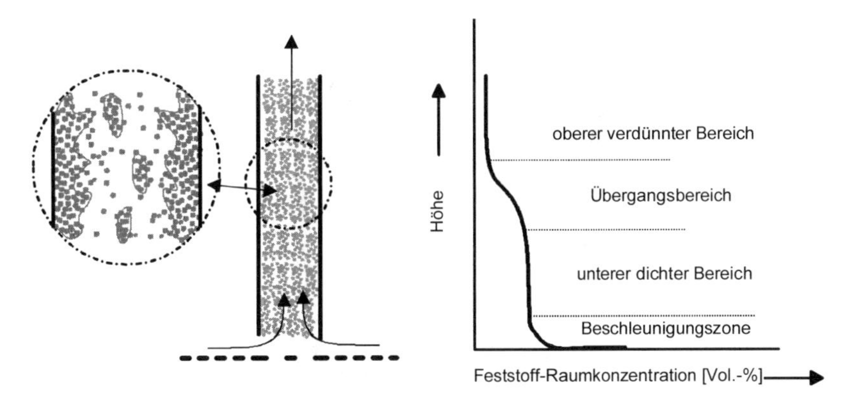

Bild 9-32 Struktur der Strömungen im Steigrohr aus [92]

Die in das Steigrohr eintretenden Partikel müssen im unteren Bereich zunächst auf die Gasgeschwindigkeit beschleunigt werden. Das hat zur Folge, daß im unteren Bereich des Rohres eine vergleichsweise hohe Feststoff-Raumkonzentration (Feststoffanteil des durchströmten Volumens) vorliegt, die nach oben hin bis auf die Transportkonzentration (Feststoffanteil der durchgesetzten Volumenströme) für die pneumatische Förderung absinkt. Daraus folgen horizontale Feststoffkonzentrationsprofile. Die Feststoffkonzentration an der Wand ist deutlich höher als in der Rohrmitte, wobei die Form der Verteilung von der Höhe des Meßortes über dem Gasverteiler abhängen. In der Rohrmitte liegt eine vergleichsweise dünne Suspension vor, die mit hoher Geschwindigkeit nach oben transportiert wird.

Für das Eindüsen ist nach der unvermeidlichen Zone der Beschleunigung nur der untere Bereich interessant, in dem auch in der Rohrmitte eine für das Wegfangen der Sprühtropfen hinreichend hohe Feststoffkonzentration vorliegt. Deshalb werden die Steigrohre mit einer Länge von rund 1 m ausgeführt. Der Durchmesser der Steigrohre wird auf den Sprühkegel der Düsen abgestimmt. Hier sind Rohrdurchmesser von rund 300 mm gebräuchlich. Das Umhüllen von Partikel mit etwa 500 µm Durchmesser erfolgt mit rund 5 bis 8 m/s Strömungsgeschwindigkeit im Rohr. Das läßt annehmen, daß die sich langsamer als das Gas bewegenden Partikel eine Verweilzeit im Rohr von weniger als 1 s haben.

Betriebserfahrungen mit diesen Coatern sind leider nicht zugänglich. Sie gehören zum Firmen-Know-how. Die Umhüllung erfolgt in diskontinuierlich betriebenen Apparaten, weil das der einfachste Weg ist, eine vorgegebene Umhüllungsmasse komplett aufzutragen. Dabei sind Produktionsanlagen mit mehreren Steigrohren im Einsatz. Der Bereich um die Steigrohre ist der Stauraum für die zu beschichtenden Partikel. Er wird in erster Linie zur Vergrößerung der hier unterzubringenden Partikel konisch ausgeführt (Bild 9-33).

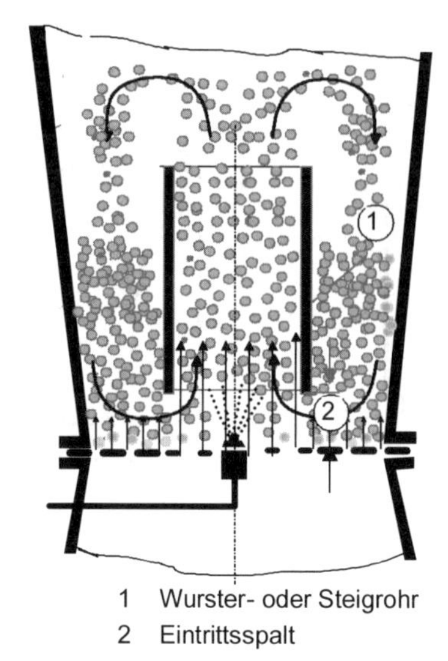

Bild 9-33 Zirkulierende Wirbelschichten zum gleichmäßigen Umhüllen von Partikel

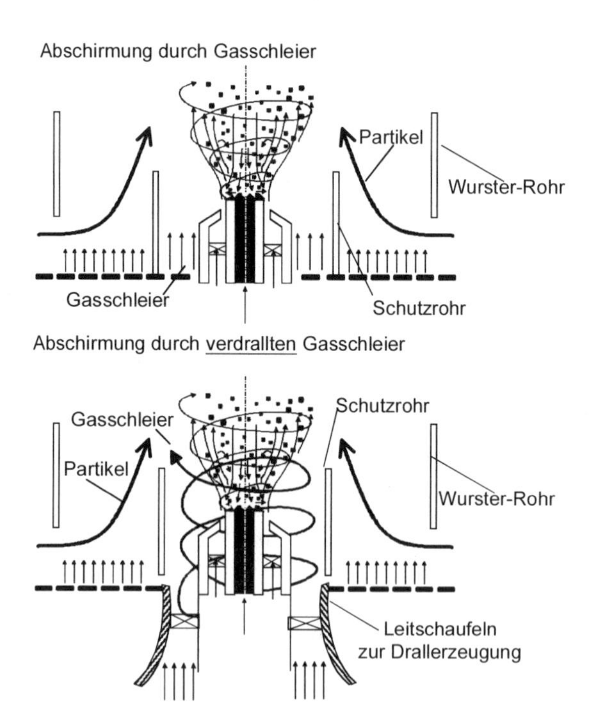

Bild 9-34 Methoden der Abschirmung der Zerteilzone des Sprühkegels gegen den Eintritt von Partikel ([164], [P46])

Die Partikel treten durch den Eintrittsspalt in das Steigrohr. Wenn sie dabei in die Zerteilzone des Sprühkegels gelangen, besteht Verklebungsgefahr. Das wird durch schützende Gasschleier verhindert, wie in Bild 9-34 dargestellt. Weitere im Bild nicht dargestellte Methoden zur Erzeugung von Gasschleiern bieten Dreistoffdüsen oder Düsen, in deren Düsenkappe ein Kranz feiner Bohrungen eingebracht ist [164]. Der Spalt muß natürlich größer sein als die Partikel. Mit der Höhe des Eintrittsspaltes kann darüber hinaus der Feststoffumlauf beeinflußt werden. Deshalb ist er zumindest bei Pilotanlagen von außen verstellbar.

Bei der Einstellung des Feststoffumlaufes über die Spalthöhe und die Gasgeschwindigkeit im Bereich des Steigrohres ist eine so hohe Feststoffkonzentration im Steigrohr anzustreben, daß die Sprühtropfen weitgehend wegfangen werden. Wegen des Fehlens von Beobachtungs- und Meßmöglichkeiten kann der Einstellerfolg durch schnelles Abschalten der Gaszufuhr und Messung der Feststoffmenge, die auf dem Gasverteiler im Bereich des Steigrohres verbleibt, kontrolliert werden. Limitierungen ergeben sich dabei auch durch den Abrieb. Abrieb sorgt für Inhomogenitäten in der Umhüllung. Er ist daher weitgehend zu vermeiden.

9.3 Sprühdüsen

9.3.1 Allgemeines

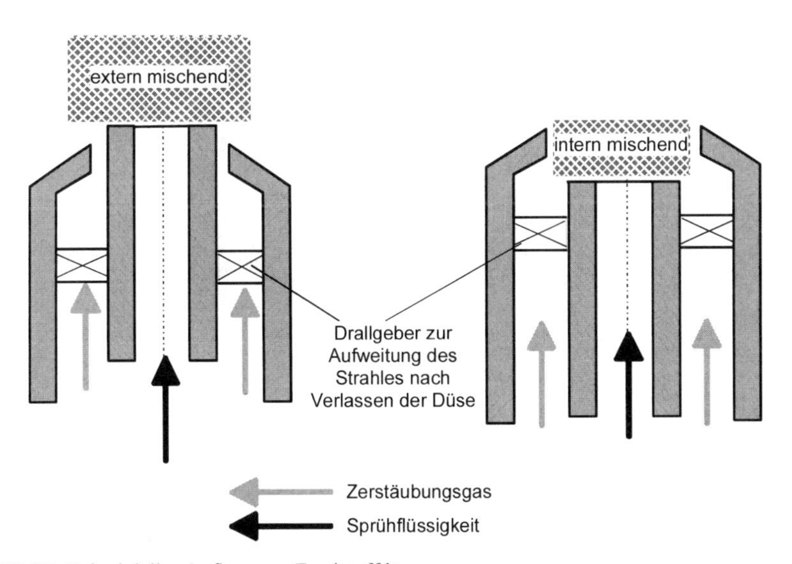

Bild 9-35 Prinzipieller Aufbau von Zweistoffdüsen

Bei der Wirbelschicht-Sprühgranulation können Verklumpungen vermieden werden, wenn die Sprühflüssigkeit in feine Tropfen zerteilt, breit und gleichmäßig über die zu vergröbernden Partikel verteilt wird. Bei der bevorzugten Größe der Granulate von weniger als 1 mm (zumeist etwa 500 µm), sind aus diesem Grunde Tropfen in einer Größe von weniger als 50 µm anzustreben. Das bedeutet, daß nur Zweistoffdüsen als Zerstäuber in Frage kommen.

Bei groben Granulaten (etwa > 5 mm) ist eine feine Verdüsung nicht erforderlich. Im Gegenteil sind hier große Tropfen, die in dem rasch strömenden Fluidisiergas nicht austrocknen, von Vorteil.

Bei Zweistoffdüsen wird die Sprühflüssigkeit durch Gas zerrissen. Nach dem Ort des Zusammentreffens von Sprühflüssigkeit und Zerstäubungsgas wird in Düsen mit äußerer und innerer Vermischung unterschieden. In Bild 9-35 sind die beiden Prinzipien dargestellt.

Im Falle der äußeren Vermischung ist der Durchsatz von Flüssigkeit und Gas unabhängig voneinander einzustellen. Gegen Produktankrustungen ergibt sich vor dem gefährdeten, flüssigkeitsführenden Rohr eine schützende Gasabschirmung. Daher wird dieses Prinzip bevorzugt bei der Wirbelschicht-Sprühgranulation eingesetzt.

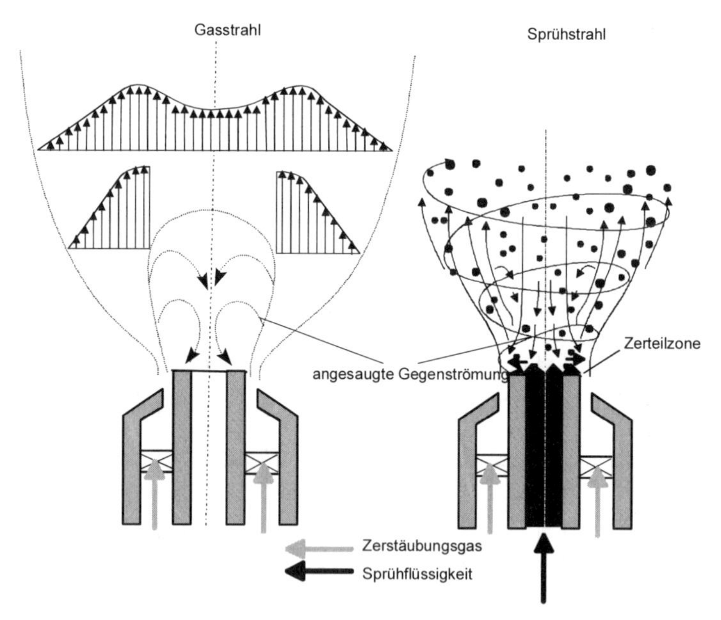

Bild 9-36 Zerstäuben bei Zweistoffdüsen mit äußerer Vermischung

Im Falle der inneren Vermischung sind die Stoffströme nicht unabhängig voneinander einzustellen, weil der Druck in der Mischkammer sich abhängig vom Gesamtdurchsatz durch die Mündung ergibt. Das spricht ebenso gegen dieses Prinzip wie die Gefahr von Produktansätzen („Bartbildungen“) am Düsenmund.

Somit kann auch nicht der Vorteil genutzt werden, daß mit innerer Vermischung eine feinere Zerstäubung gelingt.

Das Gas hat nicht nur die Aufgabe die Flüssigkeit zu zerteilen. Es muß auch die in Tropfen dispergierte Flüssigkeit im Sprühkegel transportieren. Beide Vorgänge werden im folgenden getrennt besprochen.

9.3.2 Zerteilung der Flüssigkeit

In Bild 9-36 sind die für das Zerstäuben wichtigen Abläufe dargestellt. Der Gasaustritt ist ringförmig. Entsprechend hat der Gasstrahl zunächst die Form eines Hohlzylinders. Durch den Unterdruck im Gasstrahl wird Gas angesaugt. An der Außenfläche kommt das Gas aus der Umgebung. Innen dagegen stammt das Gas aus weiter stromabwärts gelegenen Bereichen des Gasstrahles, wo sich seine Geschwindigkeit verringert und entsprechend sein statischer Druck erhöht hat. Durch den Zustrom weitet sich der Strahl nach außen. Aber auch nach innen gleicht sich durch Quervermischung die Strömung nach Richtung und Geschwindigkeit den übrigen Bereichen des Strahles an.

Die Sprühflüssigkeit wird in das Unterdruckgebiet gesaugt. Die sekundären Gasströmungen schleppen sie als Film zur Abrißkante, wo sie schließlich zerteilt wird. Die mittlere Größe der entstehenden Tropfen $D_{T,m}$ kann nach einer aus [174] entnommenen Beziehung errechnet werden mit

$$D_{Tm} = \frac{K_1}{\left(w^2 \cdot \rho_{FZ}\right)^{e_1}} + K_2 \cdot \left(\frac{\dot{m}}{\dot{m}_L}\right)^{-e_2} \qquad \text{Gl.(9-17)}$$

In dieser Gleichung bedeuten

$K_1; K_2$	Konstanten, die den Einfluß sowohl der Stoffwerte der Sprüh-Flüssigkeit als auch der Düsenkonstruktion einschließen
$e_1;e_2$	Exponenten, die sich aus der Düsenkonstruktion ergeben
w	Austrittsgeschwindigkeit des Zerstäubungsgases
ρ_{FZ}	Dichte des Zerstäubungsgases
$\dot{m}_F / \dot{m}_L$	Zerstäubungsgas/Flüssigkeits-Massenverhältnis

Gleichung (9-17) sowie die Graphen nach Bild 9-37 und Bild 9-38 zeigen, welche Größen die Tropfengröße beeinflussen: Zunächst ist zu erkennen, daß das Zerstäubungsgas/Flüssigkeits-Massenverhältnis maßgeblich die Größe der Tropfen bestimmt. Damit kann die Tropfengröße sehr leicht über den Gasdruck (entspricht dem Zerstäubungsgas/Flüssigkeits-Massenverhältnis) reguliert werden. Mit steigendem Verhältnis sinkt die Tropfengröße. Allerdings führt eine übertriebene Steigerung zu keiner merklichen Verkleinerung der Tropfen. Üblicherweise werden zur Erzeugung von Partikeln, die kleiner als 500 µm sind, ein Gas- / Flüssigkeits-Massenverhältnis zwischen 1 und 4 angewendet.

Je höher die Geschwindigkeit des Zerstäubungsgases, um so kleiner sind die Tropfen bei gleichem Zerstäubungsgas- / Flüssigkeits - Massenverhältnis. Üblicherweise werden die Düsen mit Schallgeschwindigkeit betrieben.

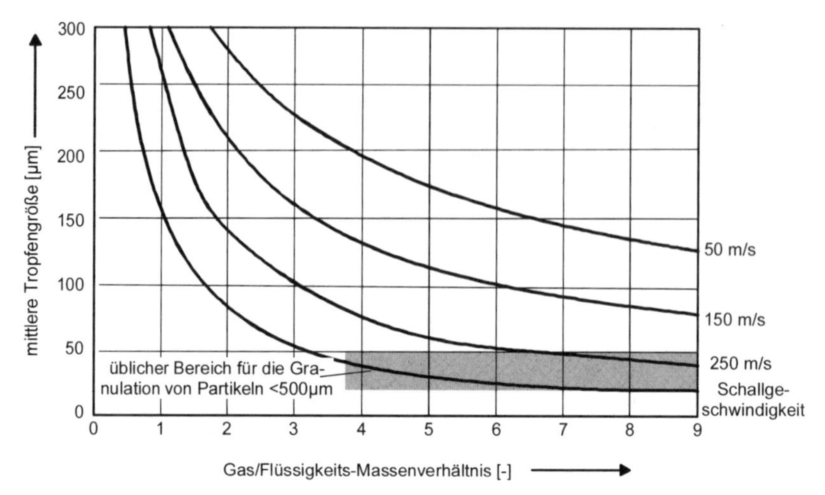

Bild 9-37 Einfluß des Gas/Flüssigkeits- Massenverhältnis auf die mittlere Tropfengröße bei Wasser 20 °C (entnommen aus [174])

Von den Stoffwerten der Sprühflüssigkeit hat die Viskosität einen starken Einfluß auf die Tropfengröße. Die Oberflächenspannung ist dagegen überraschenderweise bei der Zweistoffverdüsung bedeutungslos.

Mit der Verringerung der mittleren Topfengröße verengt sich das ansonsten relativ breite Tropfengrößenspektrum.

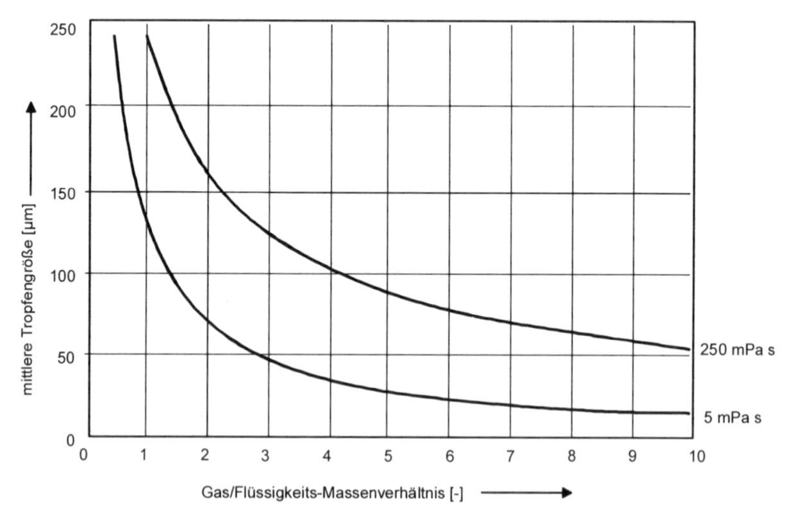

Bild 9-38 Einfluß des Gas/Flüssigkeits-Massenverhältnisses und der Viskosität auf die mittlere Tropfengröße bei Schallgeschwindigkeit (entnommen aus [174])

9.3.3 Analyse des Sprühstrahles

Die Vorgänge in- und außerhalb des Sprühstrahles sind außerordentlich komplex. Da der tropfenbeladene Sprühstrahl sich weitgehend ähnlich verhält wie der klassische Freistrahl, werden an ihm die Vorgänge erklärt, die für die Wirbelschicht-Sprühgranulation von Interesse sind.

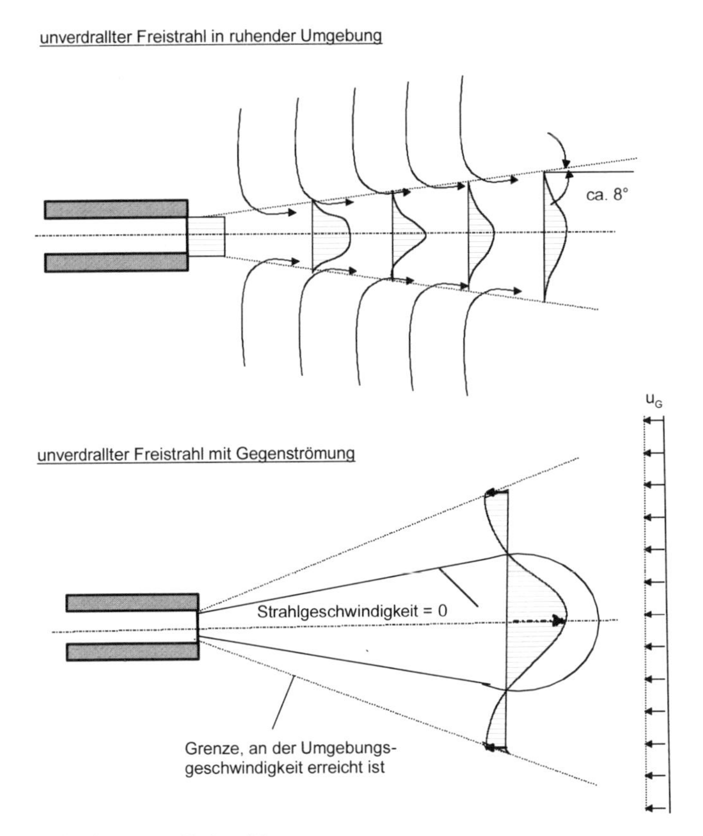

Bild 9-39 Ausbreitung von Freistrahlen

Tritt ein Gasstrahl mit hoher Geschwindigkeit in einen gasgefüllten Raum ein, ist eine Abnahme der Strahlgeschwindigkeit mit wachsendem Abstand von der Öffnung zu beobachten (Bild 9-39). Das anfänglich ruhende Gas, das den Strahl umgibt, wird mitgerissen. Es kommt zu einer Vermischung zwischen dem Strahl und seiner Umgebung. Gleichzeitig erweitert sich der Strahl. Die Ausbreitung erfolgt mit einem Winkel von 7 - 8°. Die Strahlgrenze ist der Ort, an dem die axiale Strömungsgeschwindigkeit in einer ruhenden Umgebung Null ist.

Bei einem Strahl, dem eine Gasströmung entgegengerichtet ist, ergibt sich die Strahlgrenze weiter außerhalb dort, wo Strahlgas und umgebendes Gas nach Größe und Richtung die gleiche Geschwindigkeit haben. Sinngemäß verschiebt sich die Strahlgrenze nach innen, wenn Gasströmung und Gasstrahl in gleicher Richtung strömen. Bei Queranströmung des Strahles geht die achsensymmetrische Strahlkontur verloren.

Außerdem ist zu beachten, daß sich die Strahlachse bei nichtisothermen, waagerechten Freistrahlen durch Auftriebserscheinungen krümmt (Bild 9-40). Die Temperatur im Strahl sei T und die seiner Umgebung T_U. Die Temperaturdifferenz $\Delta T = T - T_U$ beeinflußt die Krümmung der Strahlachse. Ist im Vergleich zur Umgebung das Strahlgas kälter ($\Delta T < 0$), ist der Strahl nach unten; ist das Strahlgas hingegen wärmer ($\Delta T > 0$) ist der Strahl nach oben gekrümmt.

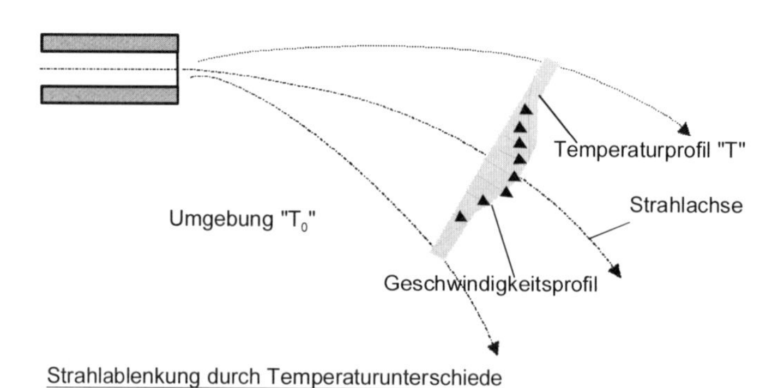

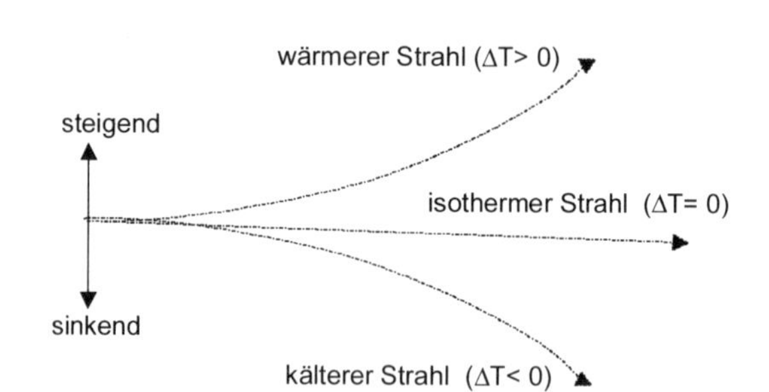

Bild 9-40 Ablenkung horizontaler Strahlen durch Temperaturunterschiede [279]

Um den Strahl über den bei unverdrallten Strahlen üblichen Öffnungwinkel von rund 20° hinaus aufzuweiten, wird er in den Düsen durch ein Leitsystem schräg angestellter Schlitze verdrallt. Der Strahl erhält dadurch die Form eines Rotationsparaboloides (Bild 9-41). Der sich ergebende Öffnungswinkel wird bestimmt durch Querschnitt und Anstellwinkel der Schlitze. Die Drallstärke ergibt sich nach

[4] aus dem Verhältnis von Dreh- zu Axialimpulsstrom. Es sind Öffnungswinkel von 70 - 80° erreichbar [174]. Bei einem größeren Öffnungswinkel kann die Flüssigkeit breiter verteilt werden.

Zur Beurteilung der Gefahr von Wandansprühungen sei darauf hingewiesen, daß sich der Öffnungswinkel einer gegebenen Düse mit zunehmendem Gasdurchsatz verkleinert. Hohe Dichte und Viskosität der Sprühflüssigkeit erweitern den Sprühstrahl. Seine Beladung mit Flüssigkeit (Flüssigkeits- / Gas-Massenverhältnis) hat keinen nennenswerten Einfluß auf den Öffnungswinkel.

In dem Gasstrahl müssen die am Düsenmund erzeugten Tropfen auf die Geschwindigkeit des Gases beschleunigt werden. Die Energie wird dem Gas entnommen. Der Strahl wird dadurch langsamer. Er wird in diesem Bereich aus Kontinuitätsgründen breiter und zwar um so mehr, je größer die Dichte der Sprühflüssigkeit ist. Weiter stromabwärts überholen die Tropfen das nun langsamer strömende Gas. Sie geben Energie an das Gas ab. Das Gas wird wieder schneller, der Strahl enger.

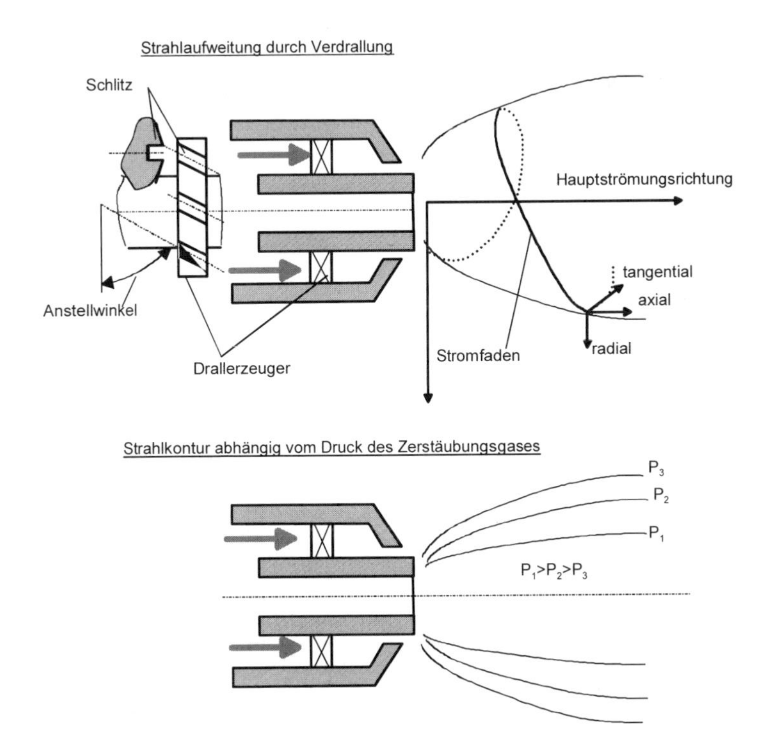

Bild 9-41 Strahlverbreiterung durch Verdrallung

Im verdrallten Gasstrahl werden die Tropfen nach außen geschleudert und zwar um so mehr, je größer die Tropfen sind (die Masse nimmt mit der 3. Potenz des Durchmessers zu) und je höher ihre Dichte ist. Experimentelle Untersuchungen zur Tropfengrößenverteilung haben ergeben [306], daß die mittlere Tropfengröße am Rand des Sprühkegels ihr Maximum hat. Die größten Tropfen wurden dagegen bei etwa 50 bis 70 % des Kegelradius gefunden.

Natürlich zieht auch der verdrallte Gasstrahl Gas aus der Umgebung an. Es bilden sich, wie in Bild 9-42 dargestellt, Zirkulationsströmungen aus. Sie setzen voraus, daß der Gasstrahl ungehindert aus der Umgebung ansaugen kann. Bei großen Öffnungswinkeln und ungünstiger Form und Abmessung der Düsenkappe, kann es zu einem Umklappen des Sprühstrahles kommen.

Die Zirkulationsströmungen werden durch die Anordnung der Düse sowie durch ihre Anströmung von dem umgebenden Gas beeinflußt. In der Wirbelschicht werden sie durch das Mitführen von Partikeln verstärkt.

Nur von unten wird in den anfänglich leeren Apparat eingesprüht. Für das Einsprühen von der Seite und von oben müssen Partikel vorgelegt werden. In Bild 9-47 sind die dabei einzuhaltenden Mindestschichthöhen eingetragen. Sie sollen ein Abfangen des Sprays vor den seitlichen Wänden und vor dem Gasverteiler gewährleisten. Beim Einsprühen von unten ohne Vorlagematerial aber warmem Fluidisiergas muß allerdings gesichert sein, daß die Tropfen abgetrocknet sind, bevor sie bei einem in den Granulator integrierten Filter die Filterschläuche oder sonst die Apparatedecke erreichen.

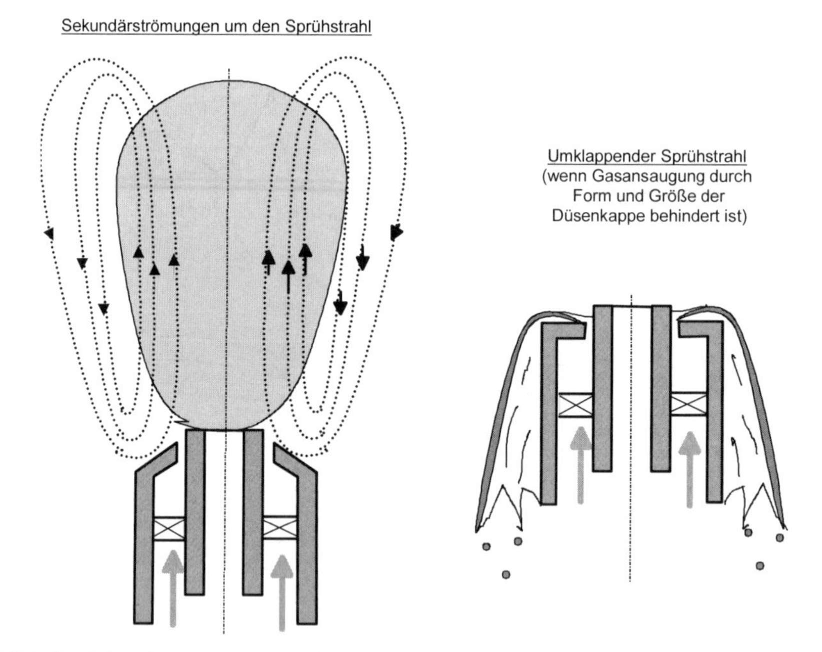

Bild 9-42 Sekundärströmungen um den Sprühstrahl

Wenn beim Versprühen von Lösungen oder Suspensionen die Gefahr von Ansprühungen des Gasverteilers besteht, muß die Düse gegebenenfalls leicht nach oben angestellt werden.

9.3.4 Ansaugverhalten der Düsen

Das flüssigkeitsführende Rohr hat einen im Vergleich zur Druckdüse etwa fünfmal größeren Querschnitt [306]. Üblicherweise wird er für eine Strömungsgeschwindigkeit von 2 – 3 m/s ausgelegt.

Am Gasaustritt, wo das Zerstäubungsgas mit hoher Geschwindigkeit aus der Düse herausströmt, entsteht ein hoher Unterdruck im Strahl. Er ist nach außen die Ursache für den Zustrom von Gas aus der Umgebung des Strahles. Nach innen bewirkt er das Nachströmen von Sprühflüssigkeit. Bild 9-43 zeigt prinzipiell den Verlauf des Unterdruckes in Abhängigkeit vom Zerstäubungsgasdurchsatz. Danach steigt der Unterdruck mit wachsendem Durchsatz an. Er erreicht schließlich sein Maximum, wenn das Gas mit Schallgeschwindigkeit ausströmt. Eine weitere Steigerung des Durchsatzes hat danach keinen nennenswerten Einfluß auf den Unterduck.

Von Turck [342] ist ein von dieser Darstellung abweichender Verlauf bei Düsen festgestellt worden, bei denen sich der Gasstrahl noch vor Erreichen der Abrißkante vom flüssigkeitsführenden Rohr gelöst hat. Nähere Einzelheiten werden nicht genannt. Es ist anzunehmen, daß in diesen Fällen der Überstand des flüssigkeitsführenden Rohres zu groß war.

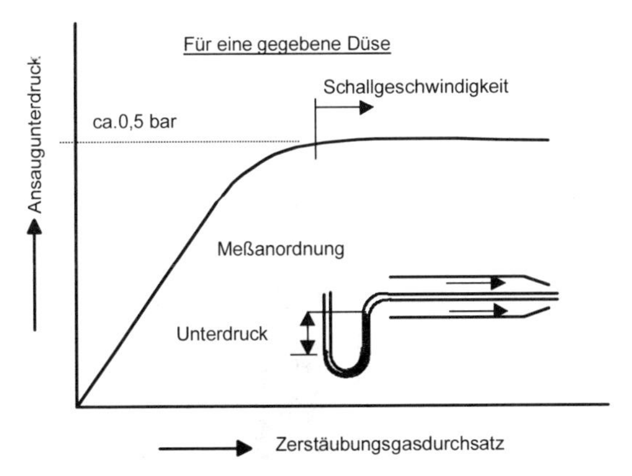

Bild 9-43 Ansaugunterdruck im flüssigkeitsführenden Rohr von Zweistoff-Düsen mit äußerer Vermischung

Der maximale Unterdruck beträgt etwa 0,5 bar. Das ist beim Versprühen zu beachten. Durch Entspannungsverdampfung kann es im flüssigkeitsführenden

Rohr in der Nähe des Düsenmundes zu Verstopfungen kommen. Zu berücksichtigen ist der Unterdruck auch bei der Verteilung der Flüssigkeit (s. Kap. 11.1).

Wenn das flüssigkeitsführende Rohr so groß gewählt wurde, daß zu es keinem nennenswerten Druckverlust in der Sprühflüssigkeit kommt, kann unter bestimmten Konstellationen die Zufuhr der Sprühflüssigkeit pulsieren. Eine solche Konstellation liegt vor, wenn beispielweise sehr weiche, zusammendrückbare Schläuche für die Speisung der Düsen verwendet werden. Weil aber der Zerstäubungsgas-Durchsatz konstant ist, hat das eine oszillierende Tropfenfeinheit zur Folge. Die Konsequenz sind Granulationsprobleme (Verklumpungen) beim Erzeugen feiner Granulate. Vielfach wird deshalb mit allmählichen Querschnittsverengungen („Konfusor") im flüssigkeitsführenden Rohr für den Druckabbau gesorgt.

9.3.5 Überstand des flüssigkeitsführenden Rohres

Der Überstand des flüssigkeitsführenden Rohres über den Düsenmund sollte etwa 2 mm betragen. Im Bereich zwischen 0,5 und 3 mm hat der Überstand keinen nennenswerten Einfluß auf Sprühwinkel und auf Tropfenspektrum. Übersteigt jedoch der Überstand 3 mm, dann löst sich der Gasstrahl vom flüssigkeitsführenden Rohr ab (Bild 9-44). Die Flüssigkeit läuft am Rohr entlang, dem Gas entgegen. Die Zerteilung erfolgt schließlich auf dem flüssigkeitsführenden Rohr. Enthält die Sprühflüssigkeit abrasive Bestandteile, kommt es auf dem Rohr zu Materialabtragungen.

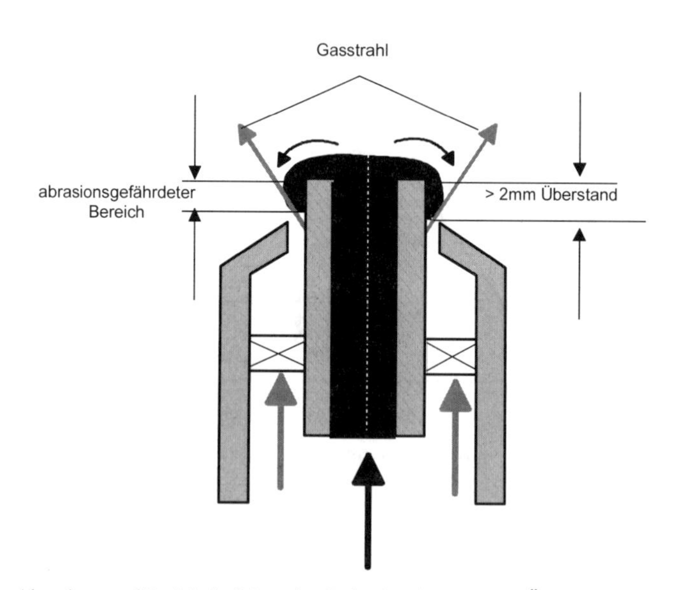

Bild 9-44 Abrasion am flüssigkeitsführenden Rohr durch zu großen Überstand

9.3.6 Zentrierung des flüssigkeitsführenden Rohres

Wenn der Ringspalt, aus dem das Zerstäubungsgas austritt, exzentrisch ist, weicht der Sprühstrahl zu der Seite des größeren Spaltes aus. Auf der Seite, wo der Spalt kleiner ist, sind größere und auf der Seite des größeren Spaltes feinere Tropfen zu beobachten. Offenbar verteilt sich auch bei exzentrischem Spalt die Flüssigkeit gleichmäßig über den Umfang. Auf der Seite des engeren Spaltes wird sie von weniger und auf der Seite des größeren Spaltes von mehr Zerstäubungsgas zerteilt. Es empfiehlt sich daher, die Gleichmäßigkeit des Ringspaltes vor dem Einbau der Düsen in den Granulator (beispielsweise mit einem Bohrer passender Größe) zu prüfen.

9.3.7 Düsenformen

Die bei Betreibern und Apparatebauern vorliegenden Erfahrungen über die Eignung unterschiedlicher Düsenformen sind nicht veröffentlicht. Es können daher hier auch keine allgemeine Empfehlungen gegeben werden. Marktgängige Typen sind in Bild 9-45 dargestellt. In diesem Bild ist links die Grundform zu sehen, die grundsätzlich für das Versprühen von unten, oben und von der Seite geeignet ist. Es scheint sinnvoll, die Düsen nach den vom Düsen-Hersteller zu erfragenden Sprühbildern so anzuordnen, daß ohne Partikel eine gleichmäßige Flüssigkeitsverteilung über die gesamte Bedüsungsfläche zu erwarten ist. Das ist beim Bedüsen der Schichtoberfläche von oben mit einer nicht eintauchenden Düse sicher auch die bestmögliche Verteilung der Düsen. Bei Düsen, die in die Schicht eintauchen, werden von der Schicht Tropfen weggefangen. In diesem Fall scheinen Überschneidungen der Sprühbilder zulässig. Die im Bild 9-45 rechts dargestellte Bündelung der Düsen in einem Düsenkopf führt zu einem einfachen Aufbau des gesamten Bedüsungssystemes. Der Düsenkopf bietet sich daher für das Besprühen von oben an.

Die Düsenlanze besteht zunächst aus dem Düsenstock. Das sind zwei ineinander gesteckte Rohre. Auf das innere Rohr wird der Flüssigkeitseinsatz geschraubt. Die Düsenkappe wird über den Flüssigkeitseinsatz gestülpt und in das äußere Rohr geschraubt. Der Flüssigkeitseinsatz trägt außen den Drallkörper. Durch Zahl, Querschnittsfläche und Anstellwinkel der Schlitze wird der Öffnungswinkel des Sprühstrahles beeinflußt. Innen ist der Flüssigkeitseinsatz vor der Mündung durch einen allmählichen Übergang verengt. Das reduziert den Ansaugunterdruck der Düse. Der Querschnitt des Flüssigkeitseinsatzes an der Mündung ist etwa für eine Strömungsgeschwindigkeit der Flüssigkeit von 2 – 3 m/s ausgelegt. Der Querschnitt des Ringspaltes zwischen Flüssigkeitsverteiler und Düsenkappe hat Schallgeschwindigkeit des Zerstäubungsgases im Auslegungsfall sicherzustellen.

Die erforderliche Größe der Ringspaltfläche für Luft bei Umgebungsbedingungen ergibt sich aus dem Diagramm abhängig von Druck und Durchsatz der Luft.

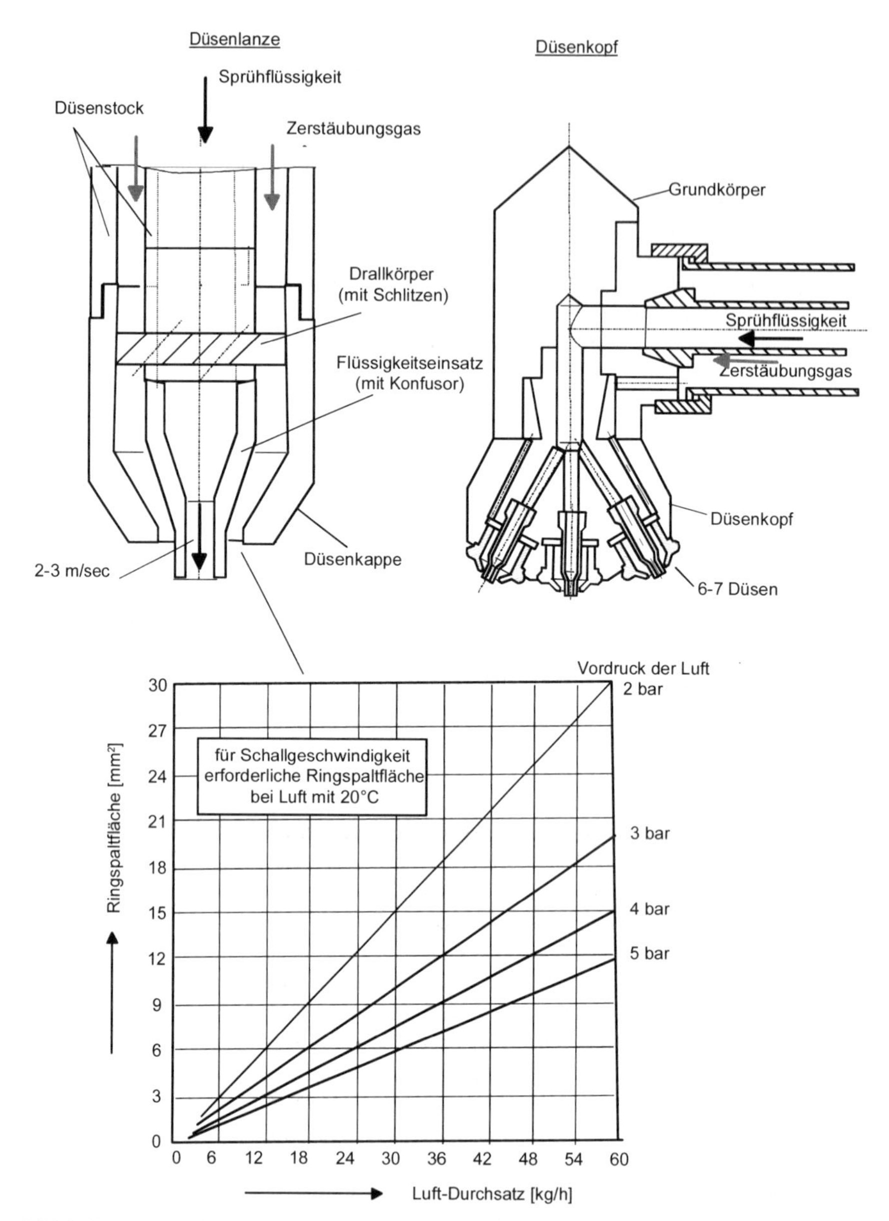

Bild 9-45 Düse und Düsenkopf (Vereinfachte Darstellung von Bauarten der Firma Gustav Schlick, Untersiemau)

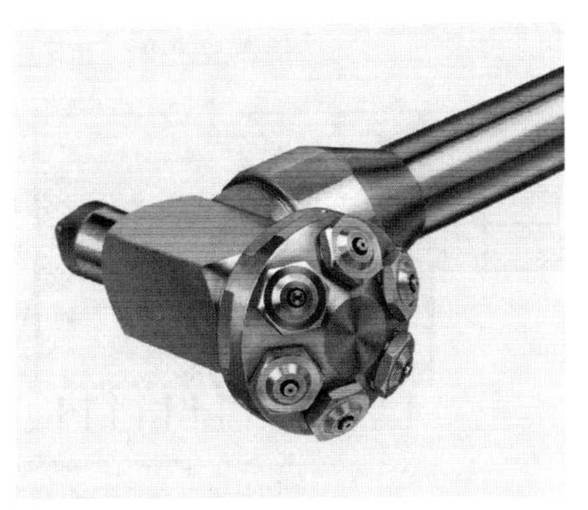

Bild 9-46 Foto eines Düsenkopfes im ein- und ausgebauten Zustand (Glatt GmbH, Binzen und Gustav Schlick, Untersiemau)

Der Düsenkopf ist Träger mehrerer Düsen. Er ermöglicht eine breite Verteilung der Flüssigkeit über die Schichtoberfläche. Bild 9-46 zeigt Fotos eines solchen Düsenkopfes.

9.3.8 Belagbildung

Für die Wirbelschicht-Sprühgranulation werden fast ausnahmslos Zweistoffdüsen mit einer äußeren Vermischung von Zerstäubungsgas und Sprühflüssigkeit verwendet. Bei dieser Düsenart sind Belagbildungen am flüssigkeitsführenden, durch den Gasstrom abgeschirmten Rohr ausgeschlossen. Außerhalb des Zerstäubungsgasstromes sind jedoch Belagbildungen möglich. Sie werden von Gas / Feststoff-Bewegungen in der Wirbelschicht beeinflußt. Generell ist damit zu rechnen, daß bei der Granulation von Partikeln mit einem Durchmesser > 5 mm die Belagbildungen laufend abgeschlagen werden.

Abgesehen von trivialen Fehlern, wie zu geringer Abstand zwischen Sprühkegel und Wand, sind Belagbildungen durch Tropfen oder feuchte Partikel beim Einsprühen von unten nicht bekannt. Für die übrigen Arten des Einsprühens sind möglichen Belagbildungen mit Bild 9-47 dargestellt. Beim Einsprühen von oben und von der Seite kann es zum Durchschlagen des Sprühstrahles durch die Schicht und zum Besprühen der gegenüberliegenden Begrenzungen der Schicht kommen. In Bild 9-47 sind Schichthöhen angegeben, die sich beim Einsprühen einstellen bzw. die für das Einsprühen eingehalten werden sollten.

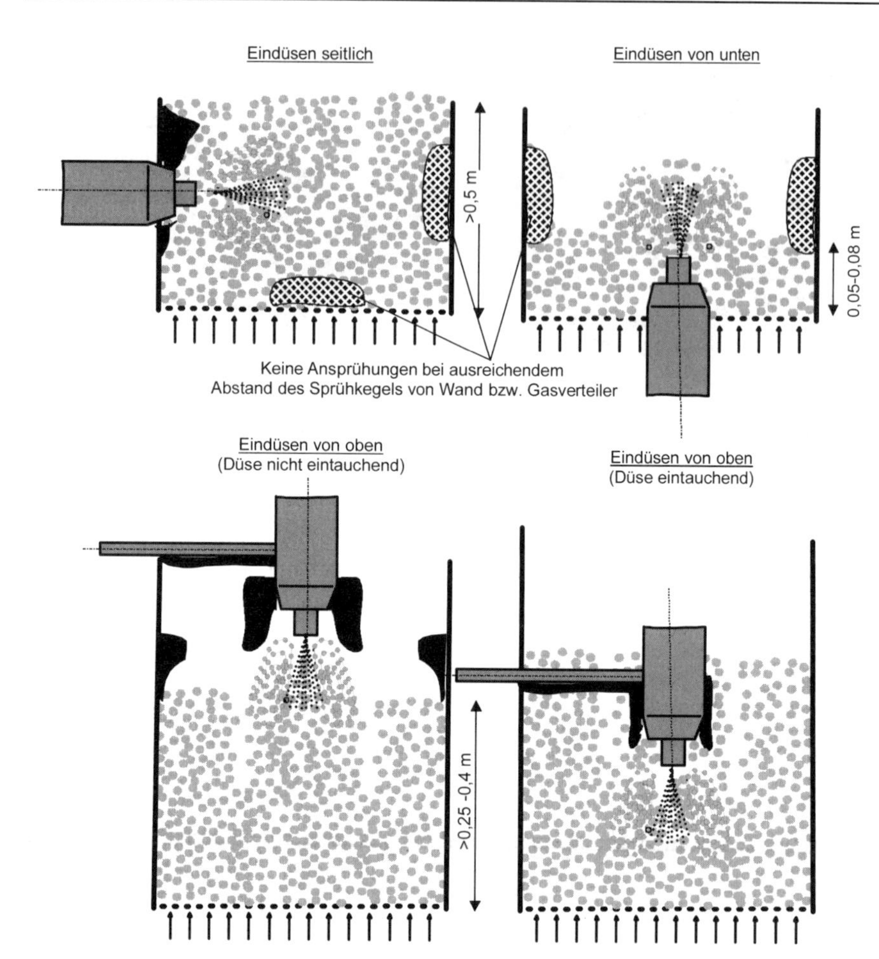

Bild 9-47 Mögliche Belagbildungen an Sprühdüsen

9.3.9 Düsenwechsel im laufenden Betrieb

Die Granulatoren werden mit Unterdruck betrieben. Das ermöglicht einen Düsenwechsel während des laufenden Betriebes völlig unabhängig davon, ob von unten, von der Seite oder von oben eingedüst wird. Bild 9-48 zeigt das Vorgehen. Voraussetzung ist, daß während ihres Ein- und Ausbaus die Düse von Zerstäubungsgas durchströmt wird.

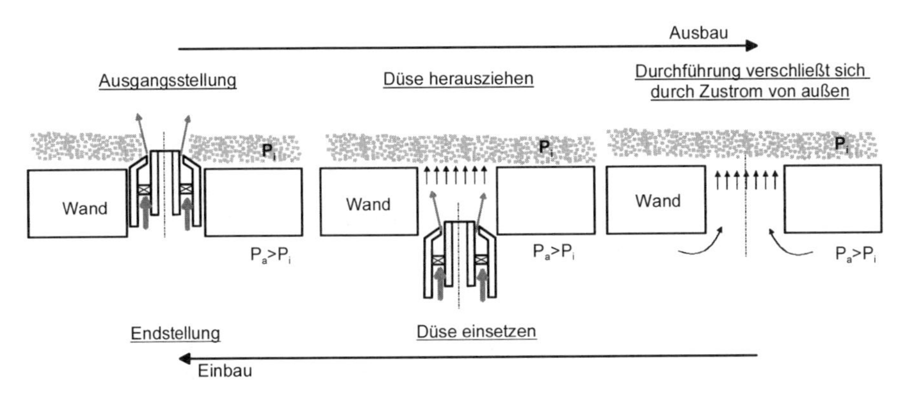

Bild 9-48 Düsenwechsel bei einem offenen Gassystem

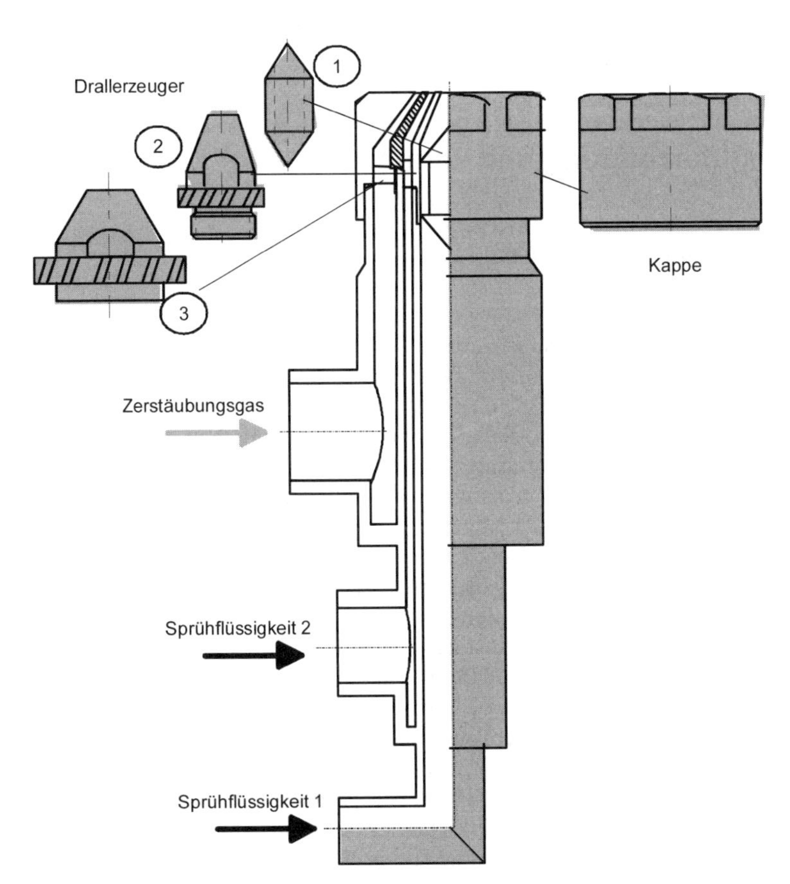

Bild 9-49 Dreistoffdüse (Bauart der Firma Gustav Schlick, Untersiemau)

9.3.10 Dreistoffdüsen

In der Patentschrift [P3] wird dargelegt, daß anstelle einer einzigen Sprühflüssigkeit auch zwei Flüssigkeiten zum Aufbau der Granulate in die Wirbelschicht eingesprüht werden können. Während der Granulatbildung reagieren diese Stoffe miteinander zu einem gewünschten Endprodukt. In der Schrift wird die Herstellung von Natriumpercarbonat aus wäßrigen Lösungen von Soda und von Wasserstoffperoxid beschrieben. Die Reaktionskomponenten müssen dazu dem stöchiometrischen Verhältnis entsprechend, gleichzeitig mit einer „Dreistoffdüse" in die Schicht eingesprüht werden. Bild 9-49 zeigt eine solche Düse. Ihr Aufbau ist der einer normalen Zweistoffdüse mit äußerer Vermischung ähnlich. Anstelle eines einzelnen flüssigkeitsführenden Rohres ist sie im Zentrum mit 2 coaxialen, rotationssymmetrischen Mundstücken ausgerüstet. Diese Mundstücke sind ebenso wie ein zentraler Verdrängerkörper mit drallgebenden Schlitzen versehen. Diese 3 Drallerzeuger stellen sicher, daß sowohl die Bewegung der beiden Flüssigkeitsströme von innen nach außen in den Zerstäubungsgasstrahl als auch dessen Aufweitung unterstützt wird.

9.4 Keimguterzeugung und -zufuhr

9.4.1 Zerkleinerung im / am Granulator

Bei einigen in der Patentliteratur beschriebenen Konzepten werden im Granulator und an seinem Granulataustrag Partikel zur Bildung von Keimgut zerkleinert. Bild 9-50 zeigt einige charakteristische Beispiele.

Die Zerkleinerung setzt mechanische Kräfte voraus, die die Teilchen durch Schlagen, Prallen, Drücken, Scheren usw. so beanspruchen, daß es zum Bruch kommt. Die Beanspruchungsarten sind nur für Stoffe bestimmter Eigenschaften anwendbar. Granulate können als weich bis mittelhart eingestuft werden. Nach der Mohrschen Härteskala aus der Mineralogie ist weich Härte 1 (Talk) und mittelhart Härte 2 bis 4 (Gips bzw. Flußspat).

Walzenzerkleinerung: Diese Idee ist in [P13] beschrieben. Walzen laufen geführt durch Mitnehmerarme einer drehenden Welle an einer senkrechten Mahlbahn vorbei. Die Größe des entstehenden Mahlspaltes ist zuvor einstellbar. Die Walzen sind glatt oder durch Riffelung aufgerauht. Damit die Granulate in den Spalt eingezogen werden, ist ein von der Granulatgröße abhängiger Walzendurchmesser erforderlich. Für eine ebene Mahlbahn muß nach [330] der Walzendurchmesser mindestens elfmal so groß sein wie der Granulatdurchmesser. Die Regelung des Prozesses ist nicht detailliert beschrieben. Offenbar hält die Austragsschnecke die Schichthöhe konstant. Die Zerkleinerungsrate wird über die Wellendrehzahl so eingestellt, daß die Granulate in Wunschgröße anfallen. Eine Klassierung der Granulate ist nicht vorgesehen. Die Umfangsgeschwindigkeit darf zur Vermeidung von Staubexplosionen 1 m/s nicht übersteigen.

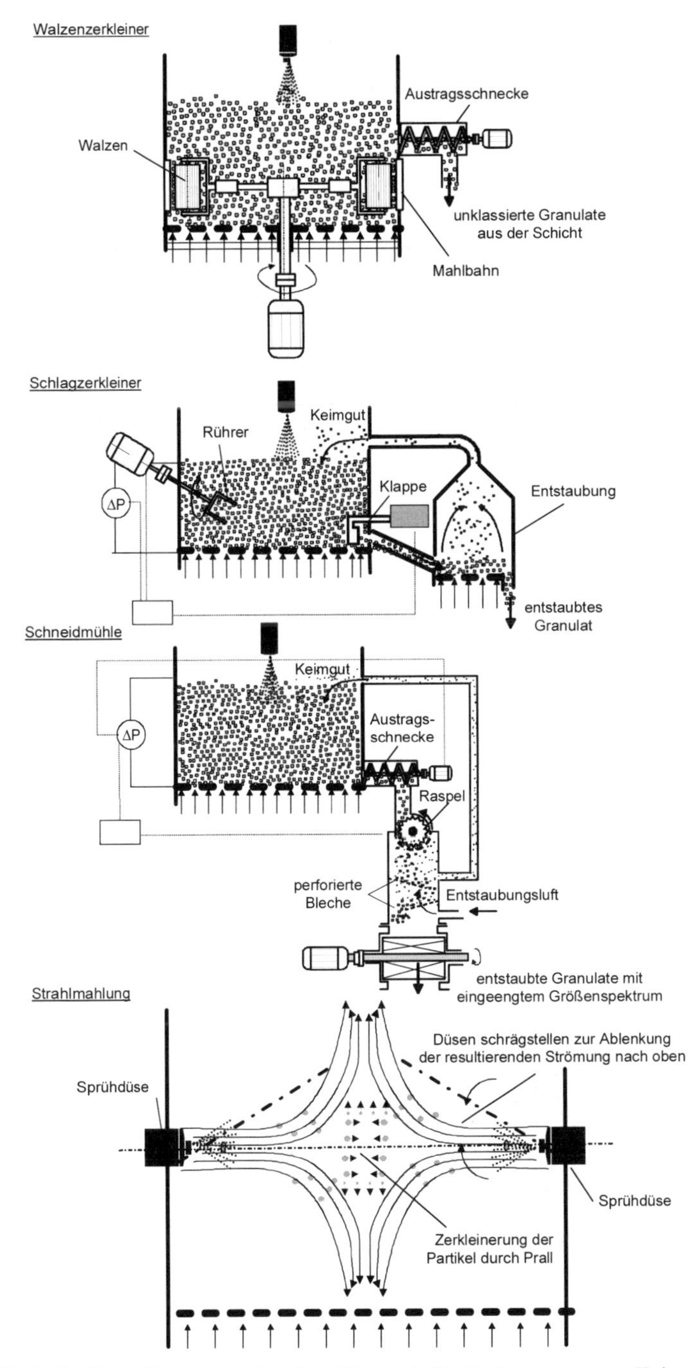

Bild 9-50 In der Patentliteratur beschriebene Konzepte für die Erzeugung von Keimgut durch Zerkleinerung im Granulator

Schlagzerkleinerer: Diese Idee stammt aus [P1]. Die Granulate werden durch rasch umlaufende Schlagwerkzeuge zerschlagen. Die Zerkleinerungsrate ergibt sich durch die Drehzahl. Dem Granulator ist ein hochfluidisiertes Fließbett als Sichtstrecke nachgeschaltet. Für die Regelung des Prozesses ist vorgesehen, die Klappe in der Art einer Füllstandsregelung abhängig vom Schichtdruckverlust zu regeln. Ist die Drehzahl der Schlagwerkzeuge zu klein, werden weniger kleine Partikel in den Granulator zurückkehren. Der Granulator hat die Tendenz sich zu entleeren. In diesem Fall muß die Drehzahl erhöht werden. Umgekehrt besteht bei zu großer Drehzahl die Tendenz zum Anstieg des Schichtinhaltes. Mit einer überlagerten Regelung wird die Drehzahl des Schlagwerkzeuge geregelt.

Schneidmühle: Diese Idee stammt aus [P11]. Es werden ständig Granulate aus der Schicht entnommen und über eine „Raspel" geführt. Dabei werden zu große Granulate zerkleinert (Scherung zwischen einem umlaufenden Rad und einem Gitter). Anschließend fallen die Granulate in einen Entstaubungsluftstrom, der die zu kleinen Partikel in den Granulator zurückführt. Das Regelkonzept entspricht dem, das bei der Schlagzerkleinerung angewendet wird.

Strahlmahlung: Diese Idee stammt aus [P3]. Bei seitlicher Einsprühung werden die Sprühdüsen paarweise so angeordnet, daß im Sprühstrahl eine Strahlmahlung durch das Aufeinanderprallen der vom Sprühgas mitgerissenen Partikel erfolgt. Damit die resultierende Abströmung nach oben, also vom Gasverteiler weg, gerichtet wird, werden die Düsen nach der Erfindung nach oben angestellt. Über das Regelkonzept fehlen detaillierte Angaben. Die Regelung beruht auf einer Beeinflussung des Sprühgasstromes über das zur Tropfenbildung notwendige Maß hinaus.

9.4.2 Zufuhr von Keimgut von außen

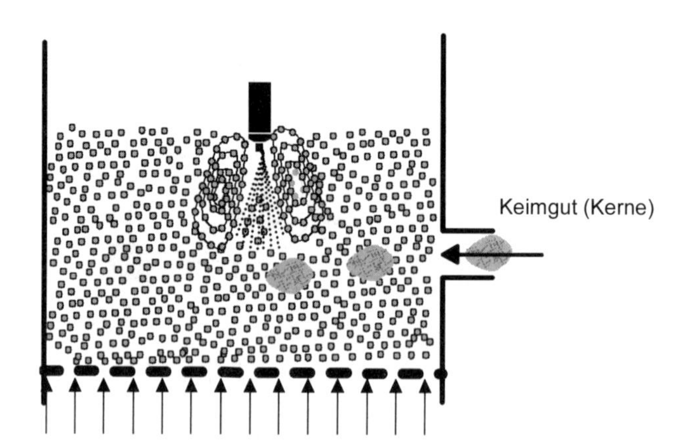

Bild 9-51 Zufuhr von Keimgut und Kernen beim Bedüsen der Schicht

Das Keimgut wird zweckmäßigerweise nicht direkt in den Sprühstrahl der Düsen eingeleitet. Dort würde es sofort zu größeren Partikeln agglomerieren und somit nicht als Kern zur Verfügung stehen. Deshalb wird gemäß Bild 9-51 beim Bedüsen der Schicht das Keimgut etwa auf halber Höhe in die Schicht eingeblasen. Beim Eindüsen von unten kann das Feingut als Schwarm direkt auf die Schichtoberfläche geleitet werden

9.4.3 Staubrückführung vom internen Filter

Filterstaub von integriertem Filter

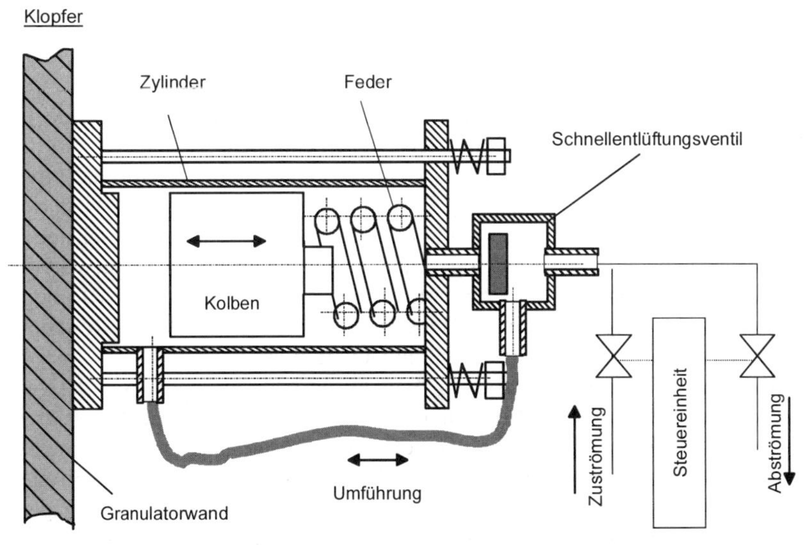

Bild 9-52 Rückführung des Staubes von Filtern, die in den Granulator integriert sind, in eine Schicht, in die von unten eingedüst wird.

Wenn der aus der Schicht ausgetragene Feststoff auf dem gleichen Wege wieder in die Schicht zurückgeführt werden soll, muß er vergröbert werden (s. Bild 9-52). Das Vergröbern erfolgt auf den Filterschläuchen, auf denen sich die einzelnen Partikel zu einem zusammenhängenden Staubkuchen zusammenschließen. Der Staubkuchen wird beim Abreinigen der Filterschläuche gesprengt. Aus den einzelnen Partikeln ist ein Schwarm geworden, der von der entgegengerichteten Strömung wie ein großes Partikel nicht am Sinken gehindert werden kann. Das Feingut ergießt sich darauf lawinenartig in die Schicht.

Staub, der sich an den Wandungen absetzt, fehlt bei der Granulatbildung. Er muß daher laufend mechanisch abgestoßen werden, um kontinuierlich in den Granulatbildungsprozeß einbezogen zu werden. Vibration der Wand verdichtet den Staub, stößt ihn aber nicht ab. Für das Abstoßen eignen sich dagegen Klopfer, die auf der Außenfläche der Wand anzubringen sind. Bei den Klopfern (Hersteller: z. B. Fa. Netter, Wiesbaden) wird ein in einem Zylinder eingeschlossener Kolben durch Druckluft gegen eine Feder gedrückt. Dabei spannt sich die Feder. Beim Ablassen der Luft schleudert die Feder den Kolben gegen den Boden des Klopfers. Da der Klopfer mit Schrauben nachgiebig zusammengehalten ist, überträgt sich der Stoß auf das Granulatorgehäuse. Die Schlagstärke wird durch Luftdruck und -menge beeinflußt. Die Luft wird beim Auslösen des Schlages nach außen abgelassen.

9.5 Granulataustrag

9.5.1 Formen des Austragens

In der Patentliteratur sind zahlreiche Formen des Austragens der fertigen Granulate beschrieben. Sie lassen sich in 2 Kategorien einteilen.

In der einen Kategorie handelt es sich um Verschlußorgane die die Granulate unklassiert so ausschleusen, daß der Schichtinhalt konstant gehalten wird. So ist in der Patentschrift [P13] die Verwendung einer Austragsschnecke beschrieben, die in Höhe der Schichtoberfläche angeordnet ist. Sie ist auf einen festen Durchsatz eingestellt. Sie wirkt wie ein Überlauf. Dem Granulatorkonzept in [P1] liegt eine Austragsklappe zugrunde, die in Bodennähe - betätigt durch die Regelung des Schichtinhaltes - das Austreten der Granulate reguliert.

In der anderen Kategorie lassen geeignete Einrichtungen nur Granulate aus der Schicht austreten, die die Zielkorngröße erreicht haben. Diese "klassierenden" Austräge sind Windsichter, die entweder zentral im Gasverteiler eines zylindrischen Granulators [P6], [P10], [P34] oder seitlich in Höhe des Gasverteilers bei rinnenförmigen Granulatoren angeordnet sind [P39]. Sie sind die fortgeschrittenere Lösung und werden deshalb im folgenden ausführlicher behandelt.

Neben diesen beiden Grundformen gibt es Mischformen, bei denen Austragen und Sichten bzw. Entstauben nicht gleichzeitig, sondern in aufeinanderfolgenden Verfahrensschritten stattfinden. Ein Beispiel ist die Kombination von Klappe und hochfluidisiertem Fließbett zur Entstaubung nach Patent [P1].

9.5.2 Grundsätzliches zur Windsichtung

Bild 9-53 zeigt einige grundsätzliche Aspekte der Schwerkraftsichtung. Durch Sichtung sollen die der Schicht entnommenen Partikel (Aufgabegut der Menge M_A, Verteilungsdichte q_A) in zwei Fraktionen geteilt werden. Diese Fraktionen sind einmal die Granulate, die ausgeschleust werden sollen (Grobgut der Menge M_G und der Verteilungsdichte q_G) und das Feingut (Feingut der Menge M_F mit der Verteilungsdichte q_F), das wieder in den Granulator zurückgeblasen wird. Die Trennung wird charakterisiert durch einen Trenngrad. Er ist für einen bestimmten Durchmesser das Mengenverhältnis zwischen den Partikeln, die ins Grobgut wandern, zu den Partikeln, die dem Sichter als Aufgabegut zugeführt wurden. Es gilt also

$$T(D) = \frac{dM_G(D)}{dM_A(D)} = \frac{M_G \cdot q_G(D) \cdot dD}{M_A \cdot q_A(D) \cdot dD} \qquad \text{Gl.(9-18)}$$

Werden nun für alle Durchmesser die Trenngrade aufgetragen, erhält man die Trenngradkurve (s. hierzu Mitte von Bild 9-53). Die Kurve beginnt mit dem unteren Grenzdurchmesser und endet mit dem oberen Grenzdurchmesser. Oberhalb und unterhalb dieser Grenzdurchmesser geht das gesamte Aufgabegut ins Fein- oder ins Grobgut. Es verbleibt also entweder als Feingut im Granulator oder wird als Grobgut ausgetragen.

An dieser Stelle sei ausdrücklich darauf hingewiesen, daß das Korngrößenspektrum der austretenden Granulate nur durch Sieben nach beiden Seiten zu begrenzen ist. Sichten verhindert hingegen nur den Austritt von Unterkorn. Bei der Anwendung von sichtenden Austrägen muß daher der Granulationsprozeß so ablaufen, daß kein Überkorn entsteht. Beispielsweise muß der Schichtinhalt gut durchmischt und häufig gesichtet werden.

Aus der Trenngradkurve können Trenngrenze und Trennschärfe der Sichtung bestimmt werden. Die Trenngrenze ist der Durchmesser, dessen Mengenanteil je zur Hälfte in Grob- und Feingut gelangt ($T = 50$ %). Bei idealer Trennung wäre die Trenngradkurve ein Stufensprung bei $D_{50\%}$ (strichpunktierte Linie). Der reale Verlauf der Trenngradkurve kennzeichnet das Verhalten des Trenngerätes und die Trennschärfe die Annäherung der erreichten realen an die ideale Trennung.

Für die Trennschärfe werden verschiedene Definitionen benutzt. Üblich ist

$$\kappa = \frac{D_{25}}{D_{75}} \qquad \text{Gl.(9-19)}$$

Mit dieser Definition wird der Verlauf der Trennkurve in der näheren Umgebung der Trenngrenze $D_{50\%}$ erfaßt. In der Praxis werden etwa folgende κ-Werte erreicht (aus [161]):

technische Trennung	$0{,}3 \le \kappa \le 0{,}6$
scharfe technische Trennung	$0{,}6 \le \kappa \le 0{,}8$
Analysentrennung	$0{,}8 \le \kappa \le 0{,}9$

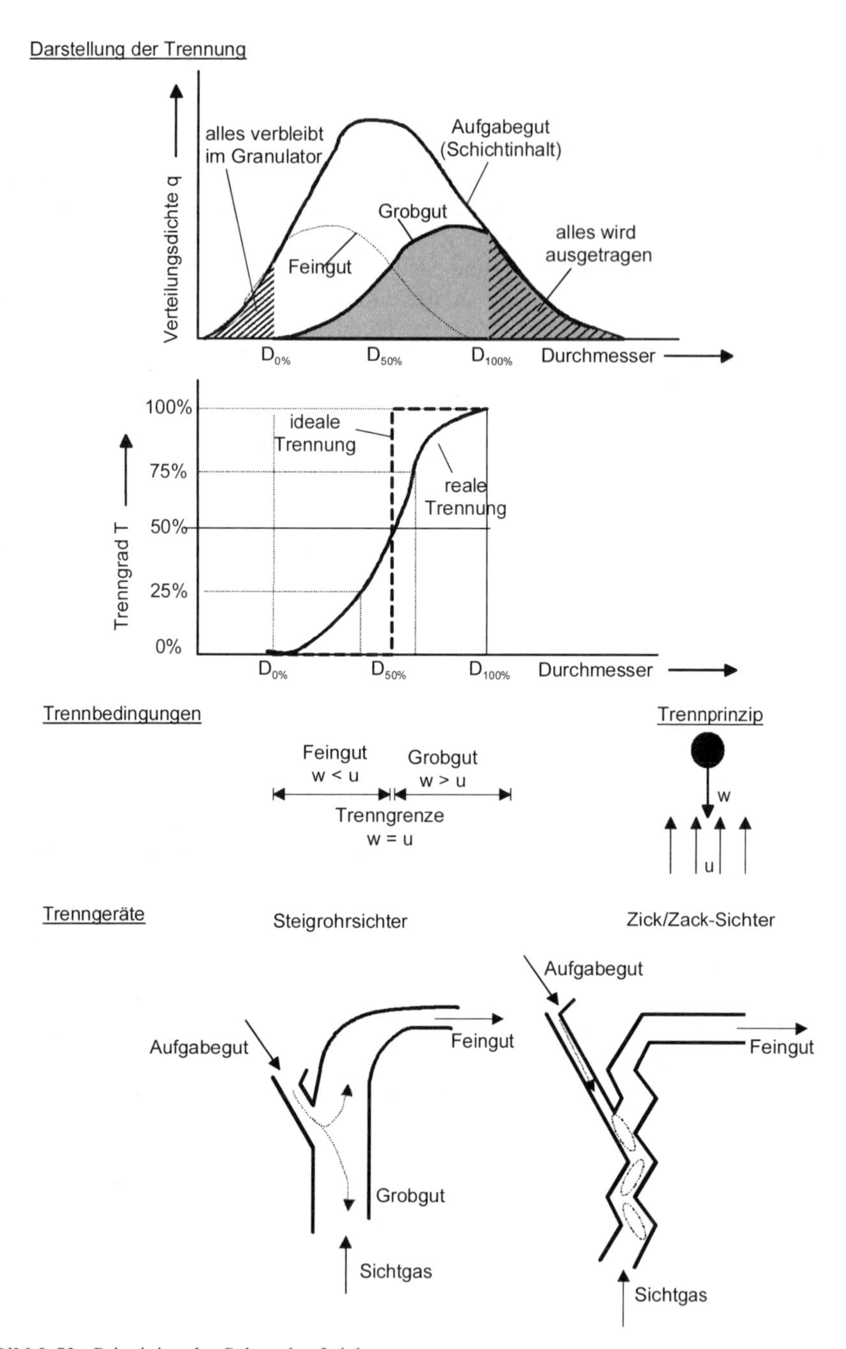

Bild 9-53 Prinzipien der Schwerkraftsichtung

Weitere Trennschärfedefinitionen sind u.a. die Imperfektion (entnommen aus [153]

$$I = \frac{1}{2} \cdot \frac{D_{75} - D_{25}}{D_{50}}$$ Gl.(9-20)

Wenn bei Granulaten die oberen und unteren Grenzen von Bedeutung sind, bietet sich die Trennschärfedefinitionen nach Mayer (entnommen aus [161]) an

$$E = \frac{D_{90}}{D_{10}}$$ Gl.(9-21)

Das Trennprinzip der Windsichtung ist in Bild 9-53 dargestellt. Für die Klassierung werden die Partikel in einen aufwärtsgerichteten Gasstrom dispergiert. Eine wichtige Kenngröße für die Trennung ist die Sinkgeschwindigkeit w. Sie ist die Endfallgeschwindigkeit einer Partikel in ruhender Luft (s. Kap. 3.3.3). Ihr entgegengerichtet ist die vertikale Aufwärtsströmung u. Ist die Aufwärtsströmung größer als die Sinkgeschwindigkeit, werden die Partikel als Feingut nach oben mitgeschleppt. Ist hingegen die Sinkgeschwindigkeit größer als die Aufwärtsströmung, sedimentieren die Partikel als Grobgut gegen die Strömungsrichtung. Wenn die Geschwindigkeiten gleich sind erfogt keine Trennung („Trenngrenze"). Die Partikel werden weder in das Feingut noch in das Grobgut verwiesen.

Dieses einfache Sichtprinzip ist entweder als Steigrohr- oder in dem im Grundaufbau ähnlichen Zick/Zack-Sichter realisiert. Das zu trennende Gut wird im oberen Bereich aufgegeben. Das Grobgut tritt entgegen der Strömung unten, das Feingut mit der Strömung oben aus. Bei einer genaueren Betrachtung wird sich zeigen, daß dem Gegenstrom an den Knickstellen des Zick/Zack-Sichters eine Querstromsichtung überlagert ist.

Die Sichtung nach diesem einfachen Prinzip setzt allerdings voraus, daß jedes einzelne Partikel diesen einfachen Trennbedingungen gleichermaßen unterworfen ist. Deshalb muß die Trennzone in Verfahrensschritte eingebunden werden, die gleichmäßige Trennbedingungen gewährleisten. Wichtig ist u. a. eine gleichmäßige Dosierung und Dispergierung des Aufgabegutes (s. [151]). In dem Maße, in dem es nicht gelingt, gleichmäßige Trennbedingungen sicherzustellen, verschlechtert sich das Trennergebnis.

Von großem Einfluß ist die Beladung μ des Sichtgases. Nach Muschelknautz [254]) erfolgt die Schwerkraftsichtung im Steigrohr üblicherweise im unteren Bereich der Flugförderung mit

$$\text{Beladung } \mu = \frac{\text{Aufgabegutdurchsatz } \dot{m}_S}{\text{Sichtgasdurchsatz } \dot{m}_G} = 0{,}1 \text{ bis } 1$$ Gl.(9-22)

In diesem Bereich der Beladung sind die Feststoffteilchen weit genug voneinander entfernt, so daß eine freie Bewegung der Teilchen möglich ist. Höhere Beladungen (insbesondere bei breiten Korngrößenverteilungen) führen zu zahlreichen Überholvorgängen und somit zu vielfachen Stößen unterschiedlich schneller und verschieden großer Partikel. Dadurch werden die Sichtvorgänge beeinflußt.

9.5.3 Steigrohr-Sichter

Wenn nach dem Prinzip des Steigrohr-Sichters die groben Partikel selektiv dem Granulator entnommen werden, mündet nach der Patentliteratur ein einfaches Rohr im Zentrum des Gasverteilers. Das Aufgabegut wird dem Sichter in diesem Fall nicht unter eindeutigen definierten Bedingungen zugeführt. Insofern ist die Kombination Granulator/Steigrohr-Sichter trotz der erfolgreichen Anwendung in der Praxis für eine theoretische Beurteilung sehr unbestimmt. Untersuchungen zum Zusammenwirken von Steigrohr-Sichter und Wirbelschicht sind den Verfassern nicht bekannt. In jüngster Zeit wurde eine Patentschrift zur Verbesserung der Sichtgutaufgabe für den Steigrohr-Sichter bei der Wirbelschicht-Sprühgranulation eingereicht [P2]. Die folgenden Darlegungen basieren im wesentlichen auf den Darlegungen dieses Patentes.

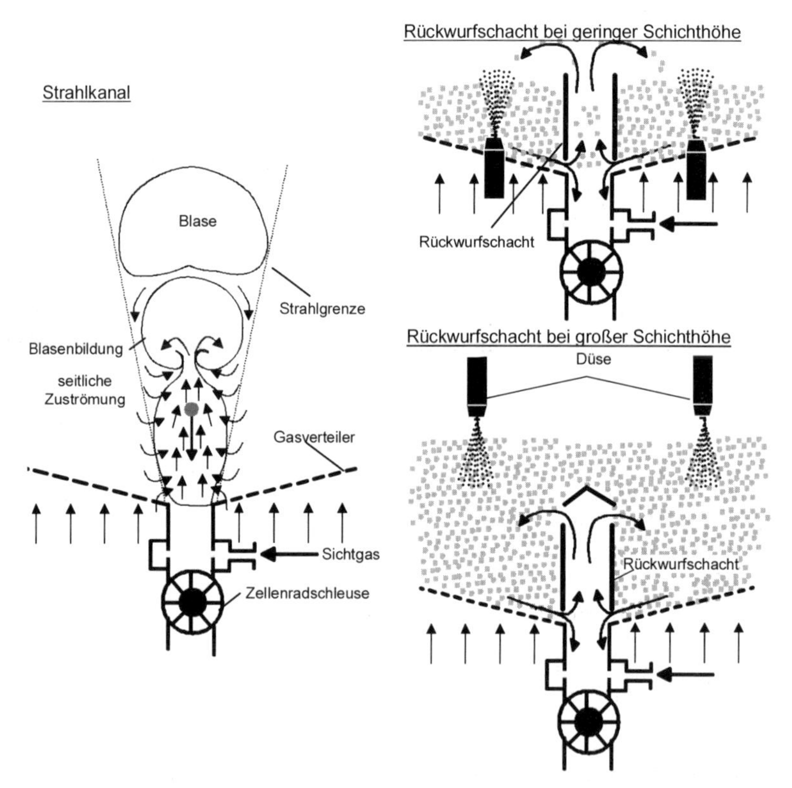

Bild 9-54 Produktaufgabe bei Steigrohr-Sichtern. Wenn keinerlei Vorkehrungen getroffen sind, bildet sich oberhalb des Sichters in der Schicht ein Strahlkanal. Mit einem Rückwurfschacht wird Dosierung und Dispergierung des Sichtgutes für den Steigrohr-Sichter verbessert. (s. auch Patent [P2]).

Der Steigrohr-Sichter wird etwa mit der Sinkgeschwindigkeit der Partikel in Zielgröße durchstömt. Diese Geschwindigkeit ist deutlich höher als die Fluidisiergeschwindigkeit in der umgebenden Schicht. Das den Steigrohr-Sichter verlassende Gas schafft in der Schicht einen Strahlkanal, der flachere Schichten durchdringt. Bei tieferen Schichten verliert sich der Strahl. Er führt zur Bildung von Blasen und begünstigt ein Stoßen der Schicht (s. Bild 9-54).

Über seine ganze Höhe saugt der Strahl Partikel aus der Schicht an. Die angesaugten Partikel werden in ihm hochgerissen. Ein Teil dieser Partikel wird entweder oberhalb der Schichtoberfläche ausgeschieden oder nur in höhere Bereiche der Schicht transportiert. Die ausgeschiedenen Partikel sinken in einem rotationssymmetrischen Kreislauf wieder nach unten.

Ein anderer Teil wird in dem Strahl dispergiert. Übersteigt die Sinkgeschwindigkeit dieser Partikel die lokale Geschwindigkeit im Strahl, sinken sie in Richtung Steigrohr-Sichter gegen eine zunehmende Geschwindigkeit ab. Partikel ausreichender Größe, gelangen schließlich in das Steigrohr und dort gegebenfalls ins Grobgut, das am unteren Ende des Steigrohres aufgefangen und über eine Zellenradschleuse als Gutkorn ausgetragen wird.

Von Rümpler [288] stammt der Hinweis, daß die Trennschärfe unterhalb einer Partikelgröße von 600 bis 800 µm deutlich geringer wird. Die maximale Fluidisationszahl, die das Verhältnis von Schwebe- oder Sinkgeschwindigkeit zur Fluidisiergeschwindigkeit am Lockerungspunkt ist, liefert orientierende Anhaltspunkte zu diesem Verhalten der Steigrohr-Sichter. Denn die Verringerung der Trennschärfe korrespondiert mit dem starken Anstieg der Fluidisationszahl (s. Bild 3-9) von 15 auf 85 für Partikel, die kleiner als 600 bis 800 µm sind. Es ist zu vermuten, daß diese Änderungen der Trennschärfe mit Wechselwirkungen zwischen Strahl und Schicht zusammenhängen.

Zur Eliminierung der unkontrollierten Wechselwirkungen zwischen Strahl und Schicht wird mit dem Patent vorgeschlagen, Strahl und Schicht durch ein Hüllrohr („Rückwurfschacht") gemäß Bild 9-54 zu separieren. Damit wird die Einschleusung von Aufgabegut auf einen Spalt beschränkt und somit durch eine Voreinstellung der Spalthöhe beeinflußbar. Über die Länge des Rückwurfschachtes haben die Partikel Gelegenheit in dem Sichtgasstrom zu dispergieren. Die feinen Partikel und die vom Steigrohr-Sichter als Feingut zurückgewiesenen Partikel werden aus dem Rückwurfschacht oben in die Schicht ausgetragen. Bei flachen Schichten, in die von unten eingedüst wird, ist ein oben offener, oberhalb der Schicht endender Rückwurfschacht vorgesehen. Bei tiefen Schichten, die von oben bedüst werden, muß der Rückwurfschacht in der Schicht enden, um nicht angesprüht zu werden. Ein Deckel bewirkt, daß die feinen Partikel horizontal ausgeworfen werden.

9.5.3.1
Dosierung und Dispergierung des Sichtgutes

Bild 9-55 zeigt die Druckverteilung in Rückwurfschacht und Sichter sowie angrenzender Wirbelschicht. Im Rückwurfschacht muß der Druck am Unterlaufwehr in Höhe des Anströmbodens gegenüber der äußeren Umgebung niedriger sein, damit ein Gasstrom aus der Schicht in den Rückwurfschacht entsteht, der das Aufgabegut zur Sichtung einträgt. Am oberen Ende des Rückwurfschachtes muß hingegen der Druck größer sein als der Druck der Umgebung, damit das Feingut in die Schicht geworfen werden kann.

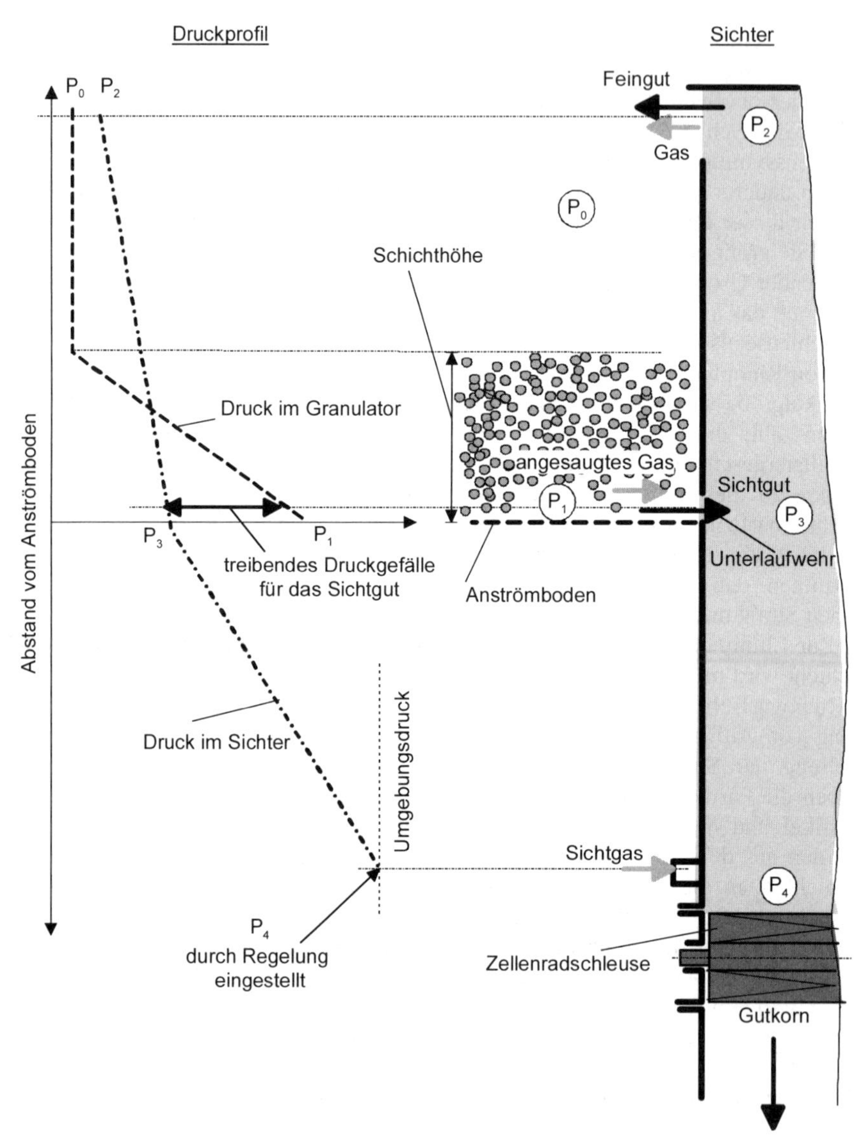

Bild 9-55 Druckverteilung in Wirbelschicht und Sichter

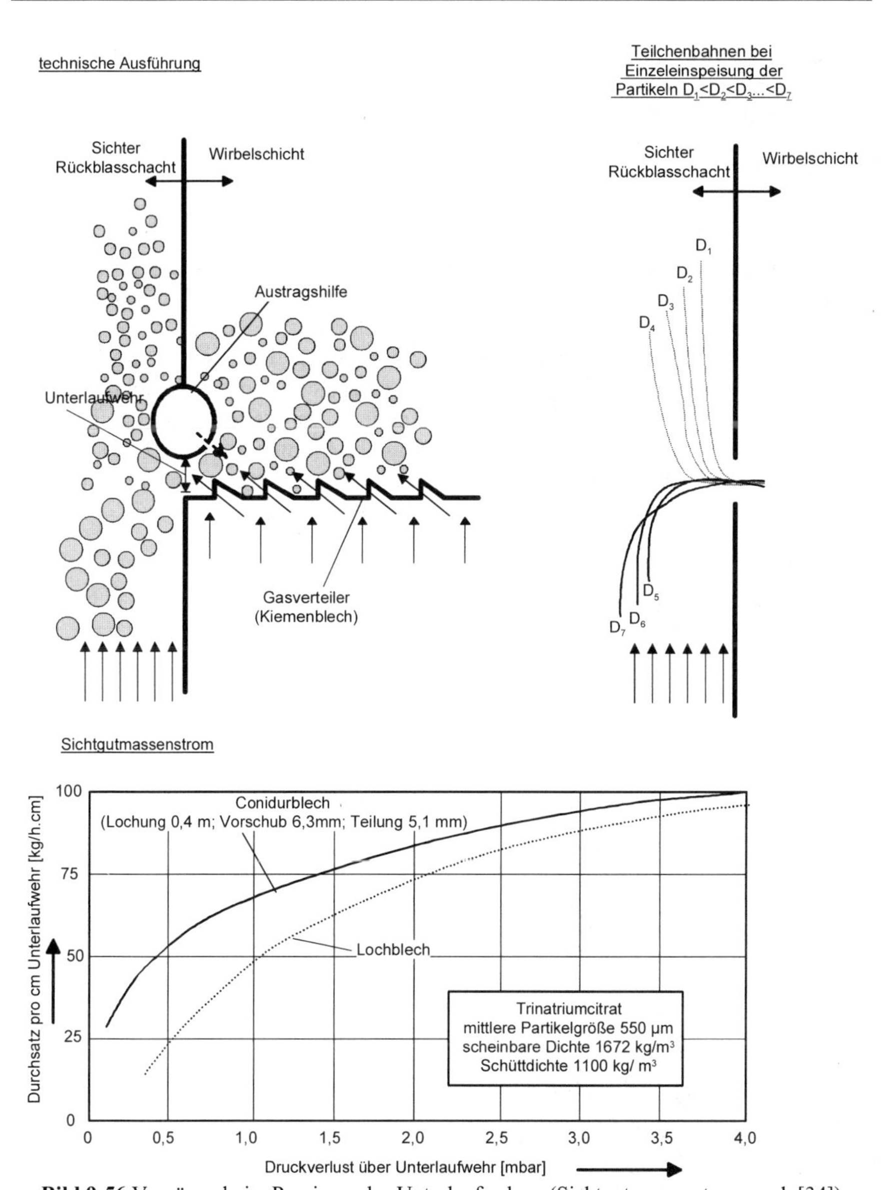

Bild 9-56 Vorgänge beim Passieren des Unterlaufwehres (Sichtgutmassenstrom nach [34])

Aus den Messungen von Bongard [34], dargestellt in Bild 9-56, ist zu ersehen, daß der Vortrieb von Kiemenblechen den Sichtgutstrom durch das Unterlaufwehr nur bei geringen treibenden Druckgefällen vergrößert. Nach Passieren des Unterlaufwehres sind die Partikel gemäß der Darstellung einer Querstromsichtung unterworfen. Die feineren Partikel werden nach oben gerissen, während die gröberen Partikel nach unten sinken. Im Bild 9-56 sind die Vorgänge vereinfacht so dargestellt, als ob die Partikel als einzelne, separate Teilchen in den Rückwurfschacht eintreten.

Von Bongard [34] wurde für Zick/Zack-Sichter gefunden, daß nur ein kleiner Teil des Sichtgutstromes in die Sichtzone des Sichters gelangt (4 bis 25 % bei den gewählten Untersuchungsbedingungen). Das erschwert die Auslegung eines sichtenden Austrages über die auf den Aufgabegutstrom der Sichtzone bezogene Beladung. Hier fehlen Meßwerte.

Das kontinuierliche störungsfreie Nachfließen der Partikel aus der Schicht ist nicht immer gewährleistet. Vor dem Unterlaufwehr sind die Kornmassen stärker zusammengedängt, was ihre Fließbewegung behindert. Es können sich Gewölbe bilden, die den Zufluß zum Unterlaufwehr blockieren. Dies tritt besonders dann auf, wenn die Partikel nicht ganz rund, ihre Oberfäche rauh oder wenn sie elektrisch aufgeladen sind. Um solche Blockaden von vornherein auszuschließen, wird aus einem Sammelrohr hier als „Austragshilfe" bezeichnet, (s. Bild 9-56) von Zeit zu Zeit ein Bündel scharfer Gasstrahlen zur Auflockerung in die Wirbelschicht gegeben.

9.5.3.2
Zufuhr des Sichtgases

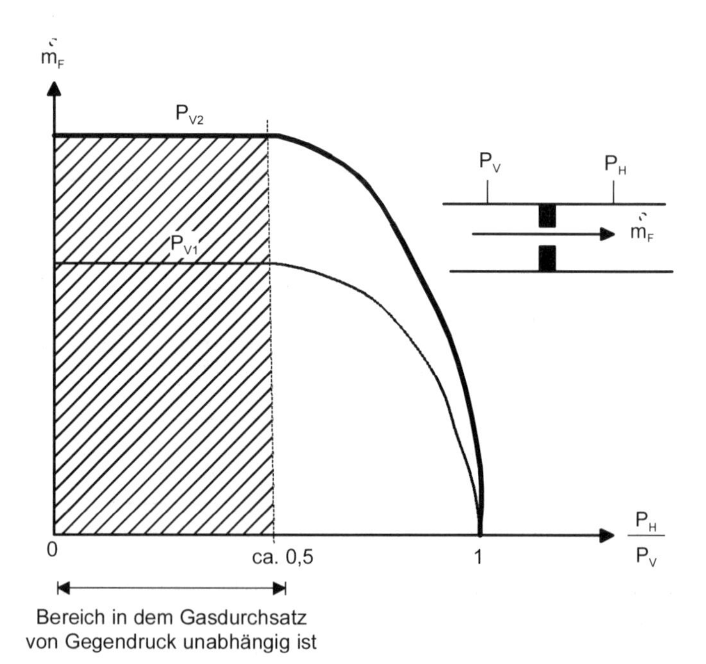

Bild 9-57 Prinzip der „Schalldrossel"

Wenn ein impulsabgereinigtes Filter in den Granulator integriert ist, kommt es bei den Abreinigungsstößen zu plötzlichen Druckerhöhungen im Granulator. Für den Sichtgasstrom führt diese Erhöhung des Druckes in den stromabwärts gelegenen Bereichen zu einer zeitweiligen Stagnierung. In der Folge kann es zum Durchregnen von ungesichtetem Feststoff kommen. Gegenmaßnahmen bestehen zunächst darin, den Raum klein zu halten, der von der Strömungsstagnierung betroffen ist. Dadurch wird die Zeit der Strömungsstagnierung abgekürzt. Klein gehalten wird der Raum, wenn durch eine „Schalldrossel“ (Das Prinzip wird weiter unten erläutert) dafür gesorgt wird, daß die Änderung des Gegendruckes sich in der Gaszuleitung nicht gegen die Strömungsrichtung fortpflanzen kann.

Bei automatisierten Anlagen ist es aber auch möglich, vor dem Auslösen des Abreinigungsstoßes den Sichtgassstrom kurzzeitig so zu erhöhen, daß der Feststoff aus dem Sichtkanal ausgeblasen wird. Damit ist während des Abreinigungsstoßes kein Feststoff im Kanal, der durchregnen kann.

Das Prinzip der „Schalldossel“ geht aus Bild 9-57 hervor. Die Schalldrossel ist eine Engstelle im Strömungsweg des Sichtgases. Der Durchsatz durch die Engstelle hängt vom Verhältnis der Drucke vor P_V und hinter P_H der Engstelle ab. Sind beide Drucke gleich (Druckverhältnis $P_H / P_V = 1$), strömt nichts. Wenn aber beipielsweise der Druck hinter der Engstelle abgesenkt wird, pflanzt sich diese die Strömungsvorgänge beeinflussende Druckänderung gegen die Strömungsrichtung mit Schallgeschwindigkeit fort. Der Gasdurchsatz $\dot{m}_F$ steigt. Ist jedoch bei einem Druckverhältnis von etwa 0,5 in der Engstelle Schallgeschwindigkeit erreicht, kann die Information über die Änderung des Drucke P_H nicht mehr stromaufwärts gelangen. $\dot{m}_F$ bleibt konstant. Dadurch entsteht ein Druckbereich, in dem der Durchsatz unabhängig vom Gegendruck P_H ist. Ein höherer Durchsatz wird erst durch eine Erhöhung des Vordruckes P_V erreicht.

9.5.4 Zick / Zack-Sichter

9.5.4.1 Allgemeines

Dieser Sichter wurde 1932 von A.H. Stebbins in den USA erfunden [P41]. Die folgenden Darlegungen basieren auf Untersuchungen von Kaiser [105], Senden [317] und Bongard [34].

9.5.4.2 Ablauf und Ergebnis der Trennung

Im Gegensatz zum Steigrohr-Sichter mit gerader Längsachse ist beim Zick/Zack-Sichter die Längsachse zick/zack-förmig geknickt (s. Bild 9-57). Dadurch ergibt sich eine grundsätzlich andere Geschwindigkeitsverteilung des Sichtgases. Die Durchströmung kann den Kanalwänden nicht folgen sondern löst sich an den Knickstellen ab. Es entstehen Ablösungsbereiche, deren Ausdehnung und Eigenschaften vom Eingriff e abhängen. Der Eingriff ist der Abstand der Fluchtlinien der Spitzen beider Kanalwände.

Beim Eingriff

e < 0 entstehen an jeder Kanalwand unzusammenhängende Ablösungsbereiche, in denen die Strömung stagniert.

e > 0 sind die Ablösungsbereiche an jeder Kanalwand zusammenhängend. In den Bereichen entsteht ein rücklaufender Wirbel.

e = 0 ergibt sich eine Durchströmung, die zwischen den Extremen e < 0 und e > 0 liegt. Die Ablösungsbereiche hängen zusammen, sind jedoch nur langsam durchwirbelt.

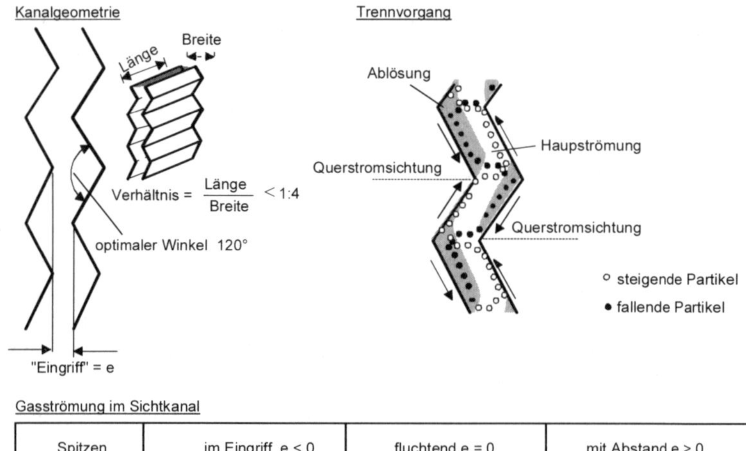

Spitzen	im Eingriff e < 0	fluchtend e = 0	mit Abstand e > 0
Gasströmung			
Ablösungsbereich	nicht zusammenhängend	zusammenhängend	zusammenhängend durchwirbelt

Bild 9-58 Geometrie und Durchströmung von Zick/Zack-Knälen (nach [317])

Die sich aufgrund der Gasströmung ergebende Feststoffbewegung zeigt Bild 9-58 oben rechts. Beim Passieren einer Knickstelle folgen die kleineren Partikel der Gasströmung. Sie werden von ihr mitgerissen und entlang der Kanalwand von der Hauptströmung nach oben getrieben. Die größeren Partikel sinken hingegen beim Durchqueren der Hauptströmung etwas ab, so daß sie die gegenüberliegende Kanalwand erst unterhalb der Knickstelle erreichen. Dort gelangen sie in das Ablösungsgebiet, in dem sie ungehindert und falls vorhanden, unterstützt durch den Rückstromwirbel, nach unten rutschen. So kreuzen sich an jedem Knick die Bahnen von aufsteigendem Fein- und absinkendem Grobgut. An jedem Knick findet ein Partikelaustausch durch Querstromsichtung statt. Obwohl das einzelne Trennergebnis nicht gut ist, ergibt sich durch vielfache Wiederholung eine insgesamt zufriedenstellende Trennung. Es leuchtet ein, daß die Strömungsverteilung beim Eingriff von etwa e = 0 das Aufsteigen feiner und das Absinken großer Partikel am meisten unterstützt. Werden die Spitzen noch weiter voneinander entfernt, nimmt der Rückstromwirbel zu. Die Partikel durchqueren die Hauptströmung beschleunigt. Die Trennwirkung sinkt.

Nach Senden [317] ist der Trennerfolg bei einem Knickwinkel von 120° am größten. Bei größeren Knickwinkeln geht in den einzelnen Sichtstufen das Querstromverhalten verloren. Das Sichtverhalten nähert sich dem eines geraden Steigrohr-Sichters. Bei kleineren Knickwinkeln (untersucht wurden von Senden 90°) bilden sich zu beiden Seiten der Hauptströmung zusammenhängend durchwirbelte Ablösungsgebiete aus, die das Feingut in seiner Aufwärtsbewegung behindern und aufstauen.

Von großem Einfluß auf die Stabilität der Gas/Feststoff-Strömung ist das Längen / Breiten - Verhältnis des Sichtkanales. Hier scheint es zweckmäßig, ein Verhältnis von 4:1 nicht zu überschreiten, weil der Feststoff sonst in Form ungesichteter Strähnen den Kanal passiert. Methodische Untersuchungen zu diesem Thema sind den Autoren leider nicht bekannt.

Von Bongard [34] wurde bei Untersuchungen an Kanalquerschnitten von 18 x 60 mm gefunden, daß mit mehr als 9 Knickstellen keine Verbesserung der Trennschärfe zu erzielen ist. Bei der Untersuchung fertigungstechnisch bedeutsamer Aspekte, wie des Einflusses der Abrundung der Ecken an den Knickstellen und Verformung des Kanales vom Rechteck zum Trapez (Simulation eines Fertigungsfehlers von etwa 1 mm) bei Beibehaltung der Größe der Querschnittsfläche ergab sich kein Einfluß auf den Trennerfolg. Wichtig ist selbstverständlich die Dichtheit des Kanales gegenüber seiner Umgebung.

Bei einer Variation der auf das Aufgabegut bezogenen Beladung zwischen 0,15 und 1,2 kg Feststoff/kg Sichtluft wurde kein Einfluß auf die Trennschärfe (von Bongard als Steilheit der Grobgutsummenverteilungskurve D_{30}/D_5 definiert) gefunden. Dieser Untersuchung lag eine optimale Sichtergeometrie mit einem Knickwinkel von 120°, einem Längen / Breiten - Verhältnis des Kanales von weniger als 4:1 sowie einem Eingriff von nahezu e = 0 zugrunde.

Außerdem wurde von Bongard [34] mit steigender Beladung eine Verschiebung der Trenngrenze zu kleineren Partikelgrößen gefunden. Das ist bei Granulatoren von Bedeutung, wenn sie aus dem leeren Zustand angefahren werden. Bei ihnen muß in dem Maße, in dem der Schichtinhalt steigt, der Sichtgasstrom so nachreguliert werden, daß stets nur Granulate mit Zielgröße ausgetragen werden.

9.5.4.3
Dosierung und Dispergierung des Sichtgutes

Während der Steigrohr-Sichter einen kreisrunden Sichtkanal hat, ist der Sichtkanal des Zick/Zack-Sichters rechteckig. Es sind daher mit Ausnahme des Ringspalt-Zick/Zack-Sichters noch keine Granulatorkonstruktionen gefunden worden, bei denen der Zick/Zack-Sichter im Zentrum des Granulatorquerschnittes angeordnet ist. In aller Regel wird er an der Granulatorwand außen angebracht. Grundsätzlich sind die gleichen Vorkehrungen zur Dosierung und Dispergierung des Sichtgutes wie beim Steigrohr-Sichter zu treffen.

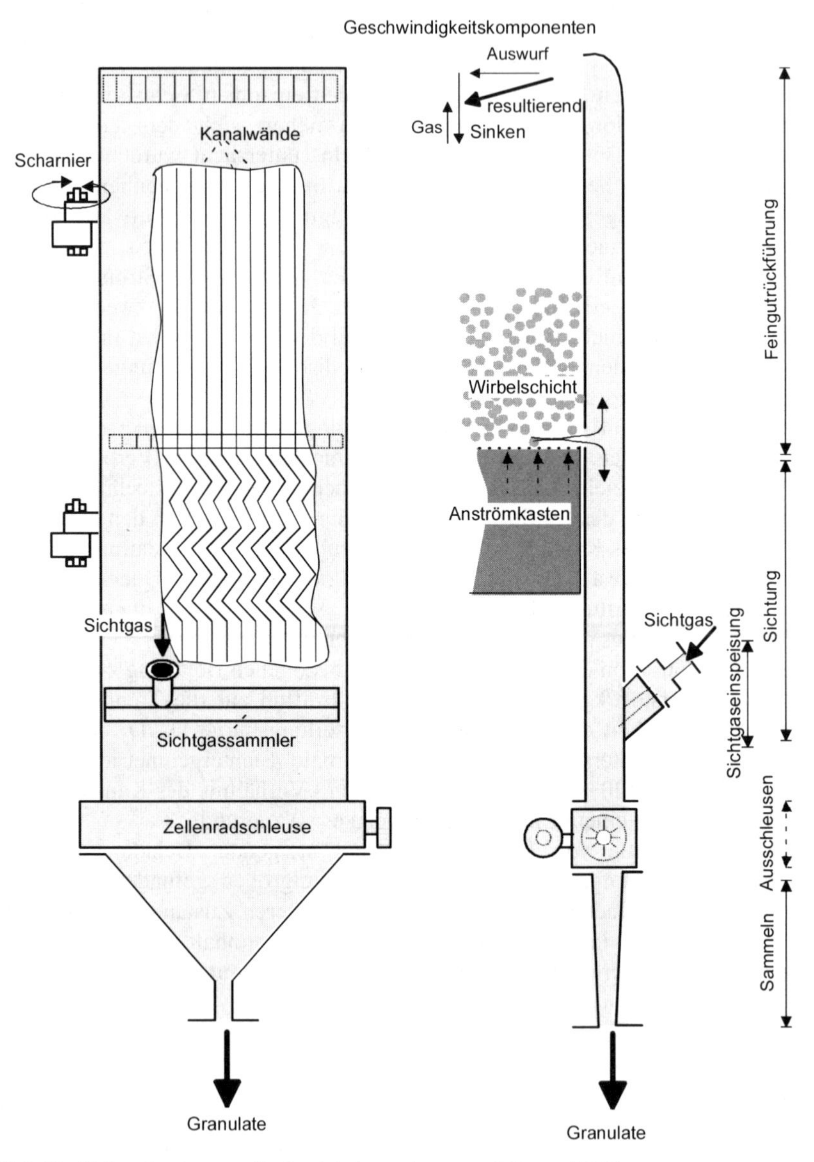

Bild 9-59 Sichtender Austrag für Produktionsanlagen nach Patent [P39]

9.5.4.4 Mehrkanal- Zick/Zack-Sichter

Mit dem Patent [P39] wird ein Mehrkanal-Zick/Zack-Sichter in Kombination mit einem rechteckigen Granulator beschrieben. Seinen Aufbau zeigt Bild 9-59 ein Foto Bild 12-2. Er ist im wesentlichen für das Eindüsen von unten konzipiert. Der Sichtkanal ist hier aufgelöst in mehrere parallele Einzelkanäle, denen jeweils über ein etwas oberhalb des Anströmbodens angeordnetes Unterlaufwehr von der Schmalseite des Kanales her das Sichtgut zuströmt. Alle Sichtkanäle werden aus einer Sammelleitung einzeln aber gleichmäßig über Schalldrosseln gleichen Querschnittes mit Sichtgas versorgt. Unten sind die Kanäle durch eine geeignete Zellenradschleuse gegeneinander und nach außen verschlossen. Der Raum oberhalb des Sichtguteintrittes ist nicht unterteilt. Aus diesem „Rückblasschacht" strömen Sichtgas und Feingut in den Granulator zurück. Dabei werden die Partikel horizontal zurück in die Wirbelschicht geschleudert.

Wie man sich anhand der Geschwindigkeitskomponenten horizontaler Austrittsgeschwindigkeit aus dem Sichter, vertikale Sinkgeschwindigkeit und entgegen gerichtete Anströmgeschwindigkeit leicht klar machen kann, fallen davon die etwas gröberen Partikel in der Nähe des Rückblasschachtes herunter, während die feineren Partikel weiter nach außen getragen werden. Dies hat zur Folge, daß die relativ groben, bereits bis nahe an die Zielgröße angewachsenen Partikel in kürzeren Zeitabständen das Unterlaufwehr passieren und häufiger am Sichtungsprozeß teilnehmen, während die weiter außen abgelegten feinen Partikel über die ganze Granulatortiefe zurückwandern müssen. Während ihrer Wanderung durch die Wirbelschicht wachsen sie infolge Ansaugung und Benetzung durch die Zweistoffdüsen.

Die vielfache Überprüfung der Partikelgröße, bei der das Sichtgut in dünne Schichten aufgelöst wird, prädestiniert diesen Sichter für die Erzeugung von Granulaten in enger Partikelgrößenverteilung.

9.5.4.5 Ringspalt-Zick/Zack-Sichter

Für kleine Anlagen mit einer Sprühdüse ist in der Patentschrift [P34] ein Ringspalt-Zick/Zack-Sichter dargestellt (s. Bild 9-60). Bei seiner Dimensionierung ist zu berücksichtigen, daß es bei einem großen Verhältnis von Länge zu Breite des Kanales zu einer instabilen Feststoffverteilung im Gasstrom kommt. Außerdem sind die in der Höhe aufeinander folgenden Querschnitte des Sichtkanales unterschiedlich groß, wenn der Sichter ohne Korrektur wie ein ebener Sichter ausgebildet wird. Untersuchungen zu den Auswirkungen fehlender Korrektur sind den Verfassern nicht bekannt.
Das Ansaugen des Sichtgutes und der Abtransport des vom Sichter ausgeblasenen Feingutes erfolgt durch den Sprühstrahl der Düse.

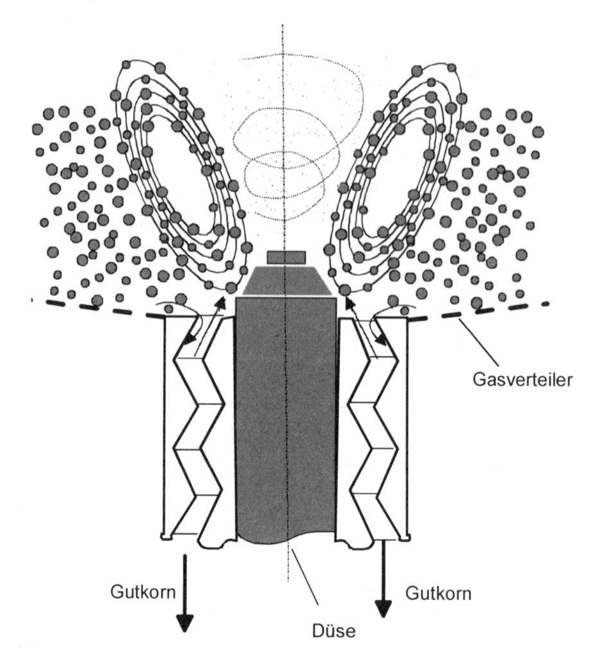

Bild 9-60 Ringspalt-Zick/Zack-Sichter aus Patent [P34]

9.6 Druckbeanspruchung für den Granulator

Für den Granulator ergeben sich im Normalfall nur geringe Druckbeanspruchungen. Es genügt, die Förderhöhe der Ventilatoren zur Auslegung heranzuziehen. Bei einer explosionsfesten Bauweise hingegen muß der Apparat entweder explosionsdruckfest (Sicherheitsfaktor 1,5 gegen 0,2 % Dehnung) oder explosions-druckstoßfest (Sicherheitsfaktor 1 gegen 0,2 % Dehnung) ausgelegt sein (s. Kap. 13.3.4). Bei Installierung eines Explosionsunterdrückungssystemes hat die Auslegung gegen den reduzierten maximalen Explosionsdruck zu erfolgen.

Zu beachten sind die Gefährdungen, die sich beim automatisierten Reinigen des Apparates ergeben. Hier werden während der Reinigung üblicherweise die Ein- und Austrittsstutzen mit Reinigungsklappen verschlossen. Erfolgt das Waschen mit warmen Wasser, kann sich durch den kondensierenden Dampf ein Unterdruck ergeben. Dem ist mit Belüftungseinrichtungen zu begegnen. Andererseits kann bei geschlossenen Reinigungsklappen durch Undichtheiten oder Fehlschaltungen Zerstäubungs-, Sicht- und Filterabreinigungsgas einen unzulässig hohen Druck aufbauen. Diese Gefahr erfordert den Einsatz einer Kombination von Blenden, die die einströmende Gasmenge und von Berstscheiben, die den sich maximal aufbauenden Druck begrenzen.

10 Komponenten der Granulationsanlagen

10.1 Herstellung und Verteilung der Sprühflüssigkeit

10.1.1 Arten der Sprühflüssigkeit

10.1.1.1 Allgemeines

Sämtliche Bestandteile die die Granulate enthalten sollen, müssen in der Sprühflüssigkeit vorliegen. Die Granulate enthalten im allgemeinen Fall neben dem Feststoff geringe Mengen restlicher Feuchte. In einigen speziellen Fällen werden jedoch auch gezielt Granulate hergestellt, die in Hohlräumen Flüssigkeit einschließen [P38]. Der Feststoff wiederum kann aus einer oder mehreren Substanzen bestehen. Abhängig von der Art, wie die Substanzen oder Phasen in der Sprühflüssigkeit miteinander vermischt sind, spricht man von Lösung, Suspension oder Emulsion.

10.1.1.2 Lösung

In einer Lösung ist die gelöste Substanz in Form diskreter Einzelmoleküle im Lösungsmittel verteilt. Viele Eigenschaften der zu lösenden Substanz gehen mit dem Lösevorgang verloren. Die Löslichkeit, d. h. die maximale Konzentration eines festen Stoffes in einer Lösung („Sättigungskonzentration“) ist temperaturabhängig. Sie nimmt mit steigender Temperatur stark zu (Beispiel KNO_3), mäßig zu (KCl), kaum zu (NaCl) oder ab (Na_2SO_4). Lösungsanomalien (Löslichkeitsverläufe mit einem Knick) sind für Salze charakteristisch, die in verschiedenen Hydratformen auftreten. Zunehmender Feststoffgehalt der Sprühflüssigkeit führt zur Erhöhung des Granulatdurchsatzes bzw. zur Einsparung von Verdunstungswärme bei der Granulation.

Der Lösungsvorgang ist von vielen Faktoren abhängig. Zunächst sind Größe und Morphologie der Kristalle zu nennen. An den Ecken und Spitzen geht das Kristall schneller in Lösung als an seinen Flächen, so daß sich die Kristalle während des Lösevorganges abrunden. Mit fortschreitender Auflösung werden die Kristalle kleiner, ihre Oberfläche und damit die Lösegeschwindigkeit nehmen zu. Rühren beschleunigt darüber hinaus ihre Auflösung.

Zu beachten ist, daß die Wanderungsgeschwindigkeit von niedermolekularen Substanzen wie beispielweise Natrium- oder Chloridionen etwa um den Faktor 100 höher ist als die von Oligomeren und Polymeren. Liegen diese beiden Stoffgruppen in einer Lösung vor, kann es allein aufgrund der unterschiedlichen Diffusionskoeffizienten in einer strömenden Flüssigkeit zu Entmischungen kommen [19].

10.1.1.3 Suspension

Zur Wirbelschicht-Sprühgranulation wird der Feststoff in aller Regel mit einer Korngröße von < 25 µm, vorzugsweise < 5 µm durch Fällung hergestellt oder durch Mahlung zerkleinert und anschließend in eine Flüssigkeit dispergiert. Je kleiner die Partikel sind, umso geringer ist die Gefahr, daß ihre Verteilung in der Flüssigkeit durch Sedimentation inhomogen wird. Kleine Partikel (ca. 1 µm) sedimentieren nicht [19].

Grundsätzlich wird eine kleine Menge der dispergierten Substanz in der Dispergierflüssigkeit gelöst. Dadurch sind Umlösungsvorgänge möglich, bei denen das Material energiereicherer Flächen bevorzugt in Lösung geht. Es kann zur Agglomeration von Partikel kommen („Flockung"). Durch Mahlung erzeugte Partikel mit breitem Größenspektrum und unterschiedlichen Oberflächenspannungen sind hier stärker gefährdet als die durch Fällung erzeugten. Nadeln und Plättchen bilden besonders sperrige, aber lockere Aggregate [19].

Die Flockung entscheidet vorzugsweise über die Art, in der die Sedimentationen auftreten. Ohne Flockung erfolgt die Sedimentation klassierend. Die größeren Teilchen scheiden sich zuerst ab. Dann folgen die kleineren. Der Sedimentkuchen wächst („aufstockende Sedimentation"). Im Sedimentkuchen nimmt die Partikelgröße entsprechend von unten nach oben ab. Der Überstand klärt sich sehr langsam. Feste Sedimente sind nur schwer zu zerstören, insbesondere bei Verwendung ungeeigneter, klebender Hilfsstoffe [350]. Bei flockenden Feststoffpartikeln bildet sich hingegen rasch ein klarer Überstand. Während der weiteren Sedimentation verschiebt sich die Grenze zwischen Überstand und Sediment nach unten. Das Sedimentvolumen nimmt also ab („absetzende Sedimentation"). Wegen der geringen interpartikulären Wechselwirkungen im Sediment ist die homogene Verteilung der Feststoffpartikel in der Flüssigkeit leicht wieder herzustellen [19].

10.1.1.4 Emulsion

Flüssigkeit läßt sich nur dann in Hohlräumen des Feststoffes einschließen, wenn sie in der Sprühflüssigkeit emulgiert ist. Eine Emulsion ist eine Mischung aus 2 ineinander nicht löslichen Flüssigkeiten (Beispiel Öl in Wasser). Wie Bild 10-1 zeigt, ist sie ist dadurch gekennzeichnet, daß eine der beiden Flüssigkeiten, im Beispiel ist das Öl („disperse Phase" oder „innere Phase"), in Form sehr kleiner Tropfen in der anderen Flüssigkeit („Dispergiermittel" oder "äußere Phase"), hier Wasser, verteilt ist. Diese „O/W-Emulsionen" können nur durch Zugabe der äußeren Phase, im Beipiel also durch Wasser, verdünnt werden. Sie sind thermodynamisch instabil, weil die disperse Phase bestrebt ist, sich durch Koaleszenz zu größeren Bereichen zu vereinigen, um die Grenzflächenenergie zwischen den beiden Phasen zu verringern.

Die tropfenbildende, innere Phase kann auch das Wasser sein. In diesem Fall. spricht man sinngemäß von einer W/O-Emulsion. Bis zu einem Volumenanteil der wäßrigen Phase von < 30 % unterscheidet sich die Konsistenz der Emulsionen. Sie wird bei der O/W-Emulsion durch die Viskosität der wäßrigen Phase bestimmt. Bei W/O-Emulsionen ist sie hingegen salben- oder butterartig. W/O-Emulsionen kommen daher als Sprühflüssigkeit nicht in Betracht.

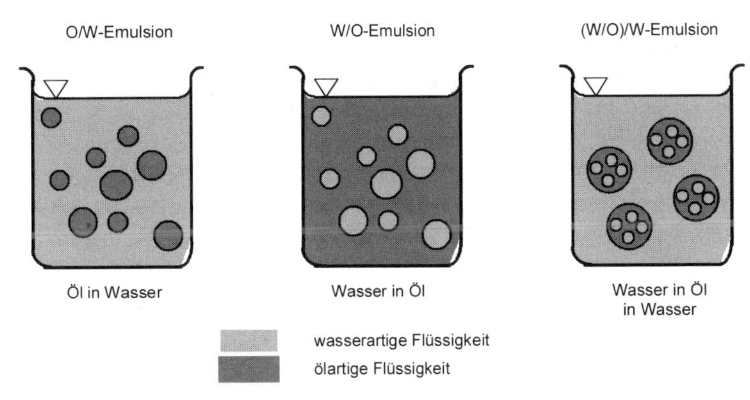

Bild 10-1 Grundtypen von Emulsionen

Der Vollständigkeit halber sei darauf hingewiesen, daß es auch mehrfache oder multiple Emulsionen gibt. Im einfachsten Fall besteht hier die äußere Phase aus Wasser und die innere Phase aus einer W/O-Emulsion [9].

Die Emulsion soll physikalisch stabil sein. Das setzt eine Tropfengröße < 1 µm voraus [11] und bedeutet, daß ihre Tropfengrößenverteilung unabhängig von Zeit und Ort ist. Die Tropfen dürfen folglich weder sedimentieren, aggregieren oder koalieszieren.

Das Sedimentieren läßt sich durch hinreichend kleine Tropfen minimieren oder ganz verhindern. Die Aggregation der dispersen Phase ist durch die Erzeugung abstoßender Kräfte zwischen den Tropfen zu vermeiden. Die abstoßenden Kräfte entstehen durch den Zusatz von Emulgierhilfstoffen (s. Kap. 6.2). Die Tropfenkoaleszenz wird hauptsächlich durch eine Erhöhung der Viskosität der kontinuierlichen Phase mittels Makromolekülen („Stabilisatoren") und durch Barrieren, die mit grenzflächenaktiven Zusätzen zu erzeugen sind, behindert [9].

10.1.1.5 Elektrostatische Erscheinungen

Im allgemeinen stabilisieren sich Dispersionen (Hier dargestellt für Partikel. Bei Tropfen gilt sinngemäß dasselbe.) über elektrostatische Ladungen, die über gleichsinnige Ladungen zur gegenseitigen Abstoßung der dispergierten Partikel führen. Die Ladung der Partikel rührt von einer Schicht positiver, fest adsorbierter Ionen her („Sternschicht"). Mit dem unmittelbar angrenzenden Dispergiermittel ist das Partikel mit entsprechenden Gegenionen umgeben. Es entsteht so eine diffuse elektrostatische Schicht, durch die die Ladung der Sternschicht kompensiert wird. Mit zunehmendem Abstand wird die Abschirmung des Partikels größer. Das verbleibende Potential wird als Volta-Potential bezeichnet.

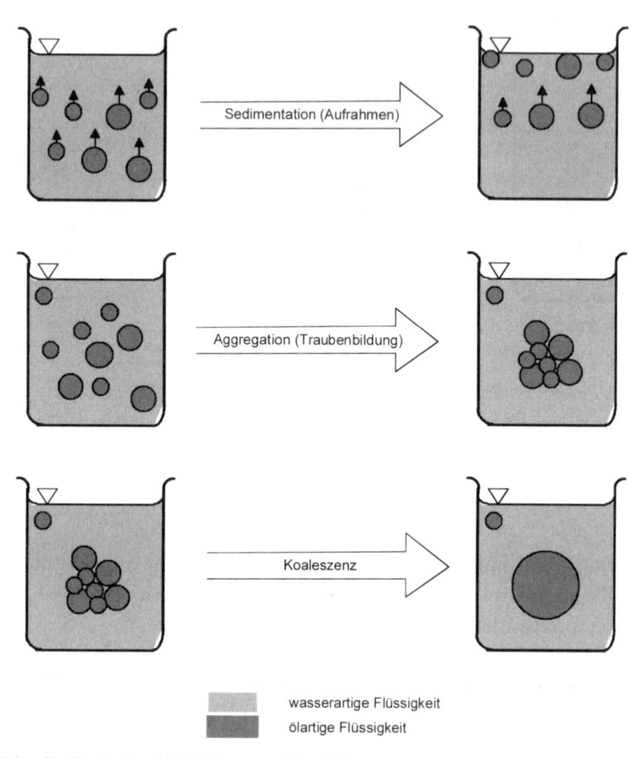

Bild 10-2 Physikalische Instabilitäten von Emulsionen

Bewegt sich das Partikel im Dispersionsmittel – beispielsweise durch Sedimentation – nimmt es einen Teil des Dispersionsmittels mit. Es verhält sich also so, als ob es einen größeren Durchmesser hätte. Nimmt aber die Relativgeschwindigkeit zwischen Partikel und Dispersionsmittel zu, wird weniger Dispersionsmittel mitgerissen. Der scheinbare Partikeldurchmesser nähert sich dem tatsächlichen. Das an der Grenze zwischen dem mit dem Partikel mitgeführten und dem ruhenden Dispersionsmittel vorliegende Volta-Potential wird Zeta-Potential genannt. Es ist die für die elektrostatische Stabilisierung der Dispersion entscheidende Größe, denn je höher das Abstoßungspotential in seiner Größe und Reichweite ist, umso stärker ist die gegenseitige Abstoßung der Partikel. Eine Anreicherung der Ionen im Dispersionsmittel durch Elektrolytzusatz schwächt die Partikelabstoßung (mit der Gefahr von Ausflockungen), eine Verarmung verstärkt sie. Die gezielte Beeinflussung der Ionenstärke erfolgt in der Praxis vor allem über den pH-Wert.

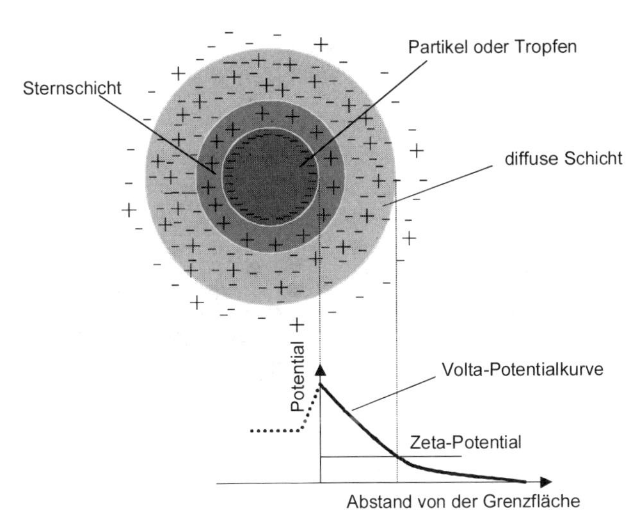

Bild 10-3 Elektrische Potentiale eines dispergierten Partikels und seiner Umgebung (in Anlehnung an die Darstellung in [19])

10.1.2 Viskosität der Sprühflüssigkeit

Eine wesentliche Eigenschaft der Sprühflüssigkeit bei Erzeugung, Förderung und Zerstäuben und schließlich auch bei der Granulation ist ihre Viskosität. Als Definitionsmodell dient die Bewegung zweier Platten mit einer Fluid-Zwischenschicht (
Bild 10-4).

Zwischen den beiden Platten entstehen abhängig vom Geschwindigkeitsgradienten (oder Schergefälle du/dz) Schubspannungen τ entsprechend

$$\tau = K \cdot \frac{du}{dz} \qquad \text{Gl.(10-1)}$$

Dieser Zusammenhang wird Fließkurve genannt. Die Größe K ist nicht immer eine Konstante, wie mit Bild 10-5 anhand der für Sprühflüssigkeiten bedeutsamen Formen der Fließkurven gezeigt wird.

Bei Newtonschem Fließverhalten, das auch als idealviskoses Fließen bezeichnet wird, ist die Größe K eine Stoffkonstante. Sie ist die dynamische Viskosität η. (Weitere Definition: kinematische Viskosität $\nu = \eta/\rho$). Newtonsches Verhalten liegt bei vielen niedrigviskosen Ölen und wäßrigen Lösungen vor.

Bei den anderen Fließverhalten hängt hingegen die Viskosität von der jeweiligen Scherung ab. So sinkt die Viskosität bei strukturviskosem Verhalten mit steigendem Schergefälle. Ein solches Verhalten zeigen Tapetenkleister, einige hochviskose Öle, Suspensionen. Wenn jedoch, wie beispielsweise bei Salben sowie bei Suspensionen von Gips, Kalk und Stärke in Wasser die Viskosität mit dem Schergefälle ansteigt, spricht man von einem dilatanten Fließverhalten.

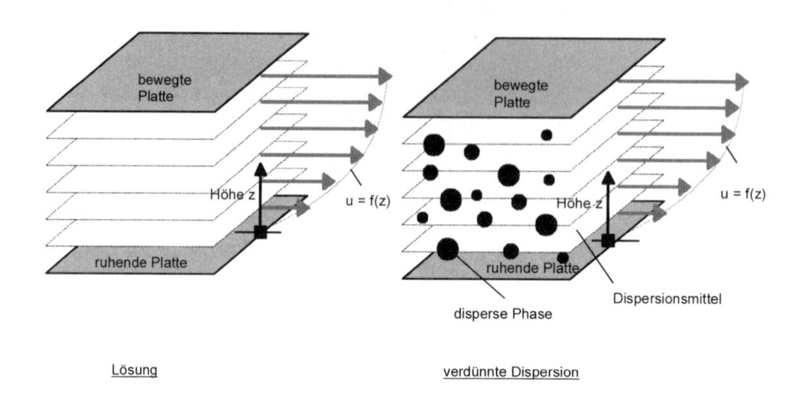

Bild 10-4 Definitionsmodell für die Viskosität

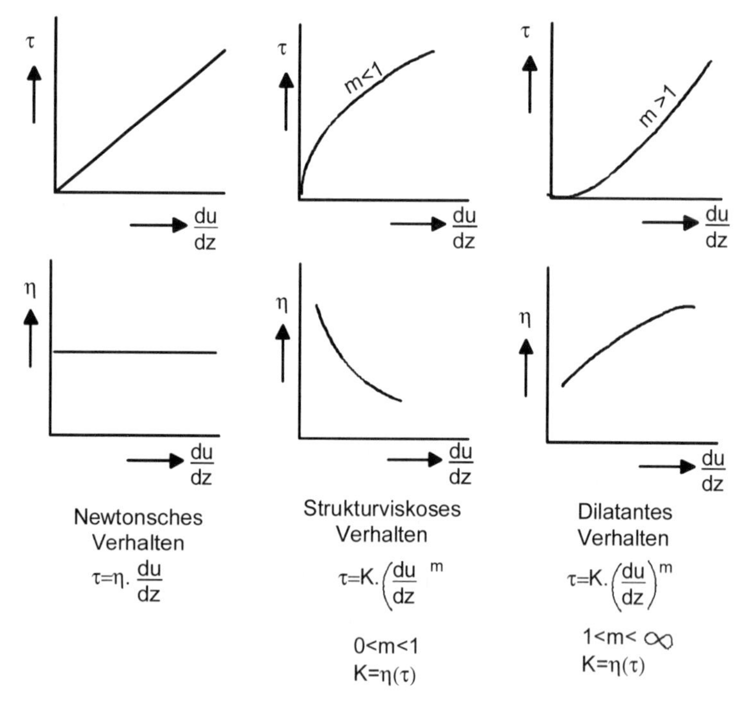

Bild 10-5 Fließkurven reinviskoser Flüssigkeiten

10.1.2.1 Lösung

Den Einfluß der Temperatur T auf die Viskosität gibt die Guzman-Andrade-Gleichung (entnommen aus [264]) mit guter Genauigkeit (Abweichung 1-2 %) wieder

$$\nu = K_1 \cdot \exp\left(\frac{K_2}{T}\right) \qquad \text{Gl.(10-2)}$$

Die beiden Konstanten K_1 und K_2 können ermittelt werden, wenn 2 oder mehrere Meßwerte vorliegen. Gültig ist die Gleichung für viele reine Flüssigkeiten und Lösungen. Bei verschiedenen hochpolaren Flüssigkeit ist mit größeren Fehlern zu rechnen.

Mit dem Feststoffgehalt steigt die Viskosität der Lösungen. Allgemeine Berechnungsgleichungen lassen sich nicht angeben.

10.1.2.2 Dispersionen

In der Praxis ist die dispergierte Substanz sehr feinteilig (< 5 µm) und ihr Anteil hoch, so daß für zuverlässige Werte Viskositätsmessungen erforderlich sind. Zu einer ersten Orientierung über die verschiedenen Abhängigkeiten werden einige theoretischen Ansätze mitgeteilt.

Der Volumenanteil der dispergierten Substanz an der Dispersion sei Φ_2 entsprechend

$$\phi_2 = \frac{\text{Volumen der dispergierten Substanz } V_2}{\text{Volumen des Dispersionsmittels } V_1 + \text{Volumen der dispergierten Substanz } V_2}$$

Der Volumenanteil ist im Sediment maximal Φ_{max}. In [11] finden sich zu Φ_{max} beispielsweise folgende Angaben für Kugeln

in Gleichkornverteilung 0,63
als Mehrkorngemische 0,63 ...0,84

In verdünnten Systemen, bei denen runde Partikel soweit voneinander entfernt sind, daß sie sich gegenseitig nicht beeinflussen, besitzen die Partikel die gleiche Beweglichkeit wie die reine Flüssigkeit. Einstein (zitiert in [11]) hat für ein solches System errechnet

$$\eta_D = \eta_L \cdot (1 + 2{,}5 \cdot \phi_2) \qquad \text{Gl.(10-3)}$$

mit

η_D Viskosität der Dispersion
η_L Viskosität des reinen Dispergiermittels

Aus dieser Beziehung ist zu folgern

- Dispersionen haben ein Newtonsches Fließverhalten, wenn das Dispergiermittel eine idealviskose Flüssigkeit ist.
- Bei gleichem Volumenanteil hat die Partikelgröße der dispergierten Phase keinen Einfluß.
- Die Viskositätserhöhung durch die dispergierte Substanz ist unabhängig von der Art der Substanz. Die Beziehung gilt daher für Suspensionen und Emulsionen gleichermaßen. (Für Emulsionen verursachen allerdings höhere Scherbeanspruchungen ein Auseinanderziehen der Emulsionstropfen, das die Fließbewegung beeinflußt).

Ausgehend von der Einsteinschen Gleichung wurde für weitere Berechnungsgleichungen eine relative Viskosität η_{rel} entsprechend

$$\eta_{rel} = \frac{\eta_D}{\eta_L} \qquad \text{Gl.(10-4)}$$

definiert. Sie gibt an, um welchen Faktor die Viskosität der Dispersion größer ist als die des reinen Dispergiermittels. Es gilt (entnommen aus [11]) für formstarre Partikel

$$\eta_{rel} = \left(1 + \frac{1{,}25 \cdot \phi_2}{1 - \frac{\phi_2}{\phi_{max}}}\right)^2 \qquad \text{Gl.(10-5)}$$

Bei feinkörnigen Suspensionen mit hohem Feststoffgehalt und einer Partikelgröße < 10 µm wird der Abstand zwischen den Partikeln < 0,5...0,7 µm sehr klein. Es erfolgt ein starker Anstieg der Viskosität und der Übergang zur Strukturviskosität.

Für Emulsionen gilt:

$$\eta_{rel} = \exp\left(\frac{K_1 \cdot \phi_2}{1 - K_2 \cdot \phi_2}\right) \qquad \text{Gl.(10-6)}$$

Mit den von Barnet angegebenen Konstanten (weitere Konstanten s. die Literaturauswertung in [11])

$K_1 = 1{,}3...2{,}5$
$K_2 = 1$

Mit Bild 10-6 sind Gl. (1-5) und Gl. (1-6) ausgewertet.

10.1.3 Dosierung der Komponenten für die Sprühflüssigkeit

Ist die Wirbelschicht-Sprühgranulation in eine Verfahrenskette eingebunden, dann bestimmen die vorgeschalteten Verfahrensstufen die Bereitung der Sprühflüssigkeit. Bei der Herstellung technischer Zitronensäure wird beispielsweise eingedampfte Fermenterbrühe direkt granuliert [346]. Ist hingegen die Wirbelschicht-Sprühgranulation nicht Bestandteil einer Produktionsanlage, wird die Sprühflüssigkeit chargenweise so bereitet, daß auch bei kontinuierlicher Granulation durch Verwendung umschaltbarer Ansatzbehälter eine ununterbrochene Versorgung des Granulators mit Sprühflüssigkeit gesichert ist. Für die Zufuhr der von der Rezeptur vorgeschriebenen Komponenten gibt es zahlreiche Möglichkeiten (ausführliche Darstellung s. [354]).

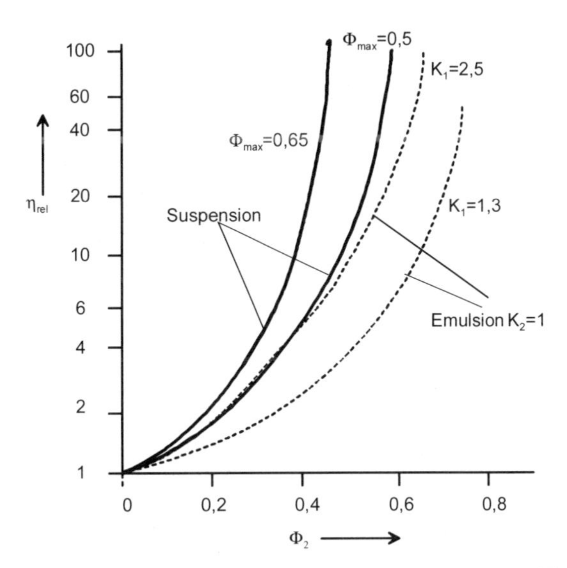

Bild 10-6 Viskosität von Suspensionen und Emulsionen (Auswertung von Gl.(10-5) und Gl.(10-6))

Im einfachsten Fall werden gemäß Bild 10-7 die Komponenten aus Gebinden von Hand direkt in den Ansatzkessel gekippt. Der sich hierbei entwickelnde Staub muß aus hygienischen und Sicherheitsgründen abgesaugt und dann in Filtern abgeschieden werden.

Bei der automatisierten, diskontinuierlichen Zufuhr fließen dem Ansatzkessel hingegen aus Pulver- und Flüssigkeitsvorlagen die durch Steuerung vorgegebenen Mengen zu. Der Sollwert wird in diesem Fall eine vorzugebende Volumen- oder Gewichtsabnahme in der Vorlage sein. Oft ist es aber auch notwendig, die Mengenströme kontinuierlich aufeinander abzustimmen. In einem solchen Fall werden die Komponenten dosiert zugeführt. Die Gesamtmenge ergibt sich durch zeitliche Integration der Mengendurchsätze. Ist ihr Sollwert erreicht, wird die Dosierung abgeschaltet.

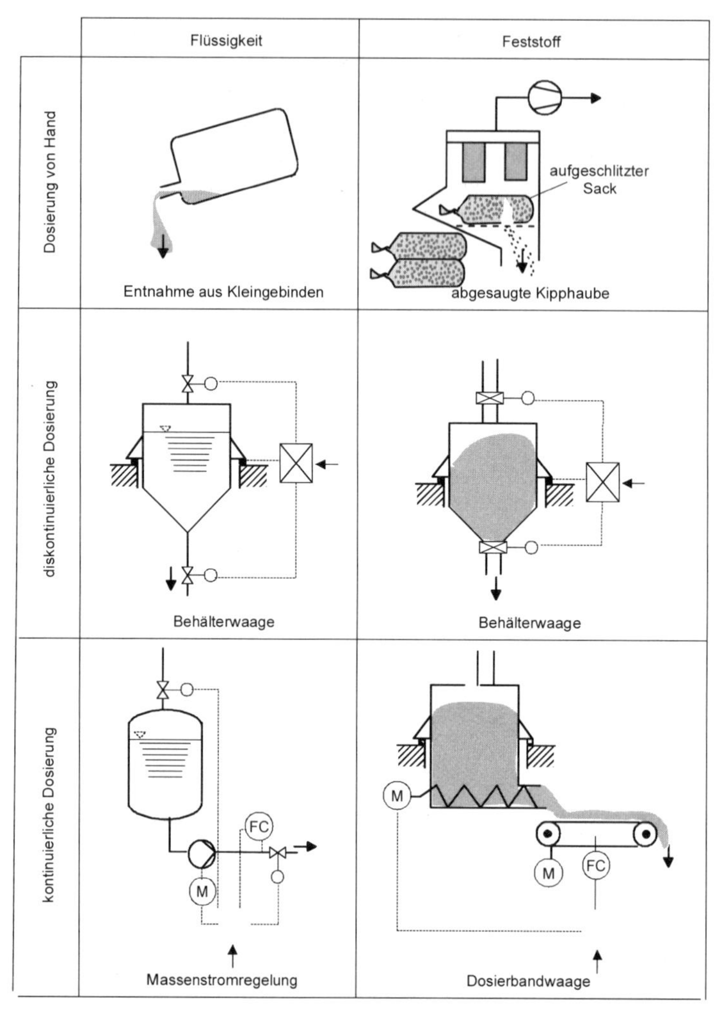

Bild 10-7 Einige Dosiermethoden der flüssigen und festen Komponenten für die Herstellung der Sprühflüssigkeit

10.1.4
Dispergiereinrichtungen

10.1.4.1
Rühren

10.1.4.1.1
Allgemeines

Für das Durchmischen der getrennt zugeführten Komponenten der Sprühflüssigkeit werden vorzugsweise Rührer eingesetzt. Gerührt wird in Behältern, deren Bauformen auf die Rühraufgaben abgestimmt sind (vgl. DIN 28130). Weil der Klöpperboden für das Rühren eine günstige Geometrie hat und vergleichsweise preiswert ist, werden Rührbehälter vorzugsweise mit ihm ausgestattet. Der Behälter kann mit einer innenliegenden Heizschlange oder mit einem Heizmantel ausgerüstet sein.

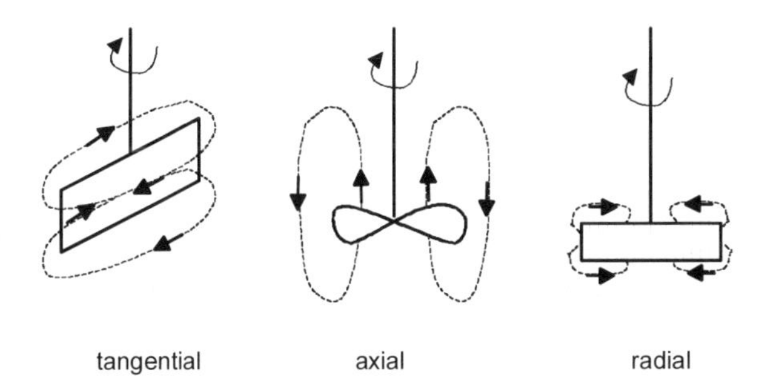

Bild 10-8 Hauptströmungsformen beim Rühren

Die Rührer erzeugen als Hauptströmungsform tangentiale, radiale und axiale Strömungen (s. Bild 10-8). Während die Axialströmung die Rührwirkung bestimmt, ist die Radialströmung für den Wärmeübergang Behälterinnenwand/Flüssigkeit bedeutsam. Die Tangentialströmung ist für die Grenzschichterneuerung an der Behälterinnenwand wichtig. Sie kann andererseits ein Mitrotieren der Flüssigkeit hervorrufen. Dabei nimmt der Leistungseintrag ab. Die Bewegung führt wie beim Badewannenwirbel zu einem „Trombe" genannten zentrischen Absenken der Oberfläche. Erreicht die Trombe die Rührschaufeln, kommt es zu einem unerwünschten Ansaugen und Eintragen von Luft. Die Spiegelerhöhung an der Behälterwand kann ebenfalls zu Problemen führen. Um die Rotation des Behälterinhaltes zu vermeiden, werden gemäß Bild 10-9 die Rührer schräg oder exzentrisch eingebaut oder es werden im geringen Abstand zur Wand Leisten („Stromstörer") angebracht.

Der derzeitige Stand des Wissens ist in zahlreichen Veröffentlichungen beschrieben (siehe beispielsweise die umfassenden Darlegungen in [385], [39] und [11]). Hier kann nur eine sehr vereinfachende Übersicht gegeben werden. Für einen raschen Überblick sind mit Bild 10-10 die kennzeichnenden Merkmale praktisch bedeutsamer Rührertypen zusammengestellt. Letzlich setzt die Auswahl des Rührsystemes Erfahrungen voraus. Eine gute Hilfe bieten die Hinweise in [11].

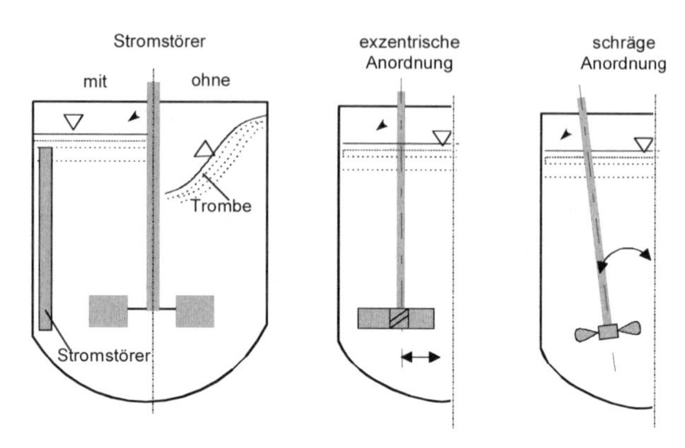

Bild 10-9 Maßnahmen zur Vermeidung von Tromben

10.1.4.1.2
Leistungsaufnahme des Rührers

In der Anlaufphase sind nicht nur die Reibungskräfte des stationären Betriebes sondern auch die Trägheitskräfte zur Beschleunigung der ruhenden Flüssigkeit zu überwinden. Das Verhältnis Anlaufleistung N_a zu Betriebsrührleistung N_R folgt nach Kassatkin entnommen aus [351]

$$N_a = N_R \cdot (1 + 0{,}134 \cdot Re_R^{-0{,}22}) \qquad \text{Gl.(10-7)}$$

Die zu erreichende Reynoldszahl Re_R ist mit Gl.(10-9) definiert.
Die zur stationären Überwindung der Reibungskräfte erforderliche Betriebsleistung N_R eines Rührers folgt aus

$$N_R = \xi_R \cdot \rho_L \cdot n^3 \cdot D_R^5 \qquad \text{Gl.(10-8)}$$

mit

ζ_R Widerstandsbeiwert= $f(Re_R)$
ρ_L Flüssigkeitsdichte
n Rührerdrehzahl
D_R Rührerdurchmesser

Dabei ist definiert

$$Re_R = \frac{n \cdot D_R}{\nu_L} \qquad \text{Gl.(10-9)}$$

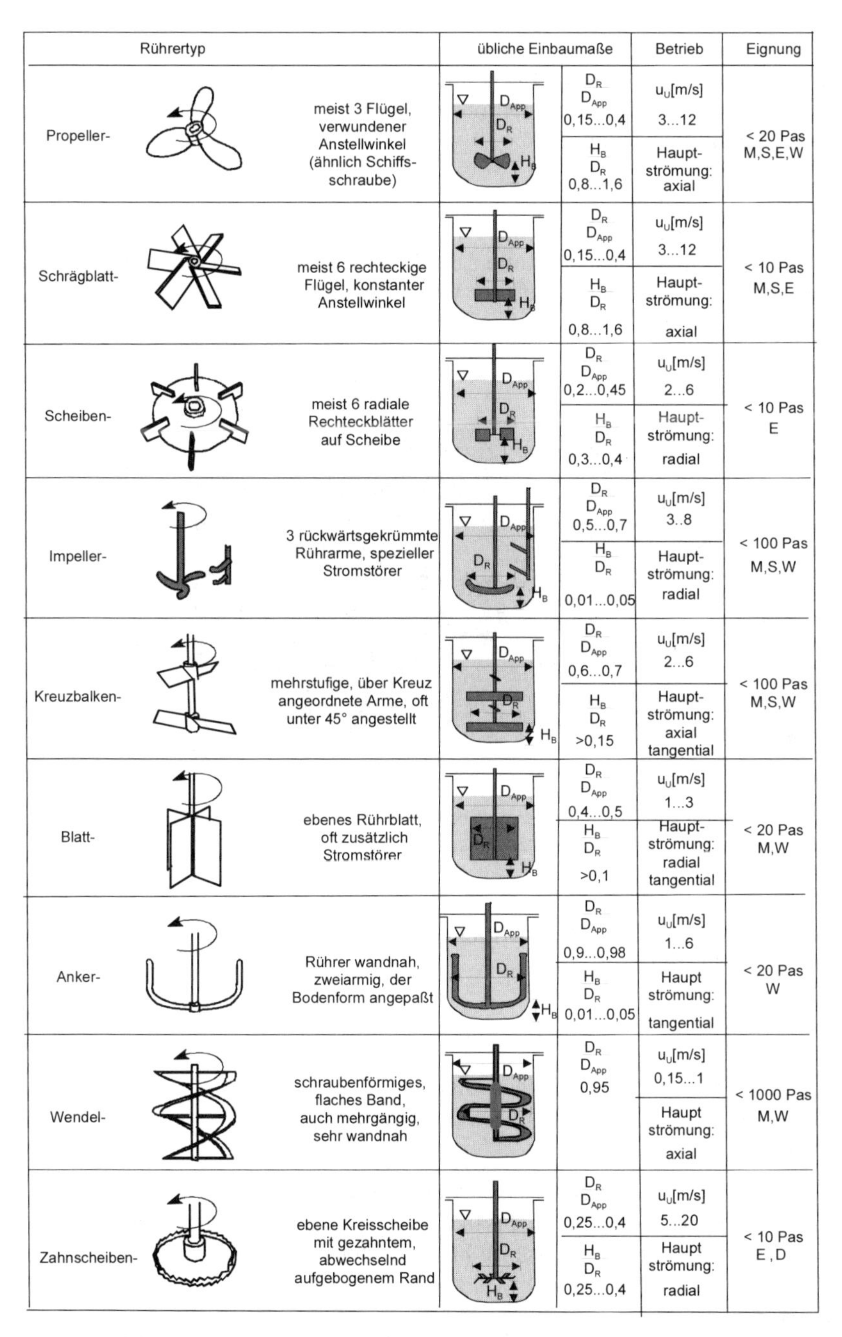

Rührertyp		übliche Einbaumaße	Betrieb	Eignung
Propeller-	meist 3 Flügel, verwundener Anstellwinkel (ähnlich Schiffsschraube)	D_R/D_{App} 0,15...0,4 H_B/D_R 0,8...1,6	u_U[m/s] 3...12 Hauptströmung: axial	< 20 Pas M,S,E,W
Schrägblatt-	meist 6 rechteckige Flügel, konstanter Anstellwinkel	D_R/D_{App} 0,15...0,4 H_B/D_R 0,8...1,6	u_U[m/s] 3...12 Hauptströmung: axial	< 10 Pas M,S,E
Scheiben-	meist 6 radiale Rechteckblätter auf Scheibe	D_R/D_{App} 0,2...0,45 H_B/D_R 0,3...0,4	u_U[m/s] 2...6 Hauptströmung: radial	< 10 Pas E
Impeller-	3 rückwärtsgekrümmte Rührarme, spezieller Stromstörer	D_R/D_{App} 0,5...0,7 H_B/D_R 0,01...0,05	u_U[m/s] 3..8 Hauptströmung: radial	< 100 Pas M,S,W
Kreuzbalken-	mehrstufige, über Kreuz angeordnete Arme, oft unter 45° angestellt	D_R/D_{App} 0,6...0,7 H_B/D_R >0,15	u_U[m/s] 2...6 Hauptströmung: axial tangential	< 100 Pas M,S,W
Blatt-	ebenes Rührblatt, oft zusätzlich Stromstörer	D_R/D_{App} 0,4...0,5 H_B/D_R >0,1	u_U[m/s] 1...3 Hauptströmung: radial tangential	< 20 Pas M,W
Anker-	Rührer wandnah, zweiarmig, der Bodenform angepaßt	D_R/D_{App} 0,9...0,98 H_B/D_R 0,01...0,05	u_U[m/s] 1...6 Haupt strömung: tangential	< 20 Pas W
Wendel-	schraubenförmiges, flaches Band, auch mehrgängig, sehr wandnah	D_R/D_{App} 0,95	u_U[m/s] 0,15...1 Haupt strömung: axial	< 1000 Pas M,W
Zahnscheiben-	ebene Kreisscheibe mit gezahntem, abwechselnd aufgebogenem Rand	D_R/D_{App} 0,25...0,4 H_B/D_R 0,25...0,4	u_U[m/s] 5...20 Haupt strömung: radial	< 10 Pas E ,D

Bild 10-10 Wichtige Rührertypen mit Angaben zu ihren Einbaubedingungen und ihren Einsatzbereichen (in Anlehnung an [11]). Es bedeuten: D=Desagglomerieren, E=Emulgieren, M=Mischen, S=Suspendieren, W=Wärmeaustausch, also Heizen und Kühlen, u_U=Umfangsgeschwindigkeit

Der typische Verlauf der Funktion $\xi_R = f(Re_R)$ für idealviskose Flüssigkeiten geht aus Bild 10-11 hervor. Im laminaren Bereich bis $Re_R = 30$ ist der Widerstandsbeiwert umgekehrt proportional zur Reynoldszahl. Das führt für diesen Bereich zu der Beziehung

$$N_R \sim n^2 \cdot D_R^3 \qquad \text{Gl.(10-10)}$$

Bei voll ausgebildeter Strömung ist der Widerstandsbeiwert für die verschiedenen Rührertypen konstant. Rotiert bei Trombenbildung der Behälterinhalt, dann verringert sich erwartungsgemäß der Widerstandsbeiwert.

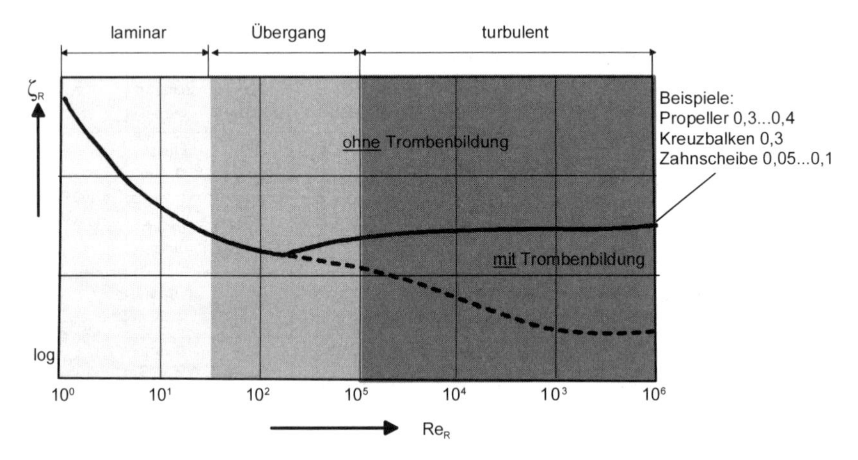

Bild 10-11 Abhängigkeit des Widerstandsbeiwertes für den Rührvorgang von der Reynoldszahl bei idealviskosen Flüssigkeiten (in Anlehnung an [10])

Grundlage für Maßstabsübertragungen ist die Konstanz der spezifischen Betriebsrührleistung

$$\frac{N_R}{V} = \text{constant} \qquad \text{Gl.(10-11)}$$

mit dem zu rührenden Flüssigkeitsvolumen V.

In Anlehnung an [11] sind folgende spezifische Betriebsrührleistungen aufzuwenden

$< 0{,}1$ kW/m^3	um das Absetzen kleiner Feststoffteilchen zu verhindern
0,5...1 kW/m^3	um schwere Partikel in Flüssigkeiten zu suspendieren
> 5 kW/m^3	um hochviskose Flüssigkeiten zu homogenisieren

10.1.4.2 Suspendieren

Das Suspendieren erfolgt vorzugsweise durch Rühren. Dabei ergeben sich mit zunehmender Rührerdrehzahl unterschiedliche Suspendierungszustände. Sie reichen von der unvollständigen Suspendierung, bei der noch Feststoffteilchen auf dem Boden liegen, über Zustände, bei denen visuell keine Feststoffteilchen auf dem Behälterboden wahrnehmbar sind, bis zur homogenen Suspendierung. Abhängig von den Ansprüchen an die Homogenität der Verteilung der Komponenten in den produzierten Granulaten ist die Suspendierung vorzunehmen.

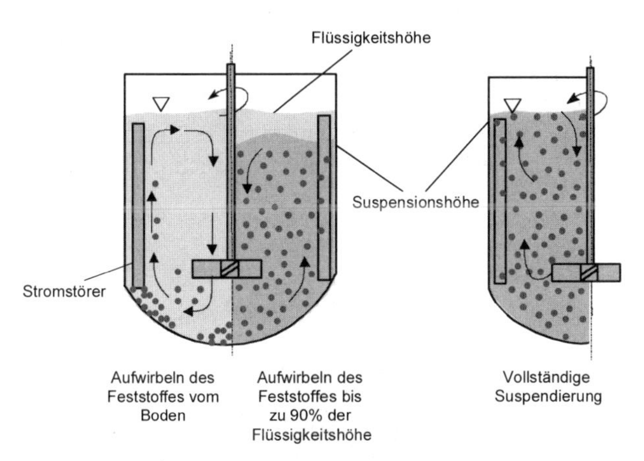

Bild 10-12 Suspendierzustände mit wachsender Drehzahl (nach [11])

Der Rührer muß in der Behältermitte eine abwärtsgerichtete Axialströmung erzeugen, die den Feststoff vom Boden aufwirbelt und durch eine aufwärtsgerichtete Strömung in den äußeren Bereichen des Behälters nach oben führt. Für diese Aufgabe kommen daher Rührer mit angestellten Rührblättern in Frage (Propeller-, Schrägblatt-, Kreuzbalkenrührer). Das Aufwirbeln wird durch die Bodenform beeinflußt. Gewölbte Böden unterstützen die Strömung. Bei flachen Böden kann es dagegen zu nicht durchströmten Bereichen („Totzonen") kommen. Der Zustand des Aufwirbelns endet, wenn die Partikel nur noch einen kurzen Bodenkontakt (übliche Definition: 1s) haben. Um die Partikel in der Schwebe zu halten, ist eine weitere Steigerung der Drehzahl erforderlich. Da die Aufwärtsgeschwindigkeit im äußeren, oberen Teil des Behälters bis zur Oberfläche schließlich auf Null abnimmt, kann der Feststoff nur bis zu einer maximalen Höhe aufsteigen (übliche Definition: „90 %-Schichthöhen-Kriterium"). Schließlich vergleichmäßigt eine weitere Steigerung der Drehzahl die Feststoffverteilung (übliche Definition: „Varianz der Konzentrationsverteilung"). Wird die Drehzahl darüber hinaus gesteigert, kommt es zu einem Gaseintrag in die Flüssigkeit.

Daß die Sprühflüssigkeit während der Granulation kontinuierlich abgezogen wird, wobei der Flüssigkeitsspiegel sinkt, muß bei der Wahl des Rührers und der Festlegung seiner Drehzahl besonders berücksichtigt werden. Bild 10-13 zeigt 2 Ausführungsformen einer Suspendiereinrichtung, mit der Pulver direkt aus Gebinden in die Flüssigkeit eingesaugt wird. Das Einsaugen des Pulvers (Durchsatz abhängig von Pulvervorlage und Maschinengröße 1,5 kg/min...10 t/h) erfolgt mit dem Unterdruck im Zentrum des Strömungsfeldes eines Rührers oder einer Umwälzpumpe. Das Pulver strömt über einen speziellen Ansaugstutzen der Flüssigkeit zu. Es gelangt rasch in die Flüssigkeit im Zentrum des Strömungsfeldes, was Sedimentationen vermeidet. Durch geeignete Einbauten (im Bild nicht dargestellt) werden Scherkräfte erzeugt, die Desagglomeration und Benetzung bewirken. Weil aber mit dem Produkt auch Luft eingesaugt wird, ist dieses Verfahren nur für Sprühflüssigkeiten geeignet, die nicht zur Schaumbildung neigen. Andererseits ist die Suspendiereinrichtung für nicht benetzende Stoffe von Vorteil. Das ist eine heikle Aufgabe [11] insbesondere dann, wenn die Dichte des Feststoffes kleiner als die der Flüssigkeit ist. Durch das übliche Rühren wird diese Aufgabe gelöst, in dem Propeller- oder Scheibenrührer mit einer bis zum Rührer reichenden Trombe verwendet werden und der Feststoff direkt auf den Rührer gegeben wird. Auch in diesem Fall wird unvermeidlich Luft mit eingerührt.

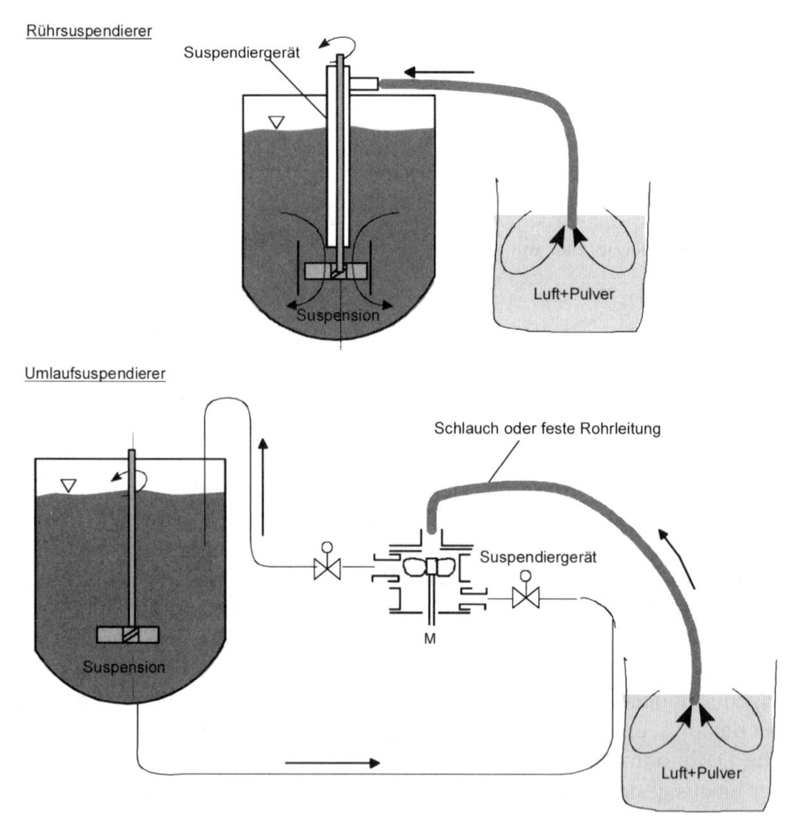

Bild 10-13 Suspendierer für vollständige Suspendierung direkt beim Pulvereintrag

Weitere Einzelheiten zu diesem Thema, wie das Erreichen höherer Feststoffkonzentrationen, die Vermeidung von Abluftreinigungsanlagen, die Benetzung der einzelnen Partikel ohne die Lösungszeiten verlängernde Agglomeratbildung sind in [103] und [379] dargelegt.

10.1.4.3 Emulgieren

Im Gegensatz zum Suspendieren, wo Partikel vorgegebener Größe verteilt werden müssen, ist beim Emulgieren die Partikel- oder besser Tropfengröße zusätzlich noch zu schaffen. Für die Tropfenerzeugung werden hochfrequent auftretende Scherkräfte oder turbulente Strömungsverhältnisse genutzt. (Die folgenden Darstellungen basieren auf [9]).

Das Emulgieren erfolgt in aller Regel in 2 Schritten. Zunächst wird durch Rühren eine grobdisperse Voremulsion hergestellt. Die Leistungsdichte liegt dabei im Bereich < 10 kW/m³. Anschließend werden die Tropfen zumeist in kontinuierlichen Einrichtungen wie Rotor/Stator-Systemen (Leistungsdichte $< 10^6$ kW/m³) oder auch Hochdruckdispergatoren mit vorgeschalteten Pumpen (Leistungsdichte $< 10^{11}$ kW/m³) auf die Sollgröße zerkleinert (Hochdruckdiper-gatoren werden auch Hochdruckhomogenisatoren genannt). Während beim Rühren die Leistungsdichte auf den Behälterinhalt bezogen ist, basiert sie bei den Dispergatoren auf dem Volumen der Dispergierzone. Die Verweilzeiten in der Dispergierzone sind gering. Bei den Rotor/Stator-Dispergierern liegen sie im Bereich von 0,1–1 s, bei den Hochdruckdipergiereinrichtungen sogar nur in der Größenordnung weniger Millisekunden. Die Energiedichte e, also das Produkt aus Leistungsdichte und Verweilzeit, bestimmt nach Untersuchungen von Koglin und von Karbstein die Tropfengröße D_{32} („Sauterdurchmesser"). Von Karbstein (zitiert in [307]) wird angegeben

$$D_{32} \sim e^{-E} \qquad \text{Gl.(10-12)}$$

mit dem Exponenten E

= 0,2...0,4 für Rotor-Stator-Systeme
= 0,4...0,9 für Hochdruckhomogenisatoren (Für die e = ΔP ist. Dabei ist ΔP der durch die Dispergierzone erzeugte Druckabfall)

Feindisperse Emulsionen können bei hoher Viskosität der Emulsion mit allen Apparaten, bei geringer Viskosität der Emulsion hingegen nur mit Hochduckhomogenisatoren erzeugt werden. Die erzeugten Tropfen müssen jedoch nicht nur erzeugt sondern auch sofort stabilisiert werden. Die Kinetik der Tropfenstabilisierung wird von der Zusammensetzung der Sprühflüssigkeit bestimmt (wichtige Parameter: Grenzflächenbesetzungskinetik des Emulgators und Konzentration der Tropfen). Der Dispergierzone, in der die Tropfen gebildet werden, schließt sich daher eine Stabilisierungszone mit ausreichend langer Verweilzeit an, in der die adsorbierenden Emulgatoren die Tropfen stabilisieren.

Am häufigsten werden Emulsionen mit Rotor/Stator-Systemen hergestellt. Sie bestehen zumeist aus mehreren Zahnkränzen und bilden somit mehrere hintereinandergeschaltete Dispergierzonen. Bei den Hochdruckhomogenisatoren werden ebenfalls nach Bedarf mehrere Einheiten hintereinander geschaltet.

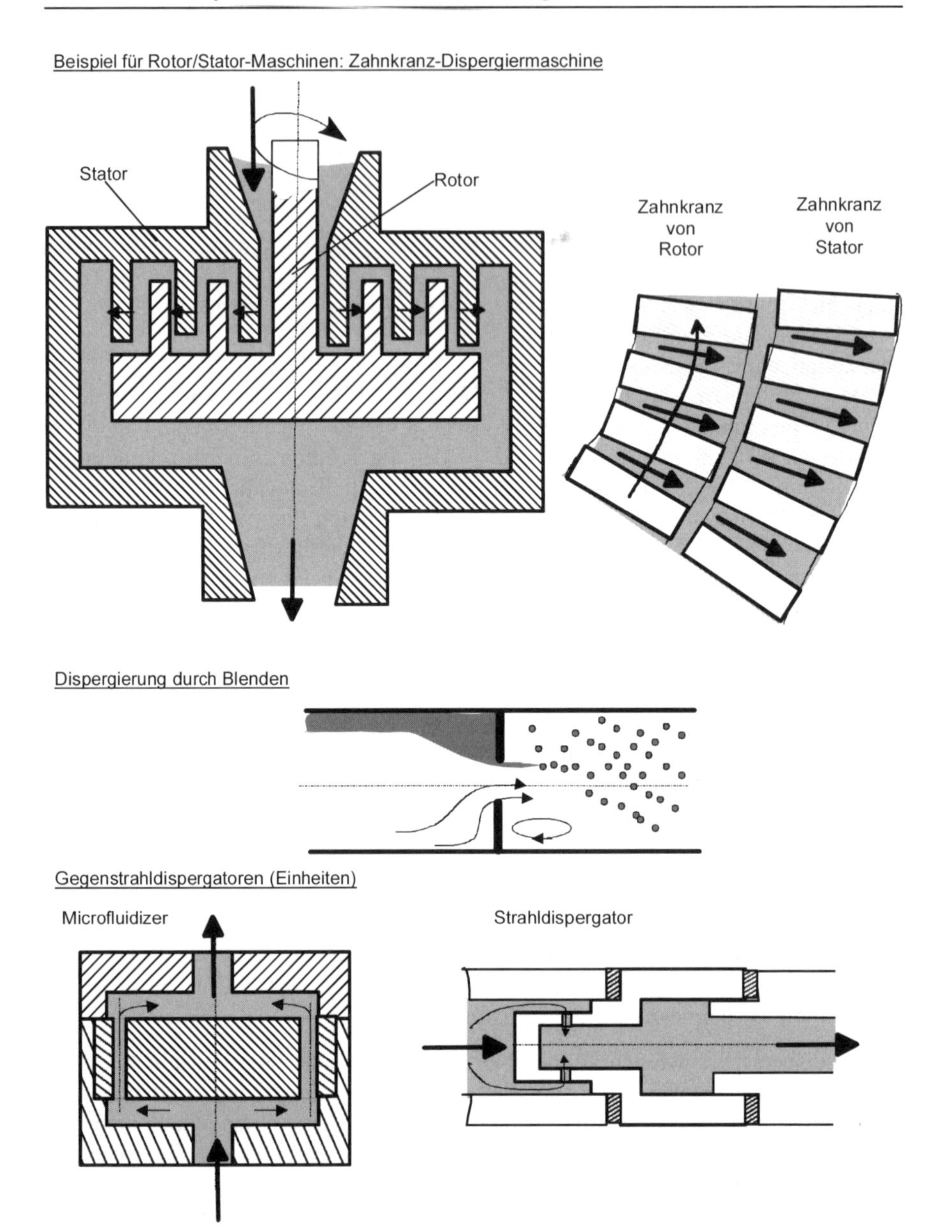

Bild 10-14 Einige Emulgiereinrichtungen Die Blenden und Gegenstrahldiffusoren sind Beispiele für Hochdruckdispergatoren. (entnommen aus [9])

Charakteristische Daten für Rotor/Stator-Systeme sind

Spaltbreite 0,1...0,5 mm
Drehzahl 1000...20000 min^{-1}
Umfangsgeschwindigkeit bis 55 m/s
Durchsatz (bezogen auf Wasser) 50 l/h ...140 m^3/h

Charakteristische Daten für Hochdruckhomgenisatoren sind

Pumpendruck 50...500 bar (für Microfluidizer bis zu 2500 bar)
Strömungsgeschwindigkeiten bis 200 m/s

10.1.5 Förderung der Sprühflüssigkeit

10.1.5.1 Allgemeines

Der derzeitige Stand des Wissens ist in zahlreichen Veröffentlichungen beschrieben (siehe beispielsweise [154], [354], [238]). Hier kann nur eine sehr vereinfachende, in das Thema einführende Übersicht gegeben werden. Die Darstellungen erfolgen anhand einiger Pumpentypen. Andere Typen können durchaus für den speziellen Anwendungsfall zweckmäßiger sein. Hier empfiehlt sich ein enger Kontakt zu den Fachfirmen.

Für die Förderung der Sprühflüssigkeit sind Kreisel- und Verdrängerpumpen im Einsatz. Die Kreiselpumpen haben „druckweiche" Kennlinien. Schwanken die Druckbedingungen der Anlage, so entstehen teilweise erhebliche Förderstromschwankungen, die ausgeregelt werden müssen. Verdrängerpumpen haben hingegen eine „drucksteife" Kennlinie. Der Förderstrom ist unabhängig von den Druckbedingungen des Systemes der Sprühflüssigkeit, aber linear von der Drehzahl abhängig. Von den Verdrängerpumpen kommen die Pumpen mit oszillierenden Kolben (Kolben-, Membran- und Faltenbalgpumpen) für die Zufuhr der Sprühflüssigkeit zu den Düsen nicht in Betracht, weil der Förderdruck stark pulsiert. Eine pulsierende Förderung führt zu einer oszillierenden Sprühtropfengröße. Sie ist daher unerwünscht. Erfolgreich eingesetzt werden hingegen rotierende Verdrängerpumpen mit pulsationsarmer Förderung wie Schlauch-, Zahnrad- und Exzenterschneckenpumpen.

10.1.5.2 Kreiselpumpen

In einem Gehäuse rotiert ein Schaufeln tragendes Laufrad. Flüssigkeit läuft dem Laufrad über den Saugstutzen axial zu. Im Laufrad wird die Flüssigkeit beschleunigt und dann ausgeschleudert. Weil sich das Gehäuse in Drehrichtung des Laufrades erweitert, reduziert sich die Strömungsgeschwindigkeit der Flüssigkeit.

Dabei wird kinetische in potentielle Energie und damit in Druck umgewandelt. Unter höherem Druck aber geringerer Geschwindigkeit wird die Flüssigkeit schließlich aus dem tangentialen Druckstutzen pulsationsfrei ausgestoßen.

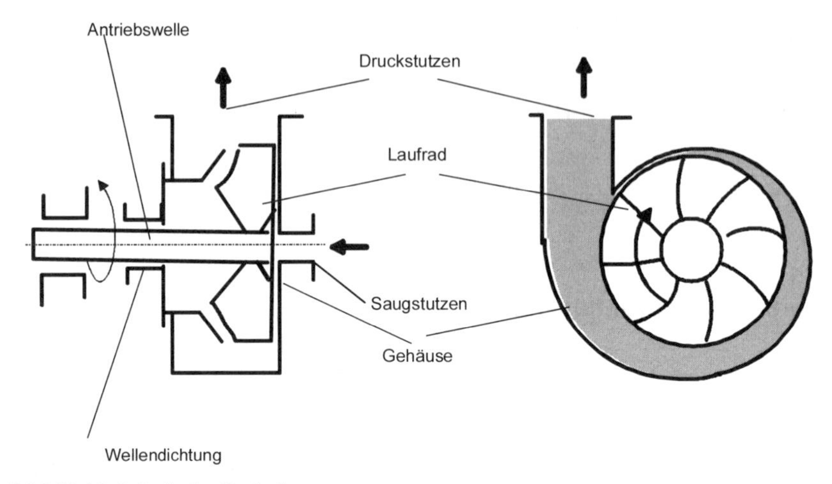

Bild 10-15 Prinzip der Kreiselpumpen

Bemerkenswert ist, daß die Förderhöhe H_L durch die Umwandlung von kinetischer (bestimmt durch die Umfangsgeschwindigkeit des Laufrades u_U) in potentieller Energie wegen

$$u_u^2 \cdot \rho_L = H_L \cdot \rho_L \cdot g = \Delta P \qquad \text{Gl.(10-13)}$$

nicht von der Dichte ρ_L der Flüssigkeit abhängt. Das bedeutet, daß beispielsweise Wasser und Quecksilber bei gleicher Drehzahl von einer gegebenen Pumpe gleich hoch gefördert werden.

Mit

D Laufraddurchmesser
n Laufraddrehzahl
N Leistungsaufnahme der Pumpe

gelten für die Umrechnung von Ausgangs- oder Vergleichsgrößen (Index „0") der Förderhöhe

$$H_L = H_{L0} \cdot \left(\frac{n}{n_0}\right)^2 \cdot \left(\frac{D}{D_0}\right)^2 \qquad \text{Gl.(10-14)}$$

Durchsatz

$$\dot{V}_L = V_{L0} \cdot \frac{\dot{n}}{n_0} \cdot \left(\frac{D}{D_0}\right)^3 \qquad \text{Gl.(10-15)}$$

Leistung

$$N = N_0 \cdot \left(\frac{n}{n_0}\right)^3 \cdot \left(\frac{D}{D_0}\right)^5 = N_0 \cdot \left(\frac{H_L}{H_{L0}}\right)^{3/2} \cdot \left(\frac{D}{D_0}\right) \qquad \text{Gl.(10-16)}$$

Da Kreiselpumpen durch Massenträgheitskräfte fördern, sind sie in erster Linie für Fluide mit geringer Viskosität (etwa < 100 mPas) geeignet. (s. Bild 10-16).

Wenn eine Kreiselpumpe beim Anfahren nicht gefüllt ist, kann sie praktisch keine Flüssigkeit ansaugen. Weil beispielsweise im Vergleich zu Wasser die Dichte von Luft rund 1000-mal geringer ist als die der Flüssigkeit, ist die bei gleicher Geschwindigkeit vom Laufrad erzeugte kinetische Energie und damit der entstehende Ansaugdruck entsprechend geringer. Ist eine Pumpe für eine Förderhöhe von 50 m Wassersäule ausgelegt, beträgt die Druckdifferenz bei Luftfüllung nur 50 mm WS. Sie muß deshalb vor dem Anfahren mit Flüssigkeit gefüllt werden. Darüber hinaus gibt es selbstansaugende Pumpen in verschiedenen Ausführungsformen. Man kann aber auch durch geeignete Anordnung gegenüber den Vorlagebehältern dafür sorgen, daß die Pumpe nach dem Abstellen teilweise oder ganz gefüllt bleibt.

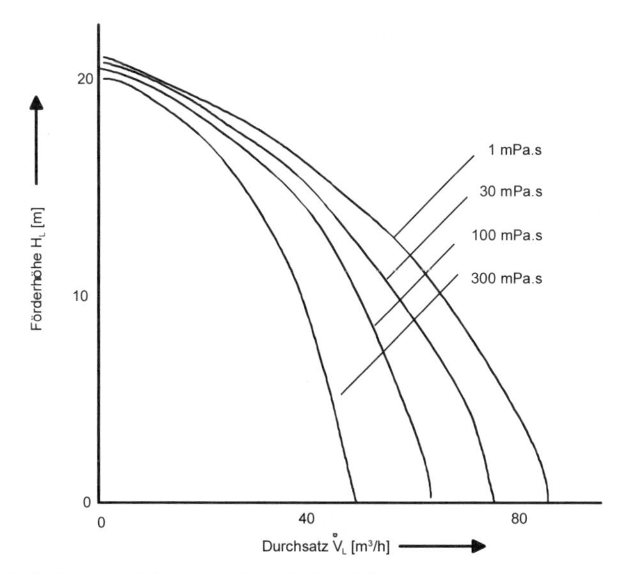

Bild 10-16 Einfluß der Zähigkeit der Flüssigkeit auf die Förderhöhe von Kreiselpumpen (Beispiel)

„Kavitation" oder „Hohlsog" tritt ein, wenn auf der Saugseite der Pumpe der Druck in der Flüssigkeit kleiner ist als der Dampfdruck. Es entstehen Dampfblasen. Sie werden von der Strömung mitgenommen und fallen bei höherem Druck schlagartig zusammen. Wenn das in Wandnähe erfolgt, wird die Wand durch starke Druckschläge zerstört. Um Kavitationen zu vermeiden, muß der

Druck im Ansaugstutzen über dem Dampfdruck liegen. Daraus folgt auch die Regel, daß Pumpen auf der Saugseite nicht angedrosselt werden sollen. Wiederum ist bei Drosselungen auf der Druckseite zu beachten, daß sich die mechanische Energie in Wärme umwandelt und zu einer Aufheizung der in der Pumpe enthaltenden Flüssigkeit führt.

Eine der kritischen Stellen bei Kreiselpumpen ist die Wellenabdichtung, d. h. die Abdichtung der Wellendurchführung durch das Pumpengehäuse. Neben Stopfbuchsen werden zur Abdichtung auch Gleitringdichtungen verwendet. Daneben gibt es aber auch Pumpen, die die Abdichtung ganz vermeiden. Je nach Bauweise wird in Spaltrohrmotor- und Magnetkupplungspumpe unterschieden. Beide sind absolut dicht, eignen sich aber nur für Lösungen oder Suspensionen mit sehr geringen Feststoffanteilen.

10.1.5.3 Verdrängerpumpen

Verdrängerpumpen sind in der Regel selbstansaugend. Ihr Förderstrom $\dot{V}$ ergibt sich aus dem geometrisch definierten Verdrängungsvolumen V_n pro Umdrehung, der Pumpendrehzahl n und dem volumetrischen Wirkungsgrad η_V, der Abweichungen von dem geometrisch definierten Volumen durch Leckagen und ähnliches berücksichtigt.

$$\dot{V} = V_n \cdot n \cdot \eta_V \qquad \text{Gl.(10-17)}$$

10.1.5.3.1 Zahnradpumpen

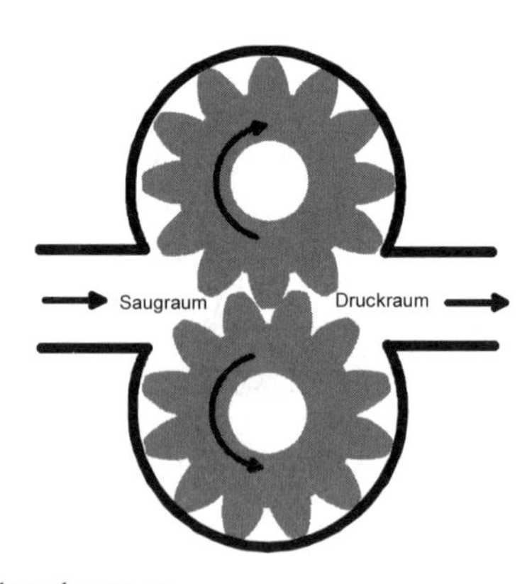

Bild 10-17 Prinzip der Zahnradpumpen

Zwei im Gehäuse gegensinnig umlaufende Zahnräder öffnen auf der Saugseite die Zahnlücken und nehmen die einströmende Flüssigkeit mit. Auf der Druckseite greifen die Zähne ineinander. Die Flüssigkeit wird ausgequetscht und in den

Druckstutzen ausgestoßen. Zur Abdichtung von Saug- und Druckseite sind enge Spiele zwischen den Zahnrädern aber auch zwischen den Zahnrädern und dem Gehäuse erforderlich. Es können nur Flüssigkeiten gefördert werden die Schmiereigenschaften besitzen und keine schmirgelnden Beimengungen haben. Ein Trockenlauf ist zu vermeiden.
Es gilt:

Geometrisches Verdrängungsvolumen = Volumen eines Zahnes x Zähnezahl
Pulsationsfrequenz = Zähnezahl x Drehzahl.

Die Pulsation des Förderstromes ist gewöhnlich minimal.

Förderstrom 0,01 ... 100 m^3/h
Förderhöhe 5 ...30 bar
Drehzahl 10 ... 6000 min^{-1}

10.1.5.3.2
Schlauchpumpe

Bei Schlauchpumpen liegt ein elastischer Schlauch in einem nach innen offenen Krümmergehäuse. Mindestens zwei Quetschrollen laufen um, drücken den Schlauch zusammen (auf 2 Schlauchwandstärken) und pressen die eingeschlossene Flüssigkeit mit bis zu etwa 1 m/s vor sich her. Der Fördervorgang ist im Bild 10-18 dargestellt. Es können gleichzeitig mehrere Köpfe von einem Antrieb angetrieben werden. Die Pulsation des Förderstromes ist zu vermindern durch

- die Erhöhung der Rollenzahl (maximal sind bis zu 4 Rollen üblich).
- zwei parallele Pumpenköpfen pro Schlauch mit phasenverschobenen Quetschrollen. Diese Methode ist im Bild 10-18 unten dargestellt.

Schlauchpumpen sind vorzugsweise für Labor- und Technikumsanlagen geeignet. Ihre Reinigung ist durch einen einfachen Schlauchwechsel sehr erleichert. Bei Schlauchwechsel ist das Förderverhalten durch Veränderungen der Elastizität des Materials und durch Unterschiede beim Einlegen nicht reproduzierbar. Das bringt Probleme, wenn von mehreren Pumpenköpfen auf einen gemeinsamen Antrieb gleiches Förderverhalten verlangt wird.

Die Schlauchlebensdauer wird bei geringen Belastungen (Druck, Drehzahl, Fluid) zwischen einigen hundert bis zu wenigen tausend Betriebsstunden liegen. Es gilt:

- Geometrisches Verdrängungsvolumen pro Umdrehung = Schlauchinhalt zwischen 2 Quetschrollen
- Pulsationsfrequenz = Zahl der Quetschrollen x Drehzahl (ggf. geringer. Siehe oben). Die Pulsation ist mäßig bis gering:

Außerdem ist charakteristisch:
Förderstrom pro Schlauch ca. 1 l/h ... 15 m^3/h
Förderhöhe bis 3,5 bar
Drehzahl 5 ... 1800 min^{-1}

Zur Handhabung ist zu beachten:
Störungen können sich ergeben durch Rißbildung infolge von Abrieb, Ermüdung, Quellung oder Versprödung des Schlauches. Es sollten nur Schläuche verwendet werden, die für den Einsatz in Schlauchpumpen vorgesehen sind.

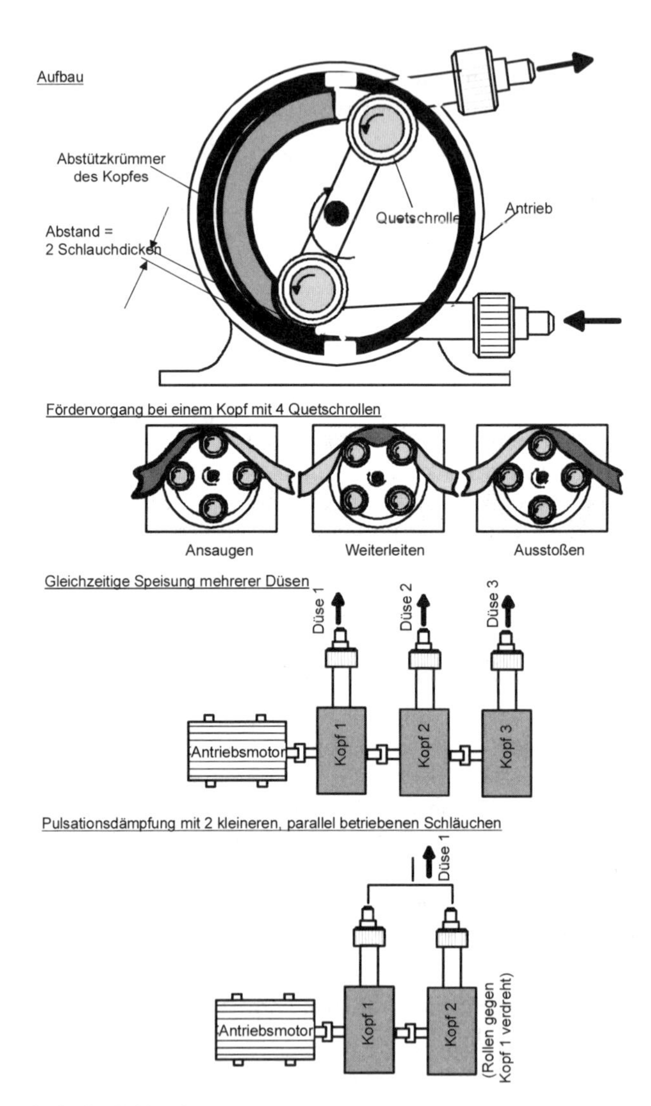

Bild 10-18 Prinzip der Schlauchpumpen

10.1.5.3.3
Exzenterschneckenpumpe

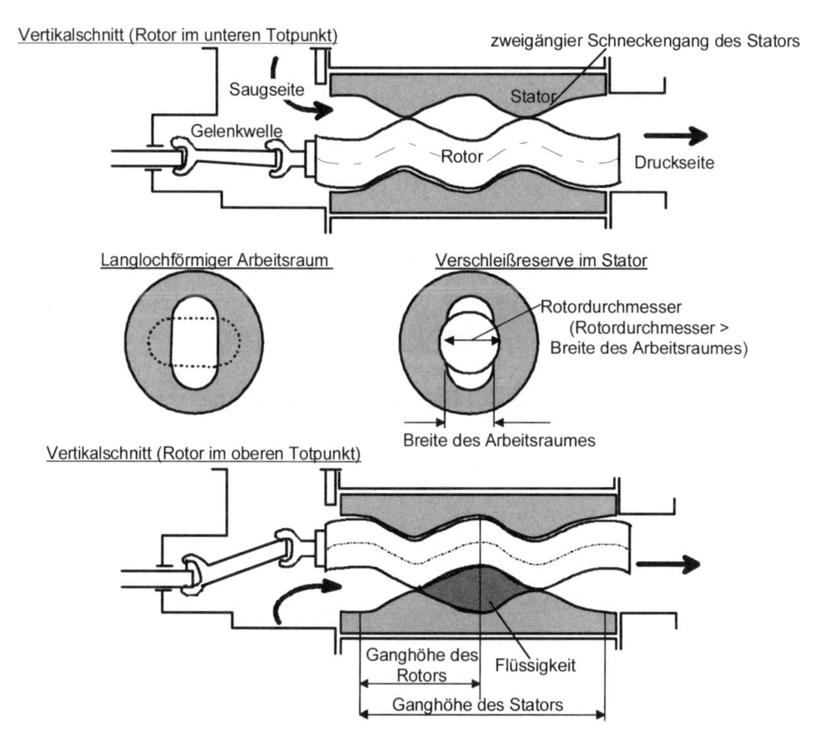

Bild 10-19 Prinzip der Exzenterschneckenpumpe

Rotor und Stator sind schraubenförmig, wobei die Steigung im Stator doppelt so groß ist, wie im Rotor. Der Rotor hat einen kreisförmigen, der Stator hingegen einen langlochförmigen Querschnitt. Der Rotor ist aus Metall, der Stator mit einer Kunststoffauskleidung gefertigt. In der Symmetrieachse des Stators erfolgt die Rotorbewegung rotierend und gleichzeitig oszillierend. Dadurch entstehen zwischen Rotor und Stator periodisch zwei abgeschlossene Arbeitsräume, die sich von der Saugseite her füllen und von der Druckseite entleeren. Zwischen Saugen und Füllen ist jeder Arbeitsraum eine kurze Zeit gegen den Saug- und den Druckraum abgeschlossen. Die Produktfüllung wird mit einer Umdrehung durchgeschleust. Dabei wälzt sich der Rotor klemmend in den Gängen des Stators ab. Die Klemmung beeinflußt das Förderverhalten der Pumpe. Sie geht im Laufe des Betriebes durch Verschleiß verloren. Es gilt:

Verdrängungsvolumen 4 x Exzentrizität des Rotors x Breite des Arbeitsraumes x Steigung des Statorschraubenganges
Förderstrom 1 l/h ... ca. 250 m^3/h
Förderhöhe einstufig bis 6 bar

Drehzahl bis 3000 min $^{-1}$(je zähflüssiger je geringer)
Fluid: dünnflüssig bis sehr zäh, gerade noch fließend
Pulsation: merklich

Zur Handhabung ist zu beachten:

Bei Trockenlauf wird der Stator sofort zerstört. Zur Abhilfe dienen Trockenlaufschutzeinrichtungen wie z. B. eine Temperaturüberwachung am Stator.

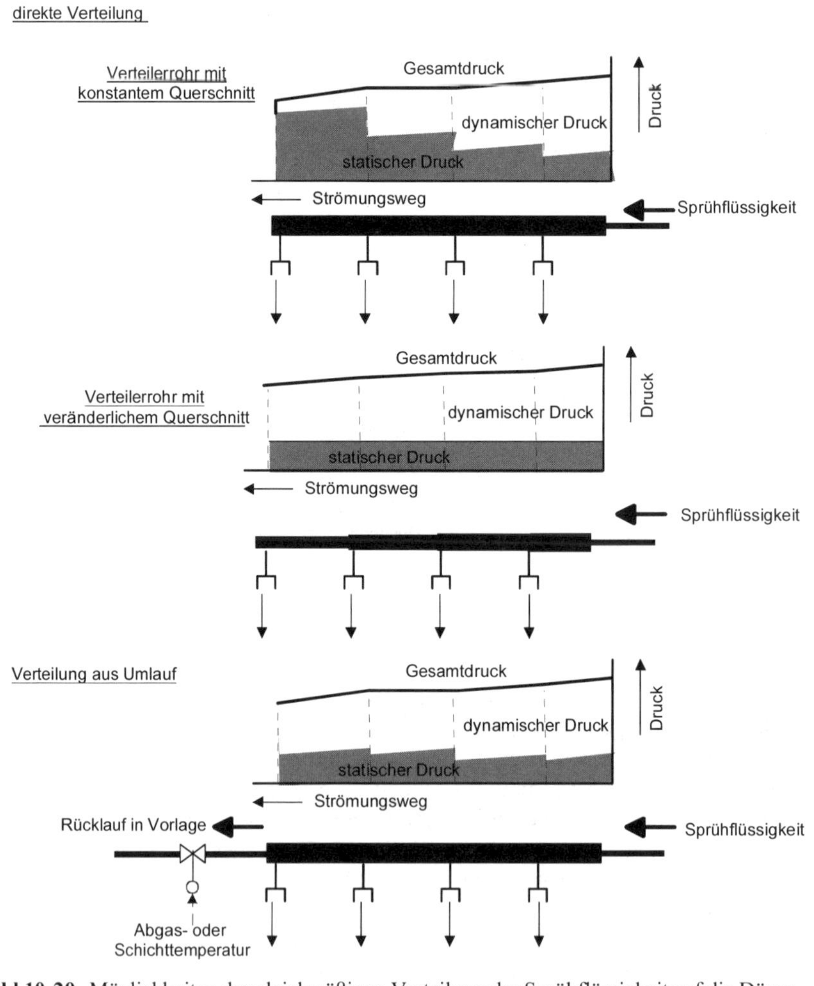

Bild 10-20 Möglichkeiten der gleichmäßigen Verteilung der Sprühflüssigkeit auf die Düsen

10.1.6
Verteilung der Sprühflüssigkeit auf die Düsen

Geregelt durch die Abgas- oder Schichttemperatur muß die Sprühflüssigkeit gleichmäßig auf die Sprühdüsen verteilt, dem Granulator zugeführt werden. Förderung und Verteilung der Sprühflüssigkeit können heikel werden, wenn es zu Verstopfungen kommt. Kritisch sind gering oder ungünstig durchströmte Stellen des Verteilersystemes bezüglich Sedimentation und nicht hinlänglich temperierte Stellen bezüglich Kristallisation.

Nur in Ausnahmefällen werden die Düsen einzeln mit Sprühflüssigkeit versorgt. Solche Ausnahmefälle sind Labor- und Technikumsanlagen mit nur einer Düse. Hier bieten sich Verdrängerpumpen, vorzugsweise Schlauchpumpen an, deren Drehzahl geregelt wird.

Mit Schlauchpumpen sind bei Verwendung mehrerer Pumpenköpfe auf einer Antriebswelle (s. Bild 10-18) gleichzeitig auch mehrere (bis zu 6) Düsen zu versorgen. Weil sich aber die Schläuche nicht reproduzierbar einlegen lassen, empfiehlt sich eine permanenten Kontrolle der Gleichverteilung über geeignete Durchflußmeßgeräte

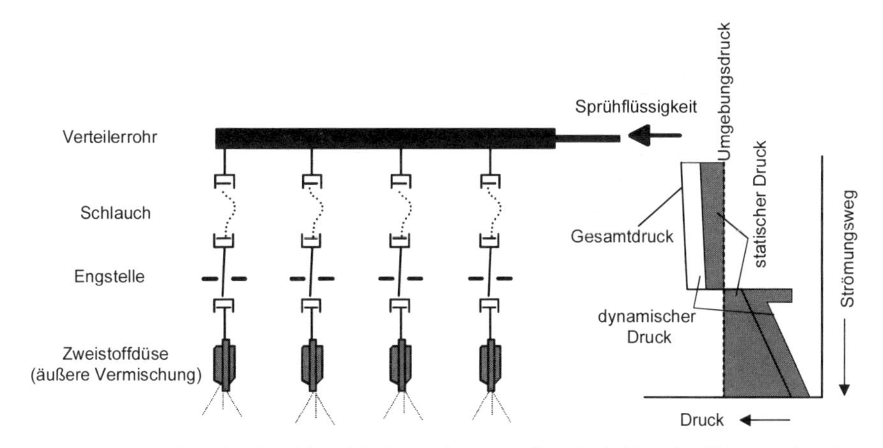

Bild 10-21 Entnahme der Sprühflüssigkeit aus dem Verteilerrohr bei Zweistoffdüsen mit äußere Vermischung von Zerstäubungsgas und Sprühflüssigkeit

Wenn ein Granulator mit mehreren Düsen von einer einzigen Pumpe zu versorgen ist, wird der Förderstrom der Pumpe in der Regel über ein Verteilerrohr mit entsprechenden Abgängen auf die Düsen verteilt. Der Querschnitt des Verteilerrohres soll einerseits so gering sein, daß es nicht zum Absetzen von Feststoff kommt. Andererseits soll er aber für die gleichmäßige Verteilung möglichst groß sein, denn eine geringe Geschwindigkeit sorgt für einen geringen Druckverlust und wie in Bild 10-20 oben zu sehen ist, für einen weitgehend konstanten statischen Druck. Das ist wichtig, weil der statische Druck an der jeweiligen Entnahmestelle den abfließenden Flüssigkeitsstrom bestimmt. In der Mitte von

Bild 10-20 ist eine Verringerung des Verteilerrohrquerschnittes dargestellt. Damit soll ein über den Strömungsweg konstanter dynamischer Druck erreicht werden. Unten ist im Bild 10-20 die Speisung der Düsen aus einem Umwälzsystem dargestellt. Diese Option hat den Vorteil vieler Freiheitsgrade. Sedimentationen können vermieden und die Gleichverteilung verbessert werden. Die Druckhaltung besorgt ein über die Abgas- bzw. Schichttemperatur als Regelgröße betätigtes Regelventil. Bei dieser Methode bietet sich insbesondere eine ungeregelte Kreiselpumpe als Förderorgan an.

Letzlich ist die Gleichverteilung durch Drosseln in den Abgängen zu den Düsen zu sichern. Dabei ist der Ansaugunterdruck von bis zu 0,5 bar bei den Düsen zu berücksichtigen, bei denen sich Sprühflüssigkeit und Zerstäubungsgas außerhalb der Düse mischen (s. Kap. 9.3). Hier muß die Drossel einen Druckverlust von rund 1 bar erzeugen. Im Verteilerrohr würde sich dann ein Gesamtdruck von etwa 1,5 bar einstellen. Das Druckprofil vom Verteilerrohr bis zur Düse zeigt Bild 10-21. Es ist zu sehen, daß der statische Druck an der Drosselstelle sehr klein ist.

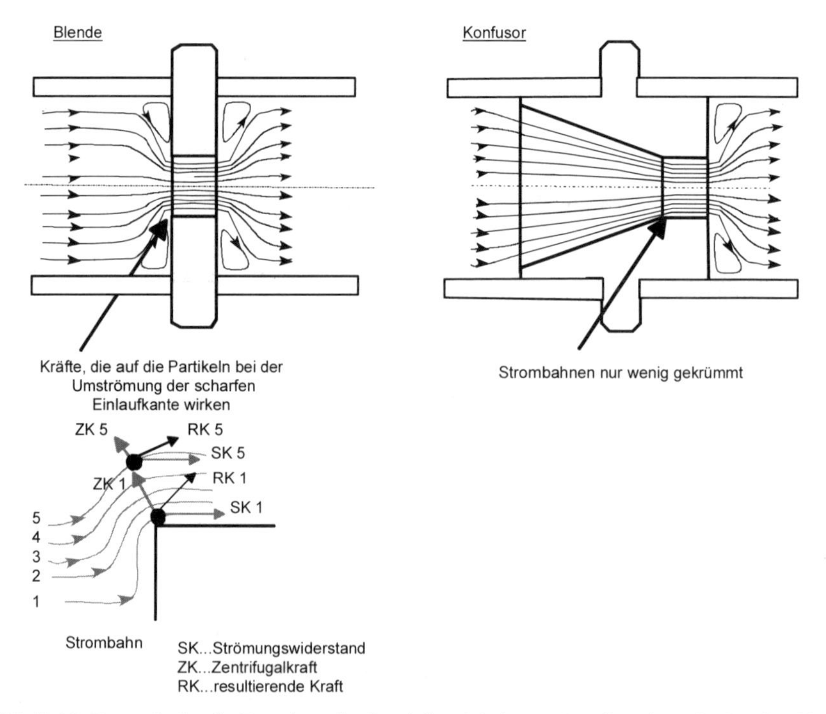

Bild 10-22 Drosseln für die Entnahme der Sprühflüssigkeit aus Verteilerrohren für Zweistoffdüsen mit äußerer Vermischung von Zerstäubungsgas und Sprühflüssigkeit

Fällt er unter den Dampfdruck, kommt es zur Bildung von Dampf und somit zu einer starken Vergrößerung des Volumens. Dabei wird der Drosselquerschnitt eingeengt, so daß der erwartete Durchfluß nicht erreicht wird. Unter Umständen kann es auch zu einem Auskristallisieren des Feststoffes und damit zum Zuwachsen des Drosselquerschnittes kommen. Der Dampf kondensiert durch den unmittelbar folgenden Druckanstieg. Kavitationen und damit Beschädigungen der Bauteile sind nicht auszuschließen. Die Dampfbildung ist durch das Hintereinanderschalten mehrerer Drosseln, die insgesamt den gewünschten Druckverlust erzeugen, vermeidbar.

Bei unproblematischen Sprühflüssigkeiten kann die Drossel eine einfache Blende sein. Blenden sind aber sehr verstopfungsanfällig, wie in Bild 10-22 dargestellt ist. Durch plötzliche Richtungsänderungen an Kanten wirken unterschiedlich starke zentrifugale Kräfte auf die von Suspensionen mitgeführten Partikel. Es kommt zu Bewegungen der Partikel quer zur Hauptströmungsrichtung, damit zu Feststoffzusammenballungen und schließlich zu Verstopfungen. Bei Konfusoren (Hersteller Firma Schlick Coburg, Handelsname „Glattstrahldüse") sind diese Richtungsänderungen erheblich abgeschwächt. Die Verstopfungsgefahr ist dadurch drastisch reduziert.

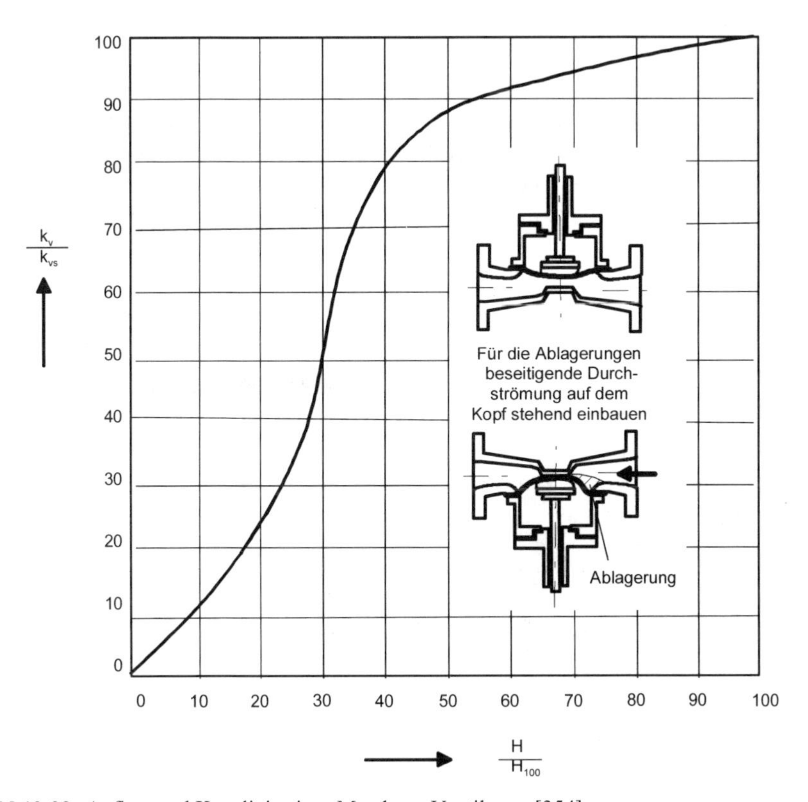

Bild 10-23 Aufbau und Kennlinie eines Membran-Ventils aus [354]

Auswahl und Auslegung der Stellarmatur werden ebenfalls von Festoffanteilen und Kristallisationsgefahr bestimmt. Für unproblematische Flüssigkeiten eigenen sich die meisten der handelsüblichen Stellarmaturen. Ob sich unter Betriebsbedingungen Dampf bildet, ist wegen der Kristallisationsgefahr jeweils zu untersuchen.

Für Suspensionen bieten sich Membranventile („Saundersventile") gemäß Bild 10-23 an (ausführliche Beschreibung s. [131]). Die Größe der Ventile wird nach dem maximalen Durchfluß festgelegt. Schlüsselgröße für diese Festlegung ist der Ventilkoeffizient k_v. Er ist der Volumenstrom kalten Wassers (5 – 40 °C) in m^3/h, der bei festgelegtem Hub bei einem Druckgefälle von 1 bar das Ventil passiert. Nach [354] sind die Ventile im Bereich $k_v = 0{,}4$ bis $700\ m^3/h$ (entsprechend einer Nennweite von 15 bis 200 mm) erhältlich. Aus den Größen

ρ_F	Flüssigkeitsdichte $[kg/m^3]$
ΔP	Druckabfall über das Ventil [bar]
$\dot{V}_F$	Volumenstrom der rücklaufenden Flüssigkeit $[m^3/h]$

errechnet sich

$$k_V = \frac{\dot{V}_F}{31{,}6} \cdot \sqrt{\frac{\rho_F}{\Delta P}} \qquad \text{Gl.(10-18)}$$

Nach [354] sollte der Nenndurchfluß (das ist der vorgesehene Betriebspunkt) etwa bei 65 % des maximalen Durchflusses liegen. Bild 10-23 zeigt die Kennlinie des Ventiles, das ist hier die Abhängigkeit des Durchflusses vom Ventilhub in normierter Form. Normiert wurde ist den voll geöffneten Zustand des Ventiles.

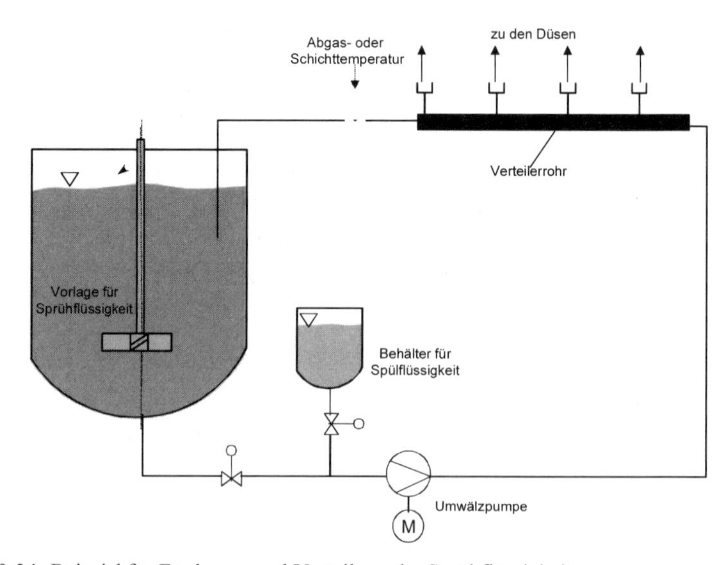

Bild 10-24 Beispiel für Förderung und Verteilung der Sprühflüssigkeit

In Bild 10-24 ist beispielhaft ein System für Förderung und Verteilung der Sprühflüssigkeit dargestellt. Eine Kreiselpumpe wälzt mit konstanter Drehzahl die Sprühflüssigkeit um. Über ein von der Abgas- oder Schichttemperatur geregeltes Rückströmventil wird der Systemdruck und damit der Zufluß zu den Düsen reguliert. Unmittelbar nach Beendigung des Versprühens ist auf eine Spülflüssigkeit (Lösungsmittel der Sprühflüssigkeit) umzuschalten. Damit wird der gesamte Weg der Sprühflüssigkeit gespült und die restliche Flüssigkeit mit ihren Feststoffanteilen zugleich versprüht.

10.2 Feststofftransport

10.2.1 Allgemeines

Bei der Wirbelschicht-Sprühgranulation ist Feststoff in den Granulator als Vorlage-, Keim- oder Kernmaterial ein- und als Granulat auszutragen. Bild 10-25 zeigt die üblicherweise verwendeten Förderorgane. Feststofftransporte erfolgen bei der Wirbelschicht-Sprühgranulation durch eine pneumatische Förderung.

Das Vorlagematerial wird vielfach über einen einfachen Schlauch aus Gebinden in den Granulator eingesaugt. Dazu wird der Unterdruck im Granulator zeitweilig erhöht. Der Ringspalt-Injektor gemäß Bild 10-25 ist als Handgerät für diese Aufgabe gut geeignet. Er kann auch für den kontinuierlichen Eintrag von Keim- oder Kernmaterial in Labor- und Technikumsanlagen benutzt werden, wenn ein größerer Bedienungsaufwand in Kauf genommen wird.

Der aus dem Abgas mit Filter oder Zyklon abgeschiedene Feststoff muß vollständig in den Granulator zurücktransportiert werden. Weil dieser Transport gegen die Strömungsrichtung des Gases gerichtet ist, sind Druckunterschiede zu überwinden. Der Durchsatz des Förderorganes wird in diesem Falle nicht geregelt. Er ist auf den größtmöglichen Feststoffanfall abzustimmen. Für diese Aufgabe sind Zellenradschleusen und Injektoren gleichermaßen geeignet.

Wenn der kontinuierlichen Granulation Keimgut oder Kerne von außen ständig zugeteilt werden müssen, liegt eine Dosieraufgabe vor. Der Schichtdruckverlust als Regelgröße beeinflußt den Durchsatz des Dosiergerätes, das hier zumeist eine Zellenradschleuse ist. Verstellt wird die Motordrehzahl. Nach [354] ist bei einem Stellbereich von 1:10 mit Dosiermengenschwankungen von ± 2 bis 10 % zu rechnen.

Als Austragsorgan für die Granulate, sind den Sichtstrecken der Granulatoren ausnahmslos Zellenradschleusen nachgeschaltet, die mit konstanter Drehzahl betrieben werden.

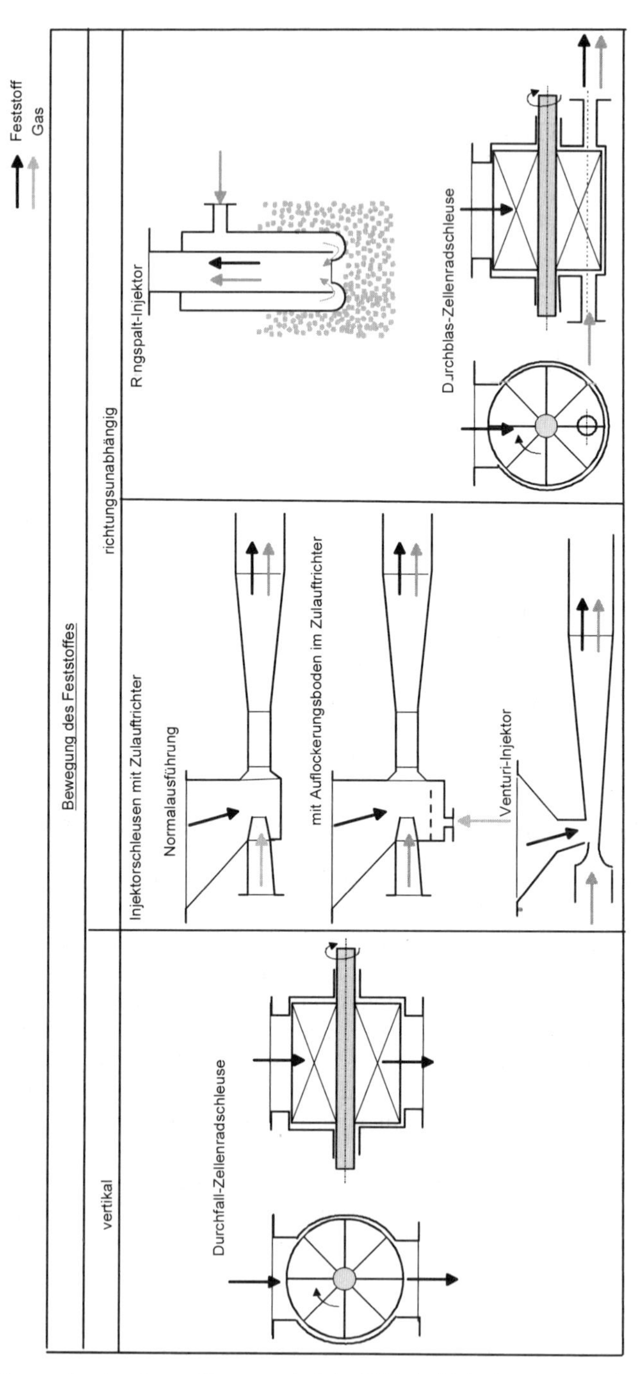

Bild 10-25 Organe für den Feststofftransport bei der Wirbelschicht-Sprühgranulation (aus [322])

10.2.2 Pneumatische Förderung

Bei der pneumatischen Förderung ist die Geschwindigkeit der Förderluft größer als die Geschwindigkeit der Partikel. Sie treibt daher die Partikel ständig an. Dabei erfährt sie einen Druckverlust. Man kann der Förderluft nicht beliebig viel Feststoff aufladen. Bei zu großer Beladung oder zu kleiner Luftgeschwindigkeit werden die Partikel nicht mehr in gleichmäßiger Verteilung gefördert. In horizontalen Leitungen fällt der zuviel aufgegebene Feststoff aus, bildet Ablagerungen, Strähnen und /oder Ballen. In senkrechten Leitungen treten im Prinzip die gleichen Förderzustände wie in horizontalen Leitungen auf. Es entstehen Partikelansammlungen an der Wand, hier aber lokal und in Form dichter Wolken oder Ballen, die sich immer wieder auflösen. Bei beiden Förderrichtungen beginnt der Förderstrom zu pulsieren. Die Förderleitung kann bei zu kleiner Luftgeschwindigkeit oder zu hoher Beladung verstopfen (Rohrbogen sollten einen Biegeradius von 8-10 Leitungsdurchmessern haben).

Von entscheidender Bedeutung für den Förderzustand sind die Luftgeschwindigkeit u_G, die Sinkgeschwindigkeit w der Partikel und die Beladung μ mit

$$\text{Beladung} \qquad \mu = \frac{\text{Feststoffmassenstrom}}{\text{Luftmassenstrom}} \qquad \text{Gl.(10-19)}$$

In Bild 10-26 sind die bei pneumatischer Förderung in Anlagen der Wirbelschicht-Sprühgranulation relevanten Förderzustände grob charakterisiert.

Förderzustand		u_G [m/sec]	w [m/sec]	μ	ΔP je 10 m [bar]
Flug-förderung	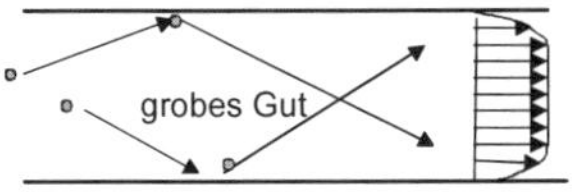 grobes Gut	15-30	$(0{,}5\text{-}0{,}8).u_G$	1-10	0,01-0,1
Strähnen-förderung	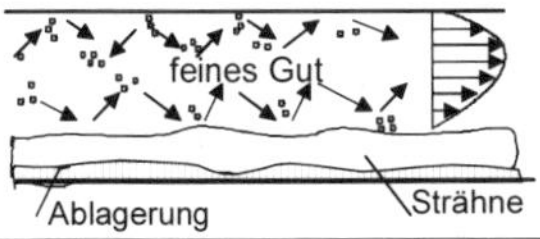 feines Gut, Ablagerung, Strähne	15-30	Einzelteil ~ u_G, Strähne~$0{,}1.u_G$	10-30	0,1-0,3
Strähnen- und Ballen-Förderung	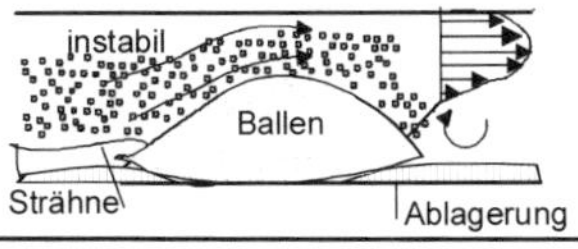 instabil, Ballen, Strähne, Ablagerung	5-15	Einzelteil ~ u_G, Ballen~$0{,}7.u_G$	10-30	0,1-0,5

Bild 10-26 Förderzustände und Anhaltszahlen für die pneumatische Förderung in Anlagen der Wirbelschicht-Sprühgranulation (entnommen aus [252])

10.2.3 Organe für den Feststoff-Transport

10.2.3.1 Zellenradschleuse

In Zellenradschleusen dreht sich ein Zellenrad mit zumeist radialen Stegen in einem zylindrischen Gehäuse um eine waagerechte Achse. Der Feststoff fällt von oben in die Zellen. Nach einer halben Umdrehung fällt er in einen Raum, der gewöhnlich unter einem höheren Druck steht. Gehäuse und Zellenrad sind durch Form und Spiel so aufeinander abgestimmt, daß der Leckgasstrom zwischen Unter- und Oberseite der Schleuse möglichst gering ist.

Wenn der Feststoff das Zellenrad im freien Fall verläßt, spricht man von einer Durchfall-Zellenradschleuse (s. Bild 10-25). Von einer Durchblas-Zellenradschleuse ist dagegen die Rede, wenn die Zellen durch einen waagerechten Fördergasstrom ausgeblasen werden.

Der Durchsatz einer Zellenradschleuse $\dot{m}_S$ errechnet sich aus dem Volumen seiner Zellen V_Z, der Schüttdichte ρ_{Sch} und der Drehzahl n. Zu berücksichtigen ist des weiteren der Füllungsgrad φ, der angibt, wie die Zellen gefüllt sind.

$$\dot{m}_S = \varphi \cdot V_Z \cdot \rho_{Sch} \cdot n \qquad \text{Gl.(10-20)}$$

Mit Bild 10-27 ist der Einfluß der Drehzahl auf den Füllungsgrad gezeigt. Danach sind die Zellen bei geringeren Drehzahlen zunächst vollständig gefüllt. Bei weiterer Steigerung der Drehzahl nimmt die Füllung ständig ab. Für die Drehzahlabhängigkeit des Durchsatzes $\dot{m}$ ergibt sich der in Bild 10-27 dargestellte Verlauf.

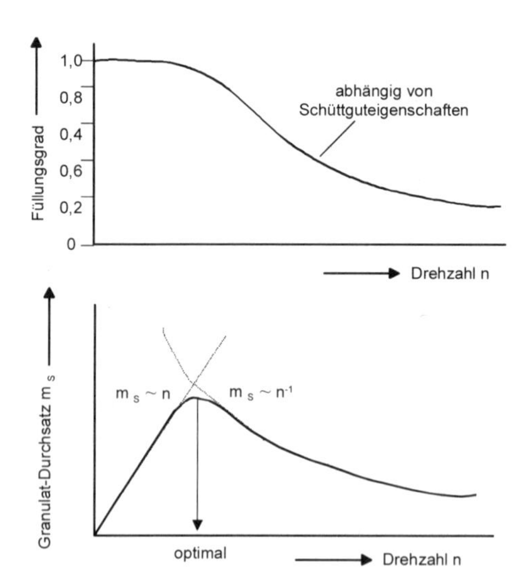

Bild 10-27 Fördercharakteristik von Zellenradschleusen [330]

Wenn bei kleinen Drehzahlen n die Zellen ganz gefüllt sind, gilt $\dot{m}$~n, bei großen Drehzahlen hingegen $\dot{m}$~n^{-1}. Dazwischen gibt es eine Drehzahl, bei der Durchsatz maximal ist. Diese Drehzahl ist von den Schüttguteigenschaften des Feststoffes abhängig. Bei einem Zellenraddurchmesser um 200 mm liegt diese Drehzahl bei ca. 40 bis 60 min^{-1}. Für größere Zellenraddurchmesser nimmt sie ab. Bei 1000 mm Durchmesser liegt sie unter 20 min^{-1} [322].

10.2.3.1.1
Leckagen

Gasströmungen durch die Zellenradschleuse sind die Folge von Leckagen und der Mitführung von Gas durch die Zellen („Schöpfgas"). In Bild 10-28 sind die Wege von axialen und radialen Leckströmungen zwischen Rotor und Gehäuse einer Zellenradschleuse dargestellt. Die Leckströmung durch die Zellenradschleuse behindert den Feststoff bei Eintritt und Austritt. Sie trägt Feststoff in die Spalte ein und kann dadurch Verschleiß und Betriebsstörungen verursachen. Ist die Zellenradschleuse unter einem Zyklon angeordnet, verringert sich durch die Leckströmung die Abscheideleistung des Zyklons.

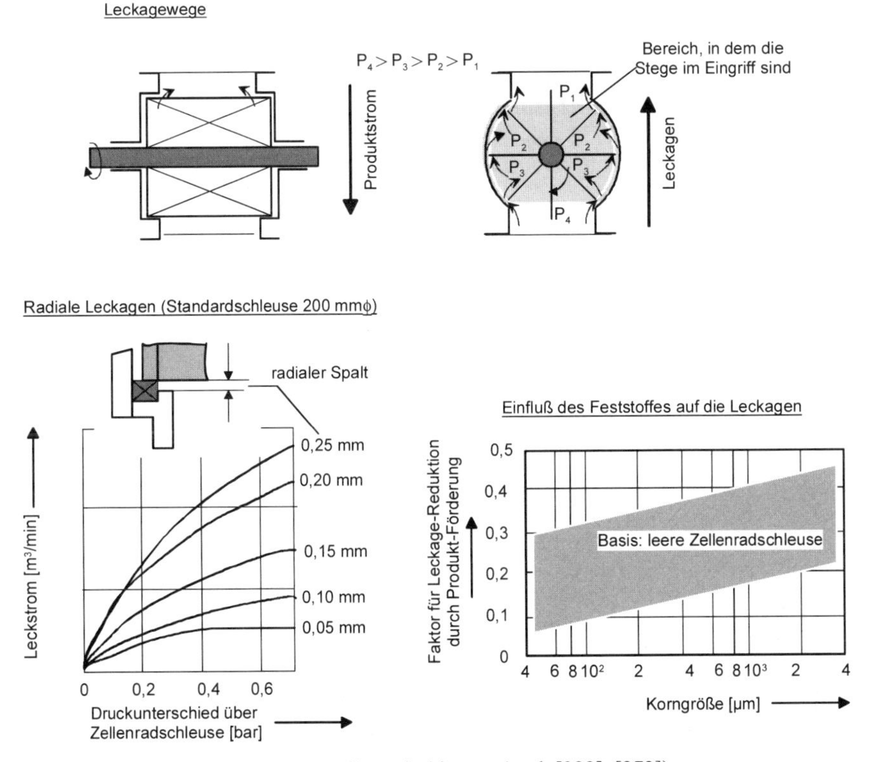

Bild 10-28 Leckagen in und durch Zellenradschleusen (nach [322], [272])

Die Spalte wirken wie Labyrinthe. Selbstverständlich sind dabei nur die Stege wirksam, die im „Eingriff" sind. In radialer Richtung dichten sie um so besser, je dicker die Stege sind. Bei Feststofförderung sind die Leckströmungen geringer als im Leerlauf der Zellenschleuse.

Die Spalte werden zur Verringerung der Leckagen so klein wie möglich gewählt. Bei einem Zellenraddurchmesser bis 400 mm sind Spalte zwischen 0,1 und 0,2 mm erforderlich, wenn bei mäßigen Temperaturen ein Anlaufen des Zellenrades am Gehäuse und am Seitenflansch vermieden werden soll. Bei heißem Feststoff dehnt sich das Zellenrad anfangs schneller aus als das Gehäuse. Das Spiel muß vergrößert werden. Mit Rücksicht auf die zunehmenden Leckagen kann dann auch der Einsatz einer Zellenradschleuse nicht ratsam sein.

10.2.3.1.2
Partikelscherung

Wenn eine Partikel zwischen Steg- und Gehäusekante eingeklemmt wird, wird es geschert. Verlaufen Schleuseneinlaufkante und Stegkante parallel, können auch mehre Partikel gleichzeitig geschert werden (Bild 10-29). Um das zu vermeiden, wird die Einlaufkante schräg ausgeführt. Andere Vorschläge zur Vermeidung der Partikelscherung sind von Siegel [322] beschrieben.

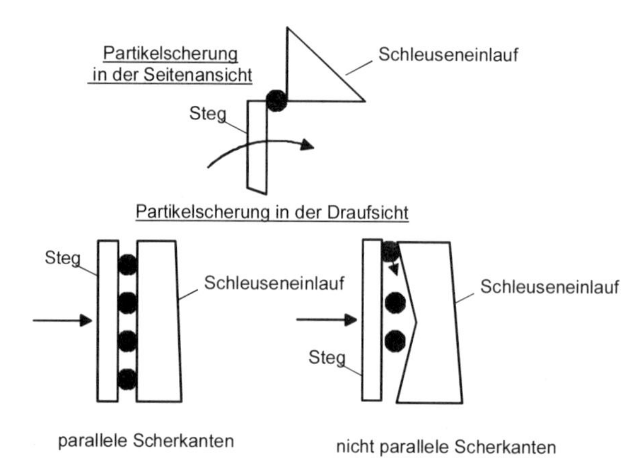

Bild 10-29 Partikelscherung zwischen Schleuseneinlauf und den Zellenradstegen [322]

10.2.3.1.3
Durchblasanschlüsse

Der Durchmesser des Austrittsstutzens soll etwa dem 0,7 - 1,1 fachen des Eintrittstutzens entsprechen, damit die Zellen leergeblasen werden (Bild 10-30). Ist er größer, kommt es nicht zu einer vollständigen Entleerung. Ist er kleiner vergrößern sich Druckverlust und Abrieb.

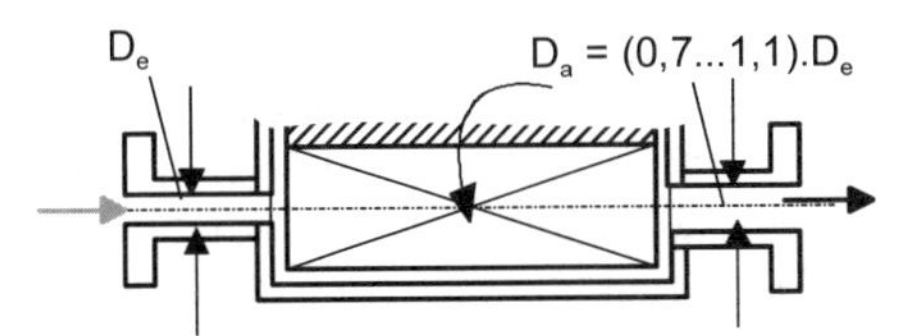

Bild 10-30 Abmessungen der Blasstutzen an einer Durchblas-Zellenradschleuse

10.2.3.2 Injektor

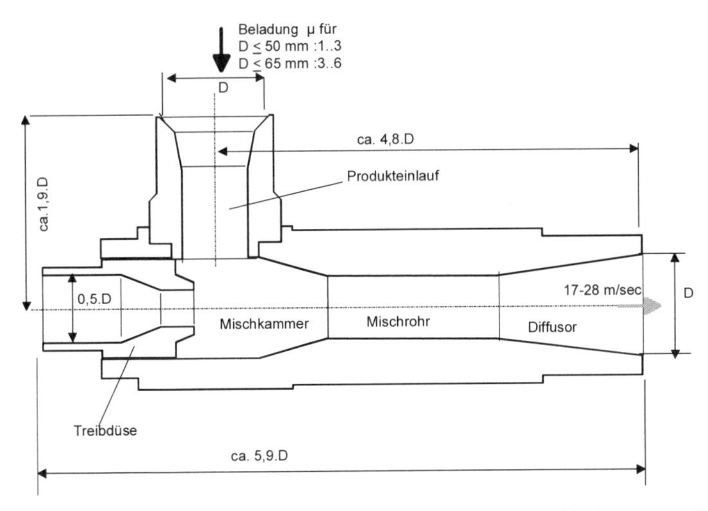

Bild 10-31 Bezeichnungen und grobe Anhaltswerte zu Abmessung und Leistung von Injektoren (nach Informationsmaterial der Firma Telschig, Murrhardt)

Mit Injektoren können Feststoffe ohne bewegte Teile, einfach und platzsparend transportiert werden. Bild 10-31 zeigt den Aufbau eines Injektors sowie grobe Anhaltswerte zu den Abmessungen und Durchsätzen. Er wandelt din Druck- der Förderluft in Geschwindigkeitsenergie um, so daß das Fördergut an der Aufgabestelle aus der Umgebung aufgenommen werden kann. Nach der Einschleusung des Fördergutes wird die Energie wieder zurückverwandelt. Es bleibt ein Überdruck, der dem Druckverlust in der anschließenden Förderleitung entspricht.

Der Injektor besteht gemäß Bild 10-31 aus der Treibdüse in der der Druck der Förderluft in Geschwindigkeit (> 100 m/s bis Schallgeschwindigkeit) umgesetzt wird. Der aus der Treibdüse austretende Strahl saugt in der Mischkammer Luft und Partikel an. Im anschließenden Mischrohr werden die Partikel beschleunigt. Der folgende Diffusor ist mit einem Zentriwinkel von 8 bis 10° konisch erweitert.

Er setzt die kinetische Energie wieder in Druck um. In Bild 10-32 sind die Verläufe von Druck und Geschwindigkeit im Injektor dargestellt. Es ist zu sehen, daß feinere Partikel („Pulver“) rascher auf Luftgeschwindigkeit zu beschleunigen sind als grobe. Entsprechend wird durch das Pulver mehr Druckenergie aufgezehrt als durch das Granulat. Der Druck am Austritt (in der Regel < 0,5 bar) entspricht dem Druckverlust in der Förderleitung. Wenn dieser Gegendruck so groß wird, daß der Druck an der Aufgabestelle größer als der Umgebungsdruck ist, entweicht Förderluft durch den Produkteinlauf. Es kommt zu einem Rückstau der zugeführten Partikel. Die Leistungsgrenze des Injektors ist überschritten.

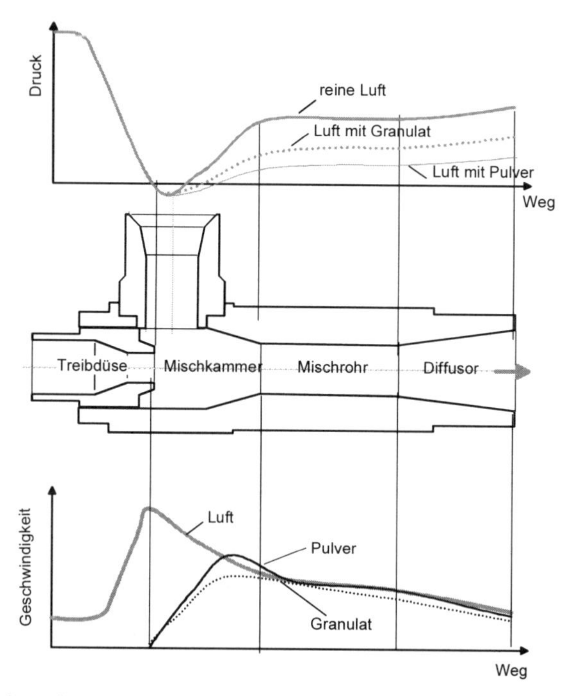

Bild 10-32 Druck- und Geschwindigkeitsverlauf im Injektor [252]

In Bild 10-25 sind einige spezielle Bauformen dargestellt. Nicht dargestellt sind sogenannte „Inliner“. Das sind auswechselbare Auskleidungen des Bereiches hinter der Mischkammer zur Erhöhung der Standfestigkeit gegen Verschleiß aus Keramik (nach Informationsmaterial der Firma Telschig, Murrhardt) oder aus Silikon gegen Produktanbackungen (hier sind Maßnahmen gegen eine elektrostatische Aufladung erforderlich). Silkon gibt beim Aufprall von Partikeln nach. Anbackungen werden dadurch abgesprengt.

10.3 Gassysteme und ihre Komponenten

10.3.1 Gasführung

Für die Gasführung existieren diverse Konzepte. Die Mehrzahl aller Anlagen wird als offenes System mit Luft betrieben. Dabei wird die benötigte Luft aus der Umgebung angesaugt und nach Durchlaufen der gesamten Anlage wieder in die Umgebung abgegeben. Alle übrigen Gasführungen sind ganz oder teilweise geschlossene Kreisläufe von entweder Luft, inerten Gasen oder überhitztem Lösungsmitteldampf. Das Lösungsmittel kann auch Wasser sein.

Hinter diesen in Bau und Betrieb aufwendigeren Gasführungen steht im wesentlichen die Absicht, zum einen Produktschädigung durch Oxidation, Produktaustritt in die Umgebung oder Explosionsgefahr zu vermeiden oder zum anderen Energie zu sparen.

10.3.1.1 Offenes System

Bild 10-33 zeigt die Komponenten einer offenen Gasführung die alternativ (auch kombiniert miteinander) eingesetzt werden.

Als Schutzmaßnahme wird zunächst an der Ansaugstelle durch ein grobmaschiges Drahtgewebe verhindert, daß Vögel angesaugt werden. Die angesaugte Umgebungsluft ist danach zu filtern. Wenn im Winter kalte Luft angesaugt wird, besteht bei ungünstiger Dimensionierung oder bei ungünstigen Betriebszuständen Einfriergefahr für die nachgeschalteten Erhitzer (Folgc: Undichtheiten durch platzende Rohre). Deshalb ist hinter dem Frostschutzerhitzer ein Kapillarrohr-Temperaturfühler vorzusehen, der bei etwa 5 °C die Beheizung des Frostschutzerhitzers in Gang setzt.

Im nächsten Schritt wird die Feuchte der dem Prozeß zuströmenden Luft beeinflußt. Mit Kühlwasser kann man im Sommer die Luft bis auf 2 – 3 °C oberhalb der Kühlwassertemperatur abkühlen. Das sind etwa 16 – 18 °C. Die zugehörige Sättigungsbeladung der Luft beträgt dann 11,8 bis 13,4 g Wasser / kg trockene Luft. Wenn im Winter gesättigte Luft von -5 °C angesaugt wird, ist die Anfangsbeladung der Luft 2,5 g / kg. Größere jahreszeitliche Schwankungen der Luftfeuchte sind also auf diesem Wege nicht zu vermeiden.

Von den Alternativen, die es zur Auskühlung gibt, wird hier nur der Adsorptionsregenerator („Munters-Trockner“) erwähnt. Er besteht aus einer sich drehenden Trommel, die mit vielen kleinen, zur Drehachse parallelen Kanälen durchsetzt ist (3000 m^2 Oberfläche / m^3 Trommelvolumen). Die Oberfläche ist mit einer festes LiCl enthaltenden Schicht überzogen. Durch feststehende Trennwände ist die Anströmfläche in 2 Sektoren unterteilt. Auf diese Weise wird erreicht, daß die sich langsam (ca. 7 min^{-1}) drehende Trommel auf der einen Seite durch zu trocknende und auf der anderen Seite durch regenerierende, zumeist elektrisch beheizte Luft durchströmt wird. Wegen weiterer Details s. z.B. [271]. Die Beladung der Luft wird auf etwa 3 – 5 g/kg reduziert.

Der Zuluftventilator besorgt das Ansaugen eines durch Regelung eingestellten Volumenstromes, der im nächsten Schritt auf die Granulator-Eintrittstemperatur aufgeheizt wird. Zur Aufheizung gibt es viele Möglichkeiten. Neben der Beheizung mit Dampf und durch das Verbrennen von Gas, bietet sich insbesondere für Labor- und Technikumsanlagen eine elektrische Beheizung an. Die Versorgung der Düsen, ggfs. des Sichters, der Filterabreinigung etc. mit Druckluft erfolgt über einen Verdichter.

Die verdunstete Flüssigkeit wird komplett in die Umgebung abgegeben. Der aus der Wirbelschicht ausgetragene Feststoff muß hingegen abgeschieden und dann in den Granulationsprozeß zurückgeführt werden. Naheliegend ist, hierzu ein Staubfilter mit dem Granulator zu vereinen. Das wird insbesondere bei Granulatoren mit Eindüsung von unten praktiziert, denn es verringert das Bauvolumen der Anlage und vermeidet Feststoffkreisläufe für die Rückfuhr des abgeschiedenen Feststoffes in den Granulator. In den übrigen Fällen wird der Abscheider außerhalb des Granulators angeordnet. Zyklone sind bedeutend billiger als Filter. Sie werden dann angewendet, wenn es der Prozeß erfordert (klebrige Produkte) oder zuläßt.

Der Abluftventilator besorgt die Absaugung und den Transport der Abluft nach außen. Er wird über den Druck einer ausgezeichneten Stelle des Systemes geregelt. Bei Granulatoren mit einem sichtenden Austrag ist der Raum unmittelbar oberhalb der Zellenradschleuse eine solche ausgezeichnete Stelle. Hier wird der sogenannte „Neutralpunkt" eingestellt. Das ist ein Druck geringfügig (etwa 2 - 3 mbar) unter dem Umgebungsdruck. Durch diese Einstellung ist gewährleistet, daß keine Luft aus der Anlage in die Umgebung und nur wenig aus der Umgebung in die Anlage strömt. Mit schalldämpfenden Maßnahmen (Dämpfer, Hauben) soll die Schallemission in die Umgebung reduziert werden.

Den unter der Überschrift „Vorreinigung" vorgesehenen Abscheidern werden in der Regel noch weitere Abscheider nachgeschaltet. Sie dienen der Sicherheit für den Fall, daß die Vorreinigungs-Stufe versagt (Beipiele: Filterriß, unsachgemäß eingesetzte Filterelemente etc.). Daneben können im Abluftstrom in geringer Konzentration gas- oder dampfförmige Fremdstoffe vorkommen, die aus Gründen des Umweltschutzes (Gerüche) wie dargestellt ausgewaschen oder anderweitig beseitigt werden müssen.

10.3.1.2 Geschlossenes System

Bei einem geschlossenen System wird das Gas im Kreis geführt. Der Kreislauf wird in allen Fällen mit einem geringen Unterduck gegenüber der Umgebung betrieben, so daß eventuelle Leckagen nach außen nicht auftreten. In der überwiegenden Mehrzahl aller Anwendungen wird dabei Stickstoff verwendet und so die Bildung zündfähiger Gemische vermieden.

Bild 10-34 zeigt die Komponenten einer geschlossenen Führung von Inertgas **die** alternativ (auch kombiniert miteinander) eingesetzt werden. Sie ist zugleich das

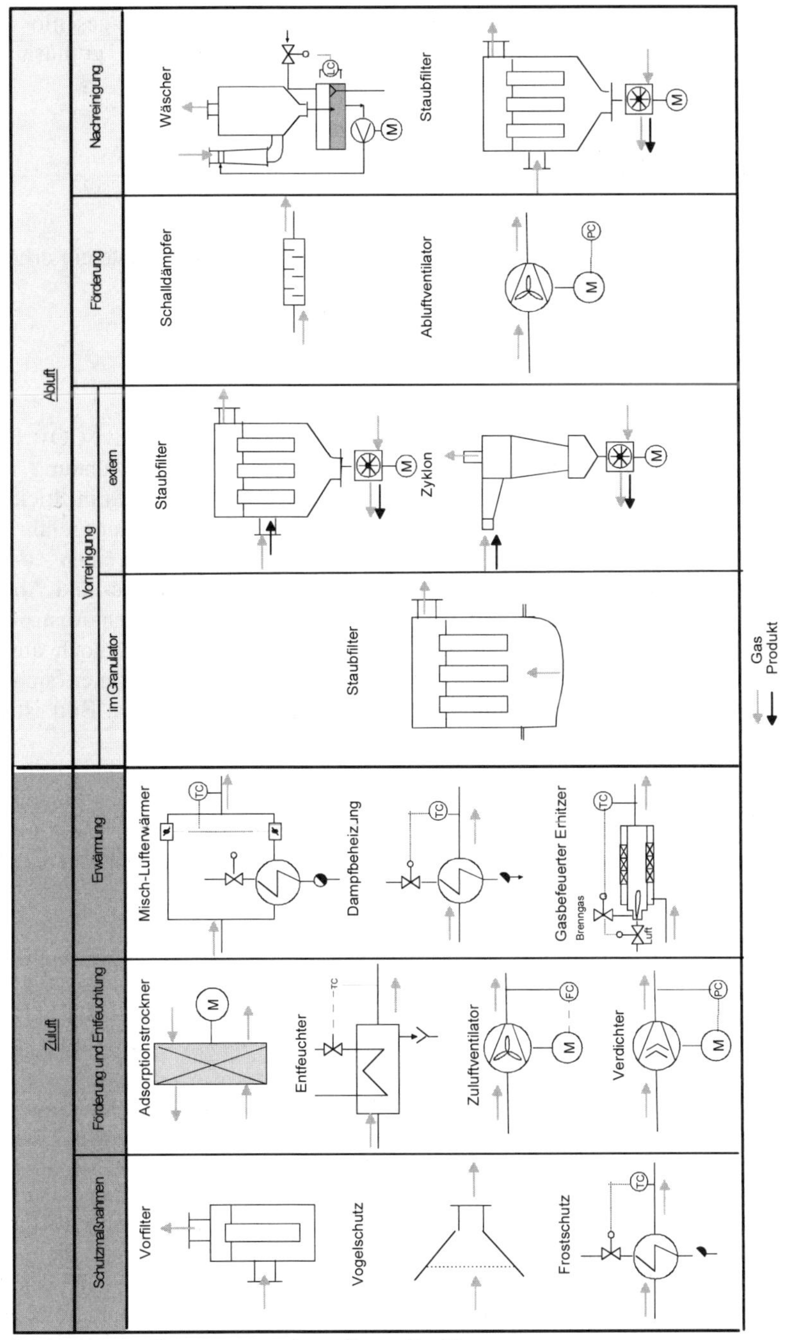

Bild 10-33 Komponenten einer offenen Gasführung

Grundkonzept für alle anderen Formen geschlossener oder halb-geschlossener Gasführung. Die Investitionskosten geschlossener Systeme sind grundsätzlich höher als die offener. Der Mehraufwand resultiert u. a. aus

- dem Wäscher /Kondensator mit Kühlkreislauf
- einer kontinulierlichen Sauerstoffmessung und -überwachung
- dem größeren Umfang für Messung und Regelung

Außerdem entsteht durch die Kondensation der verdunsteten Feuchte ein erhöhter Energieaufwand mit entsprechenden Kosten.

10.3.1.3 Inertgas

Durch Verwendung inerter Gase (vorzugsweise Stickstoff, alternativ: CO_2) [376] wird die Sauerstoffkonzentration so niedrig gehalten, daß eine Zündung nicht möglich ist (s. Kap. 13). Für die meisten organischen Stäube gibt es in Stickstoff unterhalb einer Sauerstoffkonzentration von 8 Vol.-% keine Explosionsgefahr.

Die Aufgliederung des Systemes bezogen auf den Granulator in einen Zu- und Abluftteil beim offenen System wird ersetzt durch die Bereiche Zu- und Abströmung (vergleiche Bild 10-33 und Bild 10-34). Das Gas verläßt den Abströmteil gereinigt und getrocknet, so daß im Zuströmbereich das Gas nur noch auf die Eintrittstemperatur in den Granulator aufzuwärmen ist. Hierfür bieten sich nur indirekte Erhitzer an (beheizt mit Dampf, Gas, Öl, Elektrizität). Im Bild ist beispielhaft eine Dampfbeheizung dargestellt.

Die Vorreinigung ist prinzipiell mit der bei offener Gasführung identisch. Der aus der Wirbelschicht ausgetragene Feststoff wird aus dem Gas abgeschieden und dann in den Granulationsprozeß zurückgeführt. Die verdunstete Flüssigkeit muß in einem anschließenden Schritt hingegen vollständig aus dem Gas entfernt werden. Wenn das Lösungsmittel zurückgewonnen werden soll, wird es entweder auskondensiert oder mit gekühltem Lösungsmittel ausgewaschen.

Das von seiner Feststoff- und Feuchtefracht befreite Gas muß für seine erneute Verwendung zur Fluidisation und Trocknung von einem Ventilator angesaugt und gefördert werden. Der für die Versorgung der Düsen, ggfs. des Sichters, der Filterabreinigung etc. bestimmte Teil der gesamten Gasmenge wird durch einen Verdichter auf den erforderlichen Druck komprimiert.

Es dringt ständig von außen Luftsauerstoff in die Anlage, der aus dem Kreislauf ausgeschleust werden muß. Für die O_2-Einstellung ist eine Variante, bei der ständig ein Teilstrom (Größenordnung: 1 bis 2 % des umlaufenden Gasstromes) aus dem Kreislauf abgeblasen wird, in Bild 10-34 dargestellt. Die Feineinstellung auf die erforderliche O_2-Konzentration besorgt ein vom Sauerstoffgehalt geregeltes Ventil. Damit die Abblasung nach außen möglich ist, muß sie an der Stelle höchsten Druckes des ansonsten mit Unterdruck betriebenen Kreislaufes, also unmittelbar an der Druckseite des Ventilators erfolgen. Das abzublasende Gas ist in geeigneter Weise, also beispielsweise durch einen Aktivkohlefilter oder einen Bio-Wäscher zu reinigen.

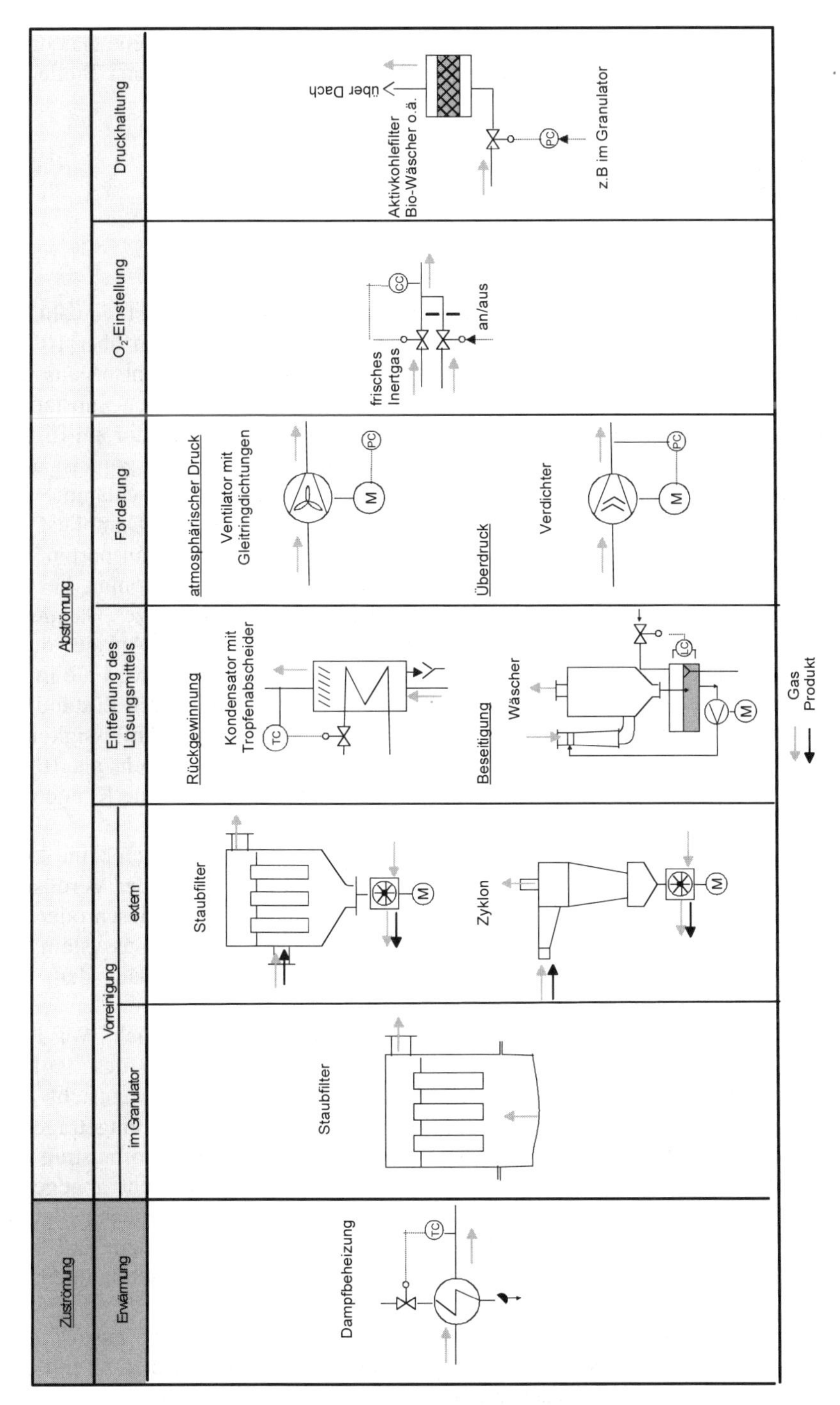

Bild 10-34 Komponenten einer geschlossenen Führung von Inertgas

Andererseits ist das als Sauerstoffträger dem Kreislauf entnommene Gas durch Frischgas zu ersetzen. Der Ersatz erfolgt, in dem der Druck an einer Stelle des Systemes konstant gehalten wird.

10.3.1.4 Überhitzter Lösungsmitteldampf

10.3.1.4.1 Systeme mit Umgebungsdruck

Für die Systeme, die mit Umgebungsdruck betrieben werden, ist gewöhnlich Wasser das Lösungsmittel. Die Anlagen arbeiten bei Temperaturen über 100 °C kontinuierlich. Sie werden derzeit noch ausschließlich für die Entsorgung des Feststoffes verwendet, der in zuvor eingedickten umweltbelastenden Substanzen enthalten ist (in diesem Fall sind die Temperaturen für den Granulator am Eintritt etwa 170 °C und am Austritt 130 °C). Solche Substanzen riechen zumeist auch noch übel. Es handelt sich um Gülle, Deponiesickerwässer, Klärschlämme und Industrieabwässer (s. Kap. 16.2). Die Granulation im überhitzten Dampf ist aus wirtschaftlichen Gründen interessant, weil nur die zum Wärmetransport nötige Dampfmenge erwärmt werden muß. Bei Dampf/Gasgemischen kommt bei der Erwärmung stets noch die für den Stoffübergang notwendige Gasmenge (Konzentrationsunterschied) hinzu. Beim Anfahren wird die Anlage durch Einsprühen und Verdunsten von Wasser mit Dampf gefüllt. Dabei wird die in der Anlage befindliche Luft verdrängt. Anschließend wird im stationären Zustand der Anlage ständig ebenso viel Wasser kondensiert, wie über die Sprühflüssigkeit in das System eingetragen und verdampft wird. Ein Abstand von mehr als 10 bis 20 °C zum Sättigungszustand ist dabei einzuhalten, um unerwünschte Kondensatbildungen im Gassystem zu vermeiden.

Für eine derartige Anlage ist es wichtig, daß keine Gase (also auch keine Luft) in das System gelangen. Aus diesem Grunde kann Luft weder bei der Verdüsung noch bei der Sichtung eingesetzt werden. Es werden also Einstoffdüsen oder mit Dampf betriebene Zweistoffdüsen verwendet. Ansonsten ist das Gassystem mit einigen Besonderheiten nach dem gleichen Schema aufgebaut, nach dem alle geschlossenen Gassysteme aufgebaut sind.

Eine Besonderheit ergibt sich aus dem Staubaustrag aus der Schicht. Wird der Austrag mit einem Wäscher bei gleichzeitiger Kondensation des laufend entstehenden Brüden aus dem Kreislaufdampf abgeschieden, entsteht ein Brüdenkondensat, dessen Menge der über die Sprühflüssigkeit eingetragenen Wassermenge entspricht. Das Brüdenkondensat ist mit dem Feststoffaustrag aus der Schicht verunreinigt. Darf es mit dieser Verunreinigung nicht abgegeben werden, sind Gegenmaßnahmen erforderlich. Eine naheliegende Maßnahme ist die Vorschaltung einer Staubabscheidung durch ein Staubfilter. In diesem Fall kann der Brüden auch indirekt, d. h. an wärmeübertragenden Oberflächen kondensiert werden.

Besteht jedoch beim Staubfilter Verklebungsgefahr, kann der Feststoff dem Brüdenkondensat nach Separierung durch Filtration oder Sedimentation entnommen werden. Dieses aufkonzentrierte Gemisch aus Feststoff und Brüdenkondensat ist dann der Sprühflüssigkeit zu einer erneuten Versprühung zuzusetzen. Dadurch verringert sich allerdings die Aufarbeitungskapazität an frischer Sprühflüssigkeit.

Eine weitere Besonderheit ist, daß die Vermeidung von Taupunktsunterschreitungen und damit Verklebungen für einen störungsfreien Betrieb extrem wichtig ist. Eine gute Isolierung, gegebenenfalls aber auch eine Zwischenerhitzung oder Begleitbeheizung der Wandungen ist erforderlich.

Die im Dampf enthaltenen Gase sammeln sich an der kältesten Stelle des Systemes. Sie werden nach Reinigung in die Umgebung abgelassen.

10.3.1.4.2
Wärmepumpe

Die Granulation von Substanzen, die in großer Verdünnung vorliegen, erfordert einen hohen Energieaufwand. Dieser Aufwand reduziert sich, wenn Energie aus dem Wärmeinhalt des den Granulator verlassenden Gasstromes entnommen, auf ein höheres Temperaturniveau gebracht und schließlich dem eintretenden Gasstrom zugefügt wird. Diese Methode der Energieersparnis unter dem Stichwort „Wärmepumpe" hat in anderen Bereichen wie beispielweise in der Verdampfertechnik [27] sowie der Heizungs- und Klimatechnik [271] Eingang gefunden. Über die Zweckmäßigkeit des Einsatzes bei der Granulation entscheiden letztlich Kostenrechnungen unter Berücksichtigung der vergrößerten technischen Risiken.

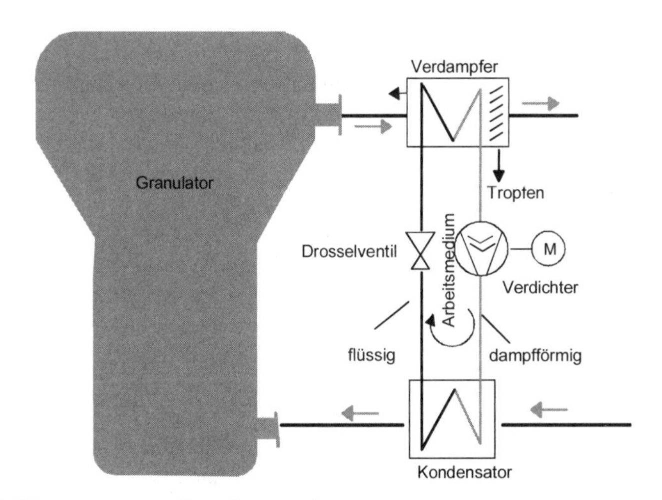

Bild 10-35 Wärmepumpe zur Energieersparnis

Eine Wärmepumpe arbeitet bekanntlich wie ein Kühlschrank. Mit elektrischer Energie wird Wärme von dem niedrigen Temperaturniveau des Verdampfers T_a auf das erhöhte des Kondensators T_e gebracht. Das Verhältnis von Ertrag (Heizenergie) zu Aufwand (elektrische Energie) wird Leistungszahl ε_{th} genannt. Für eine theoretische Wärmepumpe („Carnot-Prozeß") ist

$$\varepsilon_{th} = \frac{T_e}{T_e - T_a} \qquad \text{Gl.(10-21)}$$

In diese Gleichung sind alle Temperaturen in K einzusetzen.

Für 130 °C auf der kalten und 170 °C auf der warmen Seite ergibt sich (die Realisierbarkeit dieses Temperaturniveaus nach dem Prinzip Kühlschrank vorausgesetzt), daß theoretisch rund das Elffache der aufgewendeten elektrischen Leistung zur Beheizung zur Verfügung stehen. Verluste reduzieren das auf rund 60 % des theoretischen Wertes, also auf etwa das Siebenfache. Aus der Gleichung ist abzulesen, daß bei geringeren Unterschieden T_e-T_a der Ertrag höher ist.

Wenn, wie aus Bild 10-35 hervorgeht, eine Wärmepumpe mit einem eigenen Arbeitsgas-Kreislauf zwischen die ein- und austretenden Gasströme der Granulation geschaltet wird, werden für die Wärmeübertragung austretendes Gas/Arbeitsgas und Arbeitsgas/eintretendes Gas Temperaturdifferenzen gebraucht. Diese Temperaturdifferenzen vermindern das gesamte Temperaturgefälle. Deshalb wird eine Lösung bevorzugt, bei der das Gas der Granulation selbst zum Arbeitsgas der Wärmepumpe wird. Diese Lösung setzt allerdings voraus, daß das Gas vor seiner Verdichtung zum Schutze des Verdichters zuverlässig vom Staub befreit wurde.

10.3.1.4.3
Systeme mit Unterdruck

Bei Anlagen die bei Unterdruck betrieben werden, ist das Lösungsmittel organisch (beispielsweise Aceton, Methylenchlorid, Methanol, Ethanol etc.). Derartige Anlagen werden in aller Regel für Granulations- und Coatingprozesse in der pharmazeutischen Industrie eingesetzt [163].

Die Anlagen arbeiten diskontinuierlich zwischen Umgebungstemperatur und 100 °C. Der Aufwand für die Wärmedämmung ist dadurch bedeutend geringer als bei den mit Umgebungsdruck betriebenen Systemen. Vielfach sind nur im Bereich zwischen dem Dampferhitzer und dem Granulator Wärmeisolationen erforderlich.

Aus der Anlage wird beim Anfahren durch eine Vakuumpumpe zunächst die Luft abgesaugt. Die Vakuumpumpe hält auch während des eigentlichen Prozesses den Systemdruck. Der Pumpe ist zunächst ein Kondensator vorgeschaltet, der etwa 95 % des abgesaugten Lösungsmittel-Volumenstromes kondensiert. Dadurch ist die Vakuumpumpe stark entlastet. Ihr ist ein weiterer Kondensator nachgeschaltet, in dem aus dem komprimierten Gas / Dampf-Gemisch bei ansonsten gleichen Temperatur wie im Vorkondensator weiteres Lösungsmittel ausfällt. (Wegen der Gründe s. Kap. 10.3.2.1). Übrig bleibt nur das Gas, das in das System eingedrungen ist. Das wird nach einer Abgasreinigung (s. Kap. 10.3.7) in die Umgebung abgegeben.

Ansonsten werden auch im Unterdruck nur Einstoffdüsen verwendet. Die Abscheidung von Feststoffteilchen aus dem Dampf, der aus der Schicht austritt, besorgt ein Staubfilter, das in den Granulator integriert ist. Die Staubfilter werden abgerüttelt (System der Firma Glatt, Binzen).

10.3.1.5 Halbgeschlossene Systeme

Halbgeschlossene Systeme werden für einen Mischluftbetrieb oder zur Selbstinertisierung angewendet.

Der „Mischluftbetrieb“ hat das Ziel, die Feuchte der aus der Umgebung entnommenen Zuluft konstant zu halten. Dabei wird an besonders schwülen Tagen die Feuchte durch das Auskondensieren des störenden Anteiles nach oben begrenzt. An sehr kalten Tagen mit entsprechend trockner Umgebungsluft wird ein Teil der Abluft zurückgeführt (s. Kap. 7.1.3).

„Selbstinertisierung“ heißt Reduzierung des Sauerstoffgehaltes des Kreislaufgases durch Verbrennung. Dabei muß eine den anfallenden Verbrennungsgasen entsprechende Gasmenge laufend aus dem Kreislauf abgeführt werden.

10.3.2 Förderung und Komprimierung des Gases

10.3.2.1 Reinheit der Gase

Anlage und Produkt erfordern eine Begrenzung der Konzentration und Größe von Partikeln, die das Prozeßgas mitführt. Am Ansaugstutzen offener Anlagen stammen die Partikel aus dem Staub angesaugter Luft und bei Kreisgasbetrieb sind sie das Produkt selbst. Auf der Druckseite kann das Gas zusätzlich noch Öltropfen aus der Schmierung und Flüssigkeitstropfen, die bei Verdichtung und Kühlung ausfallen, enthalten. Das Kondensat, das bei Verdichtern anfällt, kann zu Verstopfungen durch das Verkleben des Produktes und zu anderen Störungen führen. Das Öl verunreinigt das Produkt. Hier gibt es je nach Verwendungszweck des Produktes spezielle Auflagen. (Aus [299] sind zur Orientierung als Grenzwerte für das Öl zu entnehmen: Atemluft < 5 mg/m^3, Geruchsgrenze 0,3 mg/m^3).

Den Einfluß des Druckes auf die Feuchte der Luft soll ein Gedankenexperiment verdeutlichen: Gegeben sei ein zunächst leerer Raum, der auf einer Temperatur von 20 °C gehalten wird. Leiten wir Wasser ein, wird so viel Wasser verdampfen, bis sich der Sättigungsdampfdruck von rund 23,8 mbar eingestellt hat. Wenn nun Luft in diesen Raum eingeleitet wird, stellt sich ein erhöhter Gesamtdruck ein. Für die Dampfmenge im Raum ist es völlig gleichgültig welcher Gesamtdruck eingestellt wird. Sie bleibt unabhängig vom Gesamtdruck gleich. Das bedeutet, daß die Luft je m^3 immer nur die gleiche Menge Wasserdampf aufnehmen kann. Bezogen auf das Gewicht der Luft, wird diese Menge hingegen mit steigendem Druck immer weniger. Das bedeutet, daß durch die Verdichtung Kondensat ausfällt.

Bild 10-36 ermöglicht es, den Kondensatausfall bei der Verdichtung rasch zu bestimmen. Der heller unterlegte linke Bereich kennzeichnet den Ansaugzustand, der rechte dunklere Bereich, den Zustand nach Verdichtung der Luft. Das eingezeichnete Beispiel kann anhand der durch Zahlen gekennzeichneten Schritte leicht verfolgt werden. Mit 1 (= 30 °C) und 2a (= 60 % relative Feuchte) ist der

Zustand der angesaugten Luft beschrieben. Sie ist mit 23 g/m³ Wasser beladen (2b). Wird sie auf 7 bar verdichtet, darf sie nicht unter 62 °C gekühlt werden, wenn kein Wasser ausfallen soll (3). Wird sie aber auf 30 °C gekühlt (4a), verringert sich die absolute Feuchte auf 4,5 g/m³ (4b). Somit sind 18,5 g/m³ bei Verdichtung und Kühlung ausgefallen. Tatsächlich wird jedoch die komprimierte Luft deutlich unter die Umgebungstemperatur gekühlt, um einen Kondensatausfall in den Druckluftleitungen zu vermeiden.

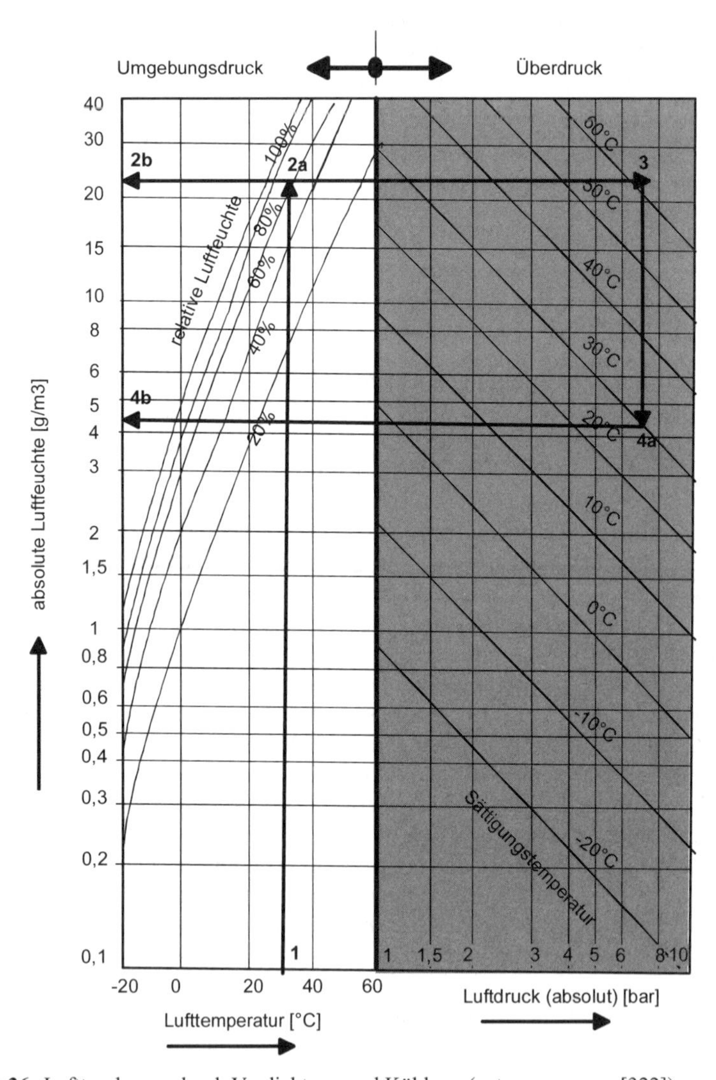

Bild 10-36 Lufttrocknung durch Verdichtung und Kühlung (entnommen aus [322])

10.3.2.2
Druckprofil der Anlage

Der Gasdurchsatz durch die Anlage ist aus den Granulationsparametern bekannt. Die Luft wird bei einer offenen Anlage aus der Umgebung durch einen Ansaugventilator angesaugt und in das anschließende Erhitzungssystem gedrückt. Anschließend tritt sie in den Granulator annähernd mit der Austrittstemperatur aus den Erhitzungseinrichtungen ein. Im Granulator hat sie die Partikel der Schicht in der Schwebe zu halten. Außerdem kühlt sie sich unter Aufnahme der verdunsteten Flüssigkeit ab. Sie vermischt sich mit den Luftströmen für Verdüsung und Sichtung. Zwischen dem Granulator und den Entstaubungseinrichtungen ist die Prozeßluft sowohl mit dem Dampf der verdunsteten Flüssigkeit als auch mit dem aus der Schicht ausgetragenen Feststoff beladen. Wenn sie anschließend gekühlt und getrocknet wird, verringern sich ihre Temperatur und ihr Massenstrom. Der Ausblasventilator bläst sie ggfs. nach einer Nachreinigung in die Umgebung.

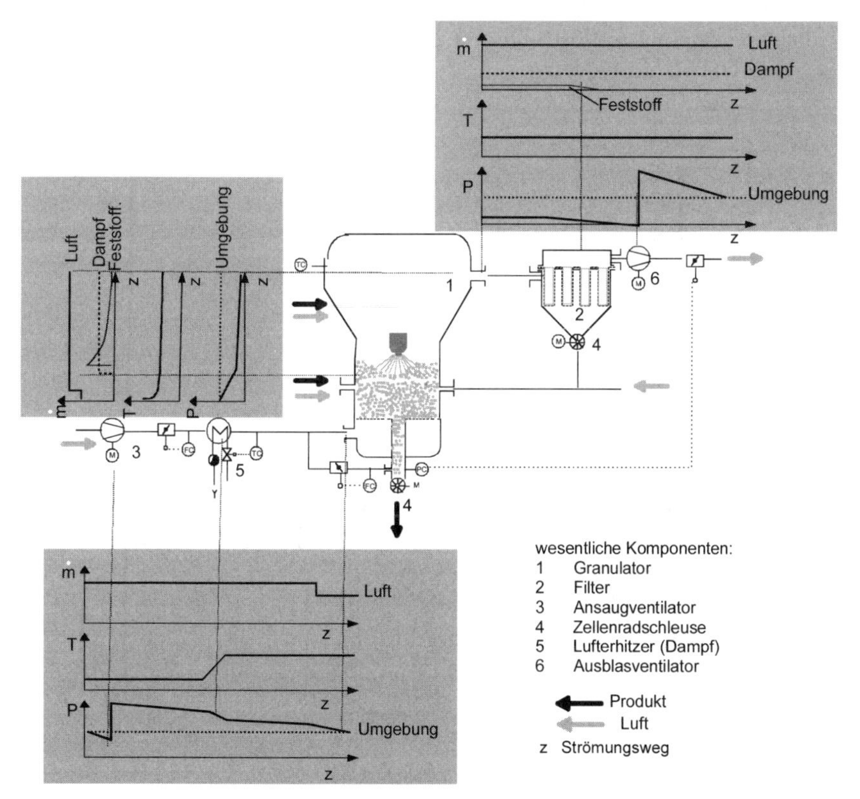

Bild 10-37 Profil der gasseitigen Massenströme, Temperaturen und Drücke

Üblicherweise werden die Rohrleitungen für eine Strömungsgeschwindigkeit von etwa 25 m/s ausgelegt. Die verschiedenen Operationen ergeben ein Druckprofil, das bei Eintritt und Austritt der Luft das Niveau der Umgebung hat. Vielfach wird durch Regelung des Ausblasventilators am sichtenden Austrag ebenfalls Umgebungsdruck erzwungen.

Beeinflußt wird das Druckprofil durch Druckverluste infolge Richtungs- und Querschnittsänderung. Der stellenweise mitgeführte Feststoff hat keinen wesentlichen Einfluß auf das Druckprofil. Die Ermittlung des Druckprofils ist die Voraussetzung für die Auslegung der Ventilatoren.

Bild 10-37 gibt anhand eines vereinfachten Verfahrensschemas einen Eindruck über den Verlauf der Massenströme, Temperaturen und Drücke.

10.3.2.3
Arbeitsbereiche der Gebläse und Verdichter

Für die Förderung des Prozeßgases werden Ventilatoren, für die Komprimierung des Gases für Zerstäubung, Sichtung, Feststofftransport etc. werden hingegen Verdichter eingesetzt. Bild 10-38 gibt einen Überblick über die Arbeitsbereiche von Gebläsen und Verdichtern.

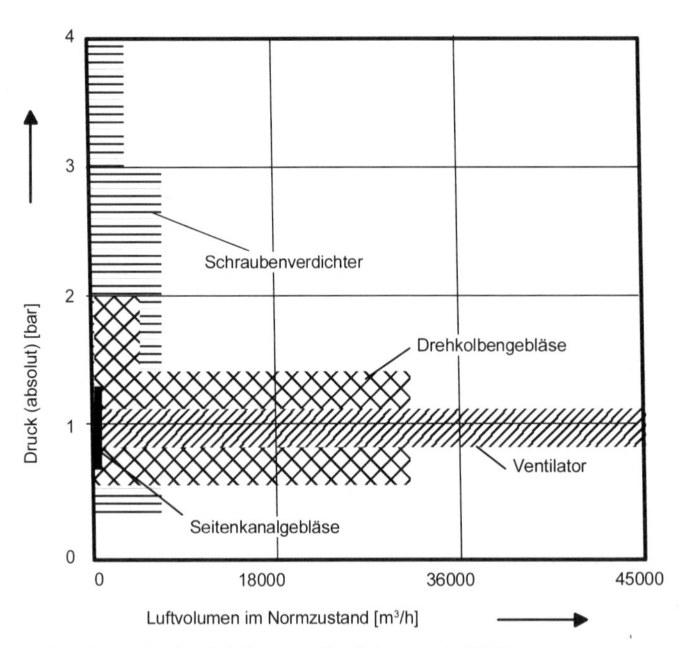

Bild 10-38 Arbeitsbereiche der Gebläse und Verdichter nach [322]

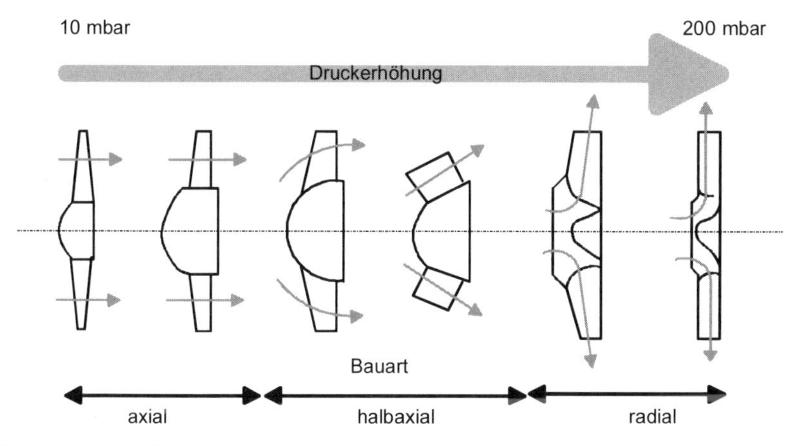

Bild 10-39 Druckerhöhung einstufiger Ventilatorlaufräder [322]

10.3.2.4 Ventilatoren

Wie Bild 10-38 zeigt, werden Ventilatoren immer dann eingesetzt, wenn ein Gas etwa mit Umgebungsdruck zu fördern ist. Man unterscheidet in Axial- und Radialventilatoren. Die Axialventilatoren saugen das Gas parallel zur Radachse an und stoßen es in der gleichen Richtung aus. Radialventilatoren saugen axial an und werfen radial aus. Bild 10-39 zeigt die durch die verschiedenen Bauarten zu erreichenden Steigerungen des Gesamtdruckes bei einstufiger Ausführung. Für Anlagen der Wirbelschicht-Sprühgranulation kommen wegen der erforderlichen Druckerhöhung im wesentlichen nur Radialventilatoren in Betracht.

Bei Radialventilatoren sind die in Bild 10-40 dargestellten Schaufelformen bekannt. Die Schaufelform beeinflußt den Verlauf von Druck und Leistungsaufnahme in Abhängigkeit vom Volumenstrom. Es ist in der maßstäblichen Darstellung zu erkennen, daß rückwärts gekrümmte Schaufeln den höchsten Druckaufbau bei geringster Leistungsaufnahme haben. Ihr Wirkungsgrad ist deutlich günstiger als der bei vorwärts gekrümmten Schaufeln. Außerdem ist zu beachten, daß es bei vorwärts gekrümmten Schaufeln Drücke gibt, zu denen 2 oder 3 verschiedene Volumenströme gehören. Das kann zu Stabilitätsproblemen führen.

Nach DIN 24 163 werden auf einem genormten Prüfstand genormte Kennlinien aufgenommen. Die Kennlinien beschreiben in Abhängigkeit vom Luftvolumenstrom die Totaldruckerhöhung ΔP_t, die Leistungsaufnahme und den Wirkungsgrad. Wenn Ventilatoren in Reihe geschaltet werden, addieren sich die Druckerhöhungen, werden sie dagegen parallel geschaltet addieren sich ihre Volumenströme. Mehrstufige Ventilatoren verhalten sich wie in Reihe geschaltete.

Der Betriebspunkt ergibt sich als Schnittpunkt der Kennlinien von Ventilator und Anlage. In diesem Punkt liefert der Ventilator den Volumenstrom mit einem Druck, den das Rohrnetz der Anlage erfordert. Bild 10-41 zeigt die Möglichkeiten den Betriebszustand aus der „Ist-Position" in die „Soll-Postion" zu bringen. Zunächst ist eine Einwirkung auf die Netz-Kennlinie durch Androsseln, d. h. Schließen einer Drosselklappe und damit durch das Vergrößern des Widerstandes des Netzes, möglich. Auf die Ventilator-Kennlinie ist durch verstellbare Schaufeln im Ansaugstutzen einzuwirken. Die Schaufeln geben dem Gasstrom einen Vordrall in oder auch gegen die Laufrichtung des Rades. Weiterhin kann die Drehzahl des Motors verstellt werden.

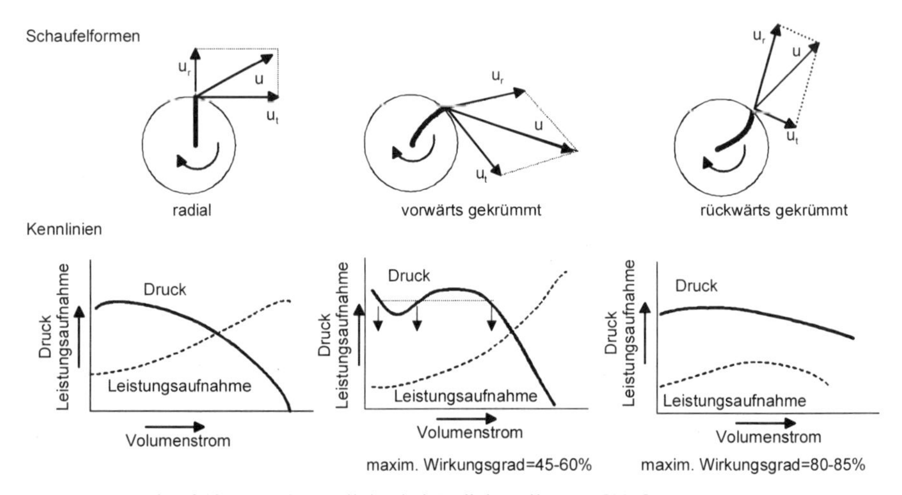

Bild 10-40 Schaufelform und Kennlinien bei Radialventilatoren [322]

Im einzelnen sind folgende Regelungen gebräuchlich:
Bei konstanter Ventilator-Drehzahl

- Drosselung mit Klappe: Regelbereich 100 – 50 %. Wegen hoher Energieverluste nur für kleine Leistungen anwendbar.
- Drallregelung: 100 – 65 % (ggfs. erweitert durch Polumschaltung des Motors). Für große Leistungen geeignet.

Über Drehzahlveränderung mit besonderen Vorteilen bezüglich Leistungsaufnahme und Geräuschentwicklung

- Kontinuierlich durch Frequenzregelung etc. (heute kaum noch erhöhte Investkosten)
- Stufenweise durch Polumschaltung

Daneben ist eine Kurzschlußverbindung zwischen Saug- und Druckseite (Bypass) mit einem Regelbereich von 100 – 85 % möglich. Die Energie für den um den Ventilator herumgeführten Volumenstrom ist für die Förderung verloren.

Ob nun bei der Wirbelschicht-Sprühgranulation das Ansaugen oder das Ausstoßen zu regeln ist, ist gleichgültig. In beiden Fällen ist das Volumen konstant zu halten. Die Regelmöglichkeiten zeigt Bild 10-42. Beim Ansaugen ist der Prozeß mit einem konstanten Volumenstrom des Prozeßgases gegen die Strömungswiderstände der Zuluftseite zu versorgen (s. hierzu Bild 10-37). Wenn sich im Laufe der Zeit beispielsweise die Zuluftfilter belegen, muß das ausgeregelt werden. Bei der Regelung über eine Drosselklappe wird die Klappe weiter geöffnet und bei Regelung über die Ventilatordrehzahl die Drehzahl angehoben. Ganz analog sind die Vorgänge beim Ausstoßen auch wenn hier ein Druck konstant zu halten ist.

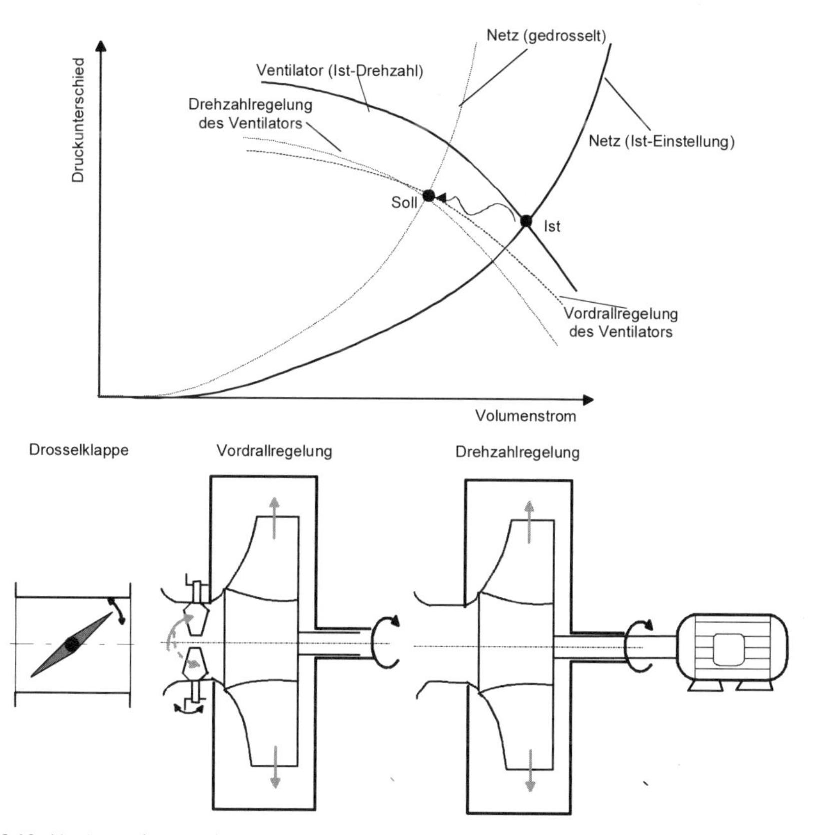

Bild 10-41 Arten der Regelung von Ventilatoren

Ein- und Ausbau der Motoren leichter und damit eine nachträgliche Änderung von Volumenstrom oder Förderhöhe möglich ist. Allerdings verzehren Keilriemen einen bemerkenswerten Teil der Motorleistung. Nach [271] ist der Leistungsverlust bei 10 kW etwa 6 % und bei 100 kW rund 3 %.

Üblicherweise werden Welle und Ventilatorgehäuse gegeneinander durch eine Stopfbuchse abgedichtet. Bei geschlossenen Kreisläufen sind hier jedoch Gleitringdichtungen erforderlich.

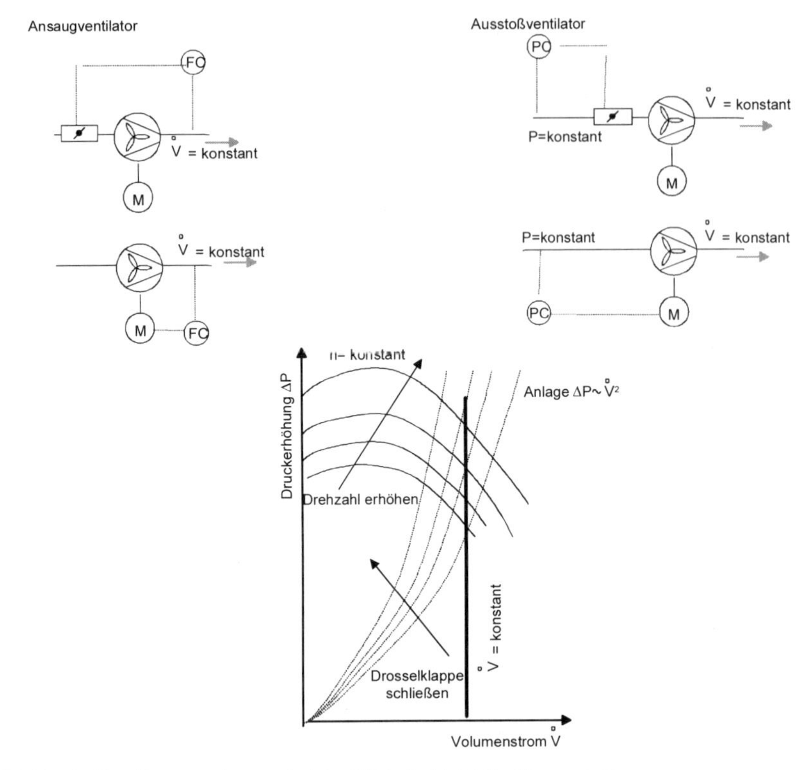

Bild 10-42 Ventilatorregelungen bei der Wirbelschicht-Sprühgranulation

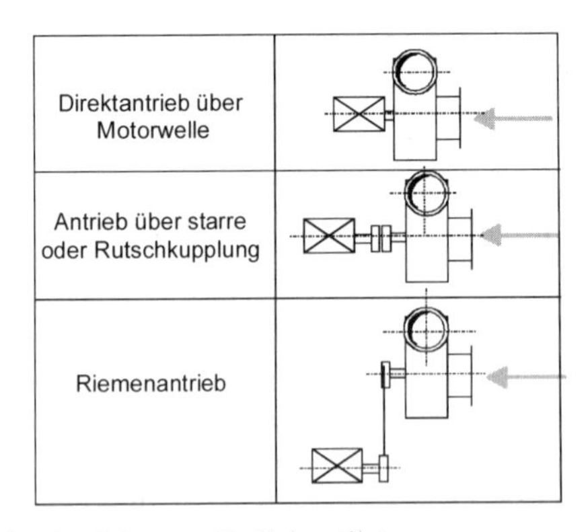

Bild 10-43 Methoden des Antriebes von Radialventilatoren

Bild 10-43 zeigt die verschiedenen Antriebsarten von Radialventilatoren. Der Antrieb über Keilriemen ist gegenüber dem direkten Antrieb von Vorteil, weil der

Den Ventilatoren sollte stets eine Feststoffabscheidung vorgeschaltet werden, weil die am Laufrad anbackenden Stäube zu Unwuchten und damit zu erhöhten Lagerbelastungen führen.

Für die Umfangsgeschwindigkeit wird bei hohen Anforderungen an die Geräuschfreiheit bei Radialventilatoren 22 m/s angegeben [271]. Manchmal kann es aber auch wirtschaftlicher sein, Ventilatoren mit einem kleineren Laufrad zu wählen und die Geräusche durch schalldämpfende Maßnahmen im Netz herabzusetzen.

Die Größe eines Ventilators läßt sich über die Größe des inneren Laufraddurchmessers abschätzen. Er entspricht etwa der Größe des Ansaugstutzens, der etwa für eine Ansauggeschwindigkeit von 6 – 8 m/s bemessen ist. Der äußere Laufraddurchmesser ist dann um etwa 20 % größer als der innere.

Die erforderliche Antriebsleistung N errechnet sich aus

$$N = \frac{\dot{V} \cdot \Delta P_{ges}}{\eta_{ges}} \qquad \text{Gl.(10-22)}$$

mit

$\dot{V}$	Volumenstrom
ΔP_{ges}	gesamte Druckzunahme
η_{ges}	Gesamtwirkungsgrad (zu entnehmen aus Herstellerangaben. Bei rückwärtsgekrümmten Schaufeln etwa 80 bis 85%)

gegebene Ausgangssituation	Veränderung	Auswirkung der Veränderung auf		
		Volumenstrom	Förderdruck	Leistungsaufnahme
Ventilator Gaszustand	n	$\sim n$	$\sim n^2$	$\sim n^3$
Ventilator-Bauart Gaszustand	D	$\sim D^2$	$\sim D$	$\sim D^2$
Ventilator Drehzahl	ρ_G	konstant	$\sim \rho_G$	$\sim \rho_G$

n Ventilator-Drehzahl
D Laufrad-Durchmesser
ρ_G Gasdichte

Bild 10-44 Der Einfluß von Veränderungen auf die Leistungsmerkmale von Ventilatoren

Bild 10-44 zeigt die Auswirkungen, die Veränderungen von Drehzahl, Laufraddurchmesser und Gasdichte auf die Leistungsmerkmale von Ventilatoren haben.

10.3.2.5 Drehkolbengebläse

Radialventilatoren sind im Unterdruckbereich nicht mehr wirtschaftlich einzusetzen. Große Verbreitung haben Drehkolbengebläse (auch Roots- oder Wälzkolbengebläse genannt) gefunden. Sie haben Kolben mit der Form einer Acht. Ihre Arbeitsweise ist mit einer Zahnradpumpe mit 2 Zähnen vergleichbar. Damit beide Drehkolben aneinander abwälzen, ist ein Zahnradgetriebe im Gebläse eingebaut. Die Kolben berühren sich nicht. Sie arbeiten daher verschleißfrei. Nachteilig sind die pulsierende Förderung, eine starke Geräuschentwicklung und ein mit steigendem Druck abnehmender Wirkungsgrad. Die Kennlinie ist relativ steil. Weil mit zunehmendem Enddruck die Wärmeausdehnung steigt, andererseits die Spalten zu Vermeidung von Leckströmungen nicht so groß gemacht werden können, wie es zum Vermeiden des Anlaufens der Kolben aneinander und am Gehäuse wünschenswert wäre, ist das Verhältnis von Ansaug- zu Ausgangsdruck auf 2 bis 2,3 begrenzt. Mit einem Sauggebläse, das in die Atmosphäre bläst, kann daher nur ein Systemdruck von 430 bis 500 mbar erreicht werden. Wird dieses Verhältnis beispielweise durch Androsseln auf der Saugseite überschritten, kommt es zum Anlaufen. Deswegen sind stets Sicherheitseinrichtungen vorgesehen, die eine Überschreitung dieses Verhältnisses verhindern.

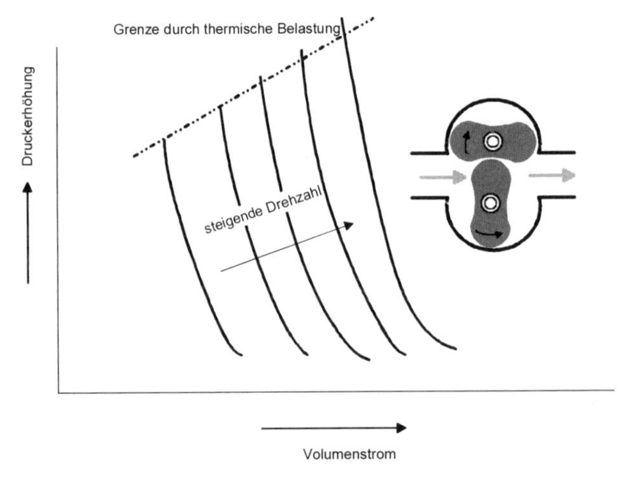

Bild 10-45 Kennlinie von Drehkolbengebläsen [299]

Bei der Wirbelschicht-Sprühgranulation können Drehkolbengebläse für die pneumatische Förderung von Feststoffen und bei Anlagen mit Unterdruck zur Erzeugung eines groben Vakuums und dann zur Umwälzung der Lösungsmitteldämpfe verwendet werden [163], [322].

10.3.2.6 Schraubenverdichter

Der Vergleich eines Drehkolbengebläses mit einer Zahnradpumpe läßt sich auf Schraubenverdichter erweitern. Beim Drehkolbengebläse sind die Zahnräder geradverzahnt, beim Schraubenverdichter hingegen schrägverzahnt. Die gegeneinander drehenden Rotoren (Haupt- und Nebenkolben) schließen ein wendelförmiges Volumen ein, das mit fortschreitender Drehung durch das Ineinanderkämmen der Rotorzähne bis zur Saugseite hin abgeschlossen ist. Die beiden Kolben haben unterschiedliche Zähne- und damit auch Drehzahlen. Kleine Zähnezahlen (3 und 4) bringen pro Umdrehung ein größeres Fördervolumen als größere (4 und 6 oder 5 und 7). Sie werden daher für geringere Druckdifferenzen eingesetzt [322].

Vorteilhaft ist die quasi-stetige Verdichtung, die steile Kennlinie, der hohe Wirkungsgrad, die Ölfreiheit und die Verschleißunempfindlichkeit. Nachteilig sind die starke Lärmentwicklung und der relativ hohe Preis.

Die Verdichtungsendtemperatur wird mit Rücksicht auf Spaltveränderungen durch Wärmedehnungen auf 250 °C begrenzt (aus [322]). Damit läßt sich bei einstufiger Verdichtung atmosphärischer Luft ein Überdruck von etwa 3 bar und bei zweistufiger Verdichtung mit Zwischenkühlung von 11,5 bar erreichen.

10.3.2.7 Vakuumpumpen

Die Vakuumanwendungen bei der Wirbelschicht-Sprühgranulation beschränken sich auf den Bereich des Grobvakuums, d. h. den Bereich zwischen 1000 und 1 mbar.

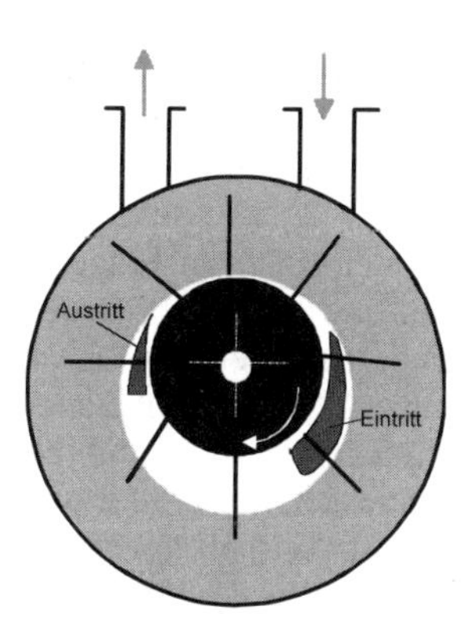

Bild 10-46 Flüssigkeitsringpumpe

Zur Erzeugung und Aufrechterhaltung von Vakua sind Gase und Dämpfe bei Unterdruck anzusaugen und gegen den Atmosphärendruck auszustoßen. Überraschenderweise werden die dazu verwendeten Einrichtungen als Pumpen bezeichnet. Im Bereich des Grobvakuums werden fast ausschließlich Flüssigkeitsringpumpen verwendet (s. Bild 10-46). Von Wehrle [361] wird allerdings auch ein System beschrieben, bei dem eine Drehschieber-Vakuumpumpe verwendet wird. Auf diesen Pumpentyp wird hier nicht näher eingegangen.

In einem zylindrischen Gehäuse mit je einem Saug- und Druckschlitz dreht sich ein exzentrisch gelagertes Flügelrad. Durch eine konzentrisch mitumlaufende Ringflüssigkeit wird ein sichelförmiger Arbeitsraum gebildet, der von den Flügeln in umlaufend, sich vergrößernde und wieder verkleinernde Zellen unterteilt wird.

Die Ringflüssigkeit hat zusätzlich noch die Aufgabe, die einzelnen Zellen zwischen Flügelrad und Gehäuse abzudichten sowie Wärme (Kondensations- und Verdichtungswärme) abzuführen. Um die dadurch entstehende Aufwärmung der Ringflüssigkeit zu begrenzen (Kavitations- und Korrosionsgefahr), muß die Ringflüssigkeit gekühlt (externe Zwischenkühlung) oder laufend erneuert werden. Die überschüssige Ringflüssigkeit tritt zusammen mit dem geförderten Gas durch Druckstutzen der Pumpe aus. Sie muß vom Gas z. B. durch einen Zyklon abgetrennt werden.

Das erreichbare Endvakuum ist abhängig von Art und Temperatur der Ringflüssigkeit. Häufig wird Wasser verwendet. Entsprechend dem zur Wassertemperatur gehörenden Dampfdruck kann mit einstufigen Pumpen ein Endvakuum von 40 mbar und mit zweistufigen von etwa 30 mbar erreicht werden.

10.3.3 Erhitzungseinrichtungen

10.3.3.1 Gesichtspunkte für die Auswahl

Die geeignete Art der Beheizung bestimmen mehrere Aspekte. Die direkte Beheizung des Gases mit Brennern ist bei Temperaturen > 350 °C und bei der Selbstinertisierung unvermeidlich. Produkte mit hohen Reinheitsansprüchen verbieten den Kontakt mit Brenngasen. Das bedeutet also auch, daß für derartige Produkte ein selbstinertisierendes Gassystem nicht in Frage kommt. Für die indirekte Beheizung steht üblicherweise Dampf mit einem Druck von maximal 20 bis 30 bar zur Verfügung, was einer maximalen Temperatur von 215 bis 235 °C entspricht. Die maximale Gastemperatur bei Dampfbeheizung ist daher mit etwa 210 °C anzunehmen. Bis etwa 300 °C kann das Gas indirekt mit Brenngasen aber auch mit einer elektrischen Widerstandsheizung erhitzt werden.

Der größte Gasstrom bei der Wirbelschicht-Sprühgranulation wird für die Fluidisierung gebraucht; die kleineren für Verdüsung und Sichtung. Die Drücke sind unterschiedlich. Der Hauptstrom hat etwa Umgebungsdruck, während die Nebenströme zumeist unter einem erhöhten Druck stehen. Die Nebenströme sind daher nicht direkt mit Verbrennungsgasen zu beheizen.

Bei kleinen Anlagen für Labor und Technikum werden die Gase vielfach elektrisch beheizt. Die Energiekosten sind dadurch zwar hoch, die Anlage aber billiger und flexibler als bei anderen Beheizungsarten. Maximale Gastemperaturen von 700 °C sind möglich.

Neben diesen allgemeinen Gesichtspunkten, wird die Auswahl der Beheizung auch von den betrieblichen Gegebenheiten beeinflußt.

10.3.3.2 Dampfbeheizung

10.3.3.2.1 Erhitzerbauarten

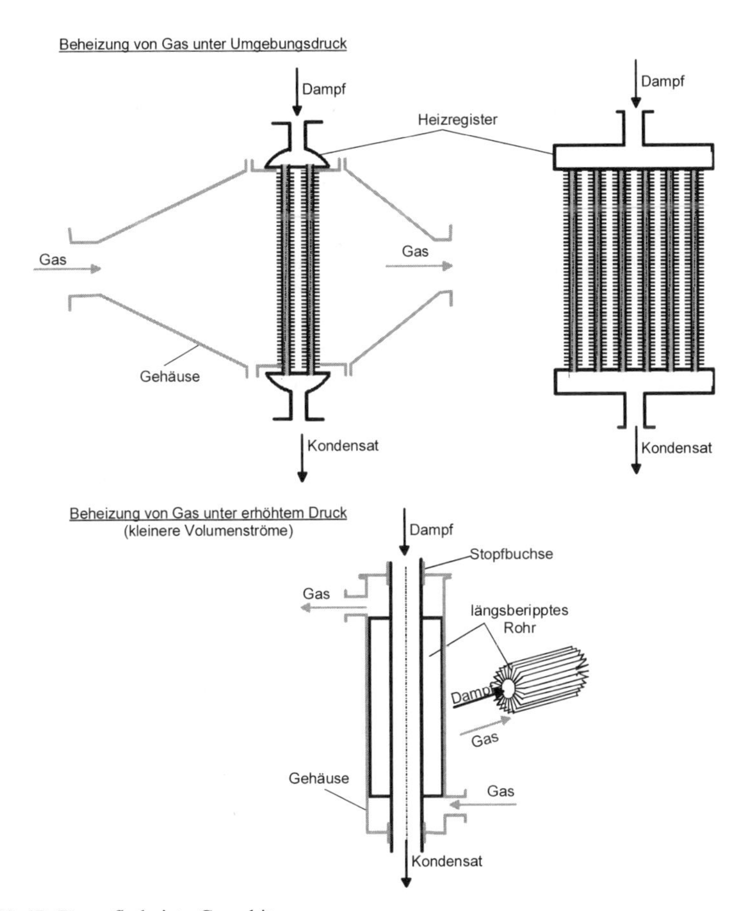

Bild 10-47 Dampfbeheizte Gaserhitzer

Wenn mit Dampf Wärme auf Gas übertragen wird, kondensiert der Dampf. Dadurch ist der Wärmeübergang auf der Dampfseite etwa 30 bis 50 fach höher als auf der Gasseite. Dem wird mit einer Vergrößerung der gasseitigen Wärmeübertragungsfläche durch Berippung Rechnung getragen. Details der Auslegung sind in einer umfangreichen Literatur nachzulesen. Hier ist insbesondere der VDI-Wärmeatlas [353] hervorzuheben.

Übliche Bauformen dampfbeheizter Gaserhitzer sind in Bild 10-47 dargestellt. Bei Umgebungsdruck und großen Volumenströmen werden die Rohre quer berippt und lotrecht angeströmt. In diesem Fall wird das Gas von der üblichen Gasgeschwindigkeit im Zuführungsrohr von 25 m/s auf 2 bis 4 m/s vor dem Heizregister verzögert. Das ergibt zur Vermeidung von Ablösungen einen längeren Diffusor. Hinter dem Heizregister erfolgt über eine kürzere Strecke die Beschleunigung auf die Strömungsgeschwindigkeit vor dem Erhitzer.

Vorwiegend für die Zerstäubung aber auch für Filterabreingung, Feststofftransport und Sichtung werden temperierte Gasströme unter einem höheren Druck gebraucht. In diesem Fall wird die in Bild 10-47 unten dargestellte Bauweise eines Doppelrohrwärmeaustauschers bevorzugt. Der Dampf strömt durch und das Gas um die Rohre. Die Berippung der Rohre erfolgt in Längsrichtung. Mit dieser Bauweise ist der erhöhte Druck leicht aufzufangen.

10.3.3.2.2
Kondensatableiter

Die dampfführenden Rohre werden üblicherweise für eine Dampfgeschwindigkeit von 20 bis 30 m/s bemessen. Vom Anfahren der zunächst luftgefüllten Beheizungseinrichtungen oder aus dem Speisewasser führt der Dampf stets noch Luft mit sich. Beim Kondensieren entsteht Wasser und Luft. Beides muß abgeführt werden. Die Kondensatableiter übernehmen das mit Ausnahme des Schwimmerableiters, bei dem für eine separate Entlüftung gesorgt werden muß.

Vor dem Kondensatableiter wird vielfach zur Überwachung ein „Kondensatwächter“ mit doppelseitigen Schaugläsern eingebaut. Im Bereich des Schauglases wird der Dampf zur einer Richtungsänderung gezwungen, wodurch die Strömung von Dampf und Kondensat gut beobachtbar wird. Von [166] wird eine Schallmeßmethode für das Erfassen und Bewerten von Energieverlusten an Kondensatableitern im betrieblichen Alltag beschrieben.

Der Kondensatableiter ist ein vielfach unterschätztes, für das einwandfreie Funktionieren der Dampfbeheizung aber sehr wichtiges Detail. Bild 10-48 zeigt wesentliche Prinzipien und Bauformen von Kondensatableitern. Bei weniger als 1,5 bis 2 bar Vordruck ist im allgemeinen ein freier Ablauf des Kondensates vorzusehen.

Beim Schwimmerableiter wird über eine Hohlkugel das Ablaßventil geöffnet oder geschlossen. Wird der Erhitzer mit konstanter Leistung betrieben, bleibt der Schwimmer in unveränderter Stellung und läßt Kondensat im Siedezustand so ab, daß weder Dampf noch Luft den Ableiter verlassen können. Dieser Ableiter wird in der Mehrzahl aller Fälle eingesetzt. Er reagiert verzögerungsfrei und bewältigt auch veränderlichen Kondensatanfall. Nachteilig ist seine Größe. Durch die beweglichen Teile ist er störanfällig. Je nach Bauart können Schwimmerableiter horizontal oder vertikal eingebaut werden.

Die thermischen Kondensatableiter reagieren erst, wenn sich das angefallene Kondensat abkühlt. Die Ausdehnung einer Flüssigkeit, der Dampfdruck über einer eingeschlossenen Flüssigkeit oder Pakete von Scheibenpaaren mit unterschiedlicher Wärmeausdehnung betätigen das Ventil. Aus dem Ventil tritt neben dem Kondensat auch die Luft aus. Alle Bimetalle stauen das Kondensat zurück und leiten es erst mit einer Unterkühlung von etwa 15 bis 40 °C ab [271]. Die Einbaulage ist beliebig.

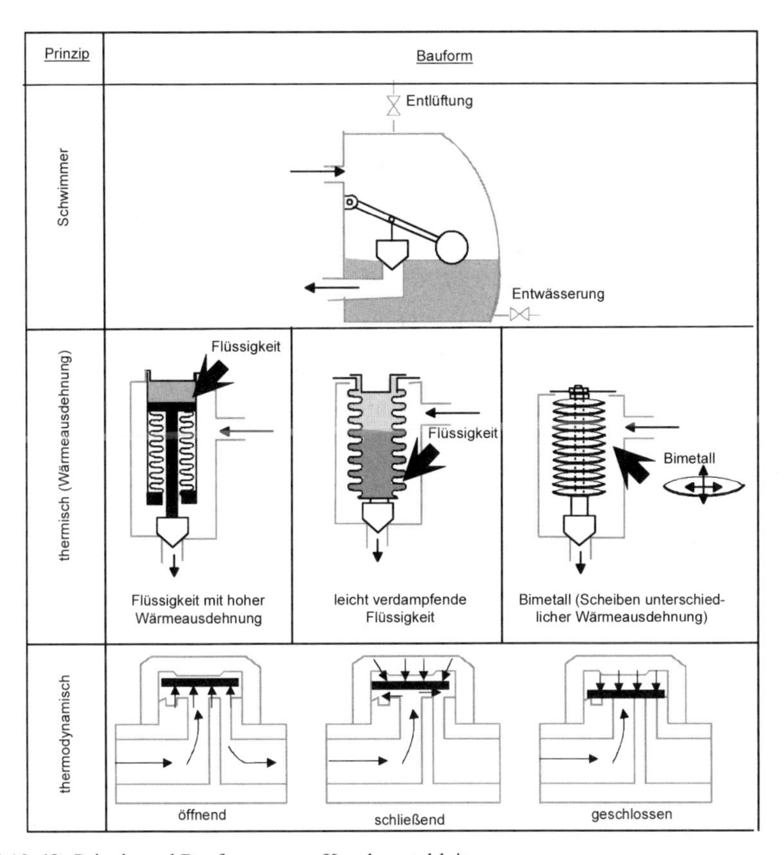

Bild 10-48 Prinzip und Bauformen von Kondensatableitern

Beim thermodynamischen Kondensatableiter hebt in der Stellung „offen" das Kondensat den Teller an und strömt mit geringer Geschwindigkeit ab. In der Stellung „schließend" strömt Dampf mit hoher Geschwindigkeit unter dem Teller hindurch. Wegen der Umsetzung von Druck in Geschwindigkeit, ist der Druck unter dem Teller verringert; nicht jedoch im Totgebiet oberhalb des Tellers. Durch die Differenz der beiden Drücke wird der Teller geschlossen. Nach Abkühlung des Dampfes vor dem Ableiter öffnet das Kondensat wieder den Teller. Diese Ableiter haben kleine Abmessungen. Sie sind trägheitsarm und unempfindlich gegen Druckschwankungen. Da schon kleinste Kondensatmengen ausgetragen werden kommt es zu hohen Arbeitsfrequenzen (25 – 60 Ausstöße/min) und einem entsprechend hohen Verschleiß. U. a. wegen der fehlenden Rückstaufähigkeit ist sein Einsatz auf kontinuierliche Heizungen und Sonderfälle begrenzt. Die Einbaulage ist beliebig.

10.3.3.2.3 Temperaturregelung der Dampferhitzer

Üblicherweise wird die Temperatur über Stellventile eingestellt, die die Dampfzufuhr beeinflussen (Bild 10-49). Das führt zu einer relativ trägen Regelung, die den Ansprüchen bei kontinuierlicher Granulation aber durchaus genügt. Eine Verbesserung des Regelverhaltens wird durch die Aufteilung der Heizfläche in einen ungeregelten Grundlastbereich und eine geregelte Spitzenlast erreicht.

Bei diskontinuierlicher Granulation muß die Anlage häufig an- und abgefahren werden. Außerdem sind die Temperaturen über die Prozeßzeit mehrfach zu ändern. Hier ist eine möglichst verzögerungsfreie Regelung gefragt. Sie wird über eine Bypass-Schaltung durch Mischung zweier Luftströme erreicht. Der eine Luftstrom führt durch den ungeregelten Erhitzer und der andere wird an ihm vorbeigeführt. Das ist eine aus der Lüftungs- und Klimatechnik stammende Methode ([271], [279]). Für die Regelung werden Jalousieklappen mit gleich- oder gegenläufigen Lamellen verwendet.

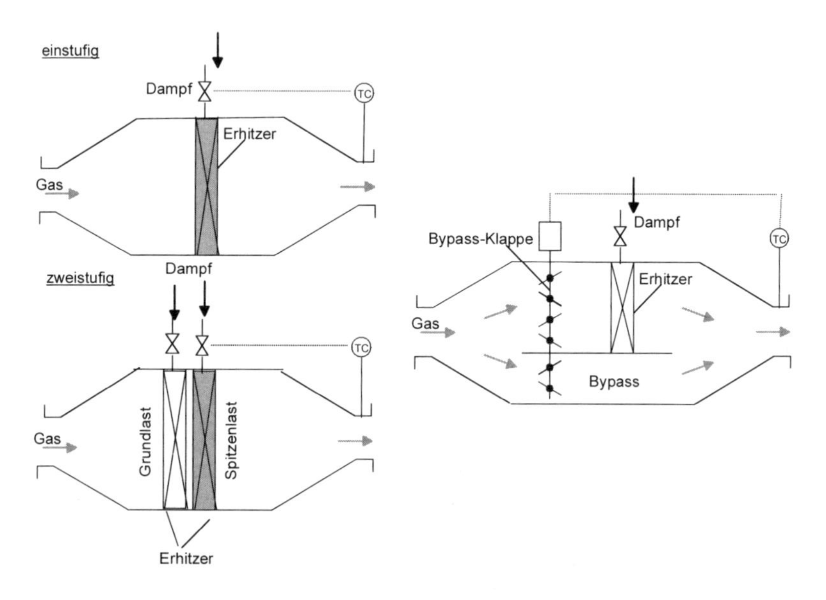

Bild 10-49 Formen der Regelung bei Dampferhitzern

10.3.3.3 Brenngas-/Ölbeheizung

10.3.3.3.1 Grundsätzliches

Je nach dem, ob man die in den Abgasen enthaltene Verdampfungswärme berücksichtigt, erhält man zwei die Energiefreisetzung durch Verbrennung kennzeichnende Kenngrößen. Das sind zum einen der Brennwert (früher oberer Heizwert) und zum anderen der Heizwert (früher unterer Heizwert). Typische Brenn-/Heizwerte sind 12,4/11,9 kWh/kg für Heizöl EL und 9,6/8,9 kWh/m_n^3 für Erdgas L (entnommen aus [271]).

Bei der Verbrennung ist die Energiefreisetzung das Ziel; die Bildung von Verbrennungsprodukten wie Kohlenmonoxid (CO), Kohlendioxid (CO_2), Stickoxide (NO_x), Schwefeloxide (SO_x), Wasserdampf (H_2O) etc. hingegen eine nur zum Teil vermeidbare Begleiterscheinung. Das Entstehen des ökologisch bedenklichen NO_x hängt ausschließlich von den Verbrennungsbedingungen ab. Die Bildung von Kohlenmonoxid und/oder Ruß zeigt eine unvollständige Verbrennung an.

Der Verbrennungswirkungsgrad η_V errechnet sich nach der Siegertschen Formel aus

$$\eta_V = 100 - f \cdot \frac{T_A - T_L}{CO_2} \qquad \text{Gl.(10-23)}$$

mit

f Siegertscher Beiwert [1/°C] mit
0,59 für Heizöl EL
0,46 für Erdgas bei Brennern mit Gebläse
T_A Abgastcmpcratur [°C]
T_L Verbrennungslufttemperatur [°C]
CO_2 Kohlendioxid-Anteil im Abgas [Vol.-%]

Die Formel zeigt, daß der Verbrennungswirkungsgrad sowohl durch eine Verringerung der Abgastemperatur als auch durch eine Erhöhung des Kohlendioxid-Anteiles gesteigert werden kann. Die maximal möglichen Werte (aus [276]) sind beispielsweise 15,5 Vol.-% bei Heizöl EL und 11,8 Vol.-% bei Erdgas L.

Eine neuere Entwicklung zur Energieeinsparung ist die sogenannte „Brennwert-Technik", die besonders bei Brenngasen angewendet wird. Sie besteht darin, den Energieinhalt der Abgase bis zur Kondensation ihres Wasserdampfanteiles zu nutzen. Der Taupunkt des Wasseranteiles beträgt bei Abgasen des Erdgases ca. 58 °C und des Heizöles etwa 48 °C. Bezogen auf den unteren Heizwert werden mit dieser Technik Wirkungsgrade von mehr als 100 % erreicht.

Die für die Verbrennung mindestens erforderliche Luftmenge ergibt sich aus den stöchiometrischen Verhältnissen (zur Orientierung aus [271] bei Heizöl EL 11,2 m_n^3 / kg und bei Erdgas L 8,4 m_n^3 / m_n^3).

Als Luftzahl λ wird bezeichnet

$$\lambda = \frac{\text{tatsächliche Luftmenge}}{\text{stöchiometrische Luftmenge}} = \frac{CO_{2\,max}}{CO_2} \qquad \text{Gl.(10-24)}$$

Die von einem Gasstrahl aus der Umgebung mitgerissene Luft wird als „Primärluft“ und die aus der Flammenumgebung in die Flamme einströmende Luft als „Sekundärluft“ bezeichnet (s. Bild 10-50).

Hat das Brennstoff/Luft-Gemisch die Zündtemperatur erreicht, läuft die Kettenreaktion „Verbrennung“ selbsttätig weiter. Es sei denn, daß Umstände auftreten, die sie abbrechen. (Beispiel: schlechte Mischung, Abkühlung an Wänden etc.). Die Flammen können eine Länge von wenigen Millimetern bis zu einigen Metern haben. Die Flamme hat keine einheitliche Temperatur. Außerdem sind die Flammentemperaturen abhängig von vielen Faktoren unterschiedlich. Die durchschnittliche Temperatur bewegt sich zwischen 1500 und 3000 °C [41].

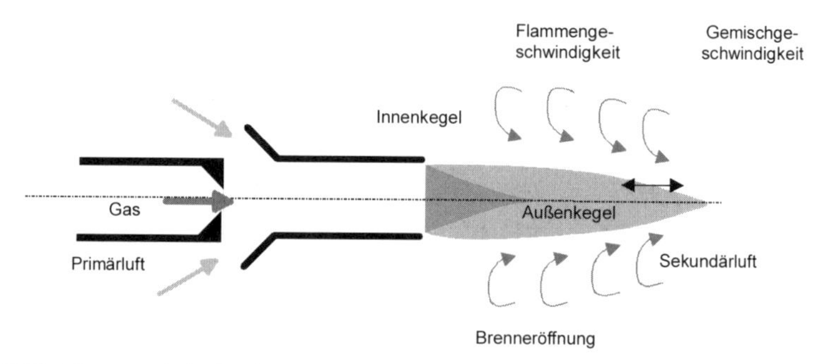

Bild 10-50 Vorgänge beim Verbrennen nach dem System Bunsenbrenner (Mischung von Gas und Luft, Flammenbildung)

Voraussetzung für das Brennen ist, daß das Brennbare in einem Gaszustand vorliegt. Bei Öl wird das durch Verdampfen unter Wärmezufuhr oder durch feines Zerstäuben, dem sich ein Verdampfen in der Flamme anschließt, erreicht. Das Verdampfen der Tropfen macht den größten Teil der Brennzeit aus.

10.3.3.3.2
Flammenstabilisierung

Bei üblichen Brenngasen (Stadt- oder Erdgas) liegt die Zündgeschwindigkeit zwischen 0,35 – 0,7 m/s [99]. Die Flammenfront ergibt sich theoretisch aus dem Gleichgewicht zwischen der Strömungsgeschwindigkeit des zündbaren Gemisches und dessen Zündgeschwindigkeit. Tatsächlich läuft die Flamme zurück, wenn die Strömungsgeschwindigkeit kleiner als die Zündgeschwindigkeit ist. Wenn der Brenner mit einem zündbaren Gemisch beschickt wird, besteht dann die Gefahr einer Explosion im Brenner und in seinen Zuführungsrohren. Um das zu verhindern, werden Sicherheitsvorrichtungen wie Rückschlagklappen o.ä. vorgesehen. Ist die Strömungsgeschwindigkeit dagegen größer als die Zündgeschwindigkeit, hebt sich schließlich die Flamme von der Austrittsmündung ab. Bei weiterer Steigerung der Geschwindigkeit geht die Flamme aus. Das Abheben ist bei Ölbrennern oder beim Verbrennen von Gasen mit niedriger Verbrennungsgeschwindigkeit von Bedeutung. Zwischen den beiden Zuständen Rückschlagen und Abheben arbeitet der Brenner stabil.

Erdgas enthält keinen freien Wasserstoff. Es hat daher eine wesentlich geringere Zündgeschwindigkeit als Stadt- und Ferngas und somit ist bei Erdgas die Gefahr des Abhebens größer. Umgekehrt ist bei Ferngas die Gefahr des Zurückschlagens größer.

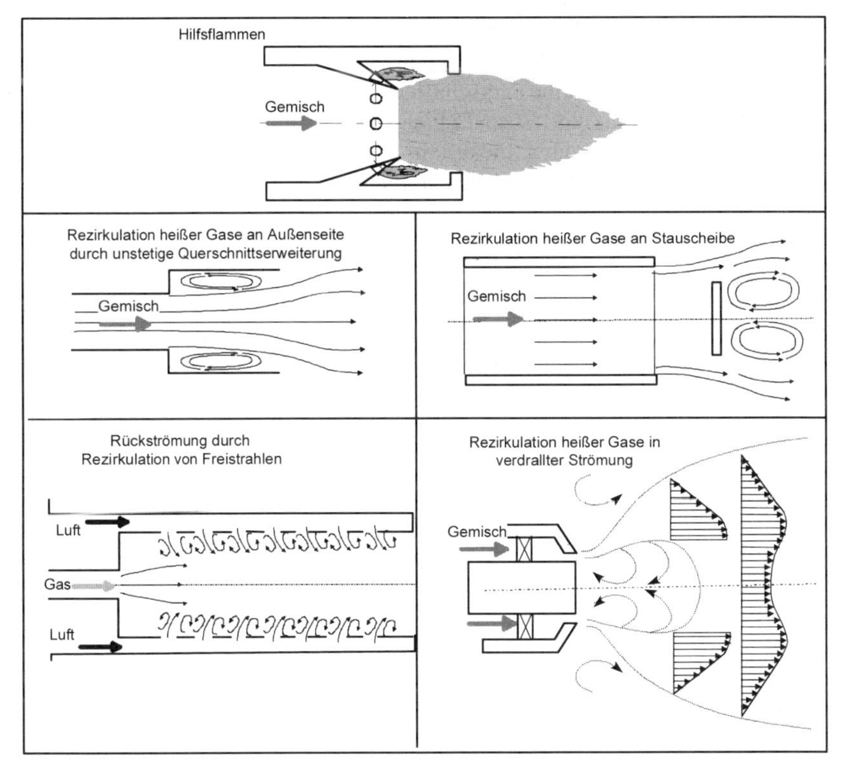

Bild 10-51 Einige Methoden der Stabilisierung der Flammen gegen Abheben (in Anlehnung an [41])

Bild 10-51 zeigt verschiedene Mittel zur Stabilisierung von Flammen gegen das Abheben. Die Stabilisierung beruht im wesentlichen darauf, heiße Verbrennungsgase zur Zündung in stromaufwärts gelegene Bereiche zu leiten. Die Hilfsflamme wird aus der gleichen Mischung wie die Hauptflamme gespeist. Ihre Gemischgeschwindigkeit ist geringer. Sie ist folglich erheblich stabiler gegen Abheben als die Hauptflamme.

10.3.3.3.3
Verbrennungsraum

Der Verbrennungsraum muß nach Länge und Volumen zur Unterbringung der Flamme ausreichen. Ist er zu klein, werden unverbrannte Ölteilchen auf die Wände auftreffen und Koksablagerungen verursachen. Ist er zu groß, kommt es zu einer ungleichmäßigen Erhitzung des Brennraumes und ggfs. zu einer instabilen Flamme (s. [99]).

Bei industriellen Brennern haben die Flammen abhängig von Brennstoff und Brenner Längen von 0,4 und 1,2 m bei Gas bzw. 0,7 und 1,2 m bei Öl [41].

Die Brennraumbelastung ist der spezifische Energieumsatz im Brennraum. Für zylindrische Brennräume und Heizöl E bei einem Ausbrand von 99 % beträgt er nach [172] 1,4 bis 1,6 MW/m^3. Bei Brenngasen ist sie nach [41] etwa doppelt so groß. Mit diesen Anhaltszahlen kann man sich leicht eine Vorstellung von der Größe des Verbrennungsraumes verschaffen.

Wenn das Arbeitsgas der Wirbelschicht-Sprühgranulation nicht direkt erhitzt wird, wird es über Röhrenwärmeaustauscher, in denen Heiz- und Arbeitsgas zumeist im Kreuzstrom geführt werden, aufgeheizt.

10.3.3.3.4
NOx-Reduktion

Zum Schutze der Umwelt ist die NO_x-Emission der Abgase durch behördliche Auflagen begrenzt. Zur Einhaltung dieser Vorschriften werden 4 Maßnahmen alleine oder in Kombination angewendet [63], [77], [180]. Diese Maßnahmen sind

- Flammenkühlung: Sie bedeutet Senkung der Verbrennungstemperatur durch Kühlung mit entweder Überschußluft oder Abgasrückführung oder Kühlelementen etc.
- Verminderung der Verweilzeit der Abgase bei hohen Temperaturen
- Gestufte Verbrennung: Bei Mündungs- oder teilweise vorgemischten Brennern wird zunächst in einer ersten Zone mit O_2-Mangel verbrannt. In einer anschließenden Zone folgt der restliche Ausbrand mit der noch fehlenden Luft.
- Verringerung des Luftüberschusses: Das hat eine Senkung des Sauerstoff-Anteiles zur Folge.

10.3.3.3.5
Gasbrenner

Abgestimmt auf das breite Anforderungsprofil für Brenner sind zahlreiche Bauarten von Industriegasbrennern entstanden. Bild 10-52 gibt hierzu eine kleine Übersicht. Obwohl noch andere Faktoren von Einfluß sind, wird hier nur nach der Art der Vermischung von Luft und Brenngas unterschieden.

Neben der generellen Forderung nach effektiver, schadstoffarmer Freisetzung von Wärme wird die Wärmeübertragung an unterschiedliche, aufzuwärmende Güter sowie die Erzeugung von Schutz- und Reaktionsgasen verlangt. Sehr wichtig ist auch ein weiter Regelbereich der Heizleistung, in dem sich weder die

Güte der Verbrennung noch die Flammenstabilität ändern dürfen. Üblich ist ein Regelbereich von 1:10 und größer.

Wenn Brenngas und Luftsauerstoff erst während des Verbrennungsprozesses zusammentreffen, spricht man von nicht vorgemischten Flammen. Im anderen Fall ist von Vormischflammen die Rede.

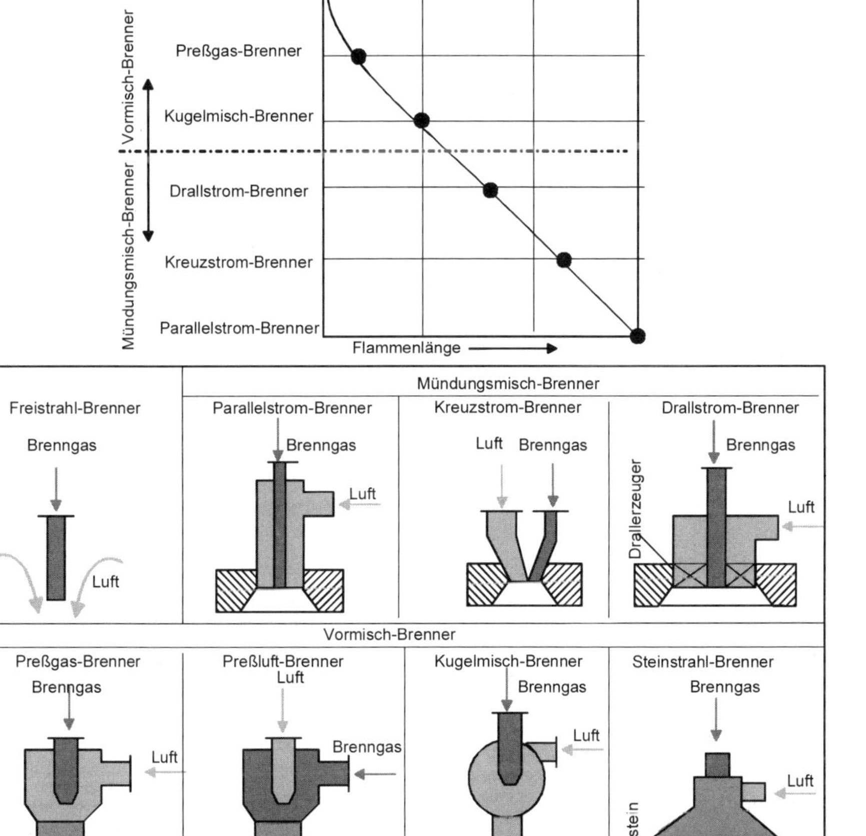

Bild 10-52 Bauarten von industriellen Gasbrennern (in Anlehnung an [85], [260], [356] und [41])

- Freistrahl: Das Brenngas (Vordruck bis 1 bar) tritt mit hoher Geschwindigkeit in ruhende oder bewegte Luft aus. Die Vermischung erfolgt nach den Gesetzen des Freistrahles. Es entstehen lange Flammen.
- Mündungsmischbrenner: Brenngas und Luft treffen an der Mündung des Brenners zusammen. Dadurch besteht keine Gefahr des Flammenrückschlages. Diese Brenner werden daher in der Industrie am häufigsten eingesetzt. Nach den Mischprinzipien wird unterschieden in Parallelstrom- (lange Mischwege, lange Flammen), Kreuzstrom- (Fluidströme gegeneinander geneigt, Flammen dadurch kürzer), sowie Drallstrombrenner (Drall zumeist nur der Luft aufgeprägt, Verkürzung der Flammen durch Erhöhung der Drallstärke).
- Vormischbrenner: Bei unterstöchiometrischer Vormischung muß für den vollständigen Ausbrand ausreichend Sekundärluft zugeführt werden (mit dem Vormischgrad wird die Flammenlänge beeinflußt). Durch volle Vormischung erfolgt die Verbrennung auf kleinstem Raum und kürzestem Weg. Es besteht die Gefahr des Flammenrückschlages. Der Regelbereich ist dadurch nach unten begrenzt.

Für das direkte Erwärmen und Inertisieren von Luftströmen in weiten Kanälen bietet sich der sogenannte „Flächenbrenner“ nach Bild 10-53 an. Die Luft strömt geleitet durch perforierte Mischplatten dem Brenner zu. Je nach Betriebsweise ist er im Sinne der Klassifizierung nach Bild 10-52 als Freistrahl- oder als Vormischbrenner einzustufen. Der Brenner wird direkt in den aufzuheizenden Luftstrom eingebaut. Wenn Sauerstoffgehalt und Strömungsgeschwindigkeit der aufzuwärmenden Luft ausreichen, kann er als Brenner ohne Vormischung betrieben werden. Im anderen Fall muß er mit einer Vormischung gespeist werden. Er ist dann in der Lage den Sauerstoffgehalt der Luft auf das sicherheitstechnisch akzeptables Niveau zu senken. Das Verfahren wird „Selbstinertisierung“ genannt. Die Selbstinertisierung ist die kostengünstigste Inertisierungsmethode. Wegen dieser Optionen ist der Brenner für die Wirbelschicht-Sprühgranulation gut geeignet.

Die direkte Verbrennung hat außerdem den Vorteil, daß wärmeübertragende Zwischenwände eingespart werden. Die Investitionskosten sind geringer, die Energieausbeute höher. Nachteilig ist, daß die Verbrennungsprodukte in dem Luftstrom verbleiben. So erhöht sich die Anfangsfeuchte der Luft. Wenn die Verbrennungsprodukte das Granulat verunreinigen, kann die direkte Beheizung der Luft nicht angewendet werden. Eine direkte Beheizung mit Öl ist daher auch nicht bekannt.

Bei der Frischluftaufheizung ist hinter dem Brenner eine Temperatur von 400 °C bei einem Regelbereich von maximal 25:1 erreichbar. Für Umluft mit reduziertem Sauerstoffgehalt beträgt der maximale Regelbereich 30:1. Vom Hersteller werden je nach Typ vor dem Brenner Temperaturen zwischen 315 bis 650 °C und hinter dem Brenner 540 bis 1040 °C zugestanden. Über den Brennerquerschnitt wird, auch wieder abhängig vom Brennertyp, ein Druckabfall von 1 bis 4 mbar empfohlen (ist über eine Blende zu beeinflussen).

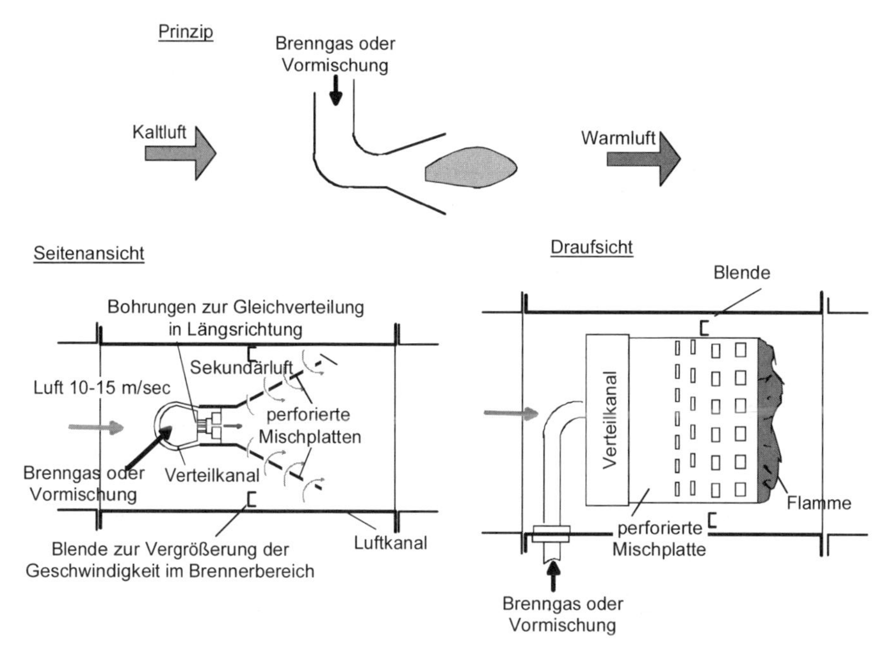

Bild 10-53 Brenner ohne Gebläse für direkte Frischlufterhitzung (Bauart Airflo, Firma Maxon GmbH, Essen)

10.3.3.3.6
Ölbrenner

Bei der Verbrennung von Öl hat der Brenner zunächst die Aufgabe, das Öl in feine Tropfen mit einer insgesamt großen Oberfläche zu zerteilen. Mit Bild 10-54 ist eine Übersicht über wesentliche Bauarten der Zerstäubungseinrichtungen von Öl gegeben.

In Druckdüsen wird der Ölstrom verdrallt und dann über einen Film in feine Tropfen zerteilt. Druckdüsen mit Vorlauf haben einen Regelbereich für den Durchsatz von etwa 1:3. Zur Erweiterung des Regelbereiches werden Rücklaufdüsen verwendet. Bei ihnen ist die Brennerleistung stufenlos verstellbar. Im äußeren Teil des Doppelrohres fließt das Öl zur Düse, im inneren Teil zurück. Bei konstantem Vordruck bedeutet ein Verschließen des Rücklaufventiles einen höheren Durchsatz durch die Düse und ein Öffnen umgekehrt eine Durchsatzverringerung.

Bei der Verbrennung schwerer Heizöle werden Luftzerstäubungsbrenner angewendet. Sie stellen eine weitere Anwendung der bei der Wirbelschicht-Sprühgranulation wohl bekannten Zweistoffdüse dar. Die Zerstäubungsluft ist zugleich die Primärluft (2 – 3 % der gesamten Verbrennungsluft) der Verbrennung, die durch Sekundärluft ergänzt werden muß.

Statt Luft kann auch Dampf zur Zerstäubung verwendet werden. Der Vorteil besteht darin, daß kein besonderes Gebläse für die Luft erforderlich ist. Der

Dampf wird bei hohen Temperaturen aufgespalten und verbrennt nach dem Schema $C + H_2O \rightarrow CO + H_2$. Der Dampfverbrauch liegt bei etwa 0,2 bis 0,4 kg Dampf / kg Öl [172].

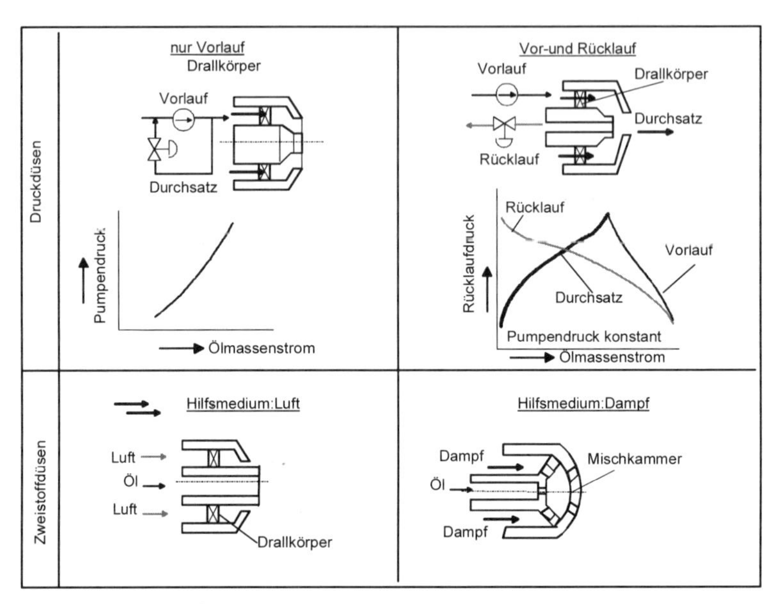

Bild 10-54 Bauarten von Ölbrennern (in Anlehnung an [176], [172] und [260])

10.3.3.3.7
Gas / Öl-Brenner

Sie sind für die gleichzeitige oder wechselweise Verbrennung von Gas und Öl gebaut. Die allgemeine Anordnung entspricht einem Ölbrenner. In einem Brennkopf ist im Zentrum eine Öldüse angeordnet, die von Gaslanzen umgeben ist.

10.3.3.3.8
Regelungs-, Steuerungs- und Sicherheitseinrichtungen

Für den sicheren und störungsfreien Betrieb der Beheizung sind Regelungs-, Steuerungs- und Sicherheitseinrichtungen erforderlich.

- Leckagesicherungen: Sie haben die Aufgabe die Brennstoffzufuhr sicher freizugeben und abzusperren. Bei Gasbrennern sind das meist zwei in Reihe geschaltete Magnetventile. Im Raum zwischen den Magnetventilen wird automatisch die Dichtheit der Magnetventile durch Evakuieren oder Abdrücken geprüft. Bei Öl soll ein Vor- und Nachtropfen durch Schnellschlußventile verhindert werden.

- Zündung: Ein Zündtransformator (Spannung etwa 10.000 V) erzeugt beim Einschalten der Anlage zwischen 2 Elektroden (Abstand 2 bis 5 mm) Zündfunken.
- Flammenwächter: Er hat die Aufgabe zusammen mit einem Flammenfühler das Vorhandensein oder das Ausbleiben der Flamme zu überwachen und zu melden. [171]
- Luftströmungswächter: Er schaltet bei fehlender Luftströmung den Brenner ab.
- Gasdruckwächter: Er schaltet den Brenner bei fehlendem Gasdruck ab.
- Temperaturfühler: Mit dem Temperaturfühler wird die Isttemperatur des Abgases oder des zu beheizenden Gases gemessen. Ein Regler sorgt durch Verstellung der Brennerleistung für den Angleich von Ist- und Solltemperatur.
- Feuerungsautomat: Er ist ein Steuergerät, daß alle Schaltgänge so koordiniert, daß die Abläufe beim Einschalten, bei Störungen und beim Abschalten sachgerecht und sicher erfolgen.

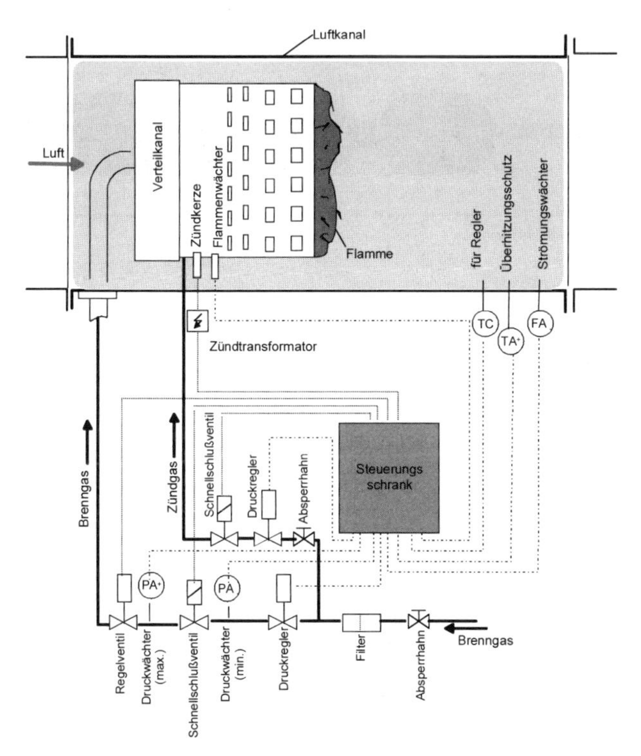

Bild 10-55 Sicherheits-, Steuerungs- und Regelausrüstung eines Flächenbrenners bei der Frischlufterhitzung bei der das Brenngas nicht vorgemischt ist (in Anlehnung an Informationsmaterial der Firma Maxon, Essen)

Beispielhaft zeigt Bild 10-55 die Regel-, Sicherheits- und Steuereinrichtungen des für die Wirbelschicht-Sprühgranulation besonders gut geeigneten Flächenbrenners. Es ist zu erkennen, daß die von den Ventilen und Meßorganen kommenden Informationen unten in den Steuerungsschrank eintreten, während die von ihm ausgehenden Befehle oben herausgehen.

10.3.3.4 Elektrische Beheizung

10.3.3.4.1 Heizelemente

Die elektrische Beheizung der Gase erfolgt über Heizelemente, das sind entweder blanke Widerstandsdrähte („Heizleiter") oder sogenannte „Rohrheizkörper" (s. Bild 10-56). Bei den Rohrheizkörpern ist der Widerstandsdraht in eine keramische Masse (MgO) elektrisch isolierend aber wärmeleitend eingebettet und von einem Rohr feuchtigkeitsdicht umschlossen.

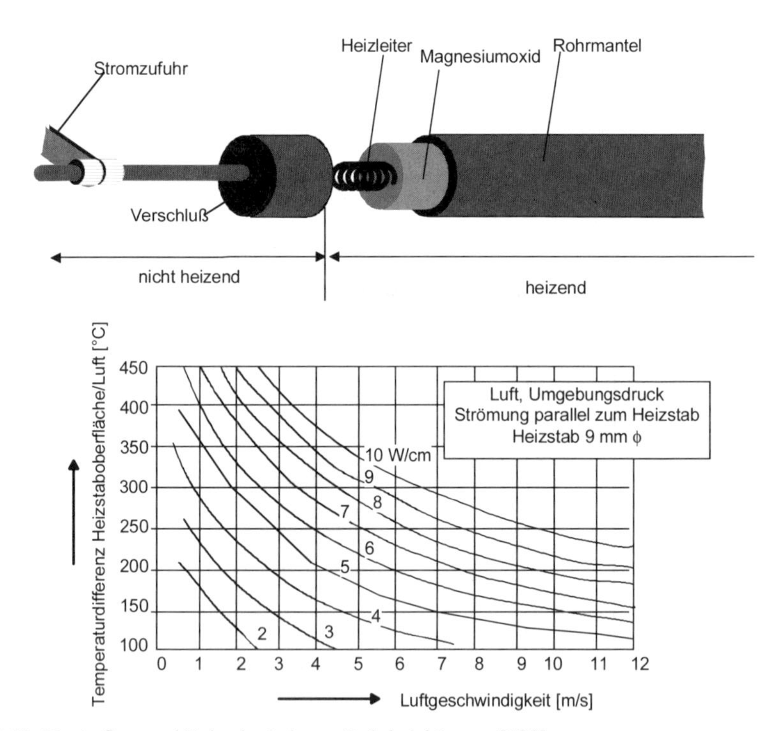

Bild 10-56 Aufbau und Belastbarkeit von Rohrheizkörpern [120]

Von den Heizelementen ist u. a. zu fordern, daß sie eine, bezogen auf Eigengewicht und Strömungskräfte, ausreichende mechanische Steifigkeit haben und außerdem korrosions- und zunderbeständig sind. Sie sind durch Biegen im kalten Zustand zu formen.

Bei blanken Widerstandsdrähten ist die maximale Heizleitertemperatur in Luft bei metallischen Heizleitern rund 1300 °C, bei nichtmetallischen ist sie sogar noch höher. Bei Rohrheizkörpern bestimmt das Rohrmaterial die maximale Temperatur. Chrom-Nickelstähle erlauben eine maximale Temperatur von rund 750 °C.

Die Temperatur ergibt sich im stationären Zustand für das Gleichgewicht zwischen der Wärme, durch den elektrische Widerstand des Stromes und die Wärmeabfuhr nach außen. Im Bild 10-56 ist für einen Rohrheizkörper mit 9 mm Durchmesser dargestellt, wie die Wandtemperatur von der Kühlung („Luftgeschwindigkeit") und der pro cm durch elektrischen Widerstand erzeugten Wärme beeinflußt wird.

Die höchste Temperatur eines Heizstabes tritt im Bereich des Gasaustritts auf. Unterschiedliche Leistungsdichten sind durch Veränderung der Wicklungsdichte des Heizleiters zu erzielen.

Die elektrischen Anschlüsse bleiben außerhalb des Gasraumes. Für die Durchführung zum Klemmenkasten werden „nicht heizende" Enden an den Rohrheizkörpern vorgesehen (beispielweise durch einen in diesem Bereich ungewickelten und stärkeren Heizleiter).

10.3.3.4.2
Bauformen elektrischer Erhitzer

In Bild 10-57 sind verschiedene Bauformen elektrischer Gaserhitzer als Beispiele dargestellt. Für höhere Drücke sind runde Strömungsquerschnitte erforderlich, für nahezu Umgebungsdruck ist allerdings ein rechteckiger Strömungsquerschnitt vielfach billiger.

In der Ausführung für höhere Drücke sind 2 Rohrheizkörper spiralförmig gewickelt. Der Kern der Spiralen ist mit einem Verdrängerrohr ausgefüllt. Dadurch entsteht ein strömungstechnisch günstiger Ringspalt. In den Ringspalt wird das Gas in der Nähe des Klemmenkastens eingeleitet, so daß der Klemmenkasten möglichst kalt bleibt. Die Rohrheizkörper sind in die Platte zwischen Gasraum und Klemmenkasten eingelötet.

In der Ausführung für Umgebungsdruck sind Widerstandsdrähte frei aufgespannt. Zum Anschluß an die Stromzufuhr werden sie an ihren Enden in den Klemmenkasten geführt. Für die Durchführung sind elektrisch isolierende keramische Buchsen eingesetzt.

Bei beiden Bauformen sichert ein Klemmenkasten die berührungssichere Stromversorgung der Heizlelemente. Dabei werden die Heizstäbe einzeln oder in Gruppen im Stern oder im Dreieck angeschlossen.

10.3.3.4.3
Stromversorgung und Sicherung gegen Durchbrennen

Die Leistung der elektrischen Beheizung kann in Gruppen aufgeteilt werden. In diesem Fall wird die Grundlast ständig geliefert und die Regellast durch Regelung der Gasaustrittstemperatur dem Bedarf angepaßt. In der letzten Jahren werden allerdings immer mehr Thyristoren eingesetzt, die die elektrische Leistung zwischen 0 und 100 % stufenlos regeln.

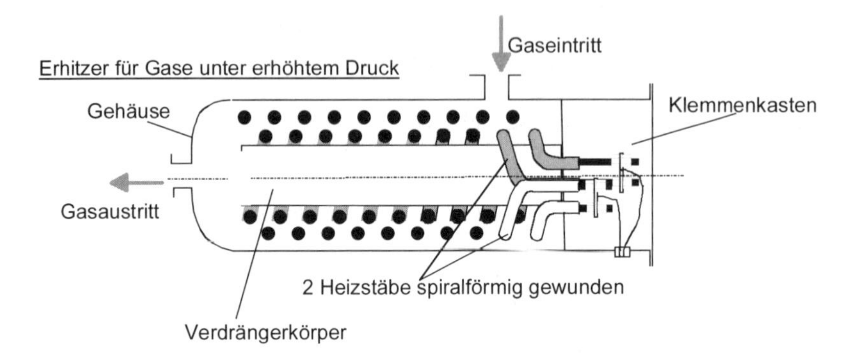

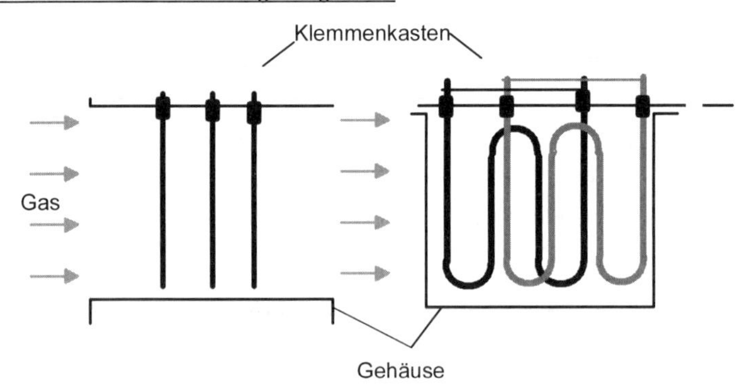

Bild 10-57 Bauformen elektrischer Gaserhitzer

Fällt der kühlende Gasstrom aus, können sich die Heizelemente bis zum Schmelzen erwärmen, weil die Messung der Gasaustrittstemperatur wirkungslos ist. Deshalb werden sogenannte Strömungswächter vorgesehen. (s. Kap. 11.2.4) Das sind Windfahnen, die bei ausbleibender Gasströmung die Stromzufuhr unterbrechen. Bei großen Leistungen empfiehlt sich beim Abschalten die Gaszufuhr zur Kühlung der Heizstäbe noch eine Zeit lang nachlaufen zu lassen.

10.3.4 Entstaubung

10.3.4.1 Allgemeines

Ziel der Entstaubung ist eine möglichst vollständige Abtrennung des vom Abgas mitgeführten Feststoffes. Große Teilchen lassen sich leichter abscheiden als kleine. Als Maß für die Wirksamkeit des Entstaubungsverfahrens gilt der Abscheidegrad. Er ist das Verhältnis der Konzentration an Feststoffteilchen im Gas vor („Rohgas") und nach („Reingas") der Entstaubung. Der Abscheidegrad ist von der Größe der Partikel aber auch vom verwendeten Apparat abhängig. Für Gase, die in die Umgebung abgegeben werden, ist die Feststoffbeladung mg/m^3 maßgeblich. Für sie gelten gesetzliche Vorschriften oder behördliche Auflagen.

Die Entstaubung kann trocken (Zyklon, Filter) oder auch naß (Wäscher) erfolgen.

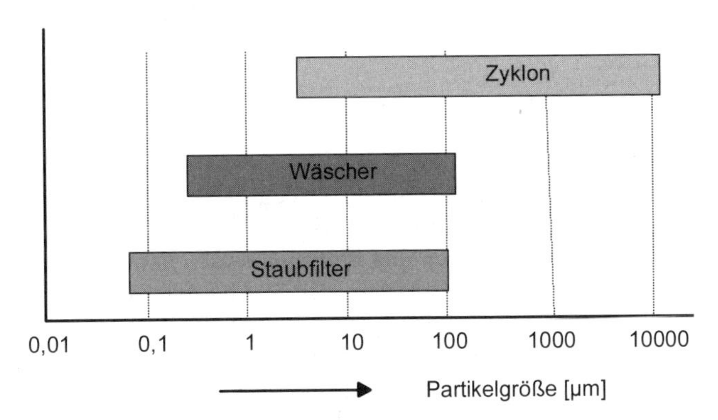

Bild 10-58 Bevorzugte Einsatzbereiche von Entstaubern [373]

Von Wicke wurden 1970 die Leistungen und Kosten der Entstauber miteinander verglichen. Bild 10-59 gibt diesen Vergleich wieder. Ist er in dieser einfachen Form schon heikel, so ist er in seiner Aussage für den gegenwärtigen Stand auch problematisch, weil er einen zeitlichen Abstand von 30 Jahren ignoriert. In diesen 30 Jahren sind die Kosten gestiegen. Außerdem hat die Entwicklung insbesondere bei den Filtern rasante Fortschritte gebracht. Der Vergleich wird hier dennoch zitiert, weil er ein Gefühl für Größenordnungen vermittelt. Die oberen Werte bei den Naßentstaubern für Energieaufwand, Anschaffungskosten und Instandhaltung beziehen sich auf Gerätetypen, die als nicht für die Wirbelschicht-Sprühgranulation geeignet angesehen und daher hier nicht besprochen werden. Die Markierungen weisen auf herausragende Eigenschaften hin. Danach ist der Zyklon ein besonders preiswerter, das Filter ein besonders wirksamer Abscheider.

	Zyklon	Filter	Naßentstauber
Grenzkorn [µm] für ρ_S=2,42 g/cm³	4...8	< 0,5	0,1...1,5
Energieaufwand kWh/1000m³	0,25...1,5	0,5...1,2	0,05...8
Anschaffungskosten DM je m³/h (Stand 1970)	0,4...1,5	2,7...17	0,5...10
Instandhaltungsaufwand in % der Anschaffungskosten	2	12	7

Bild 10-59 Vergleich von Leistungen und Kosten verschiedener Entstaubersysteme nach Wicke [373]. Stand von Preis und Entwicklung 1970.

Bei der Auswahl des Abscheiders sind neben den gerätespezifischen (Abscheidegrad, Betriebssicherheit und Kosten) auch die produktspezifischen Eigenschaften (Art und Größe der Beladung, Agglomerationsneigung, Abwasseraufbereitung, Neigung zur Schaumbildung etc.) zu beachten.

10.3.4.2 Zyklon

10.3.4.2.1 Abscheidemechanismus

Im Zyklon wird eine rotierende Strömung erzeugt. (Die häufigste Bauform ist in Bild 10-60 zu sehen.) In dieser Strömung wirken auf die Feststoffpartikel Zentrifugalkräfte, die den Feststoff gegen den Strömungswiderstand nach außen auf die Wand schleudern. Von der Wand rutscht der Staub nach unten in einen Staubbehälter. Das Gas wird nach oben durch ein zylindrisches Tauchrohr abgeführt.

Die Strömungsverhältnisse im Zyklon sind kompliziert. Sie waren bereits Gegenstand zahlreicher Untersuchungen [32]. Zu einer ersten Orientierung sind im Bild 10-60 Strömungsprofile eingezeichnet. Die Partikelbewegung wird nach Barth [12] als ein Sinken in radialer Richtung nach außen aufgefaßt. Anstelle des üblichen Gravitationsfeldes wirkt hier ein Zentrifugalfeld. Das Zentrifugalfeld ist nicht wie das Gravitationsfeld ortsunabhängig, weil es anstelle der Erdbeschleunigung durch die ortsabhängige Zentrifugalbeschleunigung u_t^2 / R (mit u_t = tangentiale Geschwindigkeit, R = Ortsradius) bestimmt wird. In der Projektion der Tauchrohrwand ist die Umfangsgeschwindigkeit maximal und damit ist auch dort die Zentrifugalbeschleunigung am größten.

Dem Sinken der Partikel ist die zum Tauchrohr, also nach innen gerichtete und in dieser Richtung schneller werdende Gasströmung entgegengerichtet. Eine zylindrische „Trennfläche", die als eine Projektion der Tauchrohrwand anzusehen ist, wirkt wie ein Sieb, das nur kleine Teilchen hindurchläßt. Das „Grenzkorn" hat die Größe, bei der Zentrifugalkaft und Strömungswiderstand an dieser Stelle gleich groß sind.

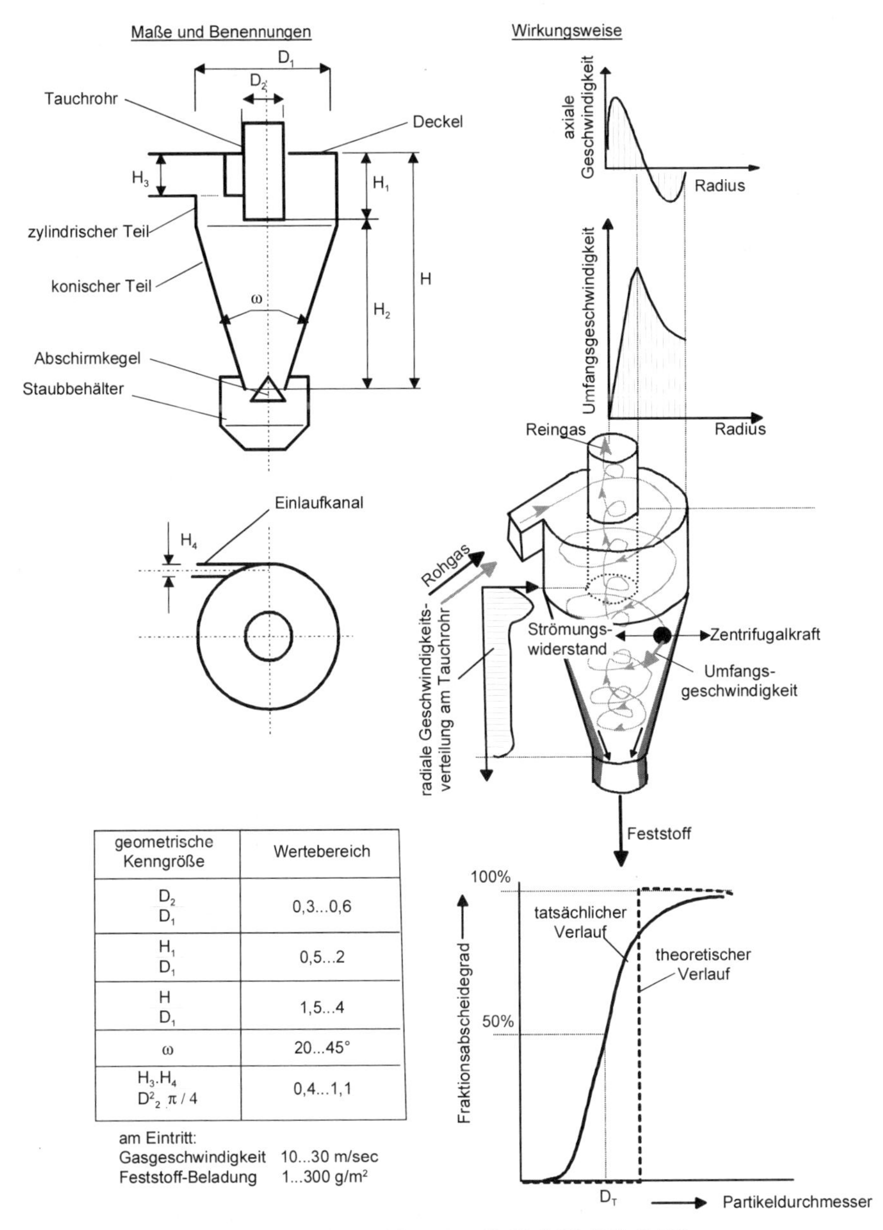

geometrische Kenngröße	Wertebereich
$\frac{D_2}{D_1}$	0,3...0,6
$\frac{H_1}{D_1}$	0,5...2
$\frac{H}{D_1}$	1,5...4
ω	20...45°
$\frac{H_3 \cdot H_4}{D^2_2\ \pi / 4}$	0,4...1,1

am Eintritt:
Gasgeschwindigkeit 10...30 m/sec
Feststoff-Beladung 1...300 g/m²

Bild 10-60 Grundinformationen über Zyklone (aus [249], [12], [32], [330])

Wenn diese theoretische Vorstellung stimmt, werden alle Partikel mit der Grenzpartikelgröße zurückgehalten; sämtliche kleineren Partikel vom Gas in das Tauchrohr mitgerissen; sämtliche größeren zur Wand geführt und damit abgeschieden. Der Fraktionsabscheidegrad, der angibt, welcher Teil einer Partikelgrößenfraktion abgeschieden wird, hätte dann den in Bild 10-60 unten als „theoretisch" gekennzeichneten Verlauf. Der durch Messungen ermittelte „tatsächliche" Verlauf weicht davon zum Teil erheblich ab. Das hat u. a. folgende Gründe: Zunächst ist die Radialgeschwindigkeit, wie im Bild 10-60 dargestellt, nicht über die ganze Höhe der Trennfläche konstant. Außerdem wird die Umfangsgeschwindigkeit mit zunehmender Beladung des Gases abgebremst. Schließlich führen sekundäre Strömungen am Deckel zu unerwünschtem Austrag etc.

Als „Trenngrenze" D_T ist die tatsächlich zu 50 % abgeschiedene Teilchengröße definiert. Sie wird mit zunehmendem Gas-Volumenstrom $\dot{V}_G$ gemäß

$$D_T \sim \frac{1}{\sqrt{\dot{V}_G}} \qquad \text{Gl.(10-25)}$$

kleiner.

In Bild 10-61 sind 3 Einlaufformen zur Drallerzeugung dargestellt. Am gebräuchlichsten ist der Schlitzeinlauf, weil er einfach zu fertigen ist. Weil der Schlitzeinlauf aber die Spiralströmung stark (abhängig von der Schlitzbreite) einschnürt, ist er strömungstechnisch nicht so günstig wie der Spiraleinlauf. Der Axialeinlauf ist raumsparend. Er wird bei sogenannten Multizyklonen, bei denen viel kleine Zyklone parallel geschaltet sind, verwendet.

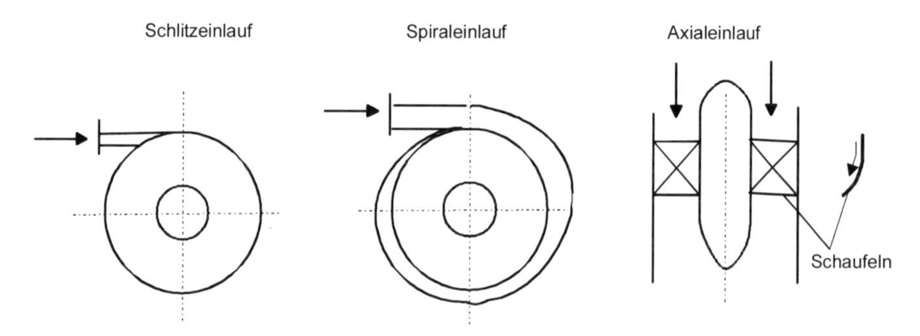

Bild 10-61 Drallerzeugung bei Zyklonen

10.3.4.2.2
Druckverlust

Der Druckverlust im Zyklon wird als Summe der 2 aufeinanderfolgenden Teilverluste vom Einlauf bis zur gedachten Trennfläche und dann von dort bis zum Austritt aus dem Tauchrohr errechnet [32]. Der größte Druckverlust fällt im Tauchrohr an. Deshalb ist versucht worden, den Einlauf in das Tauchrohr strömungstechnisch zu verbessern [32].

Überraschenderweise wird mit steigender Gutbeladung der Druckverlust eines Zyklones nicht größer, sondern kleiner [322].

10.3.4.2.3
Praktische Hinweise

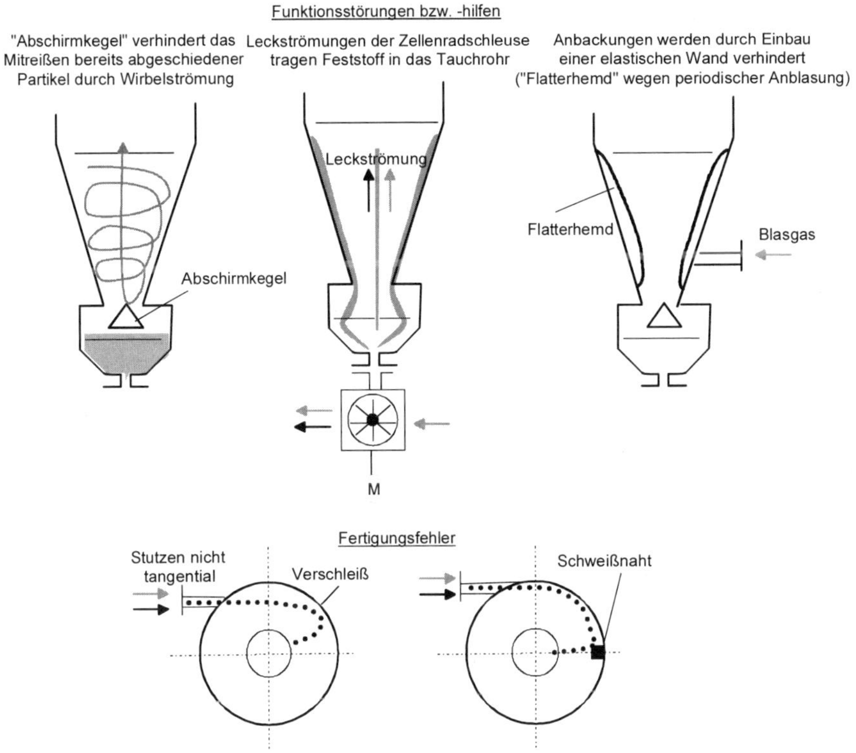

Bild 10-62 Typische Probleme bei Zyklonen (aus [32])

- Stark haftende Stäube: Zur Bekämpfung sonst nicht verhinderbarer Staubansätze sind elastische Zykonwände beispielsweise aus Gummi, die locker eingehängt werden und sich durch Strömungskräfte leicht verformen, sehr wirkungsvoll. Die elastischen Wände können auch durch rythmisches Aufblasen abgereinigt werden („Flatterhemd"). Statische Aufladungen sind bei diesen Lösungen zu beachten.
- Abschirmkegel: Die Wirbelströmung im Zyklon darf nicht in den Staubbehälter durchlaufen. Es würde sonst im Wirbelkern Feststoff aufgewirbelt und über das Tauchrohr ausgetragen. Ein Abschirmkegel löst das Problem.
- Zellenradschleuse: Schließt sich am Staubbehälter eine Zellenradschleuse an, ist darauf zu achten, daß es nicht zu einem Gaseintritt über die Zellenradschleuse kommt. Das eintretende Gas fördert den abgeschiedenen Feststoff in den Kern der Wirbelströmung. Von da gelangt er in das Tauchrohr und

damit nach außen. Eine drastische Verschlechterung des Abscheidegrades ist die Folge.

- Fertigungsfehler: Bei der Fertigung von Zyklonen mit tangentialem Einlauf ist darauf zu achten, daß der Einlauf auch wirklich tangential erfolgt. Ansonsten kommt es zu einer Verschlechterung der Abscheideleistung, bevorzugt aber auch zu Verschleiß. Kritisch sind schlecht verschliffene Schweißnähte.
- Zyklon-Reihenschaltungen: ergeben nur gering verbesserte Abscheidegrade bei hohem Druckverlust. Sie sind daher nur bei stark schwankenden Eintrittsbeladungen sinnvoll.

10.3.4.3 Filter

10.3.4.3.1 Abscheidemechanismen

Die Abtrennung des Feststoffes aus einem mit Feststoff beladenen Gasstrom besorgt ein poröses Filtermedium, das die Teilchen unter der Wirkung verschiedener Mechanismen zurückhält. Als Filtermedien werden textile Gewebe und Nadelfilze, aber auch Sinterkörper aus Kunststoff oder Metall (Partikel oder auch Gewebe) verwendet. Sie halten gemäß Bild 10-63 den Staub überwiegend im Inneren zurück („Tiefenfiltration"). Es bildet sich schließlich auf ihrer Oberfläche eine Staubschicht, die zu einer Verbesserung der Abscheidung beiträgt. Diesem Abscheidungsvorgang steht die Oberflächenfiltration gegenüber. Auf geeigneten Trägermaterialien ist eine mikroporöse Membran aufgetragen, die die Staubpartikel auf der Oberfläche aufhält („Oberflächenfiltration").

10.3.4.3.2 Filtermedien

Bei den textilen Filtermedien („Tiefenfiltration") sind die früher verwendeten Gewebe aus Naturfasern (Wolle, Baumwolle, Zellwolle) fast gänzlich durch Nadelfilze aus synthetischen Fasern mit unterschiedlichen Beständigkeiten gegen Temperaturen und chemische Angriffe (durch Säuren, Hydrolyse, organische Lösungsmittel etc.) ersetzt worden. Für die Temperaturbeständigkeit (Dauer und Spitze) geben die Bayrischen Wollfilzfabriken, Offingen an: Polyproylen 90 / 95 °C, Polyacrylnitril 120 / 125 °C, Polyester 150 / 150 °C. Für höhere Temperaturen bis ca. 260 °C ist Polytetrafluorethylen geeignet.

Unter dem Handelsnamen Gore-Tex® sind seit fast 20 Jahren feine (Stärke etwa 50 μm) PTFE-Membranen auf verschiedenen textilen Trägermaterialien und auf Glasfaser erfolgreich im Einsatz [269]. Der Staub wird durch Oberflächenfiltration zurückgehalten. Weil PTFE hydrophob ist und weil außerdem der Staubkuchen sich nicht mit dem Filtermedium verzahnt, können auch feuchte und klebrige Stoffe abgeschieden werden.

Sinterkörper aus Metallgeweben werden nach Informationsschriften der Firma Glatt, Binzen zunehmend für pharmazeutische Anwendungen eingesetzt, weil sie gut zu reinigen sind. Die Firma Herding, Amberg sintert Kunststoffpartikel zu leistungsfähigen Taschenfiltern. Alle gesinterten Filtermedien sind eigensteif. Sie müssen weder für die Filtration noch für die Abreinigung gestützt werden.

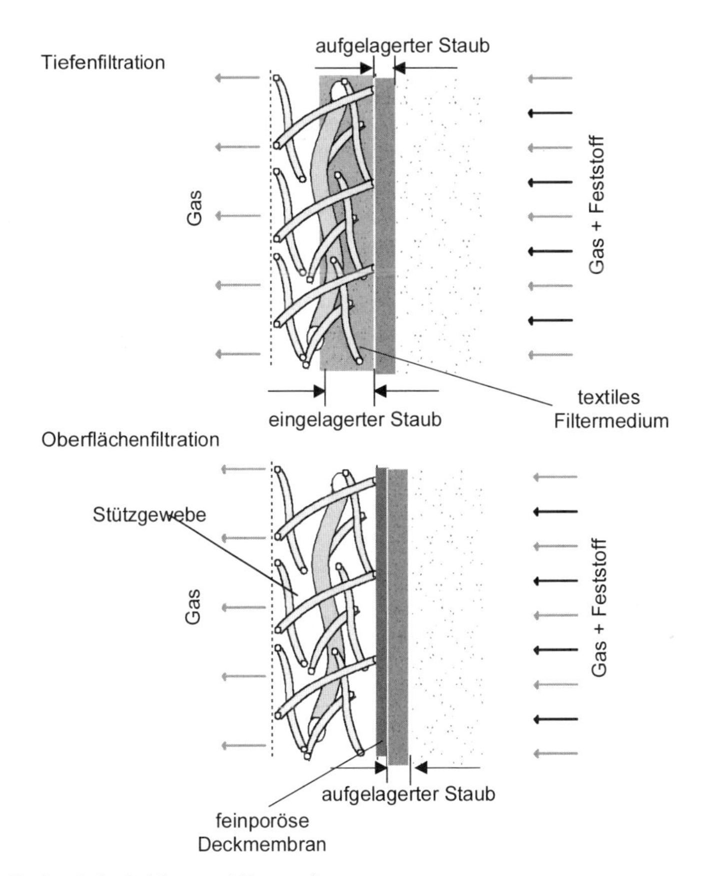

Bild 10-63 Staubabscheidung an Filtermedien

10.3.4.3.3
Filterschlauch

Von alternativen Bauformen stets mehr bedrängt, ist der Filterschlauch noch das am häufigsten eingesetzte Filterelement. Bild 10-64 zeigt wesentliche Details. Die Schläuche werden, wie anhand der Querschnittsdarstellungen zu erkennen ist, von außen nach innen durchströmt. Da das Filtermedium nicht ausreichend steif ist, muß es durch einen Stützkorb gestützt werden. Unter dem Einfluß des Druckunterschiedes wird das Filtermedium mäanderförmig in den Zwischenraum zwischen die Stäbe des Stützkorbes gedrückt. In den Schlauch ist oben ein Ring aus Metall oder einem flexiblen Kunststoff eingenäht. An dieser Stelle wird er, wie im Bild links oben dargestellt, durch einen Bajonett-Verschluß auf den Schlauchboden gepreßt.

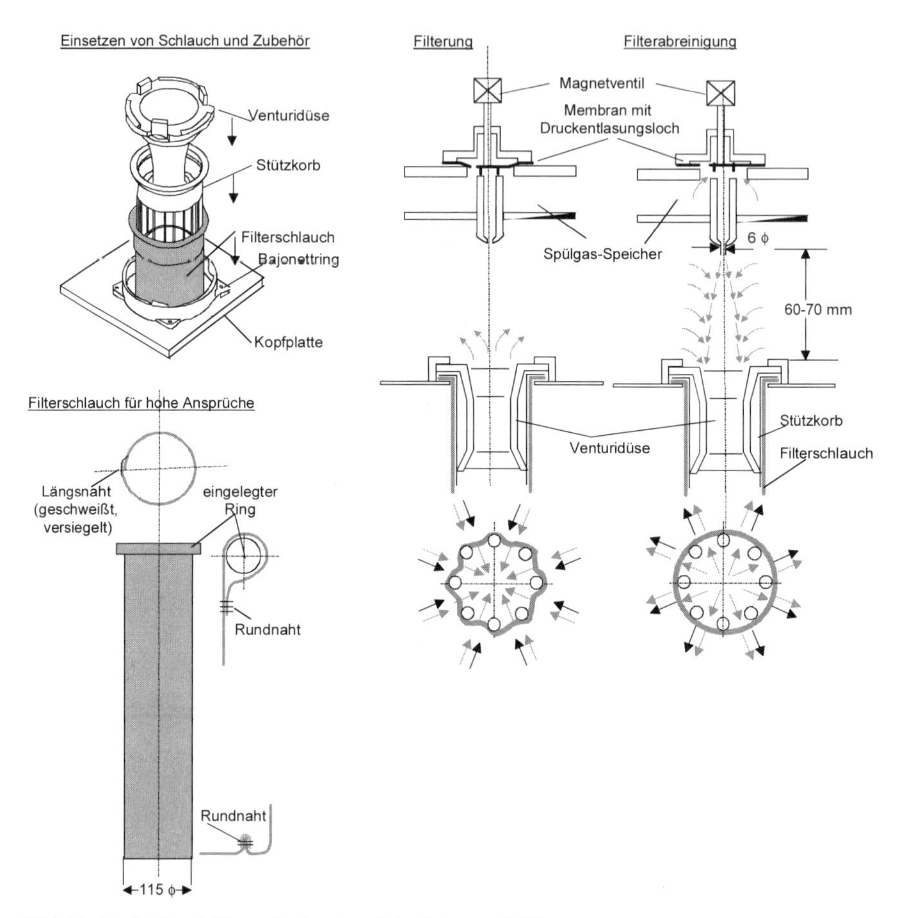

Bild 10-64 Schlauchfilter mit Druckstoßabreinigung [160]

Wichtig ist eine sorgfältige Konfektionierung der Schläuche, so daß Leckstellen durch das Nähen vermieden werden. Dargestellt ist eine nach dem heutigen Wissensstand perfekte Lösung.

Die Schläuche werden mit Durchmessern zwischen 100 und 200 mm und Längen bis zu 2,5 m und sogar bis 5 m eingesetzt. Ein gängiger Durchmesser ist im Bild eingetragen.

Die erforderliche Filterfläche richtet sich nach der störungsfrei möglichen Filterflächenbelastung. Sie gibt den auf die Flächeneinheit m^2 bezogenen Volumenstrom m^3/h an. Sie kann daher auch als Anströmgeschwindigkeit m/h betrachtet werden. Nach Löffler [160] wird sie von Eigenschaften des Staubes, beispielsweise von Korngröße und –größenverteilung bestimmt. Üblich sind Werte zwischen 36 und 150 m/h. Für Filter, die in den Granlator integriert sind, haben sich etwa 100 – 120 m/h bewährt. Es ergeben sich recht große Filterflächen und Bauvolumen. Insbesondere um das Bauvolumen zur Unterbringung der Filterflächen zu verringern, sind zahlreiche Alternativen zu den Schlauchfiltern entwickelt worden.

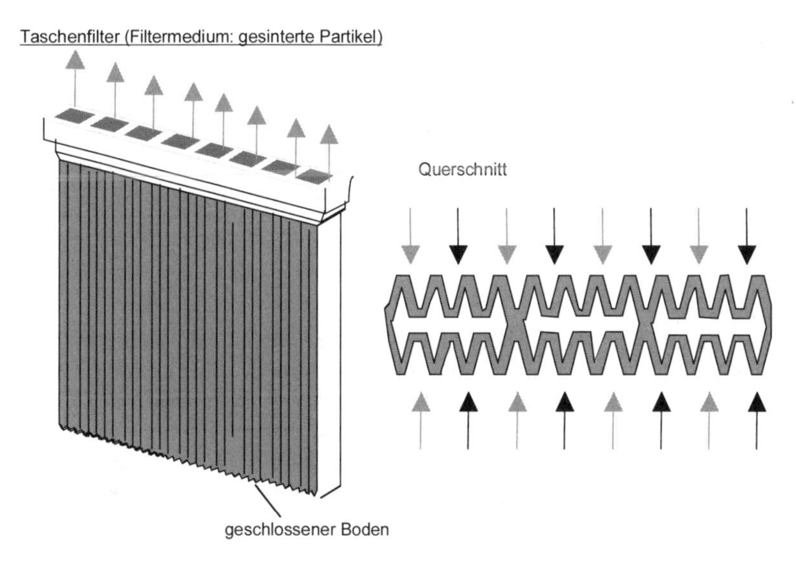

Patrone mit Sternfilter

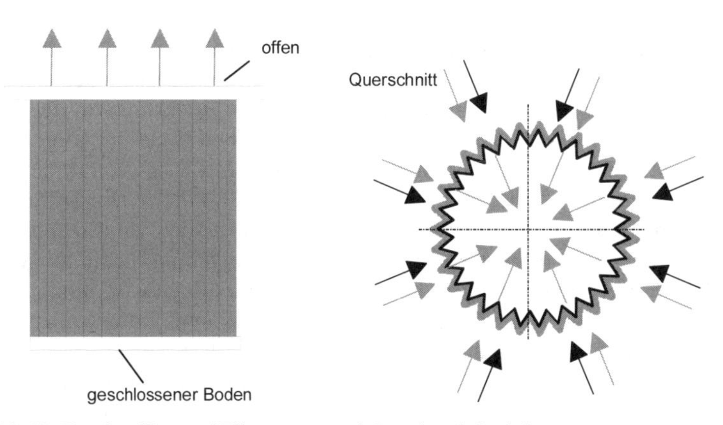

Bild 10-65 Taschenfilter und Filterpatrone mit Druckstoßabreinigung

10.3.4.3.4
Filterpatrone

Eine Filterpatrone kann bei einer Höhe von 606 mm eine Filterfläche von 5 bis 20 m^2 besitzen [160]. Bei Filterpatronen wird die erforderliche Steifigkeit gegen den Filterdruckverlust entweder durch feste Stützelemente auf der Innenseite, durch ein steifes Filtermedium (Beispiel: Sintergewebe) oder aber durch Eigensteife infolge sternförmiger Faltung (s. Bild 10-65) erreicht.

10.3.4.3.5
Taschenfilter

Während Filterpatronen rotationssymmetrisch sind, haben Taschenfilter einen flach rechteckigen Querschnitt. Durch geschickte Formgebung ist mit ihnen eine sehr kompakte Bauweise der Filter möglich. Wie in Bild 10-65 zu sehen ist, sind sie auch durch ihre Form eigensteif und brauchen keine weiteren abstützenden Einrichtungen [1].

10.3.4.3.6
Filterabreinigung

Weil der Staub bei der Wirbelschicht-Sprühgranulation als Keimgut gebraucht wird und weil mit wachsender Staubschicht der Druckverlust ansteigt, müssen die Filterelemente periodisch abgereinigt werden. Abgereinigt wird der Staubkuchen durch Rütteln / Vibrieren oder durch einen kurzen, gegen die normale Strömungsrichtung gerichteten Druckstoß. Mit dem Druckstoß wird der Staubkuchen abgesprengt. Da der Druckstoß die Strömung des zu reinigenden Gases beeinflußt, wird in einigen Fällen, bei denen das Filter in den Granulator integriert ist, das Filter abgerüttelt (nach Informationsmaterial der Firma Glatt, Binzen). Ansonsten dominiert die Druckstoßabreinigung. Eine Abwandlung ist bei Filterpatronen ein im Filter rotierender Drehflügel, aus dem die Spülluft gegen die Hauptströmung durch das Filtermedium geleitet wird.

Bild 10-64 zeigt die Druckstoßabreinigung am Beispiel von Filterschläuchen. Das während der Filtration mäanderförmig zwischen den Stäben des Schlauchkorbes durchhängende Filtermedium wird durch einen Druckstoß von der Gegenseite plötzlich aufgeweitet. Dadurch wird der Staubkuchen abgeschleudert.

Der Druckstoß wird bei einem Druck des Abreinigungsgases von 4 – 6 bar mit Ventilen erzeugt, die einen hohen k_v-Wert haben (s. Gl.(10-18)). Die Öffnungszeit des Ventiles beträgt etwa 50 – 100 ms. Pro Schlauch werden zur Erzeugung des Druckstoßes rund 30 l Rückspülgas bezogen auf Umgebungsbedingungen verbraucht. Der Strahl saugt aus dem Reingasraum weiteres Gas an, und verstärkt sich damit in seiner Wirkung. Durch den Schlauch läuft eine Druckwelle, die von oben nach unten den Schlauch aufweitet.

Wenn der Schlauch nach der Aufweitung wieder auf den Stützkorb aufschlägt gelangt durch „Ausklopfen" verstärkt Staub auf die Reingasseite, was in Bild 10-66 unten dargestellt ist. Dieses Durchsickern von Feststoff kann u. a. durch den Druck des Abreinigungsgases beeinflußt werden. Es zeigt sich, daß nicht zu häufig und mit zu großer Intensität abgereinigt werden sollte.

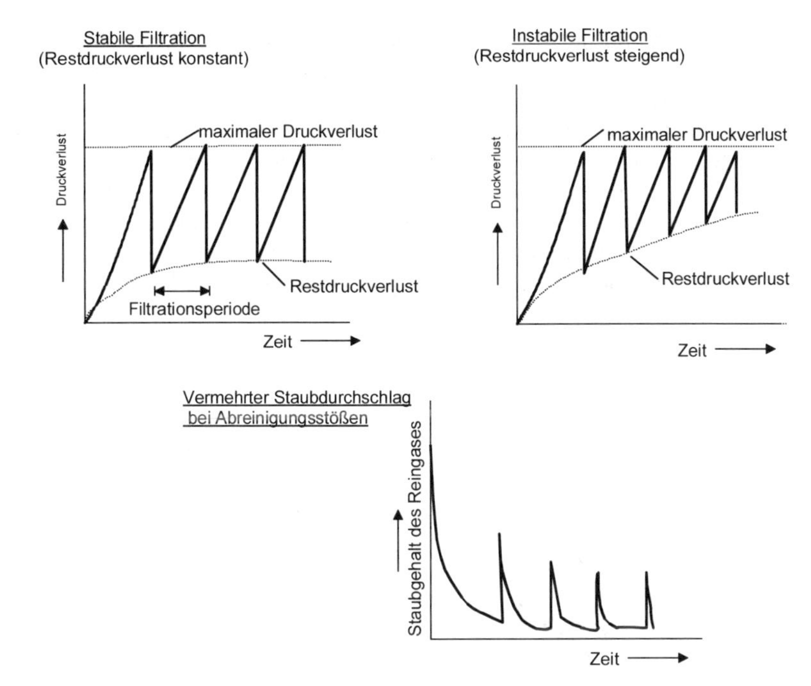

Bild 10-66 Druckstoßabreinung bei Tiefenfiltration

Die Auswirkungen des Abreinigens auf den Druckverlust des Filters zeigt Bild 10-66 anhand von zwei charakteristischen Verläufen. Die Verläufe setzen eine Abreinigung voraus, bei der die Dauer der Abreinigungsperiode durch Begrenzung des maximalen Filterdruckverlustes (üblich sind maximal 10 – 15 mbar) festgelegt werden. Bei Erreichen des Grenzwertes wird die Abreinigung automatisch in Gang gesetzt. Nach jedem Abreinigungsstoß sinkt der Druckabfall auf den Restdruckverlust ab. In der Anfangsphase, in der die Abscheidung noch im Inneren des Filtermediums erfolgt, steigt der Restdruckverlust in beiden Fällen rasch an. Sind die Filtrationsparameter richtig gewählt, bleibt er anschließend nahezu konstant. Die Abreinigungsstöße kommen etwa im gleichen Abstand. Sind die Parameter hingegen nicht richtig gewählt, wird die Zeit zwischen 2 Abreinigungen immer kürzer. Das Filter kann auf diese Weise nicht stabil betrieben werden. Es verstopft.

Bei Oberflächenfiltration ist mit einer Filterverstopfung nicht zu rechnen. Sie ist daher der Tiefenfiltration vorzuziehen.

10.3.4.3.7
Nachfilter für staubfreie Abluft

Für die nahezu vollständige Abreinigung von Luft ist das in Bild 10-67 dargestellte Filter konzipiert. Grundelement sind kastenförmigen Filterzellen. In diesen Filterzellen ist das Filtermedium faltenförmig eingelegt und durch Vergußmassen selbsttragend gehaltert. Durch Umsteuerung wird der Abluftstrom zu der abzureinigenden Filterzelle unterbrochen. Abgereinigt wird, in dem ein Düsenträger zur Verteilung der Abreinigungsluft über den Zellenquerschnitt bewegt wird. Die Abreinigungsluft bläst den Staubkuchen ab. Er fällt in ein unter der Zelle angeordnetes Sammelgefäß. Unabhängig von den Rohgasbeladungen werden bezogen auf einen Staub mit 0,3 µm Korngröße Reinluftbeladungen von 0,001 mg/m^3 zugesichert. Diese hohe Abscheideleistung ist das Ergebnis eines wirkungsvollen Filtermediums aus extrem feiner Microglasfaser. Die maximale Rohgasbeladung beträgt 5.000 mg/m^3: Die Filterflächenbelastung kann abhängig von Art und Menge des Staubes zwischen 30 – 100 m/h liegen. Die Filterfläche je Element beträgt 20 m^2.

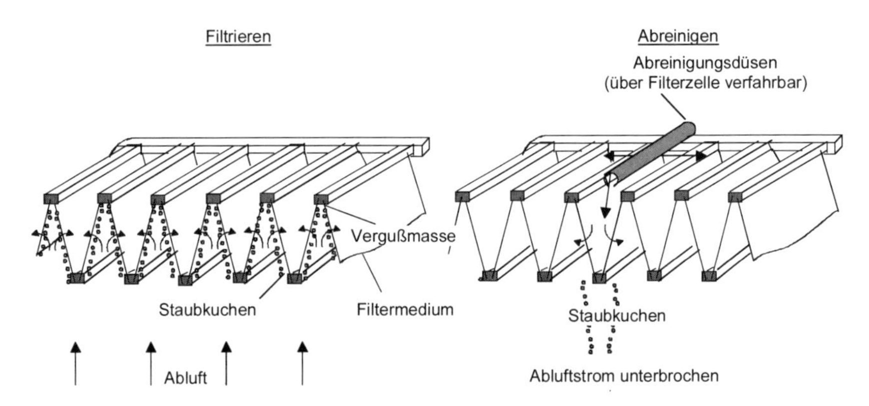

Bild 10-67 Filterzellen für hohe Abluftreinheit (System H.E.T. Anke Filtertechnik, Altenstadt)

10.3.4.3.8 *Staubrückführung*

Der abgeschiedene Feststoff wird als Keimgut im Prozeß kontinuierlich benötigt. Er muß kontinuierlich anfallen und in den Granulationsprozeß zurückgeführt werden. Eine differenzdruckgesteuerte Abreinigung gewährleistet die kontinuierliche Staubrückfuhr nicht. Hier sind feste Abreinigungsintervalle vorzuziehen.

Wenn das Filter von unten angeströmt wird, wie es bei der Integration von Filter und Granuator unumgänglich ist, muß der abgereinigte Staub dem aufwärtsströmenden Gas entgegen herabfallen. Da die Schwebegeschwindigkeit der kleinen Staubkörnchen kleiner als die Aufwärtsgeschwindigkeit des Rohgases ist, werden sie als Einzelteilchen ständig von der Schlauchoberfläche abgeworfen und vom Rohgas zurücktransportiert. Es muß daher sichergestellt werden, daß die Partikel zu ausreichend großen Schwärmen zusammengefaßt und dann vom aufwärts strömenden Rohgas wie ein entsprechend gröberes Partikel nicht zu halten sind. Das bedeutet, daß benachbarte Schläuche zu einer Gruppe zusammengefaßt und gemeinsam abgereinigt werden müssen. Unter diesen Umständen kann die Ansammlung ausreichend großen Staubmengen ebenfalls ein Kriterium für die Festlegung der Abreinigungsparameter sein. Das gemeinsame Abreinigen aller

Schläuche eines Filters verbietet sich selbstverständlich, weil dabei die Durchströmung der Anlage oder des Granulators massiv gestört würde.

10.3.4.3.9
Reststaubgehalt des Reingases

Für Luftfilter gibt es eine am Abscheidegrad orientierte Einteilung. Näheres s. [271]. Generell kann der Staubgehalt im Reingas gut gebauter und ordentlich betreuter Schlauchfilter mit < 5 mg/m^3 angenommen werden. Für Taschenfilter werden 1 – 2 mg/m^3 angegeben [1]. Mit dem Filter nach Anke als Nachfilter werden Reingasbeladungen von 0,001 mg/m^3 erreicht.

10.3.4.4
Naßentstauber

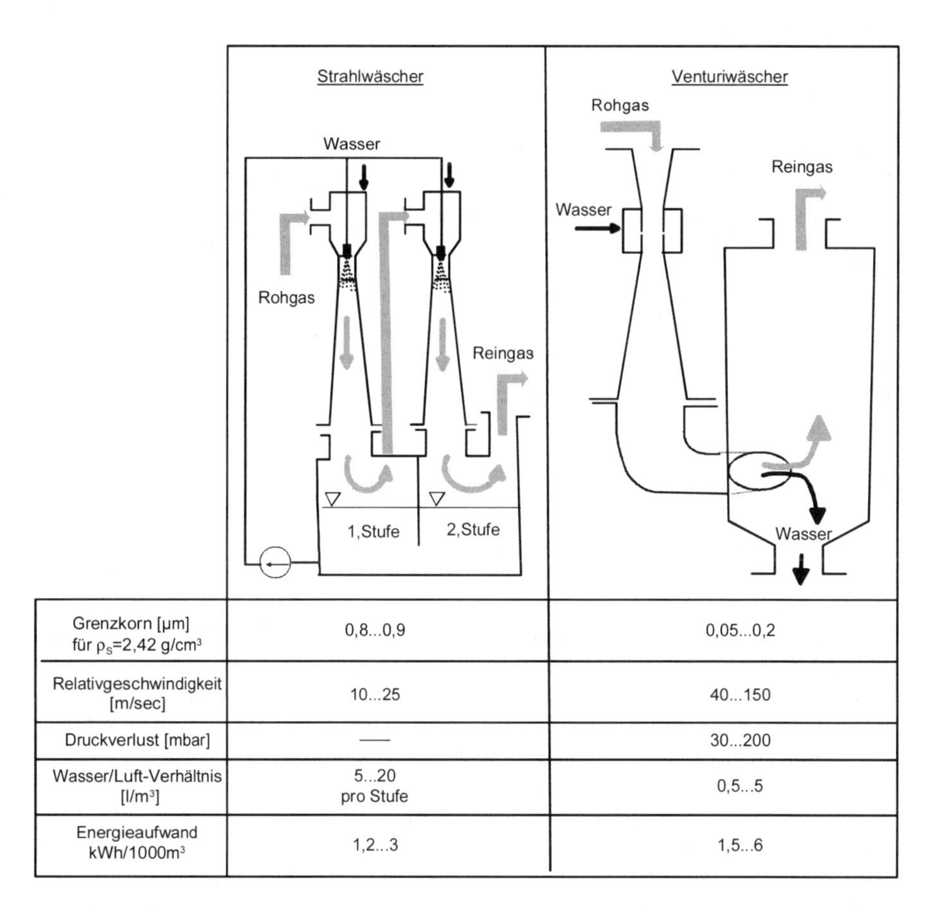

	Strahlwäscher	Venturiwäscher
Grenzkorn [µm] für ρ_S=2,42 g/cm³	0,8...0,9	0,05...0,2
Relativgeschwindigkeit [m/sec]	10...25	40...150
Druckverlust [mbar]	—	30...200
Wasser/Luft-Verhältnis [l/m³]	5...20 pro Stufe	0,5...5
Energieaufwand kWh/1000m³	1,2...3	1,5...6

Bild 10-68 Charakteristische Daten von Naßwäschern für die Wirbelschicht-Sprühgranulation ([95], [373])

10.3.4.4.1
Abscheidemechanismus

Bei der Naßabscheidung werden die im Gas befindlichen Staubpartikel mit erheblich größeren (100 – 1000 fach) Flüssigkeitsstropfen in Kontakt gebracht. Die Tropfen müssen die Staubteilchen festhalten ([373], [159], [95]). Diese großen, mit Feststoff beladenen Tropfen sind nun leichter aus der Gasströmung abzuscheiden. Es ist festgestellt worden, daß hierbei die Benetzbarkeit nur eine untergeordnete Rolle spielt. Bei guter Benetzbarkeit dringen die Partikel in den Tropfen ein, bei schlechter lagern sie sich aber ausreichend fest an die Oberfläche an [373]. Die Abscheidung eines Staubteilchens an einem Flüssigkeitstropfen ist um so leichter, je größer seine Dichte, sein Durchmesser, seine Relativgeschwindigkeit zum Tropfen und je höher die Tropfendichte im Gasstrom ist [159]. Vereinfachte Abschätzungen (zitiert in [373]) haben ergeben, daß ein 50 – 100 fach größerer Tropfen die Staubpartikel besonders effektiv einfängt (für 0,5 μm-Staubteilchen sind beispielsweise Tropfen zwischen 25 und 50 μm bezüglich Einfangquerschnitt und Relativgeschwindigkeit optimal).

10.3.4.4.2
Bauformen

Durch Waschen gelingt das Abscheiden von feinem (0,1 ... 10 μm) oder zum Kleben neigendem Staub, der von Zyklonen nicht erfaßt wurde. Die Anwendung von Wäschern ist nicht angebracht, wenn der abgeschiedene Staub trocken wieder verwendet werden soll. Zu bedenken sind die Aufwendungen für die Abwasseraufbereitung.

Es gibt 5 Grundtypen von Naßentstaubern ([373], [95]), von denen für die Anwendung bei der Wirbelschicht-Sprühgranulation nur 2 von praktischer Bedeutung sind. Es sind der Strahl- und der Venturi-Wäscher (s. Bild 10-68). Trotz ihres geometrisch ähnlichen Aufbaues unterscheiden sie sich in Abscheideleistung und Betriebsverhalten.

10.3.4.4.3
Strahlwäscher

Der Strahlwäscher ist im Prinzip eine große Wasserstrahlpumpe (s. Bild 10-68), bei der das Wasser unter einem Druck von 3 bis 6 bar im Gleichstrom zum Gas aufgegeben wird. Die Gasgeschwindigkeit in der Kehle beträgt 10 bis 20 m/s, die des Wassers 25 bis 35 m/s. Durch den Impuls des aus der Düse austretenden Wasserstrahles saugt sich der Wäscher sein Gas selbst an, und außerdem erhält man einen kleinen Druckgewinn, der zur Überwindung des internen Strömungswiderstandes des Gerätes ausreicht. Das Wasser (ca. 5 bis 20 l/m^3 Luft) wird über ein Sammelgefäß und eine Pumpe im Kreislauf gefahren.

Wegen des konstanten Wasserumlaufes, wird die Abscheideleistung des Wäschers größer bei kleineren Gasdurchsätzen (steigendes Flüssigkeits- / Gas-Verhältnis sowie steigende Relativgeschwindigkeit zwischen Wasser und Gas). Er wird eingesetzt, wo aus betrieblichen Gründen kein höherer Druckverlust verkraftet werden kann. Das Grenzkorn liegt bei 0,9 μm; eine zweistufige Anlage verbessert die Staubabscheidung nicht nennenswert [95].

Der Treibstrahl dringt in das Wasser der Vorlage tief ein. Das kann leicht zu einer unerwünschten, intensiven Schaumbildung führen.

10.3.4.4.4
Venturi-Wäscher

Der Venturi-Wäscher ist eine Weiterentwicklung des Strahlwäschers (s. Bild 10-68). In seiner Grundform (es gibt zahlreiche Abwandlungen [373]) wird das Gas auf Geschwindigkeiten zwischen 50 und 150 m/s beschleunigt. In der Kehle wird quer zum Gasstrom aus Bohrungen Wasser eingespritzt. Der Gasstrom zerreißt das Wasser in feine Tröpfchen. Der anschließende Diffusor bewirkt durch die Verzögerung der Strömung einen teilweisen Druckrückgewinn. Das Wasser/Luft-Verhältnis liegt im Bereich zwischen 1 bis 5 l/m^3, der Druckverlust beträgt 30 bis 200 mbar. Er wird von der Gasgeschwindigkeit und den zu zerteilenden Tropfen (also dem zu beschleunigenden Wasser) bestimmt.

Die im Vergleich zum Naßwäscher verbesserte Abscheideleistung (Grenzkorn 0,05 µm) wird durch einen höheren Druckverlust erkauft. Er ist einfach aufgebaut und hat einen geringen Platzbedarf.

10.3.5
Kondensationssysteme

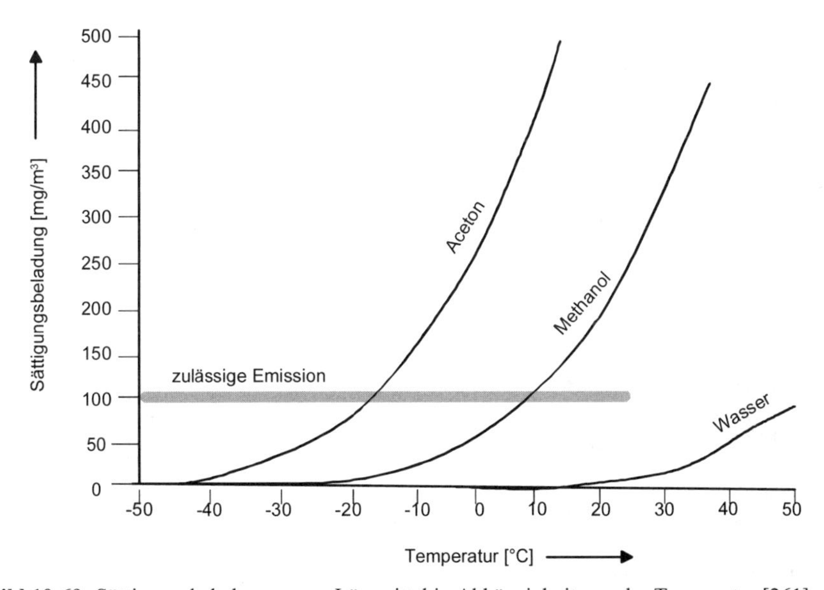

Bild 10-69 Sättigungsbeladungen von Lösemittel in Abhängigkeit von der Temperatur [261]

Die Abtrennung des Lösungsmittel aus dem Kreislaufgas erfolgt bevorzugt durch Kühlung in einem Rohrbündelwärmeaustauscher. Da Kühlmittel und Kreislaufgas durch die Wärmeübertragungsflächen voneinander getrennt sind, spricht man hier von „indirekter Kondensation". Von „direkter Kondensation" ist hingegen die Rede, wenn sie in direktem Kontakt des Gases mit gekühltem Lösungsmittel erfolgt.

Aus Bild 10-69 geht hervor, daß durch Kühlung die vom Gesetzgeber vorgeschriebene Austrittsbeladung von 100 bis 150 mg/m^3 für die Gase, die in die Umgebung abgegeben werden müssen, nicht zu erreichen ist. Deshalb ist für den Teil des Kreislaufgases, der nach außen abgegeben werden soll, eine Feinreinigung nachzuschalten.

10.3.5.1 Indirekte Kondensation

Wenn das Kreislaufgas die gekühlte Wärmeübertragungsflächen überströmt, bildet sich in Wandnähe eine isolierende Gasschicht, die den Wärmeübergang behindert und durch die der Lösungsmitteldampf diffundieren muß, um schließlich kondensiert zu werden (s. Bild 10-70). Das vergrößert die erforderlichen Kühlflächen. Wenn der Stofftransport des Lösungsmitteldampfes zur Wand langsamer erfolgt als der Wärmeentzug, kann sich ein Lösungsmittel-Nebel aus kleinen Tropfen (1 µm und kleiner) bilden. Diese Tropfen sind schwer aus dem Kreislaufgas abzuscheiden.

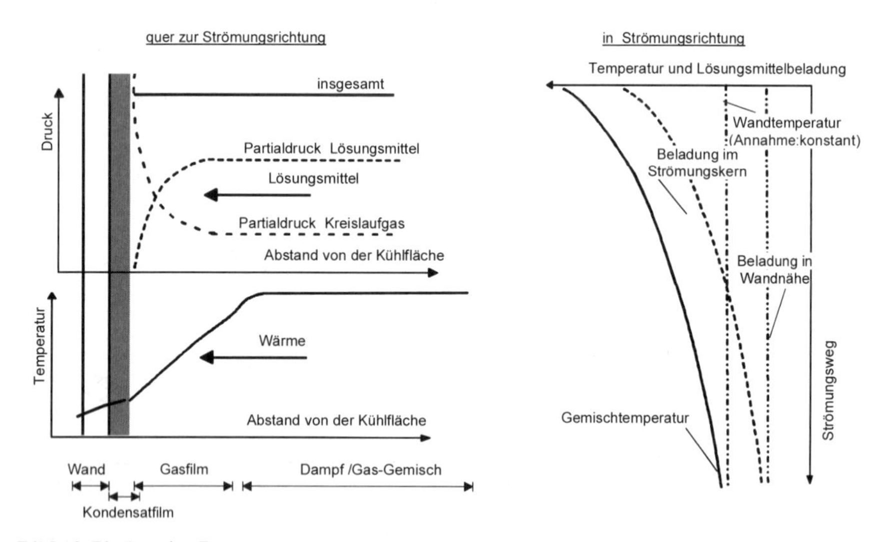

Bild 10-70 Druck-, Temperatur- und Beladungsprofile bei indirekter Kondensation

Verschmutzungen der wärmeübertragenden Flächen führen zu einer Reduzierung der Kondensationsleistung oder zu einer Verstopfung der Rohre. Bei Lösungsmittelgemischen kondensieren zunächst die höhersiedenden Komponenten aus, so daß sich zum Kondensatorende hin die Leichtersieder anreichern. Es muß daher tiefer gekühlt werden als bei einer Gleichgewichtskondensation.

10.3.5.2 Direkte Kondensation

Im einfachsten Fall läßt man gemäß Bild 10-71 dem beladene Kreislaufgas in einer Füllkörpersäule das abzuscheidende, gekühlte Lösungsmittel entgegenströmen. Turbulenzen und eine große Kontaktfläche führen zu einem guten Wärme- und Stoffübergang.

Die direkte Kondensation kann auch in Naßabscheidern (s. Kap. 10.3.4.4) erfolgen. Die Vorteile der direkten gegenüber der indirekten Kondensation sind erheblich. Verschmutzungen werden ausgewaschen und führen nicht wie beim Gaskühler zu Verstopfungen. Der Wärmeübergang ist besser (kleinere Temperaturdifferenzen zwischen Lösungsmittel und Kühlflüssigkeit), keine Nebelbildung, Gleichgewichtskondensation (keine Anreicherung von Leichtersiedern) etc.

Die aus der Füllkörperkolonne mitgerissenen Tropfen sind mit Prallflächen- (10 µm) oder Drahtgestrickabscheidern (5 µm) abzuscheiden.

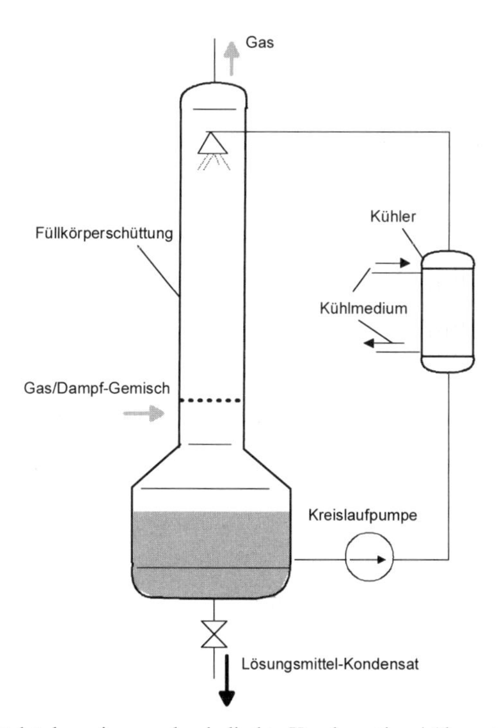

Bild 10-71 Lösemittelrückgewinnung durch direkte Kondensation / Absorption in einer Füllkörperkolonne

10.3.6 Inertisierung

Die Inertisierung erfolgt durch „Spülung" der anfänglich in der Anlage befindlichen Luft (Sauerstoffgehalt 21 %) entweder mit reinem Stickstoff oder mit Brenngasen, die allerdings nicht völlig sauerstofffrei sind.

Zur Inertisierung wird laufend der gleiche Volumenstrom, der der Anlage zugeführt wird, mit dem momentanen O_2-Gehalt der Anlage in die Umgebung abgeblasen. Die Spülung baut die O_2-Konzentration der Anlage ab. Wenn die sicherheitstechnisch vorgegebene Konzentration unterschritten ist, ist die Anlage inertisiert (s. Kap. 13). Ab diesem Zeitpunkt ist nur noch der über Leckstellen einbrechende Sauerstoff zu kompensieren. Eine wesentliche Leckstelle ist die Stelle, an der die Granulate der Anlage entnommen werden.

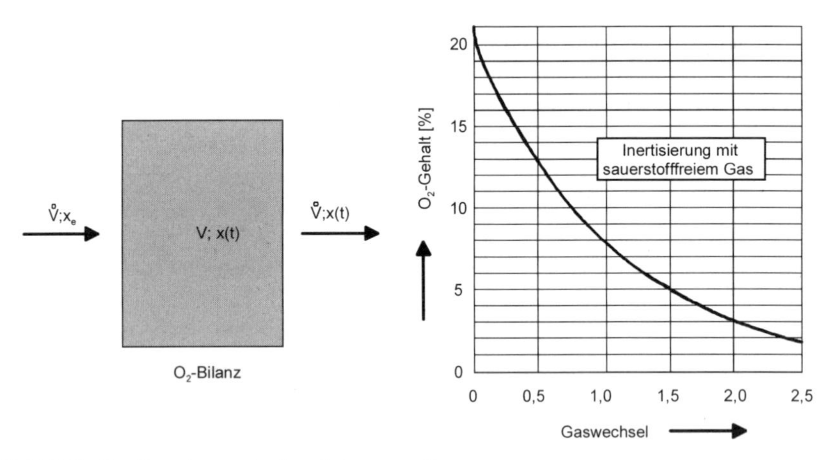

Bild 10-72 Zur Berechnung der Inertisierungszeit

Die Inertisierungszeit ist aus einer Sauerstoffbilanz zu errechnen. Wenn gemäß Bild 10-72 der Inhalt des ansonsten hermetisch dichten Gassystemes einmal mit reinem Stickstoff ausgewechselt ist, ist der O_2-Gehalt der Anlage auf die in vielen Fällen ausreichenden 8 % abgesunken.

Für die O_2-Bilanz ist:

Eintretend, wenn das Gas nicht O_2-frei ist $\quad \dot{V} \cdot x_0$

sowie austretend $\quad \dot{V} \cdot x(t)$

und ändernd $\quad V \cdot \frac{dx}{dt}$

Das ergibt mit

Eintretend + austretend + ändernd = 0

schließlich

$$\int_0^t \frac{\dot{V}}{V} \cdot dt = \int_{x_a}^{x_e} \frac{dx}{x - x_0} \qquad \text{Gl.(10-26)}$$

Nach Integration über die Zeit t = 0; $x = x_{t=0}$ und t = t; $x = x_{t=t}$ ergibt sich:

$$\frac{\dot{V}}{V_0} \cdot t = \frac{\ln(x_e - x_0)}{(x_a - x_0)} \qquad \text{Gl.(10-27)}$$

Aus dieser Gleichung wird mit der Zeit für einen Gaswechsel

$$\tau = \frac{V}{\dot{V}} \qquad \text{Gl.(10-28)}$$

schließlich

$$t = \tau \cdot \ln \frac{(x_e - x_0)}{(x_a - x_0)} \qquad \text{Gl.(10-29)}$$

10.3.7 Abgasreinigung

Wenn bei der Wirbelschicht-Sprühgranulation sicherheitstechnisch heikle, gesundheitlich problematische, übelriechende Abgase anfallen können, wird ein geschlossenes Gassystem gewählt. Damit sind die anfallenden Ströme auf die von Vakuumsystemen und bei der Inertisierung in die Umgebung abzugebenden Mengen reduziert. Sie sind entstaubt und durch Kondensations- und Waschsysteme gereinigt, so daß die nun noch verbleibenden Fremdstoffe in großer Verdünnung vorliegen. Es lohnt nicht, die Stoffe für eine Wiederverwendung abzutrennen. Sie sind aber aus hygienischen Gründen zu entfernen, entweder um Umweltschutzauflagen zu erfüllen (s. [352; Blatt 2280]) oder um eine Geruchsbelästigung der Umgebung zu vermeiden. Die Geruchsschwellenwerte liegen besonders niedrig. Man riecht beispielsweise Schwefelwasserstoff oberhalb 0,2 mg/m^3 und Buttersäure oberhalb 0,0001 mg/m^3 (aus [130]). Solche Fremdstoffe sind nach den in Bild 10-73 aufgelisteten Verfahren aus dem Abgas abzutrennen.

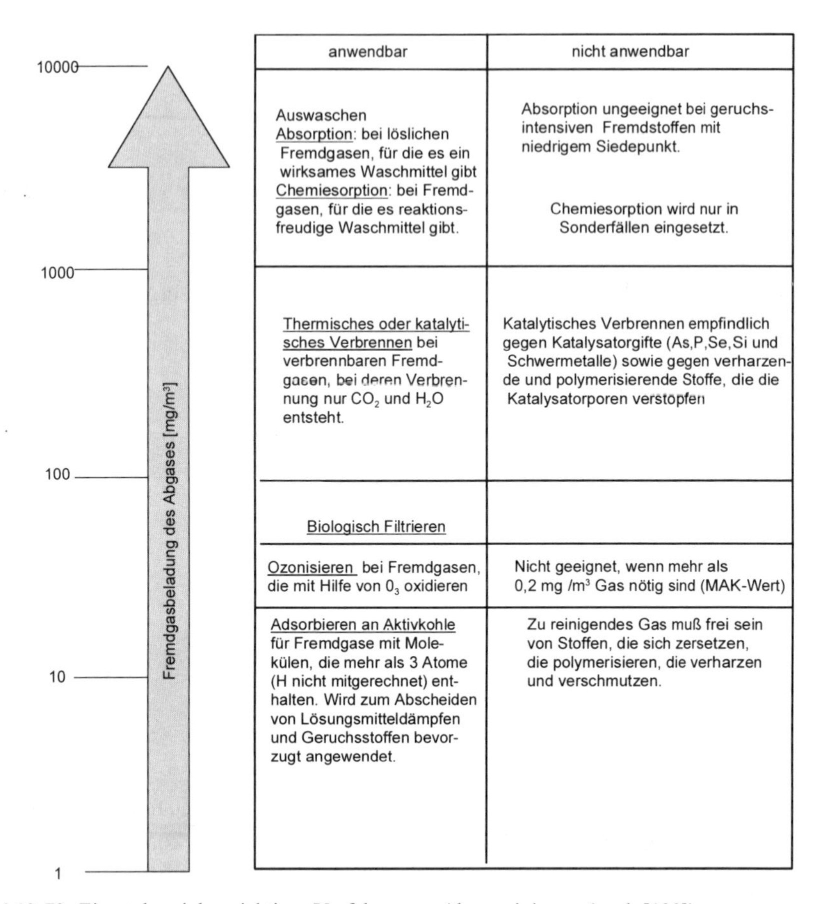

Bild 10-73 Einsatzbereiche wichtiger Verfahren zur Abgasreinigung (nach [130])

10.3.7.1 Absorption

Absorption ist das Auswaschen des dampfförmigen Fremdstoffes mit einer Flüssigkeit, in der er löslich ist oder mit der er reagiert („Chemiesorption“) [130]. Die Waschflüssigkeit ist entweder aufzuarbeiten oder zu verwerfen. Geeignete Paarungen von Fremdstoff und Waschflüssigkeit finden sich in [352; Blatt 3675]. Die geeigneten Apparate sind Wäscher (s. Kap. 10.3.4.4), in denen die Waschflüssigkeit zur Schaffung einer großen Stoffübergangsfläche fein zerteilt wird. Die bei der Absorption freiwerdende Absorptionswärme, wird entweder durch Kühlung oder durch teilweise Verdunstung der Waschflüssigkeit abgeführt.

10.3.7.2
Adsorption

Bei der Adsorption wird der dampfförmige Fremdstoff an einen Feststoff mit sehr großer innerer Oberfläche (Größenordnung 500 m^2/g) angelagert [130]. Das Adsorptionsmittel wird zumeist in Form von durchströmbaren Granulatschüttungen (Korngröße im Bereich von mm) verwendet. Häufig angewendete Adsorptionsmittel sind Aktivkohle, Silicagel und Molekularsiebe.

Davon findet Aktivkohle bevorzugt Verwendung. Sie wird durch Verkohlung (Erhitzen unter Luftabschluß) und chemischer Behandlung organischer Naturstoffe (z.B. Holz, Torf) hergestellt. Dabei entsteht ein feinporiges Sorptionsmittel mit sehr großer Oberfläche, welches im wesentlichen nur noch aus Kohlenstoff besteht. Für großmolekulare Stoffe werden weitporige Typen, für die anderen feinporige Kohlen verwendet.

Interessante Daten bei der Bekämpfung von Gerüchen mit Aktivkohle sind: Für 40.000 m^3 Luft / h sind etwa 1 m^3 Kohle erforderlich, deren Standzeit etwa mit 6 bis 12 Monaten zu veranschlagen ist. Die Kohle ist danach zu ersetzen oder zu regenerieren. Die Kohleschüttung hat eine Höhe zwischen 1 und 2 m. Sie wird mit einer Leerohrgeschwindigkeit von 1 bis 2 m/s angeströmt.

Richtlinien zur Adsorption finden sich in [352; Blatt 3674].

10.3.7.3
Verbrennen

Durch Verbrennen werden die brennbaren, organischen Fremdstoffe des Gases in harmlose Oxide (CO_2, H_2O) verwandelt und dann in die Atmosphäre entlassen [130].

- Thermisches Verbrennen: Das vollständige Verbrennen setzt voraus, daß das Abgas auf eine Temperatur von 700 bis 900 °C erhitzt wird und bei dieser Temperatur in einer Brennkammer einige Sekunden verweilt. Zur Erhitzung auf diese Temperatur wird dem Abgas zusätzlicher Brennstoff zugemischt. Als Stützbrennstoffe werden leichtes Heizöl oder Erdgas verwendet.
- Katalytisches Verbrennen: Die Verbrennungstemperatur sinkt in Gegenwart eines Katalysators auf 300 bis 500 °C, so daß nur noch wenig oder bei einem Heizwert des unreinen Gases zwischen 170 und 1.700 kJ/m^3 keinerlei zusätzlicher Brennstoff erforderlich ist. Ein Brenner wird in diesem Fall nur noch zum Anfahren der Anlage gebraucht.

Als Katalysator werden Edelmetalle oder Metalloxide gebraucht. Um ihnen eine große Oberfläche zu geben, werden sie fein verteilt auf zumeist wabenförmige Träger aufgebracht. Stoffe, die den Katalysator unwirksam werden lassen („Katalysatorgifte“) sind in Bild 10-73 aufgelistet. Sie dürfen im Abgas nicht enthalten sein. Das war auch die Ursache großer Vorbehalte gegen dieses Verfahren. Die Entwicklungen der letzten Jahre im Automobilbau haben das Wissen vergrößert und die Vorbehalte abgebaut. Dennoch und trotz höherer Kosten der thermischen Verbrennung wird diese als unempfindlicher noch vielfach bevorzugt. Bei der Beseitigung kohlenwasserstoffhaltiger Abgase ist das Marktvolumen thermischer Verbrennung mehr als fünfmal größer [45].

Bei einer Anfangsbeladung des Abgases von 2.000 bis 3.000 mg/m^3 ist eine Restbeladung von 10 bis 100 mg/m^3 zu erreichen. Die Lebensdauer des Katalysators wird mit 1 bis 2 Jahre veranschlagt. In dieser Zeit sinkt seine Wirksamkeit.

Hinweise zur katalytische Abluftreinigung finden sich in [352; Blatt 3476].

10.3.7.4 Ozonisieren

Nach Kröll [130] wird das Verfahren bei Abgasen angewendet, deren unerwünschte Bestandteile mit weniger als 0,2 mg/m^3 (MAK-Wert) O_3 oxidierbar sind. Die Anwendung des Verfahrens bei der Wirbelschicht-Sprühgranulation drängt sich nicht auf.

10.3.7.5 Biologisch Filtrieren

Bei diesem Verfahren werden die unerwünschten Komponenten des Abgases mit Hilfe von Mikroorganismen entfernt. [130]. Die Mikroorganismen sind auf die abzubauenden Stoffe abgestimmt. Besonders geeignet sind sie für nahezu alle Kohlenwasserstoffe und Säurebildner. Sie werden körnigem Filtermaterial eingeimpft. Durch diese Schüttung wird das zu reinigende Gas geleitet. Die Rohgasbeladung des Abgases darf nicht zu hoch sein, weil die Geschwindigkeiten des biologischen Abbaues gering sind. Die Schadstoffe werden von den Mikroorganismen („biologisch“) in Kohlendioxid, Wasser und Mineralsalze umgesetzt. Biofilter eignen sich gut zur Beseitigung von geruchsbelästigenden Stoffen in niedriger Konzentration.

Hinweise zu Biofiltern zur finden sich in [352; Blatt 3477].

10.3.8 Lärmminderung

10.3.8.1 Allgemeines

Lärmquellen bei Anlagen der Wirbelschicht-Sprühgranulation sind Strömungen (u. a. Drosseln, Rohrleitungen, die mit einer Geschwindigkeit > 8 m/s durchströmt werden), Klopfer sowie Maschinen (Pumpen, Ventilatoren, Kompressoren, Motoren etc.). Der Schall breitet sich über die Rohrleitungen aus; er wird in die Fabrikationsräume abgestrahlt und durch Körperschall auf den Boden übertragen. Grundsätzlich sollten die Geräusche am Ort ihrer Entstehung so klein wie möglich gehalten werden. Ist das nicht ausreichend möglich, ist der Schall an seiner Ausbreitung durch Dämpfung und Dämmung zu hindern. In der Klima-, Heizungs- und Lüftungstechnik liegen vergleichbare Probleme vor, deren Lösungen [271] für die Wirbelschicht-Sprühgranulation übernommen werden können. Hier werden einige wesentliche Aspekte beschrieben.

10.3.8.2 Lärmentwicklung

Der gleichmäßige Förderstrom der Gase wird durch Ventilatoren und Verdichter stoßartig erzeugt. Die laufenden Verdichtungen und Verdünnungen des Gases ergeben eine Schallwelle, die sich mit Schallgeschwindigkeit ausbreitet. Sie ist gekennzeichnet durch ihre Frequenz und ihre Schallstärke.

Die Grundfrequenzen F in Hz errechnen sich für:

- Ventilatoren als Produkt von Schaufel- und Drehzahl (s und n in min^{-1}) zu

  $$F = s \cdot \frac{n}{60} \qquad \text{Gl.(10-30)}$$

  Übliche Werte liegen zwischen 200 und 800 Hz.

- Drehkolbengebläse: Weil das Ansaugen und Verdichten viermal pro Umdrehung der Antriebswelle erfolgt, ist

  $$F = 4 \cdot \frac{n}{60} \qquad \text{Gl.(10-31)}$$

  Übliche Werte liegen zwischen 10 und 270 Hz.

Unter dem Schalleistungspegel versteht man den Logarithmus der Schalleistung P (in Watt) zu einer Bezugsschalleistung P_0 (= 10^{-12} Watt). Er hat für $P = 10 \cdot P_0$ den Wert 1, der Bel (B) genannt wird. Üblicherweise wird aber mit der kleineren Einheit Dezibel (dB) = 1/10 B gearbeitet. Der Schalleistungspegel L_W in dB errechnet sich aus

$$L_w = 10 \cdot \lg \frac{P}{P_0} \qquad \text{Gl.(10-32)}$$

Ein Schalleistungspegel von 80 dB bedeutet, daß die Schalleistung das 10^8 -fache der Bezugsschalleistung beträgt. Beim Überlagern zweier Schallquellen 1 und 2 addieren sich die Schalleistungen und damit wird der Schalleistungspegel

$$L_w = 10 \cdot \lg \frac{P_1 + P_2}{P_0}$$

Wenn nun im besonderen $P_1 = P_2 = P$ ist, wird

$$L_w = 10 \cdot \lg \frac{2 \cdot P}{P_0} = 10 \cdot \lg \frac{P}{P_0} + 10 \cdot \log 2 = 10 \cdot \lg \frac{P}{P_0} + 3$$

Das bedeutet, daß der Schalleistungspegel bei 2 gleichstarken, dicht beeinander liegenden Schallquellen unabhängig vom Gesamtpegel um 3 dB ansteigt. (Bei 10 Quellen um 10 dB, bei 100 Quellen um 20 dB).

Das menschliche Ohr ist nicht für alle Frequenzen gleichermaßen empfindlich. Die subjektiv empfundene Lautstärke steht in keinem gesetzmäßigen Verhältnis zu den physikalisch meßbaren Größen. Deshalb wird eine die Empfindlichkeit des menschlichen Ohres berücksichtigende Bewertung des Schalles vorgenommen. Der „A-bewertete Schallpegel" führt zu dem dB(A)- Schalleistungspegel.

Bei [271] finden sich detaillierte Angaben zur Lärmentwicklung lufttechnischer Komponenten. Der Schalleistungspegel bei Ventialtoren beispielsweise steigt mit der Umfangsgeschwindigkeit des Laufrades, dem Volumenstrom und der Förderhöhe. Bei Radialventilatoren sind rückwärtsgekrümmte Schaufeln lauter als vorwärtsgekrümmte. Das akustische Minimum liegt in der Nähe des höchsten Wirkungsgrades.

10.3.8.3 Lärmvermeidung

10.3.8.3.1 Körperschalltrennung

Ventilatoren sind vom Rohrleitungssytem durch weiche Muffen aus Segeltuch, Gummi oder weichem Kunststoff akustisch zu trennen. Die Halterungen des Rohrleitungssystems sollen weiche Zwischenlagen haben. Außerdem müssen die stark schwingenden Maschinen wie Ventilatoren, Verdichter und Pumpen durch harte Mineralwolle, Gummi- oder Schwingfederelemente vom Fundament getrennt werden. Federisolatoren erfordern eine zusätzliche Körperschalldämmung, weil sie höherfrequente Schwingungen durch Längsleitung hindurchlassen.

Die Schwingelemente sind symmetrisch zum Schwerpunkt und möglichst weit davon entfernt anzuordnen. Die Eigenfrequenz F_0 des Systemes Maschine / Schwingelement muß ausreichend unter der Maschinenfrequenz F_M liegen, damit Resonanz vermieden wird. Aus [35] stammt die Forderung

$$F_0 < \frac{F_M}{\sqrt{2}} \qquad \text{Gl.(10-33)}$$

10.3.8.3.2 Schalldämpfung

Die Schallabstahlung ist bei leichten Blechrohren und dann insbesondere bei rechteckigen Querschnitten beträchtlich. Versteifungen und Wärmeisolationen reduzieren die Abstrahlung.

Um den Schallaustritt in Strömungsrichtung zu reduzieren, werden Schalldämpfer eingesetzt. Dabei sind die Mittel zur Schalldämpfung nach den zu dämpfenden Frequenzen verschieden. Hochfrequente Schwingungen mit ihren nur sehr kleinen Amplituden der Dichteänderung werden in lockeren, verfilzten Stoffschichtungen durch Reflektion in einem teilelastischen Stoß absorbiert. Daher auch der Name „Absorptionsdämpfer". Die größeren Wellenlängen der tieferen Frequenzen lassen sich nicht mehr im Strukturgewirr poröser Stoffe einfangen, zerteilen und vernichten. Hier müssen einzelne, besonders störende Frequenzen herausgesucht und ausgesiebt werden. Die Dichteänderungen strahlen dabei in seitliche Räume aus, die auf die Wellenlänge der störenden Frequenz abgestimmt sind. Von dort laufen sie reflektiert und in der Phase gerichtete, wieder in die Hauptleitung zurück. Da sie aber nun um $\lambda/2$ phasenverschoben sind, löschen dort eine Teil der gleichfrequenten Schwingung aus. Sie dämpfen also. Mehrere solcher Kammern hintereinander angeordnet, vielleicht auch noch auf verschiedene Frequenzen abgestimmt, können die dämpfende Wirkung verstärken. Detaillierte Angaben zur Schalldämpferberechnung finden sich in [271].

Die Schalldämpfer sind möglichst nahe hinter der Schallquelle anzubringen. Wesentliche Bauart sind (s. Bild 10-74):

- Absorption-Schalldämpfer: Parallel zur Strömungsrichtung sind schallschluckende Wände (Glas- oder Mineralwolle) angebracht. Der Dämpfer ist um so wirksamer, je größer das Verhältnis von Umfang zu Fläche des durchströmten Querschnittes ist. Bei einer Aufteilung in mehrere Ringräume durch schallschluckende „Kulissen“ sind bei Schallfrequenzen > 100 Hz Dämpfungen bis zu 50 dB erreichbar [35]. Dieser Dämpfertyp wird wegen seines geringen Druckverlustes hauptsächlich in lüftungstechnischen Anlagen angewendet (zumeist hinter Ventilatoren).
- Drosseldämpfer: Bei dieser Bauart durchströmt das Gas ein poröses Material mit einem hohen Druckverlust. Angewendet wird die Bauart bei ausströmender Druckluft oder Dampf. Der Schall wird durch Absoption gedämpft. Diese Bauart ist anfällig gegen Verschmutzung und Vereisung.
- Resonanzschalldämpfer: Sie werden auch Reflektionsschalldämpfer genannt.. Aufgebaut sind sie aus Kammern, mit Eigenfrequenzen, die mit der Länge der zu dämpfenden Schallwelle λ so in Beziehung stehen, daß die ankommenden durch die reflektierten Wellen ausgelöscht werden. Resonanzschalldämpfer werden zumeist hinter Drehkolbengebläsen eingesetzt.

10.3.8.3.3
Schalldämmung

In vielen Fällen ist es nötig, Gebläse mit einer Schallhaube zu verkleiden. Damit die unter der Schallhaube entstehende Wärme abgeführt werden kann, wird die Schallhaube über schallgedämpfte Schlitze belüftet. Zur Belüftung wird vielfach der auf der Motorwelle sitzende Kühlventilator des Antriebsmotors eingesetzt. Mit dieser Dämmung wird der Lärm etwa um 15 bis 20 dB gesenkt.

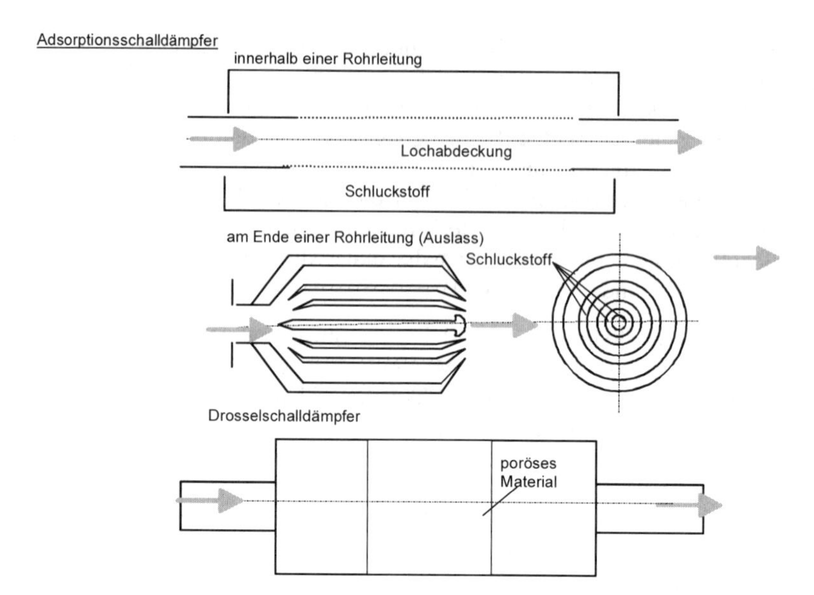

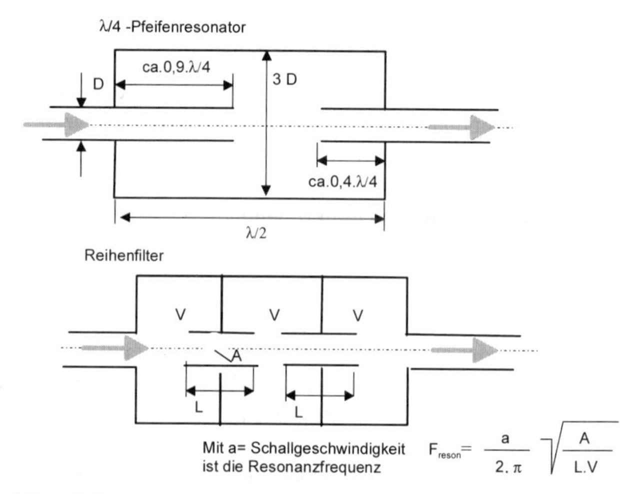

$$F_{reson} = \frac{a}{2.\pi}\sqrt{\frac{A}{L.V}}$$

Bild 10-74 EinigeSchalldämpferbauarten

11 Einige Aspekte der Instrumentierung und Automatisierung

11.1 Gesamtkonzept

Die Möglichkeiten des Messens, Regelns, Steuerns, Beobachtens und der Dokumentation haben sich in den letzten Jahren explosionsartig verbessert. Das hat zu neuen, früher unbekannten Ansprüchen an Qualitätskonstanz, Gefahrenabwehr, an rationellem Personaleinsatz aber auch an detaillierte Informationen über den Prozeßverlauf geführt. Es würde den Rahmen dieses Buches sprengen, hier auf Details näher einzugehen. Deshalb muß auf die Spezialliteratur zu diesem Themenkreis verwiesen werden (z. B. [274], [303], [328], [304]). Hier können nur einige einführende Aspekte beleuchtet werden, von deren Kenntnis angenommen wird, daß sie dem erforderlichen, ganzheitlich sachkundigen Umgang mit den Einrichtungen der Wirbelschicht-Sprühgranulation förderlich sind.

Bild 11-1 zeigt wesentliche Komponenten der Instrumentierung. Die Darstellung bezieht sich auf eine Pilotanlage. Für größere Anlagen ist die Ausstattung jedoch nahezu identisch.

Im Schaltschrank ist die Stromversorgung der Steuerung und der Hilfseinrichtungen (beipielweise zur elektrischen Beheizung der Gase) einschließlich der zugehörigen Verdrahtung untergebracht. Der Schrank sorgt für eine einfache Zugänglichkeit bei Wartung und Reparatur. Er bietet dem Personal Schutz gegen Berührung und schirmt seine Einbauten gegen Staub und Spritzwasser ab. Mit dem Not/Aus-Schalter kann die Anlage augenblicklich abgeschaltet werden.

Von den rechnergestützten Automatisierungssystemen (speicherprogrammierbare Steuerung SPS, Industrie Personal Computer IPC, Prozeßleitsystem PLS) wird bei der Wirbelschicht-Sprühgranulation wegen Art und Umfang der Aufgabenstellung die SPS bevorzugt [274]. Hier sind die Regeln für die gewünschten Abläufe durch ein für die Anlage formuliertes Steuerprogramm („Funktionsplan") eines Digitalrechners vorgegeben. Änderungen der programmierten Steueranweisungen sind dadurch ohne großen Aufwand möglich. Kennzeichen der SPS ist, daß die Steueranweisungen für das ganze Programm nacheinander abgearbeitet werden. Erst dann werden die Ausgangswerte freigegeben. Es schließt sich eine sofortiger, neuer Durchlauf durch das Programm an. Dabei ergeben sich praktisch keine Verzögerungen, weil die Zykluszeit in der Größenordnung von Millisekunden liegt.

Mit dem Rechner wird die SPS programmiert. Hier macht es sich bezahlt, wenn bei der Kaufentscheidung auf eine gute Programmierunterstützung geachtet worden ist, so daß zuverlässige Anwenderprogramme entwickelt werden können [274].

Das Messen ist die Grundlage eines zuverlässigen, automatisierten Betriebes. Es liefert die notwendigen Informationen über den Zustand der Anlage. Weil aber das Messen mit seinen verschiedenen Facetten in das Automatisierungssystem implementiert ist, besteht die Gefahr, daß seine Bedeutung unterschätzt wird.

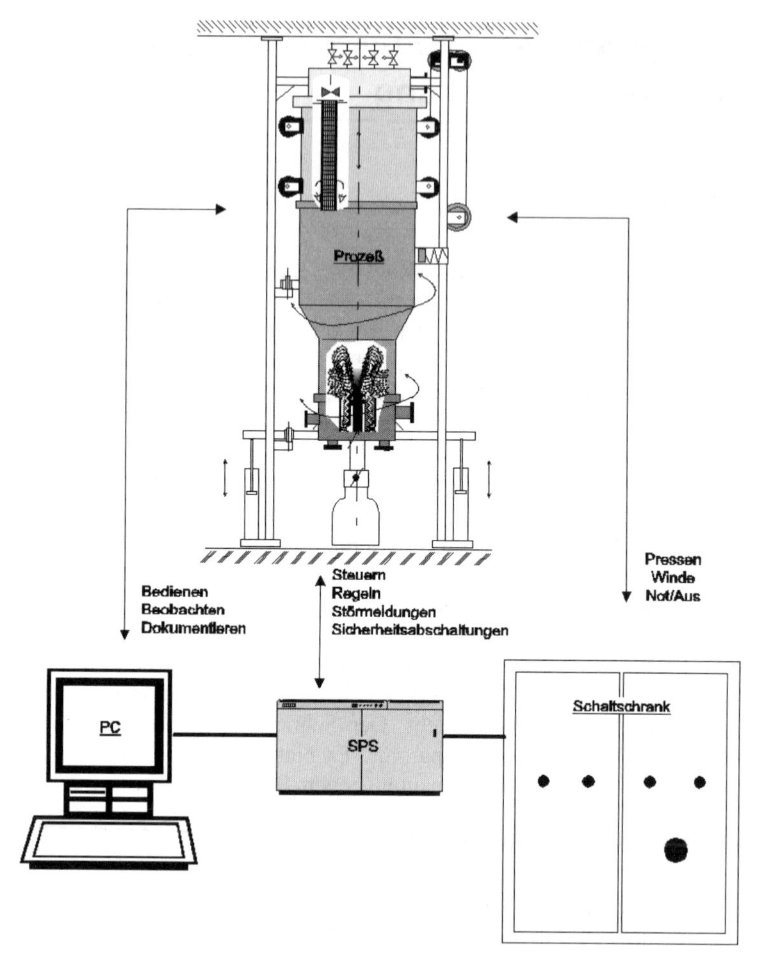

Bild 11-1 Automatisierungseinrichtungen einer Pilotanlage

Allgemein gilt, daß bei der Wirbelschicht-Sprühgranulation durch Regelung konstant zu halten sind: Durchsatz und Temperatur der Gasströme für Fluidisierung, Zerstäubung sowie für pneumatischen Feststofftransport und Sichtung, der Inhalt der Wirbelschicht, die Temperatur der Sprühflüssigkeit, das Druckniveau des Gassystemes sowie der Sauerstoffgehalt des Gassystemes.

Außerdem sind zu steuern: beim An- und Abfahren des Prozesses die Sollwerte der zu regelnden Größen, das Ansetzen der Sprühflüssigkeit, der Ablauf einer automatisierten Reinigung der Anlage, die Abreinigung der Filterschläuche und Wände, die Auflockerung des Partikelstromes in Richtung sichtender Austrag, die Abschaltungen nach dem Erreichen sicherheitsüberwachter Größen (wie beispielsweise die Abschaltung der ganzen Anlage, wenn die Gasströmung zur Sauerstoffüberwachung bei einer inertisierten Anlage ausfällt).

11.2 Einige Meß- und Überwachungsmethoden

11.2.1 Allgemeines

Das Regeln und Steuern setzt einen Überblick über den aktuellen Zustand der Anlage voraus. Diesen Überblick verschaffen Meßfühler, die im Meßraum angeordnet sind. Meßumformer wandeln das Signal in weiterverarbeitbare Größen um. Falls nötig wird das Signal durch Meßverstärker verstärkt. Diese Abfolge von Operationen ist die sogenannte Meßkette.

Bei der Wirbelschicht-Sprühgranulation zu messenden Größen sind in erster Linie Temperatur, Druck, Durchsatz und ggf. Sauerstoffgehalt. Weitere Größen wie Granulatfeuchte und -größe werden heute noch nicht kontinuierlich in größerem Maßstab gemessen (s. Kap 11.2.7).

11.2.2 Temperatur

Zur Temperaturmessung haben sich heute weitgehend Pt-100-Widerstandsthermometer durchgesetzt ([303],[328]). Sie nutzen die Temperaturabhängigkeit des elektrischen Widerstandes eines Platindrahtes, der bei 0 °C einen Widerstand von 100 Ω hat. Über den weiten Meßbereich von – 200 °C bis +950 °C ist die Kennlinie nahezu linear.

Zur Messung des temperaturabhängigen Widerstandes des Meßfühlers wird ein elektrischer Kreis aufgebaut. Er wird mit einem geringem Strom (< 10 mA) gespeist, so daß durch die in den Fühler eingebrachte Leistung die Messung nicht verfälscht wird. Die Messung erfolgt in einer Brückenschaltung. Dabei gehen andere Widerstände und Widerstandsänderungen (beispielsweise durch Temperaturänderungen der Zuleitungen) in die Messung ein. Durch geeignete Verschaltung wird dieser Einfluß eliminiert (Zwei-, Drei-, Vierleiterschaltung).

Früher wurden für die Meßfühler gewickelte Drahtwiderstände verwendet, die heute jedoch wegen ihrer hohen Kosten immer mehr durch dünne Platinschichtwiderstände ersetzt werden. Diese Schichten werden in Dünnfilmtechnik auf keramischen Trägern abgeschieden und durch Ätzung in die richtige Form gebracht.

Der Meßwiderstand ist meist in einen Meßeinsatz eingebaut, der wiederum durch ein Mantelrohr gegen Umwelteinflüsse geschützt, wärmeleitend und gegen die Umgebung elektrisch isoliert in Keramik eingebettet ist. Eingesetzt in ein Schutzrohr kann der Meßeinsatz während des Betriebes leicht ausgebaut und ausgetauscht werden.

Der Meßwiderstand ist über einen Anschlußkopf am oberen Ende des Schutzrohres mit einer elektronischen Schaltung verbunden, die ein der zu messenden Temperatur proportionales Signal zur weiteren Auswertung bildet. Eine solche Anordnung braucht einige 10 s und in Luft gar mehrere Minuten, um einen neuen Wert anzuzeigen. Wenn ein besseres dynamisches Verhalten verlangt wird, muß ein kleiner Durchmesser gewählt und auf Schutzrohre verzichtet werden.

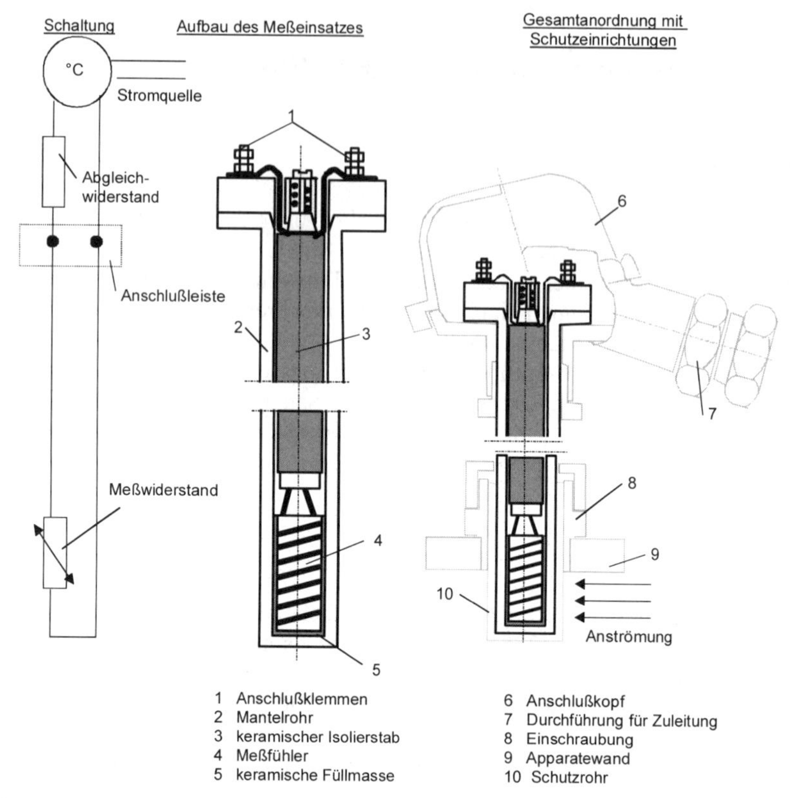

Bild 11-2 Aufbau des Widerstandsthermometers und Einsetzen in einen Apparat mit den üblichen Schutzvorkehrungen

11.2.3 Druck

Es gibt eine Vielzahl bekannter Systeme, die eine direkte, lokale Anzeige des Druckes ermöglichen. Diese Systeme werden hier nicht betrachtet, denn für die automatisierte elektronische Auswertung der Messungen kommen nur die Meßgeräte in Betracht, die ein elektrisches Signal erzeugen. Geeignet sind Geräte, mit denen die Wirkung des Druckes als Weg, Dehnung oder Kraft gemessen und in ein elektrisches Einheitssignal von 4-20 mA umgewandelt wird. Als Beispiele werden die zwei häufig verwendeten Systeme beschrieben, bei denen der Druck entweder eine Widerstands- oder eine Kapazitätsänderung bewirkt (s. Bild 11-3).

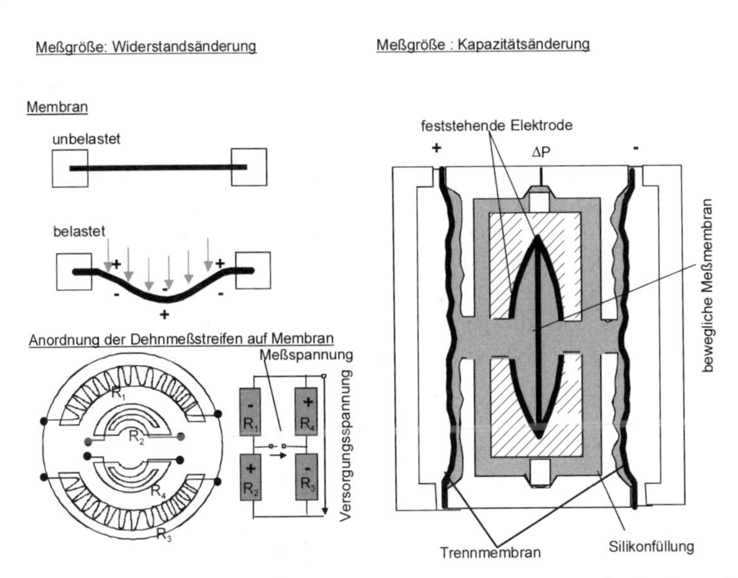

Bild 11-3 Druckmessung über die Änderung elektrischer Widerstände oder der Kapazität eines Kondensators

Wenn die Meßgröße eine Widerstandsänderung ist, wird die Durchbiegung einer Membran mit vier Dehnungsmeßstreifen gemessen, die in einer Schaltung als Wheatstonsche Brücke aufgeklebt sind. Dabei sind je zwei Streifen in einem Bereich mit positiver (Zugspannung) und in einem Bereich mit negativer Dehnung (Druckspannung) angebracht. Das entstehende Signal wird verstärkt. Es kann als Meßwert beliebig weiterverarbeitet werden. In letzter Zeit werden die Meßwiderstände nicht mehr aufgeklebt, sondern in Dünnfilmtechnik auf die Membranen aufgebracht. Geräte nach diesem Meßprinzip werden für die Meßbereiche von 0-80 mbar bis 0-100 bar ausgelegt.

Bei der Meßgröße „Kapazitätsänderung“ wird durch den zu messenden Druck der Abstand zwischen festen und einer beweglichen Kondensatorplatte verändert. Die Kondensatorplatten bilden, wie in Bild 11-3 rechts zu erkennen ist die bewegliche Meßmembran und die feststehenden Elektroden. Sie sind umgeben von einer Druckübertragungsflüssigkeit. Die Druckübertragungsflüssigkeit gibt den zu messenden Druck von den Trennmembranen auf die Meßmembran weiter. Unter der Wirkung von Druckunterschieden zu beiden Seiten der Meßmembran ändert sich der Abstand zwischen den Kondendensatorplatten und damit der kapazitive Widerstand. Durch eine elektronische Schaltung wird die Änderung des kapazitiven Widerstandes in ein druckproportionales Signal umgewandelt. Diese Meßzellen gibt es für den Meßbereich von 0-12 mbar bis zu 0-70 bar.
Zum Schutz der Druckmeßeinrichtungen vor Feststoffablagerungen gibt es verschiedene Vorkehrungen. Davon sind zwei Bild 11-4 dargestellt.

In der links dargestellten Version wird die Meßleitung in der Richtung vom Meßgerät zur Druckentnahmeöffnung mit Gas permanent oder auch nur zwischen 2 Messungen gespült. Die permanente Spülung wird insbesondere bei der Messung von Druckdifferenzen angewendet. Wenn hierbei bei gleichen Abmessungen der Meßleitung der gleiche Spülgasstrom aufgegeben wird, sind die Druckabfälle des Spülgases in beiden Meßleitungen kompensiert. Zur Spülung wird Kreislaufgas verwendet.

Bei der rechten Version ist für die Druckentnahme ein geschlossener Trichter (größter Durchmesser etwa 50 mm) vorgesehen, der mit einer porösen Platte verschlossen ist. Über den Trichter kann der Druck aufgenommen werden, ohne daß die Meßleitungen sich mit Feststoff zusetzen. Durch die Größe der Fläche ist dafür gesorgt, daß die poröse Platte ausreichend lange frei ist.

Die Meßstutzen sind alle geneigt in die Wandungen eingesetzt, so daß beim Reinigen der Anlage die Reinigungslösung ablaufen kann.

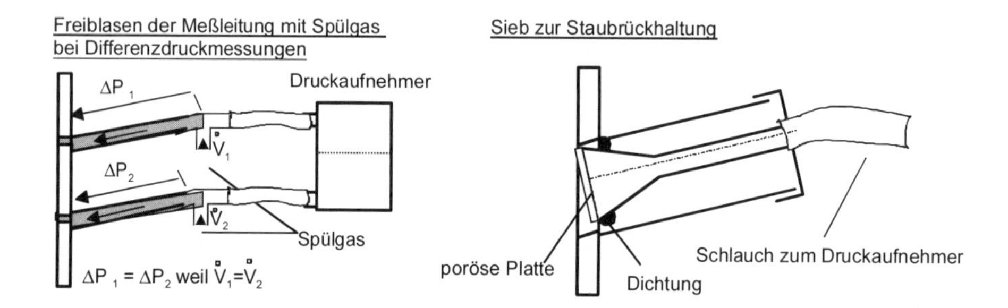

Bild 11-4 Vermeidung von Verschmutzungen der Meßleitungen bei Druckmessung staubhaltiger Gase

11.2.4 Durchsatz

Der Durchsatz ist allgemein die Menge, die einen bestimmten Querschnitt pro Zeiteinheit passiert. Die Menge kann die Dimension einer Masse oder eines Volumens (bezogen auf den Betriebszustand oder auf einen anderen beliebig aber eindeutig definierten Zustand) haben. Genaue, zuverlässige Durchflußmessungen setzen voraus, daß das Meßgerät in einem ausreichenden Abstand zu Turbulenzen erzeugenden Komponenten wie Krümmer, Einbauten etc. angeordnet wird. Hier sind die Einbauvorschriften der Hersteller zu beachten. Oft wird auch empfohlen, vor dem Meßgerät ein Schutzsieb anzuordnen. Bild 11-5 gibt einen Überblick über die wesentlichen Meßmethoden, ihre Eigenschaften und ihren bevorzugten Einsatzbereich.

Merkmal	magnetisch induktiv	Wirbelfrequenz (Vortex)	Corioliskraft (ein Handelsname ist "Micro-Motion")	thermisch	Turbine	Ovalradzähler	Blende	Ultraschall	Schwebekörper
Aufbau				ΔT Hauptstrom					
Prinzip	leitende Flüssigkeit bewegt sich in einem Magnetfeld. Induzierte Spannung wird gemessen.	Frequenz der Wirbelabrisse hinter Staukörper ist proportional zur Anströmgeschwindigkeit	Corrioliskraft führt zu einem durchflußproportionalen Drehmoment	ein zum Hauptstrom paralleler Nebenstrom wird mit konstanter Heizleistung beheizt. ΔT über Heizung ist durchsatzproportional.	Turbinenrad wird durchsatzproportional gedreht	Das Medium treibt durchsatzproportional ovale Räder (umgekehrte Zahnradpumpe	Gemessen wird Absenkung des statischen Druckes durch eine definierte Engstelle	Gemessen wird die Laufzeit von Schall in einem bewegten Medium(Alternative weniger gebräuchlich Dopplereffekt)	Schwebekörper wird in einem konischem Rohr durchsatzproportional in der Schwebe gehalten
Geschwindigkeit minimal	< 0,1 m/s	0,6 m/s Flüssigkeit	0,1 m/s	0,1 m/s	0,8 m/s	0,2 m/s	abhängig vom Maximalwert	0,1 m/s	0,5 m/s
maximal	10 m/s	Flüssigkeit 9 m/s Gas 60 m/s	Flüssigkeit 10 m/s Gas 50 m/s	6 m/s		Flüssigkeit 5 m/s Gas 30 m/s	Flüssigkeit 8 m/s Gas 50 m/s	Flüssigkeit 10 m/s Gas 60 m/s	Flüssigkeit 8 m/s Gas 30 m/s
Druckverlust	nahezu Null	1-2 Staudrücke	nahezu Null	keine Angabe	1-2 Staudrücke	1-2 Staudrücke	4-6 Staudrücke	nahezu Null	1-2 Staudrücke
Nennweite [mm]	3-2000	25-300	3-150	6-250	5-500	3-500	25-2000	6-3000	3-100
Signalausgänge	Analog, Puls, Frequenz	Analog, Puls	Analog, Puls, Frequenz	Analog	Frequenz	lokale Anzeige, Analog	Analog	Analog, Puls	lokale Anzeige, Analog
max. Temperatur	180 °C	500°C	426 °C	70 °C	300°C	100°C	500°C	100°C	100°C
Einsetzbar bei	leitende Flüssigkeit (Lösung, Suspension, Schmelze)	Gas, Dampf, niedrigviskose u. saubere Füssigkeit	Gas, Dampf, alle Flüssigkeiten (vibrationsempfindlich)	saubere Gase und Flüssigkeiten	Gas, saubere Flüssigkeiten	saubere Flüssigkeiten	Gas, Dampf, saubere Flüssigkeiten	Gas, Dampf saubere Flüssigkeiten	Gas, saubere Flüssigkeiten < 200 mPas

Bild 11-5 Übersicht über wesentliche Prinzipien der Durchflußmessung und ihre Einsatzgebiete (in Anlehnung an [65])

11.2.5 Strömungswächter

Oft muß überwacht werden, ob ein Stoff überhaupt strömt oder ob ein minimaler Durchfluß nicht unter- bzw. ein maximaler Durchsatz nicht überschritten wird. Beispiele für solche Überwachungsaufgaben sind die Kontrolle des Durchflusses für die Sauerstoffmessung oder zur Beheizung durch einen Elektroerhitzer. Bei Ausfall der Gasströme würde in dem einen Fall eine unzulässige Erhöhung der Sauerstoffkonzentration nicht bemerkt werden, in dem andern Fall könnte es zum Durchbrennen der Heizstäbe kommen, weil die Regelung der Heizleistung nicht zustande kommt.

Die durch Überwachung gebildeten Signale können zur Auslösung und/oder Steuerung von Absperrorganen, Ventilatoren, Beheizungen etc. verwendet werden. Geräte zur Durchflußüberwachung können zunächst Durchflußmeßgeräte mit Grenzschaltern sein. Daneben sind spezielle Strömungswächter nach folgenden Wirkungsprinzipien im Einsatz:

- Windfahne: Durch den Durchfluß wird ein Hebel ausgelenkt. Die Hebelauslenkung betätigt einen elektrischen Schalter.
- Ventilkegel: Anstelle der Hebelauslenkung kann auch das Anheben eines Ventilkegels benutzt werden.
- Kalorisch: Als Fühler dienen zwei nebeneinander liegende Temperatursensoren. Der eine mißt die Temperatur des strömenden Stoffes. Der andere wird beheizt und dadurch abhängig von der Strömungsgeschwindigkeit des Stoffes gekühlt. Die sich dadurch ergebende Temperaturdifferenz wird elektronisch ausgewertet und als Schaltsignal verwendet.

11.2.6 Sauerstoffgehalt

Aus der Kraftfahrzeugtechnik ist die Messung des Sauerstoffgehaltes im Abgas des Motors mit einer λ-Sonde (Bei der Verbrennung ist λ ein Vielfaches der theoretisch erforderlichen Luftmenge) geläufig. Es liegt daher nahe, an die Verwendung dieser vielfach erprobten Sonde auch bei der Sauerstoffüberwachung inertisierter Wirbelschicht-Sprühgranulationsanlagen zu denken. Da die Meßgröße jedoch erst bei Temperaturen oberhalb 400 °C anfällt, stellen die heißen Elektroden eine Zündgefahr dar. Die Sonde kommt daher für die Messung zündfähiger Gemische nicht in Frage.

Die häufig eingesetzten Meßsysteme nutzen den Paramagnetismus als Meßgröße zur Bestimmung der Sauerstoffkonzentration ([328],[303],[304]). Zumeist sind Gase diamagnetisch. Sie werden daher aus einem homogenen Magnetfeld verdrängt (s. Bild 11-6 oben). Einige wenige Gase sind paramagnetisch. Diese Gase werden in ein homogenes Magnetfeld hineingezogen. Besonders stark ist der Paramagnetismus bei Sauerstoff. Dieses Meßprinzip ist daher für Sauerstoff sehr selektiv. Die Meßempfindlichkeit ist proportional zum Druck und reziprok proportional zum Quadrat der absoluten Temperatur. Es sind verschiedene Meßverfahverfahren entwickelt worden, die den Paramagnetismus zur Messung des Sauerstoffgehaltes nutzen: die thermomagnetische Methode, die Drehwaagenmethode und die Wechseldruckmethode. Die beiden ersten Methoden zeigt Bild 11-6 .

Im Bild 11-6 links ist die thermomagnetische Methode dargestellt. Sie hat sich wegen des Einflusses nichtmagnetischer Gaseigenschaften (spezifische Wärme, Wärmeleitfähigkeit etc.) nicht durchsetzen können. Die Meßkammer enthält einen Magneten, von dessen Feld der Sauerstoff angezogen wird. Im Magnetfeld liegt ein beheizter Widerstandsdraht. In dessen Nachbarschaft erwärmt sich der Sauerstoff. Er verliert dabei wegen des oben geschilderten Einflusses seine paramagnetischen Eigenschaft. Der heiße Sauerstoff kann von dem nachdrängenden kälteren aus dem Magnetfeld verdrängt werden. Es entsteht eine Sauerstoffströmung („magnetischer Wind") durch den der Hitzdraht abgekühlt wird. Die entsprechende Temperaturänderung wird gemessen.

Die in Bild 11-6 rechts dargestellte Drehwaagenmethode hat eine weite Verbreitung gefunden. Bei dieser Methode wird eine Drehwaage (magnetisch inert, weil die „Hanteln" aus Glas und mit Stickstoff gefüllt sind) vom Meßgas angeströmt. Die Anströmung ist gleichmäßig, wenn das Meßgas sauerstofffrei ist. Weil aber über der Anordnung einseitig ein Magnetfeld durch Dauermagneten erzeugt wird, entsteht abhängig vom Sauerstoffgehalt eine Änderung der Anströmung und daraus einseitig ein das Wägesystem beeinflussendes Moment. Das Wägesystem wird durch ein System von Lichtzeiger, Photozellen und Elektronik in der Ruhelage gehalten. Der dazu aufzuwendende Kompensationsstrom ist ein Maß für die Sauerstoffkonzentration.

Der Nullpunkt der Messung reagiert infolge von nicht zu vermeidenden geometrischen Unsymmetrien auf Änderung des Meßgasdurchflusses (Windfahneneffekt). Um diesen Effekt klein zu halten, wird nur ein kleiner Teil des Probegasstromes über einen speziellen Konstanthalter durch die Meßzelle gegeben, während der Rest dcs Probegases um Leitungstotzeiten klein zu halten dicht am Gerät vorbeigeführt wird, wie unter der Überschrift „Anordnung des Gerätes" in Bild 11-6 dargestellt ist.

11.2.7 Kontinuierliche Messung und Regelung von Feuchte und Größe der Granulate

11.2.7.1 Granulatfeuchte

Die Granulatfeuchte ist von allen Verfahrensparametern abhängig, die in die Wärme- und Stoffbilanzen eingehen. Vereinfachend wird, wie bei der Sprühtrocknung, die Granulatfeuchte indirekt über die Abgastemperatur eingestellt. Über sie wird die Sprührate geregelt. Die zu der gewünschten Granulatfeuchte gehörende Abgastemperatur ist aus Versuchen bekannt. Diese Art der Regelung erfordert bei offenen Systemen die Kompensation tageszeitlicher Schwankungen der Zuluftfeuchte. Auszugleichen sind ferner Schwankungen des Feststoffgehaltes der

Sprühflüssigkeit. Der Ausgleich erfolgt über Veränderungen der Abgastemperatur aufgrund von Feuchtebestimmungen an Proben.

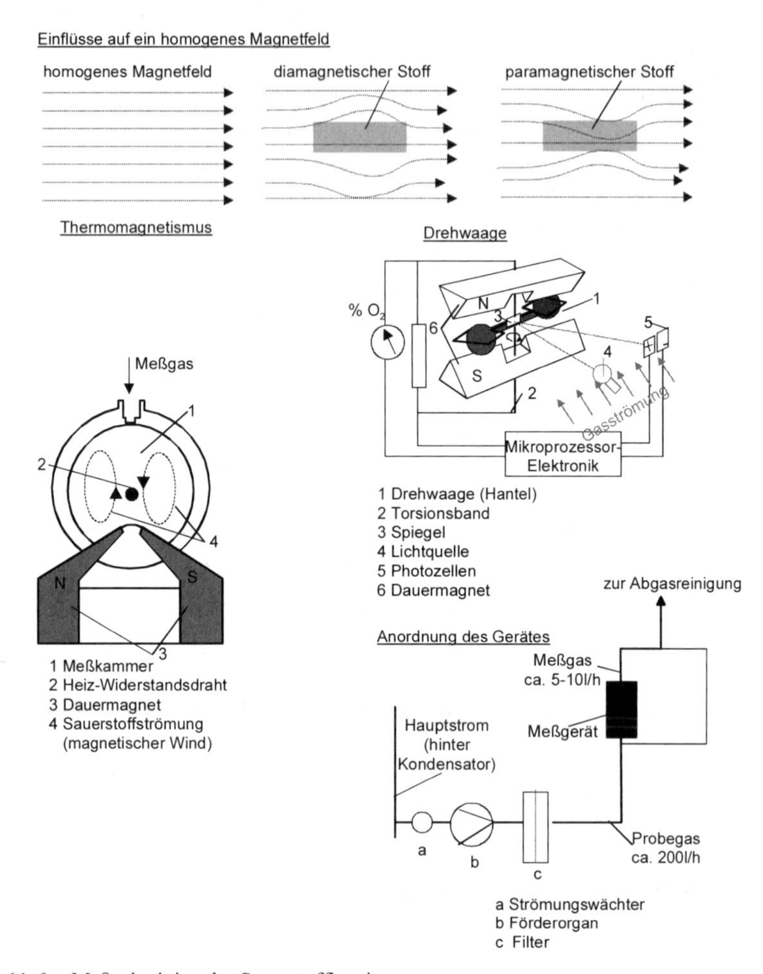

Bild 11-6 Meßprinzipien der Sauerstoffbestimmung

Erste Verbesserungen dieses Vorgehens ergibt eine Regelung der Sprührate nach der Abgasfeuchte. Dennoch bleibt diese Methode unbefriedigend, denn auch dann ist die Granulatfeuchte nicht konstant und der Personalaufwand für Probennahme, Feuchtebestimmung und Korrektur der Betriebsparameter kostet Geld.

Es gibt daher zahlreiche Ansätze zu einer direkten Messung und Regelung der Granulatfeuchte im laufenden Produktionsprozeß (Online-Messung) [365]. Darüber hinaus gibt es Geräte, die Feuchte und Größe der Granulate gleichzeitig bestimmen können [P5].Trotz der Fortschritte, die hierbei gemacht wurden ist eine breite Anwendung dieser Methoden bei der Wirbelschicht-Sprühgranulation aus Gründen, die im folgenden Kapitel unter der Überschrift „Granulatgröße" diskutiert werden, zur Zeit noch nicht in Sicht.

11.2.7.2 Granulatgröße

Generell muß daran erinnert werden (s. auch Kap. 9), daß durch das sichtende Austragen nur der feine Teil des Korngrößenspektrums beeinflußt wird. Mit der Sichtgaseinstellung wird die mittlere Granulatgröße festgelegt. Der grobe Teil ist das Ergebnis der Durchmischung der Schicht. Er kann nur durch Gestaltung des Apparates und über Betriebsparameter, nicht jedoch durch die Sichtung beeinflußt werden.

Obwohl in der letzten Zeit große Fortschritte bei der Messung der Partikelgröße gemacht wurden und auch schon Messungen und Regelungen im laufenden Betrieb („on-line") beispielsweise bei Mahlprozessen [165], [98] oder in der Zukkerindustrie [48] erfolgreich betrieben werden, ist die Übertragung dieser Konzepte auf die Wirbelschicht-Sprühgranulation sehr problematisch. Es kann folglich auch nicht überraschen, wenn in der Fachliteratur hierzu noch keine Konzepte zu finden sind. Schließlich ist auch nicht zu erwarten, daß es ein für beide Hauptvarianten des Verfahrens einheitliches Konzept geben wird. Abgesehen davon, daß die mittlere Verweilzeit von der angestrebten Partikelgröße und vom Feststoffgehalt der Sprühflüssigkeit abhängt, ist darüber hinaus die mittlere Verweilzeit bei den beiden wesentlichen Varianten des Verfahrens sehr unterschiedlich. Bei ausschließlich interner Keimbildung wird sie vom Prozeß selbst bestimmt. Üblicherweise kann man bei dieser Verfahrensvariante mit einer Verweilzeit von 15 min rechnen. Bei externer Keimzugabe ist sie hingegen ein Prozeßparameter, der eingestellt wird. Hier sind Zeiten in der Größenordnung von Stunden (bis 10 h) üblich (s. Kap. 16). Eine Regelung auf der Basis von Messungen an den austretenden Granulaten scheint daher an der weniger trägen Variante des Verfahrens sinnvoll.

Für das schnellere Verfahren mit interner Keimbildung muß bei der Regelung der Granulatfeuchte der Sollwert der Abgastemperatur so verändert werden, daß die relative Feuchte des Abgases konstant ist. Bei der Partikelgröße stellt sich hingegen der Prozeß durch Veränderung der Schichthöhe selbsttätig auf eine mit dem Sichtgasstrom vorgegebene konstante Partikelgröße ein. Wenn allerdings, wie im Kap. 16 dargestellt, die Anlage im leeren Zustand ohne Startvorlage angefahren worden ist, kann es zu erheblichen Schwankungen der Schichthöhe kommen. Das hat entsprechende Änderungen der Sichtgasbeladung und damit auch Schwankungen des Trennergebnisses zur Folge. Hier wäre eine Nachführung des Sichtgasstromes erforderlich. Einfacher und billiger ist es jedoch geeignetes Startgranulat vorzulegen, so daß eine solche Regelung entbehrlich ist.

Bei dem trägen Granulationsprozess muß zudem noch berücksichtigt werden, daß die Wachstumzeit der Kerne bis zum Austragsdurchmesser der Granulate bis zu viermal größer als die massenbezogene Verweilzeit ist (s. Kap. 7). Deshalb kann hier nur eine antizipierende Regelung unter Berücksichtigung von Trends in den zeitlichen Verläufen von Feuchte und Größe der Partikel in der Schicht zum

Erfolg führen. Das Regelkonzept setzt jedoch ein Modell für den Prozeß voraus, über das dann die Stellgrößen wie Verdüsung, Zufuhr von Keimen und Kernen sowie der Schichtinhalt zu beeinflussen wären. Während das Modell zur Zeit noch nicht verfügbar ist, stehen für die direkte (im Granulator beispielweise [54])aber auch für die indirekte Messung (außerhalb des Granulators an abgesaugten Partikeln) Geräte und Methoden zur Verfügung. Zu klären wäre auch der Ort für ein repräsentative Probennahme. Er sollte zur Vermeidung von Verklebungen möglichst in der Nähe des Gasverteilers liegen. Wegen der Partikelsegregation (s. Kap. 3) ist jedoch andererseits ein größerer Abstand zum Gasverteiler zweckmäßiger. Zur Kompensation der Inhomogenitäten der Partikelbewegung bei Messungen im Granulator ist dem Modell eine statistische Bewertung der Meßsignale vorzuschalten.

Generell ist zu versuchen, bei dem Prozeß durch einen geringeren Schichtinhalt bei verbesserter Verteilung der Sprühflüssigkeit die Verweilzeit abzukürzen und ihn dadurch regelungstechnisch besser beherrschbar zu machen.

12 Automatisierte Reinigung der Anlage

12.1 Allgemeines

Nach Betriebsstörungen, vor Stillständen und bei Produktwechsel sind die Teile der Anlage zu reinigen, die mit dem Produkt in Berührung gekommen sind. Dabei wird die anzustrebende und erzielte Reinheit nach chemischen, physikalischen und biologischen Kriterien beurteilt. Insbesondere bei Pharmaproduktionen müssen Produktkontaminationen unbedingt vermieden werden.

Der Schutz des Bedienungspersonals, Qualitätssicherung und Steigerung der Produktivität sind Gründe für die Automatisierung der Reinigung. Dazu sind die Anlagen so zu gestalten, daß sie im Idealfall gänzlich ohne Demontage von Anlageteilen zu reinigen sind. Im Anschluß an die Reinigung erfolgt eine Inspektion.

Aus dem Englischen ist für diese Art der Reinigung die Bezeichnung „CIP" für „Cleaning in Place" gebräuchlich ([90], [66]). Hier werden nur einige wesentliche Aspekte des automatisierten Reinigens dargestellt.

12.2 Grundkonzept

Die Ansatz- und Fördereinrichtungen der Sprühflüssigkeit sind für die Durchströmung von Flüssigkeiten ausgelegt und daher recht gut automatisiert zu reinigen. Für den Teil der Anlage, in dem die Granulate gebildet werden, ist zu fordern, daß er möglichst klein und gut für die Reinigung und anschließende Inspektion zugänglich ist. Das ist insbesondere bei dem Verfahrenskonzept mit interner Bildung von Keimen und Kernen sowie integriertem Filter möglich (s. Kap. 8). In diesem Fall ist nur der Bereich zwischen Gasverteiler und Schlauchboden des Staubfilters zu reinigen. Externe Feststoffkreisläufe, die nur schwer automatisiert zu reinigen sind, fehlen.

Bild 12-1 zeigt das Konzept der Installationen für die Reinigung. Das Reinigungswasser wird an zwei Stellen in den Granulator eingeleitet. Zunächst wird ein Teilstrom oberhalb des Schlauchbodens zur Reinigung der Filterschläuche zugeführt. Dieser Teilstrom wird auf die unterhalb des Schlauchbodens sprühenden Düsen verteilt. Ein zweiter Teilstrom speist in einer mittleren Ebene Düsen, die nur für die Reinigung eingesetzt werden. Sie reinigen die Wände und den Gasverteiler.

Während der Reinigung sind die Stutzen für Gasein- und -austritt mit Klappen verschlossen. Das Reinigungswasser verläßt den Granulator über den Sichter und einen Ablaufstutzen am Boden des Granulators. Der sichtende Austrag kann vom Gehäuse abgeschwenkt und zudem noch geöffnet werden, weil seine Vorderwand als Tür ausgebildet ist. Dadurch ist der Reinigungserfolg leicht zu kontrollieren (s. Bild 12-2).

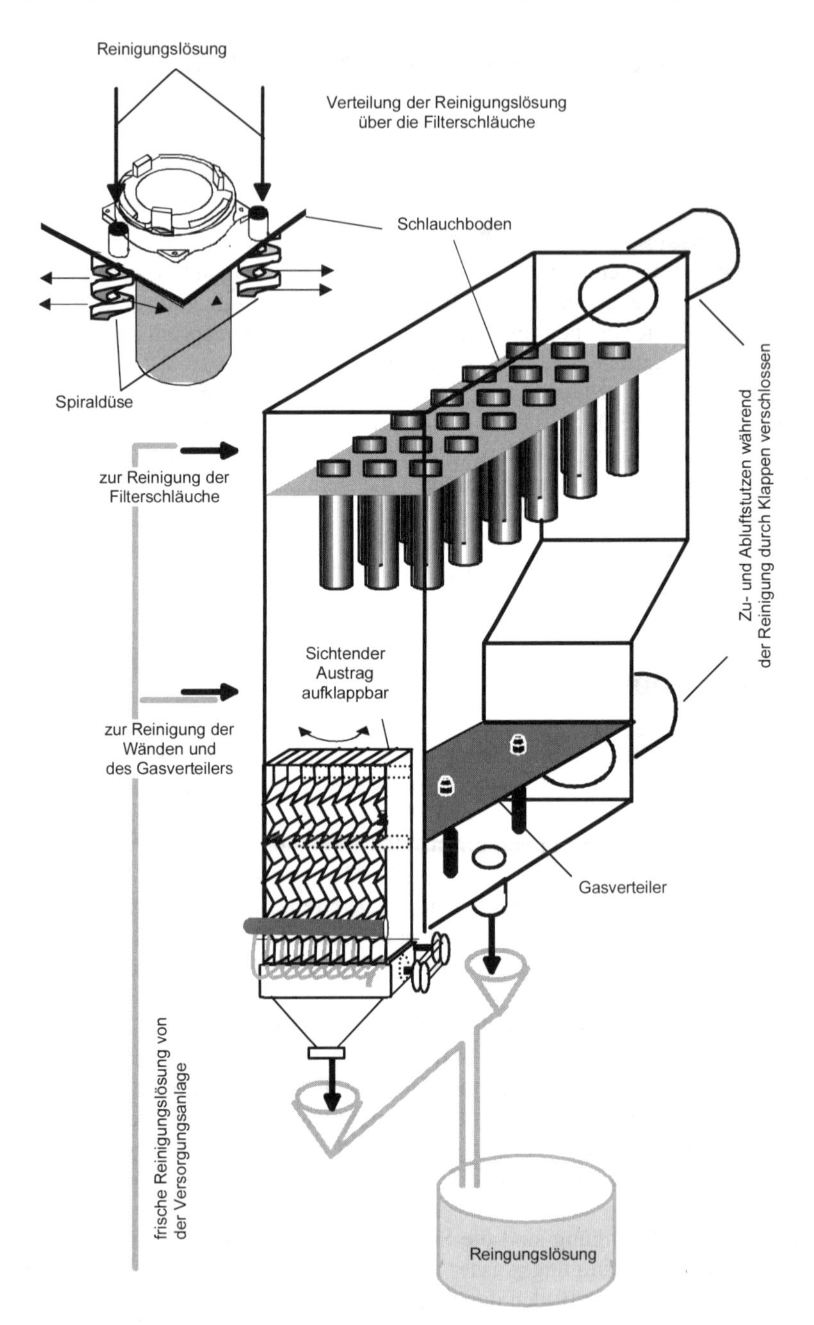

Bild 12-1 Konzept für die automatisierte Reinigung eines Granulators (Glatt Ingenieurtechnik Weimar).

Bild 12-2 Mehrkanal-Zick/Zack-Sichter als Austrag. Er ist um Scharniere schwenkbar, so daß eine Öffnung entsteht, durch die der Granulator begehbar wird. Die Vorderwand ist wie eine Tür zu öffnen. Das macht den Sichtraum reinig- und inspektierbar. (System „WSA" Glatt Ingenieurtechnik Weimar). Austrag im ungereinigten Zustand.

12.3 Komponenten der Reinigungseinrichtungen

12.3.1 Versorgungsanlage

Die Reinigung erfolgt in verschiedenen Spülgängen. Die Versorgungsanlage stellt dabei die erforderlichen Reinigungslösungen zur Verfügung. Es ist eine mehrfache („Stapelreinigung") und eine einmalige Verwendung („Frischansatzreinigung") der Reinigungslösung möglich. Der Vorteil der Stapelreinigung besteht in der Einsparung von Reinigungsmitteln und von Wasser. Nachteilig ist der größere apparative Aufwand. In der pharmazeutischen Industrie wird diese Reinigungsmethode wegen mikrobiologischer Gefahren sowie der Gefahr von Kreuzkontaminationen nicht angewendet. Hier wird prinzipiell enthärtetes Wasser für die Vorspülgänge und vollentsalztes Wasser zum Nachspülen verwendet.

Bild 12-3 zeigt beispielhaft eine schematisierte Versorgungsanlage nach dem Frischansatz-Prinzip. Sie besteht aus Frischwasservorlagen für das Vor- und Nachspülen. Über eine Pumpe ist das Wasser unter Reinigungsmittelzugabe als

Reinigungslösung in den zu reinigenden Granulator zu fördern. Die variablen Betriebsgrößen wie Durchsatz, Temperatur, Druck etc. werden meßtechnisch erfaßt und von der Steuerung verarbeitet.

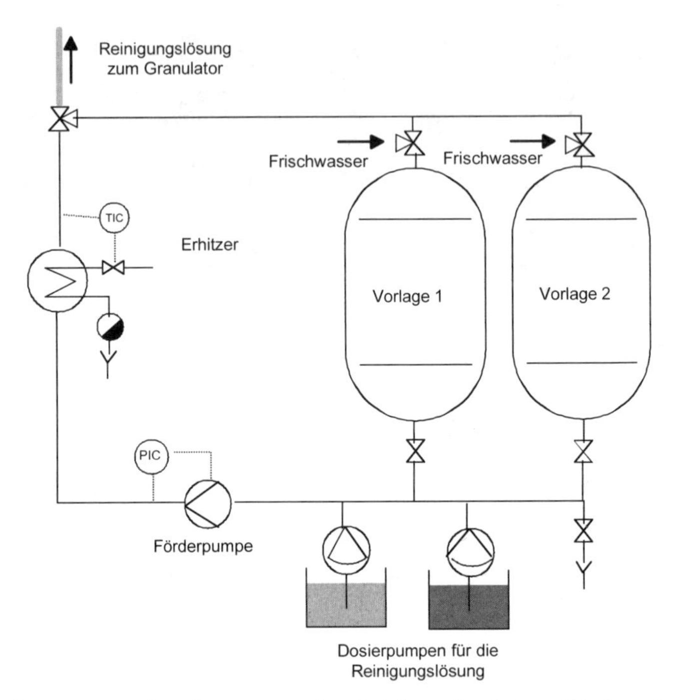

Bild 12-3 Versorgungsanlage der automatischen Reinigung (nach dem „Frischansatzprinzip")

12.3.2 Reinigungsdüsen

Für die Verteilung der Reinigungslösungen auf die produktberührten Teile werden feststehende und rotierende Düsen mit unterschiedlichen Spritzbildern eingesetzt. Verwendet werden Düsen, die einen kräftigen Strahl zum Aufreißen und Abtragen von Verkrustungen oder einen Schwall zum Abspülen von Verunreinigungen erzeugen. Sie können fest installiert sein oder nur für den Reinigungsvorgang eingebaut werden.

12.4 CIP-gerechte Apparategestaltung

Eine wichtige Voraussetzung für eine CIP-fähige Anlage ist deren CIP-gerechte Gestaltung. Das bedeutet u. a.

1. Vermeidung von Toträumen (möglichst wenig Stutzen; um Meßwertaufnehmer dürfen keine unzugänglichen, engen Spalten entstehen; Ecken möglichst runden, durch Gefälle für ein gutes Ablaufen der Reinigungslösung sorgen, möglichst Schweiß- anstelle von Flanschverbindungen verwenden)
2. Mittlere Oberflächenrauhigkeit < 0,8 μm [66].
3. Gute Zugänglichkeit für Inspektionen
4. Werkstoffe: bevorzugt 1.4404 bzw. 1.4435 (entsprechend AISI 316l), aber auch nach [66]: 1.4301 (AISI 304), 1.4401 (AISI 316), 1.4571(AISI 316 ti)

12.5 Beurteilung des Reinigungserfolges

Der Reinigungserfolg wird zunächst visuell beurteilt. Weiterhin kann durch Abstriche, Probennahmen und ähnliches der Reinigungserfolg kontrolliert werden. Wenn sich eine signifikante Korrelation zwischen Reinigungserfolg und der Leitfähigkeit des letzten Spülwassers ergibt, wird die Leitfähigkeit für die routinemäßige Kontrolle des Reinigungsergebnisses gewählt. Inpektionen kritischer Stellen sind unbedingt erforderlich, denn wo das Reinigungsmittel nicht hinkommt, kann sich auch seine Leitfähigkeit nicht ändern.

Ist es möglich, nachzuweisen, daß stets mit reproduzierbar gutem Ergebnis gereinigt wird, kann auf die Inspektion weitgehend oder ganz verzichtet werden.

13 Sicherheitsaspekte

13.1 Allgemeines

Wenn in Wirbelschicht-Sprühgranulatoren brennbare Stoffe verarbeitet werden, kann es zu Bränden und Staubexplosionen kommen. Ein wirksamer Schutz erfordert zunächst eine Beurteilung der Gefahren anhand physikalischer Stoffdaten, vor allem sicherheitstechnischer Kenngrößen zum Brenn-, Zünd- und Explosionsverhalten des zu granulierenden Stoffes und des dabei verwendeten Lösungsmittels. Die Festlegung des Schutzkonzeptes wie Vermeidung von Zündquellen, Inertisierung, Explosionsentlastung und Explosionsunterdrückung hat sich dann an Kriterien wie der technischen Realisierbarkeit, der sicherheitstechnischen Wirksamkeit, der ökologische Akzeptanz und der wirtschaftlichen Vertretbarkeit zu orientieren. Die Sicherheit ist während des gesamten Lebenszyklusses einer Granulationsanlage zu beachten. Es beginnt bei geeigneten konzeptionellen Vorkehrungen bei der Projektierung und setzt sich fort bis zur Unterweisung sowie Beaufsichtigung der Beschäftigten.
Beachtet werden müssen u. a. folgende Regelwerke:

- VDI-Richtlinie 2263 „Staubbrände und Staubexplosionen: Gefahren-Beurteilung-Schutzmaßnahmen“
- VDI-Richtlinie 3673 „Druckentlastung von Staubexplosionen“
- Sicherheitsregel ZH 1/617 des Hauptverbandes gewerblicher Berufsgenossenschaften Bonn mit dem Titel „Sicherheitsregeln für den Explosionsschutz bei der Konstruktion und Errichtung von Wirbelschicht-Sprühgranulatoren, Wirbelschichttrocknern, Wirbelschicht-Coatinganlagen“

Einen Gesamtüberblick über Fragen der Sicherheitstechnik gibt Bartknecht [13].

Die Kosten der Schutzmaßnahmen steigen mit zunehmenden Sicherheitsanforderungen exponentiell. Hundertprozentige Sicherheit bzw. Risiko Null ist nur bei Verzicht auf die Anlage erreichbar. Wegen der weitreichenden Konsequenzen kann eine sicherheitstechnische Beurteilung der Restrisiken nur unter Anleitung von Sachkundigen erfolgen. In größeren Chemieunternehmen finden sich die Sachkundigen in den entsprechenden Spezialabteilungen. Kleinere Firmen müssen die Dienste von Beratungsbüros in Anspruch nehmen.

Die folgenden Darstellungen sind zur Vorbereitung auf Gespräche mit Spezialisten gedacht. Sie basieren auf den Veröffentlichungen von [13], [375], [302], [263],[297], [386] und [162]. Von der Elektrostatik gehen große Gefahren aus. Der Abwehr dieser Gefahren setzt Kenntnisse voraus, die in aller Regel auf Spezialisten konzentriert sind. Um hier eine Brücke zu schaffen, werden die Grundkenntnisse zu Auf- bzw. Entladung etwas ausführlicher behandelt.

13.2 Beurteilungskriterien für die Explosionsgefahr

13.2.1 Allgemeines

Bei der Verarbeitung brennbarer Stoffe (z. B. Lösungsmitteldampf und/oder brennbarer Feststoff) kann es zu einer exothermen Reaktion der brennbaren Stoffe mit Sauerstoff kommen. Es besteht also Zünd-, Brand- und Explosionsgefahr.

Die Brennbarkeit von Flüssigkeiten ist durch ihren Flamm- und ihren Brennpunkt beschreibbar. Dabei liefert der Flammpunkt Hinweise auf das Vorhandensein einer explosionsfähigen Atmosphäre, der Brennpunkt auf die Brandgefahr beim Auslaufen von Flüssigkeiten. Kennzahlen finden sich bei Nabert und Schön [255].

Die Zündung ist der Punkt im Ablauf der Oxidation, bei dem erstmals Glut oder Flamme erkennbar sind. Die Zündenergie kann von außen in das brennbare System kommen („Fremdzündung" durch heiße Körper, Funken etc.). Bei der Fremdzündung werden zunächst nur solche Zündquellen wirksam, die die Mindestzündenergie liefern. Außerdem können heiße Oberflächen Zündungen verursachen, wenn ihre Temperatur größer als die Zündtemperatur oder bei Staubschichten größer als die Glimmtemperatur ist. Aber auch eine „Selbstzündung" ist möglich. Sie beruht auf einer anfänglich allmählichen Zersetzung des brennbaren Stoffes.

Voraussetzung für die Explosion ist, daß Brennbares und Sauerstoff etwa im stöchiometrischen Verhältnis vorliegen. Abweichungen von diesem Verhältnis sind nur innerhalb der Explosionsgrenzen möglich. Außerhalb dieser Grenzen liegt einerseits ein Mangel an Brennbarem oder andererseits ein Mangel an Sauerstoff vor.

Der entstehende Explosionsdruck ist ein Maß für die freigesetzte Energie, die Geschwindigkeit mit der dieser Druck ansteigt hingegen ein Maß für die Reaktionsgeschwindigkeit.

Unter einer Verpuffung versteht man eine schwache Explosion.

13.2.2 Brennverhalten

13.2.2.1 Flammpunkt

Darunter versteht man die tiefste Temperatur, bei der unter Umgebungsbedingungen die sich über einem brennbaren Stoff bildenden Dämpfe entzündet werden können (Beispiel: Methanol 6 °C). Auf der Basis ihres Flammpunktes werden Flüssigkeiten für Verpackung, Transport und Lagerung in Gefahrenklassen eingeteilt.

Da die Verbrennung wesentlich schneller abläuft als die Nachlieferung des Dampfes, ist die Entzündung in aller Regel nur vorübergehend. Die Flamme wird erlöschen.

13.2.2.2
Brennpunkt

Das ist die tiefste Temperatur, bei der der Flamme von der Flüssigkeit ausreichend Dampf für eine kontinuierliche Verbrennung nachgeliefert wird. Sie erlischt nicht, sondern greift auf die Flüssigkeitsoberfläche über. (Beispiel: Methanol 455 °C).

13.2.2.3
Brennzahl BZ

Sie charakterisiert das Brennverhalten einer Schüttung aufgrund einer Bewertung des Reaktionsablaufes. Zur Prüfung wird ein beheizter, glühender Platindraht (ca. 1000 °C) etwa 5 s in das zu untersuchende Pulver eingetaucht. Die Brennbarkeit steigt mit zunehmender Brennzahl in der von 1 bis 6 gestaffelten Bewertung. Bis BZ = 3 wird sich ein Brand nicht ausbreiten (nicht entzünden, rasch erlöschen oder mit geringer Ausbreitung glühen). Von BZ = 4 bis 6 breitet sich der Brand aus (zunächst als langsame flammenlose Zersetzung, dann zunehmend rascher; u. U. begleitet durch Flammenerscheinungen).

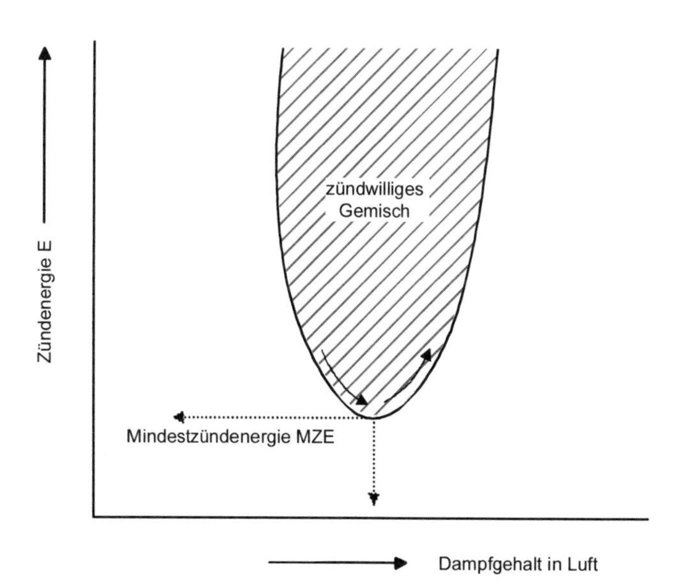

Bild 13-1 Definition der Mindestzündenergie MZE

13.2.3 Zündverhalten

13.2.3.1 Mindestzündenergie MZE

Eine Entzündung ist dann erfolgt, wenn die von der Zündquelle abgegebene Energie durch die freiwerdende Reaktionswärme so kompensiert wird, daß sich die Verbrennungsreaktion, von der Zündquelle ausgehend, selbstständig fortpflanzt. Die Mindestzündenergie MZE brennbarer Gase und Dämpfe ist dabei eine sehr wichtige sicherheitstechnische Kenngröße. Sie ermöglicht die Beurteilung der Zündwirksamkeit von Zündquellen für den betrachteten Dampf. Gemäß Bild 13-1 ist sie der Minimalwert, der sich bei Veränderung des Mischungsverhältnisses Dampf/Luft ergibt. Sie wird unter standardisierten Bedingungen mit einem Kondensatorentladungsfunken bestimmt. Normal brennbare Stoffen liegen bei Umgebungsbedingungen im Bereich MZE = 0,01 - 0,3 mJ.

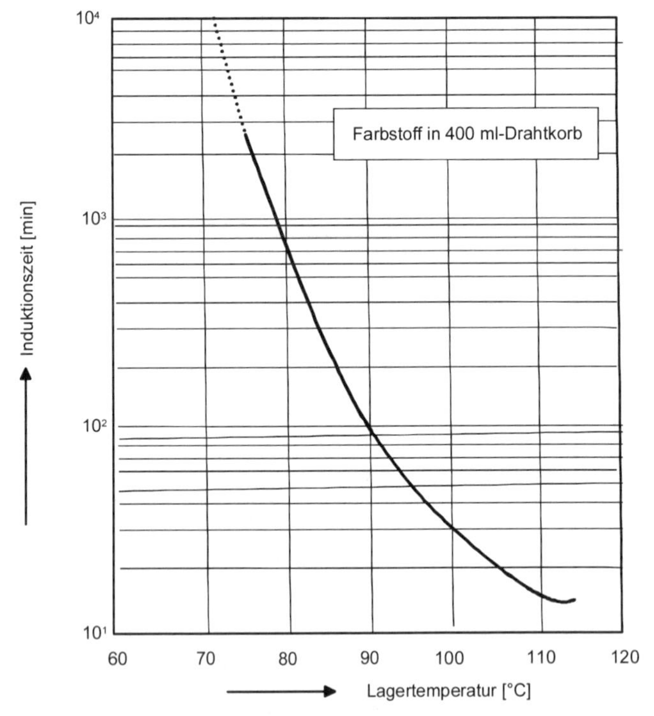

Bild 13-2 Induktionszeit in Abhängigkeit von der Lagertemperatur (aus [13])

13.2.3.2 Selbstentzündung

Falls ein Stoff bei Lagertemperatur bereits merklich von dem Luftsauerstoff oxidiert wird, kann die freigesetzte Energie dann zu seiner Erwärmung führen, wenn die Wärme nicht an die Umgebung abfließt. Die Temperatursteigerung hat eine Beschleunigung der Oxidationsreaktion zur Folge, die schließlich nach Ablauf der Induktionszeit (s. Bild 13-2) in einer Selbstentzündung mündet. Die Selbstentzündung setzt voraus, daß mehr Wärme produziert als abgeführt wird. Die Selbstentzündungstemperatur ist daher von der Bestimmungsmethode („Warmlagertest" beispielsweise nach EG-Prüfrichtlinie A 16) abhängig. Je größer das untersuchte Feststoffvolumen ist, um so früher setzt die Selbstentzündung ein. Von Bedeutung sind ebenfalls die Form der Schüttung, das Luftangebot, Partikelgröße, Feuchtigkeitsgehalt und die Lagertemperatur. Die sich selbst entzündende Schüttung kann auch sehr flach sein. Wenn sich eine flache (beispielsweise 5 mm hohe) Staubschicht auf einer heißen Oberfläche entzündet, ist die Glimmtemperatur erreicht. Diese Temperatur kann nur zusammen mit Angaben über Korngröße, Schüttdichte, Schichtdicke zuverlässig interpretiert werden.

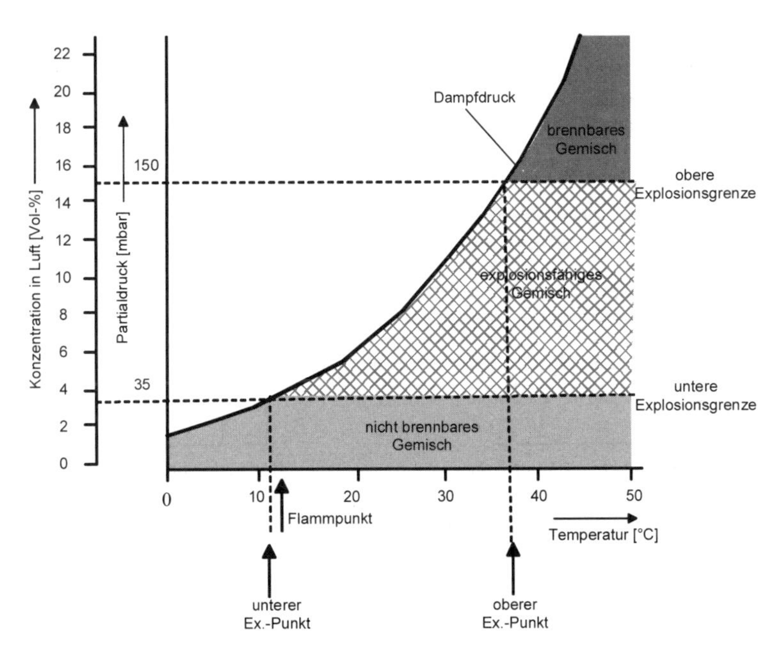

Bild 13-3 Explosionsgrenzen von Ethanol

13.2.3.3 Explosionsgrenzen

Bei einer Konzentration an brennbaren Gasen oder Feststoffen in der Luft unterhalb der unteren Explosionsgrenze ist das Gemisch nicht entzündbar, weil es zu wenig Brennbares enthält. Bei einer Konzentration oberhalb der oberen Explosionsgrenze hingegen, ist die Zündung nicht möglich, weil es an Sauerstoff mangelt (s. Bild 13-3). Für technische Stäube liegen die Explosionsgrenzen zwischen 15 – 60 g/m^3 als untere und 2 – 6 kg/m^3 als obere Grenze. Bei einer Mischung von brennbarem Feststoff und brennbarem Dampf spricht man von einem „hybriden" Gemisch. Für hybride Gemische ist es besonders wichtig zu beachten, daß es bereits zu einer Explosion kommen kann, wenn beide Komponenten dieser Mischung in einer Konzentration unterhalb der unteren Explosionsgrenze vorliegen.

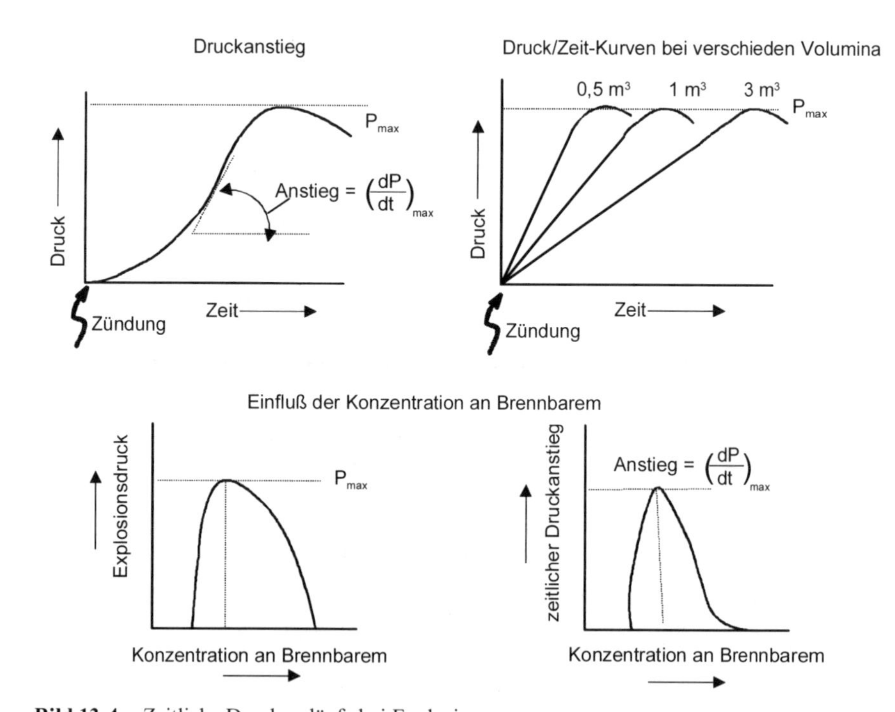

Bild 13-4 Zeitliche Druckverläufe bei Explosionen

13.2.3.4 Staubexplosionsklasssen

Bei einer Explosion vergeht Zeit, bis sich der zerstörerische Druck aufgebaut hat. Wenn im Freien ein zündfähige Mischung gezündet wird, breitet sich die Flammenfront vom Zündpunkt mit einer Geschwindigkeit von etwa 10 m/s aus, während sich die Druckwelle vor der Flammenfront mit Schallgeschwindigkeit fortpflanzt. Die Druckwelle kann zur Explosionserkennung genutzt werden.

Sobald eine Explosion in einem geschlossenen Behälter abläuft, wird die den Druck dämpfende Ausbreitung behindert. Bild 13-4 zeigt typische zeitliche Druckverläufe. Die maximale Druckanstiegsgeschwindigkeit und der maximale Explosionsdruck stellen für jedes Gemisch von Brennbarem mit Luft charakteristische Daten dar. Diese Werte werden nur bei stöchiometrischer Gemischzusammensetzung erreicht. Wie aus Bild 13-4 zu ersehen ist, steigt der Druck um so langsamer an, je größer der Behälter ist.

Für explosionstechnische Betrachtungen sind folgende Größen und Zusammenhänge in geschlossenen Behältern von Bedeutung

- Maximaler Explosionsdruck P_{max}
- Maximaler zeitlicher Druckanstieg $(dP/dt)_{max}$
- Die Abhängigkeit der Druckanstiegsgeschwindigkeit vom Apparatevolumen V_{Appar} beschreibt das „Kubische Gesetz". Es führt zu einer prüf- und verfahrenstechnischen Konstante K_{max} (mit der Dimension bar. m. s^{-1}) entsprechend

$$\left(\frac{dP}{dt}\right)_{max} \cdot V_{Appar}^{1/3} = \text{konstant} = K_{max} \qquad \text{Gl.(13-1)}$$

Da die Ereignisse bei Gasen und Stäuben vergleichbar sind, werden die Konstanten heute nicht mehr unterschiedlich mit einem Index G bei Gasen und St bei Stäuben gekennzeichnet. Diese, nun allgemein gültige Konstante wird zur Beschreibung (Tabelle 13-1) des zu erwartenden Verlaufes der Explosionen genutzt.

Tabelle 13-1 Staubexplosionsklassen

K_{max} [bar · m · s^{-1}]	Staubexplosionsklasse	
0 – 200	St1	schwache Explosion
201 – 300	St2	starke Explosion
> 300	St3	sehr starke Explosion

Die früher verwendete Klasse St0 („nicht staubexplosionsfähig") wird heute nicht mehr genutzt, weil es beispielsweise chemisch unreine Stäube gibt, die mit einer höheren Zündenergie als im standardisierten Test durchaus zu zünden sind.

13.2.4 Zündquellen

13.2.4.1 Allgemeines

Von Schacke et al. [297] sind 13 Zündquellenarten aufgelistet. Darunter sind einige in ihrer praktischen Bedeutung trivial (wie Flammen, heiße Gase und Blitzschlag) andere eher exotisch (wie ionisierende oder elektromagnetische Strahlung). Nachstehend werden die Zündquellen erläutert, die eine hohe praktische Bedeutung haben.

13.2.4.2 Heiße Oberflächen, Funken

Heiße Oberflächen liegen im bestimmungsgemäßen Betrieb beispielsweise als heiße Dampfleitungen, heiße Wärmeaustauscherflächen etc. vor, oder entstehen bei Störungen, beispielweise durch erhöhte Reibung zwischen bewegten Teilen. Sie führen dann zu einer Entzündung, wenn ihre Temperatur die Zündtemperatur eines explosionsfähigen Systemes überschreitet.

Mechanisch erzeugte Funken sind kleine, heiße Metallpartikel, die aus Reib-, Schlag- oder Schleifvorgängen hervorgehen. Für explosionsfähige Dampf/Luft-Gemische sind Reibfunken (Eisen, Stahl) zündfähig, für Staub/Luft-Gemische dagegen nur dann, wenn sowohl Mindestzündenergie als auch Zündtemperatur niedrig sind. Bei Relativgeschwindigkeiten bewegter Teile von < 1 m/s entstehen keine zündwirksame Reibfunken. Relativgeschwindigkeiten > 10 m/s werden hingegen in jedem Fall als zündgefährlich angesehen. Für den Bereich dazwischen sind auf den konkreten Fall abgestimmte Entscheidungen erforderlich. Während Reibfunken als Garben entstehen, werden durch Schlag nur einzelne Funken hervorgerufen. Ihre Zündfähigkeit ist zunächst niedrig, es sei denn, das Leichtmetall und nicht-rostender Stahl beteiligt sind [297].

13.2.4.3 Elektrische Betriebsmittel

Von elektrischen Betriebsmitteln können Zündgefahren in Form elektrischer Funken und heißer Oberflächen ausgehen. Entscheidende Kriterien für die Zündfähigkeit sind in diesem Zusammenhang die Zünd- und die Glimmtemperatur, die Selbstentzündungstemperatur und in einigen Fällen auch die Mindestzündenergie des staubexplosionsfähigen Systems.
Elektrische Betriebsmittel gelten als zündquellenfrei bei einer elektrischen Leistung von weniger als 25 mW sowie bei Maximalwerten für Spannung von 1,2 V und Strom von 0,1 A. Mit Begrenzungsmaßnahmen, z.B. besondere Dichtheit gegen eindringenden Staub, temperaturgesteuerten Abschaltungen oder bestimmten Bauformen, kann darüber hinaus Zündquellenfreiheit erreicht werden. Generell liegen über physikalisch-chemisch-technische Wechselwirkungen zwi-

schen elektrischen Betriebsmitteln und explosionsfähiger Atmosphäre umfangreiche Erkenntnisse und Erfahrungen vor, die in entsprechende Regelwerke eingeflossen sind (siehe VDE 0165).

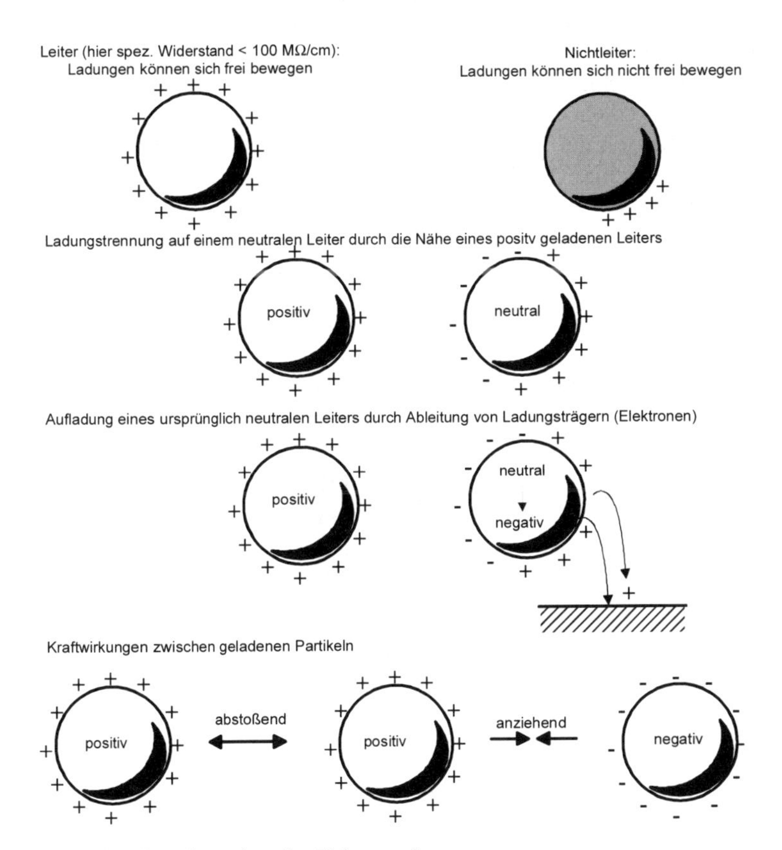

Bild 13-5 Einige Grundtatsachen der Elektrostatik

13.2.4.4 Statische Elektrizität

13.2.4.4.1 Grundlagen

Für das Verständnis der für Sicherheitsbetrachtungen bedeutsamen elektrostatischen Phänomene muß an einige grundlegende Zusammenhänge der Elektrizitätslehre erinnert werden:

Bild 13-5 zeigt einige Grundtatsachen der Elektrostatik. Positive Aufladungen von Partikeln bedeuten Elektronenmangel, negative Aufladungen Elektronenüberschuß gegenüber dem neutralen Zustand. Während sich die Ladungen in elektrisch leitenden Stoffen an der Oberfläche frei bewegen können, ist das bei Nichtleitern nicht möglich. Die Ladungsträger (Elektronen) elektrisch neutraler Partikeln werden durch die Nähe geladener Partikeln umgeordnet. Werden dann auch noch die abgestoßenen Ladungsträger abgeleitet, wird das ursprünglich neutrale Partikel aufgeladen. Gleichnamige Ladungen führen zu abstoßenden, ungleichnamige zu anziehenden Kräften zwischen den Partikeln.

Die Wechselwirkungen zwischen den geladenen Partikeln sind an einem Kondensator zu erkennen (s. Bild 13-6). Bekanntlich bilden 2 unterschiedlich geladene Platten mit der Fläche A im Abstand s einen Kondensator. Sind Q und U_C die Absolutbeträge von Ladung und Spannung, dann ist die Kapazität C des Kondensators

$$C = \frac{Q}{U_C} \qquad \text{Gl.(13-2)}$$

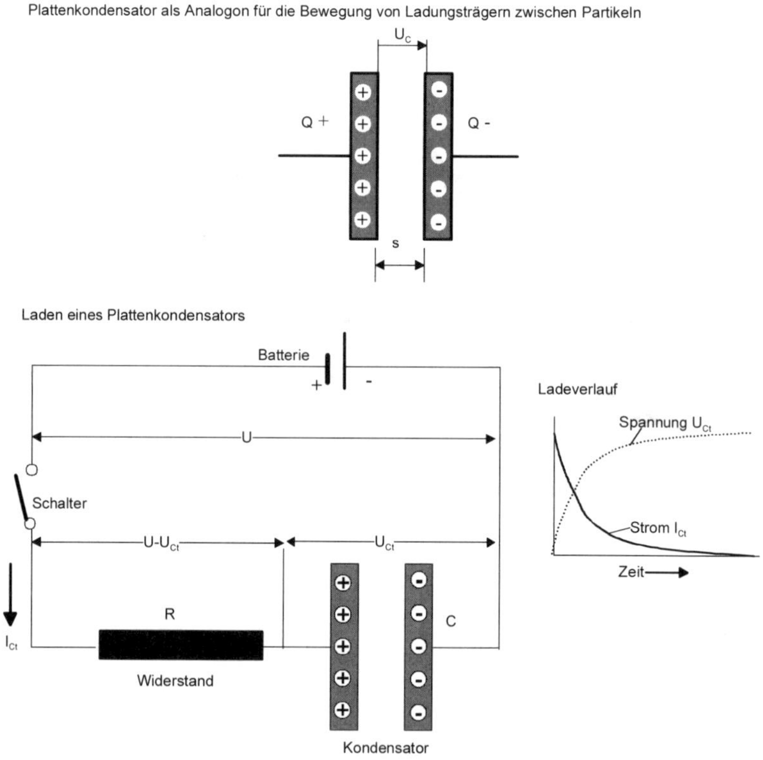

Bild 13-6 Der Plattenkondensator als Analogon für Ladevorgänge an Partikeln

So, wie das Volumen einer Gasflasche unabhängig vom Druck des Gases ist, so ist auch die Kapazität von Ladung und Spannung unabhängig. Die Kapazität wird hingegen von der Plattenfläche, ihrem Abstand und dem Stoff zwischen den beiden Platten (Dielektrikum mit der resultierenden Dielektrizitätskonstante ε_{result}.) bestimmt:

$$C = \frac{\varepsilon_{result}}{s} \cdot A \qquad \text{Gl.(13-3)}$$

Aus Gl.(13-2) und Gl.(13-3) folgt

$$\frac{Q}{U_C} = \frac{\varepsilon_{result}}{s} \cdot A \qquad \text{Gl.(13-4)}$$

Gl.(13-4) zeigt, daß die Spannung zwischen den Platten um so größer wird, je größer der Abstand oder je kleiner die Fläche der Platten ist. Die Dielektrizitätskonstante, die das Medium zwischen den Platten repräsentiert, ist der Spannung umgekehrt proportional. Bemerkenswert ist, daß sie bei Wasser um den Faktor 81, bei Methanol um den Faktor 36 und bei Ethanol um den Faktor 24 größer als bei Gasen ist. Die zugehörigen Spannungen sind entsprechend niedriger. Diese Angaben sollen auf den großen Einfluß der Gasfeuchte auf elektrostatische Aufladungen hinweisen (s. Beobachtungen von Thurn [334] referiert in Kap. 4.4.2.1).

Nun soll das Aufladen von Partikeln anhand des Analogons „Laden eines Kondensators" untersucht werden. Wird der Kondensator gemäß Bild 13-6 an eine Spannungsquelle angeschlossen, lädt er sich bis zu dieser Spannung auf. Gleichgroße Ladungen erscheinen an den Platten und laden sie zum einen negativ, zum anderen positiv auf. Da das Fließen des Stromes durch den Widerstand des Stromkreises begrenzt ist, ist zur Ansammlung von Ladung eine gewisse Zeit erforderlich. In dieser Zeit fließt der zeitlich veränderliche Ladestrom I_t. Dazu gehört eine ebenfalls zeitlich veränderliche Spannung U_{Ct} zwischen den Platten bzw. ein Spannungsabfall $U - U_{Ct}$ über den in den Stromkreis eingeschlossenen Zusatzwiderstand R. Nach dem Ohmschen Gesetz ist

$$I = \frac{U - U_{Ct}}{R} \qquad \text{Gl.(13-5)}$$

Andererseits ist der Strom im Stromkreis gleich der Geschwindigkeit der Ladungszunahme des Kondensators

$$I_t = \frac{dQ_t}{dt} = C \cdot \frac{dU_{Ct}}{dt} \qquad \text{Gl.(13-6)}$$

wobei Gl.(13-2) berücksichtigt ist. Das Gleichsetzen von Gl.(13-5) und Gl.(13-6) führt zu einer Diffentialgleichung mit einer Unbekannten in der Form

$$R \cdot C \cdot \frac{dU_{Ct}}{dt} = U - U_{Ct}$$

oder, da

$$- dU_{Ct} = d(U - U_{Ct})$$

ist, wird schließlich

$$\frac{d(U - U_{Ct})}{(U - U_{Ct})} = - \frac{dt}{R \cdot C} \qquad \text{Gl.(13-7)}$$

Die Integration von Gl.(13-7) mit der Anfangsbedingung, daß beim Einschalten $t = 0$ auch $U_{Ct} = 0$ ist, ergibt

$$U_{ct} = U \cdot \left[1 - \exp\left(- \frac{t}{\tau}\right)\right] \qquad \text{Gl.(13-8)}$$

In dieser Gleichung ist

$$\tau = R \cdot C , \qquad \text{Gl.(13-9)}$$

die als Zeitkonstante bezeichnet wird. Sie stellt die Zeit dar, in der exp $(-t/\tau)$ um das 1/e-fache des Anfangswertes zurückgeht. Bei $t = 4{,}6 \cdot \tau$ beträgt die Spannung $U_{Ct} = 0{,}99 \cdot U$, der Ladeprozeß ist dann praktisch abgeschlossen.

Die Änderung des Ladestromes errechnet sich damit aus

$$I_t = \frac{U}{R} \cdot \exp\left(\frac{t}{\tau}\right) \qquad \text{Gl.(13-10)}$$

Beim Entladen gehen sowohl Strom als auch Spannung nach den gleichen Regeln zurück. Beim Entladen wird sich der Widerstand R aufheizen und damit zeigen, daß der geladene Kondensator über einen Energieinhalt verfügte. Der Energieinhalt E errechnet sich aus

$$E = \int_0^\infty I_t^2 \cdot R \cdot dt = \frac{\tau \cdot U^2}{2 \cdot R} = \frac{C \cdot U^2}{2} \qquad \text{Gl.(13-11)}$$

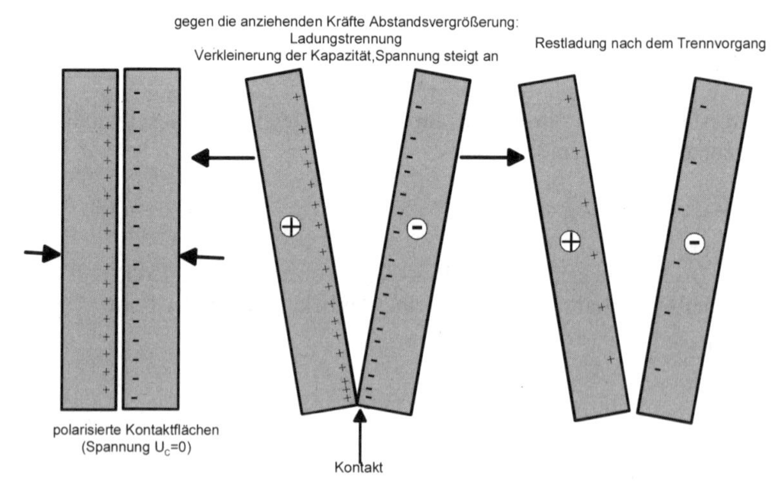

Bild 13-7 Ladungstrennung polarisierter Kontaktflächen

Die Betrachtungen des Kondensators als Analogon helfen bei der Analyse elektrostatischer Wechselwirkungen zwischen den Partikeln und den Anlageteilen: Betrachtet seien nach Bild 13-7 zwei Oberflächen, von denen mindestens eine nichtleitend ist. Bei ihrer Berührung findet eine Umverteilung der Ladungsträger statt. Zur Ladungstrennung werden beide Oberflächen gegen die aus den gegenpoligen Ladungen resultierenden Anziehungskräfte voneinander entfernt werden. Die Kapazität verringert sich durch den größeren Abstand (s. Gl.(13-3)) Dadurch wächst wegen Gl.(13-4) die Spannung. Über die letzten gemeinsamen Kontaktstellen kommt es zu einem Ladungsausgleich dessen zeitlicher Ablauf von der Entladezeitkonstante τ gemäß Gl.(13-9) bestimmt wird. Die bei der Trennung zurückfließende Ladung folgt aus Gl.(13-2). Bei kurzen Zeiten, also hohen Trenngeschwindigkeiten kommt es folglich durch Kontakt auch nur zu einem geringen Ladungsausgleich. Somit bleiben hohe Aufladungen zurück, die sich ggf. durch eine Gasentladung bei Überschreiten der Durchbruchfeldstärke verringern.

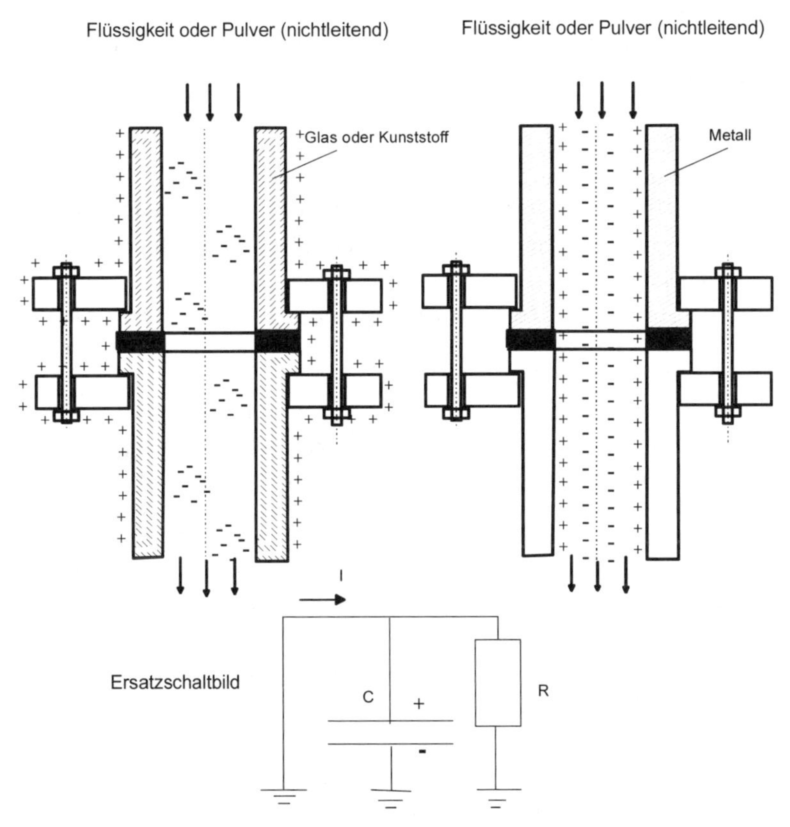

Bild 13-8 Aufladung durch Ladungstrennung

Ganz allgemein ist zu sagen, daß Aufladungen immer dann entstehen, wenn mit Bild 13-8 als Beispiel

- Oberflächen voneinander getrennt werden (betrifft Feststoffe und Flüssigkeiten gleichermaßen) und
- einer der beiden Partner ein schlechter elektrischer Leiter ist und
- der Trennvorgang schneller erfolgt als der Ladungsausgleich durch zurückfließende Ladungsträger.

13.2.4.4.2
Entladungsformen

Es wird in vier Grundentladungsformen unterschieden

- Funkenentladung: Sie entsteht zwischen zwei Leitern auf unterschiedlichem Potential beim Erreichen der Durchbruchfeldstärke durch Annäherung oder durch Spannungserhöhung. Beispiele sind isolierte leitfähige Anlageteile: Filterstützkorb, Flansch oder Klappe auf Rohrleitung (aber auch nicht geerdete Personen).
  Gegenmaßnahme: erden
  Umgesetzte Energie: $< 10^3$ mJ
- Büschelentladung: Sie entsteht an einer geerdeten Elektrode (Krümmungsradius 5 –10 mm), die in ein starkes elektrisches Feld hineinragt. Beispiele:
  - Elektroden können sein: Temperaturfühler, Probenahmebecher, Finger von Personen.
  - Hochaufgeladene Felder entstehen beispielsweise über Kunststoffoberflächen (PE - Sack, PVC - Rohr), Staubschüttungen, Flüssigkeitsoberflächen, Staub- oder Tropfenwolken.
  - Betriebliche Vorgänge, die zu Entladungen führen sind beispielsweise: Das Entleeren von Plastiksäcken im Mannloch eines Metallbehälters. Ein aufsteigender Spiegel einer nichtleitenden, mit hoher Geschwindigkeit in einen Behälter gepumpten Flüssigkeit nähert sich Einbauten, die wie Elektroden wirken. Das Eintauchen eines geerdeten Probenahme-Bechers in eine hoch aufgeladenen Schüttung oder eine nichtleitende Flüssigkeit.

  Gegenmaßnahme: Aufladung des Nichtleiters vermindern
  Umgesetzte Energie: < 5 mJ
- Coronaentladung: Sie gleicht der Büschelentladung erfolgt aber an spitzen Elektroden (Krümmungsradius < 1 mm)
- Gleitstielbüschelentladung: Sie entsteht bei Kurzschluß einer dielektrischen Schicht hoher Durchschlagfestigkeit bei einer beidseitigen Aufladung mit entgegengesetzter Polarität. Beipiele:
  - Pneumatische Staubförderung (oder Förderung isolierender Flüssigkeiten) mit hoher Geschwindigkeit durch eine isolierende Rohrleitung oder durch eine leitfähige Rohrleitung mit isolierender Innenbeschichtung.

- Fortwährendes Aufprallen immer neuer Staubteilchen auf dieselbe nichtleitende Oberfläche oder nichtleitend beschichtete Metalloberfläche.

Gegenmaßnahme: Aufladung des Nichtleiters vermindern.
Umgesetzte Energie: $< 10^3$ mJ

Außerdem werden von Glor und Maurer [70] Schüttkegelentladungen beschrieben (Auftreten bei Behältern $< 60 m^3$ allerdings wenig wahrscheinlich). Sie sind die Folge unterschiedlicher Raumladungsdichten beim pneumatischen Eintragen nichtleitender, pulverförmiger Produkte in große Behälter. Die Ladungen sind an die Produktteilchen gebunden. Sie ergeben in der Schüttung eine viel größere Raumladungsdichte als in dem Raum darüber (s. Bild 13-9). Wegen der schlechten Leitfähigkeit kann sie nicht in den geerdeten Behälter abfließen; und zwar um so weniger, je größer die Schüttung ist. Fallen nach Erreichen der Durchbruchfeldstärke weiterhin aufgeladene Teilchen auf die Schüttung, dann kommt es fortwährend zu Gasentladungen.
Gegenmaßnahme: Aufladung des Schüttgutes vermindern.
Umgesetzte Energie: ca. 10 mJ

13.2.4.4.3
Erdungsmaßnahmen

Aus der Vielzahl der Möglichkeiten seien herausgegriffen:

- Alle Apparateteile aus elektrisch leitenden Materialien erden
- Einfüllrohre bis knapp über den Behälterboden führen
- Turbulenz beim Austritt von Lösungsmitteln aus Leitungen vermeiden (keine Siebe an dieser Stelle)
- Feststoffe nicht direkt aus Kunststoffgebinden in brennbare Flüssigkeiten eintragen.
- Niedrige Strömungsgeschwindigkeiten bei Flüssigkeiten und bei pneumatischer Förderung von Feststoffen wählen.
- Beim Einsatz elektrostatisch leitfähiger Filterschläuche muß gewährleistet sein, daß auch bei langzeitigem, betriebsüblichen Gebrauch (Verschmutzung und häufiges Waschen) die Ableitung elktrostatischer Aufladungen erhalten bleibt. Metallisierte Fasern, einfach eingelegte dünne Drähte oder aufgesprühte Antistatikmittel erfüllen diese Forderung nicht. Befestigungsschellen und Stützkörbe sind zu erden.

Bei der Erdung muß der Erdableitwiderstand für alle metallenen Geräte, Apparate, Filterkörbe etc. $< 100\ M\Omega$ sein.

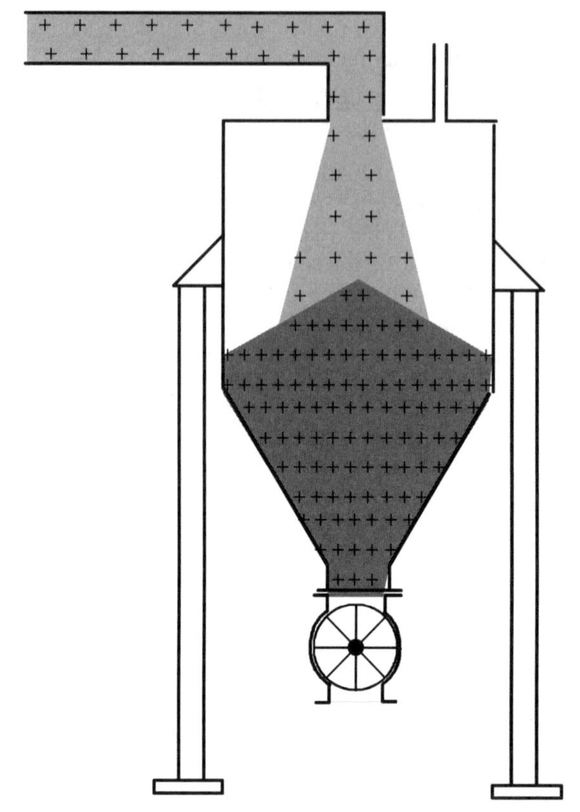

Bild 13-9 Ladungskompaktierung in der Produktschüttung beim Eintragen von aufgeladenem, hochisolierendem Produkt

13.3 Schutzmaßnahmen gegen die Explosionsgefahr

13.3.1 Inertisieren / Unterdruck

Die Inertisierung nimmt eine herausragende Stellung beim vorbeugenden Explosionsschutz ein (s. dazu auch Kap. 10.3). Durch Verwendung inerter Gase wie vorzugsweise Stickstoff (alternativ: Wasserdampf, CO_2 und Verbrennungsgase) wird die Sauerstoffkonzentration so niedrig gehalten, daß eine Zündung nicht mehr möglich ist. Als Sauerstoffgrenzkonzentration (SGK) ist die Konzentration für ein Gemisch aus brennbarem und Inertgas definiert, bei der mit einer Zündquelle von 10 J eine Explosion gerade noch nicht ausgelöst werden kann. Sie ist eine stoff- und inertgasspezifische Größe. Anlagen werden im allgemeinen 2 Vol-% unter dieser Grenze betrieben. Für die meisten organischen Stäube gibt es unterhalb einer Sauerstoffkonzentration von 8 Vol.-% keine Explosionsgefahr.

Ansonsten ist darauf hinzuweisen, daß es Stoffe gibt, die nicht explosiv sind, bei denen sich aber eine lokal eingeleitete Zersetzungsreaktion auch bei Abwesenheit von Sauerstoff fortpflanzt. („Deflagration" s. [13]).

Es muß ein „Mindestzünddruck" vorliegen, um eine Zündung hervorzurufen. Bei Ethanol, um ein Beispiel zu nehmen, beträgt der Mindestzünddruck nach [163] 440 mbar. Wird dieser Druck unterschritten, ist eine Zündung nicht möglich. Die Unterschreitung dieses Druckes bei allen Prozeßzuständen wird bei Vakuum-Wirbelschichtanlagen als Schutzmaßnahme gewählt [163].

13.3.2
Begrenzen der Gaseintrittstemperatur

Zunächst wird die Temperatur bestimmt durch das Granulierverhalten des Produktes. Sicherheitstechnisch ergeben sich jedoch Einschränkungen durch die Zündtemperatur T_z und weil Ablagerungen auf dem Gasverteiler nicht generell auszuschließen sind: Einschränkungen ergeben sich außerdem durch die Selbstentzündungstemperatur T_{SE} sowie die Glimmtemperatur T_G. Durch Inertisierung sind diese Einschränkungen aufzuheben.

Die Einschränkungen durch mögliche Ablagerungen einer nicht inertisierten Anlage sind zu umgehen, wenn durch eine empfindliche CO-Messung im ppm-Bereich eine beginnende Exothermie frühzeitig erkannt und entsprechende Gegenmaßnahmen rechtzeitig eingeleitet werden. Die Gegenmaßnahmen bestehen im Abschalten der Produktzufuhr und im Auslösen einer vom normalen Produktstrom unabhängigen Wassersprühanlage.

In der Milchindustrie hat sich diese Schutzmaßnahme bei Scheibentrocknern bereits seit Jahren bewährt.([263],[386]). Zur CO-Detektion wird eine Gasanalyse mit Hilfe der Infrarotabsorption durchgeführt. Da das Meßgerät schon sehr niedrige Werte erkennen muß, wird ein Gerät mit einem Meßbereich von 0-10 ppm eingesetzt. Bei diesen niedrigen Werten kann die in der Umgebungsluft vorhandene CO-Konzentration zu Verfälschungen führen. Deshalb werden gleichzeitig Zu- und Abluft-Konzentration gemessen und nur die CO-Zunahme im Trockner für eine beginnende Exothermie bewertet. Einzelheiten dieses Detektionssystemes finden sich bei Zockoll [386]. Es wird in diesem Aufsatz darauf hingewiesen, daß bei anderen Stäuben als bei Milch die CO-Produktion und die Zündwirksamkeit ihrer Glimmnester noch nicht ausreichend bekannt sind. Eine CO-Überwachung als alleinige Schutzmaßnahme setzt natürlich diese Kenntnis voraus.

13.3.3
Vermeiden von Zündquellen

Von Schacke, Viard und Walter [297] ist das naheliegende Konzept erläutert, das Verfahren und seine Anlagen so zu konzipieren, daß sie bereits aus sich heraus ohne zusätzliche Maßnahmen als sicher gelten können. Dazu müssen mögliche

Zündquellen erkannt, hinsichtlich ihrer Gefährlichkeit bewertet und falls erforderlich vermieden werden. Das Ziel Zündquellenfreiheit ist zu erreichen, wenn die zu verarbeitenden Stoffe es zulassen und wenn bereits in einem frühen Stadium der Planung Apparate und Verfahrensweisen für das Ziel ausgewählt werden. Bei den für den Normalbetrieb sowie für einfache bis schwere Störungen durchzuführenden Zündquellenanalysen spielen eine wesentliche Rolle:

- Die Zündempfindlichkeit des explosionsfähigen Gemisches, die hauptsächlich charakterisiert wird durch seine Mindestzündenergie (MZE) sowie seine Zündtemperatur (T_z), ferner bei möglichen Ablagerungen deren Selbstentzündungstemperatur (T_{SE}) und die Glimmtemperatur (T_G).
- Die mechanischen, elektrischen, elektrostatischen und thermischen Eigenschaften der 'Hardware" im Hinblick auf die Auslösung eines Zündinitials,
- Die Beurteilung der Verfahrenssparameter wie Temperatur, Druck, Strömungsgeschwindigkeit etc.

13.3.4 Explosionsfeste Bauweise

Beispielsweise für die Verarbeitung toxischer Stoffe ist eine explosionsfeste Bauweise geeignet. Die Festigkeit des Apparates und aller angeschlossenen Armaturen muß in diesem Fall für den maximalen Explosionsdruck entweder explosionsdruckfest oder explosionsdruckstoßfest ausgelegt sein. Unter diesen Begriffen ist zu verstehen:

- „Explosionsdruckfest" bedeutet, daß der Apparat nach den Berechnungs- und Bauvorschriften für Druckbehälter für den zu erwartenden, maximalen Explosionsdruck als Berechnungsdruck ausgelegt ist. Der Sicherheitsfaktor gegen die mechanische Spannung bei 0,2 %-Dehnung ist 1,5. Bleibende Verformungen treten im Explosionsfall nicht auf.
- „Explosionsdruckstoßfest" bedeutet, daß der Apparat für den zu erwartenden, maximalen Explosionsdruck mit einem Sicherheitsfaktor von 1 gegen eine mechanische Spannung bei 0,2 %-Dehnung ausgelegt ist. Es treten folglich im Explosionsfall bleibende Verformungen auf. Der Apparat unterliegt nicht der Druckbehälterverordnung. Die Explosionsdruckstoßfestigkeit muß mit einer Wasserdruckprobe nachgewiesen werden.

13.3.5 Explosionsentlastung

Durch Freigabe definierter, mit Berstscheiben oder Explosionsklappen im Normalbetrieb verschlossener Öffnungen wird erreicht, daß im Explosionsfall der entstehende Überdruck auf ein für den zu schützenden Behälter erträgliches Maß reduziert wird. Damit kann der Behälter für den reduzierten Explosionsdruck ausgelegt und damit leichter gebaut werden. Diese Schutzmaßnahme kann bei der

Verarbeitung toxischer oder umweltbelastender Stoffe nicht eingesetzt werden. Die Druckentlastung ist in den Betriebsraum hinein natürlich nicht möglich. Deshalb werden den Entlastungsöffnungen Ausblasrohre nachgeschaltet, die die Verbrennungsprodukte auf kürzestem Wege ins Freie leiten. Der Querschnitt der Entlastungsöffnung ist um so größer, je größer das zu schützende Behältervolumen und je stärker die gewünschte Druckreduzierung ist. Einzelheiten der Berechnung finden sich bei Bartknecht [13].

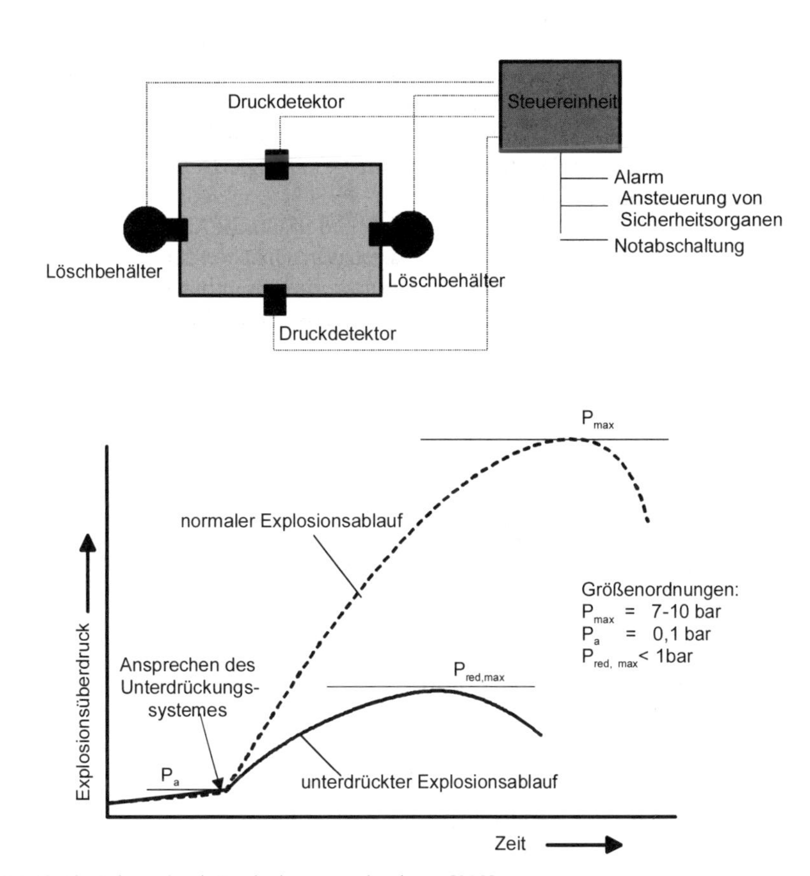

Bild 13-10 Schutz durch Explosionsunterdrückung [323]

13.3.6 Explosionsunterdrückung

Diese Schutzmaßnahme bietet sich an, wenn bei Verarbeitung toxischer oder umweltbelastender Stoffe oder wegen der räumlichen Verhältnisse im Betriebsgebäude eine Druckentlastung nicht möglich ist. Eine anlaufende Explosion wird vorzugsweise durch Druck-Detektoren (eine Alternative sind optische Detektoren) erkannt (s. Bild 13-10). Durch rasches Einblasen (innerhalb von Millisekunden) von Löschmitteln (u. a. Ammoniumphosphat, Natriumbicarbonat mit Stickstoff als Treibmittel) aus Löschmittelbehältern wird sie so schnell bekämpft, daß sie sich nicht voll entwickeln kann. Es baut sich nur ein auf ein unbedenkliches Maß reduzierter Druck auf, wodurch die Anlage vor Zerstörung und die im Anlagenbereich befindlichen Personen vor Schaden bewahrt bleiben. Für diesen Druck muß die Festigkeit der Anlage auslegt sein. Zur Orientierung: Aus Erfahrung geht man davon aus, daß eckige, für den drucklosen Zustand konzipierte Apparate mit einem Volumen von einigen m^3 einem Explosionsüberdruck von bis zu 0,2 bar ohne bleibende Verformung widerstehen. Ab 0,4 bar muß mit einem stellenweisen Aufreißen derartiger Apparate gerechnet werden.

Durch Vibrationen hervorgerufene Druckstöße dürfen nicht zu Fehlauslösungen führen, deshalb werden in der Regel zwei um 90° versetzte Detektoren verwendet, die gleichzeitig ansprechen müssen.

Unterdrückungssysteme sind nur wirksam gegen Stäube der Klassen St1 und St2 [302]. St3 - Stäube können nicht wirksam unterdrückt werden.

Nach Wiemann [375] errechnet sich die für das zu schützende Volumen V (Dimension m^3) notwendige Anzahl N von 4 kg-Löschmittelbehältern

$$N = K \cdot V^{2/3} \qquad \text{Gl.(13-12)}$$

dabei ist die Konstante K für die Staubexplosionsklasse

St1 K = 1,08
St2 K = 1,4

Bild 13-11 zeigt Löschmittelbehälter auf einem Apparat. Über die zweckmäßige Anordnung von Löschmittelbehältern, sollte man sich von deren Hersteller beraten lassen.

13.3.7 Explosionstechnische Entkopplung

Für die Verhinderung der Flammenausbreitung aus druckfesten in vor Explosionen zu schützende Bereiche der Anlagen werden verwendet:

- Zellenradschleusen (s. Bild 13-12): Sie wirken bis zur Staubexplosionsklasse St2 wie eine Flammensperre, wenn die Spaltweite $< 0,2$ mm ist und wenn sich auf jeder Seite 3 Stege im Eingriff befinden [13]. Das muß allerdings durch Explosionsversuche nachgewiesen sein. Außerdem muß im Explosionsfall die Schleuse sofort stillgesetzt werden, damit keine glimmenden Teile in den zu sichernden Bereich gefördert werden.
- Schnellschlußventile (s. Bild 13-12): Das von der Firma Ventex [13] entwickelte Ventil ist für den horizontalen Einbau bestimmt. Der Schließkörper ist in beiden Richtungen beweglich axial gelagert. Federn halten ihn gegenüber den normalen Strömungskräften in Mittelstellung. Im Explosionsfall wird er in der Schließstellung arretiert.

Weitere Einrichtungen: Die durch einen optischen Detektor erkannte Flammenfront kann sprengkapselbetätigte Ventile zur Absperrung von Rohrleitungen mit Löschmittel öffnen („Löschmittelsperre") oder „Schnellschlußschieber" schließen. Außerdem sind sogenannte „Entlastungsschlote" im Einsatz. Diese ändern die Strömungsrichtung des Gases um 180°. Der Zuströmteil dieses 180°-Krümmers findet seine Fortsetzung in einem mit einer Berstscheibe verschlossenen Blinddarm. Im Explosionsfall gibt die Berstscheibe den Weg für die Flammenfront nach außen frei.

Bild 13-11 Beispiel für die Anordnung von Löschmittelbehältern (Glatt Ingenieurtechnik, Weimar; Löschmittelbehälter von KIDDE-DEUGRA Brandschutzsysteme Ratingen)

13.3.8 Organisatorische Vorkehrungen

Mit organisatorischen Vorkehrungen muß die Wirksamkeit der getroffenen Schutzmaßnahmen erhöht oder ergänzt werden. Hierzu gehört u. a.

- Gründliches periodisches Reinigen der Anlage und deren Umgebung
- Systematisches Warten und Überwachen der Sicherheitseinrichtungen
- Erstellen von Betriebsanleitungen für Normal- und Störfall sowie regelmäßige Unterweisung des Bedienungspersonals.

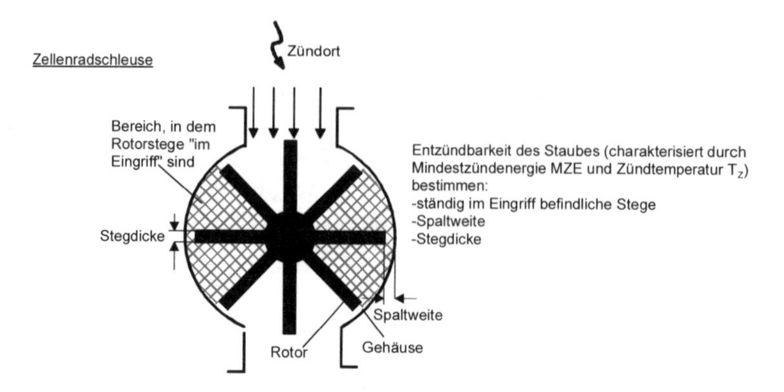

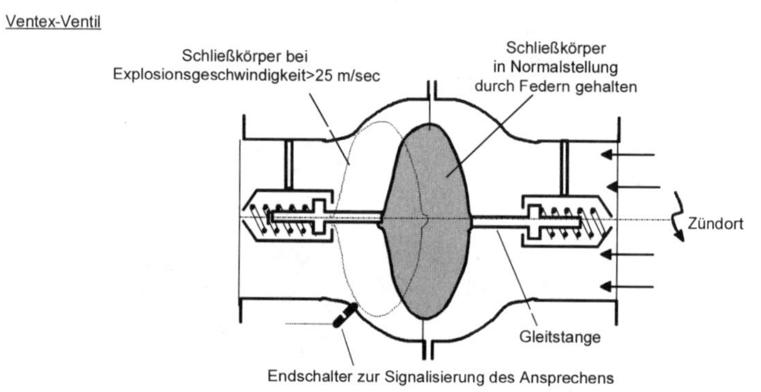

Bild 13-12 Elemente für den Explosionsabbruch (Beispiele)

14 Nachbehandlung der Granulate

14.1 Allgemeines

Für ein anschließendes Kühlen, Trocknen und Umhüllen der erzeugten Granulate bieten sich zahlreiche Verfahren an. Um den Rahmen dieses Buches nicht zu sprengen, werden hier insbesondere die auf Wirbelschichten basierenden Methoden besprochen.

14.2 Kühlen und Trocknen

Ob es sinnvoll ist, Trocknung oder Kühlung in einen nachgeschalteten Apparat zu verlagern, entscheiden bei neuen Anlagen in aller Regel die Kosten. Bei älteren Anlagen kann mit einer solchen Nachrüstung die Kapazität des Granulators erhöht werden.

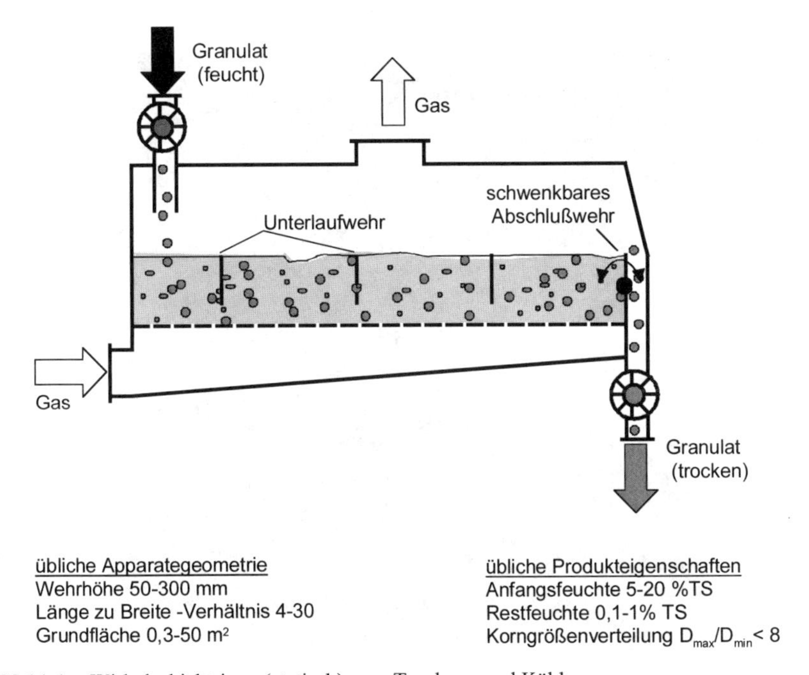

Bild 14-1 Wirbelschichtrinne (statisch) zum Trocknen und Kühlen

Trotz einer Fülle von Alternativen werden wegen der Schüttguteigenschaften der Granulate vorzugsweise nachgeschaltete Wirbelschichtapparate zu ihrer Kühlung oder weiteren Trocknung eingesetzt. Verwendet werden rinnenförmig gebaute Apparate, deren Aufbau Bild 14-1 und Ausführung ein Foto in Bild 14-2 zeigt. Diese Apparate werden im Gegensatz zu den vibrierten Apparaten als „statisch" bezeichnet.

Werden die Apparate mit Lochblechen als Gasverteiler ausgestattet, erhalten sie zur Erleichterung des Leerfahrens eine Neigung von 1:100 bis 1:500 [130]. Für die Nachbehandlung der Granulate bieten sich flache, schlanke Wirbelschichtrinnen mit einem hohen Länge-zu-Breite-Verhältnis an. Mit ihnen können die Granulate auf gleichmäßig niedrige Restfeuchten getrocknet werden. Im Idealfall sollen alle Granulate den Trockner mit der gleichen Restfeuchte verlassen. Das setzt bei gleicher Anfangsfeuchte voraus, daß sämtliche Granulate gleich lang im Trockner verweilen. Das ist aber praktisch nicht möglich, weil es im Trockner zu einer Verteilung der Verweilzeit kommt. Zu einer Verbreiterung der Verweilzeitverteilung trägt die Vermischung durch die Bildung von Blasen bei. Zur Verringerung von Rückvermischungen wird der Apparat mit Unterlaufwehren versehen. Das Ablaufwehr ist ein Überlaufwehr. Es ist höhenverstellbar und sorgt im Normalbetrieb für eine Begrenzung der Schichthöhe. Zum Leerfahren des Trockners kann es hochgeklappt werden.

Bild 14-2 Wirbelrinne für Versuche. Produktfluß von rechts nach links. (Bauart Glatt Ingenieurtechnik Weimar)

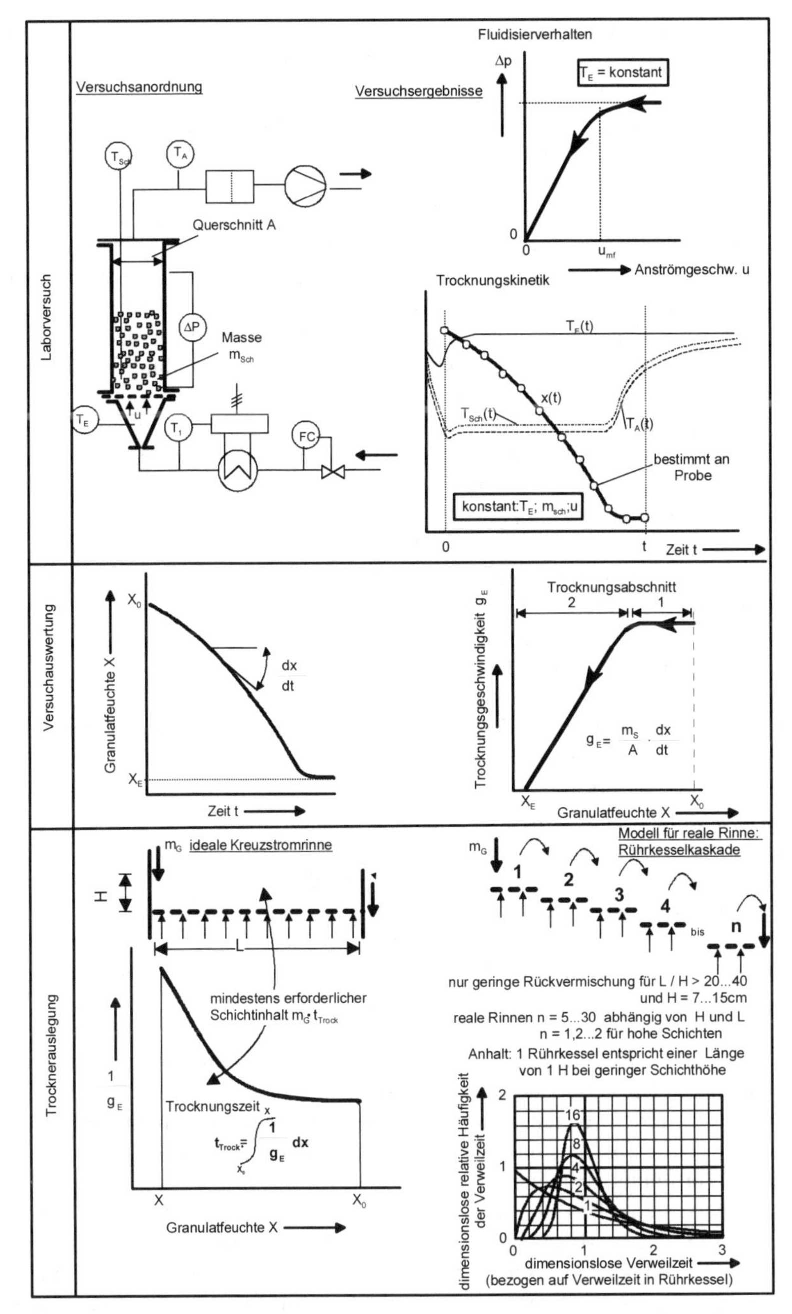

Bild 14-3 Auslegung von Wirbelschichtrinnen für die Trocknung von Granulaten (in Anlehnung an Poersch [267])

Zur Auslegung der Rinnen in Produktionsgröße werden zunächst in einem diskontinuierlichen Apparat günstige Fluidisationsbedingungen und die erforderlichen Kühl- oder Trocknungszeiten bestimmt. Da die Trocknungszeiten im großen Apparat von dessen Mischverhalten abhängen, schließen sich hieran Versuche im Pilotmaßstab an.

Das Vorgehen bei der Auslegung einer Wirbelrinne zum Trocknen von Granulaten ist mit Bild 14-3 grob skizziert. Im ersten Schritt werden die Grundlagen der Auslegung in einem diskontinuierlichen Laborversuch ermittelt. Dabei ergibt sich das Fluidisierverhalten aus der Abhängigkeit des Schichtdruckverlustes von der Anströmgeschwindigkeit. Anhand des Fluidisierverhaltens wird die günstigste Anströmgeschwindigkeit festgelegt. Mit ihr wird im nächsten Schritt auch der Trocknungsverlauf ermittelt. In der gewählten Darstellung ist er noch das Ergebnis von Feuchtebestimmungen an Proben. Bei moderneren Methoden wird der Feuchteverlauf der zu trocknenden Granulate aus einer laufenden Messung von Zu- und Abluftfeuchte unter Verwendung der an einer Probe bestimmten Anfangsfeuchte errechnet. Charakteristisch für den diskontinuierlichen Versuch ist, daß jedes Granulat gleich lange im Apparat verweilt.

Der Trocknungsverlauf ist anschließend auszuwerten. Errechnet wird aus ihm die Trocknungsgeschwindigkeit. Das ist die zeitliche Feuchtigkeitsabnahme der Granulate. Sie muß auf eine frei wählbare Granulatmenge bezogen sein. Üblicherweise wird als Bezugsgröße die spezifische Belegung der Anströmfläche, also die Granulatmasse pro Flächeneinheit der Anströmfläche, gewählt.

Die Trocknungsgeschwindigkeit ändert sich im Lauf der Trocknung. Im 1. Trocknungsabschnitt wird die Feuchte von der Oberfläche verdunstet. Hier ist die Trocknungsgeschwindigkeit konstant. Im 2. Trocknungsabschnitt verschiebt sich die Stelle, von der die Verdunstung ausgeht, ins Granulatinnere. Die Trocknungsgeschwindigkeit nimmt ab.

Für die sich nun anschließende Auslegung der Wirbelrinne ist die erforderliche Trocknungszeit $t_{Trock.}$ eines Granulates aus dem diskontinuierlichen Laborversuch bekannt. Aus Durchsatz und Trocknungszeit $t_{Trock.}$ kann der mindestens erforderliche Schichtinhalt der Wirbelrinne errechnet werden. Dabei wird unterstellt, daß die Rinne eine „ideale Kreuzstromrinne" ist, in der jedes Granulat die gleiche Verweilzeit hat. Im realen kontinuierlichen Apparat ist das jedoch nicht der Fall. Auch wenn die Granulate sich im Mittel entsprechend der ermittelten Trocknungszeit in der Rinne aufgehalten haben, werden einige den Apparat schneller und damit feuchter und andere später und dadurch trockener als beabsichtigt die Rinne verlassen. Das ist um so bedeutsamer, je weiter abgetrocknet werden muß. Bei der Auslegung geht es darum, möglichst allen Granulaten ausreichende Trocknungszeiten zur Verfügung zu stellen.

Die unterschiedlichen Verweilzeiten sind die Folge der von aufsteigenden Blasen verursachten Mischbewegungen quer zur Hauptbewegungsrichtung der Granulate. Die Mischbewegungen sind um so intensiver und damit die Verweilzeitverteilung um so breiter, je höher die Schicht ist. Auf die Frage, welche Anteile der eingespeisten Granulate die Rinne nach welcher Zeit verlassen, gibt eine Modellvorstellung Auskunft, die die Mischwirkung der Rinne durch eine Hintereinanderschaltung von ideal durchmischten Rührkesseln („Rührkesselkaskade“) beschreibt [267], [266]. Aus Verweilzeitmessungen kann dann geschlossen werden, wie vielen Rührkesseln die Abläufe in der Rinne entsprechen. Je mehr Rührkessel das Mischverhalten der Rinne repräsentieren, um so enger ist die Verweilzeitverteilung. Die Darstellung der Häufigkeitsverteilung der Verweilzeit zeigt für n = 16 Rührkessel, daß die ersten Granulate, einer zum gleichen Zeitpunkt in die Schicht eingetragenen Menge, bereits nach 40 % der mittleren Verweilzeit den Apparat verlassen, während sich die letzten Granulate über die zweifache mittlere Verweilzeit im Apparat aufhalten. Aus den Angaben zum Mischverhalten der Rinne ergeben sich Orientierungen für die günstige Gestaltung der Rinne. Dennoch sind Pilotversuche unerläßlich. Sie liefern die Basis für die Auslegung der Rinne.

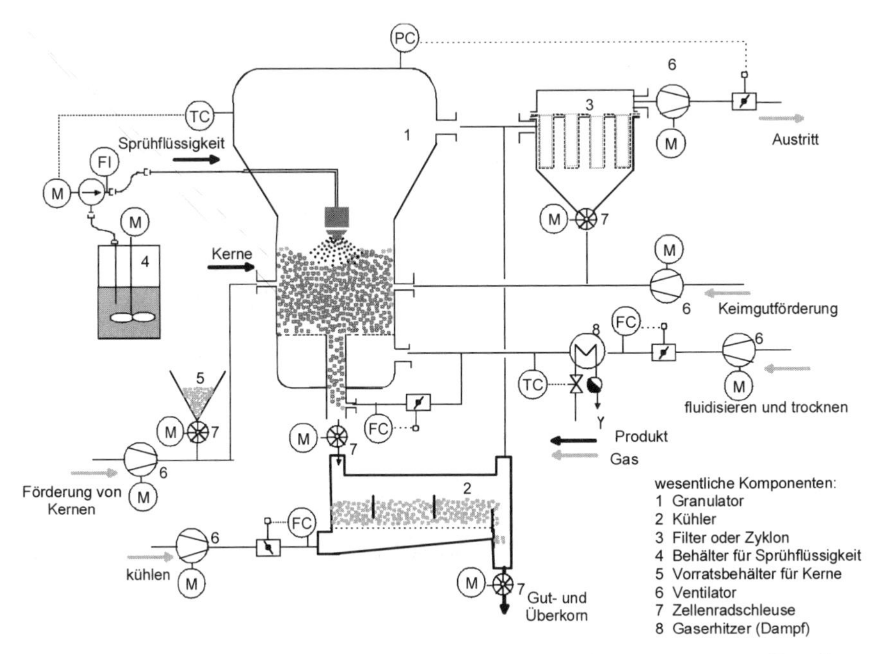

Bild 14-4 Verfahrensschema für das Kühlen der aus dem Granulator ausgetragenen Granulate

Der Trockner muß den Austrag des Granulators aufnehmen. Deshalb sind seine Ein- und Austragsorgane (zumeist Zellenradschleusen) mit einer konstanten Drehzahl auf den maximalen Durchsatz eingestellt. Durch Regelung fest vorgegeben sind Gasdurchsatz und -eintrittstemperatur. Die Austrittstemperatur ergibt sich. Das Abgas ist von mitgerissenem Feststoff zu reinigen (s. auch Bild 14-4).

Neben dem statischen Wirbelschicht-Trockner (Kühler) gibt es auch vibrierte Fließbetttrockner (-kühler), wie in Bild 14-5 dargestellt. Durch Vibration wird kinetische Energie in die Schicht eingetragen. Sie ermöglicht eine gleichmäßige Fluidisation schon bei geringer Gasgeschwindigkeit und verminderter Blasenbildung. Das Prinzip wird in der Regel zur Fluidisation von schwer fluidisierbaren

Gütern oder von Gütern mit einer breiten Korngrößenverteilung angewendet. Zur Nachbehandlung von Granulaten, die zumeist in enger Korngrößenverteilung den Granulator verlassen, sind sie interessant, wenn eine enge Verweilzeitverteilung für eine gleichmäßige Trocknung aller Granulate angestrebt wird. Das Ziel ist aber nur bei sorgfältiger Auslegung des Apparates zu erreichen, wie Heucke in einer Diplomarbeit gezeigt hat [87].

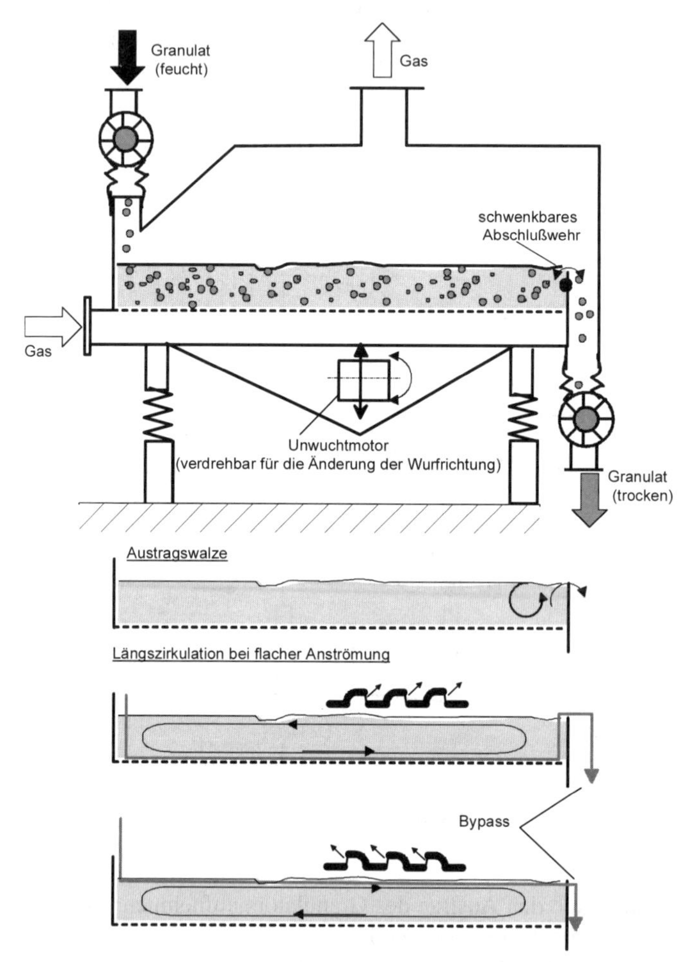

Bild 14-5 Aufbau eines Vibrationsfließbettes und der Einfluß der Apparategeometrie auf die Feststoffbewegung

Von Heucke wurde die Verweilzeitverteilung mit einem optischen Verfahren untersucht. Das Verfahren basiert auf der on-line-Zählung von markierten Partikeln im Feststoffstrom am Austritt des Apparates. Als „Tracer“ wurden mit einem fluoreszierenden Feststoff behandelte Trockengutpartikel verwendet. Gezählt wurde unter ultraviolettem Licht über Videokamera und angeschlossener Bildanalyse.

Es wurde beobachtet, daß die bodennahen Partikel durch Vibration verstärkt in Richtung Austrag transportiert werden. Dadurch entsteht am Austrag eine Querwalze, deren Ausdehnung mit fallendem Wurfwinkel sich vergrößert. Großräumige Zirkulationsbewegungen werden durch die Ausströmrichtung der Kiemenbleche erzeugt. Sind Wurf- und Ausströmrichtung identisch, verstärkt sich die Längszirkulation. Wird nun aber das Kiemenblech umgedreht, so daß die Ausströmung der Wurfrichtung entgegen gerichtet ist, ergibt eine Umkehrung der Längswalze mit der Folge, daß Produkt rasch im Bereich der Schichtoberfläche zum Austrag transportiert wird. Diese Zirkulationsbewegungen lassen sich vermeiden, wenn Antrieb und Fluidisation sorgfältig aufeinander abgestimmt werden. Bei größeren Ausströmwinkeln aus dem Kiemenblech traten diese Zirkulationsströmungen nicht auf. Es wurden enge Verweilzeitverteilungen (entsprechend 71 idealen Rührkesseln) festgestellt.

14.3 Umhüllen

14.3.1 Gründe für das Umhüllen

Für das Umhüllen (andere Bezeichnungen: „Lackieren“, „Coaten“, „Überziehen“ und „Beschichten“) von Partikeln gibt es eine ganze Reihe von Gründen. Beispielsweise

1. Verzögerung oder Steuerung der Freigabe des Wirkstoffes in der Pharmazie, in der Nahrungsmittelindustrie und bei Pflanzenschutzmitteln
2. Bewahrung des Wirkstoffes vor Inaktivierung durch Luftsauerstoff, Feuchtigkeit oder Licht
3. Verbesserung der Schüttguteigenschaften verklumpender oder abriebempfindlicher Produkte
4. Abschirmung toxischer Produkte
5. Färbung von Arzneien oder Lebensmitteln zur Unterscheidung oder zur Erhöhung der Akzeptanz

14.3.2 Qualitätsansprüche an die Umhüllung

Die Qualitätsansprüche hängen von dem Ziel ab, das mit der Umhüllung angestrebt wird. Bei der farblichen Markierung von Lebensmitteln durch Umhüllung können Löcher und Dickenschwankungen auf den einzelnen Partikeln und der Partikel untereinander toleriert werden. Dagegen ist zur Verzögerung oder zur Steuerung der Freigabe eine gleichmäßig dicke, lochfreie Umhüllung erforderlich.

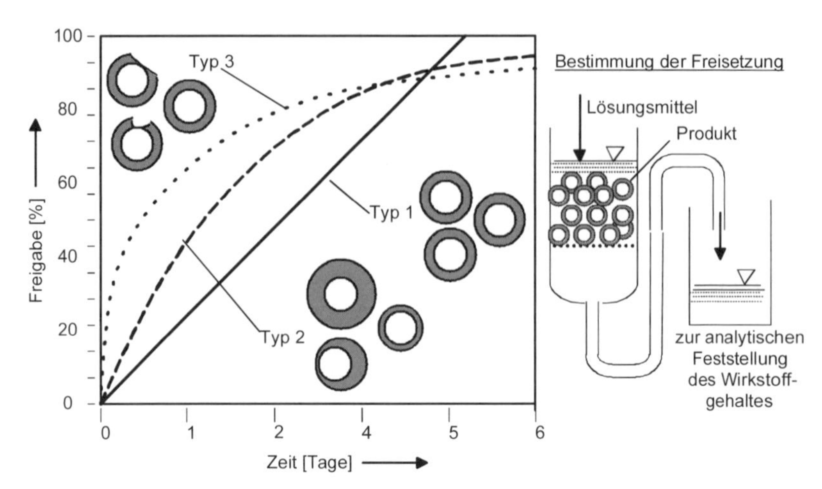

Bild 14-6 Verhaltenstypen umhüllter Partikel bei filmgesteuerter Freigabe des Wirkstoffes nach [111]

Die Freigabe kann, wie Bild 14-6 zeigt, experimentell bestimmt werden. Nach Kleinbach und Riede [111] sind die Umhüllungen folgendermaßen zu typisieren (s. auch Bild 14-6):

Typ 1: Dieser Typ verkörpert das ideale Umhüllen. Die Schichtdicke ist überall gleich. Sie ist nicht nur im Mittel und sondern auch lokal auf jedem Partikel und auch von Partikel zu Partikel gleich. Außerdem ist sie frei von Löchern. Die Freigabe des Wirkstoffes erfolgt linear mit der Zeit und wird durch die Schnelligkeit der Diffusion durch die umhüllende Membran bestimmt.

Typ 2: Die Umhüllung ist lochfrei, jedoch die lokale und mittlere Schichtdicke schwankt. Demzufolge verläuft die Freigabe nicht linear. Vielmehr schwächt sich die anfänglich stärkere Freigabe ab, weil die Partikel mit geringer Umhüllung den Wirkstoff rascher freisetzen als die dicker umhüllten.

Typ 3: Hierunter werden Umhüllungen verstanden, die nicht flächendeckend sind. Das hat anfänglich eine starke Freigabe an den nicht abgedeckten Stellen zur Folge. Danach folgt die Freigabe der des Typs 2.

14.3.3 Umhüllungsmaterialien

Umhüllt wird aus den in Kap. 14.3.1 dargestellten Gründen. Zu umhüllen sind Partikel aus unterschiedlichsten Substanzen mit sehr verschiedenen Hüllmaterialien. Hier kann daher nur ein kleiner Ausschnitt der viele Bereiche vom Nahrungsmittel, Pflanzenschutzmittel etc. bis zur Arznei dargestellt werden.

Bei der Auswahl des Umhüllungsmaterials steht das mit der Umhüllung angestrebte Ziel im Vordergrund. Beachtet werden müssen aber auch die Haftung zwischen Kern und Umhüllungsmaterial sowie mögliche physikalische oder chemische Wechselwirkungen zwischen beiden.

Allgemein bekannt ist die Umhüllung von Partikel mit Zucker bei Süßigkeiten. Mit Zucker werden auch Tabletten zu der als Dragee bekannten Arzneiform umhüllt. Die Umhüllung hat im wesentlichen eine geschmackliche Maskierung zum Ziel. Mit Polymeren werden hingegen Tabletten überzogen, wenn die Freisetzung im Körper oder die Haltbarkeit beeinflußt werden soll.

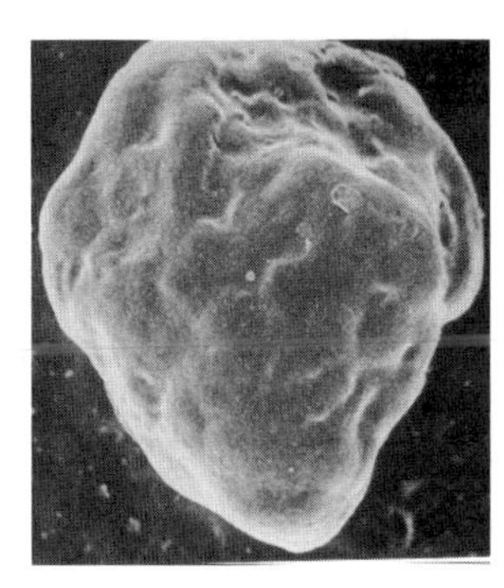

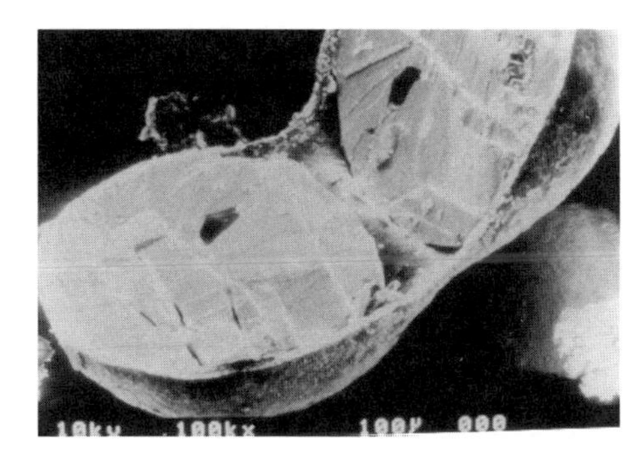

Bild 14-7 Oberfläche und gespaltenes polymerumhülltes Partikel (Glatt GmbH Binzen)

Die Polymere werden in Form von Lösungen oder Dispersionen so aufgetragen, daß sie anschließend als zusammenhängende, möglichst gleichmäßige Filmhülle zurückbleiben (s. Bild 14-7). Damit sich auch aus Dispersionen Filme bilden, müssen die Polymer-Partikel während der Trocknung so zusammenrücken, daß bei weiterem Wasserverlust Kapillarkräfte zu einer Koaleszenz der Polymer-Partikel führen. Vorausetzung ist, daß die Polymer-Partikel dazu ausreichend weich und fließfähig sind. Das ist oberhalb der Mindestfilmtemperatur (MFT) gegeben.

Weichmacher werden nicht nur dazu eingesetzt, die Haftfähigkeit und Elastizität der Filme zu erhöhen. Sie senken auch die MFT. Wenn allerdings der Weichmacher bei der Lagerung in das umhüllte Partikel diffundiert, ist mit einem Nachhärten und schließlich mit einer Freigabeverzögerung zu rechnen [333]. Daneben ist es auch möglich, aus einer Polymerdispersion über eine Emulsionspolymerisation Filme herzustellen.

Polymere, die nur in organischen Lösungsmittel zu lösen sind, sind kaum zu umgehen, wenn die zu umhüllende Substanz hydrolyseempfindlich ist. Ausnahmen bilden Polymere, die sowohl in organischen Lösungsmitteln als auch in Wasser zu lösen sind (beispielsweise Hydroxypropylcellulose oder Hydroxymethylcellulose). In Gegenwart von Feuchtigkeit verschließen sie durch Quellen Poren, während sie sich in Wasser rasch auflösen.

Generell muß beachtet werden, daß nur Partikel mit höherer Abriebfestigkeit mit störstellenfreien Filmen überzogen werden können [333].

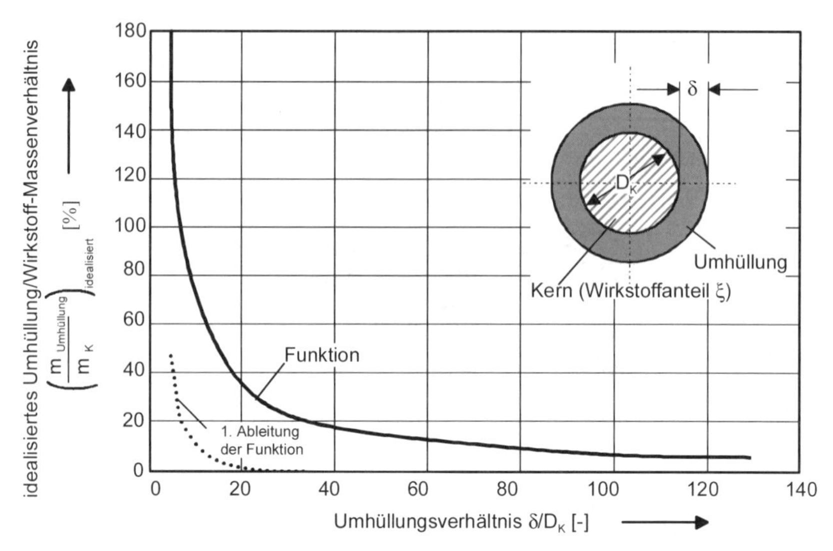

Bild 14-8 Idealisiertes Umhüllung/Wirkstoff-Verhältnis in Abhängigkeit vom Umhüllungsverhältnis (berechnet nach Gl. 14-2).

14.3.4 Umhüllung/Wirkstoff-Verhältnis

In der Pharmazie sind Umhüllungsdicken von 0,2 - 0,5 mm bei Dragees und 0,05 - 0,3 mm bei Filmtabletten üblich [20]. Das ergibt Massenverhältnisse von Umhüllung zu Kern zwischen 50 – 150 % bei Dragees und 5 – 15 % bei Filmtabletten.

Wenn die als ausreichende Diffusionsbarriere erforderliche Dicke der aufzubringenden Umhüllung bekannt ist, wird nach der Partikelgröße gefragt, bei der das Umhüllung / Wirkstoff-Verhältnis (verglichen werden die Massen) möglichst klein ist. Die unmittelbare Antwort ist, daß das Verhältnis natürlich um so kleiner ist, je größer die Partikel sind. Dem steht entgegen, daß für die meisten Anwendungen kleinere Partikel, etwa in einem Durchmesserbereich von 200 – 600 μm mittlerer Größe, gefordert werden. Bild 14-8 zeigt für monodisperse Partikel ein idealsiertes Umhüllung / Wirkstoff-Verhältnis in Abhängigkeit vom Umhüllungsverhältnis (das ist der Quotient Schichtdicke durch Kerndurchmesser). Unter der Idealisierung des Verhältnisses der Massen von Umhüllungsmaterial zu Wirkstoff wird die Annahme verstanden, daß das Umhüllungsmaterial und der Wirkstoff aus dem gleichen Stoff bestehen. Ist das nicht der Fall, muß das Verhältnis um den Wirkstoffanteil im Kern und um das Verhältnis der Dichten von beider Stoffe korrigiert werden, wie aus Gl. (14-1) hervorgeht.

Aus dem Verlauf der idealisierten Funktion und ihrer ersten Ableitung ist zu sehen, daß oberhalb eines Umhüllungsverhältnisses von 20 das Umhüllung / Wirkstoff-Verhältnis nicht mehr nennenswert verringert werden kann. Zu einer

Schichtdicke von beispielsweise 16 µm gehört also ein Kerndurchmesser von etwa 300 µm, wenn ein günstiges Umhüllung / Wirkstoff-Verhältnis angestrebt wird.

Der Kurve liegt ein einfacher Vergleich der Massen von Kernwirkstoff (mit dem Wirkstoffanteil an der Kernmasse ζ) und Umhüllung zugrunde:

$$\frac{m_{Umhüllung}}{m_K} = \frac{\left[(D_K + 2 \cdot \delta)^3 - D_K^3\right] \cdot \frac{\pi}{6} \cdot \rho_{Umhüllung}}{D_K^3 \cdot \frac{\pi}{6} \cdot \zeta}$$

$$= \frac{\rho_{Umhüllung}}{\rho_K \cdot \zeta} \cdot \left(\frac{m_{Umhüllung}}{m_K}\right)_{idealisiert} \qquad \text{Gl.(14-1)}$$

In dieser Gleichung steht

$$\left(\frac{m_{Umhüllung}}{m_K}\right)_{idealisiert} = \left(1 + \frac{2 \cdot \delta}{D_K}\right)^3 - 1 \qquad \text{Gl.(14-2)}$$

für das idealisierte Umhüllung / Wirkstoff-Massenverhältnis. Der einfache Vergleich bestätigt, daß ein günstigstes Umhüllung / Wirkstoff-Verhältnis ohne Berücksichtigung der Dichten und des Wirkstoffanteiles im Kern gefunden werden kann.

14.3.5 Wege zu einer gleichmäßig dicken, dichten Umhüllung

Das Umhüllen in der Wirbelschicht ist mit dem Grundprinzip der Wirbelschicht-Sprühgranulation identisch. Auch hier ist auf Partikel lagenweise Produkt aufzutragen. Für die Umhüllung kommt jedoch noch der zusätzliche Anspruch hinzu, mit dem aufzutragenden Produkt eine gleichmäßig dicke, dichte Schicht zu bilden. Das erfordert besondere Vorkehrungen, die den Beschichtungsvorgang vergleichmäßigen.

Die Tropfen müssen so fein sein, daß sie sich durch Spreiten zu einer gleichmäßigen Bedeckung der besprühten Oberfläche formieren. Das wird durch die Maßnahmen unterstützt, die bei der Wirbelschicht-Sprühgranulation zu runden, glatten Partikeln führen (s. Kap. 4.7.3.7.2). In erster Linie ist das eine starke Verdünnung der Sprühflüssigkeit zur Erzielung guter Spreitungseigenschaften. Bei einer starken Verdünnung besteht aber andererseits die Gefahr, daß das zu umhüllende Kernmaterial angelöst wird, die Hüllschicht durchsetzt und inhomogen macht.

Wie in Bild 14-9 dargestellt, muß für den Umhüllungsvorgang in 2 Zonen unterschieden werden, nämlich in die Sprühzone um die Düsen und die Trocknungszone in den düsenferneren Bereichen der Wirbelschicht. Beide Zonen seien jeweils gut durchmischt. Dennoch ist die aufgetragene Hüllmasse nicht bei jeder Durchquerung des Sprühstrahles gleich, denn einerseits ist die Tropfendichte im Sprühstrahl nicht homogen verteilt und andererseits ist die Verweilzeit im Sprühstrahl unterschiedlich. Eine gleichmäßigere Umhüllung ergibt sich, wenn die

Tropfendichte durch Düsen mit einem großen Öffnungswinkel des Sprühkegels verringert wird.

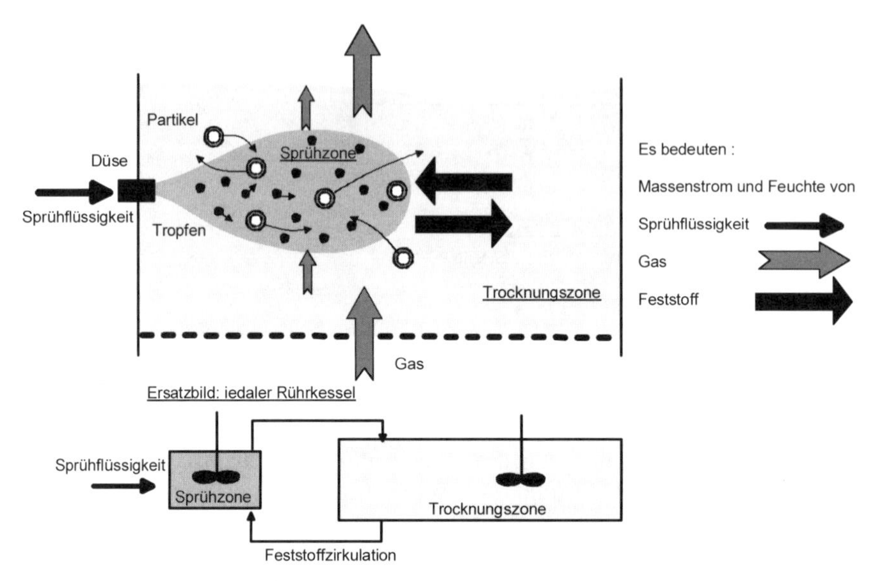

Bild 14-9 Zonen des Besprühens und Trocknens der Partikel beim Umhüllen [111]

Ist die Verweilzeit in der Sprühzone klein und die Verweilzeitverteilung eng, ist die Gefahr, daß sich Inhomogenitäten durch ein Anlösen des zu umhüllenden Kernmaterials bilden, gering. Eine intensive, definierte Feststoffzirkulation zwischen den Zonen ohne Totzonen und Kurzschlüsse sorgt für gleichmäßiges Besprühen und Trocknen. Die Zahl der Durchquerungen darf bei hohen Ansprüchen an die Uniformität der Umhüllung nicht zufällig sein. Es muß vielmehr durch Einbauten für einen definierten Umlauf der Partikel gesorgt werden.

14.3.6 Geräte für das Umhüllen

Es sind zahlreiche Umhüllungsverfahren bekannt. In der folgenden Darstellung werden die Geräte nach der Art unterschieden, in der die Partikel für die Umhüllung bewegt werden. Unterschieden wird in mechanisch erzeugte Partikelbewegungen und in Wirbelschichtverfahren. Im Mittelpunkt stehen die Wirbelschichtverfahren. Geräte mit mechanisch hervorgerufenen Partikelbewegungen werden nur der Vollständigkeit halber erwähnt.

Die Feststoffbewegung in rotierenden Trommeln sind in Bild 14-10 oben links zu erkennen. Die Partikel werden von der Trommelwand mitgenommen. Sie steigen auf. Schließlich lösen sie sich von der Trommelwand und rutschen ab. Im Zentrum dieser Partikellinse ergibt sich eine bewegungsarme Zone, die sowohl für

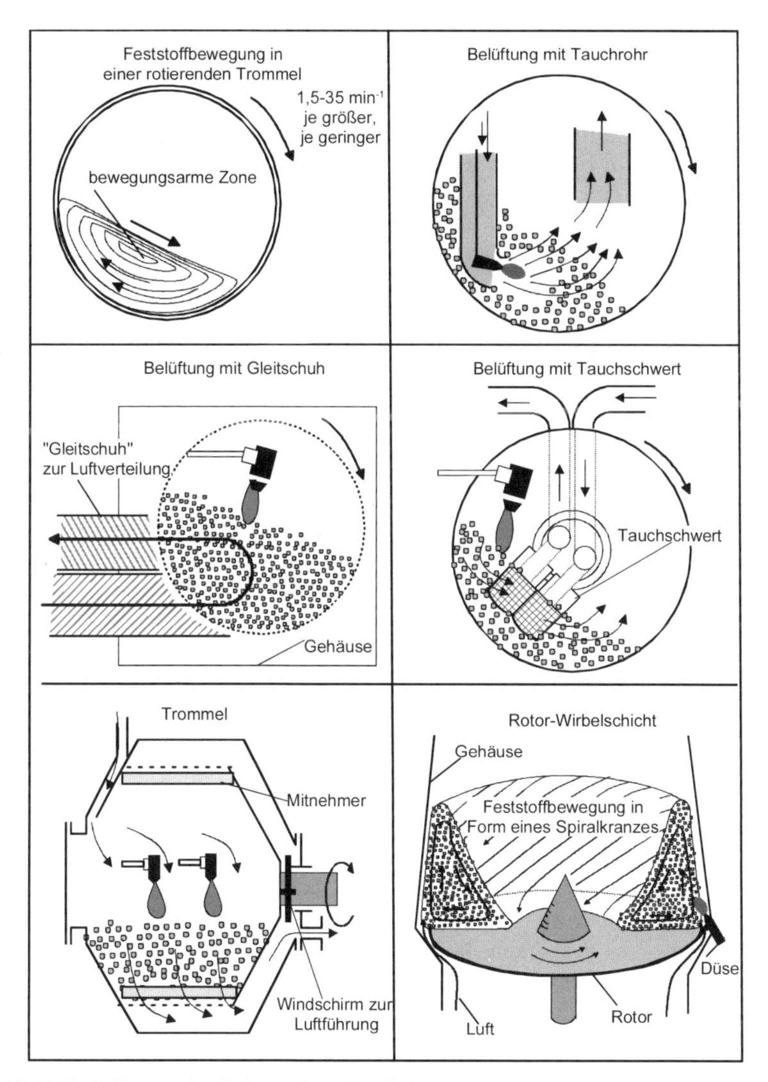

Bild 14-10 Umhüllen mechanisch gerührter Partikel

das Umhüllen als auch für das Trocknen ungünstig ist. Aus diesem Grunde sind Trommeln entstanden, in denen die rein durch Schwer- und Zentrifugalkräfte bestimmte Partikelbewegung durch Rührarme, Rührpaddeln, Mitnehmer und Umlenkschikanen unterstützt wird. Die Partikel werden dadurch besser durchmischt, so daß sich das eingesprühte Hüllmaterial rasch verteilt. (Die Besprühung erfolgt gemäß Bild 14-11 über mehrere Düsen). Dennoch erfolgt die Verfestigung vergleichsweise langsam. Aus diesem Grunde sind diese Geräte zur Umhüllung mit Zucker oder zuckerhaltigen Produkten geeignet [19]. Durch das Einblasen und Absaugen von Trocknungsluft bis zur völligen Durchlüftung der Schicht wird die

Verfestigungsgeschwindigkeit gesteigert. Das kann auch für das Umhüllen mit Polymerfilmen aus wäßrigen Formulierungen genutzt werden. Formulierungen in organischen Lösungsmitteln werden in Vakuum-Anlagen verarbeitet. Die Geräte werden für Chargengrößen von 0,6 bis 2000 kg angeboten [20].

Bei dem in Bild 14-10 unten rechts dargestellten Rotor-Wirbelschicht-Gerät wird der Feststoff durch Rotation und Luftströmung bewegt. Der Rotor dreht sich waagerecht in einem Gehäuse. Durch den Spalt zwischen Rotor und Gehäuse wird Luft in die Partikelschüttung geleitet. Der Spalt ist durch Heben und Senken des Rotors veränderlich. Das zu umhüllende Gut bewegt sich in Form eines Spiralkranzes. Es ist üblich, in das Gut wie dargestellt tangential von unten einzusprühen. Es gibt aber auch Geräte, in die von oben auf die Partikel gesprüht wird [20].

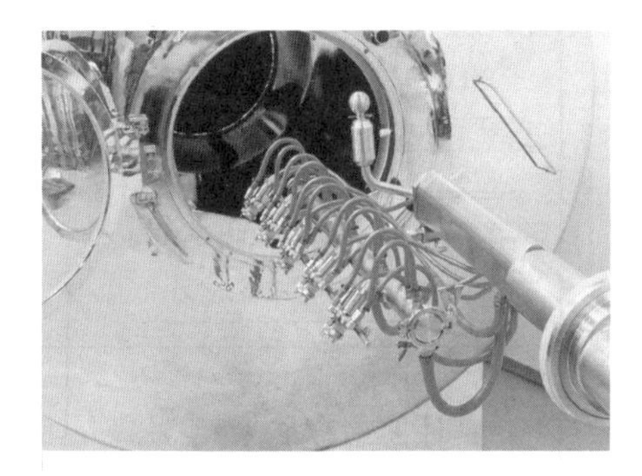

Bild 14-11 Trommelcoater (Glatt GmbH Binzen). Links Gesamtansicht, rechts ausgefahrener Düsenstock.

Weil sich die durch die Fluidisation auftretenden Scherkräfte günstig auf den Umhüllungsvorgang auswirken, sind Wirbelschichten für das Umhüllen von feineren Granulaten besonders geeignet [19]. Von den Wirbelschichtverfahren sind die in Bild 14-12 dargestellten Methoden von größerer technischer Bedeutung. Die Umhüllung erfolgt zumeist diskontinuierlich, weil bei dieser Betriebsweise alle Partikel die gleiche mittlere Verweilzeit im Apparat haben. Es sind Geräte für Chargengrößen zwischen 5 und 500 kg auf dem Markt [20].

In den Geräten wird eine starke und definierte Partikelzirkulation in der Schicht angestrebt, so daß alle Partikel möglichst kurz aber auch gleich lange in der Sprühzone verweilen. Für die Partikelbewegung zwischen Sprüh- und Trocknungszone sorgen entweder eine unterschiedliche Perforation des Gasverteilers, eine unterschiedliche Perforation des Gasverteilers in Kombination mit einem Wurster-Rohr [P42] oder eine konische Apparateform. Die unterschiedliche Perforation hat eine unterschiedliche Fluidisation und damit vertikale Partikelbewegungen zur Folge. Diese Bewegungen werden durch das Wurster-Rohr, das Kurzschlüsse zwischen den beiden Zonen verhindert, intensiviert (s. auch Kap. 8, Kap. 9 und Kap. 10). Die Partikel bewegen sich im Steigrohr durch den Sprühstrahl der Düse nach oben und fallen in dem Bereich zwischen Steigrohr und Außenwand wieder nach unten. Die Bewegungen sind nicht zufallsbedingt. Der Bereich außerhalb des Steigrohres ist der Trocknung und Speicherung für den Umhüllungsvorgang vorbehalten.

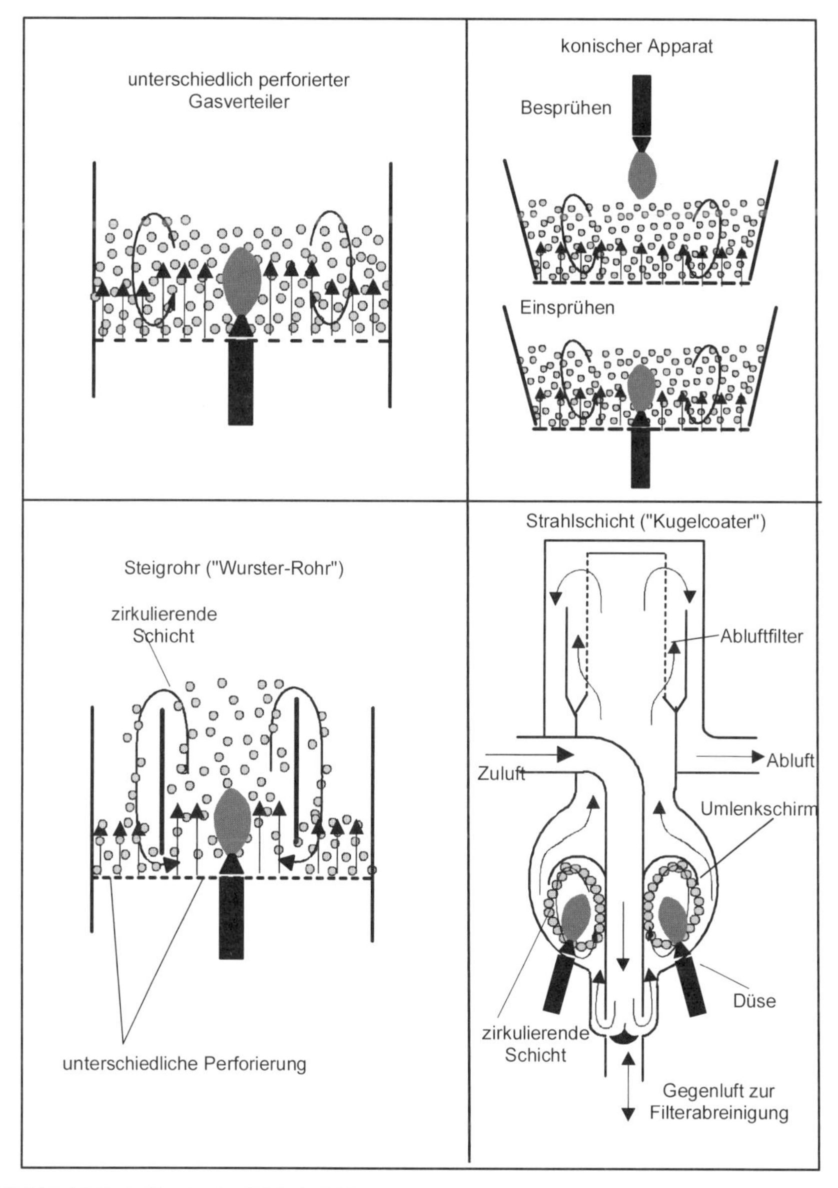

Bild 14-12 Umhüllen in der Wirbelschicht

Soweit technisch möglich, wird die Wirbelschicht auch von oben besprüht. Über den Einfluß der Sprührichtung auf das Umhüllungsergebnis sind leider keine Untersuchungen bekannt.

Im sogenannten „Kugelcoater“ (nach Hüttlin, s. [19] und [20]) wird durch eine geschickte Führung des Gases eine Strahlschicht erzwungen. In dieser Schicht bewegen sich die Partikel eindeutig und homogen. Die Düsen sind tangential verteilt (s. Patent [P12]).

14.3.7 Einflüsse auf die Umhüllungsqualität

14.3.7.1 Mischung von Hüll- und Kernmaterial

Kleinbach und Riede [111] haben den Einfluß der Feststoffbewegung auf die Qualität der Umhüllung in Apparaten mit einem Durchmesser von rund 140 mm experimentell untersucht. Variiert wurden die Fluidisiergeschwindigkeit und die Apparategeometrie. In Bild 14-13 sind die Ergebnisse wiedergegeben.

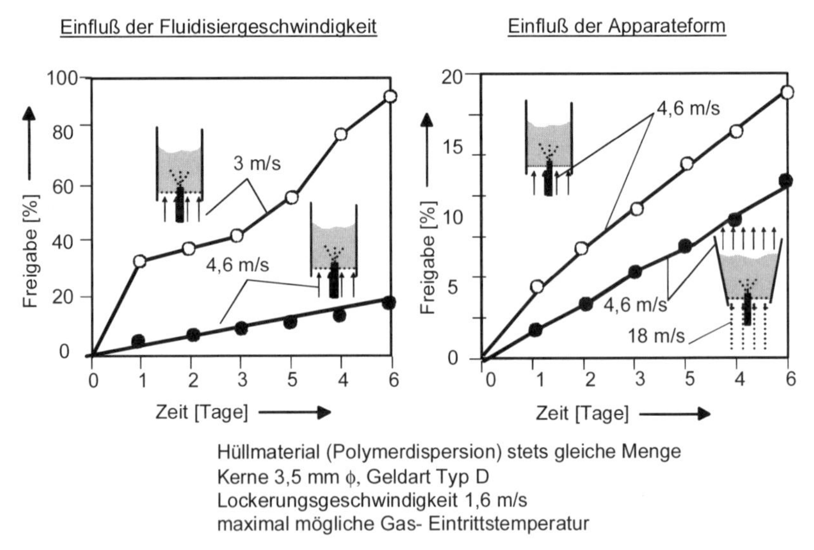

Bild 14-13 Einfluß von Fluidisiergeschwindigkeit und Apparateform auf die Freigabe umhüllter Partikel anhand eines Auftrages, der auch das Kernmaterial anlöst [111]

Die 6 Tage-Freigaben zeigen den große Einfluß der variierten Parameter. Gefunden wurden Werte zwischen 90 und 12,5 %. Dabei sei daran erinnert, daß in Richtung fallender Freigaben die Umhüllungsqualität steigt.

Die Senkung der 6 Tage-Freigaben ist das Ergebnis einer verringerten Verweilzeit in der Sprühzone. Dies wurde erreicht über eine erhöhte Fluidisiergeschwindigkeit durch verstärkte Luftzufuhr oder durch geometrische Veränderungen. Rasterelektronenmikroskopische Aufnahmen lieferten einen Beleg dieser These. In der schlechtesten Umhüllung wurden deutliche Einschlüsse des Kernmaterials gefunden. Die Autoren deuten die Einschlüsse als die Folge eines Anlösens des Kernes in der Sprühzone und anschließendes Rekristallisieren während des Trocknens. Dieses Anlösen ist natürlich um so geringer, je kürzer die Verweilzeit in der Sprühzone ist.

14.3.7.2 Gleichmäßigkeit des Auftrages

Der Auftrag wird bestimmt durch die pro Durchquerung des Sprühstrahles aufgetragene Hüllmasse multipliziert mit der Zahl der Durchquerungen. Beide Größen variieren statistisch. Die Varianzen von Auftragsmenge pro Durchquerung und Zahl der Durchquerungen während des Umhüllungsvorganges addieren sich. Dies ist von Blank [28] für die Lackierung von Tabletten mit Wirbelschichtverfahren sorgfältig untersucht worden. Dabei wurde die Auftragsmenge anhand von Häufigkeitsverteilungen der lackierten und unlackierten Tabletten bestimmt. Diese Methode ist den in Form und Gewicht gut definierten Tabletten vorbehalten. Bei Granulaten müßten andere Methoden angewendet werden (s. [28]).

Die Varianz der bei einer einzelnen Durchquerung des Sprühstrahles aufgetragene Hüllmasse ergibt sich einerseits durch die inhomogene Tropfendichte und andererseits durch die unterschiedliche Verweilzeit im Sprühstrahl. Erst bei vielfacher Durchquerung (aus [28] etwa nach 50 Durchquerungen) kommt es zu einer normalverteilten Umhüllungsmasse auf den Partikeln.

Blank hat eine Tracer-Tablette durch das Einsetzen eines Metallspanes geschaffen. Durch diesen Einsatz wurden weder Form noch Gewicht (in diesem Fall mittleres Gewicht) der Tablette verändert. Der Umlauf dieser Tablette wurde durch einen ringförmig das Steigrohr umschließenden Metalldetektor gemessen (Umlaufzeit und –zahl). Dabei wurde keine Flüssigkeit verdüst. Die Zerstäubungsluftzufuhr war allerdings auf übliche Werte eingestellt.

Festgestellt wurde, daß die Umlaufzeit nach etwa 20 Umläufen normalverteilt sind. Es wurden verschiedene Bauarten untersucht (Niro-Aeromatic MP1, Glatt GPCG 3) und dabei mittlere Umlaufzeiten von 2,4 bis 5 s (entsprechend 1500 bis 720 Besprühungen pro Stunde) je nach Gerät und Steigrohrlänge gemessen.

Insgesamt wurde von Blank gefunden, daß die Standardabweichung der aufgetragenen Lackmenge mit zunehmender Auftragsmenge nach einer Potenzfunktion mit dem Exponenten –0,7 abnimmt. Anhand der gemessenen Verteilung der Umlaufzeiten ist zu erkennen, daß die Unterschiede im Auftrag nicht durch Unterschiede in den Umlaufzeiten sondern durch Unterschiede in der pro Durchquerung der Sprühzone aufgetragenen Masse maßgeblich bestimmt sind. Damit ist insbesondere hier anzusetzen, wenn der Auftrag vergleichmäßigt werden soll. Mit der Verringerung der Sprührate wurde die Standardabweichung der Lackauftragsmenge nicht verringert, obwohl die Umlaufzahl zunimmt. Der Grund ist eine Verbreiterung der Verteilung in der pro Durchqueren aufgetragenen Lackmenge.

Zwischen pulsierenden Zufuhr der Sprühflüssigkeit mit einer Schlauchpumpe und einem konstanten Zufluß ergab sich kein Unterschied.

14.3.8 Maximale Sprührate

An einem konischen Apparat mit einem Durchmesser von rund 600 mm haben Kleinbach und Riede [111] das Betriebsverhalten der Schicht in Abhängigkeit von der Sprührate untersucht. Die Ergebnisse zeigt Bild 14-14. Zu jeder Schichttemperatur gehört eine maximale Sprührate. Wird diese Sprührate (im Bild gekennzeichnet durch die relative Feuchte der Luft am Austritt) überschritten, bricht die Fluidisation der Schicht durch das Verkleben der Partikel zusammen. Das Verkleben beginnt an der Wand und setzt sich in Richtung Zentrum fort. Die hohe Strömungsgeschwindigkeit im Sprühstrahl verhindert dagegen ein Verkleben im Zentrum.

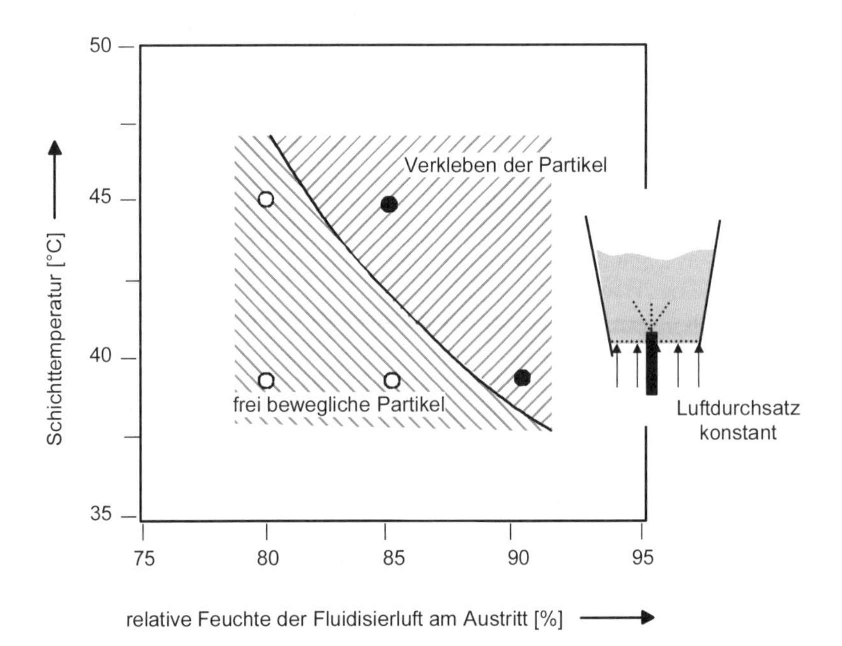

Bild 14-14 Verklebungsverhalten einer konischen Wirbelschicht [111]

14.3.9 Versuchseinrichtungen

Für die Umhüllung kleiner Mustermengen und für die Entwicklung von Verfahrenskonzepten haben die Apparatehersteller Laborapparaturen entwickelt, die beim Hersteller genutzt, gemietet oder gekauft werden können. Bild 14-15 zeigt ein solches, transportables Gerät für Umhüllungen nach dem Wurster-Prinzip. Es ist für die Reinheitsansprüche der Pharmaindustrie konzipiert. Es umfaßt sämtliche Einrichtungen zur Messung, Regelung und Dokumentation.

Bild 14-15 Transportables Laborgerät für Umhüllungen nach dem Wurster-Prinzip für Versuche und zur Erzeugung von Mustermengen (Bauart GPCG, Glatt GmbH Binzen)

15 Konzipierung von Produktionsverfahren

15.1 Allgemeines

Ausgangspunkt bei der Konzipierung eines Produktionsverfahrens ist der Wunsch nach Herstellung eines gekörntes Produktes mit speziellen Eigenschaften. Daraus folgt die Aufgabe, entweder ein vorhandenes Körnungsverfahren optimal einzusetzen oder ein neues Verfahren zu konzipieren. Zunächst bieten sich zahlreiche Varianten für diese Aufgabe an. Die Auswahl aus diesem breiten Angebot muß schrittweise erfolgen. Mit jedem Schritt wird die Zahl der Varianten verringert, bis schließlich das geeignete Herstellverfahren und das mit ihm zu realisierende Profil applikatorischer Eigenschaften übrig bleiben. Diese Ist-Eigenschaften, wie auch die Ist-Randbedingungen müssen mit den Vorgaben weitgehend übereinstimmen.

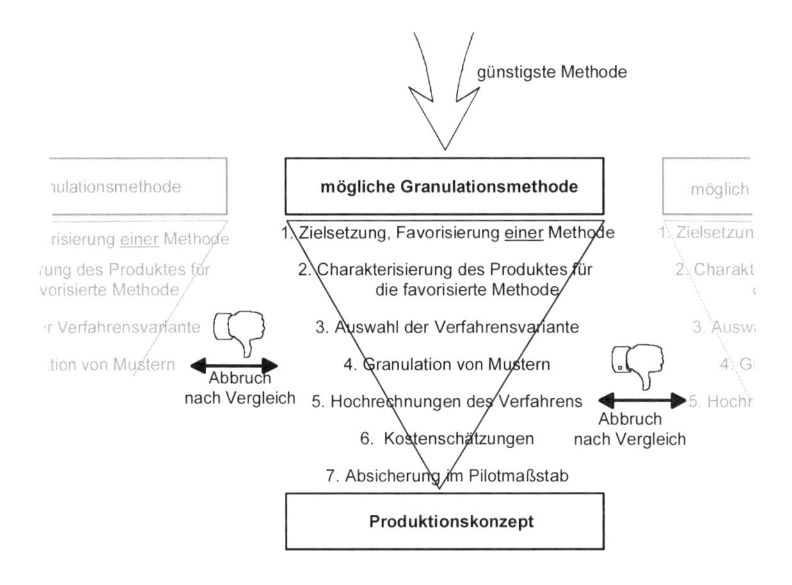

Bild 15-1 Vorgehen bei Auswahl der günstigsten Methode und Festlegung des Produktionskonzeptes

Die dabei anzuwendende Strategie wird intuitiv tagtäglich angewendet. Für die Auswahl von Trocknern ist ein strukturiertes und damit auch reproduzierbares Vorgehen von Schultz und Hilligardt beschrieben [314]. Im folgenden wird dieses Vorgehen sinngemäß bei der Wirbelschicht-Sprühgranulation angewendet. Bild 15-1 zeigt das Vorgehen bei der Festlegung des Produktionskonzeptes.

Im ersten Schritt müssen die Ziele und Randbedingungen festgelegt werden. Dazu gehört eine grobe Charakterisierung des Produktes. Anhand dieser Festlegungen wird die Granulationsmethode ausgewählt. Das erfordert ein breites Expertenwissen und Vorurteilslosigkeit. Der Rat der auf einzelne Verfahren spezialisierten Apparatehersteller ist notwendig, aber nur dann hinreichend, wenn durch Befragung mehrerer Hersteller das Spektrum sinnvoller Alternativen abgedeckt wird. In einigen Fällen kann es sinnvoll sein, die Entscheidung für ein Verfahren in dieser Phase noch nicht zu treffen. Dann sind die aussichtsreichen Varianten parallel zunächst so weit zu untersuchen bis eine Entscheidung möglich ist.

Zur Untersuchung der Eignung der Wirbelschicht-Sprühgranulation muß das Produkt für diesen Prozeß eingehend charakterisiert werden. Darunter ist die Beschreibung der für die Granulation wichtigen Eigenschaften zur Versprühung, zur Granulatbildung und zur Sicherheit zu verstehen. Diese Daten sind zusammenzutragen oder zu ermitteln. Außerdem ist aus dem Anforderungsprofil applikatorischer Eigenschaften das entsprechende Anforderungsprofil der Zustandseigenschaften zu entwickeln.

Im nächsten Schritt ist entweder die Frage zu beantworten: Ist ein bereits vorhandener Granulator einsetzbar? Oder die Frage lautet: Welche Variante der Wirbelschicht-Sprühgranulation ist am besten geeignet? Von der umfassenderen, letzten Fragestellung gehen die folgenden detaillierten Erläuterungen aus.

Danach sind die Mustergranulationen im Labormaßstab durchzuführen. Da die beiden wesentlichen Varianten des Verfahrens nur beim Apparatehersteller (Glatt Ingenieurtechnik GmbH, Weimar) verfügbar sind, müssen die Versuche dort oder mit Mietgeräten anderenorts durchgeführt werden. Die Mustergranulate sind dann anwendungstechnisch zu beurteilen.

Die im Labormaßstab gewonnenen Erkenntnisse sind anschließend auf den Produktionsmaßstab hochzurechnen. Die Hochrechnung soll die Größe des Produktionsapparates, Energieverbräuche und schließlich auch Kosten liefern.

Erst nach Überprüfung im Pilotmaßstab ist das Produktionskonzept abgesichert. Mit dem anschließenden Basic Engineering können Bestellung und Bau der Granulationsanlage beginnen.

15.2 Zielsetzung, Favorisierung von Verfahren

Ziele und Randbedingungen für das Granulationsverfahren sind beispielhaft in Bild 15-2 dargestellt. Klare Abgrenzungen der Wirbelschicht-Sprühgranulation gegenüber anderen Granulationsmethoden ergeben sich durch den Ausgangszustand des Produktes. Wenn das zu granulierende Produkt in fester Form vorliegt und keine gesteigerten Ansprüche an die Qualität der Granulate gestellt werden, sind zunächst natürlich die Agglomerationsverfahren zu prüfen. Sie sind in aller Regel billiger als die Wirbelschicht-Sprühgranulation. Ist das Produkt als Suspension, Lösung oder auch als Schmelze flüssig, kommen nur noch wenige Methoden in Betracht (s. Kap. 2.4).

Bei Schmelzen sind Pastilliereinrichtungen bestens eingeführt. Sie führen zu geringen Fertigungskosten. Wenn die Schüttguteigenschaften akzeptabel sind (wegen der Pastillenform der Partikel ist ihre Fließfähigkeit eingeschränkt), wird diese Technologie allen anderen Verfahren überlegen sein. Ist eine Lösung vor ihrer Verfestigung zu reinigen, dann kommt nur ein Kristaller in Frage.

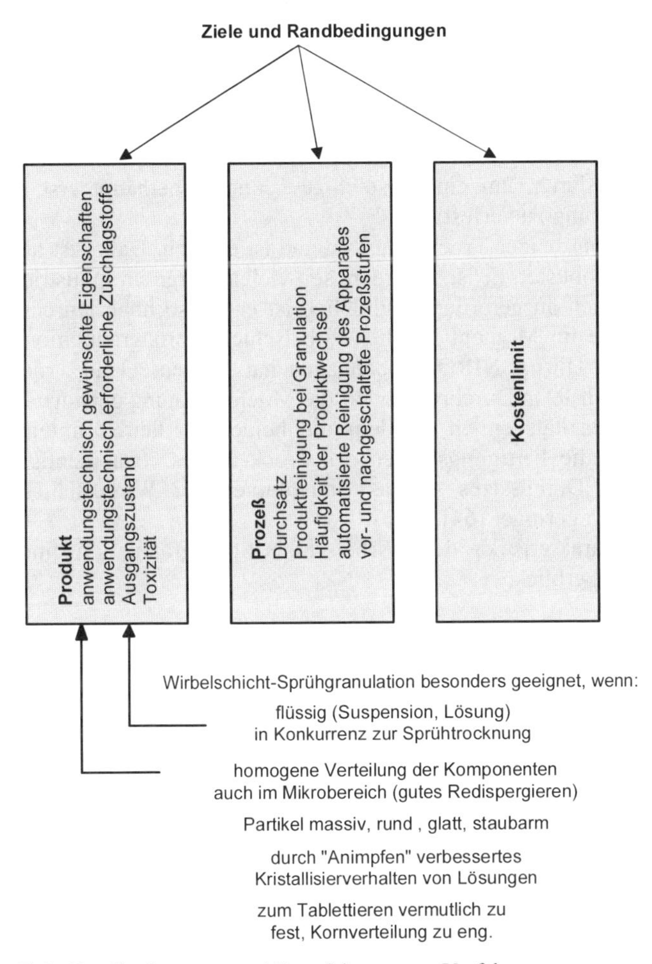

Bild 15-2 Ziele, Randbedingungen und Favorisierung von Verfahren

In allen anderen Fällen bieten sich Sprühtrocknung und Wirbelschicht-Sprühgranulation an. Die Wirbelschicht-Sprühgranulation liefert im Gegensatz zur Sprühtrocknung kompakte Partikel mit einstellbarer mittlerer Korngröße. Die Partikel sind bis zu einem Durchmesser von etwa 20 mm zu erzeugen. Sie sind damit deutlich größer als bei der Sprühtrocknung (Sprühtrocknung: mittlere Korngröße < 100 bis 250 µm). Allgemein sind Granulate den durch Sprühtrocknung erzeugten Partikel durch eine bessere Fließfähigkeit, durch eine höhere Festigkeit und Staubarmut sowie durch eine etwa dreimal so große Schüttdichte [64] überlegen. Im Gegensatz zu sprühgetrockneten Partikeln, bei denen sich durch Migrationsvorgänge die löslichen Anteile in den Außenzonen konzentrieren (s. Kap. 2.4), sind in den durch Wirbelschicht-Sprühgranulation erzeugten Partikel alle Komponenten auch im Mikrobereich gleichmäßig verteilt. Der homogene Aufbau der Granulate verbessert ihr Redispergierverhalten. So treten Verklumpungen beim Anlösen der Granulate nicht auf. Große Granulaten, mit geringerer äußerer Oberfläche, redipergieren allerdings schlechter als durch Sprühtrocknung erzeugtes Trockengut.

Bekanntlich kristallisieren Lösungen auf artgleichem Feststoff vielfach deutlich schneller. Das ist ein großer Vorteil der Wirbelschicht-Sprühgranulation. Zitronensäure ist dadurch, um ein Beispiel zu nennen, überhaupt erst durch formgebende Trocknung zu verfestigen.

Die Bedienung beider Trocknungssysteme ist einfach. Dabei ist allerdings der Sprühtrockner robuster. Er ist außerdem seit vielen Jahren im industriellen Einsatz und dadurch auch ausgereifter. Schließlich ist er für so hohe Durchsätze gebaut worden, wie sie im Moment für die Wirbelschicht-Sprühgranulation noch nicht vorstellbar sind (Firma NIRO, Kopenhagen hat in Neuseeland Trockner in der FSD-Version mit 19 m Durchmesser für die Milchtrocknung gebaut).

In dem Kapazitätsbereich, in dem die beiden Verfahren miteinander konkurrieren, sind die Fertigungskosten des Trockengutes etwa identisch. Bei Anlagen gleichen Durchsatzes ist das Bauvolumen der Wirbelschicht-Sprühgranulation deutlich geringer [64], [347].

Weitere Charakteristika der Wirbelschicht-Sprühgranulation finden sich in Kap. 16.1 als Überblick.

15.3 Produktcharakterisierung

In diesem Schritt wird die Granulation vorbereitet, wie Bild 15-3 zeigt (außerdem s. hierzu Kap. 5).

Mit dem Ziel, möglichst wenig Lösungsmittel verdunsten zu müssen, werden die rheologischen Eigenschaften der Sprühflüssigkeit untersucht und wenn möglich durch Erwärmung oder den Zusatz von Hilfsstoffen verbessert. Es wird eine Viskosität von < 100 mPa · s angestrebt.

Auf der Koflerbank (s. Kap. 5.1.2.1), die bekanntlich eine über ihre Länge linear veränderliche Oberflächentemperatur hat, ist der Temperatureinfluß auf die aufgestrichene Sprühflüssigkeit zu erkennen (Kleben, Erweichen, Produktschädigung etc). Aus der Bildung von Krusten kann auf den für die Granulaton günstigen Temperaturbereich geschlossen werden.

Das, was auf der Koflerbank wegen der Veränderlichkeit der Temperatur nur in einem kleinen Bereich zu erkennen ist, ist auf einer Heizplatte (s. Kap. 5.1.2.2), genauer zu untersuchen. Die Heizplatte wird dazu auf die als günstig erkannte Temperatur aufgeheizt. Für die Granulation sind die Schichtemperatur oder auch die Abgastemperatur und für die Anbackungsgefahr die Gaseintrittstemperatur bedeutsam. Durch lagenweises Aufstreichen von Sprühflüssigkeit und anschlie ßendes Trocknen können Schichten erzeugt und ihr Aneinanderhaften als Voraussetzung für die Granulation beurteilt werden.

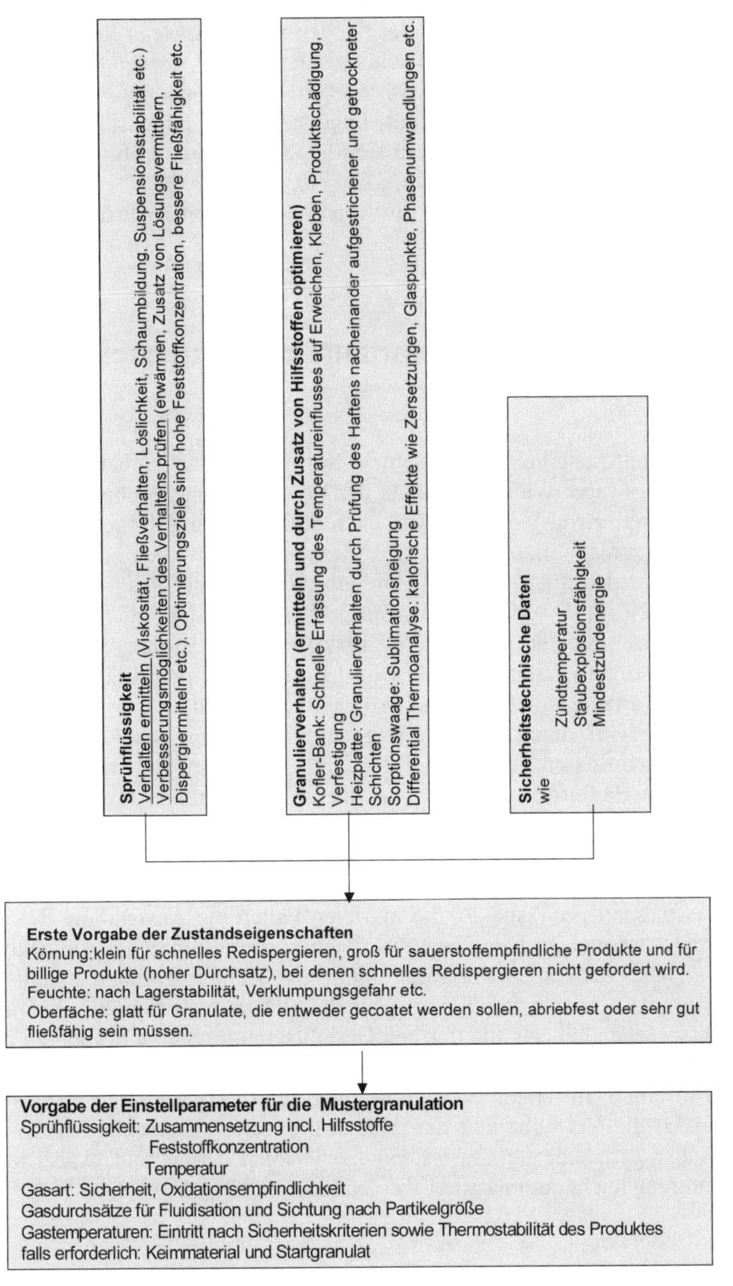

Bild 15-3 Produktcharakterisierung

Mit den für Labors der Trocknungstechnik üblichen Geräten ist das Produkt zudem auf seine Sublimationsneigung, auf Zersetzungen, Glaspunkte und Phasenumwandlungen zu untersuchen.

Die Ermittlung sicherheitstechnischer Daten ist Speziallabors vorbehalten. Informationen aus Produktdatenblätter reichen nicht aus, wenn für die Granulation oder für die spätere Anwendung Mischungen hergestellt worden sind.

Aus den anwendungstechnisch vorgegebenen Eigenschaften wie Redispergierverhalten, Fließfähigkeit, Staubarmut, Lagerstabilität sind Zustandseigenschaften zu definieren. Zustandseigenschaften sind leicht meßbare Größen wie Korngröße, Schüttdichte, Restfeuchte, Abriebfestigkeit etc. (s. Bild 3-2)

Nun können die Vorgaben für die Mustergranulation nach dem in Bild 15-3 gegebenen Schema formuliert werden.

15.4 Auswahl der Verfahrensvariante der Wirbelschicht-Sprühgranulation

Es sei unterstellt, daß kein Wirbelschicht-Sprühgranulator vorhanden ist. Deshalb lautet nun die Frage: Welche Variante der Wirbelschicht-Sprühgranulation ist am besten geeignet? Zwei Verfahrensvarianten drängen sich auf. Sie seien im folgenden bezeichnet als Variante 1 (mit den Merkmalen: von oben besprühen, Zugabe von Keimen und Kernen, externe Reinigung der Abgase, Steigrohr-Sichter) oder als Variante 2 (mit den Merkmalen: Einsprühen von unten, interne Staubabscheidung, Zick/Zack-Sichter, modularer Aufbau) (s. Kap. 8). Ihre für den Vergleich bedeutsamen Eigenschaften sind mit Bild 15-4 in 7 Gruppen zusammengefaßt.

Für die Variante 1 spricht eine größere Flexibilität, die es ermöglicht, das Granulierverhalten durch Veränderung der Zuordnung von Komponenten der Anlage zu beeinflussen. Generell ist nur dieses Verfahren zur Erzeugung größerer Granulate (> 1000 µm) geeignet. Ist die Kristallisationsgeschwindigkeit des Produktes gering, wird ein Teil des Keimgutes an der Oberfläche der gebildeten Granulate anhaften und mit ihnen ausgetragen. Das erfordert eine Kompensation durch eine verstärkte Keimgutzugabe, die nur mit der Variante 1 möglich ist. Das sind zwei wesentliche Aspekte, die in vielen Fällen die Anwendung des anderen Verfahren ausschließen. Ein Kostenvergleich muß im konkreten Anwendungsfall zeigen, welches der beiden Verfahren billiger ist. Bei der Variante 2 stellt sich die Keimgutproduktion selbstregulierend auf die gewählte Korngröße ein. Für diese Variante sprechen nahezu alle übrigen Gesichtspunkte. Sie ist besonders geeignet für die Erzeugung von Granulaten mit einem Durchmesser um 500 µm. Die Granulate fallen in enger Verteilung an. Weil Anbackungen nahezu nicht auftreten, ist die Verfügbarkeit der Anlage groß. Sie ist geschlossen, so daß die hygienischen Probleme für das Bedienungspersonal gering sind. Außerdem kann ihre Reinigung leicht automatisiert werden (s. Kap. 12).

	Merkmal	Verfahrensvariante: Variante 1 – von oben Besprühen, Zugabe von Keimen oder Kernen, externe Reinigung des Abgases, Steigrohr-Sichter	Verfahrensvariante: Variante 2 – Einsprühen von unten, interne Staubabscheidung, Zick/Zack-Sichter, Modularer Aufbau
Einfluß auf Granulierverhalten	Beeinflussung durch Veränderung der Zuordnung von Komponenten	flexibel, weil Änderungen möglich: Düsenstellung Keimgutzugabe außerdem: Schichtinhalt frei einstellbar +	wenig flexibel, weil nur geringe Änderungen möglich: Düsenstellung (Überstand über Boden) außerdem: Schichtinhalt stellt sich selbsttätig ein
	Produktion und Agglomerierung von Feingut durch Sprühen	Sprühstrahl ist Abrieb entgegengerichtet. Fördert Agglomeration. Vorteilhaft bei wenig abriebfestem Produkt +	Sprühstrahl fördert Bildung von Abrieb. Nachteilig bei wenig abriebfestem Produkt
	erreichbare mittlere Korngröße	> 400 µm ohne Begrenzung nach oben (maximal erreichter Durchmesser 25 mm)	200 bis 2000 µm
	Korngrößenspektrum	breit,wegen undefinierter Aufgabe und Trennschärfe der Sichtung. Aber mit zunehmender mittlerer Korngröße enger.	über den gesamten Korngrößenbereich wegen definierter Sichtung eng. +
Handling	Einstellung der Korngröße	aufwendig, da Keimgutzufuhr und Austrag anzupassen sind	einfach, da nur Sichtender Austrag zu verstellen. Prozeß folgt selbsttätig. +
	Anfahren	Nur mit Vorlagematerial anzufahren. Im stationären Zustand Schichtinhalt >250 kg/m² Anströmfläche	Anfahren mit leerem Bett möglich. Im stationären Zustand Schichtinhalt < 25 kg/m² Anströmfläche. +
	Feststoffkreisläufe (sind störanfällig und reinigungsaufwendig)	für Keimgut und Rückfuhr von ausgetragenem Feststoff erforderlich.	keine +
	Reinigung, Arbeitshygiene	Automatisierung der Reinigung (CIP) nur schwer möglich. Daher für häufigen Produktwechsel nur bedingt geeignet.	Geschlossenes System. Produktberührter Bereich ist Bereich zwischen Gasverteiler und Filter-Kopfplatte. Geringe hygienische Probleme für Bedienungspersonal. +
Betriebssicherheit	Anbackungen	möglich an Düse bei Granulaten < 5mm Verteilerleitung für Sprühflüssigkeit; bedingt möglich an Wänden oberhalb Schicht; selten auftretend auf Gasverteiler	selten auftretend auf Gasverteiler und an Wand +
Bauvolumen			vergleichsweise gering +
Maßstabsvergrößerung			modularer Aufbau von Produktionsgrößen +
Kosten		Sichter einfach in Anschaffung (einfaches Rohr) und Betrieb (kein komprimiertes Sichtgas erforderlich) +	Sichter aufwendig in Anschaffung (komplizierter Aufbau) und Betrieb (komprimiertes Sichtgas erforderlich)

Bild 15-4 Vergleich von 2 Verfahrensvarianten der Wirbelschicht-Sprühgranulation (die +-Zeichen heben die Vorteile einer Variante hervor)

15.5 Mustergranulation

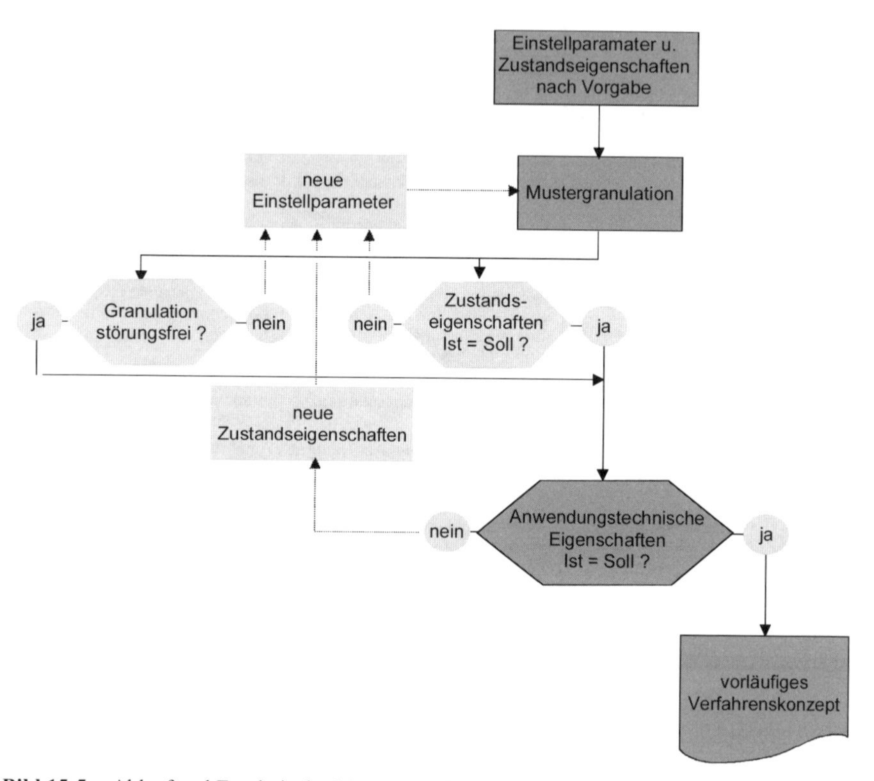

Bild 15-5 Ablauf und Ergebnis der Mustergranulation

Ablauf und Ergebnis der Mustergranulation zeigt Bild 15-5. Mit einem Laborgerät der ausgewählten Verfahrensvariante wird mit den bei der Produktcharakterisierung formulierten Einstellparametern die Granulation durchgeführt. Die Abgastemperatur ist zunächst noch offen. Sie wird durch schrittweise Erhöhung der Sprührate soweit abgesenkt bis im anfallenden Granulat Verklumpungen wahrzunehmen sind. Dann liegen maximaler Durchsatz und somit auch die für den Prozeß niedrigste Abgastemperatur fest. Die Einstellparamater sind schließlich so zu ändern, daß Granulate mit den vorgegebenen Zustandseigenschaften anfallen. Die Granulate sind einer anwendungstechnischen Prüfungen zu unterziehen. Nach den Ergebnissen dieser Prüfung sind unter Umständen die Zustandseigenschaften neu zu definieren.

Sind die anwendungstechnischen Vorgaben erreicht, kann ein vorläufiges Verfahrenskonzept formuliert werden.

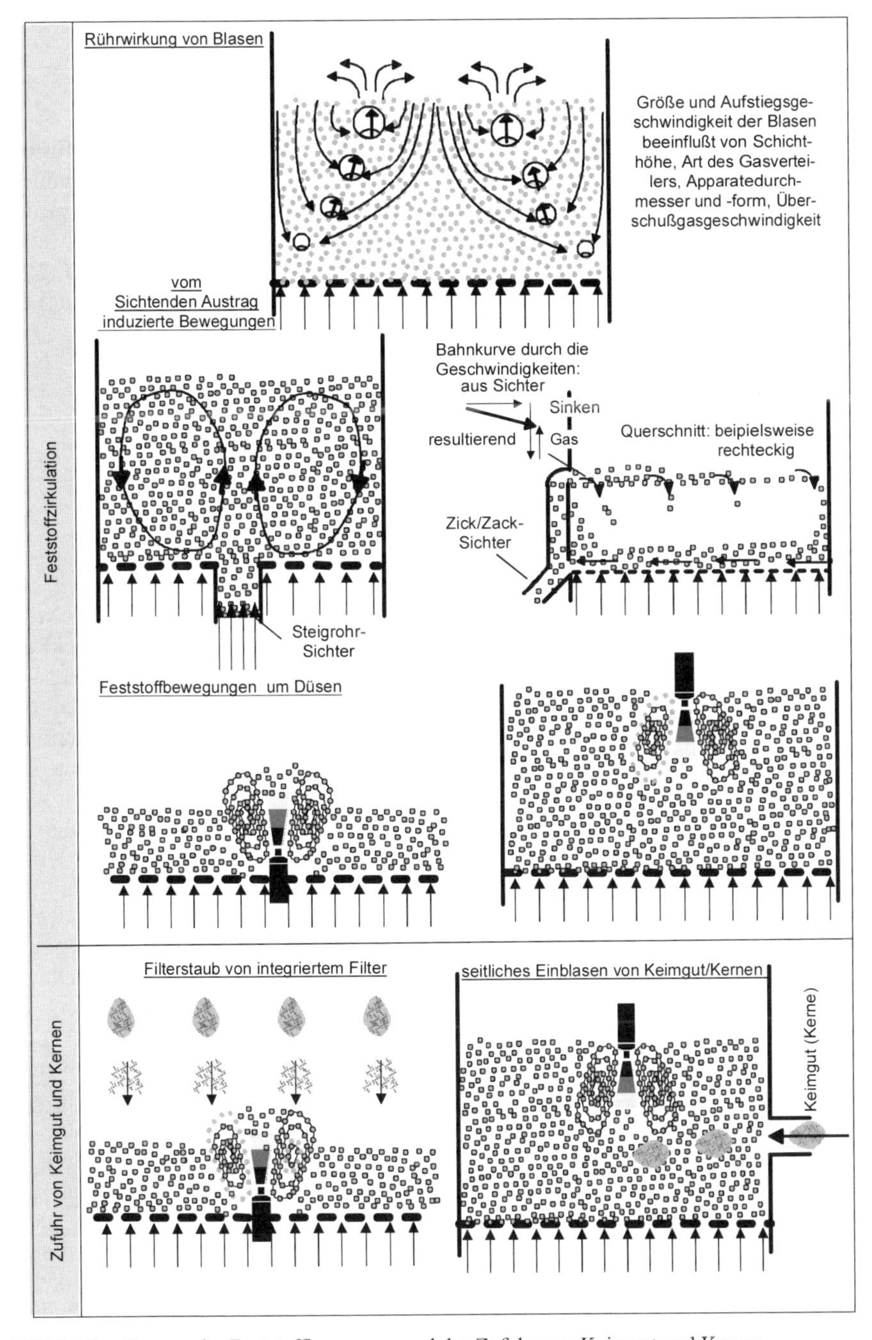

Bild 15-6 Formen der Feststoffbewegung und der Zufuhr von Keimgut und Kernen

15.6 Hochrechnungen des Verfahrens

Bei der Maßstabsvergrößerung werden die durch die Granulation von Mustern ermittelten Temperaturen und Strömungsgeschwindigkeit direkt übernommen. Alle übrigen Einstellparameter für Zerstäubung, Sichtung, Abgasreinigung werden nach den vorliegenden Erfahrungen übertragen.

Generell sind Hochrechnungen von Verfahren nur in Grenzen möglich. Von Bauermann [21] werden die folgenden Vergrößerungsverhältnisse zwischen Versuchs- und Betriebsgröße als beherrschbar angesehen:

- bei Gasen bis 1:10000
- niedrig-viskosen Flüssigkeiten bis 1:1000
- viskosen Flüssigkeiten bis 1:100
- fest / flüssig-Systemen bis 1:20
- fest / gasförmig Systemen bis 1:10

Diese Vergrößerungsverhältnisse können nur eine erste Orientierung geben. Sie zeigen, daß die Übertragung experimenteller Erkenntnisse in einen größeren Maßstab gerade bei Fest/gasförmig-Systemen heikel sein kann. Bei der Entwicklung von Wirbelschichtverfahren gibt es bittere Erfahrungen [371], [372]. Allerdings beziehen sich diese Erfahrungen auf wesentlich diffizilere Anwendungen der Wirbelschichttechnik als bei der Sprühgranulation, z. B. auf Hochrechnungen von Reaktoren von 20 bis 30 cm auf 5 m Durchmesser bei Schichthöhen von mehreren Metern. Die Wirbelschicht-Sprühgranulation ist inzwischen in vielen Größen (Durchmesser 150 mm bis 2,8 m) erfolgreich realisiert worden. Bei Apparatebauern und Betreibern liegen viele Erfahrungen über das Zusammenwirken der Komponenten sowie den Einfluß von Apparategeometrie und -abmessung vor. In aller Regel gibt es bereits erprobte Konfigurationen in den gängigen Größen. Das entschärft das „Abenteuer" Maßstabsvergrößerung.

Im übrigen ist es nahezu unmöglich, eine einzige, die Strömungsmechanik kennzeichnende Abmessung bei der Wirbelschicht-Sprühgranulation zu definieren, wie Bild 15-6 illustrieren soll.

Orientiert man sich beispielsweise an der Rührwirkung der Blasen, dann muß beachtet werden, daß die Blasengröße und -aufstiegsgeschwindigkeit nicht nur von Apparateform und -größe abhängen. Vielmehr sind auch der Gasverteiler, die Überschußgasgeschwindigkeit und auch die Schichthöhe von Einfluß. Insofern ist der Vergleich einer einzigen Einflußgröße irreführend. Hinzu kommt, daß der Granulator bei der Variante mit zentral angeordnetem, sichtenden Austrag nicht homogen durchströmt wird. Bei der Variante 2 mit Einsprühung von unten sind die Schichthöhen mit 50 – 80 mm so gering, daß die sich bildenden Blasen keine nennenswerte Größe erreichen und daher völlig unbedeutend bleiben. Ist zudem ein Zick/Zack-Sichter angeschlossen, bewirkt er die gesamte Feststoffbewegung im Granulator.

Die Partikel werden von ihm angesogen. Davon werden die kleineren weiter oben in die Schicht zurückgeblasen. Der Granulatorquerschnitt ist in diesem Fall rechteckig. Es entsteht über die ganze Breite der Schicht eine Feststoffzirkulation, bei der die kleineren Partikel bis zur gegenüberliegenden Wand geschleudert werden. In der Schicht wandern die Partikel zum Austrag zurück.

Aber auch um die Düsen entsteht eine kräftige Partikelzirkulation, was im Bild für das Einsprühen von unten und von oben dargestellt ist. Für das Einbinden von Keimgut und Kernen gibt es ebenso mehrere Lösungen. Wenn, wie im Bild links, in den Granulator ein Filter integriert ist, wird der abgeschiedene Staub von Zeit zu Zeit abgesprengt. Es enstehen Partikelschwärme, die groß genug und ausreichend zusammenhaltend sein müssen, um in die Schicht zu gelangen. Das wird durch eine geeignete Einstellung des Abreinigungsmodus sichergestellt. Daneben gibt es Lösungen bei denen das Feingut von der Seite in die Schicht geblasen wird.

Somit zeigt sich, daß die Wirbelschicht-Sprühgranulation in jeder Größe wie eine Maschine auf ein einwandfreies Zusammenspiel aller Komponenten optimiert sein muß. Das Zusammenspiel kann als gesichert gelten, wenn es bereits bei einigen Produkten funktioniert hat und wenn es dabei in allen Größen einer Baureihe ähnlich abläuft. Insofern ist es möglich, aus dem erfolgreichen Ablauf der Mustergranulation in einer Anlage mit 150 mm Durchmesser das Funktionieren einer zuvor mit anderen Produkten optimierten Großanlage so vorherzusagen, daß in aller Regel keine unlösbaren Probleme entstehen.

Durch modularen Aufbau von Produktionsanlagen bei der Variante 2 wird das Netz der Größen einer Baureihe erweitert und damit das Risiko der Vergrößerung weiter gesenkt.

Die mathematische Modellierungen der Wirbelschicht-Sprühgranulation (s. Kap. 8) sind zur Zeit noch nicht so ausgereift, daß sie nutzbringend in der industriellen Praxis angewendet werden können.

15.7 Kostenschätzungen

Kosten sind ein wesentliches Verkaufsargument für Apparatebaufirmen. Sie werden daher auch nur Kunden für aktuelle Projekte genannt. Zu einer vergleichenden Veröffentlichung sind sie nicht bestimmt. Dennoch gibt es bei länger etablierten Techniken Veröffentlichungen (beispielweise von Clark und Clark [149] zu allen wesentlichen Trocknungsverfahren), die dem projektierenden Ingenieur eine Basis für Kostenschätzungen liefern. Bei der Wirbelschicht-Sprühgranulation fehlt solches Material noch. Eine erste Hilfestellung soll hier der Hinweis liefern, daß die Fertigungskosten bei Wirbelschicht-Sprühgranulation und Sprühtrocknung nahezu identisch sind.

Aufbau und wesentliche Zusammenhänge bei Kostenschätzungen für die Wirbelschicht-Sprühgranulation zeigt Bild 15-7. Ihre Grundlage bildet die Ermittlung der Beschaffungskosten. Die Beschaffungskosten werden im wesentlichen von der Apparatebaufirma ermittelt. In der Regel enthalten die Angebote den Preis einer Baugröße. Er reicht als Grundlage für die Ermittlung von Fertigungskosten. Weitergehende strategische Überlegungen zu der zweckmäßigsten Baugröße durch geänderten Personaleinsatz (Einsparpotential von Schichtbetrieb beispielsweise), durch eine automatisierte Reinigung (die die Stillstandszeiten verkürzt und ggfs. den Einsatz kleinerer Baugrößen ermöglicht), durch Wahl einer anderen Granulatgöße oder zum Preis von Kapazitätsreserven sind damit nicht möglich.

Die folgenden Erläuterungen sind so aufgebaut, daß die Kosten sowohl zu einem einzigen Punkt als auch für Varianten der Anlagengröße möglich sind, wenn die Schlüsseldaten bekannt sind.

Die Kosten für Prozeßleittechnik und Montage der Apparate und Maschinen sind im Rahmen der hier erforderlichen Genauigkeit kaum von der Anlagengröße abhängig sondern eine konstante Größe. Der Preis für Apparate und Maschinen steigt etwa linar mit der Querschnittsfläche des Granulators. Lage und Steigung der Geraden werden bestimmt von der Fertigungsqualität (die Ansprüche bei Pharmaproduktionen verteuern die Anlage) und von der Partikelgröße (größere Partikel bedeuten höhere Strömungsgeschwindigkeit in der Schicht. Sie führen damit zu einem kleineren, also auch billigeren Granulator). Für Rohrleitung und dem in Bild 15-7 definierten Zubehör können die Kosten durch einen Polynomen 2. Grades mit dem Fluidisiergas-Durchsatz als Variable beschrieben werden. Die Kosten für Industriegebäude werden üblicherweise mit einem spezifischen Baupreis von derzeit etwa $C_{G1} = 500\ DM/m^3$ veranschlagt. Diese spezifischen Kosten sind mit Bauvolumen der Anlage zu multiplizieren. Das Bauvolumen (das ist der Ausdruck in der Klammer) steigt etwa linear mit dem Fluidisiergasdurchsatz.

Die Kostengrundlagen ergeben sich aus dem betrieblichen Umfeld oder aus gesetzlichen Auflagen. Die Nutzungsdauer wird bestimmt von der Betriebsweise (rund um die Uhr oder im anderen Extremfall nur in Tagschicht von Montag bis Freitag) sowie von der Häufigkeit und Dauer von Reinigungen. Für die Instandhaltung wird hier vorgeschlagen, jährlich 4 % des Beschaffungswertes anzusetzen. Die Kostengrundlagen müssen angepaßt werden, wenn die Anlage beispielsweise mit Stickstoff inertisiert betrieben wird. (Stickstoffkosten, Kosten für Sole), wenn die Anlage gasbeheizt wird (Kosten für Gas) etc.

Aus den Beschaffungskosten können auf der Basis der Kostengrundlagen schließlich die jährlichen Kosten für die Kostengruppen Abschreibung, Instandhaltung, Energie und Personal errechnet werden. Der Anteil der Kostengruppen an den jährlichen Gesamtkosten zeigt Einsparpotentiale.

Wenn nicht, wie hier dargestellt, ein einziges Produkt sondern mehrere Produkte zu Granulaten etwa gleicher Lockerungsgeschwindigkeit granuliert werden sollen, sind die Kostengrundlagen und jährlichen Kosten entsprechend aufzugliedern.

Die Fertigungskosten (DM/kg) sind der Maßstab, ob das Granulat verkäuflich ist und die Weiterführung des Projektes damit sinnvoll ist.

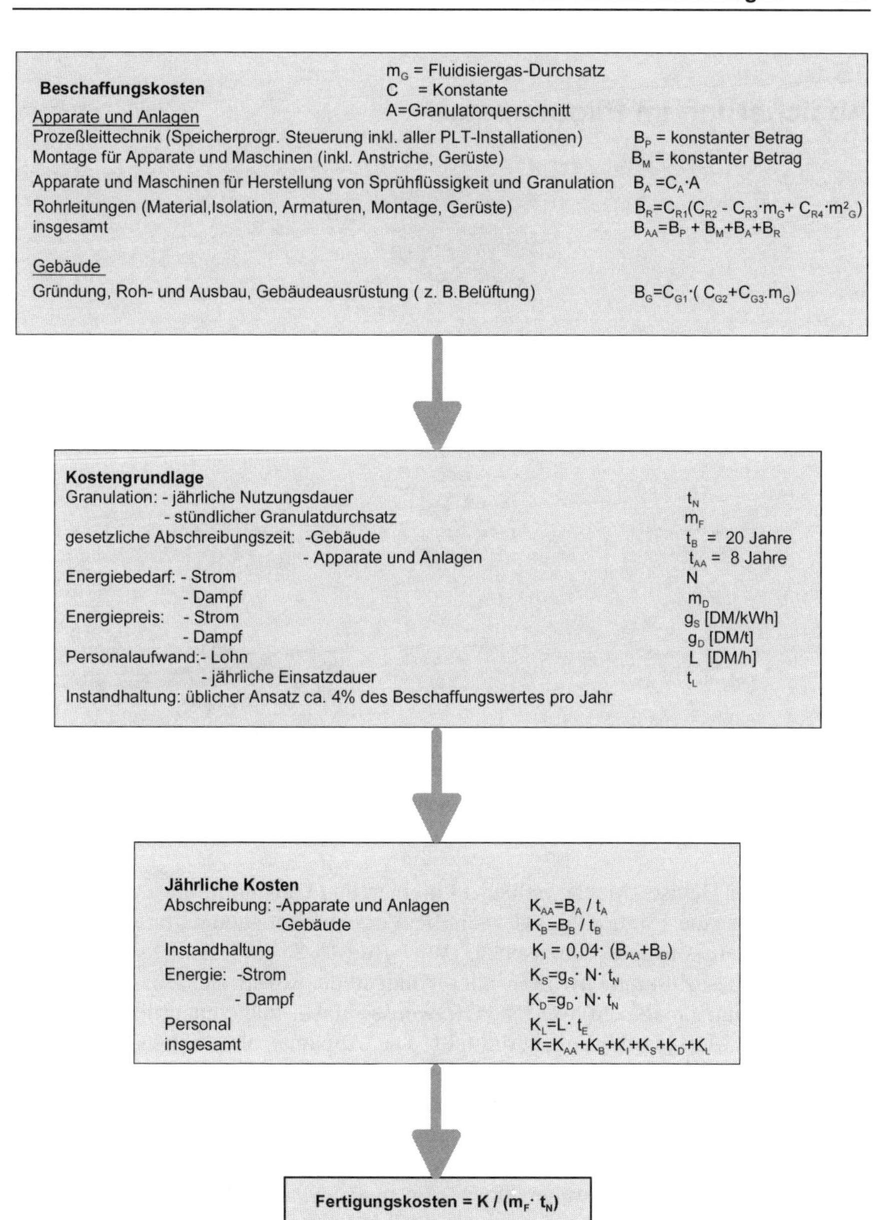

Bild 15-7 Schema für eine Kostenschätzung

15.8 Absicherung im Pilotmaßstab

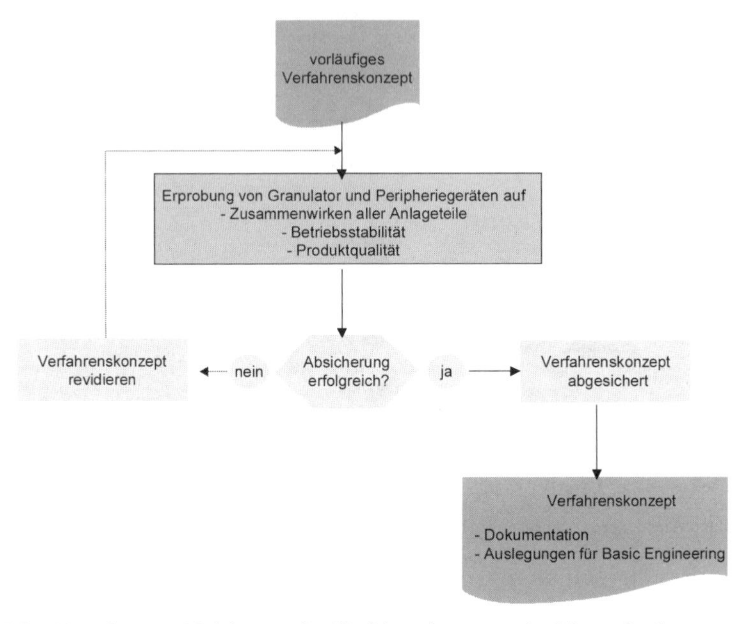

Bild 15-8 Vorgehen zur Absicherung des Verfahrenskonzeptes im Pilotmaßstab

Getreu der Devise „Mache Fehler im kleinen und Gewinn im großen Maßstab" (aus [21]) ist eine Pilotierung als wichtige Vorsichtsmaßnahme zur Absicherung des Verfahrenskonzeptes anzusehen. Wie Bild 15-8 dargestellt, soll mit der Pilotierung das Zusammenwirken aller Anlageteile, sowie Betriebsstabiltät und Produktqualität untersucht werden. Oft werden dabei zugleich größere Mustermengen zur Markteinführung hergestellt. Die Apparatebauer haben sich darauf bereits eingestellt und halten Pilotanlagen bereit, die einen möglichst komplikationslosen Anlauf der Produktion sicherstellen. Die neue Anlage wird nach diesen Vorbereitungen ohne größere Probleme ein Granulat herstellen, das dann ein bereits vorbereiteter Markt abnimmt.

In der Variante 1 ist darüber hinaus die in Bild 9 dargestellte Pilotanlage in Container-Bauweise zu mieten. Sie erlaubt Pilotierungen direkt vorort. Eine solche Pilotanlage hat viele Vorteile. Hierzu zählen u. a.:

- Produktveränderungen durch Lagerung und Transport lassen sich vermeiden
- Hygienisch bedenkliche Produkte brauchen nicht transportiert werden. Sie bleiben in den Händen von erfahrenem Bedienungspersonal.
- Das Bedienungspersonal und das betriebliche Umfeld wird bereits auf das neue Verfahren vorbereitet. Das mindert Akzeptanzprobleme.

Bild 15-9 Pilotanlage in Container-Bauweise (System AGT, 400 mm Granulatordurchmesser, Glatt Ingenieurtechnik Weimar)

16 Anwendungen der Wirbelschicht-Sprühgranulation

16.1 Folgerungen aus erfolgreichen Anwendungen

In diesem Kapitel sind einige erfolgreiche Anwendungen der Wirbelschicht-Sprühgranulation dargestellt. Die Beispiele sind entweder der Literatur entnommen oder sie sind das Ergebnis von Arbeiten an der Otto-von-Guericke-Universität in Magdeburg. In Magdeburg wird seit etwa 25 Jahren an der Wirbelschicht-Sprühgranulation gearbeitet. Die Arbeiten sollen auch zukünftig weitergeführt werden. Die ausgewählten Magdeburger-Beispiele werden anhand der Granulationsparameter und der Morphologie der erzeugten Granulate vorgestellt (s. Kap. 16.5). Geordnet nach Verfestigungsverfahren und Produkt geben Tabelle 16-1 und Tabelle 16-2 eine kurze Übersicht über mögliche Granulationen. Außerdem werden einige Verfahren, in die die Wirbelschicht-Sprühgranulation als Verfahrensschritt integriert worden ist, beschrieben.

Hergestellt werden üblicherweise glatte oder zerklüftete, aber zumeist nahezu runde Granulate mit unterschiedlicher äußerer und innerer Struktur. Dabei wurden bisher Durchmesser von 0,2 bis 20 mm erreicht. In jüngerer Zeit werden Alkohol (> 20 Gew.-%) und Aromen in flüssiger Form in Granulate eingeschlossen (s. Kap. 4.8.4.2 und [P38]). Außerdem kann durch Zugabe größerer Keimgutmengen in die Sprühzone der Düsen eine Agglomeration zu lockeren Granulaten bei hohem Feststoffdurchsatz erreicht werden. (s. Kap. 16.6) Schließlich können, aufbauend auf dem Prinzip der Wirbelschicht-Sprühgranulation, unter Verwendung inerter Partikel, Lösungen oder aber vorzugsweise Suspensionen zu einem feinteiligen Pulver getrocknet werden (s. Kap. 17). Durch geeignete Wahl des Temperaturniveaus ist es möglich, Keime im Produkt abzutöten (hohe Temperatur) oder immobilisierte Mikroorganismen unter Erhaltung ihrer biologischen Aktivität (niedrige Temperatur) zu granulieren (Kap. 16.5).

Die diskontinuierliche Wirbelschicht-Sprühgranulation ist im wesentlichen auf die Produktion von Pharmazeutika und Nahrungsmitteln beschränkt. In der pharmazeutischen Industrie stieß die kontinuierliche Betriebsweise zunächst auf große Vorbehalte. Grundlage dieser besonders qualitätsbewußten Industrie ist die Herstellung in Chargen. Chargen machen die Qualitätsprüfung so durchführ- und dokumentierbar, daß der gesamte Herstellungsvorgang jederzeit nachvollziehbar ist. Erst in neuerer Zeit wird über den Einsatz eines kontinuierlichen Granulationsprozesses in der pharmazeutischen Industrie berichtet (s. Kap 16.4 und Kap. 8.3). Hier konnten anhand der nachgeschalteten Umhüllung Chargen definiert werden.

Die in anderen Bereichen bevorzugte kontinuierliche Betriebsweise ist in zahlreichen Varianten realisert worden, wie im Kap. 8 dargelegt ist. Es wird über runde und rechteckige Granulatorquerschnitte berichtet. Auch der modulare Aufbau großer Apparate durch Aneinanderreihung gleichartiger Module ist bekannt (s. Kap. 8.3.4.2.1 und [P35], [P3]).

Für die kontinuierliche Betriebsweise sind Anströmflächen von 0,018 bis zu 6,2 m^2 aus Literatur und Werbung bekannt. Das entspricht bei runden Apparaten einem Durchmesser von 150 mm bis maximal 2,8 m. In Fachkreisen wird auch davon gesprochen, daß bereits ein Granulator mit einem Durchmesser von 8 m gebaut worden sei.

In der Mehrzahl der Fälle ist das Gassystem offen. Es wurden aber auch Granulationen in geschlossenen Kreisläufen mit Inertgas oder dem überhitzten Lösungsmitteldampf als Fluidisations und Wärmetransportmedium durchgeführt (s. Kap. 10 und Kap. 16.2.2).

Die Leerrohrgeschwindigkeit bezogen auf Umgebungstemperatur variiert zwischen 0,8 und 5 m/s. Es wird über Fluidisationszahlen zwischen 2 und 12 berichtet. Zumeist liegen sie bei 4-6 [259]. Dabei sind Gaseintrittstemperaturen bis zu 550 °C angewendet worden [247]. Bekannt sind spezifische Verdunstungsraten bezogen auf die Anströmfläche von 45 bis zu 1000 kg/m^2 und bezogen auf den Schichtinhalt von 0,08 bis zu 7 kg/kg h. Die mittlere Verweilzeit umfaßt einen Bereich von rund 10 min (s. Kap. 16.4) bis zu 10 h (s. Kap. 16.5).

Die Verfestigung der Sprühflüssigkeit erfolgt nicht ausschließlich durch Kristallisation und Trocknung sondern auch durch Reaktion. In diesem Fall werden anstelle einer einzigen Sprühflüssigkeit zwei Flüssigkeiten zum Aufbau der Granulate in die Wirbelschicht eingesprüht [P3]. Während der Granulatbildung reagieren diese Stoffe miteinander zu einem gewünschten festen Endprodukt. In der zitierten Patentschrift wird die Herstellung von Natriumpercarbonat aus wäßrigen Lösungen von Soda und von Wasserstoffperoxid beschrieben (s. auch Kap. 9.3.10).

Die Granulationen werden gewöhnlich ausgehend von Schmelzen, Suspensionen, Lösungen und Emulsionen durchgeführt. Dabei werden Schmelzen mit einer etwa 10 °C über dem Schmelzpunkt liegenden Temperatur versprüht, um Blockaden in den Zufuhrleitungen zu vermeiden. Langsam kristallisierende Stoffe erfordern für ihre Animpfung eine hohe Keimgutzufuhr (s. Kap. 5.2.7, Kap. 4.8.3.4 und Kap. 16.3.3).

Die Granulation setzt die Löslichkeit einer Komponente der Formulierung von mehr als 10 g/l voraus. Günstig sind mehr als 100 g/l [106]. Viskosität und Oberflächenspannung haben einen starken Einfluß auf den Granulataufbau. Sie beeinflussen zusammen mit einigen Betriebsparametern (insbesondere der Verdüsung) die Morphologie der gebildeten Partikel.

Der Flüssigkeitseintrag erfolgt in aller Regel mit Zweistoffdüsen vorzugsweise von oben oder von unten. Es sind aber auch Anwendungen bekannt, bei denen von der Seite eingedüst wird (s. Kap. 16.5 und Kap. 9.4.1). Bei der Wahl von Temperatur oder Konzentration von Lösungen bzw Suspensionen muß berücksichtigt werden, daß am Düsenmund von Zweistoffdüsen mit äußerer Vermischung eine Entspannungsverdampfung auftritt, die zu einem Verschluß der Flüssigkeitszufuhr der Düsen in der Nähe des Düsenmundes führen kann (s. Kap. 9.3.4).

Die Verdüsung muß um so feiner sein, je geringer die Zielgröße der Partikel ist. Die Herstellung großer Granulate > 10 bis 15 mm kann nur erfolgreich sein, wenn

Tabelle 16-1 Zusammenstellung einiger erfolgreicher Wirbelschicht-Sprühgranulationen (Teil 1)

Verfestigungsart	Art des Feststoffes	Beispiel	Referenz
Trocknung/Kristallisation	Anorganisches Salz	Chloride von Na, K, Ca, Mg	[247], [P13]
		Bromide von Na, Ka	[247]
		Sulfate von Na, NH_4, Zn, Fe, Mg, Mn, Pb	[247], [146], [187]
		Karbonate des Ba, K	[247], [P26], [119], [147]
		Silikat des Na	[247]
		Phosphat von Na, K	[247]
	Organisches Salz	Kaliumsorbat	[247]
		Kaliumcitrat	[74], [P44]
		Trinatriumcitrat	[74], [P44]
	Mineralien	Keramische Preßmasse	[247]
		Glasgemenge	[212], [208], [207], [P27], [P28]
		Keramische Massen	[203], [209]
		Kaustizierschlamm	[215]
		Bauxit-Schlamm	[247]
	Farbstoff	verschiedene Formierungen	[247], [P11], [P8]
	Herbizid, Pestizid	verschiedene Formierungen	[128], [P43]
	Waschmittel	verschiedene Formierungen	[247]
	Düngemittel	Harnstoff	[193], [190], [189], [188], [14], [15], [296], [49]
		Ammoniumiumsulfat	[146]
	Gerbstoff	chrom-basiert	[247]
		synthetisch	[247]
	Pharmazeutikum	Antibiotikum	[345]
	Nahrungsmittel	Proteinkonzentrat	[289], [P20], [P21], [291], [236]
		Roggenstärkefugat	[206]
		Aromaträger	[214], [P20]

Tabelle 16-2 Zusammenstellung einiger erfolgreicher Wirbelschicht-Sprühgranulationen (Teil 2)

Verfestigungsart	**Art des Feststoffes**	**Beispiel**	**Referenz**
Trocknung/Kristallisation	Hartmetall	Wolframcarbid	[247], [205]
		Ferrit	[191]
		Titancarbid	[205]
	organische Säure	Zitronensäure (rein, technisch rein) Zahlreiche Co-Granulate	[74], [P44] [P45]
	Abfall	Deponiesickerwasserkonzentrat	[P17]; [245]
		Gülle	[186], [140], [P32], [P21]
		Leimabwasser	[204]
		Klärschlamm	[201], [202], [237], [144]
		Gasereiabwasserschlamm	[170]
	Adsorbens	Aktivkohle	[140], [P26]
		Bleicherde	[215], [321]
	Tierfutter, Tierfutterzusätze	Futterhefe aus der Melassevergärung	[138], [137], [139], [25], [P21],
		Magermilchkonzentrat	[122], [382],
		Vollmilchkonzentrat	[123]
		Lysinfutterkonzentrat	[195], P19], [P4]
		Maisquellwasser	[213]
		Zellsaft mit und ohne Kalkzusatz	[141]
		Schweineblut	[194]
Erstarren	Anorganisches Salz	Ammoniumnitrat in verschiedenen Hydratstufen	[247]
	Organisches Salz	Harnstoff	[247], [P13], [P6], [142], [14]
		Metauponpaste	[143]
		Sulfatharzseife	[P29]
		Kalciumlactat	[192]
Reaktion	Na-percarbonat	aus wäßrigen Lösungen von Soda und Wasserstoffperoxid	[P3]

die Sprühflüssigkeit nur wenig zerteilt wird. Sonst trocknen die Tropfen vor ihrem Auftreffen auf den Partikeln.

Nach Bild 2-3 fällt die Benetzungshäufigkeit mit steigender Schichthöhe überproportional. Aus Bild 3-5 ist abzulesen, daß bei gleicher Fluidisationszahl Wirbelschichten gröbere Partikel stärker expandieren, als solche aus feinen Partikeln.

Keimgut und Kerne werden entweder von außen zugeführt oder im Prozeß selbst erzeugt. Die Variante des Prozesses bei der die Bildung von Keimgut und Kernen sowie die Feststoffabscheidung aus dem Abgas im Granulator integriert ist, hat keine externe Feststoffkreisläufe. Sie ist daher für eine automatisierte Reinigung besonders geeignet (s. Kap. 12).

Bei der Zugabe von Keimen und Kernen von außen wird abhängig von der Körnung des Keimgutes und dem Verfestigungsverhalten der Sprühflüssigkeit mit einem auf den Gutkorndurchsatz bezogenen Zusatz von 1 bis 50 % granuliert. Zahl und Größe der durch Agglomeration des Keimgutes gebildeten Kerne hängen von Art und Ort der Einspeisung des Keimgutes ab (s. Kap. 16.6). Wird das Keimgut direkt in den Sprühbereich geführt, wird es wegen der hohen Agglomerationswahrscheinlichkeit zu wenigen großen Kernen agglomeriert. Je geringer die Agglomerationswahrscheinlichkeit an der Einspeisestelle um so kleiner und zahlreicher werden die Kerne. Keimgut und auch Kerne werden dadurch leichter vom Fluidisiergas aus der Schicht ausgetragen. Die Feststoffzirkulation zwischen dem Granulator und den Feststoffabscheidern nimmt zu. Wird ein Filter in den Granulator integriert, muß es so betrieben werden (Art und Häufigkeit der Abreinigung) daß der Staubkuchen in dichten Partikelwolken in die Schicht gelangt.

Wenn bei der Granulation aus Lösungen ein hoher Staubanfall auftritt (als Folge geringer Abriebfestigkeit beispielsweise), kann es nützlich sein, die Staubzirkulation mit der Waschflüssigkeit eines Naßwäschers zu begrenzen. Der Staub wird dann in die Sprühflüssigkeit ohne nachteilige Folgen (kein höherer Aufwand für die Verdunstung) überführt und anschließend erneut versprüht (Kap. 16.5).

Klebrige Produkte sind dann zu granulieren, wenn ein Kollabieren der Schicht durch Bepuderung oder durch mechanische Bewegungshilfen (Rührer) verhindert wird (Kap. 16.5).

In den letzten Jahren hat sich das sichtende Austragen der Granulate, die die Zielgröße erreicht haben, weitgehend durchgesetzt. Eingesetzt werden Steigrohr- und Zick-Zack-Sichter (s. Kap. 9.4).

Die Wirbelschicht-Sprühgranulation ist in aller Regel ein abgeschlossener Prozeß mit Einrichtungen zur Bereitung der Sprühflüssigkeit aus anderweitig hergestellten Komponenten bis zur Verpackung der Granulate. Sie ist aber auch als Verfahrensstufe in Herstellungs- oder Aufarbeitungsverfahren integriert worden (s. Kap. 16.2.2 und Kap. 16.3.3).

Zu den Kosten der Wirbelschicht-Sprühgranulation finden sich in der Literatur nur vereinzelte Angaben. Kaspar und Rosch [106] haben 1973 für einen Apparat mit 3,3 m^2 Gasverteilungsfläche, 500 Betriebsstunden/a und 160 °C Gaseintrittstemperatur folgende Kostenstruktur der Fertigungskosten gefunden:

Abschreibung und Instandhaltung		28 %
Energie	53% zusammengesetzt aus	
	Dampf	22 %

	Zerstäubungsluft	21 %
	Strom	10 %
Personalkosten		
	bei Parallelbetrieb mehrerer Anlagen	19 %

Das sind Relationen, die wohl auch noch heute gelten. Eine genaue Ermittlung der Kosten wird mit Kap. 16.7 gezeigt. Durch Sprühtrocknung und Wirbelschicht-Sprühgranulation werden unterschiedliche Partikel erzeugt. Der Vergleich der Fertigungskosten ist daher nur im Übergangsbereich der Qualität des Trockengutes zulässig. Generell wird da, wo sprühgetrocknete Ware den Anforderungen genügt, die Sprühtrocknung vorzuziehen sein, weil sie einfacher und kostengünstiger ist. Ausnahmen bilden Anwendungen, bei denen durch Energiesparmaßnahmen (Kreisläufe mit überhitztem Dampf) die Wirbelschicht-Sprühgranulation überlegen ist (s. Kap 10.1.3.1.4). Aber auch zwischen den verschiedenen Sprühtrocknern gibt es erhebliche Unterschiede in den Beschaffungskosten, wie Bild 16-1 zeigt. Der FSD-Trockner, mit dem Agglomerate erzeugt werden können, ist gut dreimal teurer als der Scheibenturm.

16.2 Anwendungen bei der Abfallentsorgung

16.2.1 Allgemeines

Im Bereich der Umwelttechnik sind Flüssigkeiten, die schädliche Feststoffe enthalten, zu entsorgen. Solche Flüssigkeiten sind beispielsweise Sickerwässer aus Deponien oder anderer Herkunft, Abwässer aus der Industrie, Gülle aus der Landwirtschaft, Klärschlämme etc.

Eine Möglichkeit der Entsorgung besteht darin, den Feststoff vom Wasser abzutrennen, so daß das Wasser schließlich in reiner Form als Flüssigkeit oder Dampf in die Natur zurückgegeben werden kann. Der abgetrennte Feststoff besitzt dann nur noch einen Bruchteil des ursprünglichen Volumens des Abwassers. Er kann entweder in Sondermülldeponien gelagert oder thermisch entsorgt werden. In einigen Fällen (z. B. Gülle) läßt sich aus diesem Feststoff sogar noch ein Wertstoff gewinnen.

16.2.1.1 Vergleich von Wirbelschicht-Sprühgranulation und Sprühtrocknung

Zur Trocknung des durch verschiedene Verfahren aufkonzentrierten Feststoffes bieten sich Wirbelschicht-Sprühgranulation und Sprühtrocknung an. Tabelle 16-3 zeigt eine Bewertung der beiden Trocknungssysteme für die Abwasserbehandlung. Von den diversen Varianten der Sprühtrockner ist wegen des einfachen Aufbaues und der niedrigen Kosten der Scheibenturm dem Vergleich zugrunde gelegt (s. Bild 16-1).

Tabelle 16-3 Bewertung von Sprühtrocknern und Wirbelschicht-Sprühgranulatoren hinsichtlich ihrer Eignung für die Feststoffkonditionierung bei der Sickerwasserentsorgung (in Anlehnung an [64])

		Sprühtrockner	Wirbelschicht-Sprühgranulation
Eignung für	Trocknungsgas-Parameter	bis ca. 300000 m³/h bis > 400 °C am Eintritt	bis ca. 100000 m³/h bis ca. 550°C am Eintritt [247]
	großen Abwasserdurchsatz	ja	begrenzt
	Betrieb mit Rauchgas	problemlos	ja
	Betrieb mit überhitztem Wasserdampf im Kreislaufbetrieb	nein	ja
Betriebsverhalten	Energetische Kopplung mit Eindampfstufe	bedingt	ja
	Laständerungen	sehr gut (25 -120%)	gut
	Verfügbarkeit	sehr groß > 99%	Reinigung alle 1-4 Wochen Dauer 2-4 h (CIP)
	Bedienung	sehr einfach	einfach
Trockenstoff	hohe Schüttdichte	nein (0,25-0,4 kg/l)	ja 0,9-1,2 kg/l
	Staubarmut	nein	ja
	Partikelgröße	begrenzt einstellbar	einstellbar

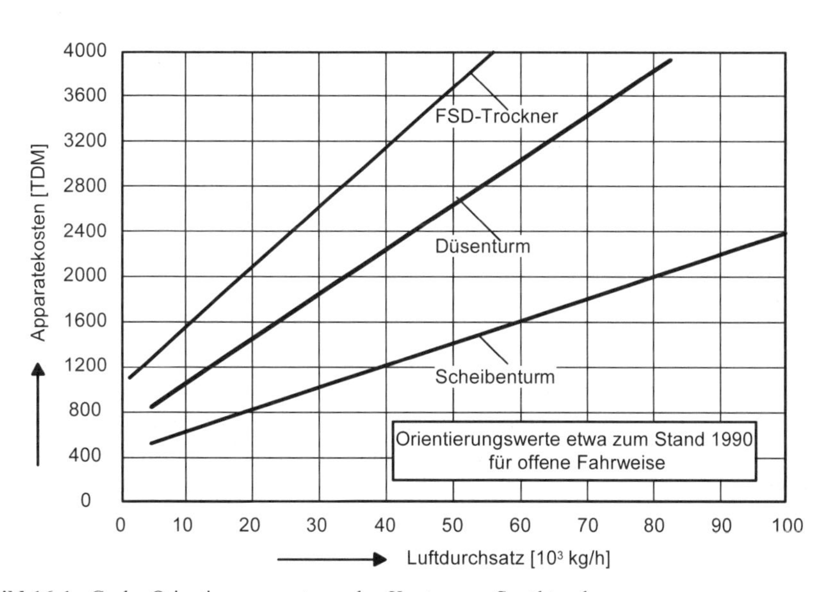

Bild 16-1 Grobe Orientierungswerte zu den Kosten von Sprühtrocknern

Der Einsatz der Wirbelschicht-Sprühgranulation bietet sich vor allem aus zwei Gründen an [245], [360], [198], [75]. Zum einen besitzt das aus einer Wirbelschicht-Sprühgranulation kommende Granulat eine hohe Schüttdichte. Es ist weitgehend staubfrei und gut rieselfähig. Diese Schüttguteigenschaften sind für Verpackung und Lagerung des Feststoffes in einer Sondermülldeponie günstig. Zum anderen können Wirbelschicht-Sprühgranulationsanlagen im geschlossenen Kreislauf mit überhitzten Wasserdampf betrieben werden [145], 134], [246]. Mit dieser Betriebsweise ist die Emission schädlicher Stäube oder geruchsintensiver giftiger Gase und Dämpfe weitgehend zu verhindern.

16.2.1.2
Sickerwasserentstehung und -erfassung

Gegen den Untergrund sind Deponien zum Schutz des Grundwassers abgedichtet. So entsteht Sickerwasser aus Deponien im wesentlichen durch Niederschlagswasser sowie durch die Eigenfeuchte der deponierten Abfälle. Das Sickerwasser ist zu sammeln und abzuführen. Ein Wasserstau könnte für die Abbauvorgänge in der Deponie, insbesondere aber für ihre Standsicherheit negative Folgen haben. Außerdem sollte der hydrostatische Druck möglichst klein gehalten werden, um die Durchlässigkeit der Basisabdichtung zu minimieren.

Man rechnet, daß abhängig vom Verdichtungsgrad der Oberfläche rund 30 bis 60 % der Niederschlagsmenge zu Sickerwasser werden. Der Rest verdunstet oder fließt von der Oberfläche ab [26]. Dieses Sickerwasser wird durch ein Sickerwassererfassungssystem, das oberhalb der Basisabdichtung angeordnet ist, erfaßt und aus dem Deponiekörper herausgeführt. Die Beschaffenheit des Sickerwassers ist von vielen Faktoren abhängig. Sie wird beeinflußt von der Art der Abfälle, den Deponiebedingungen, der Witterung, der Jahreszeit, von den biochemischen Abbauvorgängen im Deponiekörper usw. Der im Sickerwasser gelöste oder suspendierte Feststoff ist meist kleiner als etwa 1 Gew.-%. Im allgemeinen nimmt die Belastung des Sickerwassers mit dem Alter der Deponie ab. Allerdings werden auch noch viele Jahre nach der Schließung einer Deponie Inhaltsstoffe des Mülls ausgetragen.

Das Deponiesickerwasser ist ein extrem komplexer Stoff mit einer Vielzahl umweltrelevanter Inhaltsstoffe in zeitlich ständig schwankender Zusammensetzung [76], [169], [270].

16.2.2
Sickerwasseraufarbeitung

Von der Schadstoffbeladung hängt die weitere Behandlung des Sickerwassers ab. Hier gibt es zahlreiche Methoden. Beipielweise kann es unter Nutzung der Deponie als Festbettreaktor über der Deponie verregnet, in die öffentliche Kanalisation geleitet, oder, wenn es sich um Sickerwasser aus Sondermülldeponien handelt, nach unterschiedlichsten Methoden aufgearbeitet werden [26].

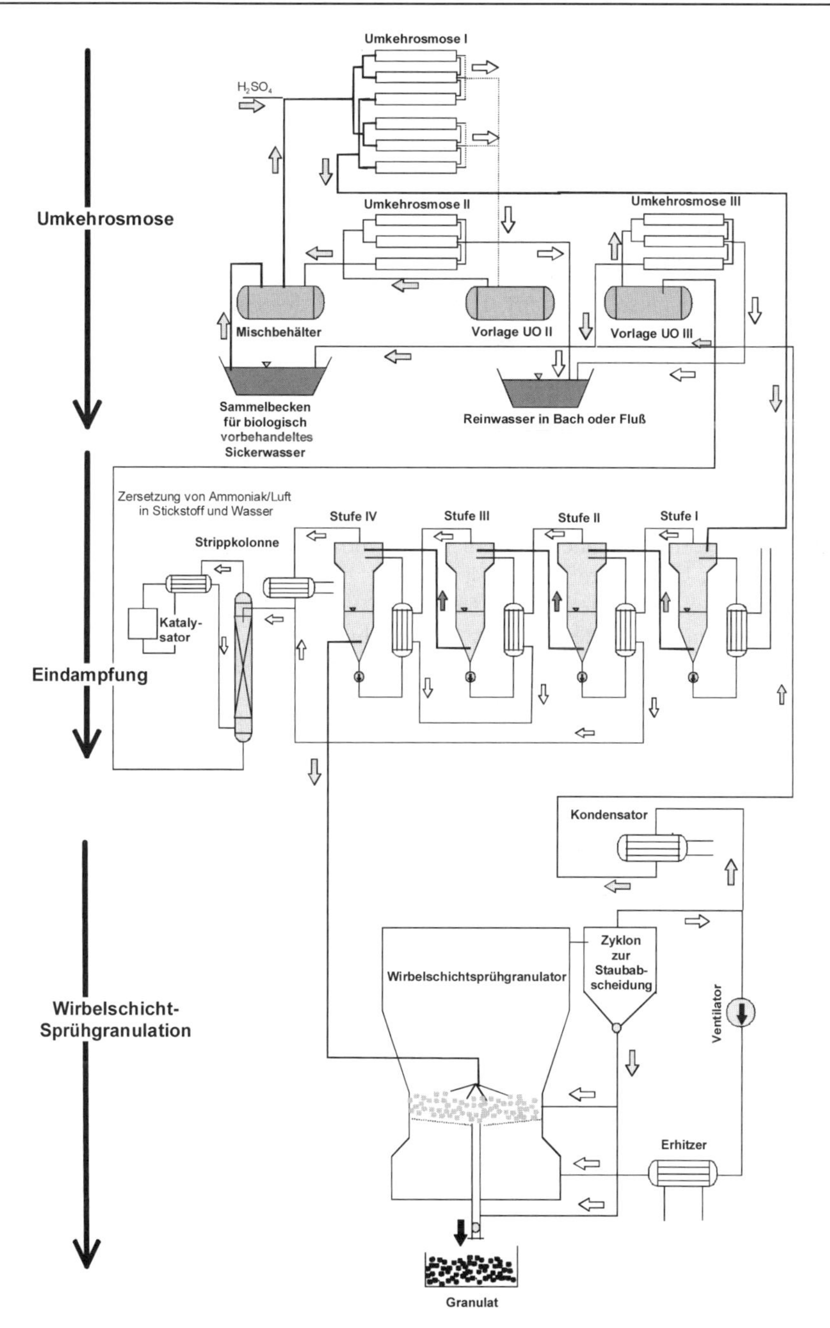

Bild 16-2 Vereinfachtes Verfahrensschema einer Anlage zur Behandlung von Deponie-Sickerwasser mit einer abschließenden Wirbelschicht-Sprühgranulation des Feststoffes zu deponierbarem Sondermüll. Die vorgeschaltete mechanische und biologische Vorreinigung ist nicht dargestellt.

Im folgenden wird ein Aufbereitungsverfahren beschrieben, an dessen Ende eine Wirbelschicht-Sprühgranulation steht. Dieses Aufbereitungsverfahren besteht aus 3 Stufen. Es ist schematisch in Bild 16-2 dargestellt. Die Stufen sind

1. Mehrstufige Umkehrosmose
2. Mehrstufige Eindampfung mit katalytischer Stickstoffausschleusung
3. Wirbelschicht-Sprühgranulation

Das aus der Deponie austretende Sickerwasser wird zunächst einer mehrstufigen Umkehrosmose zugeführt. Die Membranen der Umkehrosmose sind dabei so gestaltet, daß sie auf der einen Seite gereinigtes Wasser in ausreichender Reinheit direkt in Bäche oder Flüsse abgeben können und auf der anderen Seite die Schadstoffe im Verhältnis 1:5 aufkonzentrieren. Damit kann der Hauptanteil des Sickerwassers aus dieser Stufe bereits in Bäche oder Flüsse geleitet werden.

Das Konzentrat aus der Umkehrosmose, das die gesamte Schadstofffracht enthält, wird danach in eine mehrstufige Eindampfung geleitet und dort in mehreren Druckstufen weiter eingedampft. Dabei wird die jeweilige Stufe mit dem Brüden der vorhergehenden Stufe beheizt, wodurch der Dampf mehrfach genutzt werden kann. Um ein treibendes Gefälle hinsichtlich der Temperatur zu erhalten, muß der Druck von Stufe zu Stufe sinken.

Die Brüden der letzten Stufe werden schließlich mit Hilfe von Kühlwasser kondensiert und gemeinsam mit den Brüden der vorhergehenden Stufen einer weiteren Umkehrosmose zugeführt, deren Reinwasser wieder in Bäche oder Flüsse gelangt, während das Konzentrat dieser Stufe mit dem Roh-Deponiesickerwasser vermischt und erneut in den Kreislauf eingespeist wird.

Durch diese Kreislaufführung und auch durch die Rückführung der Trocknerbrüden in das Roh-Deponiesickerwasser kann es je nach Zusammensetzung des Sickerwassers zu einer Aufkonzentrierung von Stickstoff im System kommen. In der Folge können sich durch Reaktion mit den im Sickerwasser ebenfalls vorhandenen Nitratverbindungen und organischen Bestandteilen Substanzen bilden, die ein hohes Reaktionspotential besitzen. Sie können unter Umständen zur Selbstentzündung und zu Bränden führen [218].

Um dieses zu vermeiden wird ein Teil des Kondensates der Verdampferstufen in einer Füllkörperkolonne mit Luft gestrippt, bevor dieses Kondensat in die Umkehrosmose gelangt. Das entstehende Ammoniak-Luft-Gemisch strömt über einen Wärmeübertrager einem Katalysator zu, unter dessen Wirkung sich das Ammoniak wieder in Stickstoff und Wasser zurückverwandelt. Das vom Ammoniak befreite Kondensat wird aus dem Sumpf der Füllkörperkolonne wieder in die Umkehrosmose geleitet.

Aus der letzten Stufe der Eindampfung tritt ein Sickerwasserkonzentrat mit einer hohen Konzentration an gelösten, kristallisierten und suspendierten Feststoffen aus, das alle ursprünglich im Sickerwasser enthaltenen Schad- und Ballaststoffe in einem Vielfachen der ursprünglichen Konzentration enthält.

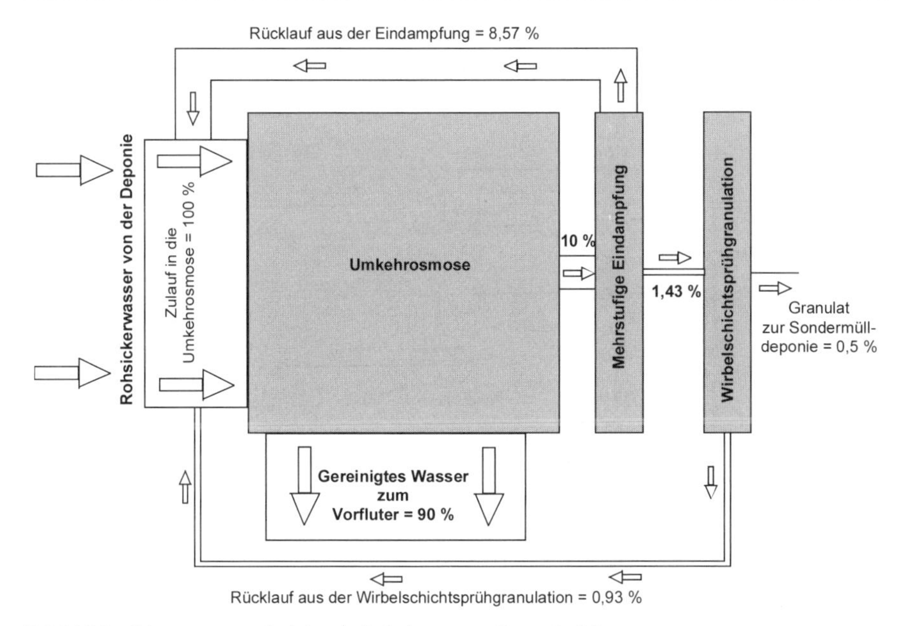

Bild 16-3 Mengenströme bei der Aufarbeitung von Deponiesickerwasser

Dieses Konzentrat wird nun in einen Wirbelschicht-Sprühgranulator eingedüst, der im geschlossenen Kreislauf mit überhitzten Wasserdampf arbeitet [30], [117], [134], [40], [62]. Granulate, die die Zielgröße erreicht haben, werden über einen klassierenden Produktabzug aus dem System unmittelbar in eine Abfüllanlage ausgetragen, wo das Sickerwassergranulat in normgerechte Gebinde so verpackt wird, daß es einer Sondermülldeponie zugeführt werden kann.

Der Massenstrom an Wasserdampf, der im Kreislauf zusätzlich entsteht, wird in einen Kondensator ausgeschleust, dort kondensiert und als Kondensat erneut in das Roh- Deponiesickerwasser eingespeist. Einen qualitativen Überblick über die Mengenströme in den einzelnen Stufen zeigt Bild 16-3.

16.3 Anwendungen bei der Zitronensäureproduktion

16.3.1 Potentiale zur Verbesserung und Verbilligung durch Wirbelschicht-Sprühgranulation

Zitronensäure wird zur Zeit kristallin in 50 kg - Papiersäcken entweder als Feingries (200 bis 500 µm) oder als Grobgries (500 bis 800 µm) und darüber hinaus aber auch flüssig verkauft. Anwendung findet sie beispielsweise als Genußsäure und/oder als Komplexbildner für Nahrungsmittel (Limonaden, Fruchtsäfte, Backhilfsmittel etc.), für Pharmazeutika sowie für Reinigungszwecke in der

Technik (Entfernung von Kalk- und Rostschichten in Kesseln, Schwefeldioxid-Entfernung aus Rauchgasen, Ersatz von Polyphosphaten in Waschmitteln etc.).

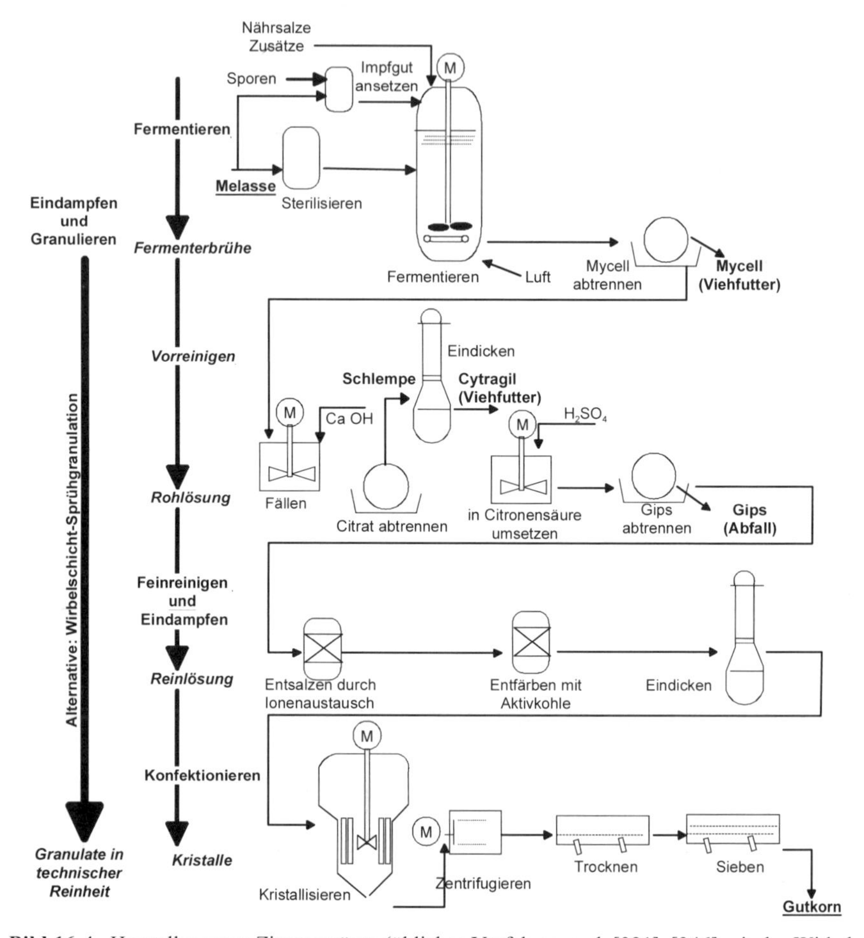

Bild 16-4 Herstellung von Zitronensäure (übliches Verfahren nach [321], [346] mit der Wirbelschicht-Sprühgranulation als Alternative für die Herstellung in technischer Reinheit)

Weil am Ende des herkömmlichen Herstellungsprozesses der Zitronensäure kristallisiert wird, entsteht zwangsläufig immer eine Zitronensäure hoher Reinheit. Denn Verunreinigungen der Zitronensäure, die vor dem Kristaller nicht entfernt wurden, würden im Kristaller ausfallen und dessen häufige Reinigung erforderlich machen. Sie würden zu Produktverlust, Reinigungskosten und Stillstandszeiten führen.

Die Zitronensäurelösung wird also für die Kristallisation vor- und schließlich durch die Kristallisation selbst endgereinigt. Das bedeutet, daß die Zitronensäure in fester Form zwangsläufig in einer hoch gereinigten Form eingesetzt werden muß, auch wenn der Anwendungsfall Verunreinigungen erlauben würde.

Im Gegensatz zur konventionellen Kristallisation wird bei der Wirbelschicht-Sprühgranulation die Lösung total eingedampft. Die von der Lösung mitgeführten Verunreinigungen werden dabei in den Granulaten eingeschlossen. Damit kann die Reinheit auf den Anwendungsfall abgestimmt werden, was die Zitronensäure für technische Anwendungen verbilligt. Es entstehen Granulate, die nahezu rund und mechanisch stabiler sind als die zerbrechlichen Kristalle, die bei der herkömmlichen Aufarbeitung entstehen. Die Granulate können mit Silofahrzeugen und pneumatischer Förderung transportiert werden, was Verpackungsmaterial und Arbeitskosten spart. Durch runde Partikel in enger Korngrößenverteilung wird darüber hinaus die Zahl der Kontaktstellen zwischen den Partikeln einer Schüttung verringert. Das reduziert die Gefahr von Verbackungen bei Lagerung und Transport.

Interessante, neue anwendungstechnische Aspekte ergeben sich durch die Herstellung sogenannter Co-Granulate, die nicht nur herkömmlich produzierte, reine Zitronensäure sondern auch andere Komponenten (andere organische Säuren oder Salze der Zitronensäure) einschließen. Auf diese Weise kann beispielsweise der pH-Wert reguliert oder der Geschmack beeinflußt werden [74].

Die Na- und K-Salze der Zitronensäure werden durch ihre Neutralisation mit den entsprechenden Laugen hergestellt. Sie sind ebenfalls in der Wirbelschicht granulierbar [74].

16.3.2 Übliche Herstellung von Zitronensäure

Zitronensäure wird durch Fermentation von Kohlehydraten (Zuckerlösungen, Melasse etc.) hergestellt. Der Fermentation schließt sich eine Aufarbeitung der Fermentationslösung in die Handelsform an. Die Zitronensäurefabrikation läßt sich etwa wie in Bild 16-4 dargestellt ist, gliedern in:

Vorbehandlung des Rohstoffes für einen günstigen Fermentationsverlauf und eine optimale Ausbeute.

Fermentation mit Aspergillus niger als Mikroorganismus. Da der Mikroorganismus nur in einem bestimmten pH-Bereich wirkt, werden zur pH-Regelung alkalisch wirkende Mittel (beispielsweise Alkali-, Ammonium- oder Erdalkalihydroxide) zugegeben. Die vom Mycel abgetrennte Fermentationslösung enthält dann neben dem Hauptprodukt alle Verunreinigungen, die mit den Rohstoffen, den Nährsalzen und Zusätzen in den Prozeß eingebracht werden. Darüber hinaus sind in der Fermentationslösung Stoffwechselprodukte des Pilzes enthalten. Das Mycell wird als Viehfutter verwendet.

Die Aufbereitung beginnt mit der Vorreinigung, bei der üblicherweise die Zitronensäure durch Zugabe von Kalkmilch als schwer lösliches Kalziumsalz ausgefällt wird. Das Salz wird abfiltriert und gewaschen. Anschließend wird durch Zugabe von Schwefelsäure die Zitronensäure wieder freigesetzt. Es fällt Gips und sogenanntes Cytragil an, das als Viehfutter Verwendung findet.

Für diese Vorreinigung gibt es auch Verfahrensalternativen, wie das Extrahieren in Tributhylphosphat, auf die hier nicht näher eingegangen werden soll, weil dadurch an der grundsätzlichen Aussage dieses Kapitels nichts geändert wird.

Die so entstandene Rohlösung enthält bei Eintritt in die Feinreinigung wegen der komplexbildenden Eigenschaften der Zitronensäure noch eine Reihe von Salzen, die durch Ionenaustausch beseitigt werden. Anschließend wird die Lösung mit Aktivkohle entfärbt und zur Reinlösung eingedampft.

Bei der Konfektionierung und Endreinigung wird die Reinlösung kristallisiert. Die Kristalle sind anschließend zu trocknen und zu klassieren. Verkauft werden sie als Grob- und Feingries. Über- und Unterkorn werden gelöst und entweder flüssig verkauft oder erneut kristallisiert. Für den Hersteller ist es außerordentlich schwierig, den Anfall von Fein- und Grobgries auf die Bestellungen abzustimmen.

16.3.3 Wirbelschicht-Sprühgranulation zu technischer Zitronensäure

Die Wirbelschicht-Sprühgranulation gibt die Möglichkeit Fermenterbrühe oder Rohlösung komplett einzudampfen und in Partikel umzuwandeln (s. [346], [P44], [P45]). Dabei entfallen nahezu alle üblichen Reinigungsschritte, wie in Bild 16-4 zu erkennen ist.

Anfängliche Versuche zur Sprühtrocknung von reiner Zitronensäure mißlangen. Offenbar ist die Kristallisationsgeschwindigkeit zu gering. Die versprühte Lösung setzte sich auf den Wänden ab oder führte zu einem Zuwachsen des Produktauslasses. Bei der Wirbelschicht-Sprühgranulation wird die Lösung auf eine artgleiche Feststoffoberfläche aufgesprüht. Das wirkt wie ein Animpfen. Durch Animpfen wird bekanntlich die Kristallisation beschleunigt. Reine Zitronensäure ist daher durch Wirbelschicht-Sprühgranulation problemlos zu granulieren.

Bei verunreinigter Zitronensäure wurde eine weitere, für den Prozeß unvorteilhafte Verringerung der Kristallisationsgeschwindigkeit festgestellt. Sie ist insbesondere auf die bei der Fermentation zugeführten Nährzusätze zurückzuführen. Durch die Nährzusätze bleiben kristallisationshemmende Ammoniumverbindungen im ppm-Bereich zurück. Durch die verlangsamte Kristallisation kommt es zu einem Ankleben von Kernen oder Keimgut an den wachsenden Granulaten. Die Kerne bzw. das Keimgut werden auf diese Weise aus dem Prozeß ausgetragen Somit reicht bei verunreinigter Zitronensäure die Eigenkeimbildung des Prozesses nicht aus. Es müssen bezogen auf den Granulatdurchsatz etwa 20-30 % Fremdkeime von außen zugesetzt werden.

16.3.4 Granulate

Bild 16-5 zeigt die entstandenen Granulate aus Zitronensäure in üblicher hoher und in neuer technischer Reinheit sowie aus Trinatriumzitrat. An den Granulaten aus technisch reiner Zitronensäure ist das Ankleben von Keimgut deutlich zu erkennen. Erwartungsgemäß sind die Schüttguteigenschaften der Granulate gegenüber herkömmlicher Ware deutlich verbessert. In [74] wird über das Ergebnis eines Abriebtestes in einem Wirbelbett berichtet. Danach wird durch die Wirbelschicht-Sprühgranulation der Abrieb auf 1/10 des Wertes heutiger Handelsware gesenkt. Ähnlich gut haben die Granulate bei Vergleichen zum Verhärtungsverhalten (s. Kap. 3) abgeschnitten (s. auch [P45]).

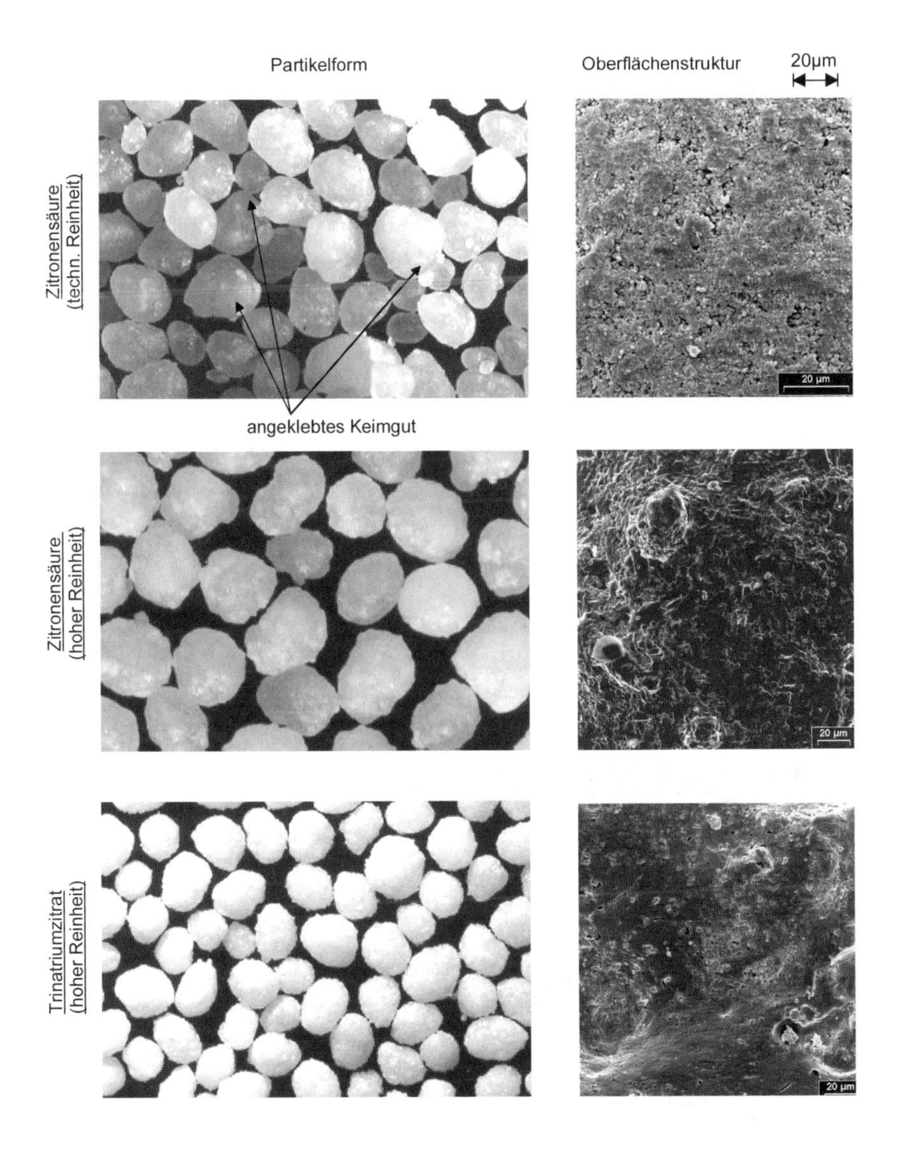

Bild 16-5 Granulate aus Zitronensäure unterschiedlicher Reinheit und aus ihrem Na-Salz (mittlere Körnung etwa 600-700 µm)

Von erheblichem Vorteil ist ebenfalls, daß durch Wirbelschicht-Sprühgranulation die Korngröße in den von Produkt und Verfahren gesetzten Grenzen auf einfache Weise verändert werden kann. Dem Hersteller wird es dadurch erheblich leichter, Kundenwünsche zu erfüllen.

16.4 Anwendung der kontinuierlichen Betriebsweise bei Pharmazeutika

Für Patienten mit Schluckbeschwerden war eine neue Darreichungsform eines Antibiotikums zu entwickeln [345]. Das Antibiotikum hat einen äußerst bitteren Geschmack, der zudem noch lange anhält. Dies erfordert eine geschmackliche Maskierung des Wirkstoffes durch Umhüllen. So waren sphärische Granulate mit einer für ein anschließendes Umhüllen („Lackieren") geeigneten, glatten Oberfläche herzustellen. Die Partikel sollten klein sein, damit der Patient nicht zum Kauen animiert wird. Bild 16-6 zeigt die mit diesen Vorgaben erzeugten Partikel.

Bild 16-6 Granulate eines Antibiotikums. Partikelgröße im Rohzustand 100 bis 330 μm. Umhüllung etwa 16 μm.

Ausgangspunkt der Herstellung gemäß Bild 16-7 ist ein feinteiliger Wirkstoff, der zunächst mit Binder versetzt, dann suspendiert und schließlich granuliert wird. Vorgegeben war neben der Restfeuchte die Körnung der Granulate. Es wurde eine mittlere Körnung von 220 μm gefordert. Unter 100 μm durften nicht mehr als 1 % und über 330 μm nicht mehr als 5 % anfallen. Die Einhaltung dieser Forderung wurde durch eine permanente Schutzsiebung im Anschluß an den Granulataustrag überprüft. Gewählt wurde die kontinuierliche Wirbelschicht-Sprühgranulation mit interner Keimgutproduktion, Eindüsung von unten und trennscharfer Zick-Zack-Sichtung am Austrag. Es ergab sich selbstregulierend eine Schichtmasse von etwa 5,5 kg/m^2 bei einem wegen des geringen Feststoffgehaltes der Sprühflüssigkeit (10 %) niedrigen Granulatdurchsatzes von rund 25 kg/m^2 h. Daraus errechnet sich eine mittlere Verweilzeit von 13 min.

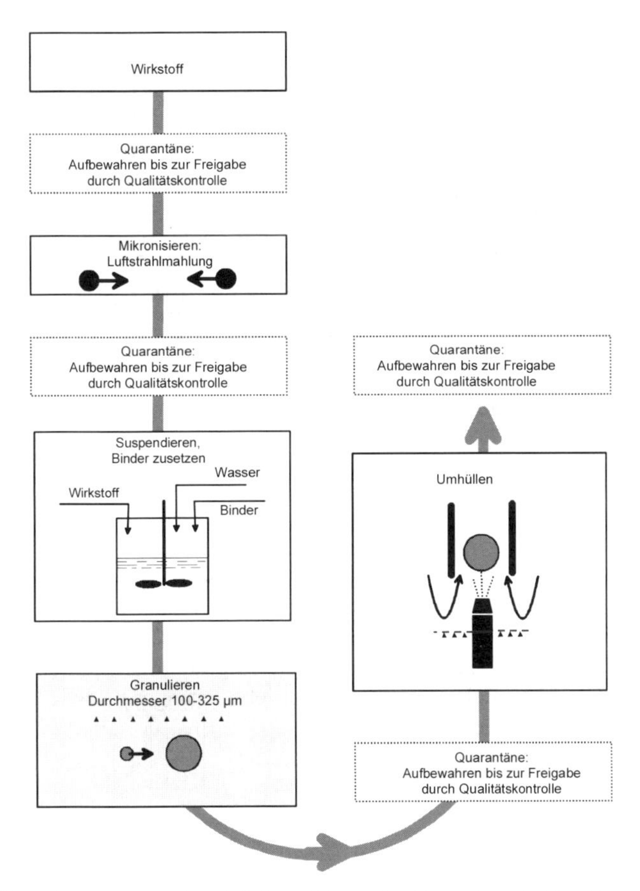

Bild 16-7 Herstellung von geschmacklich maskierten Partikeln eines Antibiotikums. Qualitätssicherung (Quarantäne und Qualitätskontrolle) nach pharmazeutischen Standards

Die kontinuierliche Wirbelschicht-Sprühgranulation mußte in einen ansonsten aus mehreren diskontinuierlichen Schritten bestehenden Herstellungsprozeß eingegliedert werden. Damit die Qualitätsprüfung so durchgeführt und dokumentiert werden kann, daß der gesamte Herstellvorgang nachvollziehbar ist, wurden Chargen definiert. Als Charge ist hierbei eine Füllung des batchweise arbeitenden Lackiergerätes gewählt worden. Die Sprühflüssigkeit wird zugeschnitten auf die Chargengröße angesetzt und anschließend versprüht. Damit während der Chargenlaufzeit rechtzeitig eingegriffen werden kann, werden Proben der entstehenden Granulate genommen und untersucht. Werden bei diesen Inprozeßkontrollen Verletzungen der Toleranzgrenzen festgestellt, müssen die Einstellungsbedingungen des Prozesses in einer geeigneten Weise verändert werden. Bild 16-7 zeigt den gesamten Herstellungsprozeß mit den für pharmazeutische Produktionen typischen chargenweisen Qualitätskontrollen nach jedem Herstellungsschritt.

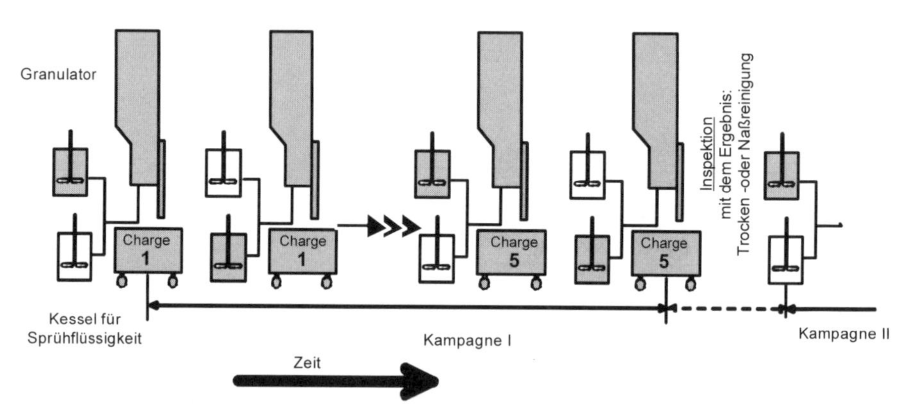

Bild 16-8 Eingliederung der Wirbelschicht-Sprühgranulation in einen pharmazeutischen Herstellungsprozeß

Gemäß Bild 16-8 ist die Aufteilung der Produktion in Kampagnen vorgesehen. Eine Kampagne besteht aus mehreren Chargen. Nach jeder Kampagne erfolgt eine Inspektion des Granulators. Gegebenenfalls müssen gröbere, nicht ausgetragene Teile abgesaugt werden. Eine Naßreinigung erfolgt automatisiert (CIP) allerdings nur nach Bedarf (beispielsweise nach Betriebsstörungen) sowie vor Betriebsstillständen.

16.5 Granulationsbeispiele der Universität Magdeburg

16.5.1 Allgemeines

An der damaligen „Sektion für Apparate- und Anlagenbau" der Otto-von-Guericke-Universität Magdeburg wurden bereits in den 70-er Jahren die Vorteile der Wirbelschicht-Sprühgranulation erkannt und eingehende Forschungs- und Entwicklungsarbeiten aufgenommen. Daraus resultierten Mitte der 70-er Jahre erste Anwendungen [227], [232], [236], [241], [290].Wie überhaupt viele Magdeburger Entwicklungsarbeiten zu einer großtechnischen Realisierung geführt haben. Die Arbeiten wurden begleitet von Forschungen mit praktischen und theoretischen Zielen. Forschungsschwerpunkte waren das Granulierverhalten spezieller Produkte und die Beschreibung der Stoff-, Wärme- und Impulstransportvorgänge in der flüssigkeitsbedüsten Wirbelschicht [80], [81], [83], [112], [121], [124], [126], [127], 133], [134], 135], [184], [199], [217], [231], [232], [238], [243], [300], [305].

Im folgenden werden einige in Magdeburg durchgeführte Granulationen anhand ihrer Granulationsparameter dargestellt. Fotos und rasterelektronenmikroskopische Aufnahmen zeigen die dabei entstandene Granulatmorphologie. Wie in Kap. 4 und Kap. 5 ausführlich erläutert ist, kann durch den Zusatz von Hilfsstoffen Ablauf und Ergebnis der Granulation entscheidend beeinflußt werden. Insofern sind die Darstellungen als eine Basis zu bewerten, die in vielen Fällen Optimierungspotential enthält. Das Optimierungspotential ist durch Versuche zu ermitteln. Bei der Einsprühung wurde von den jeweils vorhandenen Möglichkeiten ausgegangen. In der Regel erfolgt die Eindüsung radial von der Seite. Wenn, wegen geringer Abriebfestigkeit des Produktes, Staub zu binden ist, wurde die Eindüsung von oben bevorzugt.

16.5.2 Hintergrund der Beispiele

16.5.2.1 Granulation klebriger Produkte

16.5.2.1.1 Maisquellwasser

Maisquellwasser ist das erste Wasch- und Extraktionswasser bei der Verarbeitung von Mais zu Stärke. Der organisch stark belastete Ablauf kann aufgrund seiner Zusammensetzung als preiswerter Zusatz zu technischen Fermentationsmedien verwendet werden. Dabei kommt seinem Gehalt an Aminosäuren und Vitaminen die größte Bedeutung zu. Weil das Maisquellwasser leicht verderblich ist, wird es durch Aufkonzentrierung stabilisiert. Handelsüblich sind Konzentrate mit etwa 50 % und sprühgetrocknete Ware mit rund 97 % Trockenstoff.

Es konnte gezeigt werden, daß durch Wirbelschicht-Sprühgranulation rieselfähige Granulate mit 3 bis 10 mm Durchmesser zu erzeugen sind. Schwierigkeiten machte die Klebrigkeit des Produktes, die erst durch eine laufende Bepuderung während der Granulation beherrschbar wurde. Die Granulationsparameter sind in Tabelle 16-4 und Mikrofotos der entstandenen Granulate in Bild 16-9 zusammengefaßt.

16.5.2.1.2
Rohwürze

Rohwürze wird für Fertiggerichte in getrockneter Form benötigt. Sie ist wie das Maisquellwasser wegen ihrer Klebrigkeit und ihres Verhaltens nur schwer zu granulieren. Wie die Zusammenstellung der Granulationsparameter in Tabelle 16-5 zeigt, mußte hier der durch das Verkleben gefährdete stabile Betrieb durch ständiges Umrühren der Schicht mit einem Rührer gesichert werden. Bild 16-10 zeigt die erzeugten Granulate in verschiedenen Vergrößerungen.

16.5.2.1.3
Zellsaft

Aus Luzernesäften, läßt sich wegen des Vitamin- und Mineralstoffgehaltes eine für die Tierernährung wertvolle Futterkomponente erzeugen. Für ihre Einarbeitung in Mischfuttermittel muß sie trocken, rieselfähig und staubarm sein. Ausgangspunkt der Herstellung ist das Auspressen frisch geernteter Luzernepflanzen. Dabei wird Zellsaft („grüne Milch") gewonnen, die in einem nächsten Schritt entweder chemisch oder thermisch zu einer Suspension gefällt werden muß. Die schonende Trocknung dieser Suspension durch Wirbelschicht-Sprühgranulation ist schwierig, weil das Produkt stark hygroskopisch ist und zum Verkleben neigt. Bepudern und Rühren, die beiden Maßnahmen zur Sicherung eines stabilen Betriebes bei klebrigen Produkten wurden angewendet. Mit beiden Maßnahmen konnte ein stabiler Betrieb sichergestellt werden. Die Bepuderung erwies sich hier jedoch als wirkungsvoller. Sie läßt einen doppelt so hohen Durchsatz zu. Als Puder wurde Futterkalk verwendet, der zu der beabsichtigten Anwendung paßt. Die Parameter beider Varianten der Granulierung und auch die Bilder der zugehörigen Granulate sind hier dargestellt. Zum Rühren gehören Tabelle 16-6 und Bild 16-11, zur Bepuderung Tabelle 16-7 sowie Bild 16-12.

16.5.2.2
Granulation bei pastenartigem Ausgangszustand

Mit den Produkten Kalziumlactat [192] und Metauponpaste [143] wird beispielhaft gezeigt, daß durch Wirbelschicht-Sprühgranulation auch ausgehend von einer anfänglich pastenförmigen Konsistenz gut weiterzuverarbeitende, rieselfähige und staubarme Granulate herzustellen sind. Bei der Metauponpaste wurde von der Seite in radialer Richtung in die Schicht gesprüht. In Tabelle 16-8 und Tabelle 16-9 sind mögliche Granulationsparameter von Kalziumlactatschmelze und Metauponpaste aufgelistet. Bild 16-13 zeigt Ansichten von Kalziumlactatgranulaten in verschiedenen Vergrößerungen.

16.5.2.3
Produkte aus mikrobiologischen Prozessen

Die mikrobiologischen Prozesse finden in Wasser statt. Dabei werden von Mikroorganismen energierreiche organische Stoffe (z.B. Melasse, Zucker, Abwasserfracht etc.) zu Stoffwechselprodukten z. B. Zitronensäure (s. Kap. 16.3.2) und Nebenprodukte (Alkohol, Kohlendioxid, Methan usw.) umgewandelt. Die Stoffwechselprodukte hängen von der Mikroorganismenart ab. Kennzeichnend für die Prozesse ist, daß gleichzeitig die Mikroorganismen wachsen und sich vermehren. Sie bilden die Biomasse. Technologisches Ziel der Prozesse können die Stoffwechselprodukte aber auch die Biomasse sein. Futterhefe ist das bedeutendste Biomassenprodukt (Einsatzstoff ist hierbei zumeist Melasse oder Sufitablauge). Bei der Abwasserreinigung muß die Biomasse hingegen als Klärschlamm entsorgt werden.

16.5.2.3.1
Futterhefe

Als Beispiel sei hier die in der ehemaligen DDR zur Futtermittelproduktion betriebene Vergärung von Melasse zu Futterhefe genannt [25]. Die anfallende Biomasse ergab nach ihrer Aufkonzentrierung eine Eiweißsuspension mit einem Feststoffgehalt von ca. 15-20 %. Diese Suspension ist durch Wirbelschicht-Sprühgranulation problemlos zu Granulaten von 3 bis 15 mm Durchmesser zu verarbeiten. In Tabelle 16-10 sind die Granulationsparameter von Futterhefesuspensionen zusammengestellt und Bild16-14 zeigt Fotos der Granulate.

Die Granulate waren staubarm (wichtig, da der Staub durch vorhandene Enzyme gesundheitsschädlich ist), gut rieselfähig und lagerstabil (obwohl die Futterhefe hygroskopisch ist). Sie ließen sich im Futtermittelmischwerken problemlos in Mischfutterkompositionen einarbeiten. Durch geeignete Temperaturführung bei der Wirbelschicht-Sprühgranulation konnte ausgeschlossen werden, daß es zu Salmonellen- und Schädlingsbefall der hergestellten Produkte kam. Im damaligen VEB Gärungschemie Dessau waren mehrere Wirbelschicht-Sprühgranulatoren mit Wasserverdampfungsleistungen bis zu 5000 kg/h in Betrieb.

Es wurden darüber hinaus folgende Eigenschaften der Granulate nach fünfmonatiger Lagerung in Papiersäcken in trockenen aber nicht klimatisierten Räumen ermittelt [382]:

Trockenmassegehalt	92,5 %
Inhaltsstoffe (bezogen auf Trockenmasse)	91,4 % organische Substanz
	davon :
	38,4% Rohprotein
	0,2% Rohfett
	8,6% Rohasche
Farbe	bräunlich
Geruch	arteigen
Löslichkeit	kaum löslich
Mahlbarkeit	sehr gut, z.B. mit Walzenstühlen
Verpackung/Transport	in Papier oder Jutesäcke aber auch in

	Silowagen möglich
Salmonellen	negativ
Mykol. Untersuchung	negativ

16.5.2.3.2
Roggenstärkefugat

Wie oben dargestellt, können durch die günstige Temperaturführung bei der Wirbelschicht-Sprühgranulation Bedingungen in der Wirbelschicht eingestellt werden, bei denen mit Sicherheit schädliche Mikroorganismen abgetötet, das erzeugte Eiweiß jedoch nicht wesentlich geschädigt wird. Umgekehrt kann aber auch eine „lebende" Mikroorganismenpopulation durch Wirbelschicht-Sprühgranulation unter so schonenden Bedingungen in eine Granulatform überführt werden, daß die Mikroorganismen beim Trocknungsvorgang nicht geschädigt werden und am Leben bleiben (Immobilisierung von Mikroorganismen, insbesondere von Bakteriensporen, Trocknung von Hefen usw.). Roggenstärkefugat (Fugat steht für die eingedickte Phase eines Dekanters) ist hierzu ein Beispiel. Bild 16-15 zeigt Fotos der Granulate, die mit den in Tabelle 16-11 zusammengefaßten Granulationsparametern hergestellt wurden.

16.5.2.3.3
Lysin

Um Mangelerscheinungen und Wachstumsstörungen zu vermeiden, wird dem tierischen Organismus die essentielle Fettsäure Lysin zugeführt. Lysin wird durch Abbau einer glukosehaltigen Kulturlösung hergestellt. Zur anschließenden Einengung des Wassergehalt von 74 auf 45% sind verschiedene Verfahren im Einsatz. In der ehemaligen DDR wurde auf einen Feststoffgehalt von 55 % eingedampft, der ein anschließendes Versprühen mit Zweistoffdüsen ermöglicht. Wird die eingedampfte Fermenterbrühe sprühgetrocknet, entsteht ein staubendes Trockengut, bei dem die MAK-Werte nur schwer einzuhalten sind. Die durch Wirbelschicht-Sprühgranulation hergestellten Partikel (in der großtechnischen Anwendung 0,8 bis 2 mm groß) haben bei Förderung, Lagerung und Weiterverwendung dagegen viele Vorteile. Sie haben einen Lysingehalt von maximal 30%.

Hier wird von Eigenschaften der Fermenterbrühe berichtet, die sich durch Weiterentwicklung für die Wirbelschicht-Sprühgranulation deutlich verbessert haben. Zum Zeitpunkt, als die hier referierten Arbeiten durchgeführt wurden, war die Klebrigkeit der aufgetragenen Sprühflüssigkeit wichtig. Sie konnte zum Zusammenkleben der Schicht führen. Geeignete Gegenmaßnahmen wie Bepuderung, also die Zugabe staubförmigen Substanzen wie Kreide oder Kalk in den Granulator [182], [122] oder die Verwendung eines „Zerschlägers" in der Wirbelschicht [P5] wurden angewendet. Die Granulationsparameter sind in Tabelle 16-12 und Fotos der entstandenen Granulate in Bild 16-16 dargestellt.

Für Granulate aus einer späteren großtechnischen Produktion wurden folgende Eigenschaften ermittelt [382]:

Trockenmassegehalt	95 %
Inhaltsstoffe	30 % Lysin

(bezogen auf Trockenmasse)	10 % andere Aminosäuregemische 60 % Biomasse
Farbe	bräunlich
Geruch	würzig
Löslichkeit	kaltwasserlöslich
Mahlbarkeit	sehr gut, auch mit Walzenstühlen
Förderung	wegen Staubarmut und hoher Abriebfestigkeit ist eine pneumatische und mechanische Förderung möglich
Fließverhalten	bei luftdichter Lagerung gewährleistet

16.5.2.3.4
Bioschlamm

Bioschlamm, der aus unterschiedlichen mikrobiologischen Prozessen der Abwasseraufbereitung kommt, ist ebenfalls durch Wirbelschicht-Sprühgranulation zu körnen. So ist beispielweise Bioschlamm aus der fermentativen Gülleaufbereitung zu einem Futtermittelzusatz zu granulieren. Dabei ist eine gleichzeitig Hygenisierung des Produktes (Vermeidung von Salmonellenbefall und Geruchsreduzierung) erforderlich. Auch die Weiterverarbeitung zu Düngemittelgranulaten wie sie in Bild 16-17 gezeigt werden, ist möglich. Es entstehen feste, staubfreie, gut rieselfähige, glatte, annähernd runde Granulate mit hoher Schüttdichte und geringem Abrieb. Die Granalien besitzen eine gute Formbeständigkeit in Wasser. Durch Hygienisierung des Produktes in einer zweiten Stufe bei einer Temperatur von 150 °C und einer Verweilzeit von > 40 min lassen sich auch die sporenbildenden anaeroben und aeroben Bazillen im erforderlichen Umfang reduzieren. Mögliche Granulationsparameter derartiger Bioschlammsuspensionen sind in Tabelle 16-13 zusammengefaßt.

16.5.2.4
Granulate für das Formpressen von Hartmetallen und Magneten

16.5.2.4.1
Hartmetalle

Hartmetalle sind Metallcarbide (Wolfram- und Titancarbid), die auf pulvermetallurgischem Weg durch Formpressen und anschließendes Sintern erzeugt werden. Der Herstellungsprozeß gleicht der mit Bild 5-9 dargestellten Herstellung von Flachgeschirr. Für die Sinterung sind möglichst feste und kompakte, gut rieselfähige Granulate aus Carbidpartikeln mit einem Duchmesser zwischen 0,1 und etwa 1 mm Voraussetzung. Das Optimierungsziel „hohe Schüttdichte" ließ eine breitere Korngrößenverteilung als sonst üblich zu. Es gelang geeignete Granulate durch Wirbelschicht-Sprühgranulation aus einer wäßrigen Suspension der Carbidpartikel mit einem Bindemittelzusatz herzustellen. Die Granulationsparameter sind in Tabelle 16-14 und Tabelle 16-15 aufgeführt [205]. Die so erzeugten Granulate sind sehr gut fließfähig und haben eine hohe Schüttdichte. Wegen der hohen Feststoffdichte war es möglich, eine stabile Granulation im Durchmesserbereich von ca. 100 µm durchzuführen. Als Keimgut wurde auch sprühgetrocknetes Produkt verwendet. Ansichten von Titancarbidgranulaten in verschiedenen Vergößerungen sind in Bild 16-18 dargestellt

16.5.2.4.2
Ferrit

Ähnlich den Hartmetallen, werden auch Permanentmagnete hergestellt. Sprühgetrocknete Ferritsuspensionen eignen sich hierfür nur bedingt, weil die in dem relativ großen Lückenvolumen eingeschlossene Luft beim Pressen komprimiert wird. Nach dem Pressen treibt die komprimierte Luft den Formling auseinander. Hier kann die Wirbelschicht-Sprühgranulation mit großem Erfolg eingesetzt werden, da die entstehenden Granulate einerseits sehr kompakt sind und andererseits wegen ihrer guten Rieselfähigkeit die Preßform so gut ausfüllen, daß nur wenig Luft eingeschlossen wird. Mit diesen Granulaten entstehen Preßlinge mit sehr guten magnetische Eigenschaften [191]. In Tabelle 16-16 sind die zugehörigen Granulationsparameter zusammengefaßt und Bild 16-19 zeigt Mikroaufnamen der Granulate.

16.5.2.5
Milchprodukte

16.5.2.5.1
Allgemeines

Milch enthält durchschnittlich 85 bis 91 % Wasser, 3,4 bis 6,1 % Fett, 2,8- bis 3,7 % Protein, 4,5 bis 5 % Laktose, 0,68 bis 0,77 % Mineralstoffe sowie vielfältige Spurenelemente.

Um den Feststoff zu separieren, ist ein Vielfaches an Wasser zu entfernen. Für den Wasserentzug gibt es in der Milchindustrie mehrere Verfahren. Allen ist eine Vakuumverdampfung als erste Stufe gemeinsam. Daran schließt sich die Sprüh- oder aber auch die Walzentrocknung an. Im Folgenden werden Ergebnisse der Wirbelschicht-Sprühgranulation als formgebendes Trocknungsverfahren dargestellt.

16.5.2.5.2
Magermilchkonzentrat

Für Magermilch gilt [382]:

Trockenmassegehalt	9 %
Inhaltsstoffe (bezogen auf Trockenmasse)	37,5 % Rohprotein
davon	1,1 % Rohfett
	7,5 % Rohasche
	53,6 % stickstofffreie Extrakte

Die Extrakte sind ernährungsphysiologisch hochwertig und stickstofffrei. Sie sind sowohl in der Lebensmittelindustrie als auch bei der Aufzucht von Jungtieren von außerordentlicher Bedeutung. Bisher wird Magermilch in Sprühtrocknungsanlagen oder mit Walzentrocknern entwässert bzw. getrocknet. Im ersten Fall ist das Ergebnis ein Sprühpulver mit ungünstigen Eigenschaften wie nicht rieselfähig, in Bunkern brückenbildend, hydrophil und damit schlecht lagerfähig. Das

Walzenprodukt weist prinzipiell die gleichen Eigenschaften auf und muß darüber hinaus noch vor der weiteren Verwendung gemahlen werden. Diese ungünstigen Eigenschaften entfallen bei der Wirbelschicht-Sprühgranulation weitgehend.

Der Futterwert des Magermilchgranulates entspricht annähernd dem Wert von Trockenmagermilch. Mit diesem Granulat steht der Landwirtschaft ein energie- und proteinreiches Futtermittel mit hohem biologischem Wert bei der Trockenfütterung zur Verfügung [382].

Die entrahmte Vollmilch wird für die Sprühgranulation in Vakuumverdampfern bis zu einem Trockensubstanzgehalt von etwa 50 % eingedampft. Es entsteht eine Suspension, der entsprechend den geforderten Eigenschaften gelöste oder suspendierbare Substanzen zugesetzt werden. Diese Suspension wird dann in den Wirbelschicht-Sprühgranulator eingedüst. Die Granulationsparameter zeigt Tabelle 16-17 Form und Oberfläche der Magermilchgranulaten sind in verschiedenen Vergrößerungen in Bild 16-20 dargestellt.

Es wurden darüber hinaus folgende Eigenschaften der Granulate nach zweimonatiger Lagerung in Papiersäcken in trockenen aber nicht klimatisierten Räumen ermittelt [382]:

Trockenmassegehalt	92,4 %
Inhaltsstoffe (bezogen auf Trockenmasse)	91,2 % organische Substanz
davon	36,9% Rohprotein
	1,1% Rohfett
	8,8% Rohasche
Farbe	elfenbeinfarben
Geruch	arteigen
Löslichkeit	schwer löslich
Mahlbarkeit	sehr gut, z.B. mit Walzenstühlen
Verpackung/Transport	in Papier oder Jutesäcke aber auch in Silowagen möglich
Salmonellen	negativ
Mykol. Untersuchung	keine Toxinbildner nachweisbar

16.5.2.5.3
Vollmilchkonzentrat

Analog zur Magermilch läßt sich auch Vollmilch durch Wirbelschicht-Sprühgranulation zu lagerstabilen, gut rieselfähigen und staubfreien Granulaten im Durchmesserbereich von ca. 3 bis 8 mm verarbeiten [123]. Im Gegensatz zu sprüh- oder walzengetrockneten Produkten weisen diese Granulate eine hohe Festigkeit und eine glatte, leicht brombeerartig aufgebaute Oberfläche auf, die Mikroorganismen nur wenig Angriffsfläche bietet, wodurch eine extrem lange Lagestabilität erreicht werden kann. Allerdings sind die so erzeugten Granulate aus denselben Gründen auch sehr schwer rücklöslich und lassen sich selbst in gemahlenem Zustand nicht zu Instantprodukten verarbeiten. Wie Tabelle 16-18 und Bild 16-21 zeigen, unterscheiden sich sowohl die Granulationsparameter als auch das Aussehen der Vollmilch- und Magermilchgranulate nur wenig.

16.5.2.6
Beispiele aus der chemischen Industrie

16.5.2.6.1
Pottasche

Pottasche ist der Trivialname von Kaliumcarbonat. Sie ist ein wichtiger Zuschlagstoff bei der Glasproduktion. Damit es bei der Zugabe der Einsatzstoffe in die Schmelze nicht zu Entmischungen kommt, ist es günstig, die Partikelgröße des Gemenges von Einsatzstoffen aufeinander abzustimmen (s. Kap. 2.1). Hierzu bietet sich eine Agglomeration der Mischung oder Teile davon zu Partikeln an (s. Kap. 16.7). Die Zusammensetzung ist dadurch fixiert. Es können darüber hinaus auch einzelne Komponenten durch Wirbelschicht-Sprühgranulation in eine Größe gebracht werden, bei der eine Entmischung vermieden wird. Pottasche, die bei ihrer Herstellung in wäßriger Lösung anfällt, und daher sowieso getrocknet werden muß, ist ein Beispiel. Sie ist granulierbar, wie Versuche belegen [P26], [119], [147]. Es entstehen annähernd runde Granulate (1 bis 3 mm groß). Sie sind gut rieselfähig und staubarm. Die Korngrößenverteilung ist eng. In Tabelle 16-25 sind die bei den Versuchen angewendeten Parameter aufgelistet.

16.5.2.6.2
Aktivkohle

Aktivkohle ist eine Kohlenstoffstruktur aus kleinsten Graphit-Kristallen und amorphem Kohlenstoff. Die Strukur ist sehr porös. Sie hat innere Oberflächen bis 5000 m^2/g. Üblich sind verschiedene Handelsformen, nämlich Pulver zur Entfärbung von Flüssigkeiten, kleine Körner zur Wasserbehandlung und Zylinder zur Gasreinigung. Zur Vergrößerung der inneren Oberfläche werden die Halbprodukte unter Sauerstoffabschluß bei 800 bis 1000 °C „aktiviert".

Bei der Herstellung der Aktivkohle aus Knochen, Holz oder anderen nachwachsenden Rohstoffen fällt die Aktivkohle als feiner Staub an. Um sie in eine körnige Handelsform zu bringen, muß sie unter Verwendung von Bindemitteln granuliert werden. Mit Tonmineralien als Bindemittel ist es durch Wirbelschicht-Sprühgranulation gelungen Aktivkohle-Granulate in Partikel-Größen zwischen 1 und 6 mm aus einer wäßrigen Kohle/Bindemittel-Suspension herzustellen [150], [P25]. In Tabelle 16-20 finden sich die Granulationsparameter, Bild 16-22 zeigt die Granulatform.

16.5.2.6.3
Bleisulfat

Das als Stabilisator bei der PVC-Herstellung verwendete Bleisulfat ist sehr gut durch Wirbelschicht-Sprühgranulation zu granulieren [187]. Die Granulation erfolgte aus einer wäßrigen Suspension mit den Zielen Staubfreiheit und gute Rieselfähigkeit. Die Ziele wurden erreicht. Wie Bild 16-23 zeigt, entstehen nahezu ideal runde Granulate. Die Korngrößenverteilung ist sehr eng. Allerdings war die Dichte für die vorgesehene Verwendung zu hoch. Tabelle 16-21 beinhaltet die Granulationsbedingungen.

16.5.2.7
Futtermittel

16.5.2.7.1
Sonnenblumenprotein

Bei der Gewinnung von Speiseöl aus Sonnenblumensaat werden die Sonnenblumenkerne zunächst in großen Schneckenpressen mechanisch ausgepreßt. Dabei wird der Hauptteil des Öles frei. Das restliche Öl wird in der Regel aus dem Preßkuchen durch Extraktion mit einem Extraktionsmittel (z. B. Hexan) extrahiert. Die so entstandene Miscella (Gemisch aus Hexan und Speiseöl) wird unter Ausnutzung der hohen Dampfdruckunterschiede zwischen Öl und Hexan destillativ getrennt. Das Hexan wird wieder in den Prozeß zurückgeführt, während das Speiseöl als verkaufsfähiges Produkt gewonnen wird.

Aus dem verbleibenden, weitgehend vom Öl befreiten, aber mit Hexan beladenen Extraktionsschrot wird durch Dampfstrippen in sogenannten Toastern das Hexan ausgetrieben und nach der Kondensation des Dampfgemisches vom Wasser getrennt. Das „getoastete" Extraktionsschrot enthält noch wertvolle Eiweißstoffe, die in der Regel mit dem Schrot als Tierfutter verwendet werden.

Um wertvolles pflanzliches Eiweiß direkt für die menschliche Ernährung zu gewinnen, läßt sich durch eine weitere Extraktion (z. B. mit Kochsalzlösung) das Eiweiß aus dem Schrot herauslösen und am isoelektrischen Punkt fällen. Anschließend wird die so hergestellte Suspension gewaschen und in Separatoren aufkonzentriert. Dadurch entsteht eine Eiweißsupension von 10 bis 20 Gew.-% Feststoff, die entweder durch Sprühtrocknung oder durch Wirbelschicht-Sprühgranulation zu trocknen ist. Durch Sprühtrocknung wird ein feines Pulver erzeugt, das in Wasser gut rücklöslich ist. Dagegen entstehen bei der Wirbelschicht-Sprühgranulation feste, schwer lösliche Granulate [148], [235], [289], [291], [P20]. Abhängig von den Granulationsparametern wurden Granulate mit Durchmessern zwischen 2 und 20 mm erzeugt. Diese Granulate müssen allerdings unmittelbar vor ihrer Einarbeitung in Lebensmittel (z. B. Brot, Wurst usw.) wieder aufgemahlen werden. Das ist ein Nachteil gegenüber sprühgetrockneter Ware. Vorteilhaft ist allerdings die über Jahre andauernden Lagerstabilität der Granulate. Sprühgetrockneter Ware nur ist nur wenige Wochen lagerstabil.

Die Granulationsparameter von Sonnenblumenprotein sind in Tabelle 16-22 und Fotos der Granulate in Bild 16-24 dargestellt.

16.5.2.7.2
Schweineblut

In großen Schlachthöfen fallen erhebliche Mengen Schweineblut an. Schweineblut ist aber nur wenige Stunden lagerfähig ist. Da dieses Blut eine Reihe wertvoller Eiweiß- und Mineralstoffe enthält, ist es als Zusatz zu Futtermitteln interessant. Dazu muß das Blut allerdings in eine lagerfähige Form überführt werden. Neben der chemischen Konservierung, bei der das gesamte Wasser im Blut mit transportiert werden muß, bietet sich die Trocknung als günstige Konservierungsmethode an. Es wurde nun gefunden, daß das Schweineblut zu stabilen, staubarmen und gut rieselfähigen Partikeln zu granulieren ist. Im Zuge der Untersuchungen wurde bereits im Jahre 1976 der Beweis erbracht, daß bei geeigneten Trocknungsbedingungen sowohl Salmonellen als auch pathogene Keime abgetötet werden, ohne die im Blut enthaltenen Wertstoffe wesentlich zu schädigen [194]. In Tabelle 16-23 und in Bild 16-25 sind die Granulationsparameter und Fotos der Granulate zusammengefaßt.

16.5.2.8 Düngemittel

16.5.2.8.1 Harnstoff

Harnstoff ist ein wichtiger Stickstoffdünger. Außerdem findet er in der Tierernährung Verwendung.

Für seine Ausbringung in der Landwirtschaft ist eine Granulation zwingend erforderlich. Üblicherweise wird zur Granulation der Harnstoff geschmolzen (Schmelzpunkt 132,7 °C). Die Harnstoffschmelze wird zertropft und in einem Luftstrom erstarrt. Diese Technologie nennt man „Prillen“. Da für den Erstarrungsvorgang Fallhöhen von mehr als 40 m erforderlich sind ergeben sich Prilltürme von beträchtlichen Ausmaßen. Erzeugt werden dabei Partikel mit einem Durchmesser von weniger als 2 mm. Granulate mit einem Durchmesser von mehr als 4 mm, die für die Walddüngung aus der Luft verlangt werden, würden zu einer gigantischen Höhe des Prillturmes führen. So große Partikel sind somit durch Prillen nicht sinnvoll zu erzeugen. In Wirbelschicht-Sprühgranulatoren können dagegen nahezu beliebig große Granulate bei Apparatehöhen von weniger als 10 m erzielt werden [15], [188], [189], [190], [193]. In Bild 16-26 sind Harnstoffgranulate gezeigt, die in der Wirbelschicht aus der Harnstoffschmelze hergestellt wurden. In Tabelle 16-24 sind die zugehörigen Granulationsparameter zusammengefaßt.

16.5.2.8.2 Ammoniumsulfat

Ammoniumsulfat ist wie Harnstoff ebenfalls ein Nitratdünger. Er wirkt allerdings nicht so spontan wie Harnstoff. Deshalb wird er meist vor der Saat ausgebracht.

Granulationsversuche [146] haben ergeben, daß Ammoniumsulfat durch Wirbelschicht-Sprühgranulation aus wäßriger Lösung zu granulieren ist. Die Granulatform zeigt Bild 16-27. Die Granulate sind gut rieselfähig und staubarm. Sie sind also für die Ausbringung als Düngemittel gut geeignet. Die bei den Versuchen verwendeten Granulationsparameter sind in Tabelle 16-25 zusammengefaßt.

16.5.2.9 Leimabwasser

In der Industrie entstehen durch Waschprozesse Abwässer, die mit sehr unterschiedlichen Produktresten belastet sind. Diese Produktreste können im Abwasser sowohl in gelöster als auch in suspendierter Form vorliegen. Zu ihrer Separierung und Beseitigung bieten sich viele Verfahren an. Dennoch kann es vorkommen, daß diese Verfahren nicht oder nicht wirtschaftlich eingesetzt werden können. Eine mikrobiologische Reinigung kann beispielsweise an Unverträglichkeiten oder auch am Aufwand scheitern. Auch andere Arten der Aufarbeitung z. B. Mikrofiltration, Eindampfung, Adsorption usw. sind insbesondere bei kleinen Abwassermengen apparativ zu aufwendig und damit zu teuer. Bei einem Leimabwassers, das in relativ geringen Mengen bei der täglichen Säuberung von Maschinen anfiel, konnte gezeigt werden, daß durch Wirbelschicht-Sprühgranulation des zuvor eingedampften Abwassers die Produktreste in einen kompakt zu deponierenden Trockenstoff verwandelt werden können [204]. In Tabelle 16-26 sind die Granulationsparameter und in Bild 16-28 Aufnahmen der entstandenen Granulate zusammengestellt.

16.5.3 Granulationsbeispiele (Ablauf und Ergebnis der Granulationen)

Für die Darstellung der als Beispiele ausgewählten Granulationen sind zunächst Tabellen gewählt. Sie geben das Ziel der Granulation, seine Randbedingungen, sowie die wesentlichen Granulationsparameter wieder. Außerdem enthalten sie einige wesentliche Schüttguteigenschaften der erzeugten Granulate. Form und Oberflächenstruktur sind durch Fotos in verschiedenen Vergrößerungen für die meisten Granulate angegeben. Sie sind unkommentiert. Für Leser mit spezieller Kenntnis der angesprochenen Produkte sollen die Bilder eine Abrundung der Informationen sein. Außerdem ist beabsichtigt, mit den Bildern die Entwicklung von Bewertungsmaßstäben rasterelektronenmikroskopischer Aufnahmen von Granulatober- und -bruchflächen anzuregen, auf deren Bedeutung für die Beurteilung des Granulierverhaltens bereits in Kap. 5.1.4 hingewiesen ist.

Tabelle 16-4 Maisquellwasser - Ziel, Ablauf und Ergebnis der Wirbelschicht-Sprühgranulation

Produkt: Maisquellwasser	**Literatur:** [213]
Ziel: Herstellung von lagerstabilen, festen und gut rieselfähigen Granulaten aus Maisquellwasser	
Randbedingungen: Es ist aufkonzentriertes Maisquellwasser mit einem Trockensubstanzgehalt von 35 Gew.-% zu granulieren. Die Klebrigkeit des Produktes ist dabei eine empfindlich störende Produkteigenschaft. Eine stabile Granulation konnte nur durch eine laufende Bepuderung der Schicht erreicht werden. Zugesetzt wurden ca. 20 % (bezogen auf den Feststoffdurchsatz) pulvriger Maiskleber.	
Sprühflüssigkeit:	
Zusammensetzung: Maisquellwasser	**Lösungs-/Dispergiermittel:** Wasser
Feststoffgehalt: 35 Gew.-%	**Temperatur:** Umgebungstemperatur
Granulation:	
Gas: Luft	
Apparatekonfiguration:	
Kreislauf:	offen
Variante:	externe Keimzufuhr
Einsprühen:	eine Zweistoffdüse seitlich
Gasverteilung:	runder Apparat, Gasverteiler mit von außen nach innen abnehmendem Öffnungsverhältnis
Keimzufuhr:	von oben (Zellenradschleuse)
Abgasreinigung:	Zyklon mit Rückführung des abgeschiedenen Staubes in die Schicht,
Austrag:	zentraler Steigrohrsichter
Parameter:	
Anströmung:	mittlere Leerrohrgeschwindigkeit 6 m/s
Lufteintrittstemperatur:	95 °C
Luftaustrittstemperatur:	72 °C
Spez. Verdunstungsleistung:	90 kg/m^{2}Anströmfläche und Stunde, 0,56 kg/kg Schichtmasse und Stunde
Spez. Granulatdurchsatz:	50 kg/m^2 Anströmfläche und Stunde
Mittlere Verweilzeit:	3,3 h
Granulat:	
Partikelgröße:	im Mittel 3000-10000 μm
Partikelform:	rund, brombeerartig
Rieselfähigkeit:	gut
Festigkeit:	mittel, staubfrei
Restfeuchte:	
Art:	Wasser
Gehalt [Gew.-%]:	5-10
Scheinbare Granulatdichte:	ca. 1300 kg/m^3
Schüttdichte:	ca. 754 kg/m^3
Besonderheiten: Die Granulate sind stark hygroskopisch. Sie kleben bei längerer Lagerung unter Umgebungsbedingungen zusammen.	

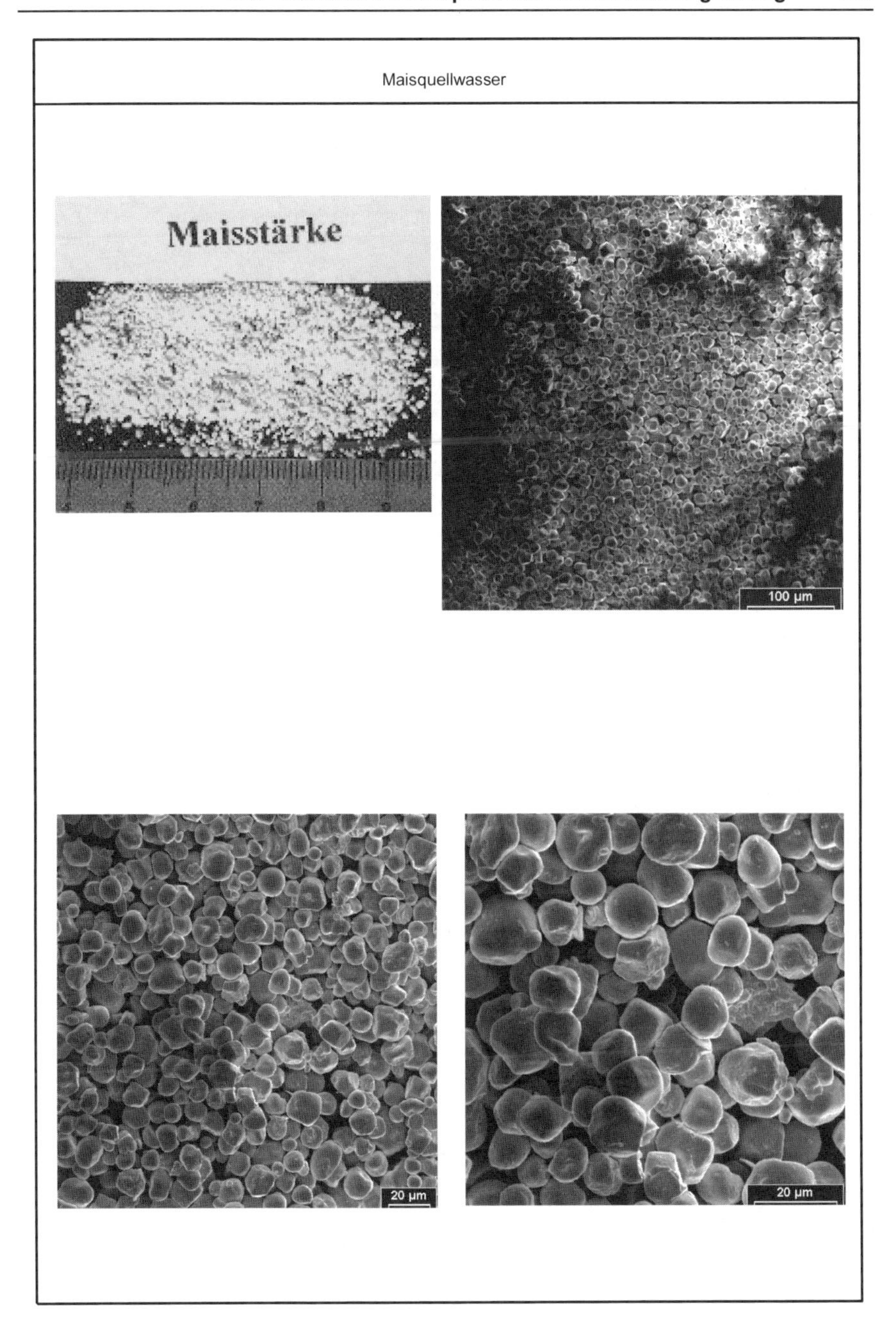

Bild 16-9 Maisquellwasser - Form und Oberfläche der Granulate

Tabelle 16-5 Rohwürze - Ziel, Ablauf und Ergebnis der Wirbelschicht-Sprühgranulation

Produkt: Rohwürze	**Literatur:** [214]; [P20]

Ziel:
Herstellung von gut rieselfähigen Rohwürzegranulaten auf Salzbasis

Randbedingungen: 3
Aus einer 40-Gew.-%-igen Rohwürzesuspension soll ein Granulat erzeugt werden, indem die Rohwürze kontinuierlich auf Salzkristalle aufgedüst wird.

Sprühflüssigkeit:

Zusammensetzung: Rohwürzesuspension	**Lösungs-/Dispergiermittel:** Wasser
Feststoffgehalt: ca. 40 Gew.-%	**Temperatur:** Umgebungstemperatur

Granulation:	
Gas:	Luft
Apparatekonfiguration:	
Kreislauf:	offen
Variante:	externe Keimzufuhr
Einsprühen:	eine Zweistoffdüse seitlich
Gasverteilung:	runder Apparat, Gasverteiler mit von außen nach innen abnehmendem Öffnungsverhältnis
Keimzufuhr:	von oben (Zellenradschleuse)
Abgasreinigung:	Zyklon mit Rückführung des abgeschiedenen Staubes in die Schicht,
Austrag:	zentraler Steigrohrsichter
Parameter:	
Anströmung:	mittlere Leerrohrgeschwindigkeit 3,2 m/s
Lufteintrittstemperatur:	93 °C
Luftaustrittstemperatur:	76 °C
Spez. Verdunstungsleistung:	45 kg/m^{2}Anströmfläche und Stunde, 0,22 kg/kg Schichtmasse und Stunde
Spez. Granulatdurchsatz:	30 kg/m^2 Anströmfläche und Stunde
Mittlere Verweilzeit:	6,9 h

Granulat:	
Partikelgröße:	im Mittel 1000-4000 μm
Partikelform:	rund, leicht brombeerartig
Rieselfähigkeit:	mittel
Festigkeit:	mittel, staubarm
Restfeuchte:	
Art:	Wasser
Gehalt:[Gew.-%]:	5-10
Scheinbare Granulatdichte:	ca. 1380 kg/m^3,
Schüttdichte:	ca. 840 kg/m^3

Besonderheiten:
Die Granulate sind stark hygroskopisch. Unter Umgebungsbedingungen sind sie nur bedingt lagerfähig, weil sie aus der Umgebungsluft Wasser aufnehmen und in kurzer Zeit verkleben. Außerdem neigte auch die Wirbelschicht während der Granulation zum Zusammenkleben. Es war nur dann ein stabiler Betrieb möglich, wenn der Schicht kontinuierlich von außen mechanische Energie über einen Rührer zugeführt wurde.

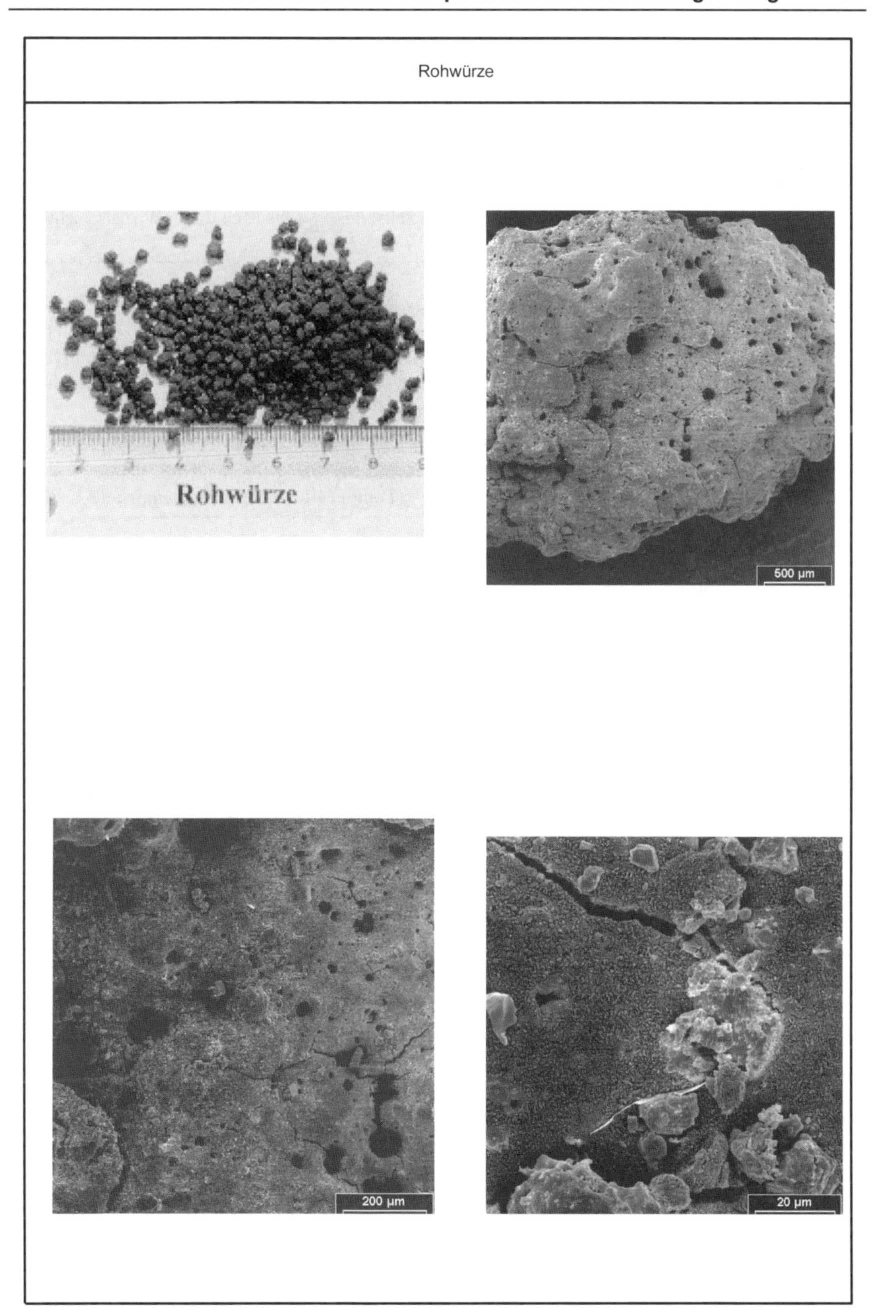

Bild 16-10 Rohwürze - Form und Oberfläche der Granulate

Tabelle 16-6 Zellsaft - Ziel, Ablauf und Ergebnis der Wirbelschicht-Sprühgranulation

Produkt: Zellsaft	**Literatur:** [141]
Ziel: Herstellung von Granulaten aus konzentrierten Zellsäften von Pflanzen durch Wirbelschicht-Sprühgranulation.	
Randbedingungen: Bei der Ernte von Grünpflanzen für die tierische Ernährung enthalten diese noch einen relativ hohen Wasseranteil, der sich für die Trocknung zu Heu ungünstig auswirkt. Durch mechanisches Auspressen kann ein Teil des Zellsaftes der Pflanzen abgetrennt, thermisch oder chemisch gefällt werden. Die entstehende Suspension sollte in der Wirbelschicht sprühgranuliert werden. Erwartet wurde ein rieselfähiges Trockengut.	
Sprühflüssigkeit:	
Zusammensetzung: Zellsaftkonzentrat	**Lösungs-/Dispergiermittel:** Wasser
Feststoffgehalt: 10-15 Gew.-%	**Temperatur:** Umgebungstemperatur
Granulation:	
Gas:	Luft
Apparatekonfiguration:	
Kreislauf:	offen
Variante:	externe Keimzufuhr
Einsprühen:	eine Zweistoffdüse seitlich
Gasverteilung:	runder Apparat, Gasverteiler mit von außen nach innen abnehmendem Öffnungsverhältnis
Keimzufuhr:	von oben (Zellenradschleuse),
Abgasreinigung:	Zyklon mit Rückführung des abgeschiedenen Staubes in die Schicht,
Austrag:	zentraler Steigrohrsichter
Parameter:	
Anströmung:	mittlere Leerrohrgeschwindigkeit 5,7 m/s
Lufteintrittstemperatur:	100 °C
Luftaustrittstemperatur:	50-52 °C
Spez. Verdunstungsleistung:	ca. 150-170 kg/m^{2}Anströmfläche und Stunde, 1,5-1,6 kg/kg Schichtmasse und Stunde
Spez. Granulatdurchsatz:	20-30 kg/m^2 Anströmfläche und Stunde
Mittlere Verweilzeit:	3,6-5,5 h
Granulat:	
Partikelgröße:	im Mittel 3000-6000 μm,
Partikelform:	annähernd rund
Rieselfähigkeit:	gut
Festigkeit:	stabil, staubfrei
Restfeuchte:	
Art:	Wasser
Gehalt [Gew.-%]:	< 8
Scheinbare Granulatdichte:	ca. 1200 kg/m^3
Schüttdichte:	ca. 750 kg/m^3
Besonderheiten: Die erzeugten Granulate sind stark hygroskopisch. Nach kurzer Lagerung bei Umgebungsbedingungen nehmen die Granulate Wasser auf. Es kommt zum Zusammenkleben der gesamten Granulatmasse.	

Bild 16-11 Zellsaft - Form und Oberfläche der Granulate.

Tabelle 16-7 Zellsaft, gegen das Verkleben der Schicht mit Kalk bepudert - Ziel, Ablauf und Ergebnis der Wirbelschicht-Sprühgranulation

Produkt: Zellsaft mit Kalkzusatz	**Literatur**: [141]
Ziel:	
Herstellung von Granulaten aus konzentrierten Zellsäften von Pflanzen durch Wirbelschicht-Sprühgranulation mit einer Kalkbepuderung gegen ein Verkleben der Partikel.	
Randbedingungen:	
Es sollte festgestellt werden, ob durch Kalkbepuderung der Schicht dem Verkleben der Partikel bei der Granulation entgegengewirkt werden kann.	
Sprühflüssigkeit:	
Zusammensetzung: Zellsaftkonzentrat	**Lösungs-/Dispergiermittel:** Wasser
Feststoffgehalt: 10-15 Gew.-%	**Temperatur:** Umgebungstemperatur
Granulation:	
Gas:	Luft
Apparatekonfiguration:	
Kreislauf:	offen
Variante:	externe Keimzufuhr
Einsprühen:	eine Zweistoffdüse seitlich
Gasverteilung:	runder Apparat, Gasverteiler mit von außen nach innen abnehmendem Öffnungsverhältnis
Keimzufuhr:	von oben (Zellenradschleuse), zusätzlich seitliche pneumatische Futterkalkzuführung
Abgasreinigung:	Zyklon mit Rückführung des abgeschiedenen Staubes in die Schicht,
Austrag:	zentraler Steigrohrsichter
Parameter:	
Anströmung:	mittlere Leerrohrgeschwindigkeit 5,7 m/s
Lufteintrittstemperatur:	100 °C
Luftaustrittstemperatur:	35-40 °C
Spez. Verdunstungsleistung:	ca. 300 kg/m^{2}Anströmfläche und Stunde, 2,9 kg/kg Schichtmasse und Stunde
Spez. Granulatdurchsatz:	30-50 kg/m^2 Anströmfläche und Stunde
Mittlere Verweilzeit:	2-3 h
Granulat:	
Partikelgröße:	im Mittel 3000-6000 µm
Partikelform:	annähernd rund
Rieselfähigkeit:	gut
Festigkeit:	stabil, staubfrei
Restfeuchte:	
Art:	Wasser
Gehalt [Gew.-%]:	< 8
Scheinbare Granulatdichte:	ca. 1200 kg/m^3
Schüttdichte:	ca. 720 kg/m^3
Besonderheiten:	
Die erzeugten Granulate sind ebenfalls stark hygroskopisch. Durch die Zugabe des staubförmigen Kalks wurde ein Verkleben der Wirbelschicht weitgehend verhindert.	

Bild 16-12 Zellsaft, gegen das Verkleben der Wirbelschicht mit Kalk bepudert - Form und Oberfläche der Granulate.

Tabelle 16-8 Kalziumlactat - Ziel, Ablauf und Ergebnis der Wirbelschicht-Sprühgranulation

Produkt: Kalziumlactat	**Literatur**: [192]
Ziel: Trocknung und Formung einer wäßrigen Kalziumlactatschmelze zu festen und gut rieselfähigen Granulaten durch Wirbelschicht-Sprügranulation.	
Randbedingungen: Die Schmelze ist pastös.	
Sprühflüssigkeit:	
Zusammensetzung: Kalziumlactatschmelze	**Lösungs-/Dispergiermittel:** Wasser
Feststoffgehalt: ca. 20 Gew.-%	**Temperatur:** 85°C
Granulation:	
Gas:	Luft
Apparatekonfiguration:	
Kreislauf:	offen
Variante:	externe Keimzufuhr
Einsprühen:	eine Zweistoffdüse von oben (Luftschleier)
Gasverteilung:	runder Apparat, Gasverteiler mit von außen nach innen abnehmendem Öffnungsverhältnis (22%, 10%, 5%)
Keimzufuhr:	von oben
Abgasreinigung:	Zyklon mit Rückführung des abgeschiedenen Staubes in die Schicht,
Austrag:	zentraler Steigrohrsichter
Parameter:	
Anströmung:	mittlere Leerrohrgeschwindigkeit 6-7 m/s je nach Granulatgröße
Lufteintrittstemperatur:	65-70 °
Luftaustrittstemperatur:	ca. 40 °C
Spez. Verdunstungsleistung:	300-350 kg/m^{2}Anströmfläche und Stunde, 1,5-2 kg/kg Schichtmasse und Stunde
Spez. Granulatdurchsatz:	70-90 kg/m^2 Anströmfläche und Stunde
Mittlere Verweilzeit:	2-2,5 h
Granulat:	
Partikelgröße:	im Mittel 5000-10000 µm (je nach Fahrweise), enge Korngrößenverteilung
Partikelform:	rund, leicht brombeerartig
Rieselfähigkeit:	sehr gut
Festigkeit:	hart, staubfrei
Restfeuchte:	
Art:	Wasser
Gehalt [Gew.-%]:	26-28
Scheinbare Granulatdichte:	ca. 1387 kg/m^3
Schüttdichte:	635-697 kg/m^3
Besonderheiten: Die Granulate sind annähernd rund (leicht brombeerartig)	

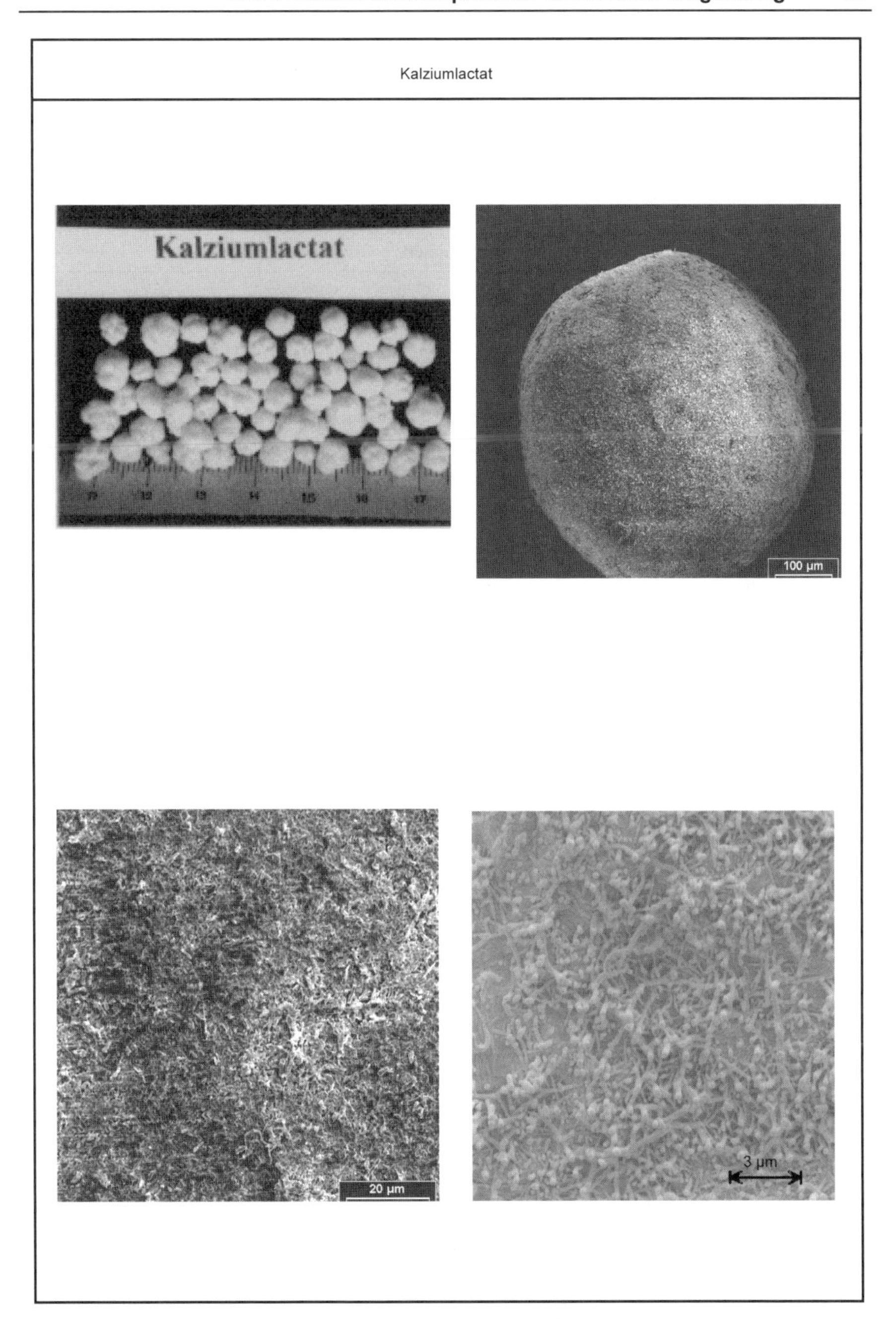

Bild 16-13 Kalziumlactat - Form und Oberfläche der Granulate.

Tabelle 16-9 Metauponpaste - Ziel, Ablauf und Ergebnis der Wirbelschicht-Sprühgranulation

Produkt: Metauponpaste — **Literatur:** [143]

Ziel:
Trocknung und Formung einer wasserhaltigen Kokosfettsäure-Taurid-Paste („Metauponpaste") zu festen und gut rieselfähigen Granulaten.

Randbedingungen:
Herzustellen sind Granulate mit einem Wassergehalt von weniger als 10 Gew.-% und einem Durchmesser < 6 mm.

Sprühflüssigkeit:
Zusammensetzung: Metauponpaste — **Lösungs-/Dispergiermittel:** Wasser
Feststoffgehalt: 75 Gew.-% — **Temperatur:** 55-90 °C

Granulation:
Gas: Luft

Apparatekonfiguration:
Kreislauf: offen
Variante: externe Keimzufuhr
Einsprühen: eine Zweistoffdüse Radial, H=250 mm
Gasverteilung: runder Apparat, Gasverteiler mit von außen nach innen abnehmendem Öffnungsverhältnis
Keimzufuhr: ohne
Abgasreinigung: Zyklon mit Rückführung des abgeschiedenen Staubes in die Schicht,
Austrag: zentraler Steigrohrsichter

Parameter:
Anströmung: mittlere Leerohrgeschwindigkeit 2-3,5 m/s
Lufteintrittstemperatur: 120 bis 130 °C (wegen der Thermolabilität des Produktes)
Luftaustrittstemperatur: 90 bis 100 °C
Spez. Verdunstungsleistung: 40-65 kg/m^{2}Anströmfläche und Stunde, 0,2-0,35 kg/kg Schichtmasse und Stunde
Spez. Granulatdurchsatz: 120-190 kg/m^2 Anströmfläche und Stunde
Mittlere Verweilzeit: 0,9-1,5 h

Granulat:
Partikelgröße: im Mittel 2000-6000 μm, enge Korngrößenverteilung
Partikelform: rund, glatt
Rieselfähigkeit: gut
Festigkeit: staubfrei
Restfeuchte:
Art: Wasser
Gehalt [Mass.-%]: < 5 %,
Scheinbare Granulatdichte: ca. 1300 kg/m^3,
Schüttdichte: ca. 780 kg/m^3

Besonderheiten:
Problematisch war die Verdüsung der sehr zähen Flüssigkeit. (Störungsanfälligkeit der Förderorgane für die Flüssigkeit und der Düsen). Bei einer Flüssigkeitstemperatur von mehr als 90 °C, bei begleitbeheizter Flüssigkeitsleitung konnte die Flüssigkeit mit Kolbendosierpumpen störungsfrei gefördert und mit einer Zweistoffdüse verdüst werden.

Tabelle 16-10 Futterhefe - Ziel, Ablauf und Ergebnis der Wirbelschicht-Sprühgranulation

Produkt: Futterhefe **Literatur:** [25], [137], [138], [139]

Ziel:
Trocknung und Formung der Hefe zu fließfähigen, staubarmen Partikeln für die Weiterverarbeitung z. B. zu Futtermittel. Gleichzeitige Hygienisierung des Produktes (Vermeidung von Salmonellenbefall).

Randbedingungen:
Es ist von einer aufkonzentrierten Eiweißsuspension mit einem Feststoffgehalt von 15 – 20 Gew.-% auszugehen.

Sprühflüssigkeit:
Zusammensetzung: Hefesuspension **Lösungs-/Dispergiermittel:** Wasser
Feststoffgehalt: 15 – 20 Gew.-% **Temperatur:** Umgebungstemperatur

Granulation:
Gas: Luft

Apparatekonfiguration:

Kreislauf:	offen
Variante:	externe Keimzufuhr
Einsprühen:	mehrere Düsen von unten
Gasverteilung:	runder Apparat, Gasverteiler mit unterschiedlichem Öffnungsverhältnis
Keimzufuhr:	von oben (Zellenradschleuse)
Abgasreinigung:	Zyklon mit Rückführung des abgeschiedenen Staubes in die Schicht,
Austrag:	zentraler Steigrohrsichter

Parameter:

Anströmung:	mittlere Leerohrgeschwindigkeit 2-10 m/s je nach Granulatgröße
Lufteintrittstemperatur:	100 bis 300 °C (wegen der Thermolabilität des Produktes)
Luftaustrittstemperatur:	70 bis 120 °C (wegen der möglichen Luftbeladung)
Spez. Verdunstungsleistung:	330 - 720 kg/m^2 Anströmfläche und Stunde 1,6 - 3,4 kg/kg Schichtmasse und Stunde
Spez. Granulatdurchsatz:	40 - 120 kg/m^2 Anströmfläche und Stunde
Mittlere Verweilzeit:	1,5 - 5,5 h

Granulat:

Partikelgröße:	im Mittel 3000-20000 µm (je nach Fahrweise), enge Korngrößenverteilung
Partikelform:	brombeerartig, annähernd rund, je nach Zusammensetzung der Hefe
Rieselfähigkeit:	gut
Festigkeit:	hart, staubfrei
Restfeuchte:	
Art:	Wasser
Gehalt [Mass.-%]:	4-10, je nach Fahrweise der Anlage
Scheinbare Granulatdichte:	ca. 1500 kg/m^3
Schüttdichte:	ca. 900 kg/m^3

Besonderheiten:
Bei entsprechender Fahrweise der Anlage können Granulate erzeugt werden, die biologisch weitgehend hygienisiert (keine Salmonellen) und lagerstabil sind (unter Umgebungsbedingungen mehrere Jahre ohne wesentlichen Qualitätsverlust lagerfähig).

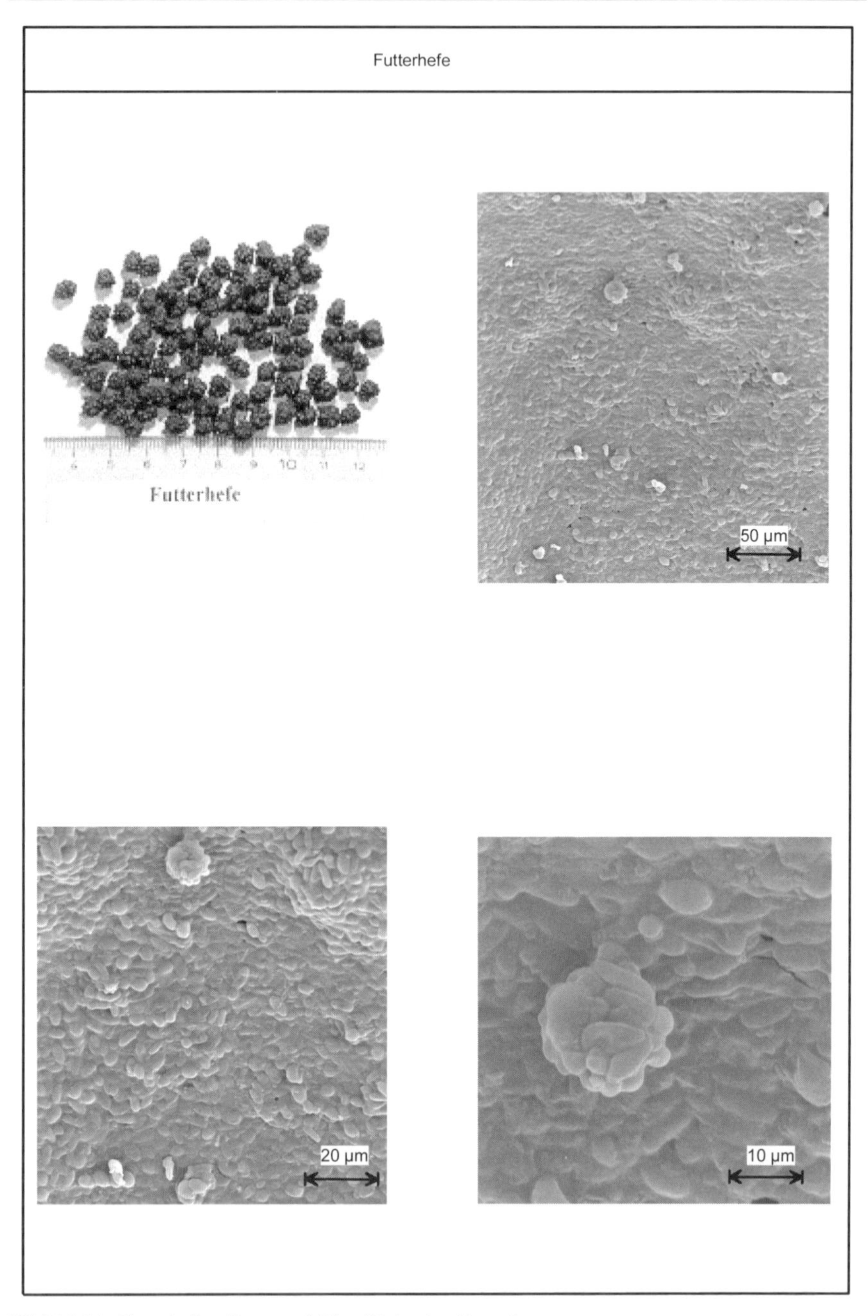

Bild 16-14 Futterhefe - Form und Oberfläche der Granulate.

Tabelle 16-11 Roggenstärkefugat - Ziel, Ablauf und Ergebnis der Wirbelschicht-Sprühgranulation

Produkt: Roggenstärkefugat	**Literatur:** [206]
Ziel: Granulierung von Roggenstärkefugat unter weitgehender Erhaltung der produktspezifischen mikrobiologischen Eigenschaften.	
Randbedingungen: Zu granulieren ist ein Roggenstärkefugat mit speziellen modifizierten mikrobiellen Eigenschaften zusammen mit Roggenstärkegries bzw. Roggenkleie. Dabei sollte ein Verhältnis von eingebrachtem Suspensionsmassenstrom zu Roggenkleie von 10 zu 1 erreicht werden. Die Temperatur des Produktes durfte 50 ° C nicht übersteigen.	
Sprühflüssigkeit:	
Zusammensetzung: Roggenstärkefugat	**Lösungs-/Dispergiermittel:** Wasser
Feststoffgehalt: 0,145 Gew.-%	**Temperatur:** Umgebungstemperatur
Granulation:	
Gas: Luft	
Apparatekonfiguration:	
Kreislauf:	offen
Variante:	externe Keimzufuhr
Einsprühen:	eine Zeistoffdüse seitlich
Gasverteilung:	runder Apparat, Gasverteiler mit von außen nach innen abnehmendem Öffnungsverhältnis
Keimzufuhr:	von oben (Zellenradschleuse) in Form von Roggenkleie oder Roggenstärkegries
Abgasreinigung:	Zyklon mit Rückführung des abgeschiedenen Staubes in die Schicht,
Austrag:	zentraler Steigrohrsichter
Parameter:	
Anströmung:	mittlere Leerohrgeschwindigkeit 4,6-5,3 m/s
Lufteintrittstemperatur:	65-126 °C
Luftaustrittstemperatur:	38-47 °C
Spez. Verdunstungsleistung:	130-350 kg/m^{2}Anströmfläche und Stunde, 0,8-2,1 kg/kg Schichtmasse und Stunde
Spez. Granulatdurchsatz:	23-60 kg/m^2 Anströmfläche und Stunde
Mittlere Verweilzeit:	2,8-7,2 h
Granulat:	
Partikelgröße:	im Mittel 1000-5000 μm
Partikelform:	rund, leicht brombeerartig
Rieselfähigkeit:	gut
Festigkeit:	mittel, staubfrei
Restfeuchte:	
Art:	Wasser
Gehalt [Mass.-%]:	5-10
Scheinbare Granulatdichte:	ca. 1050 kg/m^3
Schüttdichte:	ca. 640 kg/m^3
Besonderheiten: Durch die Wirbelschicht-Sprügranulation konnte die biologische Aktivität der erzeugten Granulate weitgehend erhalten werden. Die Granulate waren gut rieselfähig, staubarm und über Jahre lagerstabil.	

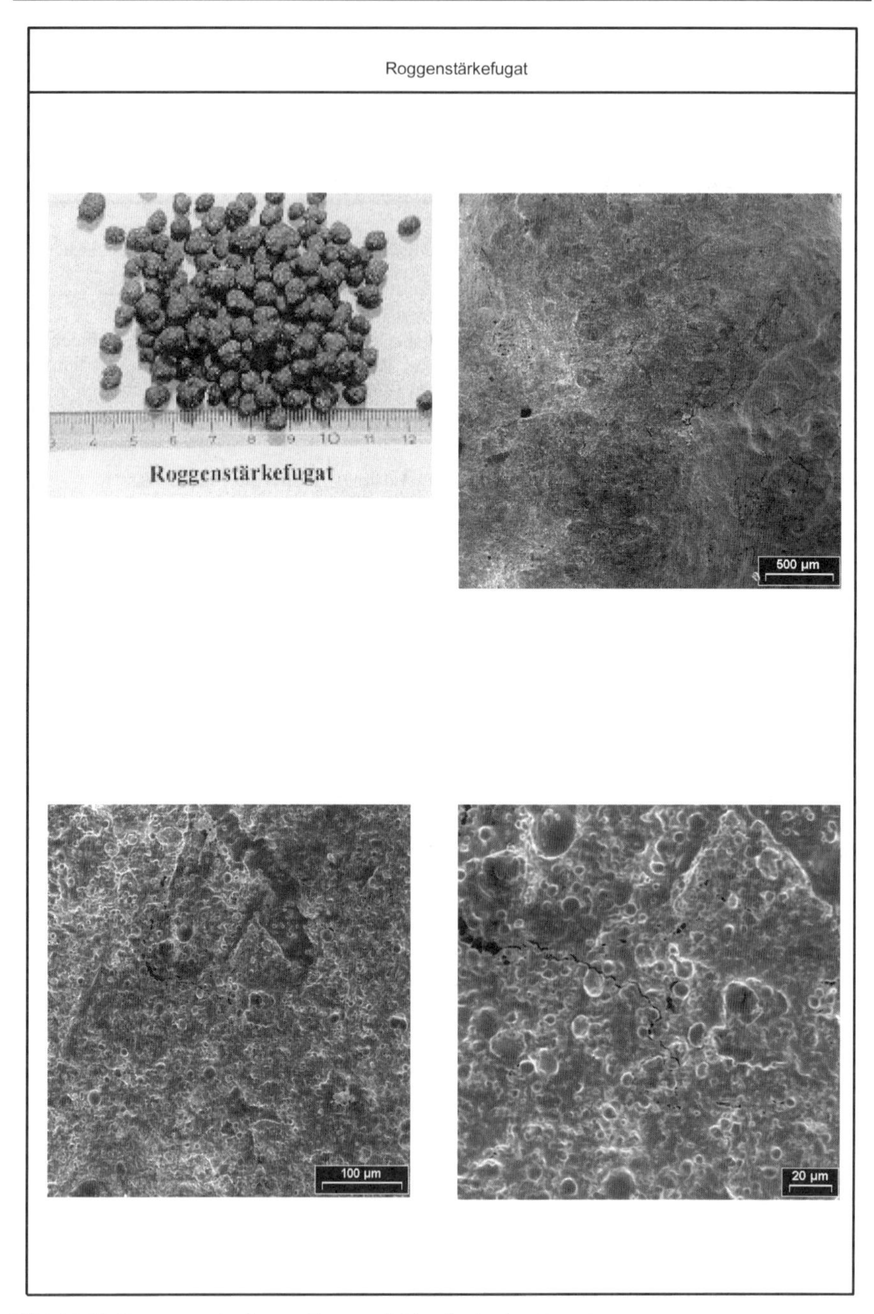

Bild 16-15 Roggenstärkefugat - Form und Oberfläche der Granulate.

Tabelle 16-12 Lysinfutterkonzentrat - Ziel, Ablauf und Ergebnis der Wirbelschicht-Sprühgranulation

Produkt: Lysinfutterkonzentrat	**Literatur**: [195], [P4], [P19]

Ziel:
Herstellung von lagerstabilen, festen und gut rieselfähigen Lysinfutterkonzentraten

Randbedingungen:
Granuliert werden sollte die aus einem Fermenter kommende Suspension. Als Granulationskerne waren Weizenkörner zu verwenden. Wegen der starken Klebrigkeit konnte ein störungsfreier Betrieb nur durch eine ständige Bepuderung der Schicht mit Kreidestaub bei gleichzeitiger mechanischer Durchmischung der Schicht mit einem eingebauten Rührer gesichert werden. Die Granulate mußten in einer zweiten Stufe mit Wasserglas ummantelt werden, um schließlich Rieselfähigkeit und Lagestabilität zu erreichen.

Sprühflüssigkeit:

Zusammensetzung: Lysinkonzentrat	**Lösungs-/Dispergiermittel:** Wasser
Feststoffgehalt: ca. 15-30 Gew.-%	**Temperatur:** Umgebungstemperatur

Granulation:
Gas: Luft

Apparatekonfiguration:

Kreislauf:	offen
Variante:	externe Keimzufuhr
Einsprühen:	eine Einstoffdüse von oben
Gasverteilung:	runder Apparat, Gasverteiler mit von außen nach innen abnehmendem Öffnungsverhältnis
Keimzufuhr:	von oben (Zellenradschleuse)
Abgasreinigung:	Zyklon mit Rückführung des abgeschiedenen Staubes in die Schicht
Austrag:	zentraler Steigrohrsichter

Parameter:

Anströmung:	mittlere Leerohrgeschwindigkeit 6,4 m/s
Lufteintrittstemperatur:	145 bis 149 °C
Luftaustrittstemperatur:	120 bis 130 °C
Spez. Verdunstungsleistung:	120-300 kg/m^2 Anströmfläche und Stunde 0,7-1,8 kg/kg Schichtmasse und Stunde
Spez. Granulatdurchsatz:	26-106 kg/m^2 Anströmfläche und Stunde
Mittlere Verweilzeit:	1,5-6,3 h

Granulat:

Partikelgröße:	im Mittel 3000-8000 μm
Partikelform:	rund, leicht brombeerartig
Rieselfähigkeit:	gut
Festigkeit:	mittel, staubfrei
Restfeuchte:	
Art:	Wasser
Gehalt [Mass.-%]:	5-10
Scheinbare Granulatdichte:	ca. 1190 kg/m^3,
Schüttdichte:	ca. 715 kg/m^3

Besonderheiten:
Die Granulate erwiesen sich als extrem hygroskopisch und waren unter Umgebungsbedingungen nicht lagerfähig, weil sie aus der Umgebungsluft Wasser aufnahmen uns in kurzer Zeit verklebten. Mit Wasserglas ummantelte Granulate hingegen sind über Jahre lagerstabil.

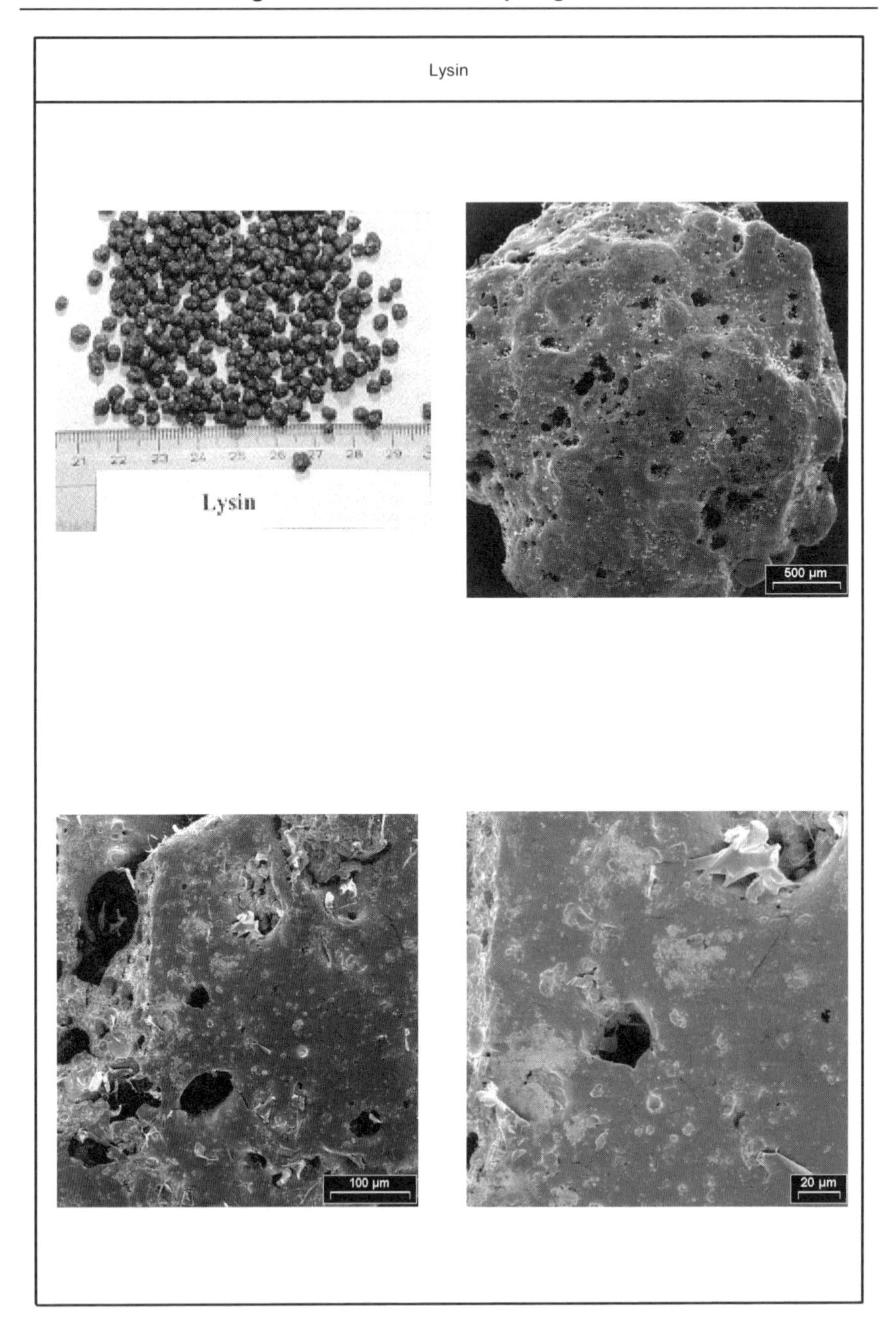

Bild 16-16 Lysinfutterkonzentrat - Form und Oberfläche der Granulate.

Tabelle 16-13 Bioschlamm - Ziel, Ablauf und Ergebnis der Wirbelschicht-Sprühgranulation

Produkt: Bioschlamm	**Literatur:** [140], [186]; [P32]

Ziel:

Trocknung und Formung von Bio-Schlamm aus der fermentativen Gülleaufbereitung zu fließfähigen, staubarmen Partikeln, die als Futter- oder Düngemittel verwendbar sind.

Randbedingungen:

Bei der fermentativen Aufbereitung von Schweinegülle fällt ein Bioschlamm mit ca. 90 Gew.-% Wasser an, der noch eine Reihe von Wertstoffen enthält. Dieser Schlamm ist sehr geruchsintensiv und u.U. mit schädlichen Mikroorganismen (z. B. Salmonellen) belastet. Mit der Wirbelschicht-Sprühgranulation ist der Bioschlamm zugleich zu hygenisieren (Abtötung der Salmonellen und Geruchsreduzierung).

Sprühflüssigkeit:

Zusammensetzung: Bioschlamm	**Lösungs-/Dispergiermittel:** Wasser
Feststoffgehalt: 8-12 Gew.-%	**Temperatur:** Umgebungstemperatur

Granulation:

Gas:	Luft
Apparatekonfiguration:	
Kreislauf:	offen
Variante:	externe Keimzufuhr
Einsprühen:	1 Zweistoffdüse seitlich
Gasverteilung:	runder Apparat, Gasverteiler mit unterschiedlichem Öffnungsverhältnis
Keimzufuhr:	von oben (Zellenradschleuse)
Abgasreinigung:	Zyklon mit Rückführung des abgeschiedenen Staubes in die Schicht,
Austrag:	zentraler Steigrohrsichter
Parameter:	
Anströmung:	mittlere Leerrohrgeschwindigkeit 6-10 m/s je nach Granulatgröße
Lufteintrittstemperatur:	140-150 °C
Luftaustrittstemperatur:	60-70 °C
Spez. Verdunstungsleistung:	ca. 1000 kg/m^2 Anströmfläche und Stunde, 6-7 kg/kg Schichtmasse und Stunde
Spez. Granulatdurchsatz:	90-140 kg/m^2 Anströmfläche und Stunde
Mittlere Verweilzeit:	1,1-1,8 h

Granulat:

Partikelgröße:	im Mittel 3000-10000 μm (je nach Fahrweise), enge Korngrößenverteilung
Partikelform:	annähernd rund, glatte Oberfläche
Rieselfähigkeit:	sehr gut
Festigkeit:	hart, staubfrei
Restfeuchte:	
Art:	Wasser
Gehalt [Gew.-%]:	4-10, je nach Fahrweise der Anlage
Scheinbare Granulatdichte:	ca. 1050 kg/m^3
Schüttdichte:	ca. 630 kg/m^3

Besonderheiten:

Es entstanden feste, staubfreie, gut rieselfähige, glatte, eiförmige Granulate mit hoher Schüttdichte und geringem Abrieb. Gute Formbeständigkeit der Granalien in Wasser. Durch Hygienisierung des Produktes in einer zweiten Stufe bei einer Temperatur von 150 °C und einer Verweilzeit von $>$ 40 min lassen sich die sporenbildenden, anaeroben und aeroben Bazillen im erforderlichen Umfang reduzieren.

Bild 16-17 Bioschlamm - Form und Oberfläche der Granulate.

Tabelle 16-14 Titancarbid - Ziel, Ablauf und Ergebnis der Wirbelschicht-Sprühgranulation

Produkt: Titancarbid	**Literatur**: [192]

Ziel:
Herstellung von annähernd runden, gut rieselfähigen Titancabidgranulaten mit hoher Schüttdichte aus einer wäßrigen Suspension

Randbedingungen:
Für die Sinterung von Hartmetallen sind, möglichst feste und kompakte, gut rieselfähige Granulate mit wenig Lufteinschluß gefordert. Korngröße etwa 0,1 bis1 mm.

Sprühflüssigkeit:

Zusammensetzung: Titancarbidsuspension	**Lösungs-/Dispergiermittel:** Wasser
Feststoffgehalt: ca. 50 Gew.-%	**Temperatur:** Umgebungstemperatur

Granulation:

Gas:	Luft
Apparatekonfiguration:	
Kreislauf:	offen
Variante:	externe Keimzufuhr
Einsprühen:	eine Düse seitlich
Gasverteilung:	runder Apparat, Gasverteiler mit konstantem Öffnungsverhältnis
Keimzufuhr:	von oben (chargenweise)
Abgasreinigung:	Zyklon mit Rückführung des abgeschiedenen Staubes in die Schicht,
Austrag:	zentraler Steigrohrsichter
Parameter:	
Anströmung:	mittlere Leerrohrgeschwindigkeit 7,2 m/s
Lufteintrittstemperatur:	156 °C
Luftaustrittstemperatur:	60-90 °C (wegen der möglichen Luftbeladung)
Spez. Verdunstungsleistung:	540 kg/m^{2}Anströmfläche und Stunde, 0,65 kg/kg Schichtmasse und Stunde
Spez. Granulatdurchsatz:	550 kg/m^2 Anströmfläche und Stunde
Mittlere Verweilzeit:	1,5 h

Granulat:

Partikelgröße:	im Mittel 100-1500 µm (je nach Fahrweise), enge Korngrößenverteilung
Partikelform:	rund
Rieselfähigkeit:	sehr gut
Festigkeit:	hart, staubfrei
Restfeuchte:	
Art:	Wasser
Gehalt [Gew.-%]:	< 1, je nach Fahrweise der Anlage

Scheinbare Granulatdichte: ca. 6000 kg/m^3
Schüttdichte: ca. 3600 kg/m^3

Besonderheiten:
Die Granulate erwiesen sich als sehr gut fließfähig mit hoher Schüttdichte. Durch die hohe scheinbare Dichte der Granulate war es auch möglich eine stabile Granulation im Durchmesserbereich von ca. 100 µm durchzuführen. Als Granulatkeime wurde auch sprühgetrocknetes Produkt verwendet.

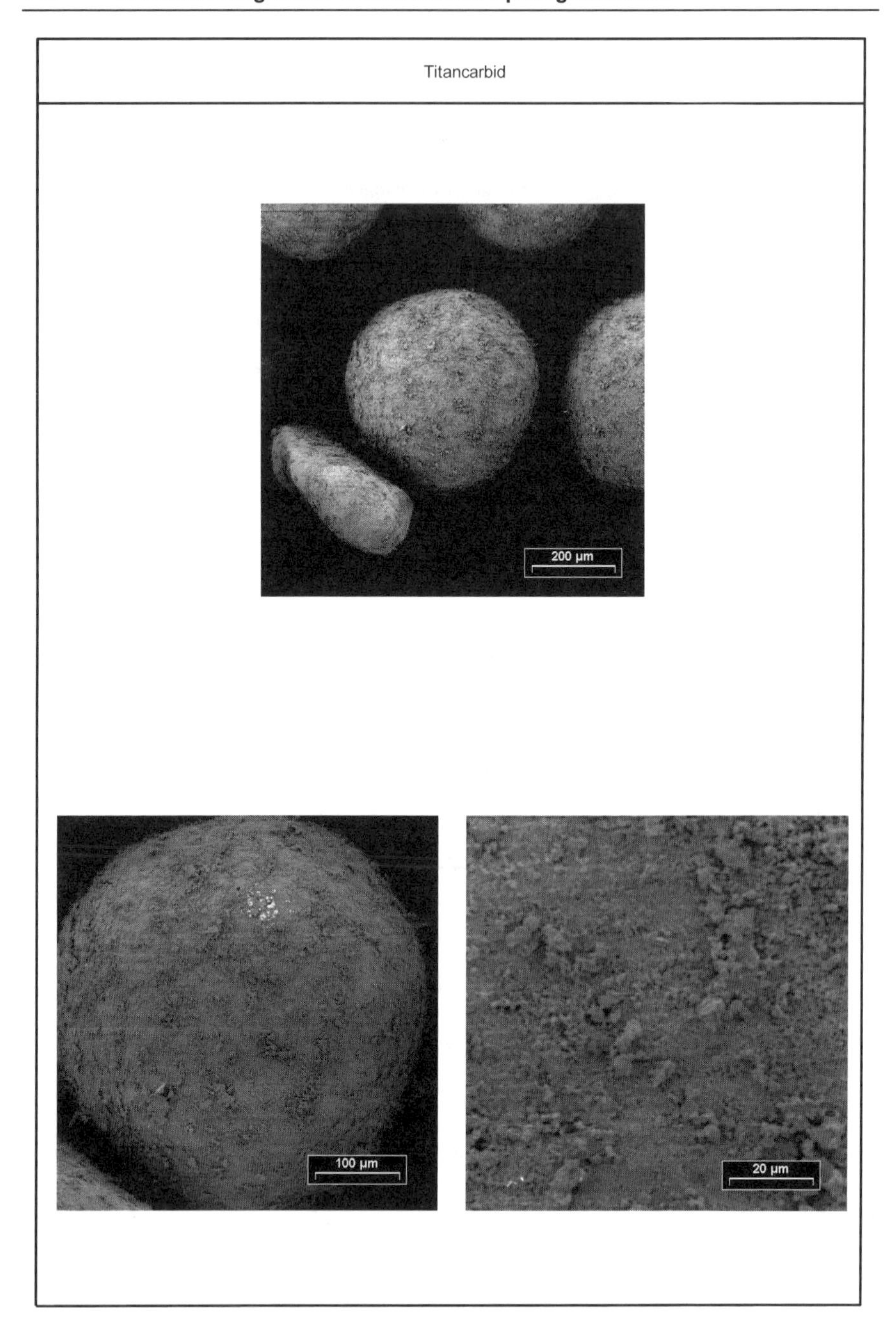

Bild 16-18 Titancarbid - Form und Oberfläche der Granulate.

Tabelle 16-15 Wolframcarbid - Ziel, Ablauf und Ergebnis der Wirbelschicht-Sprühgranulation

Produkt: Wolframcarbid	**Literatur:** [205]
Ziel: Herstellung von annähernd runden, gut rieselfähigen Wolframcabidgranulaten mit hoher Schüttdichte aus wäßriger Suspension.	
Randbedingungen: Für die Sinterung von Hartmetallen sind, möglichst kompakte, gut rieselfähige Granulate mit wenig Lufteinschluß gefordert. Korngröße etwa 1 mm.	
Sprühflüssigkeit: **Zusammensetzung:** Wolframcarbidsuspension **Feststoffgehalt:** ca. 59 Gew.-%	 **Lösungs-/Dispergiermittel:** Wasser **Temperatur:** Umgebungstemperatur
Granulation:	
Gas:	Luft
Apparatekonfiguration:	
Kreislauf:	offen
Variante:	externe Keimzufuhr
Einsprühen:	eine Düse seitlich
Gasverteilung:	runder Apparat, Gasverteiler mit konstantem Öffnungsverhältnis
Keimzufuhr:	von oben (chargenweise)
Abgasreinigung:	Zyklon mit Rückführung des abgeschiedenen Staubes in die Schicht,
Austrag:	zentraler Steigrohrsichter
Parameter:	
Anströmung:	mittlere Leerrohrgeschwindigkeit 7 m/s
Lufteintrittstemperatur:	150 °C
Luftaustrittstemperatur:	61 °C
Spez. Verdunstungsleistung:	580 kg/m^{2}Anströmfläche und Stunde, 0,29 kg/kg Schichtmasse und Stunde
Spez. Granulatdurchsatz:	834 kg/m^2 Anströmfläche und Stunde
Mittlere Verweilzeit:	2,4 h
Granulat:	
Partikelgröße:	im Mittel 100-1500 µm (je nach Fahrweise), enge Korngrößenverteilung
Partikelform:	rund
Rieselfähigkeit:	sehr gut
Festigkeit:	hart, staubfrei
Restfeuchte:	
Art:	Wasser
Gehalt [Gew.-%]:	< 1, je nach Fahrweise der Anlage
Scheinbare Granulatdichte:	ca. 14500 kg/m^3
Schüttdichte:	ca. 8700 kg/m^3
Besonderheiten: Die Granulate erwiesen sich als sehr gut fließfähig mit hoher Schüttdichte. Durch die hohe scheinbare Dichte der Granulate war es auch möglich, eine stabile Granulation im Durchmesserbereich von ca. 100 µm durchzuführen. Als Granulatkeime wurde sprühgetrocknetes Produkt verwendet.	

Tabelle 16-16 Ferrit - Ziel, Ablauf und Ergebnis der Wirbelschicht-Sprühgranulation

Produkt: Ferrit	**Literatur**: [191]

Ziel:
Herstellung gut rieselfähiger Ferritgranulate mit hoher Schüttdichte aus einer Ferritsuspension.

Randbedingungen:
Für die anschließende Pressung und Sinterung zu Permanentmagneten sind, möglichst kompakte, gut rieselfähige Granulate mit wenig Lufteinschluß gefordert. Korngröße etwa 1 mm. Eine möglichst hohe scheinbare und Schüttdichte sowie gute Rieselfähigkeit sind die Voraussetzung für eine gute Füllung der Formen und die Erzeugung von Permanentmagneten hoher Feldstärke.

Sprühflüssigkeit:

Zusammensetzung: Ferritsuspension	**Lösungs-/Dispergiermittel:** Wasser
Feststoffgehalt: 35,5 Gew.-%	**Temperatur:** Umgebungstemperatur

Granulation:

Gas:	Luft
Apparatekonfiguration:	
Kreislauf:	offen
Variante:	externe Keimzufuhr
Einsprühen:	eine Düse von oben
Gasverteilung:	runder Apparat, Gasverteiler mit von außen nach innen abnehmendem Öffnungsverhältnis
Keimzufuhr:	von oben (Zellenradschleuse)
Abgasreinigung:	Zyklon mit Rückführung des abgeschiedenen Staubes in die Schicht,
Austrag:	zentraler Steigrohrsichter
Parameter:	
Anströmung:	mittlere Leerrohrgeschwindigkeit 3,5-4,5 m/s
Lufteintrittstemperatur:	ca. 130 °C (bedingt durch Versuchsanlage, höhere Temperaturen möglich und sinnvoll)
Luftaustrittstemperatur:	60 bis 70 °C (wegen der möglichen Luftbeladung)
Spez. Verdunstungsleistung:	240-300 kg/m^2 Anströmfläche und Stunde, 0,45-0,6 kg/kg Schichtmasse und Stunde
Spez. Granulatdurchsatz:	130-180 kg/m^2 Anströmfläche und Stunde
Mittlere Verweilzeit:	3-4 h

Granulat:

Partikelgröße:	im Mittel 200-2500 µm (je nach Fahrweise), enge Korngrößenverteilung
Partikelform:	rund, glatt
Rieselfähigkeit:	sehr gut
Festigkeit:	hart, staubfrei
Restfeuchte:	
Art:	Wasser
Gehalt [Gew.-%]:	0,1-0,4, je nach Fahrweise der Anlage
Scheinbare Granulatdichte:	3810 kg/m^3
Schüttdichte:	ca. 1800 kg/m^3

Besonderheiten:
Der Durchsatz kann erheblich gesteigert werden, weil das Produkt wesentlich höhere Temperaturen verträgt. Die Versuche konnten aus technischen Gründen nur bei den angegebenen Temperaturen durchgeführt werden.

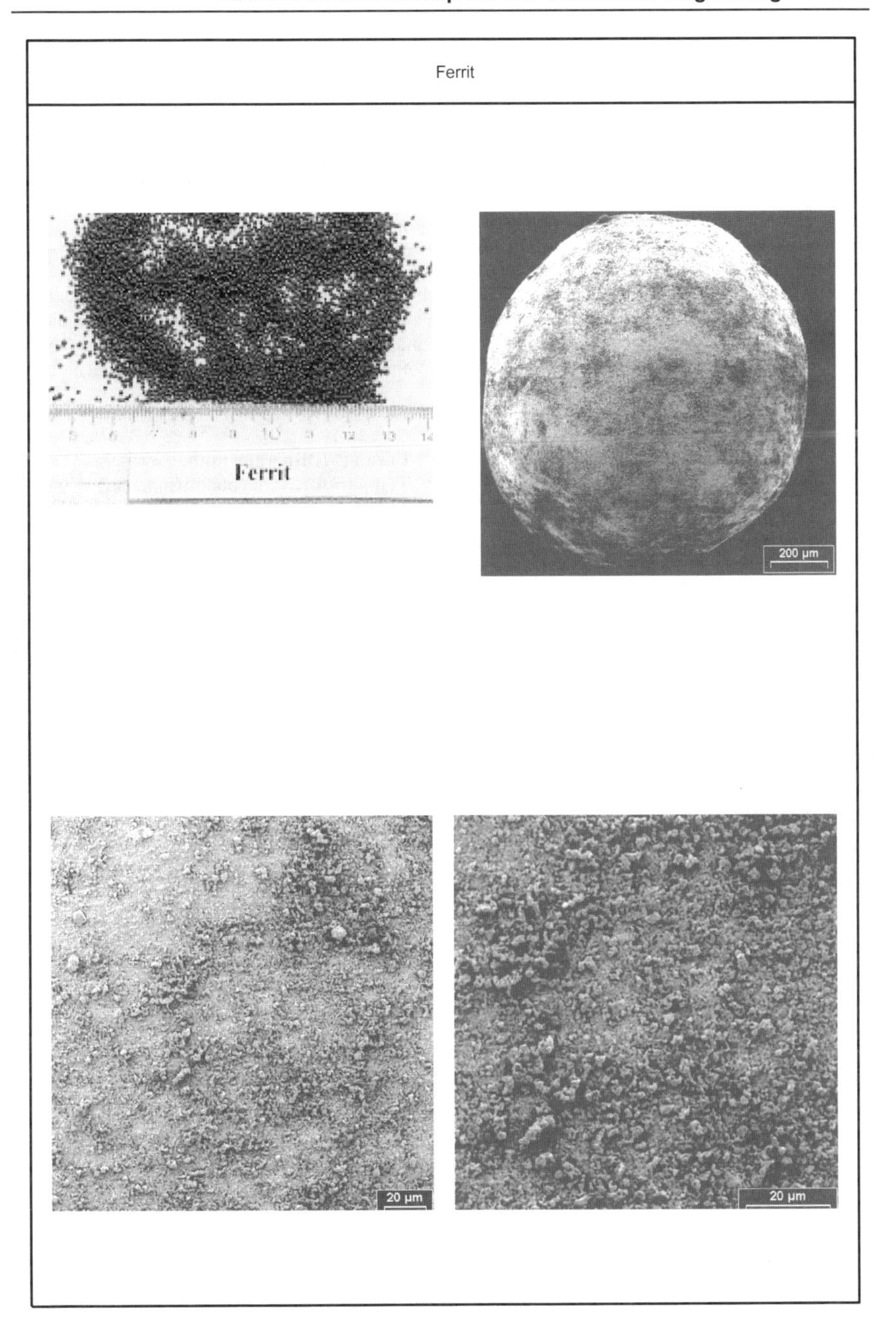

Bild 16-19 Ferrit - Form und Oberfläche der Granulate.

Tabelle 16-17 Magermilchkonzentrat - Ziel, Ablauf und Ergebnis der Wirbelschicht-Sprühgranulation

Produkt: Magermilchkonzentrat	**Literatur:** [122], [382], [P18]
Ziel: Herstellung von lagerstabilen, abriebfesten, gut rieselfähigen Magermilchgranulaten	
Randbedingungen: Aus einem Magermilchkonzentrat, das durch Eindampfung von Magermilch hergestellt wurde, sind Granulate im Durchmesserbereich zwischen 3 und 8 mm zu erzeugen. Damit die Granulate in Mischfuttermittel einmischbar sind, sind die obigen Schüttguteigenschaften vorgegeben. Die Granulattemperatur soll zur Vermeidung von Produktschäden 60 C nicht überschreiten.	
Sprühflüssigkeit:	
Zusammensetzung: Magermilchkonz.	**Lösungs-/Dispergiermittel:** Wasser
Feststoffgehalt: ca. 50 Gew.-%	**Temperatur:** Umgebungstemperatur
Granulation:	
Gas:	Luft
Apparatekonfiguration:	
Kreislauf:	offen
Variante:	externe Keimzufuhr
Einsprühen:	eine Düse seitlich
Gasverteilung: r	under Apparat, Gasverteiler mit von außen nach innen abnehmendem Öffnungsverhältnis
Keimzufuhr:	von oben (Zellenradschleuse)
Abgasreinigung:	Zyklon mit Staubrückführung in die Schicht,
Austrag:	zentraler Steigrohrsichter
Parameter:	
Anströmung:	mittlere Leerrohrgeschwindigkeit 2,8-3,1 m/s je nach Granulatgröße
Lufteintrittstemperatur:	102 bis 135 °C (wegen Thermolabilität des Produktes)
Luftaustrittstemperatur:	48-72 °C (wegen der möglichen Luftbeladung)
Spez. Verdunstungsleistung:	100-110 kg/m^{2}Anströmfläche und Stunde, 0,55-0,65 kg/kg Schichtmasse und Stunde
Spez. Granulatdurchsatz:	100-110 kg/m^2 Anströmfläche und Stunde
Mittlere Verweilzeit:	1,6-1,8 h
Granulat:	
Partikelgröße:	im Mittel 3000-8000 μm (je nach Fahrweise), enge Korngrößenverteilung
Partikelform:	rund, leicht brombeerartig,
Rieselfähigkeit:	sehr gut
Festigkeit:	hart, staubfrei
Restfeuchte:	
Art:	Wasser
Gehalt [Gew.-%]:	1-5, je nach Fahrweise der Anlage
Scheinbare Granulatdichte:	ca. 1263 kg/m^3
Schüttdichte:	ca. 758 kg/m^3
Besonderheiten: Die Granulate erwiesen sich als extrem lagerstabil (Sie sind unter Umgebungsbedingungen mehrere Jahre ohne wesentlichen Qualitätsverlust lagerfähig). Zum Anfahren der Wirbelschicht wurden entweder zerkleinertes Milchgranulat oder Kaseinpartikel von 1 bis 3 mm Durchmesser verwendet.	

Bild 16-20 Magermilchkonzentrat - Form und Oberfläche der Granulate.

Tabelle 16-18 Vollmilchkonzentrat - Ziel, Ablauf und Ergebnis der Wirbelschicht-Sprühgranulation

Produkt: Vollmilchkonzentrat	**Literatur**: [123]

Ziel:
Herstellung von lagerstabilen, abriebfesten, gut rieselfähigen Vollmilchgranulaten

Randbedingungen:
Aus einem Vollmilchkonzentrat, das durch Eindampfung von Vollmilch hergestellt wurde, sind Granulate im Durchmesserbereich zwischen 3 und 8 mm zu erzeugen. Damit die Granulate in Mischfuttermittel einmischbar sind, sind die obigen Schüttguteigenschaften vorgegeben. Die Granulattemperatur soll zur Vermeidung von Produktschäden 60 °C nicht überschreiten

Sprühflüssigkeit:

Zusammensetzung: Milchkonzentrat	**Lösungs-/Dispergiermittel:** Wasser
Feststststoffgehalt: ca. 55 Gew.-%	**Temperatur:** Umgebungstemperatur

Granulation:	
Gas:	Luft
Apparatekonfiguration:	
Kreislauf:	offen
Variante:	externe Keimzufuhr
Einsprühen:	eine Düse von oben
Gasverteilung:	runder Apparat, Gasverteiler mit von außen nach innen abnehmendem Öffnungsverhältnis
Keimzufuhr:	von oben (Zellenradschleuse)
Abgasreinigung:	Zyklon mit Staubrückführung in die Schicht,
Austrag:	zentraler Steigrohrsichter
Parameter:	
Anströmung:	mittlere Leerrohrgeschwindigkeit 2-4 m/s je nach Granulatgröße
Lufteintrittstemperatur:	85 bis 110 °C (wegen der Thermolabilität des Produktes)
Luftaustrittstemperatur:	49 bis 65 °C (wegen der möglichen Luftbeladung)
Spez. Verdunstungsleistung:	85-175 kg/m^{2}Anströmfläche und Stunde, 0,5-1,1 kg/kg Schichtmasse und Stunde
Spez. Granulatdurchsatz:	100-220 kg/m^2 Anströmfläche und Stunde
Mittlere Verweilzeit:	0,8-1,6 h

Granulat:	
Partikelgröße:	m Mittel 3000-8000 µm (je nach Fahrweise), enge Korngrößenverteilung
Partikelform:	rund, leicht brombeerartig
Rieselfähigkeit:	sehr gut
Festigkeit:	hart, staubfrei
Restfeuchte:	
Art:	Wasser
Gehalt [Gew.-%]:	1-5, je nach Fahrweise der Anlage
Scheinbare Granulatdichte:	ca. 1190 kg/m^3
Schüttdichte:	a. 715 kg/m^3

Besonderheiten:
Die Granulate erwiesen sich als extrem lagerstabil (Sie sind unter Umgebungsbedingungen mehrere Jahre ohne wesentlichen Qualitätsverlust lagerfähig). Zum Anfahren der Wirbelschicht wurden entweder zerkleinertes Milchgranulat oder Kaseinpartikel von 1 mm Durchmesser verwendet.

Bild 16-21 Vollmilchkonzentrat - Form und Oberfläche der Granulate.

Tabelle 16-19 Pottasche - Ziel, Ablauf und Ergebnis der Wirbelschicht-Sprühgranulation

Produkt: Pottasche (Kaliumkarbonat)	**Literatur**: [119], [147]; [P26]

Ziel:
Herstellung abriebarmer Granulate für die Glasherstellung. Durchmesser ca. 1-2 mm. Enge Korngrößenverteilung

Randbedingungen:
Zu granulieren ist die im Herstellungsprozeß als Lösung anfallende Pottasche. Sie ist als Bestandteil des Glasgemenges bei der Herstellung verschiedener Gläser vorgesehen. Um eine Entmischung des Glasrohstoffgemenges zu vermeiden, ist neben dem Granulatdurchmesser eine enge Korngrößenverteilung gefordert.

Sprühflüssigkeit:

Zusammensetzung: Pottaschelösung	**Lösungs-/Dispergiermittel:** Wasser
Feststoffgehalt: 30 – 45 Gew.-%	**Temperatur:** Umgebungstemperatur

Granulation:

Gas:	Luft
Apparatekonfiguration:	
Kreislauf:	offen
Variante:	externe Keimzufuhr
Einsprühen:	eine Düse von oben
Gasverteilung:	runder Apparat, Gasverteiler mit von außen nach innen abnehmendem Öffnungsverhältnis,
Keimzufuhr:	von oben (Zellenradschleuse)
Abgasreinigung:	Zyklon mit Staubrückführung in die Schicht
Austrag:	zentraler Steigrohrsichter
Parameter:	
Anströmung:	mittlere Leerrohrgeschwindigkeit 3,3 m/s
Lufteintrittstemperatur:	165 °C (wegen Leistungsfähigkeit der Versuchsanlage)
Luftaustrittstemperatur:	80 bis 90 °C (wegen der möglichen Luftbeladung)
Spez. Verdunstungsleistung:	110-380 kg/m^2 Anströmfläche und Stunde, 0,4-1,4 kg/kg Schichtmasse und Stunde
Spez. Granulatdurchsatz:	60-250 kg/m^2 Anströmfläche und Stunde
Mittlere Verweilzeit:	1,1-4,5 h

Granulat:

Partikelgröße:	im Mittel 1000-3150 µm (je nach Fahrweise), enge Korngrößenverteilung
Partikelform:	rund
Rieselfähigkeit:	gut
Festigkeit:	hart, staubarm
Restfeuchte:	
Art:	Wasser,
Gehalt [Gew.-%]:	<1Gew.-%, je nach Fahrweise der Anlage
Scheinbare Granulatdichte:	ca. 1990 kg/m^3
Schüttdichte:	ca. 1194 kg/m^3

Besonderheiten:
Die Granulate erwiesen sich als relativ abriebfest, trotzdem kam es zu einer hohen Staubentwicklung während der Sprühgranulation. Es empfiehlt sich der Einsatz eines Naßentstaubers, da die im Naßentstauber aufkonzentrierte Lösung problemlos und ohne zusätzlichen Energieaufwand in die Lösungszuführung des Apparates eingespeist werden kann.

Tabelle 16-20 Aktivkohle - Ziel, Ablauf und Ergebnis der Wirbelschicht-Sprühgranulation

Produkt: Aktivkohle	**Literatur**: [150]
Ziel: Herstellung von definierten Granulaten aus einer Suspension.	
Randbedingungen: Bei der Herstellung von Aktivkohlen fällt ein großer Teil des Produktes als Staub an und daher für Adsorber, bei denen für die Durchströmbarkeit eine gröbere Körnung erforderlich ist, nicht geeignet. Der Staub ist daher zu granulieren. Für die Granulation ist eine Suspendierung des Staubes in Wasser unter Zugabe von Tonmineralien als Binder vorgesehen..	
Sprühflüssigkeit:	
Zusammensetzung: Aktivkohle, Tonerde	**Lösungs-/Dispergiermittel:** Wasser
Feststoffgehalt: 10-20 Gew.-%	**Temperatur:** Umgebungstemperatur
Granulation:	
Gas:	Luft
Apparatekonfiguration:	
Kreislauf:	offen
Variante:	externe Keimzufuhr
Einsprühen:	eine Zweistoffdüse seitlich
Gasverteilung:	runder Apparat, Gasverteiler mit von außen nach innen abnehmendem Öffnungsverhältnis
Keimzufuhr:	von oben (Zellenradschleuse)
Abgasreinigung:	Zyklon mit Staubrückführung in die Schicht,
Austrag:	zentraler Steigrohrsichter
Parameter:	
Anströmung:	mittlere Leerrohrgeschwindigkeit 4,4 m/s
Lufteintrittstemperatur:	150-200 °C
Luftaustrittstemperatur:	60-90 °C
Spez. Verdunstungsleistung:	380-570 kg/m^{2}Anströmfläche und Stunde, 2,5-3,7 kg/kg Schichtmasse und Stunde
Spez. Granulatdurchsatz:	50-130 kg/m^2 Anströmfläche und Stunde
Mittlere Verweilzeit:	1,2-3,2 h
Granulat:	
Partikelgröße:	im Mittel 1000-6000 µm
Partikelform:	annähernd rund
Rieselfähigkeit:	gut
Festigkeit:	stabil, staubfrei
Restfeuchte:	
Art:	Wasser,
Gehalt [Gew.-%]:	< 1
Scheinbare Granulatdichte:	ca. 1100 kg/m^3
Schüttdichte:	ca. 660 kg/m^3
Besonderheiten: Die Aktivierung der Granulate erfolgte in einem nachgeschalteten Schritt bei hohen Temperaturen (600-1000 °C) unter Luftabschluß.	

Bild 16-22 Aktivkohle - Form und Oberfläche der Granulate.

Tabelle 16-21 Bleisulfat - Ziel, Ablauf und Ergebnis der Wirbelschicht-Sprühgranulation

Produkt: Bleisulfat	**Literatur**: [187]
Ziel: Erzeugung von nahezu staubfreien, gut rieselfähigen, Granulaten aus Bleisulfatsuspensionen.	
Randbedingungen: Bleisulfat ist ein chemisches Zwischenprodukt. Es liegt bei seiner Herstellung als wäßrige Suspension vor. Von diesem Zustand hat die Wirbelschicht-Sprühgranulation auszugehen. Zur Verbesserung des Granulierverhaltens kann Bleistearat zugesetzt werden.	
Sprühflüssigkeit:	
Zusammensetzung: Bleisulfatsuspension	**Lösungs-/Dispergiermittel:** Wasser
Feststoffgehalt: ca. 50 Gew.-%	**Temperatur:** Umgebungstemperatur
Granulation:	
Gas: Luft	
Apparatekonfiguration:	
Kreislauf:	offen
Variante:	ohne Keimzufuhr
Einsprühen:	eine Düse von oben
Gasverteilung:	runder Apparat, Gasverteiler mit von außen nach innen abnehmendem Öffnungsverhältnis
Keimzufuhr:	ohne, teilweise Staubausschleusung, bis zu 50 % Staubanfall
Abgasreinigung:	Zyklon (und Filter) mit Rückführung des abgeschiedenen Staubes in die Schicht
Austrag:	zentraler Steigrohrsichter
Parameter:	
Anströmung:	mittlere Leerrohrgeschwindigkeit 3-5 m/s je nach Granulatgröße
Lufteintrittstemperatur:	140 bis 150 °C (durch Anlage begrenzt)
Luftaustrittstemperatur:	90 bis 100 °C (wegen der möglichen Luftbeladung)
Spez. Verdunstungsleistung:	250-400 kg/m^2 Anströmfläche und Stunde, 0,5-0,8 kg/kg Schichtmasse und Stunde
Spez. Granulatdurchsatz:	250-400 kg/m^2 Anströmfläche und Stunde
Mittlere Verweilzeit:	1,1-1,9 h
Granulat:	
Partikelgröße:	im Mittel 100-3000 µm (je nach Fahrweise), sehr enge Korngrößenverteilung
Partikelform:	und, glatt
Rieselfähigkeit:	sehr gut
Festigkeit:	hart, staubfrei
Restfeuchte:	
Art:	Wasser
Gehalt [Gew.-%]:	<1, je nach Fahrweise der Anlage
Scheinbare Granulatdichte:	3900 kg/m^3
Schüttdichte:	ca. 2260 kg/m^3
Besonderheiten: Dic Granulate erwiesen sich als sehr gut fließfähig. Für manche Prozesse ist ihre Härte für die Weiterverarbeitung zu hoch. Die Granalien sind sehr formbeständig. In einer zweiten Stufe lassen sie sich mit Stearat ummanteln.	

Bleisulfat

Bild 16-23 Bleisufat - Form und Oberfläche der Granulate.

Tabelle 16-22 Sonnenblumenprotein - Ziel, Ablauf und Ergebnis der Wirbelschicht-Sprühgranulation

Produkt: Sonnenblumenprotein	**Literatur:** [148], [235], [289], [291], [P20]
Ziel: Granulierung einer konzentrierten Eiweißsuspension aus der Sonnenblumenöl-Gewinnung zu großen lagerstabilen Granulaten.	
Randbedingungen: Bei der Gewinnung von Speiseöl aus Sonnenblumensaat werden die Samen der Sonnenblumen zunächst ausgepreßt und danach eine Extraktion mit Hexan unterzogen. Nach der Entbenzinierung des Extraktionsschrotes wird dieses ein weiteres Mal z. B. mit Kochsalzlösung behandelt, wodurch das im Schrot vorhandene pflanzliche Eiweiß weitgehend herausgelöst wird. Nach weiteren Behandlungsstufen der Aufkonzentrierung der Eiweißsuspension ist diese zu großen lagerstabilen Granulaten zu granulieren. Die Granulate werden unmittelbar vor ihrer Verwendung gemahlen.	
Sprühflüssigkeit:	
Zusammensetzung: Eiweißsuspension	**Lösungs-/Dispergiermittel:** Wasser
Feststsstoffgehalt: 10 – 20 Gew.-%	**Temperatur:** Umgebungstemperatur
Granulation:	
Gas:	Luft
Apparatekonfiguration:	
Kreislauf:	offen
Variante:	externe Keimzufuhr
Einsprühen:	eine Düse von oben
Gasverteilung:	runder Apparat, Gasverteiler mit von außen nach innen abnehmendem Öffnungsverh. (18,45%, 8,33%, 5,33%)
Keimzufuhr:	von oben (Zellenradschleuse)
Abgasreinigung:	Zyklon mit Staubrückführung in die Schicht
Austrag:	zentraler Steigrohrsichter
Parameter:	
Anströmung:	mittlere Leerrohrgeschwindigkeit 2-10 m/s (je nach Granulatgröße)
Lufteintrittstemperatur:	100 bis 180°C (wegen Thermolabilität des Produktes)
Luftaustrittstemperatur:	60 bis 90 °C (wegen der möglichen Luftbeladung)
Spez. Verdunstungsleistung:	400-1000 kg/m^2 Anströmfläche und Stunde, 0,5-3 kg/kg Schichtmasse und Stunde
Spez. Granulatdurchsatz:	50-200 kg/m^2 Anströmfläche und Stunde
Mittlere Verweilzeit:	1- 4,1 h
Granulat:	
Partikelgröße:	im Mittel 2000-20000 μm (je nach Fahrweise), enge Korngrößenverteilung
Partikelform:	rund, glatt
Rieselfähigkeit:	gut
Festigkeit:	hart, staubfrei
Restfeuchte:	
Art:	Wasser
Gehalt [Gew.-%]:	4-10, je nach Fahrweise der Anlage
Scheinbare Granulatdichte:	ca. 1500 kg/m^3
Schüttdichte:	ca. 900 kg/m^3
Besonderheiten: Die Granulate erwiesen sich als extrem lagerstabil. Sie sind unter Umgebungsbedingungen mehrere Jahre ohne wesentlichen Qualitätsverlust lagerfähig.	

Bild 16-24 Sonnenblumenprotein - Form und Oberfläche der Granulate.

Tabelle 16-23 Schweineblut - Ziel, Ablauf und Ergebnis der Wirbelschicht-Sprühgranulation

Produkt: Schweineblut	Literatur: [194]

Ziel:
Granulation von Schweineblut zu einem rieselfähigen, staubarmen und keimfreien Granulat für dieTierernährung

Randbedingungen:
Es besteht die Gefahr, daß mit geschlachteten Tieren Krankheitserreger in die gesamte Blutmasse gelangen und bei einerVerfütterung übertragen werden. Deshalb wurde gefordert, daß die Keime bei der Granulation abgetötet werden ohne das im Blut enthaltene Eiweiß wesentlich zu schädigen.

Sprühflüssigkeit:

Zusammensetzung: Schweineblut	**Lösungs-/Dispergiermittel:** Wasser
Feststoffgehalt: 10-15 Gew.-%	**Temperatur:** Umgebungstemperatur

Granulation:

Gas:	Luft
Apparatekonfiguration:	
Kreislauf:	offen
Variante:	externe Keimzufuhr
Einsprühen:	eine Düse von oben
Gasverteilung:	runder Apparat, Gasverteiler mit von außen nach innen abnehmendem Öffnungsverhältnis (25%, 13%, 9,5%),
Keimzufuhr:	keine
Abgasreinigung:	Rückführung des abgeschiedenen Staubes in die Schicht,
Austrag:	zentraler Steigrohrsichter
Parameter:	
Anströmung:	mittlere Leerrohrgeschwindigkeit 5-10 m/s je nach Granulatgröße
Lufteintrittstemperatur:	140 bis 160 °C (wegen der Thermolabilität des Produktes)
Luftaustrittstemperatur:	100 bis 130 °C (wegen der Hygienisierung)
Spez. Verdunstungsleistung:	500-1000 kg/m^{2}Anströmfläche und Stunde, 2-4 kg/kg Schichtmasse und Stunde
Spez. Granulatdurchsatz:	50-150 kg/m^2 Anströmfläche und Stunde
Mittlere Verweilzeit:	1,3-4,1 h

Granulat:

Partikelgröße: i	im Mittel 1000-8000 µm (je nach Fahrweise)
Partikelform:	locker aufgebaut, stabil, brombeerartig
Rieselfähigkeit:	gut
Festigkeit:	mittel, staubfrei
Restfeuchte:	
Art:	Wasser
Gehalt [Gew.-%]:	1-3, je nach Fahrweise der Anlage
Scheinbare Granulatdichte:	ca. 1100 kg/m^3
Schüttdichte:	a. 600 kg/m^3

Besonderheiten:
Die Granulate erwiesen sich als extrem lagerstabil. Untersuchungen mit gezielt zugegebenen Mikroorganismen (Salmonellen, pathogene Keime) zeigten, daß durch die Granulationsbedingungen eine Reduzierung dieser Mikroorganismen unter eine kritische Grenze ohne Qualitätsverlust des Blutes möglich ist. Die Geruchsbelästigung in der Abluft ist groß. Sie muß bei großtechnischen Realisierungen eines solchen Verfahrens durch geeignete Maßnahmen beseitigt werden.

Bild 16-25 Schweineblut - Form und Oberfläche der Granulate.

Tabelle 16-24 Harnstoff - Ziel, Ablauf und Ergebnis der Wirbelschicht-Sprühgranulation

Produkt: Harnstoff	**Literatur**: [15], [49]; [142]; [188], [189], [190], [193] ,[296]

Ziel:
Herstellung von deutlich über 4 mm großen Granulaten für die Walddüngung aus der Luft und als Viehfutter.

Randbedingungen:
Ausgangszustand ist eine wasserhaltige Harnstoff-Schmelze. Bei der Granulation sollen Wirkstoffe in die Granulate eingelagert werden. Die Oberfläche soll glatt sein, damit die Granulate in einer weiteren Verfahrensstufe umhüllt werden können.

Sprühflüssigkeit:
Zusammensetzung: Harnstoffschmelze — **Lösungs-/Dispergiermittel**: Wasser
Feststoffgehalt: 90-95 Gew.-% — **Temperatur**: 95°C

Granulation:
Gas: Luft

Apparatekonfiguration:

Kreislauf:	offen
Variante:	externe Keimzufuhr
Einsprühen:	eine Einstoffdüse
Gasverteilung:	runder Apparat, Gasverteiler mit von außen nach innen abnehmendem Öffnungsverhältnis
Keimzufuhr:	von oben
Abgasreinigung:	Zyklon mit Rückführung des abgeschiedenen Staubes in die Schicht
Austrag:	zentraler Steigrohrsichter

Parameter:

Anströmung:	mittlere Leerrohrgeschwindigkeit 4,4 m/s
Lufteintrittstemperatur:	35-60 °C
Luftaustrittstemperatur:	40-55 °C
Spez. Verdunstungsleistung:	15-55 kg/m^{2}Anströmfläche und Stunde, 0,08-0,3 kg/kg Schichtmasse und Stunde
Spez. Granulatdurchsatz:	290-530 kg/m^2 Anströmfläche und Stunde
Mittlere Verweilzeit:	0,4-0,7 h

Granulat:

Partikelgröße:	im Mittel 1500-7000 µm (je nach Fahrweise), enge Korngrößenverteilung
Partikelform:	rund, glatt
Rieselfähigkeit:	sehr gut
Festigkeit:	hart, staubfrei
Restfeuchte:	
Art:	Wasser
Gehalt [Gew	< 0,5
Scheinbare Granulatdichte:	ca. 1500 kg/m^3
Schüttdichte:	ca. 900 kg/m^3

Besonderheiten:
Zur Beeinflussung des Auflösungsverhalten im Boden wurden die Granulate in einem zweiten Schritt problemlos mit einer Tonsuspension ummantelt.

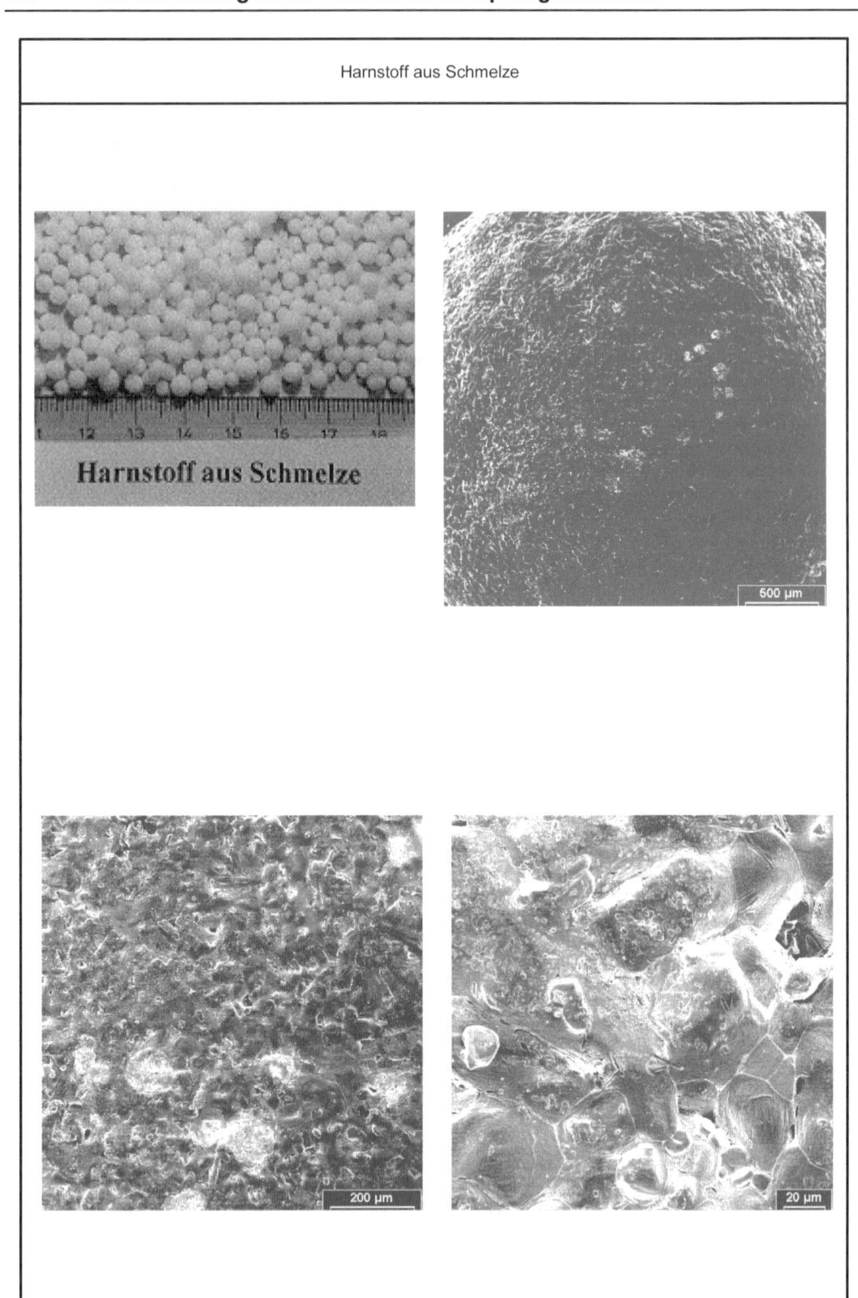

Bild 16-26 Harnstoff - Form und Oberfläche der Granulate.

Tabelle 16-25 Ammoniumsulfat - Ziel, Ablauf und Ergebnis der Wirbelschicht-Sprühgranulation

Produkt: Ammoniumsulfat	**Literatur:** [146]
Ziel: Es sollen Ammoniumsulfatgranulate aus einer wäßrigen Lösung hergestellt werden	
Randbedingungen: Die Granulate waren für die Ausbringung als Düngemittel vorgesehen. Sie sollten staubfrei und rieselfähig sein. Der Durchmesser wir im Bereich von 2-6 mm erwartet.	
Sprühflüssigkeit:	
Zusammensetzung: Ammoniumsulfatlsg.	**Lösungs-/Dispergiermittel:** Wasser
Feststoffgehalt: 42 Gew.-%	**Temperatur:** Umgebungstemperatur
Granulation:	
Gas:	Luft
Apparatekonfiguration:	
Kreislauf:	offen
Variante:	externe Keimzufuhr
Einsprühen:	eine Düse von oben
Gasverteilung:	runder Apparat, Gasverteiler mit von außen nach innen abnehmendem Öffnungsverhältnis
Keimzufuhr:	von oben (Zellenradschleuse)
Abgasreinigung:	Zyklon mit Rückführung des abgeschiedenen Staubes in die Schicht
Austrag:	zentraler Steigrohrsichter
Parameter:	
Anströmung:	mittlere Leerrohrgeschwindigkeit ca. 6 m/s
Lufteintrittstemperatur:	ca. 145 °C (bedingt durch Versuchsanlage, höhere Temperaturen möglich und sinnvoll)
Luftaustrittstemperatur:	90 bis 100 °C (wegen der möglichen Luftbeladung)
Spez. Verdunstungsleistung:	160-250 kg/m^2 Anströmfläche und Stunde, 0,5-0,9 kg/kg Schichtmasse und Stunde
Spez. Granulatdurchsatz:	130-180 kg/m^2 Anströmfläche und Stunde
Mittlere Verweilzeit:	1,5-2,5 h
Granulat:	
Partikelgröße:	im Mittel 2000-6000 µm (je nach Fahrweise), enge Korngrößenverteilung
Partikelform:	rund, glatt
Rieselfähigkeit:	sehr gut
Festigkeit:	hart, staubfrei
Restfeuchte:	
Art:	Wasser
Gehalt [Gew.-%]:	0,1-0,4, je nach Fahrweise der Anlage
Scheinbare Granulatdichte:	1770 kg/m^3
Schüttdichte:	ca. 1060 kg/m^3
Besonderheiten: Der Durchsatz kann erheblich gesteigert werden, weil das Produkt wesentlich höhere Temperaturen verträgt. Die Versuche konnten aus technischen Gründen nur bei den angewendeten Temperaturen durchgeführt werden.	

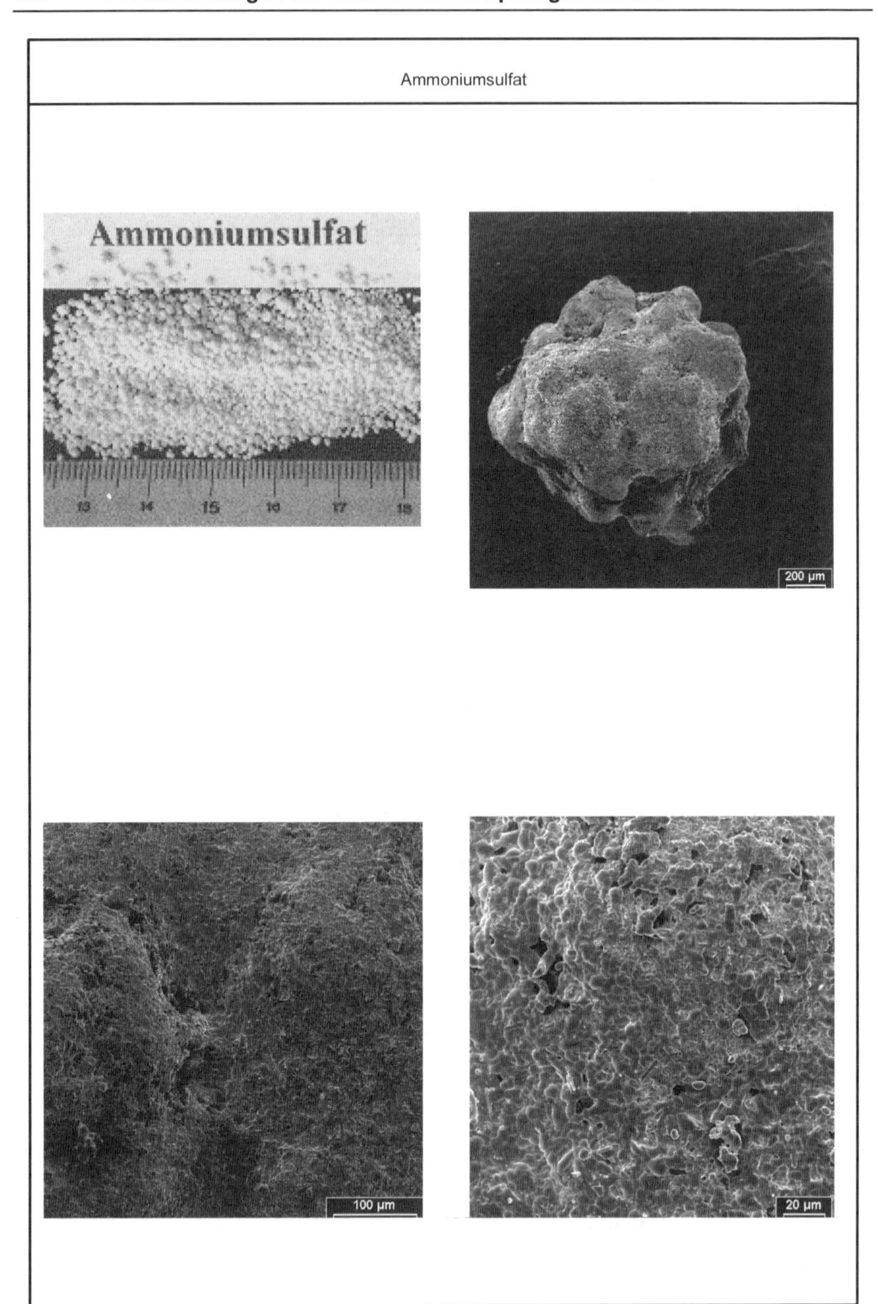

Bild 16-27 Ammoniumsulfat - Form und Oberfläche der Granulate.

Tabelle 16-26 Leimabwasser - Ziel, Ablauf und Ergebnis der Wirbelschicht-Sprühgranulation

Produkt: Leimabwasser | **Literatur:** [204]

Ziel:
Entsorgung eines Leimabwassers durch Umwandlung in einen kompakt zu deponierenden Trockenstoff

Randbedingungen:
Abwasser entsteht beimWaschen von Maschinen. Es hat einen Feststoffanteil von ca. 16,8 Gew.-%. Als Kernmatarial können Granulate aber auch Sand (Körnung 0,5 bis 1mm) verwendet werden. Die Granulate sollen eine möglichst hohe Schüttdichte besitzen.

Sprühflüssigkeit:
Zusammensetzung: Leimabwasser — **Lösungs-/Dispergiermittel:** Wasser
Feststoffgehalt: 16,8 Gew.-% — **Temperatur:** Umgebungstemperatur

Granulation:

Gas:	Luft
Apparatekonfiguration:	
Kreislauf:	offen
Variante:	externe Keimzufuhr
Einsprühen:	eine Zweistoffdüse seitlich
Gasverteilung:	runder Apparat, Gasverteiler mit von außen nach innen abnehmendem Öffnungsverhältnis
Keimzufuhr:	von oben (Zellenradschleuse)
Abgasreinigung:	Zyklon mit Rückführung des abgeschiedenen Staubes in die Schicht
Austrag:	zentraler Steigrohrsichter
Parameter:	
Anströmung:	mittlere Leerrohrgeschwindigkeit 5,6 m/s
Lufteintrittstemperatur:	148 °C
Luftaustrittstemperatur:	80 °C
Spez. Verdunstungsleistung:	400 kg/m^2 Anströmfläche und Stunde, 1,8 kg/kg Schichtmasse und Stunde
Spez. Granulatdurchsatz:	80 kg/m^2 Anströmfläche und Stunde
Mittlere Verweilzeit:	3,5 h

Granulat:

Partikelgröße:	im Mittel 1000-4000 µm
Partikelform:	rund, leicht brombeerartig
Rieselfähigkeit:	sehr gut
Festigkeit:	sehr hart, staubfrei
Restfeuchte:	
Art:	Wasser
Gehalt [Gew.-%]:	< 1
Scheinbare Granulatdichte:	ca. 2000 kg/m^3
Schüttdichte:	ca. 1200 kg/m^3

Besonderheiten:
Es entstanden sehr harte Granulate. Die Granulation erfordert die Zugabe von Kernen, weil sich kaum Keimgut bildet. Als Kerne wurde sowohl gemahlenes, arteigenes Material als auch Sand mit Erfolg verwendet. Die obigen Angaben beziehen sich auf die Verwendung arteigenen Materials. Der Granulationsablauf war bei beiden Kernarten problemlos.

Bild 16-28 Leimabwasser - Form und Oberfläche der Granulate.

16.6 Granulationen mit überwiegender Feingutzugabe

Lockere Granulate mit hoher Porosität für schnelles Redispergieren und gutes Tablettieren lassen sich durch eine verstärkte Feingutzugabe erzeugen. Gleichzeitig verringert sich die zu verdunstende Flüssigkeitsmenge, was sich durchsatzsteigernd, energie- und damit kostensparend auswirkt.

Die Wirbelschicht-Sprühgranulation ist für die schichtweise Vergröberung von Partikeln konzipiert. Wenn die zu vergröbernden Kerne nicht von außen zugegeben werden, müssen sie im Prozeß durch Agglomeration von Feingut gebildet werden. Das Feingut stammt aus Abrieb und nichttreffenden Tropfen. Es fällt abhängig von den Produkteigenschaften (vor allem von der Abriebfestigkeit) und den Granulationsparametern (Temperatur, Versprühung, Fluidisation usw.) an. Die Menge ist nur begrenzt beeinflußbar. Eine Ergänzung durch Zugabe von außen ist erforderlich.

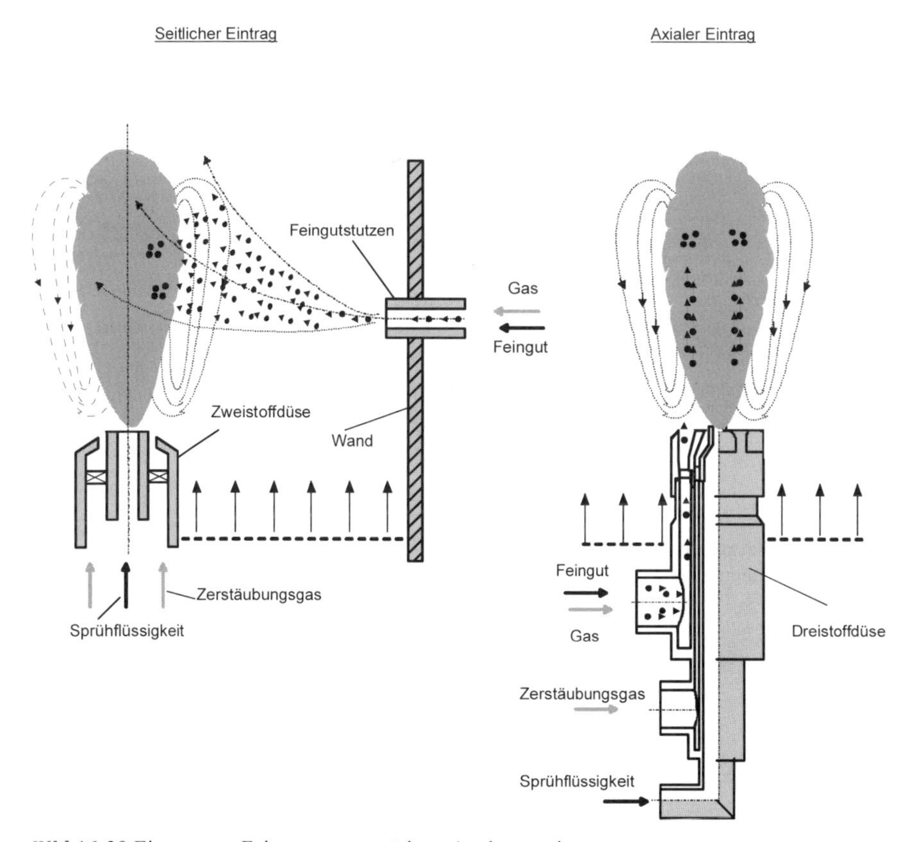

Bild 16-29 Eintrag von Feingut zur verstärkten Agglomeration

Die Zugabe des Feingutes muß in den Sprühstrahl der Düsen, also in ein Gebiet erhöhter Agglomerationswahrscheinlichkeit erfolgen, weil es sonst vom Fluidisiergas sofort wieder aus der Schicht ausgetragen wird. Für das Einsprühen von unten gibt es die in Bild 16-29 dargestellten zwei Konzepte [318] [P40].

Bei dem technisch weniger anspruchsvollen seitlichen Eintrag wird mit einem Fördergas das Feingut seitlich in den Sprühstrahl geblasen. Durch Auftriebsströmungen (Temperaturunterschied zwischen Treib- und Fluidisiergas s. Kap. 9.3.3) und durch Anstellung des Zuführungsrohres kann die Einmischung des Feingutes in den Sprühstrahl begünstigt werden. Es ist zweckmäßig, die Entfernung der Eintrittsstelle vom Düsenmund so zu wählen, daß mit voll ausgebildeten Tropfen zu rechnen ist. Im Sprühstrahl kollidiert das benetzte Feingut untereinander und mit den aus der Schicht angesaugten Partikeln. Es bilden sich Flüssigkeitsbrücken, die sich außerhalb des Sprühstrahles zu dauerhaften Feststoffbrücken verfestigen. Bild 16-30 zeigt das Foto eines auf diese Weise hergestellten Agglomerates.

Beim axialen Eintrag wird das Feingut mit einer Dreistoffdüse rotationssymmetrisch in den Sprühstrahl geblasen. Die Einmischung ist in diesem Fall besonders gut definiert.

Eine weitere Erhöhung des Feinguteintrages ist möglich, wenn als Sprühflüssigkeit eine hoch konzentrierte Suspension verwendet wird [P40].

Bild 16-30 Glasgemenge (hergestellt an der Universität Magdeburg durch Wirbelschicht-Sprühgranulation mit verstärkter Feingutzugabe)

17 Trocknung mit inerten Kernen zu Pulver

17.1 Allgemeines

Durch das Auftragen von wasser- oder lösungsmittelhaltigen Feuchtgut auf fluidisierte inerte Partikel kann ein feinteiliges Trockengut (Teilchengröße 0,5 bis 10 μm) erzeugt werden. Interessant ist, daß das Feuchtgut eine Zähigkeit bis zu 20000 mPa·s [298] haben kann.

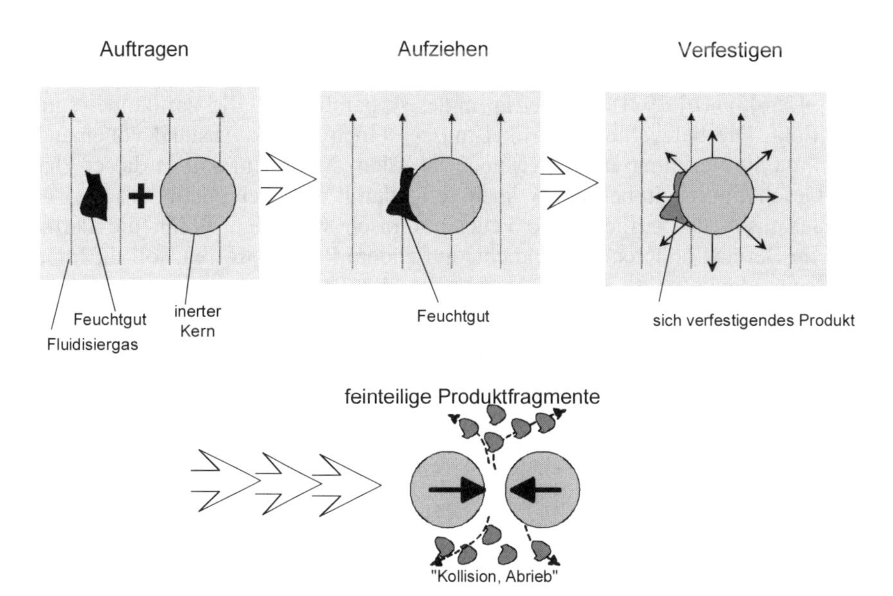

Bild 17-1 Prinzip der Trocknung zu Pulver mit inerten Kernen

Bild 17-1 zeigt die Abläufe bei diesem Trocknungsverfahren. Das Feuchtgut wird auf die Partikel aufgebracht. Es trocknet bei günstigen Wärme- und Stoffübergangsbedingungen und verfestigt sich zu Krusten. Diese Krusten werden bei der Kollision der mit hohem Impuls bewegten Partikel gesprengt und zerkleinert. Agglomerate werden aufgelöst. Dadurch sind Partikelgröße und –verteilung in Feucht- und Trockengut nahezu identisch.

17.2 Inerte Partikel

Die Partikel werden zunächst so ausgewählt, daß sie gegenüber dem zu trocknen Produkt chemisch inert und weder abriebs- noch bruchempfindlich sind. Die

Oberfläche sollte glatt sein. Alle weiteren Eigenschaften sind so zu wählen, daß der Wärme- und Stoffaustausch sowie das Absprengen des Trockengutes begünstigt werden. Hier ist zunächst eine hohe Dichte von Vorteil. Bei vorgegebener Dichte haben kleinere Partikel den Vorteil einer großen spezifischen Oberfläche. Nachteilig ist ihr geringer Stoßimpuls. Bei größeren Partikeln ist die Gewichtung gerade umgekehrt. Unter diesem Gesichtspunkt werden Partikel mit einem Durchmesser zwischen 2 und 10 mm gewählt. Als Materialien sind Glas, Kies, Teflon (da hydrophob), Stahl und Porzellan gebräuchlich.

17.3 Apparative Ausführungsformen

Geeignete Apparate sind in unterschiedlichen Formen ausgeführt worden ([280], [298], [256], [116], [93]). Mit der Form des Apparates wird die Partikelbewegung beeinflußt. Die befeuchteten Partikel müssen einen großen Abstand voneinander haben, damit Verklumpungen vermieden werden. Außerdem soll in dieser Phase ihre Geschwindigkeit besonders hoch sein, damit sich bei gutem Wärme- und Stoffaustausch das aufgetragene Feuchtgut rasch verfestigt. Wenn die Partikel dann im Bereich höherer Partikeldichte auf andere Partikel treffen, soll ihr Impuls groß sein, damit es zu einem Absprengen der Produktkruste kommt. Es sind Feuchtgutzuführungen von oben, von der Seite und von unten bekannt. Ein feines Versprühen ist nicht erforderlich. Die umherwirbelnden Inertpartikeln sorgen für eine ausreichende Verteilung des Feuchtgutes. Bei der Wahl der geeigneten Alternative ist darauf zu achten sein, daß der Flüssigkeitseintritt von den Inertpartikeln ständig abgereinigt wird.

Bekannt sind runde und rechteckige Apparatequerschnitte. Bild 17-2 zeigt exemplarisch zwei Beispiele. Die linke Form ist die andere Anwendungen der sonst nur für die Erzeugung grober Partikel bekannten Strahlschicht. Bei der rechten Form ist durch die tangentiale Einleitung des Trocknungsgases bei einem rechteckigen Apparatequerschnitt Spielraum für die Erzwingung einer zweckmäßigen Partikelbewegung gegeben. Aus der Literatur ist zu entnehmen, daß diese Gasführung in der früheren Sowjetunion vielfach und in zahlreichen Abwandlungen angewendet wurde. So ist beispielsweise durch die Vereinigung von zwei um eine vertikale Achse gespiegelten Apparaten, wie im Bild angedeutet, ein leistungsfähiger Apparat entstanden. Aus der Literatur sind noch eine Reihe weiterer Modifikationen von Strahlschichtapparaten bekannt ([P23], [P24], [93], [234]).

Das abgeschlagene und getrocknete Produkt wird vom Trocknungsgas in den dem Apparat nachgeschalteten Abscheidern (Zyklon und/oder Filter) aus dem Abgas abgetrennt und als Gutprodukt aufgefangen.

Bemerkenswert an diesem Verfahren ist, daß es mit Apparaten auskommt, die keine bewegten oder empfindlichen Teile haben. Ihre Instandhaltung ist einfach und wenig aufwendig.

Die Gasgeschwindigkeit ist so zu wählen, daß ein steter Partikelkreislauf entsteht. Ein Stoßen der Schicht begünstigt das Verklumpen der Partikel und begrenzt damit den Feuchtguteintrag. Von Romankow [280] ist das Wirbelverhalten für eine tangentiale Einströmung der Luft untersucht worden. Gefunden wurde gemäß Bild 17-3 ein freies Wirbeln bei einer Durchströmung des Apparates, die zu Druckfluktuationen von > 3 Hz führte. Für einen störungsfreien Betrieb mit hohem, nicht durch Verklumpungen begrenzten Durchsatz ist ein freies Wirbeln anzustreben. Zu den Strömungszuständen bei anderen Apparategeometrien finden sich im Kap. 3 weitere Hinweise.

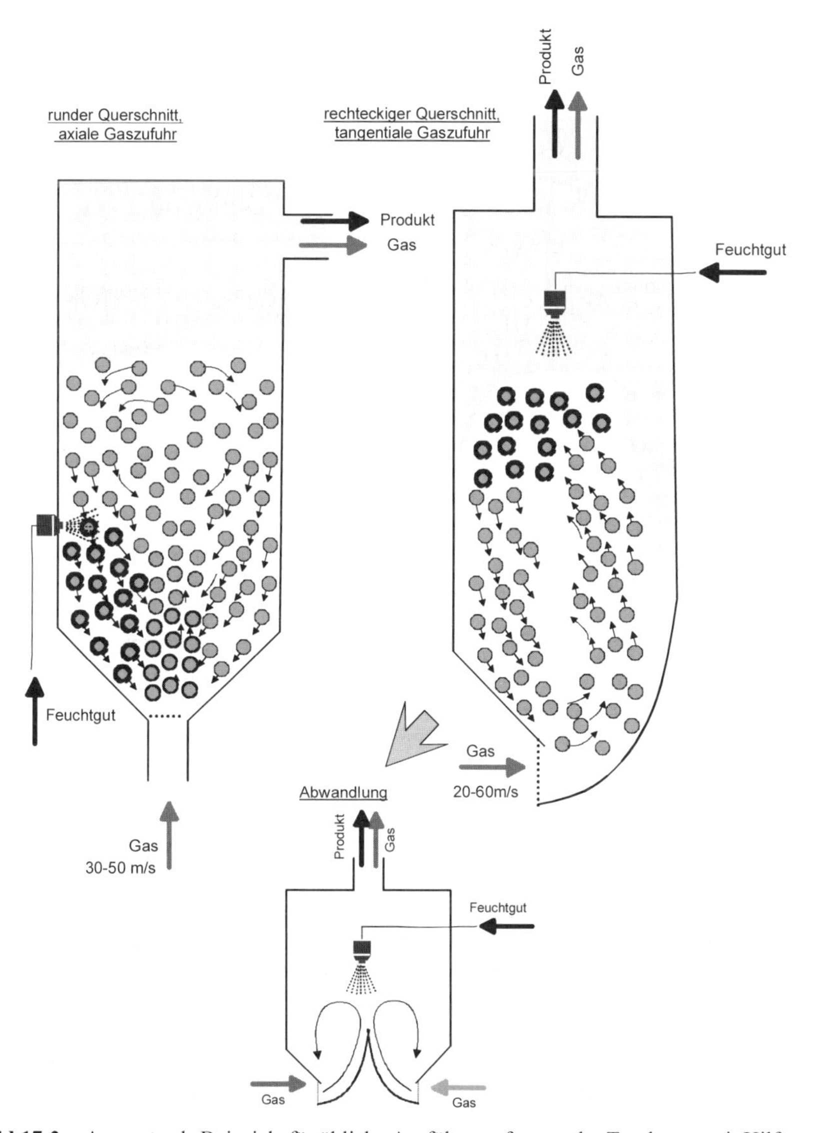

Bild 17-2 Apparate als Beispiele für übliche Ausführungsformen der Trocknung mit Hilfe inerter Partikel

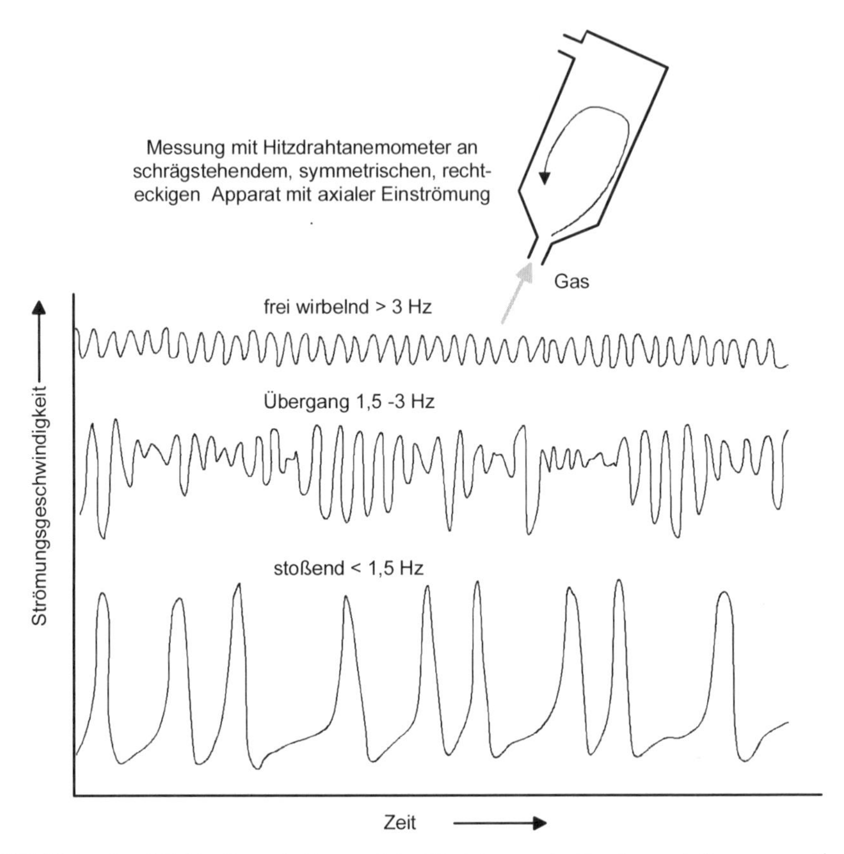

Bild 17-3 Druckfluktuationen bei tangentialer Einströmung der Trocknungsluft gemessen über Geschwindigkeitsschwankungen von Romankow et al. [280]. Die drei Verläufe gehören zu verschiedenen Luftdurchsätzen.

Bild 17-4 zeigt verschiedene Strömungszustände einer doppelt spaltförmigen Strahlschicht, deren Aufbau im Bild 17-2 unten dargestellt ist. Die Durchströmung nimmt von „a" nach „c" zu. Das Foto „a" zeigt die Schicht kurz vor Erreichen der Minimalfluidisation. Im Foto „b" sind erste aufsteigende Gasblasen zu erkennen. Hier arbeitet die Schicht ungleichmäßig und „stoßend". Die Druckfluktuationen haben eine Frequenz von weniger als 1,5 Hz. In den Fotos „c" und „d" ist deutlich zu erkennen, daß sich die Partikel bei größerem Gasdurchsatz auf zwei geschlossenen elliptischen Bahnen bewegen. Sie werden in der Mitte durch den Gasstrahl nach oben gerissen und gleiten danach auf beiden Seiten des Apparates an den Wänden nach unten. Die Arbeitsweise des Apparates ist sehr stabil (Gaseintrittsgeschwindigkeit < 50 m/s. Die Druckfluktuationen haben eine kleine Amplitude und eine Frequenz von mehr als 3 Hz.

"a" unbewegte, durchströmte Schicht

"b" erste Blasen führen zu stoßender Schicht

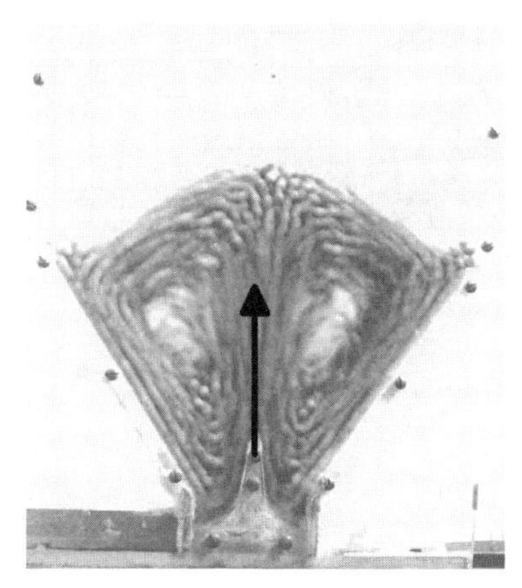

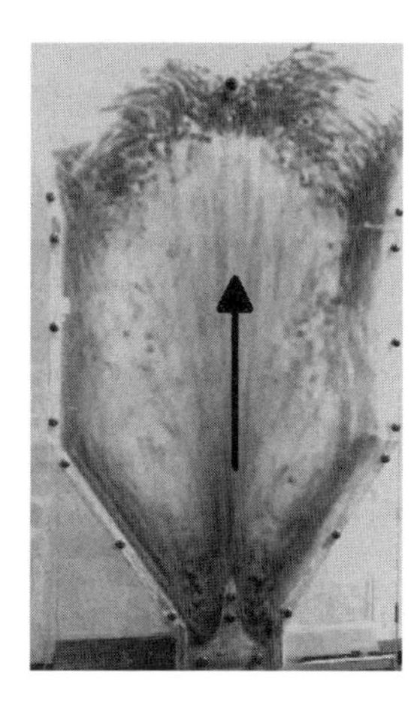

"c" stabile Partikelbewegung auf elliptischen Bahnen

"d" wie "c" bei gesteigertem Gasdurchsatz

Bild 17-4 Strahlschicht bei verschiedenen Gasbelastungen. Sie ist aufgebaut wie in Bild 17-2 unten beschrieben. (Versuchsanlage im Technikum des Institutes für Apparate- und Umwelttechnik der Otto-von-Guericke-Universität Magdeburg)

Eine stabile Arbeitsweise derartiger Strahlschichten ist von einer Reihe geometrischer Größen abhängig. Deshalb muß sie für die unterschiedlichen Formen gesondert ermittelt werden [280], [93]. In [280] wird versucht, die Grenzen der stabilen Arbeitsbereiche für spaltförmige und runde Apparate anzugeben. In Abhängigkeit des geometrischen Parameters, der das Verhältnis von freiem Querschnitt des Anströmbodens zur Oberfläche der ruhenden Schicht bei gefülltem Apparat darstellt, wurden die Re-Zahlen ermittelt, in deren Bereich ein stabiles Arbeiten der Strahlschicht eintritt bzw. bei denen es zu einer Kanalbildung oder zu einer Pulsation infolge Kolbenbildung kommt. In Bild 17-5 sind diese Bereiche dargestellt. Mit den angegebenen Grenzkurven ist eine grobe Einschätzung der

Arbeitsweise einer gewählten Apparategeometrie möglich. Es ist zu erkennen, daß es für beide Geometrien neben getrennten stabilen Arbeitsbereichen auch einen gemeinsamen Bereich gibt, in dem beide Geometrien stabil arbeiten.

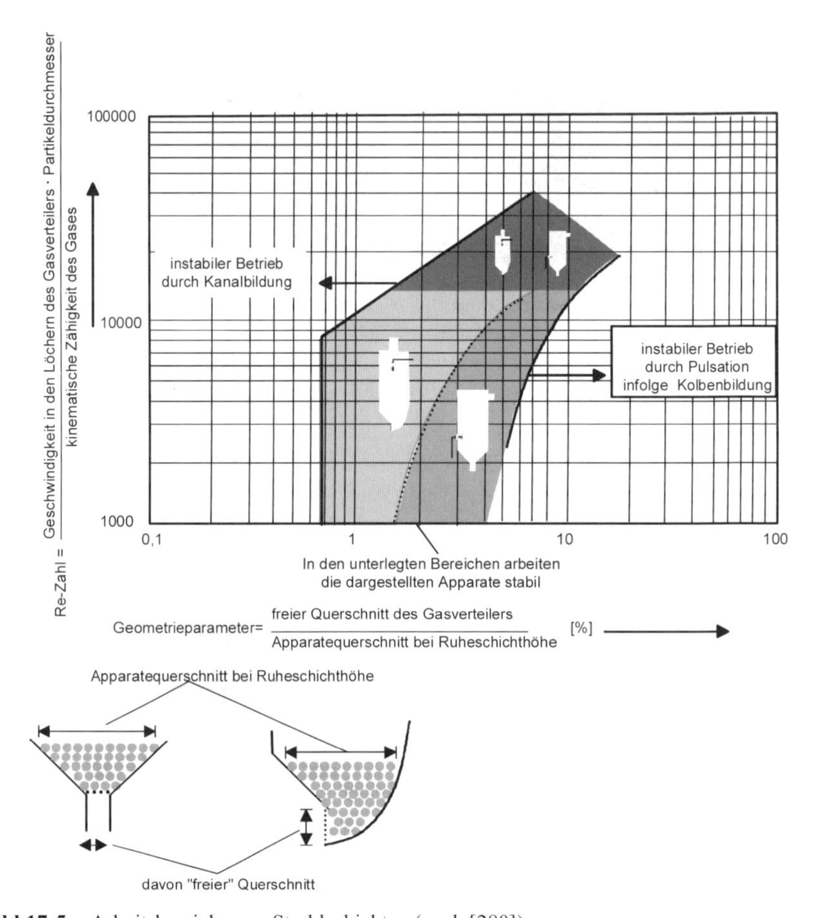

Bild 17-5 Arbeitsbereiche von Strahlschichten (nach [280])

17.4 Feuchtgut

Der Prozeß stellt keine hohe Anforderungen an die Aufgabe des Feuchtgutes. Das Feuchtgut kann hochviskos sein und muß nicht zerteilt werden. So wurden versuchsweise Extrudatstränge („Farbstoff Berliner Blau") mit 3,5 mm Durchmesser von oben in den Apparat eingebracht. Sie trockneten problemlos zu einem feinteiligen Trockengut.

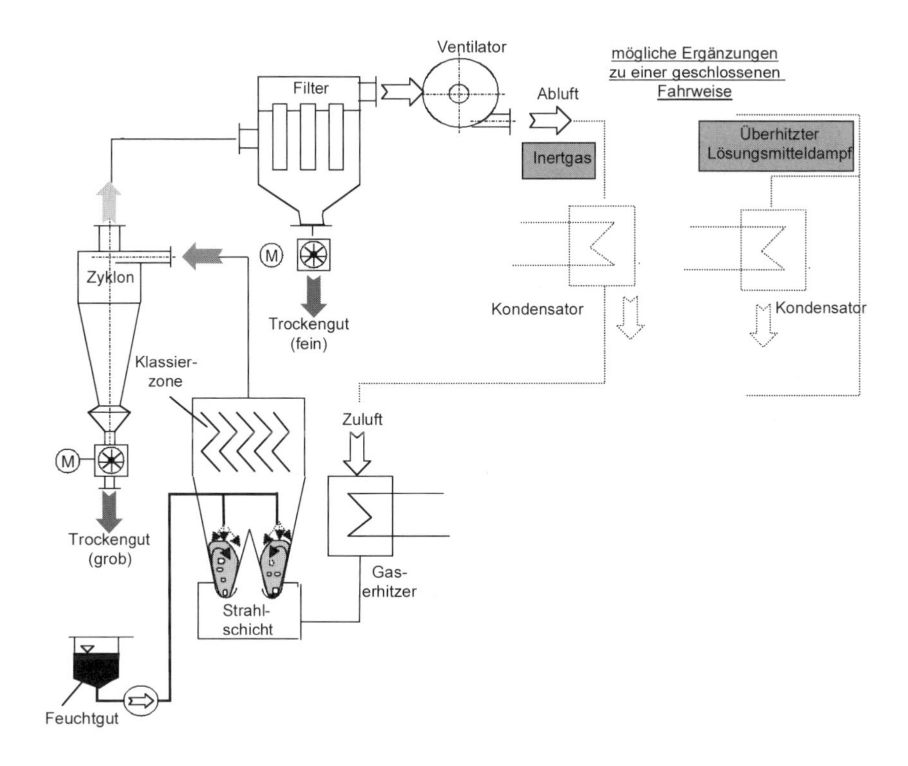

Bild 17-6 Anlage zur Trocknung mit inerten Kernen in offener oder geschlossener Fahrweise

17.5 Gassystem

Das Gassystem unterscheidet sich nicht von dem der typischen Wirbelschicht-Sprühgranulation (s. Kap. 10.3). Auch bei der Trocknung mit inerten Kernen werden offene oder auch geschlossene Gassysteme angewendet.

In Bild 17-6 ist das Arbeitsprinzip einer Anlage dargestellt. Abweichend von der Wirbelschicht-Sprühgranulation ist im Arbeitsraum über der Strahlschicht eine Klassierzone angeordnet. Sie bewirkt, daß mitgerissene größere Teilchen wieder in die Schicht zurückgeführt und dort durch die Mahlwirkung der Inertpartikel weiter zerkleinert werden. Das hat eine Einengung der Korngrößenverteilung des Trockengutes zur Folge. Anschließend werden durch den Zyklon die gröberen und durch das Staubfilter die feineren Anteile des Trockengutes abgeschieden.

Bei der „geschlossenen" Fahrweise, muß das Trockengut aus dem Lösungsmitteldampf abgeschieden und ausgeschleust werden. Dabei kann Lösungsmitteldampf kondensieren. Die Zwickel zwischen den Partikeln füllen sich mit dem

Kondensat. Somit kann das Trockengut durch die Wirkung kapillarer Kräfte verklumpen.

Um dies zu vermeiden wird u. a. das Trockengut in geschlossenen, temperierten Wechselvorlagen aufgefangen. Zur Temperierung der Vorlage wird vorzugsweise eine Wandbeheizung vorgenommen. Aufzuheizen ist auf eine Temperatur oberhalb der Sättigungstemperatur des Lösungsmittels. In diesem Fall ist nur das Lückenvolumen zwischen den Feststoffteilchen mit Lösungsmitteldampf gefüllt. Über das weitere Vorgehen entscheidet die zulässige Feuchte des Trockengutes.

Wenn das Produkt es zuläßt, kann im einfachsten Fall bei Öffnung des Vorlagebehälters eine Kondensation dieses Dampfes auf dem Feststoff toleriert werden. Die daraus folgende Erhöhung der Produktfeuchte ist gering. Im Vorlagebehälter ist die Masse des im Lückenvolumen befindlichen Lösungsmitteldampfes klein im Vergleich zur Masse des Feststoffes. In Bild 17-7 ist diese Erhöhung leicht abzulesen. Sie wird mit steigendem Anteil des Lückenvolumens am Gesamtvolumen des Behälters („Lückengrad", „Porosität") größer. Außerdem wird sie beeinflußt vom Dichteverhältnis von Feststoff und Lösungsmitteldampf. Je größer das Dichteverhältnis ist, um so kleiner ist der Feuchtezuwachs. Die Kurven sind in der ebenfalls im Bild dargestellten Weise berechnet. Der Berechnung liegt die Annahme zugrunde, daß der gesamte Lösungsmitteldampf auf den Feststoffteilchen kondensiert.

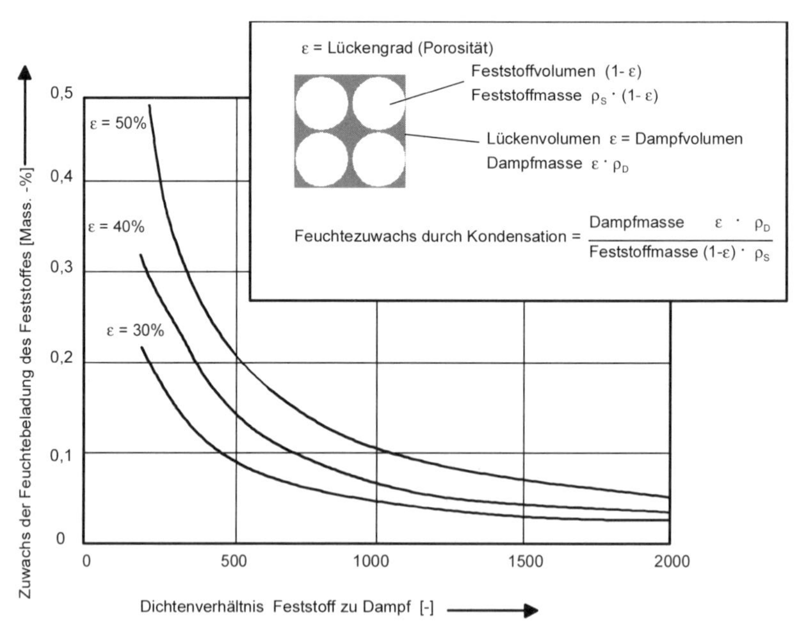

Bild 17-7 Abhängigkeit der Erhöhung der Flüssigkeitsbeladung des Trockengutes bei Kondensation des im Lückenvolumen enthaltenen Lösungsmitteldampfes.

Zur Orientierung nehmen wir ein Beipiel. Gegeben sei Wasserdampf bei einer Temperatur von 100 °C unter Normaldruck für das Lösungsmittel. Der Feststoff besitze einen Lückengrad von 40 % und eine Dichte von 2000 kg/m^3. Daraus folgt eine Zunahme der Wasserbeladung des Feststoffes bei Kondensation des gesamten Zwischenkornvolumens von weniger als 0,02 Mass.-%. Dies ist in der Regel klein gegenüber der Austrittsfeuchte des Feststoffes aus der Schicht.

Es muß beachtet werden, daß das nach diesem Verfahren erzeugte Trockengut besonders feinteilig ist. Seine kleinen Zwickel sind bereits mit wenig Flüssigkeit zu füllen (s. auch Kap. 2.1). Dadurch reichen insbesondere bei kristallinen Produkten schon sehr geringe Lösungsmittelmengen aus, um an den Berührungspunkten der Kristalloberflächen Feststoffbrücken entstehen zu lassen, die zu einer Verfestigung des gesamten Haufwerkes führen können.

Wenn der Feuchtezuwachs durch Kondensation nicht akzeptabel ist, muß das Lösungsmittel ganz oder teilweise aus dem Lückenvolumen entfernt werden. Das ist möglich durch Absaugen (Evakuieren) oder durch Verdünnen mit einer Inertgasspülung.

Die Vorlagebehälter müssen daher aus den geschilderten Gründen unbedingt mit einer Mantelbeheizung sowie mit Gasanschlüssen versehen sein. Über die Gasanschlüsse ist je nach Vorgehensweise abzusaugen, zu spülen oder wenn eine vollständige Kondensation zugelassen wird, der auftretende Unterdruck auszugleichen.

17.6 Anwendung des Verfahrens

Das Verfahren ist da, wo es in gewünschter Weise aus einem schwierigen Feuchtgut ein feinteiliges Trockengut erzeugt, der Kombination von Sprühtrocknung und anschließender Desagglomeration durch Mahlung überlegen. Es sind keine empfindlichen Düsen erforderlich. Eine Nachzerkleinerung des Trockengutes entfällt und außerdem ist der Apparat etwa zwanzigfach kleiner als der von Sprühtrocknern gleicher Leistung [298]. Die Gassysteme der konkurrienden Verfahren sind allerdings in Aufbau und Größe identisch.

Angewendet wurde das Verfahren bereits für organische als auch anorganische Produkte (s. Tabelle 17-1). Die Gastemperaturen lagen zwischen 65 bis 300 °C auf der Eintrittsseite und 40 bis 130 °C am Austritt. Dabei wurde wasser- oder auch lösungsmittelfeuchtes Gut mit einer Anfangsfeuchte von 40 bis 90 % auf eine Trockengutfeuchte von unter 5 bis 1 % getrocknet. Anhand der Korngrößen vor und nach der Trocknung ist zu erkennen, daß mit dieser Methode eine Desagglomeration bis in die Primärkorngröße möglich ist.

Bild 17-8 zeigt rasterelektronische Aufnahmen verschiedener zu Pulver getrockneter Produkte. Bei der gewählten Vergrößerung ist die Desagglomerierung in die Primärpartikel gut zu erkennen.

Tabelle 17-1 Beispiele für die Trocknung zu Pulver

Produkt	Flüssige Phase	Anfangs- und Endfeuchte [Gew.-%]	mittlere Korngröße [µm] von Feucht- / und Trockengut	Gaseintritts-temperatur [°C]	Gasaustritts temperatur [°C]	Literatur
Abwasserschlamm	Wasser			160	80	[132]
Anilinhaltige Abwässer	Wasser			150	75	[219]
Bariumsulfat	Wasser	40 / 0,1	1,9 / 1,7	150	65	[298]
Bariumtitanat	Wasser	50 / 0,1	1,3 / 1,1	200	90	[298]
Berliner Blau	Wasser	55 / 1,7	- / -	70	25	[225]
Bierstabilisator	Wasser			200	95	[132]
Bleicherde	Wasser			210	115	[230]
Chromoxid	Wasser			150	90	[132]
Eisenoxid	Wasser			120	75	[200]
Farb-Pigment	Wasser	60 / 5,0	-	250	110	[298]
Ferrit	Wasser	60 / 0,2	32 / 26	300	100	[298]
Ferrit	Toluol	50 / 0,8	7,3 / 7,6	150	90	[298]
Galvanikschlamm	Wasser			150	95	[132]
Glaspulver	Wasser	43 / 0,2	2,2 / 2,2	250	100	[298]
Glaspulver	Ethanol	50 / 1,5	2,1 / 2,1	150	80	[298]
Katalysatorrückstand	Wasser			180	100	[220] bis [222]
Keramik	Wasser	70 / 0,2	0,7 / 0,6	250	90	[298]
Kohlepulver	Wasser	65 / 1,5	9,4 / 10,8	150	65	[298]
Lichtpausschlamm	Wasser			140	75	[132]
Polystyrolharz	Wasser	46 / 2,0	7,7 / 7,6	65	40	[298]
Polystyrolharz	Methanol	75 / 1,5	1,3/ 1,5	85	55	[298]
REA-Gips	Wasser			250	120	[132]
Zinkphosphat	Wasser	45 / 10	- / 45	140	70	[223]

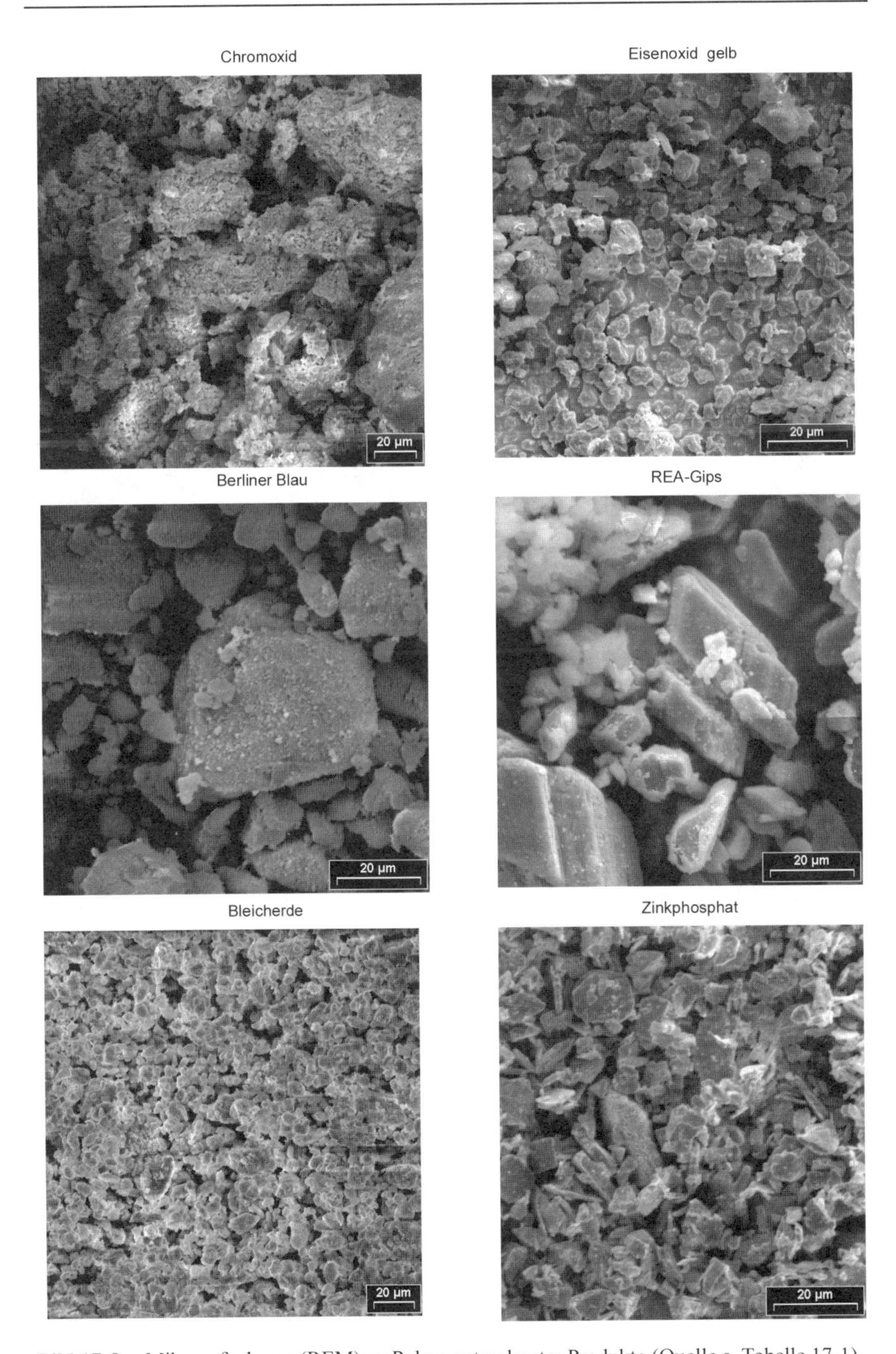

Bild 17-8 Mikroaufnahmen (REM) zu Pulver getrockneter Produkte (Quelle s. Tabelle 17-1)

Symbolverzeichnis

Lateinische Buchstaben

a	m^2/m^3	spezifische Oberfläche
	m	Abstand
	m/s	Schallgeschwindigkeit
A	m^2	Querschnittsfläche, Oberfläche
$\overline{A}_S$	m^2	zeitlich mittlerer Feststoffoberfläche
b	m	Stutzenhöhe bei rechteckigen Granulatoren
B	m	Granulatorbreite bei rechteckigen Granulatoren
BZ	-	Brennzahl
c	kJ/(kg·K)	spezifische Wärmekapazität
c_W	-	Widerstandsbeiwert
D	m	Durchmesser
	m^2/s	Diffusionskoeffizient
e	kW/m^3	Energiedichte beim Dispergieren
	m	Eingriff der Wände bei Zick/Zack-Sichtern
E	-	Exponent nach Definition
	J	Entladungsenergie
f	-	Fluidisationszahl
	1/°C	Siegertscher Beiwert für Verbrennungswirkungsgrad
ffc	-	Fließfaktor von Schüttgütern
F	N	Kraft
	1/s	Frequenz
g	m^2/s	Erdbeschleunigung
$\dot{g}_E$	$kg/(m^2 \cdot h)$	Trocknungsgeschwindigkeit
G	m/s	Wachstumsgeschwindigkeit von Teilchen
	kg	Gewicht
$\dot{G}$	1/s	Gutkornentnahme
h	kJ/kg	spezifische Enthalpie
H	m	Höhe
i	-	Klassen-Nr.
I	-	Imperfektion der Trennschärfe
	A	Stromstärke
k	-	Koordinationszahl
K	-	Konstante nach Definition
K_{max}	bar/ms	max. Druckanstiegsgeschwindigkeit bei Explosionen
$\dot{K}$	1/s	Kernzugabe
L	m	Länge
L_w	dB	Schalleistungspegel
m	kg	Masse
$\dot{m}$	kg/h	Massendurchsatz
M	kg/kmol	Molmasse

MZE	mJ	Mindestzündenergie
N	-	Zahl (Teilchen, Löcher, Messungen)
	kW	Antriebsleistung
n	$1/m^3$	Teilchendichte
	min^{-1}	Drehzahl
$\dot{n}$	s^{-1}	Blasenstrom
P	Pa	Druck
P_{max}	bar	max. Explosionsüberdruck
$P_{red, max}$	bar	max., reduzierter Explosionsüberdruck
Q	kJ	Wärmemenge
	A·s	elektrische Ladung
$\dot{Q}$	kJ/h	Wärmestrom
q	J/kg	Wärmebedarf bezogen auf die entfernte Feuchte
	-	Verteilungsdichte
$\dot{q}$	$kJ/(m^2{\cdot}h)$	Wärmestromdichte
r	kJ/kg	Verdampfungsenthalpie
R	J/(K·kg)	individuelle Gaskonstante
	m	Radius
$\dot{R}$	1/s	Partikelsenke durch Agglomeration
$\dot{R}_A$	kg/(kg·h)	Abriebsrate
s	m	Weg, Schichtdicke, Blechdicke
	-	Schaufelzahl bei Ventilatoren
S	-	relative Druckverlustschwankung
$\dot{S}$	1/s	Partikelquelle durch Agglomeration
t	s,h	Zeit
T	K,°C	Temperatur
TDH	m	Transport Disengaging Height
t_V	s,h	Verweilzeit
u	m/s	Geschwindigkeit
U	m	Umfang
	V	Spannung
V	m^3	Volumen
$\dot{V}$	m^3/h	Volumenstrom
w	m/s	Sink- oder Schwebegeschwindigkeit
W	m	Mittenabstand von Löchern
X	kg/kg	Feuchtebeladung des trockenen Feststoffes
x	kg/kg	Feststoffgehalt der Sprühflüssigkeit
	kg/kg	Sauerstoffgehalt von Inertgas
Y	kg/kg	Feuchtebeladung des trockenen Gases
z	m	laufende Koordinate in einem Koordinatensystem

Kennzahlen

Bi	-	Biot-Zahl
Pr	-	Prandtl-Zahl
Re	-	Reynold-Zahl

Griechische Buchstaben

α	$kJ/(m^2 \cdot s \cdot K)$	Wärmeübergangskoeffizient
β	m/s	Stoffübergangskoeffizient
χ	-	Wunschkornanteil
	-	Querschnittsverengung
δ	Grad	Winkel (Diffusor, Benetzung, etc.)
ε	m^3/m^3	Porosität, Lückengrad
	-	Leistungskennzahl bei Wärmepumpen
	-	Dielektrizitätskonstante
ξ	-	Widerstandbeiwert
η	$kg/(m \cdot s)$	dynamische Viskosität
η_V	%	Verbrennungswirkungsgrad
θ	-	Auftreffgrad
κ	-	Haftanteil
	-	Trennschärfe nach Definition
λ	$kJ/(m \cdot s \cdot K)$	Wärmeleitfähigkeit
	m	Wellenlänge bei Tropfenbildung
μ	kg/kg	Feststoffbeladung von Gas
ν	m^2/s	Kinematische Viskosität
ζ	kg/kg	Wirkstoffanteil von Kernen
ϕ	m^2/m^2	Benetzungsgrad nach Moerl
	-	Volumenanteil der dispergierten Phase bei Dispersionen
σ	N/m	Oberflächenspannung
	-	Standardabweichung
ρ	kg/m^3	Dichte
τ	-	Dimensionslose Zeit
τ_A	kg/kg	Keimgutanteil
φ	-	freie Fläche (Loch- zu Gesamtfläche bei Gasverteilern)
	-	relative Feuchte
	-	Füllgrad von Zellenradschleusen
ω	Grad	Öffnungswinkel konischer Apparate
Ω	-	Rechengröße nach Definition
Ψ	-	Sphärizität (Verhältnis der Partikeloberfläche zur Oberfläche einer volumengleichen Kugel)
	-	Querschnittserweiterung

Indizes

A	Agglomerat, Aufgabegut
a	Austritt
	Anlauf beim Rühren
ab	abströmend
Au	Austrag
auf	aufströmend
Abr	Abrieb
äqu	äquivalent
Ag	Agglomerat
App	Apparat
b	benetzend
B	Blase, Bruch
BP	Betriebspunkt
C	Zirkulation
	Kondensator
D	auf den Durchmesser bezogen
	auf Dispersion bezogen
ΔP	auf den Druckverlust bezogen
e	Eintritt, Erweiterung
E	Verdunstung („evaporation“), Austrag („entrainment“), Ende
F	Gas („fluid“)
G	Gutkorn, Granulat
ges	gesamt
h	horizontal
H	Loch , Hohlraum, Haftung
K	Kern
k	Krümmung, Kontraktion
K,E	Kontraktion und Expansion
korr	korrigiert
Kug.	Kugel
loc	örtlich
L	Flüssigkeit („liquid“)
LS	Sprühflüssigkeit
m	massenbezogen
max	maximal
mf	Lockerungspunkt („minimale Fluidisation“)
mittel	Mittelwert
min	minimal
n	auf Drehzahl bezogen
O	Ausgangszustand
opt	optimal
P	bei konstantem Druck
Part.	Partikel

q	Querschnitt
r	Reibung, radial
R	Rührer
rel	relativ
res	resultierend
RF	Restfeuchte
s	scheinbar
S	Feststoff („solid“)
Sätt	Sättigungszustand
Sch	Schicht, Schüttung
Schw	Schwankungen
Sicht	Sichter
T	Tropfen, Trennung
TS	Trockensubstanz
U	Umfang
ü	Überschuß
V	volumenbezogen
Verl	Verlust
Vert	Gasverteiler
W	Wachstum
0	auf Öffnung oder Start bezogen
32	gleichwertig hinsichtlich Volumen und Oberfläche

Literatur

Aufsätze, Informationsschriften und Bücher

[1] Adloch, H.-J.: „Fortschritte bei der Kontruktion und Bewertung von Filteranlagen", Zement Gips und Kalk, 46 (1993), Nr. 5, S. 256 – 260

[2] Agniel, Y., Oberacker, R.: „Anwendung der Granulatfestigkeitsprüfung bei der Herstellung von Hochleistungskeramiken", Bericht des Institutes für Keramik im Maschinenbau der Universität Karlsruhe, 1990

[3] Albring, W.: „Angewandte Strömungslehre", Verlag von Thedor Steinkopff Dresden und Leipzig 1962

[4] Al-Halbouni, A.: „Drallparameter bei unterschiedlichen Düsenkonstruktionen", Gas Wärme International, 38 (1989), Nr. 2, S. 63 – 65

[5] Anonymus, „Doppelt mißt besser, Korngrößenanalyse mit Luftstrahlsiebung", Chemie Technik, 68 (1996), Nr. 6, S. 82 – 83

[6] Anonymus, „Particle Attrition; State of Art-Review", British Materials Handling Board, Vol.5 (1987), Trans Tech Publications, Clausthal-Zellerfeld

[7] Anonymus, Powder Technology 9 (1974) Sonderheft

[8] Anonymus: „Marktübersicht Trocknung", CIT plus „Das Praxismagazin der Chem.-Ing.-Techn.", 2 (1999), S. 32 – 42

[9] Autorengruppe, „Hochschulkurs Emulgiertechnik", am Institut für Lebensmittelverfahrenstechnik der Universität Karlsruhe, März 1998

[10] Autorenkollektiv: „Lehrbuch der chemischen Verfahrenstechnik", VEB Deutscher Verlag für Grundstoffindustrie, Leipzig 1967

[11] Autorenkollektiv: „Verfahrenstechnische Berechnungsmethoden", Teil 4 (Stoffvereinigung in fluiden Phasen), VCH-Verlagsgesellschaft Weinheim, 1988

[12] Barth, W., Leineweber, L.: „Beurteilung und Auslegung von Zyklonabscheidern", Staub, 24 (1964), Nr. 2, S. 41 – 55

[13] Bartknecht W.„Explosionsschutz, Grundlagen und Anwendung", Springer-Verlag Berlin, 1993

[14] Barutzki, J., Künne, H.-J., Mörl, L.: „Formgebung von Harnstoff", Chem. Techn. 36 (1984), Heft 10, S. 421 - 424

[15] Barutzki, J.: „Ein Beitrag zur Granulierung von Harnstofflösungen nach dem Wirbelschichtverfahren", Dissertation A, Technische Universität Otto von Guericke Magdeburg, 1984

[16] Batel, W.: „Einführung in die Korngrößenmeßtechnik", Springer-Verlag Berlin, 3. Aufl., 1971

[17] Batzer, H.(Herausgeber): „Polymere Werkstoffe, Band I Chemie und Physik", Georg Thieme Verlag Stuttgart, New York, 1985

[18] Bauckhage, K.: „Das Zerstäuben als Grundverfahren", Chem.-Ing.-Tech., 62 (1990), Nr. 8, S. 613 – 625

[19] Bauer, K.H., Frömming, K.H., Führer C.: „Pharmazeutische Technologie", Georg Thieme Verlag Stuttgart, New York, 4. Aufl., 1993

[20] Bauer, K.H., Lehmann, K., Osterwald, H.P., Rothgang, G.: „Überzogene Arzneiformen", Wissenschaftliche Verlagsgesellschaft mbH Stuttgart, 1988

[21] Bauermann, H.-D.: „Pilotversuche-ein sicherer Weg zur Dimensionierung von Apparaten und Anlagen", Chemie-Technik, 10 (1981), Nr. 2, S. 91-95

[22] Bayvel, L., Orzechowski, Z.: „Liquid Atomization", Taylor & Francis, London, 1984

[23] Becher, R.D.: „Untersuchung der Agglomeration von Partikeln bei der Wirbelschicht-Sprühgranulation", VDI-Fortschrittsbericht, Reihe 3, Nr. 500, VDI-Verlag Düsseldorf, 1997

[24] Belitz, H. D., Grosch W.: „Lehrbuch der Lebensmittelchemie", 4. Auflage, Springer-Verlag Berlin, 1992

[25] Bergmann, H., Löwe, P., Heinemann, P., Piehler, A., Grünzel, J., Leuschner, K., Mörl, L., Krell, L: „Entwicklung einer Anlage zur Granuliertrocknung von Futterhefe in der Wirbelschicht", Chem. Techn., 39 (1987), Nr. 10, S. 432 - 435

[26] Bilitewski, B., Härdtle, G., Marek, K.: „Abfallwirtschaft", Springer-Verlag Berlin, 1990

[27] Billet, R.: „Verdampfertechnik", Bibliographisches Institut Mannheim, Hochschultaschenbücher-Verlag 1965

[28] Blank, V. U.: „Untersuchungen zur Lackierung von Tabletten in Wirbelschicht-Verfahren", Dissertation Mathematisch-Naturwissenschaftliche Fakultät, Universität Köln, 1999

[29] Blaß, E.: „Bildung und Koaleszenz von Blasen und Tropfen", Chem.- Ing.-Tech., 60 (1988), Nr. 12, S. 935 – 947

[30] Blaßkiewitz, K.: „Wirbelschichtgranulationstrocknung von Deponiesickerwasserkonzentraten", Diplomarbeit am Institut für Apparate- und Umwelttechnik der Otto-von-Guericke-Universität Magdeburg, 1994

[31] Böber, R., Wand B.: „Trocknen, Formgeben, Klassieren in einer Verfahrensstufe", Aufbereitungstechnik, 9 (1987), S. 543 – 544

[32] Bohnet, M.: „Zyklonabscheider", GVC-Preprints von „Technik der Gas-/Feststoffströmungen", Düsseldorf, 1981, S. 57 – 76

[33] Bonanni, M.: „Wirkung von Polymerflüssigkeiten bei der Feuchtagglomeration", Diplom – Arbeit, Lehrstuhl für Techn. Chemie, Universität Köln, Bayer-Stiftungsprofessur, 1995

[34] Bongard, D.: „Untersuchungen zum Mehrkanal-Zick/Zack-Sichter für die Wirbelschicht-Sprühgranulation", Diplomarbeit am Institut für Mechanische Verfahrenstechnik, TU Clausthal, 1994

[35] Börger G.: „Umweltschutz in der Chemischen Industrie", Druckschrift der Bayer A.G., 5. Auflage 1996

[36] Borho, K., Polke, R., Wintermantel, K., Schubert, H., Sommer, K.: „Produkteigenschaften und Verfahrenstechnik", Chem.- Ing.-Tech., 63 (1991), Nr. 8, S. 792 – 808

[37] Bosnjakovic, F.: „Technische Thermodynamik,Teil 1", Verlag Theodor Steinkopff Dresden u. Leipzig, 1965

[38] Botterill, J.S.M.: „Fluid Bed Heat Transfer", Academic Press London, 1975

[39] Brauer, H.: „Grundlagen der Ein- und Mehrphasenströmungen", Verlag Sauerländer Aarau, 1971

[40] Brettschneider, H.: „Entsorgung von Deponiesickerwassergranulaten", Große Studienarbeit am Institut für Apparate- und Umwelttechnik der Otto-von-Guericke-Universität Magdeburg, 1995

[41] Brunklaus, H.: „Industrieofenbau", Vulkanverlag Dr. W. Classen, Essen, 3. Auflage, 1969

[42] Buevich, Yu.A., Minaev, M.V.,Plokhotnichenko, M.V.,Sukhov, A.S.: „Kinetics of the Granulation of Microbioogical Synthesis Products“, Soviet Chem. Ind., 14 (1982), Nr. 1, S. 62 – 72

[43] Büttiker, R.: „Erzeugung von gleich großen Tropfen mit suspendiertem und gelöstem Feststoff im freien Fall“, Dissertation, Basel, 1978

[44] Büttiker, R.: „Mechanismus der Partikelformung bei der Trocknung freifallender, feststoffhaltiger Tropfen“, Chem.-Ing.-Tech., 53 (1981), Nr. 4, S. 280 – 281

[45] Carlowitz, O.:“Abluftreinigung durch thermische, katalytische und biologische Oxidation“, Vortrag im Haus der Technik, Essen 1997

[46] Chen, L.H.,Wen, C.Y: „Fluidized Bed Freeboard Phenomena: Entrainment and Elutration“, AIChE, J. 28 (1982), S. 117 – 128

[47] Clift, R., Grace, J.R.: „On the Two-Phase Theory of Fluidization“, Chem. Eng. Sci., 29 (1974), S. 327 – 334

[48] Danfoss Inter Service GmbH (Firma): „QueCheck, Kristallgrößenanalyse Zucker“, Infomationsschrift, Danfoss Inter Service GmbH, Offenbach

[49] Danov, S.M., u. a.: „Trocknung und Granulierung von Harnstofflösungen in der Wirbelschicht“, Chimitscheskoje Promischlennost, Nr. 6, S. 453 - 456, (1966), UdSSR

[50] Davidson, J.F., Harrison, D.: „Fluidized particels“, Cambridges University Press, Cambrige London, 1963

[51] Dencs, B.,Ormos, Z.: „Particle Formation from Solution in Gas Fluidized Bed“, Powder Technology, 31 (1982), S. 85 – 91, S. 93 – 99

[52] Dialer, K., Onken, U., Leschonski, F.: „Grundzüge der Verfahrenstechnik“, Carl Hanser Verlag München, 1986

[53] DIN-Taschenbuch 133: „Partikelmeßtechnik, Normen“, 3. Aufl., Berlin Beuth

[54] Drechsler Information Technologies Magdeburg (Firma): „Über die Nutzung der Lasentec Focussed Beam Reflectance Measurement Technologie zur In-Situ Charakterisierung von Partikelsystemen“, Firmeninformationsschrift

[55] Dunlop, D.D., Griffen, L.I., Moser, J.F.: „Particle Size Control in Fluid Coking“, Chem. Engng. Prog., 54 (1958), Nr. 8, S. 39 – 43

[56] Eck, B.: „Technische Stömungslehre“, Springer-Verlag Berlin, 1954

[57] Elias, H.-G.: „Makromoleküle“, Band 1, Grundlagen, Verlag Hüthig & Wepf, Basel etc., 5. Auflage

[58] Enni, E.J., Tardos, G., Pfeffer, R.: „A microlevel-based characterisation of granulation phenomena“, Powder Technology, 65 (1991), Nr. 1 – 3, S. 257 – 272

[59] Enni, E.J., Tardos, G., Pfeffer, R.: „The influence of viscostity on the strength of an axially strained pendular liquid bridge“, Chem. Eng. Sci., 45 (1990), S. 3071

[61] Etwe (Firma): „Informationsmappe zur Messung der Granulatfestigkeit“, Karlsruhe, 1992

[62] Fenner, D.: „Stabilisierung von Deponiesickerwassergranulaten“, Diplomarbeit am Institut für Apparate- und Umwelttechnik der Otto-von-Guericke-Universität Magdeburg, 1995

[63] Flamme, M.: „Neuester Stand der NOx-Minderungstechnik“, Gaswärme International, 41 (1992), Nr. 10, S. 430 – 437

[64] Flick, D., Jacobsen, N.: „Sprühtrocknung oder Wirbelschichtgranulation?“, Chemie Technik, 24 (1995), Nr. 5, S. 30 – 34

[65] Flowtec und Endress +Hauser (Firma): „Durchfluß-Fibel“, 2. Ausgabe 1985, Flowtec AG, Reinach /Schweiz

[66] Friedrich, G.: „Cleaning in Place-Validierbare Technik für das Reinigen innerer Oberflächen“, Pharma-Technologie-Journal, Nr. 1, Artikel 1069, 15 (1994)

[67] Gehrmann, D., Hensmann, K.-H., Uhlemann, H.: „Trockner“, Chem.-Ing.-Tech., 66 (1994), Nr. 12, S. 1610 – 1619

[68] Geldart, D., Baeyens, J.: „The design of distributors for gas-fluidized beds“, Powder Technology, 42 (1985), S. 67 – 78

[69] George, S.E., Grace, J.R.: „Entraiment of Particles from a Pilot Scale Fluidized Bed“, Can. J. Chem. Eng., 59 (1981), S. 279 – 284

[70] Glor, M.,Maurer, B.: „Bestimmung der Zündfähigkeit von Schüttkegelentladungen“ VDI- Fortschrittsberichte, Reihe 3, Nr. 389, VDI-Verlag Düsseldorf 1995

[71] Gluba, T., Antkowiak, W.: „Auswirkung von Benetzung auf die Abriebfestigkeit von Granalien“, Aufbereitungstechnik, 1988, Nr. 2, S. 76 – 80

[72] Grassmann, P.: „Physikalische Grundlagen der Verfahrenstechnik“, Verlag Sauerländer, Aarau, Frankfurt, Salzburg, 1982

[73] Grunert, L., Schöps, W., Lübke, M.: „Granulierung von Materialien der technischen Keramik in der Wirbelschicht“, Silikattechnik, 31 (1980), Nr. 8, S. 235 – 237

[74] Haarmann & Reimer Corp.(Firma): „The Advantage Line“, Informationsschrift, Haarmann & Reimer Corp., Food Ingredients (Elkhart/USA)

[75] Haase Energietechnik GmbH (Firma): „Abfallwirtschaft quo vadis 1996 ?“, Haase Energietechnik GmbH, Neumünster, Firmenprospekt auf der Fachtagung vom 12. und 13. 6. 1996

[76] Hantge, E., Mergen, H., Denne, A., Ecker, E: „Wasser- und Abfallwirtschaftliche Gesichtspunkte beim Auftreten und beim Behandeln von Deponiesickerwasser“, Müll und Abfall, Bd. 18 (1986), (11), S. 432 – 443

[77] Hauswirth, M.: „Konzepte für schadstoffarme Industriekesselfeuerungen“, Gaswärme International, 42 (1993), Nr. 4, S. 155 – 162

[78] Haver& Boeker (Firma): „Drahtgewebe Tabellenbuch“, Informationsschrift, Haver& Boeker, Oelde, 3. Auflage 1994

[79] Hein, Lehmann AG Düsseldorf (Firma): „Siebböden“, Informationsschrift HS-80-2D-76, Hein, Lehmann AG Düsseldorf

[80] Heinrich, S., Krüger, G., Mörl, L.: „Modelling of the bath treatment of wet granular solids with superheated steam in fluidized beds“, Chemical Engineering and Processing 38 (1999) S. 131 - 142

[81] Heinrich, S., Mörl, L.: „Beschreibung des instationären Betriebsverhaltens bei der Wirbelschichtsprühgranulationstrocknung mit Luft und Dampf“, Chemie Ingenieur Technik (70), Heft 9, Sept. 1998, S. 1107 - 1108

[82] Heinrich, S., Mörl, L.: „Description of the Temperature, Humidity, and Concentration Distribution in Gas-Liquid-Solid Fluidized Beds“, Chem. Eng. Technol. 22 (1999) Nr. 2, S. 118 - 122

[83] Heinrich, S., Mörl, L.: „Temperatur- und Konzentrationsverteilung bei der Wirbelschicht-Sprühgranulation“, Chemie Ingenieur Technik (70), Heft 8, Aug. 1998, S. 976 - 979

[84] Heinrich, S., Mörl, L.: „Wärme- und Stoffübergang in flüssigkeitsbedüsten Wirbelschichten“, Chem. Ing. Tech. (69), Heft 9, September 1997, S. 1266

[85] Helf, K.: „Mischung von Erdgas und Luft bei unterschiedlichen Brennerkonstruktionen“, Gas Wärme International, 31 (1982), 10, S. 446 – 450

[86] Herbener, R.: „Staubarme Pulver durch Sprühtrocknen-Erfahrungen mit neueren Techniken", Chem.-Ing.-Tech., 59 (1987), Nr. 2, S. 112 – 117

[87] Heucke, U.: „Untersuchung des Feststoff-Verweilzeitverhaltens in kontinuierlich arbeitenden Wirbelschicht-Trocknern", Diplomarbeit der Friedrich-Alexander-Universität Erlangen-Nürnberg, Lehrstuhl für Mechanische Verfahrenstechnik, 1995

[88] Heusch, R.: „Dispergiermittel", firmeninterne Druckschrift der Bayer AG Leverkusen, 1987

[89] Hiby, J. : „Untersuchungen über den kritischen Mindestdruckverlust des Anströmbodens bei Fluidalbetten (Fließbetten)"", Chem.-Ing.-Techn., 36 (1964), Nr. 3, S. 228-229

[90] Hielscher, C.: „Aufbau und Arbeitsweise von Reinigungsanlagen-Automatisierung der Reinigung", Fat Sci. Technol., 91 (1989), Nr. 12

[91] Hilligardt, K., Werther, J.: „Lokaler Blasengas-Holdup und Expansionsverhalten von Gas-Feststoff-Wirbelschichten", Chem.-Ing.-Tech., 57 (1985), Nr. 7, S. 622 – 623

[92] Hinderer, J.: „Diffusion, Reaktion und Reaktormodellierung am Beispiel der Umwandlung von Methanol zu Olefinen", Dissertation, Technische Universität Hamburg-Harburg, 1995

[93] Hofmann, P.: „Berechnung von doppelt-konischen Strahlschichten", Dissertation, Technische Universität Magdeburg, 1991

[94] Hogekamp, S.H.: „Über eine modifizierte Strahlagglomerationsanlage zur Herstellung schnell dispergierbarer Pulver", Dissertation, Universität Karlsruhe (Chemieingenieurwesen), 1997

[95] Holzer, K.: "Feinstaubabscheidung mit Naßwäschern", GVC-Prprints von „Technik der Gas-/Feststoffströmungen", Düsseldorf 1981, S. 99 – 112

[96] Hoppe K.; Mittelstraß M., "Grundlagen der Dimensionierung von Kolonnenböden". Verlag Theodor Steinkopff, Dresden, 1967

[97] Hornemann, S.: „Untersuchungen zum Mechanismus der Agglomeration mit Polymerflüssigkeiten", Diplom-Arbeit, Lehrstuhl für Techn. Chemie, Universität Köln, Bayer-Stiftungsprofessur, 1994

[98] Hosokawa Micron International Inc. (Firma): „On –Line Partikelanalyse mit Malvern Insitec", Firmeninformationsschrift, Hosokawa Micron International Inc., Augsburg

[99] Hostallier, P.: „Die industriellen Gasbrenner", R. Oldenburg Verlag München Wien, 1974

[100] Howard, J. R.: „Fluidized Bed Technology", Adam Hilger, Bristol and New York 1989

[101] Hunt C. dÀ., Hanson D. N., Wilke C. R.:„Capacity Factors in the Performance of Perforated-plate Columns", AICHE Journal 1, 1955, S. 441 – 451

[102] Idelchik, I. E.: „Handbook of hydraulic resistance", Hemnisphere Publishing Cooperation, 2.Aufl., 1986

[103] Jacob, H.-J.: „Pulververarbeitung - staubfrei ab Big-Bag, Silo oder Sack", Verfahrenstechnik, 1992, Heft 3

[104] Jost,W., Troe, J.: „Kurzes Lehrbuch der physikalischen Chemie", 18. Auflage, Steinkopff Darmstadt, 1973

[105] Kaiser, F.: „Der Zickzack-Sichter ein Windsichter nach neuem Prinzip", Chem.-Ing.-Tech., 35 (1963), Nr. 4, S. 273 – 282

[106] Kaspar, J., Rosch, M.: „Eine neue Entwicklung auf dem Gebiet der Wirbelschichtgranulation", Chem.-Ing.-Tech., 45 (1973), Nr. 10a, S. 736 – 739

[107] Kessler, H.G.: „Probleme bei der industriellen Zerstäbungstrocknung", Chem.-Ing.-Tech., 39 (1967), Nr. 5/6, S. 259 – 264

[108] Kessler, H.G.: „Zur Dimensionierung von Zerstäubungstürmen“, Chem.-Ing.-Tech., 39 (1967), Nr. 9/10, S. 601 – 606

[109] Kind M.,Universität Karlsruhe, Institut für Thermische Verfahrenstechnik, Persönliche Mitteilung

[110] King C. J.: „Spray Drying of Food Liquids and Volatiles Retention“, Preconcentration and Drying of Food Materials, Elsivier Science Publishers B. V. Amsterdam 1988

[111] Kleinbach, E., Riede, Th.: „Coating of solids“, Chemical Engineering and Processing 34 (1995), S. 329-337

[112] Kliefoth, J., Künne, H.-J., Krell, L., Michel, W., Mörl, L.: „Realisierung von Wirbelschichtanlagen auf der Grundlage von Forschungsergebnissen“, Wiss. Zeitschr. d. TH Magdeburg 26 (1982), Heft 2, S. 91 - 95

[113] Klocke, H.-J.: „Die Wirbelschicht zur Trocknung rieselfähiger und flüssiger Produkte, Teil1: „Physikalische Phänomene und konventionelle Trockner“, Maschinenmarkt, 83 (1977), Nr. 1, S. 2 – 5

[114] Klocke, H.-J.: „Trocknen in der Wirbelschicht: Sonderausführungen von Wirbelschichttrocknern“, Maschinenmarkt, 83 (1977), Nr. 8, S. 113 – 116

[115] Knebel, T.: „Zur Populationsbilanz bei der Wirbelschicht-Sprühgranulation“, Vortrag vor dem GVC-Fachausschuß Trocknungstechnik, Weimar, 1999

[116] Kneule, F.: „Das Trocknen“, Verlag Sauerländer Aarau, 3.Aufl., 1975

[117] Koch, O.: „Untersuchungen zum Einfluß von in Deponiesickerwässern enthaltenen Hauptbestandteilen auf das Wachstum und die Eigenschaften von Partikeln bei der Wirbelschichtgranulationstrocknung“, Diplomarbeit am Institut für Apparate- und Umwelttechnik der Otto-von-Guericke-Universität Magdeburg, 1995

[118] Koch, T., Sommer,K.: „Prüfmethoden für Agglomerate“, Chem.-Ing.-Tech., 65 (1993), Nr. 8, S. 935 – 938

[119] Kohlschmidt, R.: „Inbetriebnahme einer großtechnischen Wirbelschichtanlage zur Granulation von Pottasche“, Sektion Apparate- und Anlagenbau der Otto von Guericke-Universität Magdeburg, Ingenieurbeleg, 15.1.1983

[120] Kolbe, E., Lappe, R.: „Elektrowärme“, Lehrbriefe für das Fernstudium, Technische Universität Dresden, II. Ausgabe, 1965

[121] Krell, L., Krüger, G., Künne, H.-J., Mörl, L.: „Zur Berechnung von Wirbelschichtgranulationstrocknern mit klassierendem Abzug“, Wiss. Zeitschr. d. TH Magdeburg 29 (1985), Heft 6, S. 23 - 26

[122] Krell, L., Künne, H.-J., Mörl, L., Sachse, J., Schmidt, S.: „Granulationstrocknung von Magermilchkonzentrat in der Wirbelschicht“, Forschungsbericht an der Sektion Apparate- und Anlagenbau, Technische Hochschule Otto von Guericke Magdeburg, 1982

[123] Krell, L., Künne, H.-J., Mörl, L., Sachse, J.: „Studie zur Granulationstrocknung von Milch in der Wirbelschicht“, Forschungsbericht an der Sektion Apparate- und Anlagenbau, Technische Hochschule Otto von Guericke Magdeburg, 4.2.1980

[124] Krell, L., Künne, H.-J., Mörl, L., Strümke, M.: „Fluidisationsprozesse und deren apparative Gestaltung“, Chem. Techn. 38 (1986), Heft 5, S. 183 - 187

[125] Krell, L., Künne, H.-J., Mörl, L., Strümke, M.: „Modellierung der Trocknungskinetik unter Berücksichtigung der Geometrie von fluidisierten Feststoffteilchen“, Wiss. Zeitschr. d. TH Magdeburg 29 (1985), Heft 6, S. 27 - 30

[126] Krell, L., Künne, H.-J., Mörl, L.: „Flow regimes and heat and mass transfer in gas-fluidized beds of solids“, Int. Chem. Eng. 1990, 30 (1), S. 45 - 56

[127] Krell, L., Künne, H.-J., Mörl, L.: „Strömungsregime in Gas-Feststoff-Wirbelschichten“, Chem. Techn. 39 (1987), Heft 5, S. 186 - 192

[128] Kristiansen, A: „Fließbett Sprühgranulierung, einstufiges, kontinuierliches Verfahren zur Herstellung von staubfreien, körnigen Produkten“, Firmenschrift, NIRO-Atomizer, Kopenhagen

[129] Kröll, K., Kast W.: „Trocknungstechnik Band III,Trocknen und Trockner in der Produktion“, Springer Verlag Berlin, Heidelberg, New York etc., 1989

[130] Kröll, K.: „Trockner und Trocknungsverfahren“, Springer Verlag Berlin, Heidelberg, New York, 2. Aufl., 1978

[131] Kroupa, R.: „Ventiltechnologie im Anlagenbau“, Verlag Chemie Weinheim, 1994

[132] Krüger, G., Mörl, L., Künne, H.-J., Krell, L., Schmidt, J., Kliefoth, J., Trojosky, M.: „Untersuchungen zur Eignung verschiedener Produkte zur Strahlschichttrocknung an inerten Oberflächen“, Forschungsarbeiten an der Sektion Apparate- und Anlagenbau, Technische Hochschule Otto von Guericke Magdeburg, 1978 - 1989

[133] Krüger, G., Mörl, L., Künne, H.-J.: „Spray Agglomeration of Solutions in the Fluidized Bed with Overheated Vapor“, Chem. Eng. Technol. 21 (1998) Nr 10, S. 794 - 797

[134] Krüger, G., Mörl, L., Künne, H.-J.: „Wirbelschichtsprühagglomeration von Lösungen im überhitzten Wasserdampf“, Chem. Ing. Tech. (69), Heft 9, September 1997, S. 1267

[135] Krüger, G., Mörl, L., Künne, H.-J.: „Wirbelschicht-Srühagglomeration im überhitzten Wasserdampf“, Chemie Ingenieur Technik (70), Heft 8, Aug. 1998, S. 980 - 983

[136] Kunii,D.; Levenspiel O.: „Fluidization Engineering“, Butterworth-Heinemann,2. Auflla-ge, 1991

[137] Künne, H.-J., Krell, L., Krüger, G., Kliefoth, J., Grünzel, G., Mörl, L.: „Neurervereinbarung zur Granulationstrocknung von Hefesahne in der Wirbelschicht“, Bericht VEB Gärungschemie Dessau, 1975

[138] Künne, H.-J., Krell, L., Krüger, G., Kliefoth, J., Grünzel, G., Mörl, L.: „Studie zur Granulationstrocknung von Gärhaushefe in der Wirbelschicht“, Forschungsbericht an der Sektion Apparate- und Anlagenbau, Technische Hochschule Otto von Guericke Magdeburg, 30.11.1984

[139] Künne, H.-J., Krell, L., Mörl, L., Krüger, G., Kliefoth, J., Grünzel, G., Mörl, L.: „Auslegung einer Anlage zur Granulationstrocknung von Futterhefe in der Wirbelschicht“, Forschungsbericht an der Sektion Apparate- und Anlagenbau, Technische Hochschule Otto von Guericke Magdeburg, 1979

[140] Künne, H.-J., Krell, L., Mörl, L., Sachse, J.: „Bericht zur Trocknung und Granulierung von Bioschlamm in der Wirbelschicht“, Forschungsbericht an der Sektion Apparate- und Anlagenbau, Technische Hochschule Otto von Guericke Magdeburg, 1979

[141] Künne, H.-J., Krell, L., Mörl, L.: „Wirbelschichtgranulationstrocknung von Zellsaft mit und ohne Zugabe von Futterkalk“, Forschungsbericht an der Sektion Apparate- und Anlagenbau, Technische Hochschule Otto von Guericke Magdeburg, 1980

[142] Künne, H.-J., Mittelstrass, M., Mörl, L., Barutzki, J., Braumann, D., Huth, M.: „Harnstoffgranulierung in der Wirbelschicht“, Chem. Techn. Rundschau 12 (1980), Heft 2, S. 13 - 23

[143] Künne, H.-J., Mörl, L., Krell, L., Krüger, G., Kliefoth, J.: „Forschungsbericht zur Granulierung von Metauponpaste in der Wirbelschicht, Sektion Apparate- und Anlagenbau, Technische Hochschule Otto von Guericke Magdeburg, 4.2.1984

[144] Künne, H.-J., Mörl, L., Neidel, W., Steinbrecht, D.: „Anlagenkonzept zur energieautarken Trocknung und Verbrennung von Klärschlämmen in Wirbelschichten“, Energietechnik 40 (1990), Heft 5, S. 195 - 196

[145] Künne, H.-J., Mörl, L., Ohlendorf, F., Ortloff, R., Zettel, R.: „Behandlung toxischer Abwässer aus der Abgasreinigung in einer Anlage zur Wirbelschichtgranulation-

strocknung im Dampfkreislauf", Vortrag auf der GVC-Fachausschußsitzung Trocknungstechnik, Magdeburg, 1998

[146] Künne, H.-J., Mörl, L., Sachse, J., Krell, L.: „Studie zur Granulierung von Ammonsulfat in der Wirbelschicht", Forschungsbericht an der Sektion Apparate- und Anlagenbau, Technische Hochschule Otto von Guericke Magdeburg, 18.7.1980

[147] Künne, H.-J., Mörl, L., Sachse, J., Krell, L.: „Studie zur Granulierung von Pottasche in der Wirbelschicht", Forschungsbericht an der Sektion Apparate- und Anlagenbau, Technische Hochschule Otto von Guericke Magdeburg, 2.6.1980

[148] Künne, H.-J.: „Zur Entwicklung und volkswirtschaftlichen Nutzung der Wirbelschichttechnik", Dissertation B, Technische Hochschule Otto von Guericke Magdeburg, 31.01.1986

[149] Lapple C. W.; Clark W. E.:„Drying, Design & Costs", Chem. Eng. (62) Heft 11, Nov. 1955, S. 177-200

[150] Lehnert, A.: „Granulierung von Aktivkohlepulvern in der Wirbelschicht", Diplomarbeit, TH Otto von Guericke Magdeburg, 1984

[151] Leschonski, K.: "Probleme der Strömungstrennverfahren, dargestellt am Beispiel der Windsichtung", Aufbereitungstechnik, 13 (1972), Nr. 12, S. 751 – 759

[152] Leschonski, K.: „Einführung in die Teilchengrößenanalyse", Ullmanns Encyklopädie der technischen Chemie, 4. Auflage, Bd. 2, (1972)

[153] Leschonski, K.: „Kennzeichnung einer Trennung", Ullmanns Encyklopädie der technischen Chemie, 4. Auflage, Bd. 2, (1972)

[154] Leuscher, G.: "Verfahrenstechnische Kriterien bei der Auswahl von Flüssigkeitspumpen", Chem.-Ing.-Techn., 53 (1981), Nr. 7, S. 507 – 518

[155] Liedy W.,Hilligardt K. „A Contribution to the Scale-Up of Fluidized bed Driers and Conversion from Batchwise to Continuous Operation" Chemical Eng. Process 30, 1991, S. 51-58; Additional Attachments S. 42 – 49

[156] Liedy, W.: „Einfluß der Produkteigenschaften auf die Trocknung", Chem.-Ing.-Techn., 65 (1993), Nr. 2, S. 167 – 173

[157] Link, K.C.: „Wirbelschicht-Sprühgranulation; Untersuchung der Granulatbildung an einer frei schwebenden Einzelpartikel", VDI-Fortschrittsbericht, Reihe 3, Nr. 491, VDI-Verlag Düsseldorf, 1997

[158] List, P.H.: „Arzneiformenlehre", Wissenschaftliche Verlagsgesellschaft, 1982

[159] Löffler, F.: „Partikelabscheidung an Tropfen und Fasern", GVC-Preprints von „Technik der Gas-/Feststoffströmungen", Düsseldorf 1981, S. 77 – 97

[160] Löffler, F.: „Staubabscheiden", Verlag Thieme, Stuttgart, New York, 1988

[161] Löffler, F.; Raasch, J.: „Grundlagen der Mechanischen Verfahrenstechnik", Vieweg & Sohn, Braunschweig, 1992

[162] Lüttgens, G., Glor, M.: „Elektrostatische Aufladungen begreifen und sicher beherrschen", 3. Auflage, Expert Verlag Ehningen bei Böblingen, 1993

[163] Luy, B.:„Vakuum-Wirbelschicht, Grundlagen und Anwendung in der pharmazeutischen Technologie", Dissertation Universität Basel 1991

[164] Luy, B; Glatt GmbH, Binzen, Persönliche Mitteilung

[165] Mahrenholz, J., Schmitz, J.R., Benz, M.: „Online-Messung der Partikelgröße in der pneumatischen Förderung hinter einer Spiralmühle", Chemie-Ing.-Techn., 69 (1997), S. 809 – 812

[166] Marczak, D.: „Lecksuchen lohnt", Energie, 34 (1982), Nr. 1/2, S. 18 – 21

[167] Maronga, S.J., Wnukowski, P.: „Modelling of the three-domain fluidized-bed particulate coating process“, Chemical Engin. Science 52 (1997), S. 2915-2925

[168] Maronga, S.J., Wnukowski, P.: „The use of humidity and temperature profiles in optimizing the size of fluidized bed in a coating process“, Chemical Engin. and Process. 37 (1998), S. 423-432

[169] Marquart, K., Barth, E.: „Deponiesickerwasseraufbereitung: Technische und wirtschaftliche Bewertung geeigneter Verfahren“, Expert-Verlag Ehningen bei Böblingen, 1989

[170] Martin H.: „Wärme- und Stoffübertragung in der Wirbelschicht“, Chem.-Ing.-Techn. 52 1980, S. 199-209

[171] Martin, P.: „Stand der Technik bei der Überwachung und Bewertung von Flammen“, Gaswärme International, 42 (1993), Nr. 1, S. 32 – 40

[172] Marx, E.: „Ölfeuerungstechnik“, Verlag Kopf GmbH, Waiblingen, 1992

[173] Masters, K.: „Importance of Proper Design of the Air Distributor Plate in a Fluidized Bed System“, AIChE Sympos. Ser. 89 (1993), Nr. 297, S. 118-126

[174] Masters, K.: „Spray Drying Handbook“, Longman Scientific& Technical, 4. Auflage, 1985

[175] Mathur, K.B., Epstein, N.: „Spouted Beds“, Academic Press New York, Jahrgang??

[176] Mayr, F.: „Handbuch der Kesselbetriebstechnik“, 7. Auflage, Verlag Ingo Resch GmbH, Gräfeling, 1997

[177] McAllister, R.A., McGinnis, P. H., Plank, C. A.: "Perforated plate performance", Chem. Eng. Sci. 9, 25-35 (1958)

[178] Menold, R.: “Grenzflächenphysik in der Verfahrenstechnik-Beispiele aus der Praxis“, Chem.-Ing.-Tech., 60 (1986), Nr. 7, S. 533 – 539

[179] Menze, I.: „Hydrodynamische Grundlagen der Wirbelschicht in sich konisch erweiternden Apparaten“, Wissenschaftl. Zeitschrift der Techn. Hochschule Otto von Guericke Magdeburg, 14 (1970), Nr. 8, S. 937 – 943

[180] Menzel, O.: „Neue Gasbrenner- und –gerätetechnik, Ein Beitrag der Gaswirtschaft zum Umweltschutz“, gwF gas Erdgas, 130 (1989), Nr. 7; S. 355 – 364

[181] Merry, J., M.D.: „Penetration of a Horizontal Gas Jet into a Fluidised Bed“, Trans. Instn. Chem. Engrs., 49 (1971) 4, S. 189 – 195

[182] Merry, J., M.D.: „Penetration of Vertikal Gas Jets into a Fluidised Bed“, AIChE Journal, Nr. 21 (1975) 3, S. 507 – 510

[183] Michel, W., Brandl, W., Bohn, W., Mörl, L.: „Die Nutzung niedrigtemperierter Anfallenergie bei der Gestaltung einer Trocknungsanlage für Schlämme der biologischen Wasserreinigung“, Technik und Umweltschutz, Wasser, Boden, Lärm Nr. 27 (193), S. 163 - 171

[184] Michel, W., Mörl, L., Strümke, M.: „Stand und Entwicklungstendenzen der Wirbelschichttrocknung“, Energieanwendung 32 (1983), Heft 5, S. 174 - 177

[185] Mildenberger, H.: „Untersuchungen zum Wärme- und Stoffübergang bei der Phasenumwandlung Gas/Feststoff in der Wirbelschicht“, VDI- Fortschrittsberichte, Reihe 3, Nr. 128, VDI-Verlag Düsseldorf

[186] Mittelstraß, M., Künne, H.-J., Krell, L., Mörl, L., Koriath, H., Ebert, K., u.a.: „Trocknung, Granulierung und Hygienisierung von Bioschlamm nach dem Wirbelschichtverfahren“, Gemeinsamer Forschungsbericht der Sektion Apparate- und Anlagenbau, Technische Hochschule Otto von Guericke Magdeburg, dem Institut für Düngungsforschung der Akademie der Landwirtschaftswisenschaften der DDR, Potsdam und dem Bezirksinstitut für Veterinärwesen Potsdam, 1979

[187] Mittelstraß, M., Künne, H.-J., Mörl, L., Krell, L.: „Studie zur Trocknung und Granulierung von Bleisulfatsuspensionen in der Wirbelschicht“, Forschungsbericht an der Sektion Apparate- und Anlagenbau, Technische Hochschule Otto von Guericke Magdeburg, 25.4.1978

[188] Mittelstraß, M., Künne, H.-J., Mörl, L., Sachse, J., Krell, L.: „Studie zur Granulierung von Harnstoffschmelzen in der Wirbelschicht“, Forschungsbericht an der Sektion Apparate- und Anlagenbau, Technische Hochschule Otto von Guericke Magdeburg, 1978

[189] Mittelstraß, M., Künne, H.-J., Mörl, L., Sachse, J., Krell, L.: „Studie zur Granulierung von Futterharnstoff“, Forschungsbericht an der Sektion Apparate- und Anlagenbau, Technische Hochschule Otto von Guericke Magdeburg, 1979

[190] Mittelstraß, M., Künne, H.-J., Mörl, L., Sachse, J., Krell, L.: „Studie zur Granulierung von Harnstoff mit Wirkstoffzusatz in der Wirbelschicht“, Forschungsbericht an der Sektion Apparate- und Anlagenbau, Technische Hochschule Otto von Guericke Magdeburg, 1979

[191] Mittelstraß, M., Künne, H.-J., Mörl, L., Sachse, J., Krell, L.: „Studie zur Trocknung und Granulierung von Ferritsuspensionen in der Wirbelschicht“, Forschungsbericht an der Sektion Apparate- und Anlagenbau, Technische Hochschule Otto von Guericke Magdeburg, 1976

[192] Mittelstraß, M., Künne, H.-J., Mörl, L., Sachse, J., Krell, L.: „Studie zur Trocknung und Granulierung von Kalziumlaktat-Schmelzen in der Wirbelschicht“, Forschungsbericht an der Sektion Apparate- und Anlagenbau, Technische Hochschule Otto von Guericke Magdeburg, 1979

[193] Mittelstraß, M., Künne, H.-J., Mörl, L., Sachse, J.: „Studie zur Granulierung von Harnstoff in der Wirbelschicht“, Forschungsbericht an der Sektion Apparate- und Anlagenbau, Technische Hochschule Otto von Guericke Magdeburg, 1977

[194] Mittelstraß, M., Künne, H.-J., Mörl, L., Schneider, D., Sachse, J.: „Trocknung von Blut in einem Wirbelschichtapparat“, Forschungsbericht an der Sektion Apparate- und Anlagenbau, Technische Hochschule Otto von Guericke Magdeburg, 15.9.1976

[195] Mittelstraß, M., Mörl, L., Krell, L., Künne, H.-J., Sachse, J.: „Zur Granulationstrocknung von Lysinkonzentrat in der Wirbelschicht“, Forschungsbericht an der Sektion Apparate- und Anlagenbau, Technische Hochschule Otto von Guericke Magdeburg, 15.4.1979

[196] Molerus, O.: „Fluid-Feststoff-Strömungen-Strömungsverhalten feststoffbeladener Fluide und kohäsiver Schüttgüter“, Springer-Verlag, 1982

[197] Molerus, O.: „Schüttgutmechanik“, Springer-Verlag, 1985

[198] Mörl, L, Kliefoth, J.: „Vorteile der Wirbelschichttrocknung für die Granulation von Sickerwasser-Konzentraten“, Müll und Abfall, Nr. 6, 1991, S. 366 – 371

[199] Mörl, L., Heinrich, S.: „Description of the Temperature, Humidity, and Concentration Distribution in Gas-Liquid-Solid Fluidized Beds“, Int. J. Therm. Sci. 38 (1999), S. 142 - 147

[200] Mörl, L., Krell, L., Künne, H.-J., Kliefoth, J., Krüger, G.: „Studie zur Trocknung von filterfeuchtem Eisenoxidgelb“, Forschungsbericht an der Sektion Apparate- und Anlagenbau, Technische Hochschule Otto von Guericke Magdeburg, 31.7.84

[201] Mörl, L., Krell, L., Künne, H.-J., Kliefoth, J., Michel, W.: „Studie zur Granulierung von Klärschlamm in der Wirbelschicht“, Forschungsbericht an der Sektion Apparate- und Anlagenbau, Technische Hochschule Otto von Guericke Magdeburg, 24.4.1988

[202] Mörl, L., Krell, L., Künne, H.-J., Kliefoth, J., Michel, W.: „Studie zur Granulierung von Klärschlamm in der Wirbelschicht“, Forschungsbericht an der Sektion Apparate- und Anlagenbau, Technische Hochschule Otto von Guericke Magdeburg, 11.11.1989

[203] Mörl, L., Krell, L., Künne, H.-J., Kliefoth, J., Schmidt J.: „Studie zur Wirbelschichtrgranulierung von Keramikmassen", Forschungsbericht an der Sektion Apparate- und Anlagenbau, Technische Hochschule Otto von Guericke Magdeburg 15.9.86

[204] Mörl, L., Krell, L., Künne, H.-J., Kliefoth, J., Schmidt, J.: „Studie zur Wirbelschichtgranulation von Abwasser", Forschungsbericht an der Sektion Apparate- und Anlagenbau, Technische Hochschule Otto von Guericke Magdeburg, 1986

[205] Mörl, L., Krell, L., Künne, H.-J., Kliefoth, J., Schmidt, J.: „Studie zur Wirbelschichtgranulierung von Titancarbid und Wolframcarbid", Forschungsbericht an der Sektion Apparate- und Anlagenbau, Technische Hochschule Otto von Guericke Magdeburg, 8.1.1986

[206] Mörl, L., Krell, L., Künne, H.-J., Kliefoth, J.: „Granulationstrocknung von Roggenstärkefugat in der Wirbelschicht", Forschungsbericht an der Sektion Apparate- und Anlagenbau, Technische Hochschule Otto von Guericke Magdeburg, 18.12.1984

[207] Mörl, L., Krell, L., Künne, H.-J., Kliefoth, J.: „Studie zur Granulierung von Glasrohstoffgemengen", Forschungsbericht an der Sektion Apparate- und Anlagenbau, Technische Hochschule Otto von Guericke Magdeburg 25.4.1983

[208] Mörl, L., Krell, L., Künne, H.-J., Kliefoth, J.: „Studie zur Granulierung von Glasrohstoffgemengen", Forschungsbericht an der Sektion Apparate- und Anlagenbau, Technische Hochschule Otto von Guericke Magdeburg 16.12.1983

[209] Mörl, L., Krell, L., Künne, H.-J., Kliefoth, J.: „Studie zur Granulierung keramischer Massen", Forschungsbericht an der Sektion Apparate- und Anlagenbau, Technische Hochschule Otto von Guericke Magdeburg, 1983

[210] Mörl, L., Krell, L., Künne, H.-J., Kliefoth, J.: „Studie zur Ummantelung von Rübensamen", Forschungsbericht an der Sektion Apparate- und Anlagenbau, Technische Hochschule Otto von Guericke Magdeburg, 1982

[211] Mörl, L., Krell, L., Künne, H.-J., Kliefoth, J.: „Studie zur Wirbelschichtgranulierung von Mineralstoff-Mischungen", Forschungsbericht an der Sektion Apparate- und Anlagenbau, Technische Hochschule Otto von Guericke Magdeburg, 30.5.85

[212] Mörl, L., Krell, L., Künne, H.-J., Kliefoth, J.: „Untersuchungen zur Wirbelschichtgranulation von Glasrohstoffgemenge", Forschungsbericht an der Sektion Apparate- und Anlagenbau, Technische Hochschule Otto von Guericke Magdeburg 27.6.1982

[213] Mörl, L., Krell, L., Künne, H.-J., Sachse, J., Kliefoth, J.: „Studie zur Granuliertrocknung von Mais-Quellwasser in der Wirbelschicht", Forschungsbericht an der Sektion Apparate- und Anlagenbau, Technische Hochschule Otto von Guericke Magdeburg, 1981

[214] Mörl, L., Krell, L., Künne, H.-J., Sachse, J., Kliefoth, J.: „Studie zur Granuliertrocknung von Rohwürze in der Wirbelschicht", Forschungsbericht an der Sektion Apparate- und Anlagenbau, Technische Hochschule Otto von Guericke Magdeburg, 30.9.1981

[215] Mörl, L., Krell, L., Künne, H.-J., Schmidt, J.: Studie zur Trocknung von filterfeuchtem Kaustizierschlamm in der Strahlschicht, Forschungsbericht an der Sektion Apparate- und Anlagenbau, Technische Hochschule Otto von Guericke Magdeburg, 30.11.87

[216] Mörl, L., Krell, L., Künne, J., Böber, R.: „Berechnung des Granulationstrocknungsverhaltens thermolabiler Produkte in der Wirbelschicht", Techn. Hochschule Magdeburg, Nr. 30 (1986), 3, S. 89 – 92

[217] Mörl, L., Krüger, G., Kämpf, U.: „Pneumatische Untersuchungen an Wirbelschichtanströmböden industrieller Abmessungen", Wiss. Zeitschr. d. TH Magdeburg 28 (1984), Heft 5, S. 121 - 125

[218] Mörl, L., Krüger, G., Kliefoth, J.: „Vorteile der Granulationstrocknung von Sickerwasser", Entsorgungspraxis, Nr. 4, Oktober 1990, S. 27 – 30

[219] Mörl, L., Künne, H.-J., Backhauß, L., Krell, L.: „Studie zur Wirbelschichttrocknung aninhaltiger Abwässer", Forschungsbericht an der Sektion Apparate- und Anlagenbau, Technische Hochschule Otto von Guericke Magdeburg, 30.11.87 - 11.11.1989

[220] Mörl, L., Künne, H.-J., Krell L., Backhauß L.: „Studie zur Trocknung von mit Nickel-Katalysator beladener Rückstandssuspension aus einer Anilinanalage", Forschungsbericht an der Sektion Apparate- und Anlagenbau, Technische Hochschule Otto von Guericke Magdeburg, 15.3.1988

[221] Mörl, L., Künne, H.-J., Krell L., Backhauß, L., Schmidt J.: „Studie zur Trocknung von COSORB- Rückstandssuspension", Forschungsbericht an der Sektion Apparate- und Anlagenbau, Technische Hochschule Otto von Guericke Magdeburg, 31.08.1986

[222] Mörl, L., Künne, H.-J., Krell, L., Backhauß, L., Schmidt, J.: „Anlage zur Trocknung von COSORB- Rückstandssuspension", Forschungsbericht an der Sektion Apparate- und Anlagenbau, Technische Hochschule Otto von Guericke Magdeburg, 31.10.1986

[223] Mörl, L., Künne, H.-J., Krell, L., Backhauß, L., Schmidt, J.: „Studie zur Trocknung von Zinkphosphat in einem Strahlschichtapparat", Forschungsbericht an der Sektion Apparate- und Anlagenbau, Technische Hochschule Otto von Guericke Magdeburg, 31.12.1988

[224] Mörl, L., Künne, H.-J., Krell, L., Kliefoth, J., Ebenau, B., Behns, W.: „Studie zur Ummantelung von Pflanzensamen", Forschungsbericht an der Sektion Apparate- und Anlagenbau, Technische Hochschule Otto von Guericke Magdeburg, 30.7.85

[225] Mörl, L., Künne, H.-J., Krell, L., Kliefoth, J., Schmidt, J.: „Studie zur Trocknung von Berliner Blau", Forschungsbericht an der Sektion Apparate- und Anlagenbau, Technische Hochschule Otto von Guericke Magdeburg, 30.6.1986

[226] Mörl, L., Künne, H.-J., Krell, L., Sachse, J., Kliefoth, J., Mitjew, D.: „Grenzen des stabilen Arbeitsbereiches bei der Granulationstrocknung", Chem. Techn. 35 (1983), Heft 3, S. 135 - 137

[227] Mörl, L., Künne, H.-J., Krell, L., Sachse, J.: „Stoffübergang und Benetzungsgrad in flüssigkeitsbedüsten Wirbelschichten", Powder Technologie 30 (1981), S. 99 - 104

[228] Mörl, L., Künne, H.-J., Krell, L., Schmidt, J.: „Studie zur Trocknung Bleicherde im fluidisierten Zustand", Forschungsbericht an der Sektion Apparate- und Anlagenbau, Technische Hochschule Otto von Guericke Magdeburg, 4.4.1987

[229] Mörl, L., Künne, H.-J., Krell, L.: „Granulierung von Pyrolyseruß in der Wirbelschicht", Forschungsbericht an der Sektion Apparate- und Anlagenbau, Technische Hochschule Otto von Guericke Magdeburg, 10.12.1984

[230] Mörl, L., Künne, H.-J., Krell, L.: „Studie zur Trocknung Bleicherde in einem Strahschichtapparat", Forschungsbericht an der Sektion Apparate- und Anlagenbau, Technische Hochschule Otto von Guericke Magdeburg, 30.9.1988

[231] Mörl, L., Künne, H.-J.: „Granulate growth during unsteady-state operation in liquid sprayed fluidized beds", International Chemical Engineering, Vol. 26 (1986), Nr. 3, S. 423 - 428

[232] Mörl, L., Künne, H.-J.: „Granulatwachstum während des instationären Betriebszustandes in der flüssigkeitsbedüsten Wirbelschicht", Wiss. Zeitschr. d. TH Magdeburg 26 (1982), Heft 1, S. 5 - 8

[233] Mörl, L., Künne, J., Krell, L., Sachse, J., Kliefoth, J., Mitew, D.: „Grenzen des stabilen Arbeitsbereiches bei der Granulationstrocknung", Chem. Techn., Nr. 35 (1983), 3, S. 135 –137

[234] Mörl, L., Mitjew, D., Künne, H.-J., Krell, L.: „Vereinfachtes Modell zur Berechnung von Strahlschichten", Wiss. Zeitschr. d. TH Magdeburg 30 (1986), Heft 6, S. 43 - 46

[235] Mörl, L., Mittelstraß, M., Sachse, J.: „Berechnung der Verteilungsspektren von Feststoffgranulatteilchen in Wirbelschichtapparaten mit klassierendem Abzug", Chem. Techn., Nr. 30 (1978), 5, S. 242 – 245

[236] Mörl, L., Mittelstrass, M., Sachse, J.: „Zum Kugelwachstum bei der Wirbelschichttrocknung von Lösungen oder Suspensionen", Chem. Techn. 29 (1977), Heft 10, S. 540 - 542

[237] Mörl, L., Neidel, W., Krell, L., Sankol, B., Papendieck, H., Steinbrecht, D.: „Einsatz der Wirbelschichttechnik für die Trocknung und Verbrennung von Abwasserklärschlämmen", Freiberger Forschungshefte A 777, 1988 "Nutzung der Wirbelschichttechnik in der Brennstofftechnik"

[238] Mörl, L., Sachse, J., Schuart, L., Mittelstrass, M.: „Zur Berechnung und Optimierung von Wirbelschichtgranulationstrocknungsanlagen", Chem. Techn. 31 (1979), Heft 6, S. 295 - 297

[239] Mörl, L., Schuart, L.: „Vorteile der Wirbelschichttechnik zur Gestaltung abproduktfreier Technologien", Wiss. Zeitschr. d. TU Magdeburg 32 (1988), Heft 2, S. 80 - 85

[240] Mörl, L., Wadewitz, H., Mörl, P., Ulrich, C.: "Wirbeschichtgranulationstrocknung von Sickerwässern", Forschungsbericht zum gleichnamigen Forschungsprojekt, gefördert durch das Land Sachsen Anhalt, 1996, Förderkennzeichen FKZ 1241 A 08110023

[241] Mörl, L.: „Anwendungsmöglichkeiten und Berechnung von Wirbelschichtgranulationstrocknunganlagen", Dissertation B, Techn. Hochschule Magdeburg, 1980

[242] Mörl, L.: „Granulatwachstum bei der Wirbelschichtgranulationstrocknung unter Berücksichtigung sich neu bildender Granulatkeime", Wiss. Z. Techn. Hochschule Magdeburg, Nr. 24 (1980), 6, S. 13 – 19

[243] Mörl, L.: „Growth of granules in fluidized-bed drying, taking into account the formation of nuclei", International Chemical Engineering, Vol. 26 (1986), Nr. 2 (April 1986), S. 236 – 242

[244] Mörl, L.: „Trocknung und Konditionierung von Feststoffen aus Lösungen, Suspensionen oder Schmelzen in der Wirbelschicht", Manuskript für die Vorlesung im Trocknerkurs an der Universität Karlsruhe, 1992

[245] Mörl, P., Mörl, L., Wadewitz, H.: „Untersuchungen zur Wirbelschichtgranulationstrocknung und Konditionierung von Abwasserkonzentraten am Beispiel von Deponiesickerwasser", Chemie Ingenieur Technik, (67), Heft 9, September 1995, S. 1090

[246] Mortensen, S., Hoovmand, S.: „Production of non dusty granular products by fluid bed spray granulation", Congress-Report Dechema, Frankfurt/M., 1976

[247] Mortensen, S., Kristiansen, A.: „Fluidized-Bed Spray Granulation, A survey of operational experience from industrial and semi-industrial installations", Firmenschrift, NIRO-Atomizer, Kopenhagen, F-171

[248] Mortensen., S., Hoovmand, S.: „Fluidized-Bed Spray Granulation", Chem.Engng. Progr., 79 (1983), Nr. 4, S. 37 – 42

[249] Mothes, H.: „Zur Berechnung der Partikelabscheidung in Zyklonen", Chem.Eng. Process., 18 (1984), S. 323 – 331, S. 37 – 42

[250] Mühle, J. : „Berechnung des trockenen Druckverlustes von Lochböden", Chem.-Ing.-Techn., 44 (1972), Nr. 1+2, S. 72-79

[251] Müller, S.: „Experimentelle und theoretische Untersuchungen zur Sprühgranulation in der Wirbelschicht", Diplom-Arbeit Lehrstuhl für Mech. Verfahrenstechnik, Universität Nürnberg-Erlangen. 1993

[252] Muschelknautz, E.: „Fördern", Ullmanns Encyklopädie der technischen Chemie", 4. Auflage, Bd. 3, (1972)

[253] Muschelknautz, E.: „Partikelaerodynamik“, GVC/VDI Preprints zu „Technik der Gas/Feststoffströmung“, Düsseldorf, Dezember 1981, S. 7 – 28

[254] Muschelknautz, E.: „Physikalische Vorgänge beim Sichten“, VDI-Tagung Baden-Baden, November 1985 zum Fördern und Klassieren beim Aufbereiten und Verarbeiten von Kunststoffen, VDI-Verlag Düsseldorf 1985, S 201 – 223

[255] Nabert, N., Schön, G.: „Sicherheitstechnische Kennzahlen brennbarer Gase und Dämpfe", Deutscher Eichverlag GmbH, Braunschweig, 5. Auflage, 1980

[256] NARA Machinery CO. Ltd. (Firma): „Media Slurry Dryer“, Informationsschrift, NARA Machinery CO. Ltd., Frechen

[257] Nesselmann, K.: „Angewandte Thermodynamik“, Springer-Verlag Berlin, Göttingen, Heidelberg 1950

[258] Nied, R.: „Der Fließbett-Sprühgranulator FSG“, Die Chemische Produktion, 16 (1987), 1/2, S. 24 – 27

[259] Nienow, A.W., Rowe, P.N.: „Particle Growth and Coating in Gas-Fluidized Beds“, Kapitel 17 in Davidson, J.F., Clift, R., Harrison, D.:“Fluidized particels“, Cambridges University Press, Cambrige London, 1985

[260] Niepenberg, H.P.: „Entwicklung im Industriebrennerbau“, Gas Wärme International, 28 (1979), 8, S. 475 – 450

[261] Nitsche, M.:“Verfahren zur Lösungsmittelrückgewinnung mit Vor- und Nachteilen“, Vortag im Haus der Technik, Essen 1997

[263] Ott, R.J., Pellmont, G., Siwek, R.: „Sicheres und wirtschaftliches Betreiben von Zerstäubungstrocknern in der Nahrungsmittelindustrie unter besonderer Berücksichtigung von Milchprodukten“, 15. Internationales Kolloquium für die Verhütung von Arbeitsunfällen und Berufskrankheiten in der chemischen Industrie, Lugano/Schweiz, ISSA Prevention Series, Nr. 1013, S. 151 – 166, 1993

[264] Perry, J.H: „Chemical Engineers Handbook“, 4. Aufl., 1963, Mc Graw-Hill Book Company, New York

[265] Pfüller, U.: „Mizellen-Veskil-Mikroemulsion“, Springer-Verlag, 1986

[266] Poersch, W.: „Wärmeaustausch in Wirbelbetten beim Trocknen und Kühlen“, Maschinenmarkt, 81 (1975), S. 1766 – 1770

[267] Poersch, W.: „Wirbelschichttrockner, Schritte und Überlegungen zum Scal-up“, Aufbereitungstechnik, 24 (1983), Nr. 4, S. 205 – 215

[268] Polke, R., Herrmann., W., Sommer, K.: „Charakterisierung von Agglomeraten“, Chem.-Ing.-Tech., 51 (1979), S. 283 – 288

[269] Pranghofer, G.: „PTFE-Membrane für die Rauchgasreinigung in der Müllverbrennung“ Wasser, Luft, Boden, 33 (1989), 1 u. 2, S. 48 – 50

[270] Rautenbach, R., Linn, T.: „Stand der Technik der Sickerwasseraufbereitung“, AbfallwirtschaftsJournal, 7 (1995), Nr. 1 u. 2

[271] Recknagel, Sprenger, Hönmann: “Taschenbuch für Heizung und Klimatechnik“, 66. Auflage, R. Oldenbourg Verlag München Wien, 1992

[272] Reed, A.R., Kessel, S.R., Pittman, A.N.: „Examination of the air leckage characteristics of a high pressure rotary valve“, Bul. solids handling, 8(1988), Nr. 6, S. 725 – 730

[273] Reh, L.: „Das Wirbeln von körnigem Gut in schlanken Diffusoren als Grenzzustand zwischen Wirbelschicht und pneumatischer Förderung“, Dissertation Techn. Hochschule Karlsruhe, 1961

[274] Reinhardt, H.: „Automatisierungstechnik“, Springer-Verlag Berlin, Heidelberg, New York, 1996

[275] Richardson, J.F., Zaki, W.N.: „Sedimentation and Fludisation", Trans. Inst. Chem. Eng., 32 (1954), S. 35 – 53

[276] Riedlberger, L.: „Rentabilität von Einrichtungen zur restsauerstoffabhängigen Nachregelung von Brennern", Gas Wärme International, 34 (1985), Nr.12, S. 516 – 519

[277] Ries, B.: „Granuliertechnik und Granuliergeräte", Aufbereitungstechnik, 12 (1970), Nr. 3, S. 147 – 153, Nr. 5, S. 262 – 285, Nr. 10, S. 615 – 621, Nr. 2, S. 744 – 753

[278] Rieter-Automatik GmbH (Firma): „DROPPO line", Druckschrift, Rieter- Automatik GmbH, Großostheim, 1997

[279] Rietschel: „Raumklimatechnik", Band 1, 16. Aufl., Springer-Verlag Berlin, Heidelberg etc.

[280] Romankow, P.G., Raskowskaja, N.B.: „Trocknung im fluidisierten Zustand" (russisch), Verlag Chimia Leningrad, 3. Auflage, 1979

[281] Rosch, M., Probst, R.: „Granulation in der Wirbelschicht", vt-Verfahrenstechnik, 9 (1975), Nr. 2, S. 59 – 64

[282] Roth, T.: „Amorphisierung bei der Zerkleinerung und Rekristallisation als Ursachen der Agglomeration von Puderzucker und Verfahren zu deren Vermeidung", Dissertation

[283] Roth, Th.: „Verminderung des Stoffüberganges an wäßrigen Oberflächen durch grenzflächenaktive Stoffe", Dissertation Techn. Hochschule Karlsruhe, 1986

[284] Rowe P., N.„Estimation of solids circulation rate in a bubbling fluidised bed", Chem. Engin. Sci. (28) 1973, S. 980 – 981

[285] Rumpf, H., Herrmann, W.: „Eigenschaften, Bindungsmechanismen und Festigkeit von Agglomeraten", Aufbereitungstechnik, 11 (1970), 3, S. 117 – 127

[286] Rumpf, H.: "Das Granulieren von Stäuben und die Festigkeit der Granulate", Staub 19 (1959), 5, S. 150 – 160

[287] Rumpf, H.: „Die Wissenschaft des Agglomerierens", Chem.- Ing. -Techn., 46 (1974), 1, S. 1 – 11

[288] Rümpler, K.H.: Persönliche Mitteilung, Glatt Ingenieurtechnik, Weimar

[289] Sachse, J., Elspaß, R., Mörl, L.: „Trocknung von Proteinsuspensionen", Forschungsbericht an der Sektion Apparate- und Anlagenbau, Technische Hochschule Otto von Guericke Magdeburg, 1972

[290] Sachse, J., Mörl, L., Schmidt, R., Mittelstrass, M.: Diskontinuierlich arbeitender Wirbelschichttrockner für die Trocknung von Lösungen oder Suspensionen, Chem. Techn. 31 (1979), Heft 11, S. 560

[291] Sachse, J.: „Wirbelschichtgranulationstrocknung von Proteiinsuspensionen", Dissertation A, Technische Hochschule Otto von Guericke Magdeburg, 1980

[292] Sadasivan, N.; BarreteauD.; LaguerieC.: „Studies on Frequency and Magnitude of Fluctuations of Pressure Drop in Gas-Slid Fluidised Beds", Powder Technol., 26 (1980), S. 67 – 74

[293] Sathiyamoorthy, D., Rao, C.S.: „Gas Distributor in Fluidized Beds", Powder Technol., 20 (1978), S. 47 – 52

[294] Sathiyamoorthy, D., Rao, C.S.: „The Choise of Distributor to Bed Pressure Drop Ratio in Gas Fluidized Beds", Powder Technol., 30 (1981), S. 139 – 141

[295] Sattler, K.: „Thermische Trennverfahren", VCH Verlag, Weinheim, 1995

[296] Schachova, N. A., Ritschkov, A. I.: Chimitscheskoje Promischlennost, Nr. 11, S. 856, (1963), UdSSR

[297] Schacke, H., Viard, R., Walther, C.-D.: „Staubexplosionsschutz in Chemieanlagen-Konzeptfindung für Planung und Betrieb", VDI-Berichte 1272 zu sicheren Handhabung brennbarer Stäube, S. 389 – 410, 1996

[298] Schmidt, B.: „Drying of fine powder suspensions without agglomeration", NARA Seminar in Cologne, 1998

[299] Schmidt, P.:"Luftversorgung bei Zweiphasenströmungen",GVC-Perprints zur Technik der Gas/Feststoffströmung, Düsseldorf 1981

[300] Schneider, M., Mörl, L., Krell, L.: „Pneumatik mehrstufiger Wirbelschichten mit klassierendem Abzug", Wiss. Zeitschr. d. TH Magdeburg 30 (1986), Heft 6, S. 54 - 59

[301] Schnieder., E.: „Vergleichende Untersuchung der Fluiddynamik mit senkrechten und konischen Wänden", Diplom-Arbeit, Lehrstuhl für Verfahrenstechnik, Universität Dortmund, 1982

[302] Scholl, E.W.: „Schutzmaßnahmen gegen Staubexplosionen", Vortragsveröffentlichung 475, S. 25 – 29, Haus der Technik Essen zur Lagerung von staubförmigen Schüttgütern in Bunkern und Silos

[303] Schöne, A.: „Meßtechnik", Springer-Verlag Berlin, Heidelberg, New York, 1994

[304] Schrüfer, E. (Herausgeber): „Mess-und Automatisierungstechnik", VDI-Verlag Düsseldorf, 1992

[305] Schuart, L., Mörl, L., Hosenthien, P., Paul, H.: „Computer-aided development of quotations for fluidized-bed equipment", International Chemical Engineering, Vol. 26 (1986), Nr. 3, S. 419 - 423

[306] Schubert, H., Viehweg, M.: „Sprühturmtechnik", Deutscher Verlag für Grundstoffindustrie, 1969

[307] Schubert, H.: „Grundlagen des Agglomerierens", Chem.-Ing.-Tech., 51 (1979), Nr. 4, S. 266 – 277

[308] Schubert, H.: „Instantisieren pulverförmiger Lebensmittel", Chem.-Ing.-Tech., 62 (1990), Nr. 11, S. 892 – 906

[309] Schubert, H.: „Kapillardruck und Zugfestigkeit von feuchten Haufwerken aus körnigen Stoffen", Chem.-Ing.-Techn., 45 (1973), Nr. 6, S. 396 – 401

[310] Schubert, H.: „Kapillarität in porösen Feststoffsystemen", Springer-Verlag, 1982

[311] Schubert, H.: „Mechanical production and quality aspects of food emulsions", Preprints, S. 296 – 307, Partec 98, Nürnberg

[312] Schubert, H.: „Optimierung der Größe und Porosität von Instantagglomeraten in Bezug auf eine schnelle Durchfeuchtung", vt-Verfahrenstechnik, 12 (1978), Nr. 5, S. 296 – 301

[313] Schubert, H.: „Partikelhaftung", Vortagsmanuskript, DSW-Solingen, 1978

[314] Schulz P., Hilligardt K.: „Vorgehen bei der Trocknerauswahl", Chem.-Ing.-Techn. 65 (1993), S. 270 – 275

[315] Schulze, D.: „Zur Fließfähigkeit von Schüttgütern-Definition und Meßverfahren", Chem.-Ing.-Tech., 67 (1995), S. 60 – 68

[316] Schümmer, A., Tebel, K.H.: „Monodisperse Tropfenerzeugung aus einem zwangsgestörten Freistrahl", Chem.-Ing.-Techn., 53 (1981), Nr. 12, S. 979

[317] Senden, M.M.G.: „Stochastic models for individual particle behavior in straight zig zag air classifiers", Dissertation Department of Chemical Engineering, Universität Eindhoven / Holland, (1979)

[318] Seyffert, I., Nothelle, R., Schmoll, J.: „Kontinuierliche Pulver-Wirbelschicht-Agglomeration", Chem.-Ing.-Tech. 67 (1995), Nr. 8, S. 1005 - 1008

[319] Shafer, E.G.E., Wollish, E. G., Engel C.E.: „The Roche Friabilator", American Pharmaceutical Association, Scientific Edition Journal, 45 (1956), S. 114

[320] Shakova, N.A, Polykov, N.N., Mikhailov, V.V., Tikhonov, I.D.: „Investigation of the granulation of ammonium nitrate in a fluidized bed under industrial conditions", Int. Chem.Eng.,13 (1973), Nr. 4, S. 658 – 661

[321] Siebert, D., Hustede, H.: „Citronensäure-Fermentation - biotechnologische Probleme und Rechnersteuerung", Chem.-Ing.-Techn., 54 (1982), Nr. 7, S. 659 – 669

[322] Siegel, W.: „Pneumatische Förderung", Vogel Buchverlag, 1. Auflage, 1991

[323] Siwek, R., Moore, P.E.: „Explosionsunterdrückung von hybriden Gemischen", S. 273 – 296, VDI-Berichte 1272 zu sichere Handhabung brennbarer Stäube, 1996

[324] Smith, P. G. Nienow, A. W. „Paticle Growth Mechanisms in Fluidised Bed Granulation I, The Effect of Process Varialbles", Chem. Eng. Sci. 38 (1983), Nr. 8, S. 1223 – 1231

[325] Smith, P. G., Nienow, A. W. „Paticle Growth Mechanisms in Fluidised Bed Granulation II, Coparision of Experimental Data with Growth Models", Chem. Eng. Sci. 38 (1983), Nr. 8, S. 1233 – 1240

[326] Stache, H.: „Tensid-Taschenbuch", Carl Hanser-Verlag München, 1979

[327] Stache, H.: „Tensid-Taschenbuch", Carl Hanser-Verlag München, 1990

[328] Stetter, H.: „Meßtechnik an Maschinen und Anlagen", B.G. Teubner, Stuttgart, 1992

[329] Stieß, M.: „Mechanische Verfahrenstechnik Band 1", 2. Aufl., Springer-Verlag, 1995

[330] Stieß, M.: „Mechanische Verfahrenstechnik Band 2", 2. Aufl., Springer-Verlag, 1995

[331] Stockburger, D.: „Fortschtritte und Entwicklungstendenzen in der Trocknungstechnik bei der Trocknung formloser Güter", Chem.-Ing.-Tech., 48 (1976), Nr. 3, S. 199 – 205

[332] Subramanian D.; Martin H., Schlünder E. U.„Stoffübertragung zwischen Gas und Feststoff in Wirbelschichten", Verfahrenstechnik (Mainz),11 (1977),Nr. 12, S. 748 – 750"

[333] Sucker, u.a.: „Pharmazeutische Technologie", Georg Thieme Verlag Stuttgart, 1978

[334] Thurn, U.: „Mischen, Granulieren und Trocknen pharmazeutischer Grundstoffe in hetorogenen Wirbelschichten", Dissertation Nr. 4511, ETH Zürich, 1970

[335] Thurner, F.: „Selektivität der Trocknung von Gütern bei Beladung mit binären Gemischen", Dissertation, Universität Karlsruhe (Chmieingenieurwesen), 1985

[336] Todes, O.M.: „Kinetik der Massenkristallisation (II) Dehydration und Granulierung von Lösungen in der Wirbelschicht", Kristall und Technik, 7 (1972), Nr. 7, S. 729 – 753

[337] Tondar, M.: Glatt GmbH, Binzen,Persönliche Mitteilung,

[338] Transfeld, P., Mörl, L., Krell, L.: „Bleicheredetrocknung in der Strahlschicht", Fat Sci. Technol. 92, Dez. 1990, S. 605 - 509

[339] Trojosky, M., Mörl, L, Wuttkowski, P., Setterwall, F.: „Lufttemperaturmessung in flüssigkeitsbedüsten Gas-Feststoff-Wirbelschichten nichthygroskopischer Partikeln", Techn. Hochschule Magdeburg, Nr. 34 (1990), 2, S. 36 – 40

[340] Trojosky, M., Mörl, L.: „Ein mathematisches Modell zur Beschreibung der Temperatur- und Feuchteverläufe in flüssigkeitsbedüsten Gas/Feststoff-Wirbelschichten", Chem. Techn., Nr. 43 (1991), 4, S. 141 – 145

[341] Trojosky, M.: „Modellierung des Stoff- und Wärmetransportes in flüssigkeitsbedüsten Gas/Feststoff-Wirbelschichten", Dissertation, TU Magdeburg, 1991

[342] Turck, E.: „Die Zweistoffdüse in der Zerstäubungstrocknung", Chem.-Ing.-Tech., 25(1953), Nr. 10, S. 620 – 622

[343] Uemaki, O., Mathur, K.B.: „Granulation of Ammonium Sulfat Fertilizer in a Spouted Bed", Ind. Eng. Chem. Process Des Dev., 15 (1976), 4, S. 504 – 508

[345] Uhlemann, H., Mahiout S.: „Inprozeßkontrollen bei der kontinuierlichen Wirbelschicht-Sprühgranulation“ Vortrag vor APV-Seminar Wirtschaftliche Kontrolltechniken in Leipzig, 17.5.1995

[346] Uhlemann, H.: „Die Wirbelschicht-Sprühgranulation: Eine neue Methode zur Aufarbeitung von Bio-Produkten“, VDI/GVC-Jahrbuch 1997, S. 316 – 333

[347] Uhlemann, H.: „Kontinuierliche Wirbelschicht-Sprühgranulation“, Chem.-Ing.-Techn., 62 (1990), Nr. 10, S. 822 – 834

[348] Uhlemann, H.: „Wunschkorngröße mit Wirbelschicht-Sprühgranulation“, Chem. Rundschau, 24 (Juni 1996), S. 7

[349] van der Leeden, M., van Rosmalen, G., de Vreugd, K., Witkamp, G.: „Einfluß von Additiven und Verunreinigungen auf Kristallisationsprozesse“, Chem.-Ing.-Techn., 61 (1989), Nr. 5, S. 38

[350] van Lent, B.: „Grenzflächenphysikalische Probleme in Grundoperationen der Verfahrenstechnik“, VDI/GVC-Jahrbuch 1997, S. 193 – 213

[351] Vauck, W., R.A., Müller, A.: „Grundoperationen chemischer Verfahrenstechnik“, 9. Aufl., Deutscher Verlag für Grundstoffindustrie GmbH, Leipzig, 1992

[352] VDI: „Handbuch Reinhaltung der Luft“ (laufend ergänzte Arbeitsblätter), VDI 2280 Auswurfbegrenzung organischer Lösungsmittel, VDI2443: Abgasreinigung durch oxidierende Gaswäsche, VDI 3476 Katalytische Abluftreinigung, VDI 3477 Biofilter, VDI 3478 Biowäscher, VDI 3674 Abgasreinigung durch Adsorption, VDI 3675 Abgasreinigung durch Absorption, VDI-Verlag Düsseldorf

[353] VDI-Wärmeatlas: „Berechnungsblätter für den Wärmeübergang (1984)“, VDI-Verlag Düsseldorf

[354] Vetter, G.(Herausgeber): „Handbuch Dosieren“, Vulkan-Verlag Essen, 1994

[355] Voigt, R.: „Lehrbuch der pharmazeutischen Technologie“, Verlag Volk und Gesundheit Berlin, 5. Aufl., 1984

[356] Wabersich, E.: „Industriebrenner und ihre Anwendung“, Gas wärme International, 34 (1985), Nr. 12, S. 510 – 515

[357] Waldie, B.: „Growth mechanism and the depence of granule size on drop size in fluidized-bed granulation“, Chemical Eng. Science, Vol. 46 (1991), 11, S. 2781 – 2785

[358] Walzel, P.: Folie zu einem Vortrag beim Jahrestreffen der Verfahrensingenieure, Freiburg, 1987

[359] Warfsmann, I.: „Simulation eines Wirbelschicht-Sprühgranulationsprozesses“, Techn. Universität Hamburg-Harburg, (Diplom-Arbeit), Arbeitsbereich Verfahrenstechn. II; 1995

[360] Weber, B.: „Ergebnisse 4-stufiger Sickerwasserbehandlung“, Müll und Abfall, Nr. 6 (1991), S. 386

[361] Wehrle, K.: „Vakuum-Filmcoating-Anlagen, System Dr. Stellmach mit Lösungsmittelrückgewinnung“, Pharm. Ind. 44 (1982), S. 83-86

[362] Weiß, S.: „Verfahrenstechnische Berechnungsmethoden“, Band „Thermisches Trennen“, Deutscher Verlag für Grundstoffindustrie, Stuttgart, 1996

[363] Wen, C.Y., Deole, N.R., Chen, L.H.: „A Study of Jets in a Three-Dimensional Gas Fluidized Bed“, Powder Technol., 31 (1982), S. 175 – 184

[364] Wen, C.Y., Krishnan, R., Khosravi, R., Dutta, S.: „Dead Zone Heights near the Grid of Fluidized Beds“, Fluidization, Proceedings of the Second Engineering Foundation Conference, S. 32 –36, Trinity College, Cambridge/England, Cambridge UniversityPress, April 1978

[365] Wernecke, R.: „Continuous Moisture Measurement in Food Processing“, Preprints Partec 98, 1st European Symposium Process Technology in Pharmaceutical and Nutritional Sciences, S. 441 – 450

[366] Werner, H. : „Aufgaben der Luft- und Wärmeverteilung in Konvektionstrocknern“, Chem.-Ing.-Techn., 44 (1972), Nr. 8, S. 570-576

[367] Werther J.: „Bubbles in Gas Fluidised Beds Part II“,Trans. Instn. Chem. Engrs. 52, 1974 S. 160 – 169

[368] Werther J.:„Bubbles in Gas Fluidised Beds Part I“,Trans. Instn. Chem. Engrs. 52, 1974 S. 149 – 159

[369] Werther, J.: „Mathematische Modellierung von Fließbettreaktoren“, Chem.-Ing.-Techn., 50 (1978), Nr. 11, S. 850 – 860

[370] Werther, J.: „Strömungsmechanische Grundlagen der Wirbelschichttechnik“, Chem.-Ing.-Techn., 49 (1977), Nr. 3, S. 193 – 202

[371] Werther, J.: „Zur Maßstabsvergrößerung von Gas/Feststoff-Fließbetten“, Aufbereitungstechnik, 15 (1974), Nr. 12, S. 670 – 677

[372] Werther, J.: „Zur Problematik der Maßstabsvergrößerung von Wirbelschichtreaktoren“, Chem.-Ing.-Techn., 49 (1977), Nr. 10, S. 777 – 785

[373] Wicke, M.: „Aufbau, Leistung und Betriebsverhalten von Naßentstaubern“, VDI-Fortschrittsberichte Reihe 3, Nr. 33, VDI-Verlag Düsseldorf, Nov. 1970

[374] Widmann, G., Riesen, R.: „Thermoanalyse- Anwendungen, Begriffe, Methoden“, Hüthig Buch Verlag Heidelberg, 3. Auflage, 1990

[375] Wiemann, W.: „Explosionsunterdrückung“, Vortragsveröffentlichung 475, S. 46 – 57, Haus der Technik Essen zur Lagerung von staubförmigen Schüttgütern in Bunkern und Silos

[376] Wietzke, A., Baumgärtner: „Inerte Kreisgassysteme in der Trocknungstechnik“, Verfahrenstechnik, (1981), Nr. 1

[377] Williams, J.: „The mechanisms of segregation“, Notiz der Postgraduate School of Bradford, Yorkshire England (1978)

[378] Wolf, K.L.: „Physik und Chemie der Grenzflächen, Band 1“, Springer-Verlag, Berlin, Göttingen, Heidelberg, 1967

[379] Ystral (Firma): Informationsunterlagen der Firma Ystral GmbH, Ballrecht-Dottingen

[380] Yuan, J.J., Stepansky, M., Ulrich, J.: „Fremdstoffeinflüsse auf Kristallwachstumsgeschwindigkeiten bei der Kristallisation aus Lösungen“, Chem.-Ing.-Tech., 62 (1990), Nr. 8, S. 645 – 646

[381] Zank,.J.: Universität Karlsruhe, Institut für Thermische Verfahrenstechnik, Persönliche Mitteilung,

[382] Zementanlagen- und Maschinenbau GmbH Dessau, Institut Weimar (Firma) „Anlagen zur Granuliertrocknung mit Wirbelschichttechnik, Verfahrenscharakteristik und produktspezifische Eigenschaften für ausgewählte Granulate“ Informationsschrift 1991

[383] Zenz, F.A.: „Bubble Formations and Grid Design“, Inst. Chem. Engrs. Symp., Ser. 30 (1968); S. 136 – 139

[384] Zenz, F.A.: „How Flow Phenomena Affect Design of Fluidized Beds“, Chem. Eng., (1977), Nr. 12, S. 81 – 91

[385] Zlokarnik, M.: „Rührtechnik“, Ullmanns Encyklopädie der technischen Chemie, 4. Auflage, Bd. 2, 1972

[386] Zockoll, C.: „Früherkennung von Bränden durch CO-Detektion“, VDI-Berichte 1272 zu sicheren Handhabung brennbarer Stäube, S. 411 – 427, 1996

[387] Zogg, M.: „Einführung in die Mechanische Verfahrenstechnik“, B.G. Teubner, Stuttgart, 1987

Patente

[P1] CH 584 567: „Verfahren und Vorrichtung zur Herstellung von Granulaten“, 6.6.1972, CIBA-GEIGY AG Basel, Erf.: Kaspar, J., Rosch, M., Kiefer, E.

[P2] DE199 15 122.9: „Steigrohrsichter für die Wirbelschichtgranulation“ 1.04.1999, Glatt Ing.-Technik Weimar; Erf.: Uhlemann, H., Rümpler K.-

[P3] DE 19 514 187 C1: „Verfahren und Vorrichtung zur Herstellung von Granulaten durch Wirbelschicht-Sprühgranulation“, 21.4.1995, Degussa, Erf.: Schütte, R., Klasen, C., Bewersdorf, M., Alt, C.

[P4] DE 19 621 930 C1: „Verfahren zur Herstellung eines Tierfuttermittelzusatzes auf Fermentationsbrühe-Basis“, 31. Mai 1996, DEGUSSA AG, Frankfurt, Erf.: Höfler, A., Alt, H., Klasen, C., Heinz, F., Hertz, U., Mörl, L., Schütte, R.

[P5] DE 19 645 923: „Vorrichtung zur Bestimmung der Produktfeuchte und der Korngröße in einer Wirbelschicht“, 7.11.96, Erf.: Goebel, S.G.

[P6] DE 2 908 136 A1: „Verfahren und Vorrichtung zur Herstellung von Harnstoffkörnchen“, 2.3.1979, Ube Industries Ltd., Erf.: Kono, H., Shigeyuki, H., Minemura, N., Okita, T.

[P7] DE 22 31 445: „Verfahren und Vorrichtung zur Herstellung von Granulat“, 1.7.1971, CIBA-Geigy AG, Erf.: Kaspar, J., Kiefer, E., Rosch, M.

[P8] DE 22 63 968: „Verfahren zur Herstellung von nichtstaubenden oder praktisch nichtstaubenden Farbstoffkörnern“, 29.12.1972, BASF AG, Erf.: Stockburger, D., Thoma, P., Klocke, H.-J., Thomae, H., Weiser, D., Beyse, H.-J.

[P9] DE 25 55 917: „Verfahren und Vorrichtung zur Trocknung von hitzeempfindlichen Proteinsuspensionen“, 12.10.1975, Schwermasch.- Kombinat Magdeburg, Erf.: Elspaß, R., Mittelstraß, M., Mörl, L., Sachse, J.

[P10] DE 29 41 637: „Anlage zur Granuliertrocknung von Biomassen und Eiweiße“, 13.10.1979, Schwermasch.-Kombinat Magdeburg, (Patentinhaber: Glatt Ing.-Techn. Weimar); Erf.: Bergmann, H., Grünzel, J., Mörl, L., Sachse, J., Kühne, H.J., Mittelstraß, M., Elspaß, R.

[P11] DE 3 248 504 A1: „Verfahren zur Herstellung nicht staubender Granulate und Vorrichtung hierfür“, 29.12.1982, Sandoz-Patent GmbH, Lörrach, Erf.: Kaspar, J., Schmid, P.

[P12] DE 3 806 537: „Düsenbaugruppe für Apparaturen zum Granulieren, Pelettieren und/oder Dragieren“, 23.5.90, Erf.: Hüttlin, H.

[P13] DE 30 07 292: „Verfahren zur Gewinnung des Trockensubstanzgehaltes von Lösungen und/oder Suspensionen in Form von Granulaten in mit Gas fluidisierten Schichten, sowie Anlage zur Verwirklichung des Verfahrens“, 2.3.1979, Müszaki Kemniai Kutato Intezet/Ungarn, Erf.: Dencs, B., Ormos, Z., Pataki, K.

[P14] DE 32 06 236: „Verfahren zum gleichzeitigen Sichten und geregeltem, kontinuierlichem Austrag von körnigem Gut aus Wirbelbettreaktoren“, 20.2.1982, Bayer AG, Erf.: Stopp, G., Kreutzer, K.-H., Karkossa, H., Mannes, K., Laakmann, H.-J., Trescher, V.

[P15] DE 34 003 98: „Verfahren und Einrichtung zum Aufbereiten von Keimen für die Wirbelschichtgranuliertrocknung“, 1.1.1987, Schwermaschinenkombinat Magdeburg, (Patentinhaber: Glatt Ing.-Techn. Weimar); Erf.: Kliefroth, J., Schmidt, J., Mörl, L., Eversmann, C., Neupert, F., Caspers, G.

[P16] DE 37 16 969: „Vorrichtung zur kontinuierlichen Herstellung von Granulat“, 20.5.1987, Erf.: Nied, R., Bonstetten, R.

[P17] DE 4 021 403 03: „Verfahren zur Entsorgung von schadstoffbelasteten Flüssigkeiten“, 29. Juni 1991, Haase Energietechnik GmbH Neumünster, Erf.: Wietfeld, G., Mörl, L.

[P18] DD – WP A23C/2729 474: „Verfahren zur Herstellung und Verwendung granuliergetrockneter Magermilch“, 1. Februar 1985, VEB Schwermaschinenbaukombinat Magdeburg, (siehe auch DE 35 19980, Patentinhaber: Glatt Ing.-Techn. Weimar); Erf.: Schmidt, J., Krell, L., Mörl, L., Künne, H.-J., Wendler, U., Hartmann, L.

[P19] DD – WP A23K/262 813 1: „Verfahren zur kontinuierlichen Herstellung von L-Lysinfutterkonzentrat in granulierter Form“, 8. Mai 1984, Forschungszentrum Biotechnologie Berlin, Erf.: Mörl, L., Krell, L., Künne, H.-J., Krüger, G., Kliefoth, J., Grau, H., Behns, W., Ebenau, B.

[P20] DD – WP A23L/2460 181: „Verfahren zur Granuliertrocknung von Proteinhydrolysaten und Fleischaromakonzentraten“, 16. Dezember 1982, Institut für Getreideverarbeitung der Akademie für Landwirschaftswissenschaften der DDR Potsdam-Bornim, Erf.: Krell, L., Künne, H.-J., Kliefoth, J., Mörl, L., u.a.

[P21] DD – WP B01J/209 409: „Anlage zur Granuliertrocknung von Bio-Massen und Eiweißen“, 30. November 1978, Schwermaschinenbau-Kombinat Magdeburg, (Patentinhaber: Glatt Ing.-Techn. Weimar); Erf.: Bergmann, R., Künne, H.-J., Mörl, L., Grünzel, G. J., Elspaß, R., Mittelstraß, M., Sachse, J.

[P22] DD – WP B01J/2604 165: „Verfahren zur herstellung von Granulaten als silikatische Mehrstoffsysteme“, 29 Februar 1984, VE Wiss.-technischer Betrieb Keramik Meißen, Erf.: Mörl, L., Schulle, W., Künne, H.-J., Krell, L., Kliefoth, J., Greif, O., Krüger, G.

[P23] DD – WP B01J/2638 543: „Vorrichtung zur Strahlschichtbehandlung“, 6. Juni. 1984, Technische Hochschule Otto-von-Guericke Magdeburg, Erf.: Mörl, L., Krell, L., Künne, H.-J., Kowatschev, P., Mitev, D., Grodev, G

[P24] DD – WP B01J/2638 535: „Strahlschichtapparat“, 6. Juni. 1984, Technische Hochschule Otto-von-Guericke Magdeburg, Erf.: Mörl, L., Krell, L., Künne, H.-J., Kowatschev, P., Mitev, D., Grodev, G.

[P25] DD – WP C01B/3148 864: „Verfahren zur Herstellung konditionierter Adsorbentien“, 20. April 1988, VEB Leuna-Werke, Erf.: Künne, H.-J., Krell, L., Mörl, L., Lehnert, A., Radecke, K., u.a.

[P26] DD – WP C01D/2407 802: „Wirbelschichtverfahren zur Herstellung kalzinierter und staubfreier Pottaschegranulate“, 16. Juni 1982, Technische Universität Magdeburg, Erf.: Künne, H.-J., Krell, L., Mörl, L., Sachse, J., u.a.

[P27] DD – WP C03B/2581 807: „Verfahren zur Granulierung von Glasrohstoffgemenge“, 20. Dezember 1983, VEB Behälter und Verpackungsglas Bernsdorf, Erf.: Krell, L., Mörl, L., Künne, H.-J., Kliefoth, J., Robitsch, M., Finn, G., Lipfert, W.

[P28] DD – WP C03C/2683 507: „Verfahren zur Erzeugung vorreagierter Granulate für die Glasherstellung“, 15. Oktober 1984, VEB WTW Bad Muskau, Erf.: Hille, S., Koschwitz, M., Krause, H., Krüger, G., Krell, L., Mörl, L., Künne, H.-J., Kliefoth, J., Patzig, D., Waneck, R.

[P29] DD – WP C08J/2586 434: „Verfahren zur Herstellun von mit organischen Lösungsmitteln extrahierbarer Sulfatharzseife“, 27. Dezember 1983, VEB Zellstoff- und Zellwollewerke Wittenberge, Erf.: Mörl, L., Künne, H.-J., Krell, L., Kliefoth, J., Michling, R., Otto, C.

[P30] DD – WP F26B/140 078: „Granuliertrocknungsverfahren von Bio-Massen und Eiweißen“, 21. November 1978, Schwermaschinenbau-Kombinat Magdeburg, (siehe auch DE

2941534, Patentinhaber: Glatt Ing.-Techn. Weimar); Erf.: Künne, H.-J., Mörl, L., Grünzel, G. J., Bergmann, R., Elspaß, R., Mittelstraß, M., Sachse, J.

[P31] DD – WP F26B/185 628: „Verfahren und Vorrichtung zur Trocknung von wäßrigen, hitzeempfindlichen Proteinsuspensionen", 23. April 1975, Schwermaschinenbau-Kombinat Magdeburg, Erf.: Sachse, H.-J., Elspaß, R., Mörl, L., Künne, H.-J., Mittelstraß, M.

[P32] DD – WP F26B/216 251: „Verfahren zur Trocknung und Hygienisierung eiweißhaltiger Suspensionen", 16. Oktober 1979, Akademie der Landwirtschaftswissenschaften der DDR, Erf.: Ebert, K., Künne, H.-J., Mörl, L., Grünzel, G.J., Bergmann, R., Elspaß, R., Mittelstraß, M., Sachse, J., Krell, L.

[P33] EP 507 038 B1: „A fludized bed apparatus and a method for making the same", 5.4.1991, NIRO Holding A/S Kopenhagen, Erf.: Christensen, M.A., Madsen, B.A., Bonde, M.

[P34] EP 163 836 B1: "Verfahren und Vorrichtung zur Herstellung von Granulaten", 25. 3.1985, Bayer AG, Erf.: Uhlemann, H., Braun, H.B., Hausmann, H., Stopp, G., Karkossa, H.

[P35] EP 332 929: „Verfahren und Vorrichtung zur Wirbelschicht-Sprühgranulation", 1.3.1989, Bayer AG, Erf.: Uhlemann, H., Boeck, R., Daun, H., Herold, H.

[P36] EP 741 603 B1„Vorrichtung zum Überziehen von Feststoffteilchen" 27.01.1995, Erf.: Walter K.

[P37] EP 474 949 B1: „A method and apparatus for treating a pulverulent or particulate material or product with gas", 11.9.1990, NIRO Holding A/S Kopenhagen, Erf.: Christensen, M.A.

[P38] EP 870 537 A1: „Alkoholhaltige Granulate", 1998, Erf.: Mothes, H., Hinderer, J., Boeck, R.

[P39] EP 332 031: „Zick/Zack-Sichter", 11.3.1989, Bayer AG, Erf.: Uhlemann, H., Herold, H., Boeck, R., Daun, H.

[P40] EP 941 015 45.5: „Geregelte Pulver-WSG-Granulation", 2.21994, Bayer AG, Erf.: Uhlemann, H., Schmoll, J., Bücheler, M.

[P41] US-Patent 1.801.248: "Air Classifier", (31.5.1932), Erf.: Stebbins, A.H.

[P42] US-Patent 2.648.609: (1953) Erf.: Wurster, D.E.

[P43] US-Patent 3.920.442: „Water-Dispersible Pesticide Aggregates", 1975 Erf.: Albert, R.E., Grant, B.W.

[P44] US-Patent 5.104.799 A: „Method for the production of granular citric acid and salts thereof", 14.4.1992, Erf.: Mothes, H.A., Patwardhan, B. H., Schröder, T. G., Solow D. J.

[P45] US-Patent 5.268.283 A: „Method for the production of detergent builder formations utilizing spray granulated citric acid and salts therof", 1993, Erf.: Mothes, H.A., Patwardhan, B. H., Schröder, T. G., Solow D. J.

[P46] US-Patent US 5437 889„Fluidized Bed with Spray Nozzle Shielding"01.08.1995, Erf.: Jones D. M.

Stichwortverzeichnis

- A -

- B -

- C -

- D -

- E -

- F -

- G -

- H -

- I -

- J -

- K -

- L -

- M -

- N -

- O -

- P -

- Q -

- R -

- S -

- T -

- U -

- V -

- W -

- Z -

Druck: Mercedes-Druck, Berlin
Verarbeitung: Buchbinderei Lüderitz & Bauer, Berlin